Beiträge zur Altertumskunde

Herausgegeben von
Michael Erler, Ernst Heitsch, Ludwig Koenen,
Reinhold Merkelbach, Clemens Zintzen

Band 109

B. G. Teubner Stuttgart und Leipzig

ψυχή – Seele – anima
Festschrift für Karin Alt

Karin Alt porträtiert von André Krigar

ψυχή – Seele – anima

Festschrift für Karin Alt
zum 7. Mai 1998

Herausgegeben von
Jens Holzhausen

B. G. Teubner Stuttgart und Leipzig 1998

Gedruckt mit Unterstützung
der Karl und Gertrud Abel-Stiftung

Die Deutsche Bibliothek – CIP-Einheitsaufnahme

Psychē: Festschrift für Karin Alt zum 7. Mai 1998 = Seele /
hrsg. von Jens Holzhausen. – Stuttgart; Leipzig: Teubner, 1998
(Beiträge zur Altertumskunde; Bd. 109)
ISBN 3-519-07658-6

Printed in Germany
Druck und Bindung: Röck, Weinsberg

Vorwort

Die folgenden Aufsätze sind einer Wissenschaftlerin gewidmet, die seit nunmehr vierzig Jahren an der Freien Universität Berlin Griechische Philologie lehrt[1]. Auch nach ihrer Pensionierung hat sich Karin Alt nicht zu ihrer eigenen Arbeit zurückgezogen, sondern läßt weiterhin andere an ihrer umfassenden Kenntnis der griechischen Literatur von Homer bis Julian teilhaben. Daran wird deutlich, daß für sie weniger die Forschung mit dem vorrangigen Ziel einer reichen Publikationsliste oder der Teilnahme an Kongressen im Vordergrund stand, sondern die gemeinsame Arbeit am Text zusammen mit den Studierenden. Als Anerkennung für dieses beständige Bemühen um das Verständnis der antiken Texte, das die wesentliche Grundlage der Arbeit in unserem Fach darstellt, ist diese Sammlung von Aufsätzen gedacht.

Ein Thema für diese Festschrift zu finden, war nicht schwer. Seit ihrer infolge der Ungunst der damaligen Verhältnisse leider nicht gedruckten Habilitationsschrift über die Psychologie bei Euripides und Sophokles standen die Seele und die Fragen nach ihrem Wesen und ihrem Schicksal immer wieder im Zentrum der Arbeit der Jubilarin. Es erschienen z.B. die Aufsätze zu den Seelenmythen bei Platon und der Reinkarnationslehre des Empedokles[2]. Besonders ihre Forschungen zum Mittel- und Neuplatonismus, einem Arbeitsfeld, dem sie sich in den letzten Jahren verstärkt zugewandt hat, kreisen um das Thema der Seele, sei es der Weltseele oder der Einzelseele. Es ist daher eine große Freude, zum 70. Geburtstag von Karin Alt am 7. Mai 1998 einige Aufsätze zu diesem Thema von Kolleginnen und Kollegen, die in sehr unterschiedlichen Fächern und Bereichen arbeiten, vorlegen zu können. Zu diesen Arbeiten gesellen sich einige wenige Studien, die keinen oder nur einen sehr entfernten Bezug zum Rahmenthema besitzen; hier war allein die Verbindung zur Person der Geehrten für die Aufnahme in dieses Buch ausschlaggebend. So durften z.B. ein Beitrag von Hartmut Erbse, dem Herausgeber des „Hermes“, in dem Frau Alt gern publiziert hat, von Widu-Wolfgang Ehlers, dem geschätzten latinistischen Kollegen, und von Martin Hose, mit dem Frau Alt seit ihrem „Gastsemester“ in Greifswald im Sommer 1994 verbunden ist, nicht fehlen. Die übrigen Beiträge eröffnen aus sehr

[1] Ihren Lebensweg zeichnet Bernd Seidensticker in seiner am 7. Mai 1998 gehaltenen Laudatio nach, deren Abdruck er freundlicherweise zustimmte, s. S. 512-516.

[2] Eine Übersicht über Karin Alts Veröffentlichungen findet sich auf S. 517f.

verschiedenen Perspektiven einen Blick auf das Phänomen der Seele. Neben den altphilologischen Arbeiten stehen Studien aus den Bereichen der Philosophie, Kirchengeschichte, Archäologie, Byzantinistik, Mediävistik und Germanistik.

Die Anordnung der Aufsätze folgt der zeitlichen Reihenfolge der behandelten Themen, und das Spektrum reicht von Homer bis in die Gegenwart. Ein Schwerpunkt liegt auf der Kaiserzeit, wobei neben den Gnostikern und Kirchenvätern die römischen Kaiser, Lukian, Plutarch und Plotin zu Wort kommen. Gemeinsam ist diesen Studien wie auch vielen anderen der hier versammelten Arbeiten der Rückbezug auf einen Autor, der auch in Frau Alts Studien immer wieder als Ausgangspunkt aller Überlegungen zur Seele erscheint, auf Platon. Ihm sind eigene Studien gewidmet, nämlich die von Hans Schwabl und Peter Riemer. Renate Schlesier ist es zu verdanken, daß auch an einen anderen Forschungsschwerpunkt von Frau Alt erinnert wird: die attische Tragödie des 5. Jhs. v. Chr.

Besonderen Dank für das Erscheinen dieses Buches verdient Clemens Zintzen, der nicht nur bei der akademischen Feier am 7. Mai 1998 den hier abgedruckten Festvortrag gehalten hat, sondern die gesammelten Aufsätze in die „Beiträge zur Altertumskunde“ aufgenommen hat. Dieser Dank gilt auch dem Teubner Verlag und seinem Geschäftsführer Heinrich Krämer. Die Karl und Gertrud Abel-Stiftung hat freundlicherweise einen großzügigen Druckkostenzuschuß gewährt. Berthild Gossel-Raeck und Irmgard Huhn haben durch ihr umsichtiges Korrekturlesen wertvolle Hilfe geleistet[3]. Dem Maler André Krigar, der einst bei Frau Alt Griechisch studierte, ist das Ölbild zu verdanken, dessen Reproduktion dieses Buch schmückt. Dank verdienen aber nicht zuletzt die Autorinnen und Autoren selbst, die durch ihre engagierte Mitarbeit diesen Band erst ermöglicht haben. Alle Beteiligten wünschen Karin Alt zu ihrem Festtag alles Gute und vor allem eine gute Gesundheit, die es ihr ermöglicht, sich noch viele Jahre den alten und doch immer wieder neuen Texten widmen zu können.

Berlin, im Mai 1998

Jens Holzhausen

---

[3] Die Abkürzungen folgen den Konventionen des Neuen Kleinen Pauly und für die theologischen Beiträge dem Lexikon für Theologie und Kirche.

Inhalt

Anhang

Achilleus, Patroklos und Meleagros

von Hartmut Erbse (Bonn)

Patroklos beantwortet die Frage Achills nach dem Grund seiner Tränen in einer dreiteiligen Rede (Π 21-45)[1]. Deren Schlußabschnitt enthält die Bitte um Aussendung in den Waffen des Freundes, wie Nestor das empfohlen hatte (Π 36-45 fast gleichlautend mit Λ 794-803). Diese Antwort des Patroklos macht auf Achilleus einen tiefen Eindruck, vor allem durch den Mittelteil (Π 31-35), in dem der Sprecher den Starrsinn des Freundes mit heftigen Vorwürfen tadelt. Seine Worte übertreffen die Vorhaltungen, die Achilleus in der jüngsten Vergangenheit von den Myrmidonen gehört hat (vgl. Π 203-206), bei weitem. Daß er die Bitte des Patroklos nicht unbeantwortet lassen kann, darf man vermuten.

In seiner ebenfalls dreiteiligen Rede (Π 49-100)[2] weist Achilleus die von Nestor formulierten, von Patroklos wiederholten Vermutungen zurück: Achilleus, so lautete Nestors Verdacht, bleibe vielleicht aufgrund eines Götterzeichens oder wegen eines Ausspruchs der Mutter dem Kampfe fern (Π 49-51). Nach Ablehnung einer solchen Möglichkeit spricht Achilleus von dem Schmerz, der ihm durch den Raub der Briseis zugefügt worden sei (Π 52-59, vgl. I 646-648; Π 59 entspricht wörtlich dem Vers I 648). Dann folgen die Worte (Π 60-63):

ἀλλὰ τὰ μὲν προτετύχθαι ἐάσομεν · οὐδ' ἄρα πως ἦν
ἀσπερχὲς κεχολῶσθαι ἐνὶ φρεσίν · ἤτοι ἔφην γε
οὐ πρὶν μηνιθμὸν καταπαυσέμεν, ἀλλ' ὁπότ' ἂν δὴ
νῆας ἐμὰς ἀφίκηται ἀϋτή τε πτόλεμός τε.

Hierzu sei bemerkt: 1. ἀσπερχές heißt „hartnäckig", „sans répit" (Y. Gerhard, LFE I 1421f.). 2. ἔφην kann (pace Janko [wie Anm. 1], 324) nicht mit Aristarch als διενοήθην gedeutet werden; denn die vier ausgeschriebenen Verse greifen auf I 646-655 zurück. Es handelt sich also um ein regelrechtes Zitat[3]. Achilleus läßt freilich im Π den Vers I 653 (πρίν γ' υἱὸν Πριάμοιο ... ἱκέσθαι / κτείνοντ' Ἀργείους κατά τε

[1] Vgl. zur Gliederung D. Lohmann, Die Komposition der Reden in der Ilias, Diss. Tübingen 1970 (= Berlin 1970), 275f.; R. Janko, The Iliad: A Commentary IV, Cambridge 1992, 318.

[2] Gliederung bei Lohmann (wie Anm. 1), 60.

[3] Vgl. W. Schadewaldt, Iliasstudien, Leipzig 1938, 129; D. Motzkus, Untersuchungen zum 9. Buch der Ilias unter besonderer Berücksichtigung der Phoinix-Gestalt, Diss. Hamburg 1964, 132f.; Lohmann (wie Anm. 1), 275.

σμῦξαι πυρὶ νῆας) unberücksichtigt. Aber hier hebt er auf Abwehr eines feindlichen Übergriffs ab, im Π dagegen ist ihm nur daran gelegen, die zeitliche Grenze seiner Kampfenthaltung zu bezeichnen. Mithin durfte Janko (ebd. 324) über Π 62f. nicht sagen: „... another sign of weakening resolve", wie es denn überhaupt verfehlt ist, in Achills Rede irgendeine Anteilnahme an der Not der Griechen oder gar wachsendes Mitleid mit ihnen finden zu wollen. 3. ἦτοι γε leitet eine Bestätigung ein: „doch fürwahr", vgl. X 280 und λ 429. Letztere Stelle ist besonders angemessen (die Seele Agamemnons über Klytaimnestre): κουριδίῳ τεύξασα πόσει φόνον. ἦτοι ἔφην γε (fürwahr ich meinte doch) / ἀσπάσιος παίδεσσιν ... / οἴκαδ' ἐλεύσεσθαι. Die Verse Π 60-63 besagen demnach: „Doch das wollen wir auf sich beruhen lassen. Es war wohl nicht möglich, in unversöhnlicher Gesinnung weiterzuzürnen. Habe ich doch fürwahr erklärt, nicht früher den Groll fahren zu lassen, sondern dann, wenn zu meinen Schiffen Kriegsgeschrei und Kampf kommen."

Zur Konstruktion οὐ πρίν ... ἀλλ' ὁπότε sagt Janko (ebd. 324): „... 'until' is replaced by 'but when'; this makes Akhilleus promise to fight more definite at the price of convoluted syntax." Diese Einzelheit verrät, daß Achilleus zwei Gedanken miteinander verbindet: 1. „Habe ich doch erklärt, den Groll aufzugeben, wenn ..." (begründend) und 2. „Allerdings habe ich erklärt, den Groll nicht eher aufzugeben, als bis ... " (einschränkend). Die ungewöhnliche Konstruktion, aber auch die Gedankenführung des ganzen vorangehenden Abschnitts, nicht zuletzt die in V. 60-63 angedeutete Wende legen die Erwartung nahe, daß Achilleus im Hinblick auf die verschärfte militärische Lage der Griechen jetzt selbst zu den Waffen greifen werde; denn die im 9. Buch von ihm aufgestellte Bedingung ist ja beinahe erfüllt. Wenn er seine eigenen Worte großzügig auslegen würde (was durchaus möglich und erlaubt wäre), könnte das allen Beteiligten nur recht und nützlich sein. Die Aussendung des Patroklos dagegen ist, wie die folgenden Teile der Rede lehren, an mehrere, z.T. gefährliche Bedingungen geknüpft, die dem Peliden wohlbekannt sind.

Jedoch Achilleus benutzt die Erwähnung der im I von ihm selbst gesetzten Frist lediglich, um nun mit noch größerer Bestimmtheit trotzig im Groll zu verharren. Er malt sich den eindeutigen Sieg aus, der den Griechen zuteil würde, wenn Agamemnon ihm wohlwolle (Π 73 ἤπια εἰδείη, dazu Schadewaldt ([wie Anm. 3], 129) und gestattet dem Patroklos nicht mehr als einen begrenzten Vorstoß gegen die Troer. Die Gründe dieses

Verhaltens sind bekannt und brauchen hier nicht ausgeführt zu werden[4]. Achilleus möchte Zeit gewinnen (vgl. Janko, ebd. 325), allerdings nicht um eine neue Gesandtschaft zu empfangen. Er hat, wenn er über seinen Groll spricht, nicht nur Agamemnon, sondern ebenso oft die Gesamtheit der Achaier im Auge, die ihm gegen den obersten Heerführer nicht beigestanden haben (vgl. besonders Λ 609-619). Was ihm jetzt vorschwebt, ist augenscheinlich eine öffentliche Demütigung aller Griechen in einer Heeresversammlung, wie sie im 19. Buch auch stattfindet - freilich unter einer Voraussetzung, von der er jetzt noch nichts ahnt. Hier im Π denkt er nur an die große Ehre und an den Ruhm, den er sich von einer Demütigung aller Griechen verspricht. Briseis und die in der vergangenen Nacht angebotenen Geschenke sollen ihm selbstverständlich als Entschädigung ausgehändigt werden (vgl. Π 83-85). Patroklos aber soll ihm behilflich sein, einen solchen Triumph zu gewinnen. Deshalb auch der strenge Befehl, der Freund dürfe die Troer nur aus dem Schiffslager in die Ebene treiben; denn Achilleus wäre überflüssig, und sein Anspruch würde niemals eingelöst, wenn Patroklos den Krieg beenden sollte. Erst in zweiter Linie (scil. Π 92-95) folgt der (sicher aufrichtig gemeinte) Hinweis auf die Gefahr, die dem Freund durch die Mißgunst eines Gottes drohen könnte.

Dieser scheinbar sinnvolle Plan beruht, wie die weitere Entwicklung zeigt, auf völliger Verkennung der wahren Sachlage. Achilleus hat sich in seinen Groll so eingesponnen, daß er nicht mehr sieht, welche Fehlleistung die Entsendung des Freundes ist. Und doch hatte ihm schon Phoinix eine Warnung zukommen lassen, die ihn vor dem jetzt erfolgenden verhängnisvollen Schritt hätte bewahren können. Aber Achilleus hat sie offensichtlich nie verstanden[5].

Es ist verständlich, daß Janko in der Einleitung zum Kommentar des 16. Buches (309), um dessen Verbindung mit den vorangehenden Teilen der *Ilias* aufzuweisen, auch auf die Bedeutung des Meleagros-Beispiels in der Phoinixrede des 9. Buches aufmerksam gemacht hat. Janko deutet das Verhalten Achills in der ersten Szene des Π als tragisches Mißverständnis dessen, was Phoinix im mythischen Paradeigma empfohlen hat: „... Akhilleus acts as if Meleagros sent out his own closest philos Kleopatre

[4] Vgl. A. Leskys Charakteristik des Helden in: Kl. Schriften, Bern 1966, 72-80.

[5] Um die Voraussetzungen seines Versagens erklären zu können, mußten wir die erste Szene des 16. Buches etwas ausführlicher betrachten; denn nur hier bekennt er sich so hemmungslos zu Ehrsucht und Ruhmbegierde, d.h. zu Leidenschaften, durch die er nun zu einem bedauerlichen Fehler verleitet wird.

(= Patroklos)." Es gibt aber m.E. kein Anzeichen dafür, daß die Entsendung des Patroklos Ergebnis eines Irrtums (einer falschen Deutung des Paradeigmas) sei. Wohl aber enthält die Phoinixrede Hinweise und Warnungen, die geeignet gewesen wären, das Unheil zu verhüten, wenn Achilleus sie nicht mißachtet oder vergessen hätte.

Ich halte es auch für irrig, die Vorgänge, die zur Aussendung und zum Tode des Patroklos führen, als tragische Verkettung von Fehlern zu erklären, von Fehlern, die von allen Hauptpersonen (Achilleus, Nestor, Patroklos und Odysseus) begangen wurden (so Janko, ebd. 310). Odysseus berichtet korrekt über Achills Antwort auf das offizielle Versöhnungsangebot (vgl. I 677-694), Nestor sucht in aufrichtiger Entrüstung nach einer Rettung des Heeres (vgl. besonders Λ 788-803), Patroklos gerät wider seine ursprüngliche Absicht unter den bestimmenden Einfluß des Zeus (vgl. Π 688-691) und - so darf man hinzufügen - Agamemnon hat seine Verblendung eingestanden, dazu in aller Form um Verzeihung gebeten. Dafür, daß das Richtige nicht geschieht, ist allein Achilleus verantwortlich, da er von Trotz, Eitelkeit und Ehrsucht beherrscht wird. Sein schwieriges Wesen (vgl. Λ 654) ist das eigentliche Thema des Gedichtes.

Die von Phoinix vorgetragene Meleagroserzählung läuft darauf hinaus, daß der Held die angebotenen Geschenke nicht mehr erhält, weil er sich zu spät zum Eingreifen in den Kampf entschließt. Erst als sein eigenes Wohnhaus beschossen wird und die Gattin ihn verzweifelt anfleht, vom Groll zu lassen, gibt er nach. Wer den Namen Patroklos als Echo des Namens Kleopatre versteht (und spätestens während der Verse Π 38ff. [38 ἀλλ' ἐμέ περ πρόες ὦκα] muß sich diese Assoziation einstellen), sollte ohne Mühe erkennen, daß sich die Zeitpunkte der jeweiligen Bitte grundsätzlich voneinander unterscheiden: Kleopatre macht ihren Einfluß zu spät geltend, Patroklos aber bittet noch, bevor das erste Feuer in die Schiffe geworfen wird. Für Achilleus ist das die letzte Möglichkeit, selbst einzugreifen und die Vorgänge auf dem Schlachtfeld so zu lenken, daß ihm Recht und Ehre zuteil werden. Der Vergleich mit dem Meleagros-Modell eröffnet den rechten Weg.

Jedoch Achilleus zieht diesen Vergleich nicht, ja er läßt nicht einmal erkennen, ob er die Warnung des Phoinix jemals verstanden hat[6]. Ehrliebe und Starrsinn verblenden ihn nicht anders als zuvor (d.h. im 1. Buch) den Atriden Agamemnon.

Derselbe zornige Trotz, der den Peliden jetzt gefangen hält, wird von

---

[6] Phoinix konnte natürlich im I nicht an Patroklos' zukünftige Funktion denken. Er ermahnt aber Achilleus nachdrücklich, den eigenen Auszug nicht so weit hinauszuschieben, daß er nutzlos wird.

ihm selbst im 18. Buch mit folgenden Worten beschrieben: „Daß doch der Streit aus Göttern und aus Menschen vertilgt sei / Und der Zorn, der aufreizt auch den Vielverständigen, daß er heftig wird, / Der viel süßer als Honig, wenn er hinuntergleitet, / In der Brust der Männer aufschwillt wie Rauch“ (107-110 [Schadewaldt]). Hier, im Schmerz über den Tod des Freundes, wird er von der Notwendigkeit gezwungen, auch um den Preis des eigenen Lebens, das zu tun, was ihm das Ethos des Heroentums vorschreibt. Im Π aber findet er keine Veranlassung, den Irrweg des Starrsinns zu verlassen und wieder er selbst zu werden. Zeus hat das vorausgesehen und dem Hörer den Gang der kommenden Ereignisse angedeutet (vgl. Θ 475f. und O 64f.). Jener Hörer kann nun in allen Einzelheiten verfolgen, aus welchen Gründen Achilleus versagt.

Wir haben in der voranstehenden Erörterung die Beziehung Kleopatre-Patroklos als durchsichtig vorausgesetzt. Die Gleichheit der Bestandteile beider Namen macht sie, so scheint es, unvermeidlich. Tatsächlich mißachtet der, der sie leugnet, ohne Not eine wesentliche, wenn auch verschlüsselte Möglichkeit, den Gang der Menishandlung zu deuten. Aber welcher Name ist Vorbild, welcher abgeleitet?

Schadewaldt (ebd. 140) schreibt: „Zum Überfluß bezeugt Homer für Kleopatre selbst, daß 'die Eltern sie Alkyone' nannten, d.h. der überlieferte Name der Gattin des Meleagros war Alkyone.“ Hainsworth (Commentary III, Cambridge 1993, 136 zu I 561-3) stimmt zu. Aber Homer bezeichnet „Alkyone“ eindeutig als „Beinamen“, den die Eltern der Tochter zusätzlich gaben, vgl. I 561-564: τὴν (d.h. die Kleopatre) δὲ τότ' ἐν μεγάροισι πατὴρ καὶ πότνια μήτηρ / 'Αλκυόνην καλέεσκον ἐπώνυμον, οὕνεκ' ἄρ' αὐτῆς / μήτηρ ἀλκυόνος πολυπενθέος οἶτον ἔχουσα / κλαῖεν ὅ μιν ἑκάεργος ἀνήρπασε Φοῖβος 'Απόλλων. Die Eltern wählen den vom Eisvogel abgeleiteten Kosenamen (vgl. ἐν μεγάροισι) als Erinnerung an Marpesses tränenreiches Schicksal[7]. Howald[8] scheint also recht zu behalten mit der Vermutung, daß der Name Πάτρο-κλος / Πατρο-κλέης nach dem überlieferten N.P. Κλεο-πάτρη gebildet ist.

[7] Vgl. H.W. Nordheider im LFE II 667,63, auch Hainsworth (s.o.), der die zitierten Worte paraphrasiert, aber hinzusetzt: „The explanation is whimsical“, um sich Schadewaldt anzuschließen.

[8] E. Howald, Meleager und Achill, RhM 73, 1924, 411f. (vgl. auch dens., Der Dichter der Ilias, Zürich 1946, 132). Die Ersetzung der Kleopatre durch Patroklos, „einer rein fiktiven Figur durch eine Erfindung des Dichters“ bleibt jedoch im Hinblick auf die Eingangsszene des 16. Buches bei Howald ohne spürbare Folgen, da der Gelehrte zwischen sog. Meleagerepos und Ilias eine Ur-Achilleis einschieben möchte.

Die Tochter ist der Ruhm ihres Vaters Idas, der den Bogen gegen Apollon erhob, um ihm die geraubte Braut abzunehmen. Wie sinnvoll ist es dann, daß Kleopatre auch den Beinamen Alkyone erhielt, durch den die Erinnerung an Marpesses Leid aufbewahrt wurde!

Aus unseren Überlegungen folgt mit einiger Wahrscheinlichkeit: Patroklos ist Homers Schöpfung und zugleich sein Lieblingsheld. Tatsächlich gilt ihm ja Patroklos beinahe als Idealgestalt; denn er ist frei von den Fehlern, die das Bild der übrigen Heroen, vor allem das Achills, trüben. Nur Patroklos vergießt - im Gegensatz zu Achilleus - Tränen aus Kummer über die Not der Achaier. Seine Verfehlung beschränkt sich auf einen Totschlag beim Kinderspiel, den er gebüßt hat (vgl. Ψ 85-90). Das ist gleichsam die Abschlagszahlung, die er der Welt der Heroen entrichten mußte.

Die These, Patroklos sei Homers Erfindung (unter Einfluß des Gilgameschepos oder verwandter Erzählungen?) stammt m.W. von R. von Scheliha (Patroklos, Basel 1943, 235-285, bes. 280-283); Gegenargumente bei Janko (ebd. 313). Für untauglich halte ich die Ansicht, Patroklos müsse der Sagentradition entnommen sein, weil er A 397 als Μενοιτιάδης auftritt, ohne dem Hörer näher vorgestellt zu sein. Diese Auffassung verkennt ein homerisches Prinzip, wonach der Dichter, um Spannung entstehen zu lassen, den Hörer zunächst im Unklaren läßt, oft über weite Strecken hin. Bekannte Beispiele sind die erste Nennung des Hektor, des Phoinix und die späte Aufklärung über Pulydamas (vgl. Σ 249-253) und über die Bedeutung des Parisurteils (Ω 28-30).

Man weiß, daß das Meleagrosbeispiel nur unter erheblichen Änderungen zentraler Motive der ursprünglichen Fassung an die Iliashandlung angeglichen werden konnte. Die Annahme liegt nahe, daß Homer die Eingriffe in die Sage vor allem deshalb vorgenommen hat, weil er die Beziehung Kleopatre-Patroklos hervorheben wollte; denn sie bot eine gute Möglichkeit, die beiden Teile des ganzen Gedichtes, den Zorn mit nachfolgender Kampfesenthaltung des Hauptheldcn und die Rache für den erschlagenen Freund, sinnvoll zu verbinden. Das hätte sich freilich auch dann erreichen lassen, wenn Homer den Patroklos als Freund Achills in der Tradition vorgefunden haben würde. Einfacher und folgerichtiger aber ist die von Howald angeregte Verkettung der beiden Teile des Gedichtes: Homer benannte den Freund Achills mit dem Namen Patroklos, weil er in der Meleagrossage eine Heroine namens Kleopatre kennengelernt hatte, die in einer ähnlichen Funktion tätig war, wie sie der Dichter seinem Patroklos zugedacht hat. Und wie gut ließ sich an diesem Beispiel zeigen, daß der größte Held der Griechen den einfachen Vergleich der Wirklichkeit mit dem lehrreichen Mythos nicht zu ziehen vermochte!

Homer und die platonische Seelenlehre

von Hans Schwabl (Wien)

Das weite und komplexe Thema, welches der Titel dieser Arbeit bezeichnet, habe ich in der jüngst erschienenen Festschrift für Wolfgang Kullmann mit ein paar Hinweisen nur andeuten können[1], und so mag es nicht unpassend scheinen, mit der Interpretation einschlägiger Texte fortzufahren und einige Punkte davon etwas genauer auszuführen. Konzentrieren wollen wir uns in diesem Beitrag, der einen herzlichen Glückwunsch für Karin Alt nach Berlin begleiten soll, auf nur einige wenige Hauptzeugnisse, die wir so präsentieren möchten, daß der Vergleich der Originaltexte erleichtert wird und möglichst wenig die philologische Paraphrase, die fast immer in irgendeiner Weise verfälscht, die Antworten gibt. Gehen soll es neben dem Kontrast, in welchem das Menschenbild Platons zu dem des Homer offenkundig steht, auch um die Frage der Berührungen, die doch gewiß vorhanden sind. Platon setzt sich von Homer ab, er hat aber allem Anschein nach von ihm auch nicht wenige Anregungen empfangen. Die Zitate von Homerstellen, welche der große Schöpfer einer neuen Philosophie im Zusammenhang mit der Entwicklung seiner Seelenlehre selbst angeführt hat, können uns hier vielleicht einen ersten Weg weisen, und für sich interessieren auch spätere Ausdeutungen Homers, die darlegen möchten, daß die platonische Lehre von den drei Teilen der Seele zur Gänze auch bei dem Dichter schon vorliege, dieser also als der eigentliche Archeget der platonischen Psychologie angesehen werden müsse. Wir wollen so verfahren, daß wir zunächst aus dem ersten Buch der *Ilias* (188ff.) die für unsere Fragestellung besonders wichtige Stelle interpretieren, wo Athena dem im Zorn überlegenden Achill erscheint und dabei die Entscheidung des Helden bestimmt (1); wir wollen dann die Interpretation betrachten, welche diese Stelle vor allem bei dem Allegoriker Herakleitos erhalten hat, und zu der dort gegebenen doxographischen Darstellung eine Reihe von Parallelen zusammenstellen (2), und wir werden uns schließlich neben anderem vor allem diejenigen Stellen in Platons Werk vergegenwärtigen, wo im Zusammenhang mit der Entwicklung der Seelenlehre ein Verweis auf Homer erfolgt (3).

---

[1] „Athena bei Platon und in allegorischer Tradition“ in: H.-C. Günther/A. Rengakos (Hrsg.), Beiträge zur antiken Philosophie (FS W. Kullmann), Stuttgart 1997, 35-50.

1

Die Stelle der *Ilias*, die wir interpretieren wollen (A 188-222)[2], steht im Kontext der Versammlung (56-305), welche Achill nach dem neun Tage lang währenden Wüten der Pest einberufen hatte (53ff.). Es war Hera, die ihm den Gedanken dazu in den Sinn gelegt hatte[3], und es verdient das Beachtung, weil damit eine göttliche Gegenwirkung gegen das Unheil angedeutet wird, das in der Folge des Fluchgebets des Chryses durch Apollons Pestgeschosse bewirkt worden war[4]. Ebenso ist das veranlassende Eingreifen Heras auch später, bei der Epiphanie der Athena gegenüber Achilleus, mit vorausgesetzt (A 195f. = 208f.).

Die Phasen des in der Versammlung ausbrechenden Streits der Könige brauchen wir hier nicht im einzelnen nachzuzeichnen. Der Wortwechsel führt dazu, daß Achilleus, indem er gegen die ihm angedrohte Beraubung protestiert, seine Heimfahrt ankündigt. Also schilt ihn Agamemnon und kündigt ihm seinerseits, um ein Exempel seiner Macht zu

---

[2] Ich interpretiere diese vielbesprochene Stelle hier nur, um einen möglichst genauen Hintergrund für die Deutung der Späteren zu geben. Dabei betone ich wohl etwas stärker, als es zu geschehen pflegt, den typologischen Aspekt. Er mag auch helfen, zu sehen, daß bei der Interpretation von B. Snell, Entdeckung des Geistes, Hamburg [3]1955, 51 die Nuancen in der Wiedergabe der Abfolge des Geschehens in einem entscheidenden Punkt verschoben sind. Das gleiche kehrt wieder bei C. Voigt, Überlegung und Entscheidung. Studien zur Selbstauffassung des Menschen bei Homer, Berlin 1934 (Ndr. 1972), 51, wenn er schreibt: „Achill kommt bis zum Auseinanderlegen der beiden Möglichkeiten, dann erscheint Athena"; vgl. A. Schmitt, Selbständigkeit und Abhängigkeit menschlichen Handelns bei Homer (AAWM 1990, 5), Stuttgart 1990, 76-81.

[3] A 55f. τῷ γὰρ ἐπὶ φρεσὶ θῆκε θεὰ λευκώλενος Ἥρη· / κήδετο γὰρ Δαναῶν, ὅτι ῥα θνῄσκοντας ὁρᾶτο (die Formulierung von 56 knüpft an den das Fluchgebet des Chryses abschließenden Vers 42 an). ἐπὶ φρεσὶ θῆκε wird ausschließlich bei göttlicher Einflußnahme gesagt (vgl. Υ 218 [da hätte Hektor die Schiffe verbrannt,] εἰ μὴ ἐπὶ φρεσὶ θῆκ' Ἀγαμέμνονι πότνια Ἥρη [Aktivitäten zu setzen]; vgl. auch ε 427, ο 234, σ 158 = φ 1). Dem angeführten Typus von Θ 217f. (mit psychischer Einflußnahme durch eine Gottheit) entspricht der Typus von Y 130ff. (mit direkter Einflußnahme eines Gottes durch Aktion: Zeus mit seinem Blitz, der vor dem Streitwagen des Diomedes einschlägt und zur Flucht zwingt; Hektors Hohn löst daraufhin wiederholt den Gegenwillen des Diomedes aus, doch wird dessen Absicht, den Wagen wieder zu wenden und sich erneut zum Kampf zu stellen, jeweils durch weitere Blitze des Zeus verhindert; V. 167ff.: Typus der Überlegungsszene). - Vergleichbar ist φρεσὶν ἔμβαλον ἄγριον ἄτην bei Agamemnons Entschuldigung (T 88) oder ἔμβαλε θυμῷ bei der Erregung von Sehnsucht (Γ 139) oder Kampfeslust (N 82) durch einen Gott.

[4] A 44 ist ausgesagt, daß Apollon, der das Fluchgebet des Chryses erhört, ergrimmt in seinem Herzen vom Olymp herabkommt (βῆ δὲ κατ' Οὐλύμποιο καρήνων χωόμενος κῆρ). Es sei das zitiert als im Kontext wichtige Parallele zu dem Kommen der Athena vom Himmel (und ihrer Rückkehr zum Olymp) und als Beleg sowohl für das Herz als Sitz des Zorns als auch für die Analogie der Vorstellungen von göttlicher und menschlicher Person (für χωόμενος κῆρ vgl. I 555 über Meleager).

statuieren, die Wegnahme der Briseis an (173f. und 180-187):

φεῦγε μάλ', εἴ τοι θυμὸς ἐπέσσυται[5], οὐδέ σ' ἔγωγε
λίσσομαι εἵνεκ' ἐμεῖο μένειν· ...
σέθεν δ' ἐγὼ οὐκ ἀλεγίζω,
οὐδ' ὄθομαι κοτέοντος· ἀπειλήσω δέ τοι ὧδε·
ὡς ἔμ' ἀφαιρεῖται Χρυσηίδα Φοῖβος Ἀπόλλων,
τὴν μὲν ἐγὼ σὺν νηί τ' ἐμῇ καὶ ἐμοῖς ἑτάροισι
πέμψω, ἐγὼ δέ κ' ἄγω Βρισηίδα καλλιπάρῃον
αὐτὸς ἰὼν κλισίηνδε, τὸ σὸν γέρας, ὄφρ' ἐὺ εἰδῇς
ὅσσον φέρτερός εἰμι σέθεν, στυγέῃ δὲ καὶ ἄλλος
ἶσον ἐμοὶ φάσθαι καὶ ὁμοιωθήμεναι ἄντην.

Diese Ankündigung der Beraubung und Erniedrigung führt zu einer heftigen Reaktion des Achill, welcher der Dichter auch mit der Darstellung der Alternative Ausdruck gibt, die der Held in seinem Inneren überlegt, bis schließlich das Eingreifen der Athena die Entscheidung bringt. Für den Dichter ist die Szene einer solchen Überlegung das geläufige Mittel der Darstellung einer kritischen Situation, und es fällt nicht schwer, die traditionelle Prägung der Ausdrucksformen darzutun. Es gilt das bereits für die Aussage der unmittelbaren Reaktion Achills (188f.), aber auch für die nachfolgende Formulierung der Alternative (188-192):

ὣς φάτο, Πηλείωνι δ' ἄχος γένετ', ἐν δέ οἱ ἦτορ[6]
στήθεσσιν λασίοισι[7] διάνδιχα μερμήριξεν,
ἢ ὅ γε φάσγανον ὀξὺ ἐρυσσάμενος παρὰ μηροῦ
τοὺς μὲν ἀναστήσειεν, ὁ δ' Ἀτρείδην ἐναρίζοι,
ἦε χόλον παύσειεν ἐρητύσειέ τε θυμόν.

Die Aussage des empfundenen Schmerzes hat die genaueste Parallele in einem mehrfach wiederholten Vers[8], der immer im Rahmen eines

---

[5] Derselbe Ausdruck findet sich in I 42 (εἰ δέ τοι αὐτῷ θυμὸς ἐπέσσυται ὥς τε νέεσθαι, / ἔρχεο) in der Schelte des Diomedes gegen Agamemnon, der die verzweifelte Aufforderung zur Abfahrt mit der Flotte gemacht hatte. Anders klingt es, wenn Hektor gegenüber Helena in Z 361f. von dem inneren Antrieb spricht, wieder in den Kampf als Helfer auszuziehen (ἤδη γάρ μοι θυμὸς ἐπέσσυται ὄφρ' ἐπαμύνω / Τρώεσσ', κτλ.).

[6] Die Junktur ἐν δέ οἱ ἦτορ findet sich in vergleichbarer Aussage nur noch in Φ 571, wo Agenor (hinter dessen Mut der dem Akteur unbewußte Einfluß des Apollon steht) dem Achill, nachdem er die Möglichkeiten der Flucht im Selbstgespräch verworfen hat, Widerstand leistet: ὣς εἰπὼν Ἀχιλῆα ἀλεὶς μένεν, ἐν δέ οἱ ἦτορ / ἄλκιμον ὁρμᾶτο πολεμίζειν ἠδὲ μάχεσθαι. In T 366 (in der Rüstungsszene des Achill) fährt Schmerz in das Herz des Helden (ἐν δέ οἱ ἦτορ / δῦν' ἄχος ἄτλητον).

[7] Die Verbindung στήθεσσιν λασίοισι steht bei Homer nur hier. Daß die Charakterisierung von Männlichkeit durch die „zottige Brust" aber Tradition hat, zeigt die Verwendung von λάσιον κῆρ in periphrastischen Namensformeln (B 851, P 554).

[8] N 417 = Ξ 458 = 486 ὣς ἔφατ'· Ἀργείοισι δ' ἄχος γένετ' εὐξαμένοιο. Zu ver-

gleichartigen Kontextes steht: Voraus geht jeweils die prahlende Rede eines siegreichen Troers, es folgt die Aussage der schmerzlichen Betroffenheit der Griechen und die Fortsetzung mit der besonderen Erregung eines Einzelnen[9], der sofort - als Rächer oder als Schützer - zur Aktion übergeht. Die Abfolge „schmerzende Rede - Erregung - Aktion" läßt sich vergleichen mit der Abfolge „(zum Kampf) herausfordernde Rede - Überlegung - Entscheidung und Aktion", was für die nächsten Parallelen zur Formulierung der Überlegung von A 188f. charakteristisch ist. Besonders genau entspricht N 455, wo die Herausforderung des Deiphobos durch Idomeneus vorangeht und die Überlegung mit der üblichen Formulierung einer Alternative folgt (N 455-7):

ὣς φάτο, Δηίφοβος δὲ διάνδιχα μερμήριξεν[10],
ἤ τινά που Τρώων ἑταρίσσαιτο μεγαθύμων[11]
ἂψ ἀναχωρήσας, ἦ πειρήσαιτο καὶ οἶος.

Deiphobos tut darauf, was ihm vorteilhafter zu sein scheint[12], und sucht

---

gleichen ist auch P 591 = Σ 22 ὣς φάτο· τὸν δ' ἄχεος νεφέλη ἐκάλυψε μέλαινα (Hektor, nach Scheltrede und Nachricht vom Tode eines nahen Gefährten durch Apollon in der Gestalt des Phainops; Achill, nach der Mitteilung vom Tod des Patroklos). Ferner T 125 ὣς φάτο· τὸν δ' ἄχος ὀξὺ κατὰ φρένα τύψε βαθεῖαν (Zeus nach Heras Mitteilung von der Erstgeburt des Eurystheus).

9 Ἀντιλόχῳ bzw. Αἴαντι bzw. Πηνελέῳ δὲ μάλιστα δαΐφρονι θυμὸν ὄρινεν.

10 Die Formel διάνδιχα μερμήριξεν beschränkt sich auf die *Ilias*. Sie findet sich, abgesehen von A 189 (Herz des Achill) und N 455 (Deiphobos) noch in Y 167 (Diomedes). In Θ 167 befindet sich Diomedes - durch einen Blitzschlag des Zeus dazu gezwungen - bereits auf der Flucht, und die Alternative seiner (durch den Hohn Hektors ausgelösten) Überlegung betrifft die Rückwendung zum Kampf. μερμήριξε δ' ἔπειτα κατὰ φρένα καὶ κατὰ θυμόν mit nachfolgender Alternative haben sowohl die Il. (E 671) als auch die Od. (δ 117 = ω 235). Die Od. hat neben δίχα δὲ φρεσὶ μερμήριζεν (χ 333f. die Überlegung des Phemios mit formulierter Alternative und nachfolgendem ὧδε δέ οἱ φρονέοντι δοάσσατο κέρδιον εἶναι [338]) auch (μητρὶ) δίχα θυμὸς ἐνὶ φρεσὶ μερμηρίζει (π 73f. Unentschiedenheit der Penelope, gesagt von Telemach) und ἐμοὶ δίχα θυμὸς ὀρώρεται ἔνθα καὶ ἔνθα (τ 524 dasselbe, gesagt von Penelope selbst).

11 μεγάθυμος, häufig verwendet zur Charakterisierung des Heldenmuts von Einzelnen (Z 145 Τυδείδη μεγάθυμε) u. von Völkern (A 123 μεγάθυμοι Ἀχαιοί), hat eine auch aus metrischen Gründen gegebene etwas seltenere Variante (Θ 523 Τρῶες μεγαλήτορες, T 278 Μυρμιδόνες μεγαλήτορες), die in unserem Kontext vor allem durch die Formelverbindung μεγαλήτορα θυμόν interessiert (oft in dem Einleitungsvers für Monologe [mit der Anrede an den θυμός], dreimal mit Bezug auf Achill [I 255. 629. 675]). Es zeigt sich auch hier die Selbstverständlichkeit der Verknüpfung von Herz und Thymos, wie sie etwa auch in der Formel κραδίη καὶ θυμὸς ἀγήνωρ gegeben ist (z.B. I 635 als etwas, das sich zurückhalten läßt [ἐρητύεται], K 220 als etwas, das antreibt [ὀτρύνει]). - Platon hat einmal μεγαλόθυμος im Zusammenhang mit dem Problem des für die Wächter erforderlichen Charakters (rep. 2, 375c ἅμα πρᾷον καὶ μεγαλόθυμον ἦθος).

12 N 458 ὧδε δέ οἱ φρονέοντι δοάσσατο κέρδιον εἶναι = Ξ 23 (Entscheidung des Nestor nach genannter Alternative) = Π 652 (Entscheidung des Zeus nach genannter

sich einen Bundesgenossen (Aineias).

Der auf die Formulierng der Alternative in A 193 folgende Vers:

ἧος ὁ ταῦθ' ὥρμαινε κατὰ φρένα καὶ κατὰ θυμόν

hat wörtliche Entsprechungen in Λ 411, P 106 und Σ 15[13], wobei in allen diesen Fällen ein durch ὀχθήσας δ' ἄρα εἶπε πρὸς ὃν μεγαλήτορα θυμόν (Λ 403, P 90, Σ 5) eingeleiteter innerer Monolog mit Überlegungen[14] vorausgeht und in der Folge durch ein „Kommen" die neue Situation sich ergibt. Im Falle der Überlegung des Odysseus (Λ 411) und des Menelaos (P 106) sind es jeweils die Troer, die heranstürmen[15], während Achill am Anfang des Σ seiner Ahnung des geschehenen Unheils Ausdruck gibt und dann Antilochos mit der schlimmen Nachricht über den Tod des Patroklos und den Verlust der Waffen daherkommt[16]. Es gibt also offenbar

---

Alternative zugunsten der nochmaligen Fortsetzung der Siege des Patroklos). Bei bloßer Feststellung der Überlegung (ohne Formulierung verschiedener Möglichkeiten) entspricht ἥδε δέ οἱ κατὰ θυμὸν ἀρίστη φαίνετο βουλή (B 5 = K 17 = Ξ 161).

13 In Od. δ 120 (Menelaos, der Telemach erkannt hat, überlegt, ob er warten soll, bis dieser sich als Sohn des Odysseus zu erkennen gibt, oder ob er es selbst durch Fragen feststellen soll; während er so überlegt, kommt Helena und macht die Aussage, es sei das doch offenkundig Telemach, Odysseus' Sohn), ε 365 (Odysseus faßt in der Ino-Leukothea-Szene den Beschluß, dem Rat der Göttin, das Floß zu verlassen, zunächst nicht zu folgen, sondern abzuwarten, bis eine Woge das Floß zerstört; da er sich das so überlegt, kommt die mächtige Woge des Poseidon, die ihn vom Floß stößt und dasselbe zerschmettert) und ε 424 (eine mächtige Woge bringt das Ende seiner Überlegungen).

14 Im Falle des Selbstgesprächs des Odysseus (seiner Anrede an den θυμός, Λ 403f.) enthält die darin zum Ausdruck kommende Alternative die Wertung der beiden Möglichkeiten („schlimm ist es, zu fliehen, schlimmer, allein erwischt zu werden"), es folgt darauf der Protest gegen die mit dieser Wertung zur Flucht ratende innere Stimme (Λ 407 ἀλλὰ τίη μοι ταῦτα φίλος διελέξατο θυμός; [wie P 97 = Φ 562 = X 122 = 385]) und die Aussage einer festen Regel der Heldenehre, die zum Standhalten zwingt. Die Troer kommen in Massen, und es folgen zuerst - in katalogischer Form ausgedrückt - Siege des Odysseus, bis er verwundet wird.

15 Λ 411 und P 106 ἧος ὁ ταῦθ' ὥρμαινε κατὰ φρένα καὶ κατὰ θυμόν, / τόφρα δ' ἐπὶ Τρώων στίχες ἤλυθον (ἀσπιστάων bzw. ἦρχε δ' ἄρ' Ἕκτωρ).

16 Σ 15 ἧος ὁ ταῦθ' ὥρμαινε κατὰ φρένα καὶ κατὰ θυμόν, / τόφρα οἱ ἐγγύθεν ἦλθεν ἀγαυοῦ Νέστορος υἱός, κτλ. Vgl. weiter auch K 507 ἧος ὁ ταῦθ' ὥρμαινε κατὰ φρένα, τόφρα δ' Ἀθήνη / ἐγγύθεν ἱσταμένη προσέφη Διομήδεα δῖον (was den Typus verkürzt und auch auf Überlegung einer Alternative von Aktivitäten folgt; Athene mahnt Diomedes zur Heimkehr und schneidet damit alle weiteren Pläne ab); zur Besonderheit dieser Entscheidungsszene der Dolonie s. G. Danek, Studien zur Dolonie, Wien 1988, 155f. Wichtig ist auch Ξ 20 ὡς ὁ γέρων ὥρμαινε, δαϊζόμενος κατὰ θυμόν, wo das vorhergehende Gleichnis Unentschiedenheit und Entscheidung verbildlicht und auf die nachfolgende Formulierung einer Alternative die Entscheidung erfolgt (vgl. Anm. 13). Eine besondere Variante des Typus liegt auch in den aufeinander bezogenen Stellen Φ 64 und X 131 vor (Achill und Lykaon; Hektor und Achill). Auch hier folgt das „Nahekommen" auf die innere Rede (ὡς ὥρμαινε μένων· ὁ δέ οἱ σχεδὸν ἦλθε κτλ.).

eine mehr oder weniger feste traditionelle Koppelung des eine Überlegung zusammenfassenden und deren Andauer aussagenden Verses, den wir betrachten, mit einem nachfolgenden Kommen von Personen, durch das eine neue Situation hergestellt wird, und man wird nicht zweifeln, daß auch das Kommen der Athena während der Überlegung des Achill und der an sie bereits anschließenden Aktion sich dem gleichen Aussagetypus zuordnen läßt. Das Besondere liegt dabei freilich darin, daß Achill bereits zur Handlung im Sinne des schlechteren Weges der Alternative ansetzt und dann Athena den Helden zur Wahl des Besseren bestimmt. Wir vergegenwärtigen uns am besten den Text (A 193-200):

ἧος ὁ ταῦθ' ὥρμαινε κατὰ φρένα καὶ κατὰ θυμόν,
ἕλκετο δ' ἐκ κολεοῖο μέγα ξίφος, ἦλθε δ' Ἀθήνη
οὐρανόθεν· πρὸ γὰρ ἧκε θεὰ λευκώλενος Ἥρη,
ἄμφω ὁμῶς θυμῷ φιλέουσά τε κηδομένη τε·
στῆ δ' ὄπιθεν, ξανθῆς δὲ κόμης ἕλε Πηλείωνα
οἴῳ φαινομένη· τῶν δ' ἄλλων οὔ τις ὁρᾶτο·
θάμβησεν δ' Ἀχιλεύς, μετὰ δ' ἐτράπετ', αὐτίκα δ' ἔγνω
Παλλάδ' Ἀθηναίην· δεινὼ δέ οἱ ὄσσε φάανθεν.

Mit dem Kommen Athenas[17] ereignet sich eine nur Achill allein zuteil werdende Epiphanie, in deren Rahmen die Entscheidung der Alternative in Form eines Zwiegesprächs zwischen Mensch und Gott erfolgt. Epiphanie ist eine feste Gegebenheit der homerischen Gedichte, doch bietet die Schilderung dieser Epiphanie eine Reihe von Einzelzügen, die sie unverwechselbar sein lassen. Üblich ist das Herantreten der Gottheit an den Menschen[18], doch geschieht dasselbe hier nicht in der Weise einer einfachen Begegnung (wie bei der Verwandlung des Gotts in einen bestimmten Menschen) und auch nicht in einer Weise, die dem Typus des Auftretens der Traumfiguren vergleichbar ist, sondern von hinten her, und dazu kommt, daß Athena Achill am Haare packt, so daß dieser sich voller

---

Die Variation ist ausdrucksstark dadurch, daß im einen Falle das auf Begnadigung hoffende Opfer (Lykaon) und im anderen Falle der Täter (Achill) nahekommt. Ferner ist besonders wichtig, daß im Falle des die Alternativen (gütliche Einigung, Kampf) durchspielenden inneren Monologs des Hektor die Entscheidung schon vor dem Kommen des Gegners fällt. Es ist das ein klarer Gegenbeweis gegen alle Theorien, die von einem bloßen Reagieren des homerischen Menschen ausgehen.

[17] Zum Kommen Athenas vom Olymp auf Anregung der Hera s. Δ 64f., wo Athena durch Zeus auf Anregung der Hera zur Versuchung des Pandaros ausgesandt wird.

[18] στῆ δ' ἄρ' ὑπὲρ κεφαλῆς (B 20 = 59, Ψ 68, Ω 682) ist die Formel bei Erscheinungen im Traume. Für das (unerkannte) Erscheinen des Gotts in der Gestalt eines bestimmten Menschen vgl. z.B. Δ 92 ἀγχοῦ δ' ἱσταμένη κτλ. (von Athena, die in der Gestalt des Laodokos zu Pandaros spricht).

Verwunderung umwendet und dann Athena auch gleich erkennt. Das folgende Zwiegespräch ist deutlich im Anschluß an die Alternative von Achills Überlegung und an das Geschehen gebildet, das ihren Hintergrund darstellt. Achill sagt (202-205):

„τίπτ' αὖτ', αἰγιόχοιο Διὸς τέκος, εἰλήλουθας;
ἦ ἵνα ὕβριν ἴδῃ Ἀγαμέμνονος Ἀτρείδαο;
ἀλλ' ἔκ τοι ἐρέω, τὸ δὲ καὶ τελέεσθαι ὀίω·
ἧς ὑπεροπλίῃσι τάχ' ἄν ποτε θυμὸν ὀλέσσῃ."

Achill fragt nach dem Grund des Kommens der Göttin und spricht sie dabei mit einer periphrastischen Namensformel an, die ihre Macht und Stellung zum Ausdruck bringt. Er vermutet sodann, daß sie göttlicher Zeuge von Agamemnons Übergriff gegen seine Rechte sein wolle, und fügt daran die Voraussage, es werde der König wegen seiner Überheblichkeit bald noch sein Leben verlieren. Offenbar bringt das die Wiederaufnahme der beim Überlegen der Handlungsalternative zuerst genannten Möglichkeit, das Schwert zu ziehen und damit den Atreiden zu töten (190f.), was mit dem inkohativen Imperfektum von 194 (ἕλκετο) dann auch schon begonnen war (vgl. die Gegenbewegung von 219f.). Dagegen steht Athena für die zweite bei der Überlegung formulierte Möglichkeit, zu der sie Achill bestimmen will, indem sie antwortet (207-214):

„ἦλθον ἐγὼ παύσουσα τὸ σὸν μένος, αἴ κε πίθηαι,
οὐρανόθεν· πρὸ γὰρ ἧκε θεὰ λευκώλενος Ἥρη
ἄμφω ὁμῶς θυμῷ φιλέουσά τε κηδομένη τε·
ἀλλ' ἄγε λῆγ' ἔριδος, μηδὲ ξίφος ἕλκεο χειρί·
ἀλλ' ἤτοι ἔπεσιν μὲν ὀνείδισον ὡς ἔσεταί περ·
ὧδε γὰρ ἐξερέω, τὸ δὲ καὶ τετελεσμένον ἔσται·
καί ποτέ τοι τρὶς τόσσα παρέσσεται ἀγλαὰ δῶρα
ὕβριος εἵνεκα τῆσδε· σὺ δ' ἴσχεο, πείθεο δ' ἡμῖν."

Es lohnt sich, die Genauigkeit der Bezugnahmen sich zu vergegenwärtigen, die hier im Spiele sind: Auf die Frage von 202 τίπτ' ... εἰλήλουθας; antwortet ἦλθον ἐγὼ von 207[19], und der Absichtserklärung von 207 παύσουσα τὸ σὸν μένος entspricht die Alternative von 192 ἦε χόλον παύσειεν ἐρητύσειέ τε θυμόν. Der Mahnung, den handgreiflichen Streit zu lassen und das Schwert nicht zu ziehen von 210 (λῆγ' ἔριδος, μηδὲ ξίφος ἕλκεο χειρί), entspricht die Alternative von Tumult[20] und Königs-

---

[19] Die Verse 208f. sind eine wörtliche Wiederholung der Verse 195f. (mit winziger kontextbedingter Abwandlung).

[20] Der Kontext bestimmt die Bedeutung von ἔρις (210), zunächst also 191 und dann 211 (ἔπεσιν ... ὀνείδισον) als der Gegensatz dazu.

mord von 190f. (... φάσγανον ὀξὺ ἐρυσσάμενος ...) und die schon begonnene entsprechende Handlung von 194 (ἕλκετο δ' ἐκ κολεοῖο μέγα ξίφος), die in 220 auf das Wort der Göttin hin aufgegeben wird (ἂψ δ' ἐς κουλεὸν ὦσε μέγα ξίφος). Man kann leicht sehen, daß die Aussage des Ganzen sich an einem System von Wiederholungen orientiert, und es wird bei Betrachtung des Ganzen auch völlig offenkundig, daß es unmöglich ist, auf die Rolle, die Athena hier spielt, zu verzichten. Dabei sind für die Bewertung der Aussage des Dichters moderne Theorien, die das Phänomen der Epiphanie psychologisch erklären wollen, völlig irrelevant, relevant ist dagegen, daß der Dichter durchaus die Ausdrucksmöglichkeiten hat, eine Überlegungs- und Entscheidungsszene auch ohne die Einbeziehung einer Epiphanieschilderung zu gestalten, der entsprechende Typus hier aber kaum passend gewesen wäre. Man kann sich kaum vorstellen, daß anstelle des Auftretens der Athena hier ein einfaches „und da er so überlegte, schien es ihm besser zu sein" stehen könnte. Die Stelle verlangt den großen Affekt, den Impetus desselben hin bis zu dem Punkte der äußersten Gefahr, und auch die Gegenbewegung, die in dieser Situation nur von der Gottheit kommen kann. Wenn wir noch auf die Antwort Achills blicken, so wird dies noch deutlicher sein. Achill antwortet der Göttin (216-218):

„χρὴ μὲν σφωΐτερόν γε, θεά, ἔπος εἰρύσσασθαι
καὶ μάλα περ θυμῷ[21] κεχολωμένον· ὧς γὰρ ἄμεινον·
ὅς κε θεοῖς ἐπιπείθηται, μάλα τ' ἔκλυον αὐτοῦ."

Er stößt das Schwert zurück in die Scheide und gehorcht dem Wort der Göttin. Diese aber ist schon wieder fort zum Olymp, zu der Gemeinschaft der Götter, gegangen, und es folgt die exzessive Schelte, die Achill über Agamemnon ausgießt[22].

Die Betrachtung unserer Stelle zeigt, daß Achills Überlegung organisch in ein Gespräch mit der Göttin übergeht. Die Göttin handelt, indem sie Achill von hinten am Haare packt und ihm allein ihre Erscheinung zeigt, von welcher der Dichter nur die mächtig leuchtenden Augen her-

---

[21] Allein die von uns betrachteten Stellen geben schon einen Eindruck vom θυμός als dem Sitz der Affekte: man ist in ihm zornig (A 217 θυμῷ κεχολωμένος), empfindet in ihm Zuneigung und Sorge (A 196. 209 θυμῷ φιλέουσά τε κηδομένη τε); er ist aber auch der Ort der Überlegung (A 193 ταῦθ' ὥρμαινε κατὰ φρένα καὶ κατὰ θυμόν) sowie Ausdruck für die Lebenskraft (A 205) und den jeweiligen Impetus bzw. den Träger desselben (A 173. 192). Die Verwendung für den augenblicklichen Impuls zeigt besonders deutlich ἕτερος θυμός in ι 302.

[22] In rep. 3, 389d führt Platon diese Schelte (mit Zitat von A 225) als negatives Beispiel an, das der Besonnenheit (σωφροσύνη) der Jugend, die das höre, schade.

vorhebt. Und daß der Held die Göttin sofort erkennt, ist wichtig. Die Erscheinung darf man sich gewiß so denken, wie frühgriechische Dichtung die kluge[23] Göttin darstellt, wobei man zuerst die *Odyssee* heranziehen wird, die das Naheverhältnis der Göttin zu Odysseus mit einer Wesensverwandtschaft begründet[24]. Die Erscheinung der Athena bringt eine Sinngestalt, die den Zeitgenossen des Dichters unmittelbar verständlich war. Uns interessiert jedoch vor allem die Götterstimme, die mit der Erscheinung gegeben ist. Sie wirkt, wenn man will, wie eine Stimme des Gewissens (was als spätere Vorstellung aber die hier nicht gegebene Innerlichkeit voraussetzt) oder vielmehr als die Stimme des besseren Planes, der sich mit der überpersonalen Größe der Gottheit verbindet. Vergleichen kann man für diese Götterstimme aus der *Odyssee* vor allem die Warnung, welche die Götter dem Aigisthos durch Hermes zukommen ließen (α 37ff.). Es geht auch dort um eine abmahnende Stimme, die zugleich auf die Konsequenzen der Tat in der Zukunft verweist[25].

---

[23] Sie heißt πολύβουλος in *Ilias* und *Odyssee* (E 260, π 282), ist die als περίφρων charakterisierte Tochter des Zeus bei Hesiod (theog. 894) und hat dort nach dem bekannten Ursprungsmythos Metis (die „Klugheit") zur Mutter.

[24] Die für uns wichtigste Stelle bringt bei der ersten direkten und offenen Begegnung der Göttin eine Aussage über die Art der Erscheinung (ν 288 δέμας δ' ἤικτο γυναικὶ / καλῇ τε μεγάλῃ τε καὶ ἀγλαὰ ἔργ' εἰδυίῃ) und eine für Epiphaniereden charakteristische Wesensaussage (ν 298 ἐγὼ δ' ἐν πᾶσι θεοῖσι / μήτι τε κλέομαι καὶ κέρδεσιν). Den Typus der Epiphanie mit Selbstvorstellung und Wesensverkündigung der Gottheit zeigen besonders schön der homerische Demeterhymnus (268f. εἰμὶ δὲ Δημήτηρ τιμάοχος, ἥ τε μέγιστον / ἀθανάτοις θνητοῖσί τ' ὄνεαρ καὶ χάρμα τέτυκται) und das Prooimion der Hesiodischen *Theogonie* (27f. ἴδμεν ψεύδεα πολλὰ λέγειν ἐτύμοισιν ὁμοῖα, / ἴδμεν δ', εὖτ' ἐθέλωμεν, ἀληθέα γηρύσασθαι). Das Beispiel der *Theogonie* ist auch deshalb besonders wichtig, weil die Musen als die göttlichen Kräfte der dichterischen Inspiration das Phänomen der Götterstimme für ihren Bereich in der ganzen Weite seines Umfangs verdeutlichen können und außerdem durch den Inhalt ihrer Selbstvorstellung auch der doppelte Aspekt von Götterstimme (hier: Fiktion und Wahrheit) illustriert wird. In einer Welt, in der - anders als bei Platon - die Gottheit Schlimmes ebenso wie Gutes eingeben kann, ist der Mensch auch zur Beurteilung der Götterstimme aufgefordert. Die Versuchung des Pandaros durch Athena in der *Ilias* kann dies zeigen, wenn nach der Versucherrede Athenas steht (Δ 104): ὣς φάτ' Ἀθηναίη, τῷ δὲ φρένας ἄφρονι πεῖθεν. Auch Penelopes Aussage über die beiden Traumtore (τ 560f.) weist in die gleiche Richtung.

[25] Für die Art der Umdeutung und einen Versuch der Differenzierung der verschiedenen Götterboten durch Spätere mag man Herakleitos, Hom. quaest. 28,1-3 vergleichen: καὶ μὴν ἐπὶ τῆς δευτέρας ῥαψῳδίας ἀνακομιζομένων τῶν Ἑλλήνων Ὀδυσσεῖ διαποροῦντι παρέστηκεν οὐκ ἄλλη τις, ἀλλ' ἡ θεία φρόνησις, ἣν Ἀθηνᾶν ὀνομάζει [B 279]. Καὶ τὴν ἀποστελλομένην Ἶριν ἄγγελον τοῦ Διὸς τὸν εἴροντα λόγον ὑφίσταται, ὥσπερ Ἑρμῆν τὸν ἑρμηνεύοντα· δύο γὰρ ἄγγελοι θεῶν, οὐδενὸς ἄλλου πλὴν ἐπώνυμοι τῆς κατὰ τὸν λόγον ἑρμηνείας.

2

Die Erscheinung der Athena deutet im Sinne der platonischen Seelenlehre Herakleitos in seinen *Homerika Problemata* (Kap. 18-20). Er zitiert dafür zunächst die homerischen Verse, welche die Erscheinung der Göttin schildern (A 194-200), und gibt dazu dann mit eigener Akzentuierung den Umriß des manifesten Bildes, das der Dichter vor Augen stelle. Die Verse ließen gegenwärtig werden, daß die Göttin während der Zeit, da der Stahl gezogen wurde, über alle Geschwindigkeit hinaus schnell ihren himmlischen Aufenthalt verließ und der Mordtat hindernd entgegentrat, indem sie mit sehr ausdrucksvoller Gebärde Achill fest von hinten am Haupthaare packte. Es liege jedoch dem dabei in allegorischem Ausdruck Gemeinten eine glanzvolle und durchweg philosophische Wissenschaft zugrunde. Auch brächten diese Verse wiederum den Beweis, daß der in seiner *Politeia* gegenüber Homer so undankbare Platon seine Lehre über die Seele sich von niemand anderem als dem Dichter angeeignet habe[26].

Es folgt zum Erweis der Richtigkeit der Anschuldigung eine doxographische Darlegung der platonischen Seelenlehre. Die dabei gegebene knappe Zusammenfassung ist als Quelle für sich von Interesse und soll daher zunächst ausgeschrieben sein[27]:

---

26 τὸ μὲν γὰρ πρόχειρον ἐκ τῶν λεγομένων ἔστιν εἰπεῖν, ὅτι μεταξὺ τοῦ σπωμένου σιδήρου θεά, παντὸς ὀξυτέρα τάχους τὴν οὐράνιον ἐκλιποῦσα διατριβήν, ἐμπεδὼν ἔστη τῇ μιαιφονίᾳ, πανὺ γραφικῷ σχήματι τῆς κόμης ἀπρὶξ ὄπισθεν Ἀχιλλέως λαβομένη. λαμπρά γε μὴν καὶ λίαν φιλόσοφος ὑφεδρεύει τοῖς νοουμένοις κατ' ἀλληγορίαν ἐπιστήμη. πάλιν οὖν ὁ πρὸς Ὅμηρον ἀχάριστος ἐν τῇ πολιτείᾳ Πλάτων ἐλέγχεται διὰ τούτων τῶν ἐπῶν τὸ περὶ τῆς ψυχῆς δόγμα νοσφισάμενος ἀπ' αὐτοῦ. Der Autor ist bei seiner Paraphrase um gewählte Variation und um nachdrückliche Ergänzung bemüht. Vgl. etwa μεταξὺ τοῦ σπωμένου σιδήρου mit ἕλκετο ... ξίφος und die ausdeutende Wiedergabe der Apodosis ἦλθε δ' Ἀθήνη (mit ihrem Übergang vom Imperfektum zum Aorist) durch παντὸς ὀξυτέρα τάχους τὴν οὐράνιον ἐκλιποῦσα διατριβήν. - Die Verse A 199f. hat Herakleitos (im Grunde gegen die an unserer Stelle gegebene Deutung Athenas auf die menschliche Vernunft) auch schon 2,4 als Beleg für die erhabene Frömmigkeit von Homers Gottesbild zitiert.

27 „Denn die Seele als Ganzes teilt er in zwei Arten ein, die von ihm als das Vernünftige und das Unvernünftige bezeichnet werden. Beim Unvernünftigen nimmt er eine Unterteilung in Unterarten vor, indem er es in zwei Teile zerlegt. Er nennt den einen das Begehrliche, den anderen das Mutartige. Und er hat jedem Teil gleichsam Häuser und Aufenthaltsräume im Körper zugewiesen. So meint er, daß das Vernünftige (an) der Seele als eine Art Akropolis den obersten Teil, den des Kopfes, erhalten habe, von allen Sinnen ringsum wie von einer Garde umgeben. Vom unvernünftigen Teil wohnt der Mut um das Herz herum, die Triebe der Begehrlichkeit in der Leber." (Übers. H. Dörrie/M. Baltes). - Von den doxographischen Abrissen, die im folgenden angeführt werden, stimmen bei Angabe der Lokalisierung alle darin überein, daß sie das θυμοειδές (θυμικόν) im Bereich des Herzens ansetzen, während die Ansetzung des ἐπιθυμητικόν im Bereich der Leber nur noch bei Timaios Lokros (100a περὶ τὸ ἧπαρ) und bei Diog.

τὴν γὰρ ὅλην ψυχὴν διῄρηκεν εἰς γένη δύο, τό τε λογικὸν[28] καὶ τὸ ἄλογον ὑπ' αὐτοῦ προσαγορευόμενον. τοῦ δ' ἀλόγου μέρους ἰδικωτέραν ὑφίσταται διαίρεσιν, εἰς δύο μερίζων, καὶ τὸ μὲν ἐπιθυμητικὸν ὀνομάζει, τὸ δ' ἕτερον θυμοειδές. καὶ καθάπερ δὲ οἴκους τινὰς ἑκάστῳ μέρει καὶ διατριβὰς ἐν τῷ σώματι διένειμεν· τὸ μὲν οὖν λογικὸν τῆς ψυχῆς ἀκρόπολίν τινα[29] τὴν ἀνωτάτω τῆς κεφαλῆς μοῖραν εἰληχέναι νομίζει, πᾶσι τοῖς αἰσθητηρίοις ἐν κύκλῳ δορυφορούμενον, τοῦ δ' ἀλόγου μέρους ὁ μὲν θυμὸς[30] οἰκεῖ περὶ τὴν καρδίαν, αἱ δὲ τῶν ἐπιθυμιῶν ὀρέξεις ἐν ἥπατι.

Es folgt, zum Beleg für allegorischen Ausdruck bei Platon selbst, das Bild vom Wagenlenker und den beiden unterschiedlichen Pferden aus dem Mythos des *Phaidros*, wobei zunächst die gegensätzlichen Aussagen

---

Laert. 3,67 (περὶ τὸν ὀμφαλὸν καὶ τὸ ἧπαρ) erscheint. Das reduziert Platons Angaben im *Timaios* (70df.) und ignoriert die besondere Rolle, die die Leber dort (71a-72b) hat (auch M. Baltes in seinem Kommentar zu Timaios Lokros [Philosophia Antiqua 21, Leiden 1972, 151] tut das, wenn er Platon das ἐπιθυμητικόν „in der Lebergegend" lokalisieren läßt). Allerdings ist Platons Formulierung bei Diog. Laert. 3,67 ähnlich wie bei Alkin. 17 (173,13 Whittaker): τὸ δὲ ἐπιθυμητικὸν περὶ τὸ ἦτρον (vgl. Phaid. 118a5) καὶ τοὺς περὶ τὸν ὀμφαλὸν τόπους gegenwärtig; vgl. Tim. 70d/e τὸ δὲ δὴ σίτων τε καὶ ποτῶν ἐπιθυμητικὸν τῆς ψυχῆς καὶ ὅσων ἔνδειαν διὰ τὴν τοῦ σώματος ἴσχει φύσιν, τοῦτο εἰς τὸ μεταξὺ φρενῶν καὶ τοῦ πρὸς τὸν ὀμφαλὸν ὅρου κατῴκισαν. Dazu auch Alkin. 23 (176,19f.), wo die Anlehnung an den Wortlaut des *Timaios* größer ist: τὸ μὲν γὰρ θυμικὸν ἔταξαν ἐν καρδίᾳ, τὸ δὲ ἐπιθυμητικὸν ἐν τῷ μεταξὺ τόπῳ τοῦ τε πρὸς τὸν ὀμφαλὸν ὅρου καὶ τῶν φρενῶν, καταδήσαντες ὥσπερ τι οἰστροῦν καὶ ἄγριον θρέμμα.

28 So richtig (im Sinne der entsprechenden doxographischen Tradition) die Ausgabe der Bonner Sodales (Leipzig 1910), während Buffière (Paris 1962) mit dem Vat. gr. 871 (= A) das für Platon richtige λογιστικόν druckt (was auch H. Dörrie, Der Platonismus in der Antike 2, Stuttgart-Bad Cannstatt 1990, 122, nr. 54.4,6 leider übernimmt). An vier weiteren Stellen führt die Überlieferung eindeutig auf λογικόν (17,8 [bis] und 13; 19,1 Buffière).

29 Der Vergleich des Kopfes mit einer Akropolis als der Stelle, von der die Kommandos ausgehen, geht zurück auf Tim. 70a6 (ἐκ τῆς ἀκροπόλεως) ebenso wie hernach aller Wahrscheinlichkeit nach δορυφορούμενον auf die δορυφορικὴ οἴκησις in 70b2, wobei aber der doxographische Text den Sinnzusammenhang im *Timaios* durch Kombination mit 44df. (die Sinnesorgane) stark verwandelt hat. Für das Bild vgl. auch rep. 8, 560b τὴν τῆς ψυχῆς ἀκρόπολιν. Unser Text berührt sich in dem in Frage stehenden Punkte besonders mit dem Referat des Alkinoos, das wir unten anführen. Vgl. auch Plut. quaest. conv. 3,1,3, 647C/D (= 4,85,20 und 86,19 Hubert) τὴν κεφαλὴν ... ὡς ἀκρόπολιν und τῇ καρδίᾳ τὸν θυμὸν ἐνστρατοπεδεύειν ᾤοντο.

30 Daß auch im doxographischen Abriß an die Stelle der terminologisch fixierten Bezeichnung θυμοειδές einfach wieder das alte Wort θυμός tritt (wie das auch bei Platon möglich ist) ist in einem auf den Vergleich mit Homer zielenden Zusammenhang wesentlich. Das gleiche gilt für die gleich anzuführende doxographische Aussage von de Hom. 2,129, wenn formuliert wird τὸ δ' ἐπιθυμητικὸν ἐν τοῖς περὶ τὴν γαστέρα, denn erst die Verwendung des (schon homerischen) Begriffs γαστήρ bringt die Evidenz für die gesuchte Verbindung Platons zu Homer.

über die beiden Pferde wörtlich zitiert werden (253d3-e5)[31], dann aber für Platons Aussage über den Lenker des ganzen Gefährts nicht mit einer Aussage aus dem *Phaidros*, sondern mit einem entsprechenden Zitat aus dem *Timaios* (90a2-7) fortgefahren wird. Daran schließen die homerischen Belege, die zeigen sollen, daß Platon seine Lehre aus Homer genommen habe, zuerst für die beiden irrationalen Teile der Seele (Kap. 18), dann für den rationalen Teil, bei dem zu der passenden Deutung der Athena als Vernunft (Kap. 19) auch die entsprechende ausführliche Ausdeutung von A 194-200 sich stellt. Damit findet die Demonstration, die von dem Zitat der Homerstelle ausgegangen war, ihre Abrundung.

Den doxographischen Abriß der platonischen Seelenlehre bezeichnet Matthias Baltes im Kommentar zu dem in Dörries Sammlung (als Baustein Nr. 54. 4) teilweise abgedruckten Text des Herakleitos (Kap. 17-18)[32] als „Darlegung der Lehre Platons nach Tim. 69c-71b", was die Wichtigkeit, welche die Timaiosstelle besonders hinsichtlich der Lokalisierung der Seelenteile für die Platondoxographie gehabt hat, richtig festhält, den für Herakleitos anzusetzenden Tatbestand dabei aber doch mehr als billig verkürzt. Herakleitos hat sein Wissen im übrigen wohl nicht aus dem *Timaios* bezogen, ja aller Wahrscheinlichkeit nach auch nicht direkt aus dem doxographischen Handbuch, sondern aus einer Tradition geschöpft, welche die Doxographie bereits im Kontext mit Homer verwendet hat. Es zeigen das deutlich die Gemeinsamkeiten, welche zwischen Herakleitos und der pseudoplutarchischen Schrift *De Homero* bestehen. Dort wird im Kap. 92 allgemein ausgesagt, es sei Homer mehr als jeder andere der Bewunderung würdig, weil er es sei, welcher für alle Lehren den Anfang und die Anregung geboten habe, und der Beweis dafür wird dann Kap. 93ff. für alle Bereiche der Philosophie durchgeführt, angefangen von den Urelementen der Vorsokratiker[33]. Und im Kap. 129 wird Achills innerer Kampf und Athenas Epiphanie kurz im Rahmen der platonischen Theorie der drei Seelenteile erklärt:

τῆς δὲ ψυχῆς ἐχούσης, ὡς καὶ τοῖς φιλοσόφοις δοκεῖ, τὸ μὲν λογικὸν ἐνιδρυμένον τῇ κεφαλῇ τὸ δ' ἄλογον, καὶ τούτου τὸ μὲν θυμικὸν ἐνοικοῦν

---

[31] Dazwischen steht (mit einer wohl notwendigen Ergänzung, welche die bisherigen Herausgeber einzufügen versäumt haben) ταῦτα μὲν περὶ θατέρου μέρους τῆς ⟨ἀλόγου⟩ ψυχῆς. περὶ δὲ τοῦ λοιποῦ φησιν κτλ. (17,11 Buffière).

[32] In: H. Dörrie (wie Anm. 28), 387.

[33] Zur Tradition des Themas „Homer als Quelle allen Wissens" s. M. Hillgruber, Die pseudoplutarchische Schrift *De Homero*. Teil 1: Einleitung und Kommentar zu den Kapiteln 1-73 (= Beitr. z. Altertumskunde. Bd. 57), Stuttgart/Leipzig 1994, 5f.

τῇ καρδίᾳ τὸ δ' ἐπιθυμητικὸν ἐν τοῖς περὶ τὴν γαστέρα[34]· ἆρ' οὖν οὐ πρότερος Ὅμηρος εἶδε τὴν τούτου διαφοράν, ὃς ἐποίησεν ἐπὶ μὲν τοῦ Ἀχιλλέως τὸν λογισμὸν τῷ θυμῷ μαχόμενον καὶ ἐν τῇ αὐτῇ ῥοπῇ διανοούμενον ἢ ἀμύνασθαι τὸν λελυπηκότα ἢ παῦσαι τὸν χόλον; „ἕως ὁ ταῦθ' ὥρμαινε κατὰ φρένα καὶ κατὰ θυμόν" (Α 193), τουτέστι τὴν φρόνησιν καὶ τὴν ἀντικειμένην αὐτῷ θυμικὴν ὀργήν, ἧς τὴν φρόνησιν ἐπικρατοῦσαν πεποίηκε· τοῦτο γὰρ αὐτῷ ἡ ἐπιφάνεια τῆς Ἀθηνᾶς βούλεται.

Das Eingehen auf die Lokalisierung der Seelenteile ist hier wie bei Herakleitos im Hinblick auf Homer von Bedeutung. Es ist aber auch für die doxographische Tradition selbstverständlich, aus der geschöpft wird. Zitieren wir eine Stelle aus dem *Didaskalikos* des Alkinoos, wo neben der knappen Zusammenfassung auch noch eine gewisse Anlehnung an Platons Text spürbar ist (173,5ff. Whittaker):

ἐργασάμενοι δὲ οἱ θεοὶ τὸν ἄνθρωπον καὶ ἐνδήσαντες τῷ σώματι αὐτοῦ τὴν ψυχὴν δεσπόσουσαν αὐτοῦ, ταύτης τὸ ἡγεμονικὸν κατὰ λόγον περὶ τὴν κεφαλὴν καθίδρυσαν, ἔνθα μυελοῦ τε ἀρχαὶ καὶ νεύρων καὶ κατὰ τὰς πείσεις παραφροσύναι, περικειμένων καὶ τῶν αἰσθήσεων τῇ κεφαλῇ ὥσπερ δορυφορουσῶν τὸ ἡγεμονικόν. ἐν τούτῳ καὶ τὸ λογιστικὸν τῷ τόπῳ καὶ τὸ κρῖνόν τε καὶ τὸ θεωροῦν· τὸ δὲ παθητικὸν τῆς ψυχῆς κατωτέρω ἐποίησαν, τὸ δὲ θυμικὸν περὶ τὴν καρδίαν, τὸ δ' ἐπιθυμητικὸν περὶ τὸ ἦτρον καὶ τοὺς περὶ τὸν ὀμφαλὸν τόπους, περὶ ὧν ὕστερον εἰρήσεται[35].

Wie man sieht, operiert dieser Text zunächst mit einer Zweiteilung, die durch weitere Untergliederung zu einer Dreiteilung der Seele wird[36]. Das

---

[34] In 130,2 wird dann mit Hilfe des in dieser doxographischen Darstellung der Lehre schon eingeführten Begriffs γαστήρ der Beweis für die homerischen Entsprechungen zu Platon geführt: τὸ δὲ ἐπιθυμητικὸν ὅπως περὶ γαστέρα, ἔν ⟨τε⟩ ἄλλοις διασαφεῖ καὶ ἐν τούτοις· 'ἀλλά με γαστὴρ / ὀτρύνει κακοεργὸς' (σ 53f.) καὶ 'γαστέρα δ' οὔ πως ἔστιν ἀποκρύψαι μεμαυῖαν' (ρ 286). F. Buffière, Les mythes d' Homère et la pensée grecque, Paris 1956, 270f., weist, nicht ganz mit Unrecht, auf die Affinität hin, die odysseische Aussagen über den Bauch zu Platons Definition des ἐπιθυμητικόν im Tim. 70d/e haben: τὸ δὲ δὴ σίτων τε καὶ ποτῶν ἐπιθυμητικὸν τῆς ψυχῆς καὶ ὅσων ἔνδειαν διὰ τὴν τοῦ σώματος ἴσχει φύσιν, τοῦτο εἰς τὸ μεταξὺ φρενῶν καὶ τοῦ πρὸς τὸν ὀμφαλὸν ὅρου κατῴκισαν, οἷον φάτνην ἐν ἅπαντι τούτῳ τῷ τόπῳ τῇ τοῦ σώματος τροφῇ τεκτηνάμενοι· καὶ κατέδησαν τὸ τοιοῦτον ἐνταῦθα ὡς θρέμμα ἄγριον, κτλ. Der platonische Begriff ἐπιθυμητικόν ist aber selbstverständlich umfassender, er geht von einer Unterscheidung von Leib und Seele aus, und er ist „Teil" eines Gesamtbegriffs „Seele". Was als mögliche Anregung bleibt, ist also bestenfalls die homerische Sicht von γαστήρ als einem gewissermaßen eigenen und strebenden Wesen.

[35] Vgl. Plat. Tim. 42e/f. die Götter als Unterdemiurgen und Begriffe wie ἀπεργαζόμενοι (43a), ἐνέδουν, ἐνέδεσαν (43a, 44d), δεσποτοῦν (44d). Ferner 70a/b. Für Weiteres s. Whittakers Apparat. - Der am Ende gegebene Verweis geht auf Kap. 23 (176,6f).

[36] Der primäre Gegensatz ist hier der von τὸ ἡγεμονικόν (zu dem an erster Stelle das λογιστικόν gehört) und τὸ παθητικόν, das sich dann weiter in τὸ θυμικόν und τὸ ἐπιθυμητικόν aufteilt. Die Entsprechung dazu ist in dem 156,34ff. gegebenen Beispiel

gleiche ist der Fall in dem entsprechenden Abschnitt des Timaios Lokros, der in seinem Wortlaut dem bei Herakleitos Gegebenen wesentlich näher ist. Die seit langem beobachtete Verbindung der sich als Quellentext des platonischen *Timaios* gebenden pseudopythagoreischen Schrift mit der Platondoxographie ergibt auch das eindeutige Urteil über sie. Hier interessiert sie also nur als doxographische Parallele (Kap. 10, 99e)[37]:

> τᾶς μὲν γὰρ ἀνθρωπίνας ψυχᾶς τὸ μὲν λογικόν ἐστι καὶ νοερόν, τὸ δ' ἄλογον καὶ ἄφρον· τῶ δὲ λογικῶ τὸ μὲν κρέσσον ἐκ τᾶς ταὐτῶ φύσιος, τὸ δὲ χέρειον ἐκ τᾶς τῶ ἑτέρω, ἑκάτερον δὲ περὶ τὰν κεφαλὰν ἱδρυμένον, ὡς τἆλλα μέρεα τᾶς ψυχᾶς καὶ τῶ σώματος ὑπηρετεῖν τούτῳ, καθάπερ ὑπάτῳ τῶ σκάνεος ἅπαντος· τῶ δ' ἀλόγω μέρεος τὸ μὲν θυμοειδὲς περὶ τὰν καρδίαν, τὸ δ' ἐπιθυματικὸν περὶ τὸ ἧπαρ.

Auch andere doxographische Texte halten an dem (letzlich auch auf Platons Darlegung im *Staat* zurückgehenden) diairetischen Gedankenschritt fest, so Ps.-Plut. plac. 898e (DG 389; vgl. Euseb. praep. ev. 15,60,1):

> περὶ μερῶν τῆς ψυχῆς· Πυθαγόρας Πλάτων κατὰ μὲν τὸν ἀνωτάτω λόγον διμερῆ τὴν ψυχήν· τὸ μὲν γὰρ ἔχειν λογικόν, τὸ δὲ ἄλογον. κατὰ δὲ τὸ προσεχὲς καὶ ἀκριβὲς τριμερῆ· τὸ γὰρ ἄλογον διαιροῦσιν εἴς τε τὸ θυμικὸν καὶ τὸ ἐπιθυμητικόν.

Andere Referate aber gehen einfach von einer Dreiteilung der Seele aus, wie wir das knapp bei Cicero, Tusc. disp. 1,20 finden:

> „eius (= Xenokrates) doctor Plato triplicem finxit animum, cuius principatum, id est rationem, in capite sicut in arce posuit, et duas partes parere voluit, iram et cupiditatem, quas locis disclusit: iram in pectore, cupiditatem supter praecordia locavit."

Und vergleichbar in Acad. 2,124 (Lucullus):

> „... tenemusne quid sit animus ubi sit ... si est, trisne partes habeat ut Platoni placuit, rationis irae cupiditatis, an simplex unusne sit."

---

der Diairesis der Seele für den primären Gegensatz τὸ λογικόν und τὸ παθητικόν: Διαίρεσις μὲν τοίνυν ἐστὶν ἡ μὲν γένους εἰς εἴδη τομή, ἡ δὲ ὅλου εἰς μέρη· ὡς ἡνίκα τέμνομεν τὴν ψυχὴν εἴς τε τὸ λογικὸν καὶ εἰς τὸ παθητικόν, καὶ αὖ πάλιν τὸ παθητικὸν εἴς τε τὸ θυμικὸν καὶ τὸ ἐπιθυμητικόν. Mit dem Gegensatz von λογικαὶ ψυχαί und ἄλογοι ψυχαί behandelt Alkinoos (178,24ff.) das für die letzteren unsichere Problem der Unsterblichkeit der Seelen; s. dazu K. Alt, Gott, Götter und Seele bei Alkinoos, AAWM 1996, 3, 28f.

37 Ich drucke C.F. Hermanns Text, der die dorische Dialektfärbung vereinheitlicht hat. Daß der neue kritische Text von W. Marg (Timaeus Locrus, De natura mundi et animae, Leiden 1972 [Philosophia Antiqua, 24]) sich in der Frage streng an die Handschriften hält, war wohl unvermeidlich, es schadet aber gewiß nicht, wenn man sich die Frage stellt, ob das so erreichte Resultat an unserer Stelle dem Autor des Textes zugemutet werden kann. Margs Text ist auch bei H. Thesleff, The Pythagorean Texts of the Hellenistic Period (Acta Acad. Aboensis, Ser. A, Humaniora, 30,1), Åbo 1965 gegeben.

Ausführlicher ist Diog. Laert. 3,90 (im Abschnitt über platonische Diaireseis, wofür § 80 und 109 Aristoteles genannt ist; vgl. Aristot. fr. 114 und 115 Rose [101f. Ross]):

ἡ ψυχὴ διαιρεῖται εἰς τρία· τὸ μὲν γὰρ αὐτῆς ἐστι λογιστικόν, τὸ δὲ ἐπιθυμητικόν, τὸ δὲ θυμικόν. τούτων δὲ τὸ μὲν λογιστικόν ἐστιν αἴτιον τοῦ βουλεύεσθαί τε καὶ λογίζεσθαι καὶ διανοεῖσθαι καὶ πάντων τῶν τοιούτων· τὸ δὲ ἐπιθυμητικὸν μέρος ἐστὶ τῆς ψυχῆς αἴτιον τοῦ ἐπιθυμεῖν φαγεῖν καὶ τοῦ πλησιάσαι καὶ τῶν τοιούτων πάντων. τὸ δὲ θυμικὸν μέρος αἴτιόν ἐστι τοῦ θαρρεῖν καὶ ἥδεσθαι καὶ λυπεῖσθαι καὶ ὀργίζεσθαι. τῆς ἄρα ψυχῆς ἐστι τὸ μὲν λογιστικόν, τὸ δὲ ἐπιθυμητικόν, τὸ δὲ θυμικόν.

Daß für diese diairetische Präsentation der Verweis auf eine mit dem Namen Aristoteles[38] verknüpfte Tradition zu Recht besteht, zeigt sich einmal durch die kritische Bemerkung in *De anima* 3,9, 432a23ff.:

ἔχει δὲ ἀπορίαν εὐθὺς πῶς δὲ δεῖ μόρια λέγειν τῆς ψυχῆς καὶ πόσα. τρόπον γάρ τινα ἄπειρα φαίνεται, καὶ οὐ μόνον ἅ τινες λέγουσι διορίζοντες, λογιστικὸν καὶ θυμικὸν καὶ ἐπιθυμητικόν, οἱ δὲ τὸ λόγον ἔχον καὶ τὸ ἄλογον

und weiter auch durch Ps.-Aristot. virt. et vit. 1, 1249a30ff.:

τριμεροῦς δὲ τῆς ψυχῆς λαμβανομένης κατὰ Πλάτωνα, τοῦ μὲν λογιστικοῦ ἀρετή ἐστιν ἡ φρόνησις, τοῦ δὲ θυμοειδοῦς ἥ τε πραότης καὶ ἡ ἀνδρεία, τοῦ δὲ ἐπιθυμητικοῦ ἥ τε σωφροσύνη καὶ ἡ ἐγκράτεια, ὅλης δὲ τῆς ψυχῆς ἥ τε δικαιοσύνη καὶ ἡ ἐλευθεριότης καὶ ἡ μεγαλοψυχία. κακία δ' ἐστὶ τοῦ μὲν λογιστικοῦ ἡ ἀφροσύνη, τοῦ δὲ θυμοειδοῦς ἥ τε ὀργιλότης καὶ ἡ δειλία, τοῦ δὲ ἐπιθυμητικοῦ ἥ τε ἀκολασία καὶ ἡ ἀκράτεια, ὅλης δὲ τῆς ψυχῆς ἥ τε ἀδικία καὶ ἀνελευθεριότης καὶ μικροψυχία.

In solcher Tradition steht auch noch Iamblichos, wenn er formuliert (protr. 5 [30,12ff. Pist., 61,12ff. des Pl.]):

τελέως δ' ἂν καὶ οὕτως ἐπὶ τὸ αὐτὸ ἐκ διαιρέσεως ἐπέλθοιμεν. τρία τριχῇ ψυχῆς ἐν ἡμῖν εἴδη κατ-κισται, τὸ μὲν ᾧ λογιζόμεθα, τὸ δὲ ᾧ

[38] Aristoteles argumentiert in top. 4,5, 126a6ff. (vgl. auch 2,7, 113a36ff.) mit der Reihe λογιστικόν, θυμοειδές, ἐπιθυμητικόν, in top. 5,1, 129a12ff. dagegen mit der Reihe λογιστικόν sowie ἐπιθυμητικόν καὶ θυμικόν. (Der platonische Begriff θυμοειδής findet sich bei ihm auch sonst.) In m. mor. 1,1,8, 1182a24ff. ist für Platon die Zweiteilung betont (Πλάτων διείλετο τὴν ψυχὴν εἴς τε τὸ λόγον ἔχον καὶ εἰς τὸ ἄλογον ὀρθῶς, καὶ ἀπέδωκεν ἑκάστῳ ἀρετὰς τὰς προσηκούσας), und ähnlich ist wohl auch τὸ λογιστικὸν καὶ θυμικόν in spir. 483a29 aufzufassen. Verwiesen werden muß weiter auf Plut. virt. mor. 3, 441b ταύταις ἐχρήσατο ταῖς ἀρχαῖς ἐπὶ πλέον Ἀριστοτέλης, ὡς δῆλόν ἐστιν ἐξ ὧν ἔγραψεν· ὕστερον δὲ τὸ μὲν θυμοειδὲς τῷ ἐπιθυμητικῷ προσένειμεν, ὡς ἐπιθυμίαν τινὰ τὸν θυμὸν ὄντα καὶ ὄρεξιν ἀντιλυπήσεως, τῷ μέντοι παθητικῷ καὶ ἀλόγῳ μέχρι παντὸς ὡς διαφέροντι τοῦ λογιστικοῦ χρώμενος διετέλεσεν, οὐχ ὅτι παντελῶς ἄλογόν ἐστιν ὥσπερ τὸ αἰσθητικὸν ἢ τὸ θρεπτικὸν καὶ φυτικὸν τῆς ψυχῆς μέρος· κτλ.

θυμούμεθα, τρίτον δὲ ᾧ ἐπιθυμοῦμεν.

Andere Stellen haben wiederum λογικόν statt λογιστικόν, was uns für das Referat bei Herakleitos sehr interessiert. So Ps.-Iustin. ad Graec. 6,2:

Πλάτων γὰρ τριμερῆ αὐτὴν εἶναί φησιν, καὶ τὸ μὲν λογικὸν αὐτῆς, τὸ δὲ θυμικόν, τὸ δὲ ἐπιθυμητικὸν εἶναι λέγει.

Weitere Stellen zur Reihe λογικόν - θυμικόν - ἐπιθυμητικόν notiert Riedweg in seinem Kommentar zur Stelle[39].

Damit dürfte das Wesen des doxographischen Abschnitts in Herakleitos 17,5-8 durch Parallelen ausreichend illustriert sein. Es bleibt uns noch, die auf die Belege für allegorischen Ausdruck desselben bei Platon[40] folgenden Ausführungen, die ein gleiches für Homer dartun sollen[41], etwas genauer zu betrachten.

Herakleitos hält auch bei den homerischen Belegen die gleiche Anordnung ein, wie sie bei seinen platonischen Belegen gewesen war. Zuerst werden die ἄλογα μέρη τῆς ψυχῆς (18,1 und 8) behandelt, §§ 2-4

---

[39] Ps.-Justin (Markell von Ankyra?), *Ad Graecos de vera religione* (bisher *Cohortatio ad Graecos*). Einleitung und Kommentar von C. Riedweg (Schweiz. Beitr. zur Alt.wiss. 25/1 und 2), Basel 1994, 255f. Er zitiert für die Reihe λογικόν, θυμικόν, ἐπιθυμητικόν noch Phil. leg. all. 1,70f. Ps.-Galen. hist. philos. 24 (615,1 Diels): εἶναι δὲ τὰ μέρη τῆς ψυχῆς Πλάτων μὲν τρία νενόμικε λογικὸν θυμικὸν ἐπιθυμητικόν, Epiphan. haer. anaceph. 1,6,1: εἶναι δὲ αὐτῆς τρία μέρη, λογικὸν θυμικὸν καὶ ἐπιθυμητικόν und fid. 9,26. Er verweist weiter auch auf Tert. anim. 14,2 und 16,3. θυμικόν statt θυμοειδές geht, wie auch Riedweg festhält, auf Aristoteles zurück.

[40] Zitiert wird Phaidr. 253d (das dem θυμός entsprechende willige Pferd), Phaidr. 253e (das den ἐπιθυμίαι entsprechende störrische Pferd) und Tim. 90a (der dem Wagenlenker des *Phaidros* entsprechende Seelenteil, der hier als gottgegebener Daimon bezeichnet wird, welcher uns von der Erde zum Himmel zu erheben vermag). Der *Phaidros*-Mythos hat eine wesentliche Anregung wohl in dem solaren Gespann des parmenideischen Gedichts, das zum Ort der Offenbarung führt, es hat aber, z.B. mit dem Bilde des Wettstreits und der Mühe des Wagenlenkers auch wichtige andere Elemente; zum letzten s. J. de Romilly, Les conflits de l'âme dans le Phèdre de Platon, Wien. Stud. NF 16 (= 95), 1982, 100-113.

[41] Homer ist nach Herakleitos für Platon die Quelle (18,1 ταῦτα τοίνυν ὥσπερ ἐκ πηγῆς τῶν Ὁμηρικῶν ἐπῶν εἰς τοὺς ἰδίους διαλόγους μετήρδευσεν), wobei diese Anschauung auch so formuliert wird, daß damit der Vorwurf des Plagiats sich verbindet (17,4 ὁ πρὸς Ὅμηρον ἀχάριστος ἐν τῇ πολιτείᾳ Πλάτων ἐλέγχεται διὰ τούτων τῶν ἐπῶν τὸ περὶ τῆς ψυχῆς δόγμα νοσφισάμενος ἀπ' αὐτοῦ). Es setzt das den scharfen Angriff gegen Platon und Epikur von Kap. 4 fort, wo im § 4 auch der Vorwurf der Undankbarkeit und der Abhängigkeit nicht fehlt: καὶ τὸ πικρότατον, ἀρχὴν ἑκάτεροι τῶν παρ' ἑαυτοῖς δογμάτων ἔχοντες Ὅμηρον, ἀφ' οὗ τὰ πλεῖστα τῆς ἐπιστήμης ὠφέληνται, περὶ τοῦτον ἀχαρίστως εἰσὶν ἀσεβεῖς. Der Angriff gegen Platon und Epikur wird auch in den Kapiteln 76-79 fortgeführt und bildet den Abschluß des Werkes. Für weitere Texte zu dem Thema „Platon und Homer" s. Dörrie (wie Anm. 28), 120f. (Baustein 54).

der θυμός und sein Sitz im Bereich des Herzens, §§ 5-7 die Leber als der Sitz der Begierden, dann in Kap. 19 und 20 das λογικὸν μέρος (19,1) und sein Sitz im Haupte.

Die Belege sind, wie sich versteht, in keinem Falle vollkommen stimmig, doch sollte man sich gleichzeitig hüten, sie deshalb als völlig irrelevant abzutun. Das gilt gleich für das erste, das das Problem des θυμός abdeckende Zitat von Od. υ 17f., die berühmte Anrede des Odysseus an sein Herz

> στῆθος δὲ πλήξας κραδίην ἠνίπαπε μύθῳ·
> „τέτλαθι δή, κραδίη· καὶ κύντερον ἄλλο ποτ' ἔτλης“ κτλ.,

was Platon in entsprechendem Kontext auch selber schon zitiert hat[42]. Es wird bei Herakleitos in der folgenden Weise gedeutet[43]:

> „Daß der Thymos seinen Sitz im Bereich des Herzens hat, dafür kann uns der homerische Odysseus einen sicheren Beleg liefern, wenn er im Zorn gegen die Freier, gleichwie an ein Heim des Hasses wider die Schlechtigkeit, an sein Herz pocht: Da schlug er gegen seine Brust und schalt das Herz mit dem Worte: 'Halte aus, Herz! Einst hast du noch Hündischeres ausgehalten'. Von ihm her nämlich strömen die Wallungen des Thymos, und so richtet an es auch sich die Rede.“

Die Ausdeutung wird völlig verständlich erst, wenn man sich nicht nur auf den Bezug der beiden zitierten Verse beschränkt, sondern die gesamte Szene mit dem inneren Kampf des Odysseus und dessen Entscheidung gegenwärtig hat. Der Kontext ist, daß der im Vorhaus gebettete Odysseus beobachten muß, wie die ungetreuen Mägde zur Liebschaft mit den Freiern gehen. Und dann heißt es (Od. υ 9-24)[44]:

> τοῦ δ' ὠρίνετο θυμὸς ἐνὶ στήθεσσι φίλοισι·
> πολλὰ δὲ μερμήριζε κατὰ φρένα καὶ κατὰ θυμόν,
> ἠὲ μεταίξας θάνατον τεύξειεν ἑκάστῃ
> ἦ ἔτ' ἐῶ μνηστῆρσιν ὑπερφιάλοισι μιγῆναι
> ὕστατα καὶ πύματα· κραδίη δέ οἱ ἔνδον ὑλάκτει.
> ὡς δὲ κύων ἀμαλῇσι περὶ σκυλάκεσσι βεβῶσα

---

[42] Vgl. dazu unten S. 30f.

[43] Ὅτι μὲν γὰρ ὁ θυμὸς εἴληχε τὸν ὑποκάρδιον χῶρον, Ὀδυσσεὺς τοῦτο ποιήσει σαφὲς ἐν τῇ κατὰ μνηστήρων ὀργῇ καθάπερ οἶκόν τινα τῆς μισοπονηρίας θυροκρουστῶν τὴν καρδίαν· (Zitat). ἀφ' ἧς γὰρ αἱ θυμικαὶ ῥέουσι πηγαί, πρὸς ταύτην ὁ λόγος ἀποκλίνων.

[44] Die Darlegung des inneren Kampfs des Odysseus mit Überlegung und Entscheidung bezüglich der zu ihren Liebschaften gehenden Mägde ist eingebettet in eine umfassendere Überlegungsszene, die den Kampf gegen die Freier betrifft (5f. 24ff.) und die Fortsetzung in einer Epiphanie der Athena und dem Gespräch mit der Göttin hat (30-55).

ἄνδρ' ἀγνοιήσασ' ὑλάει μέμονέν τε μάχεσθαι,
ὥς ῥα τοῦ ἔνδον ὑλάκτει ἀγαιομένου κακὰ ἔργα·
στῆθος δὲ πλήξας κραδίην ἠνίπαπε μύθῳ·
„τέτλαθι δή, κραδίη· καὶ κύντερον ἄλλο ποτ' ἔτλης
ἤματι τῷ ὅτε μοι μένος ἄσχετος ἤσθιε Κύκλωψ
ἰφθίμους ἑτάρους· σὺ δ' ἐτόλμας, ὄφρα σε μῆτις
ἐξάγαγ' ἐξ ἄντροιο ὀιόμενον θανέεσθαι."
ὣς ἔφατ', ἐν στήθεσσι καθαπτόμενος φίλον ἦτορ.
τῷ δὲ μάλ' ἐν πείσῃ κραδίη μένε τετληυῖα
νωλεμέως· κτλ.

Man sieht leicht, daß diese Stelle[45] eine Identifizierung oder enge Verbindung von Thymos (V. 9) und Herz (V. 13. 17f. 22f. κραδίη bzw. ἦτορ) nahelegt. Auch hat die Charakterisierung des Herzens als „Sitz des Abscheus vor Schlechtigkeit" (οἶκος μισοπονηρίας) ganz offenkundig in V. 16 (ἀγαιομένου κακὰ ἔργα) einen guten Anhaltspunkt. Ferner läßt sich der Stelle gewiß entnehmen, daß ein „Ich" den Regungen des Thymos bzw. Herzens übergeordnet ist, das Herz aber in seinem Impetus zurückgehalten werden kann und fähig ist, auf vernünftigen Zuruf zu hören. Auch Platon hat Entsprechendes in der Stelle gelesen, und er hat das gewiß mit Recht getan, wobei freilich durch ihn die homerische Aussage sich dadurch verschiebt, daß eine neue Systematik der Begriffe zugrunde gelegt wird: das Herz als Teil des Leibes wird der Sitz des Thymos, welcher ein Teil der Seele ist. Aber darauf werden wir noch zurückkommen.

Es folgt, auf wesentlich mühsamere Weise, der angebliche Beleg für die Leber als den Sitz der Begierden (ἐπιθυμίαι): Tityos, welcher die sich ewig fortsetzende Bestrafung an der Leber, also an eben jenem Körperteil erleidet, von dem seine krankhafte Liebe einst ihren Ausgang genommen hatte. Zitiert werden die Verse Od. λ 578 (mit den an der Leber fressenden Geiern: γῦπε δέ μιν ἑκάτερθε παρημένω ἧπαρ ἔκειρον) und 580 (wo die versuchte Vergewaltigung der Leto ausgesagt ist), und dazu wird als Analogon das strenge Urteil der Gesetzgeber beigebracht, welche jeden,

[45] Das Wunderbare an unserer Stelle ist, daß der Odysseedichter aus der Tradition und aus eigener Kunst die Mittel hat, Bewußtseinsinhalte mit Präzision zu vermitteln. Das eine Mittel ist die Überlegungsszene, welche die Alternativen (sofortige Handlung - kluge Duldung des schwer Erträglichen) darstellt; das andere das (an das „bellende" Herz angeschlossene) Gleichnis von der bellenden Hündin, die für ihre Welpen zu kämpfen willens ist; und das dritte ist die mit der Zurechtweisung des Herzens einhergehende Entscheidung für die bessere Alternative der momentanen Duldung (wobei das Analogon der schlimmeren Situation in der Höhle des Kyklopen das erhellende Paradigma der Mahnung ist); s. zu dieser Stelle auch J. de Romilly, „Patience, mon coeur". L'essor de la psychologie dans la littérature grecque classique, Paris 1984, 40-43.

der die Hand gegen seinen Vater erhoben hat, mit dem Abhacken des sündig gewordenen Gliedes bestrafen[46].

Auf diese vermeintlichen Belege für die irrationalen Seelenteile folgt mit dem Kap. 19 die noch ausständige Demonstration über das Haupt als den Sitz des rationalen Seelenteiles: Zunächst (§§ 2-4) wird der direkte Beweis versucht, daß unter den Leibesteilen auch bei Homer der Kopf die hervorragendste Stellung habe, und es werden dafür zwei Belege beigebracht: einmal der bei Homer (Od. λ 549) vorkommende metaphorische Gebrauch, bei dem „Haupt" (κεφαλή) für die ganze Person stehe (ein Gebrauch, der den hervorragendsten Teil für das Ganze setze)[47], und dann das Zitat von Il. Θ 83f., wo die an einem Pferdeschädel für Verwundung günstigste haarige Stelle bezeichnet wird. Das genügt unserem Autor als, wie er meint, besonders schlagendes Zeugnis für den Kopf als κυριώτατον μέρος[48] des Leibes und als Hintergrund für die angenommene allegorische Bedeutung des Erscheinens der Athena, mit dem die in Frage stehende Lehre ihren besonders kräftigen Ausdruck finden soll (§§ 5-7): Wenn Achill, voll von Zorn, sich an sein Schwert gemacht habe, während sein Verstand im Kopf durch die Zorneswallungen im Bereich

---

[46] 18,5: Τόν γε μὴν Τιτυὸν ἐρασθέντα τῶν Διὸς γάμων, ἀφ' οὗ μέρους ἤρξατο νο⟨σ⟩εῖν, εἰς τοῦτο ὑφίσταται κολαζόμενον· (es folgen die Zitate). (7) ὥσπερ δὲ οἱ νομοθέται τοὺς πατροτύπτας χειροκοποῦσιν, τὸ δυσσεβῆσαν αὐτῶν μέρος ἐξαιρέτως ἀποτέμνοντες, οὕτως Ὅμηρος ἐν ἥπατι κολάζει τὸν δι' ἧπαρ ἀσεβήσαντα. Ich schreibe νο⟨σ⟩εῖν mit Mehler (und den Bonner Sodales), weil es die einfachste Änderung scheint und das Wort zum Ausdruck von krankhaftem und frevelhaftem Streben gut paßt; in Plat. Phaidr. 228b/c entsprechen einander in der ironischen Aussage des Sokrates τῷ νοσοῦντι und τοῦ ἐραστοῦ (vgl. auch 231d). Was Buffière zur Verteidigung von νοεῖν anführt, ist unpassend (Hdt. 3,81,3; Xen. mem. 2,2,9 und Hier. 1,15 steht κακὸν bzw. κακὰ νοεῖν). - Die ganze Argumentation setzt die in 17,8 gemachte Angabe über Platons Lehre voraus (αἱ δὲ τῶν ἐπιθυμιῶν ὀρέξεις ἐν ἥπατι). Daß sie ungenau ist, haben wir gesehen (vgl. Anm. 37). - Für Tityos vgl. die bei Lucr. 3,992-994 gegebene Deutung: „sed Tityos nobis hic est, in amore iacentem / quem volucres lacerant atque exest anxius angor / aut alia quavis scindunt cuppedine curae." Dazu Serv. Aen. 6,596 („dicit enim Tityon amorem esse, hoc est libidinem etc."), wo auch die Leber als Sitz der Begierden vorausgesetzt ist. Für das Fortleben auch in christlichem Kontext Prud. Symm. 2,629-633: „At si mentis apex regnandi iure potitus / pugnacis stomachi pulsus fibrasque rebelles / frenet et omne iecur ratione coerceat una, / fit stabilis vitae status, et sententia certa / haurit corde Deum, domino et subiungitur uni." Dazu K. Smolak, Res publica res populi Dei, Wien. Hum. Bl., Sonderheft: Zur Philosophie der Antike, Wien 1995, 106-134 (128f.).

[47] Der Schluß ist selbstverständlich unzutreffend, wie z.B. die periphrastische Namensformel B 851 (Π 554) Πυλαιμένεος (Πατροκλῆος) λάσιον κῆρ zeigen kann.

[48] Man darf die von der Oxforder Handschrift (O) gegebene Lesart von Il. Θ 84 (κύριον statt καίριον) gewiß nicht in den Herakleitostext setzen, sie macht aber deutlich, daß man bei dem Zitat den Anklang der Worte hören soll.

der Brust sich verfinsterte, so habe bald hernach die Vernunft, aus dem Rauschzustand des Unwillens wiederum ernüchtert, zum Besseren gefunden. Athena habe in diesen Versen, wie man mit Recht annehme, die Bedeutung des Umdenkens, das aufgrund von vernünftiger Überlegung geschieht[49]. Und daran schließt unser Autor allgemeine Angaben über die allegorische und etymologische Bedeutung von Mythos und Name der Göttin. Festgehalten wird die Gleichung der Göttin mit Verstand und Einsicht (σύνεσις), die Auffassung des Namens Athena als ἀθρηνᾶ τις und die symbolische Bedeutung der ihr zugeschriebenen Jungfräulichkeit[50], und zuletzt wird auch der Mythos der Hauptgeburt als offenbare Stützung der bisherigen Interpretation angeführt (19,9): ἔκ τε τῆς τοῦ Διὸς κεφαλῆς γεγενῆσθαι δοκεῖ· τοῦτον γὰρ ἀπεφηνάμεθα τὸν χῶρον ἰδίως λογισμῶν εἶναι μητέρα.

Das Kap. 20 wendet den damit gegebenen Schlüssel nun auch noch auf die Einzelheiten der homerischen Szene an. Begonnen wird mit einer knappen Betonung, daß die Göttin nichts anderes als die Vernunft bedeute (§ 1 οὐδὲν ἢ τελέως φρόνησις αὕτη), und dann werden die Bilder, die Homer von der Aktion der Göttin gibt, konsequent umgesetzt: Athena = φρόνησις[51] sei, als die Zorneswallungen Achill heiß durch-

49 19,5-7: Ταύτην δὲ τὴν δόξαν ἀλληγορικῶς βεβαιῶν τὰ κατὰ τὴν Ἀθηνᾶν ἡμῖν παραδέδωκεν. Ἐπειδὴ γὰρ ὁ Ἀχιλλεὺς ὑπόπλεως ὀργῆς γενόμενος ὥρμησεν ἐπὶ τὸν σίδηρον, ἐπισκοτουμένου τοῦ κατὰ τὴν κεφαλὴν λογισμοῦ τοῖς περὶ τὰ στέρνα θυμοῖς, κατ' ὀλίγον ἐκ τῆς ἀγανακτούσης μέθης ὁ νοῦς ἐπὶ τὸ βέλτιον ἀνένηψεν. Ἡ δὲ σὺν φρονήσει μετάνοια δικαίως ἐν τοῖς ποιήμασιν Ἀθηνᾶ νομίζεται. Buffière übersetzt, etwas frei, § 7 mit „Cette conversion avec l'aide de la raison, c'est ce que les poèmes homériques identifient fort justement à Athéna". Dabei ist übersehen, daß es bei dieser Aussage nicht darum gehen kann, eine für die homerischen Gedichte allgemein geltende allegorische Bedeutung der Athena anzugeben, weil dieselbe für andere Stellen doch gar nicht leicht zu belegen wäre; die angegebene Bedeutung paßt also nur für unsere Stelle und hat als Interpretation derselben Tradition zu gelten (νομίζεται). Die richtige Übersetzung von ἐν τοῖς ποιήμασιν ist „in den (vorliegenden) Versen"; vgl. Dion. Hal. ant. 1,41,3 τὰ δὲ ποιήματα ὧδ' ἔχει (mit folgendem Aischyloszitat) und comp. 3 (13) τὰ ποιήματα δηλώσει παρατεθέντα αὐτά (mit folgendem Odysseezitat).

50 Kap. 19,8-9 Σχεδὸν γὰρ ἡ θεὸς οὐκ ἄλλου τινος ἢ συνέσεως ἐπώνυμός ἐστιν, ἀθρηνᾶ τις οὖσα καὶ πάντα τοῖς λεπτοτάτοις ὄμμασι τῶν λογισμῶν διαθροῦσα. Διὸ δὴ καὶ παρθένον αὐτὴν ἐτήρησαν - ἄφθορον γὰρ ἀεὶ τὸ φρόνημα, οὐδεμιᾷ κηλῖδι μιανθῆναι δυνάμενον -, κτλ. (es folgt die Erklärung der Geburt aus dem Haupte des Zeus). Vgl. dazu Cornutus, theol. Gr. comp. 20 (35,6f. Lang): ἡ δὲ Ἀθηνᾶ ἐστιν ἡ τοῦ Διὸς σύνεσις, ἡ αὐτὴ οὖσα τῇ ἐν αὐτῷ προνοίᾳ. 9ff. (zum Mythos der Hauptgeburt und der Verschlingung der Metis durch Zeus) und 36,1ff. (zur Etymologie): τὸ δὲ ὄνομα τῆς Ἀθηνᾶς δυσετυμολόγητον διὰ ἀρχαιότητά ἐστι, τῶν μὲν ἀπὸ τοῦ ἀθρεῖν πάντα οἷον Ἀθρηνᾶν αὐτὴν εἰπόντων εἶναι, τῶν δὲ κτλ. 8f. (zur Deutung der Jungfräulichkeit als Reinheit): ἡ δὲ παρθενία αὐτῆς τοῦ καθαροῦ καὶ ἀμιάντου σύμβολόν ἐστι.

51 Dieselbe Gleichung bringt Herakleitos 28,1 (zu B 279): Ὀδυσσεῖ διαποροῦντι

flammt hätten, gleichwie ein das Übel löschendes Heilmittel an ihn herangetreten (ὥσπερ τι σβεστήριον κακοῦ φάρμακον ἐπέστη) und habe „am blonden Haar den Peliden" gefaßt (A 197). Es gebe dabei die Darstellung einer Entwicklung des Zorns: solange der Held zürnte, sei der θυμός in der Brust fest gewesen, Achill habe ja das Schwert gezogen (A 194) und „hin und her in der haarigen Brust den Gedanken" gewälzt (A 189). Sobald aber der Zorn (ὀργή) gar geworden sei und die vernünftigen Überlegungen an dem gleichsam zur Reue kommenden θυμός Anteil erhalten hätten, da habe die Vernunft (φρόνησις) sein Haupt fest in Besitz genommen (τῆς κεφαλῆς ἀπρὶξ ἡ φρόνησις εἴληπται[52]). „Und es staunte Achill" (A 199), das hieße, daß er, als er auf das aus den vernünftigen Überlegungen kommende Umdenken blickte, Angst vor dem gegenüber jeder Gefahr unerschütterlichen und unerschrockenen Wesen des θυμός bekommen habe. Er hätte erkannt, in welches Unheil er beinahe zu stürzen im Begriffe gewesen war, und hätte daher gegenüber der ihm zur Seite stehenden Vernunft (νοῦς) wie gegenüber einem Wagenlenker die größte Rücksichtnahme geübt[53].

Das - so fährt Herakleitos dann fort - sei freilich noch nicht das Ende des Zornes gewesen, und es zeige auch im Folgenden sich besonders deutlich, daß der Dichter mit seiner Szene nicht die Erscheinung einer Gottheit, sondern nur einen auf der menschlichen Ebene spielenden psychischen Prozeß gemeint habe. Das Eingreifen einer Gottheit müßte zu

---

παρέστηκεν οὐκ ἄλλη τις, ἀλλ' ἡ θεία φρόνησις, ἣν 'Αθηνᾶν ὀνομάζει.- 30,4 (zu E 793f.): Διομήδης γὰρ 'Αθηνᾶν ἔχων σύμμαχον, τουτέστι τὴν φρόνησιν, ἔτρωσεν 'Αφροδίτην, τὴν ἀφροσύνην, κτλ. - 62,6 (mit Zitat von α 284f.): ὑπηγόρευσε δ' ἡ φρόνησις (=Athena) ἐγγὺς αὐτοῦ καθεζομένη. - 79,9 (zu χ 205f.): τί δεῖ τούτοις ἅπασιν προστιθέναι τὴν ἐπὶ τέλει τῆς μνηστηροφονίας παρεστῶσαν 'Αθηνᾶν 'Οδυσσεῖ, τουτέστι τὴν φρόνησιν;

[52] Diese Formulierung entspricht τῆς κόμης ἀπρὶξ ὄπισθεν 'Αχιλλέως λαβομένη von 17,2, was ξανθῆς δὲ κόμης ἕλε Πηλείωνα von A 197 in Paraphrase wiedergibt. Es ist wichtig, das zu sehen, weil damit deutlicher wird, daß die Aussage von 20,3-5 die Aussage des davorstehenden § 2 breiter ausführt und interpretiert. Das Zitat von § 2 und der Schluß von § 5 sind Entsprechungen.

[53] Mit dem Vergleich des Wagenlenkers findet Herakleitos auch zu dem von Platon im Phaidr. verwendeten Bilde, das er selbst 17,9-13 schon herangezogen und mit der Aussage im Tim. verknüpft hatte. Er spielt hier auch durchgehend mit dem Bild des Gottes, der in einer Epiphanie dem Menschen zur Seite tritt, zuerst bei ὥσπερ... φάρμακον ἐπέστη und zuletzt bei τὸν ἐφεστῶτα νοῦν (20,7). Zu dem letzten ist vielleicht auch zu beachten, daß Platon seine Behandlung der Athena im Krat. mit einem Verweis auf die Homererklärer beginnt und dabei für diese die Gleichung Athena = νοῦς τε καὶ διάνοια beibringt. Wichtiger aber noch ist die besondere (und teilweise in anaxagoreischer Tradition stehende) Bedeutung des Begriffs bei Platon selbst. Dabei wird man für Herakleitos am besten wohl auf den Phaidr. verweisen (247d ψυχῆς κυβερνήτῃ ... νῷ).

vollkommenen Wirkungen führen, und so zeige eben die Unvollkommenheit sowohl des Vorgangs als auch der Resultate auf das deutlichste, daß der Dichter mit seiner Allegorie der Athena nicht göttliches, sondern nur menschliches Denken (§ 10 λογισμὸς ἀνθρώπινος) auf allegorische Weise zum Ausdruck bringen wollte[54].

3

Überlegen wir nun noch rasch, wieweit wir Elemente aus der Demonstration des Herakleitos gutheißen können. Wenn wir das tun, so muß Ausgangspunkt bleiben, daß die dortige Demonstration als Ganzes auf einer Deduktion beruht, die sich an vereinfachter Platondoxographie orientiert und zu ihrem Erfolge, wenn nötig, auch mit sehr fraglichen Schlüssen sich ihre Belege herstellt. Insofern es sich aber um verschiedene Ebenen und Stufen des griechischen Ausdruckssystems für anthropologische und psychologische Sachverhalte handelt und eine Art von Beziehung auch durch einen Teil der Begriffe besteht, so muß der Vergleich an einigen wichtigen Punkten auch sinnvoll sein. Unsere Aufgabe ist es also, das dem Ausdruck nach Zusammengehörige zusammenzustellen und zugleich zu differenzieren, das Verschiedene zu registrieren und schließlich auch die Anregungen zu überdenken, die Platon bei seiner Entwicklung eines neuen Systems offenkundig auch durch den Bezug auf die in der epischen Dichtung gegebene frühere Anschauung erhalten hat.

Wenn wir uns hier auf das letzte konzentrieren, so müssen wir uns vor allem auf das beschränken, was in den Texten, die wir betrachtet haben, im Vordergrund stand. Das Problem ist gegenwärtig auch bei dem Oberbegriff der ganzen platonischen Seelenlehre, aber hier ist besonders deutlich, daß dasselbe Wort ψυχή bei Homer und bei Platon durch sehr verschiedene Begriffsinhalte gekennzeichnet ist. Daß Analoges auch für den Begriff des Leibes, σῶμα, gilt, ist bekannt. Wir verweisen hier nur auf die homerische ψυχή als das schattenhafte εἴδωλον, welches in den Hades geht, im Gegensatz zu Platons Vorstellung von der Seele, die im Jenseits ihre Heimat hat und den göttlichen Kern der Person bedeutet, in

---

[54] 20,12 beläßt Buffière das überlieferte Καὶ τὰ μὲν περὶ Ἀθηνᾶς ... αὐτῆς (ταύτης τῆς O) ἀλληγορίας ἀξιούσθω im Text und übersetzt „Donc, en ce qui concerne Athéna, ... on admettra que cela relève de la plus pure allégorie“. Das kann, wie auch die Bonner Sodales empfunden haben (sie schreiben ταύτης τῆς im Text und als Alternativen τοιαύτης oder ταύτῃ τῆς im App.), nicht richtig sein. Die einfachste Lösung ist wohl οὕτως ἀλληγορίας ἀξιούσθω. Vgl. 25,12 (ebenso zusammenfassend) οὕτω φυσικὴν ἀλληγορίας ἔχει θεωρίαν.

dem Existenz ebenso wie die Möglichkeit von Erkenntnis gründet[55]. Und wir nennen auch die mit diesem Unterschied des Begriffs ψυχή mitgegebene Verschiedenheit in der Wertung von Diesseits und Jenseits. Es hat nun aber hierzu F. Buffière mit Recht daran erinnert, daß trotz des damit gegebenen fundamentalen Unterschieds Platon bei der Schaffung seiner eschatologischen Mythen sich auch an Homer angelehnt hat[56]. Der Mythos des *Gorgias* beginnt unter Nennung des Dichters (523a) mit einer Erinnerung an die Teilung der Herrschaft unter den Kronossöhnen (O 187ff.), er beruft sich auf Homer (525de) zum Zeugnis für Könige (Tantalos, Sisyphos, Tityos), nicht einfache Leute als ewige Büßer in der Nekyia, und er vergegenwärtigt gar (526cd) mit Zitat eines Verses (λ 569) die besonders hervorgehobene Erscheinung des Minos als Unterweltsrichter. Es erhöht das, in gewisser Hinsicht spielerisch, den Reiz des platonischen Mythos und ist auch ein Beispiel für die Arbeit am Tradierten und die Bemühung um den rechten Mythos. Dazu gehört auch Umgestaltung und Umdeutung, wobei es hier genügen mag, wenn wir noch auf Platons wiederholte Bemühung um die Auslegung des Namens Hades verweisen[57]. Platons Kritik am homerischen Bild des Hades und an den homerischen Aussagen über die ψυχή am Beginn des 3. Buchs der

---

55 Daß trotzdem ein selbstverständlicher Zusammenhang besteht, hat J. Böhme, Die Seele und das Ich im homerischen Epos, Leipzig/Berlin 1929, 109 Anm. 1 richtig erfaßt: „ist es glaubhaft, daß G r i e c h e n dasjenige am Menschen, was fortlebt, ψυχή nannten, ohne daran zu denken, daß mit demselben Wort Homer das vom Menschen Weiterlebende benannt hatte?" Über die Zwischenglieder ist soviel gehandelt worden, daß es sich erübrigt, hier darauf einzugehen. Man sollte aber jedenfalls bedenken, daß nach Phaid. 70a es die übliche Auffassung der Leute ist, daß die Seele nach dem Tode wie Hauch oder Rauch verfliegt: τὰ δὲ περὶ ψυχῆς πολλὴν ἀπιστίαν παρέχει τοῖς ἀνθρώποις μή, ἐπειδὰν ἀπαλλαγῇ τοῦ σώματος, οὐδαμοῦ ἔτι ᾖ, ἀλλ' ἐκείνῃ τῇ ἡμέρᾳ διαφθείρηταί τε καὶ ἀπολλύηται ᾗ ἂν ὁ ἄνθρωπος ἀποθνήσκῃ, εὐθὺς ἀπαλλαττομένη τοῦ σώματος, καὶ ἐκβαίνουσα ὥσπερ πνεῦμα ἢ κάπνος διασκεδασθεῖσα οἴχηται διαπτομένη καὶ οὐδὲν ἔτι οὐδαμοῦ ᾖ. Es genügt auf das kritische Zitat von Ψ 100f. (ψυχὴ ... ἠύτε καπνός) in rep. 3, 387a zu verweisen, um offenkundig zu machen, daß Platon von verschiedenen Anschauungen desselben Begriffes ausgeht.

56 Buffière (wie Anm. 34), 400. Für das Gesamtproblem s. K. Alt, Diesseits und Jenseits in Platons Mythen von der Seele, Hermes 110, 1982, 278f. und 111, 1983, 15f.

57 Die Deutung im Phaid. 80d steht in weiterem gedanklichen Zusammenhang mit der Stelle, wo zum Erweis der dem Leibe gegenüber autonomen und über ihn Herrschaft ausübenden Seele das Zitat von Od. υ 17f. erfolgt. Die Seele wird mit dem Unsichtbaren (und Ewigen im Gegensatz zum Sichtbaren und Vergänglichen) in Verbindung gebracht und so auch dem entsprechenden Bereich zugeordnet: ἡ δὲ ψυχὴ ἄρα, τὸ ἀειδές, τὸ εἰς τοιοῦτον τόπον ἕτερον οἰχόμενον γενναῖον καὶ καθαρὸν καὶ ἀειδῆ, εἰς Ἅιδου ὡς ἀληθῶς, παρὰ τὸν ἀγαθὸν καὶ φρόνιμον θεόν κτλ. Vgl. noch 81c. Anders dazu im Krat. 403a-404b, wo aber die dagegengestellte Etymologie (ἀπὸ τοῦ πάντα τὰ καλὰ εἰδέναι) in genau die gleiche Richtung einer verwandelten Auffassung des Gottes führt.

Politeia zeigen nicht nur den Unterschied, sondern bestätigen auch einen Zusammenhang, den Platon empfindet.

In ähnlicher Weise ist für Platon auch bei der Entwicklung seiner Psychologie Homer von Bedeutung gewesen. Das gilt besonders für die Verwendung des Zitats von Od. υ 17f., welches Herakleitos zum Beleg für das Herz als Sitz des Thymos in Kap. 18,2f. angeführt hat. In diesem Falle basiert er (bzw. die Tradition, der er folgt) auch auf Platon selbst, denn dieser hat die Stelle mehrfach dort zitiert, wo es um Probleme der Seele geht. Allein die Wiederholung des Zitats zeigt wohl, daß Platon über die in Frage stehende homerische Szene (und den ihr zugrundeliegenden Aussagetypus) intensiv nachgedacht hat, und das wiederum macht es notwendig, daß auch wir dem Problem noch etwas genauer nachgehen.

Das erste Mal erfolgt das Zitat im *Phaidon* (94d/e). Es ist das eine Stelle, wo es darum geht, die von Simmias ins Spiel gebrachte Anschauung, die Seele sei Harmonie[58], zu widerlegen. Die Widerlegung geschieht durch Heranziehung der vorher schon dargelegten Theorie der Wiedererinnerung (91cff.), aus einer Betrachtung des Begriffs der Harmonie (der eine Abhängigkeit von den Teilen einschließe und als reiner Begriff Unterschiede in der Gestimmtheit nicht zulasse, 92eff.) und schließlich aus der Beobachtung, daß sich die Seele dem Leib und seinen Strebungen widersetzen und diese beherrschen könne (94bff.). Die Seele wird dabei gleich als vernünftig und als das dominierende Prinzip im Menschen eingeführt (94b2 τῶν ἐν ἀνθρώπῳ πάντων ἔσθ' ὅτι ἄλλο λέγεις ἄρχειν ἢ ψυχὴν ἄλλως τε καὶ φρόνιμον; - was verneint wird) und als fähig, den im Leibe gegebenen Empfindungen nicht immer nachzugeben (συγχωρεῖν τοῖς κατὰ τὸ σῶμα πάθεσιν), sondern ihnen auch entgegenzutreten (ἐναντιοῦσθαι). Als Beispiele werden, stellvertretend für vieles, Hunger und Durst angeführt und schließlich führt eine zusammenfassende Aussage auf unser Zitat hin: es zeige sich, daß die Seele über alles dasjenige, woraus sie (nach der Theorie der Harmonia) angeblich bestehen solle, in Wahrheit das Kommando hat, indem sie demselbigen sich fast in allem das ganze Leben hindurch widersetze und auf jede Weise darüber Herrschaft ausübe: sie tue das in schärferer Form, indem sie in strenger Zucht halte und, wie im Bereich der Gymnastik und der Heilkunde, auch

[58] 88b: τὸ ἁρμονίαν τινὰ ἡμῶν εἶναι τὴν ψυχήν (Formulierung des Echekrates, der auch seinerseits die im Referat noch ausstehende Widerlegung dieser Ansicht durch Sokrates für nötig hält).

Schmerzen zufüge, sie tue es aber auch in milderer Form, indem sie bald drohe und bald zurechtweise und dabei mit den Begierden, den Regungen des Zorns und den Ängsten wie mit einer anderen Gegebenheit rede, etwas, das auch Homer in der *Odyssee* dichterisch dargestellt habe, wenn er von Odysseus sage (υ 17f.): „Gegen die Brust sich schlagend, schalt er das Herz mit den Worten: 'Halte aus noch, mein Herz! Noch hündischer war's, was du aushieltst' ..." Und dann zieht Platon aus dem Zitat auch noch ausdrücklich seine Schlüsse (94e): Die Verse zeigten, daß Homer die Seele nicht von Zuständen des Leibes habe bestimmt sein lassen, daß sie nach ihm eine herrschende Wesenheit darstellte und somit etwas viel Göttlicheres als eine harmonische Fügung bedeute. Homer, der göttliche Dichter, wird so bestätigender Zeuge für die ganze Demonstration, die Sokrates gegeben hat[59].

Bemerkenswert ist, mit welcher Selbstverständlichkeit Platon das zu seinem Herzen sprechende „Ich" (Odysseus) mit der Seele gleichsetzt. Doch war es für ihn der Widerstreit der Stimmen, der interessierte, vor allem die Kommandostimme des (vernünftigen) Ich, die an das Herz sich wendet, als dieses offenkundig zur (zum gegebenen Zeitpunkt unvernünftigen) Aktion drängt. So ließ sich für Platon der Gegensatz von ψυχή (φρόνιμος) und τὰ κατὰ τὸ σῶμα πάθη auf die homerische Stelle projizieren. Und in der Tat lassen sich die im Vordergrund stehenden Begriffe von υ 9-23 mit der Optik Platons ohne viel Schwierigkeiten dem letzteren Bereich, dem des Leibes und seiner Affekte, zuordnen, zuerst das immer wiederkehrende κραδίη (υ 13. 17f. 23) und ἦτορ (22), aber offenbar auch θυμός (9). Platon läßt in seinem Text vor dem Zitat die Drohungen und Mahnungen der Seele ταῖς ἐπιθυμίαις καὶ ὀργαῖς καὶ φόβοις (94d) gelten, und diese rede dabei mit denselbigen wie ein eigenes, davon verschiedenes Wesen mit einer anderen Gegebenheit (ὡς ἄλλη οὖσα ἄλλῳ πράγματι διαλεγομένη).

Dieselbe Homerstelle wird auch im dritten Buch des *Staates* herangezogen (390d). Das Zitat steht dort nach einer Reihe von Beispielen für unpassende Darstellung von Göttern und Helden bei Homer als belobigtes Muster für die Darstellung von tapferer Selbstbeherrschung (καρ-

---

[59] Phaid. 94e: ἆρ' οἴει αὐτὸν (scil. Homerum) ταῦτα ποιῆσαι διανοούμενον ὡς ἁρμονίας αὐτῆς οὔσης καὶ οἵας ἄγεσθαι ὑπὸ τῶν τοῦ σώματος παθημάτων, ἀλλ' οὐχ οἵας ἄγειν τε ταῦτα καὶ δεσπόζειν, καὶ οὔσης αὐτῆς πολὺ θειοτέρου τινὸς πράγματος ἢ καθ' ἁρμονίαν; - Νὴ Δία, ὦ Σώκρατες, ἔμοιγε δοκεῖ. - Οὐκ ἄρα, ὦ ἄριστε, ἡμῖν οὐδαμῇ καλῶς ἔχει ψυχὴν ἁρμονίαν τινὰ φάναι εἶναι· οὔτε γὰρ ἄν, ὡς ἔοικεν, Ὁμήρῳ θείῳ ποιητῇ ὁμολογοῖμεν οὔτε αὐτοὶ ἡμῖν αὐτοῖς. - Ἔχει οὕτως, ἔφη.

τερία, ἐγκράτεια)[60], und die ganze Stelle dient dafür auch noch bei Plutarch, garr. 8, 506a/b zusammen mit anderen Belegen, welche die Festigkeit des Odysseus (und der zu ihm Gehörenden) zeigen[61]. Die Stelle wird bei Platon dann nochmals zitiert, allerdings beschränkt auf den Vers υ 17 στῆθος δὲ πλήξας κραδίην ἠνίπαπε μύθῳ, der die für den Kontext besonders gebrauchten Elemente enthält, da ja die Entwicklung der Lehre von den Seelenteilen vorangegangen war. Das Zitat wird verwendet als eine den Abschluß bildende Bestätigung für die Ansetzung des θυμοειδές als eines eigenen Seelenteils, und es erfolgt unter Verweis auf die auch schon vorher (390d) erfolgte Anführung desselben (rep. 4, 441b/c):

> πρὸς δὲ τούτοις καὶ ὃ ἄνω που ἐκεῖ εἴπομεν, τὸ τοῦ 'Ομήρου μαρτυρήσει, τὸ 'στῆθος δὲ πλήξας κραδίην ἠνίπαπε μύθῳ'· ἐνταῦθα γὰρ δὴ σαφῶς ὡς ἕτερον ἑτέρῳ ἐπιπλῆττον πεποίηκεν Ὅμηρος τὸ ἀναλογισάμενον περὶ τοῦ βελτίονός τε καὶ χείρονος τῷ ἀλογίστως θυμουμένῳ.

Die Ähnlichkeit der Aussage mit der von Phaid. 94de ist offenkundig, gleichzeitig ist hier die Ausdeutung aber doch anders geworden. An die Stelle des Gegensatzes von Leib und Seele ist jetzt der Gegensatz zwischen Teilen der Seele getreten.

Für die Entwicklung der Lehre von den Seelenteilen in der *Politeia* ist wichtig, daß die Untersuchungen über den besten Staat dort unter der Voraussetzung durchgeführt werden, es ließe sich an einem Modell von größerem Maßstab das Wesen der Gerechtigkeit besser sichtbar machen und von daher auch eine Antwort auf die Frage finden, ob Gerechtsein oder Ungerechtsein von Vorteil ist, wie dies nach der von Thrasymachos bei Platon vertretenen These geschienen hatte (rep. II, 368d-369b). Im 4. Buch führt dieser Ansatz zu einer Parallele der Struktur von Staat und Einzelperson, wobei die Untersuchung zunächst für den Staat (427d-434b), dann für die menschliche Person bzw. deren Seele (434d-441c)

---

[60] Die negativen Beispiele sind der Preis der vollen Tische durch Odysseus (ι 8-10), die Angst vor dem Hungertod (μ 342), Zeus, der der Liebeslust nachgibt (Ξ 292ff.), und die Liebschaft von Ares und Aphrodite (θ 266ff.). Wenn Platon dann sagt 'Αλλ' εἴ πού τινες ... καρτερίαι πρὸς ἅπαντα καὶ λέγονται καὶ πράττονται ὑπὸ ἐλλογίμων ἀνδρῶν, θεατέον τε καὶ ἀκουστέον, οἷον καὶ τὸ (Zitat von υ 17f.), so ist natürlich υ 18 τέτλαθι κτλ. wegen der in Frage stehenden καρτερίαι besonders wichtig.

[61] Nach Zitat von τ 210-212 fährt Plutarch fort: οὕτω τὸ σῶμα μεστὸν ἦν αὐτῷ πανταχόθεν ἐγκρατείας, καὶ πάντ' ἔχων ὁ λόγος εὐπειθῆ καὶ ὑποχείρια προσέταττε τοῖς ὄμμασι μὴ δακρύειν, τῇ γλώττῃ μὴ φθέγγεσθαι, τῇ καρδίᾳ μὴ τρέμειν μηδ' ὑλακτεῖν (vgl. υ 13). 'τῷ δ' αὐτ' ἐν πείσῃ κραδίη μένε τετληυῖα' (υ 23), μέχρι τῶν ἀλόγων κινημάτων διήκοντος τοῦ λογισμοῦ καὶ τὸ πνεῦμα καὶ τὸ αἷμα πεποιημένου κατήκοον ἑαυτῷ καὶ χειρόηθες. κτλ. (folgt eine entsprechende Aussage zu den Gefährten in der Höhle des Kyklopen).

durchgeführt wird. Das angeführte Homerzitat von 441b bildet den bestätigenden Abschluß der Darlegung der Struktur der Seele, und es schließt daran als Zusammenfassung des konsequent erzielten Ergebnisses die Aussage, ebensoviele und analoge Komponenten wie in einer Stadt befänden sich auch in den Seelen der Einzelnen[62]. Es wiederholt das, was schon am Beginn der Demonstration über die Seele (435e) als notwendige Annahme aufgestellt war: der Staat setze sich ja aus Individuen zusammen, und man könne die dementsprechende Verschiedenheit auch an den Staaten der verschiedenen Völker beobachten. Mut kennzeichne die Menschen im Norden, im Bereich von Thrakien und Skythien, Wißbegier finde sich besonders dort, wo die Griechen wohnen, während man die Erwerbslust mehr als sonst bei den Phoinikern und in der Gegend von Ägypten antreffe (435e):

> Ἆρ' οὖν ἡμῖν πολλὴ ἀνάγκη ὁμολογεῖν, ὅτι γε τὰ αὐτὰ ἐν ἑκάστῳ ἔνεστιν ἡμῖν εἴδη τε καὶ ἤθη ἅπερ ἐν τῇ πόλει; οὐ γάρ που ἄλλοθεν ἐκεῖσε ἀφῖκται. Γελοῖον γὰρ ἂν εἴη εἴ τις οἰηθείη τὸ θυμοειδὲς[63] μὴ ἐκ τῶν ἰδιωτῶν ἐν ταῖς πόλεσιν ἐγγεγονέναι, οἳ δὴ καὶ ἔχουσι ταύτην τὴν αἰτίαν, οἷον οἱ κατὰ τὴν Θρᾴκην τε καὶ Σκυθικὴν καὶ σχεδόν τι κατὰ τὸν ἄνω τόπον, ἢ τὸ φιλομαθές, ὃ δὴ τὸν παρ' ἡμῖν μάλιστ' ἄν τις αἰτιάσαιτο τόπον, ἢ τὸ φιλοχρήματον, ὃ περὶ τούς τε Φοίνικας εἶναι καὶ τοὺς κατὰ Αἴγυπτον φαίη τις ἂν οὐχ ἥκιστα.

Die Theorie der drei Seelenteile hat also, wie auch dieses Zitat schon deutlich machen kann, in der Annahme der Ähnlichkeit von Staat und Mensch ihre Grundlage. Die Dreizahl ist bereits durch die drei Stände und durch die mit diesen in Verbindung gebrachten Tugenden vorgegeben[64]. Eine Stadt ist gerecht (δικαία), wenn die in ihr vorhandenen

---

[62] 441c ἡμῖν ἐπιεικῶς ὁμολογεῖται τὰ αὐτὰ μὲν ἐν πόλει, τὰ αὐτὰ δ' ἐν ἑνὸς ἑκάστου τῇ ψυχῇ γένη ἐνεῖναι καὶ ἴσα τὸν ἀριθμόν.

[63] Nicht zufällig wird der Begriff des Muthaften (welchen Platon zur Abgrenzung eines selbständigen Seelenteils im weiteren, 440e, erstmals gebrauchen wird) schon in der Einleitung zu dem über die Seele handelnden Passus eingeführt. Es geschieht das unter Heranziehung einer (im Grundansatz sicher nicht erst platonischen) Typologie der Volkscharaktere, bei denen Wissen, Mut und Erwerb die drei Hauptkomponenten sind. Das stimmt zusammen mit den drei Ständen des platonischen Staates, dem χρηματιστικόν, ἐπικουρικόν und φυλακικόν γένος, wie 434c zusammenfassend formuliert ist. Im Zusammenhang mit den Wächtern ist jedoch die Eigenschaft des θυμοειδές bereits im Kap.15 des 2. Buches besprochen (375b/c, 375e) und ebendort im 16. Kap. auch die bei den Wächtern notwendige Verbindung von Wissen und Mut ausgesagt (375e δοκεῖ ἔτι τοῦδε προσδεῖσθαι ὁ φυλακτικὸς ἐσόμενος, πρὸς τῷ θυμοειδεῖ ἔτι προσγενέσθαι φιλόσοφος τὴν φύσιν, 376c φιλόσοφος δὴ καὶ θυμοειδὴς καὶ ταχὺς καὶ ἰσχυρὸς ἡμῖν τὴν φύσιν ἔσται ὁ μέλλων καλὸς κἀγαθὸς ἔσεσθαι φύλαξ πόλεως).

[64] 434c χρηματιστικοῦ, ἐπικουρικοῦ, φυλακικοῦ γένους οἰκειοπραγία, ἑκάστου

Stände (γένη) jeweils das Ihrige tun und ihre Stadt damit besonnen, tapfer und weise machen (435b σώφρων ... καὶ ἀνδρεία καὶ σοφή). Von hier ausgehend wird nach den Entsprechungen in der Seele gesucht (435c), und dabei wird mit der vorgängigen Formulierung einer Alternative, ob die Seele alles als Einheit oder nicht vielmehr durch ihre drei verschiedenen Teile bewirke, die Antwort auch schon vorgegeben: die Seele gewinnt Erkenntnis, sie zeigt Impulse von Zorn und Mut, und sie hat schließlich das Streben nach Befriedigung der mit Nahrung, Zeugung und dergleichen verbundenen Lust (436a)[65]. Es bedarf nur noch des Beweises, daß die Teile, weil verschieden, einander entgegengesetzt wirken können, wie wenn man, zum Beispiel, trotz bestehenden Durstes, aus gutem Grunde nicht trinken will (439c), um die Antwort zu haben, und diese führt zunächst zu der Abgrenzung eines vernünftigen Teils der Seele von einem unvernünftigen und begehrenden Teil. Die dabei gefundene Formulierung liegt auch den entsprechenden Abschnitten in den doxographischen Abrissen zugrunde, die wir betrachtet haben. Platon sagt (439d):

> Οὐ δὴ ἀλόγως ... ἀξιώσομεν αὐτὰ διττά τε καὶ ἕτερα ἀλλήλων εἶναι, τὸ μὲν ᾧ λογίζεται λογιστικὸν προσαγορεύοντες τῆς ψυχῆς, τὸ δὲ ᾧ ἐρᾷ τε καὶ πεινῇ καὶ διψῇ καὶ περὶ τὰς ἄλλας ἐπιθυμίας ἐπτόηται ἀλόγιστόν τε καὶ ἐπιθυμητικόν, πληρώσεών τινων καὶ ἡδονῶν ἑταῖρον.

Damit ist Platon mit dichotomischer Diairesis verfahren, wie es seiner Methode entspricht, er hat allerdings, wie wir gesehen haben, vorher auch schon den dritten Seelenteil ins Auge gefaßt, und so wird die Aufmerksamkeit anschließend sofort auf den Komplex von θυμός und θυμεῖσθαι gerichtet und die Frage gestellt, ob es sich dabei um einen eigenständigen dritten Teil handele oder nicht vielmehr um etwas, das einem der beiden anderen Teile zugeordnet werden könne (439e). Die Antwort wird in 439e-441c gegeben und findet ihren Abschluß in dem Homerzitat, das wir schon betrachtet haben. Die Demonstration beginnt damit, daß Glaukon, der gerade der Gesprächspartner des Sokrates ist, zunächst vermutet, der ganze Komplex des θυμός könnte vielleicht zum ἐπιθυμητικόν gehören. Sokrates bringt daraufhin die Geschichte über das

---

τούτων τὸ αὑτοῦ πράττοντος ἐν πόλει, ... δικαιοσύνη τ' ἂν εἴη καὶ τὴν πόλιν δικαίαν παρέχοι. - 440e/441a, wo den τρία γένη einer Stadt, dem χρηματιστικόν, dem ἐπικουρητικόν und dem βουλευτικόν, in der Seele das ἐπιθυμητικόν, das θυμοειδές und das λογιστικόν entsprechen.

[65] 436a Τόδε δὲ ἤδη χαλεπόν, εἰ τῷ αὐτῷ τούτῳ ἕκαστα πράττομεν ἢ τρισὶν οὖσιν ἄλλο ἄλλῳ· μανθάνομεν μὲν ἑτέρῳ, θυμούμεθα δὲ ἄλλῳ τῶν ἐν ἡμῖν, ἐπιθυμοῦμεν δ' αὖ τρίτῳ τινὶ τῶν περὶ τὴν τροφήν τε καὶ γέννησιν ἡδονῶν καὶ ὅσα τούτων ἀδελφά, ἢ ὅλῃ τῇ ψυχῇ καθ' ἕκαστον αὐτῶν πράττομεν, ὅταν ὁρμήσωμεν.

Verhalten eines (anscheinend als nekrophil berüchtigten) Leontios, die belegen soll, daß hemmender Wille und Begierde im Wettstreit miteinander stehen können und daher etwas voneinander Verschiedenes sind. Er fügt daran als allgemeine Erfahrung, daß, wer gegen die Vernunft unter den Zwang von Begierden geraten sei, dann selbst sich ausschelten und sich gegen die in ihm auftretenden Zwänge erregen könne. Da stelle sich dann, gleichsam im Kampfe, der θυμός des Betroffenen stets auf die Seite der Vernunft, während es den Gegenfall, daß der θυμός gegen das Verbot der Vernunft (λόγος) auf die Seite der Begierden trete, nicht gebe. Aufschlußreich sei dabei ferner das gegensätzliche Verhalten des θυμός, je nachdem, ob jemand Unrecht getan oder erlitten zu haben meine. Eingeschärft wird aber auch ausdrücklich, daß man das θυμοειδές nicht zum λογιστικόν rechnen dürfe (440e). Den offenkundigen Beweis erbrächten die Entwicklung des Kindes, bei welcher der Bereich des θυμός weitaus früher zur Ausbildung käme als die Vernunft, aber auch die psychische Ausstattung der Tiere. Und dann gibt das Zitat von Od. υ 17 den Abschluß (rep. 441c):

> ἐνταῦθα γὰρ δὴ σαφῶς ὡς ἕτερον ἑτέρῳ ἐπιπλῆττον πεποίηκεν Ὅμηρος τὸ ἀναλογισάμενον περὶ τοῦ βελτίονός τε καὶ χείρονος τῷ ἀλογίστως θυμουμένῳ.

Die Vernunft, die Gut und Schlecht abwägen kann, wendet sich gegen den nur instinktiv und irrational agierenden θυμός, und Homer ist der Zeuge dafür. Man sieht, daß das Zeugnis nicht nur als Schmuck steht, sondern Gewicht hat.

Damit wollen wir unsere Arbeit zu einem Ende bringen, so reizvoll es wäre, das Thema der platonischen Seelenlehre noch weiter zu verfolgen. Aber unser Thema war nicht diese für sich selbst, sondern der direkte und indirekte Traditionszusammenhang, der dieselbige mit Homer verbindet, und nebenbei auch die Verknüpfung von Platon und Homer durch allegorische Auslegung des letzteren. Bei der Betrachtung der Allegorese von A 188ff. bei Herakleitos ist uns besonders auch der *Phaidros* begegnet, wo die Lehre von den drei Teilen der Seele durch Platon im Mythos verbildlicht worden ist, und ebenso der *Timaios*[66], wo

[66] Die Hauptpunkte der von Platon in der *Politeia* und im *Timaios* entwickelten Seelenlehre faßt Plut. virt. mor. 3, 441E-442B gut zusammen: ἐμφανῶς μέντοι καὶ βεβαίως καὶ ἀναμφιδόξως Πλάτων (Tim. 34bf.) συνεῖδεν, ὅτι τούτου τε τοῦ κόσμου τὸ ἔμψυχον οὐχ ἁπλοῦν οὐδ' ἀσύνθετον οὐδὲ μονοειδές ἐστιν, ἀλλ' ἐκ τῆς ταὐτοῦ καὶ τῆς τοῦ ἑτέρου μεμιγμένον δυνάμεως πῇ μὲν ἀεὶ κατὰ ταὐτὰ κοσμεῖται καὶ περιπολεῖ μιᾷ τάξει κράτος ἐχούσῃ χρώμενον, πῇ δ' εἴς τε κινήσεις καὶ κύκλους σχιζό-

in einer nur als wahrscheinlich in Anspruch genommenen Darlegung (εἰκὼς λόγος) von der Bildung der Welt und der Weltseele durch den (als νοῦς gefaßten) Demiurgen und die Bildung der sterblichen Wesen durch die als Unterdemiurgen fungierenden Götter (der Gestirne und der Tradition) gehandelt wird. Dabei mußte uns hier besonders die Lokalisierung der Teile der Seele in den Teilen des Leibes interessieren und überdies mögen wir uns auch hierzu einprägen, daß Platon die Sicherheit seiner Aufstellung diesbezüglich mit besonders deutlichem Wort relativiert hat[67]. Man sollte dies wohl gegenwärtig haben, wenn es um die Frage geht, wieweit sich die verschiedenen Ansätze Platons vereinen lassen[68]. Doch das ist, wie gesagt, hier nicht unser Thema. Fragen sollten wir jedoch wenigstens, ob nicht - jenseits des dem Menschen gegebenen und im Kopf lokalisierten göttlichen Seelenteils - auch der (olympische) Gott als Urheber (im *Timaios*), als Vorbild und Leiter (im Mythos des *Phaidros*) und als der bei Platon allenthalben gegenwärtige Helfer mit zum Thema gehörte. Doch das kann Gegenstand einer anderen Rede sein.

μενον ὑπεναντίους καὶ πλανητοὺς ἀρχὴν διαφορᾶς καὶ μεταβολῆς καὶ ἀνομοιότητος ἐνδίδωσι τοῖς περὶ γῆν φθοραῖς καὶ γενέσεσιν, ἥ τ' ἀνθρώπου ψυχὴ (Tim. 69c) μέρος ἢ μίμημα τῆς τοῦ παντὸς οὖσα καὶ συνηρμοσμένη κατὰ λόγους καὶ ἀριθμοὺς ἐοικότας ἐκείνοις οὐχ ἁπλῆ τίς ἐστιν οὐδ' ὁμοιοπαθής, ἀλλ' ἕτερον μὲν ἔχει τὸ νοερὸν καὶ λογιστικόν, ᾧ κρατεῖν τοῦ ἀνθρώπου κατὰ φύσιν καὶ ἄρχειν προσῆκόν ἐστιν, ἕτερον δὲ τὸ παθητικὸν καὶ ἄλογον καὶ πολυπλανὲς καὶ ἄτακτον ἐξεταστοῦ δεόμενον. οὗ πάλιν διχῇ μεριζομένου τὸ μὲν ἀεὶ σώματι βούλεσθαι συνεῖναι καὶ σῶμα θεραπεύειν πεφυκὸς ἐπιθυμητικὸν κέκληται, τὸ δ' ἔστι μὲν ᾗ τούτῳ προστιθέμενον, ἔστι δ' ᾗ τῷ λογισμῷ παρέχον ἰσχὺν ἐπὶ τοῦτο καὶ δύναμιν θυμοειδές. ἀποδείκνυσι δὲ (rep. 434d/e) τὴν διαφορὰν μάλιστα τῇ τοῦ λογίζομένου καὶ φρονοῦντος ἀντιβάσει πρὸς τὸ ἐπιθυμοῦν καὶ ⟨τὸ⟩ θυμούμενον, ὡς τῷ ἕτερ' εἶναι πολλάκις ἀπειθοῦντα καὶ δυσμαχοῦντα πρὸς τὸ βέλτιστον. Wie man sieht, hat Plutarch die Angaben Platons über das θυμοειδές so modifiziert, daß dieses sich nicht nur auf die Seite des λογιστικόν, sondern auch auf die Seite des ἐπιθυμητικόν stellen kann.

[67] Vgl. Tim. 44c/d (vor der Bildung des Leibes, insbesondere des Kopfes als Behausung des Göttlichsten und Heiligsten in uns) περὶ δὲ τῶν νῦν προτεθέντων δεῖ διελθεῖν ἀκριβέστερον, τὰ δὲ πρὸ τούτων, περὶ σωμάτων κατὰ μέρη τῆς γενέσεως καὶ περὶ ψυχῆς, δι' ἅς τε αἰτίας καὶ προνοίας γέγονε θεῶν, τοῦ μάλιστα εἰκότος ἀντεχομένοις, οὕτω καὶ κατὰ ταῦτα πορευομένοις διεξιτέον. 72d (nach Behandlung von Leber und Milz und vor Behandlung der unteren Leibeshöhle mit den Gedärmen) τὰ μὲν οὖν περὶ ψυχῆς, ὅσον θνητὸν ἔχει καὶ ὅσον θεῖον, καὶ ὅπῃ καὶ μεθ' ὧν καὶ δι' ἃ χωρὶς ᾠκίσθη, τὸ μὲν ἀληθές ὡς εἴρηται, θεοῦ συμφήσαντος τότ' ἂν οὕτως μόνως διισχυριζοίμεθα· τό γε μὴν εἰκὸς ἡμῖν εἰρῆσθαι, καὶ νῦν καὶ ἔτι μᾶλλον ἀνασκοποῦσι διακινδυνευτέον τὸ φάναι καὶ πεφάσθω.

[68] Verwiesen sei dafür auf A. Graeser, Probleme der platonischen Seelenteilungslehre. Überlegungen zur Fage der Kontinuität im Denken Platons (Zetemata, 47), München 1969. Für spätere Platoniker s. W. Deuse, Untersuchungen zur mittelplatonischen und neuplatonischen Seelenlehre (AAWM, Einzelveröff., 3) Stuttgart 1983; ferner die in Anm. 43 zitierte Arbeit von K. Alt (wo auch noch weitere Literatur angeführt ist).

Die Seele im Thiasos

Zu Euripides, *Bacchae* 75

von Renate Schlesier (Paderborn)

Das Wort ψυχή besitzt im Vokabular der Dramen des Euripides keine sonderlich auffällige oder gar extravagante Position. Es ist in allen vollständig überlieferten Dramen belegt und darüber hinaus in einigen Fragmenten überliefert. Euripides' Verwendung des Wortes dokumentiert sämtliche Bedeutungsnuancen, mit denen es seit Homer ausgestattet worden ist, einschließlich des homerischen Gebrauchs im Sinne der Schattenwesen der Toten in der Unterwelt (plur., z.B. Alc. 900, fr. 912,9; sing., z.B. Alc. 54, Suppl. 1024; außerhalb der Unterwelt: Or. 676). Im Plural wird ψυχή auch im Sinne von „Leichnam" gebraucht (Phoen. 1553 τρισσαὶ ψυχαί). Am häufigsten bezeichnet ψυχή im Singular bei Euripides das konkrete personale Leben, das aufs Spiel gesetzt wird (z.B. Andr. 541; Herc. 1146; Iph. A. 1390) oder mit dem Tode bedroht ist (z.B. Alc. 341; Tro. 900; Hel. 946; Or. 847). Zwar kann auch die Lebenskraft, die sich etwa an einem Festmahl gütlich tut (Ion 1170; kannibalistisch gemeint: Cycl. 340), und das Weiterleben in den Kindern (Andr. 419) ψυχή genannt werden, doch die Sterblichkeit der ψυχή - also des lebenden Menschen - wird besonders betont (ausdrücklich Suppl. 777 ψυχὴν βροτείαν). Ja, ψυχή dient sogar als Synonym für den individuellen Tod selbst (Iph. A. 1441). Der Terminus bezeichnet dabei nirgends einen „inneren Teil" des einzelnen Menschen, sondern verweist auf „die ganze Person" (z.B. Med. 247), die sogar als etwas „Göttliches" bestimmt sein kann, wie etwa die Person des Sehers Helenos (Hec. 87 θείαν Ἑλένου ψυχάν). Mit demselben Wort ψυχή kann der Lebende und der Tote, das individuelle Leben und der individuelle Tod, also der gesamte, spezifisch menschliche, Leben und Tod übergreifende Spannungsbogen beschrieben werden.

An einer Reihe von Stellen bezeichnet ψυχή speziell die geistig-psychische Tätigkeit, allerdings nicht im philosophischen Sinne, sondern gemäß der auf Homer zurückreichenden Tradition als etwas Körperliches, das den Affekten ausgesetzt ist - wobei das Leben intensiv, vorwiegend schmerzlich, betroffen wird -, mit der Bedeutung „Herz und Sinn" (etwa in Analogie zu φρένες, explizit Alc. 108, vgl. Heraclid. 926f.; implizit z.B. Med. 474, oder in Analogie zu καρδία, explizit Or. 466; implizit z.B. El. 208, Iph. T. 881). So ist auch in diesem Zusammenhang ψυχή nicht etwa als „Seele" (im Unterschied zum „Körper") zu übersetzen (vgl.

auch fr. 185,2 ψυχῆς φύσιν ... γενναίαν). Nicht zuletzt die Macht des Eros ist so stark, daß in seinem Zeichen außergewöhnlicherweise sogar die Götter eigene ψυχαί besitzen („die oberen Götter“, θεῶν ἄνω ψυχάς, fr. 431,3), an denen sie wie menschliche Männer und Frauen durch Eros massiv angegriffen werden können.

Die Möglichkeit, ψυχή vom Physischen im engeren Sinne, der Körperlichkeit des Menschen, abzugrenzen, ist in Hippolytos' Worten παρθένον ψυχὴν ἔχων (Hipp. 1006) bei seiner Verteidigungsrede gegenüber dem Vorwurf des Ehebruchs impliziert. Doch auch hier konnotiert ψυχή keine spirituelle Innerlichkeit, sondern erläutert das „Nicht-Bestrebtsein“ (οὐδὲ ... πρόθυμός εἰμι, Hipp. 1005f.) des Jünglings, erotische Darstellungen anzuschauen, und soll gerade seine physische Jungfräulichkeit durch den Hinweis auf die dementsprechende „psychische“ - also durch die aus dem Physischen abgeleitete und an ihm orientiert bleibende Metapher - über jeden Zweifel erhaben machen: Die Trennung von „psychischer“ und physischer Jungfräulichkeit steht also im Dienst eines Plädoyers für ihre Einheit. Noch die sich hier andeutenden analytischen Qualitäten des Begriffs ψυχή verweisen auf eine synthetische Anthropologie.

Nicht anders als die anderen Bestimmungen des menschlichen Gemüts ist ψυχή bei Euripides grundsätzlich physisch fundiert und niemals im spirituellen Sinne als rein geistige Seele - im Gegensatz zum rein materiellen Körper - zu interpretieren. Daher ist sie vorzugsweise Sitz des alles umfassenden Leidens (παθεῖν), dem die Tragödienfiguren in besonderem Maße unterworfen sind (z.B. Ion 1247; vgl. Hipp. 159f.: die ψυχή der Phaidra ist „durch Kummer über die Leiden ans Bett gefesselt“, λύπᾳ δ' ὑπὲρ παθέων / εὐναία δέδεται ψυχά).

An einer einzigen Stelle im Gesamtwerk von Euripides scheint dies anders zu sein. In der Parodos der *Bakchen* taucht das Wort ψυχή in einem Kontext auf, in dem religiöse Beglückung, ja Seligkeit in geradezu exaltierter Weise beschworen werden (Bacch. 72-77, Text nach Diggle):

ὦ μάκαρ, ὅστις εὐδαί-
  μων τελετὰς θεῶν εἰ-
  δὼς βιοτὰν ἁγιστεύει
καὶ θιασεύεται ψυ-
  χὰν ἐν ὄρεσσι βακχεύ-
  ων ὁσίοις καθαρμοῖσιν, κτλ.

Die überwältigende Mehrheit der Kommentatoren und Übersetzer der *Bakchen* sowie der Interpreten dieser Textstelle geben das Wort ψυχή

(75) mit „Seele“ wieder. Für Dodds, den nach wie vor maßgeblichen Kommentator des Dramas, handelt es sich hier um ein „inward feeling“ (ad loc.), und noch Henrichs übersetzt 1996 ψυχή paraphrasierend mit „seine Seele, sein Innerstes“. Festugière unterstellt der Textstelle 1956 in seiner bis heute höchst einflußreichen Gesamtinterpretation der Parodos der *Bakchen* sogar explizit eine „spirituelle“ Bedeutung: Ihm zufolge vertritt ψυχάν in diesem Chorlied „une idée nouvelle ... de spiritualité“. Während Père Festugière in der Parodos zu seiner Befriedigung eine „idée ... presque chrétienne déjà“ vorzufinden glaubt, fühlt sich Kirk an dieser Textstelle an ein platonisches Konzept von „soul“ erinnert: „not very far from that of Socrates as described in the earlier dialogues of Plato“ (ad loc.; vgl. Imhof). Dementsprechend paraphrasiert Kirk ψυχή mit „consciousness and personality“ und übersetzt das Wort mit „spirit“ (so bereits Arrowsmith, in der weiterhin in den USA meistbenutzten Auswahlausgabe griechischer Tragödien in Übersetzung). Auch Jeanne Roux kommentiert in ihrer Ausgabe der *Bakchen* die Textstelle in diesem Sinne: „le v. 75 introduit la notion de vie spirituelle collective“ (ad loc.).

Ebenso bringt Jacqueline de Romilly zwar ψυχάν mit „pureté spirituelle“ in Verbindung, weist jedoch darauf hin, daß in den folgenden Teilen der Parodos materielle Dinge wie Thyrsosstab, Efeu, Rehfell und Tamburin genannt werden, woraus geschlossen werden müsse: „Euripide n'a nullement cherché à assagir les joies de ce culte pour ne nous en présenter que l'aspect purement spirituel.“ Daran anknüpfend hat Verdenius betont, daß schon die Nennung der Berge in Vers 76 zeige, „that not a purely spiritual participation is meant.“

Für die genannten Autoren steht also fest, daß das Wort ψυχή für sich genommen hier eine spirituelle Konnotation besitzt, wobei sie explizit oder implizit die behauptete „Spiritualität“ mit christlicher oder platonisch-philosophischer analogisieren. Die Autoren unterscheiden sich voneinander allein in der Frage, ob der Kontext, in dem das Wort steht, als Bestätigung oder als Relativierung der aus dem Wort herausgelesenen Spiritualität zu deuten sei. Es ging bei dieser Debatte also nicht darum, ob ψυχή spirituell oder nicht spirituell verstanden werden muß. Vielmehr gehen diese Interpreten mit Selbstverständlichkeit davon aus, daß das Wort nur spirituell gemeint sein könne. Weder am Kontext im besonderen noch am Euripideischen Wortgebrauch im allgemeinen wird diese Unterstellung überprüft.

Einige wenige Autoren haben ψυχή hier nicht mit „Seele“, dem

„Inneren" oder „spirit" wiedergegeben, sondern sich für eine andere, das Physische ausdrücklich einbeziehende Bedeutung entschieden: Wecklein (in seinem Kommentar), Arnim und Ebener übersetzen das Wort mit „Herz" (vgl. auch Verdenius ad loc.: „heart and soul"). Diese Bedeutungsnuance ist, wie am Text-Corpus gezeigt wurde, tatsächlich bei Euripides von seinen frühesten bis zu seinen spätesten Tragödien belegt. Die Entscheidung für diese Interpretation besitzt den Vorteil, daß hier nicht ein Sinn von ψυχή postuliert wird, der sonst bei Euripides nirgends dokumentiert ist und nur durch spätere (philosophische oder gar christliche) Analogien gestützt werden kann. Dennoch muß erst der Kontext erweisen, ob das Wort an dieser Stelle so zu verstehen ist.

Gerade der Zusammenhang aber, in dem das Wort steht, wirft eine Reihe von Problemen auf, die zu kontroversen Deutungen geführt haben. Schon der unmittelbare Kontext, das Verbum, auf das der Akkusativ ψυχάν zu beziehen ist, stellt ein Interpretationsproblem dar. Es handelt sich um die vermutlich von Euripides vorgenommene Neubildung θιασεύειν, abgeleitet vom Substantiv θίασος. Das Verbum ist bei Euripides mit gesicherter Textgrundlage nur in den *Bakchen* bezeugt (zweimal: 75 und 379), vielleicht auch an einer Stelle im *Ion* (552), entsprechend einer allgemein anerkannten Konjektur. Bemerkenswerterweise ist das Verbum danach literarisch nur noch fünfmal, darunter einmal als *Bakchen*-Zitat und sonst nur in aktivischer Form, überliefert: zuerst wieder im 1. nachchristlichen Jahrhundert (bei Strabon 12,4,3,23, und in der Form συνθιασεύων: 10,3,18,7), dann im 4. Jh. n. Chr. (*Christus patiens* 1141 καὶ θιασεύεται καθαρμοῖσι ψυχάν, sowie bei Ps.-Gregor von Nyssa, epist. 26, ad ev. mon., PG 46,1101,33 ὁ λόγος ἐντεῦθεν θιασευέτω) und im 6. Jh. n. Chr. (bei Hesychios, Θ 571,1, im Sinne von „spenden", „darbringen": θιασεῦσαι· σπεῖσαι. προσενέγκαι).

Das Substantiv θίασος selbst ist erstmals bei Alkman (PMG fr. 98,1) belegt (zur ungeklärten Etymologie vgl. Chantraine). Danach ist es erst wieder im 5. Jh. überliefert, bei Herodot (4,79,5) und im Drama, dort aber nur bei Euripides und Aristophanes (sowie als einzelnes Wort bei Ion von Chios, fr. 32 TrGF), nicht in den Werken von Aischylos und Sophokles. Bei Herodot bezeichnet es den zu Ehren des Dionysos Bakcheios durch die milesische Koloniestadt Olbia ziehenden Festzug, an dem der - von einer griechischen Mutter abstammende - skythische König Skyles in bakchischer Raserei (βακχεύοντα) teilnimmt, nachdem er sich in den Mysterienkult (τελετή) dieses Gottes hatte einweihen lassen (figura etymologica: ἐπετέλεσε τὴν τελετήν, „er vollzog die Weihe"). Als terminus technicus für eine religiöse Vereinigung, eine entweder auf Frauen begrenzte oder, wie im Falle des Skyles, auch Männer aufnehmende Kultgemeinschaft (mit eigenen institutionellen Bestimmungen), in der Regel im Dionysoskult oder sich an ihm orientierend, begegnet das Wort θίασος auch auf Inschriften bis zum Ende der paganen Kultpraxis.

Euripides, der den Terminus θίασος außer in den *Bakchen* auch in Chorliedern anderer Tragödien verwendet (Σεμέλας θίασον, Phoen. 1755f.; vgl. Iph. A. 1059: die Kentauren bei der Hochzeit von Peleus und Thetis) und dort meist auf andere als dionysische Gemeinschaften übertragen hat (Iph. T. 1146; Phoen. 796; Or. 319), gebraucht ihn in den *Bakchen* zehnmal, und zwar vorwiegend chorlyrisch, wie zunächst in der Parodos (zweimal), nachdem dort bereits das neugebildete Verbum θιασεύειν im Stück zum ersten Mal erschienen ist. Die Verwendung des Substantivs in der Parodos unterstreicht die zentrale Rolle, die dem Gott Dionysos selbst in dieser kultischen Gemeinschaft zukommt: Er führt die θίασοι zum Berg (115), und er fällt nach der rituellen Bockstötung „aus den auf den Bergen einherstürmenden θίασοι" zu Boden (136), um die „Gunst des Rohfleischessens" (139 ὠμοφάγον χάριν) zu genießen. Dionysos ist das Mitglied des θίασος, der θιασώτης, wie er im 2. Stasimon (548) genannt wird, par excellence. Das zeigt sich auch im 1. Stasimon an der Stelle, an der das Verbum θιασεύειν zum zweiten Mal erscheint (379). Dort bezeichnet es, aktivisch und im Infinitiv, das, was Dionysos - der hier als erster Gott unter den Seligen, den Unsterblichen (377f. δαίμονα πρῶτον μακάρων) charakterisiert ist - zuallererst tut, nämlich: θιασεύειν τε χοροῖς, also: „im Thiasos sich bewegen, einen Thiasos bilden mit den tanzenden Chören".

Anders als hier wird das Verbum in der Parodos jedoch nicht im Aktiv verwendet. Die Form θιασεύεται (75) kann Medium (so die Mehrheit der Kommentatoren) oder Passiv (so Wecklein, Pailler; vorgezogen auch von Festugière) sein. Der Gebrauch wäre transitiv, wenn der hinzutretende Akkusativ ψυχάν als direktes Objekt zu verstehen ist; bei einem intransitiven Gebrauch würde es sich um einen Akkusativ der Beziehung handeln (vgl. Rijksbaron). Beide Interpretationen haben unter den Kommentatoren und Übersetzern zahlreiche Anhänger gefunden. Im letzteren Falle besäße das Syntagma θιασεύεται ψυχάν eine Sonderstellung, denn alle anderen in dieser ersten Strophe der Parodos verwendeten Verben - außer βακχεύων - sind transitiv. Mit

Ausnahme des Passiv-Partizips στεφανωθείς („bekränzt", 81) stehen sie im Aktiv. Zu fragen wäre, ob der grammatischen Sonderstellung des Syntagmas eine inhaltliche Sonderstellung korrespondiert, die sich aus dem Kontext ergeben müßte. Der vollständige erste Satz der 1. Strophe lautet (Bacch. 72-82):

ὦ μάκαρ, ὅστις εὐδαί-
  μων τελετὰς θεῶν εἰ-
  δὼς βιοτὰν ἁγιστεύει
καὶ θιασεύεται ψυ-
  χὰν ἐν ὄρεσσι βακχεύ-
  ων ὁσίοις καθαρμοῖσιν,
τά τε ματρὸς μεγάλας ὄρ-
  για Κυβέλας θεμιτεύων
ἀνὰ θύρσον τε τινάσσων
κισσῶι τε στεφανωθεὶς
Διόνυσον θεραπεύει.

Auffällig ist, daß alle hier verwendeten acht Verben ein gemeinsames Subjekt besitzen und die Mehrzahl von ihnen - darunter alle drei Prädikate - Denominativa auf -εύω sind, also einen Zustand oder die Ausübung einer Tätigkeit ausdrücken, die durch das Nomen, das den Wortstamm definiert, bestimmt wird (vgl. Festugière 81; Kühner-Blass I 2, 261): ἁγιστεύω, θιασεύω, βακχεύω, θεμιτεύω, θεραπεύω. Solche Verben sind aus Substantiven oder Adjektiven unterschiedlicher Art gebildet, stammen aber vielleicht zunächst von Personenbezeichnungen auf -εύς. Dazu gehört hier das Verbum βακχεύω, das auf Βάκχιος (67, im Parodos-Proömium) und auf Βακχεύς, ein weiteres Epitheton des Dionysos als „Rasenden", verweist, mit dem der Gott an einer späteren Stelle der Parodos (145) benannt wird; jenes Verb klingt ebenso an die dem Gott und seinem männlichen Verehrer gemeinsame Benennung Βάκχος (vgl. 491, 623, 1020) sowie an die Bezeichnung der Anhängerinnen des Gottes an, Βάκχαι, die sich als solche im Einzugslied des Chores explizit vorstellen (83). Das Partizip βακχεύων bezieht sich an dieser Stelle auf θιασεύεται ψυχάν und wird durch ἐν ὄρεσσι ... ὁσίοις καθαρμοῖσιν näher bestimmt. Das der Dionysos-Verehrung spezifisch zukommende „bakchische Rasen" ist etwas, wodurch das θιασεύεσθαι ψυχάν erreicht wird, und das lokal („in den Bergen") und instrumental (so Roux, im Sinne von: „durch heilige Reinigungen"), final (Ebener) oder komitativ (Verdenius) präzisiert wird. Worin die „heiligen Reinigungen" bestehen, bleibt offen. Angesichts der in der Parodos folgenden Beschreibung dessen, was in den Bergen geschieht - das wilde, blutige Stürmen der θίασοι gemeinsam mit dem Gott -, ist kaum anzunehmen, daß die „Reinigungen" hier auf etwas Mildes und Spirituelles verweisen. Vor allem aber ist das θιασεύεσθαι durch das ihm zugehörige Partizip βακχεύων als etwas Ekstatisches gekennzeichnet. Der θίασος befindet sich im Zustand des βακχεύειν, und von eben diesem rasenden θίασος ist die ψυχή affiziert.

Die übrigen Denominativa mit dem Suffix -εύ- sind: ἁγιστεύω (abgeleitet von ἁγιστός, „geheiligt"), θεμιτεύω (θεμιστεύω Hss., von θεμιστός bzw. θεμιτός, „rechtmäßig", „erlaubt durch göttliche und menschliche Gesetze", zurückgehend auf Θέμις, die Göttin des Rechts) und das den Satz abschließende Verb θεραπεύω (abgeleitet von θεράπων, „der Diener", besonders im Götterkult), das die zuvor genannten Tätigkeiten des Satzsubjekts (ἀνατινάσσων [in Tmesis], στεφανωθείς) explizit als Dienst am Gott Dionysos zusammenfaßt: Διόνυσον θεραπεύει.

Alle hier verwendeten Denominativa auf -εύω bezeichnen unmißverständlich Rituelles, Tätigkeiten im Götterkult, entweder zunächst spezifisch für Dionysos (θιασεύω, βακχεύω) oder unspezifisch auf alle Götter anwendbar (ἁγιστεύω, θεμιτεύω, θεραπεύω). Syntaktisch sind jedoch auch diese letzteren Verben der Verehrung des Dionysos zugeordnet, ebenso wie die Partizipien mit anderem Suffix (εἰδώς, ἀνατινάσσων, στεφανωθείς). Die Verwendung aller Verben in diesem Satz zeigt: Der Chor beansprucht, daß nicht allein die für den Dionysoskult spezifischen Tätigkeiten dem Dionysos zukommen, sondern daß darüber hinaus das seit jeher im Kult Übliche für ihn im besonderen Maße zu gelten hat: ebenso das kultisch Allgemeingültige (θεμιτεύειν, θεραπεύειν, στεφανοῦσθαι) wie das für rituelle Reinheit (ἁγιστεύειν), für Mysterienweihen (εἰδώς) oder für ekstatische Kulte (ἀνατινάσσων) Besondere.

Das Verbum θιασεύω nimmt dabei eine weitere besondere Funktion ein: Nicht nur ist es als einziges medial (bzw. pass.) gebraucht, sondern zu ihm allein gehören zwei Partizipien von Verba, die beide, im Unterschied zu den drei anderen Partizipien, ebenfalls Denominativa auf -εύω sind (βακχεύων und θεμιτεύων). Durch diese Konstruktion (vgl. Bruhn) wird überdies die Zugehörigkeit zu Dionysos, die sowohl durch die verbal neugebildete Tätigkeitsform des θιασεύειν als auch durch das erste Partizip (βακχεύων) konnotiert ist, zugleich für die Sphäre einer anderen Gottheit, der Kybele, beansprucht, da auch das zweite Partizip (θεμιτεύων) mit seinem Akk.-objekt (τά τε ματρὸς μεγάλας ὄργια Κυβέλας) demselben Verbum θιασεύεσθαι zugeordnet ist. Die ὄργια, die Weihen der großen Muttergottheit Kybele, sollen also aufgefaßt werden als etwas, das im Zeichen des Dionysos steht und ihm nicht bloß assoziiert ist.

Damit wird an dieser Textstelle gleichzeitig erläutert, warum zu Beginn der Strophe die τελεταί mehrerer Götter zu einer Sache der Bakchen erklärt worden waren. Der Plural θεῶν (73) rechtfertigt sich dadurch, daß die im Folgenden genannten Riten nicht nur Dionysos betreffen, sondern mehr als einen Gott, vor allem auch die Göttin Kybele (Roux ad loc.). Und die τελεταί sind nicht nur Riten im allgemeinen (so Kirk, Verdenius, Blessington), sondern geheime Einweihungsriten (so Schöne, Wecklein, Festugière, Roux, Lacroix, Seaford), wie die ὄργια der Kybele. In der Adaption der Göttin unter dem Vorzeichen des Dionysos, in der Zuordnung der Götter der Mysterienweihen überhaupt zu diesem Gott - von dem es ja später sogar heißt, er sei „der erste der seligen Götter" (vgl. 377f.) -, in der Beanspruchung des ganzen Spektrums der bisherigen Kultbräuche für die Dionysosverehrung realisiert sich, wie sich noch zeigen wird, was am Ende des Proömiums der Parodos angekündigt worden war.

Tatsächlich wurde der eklatante Bezug auf Dionysos bereits von Anfang dieses Chorliedes an mit Hilfe des Stilmittels der gehäuften Denominativa auf -εύω bewirkt. Dieses Stilmittel nutzt die lautmalerische Klangqualität dieser Verben und ihren Binnenreim suggestiv aus und verweist dadurch signalhaft auf die Wiederholungsfigur des Kultrufes, der für den Dionysoskult spezifisch ist: εὐοῖ. Eben diesen Kultruf stößt der Chor - zum ersten und einzigen Mal in dieser Tragödie - auf dem Höhepunkt der Parodos (141) aus, nachdem die vom Gott selbst angestrebte „Gunst des Rohfleischessens" beschworen worden war, und unmittelbar, bevor das Milch-, Wein- und Honigwunder verkündet wird. Betont wird die herausragende Bedeutung des Kultrufs εὐοῖ noch am Schluß der Parodos (157), wo der Chor den Gott selbst mit den Worten zitiert: εὔια τὸν εὔιον ἀγαλλόμεναι θεόν. Dionysos präsentiert sich hier als Gott des Kultschreis εὐοῖ, als den ihn die Bakchen, mit eben diesem Ruf, bejubeln und verehren sollen; wobei der von dem Partizip Medium abhängige doppelte Akkusativ beide Objekte - die Kultschreie (εὔια) und den Gott selbst (τὸν εὔιον θεόν) - miteinander verschmilzt. Dieser doppelte Akkusativ wurde von den Kommentatoren allerdings gewöhnlich nicht so verstanden, sondern grammatisch ähnlich analysiert wie die mehrfachen Akkusativobjekte im Proömium der Parodos, die ebenfalls der genaueren Bestimmung des Dionysos dienen. Daß dabei der Grundton εὐ- angeschlagen wird, ja, zur Charakterisierung dieses Gottes gemäß seinem eigenen, eben erwähnten Befehl (157) angeschlagen werden muß, ist bereits dort unüberhörbar.

Zu Beginn des Proömiums der Parodos hatte der aus Asien kommende Chor sein wild bewegtes „Schwärmen" (θοάζειν) durch das Partizip εὐαζομένα erläutert, also durch das vom Kultruf εὐοῖ direkt abgeleitete Verbum. Der einleitende, programmatische Satz lautet wie folgt (Bacch. 64-67):

> Ἀσίας ἀπὸ γαίας
> ἱερὸν Τμῶλον ἀμείψασα θοάζω
> Βρομίωι πόνον ἡδὺν
> κάματόν τ' εὐκάματον, Βάκ-
> χιον εὐαζομένα.

Der Chor schwärmt zu Ehren des „stürmisch lärmenden" Gottes Dionysos, der hier durch das dementsprechende Epitheton Βρόμιος charakterisiert ist. Die Kommentatoren haben gewöhnlich die anschließenden beiden Akkusativobjekte auf die Verbform θοάζω bezogen und als Apposition zu einem unausgesprochen bleibenden internen Objekt dieses Verbs interpretiert. Die Trennung der insgesamt drei auf θοάζω folgenden Akkusativobjekte - wobei nur das letzte (Βάκχιον) auf das transitiv gebrauchte Partizip Medium εὐαζομένα zu beziehen wäre - ist jedoch kaum zu rechtfertigen. Eher ist für die Abhängigkeit aller drei Objekte von εὐαζομένα zu optieren (zur syntaktischen Konstruktion vgl. Eur. El. 467-469). Die beiden ersten Objekte bestehen aus den jeweils zum Oxymoron verfugten Bestimmungen πόνον ἡδύν („süße Last") und κάματόν τ' εὐκάματον („wohlanstrengende Anstrengung"). Der Kultruf εὐοῖ klingt an dieser Stelle zum ersten Mal an, durch das vom Adverb εὖ („gut") abgeleitete Präfix εὐ- , das zu den häufigsten der griechischen Sprache gehört, und mit dessen Hilfe hier, durch das als antithetische Wiederholungsfigur gebrauchte Stilmittel des Oxymoron, das Substantiv κάματος in sein Gegenteil verkehrt wird. Das dritte Objekt ist Dionysos selbst, als der Gott der Raserei und der Einweihungen, Βάκχιος, der durch die Parallelkonstruktion zu den beiden anderen Objekten mit ihnen analogisiert wird: Βάκχιος wird im Kultschrei εὐοῖ bejubelt, als die „süße Last" und „wohlanstrengende Anstrengung", die er für die Frauen, die ihn verehren, ist (Βάκχιον resultativ). Angekündigt wird damit durch den Chor von Anfang an, daß das Gute, das der Gott bewirkt, der Umschlag vom Schlimmen zum Guten, zu ihm gehört, seine Sache ist, ja an ihm selbst vollzogen wird.

Diese Programmatik rechtfertigt die im Proömium nun folgenden Aufforderungen an die Stadtbewohner (Bacch. 68-70):

> τίς ὁδῶι, τίς ὁδῶι; τίς
> μελάθροις; ἔκτοπος ἔστω,
> στόμα τ' εὔφημον ἅπας ἐξοσιούσθω.

Zu den Anweisungen gehört auch die εὐφημία, das ausschließliche Benutzen von Worten, die ein gutes Omen besitzen. Und wiederum klingt im Ausdruck εὔφημον selbst zugleich der Kultruf εὐοῖ an, in dessen Zeichen nun sogar jener allgemeingültige terminus technicus der Kultsprache umgedeutet wird, so als solle der Götterkult überhaupt dem Dionysos überantwortet werden. Daß tatsächlich nichts Geringeres beabsichtigt ist (und programmatisch realisiert wird, wie die Analyse der Verben in 73-82 gezeigt hat), wird unmittelbar im Anschluß daran sogar explizit proklamiert (Bacch. 71-72): τὰ νομισθέντα γὰρ αἰεὶ Διόνυσον ὑμνήσω. Den Dionysos wird er hymnisch preisen, so verkündet der Chor, und zwar indem er das, was schon immer in Kultgebräuchen üblich war (τὰ νομισθέντα γὰρ αἰεί), diesem Gott zuspricht (vgl. auch Ebener). Der doppelte Akkusativ impliziert hier eine Zuordnung der Objekte zueinander, wobei der zweite Akkusativ der nachträglichen Präzisierung des ersten dient (vgl. Schwyzer II,81): „was seit jeher zum Kultbrauch geworden ist, werde ich hymnisch preisen, und zwar als Dionysos." Der Anspruch des Chors ist maßlos: Reklamiert wird nichts Geringeres als eine Umdeutung der überkommenen religiösen Bräuche im Sinne des Dionysos (Διόνυσον appositionell und resultativ). Die Kommentatoren und Übersetzer haben die Stelle gewöhnlich verharmlost und τὰ νομισθέντα γὰρ αἰεί als Akkusativ der Beziehung, in der Bedeutung „nach bisher nie unterlassenem Brauche" („den Dionysos preisen"), verstanden (Schöne, vgl. Sandys, Donner/Kannicht, Wilamowitz, Dodds, Arrowsmith, Werner, Kirk, Blessington), als Apposition zu Διόνυσον aufgefaßt (Wecklein) oder ein internes, effiziertes Akkusativobjekt supponiert (Bruhn, Verdenius), das etwa mit τὸν νομισθέντα ὕμνον zu paraphrasieren wäre (Lacroix, vgl. Rijksbaron). Ein weiterer Schritt in diese Deutungsrichtung ist es, wenn die zeitliche Bestimmung αἰεί nicht auf τὰ νομισθέντα, sondern auf ὑμνήσω bezogen wird (so Grégoire, Verdenius, Rijksbaron, Seaford), als ob der Chor verkündet, daß er von nun an bei jeder Gelegenheit („on any occasion", Verdenius) Dionysos besingen wolle.

Die Stelle ist jedoch sehr viel ernster zu nehmen, als dies bisher geschehen ist. Die Worte wirken wie eine direkte Anspielung auf Heraklit fr. 22 B 14 Diels-Kranz (vgl. dazu Fahr und den Kommentar von Bollack, der für die Authentizität auch des ersten Teils des Fragments plädiert; s. auch Seaford ad Bacch. 71-2):

> νυκτιπόλοις, μάγοις, βάκχοις, λήναις, μύσταις· τὰ γὰρ νομιζόμενα κατ' ἀνθρώπους μυστήρια ἀνιερωστὶ μυεῦνται.

Die Worte am Ende des *Bakchen*-Proömiums und am Beginn der ersten Strophe sind so gewählt, als sei damit zugleich eine Abgrenzung gegenüber Heraklits Analyse intendiert. Denn die Selbstdarstellung des Chors in der Parodos der *Bakchen*, aber auch spätere Formulierungen in dieser Tragödie zeigen, daß eine solche Beschreibung auch diese asiatischen Frauen betreffen könnte: Sie ließen sich tatsächlich als „Nachtschwärmer" (νυκτιπόλοι, vgl. Aischyl. fr. 273a,9 TrGF: die Toten in der Unterwelt) apostrophieren, denn die bakchischen Feste sind Nachtfeste (486; vgl. 146), und als „Bakchanten" (βάκχοι), eine Gemeinschaft von Rasenden, die Frauen und Männer umfassen kann - die Frauen stellen sich als βάκχαι vor (83), und der Gott ist selbst Βάκχος (623, 1020, vgl. 491); Teiresias und Kadmos treten in βάκχοι-Ausrüstung auf (176ff.); der Chor benutzt in der Parodos das Partizip masculinum βακχεύων. Doch bei den bakchischen Riten spielen Frauen eine bestimmende Rolle, wie die λῆναι, die rasenden Frauen beim Dionysos-Fest der Lenäen - bei dem Geheimriten (vgl. Seaford 1994, 262) und öffentliche Dramen-Agone stattfanden -, und so ließe sich auch dieser Kult-Terminus auf den Chor der βάκχαι beziehen. Daß das bakchische Treiben von seinen Verächtern mit den Umtrieben orientalischer Zauberer (μάγοι) gleichgesetzt werden kann, wird in der Tragödie bald nach der Parodos deutlich, denn Pentheus schmäht (234) den „Fremden aus Lydien" (der auf seinem asiatischen Siegeszug auch Persien durchquert hat, 14) in absentia als „Zauberer" (γόης) und „Sänger von Zaubersprüchen" (ἐπῳδός), mit denselben beiden Termini also, die Theseus in einer der ältesten erhaltenen Euripides-Tragödien gegen einen angeblichen Orphiker und Bakchanten (vgl. Eur. Hipp. 953f.), seinen Sohn Hippolytos, verwendet hatte (ebd. 1038; vgl. Cycl. 646 ἐπῳδὴν 'Ορφέως). Die auf μάγοι verweisenden Implikationen dieses Wortgebrauchs sind durch die frühere Überlieferung gegeben: Herodot (1,132,3) führt ἐπαοιδή als Bezeichnung für den Zaubergesang der persischen Magoi an, ein Lied von der Götterentstehung (θεογονίη), und bei Sophokles (Oid. T 387f.) wird Teiresias von Ödipus als lügnerischer μάγος und ἀγύρθης, „Bettelpriester", beschimpft (zur Machtgleichheit von Täuschungen durch Götter und durch μάγοι s. Eur. Or. 1497; zur Analogisierung von μάγος und ἐπῳδός vgl. Sosiphanes fr. 1 TrGF).

Schließlich geben sich die βάκχαι des Chors implizit sogar als „Mysten" (μύσται) zu erkennen. Denn wie sich zeigen wird, sind die νομισθέντα, von denen bei Euripides gemäß der Ankündigung des

Proömiums und sofort im Anschluß an diese die Rede ist, tatsächlich, wie bei Heraklit, Mysterien (τελεταί und ὄργια), und für sie reklamiert der Chor ausdrücklich, daß sie gerade nicht „unheilig" (Heraklit ἀνιερωστί), sondern heilig und in kultischer Reinheit (74 ἁγιστεύει) begangen werden, so wie er die Bewohner der Stadt schon kurz zuvor, im Proömium, dazu aufgefordert hatte, sich ganz und gar zu heiligen und reinzuhalten (70 ἐξοσιούσθω). Der Chor benutzt allerdings nicht das Wort μυστήρια, dessen Gebrauch im Werk der Tragiker (nur in einem Sophokles-Fragment und bei Euripides) sich auf den eleusinischen Mysterienkult der Demeter und Kore bezieht (Soph. fr. 804 TrGF; Eur. Hipp. 25; Eur. Suppl. 173, 470; vgl. aber Eur. El. 87).

Der zunächst verwendete Terminus lautet stattdessen τελεταί, ein Wort, das (wie hier im Plural; oder im Singular) keineswegs ausschließlich Mysterien-Einweihungen bezeichnet, sondern das auf Riten überhaupt, insbesondere Opferriten, angewendet werden kann (vgl. Zijderveld; Waanders; bei bakchischen Mysterien: Burkert 1977, 434f.). In Euripides' *Bakchen* wird das Wort fünfmal gebraucht (im Plural, und nur im Akkusativ), dreimal von Pentheus (238, 260, 465) und zu Beginn je einmal von Dionysos, im Prolog (22), und vom Chor in der Parodos (73). An allen diesen Stellen ist nicht auf Anhieb ersichtlich, ob es sich um heilige Riten überhaupt oder um Einweihungsriten (im Rahmen eines Mysterienkults) handelt. Die Übersetzer und Kommentatoren haben sich meistens entweder für den allgemeinen Sinn „Riten" entschieden (so die Mehrheit der englischsprachigen Autoren) oder für die vage Bedeutung „Weihen" (so gewöhnlich die deutschen Übersetzer). Die Parodos-Stelle wurde bisher nur von einer Minderheit der Autoren spezifisch im Sinne von „Einweihung in einen Mysterienkult" verstanden („initiation": Roux, Lacroix, Seaford; s. aber schon Schöne und Wecklein). Dodds scheint zwar ebenfalls dieser letzteren Interpretation zuzuneigen (ad loc.: „... from the later fifth century onwards used chiefly of the rites practised in the mystery cults"), behauptet aber irrtümlich, „initiation can happen only once", und übersetzt τελετάς anachronistisch mit „sacraments".

Tatsächlich macht jedoch bereits das Partizip, von dem das Akkusativobjekt τελετάς abhängt, klar, daß hier nur Initiation, im Sinne der Einweihung in einen Mysterienkult, gemeint sein kann (so auch Cole, Versnel, Pailler): τελετὰς ... εἰδώς bedeutet „die (geheimen) Weihen wissend", oder „die (geheimen) Weihen gesehen habend". In den Mysterienkulten besaß das „Wissen und Sehen" eine herausragende Bedeutung, die den Status der Eingeweihten und den Inhalt ihrer geheimen Erfahrungen spezifizierte. Dieser Bezug von τελεταί auf Mysterien wird auch dadurch bestätigt, daß später im Text die Geheimnis-Qualität des in den Weihen erworbenen Wissens explizit betont wird: Als Pentheus das Wort τελετάς zum ersten und einzigen Mal Dionysos gegenüber gebraucht (465), unterstreicht der Gott, daß es sich dabei um ein „Wissen" handelt, daß für Uneingeweihte „unaussprechlich" ist (472 ἄρρητ' ... εἰδέναι) und „nicht erlaubt zu hören" (474 οὐ θέμις ἀκοῦσαι, vgl. Seaford ad loc.), „aber würdig zu wissen" (ebd. δ' ἄξι' εἰδέναι). Darüber hinaus setzt Dionysos das Wort τελεταί in seinen Antworten mit ὄργια gleich (470, 476, 482; vgl. Pentheus, den Terminus echohaft aufnehmend: 471) und spezifiziert diese als etwas, das von dem „sehenden" Gott dem „sehenden" Eingeweihten (formuliert als Polyptoton, 470 ὁρῶν ὁρῶντα ... δίδωσιν ὄργια), also „face to face", „übergeben" wird, als etwas, das den Unfrommen feindlich ist (476) und dessen Praxis im Tanzen besteht (482 ἀναχορεύει ... ὄργια). Wer uneingeweiht ist, so ergibt sich aus dieser Stichomythie zwischen Dionysos und Pentheus, hat noch nicht „gesehen" und ist daher „unwissend" (480 ἀμαθής, vgl. 490 ἀμαθία).

Das wissende „Sehen" besitzt auch im Mysterienkult der Demeter und Kore von Eleusis eine zentrale Funktion (vgl. Hom. h. in Dem. 480 ὄπωπεν, Pindar fr. 137,1 ἰδών, Soph. fr. 837,2 TrGF δερχθέντες), doch es fällt auf, daß dort weder die „spiegelbildliche" Konfrontation zwischen Gott und Mensch im Mittelpunkt der Einweihung steht noch die Ekstase. Durch beides aber wird in den *Bakchen* die spezifisch dionysische Initiation charakterisiert, durch das „en face" (470) zwischen dem Gott und dem Eingeweihten, die beide kultisch mit demselben Wort βάκχος bezeichnet sind, und durch die bakchische Raserei; den „nicht bakchisch Eingeweihten" (472 ἀβακχεύτοισιν, vgl. Lacroix, Pailler) bleibt das Initiationswissen als etwas Unaussprechliches verschlossen.

Hier wird jedoch, außer der Bedeutung des „wissenden Sehens", eine weitere Gemeinsamkeit zwischen der eleusinischen und der dionysischen Einweihung deutlich, die schon am Beginn der Tragödie betont worden war: die strikte Trennung zwischen den Eingeweihten und den Nicht-Eingeweihten. Dionysos hatte im Prolog verkündet (Bacch. 39f.):

δεῖ γὰρ πόλιν τήνδ' ἐκμαθεῖν, κεἰ μὴ θέλει,
ἀτέλεστον οὖσαν τῶν ἐμῶν βακχευμάτων, κτλ.

Das Wissen, das „ganz und gar Verstehen" (ἐκμαθεῖν), das der Gott der Stadt Theben gegen ihren Willen zukommen läßt, ist gerade nicht das

Initiationswissen, nicht ein zukunftsträchtiges, sondern das vollständig auf die Gegenwart reduzierte Wissen, daß sie eben „nicht eingeweiht ist" (ἀτέλεστον οὖσαν), „nicht eingeweiht seiend" (Partizip Präsens) - und nicht etwa „noch nicht geweiht" (Ebener; vgl. Donner/Kannicht) -, und zwar: „in meine bakchischen Mysterien" (τῶν ἐμῶν βακχευμάτων, vgl. Lacroix, Seaford), und nicht bloß: „zu meinem Festesrausch" (Ebener). Den Schwestern der Mutter des Dionysos und den anderen Frauen Thebens, die seine Göttlichkeit geleugnet haben, wurde durch den Gott nur die „Ausrüstung" seiner „Weihen aufgezwungen" (34 σκευήν τ' ἔχειν ἠνάγκασ' ὀργίων ἐμῶν), nicht aber die Weihen selbst. Denn das Geweiht-Werden setzt eine freie Entscheidung für das Sich-Einweihen voraus. Eine bakchische Ausrüstung zu haben, heißt aber noch nicht, bakchisch eingeweiht zu sein (pace Pailler). An Agaue, der Schwester der Dionysos-Mutter Semele, und ihrem von ihr selbst gemordeten Sohn Pentheus (915 σκευὴν γυναικὸς μαινάδος βάκχης ἔχων) wird dies in den *Bakchen* aufs grausamste demonstriert.

Die Absicht, die der Gott formuliert und die er in dieser Tragödie vollzieht, hat mit einer 'Werbekampagne' oder gar „Missionstätigkeit" und „Bekehrungstätigkeit" (Erbse 92) für den dionysischen Mysterienkult nichts zu tun. Vielmehr soll die Grenze zwischen den Eingeweihten und den Nicht-Eingeweihten so scharf als möglich gezogen werden. Die Nicht-Eingeweihten, die sich der Einweihung verweigern, sollen nicht etwa doch noch für die Einweihung gewonnen werden, sondern sie sollen verstehen, daß sie nicht eingeweiht sind und was das heißt. Die uneingeweiht bakchisch rasende Agaue, die, in der Ausrüstung der dionysischen Weihen, ihren ebenso ausgerüsteten und ebensowenig eingeweihten Sohn Pentheus am Ende umgebracht hat, wird dieses Verstehen explizit zum Ausdruck bringen: „jetzt verstehe ich" (1296 ἄρτι μανθάνω). Dieses Verstehen ist ein so hoffnungsloses, so unüberwindliches Leiden, daß sie in Zukunft durch nichts an eine solche Ausrüstung, „an den Thyrsos erinnert" werden will (1386). Für die uneingeweihte Agaue fallen, als sie nicht mehr bakchisch rast, Verstehen und Leiden zusammen. Eine Aussicht auf Loslösung vom Leiden besitzt sie nicht.

Im Unterschied aber zu Agaue und den anderen Thebanern sind die asiatischen Frauen des Chors, wie sie in der Parodos deutlich machen, in die Mysterien des Dionysos Bakchios eingeweiht. „In ganz Asien" (17), so rühmt sich der Gott im Prolog, habe er seine „Weihen eingeführt" (21f. καταστήσας ἐμὰς / τελετάς). Daß das Wort τελεταί bereits hier, bei seiner ersten Nennung in dieser Tragödie, nicht dionysische Riten im allgemeinen bezeichnet, sondern spezifisch die Einweihung in den Mysterienkult des Dionysos, wird, wie sich gezeigt hat, durch den Chor in der Parodos (73) klargestellt. Daß Pentheus das Wort zunächst unspezifisch verwendet (238 τελετὰς ... εὐίους, 260 τελετὰς πονηράς, beide Male mit sexueller Konnotation; vgl. Oranje 55), unterstreicht nur, daß er zu diesem Zeitpunkt - vor der Konfrontation mit dem Gott selbst - den Mysteriencharakter der dionysischen τελεταί nicht durchschaut hat. Im Unterschied zu vielen modernen Kommentatoren zweifelt die Tragödienfigur Pentheus jedoch nicht daran, daß die bakchischen τελεταί auch für Männer und nicht allein für Frauen bestimmt sind. Schon die Aussage des Dionysos im Prolog war tatsächlich unmißverständlich: Die τελεταί sind „in ganz Asien" eingeführt; von einer Beschränkung auf Frauen ist keine Rede. Daß beide Geschlechter gemeinsam in die bakchischen Mysterien eingeweiht wurden, bestätigen die Kultzeugnisse, die zumindest bis ins 6. Jh. v. Chr. zurückreichen. Dementsprechend gilt auch der Makarismos, mit dem die erste Strophe der Parodos der *Bakchen* beginnt, nicht etwa nur einem Seligen weiblichen Geschlechts, sondern gepriesen wird „derjenige" (72 ὅστις), „der die (geheimen) Weihen kennt" (73), wobei das Pronomen masculinum auch Frauen generisch miteinschließt.

Die besondere Rolle der Frauen bei der Einweihung in die bakchischen Mysterien wird jedoch dadurch deutlich, daß Dionysos von den in Asien Eingeweihten nur Frauen, keine Männer nach Theben mitgebracht hat: Sie sind sein θίασος (56; vgl. 584), seine Beisitzer und Begleiter (57 πάρεδροι). Ihnen, den βάκχαι, dem Chor dieser Tragödie, ist es allein überlassen, Dionysos lyrisch zu preisen. Dennoch ist der Gott nicht das einzige männliche Wesen, das ihnen nahekommen darf. Im Prolog hatte er sich zu erkennen gegeben als ein Gott in der Maske eines Menschen. Seine Verwandlung in die Gestalt eines sterblichen Mannes dient jedoch nicht nur dazu, die Thebaner zu täuschen. Als Dionysos die Bühne betritt, nachdem er durch das wiederangefachte Blitzfeuer des Zeus den Palast des Pentheus in Brand gesetzt und zertrümmert hat, halten ihn auch die βάκχαι (der Chor) nicht für den Gott selbst, sondern für ihren Anführer und Wächter (612 φύλαξ). Bemerkenswerterweise belehrt nun Dionysos nicht etwa die Frauen eines Besseren, sondern bestätigt diese Auffassung, indem er ausdrücklich zwischen sich (also diesem menschlichen Anführer und Wächter) als Zuschauer und dem Gott als Akteur differenziert (621-624). Damit wird in dieser Tragödie unterstrichen, daß den bakchisch eingeweihten Frauen die Existenz eines mit besonderen Kultfunktionen ausgestatteten Menschenmannes (pace Henrichs 1984) in ihrem Kreis wohlvertraut ist.

Die Zulassung von männlichen Wesen zur Sphäre der bakchischen Frauen ist aber nicht auf einen solchen Kultfunktionär und den Gott selbst beschränkt. Männer, die sich freiwillig mit der bakchischen Ausrüstung ausstatten, sind ebenfalls willkommen und haben von den Frauen während der gemeinsamen Tänze nichts zu befürchten. Im Gegenteil, wie das Beispiel der einzigen freiwilligen männlichen Bakchanten in dieser Tragödie - der beiden Greise Teiresias und Kadmos - zeigt. Auf sie wirkt bereits diese Ausrüstung verjüngend (188-190); sie kehren beide, ohne etwas von der Zerreißung des Pentheus wahrgenommen zu haben, wohlbehalten „von den Bakchen" (βακχῶν πάρα) aus den Bergen in die Stadt zurück (1223f.). Dennoch trifft auch Kadmos am Ende die Rache des Dionysos. Zwar hatte er sich bakchisch ausgerüstet und sich sogar zu den bakchischen Frauen in die Berge begeben, doch die Göttlichkeit des Dionysos hatte er nicht wirklich anerkannt, sondern nur aus familienpolitischen Rücksichten einen solchen Anschein erweckt (333-336; vgl. 30). Nichts läßt auf eine bakchische Einweihung des Kadmos schließen. Für ihn gilt also dasselbe wie für die ganze Stadt: Auch er muß verstehen, daß er nicht eingeweiht (ἀτέλεστος) ist. Um so vielsagender ist es, daß diese Tragödie über irgendeine Strafe des Dionysos für den blinden Seher Teiresias, der die Verehrung dieses Gottes zuvor, gegenüber Pentheus, theologisch und rituell eindrucksvoll gerechtfertigt hatte (272-321), vollständig schweigt.

Doch bereits Thebens bakchische Ausrüstung (das Hirschkalbfell - die νεβρίς - und der mit Efeu umrankte Thyrsosstab), so der Gott im Prolog (23-25), war der Beginn seiner Racheaktion gegen die Stadtbewohner beiderlei Geschlechts. Die Begründung des Dionysos für diese aufgezwungene Ausrüstung ist: Er tut dies, „weil" (26 ἐπεί) die Schwestern seiner Mutter seine Göttlichkeit nicht anerkennen wollten. In eben diesem Sinne ist zu verstehen, daß der Chor in der Parodos Theben auffordert, sich mit dieser Ausrüstung auszustatten (105-114) - bemerkenswerterweise aber nicht, den Dionysos, so wie er selbst es tut, zu besingen. Auch dies ist nicht als gutgemeinte Propaganda für die bakchischen Riten im allgemeinen oder für die bakchischen geheimen Einweihungen im besonderen aufzufassen. Die propagandistisch vorgebrachte Aufforderung ist eine geschickte Falle (in die übrigens auch die meisten modernen Kommentatoren getappt sind). Nichts spricht dafür, daß der Chor hier etwa Dionysos widersprechen will, der im Prolog sein Ziel klar und deutlich benannt hatte: Die Stadt soll verstehen, daß sie nicht eingeweiht ist. Die Aufforderung des Chors dient keinem anderen Ziel: Denn um dies ganz und gar zu verstehen, muß die Stadt sich - freiwillig oder unfreiwillig - bakchisch ausrüsten; erst dadurch wird ihr klar werden, daß bakchische Ausrüstung und bakchische Einweihung zweierlei sind.

Unzweideutiger kann die metrisch geformte Gnome, die Platon im *Phaidon* überliefert hat (69c), nicht dramatisiert werden: „Narthexträger sind viele, aber βάκχοι nur wenige" (ναρθηκοφόροι μὲν πολλοί, βάκχοι δέ τε παῦροι). Um βάκχος zu sein, genügt es offenbar nicht, den Narthexstengel (den Thyrsosstab) zu tragen. Die βάκχοι aber, die Minderheit, das sind die in die bakchischen Mysterien eingeweihten wenigen. In der Parodos von Euripides' Tragödie werden die Narthexträger aber nicht allein quantitativ von den bakchisch Eingeweihten abgegrenzt, sondern auch durch die sie qualifizierende Hybris (113f. ἀμφὶ δὲ νάρθηκας ὑβριστὰς / ὁσιοῦσθ'). Die Narthexstengel, derer die Thebaner sich bedienen sollen, sind mit Hybris versehen, denn sie sind nur Dekoration, ungeheiligter Teil einer bakchischen Ausrüstung, der keine Einweihung korrespondiert. Und tatsächlich bewahrheitet sich am Ende der Tragödie, daß gerade die Narthexstengel, die θύρσοι der von Dionysos bestraften uneingeweihten Frauen, in besonders schrecklichem Maße der Hybris dienen werden. Die Kombination von ὑβριστάς mit ὁσιοῦσθ' ist ein Oxymoron, das zeigt: den nicht bakchisch Eingeweihten wird die spezifisch dionysische Einheit der Gegensätze, die der Chor schon im Proömium der Parodos beschworen hatte (66f. πόνον ἡδὺν / κάματόν τ' εὐκάματον), nur in pervertierter Form zuteil. Agaue und die anderen Thebanerinnen werden sich am Ende „reingehalten" haben (sogar im sexuellen Sinne), aber die Narthexstengel sind zu Mordwaffen geworden.

Die strikte Abgrenzung der „wenigen" bakchisch Eingeweihten von der Menge wurde bereits im Proömium der Stadt Theben rituell oktroyiert. Dort ist die Abgrenzung zugleich eine zwischen den Geschlechtern. Wer noch in der Stadt ist - und das können, nach der Aussage des Prologs (35f.), nur die thebanischen Männer sein - soll Platz machen (69 ἔκτοπος ἔστω) für die Prozession der asiatischen Frauen und ihr nicht in den Weg treten. Dies gilt für alle, ob auf der Straße oder im Palast (68f. τίς ὁδῶι, τίς ὁδῶι; τίς μελάθροις;). Es ist keine Rede davon, daß die Männer sich der Prozession anschließen sollen. Im Gegenteil. Implizit wird hier also noch einmal betont: Die Stadt soll verstehen, daß sie nicht eingeweiht ist, und dem dient zunächst einmal das Hören der von den Eingeweihten artikulierten Klänge und Worte; die Männer, einschließlich des Königs Pentheus, sollen den Frauen und der von ihren Schlaginstrumenten erzeugten Musik zuhören - damit die Stadt „sehe", heißt es ominös im Prolog (ὡς ὁρᾶι, 61). Eine von vielen Interpreten angenommene Einladung dazu, herbeizueilen und der Prozession zuzuschauen (so Roux, gefolgt von Verdenius, Rijksbaron, Seaford), ist damit nicht zu stützen (vgl. Grégoire). Der Akzent liegt nicht auf eventuellen Zuschauern und einem supponierten Propaganda-Effekt, sondern auf der Herstellung eines für die Eingeweihten reservierten Raumes, der von den Nicht-Eingeweihten zu respektieren ist - dadurch, daß sie zur Seite treten oder sich sogar ins Haus zurückziehen, daß sie im Haus bleiben, wenn sie dort bereits sind.

Die vom Chor reklamierte rituelle Trennung ist nicht allein eine räumliche und geschlechtsspezifische, sondern betrifft auch die Sprache, die Sinnesfunktionen und die körperliche Motorik, deren Regulierung hier unter Verwendung von Kultterminologie eingefordert wird: Den Männern wird befohlen zu schweigen (70 στόμα τ' εὔφημον), sich offenbar auch körperlich ruhig zu stellen und sich ganz und gar reinzuhalten (ebd. ἐξοσιούσθω), während der Chor der Frauen den vielnamigen Gott als Bromios, als Bakchios, als Dionysos mit dem wiederholt evozierten Kultruf εὐοῖ, wie angekündigt, jubelnd besingt und wildbewegt tanzt. Bis zum Ende der Präsentation von Makarismos und Geburtsgeschichte des göttlichen Kindes im ersten Strophenpaar werden diese den thebanischen Männern verordneten, kultisch strengen Regulationen offenbar gültig bleiben. Erst in der zweiten Strophe (105-119) wird zu bakchischer Ausrüstung und zu gemeinsamem Tanz mit den schon in den Bergen „wartenden" thebanischen Frauen aufgefordert - ein Appell, dem aber nur drei Männer (Teiresias und Kadmos, schließlich nolens-volens, nur um zuzuschauen, auch Pentheus) folgen werden.

Der Kontrast zwischen den asiatischen Frauen und den Männern der Griechenstadt Theben ist kaum krasser vorstellbar. Theben befindet sich tatsächlich im Gegensatz zu den Städten Asiens, in deren Einwohnerschaft, wie es im Prolog heißt (18), „Griechen und Barbaren sich vermischen". Und bei diesem Gegensatz wird es bleiben. Ein 'Fraternisieren' zwischen den asiatischen βάκχαι und den Männern Thebens ist von Dionysos nicht vorgesehen. Das Arrangement beim Auftritt des θίασος (56) der bakchisch eingeweihten Frauen in Theben ist dem Arrangement des θίασος in Olbia vergleichbar, von dem Herodot (4,79) berichtet.

Nach vollzogener Einweihung zieht dort der Mysterienthiasos durch die Stadt. Er tritt öffentlich auf und grenzt sich zugleich von der Öffentlichkeit ab. Auch hier wird nur die Tatsache der Einweihung und die Verhaltensform des bakchischen Rasens publik gemacht. Die in der Einweihung empfangenen Geheimnisse bleiben geheim. Nicht-Eingeweihte schauen heimlich zu, so daß sie selbst von den Thiasoten nicht gesehen werden.

Eine solche scharfe Abgrenzung zwischen den in die Mysterien Eingeweihten und den Uneingeweihten findet sich auch im Arrangement der Parodos in den *Fröschen* des Aristophanes. Dionysos und sein Diener werden dort Zeugen des chorischen Auftritts von seligen Mysten im Hades, die schon zuvor durch den unterweltserfahrenen Herakles, geradezu technisch genau, als „glückselige Thiasoi von Männern und Frauen" (Ran. 156f. θιάσους εὐδαίμονας ἀνδρῶν γυναικῶν) angekündigt worden waren. Der Chorführer gibt hier Anweisungen für die Nicht-Eingeweihten (also die anderen Toten), die den Anweisungen an die nicht-eingeweihten Thebaner im Proömium der *Bakchen* bis in die Wortwahl hinein ähneln: Als erstes wird Schweigen verlangt (Ran. 354 εὐφημεῖν χρή) und Platz-Machen für den Mysten-Chor (ebd. κἀξίστασθαι, vgl. 370). Für alle ohne Einschränkung erlaubt und geboten ist also offenbar auch hier nur das Hören des Chorlieds der Eingeweihten, das in den *Fröschen* vor allem zu Ehren des - mit dem Mysterien-Dionysos gleichgesetzten (vgl. Graf 1974; Bowie) - Iakchos angestimmt wird (Ran. 316f., 323-336, 340-353, 394-413), sowie der (anonym bleibenden) Kore-Persephone (vgl. ebd. 372-381; 379 Σώτειρα; 440-446), der Demeter (ebd. 384-393) und der „seligen Moirai" (vgl. ebd. 447-459; 452f. ὄλβιαι Μοῖραι).

Zahlreiche Begriffe, darunter nicht zuletzt Termini aus der Kultsprache, die schon in der Parodos der *Bakchen* verwendet worden waren, kehren in diesem Aristophaneischen Chorlied wieder. Auch das dominierende Metrum haben beide Parodoi gemeinsam: Es sind vorwiegend Ioniker a minore, ein in den attischen Dramen relativ seltenes, aber kultisch altehrwürdiges, besonders im Dionysoskult bis in die Spätantike verbreitetes Metrum, das auch für den Hymnos auf den diktäischen Zeus in Kreta und für die refrainhaften Anrufungen in Philodamos' delphischem Paian auf Dionysos gewählt worden ist (vgl. Roux; West). Der ausgesprochen diesseitige, weinselige Makarismos in Euripides' Satyrspiel *Kyklops* (495-502) ist im selben Metrum abgefaßt. Père Festugière hat darauf aufmerksam gemacht, daß der inhaltliche Aufbau der *Bakchen*-Parodos die schon durch das Metrum akzentuierte kultische Qualität unterstreicht, da hier, wie auch sonst in einem Kultlied auf einen Gott, seine φύσις, sein γένος und seine δύναμις besungen werden (vgl. Festugière 75-78; s. schon Deichgräber 323-327). Bemerkenswerterweise wird aber die φύσις des Dionysos im Makarismos zu Beginn der ersten Strophe der Parodos, so Festugière, nur indirekt benannt. Gepriesen wird zunächst nicht der Gott selbst, sondern der ihn verehrende βάκχος.

Dieser Makarismos, im ersten Satz dieser Strophe (72-82), kann jetzt, auf dem Hintergrund der bisherigen Analyse, noch einmal genauer untersucht werden. Zu überprüfen ist, ob auch der Wortlaut dieser Seligpreisung bestätigt, daß der Chor der βάκχαι sich nicht einfach nur als Mänadenchor, sondern als Chor von Eingeweihten des bakchischen Mysterienkults präsentiert. Zu bedenken ist dabei allerdings, daß die Hinweise in der antiken Literatur auf Mysterienterminologie spärlich und elusiv sind. Bereits für die generischen Termini, mit denen die Mysterienweihen selbst bezeichnet werden können - τελεταί, ὄργια, ja sogar μυστήρια -, gilt, daß oft erst der Kontext entscheidet, ob nicht etwas ganz anderes gemeint ist, das nichts mit Mysterienkulten zu tun hat. Ja, auch die Begriffe, Stilfiguren und Satzformeln, die eindeutig als Repertoire der Mysterienterminologie überliefert sind, besitzen zumeist den Charakter einer chiffrenhaften Andeutung, einer Periphrase oder einer Tautologie und begegnen vorwiegend in Zusammenhängen außerhalb der Festlegung auf Mysteriensprache, also in nicht-terminologischer Bedeutung. Dies trifft z.B. zu auf Stilfiguren wie die Figura etymologica oder das Polyptoton, die auch sonst zur Verstärkung und Betonung einer Aussage dienen. Außerdem handelt es sich bei den notorisch als Mysterientermini verwendeten einzelnen Substantiven, Adjektiven oder Verben um völlig frei verfügbare Wörter der Lexik, die keineswegs für eine Geheimsprache reserviert und für den gewöhnlichen Sprachgebrauch tabu sind. Oft suggeriert noch nicht einmal der Kontext, sondern nur das gehäufte Auftreten solcher Termini einen Mysterienzusammenhang. Der Geheimnischarakter der Einweihungen wurde also auch sprachlich und semantisch durch die Rätselhaftigkeit (Seaford 1981) und Fluidität (Nock) der auf sie verweisenden Sprachformen und Ausdrucksinhalte aufrechterhalten.

Was den Makarismos in der Parodos von Euripides' *Bakchen* betrifft, so fällt auf den ersten Blick keinerlei pointierte Rätselhaftigkeit der verwendeten Termini auf. Von den Verben gehören zwar die meisten direkt zur Kultsprache (ἁγιστεύει, θιασεύεται, βακχεύων, θεμιτεύων, στεφανωθείς, θεραπεύει), mit unterschiedlicher Übertragbarkeit auf Nicht-Kultisches, oder können umgekehrt, obwohl nicht genuin kultisch, auf Kultisches angewendet werden (εἰδώς, τινάσσων), sind jedoch im kultischen und literarischen Sprachgebrauch ausnahmslos nicht auf Mysterienzusammenhänge beschränkt. Das trifft ebenso für die Adjektive zu (72 μάκαρ, εὐδαίμων, 77 ὁσίοις, 78 μεγάλας). Die verwendeten Substantive sind zum Teil ebenfalls Kulttermini (73 τελετάς, θεῶν, 77 καθαρμοῖσιν, 78 ὄργια, 80 θύρσον) und zum Teil Wörter, die zwar auch in rituellen Kontexten angewendet werden können, zunächst aber, in der bis Homer zurückreichenden Sprachtradition, keine kultische Festlegung besitzen: βιοτάν (74), ψυχάν (75), ὄρεσσι (76), ματρός (78), κισσῶι (81). Einige der Wörter sind bereits vor den *Bakchen* des Euripides als Mysterientermini benutzt worden (τελετάς, εἰδώς, ὄργια) oder sind zumindest bald danach - in philosophischen Texten (z.B. Platon, Phaidr. 244e, Phaid. 69c, rep. 364e; vgl. schon Empedokles' gleichnamiges Werk) - als solche überliefert (καθαρμοῖσιν).

Darüber hinaus aber sind die beiden Seligpreisungs-Begriffe μάκαρ und εὐδαίμων sowie die Termini ψυχή, στέφανος und θύρσος (neben einer Reihe weiterer, zum großen Teil ebenfalls in der *Bakchen*-Parodos, aber auch in der Parodos der *Frösche* vorkommender Wörter) in Kulttexten überliefert, die allesamt seit einigen erst in jüngster Zeit bekannt gewordenen, unteritalischen und nordgriechischen Grabfunden der Einweihung in die Mysterien des Dionysos Bakchios zugeordnet werden können. Diese Zuordnung (auch der schon im 19. und frühen 20. Jh. entdeckten und publizierten Goldplättchen aus Unteritalien, Thessalien, Kreta und Rom) ist insbesondere durch die Goldplättchen-Funde aus Hipponion, Pelinna (in Gestalt von Efeublättern) und Pella der 70er, 80er und 90er Jahre des 20. Jh. inzwischen unabweisbar (vgl. Burkert 1990; 1995), wobei ein bereits früher oft vermuteter Zusammenhang dieser Zeugnisse dionysischer Mysterien mit „orphischen" Jenseitsvorstellungen weiterhin ein Interpretationsproblem darstellt (vgl. z.B. Graf 1991; 1993).

Ist aber die Seligpreisung im ersten Satz der ersten Strophe der *Bakchen*-Parodos tatsächlich als spezifischer Verweis auf die formelhafte Ausdrucksweise von Seligpreisungen innerhalb von Mysterientexten zu verstehen? Der Begriff μάκαρ (72), der als erster das Subjekt definiert und für die gesamte Satzaussage den Ton angibt, ist nun keineswegs auf das Mysterienvokabular beschränkt. Er gehört zu den wenigen Adjektiven der griechischen Sprache, die seit den homerischen Epen sowohl den

Status von sterblichen Menschen als auch denjenigen der unsterblichen Götter bezeichnen können. Menschen werden vorwiegend dann als μάκαρ, „selig", apostrophiert, wenn sie durch einen „schönen" Tod auf dem Schlachtfeld, als glückliche Brautleute oder durch einen privilegierten, von Exzessen und Leiderfahrungen freien Lebenslauf (z.B. Thgn. 1013, ähnlich wie bei Euripides direkt gefolgt von εὐδαίμων) bereits in ihrem Leben und vor allem nach ihrem Tod einer besonderen, von anderen Menschen abgehobenen Glückseligkeit teilhaftig werden (vgl. Dirichlet, Snell, de Heer, McDonald).

Für den Gebrauch von μάκαρ (im Unterschied zu μακάριος) bei Euripides ist bemerkenswert, daß das Wort in seinem Werk, ebenso wie in der vorausgehenden literarischen Tradition, fast ausschließlich die Götter und zuweilen auch vergöttlichte Wesen qualifiziert. Dem entspricht die Verwendung von μάκαρ in den *Bakchen* (wo das Wort am häufigsten, nämlich sechsmal vorkommt). Außer als Bezeichnung der Insel der Seligen (1339), des endgültigen Bestimmungsorts von Kadmos, und der durch Dionysos und seine tanzenden θίασοι besonders bevorzugten Landschaftsgottheiten Dirke und Pieria (530 und 565) erscheint der Terminus nach der Parodos-Stelle (72) nur noch zweimal: Nach dem Mord an ihrem Sohn wird sich die noch im Wahn befangene Agaue rühmen, daß sie innerhalb der Thiasoi μάκαιρα genannt werde (1180), - die schlimme Einsicht aber, daß dies nichts als eine bittere Illusion ist, daß ihr vielmehr das Gegenteil von Glückseligkeit zuteil geworden ist, läßt nicht lange auf sich warten. Den höchsten, den unangefochtenen Anspruch auf Glückseligkeit hat in dieser Tragödie nur Dionysos selbst, den der Chor im 1. Stasimon - dessen kultischer Charakter durch die Wiederaufnahme der Ioniker a minore aus der Parodos betont wird - sogar als δαίμονα πρῶτον μακάρων (377f.) feiert. Rückwirkend erscheint also der Makarismos in der Parodos als eine Angleichung an diesen Seligkeits-Status des bakchischen Gottes selbst. Genau diese Angleichung kommt an der Stelle zum Ausdruck, an der das Wort μάκαρ in den Mysterientexten der Goldtäfelchen, als Anrede an den vergöttlichten Eingeweihten, erscheint (Zuntz A 1.8): ὄλβιε καὶ μακαριστέ, θεὸς δ' ἔσηι ἀντὶ βροτοῖο. Bei der Seligpreisung in der *Bakchen*-Parodos ist der Eingeweihte sowohl μάκαρ, glückselig, als auch εὐδαίμων: Sein δαίμων ist gut, denn sein Glück ist dem einer Gottheit (δαίμων) gleich. Daß es der Terminus δαίμων ist, mit dem im 1. Stasimon die Gottesqualität des Dionysos spezifiziert wird, verweist ebenfalls auf die εὐδαιμονία. Dies wird durch die Wortfolge noch unterstrichen, denn dort heißt es an der eben bereits genannten Stelle: τὸν παρὰ καλλιστεφάνοις εὐφροσύναις δαίμονα πρῶτον μακάρων (376-378). Das Wort εὐδαίμων ist überdies aufgeladen durch den Anklang an den dionysischen Kultruf εὐοῖ, der bei der εὐδαιμονία des Mysten sozusagen den Ton angibt. In den beiden erst seit zehn Jahren bekannten, aus dem 4. Jh. v. Chr. stammenden thessalischen Goldplättchen ist es sogar, nach der dreimal rätselhaft evozierten Milch, ausdrücklich οἶνος, die zentrale Gabe des Dionysos, der Wein, welcher der „neugeborenen" eingeweihten Frau die besondere Ehre der εὐδαιμονία vermittelt. Die Wörter οἶνος und εὐδαίμων werden dabei durch Alliteration auf höchst suggestive Weise zum Klangbild εὐοῖ verbunden: οἶνον ἔχεις εὐδαίμονα τιμήν (Pelinna 1.6 = Pelinna 2.5). So bestätigen offenbar auch die Adjektive, die den Seligen in der *Bakchen*-Parodos spezifizieren, daß die auf μάκαρ und εὐδαίμων folgende prädikative Bestimmung τελετὰς θεῶν εἰδώς (73) nur das durch Mysterien-Einweihung erworbene, spezifische „sehende Wissen" meinen kann (pace Vernant).

Zu den weiteren prädikativen Bestimmungen des hier gepriesenen Seligen gehört als nächstes βιοτὰν ἁγιστεύει (74). Das Substantiv βιοτή, das in den *Bakchen* nur an dieser einen Stelle erscheint, ist ein Hapax bei Homer und bezeichnet in der *Odyssee* (δ 565) das „leichte Leben" im Elysion, das dem Menelaos prophezeit ist. In der *Bakchen*-Parodos gehört es als Akkusativobjekt zu ἁγιστεύει, einem nicht vor Euripides und bei ihm nur als Hapax bezeugten Verbum, das in der antiken Literatur nach ihm nur selten wieder gebraucht wird. Vorwiegend dient es als kultischer terminus technicus, der die besonderen Reinheitsregelungen (vgl. Parker 329), oft einschließlich sexueller Abstinenz, für gewisse Kultpersonen bezeichnet (z.B. Pausanias 6,20,2: die alte Kultdienerin des elischen Daimon Sosipolis; 8,13,1: im Artemiskult von Orchomenos und Ephesos; 10,6,7: kretische Kultfunktionäre in Delphi). Das Wort ist auch an einer für den attischen Dionysoskult zentralen Stelle, im Zusammenhang mit der geheimen Hochzeit zwischen Dionysos und der βασίλιννα, belegt, im Schwur der Gerarai, Priesterinnen im Limnaion-Heiligtum des Dionysos (Ps.-Demosthenes or. 59,78): Von den Frauen wird dort ihre (auch sexuelle) Reinheit mehrfach, darunter durch Verwendung der figura etymologica, unterstrichen (ἁγιστεύω καὶ εἰμὶ καθαρὰ καὶ ἁγνὴ ἀπό ⟨τε⟩ τῶν ἄλλων τῶν οὐ καθαρευόντων καὶ ἀπ' ἀνδρὸς συνουσίας κτλ.). Entscheidend ist dabei offenbar, daß sogar diejenigen, die nur indirekt an der mystischen Vereinigung des Gottes mit einer menschlichen Frau beteiligt sind, sich von Sexualität mit einem menschlichen Mann freihalten müssen, um die Heiligung der durch sie vollzogenen Riten zu garantieren (vgl. Parker 85). Zwar ist das Verbum ἁγιστεύειν nicht in Mysterientexten attestiert, doch bezeugen einige Goldplättchen das die Heiligkeit der kultischen Reinheit bezeichnende Adjektiv ἁγνή, mit dem sich die Gerara im Schwur qualifiziert, als Charakteristikum der Göttin der Unterwelt, Persephone (Zuntz A 2.6, A 3.6), und eine die Reinheit betonende Wiederholungsfigur wird auch hier häufig verwendet (als Polyptoton, wörtlich identisch in Zuntz A 1.1, A 2.1, A 3.1, A 5.1 ἐκ καθαρῶν καθαρά).

Die Formulierung βιοτὰν ἁγιστεύει in den *Bakchen* (74) suggeriert eine Akzentuierung von Reinheit, die nicht so sehr die Lebensweise, das Dasein, den Lebensverlauf oder die Ernährung betrifft (dann wäre eher, wie der Wortgebrauch auch bei Euripides zeigt, βίοτος oder βίος zu erwarten), sondern wie sonst in Euripides' Tragödien die im engeren Sinne physische, durch Sterblichkeit gekennzeichnete Lebensfunktion, die gerade auch die Sexualität einschließt. Worin der βίος (im Unterschied zur βιοτή) eines Mysten männlichen Geschlechts bestehen kann, zeigt sich in einem oft als Parallele herangezogenen Fragment aus der Parodos von Euripides' *Kretern* (fr. 472). Dort charakterisiert sich der Chor durch den ἁγνὸς βίος (9), den er als μύστης des Zeus vom Ida (10) und βάκχος der Kureten (14f.) führt, wobei er die „Donnerschläge" (βροντάς) und die „Rohfleisch-Mahlzeiten" (ὠμοφάγους δαῖτας) des „Nachtschwärmers" (νυκτιπόλου) Zagreus „vollzieht" (τελέσας) und zu Ehren der Bergmutter Fackeln schwingt (11-13) (vgl. Wilamowitz 1959, 183f.). Die „heilige Lebensweise" besteht aber darüber hinaus hier explizit in gänzlich weißer Kleidung, sexueller Askese, Vermeidung des Kontakts mit Toten und, antithetisch zur rituell praktizierten Omophagie, in Vegetarismus (16-19). Eine Bedeutungsidentität der beiden Euripides-Stellen kann nicht bereits deshalb postuliert werden, weil auch in der Parodos der *Bakchen* die Omophagie, die Bergmutter, der kretische Zeus und die Kureten, ja sogar ein an den Namen Zagreus anklingendes Partizip (138 ἀγρεύων, „jagend") dem Dionysos assoziiert werden. Nichts deutet in den *Bakchen* auf spezifische Lebens- und Diätregeln hin, die die asiatischen Frauen zu beachten hätten. Sie sind wohl eingeweihte Mysten, aber auf andere Weise als die Männer, die den Chor der *Kreter* bilden.

Das wird, wie sich noch zeigen wird, auch an der Stelle deutlich, die das Zentrum der hier vorgelegten Untersuchung bildet, θιασεύεται ψυχάν (75). Bevor aber die genaue Bedeutung dieses Verses bestimmt werden kann, muß noch bei der Betonung der Reinheit verweilt werden, die sich im ersten Satz der *Bakchen*-Parodos nicht auf das Verbum ἁγιστεύειν beschränkt. Die mit den Einweihungen verbundene kultische Reinheit wird in der Seligpreisung noch einmal doppelt verstärkt hervorgehoben, in der Formulierung ἐν ὄρεσσι βακχεύων ὁσίοις καθαρμοῖσιν (76f.): Das bakchische Rasen in den Bergen ist also selbst durch Reinigungen (καθαρμοί) gekennzeichnet (vgl. Moulinier), die eine spezifische Qualität von Heiligkeit und Reinheit aufweisen. Sie sind, wiederum mit einem Kultterminus, einem potentiellen Synonym von καθαρός und ἁγνός, als ὅσιοι bestimmt (vgl. Parker 330; s. auch Rudhardt), was zunächst so wirkt, als ob hier eine Wiederholungsfigur durch eine Periphrase verhüllt werden sollte. Zugleich aber wird dadurch ein Oxymoron evoziert, denn anders als καθαρός ist ὅσιος in einem Freiraum zwischen den Extremen der Befleckung und der tabuisierten Sakralität angesiedelt: Während καθαρός die gebotene Reinheit (und das sich daraus ergebende Verbot des μίασμα) bezeichnet, wird ὅσιος durch das kultisch Erlaubte und den Göttern Wohlgefällige bestimmt, das zwar auch Reinheit impliziert, dessen Gegensatz aber nicht die Befleckung, sondern die Hybris ist (s. auch im Gebet an die Gottheit Hosia, 370ff., im 1. Stasimon der *Bakchen*, 374f. οὐχ ὁσίαν ὕβριν). Die in der Parodos genannten καθαρμοί können also, paradox gesprochen, durchaus im rituellen Sinne unrein sein - zumal ὅσιος sowohl „heilig“ als auch „unheilig“ bedeuten kann (vgl. van der Valk) -, denn wenn sie nicht ἱεροί, sondern ὅσιοι sind, trifft sie keine rituelle Einschränkung. Überdies gilt, wie das Partizip Passiv an der oben genannten Stelle aus Euripides' *Kretern* (fr. 472,15 ὁσιωθείς) zeigt: „wer die Weihe für Mysterien oder priesterlichen Dienst überstanden hat, [ist] ὅσιος“ (Burkert 1977, 404).

Die ὅσιοι καθαρμοί, durch welche die *Bakchen*-Parodos das bakchische Rasen in den Bergen charakterisiert, setzen also die Mysterien-Einweihung voraus. Dies hatte ja bereits das Syntagma τελετὰς θεῶν εἰδώς (73) zum Ausdruck gebracht, und dies kann nunmehr auch für die anschließenden prädikativen Bestimmungen geschlossen werden, βιοτὰν ἁγιστεύει καὶ θιασεύεται ψυχάν (74f.). Mit diesen Formulierungen wird das Resultat der Einweihung bezeichnet, das die Seligkeit spezifiziert: Es ist die Praxis eines kultisch reinen Lebens und der - medial selbstbestimmten wie auch passiv erlittenen - Teilnahme der ψυχή an der Gemeinschaft des θίασος nach einer Initiation, die dem Eingeweihten die

Gewißheit eines seligen Lebens im Jenseits vermittelt hat. Der Zustand des lebenden Mitglieds eines Mysterienthiasos (ψυχή) evoziert bereits den Zustand des Mysten nach dem Tod (ψυχή). Dieser Status aber besteht in der Vergöttlichung, wie es ein Goldplättchen aus dem unteritalischen Thurioi zum Ausdruck bringt, in dem die ψυχή (A 4.1: der - männliche? - Tote) zunächst an die in der Einweihung überstandenen Leiden erinnert wird, bevor es heißt (Zuntz A 4.4): θεὸς ἐγένου ἐξ ἀνθρώπου· ἔριφος ἐς γάλα ἔπετες. Diejenige Initiation, die vom Makarismos der *Bakchen*-Parodos vorausgesetzt wird und die Leiden und Lust vermischt hatte (vgl. 66f. πόνον ἡδὺν / κάματόν τ' εὐκάματον), ist die Einweihung in Mysterien (τελεταί und ὄργια), denen Dionysos, in Gemeinschaft mit Kybele, präsidiert. Der Text dieser Tragödie legt, in zwei chorlyrischen Passagen, nahe, daß die ὄργια dem Dionysos durch eine göttliche „Mutter" vermittelt sind, zu der sie ursprünglich gehören (vgl. Burkert 1995, 100): In der Parodos sind ihm „die ὄργια der großen Mutter Kybele" zugeordnet (78, Genitivus possessivus). Von dieser asiatischen Muttergottheit aber und ihren Einweihungen wissen die thebanischen Bakchen nichts. Die ὄργια, die sie in ihrem Wahn praktizieren und entweihen, haben mit einer anderen Mutter zu tun, derjenigen des Dionysos selbst, der Thebanerin Semele. Im 4. Stasimon heißt es, gerichtet an Dionysos Βάκχιος, daß „deine und die ὄργια deiner Mutter" (998) von Pentheus durch Entheiligung bedroht seien. Dies könnte den Eindruck erwecken, als ob es sich auch bei den in den Bergen rasenden thebanischen βάκχαι um Eingeweihte eines durch Dionysos und „seine Mutter" bestimmten Mysterienkults handelt. In Wirklichkeit aber spielt Euripides hier mit den Bedeutungsnuancen von ὄργια, einem Wort, das sowohl rituelle Handlungen, vor allem Einweihungsriten, wie die dazu gehörigen Gegenstände bezeichnen kann (vgl. Henrichs 1969), die zwar heilig sind, aber auch unheilig gebraucht werden können. Ja, am Ende muß Agaue erschüttert einsehen, daß sogar der heilige Berg des thebanischen Dionysos, der Kithairon, durch ihre unheilig begangenen ὄργια im kultischen Sinne „befleckt" wurde, also μιαρός (1384) geworden ist.

Denn durch die gesamte Tragödie hindurch wird konsequent daran festgehalten, daß die Einwohnerschaft der Stadt Theben - sowohl die männliche als auch die weibliche - nicht eingeweiht (ἀτέλεστος, 40) ist. Die Strafe des Dionysos an den seine Göttlichkeit leugnenden Frauen Thebens besteht darin, daß er sie mit einer bakchischen Ausstattung (Tierfelle, Kränze, Thyrsos) versieht, ja, daß er sie in bakchischen Wahn versetzt, ohne daß sie, im Unterschied zu den asiatischen βάκχαι, in seine Mysterien eingeweiht sind. Erhellend ist dafür der Vergleich zwischen dem, was jeweils den beiden unterschiedlichen Bakchen-Gruppen zugeordnet ist. Gemeinsam haben sie zwar die bakchische Ausrüstung und die bakchische Raserei, den rituellen Zusammenschluß im θίασος und das Singen eines bakchischen Liedes (1057 βακχεῖον μέλος). Mit dem zum Mysterien-Dionysos gehörigen Kultruf Ἴακχος (725) und mit den von ihnen praktizierten „geheimen Tänzen" (1109 χοροὺς κρυφαίους) partizipieren die Thebanerinnen sogar an gewissen Elementen der geheimen Einweihungsriten, ja, auch die auf die Mysterien verweisenden Wunderkräfte und Wunder - wie die friedliche Gemeinschaft mit wilden Tieren und vor allem die Erzeugung von Wasser-, Wein-, Milch- und Honigquellen mittels des Thyrsosstabes (704-711) - werden ihnen zuteil.

Erst eine genauere Analyse lehrt indessen, was ihnen, anders als den asiatischen βάκχαι, fehlt: Die thebanischen Bakchen feiern keine Nachtfeste, sind also keine νυκτιπόλοι und verfügen nicht, wie der Chor (146), über die dazu nötigen flammenden Fackeln. Auch von Musikinstrumenten ist keine Rede. Ihren Tänzen mangelt die Flöte und vor allem das Tympanon, dessen zentrale Bedeutung in der Parodos, durch die ominöse Periphrase κύκλωμα (124), besonders betont wird, wobei zu bedenken ist, daß der Kreis (κύκλος) - eine Form, die der Tanz, der Kranz und die Trommel, also wesentliche Elemente der Thiasos-Praxis gemeinsam haben, - in einem der Goldplättchen auch im eschatologischen Sinne akzentuiert wird, als „Kreis schweren Leidens" (κύκλου βαρυπενθέος, Zuntz A 1.5), dem der Eingeweihte entronnen ist (vgl. Seaford 1986, 24). Gerade das den Rhythmus angebende und die Ekstase verstärkende Schlaginstrument ist es also, das der Verfügungsgewalt der thebanischen Bakchen entzogen ist. Und tatsächlich: statt schwerem Leiden entronnen zu sein, bleibt ihre bakchische Erfahrung schließlich auf das furchtbarste Leiden reduziert, und ewige Seligkeit, gar Gottwerdung, wird ihnen nicht zuteil. Die Unvollständigkeit ihres Zugangs zum Geheimwissen der Mysterien zeigt sich wohl auch darin, daß sie auf keine Weise mit Sexualität in Berührung kommen, anders als Pentheus es ihnen unterstellt, - anders aber auch, als es die asiatischen Bakchen für sich reklamieren, wie es ihre im 1. Stasimon (402-416) verratenen erotischen Gelüste nahelegen, die durchaus der „Erlaubnis" ihrer Weihen entsprechen (416 θέμις ὀργιάζειν). Beide Bakchen-Gruppen können zwar mit „jungen Stuten" verglichen werden (165, der Chor in der

Parodos: πῶλος ὅπως, 1056, die Thebanerinnen: ὡς πῶλοι), die Frauen Thebens sind jedoch einfach „vom Joch entbunden“ und daher schließlich der Hemmungslosigkeit ausgeliefert, während der Chor sein Stürmen als innige Bindung, analog zu einem noch von der Mutter abhängigen Füllen (166f. ἅμα ματέρι φορβάδι), präsentiert.

Bezeichnend für die spezifische Differenz zwischen den eingeweihten und den nicht oder nur unvollständig eingeweihten Bakchen ist überdies die Reihenfolge der Flüssigkeitswunder, zu denen ihnen der Thyrsosstab dient. Sie stellt eine Umkehrung der in der Parodos beschworenen (142) und auch in den Goldblättchen aus Pelinna dokumentierten Abfolge dar: Wein folgt nicht auf Milch, wie dort, um εὐδαιμονία zu gewähren, sondern die Erzeugung des Weins geht derjenigen der Milch voraus, und der Durst gilt der Milch, nicht dem Wein, statt daß der Initiand in sie, wie es die Goldplättchen-Texte dokumentieren (Zuntz A 1.9, A 4.4, Pelinna 1.3-5, 2.3-4), in Tiergestalt eintaucht, um die Vergöttlichung zu vollziehen. Der Durst der Thebanerinnen nach Milch hat eine weitaus weniger idyllische Bedeutung, als es vielleicht zunächst den Anschein hat. In der antiken Überlieferung ist ausschließliches Milchtrinken schon seit der Kyklopen-Episode in Homers *Odyssee* ein Kennzeichen für Barbarei und Unzivilisiertheit überhaupt, denn es beweist die Unkenntnis des Weins. Als Milchtrinkerinnen wäre den Frauen, dieser Tradition zufolge, sogar Menschenfresserei zuzutrauen, zu der Agaue am Ende die entsetzten asiatischen Bakchen (1184) und ihren erschütterten Vater Kadmos samt seiner Freunde (1242) wirklich einlädt. So ist es nur konsequent, daß die thebanischen Mänaden keinen Wein zu sich nehmen und daß sie auch aus den von ihnen erzeugten Wasserquellen nicht trinken, anders als die eingeweihten Mysten und Bakchen in der Unterwelt auf dem Goldplättchen von Hipponion (5. Jh., s. auch die entsprechenden Zeugnisse der B-Serie bei Zuntz), deren Durst mit dem „kalten Wasser“ der Quelle der Erinnerung, der Mnemosyne, gestillt werden will und die, wie die asiatischen Frauen in den *Bakchen*, aber anders als dort die Thebanerinnen, durch „Wächter“ (φύλακες) geleitet sind.

Wie fundamental unterschieden der Status des Eingeweihten und der des Uneingeweihten sind, zeigt sich nicht zuletzt an der gegensätzlichen Art und Weise, mit der Sparagmos und Omophagie in dieser Tragödie behandelt werden. Der Rehbockstötung und der „Gunst des Rohfleischessens“, die der Chor in der Parodos (139) dem Gott zuspricht, werden die von den Thebanerinnen vollzogenen Zerreißungsakte kraß gegenübergestellt: Nicht frei in der Wildnis lebende Tiere, wie die Rehe, werden von den thebanischen Mänaden im σπαραγμός zerrissen, sondern domestizierte Herdentiere, Rinder (735-747), ja, schließlich sogar ein Mensch, der König Thebens, durch seine eigene Mutter. Diejenige Art von Sparagmos und Omophagie aber, die durch die bakchische θέμις erlaubt ist, bleibt ihnen versagt. Solange wie Agaue in ihrem Wahn den von ihr getöteten Sohn für ein wildes Tier, einen Löwen, hält, kann sie sich gegenüber dem Chor noch rühmen, daß die „Beute", die sie aus den Bergen mitgebracht hat, „glückselig" ist (1171 μακαρίαν θήραν); und solange kann sie ihren Vater noch doppelt glücklich preisen (1242 und 1243 μακάριος), daß er eine Tochter hat, die „solch ein Werk vollbracht" hat - wie sie, eine Mysterienformel variierend, unterstreicht (1243 τοιάδ' ἐξειργασμένων). Sogar quantitativ bleibt diese Seligpreisung unvollständig, denn nicht zweimal, sondern „dreimalselig" (oder, superlativisch: „am glückseligsten") wäre der Ausdruck, der dem Makarismos der Mysterien angemessen ist (τρισόλβιε, Pelinna 1.1 = 2.1; vgl. Soph. fr. 837,1 TrGF; μακαριστέ, Zuntz A 1.8). Daß aber sowohl Agaue als auch ihr Vater alles andere als glücklich oder gar selig sind, hatte Kadmos schon im ersten Augenblick erkannt, als er seine Tochter sah (1232 ὄψιν οὐκ εὐδαίμονα), während sie sich noch solange stolz für τὴν εὐδαίμονα (1258) hält, bis ihr Vater ihr aus diesem schrecklichen Irrtum heraushilft.

Die tatsächliche εὐδαιμονία aber, so Dionysos in seinem triumphalen Auftritt als deus ex machina am Ende der Tragödie, ist den Eingeweihten vorbehalten: Nur wenn die Thebaner den Willen zur Einsicht besessen, also ihn als Gott anerkannt hätten, wäre ihnen εὐδαιμονία zuteil geworden (1340-1343). Wahrhaft glücklich (εὐδαίμων), so hatte er am Anfang verkündet, sind die Länder, die seine Einweihungen willentlich empfangen haben, wie Arabien (16). Und als wahrhaft glücklich (εὐδαίμων), so betont der Chor im 3. Stasimon mit dreimaliger Wiederholung des Wortes (902, 904, 911), kann er nur denjenigen seligpreisen (911 μακαρίζω), der dem Sturm entronnen ist und das Leid besiegt hat. Dazu aber bedarf es des Dionysos selbst, er ist der „den Sterblichen reichen Segen spendende Vater der Glückseligkeit" (571-573 τὸν εὐδαιμονίας βροτοῖς ὀλβοδόταν πατέρα), der sich selbst befreien und „lösen" kann (649 λύσει), so wie er, als Gott der Einweihungen und der Raserei, Bakchios, den Mysten „löst" (vgl. Segal 1990, 415). Die Mysterientexte von Pelinna können daher die vergöttlichte Mystin mittels einer Bündnisformel, eines Synthema, anweisen, sie solle in der Unterwelt „der Persephone sagen, daß Bakchios selbst sie gelöst hat" (Pelinna 1.2 = Pelinna 2.2): εἰπεῖν Φερσεφόναι σ' ὅτι Βάκχιος αὐτὸς ἔλυσε· Die Vermutung des Pentheus, daß die Bakchanten einen Bund geschlossen haben (807 ξυνέθεσθε κοινῆι), „um für immer bakchisch zu rasen" (ἵνα βακχεύητ' ἀεί), wird von Dionysos mittels wörtlicher Wiederholung des Verbums bestätigt (808 ξυνεθέμην) und emphatisch beglaubigt, aber er fügt hinzu, daß ein solches, den Mysterien angehöriges Synthema dem Gott selbst (τῶι θεῶι) gilt. Es wirkt wie eine bittere Persiflage der von Pentheus unwissentlich zitierten Jenseitshoffnung, die der Gott ominös bekräftigt hatte, wenn Kadmos angesichts seiner unselig rasenden Tochter vermutet: Bleiben die Thebanerinnen „für immer" (1261 ἀεί) außer sich, dann „werden sie, während sie nicht ein glückliches Schicksal haben, meinen, daß sie keineswegs ein unglückliches Schicksal haben" (1262 οὐκ εὐτυχοῦσαι δόξετ' οὐχὶ δυστυχεῖν).

So wie die wirkliche εὐδαιμονία nur den Eingeweihten zukommt, so ist die dementsprechende wahre dionysische Raserei (βακχεία) den Uneingeweihten vorenthalten. Zwar sind auch die Thebanerinnen bereits im Prolog durch Dionysos als βάκχαι bestimmt (51, 62), wie später die asiatischen Frauen des Chors (83, 152f.), doch μανία, uneingeweihter Wahn, ist es, womit der Gott sie aufstachelt (33). Daß Dionysos auch über die μανία, nicht allein über die βακχεία, verfügt, unterstreicht Teiresias, der ebenso die μανία der Mantik (299) und die der Kriegspanik (305) auf diesen Gott überträgt. Platon wird später, bei seiner klassifizierenden Umdeutung des göttlichen Wahnsinns, den Terminus μανία als Synonym von βακχεία verwenden und die θεία μανία des Dionysos explizit als „zu den Mysterieneinweihungen gehörig" deuten (Phaidr. 265b τελεστική, vgl. 244e), - ohne allerdings hier solche Mysterien dem Orpheus und den Orphikern zuzurechnen, wie er es zuweilen an anderen Stellen tut (vor allem rep. 364b-365a). In den *Bakchen* jedenfalls ist Dionysos tatsächlich ein Mysteriengott, aber mit Orpheus oder den Orphikern haben seine bakchischen Einweihungen dort nichts zu tun. Orpheus ist in dieser Tragödie ein über Wunderkräfte verfügender Sänger, von dem der Chor im 2. Stasimon (562) zu berichten weiß, daß er einst am Olympos in Pierien zur Kithara sang, während Pierien jetzt durch Dionysos Εὔιος, den Gott des Kultschreis εὐοῖ, und die Tänze und bakchischen Rasereien seiner Mänaden eines Makarismos teilhaftig wird (565-568).

Die Spiritualisierung der ψυχή aber, die Platon - vielleicht inspiriert durch Orphiker, sicherlich durch Umdeutung des Mysterienwissens - innerhalb der antiken Tradition durchgesetzt hat, ist ebensowenig wie irgend etwas „Orphisches“ in den *Bakchen* des Euripides zu finden. Die im Thiasos bakchisch rasende ψυχή, die in der Parodos den seliggepriesenen eingeweihten βάκχος spezifiziert (75 θιασεύεται ψυχάν), ist kein vom Körper abgegrenztes „Inneres“, sondern ist, hier wie auch sonst bei Euripides, der individuelle Mensch, dessen Existenz den Spannungsbogen zwischen Leben und Tod umgreift, dem jedoch nur in den Mysterien des Dionysos die Göttlichkeit versprochen werden konnte, weil sie im Thiasos kollektiv als Vereinigung mit dem Gott selbst erlebt wurde. Und es mag nicht verwundern, wenn von solch einer lustvollen Beglückung besonders Frauen angezogen waren.

Die Tragödienfigur Agaue aber gehörte nicht zu ihnen. Ihre Einweihung blieb unvollständig. Als ihr Vater sie wieder zu Bewußtsein bringt, stellt er ihr die Frage, ob die ihrer ψυχή nahe und sie durchdringende „Erschütterung“, „Exzitation“ immer noch vorhanden sei (1268 τὸ δὲ πτοηθὲν τόδ' ἔτι σῇι ψυχῆι πάρα;). Das Wort ψυχή, das an dieser Stelle zum zweiten und letzten Mal in dieser Tragödie verwendet wird, kennzeichnet hier offensichtlich nicht, wie in der Parodos, den Eingeweihten, der alles Leid überwunden hat und, wie zu Lebzeiten im Thiasos, auch nach dem Tod eine den Körper und alle Affekte umfassende Glückseligkeit erwarten kann. Hier ist ψυχή wieder, so wie es Tragödienfiguren auch sonst schmerzlich erfahren, das dem Leiden rettungslos ausgesetzte Leben. Dennoch: die Mysterienformeln und die zur Einweihung gehörige „Exzitation“ (τὸ πτοηθέν, vgl. Seaford ad 1268 und 214) sind, so suggeriert Euripides, dieser Bakche nicht völlig unbekannt geblieben, wenn auch die τελεταί sich für sie, und ebenso für die anderen Thebanerinnen, nicht „vollendet“ haben. In Agaues letzten Worten in dieser Tragödie klingt eine bittere Paraphrase und implizite Zurückweisung von Formeln an, die mehrfach in den Mysterientexten der Goldplättchen überliefert sind. Sie wünscht sich an einen Ort, wo möglichst kein Standbild (μνῆμα) des Thyrsos aufgerichtet ist (vgl. Seaford ad loc.), wo keine Erinnerung an den Thyrsos aufkommen kann, - „andere Bakchen“, nicht mehr sie selbst, sollen sich seiner bedienen. Auf das Tragödienpublikum des 5. Jh. v. Chr., das an die ubiquitäre Präsenz des Dionysoskults und seiner Paraphernalia gewöhnt war, mußte dies wie der Wunsch nach einem Aufenthalt im Nirgendwo wirken, wenn nicht in den für Nicht-Eingeweihte bestimmten dunklen Untiefen der Unterwelt (Bacch. 1386f.):

μηδ' ὅθι θύρσου μνῆμ' ἀνάκειται·
βάκχαις δ' ἄλλαισι μέλοιεν.

Im Text dreier Goldplättchen aus Thurioi bittet der Myste darum, ebenso „selig" (ὄλβιος) zu sein wie die „anderen (ἄλλοι) unsterblichen Götter und δαίμονες" (Zuntz A 1.2-3, A 2.2-3, A 3.2-3; vgl. Pelinna 1.7). Nach dem Text des Goldplättchens von Hipponion geht der eingeweihte Tote, der aus der Quelle der Erinnerung, der Mnemosyne (vgl. Cole 238), getrunken hat, einen „heiligen Weg" (ὁδὸν ἱεράν) mit den „anderen", ebenso „ruhmvollen Bakchanten und Mysten" (ἄλλοι μύσται καὶ βάκχοι κλεινοί). Die Seligkeit soll hier also gerade durch die Zugehörigkeit zur Gruppe der „anderen", ebenso bevorzugten bakchischen Mysten, ja der „anderen" Gottheiten, garantiert sein. Agaue aber, in Euripides' Bakchen-Tragödie, ist am Ende isoliert und auf sich selbst zurückgeworfen, bewußt losgelöst von der Gemeinschaft des Thiasos. Durch die Raserei und das Leiden, die sie dort durchlebt hat, hat sie zwar viel gelernt (vgl. 1296; 1345), will jedoch nun alles vergessen und will den durch ihre unheiligen Taten „befleckten" Kithairon-Berg mit eigenen Augen um keinen Preis mehr sehen (1384f.). Sie macht sich schließlich auf einen Weg, der kein heiliger ist, den Weg eines unrühmlichen Exils, auf dem sie von jeglicher Erinnerung an den Thyrsos nichts mehr wissen will. Zu den „anderen Bakchen", wie den glückseligen des Chors, gehört sie ebensowenig wie zu den „anderen Göttern und δαίμονες" - denn eines ist sicher: Sie, die todunglückliche Mutter und Sohnesmörderin, hat Bakchios, den göttlichen Sohn ihrer Schwester, nicht erkannt, s i e ist keine in die bakchischen Mysterien eingeweihte Mystin.

Bibliographische Hinweise

A. Text-Editionen von Euripides, *Bacchae* (Auswahl)

E. **Bruhn**, Ausgewählte Tragödien des Euripides, Bd. 1: Die Bakchen, Berlin 1891

G. **Dalmeyda**, Euripide, Les Bacchantes, Paris 1908

J. **Diggle**, Euripidis fabulae, T. 3, Oxford 1994

E.R. **Dodds**, Euripides Bacchae (1944), Oxford [2]1960

D. **Ebener**, Euripides, Tragödien, Bd. 6, Berlin 1980 [auch dt. Übers.]

H. **Grégoire**, Euripide, T. 6,2: Les Bacchantes (1961), Paris [6]1979 [auch frz. Übers.]

E.Chr. **Kopff**, Euripides Bacchae, Leipzig 1982

M. **Lacroix**, Les Bacchantes d'Euripide, Paris 1976 [auch frz. Übers.]

G. **Murray**, Euripidis fabulae, T. 3 (1909), Oxford ^{2}1913

J. **Roux**, Euripide. Les Bacchantes, T. 1 und 2, Paris 1970/1972 [auch frz. Übers.]

J.E. **Sandys**, The Bacchae of Euripides (1880), Cambridge ^{4}1900

F. G. **Schöne**, Ausgewählte Tragödien des Euripides. Bakchen (1851), Berlin ^{2}1858

R. **Seaford**, Euripides Bacchae, Warminster 1996 [auch engl. Übers.]

R. Y. **Tyrrell**, The Bacchae of Euripides (1871), London ^{3}1910

N. **Wecklein**, Ausgewählte Tragödien des Euripides, Bd. 3: Bacchen, Leipzig 1879

B. Zitierte Übersetzungen von Euripides, *Bacchae* (s. auch Editionen)

Die Bakchen. Tragödie des Euripides, dt. Übers.: H. von **Arnim**, Wien 1903

Euripides, The Bacchae, engl. Übers.: W. **Arrowsmith**, in: D. Grene/R. Lattimore (ed.), Greek Tragedies, Bd. 3, Chicago/London 1968

Euripides, The Bacchae. Aristophanes, The Frogs, engl. Übers.: F. **Blessington**, Arlington Heights, Ill. 1993

Euripides, Die Bakchen, in: Euripides, Sämtliche Tragödien in zwei Bänden, nach der Übersetzung von J.J. **Donner** bearbeitet von R. **Kannicht**, Bd. 1, Stuttgart 1958

The Bacchae by Euripides, engl. Übers.: G.S. **Kirk**, Englewood Cliffs, N.J. 1970

Euripides, Die Bakchen, dt. Übers.: O. **Werner**, Stuttgart 1968

Euripides, Die Bakchen, in: Griechische Tragödien, übersetzt von U. von **Wilamowitz-Moellendorff**, Bd. 4, Berlin 1923

C. Interpretationen von Euripides, *Bacchae* 75

W. Breitenbach, Untersuchungen zur Sprache der euripideischen Lyrik, Stuttgart 1934, 50, 265

W. Burkert, Antike Mysterien. Funktionen und Gehalt, München 1990, 96 [engl. 1987, 114]

G. Casadio, Per un' indagine storico-religiosa sui culti di Dioniso in relazione alla fenomenologia dei misteri II, in: SMSR 7/1, 1983, 123-149 [hier: 132]

D.B. Claus, Toward the Soul. An Inquiry into the Meaning of ψυχή before Plato, New Haven/London 1981, 82

S.G. Cole, New evidence for the mysteries of Dionysos, in: GRBS 21, 1980, 223-238 [hier: 233]

A.M. Dale, The Lyric Metres of Greek Drama, Cambridge ^{2}1968, 127

M. Daraki, Dionysos, Paris 1985, 9

G.L. Dirichlet, De veterum macarismis, Gießen 1914, 64

E.R. Dodds, The Greeks and the Irrational, Berkeley, LA 1951, 69 [deutsch 1970, 42]

A.J. Festugière, La signification religieuse de la Parodos des Bacchantes, in: Eranos 54, 1956, 72-86 (= Études de religion grecque et hellénistique, Paris 1972, 66-80)

L. Gernet, Dionysos et la religion dionysiaque (= Rez. Jeanmaire, 1953), in: ders., Anthropologie de la Grèce antique (1968), Paris 1976, 63-89 [hier: 82]

J.-P. Guépin, The Tragic Paradox. Myth and Ritual in Greek Tragedy, Amsterdam 1968, 117, 213, 234

J.E. Harrison, Themis. A Study in the Social Origins of Greek Religion (1912),

Cambridge ²1927, 48

A. Henrichs, Der rasende Gott. Zur Psychologie des Dionysos und des Dionysischen in Mythos und Literatur, in: A&A 40, 1994, 31-58 [hier: 38]

A. Henrichs, „Warum soll ich denn tanzen?“ Dionysisches im Chor der griechischen Tragödie, Stuttgart/Leipzig 1996, 19

M. Imhof, Zur Stellung von Euripides' Bakchen in der Tradition der altgriechischen Dichtersprache, in: C. Eucken/C. Scheublin (Hrsg.), ΠΑΝΗΓΥΡΙΣ ΣΥΜΦΙΛΟΛΟΓΟΥΝΤΩΝ (FS Th. Gelzer), Bern 1986, 99-112 [hier: 106, 111]

H. Jeanmaire, Dionysos. Histoire du culte de Bacchus, Paris 1951, 84

M. McDonald, Terms for happiness in Euripides, Göttingen 1978, 256-258

R. Merkelbach, Milesische Bakchen, in: ZPE 9, 1972, 77-83 [hier: 81f.]

L. Moulinier, Le pur et l'impur dans la pensée des Grecs d' Homère à Aristote, Paris 1952, 117

J.-M. Pailler, „Sépulture interdite aux non bachisés“: dissidence orphique et vêture dionysiaque, in: ders., Bacchus. Figures et pouvoir, Paris 1995, 109-126, 210-214 [hier: 112f.]

R. Parker, Miasma: Pollution and Purification in Early Greek Religion, Oxford 1983, 288

N.J. Richardson (ed.), The Homeric Hymn to Demeter, Oxford 1974, 313

A. Rijksbaron, Grammatical Observations on Euripides' Bacchae, Amsterdam 1991, 15f.

E. Rohde, Psyche. Seelencult und Unsterblichkeitsglaube der Griechen, Bd. 2 (1894), Leipzig/Tübingen ²1898, 50

J. de Romilly, Le thème du bonheur dans les Bacchantes, in: REG 76, 1963, 361-380 [hier: 363f.]

R. Seaford, Dionysiac drama and the Dionysiac mysteries, in: CQ 31, 1981, 252-275 [hier: 253]

C. Segal, Dionysiac Poetics and Euripides' Bacchae, Princeton, N.J. 1982, 110, 314

G. Sfameni Gasparro, Soteriology and Mystic Aspects in the Cult of Cybele and Attis, Leiden 1985, 13f.

W.J. Verdenius, Notes on the Parodos of Euripides' Bacchae, in: Mnemosyne 34, 1981, 300-315 [hier: 302f.]

J.-P. Vernant, Le Dionysos masqué des Bacchantes d' Euripide, in: ders./P. Vidal-Naquet, Mythe et tragédie en Grèce ancienne, T. 2, Paris 1986, 237-270 [hier: 257]

A.W. Verrall, The Bacchants of Euripides and Other Essays, Cambridge 1910, 39

H.S. Versnel, Ter Unus. Isis, Dionysos, Hermes: Three Studies in Henotheism (= Inconsistencies in Greek and Roman Religion I), Leiden 1990, 167

U. von Wilamowitz-Moellendorff, Griechische Verskunst, Berlin 1921, 397

D. Weitere Literatur

M. Arthur, The choral odes of the Bacchae of Euripides, in: YClS 22, 1972, 145-179

C. Bérard, ANODOI. Essai sur l'imagerie des passages chthoniens, Rom 1974

J. Bollack/H. Wismann, Héraclite ou la séparation, Paris 1972 [hier: fr. 14: 92-94]

A.M. Bowie, Aristophanes. Myth, Ritual and Comedy, Cambridge 1993 [hier: Frogs: 228-253]

J. Bremmer, The Early Greek Concept of Soul, Princeton, N.J. 1983

C. Bron, Porteurs de thyrse ou bacchants, in: Images et société en Grèce ancienne. L'iconographie comme méthode d'analyse (= Cahiers d'archéologie romande 36), Lausanne 1987, 145-153

W. Burkert, Griechische Religion der archaischen und klassischen Epoche, Stuttgart 1977

W. Burkert, Bacchic Teletai in the Hellenistic Age, in: Carpenter/Faraone 1993, 259-275

W. Burkert, Der geheime Reiz des Verborgenen: Antike Mysterienkulte, in: H.G. Kippenberg/G.G. Stroumsa (ed.), Secrecy and Concealment. Studies in the History of Mediterranean and Near Eastern Religions, Leiden/New York/Köln 1995, 79-100

R. Cantarella, Dioniso, fra Bacchanti e Rane, in: J.L. Heller/J.K. Newman (ed.), Serta Turyniana. Studies in Greek Literature and Palaeography in honor of Alexander Turyn, Urbana/Chicago/London 1974, 291-310

T.H. Carpenter/C.A. Faraone (ed.), Masks of Dionysus, Ithaca/London 1993

P. Chantraine, Dictionnaire étymologique de la langue grecque. Histoire des mots (1968), Paris 1983

S.M. Darcus, A Person's Relation to ψυχή in Homer, Hesiod, and the Greek Lyric Poets, in: Glotta 57, 1979, 30-39

K. Deichgräber, Die Kadmos-Teiresiasszene in Euripides' Bakchen, in: Hermes 70, 1935, 322-349

A. Dihle, Der Prolog der Bacchen und die antike Überlieferungsphase des Euripides-Textes (= SHAW 1981/2), Heidelberg 1981

H. Erbse, Studien zum Prolog der euripideischen Tragödie, Berlin/New York 1984

W. Fahr, ΘΕΟΥΣ ΝΟΜΙΖΕΙΝ. Zum Problem der Anfänge des Atheismus bei den Griechen, Diss. Tübingen 1969

B. Gladigow, Zum Makarismos des Weisen, in: Hermes 95, 1967, 404-433

F. Graf, Eleusis und die orphische Dichtung Athens in vorhellenistischer Zeit, Berlin/New York 1974

F. Graf, Textes orphiques et rituel bacchique. À propos des lamelles de Pélinna, in: Recherches et Rencontres 3, 1991, 87-102

F. Graf, Dionysian and Orphic Eschatology: New Texts and Old Questions, in: Carpenter/Faraone 1993, 239-258

C. de Heer, ΜΑΚΑΡ - ΕΥΔΑΙΜΩΝ - ΟΛΒΙΟΣ - ΕΥΤΥΧΗΣ. A study of the semantic field denoting happiness in ancient Greek to the end of the 5th century B.C., Amsterdam 1968

A. Henrichs, Die Maenaden von Milet, in: ZPE 4, 1969, 223-241

A. Henrichs, Male intruders among the maenads: The so-called male celebrant, in: H.D. Evjen (ed.), Mnemai: Classical Studies in Memory of Karl K. Hulley, Chico, Cal. 1984, 69-91

M. Hose, Studien zum Chor bei Euripides, Teil 1 und 2, Stuttgart 1990/1991

L. Käppel, Paian. Studien zur Geschichte einer Gattung, Berlin/New York 1992

J.C. Kamerbeek, Deux passages des Bacchantes d'Euripide, in: Mnemosyne 6, 1953, 192-197

W. Kranz, Stasimon. Untersuchungen zu Form und Gehalt der griechischen Tragödie, Berlin 1933

R. Kühner/F. Blass, Ausführliche Grammatik der griechischen Sprache, Erster Teil: Elementar- und Formenlehre, 2 Bde., Hannover/Leipzig 1890/1892

A.D. Nock, Hellenistic Mysteries and Christian Sacraments (1952), in: ders., Essays on Religion and the Ancient World, hrsg. von Z. Stewart, Oxford [2]1986, Bd. 2, 791-820

E. Norden, Agnostos Theos. Untersuchungen zur Formengeschichte religiöser Rede, Leipzig/Berlin 1913

H. Oranje, Euripides' Bacchae. The Play and its Audience, Leiden 1984

J. Rudhardt, Notions fondamentales de la pensée religieuse et actes constitutifs du culte dans la Grèce classique (1958), Paris [2]1992

R. Schlesier, Lust durch Leid: Aristoteles' Tragödientheorie und die Mysterien. Eine interpretationsgeschichtliche Studie, in: W. Eder (Hrsg.), Die athenische Demokratie im 4. Jahrhundert v. Chr.: Vollendung oder Verfall einer Verfassungsform?, Stuttgart 1995, 389-415

R. Schlesier, Dionysos I. Religion, in: Der Neue Pauly. Enzyklopädie der Antike, hrsg. von H. Cancik und H. Schneider, Bd. 3, Stuttgart/Weimar 1997, 651-662

E. Schwyzer/A. Debrunner, Griechische Grammatik, Bd. II: Syntax und syntaktische Stilistik, München 1950

R. Seaford (ed.), Euripides. Cyclops, Oxford 1984

R. Seaford, Immortality, salvation, and the elements, in: HSCP 90, 1986, 1-26

R. Seaford, Reciprocity and Ritual. Homer and Tragedy in the Developing City-State, Oxford 1994

C. Segal, Dionysus and the Gold Tablets from Pelinna, in: GRBS 31, 1990, 411-419

B. Snell, Sapphos Gedicht ΦΑΙΝΕΤΑΙ ΜΟΙ ΚΗΝΟΣ (1931), in: ders., Gesammelte Schriften, Göttingen 1966, 82-97

C. Sourvinou-Inwood, „Reading" Greek Death To the End of the Classical Period, Oxford 1995

R. Turcan, Bacchoi ou bacchants? De la dissidence des vivants à la ségrégation des morts, in: École française de Rome (ed.), L'association dionysiaque dans les sociétés anciennes, Rom 1986, 227-246

B. Uhde, Psyche - ein Symbol? Zum Verständnis von Leben und Tod im frühgriechischen Denken, in: Gunther Stephenson (Hrsg.), Leben und Tod in den Religionen. Symbol und Wirklichkeit, Darmstadt 1980, 103-118

M.H.A.L.H. van der Valk, Zum Worte "ΟΣΙΟΣ, in: Mnemosyne III/10, 1943, 113-140

W.J. Verdenius, Notes on the Prologue of Euripides' Bacchae, in: Mnemosyne 33, 1980, 1-16

W.J. Verdenius, Notes on Euripides' Bacchae, in: Mnemosyne 15, 1962, 337-363

F.M.J. Waanders, The History of ΤΕΛΟΣ and ΤΕΛΕΩ in Ancient Greek, Amsterdam 1983

M.L. West, Greek Metre, Oxford 1982 [hier: Ionic, 124-127, 142-149]

U. von Wilamowitz-Moellendorff, Der Glaube der Hellenen, Bd. 2 (1932), Darmstadt [4]1959

C. Zijderveld Jr., ΤΕΛΕΤΗ. Bijdrage tot de kennis der religieuze terminologie in het Grieksch, Diss. Utrecht 1934

G. Zuntz, Persephone. Three Essays on Religion and Thought in Magna Graecia, Oxford 1971

Zur Bedeutung der „Frauengemeinschaft“

War Platon ein Feminist?

von Peter Riemer (Potsdam)

I

Kaum ein Gegenstand der Erörterung scheint heute in den modernen Verfassungen dringlicher geworden zu sein als die Frage, in welcher Form die Gleichstellung von Männern und Frauen in der Gesellschaft verwirklicht werden kann. Diese Frage durchzieht wie ein roter Faden viele Bereiche des gegenwärtigen öffentlichen und privaten Lebens. Sie ist geeignet, auch unseren Umgang mit historischen Gegebenheiten und Texten zu beeinflussen. Durchmustert man etwa die antike griechische Literatur unter dem Aspekt, den wir heute „die Frauenfrage“ nennen, lassen sich in der Tat Spuren einer Emanzipationsbewegung ausmachen.

Zwar treten die Frauen selbst nicht in Erscheinung; Sappho zählt zu den Ausnahmen im Bereich der Dichtung (sie war überdies keine Frauenrechtlerin); und über den politischen Einfluß einer Aspasia[1], der zweiten Frau des Perikles, auf Athen könnte man nur Spekulationen anstellen. Doch das klassische griechische Drama hält einige Beispiele bereit, die zeigen, daß schon im 5. und 4. Jh. v. Chr. unter den Intellektuellen über die Gleichstellung der Frau nachgedacht wurde. Euripides schockierte seine Zeitgenossen mit der Gestaltung weiblicher Helden vom Schlage einer Medea, die, um ihre Verletzung zu rächen und ihre Ehre zu retten (übrigens ein legitimes Motiv männlichen Handelns), sich aller Pflichten als Gattin und Mutter mit einem Schlag entledigt, indem sie ihre Kinder tötet. Mag Aristophanes in seinen Komödien mit Blick auf Fälle dieser Art dem Tragiker Frauenhaß nachgesagt haben, so wird er selbst doch, wie jeder vernünftige Leser euripideischer Tragödien, erkannt haben, daß Euripides in seinen Stücken eher als ein Anwalt der Frauen auftrat und nicht als ihr Gegner; denn verächtlich zeichnete er Männercharaktere wie Jason (*Medea*), Odysseus (*Hekabe*), Menelaos (*Orestes*). Sie werden als jämmerliche Opportunisten gebrandmarkt.

In der *Iphigenie in Aulis* bringt ein Mädchen mehr „Mannhaftigkeit“ auf als Achill, jene Verkörperung des Männlichen im griechischen Mythos überhaupt. Dies könnte man vielleicht als einen Affront des

---

[1] Was die antiken Zeugnisse über Aspasias politischen Einfluß und ihre Bewertung betrifft, s. S. Tsitsiridis, Platons Menexenos, Stuttgart 1998, zu Mx. 235e 8.

Dichters ansehen gegen das ganz und gar von Männern bestimmte Athen seiner Zeit. Kein Literat ging in diesen Tagen so weit wie Euripides. Zwar präsentierte auch Sophokles ein Reihe von Frauen, deren Aussagen und Handlungsweisen im realen Leben Aufsehen erregt hätten. Doch seine Figuren üben nicht Kritik an den gesellschaftlichen Zuständen. Zwei Dramen des Sophokles können vielleicht als Werke mit gesellschaftskritischer Potenz verstanden werden: die *Antigone* und die *Elektra*. Wehrhaft widersetzen sie sich dem Unrecht, das von selbstgefälligen Machthabern wie Kreon und Aigisth ausgeht: Antigone vor allem vertritt einen neuen, selbständigeren Frauentyp, den die Athener auf der tragischen Bühne offenbar zu akzeptieren bereit waren, wenn die Distanz zwischen Mythos und Realität gewahrt blieb[2]. Gerade das Unalltägliche, über die Maßen Hohe, ja Überhöhte an diesen sophokleischen Frauenfiguren dürfte wohl dazu beigetragen haben, daß das Publikum Gefallen an ihnen fand. Die Wirklichkeitsnähe, wie sie bei Euripides begegnet, wurde dagegen als Ärgernis empfunden. Hierin liegt ein wesentlicher Unterschied zwischen den beiden Dramatikern: Wenn die Frauen in den Dramen eigenwillig, resolut, bisweilen revolutionär agieren, so dient dies bei Euripides durchaus einer Kritik an den Männern der attischen Gesellschaft, bei Sophokles wiederum stets nur einer Kritik an dem Menschen schlechthin.

Daß sich in Athen während des Peloponnesischen Krieges und in der Zeit danach eine Öffnung abzeichnete für Emanzipationsvorstellungen, belegen auch und gerade die Komödien des Aristophanes[3]. Die alte Komödie nahm ja noch Bezug auf die historische Lebenswelt. Aristophanes brachte aktuelle Themen auf die Bühne, z.B. bestimmte Zeitströmungen, wie das Aufkommen von Sophistenschulen (*Wolken*). So ging er denn auch auf Bestrebungen der Frauenemanzipation ein (*Lysistrate*, *Ekklesiazusen*). Was sich in all diesen Fällen auf der Komödienbühne abspielte, war natürlich übertrieben; doch die Stoffe hatten immer einen Bezug zur Realität. Wenn etwa die Frauen in der *Lysistrate* (Anfang 411 v. Chr. aufgeführt) darüber klagen, daß der Krieg die Männer zu selten nach Hause entläßt, dann entsprach dies der Wirklichkeit. Die historischen Athenerinnen mußten zudem, eben weil die Männer kriegsbedingt

---

[2] Wie die antike Legendenbildung beweist, derzufolge Sophokles wegen seiner *Antigone* zum Strategen gewählt worden sei (TrGF I DID C 10 = Soph. test. 25 R.).

[3] Über die Beziehungen zwischen den utopischen Idealen der Komödie und der attischen Realtität vgl. R. v. Pöhlmann, Geschichte der sozialen Frage und des Sozialismus in der antiken Welt, Bd. 1, München [3]1925, 300-332. Zur Historizität der Frauenfrage s. I. Bruns, Frauenemancipation in Athen, Kiel 1900.

nicht ihrer geregelten Arbeit nachgingen, teilweise Männerarbeit leisten und konnten sich ungezwungener außerhalb des Hauses bewegen als zu anderen Zeiten. Der Komikerphantasie war damit schon genug vorgegeben. Von der Frau als gelegentlicher Vertreterin verschiedener Männerrollen bis zur Komödienfigur Lysistrate, der routinierten Anführerin eines Frauenheers, die auch auf dem Felde der Diplomatie als Politikerin großes Geschick beweist, ist es nicht weit. Kommt es dem kriegsverdrossenen Gefolge der Lysistrate einfach nur darauf an, den alten Zustand wieder herzustellen, indem sie die Männer durch sexuelle Enthaltsamkeit nötigen, den Krieg zu beenden, gehen die Frauen der *Weibervolksversammlung* zwanzig Jahre später (392 v. Chr.) zu einer Revolution über. Sie verkleiden sich als Männer, besetzen die Volksversammlung und beschließen die Einrichtung einer neuen Gesellschaftsform, die den Frauen ein Höchstmaß an Freiheit gewährt: Das oberste Prinzip des neuen Staatswesens ist die Auflösung jeglichen Privateigentums; alles soll Gemeingut werden, nicht nur in Hinsicht auf materiellen Besitz, sondern auch - und dies wird in der Komödie in der üblichen Weise derb ausgespielt - in bezug auf die Sexualität. Von diesem Drama des Aristophanes wird noch die Rede sein. Zuvor wollen wir den Blick von der Komödienbühne auf das seriösere Metier der Philosophie richten. Mag Platon sich in früher Jugend mit dem Gedanken getragen haben, Dramatiker zu werden, so hat er doch als Philosoph ein Werk hinterlassen, an dessen streng philosophischer Substanz niemand zweifelt.

Im 5. Buch der *Politeia* treffen wir auf den bemerkenswerten Gedanken, in der idealen Polis müßten die Frauen den Männern ganz und gar gleichgestellt werden, sowohl in Hinsicht auf die Erziehung als auch auf die beruflichen Möglichkeiten: selbst das höchste Amt im Staat sollte ihnen zugänglich sein. Der ἄρχων der idealen Polis könnte ebensogut auch eine ἄρχουσα sein, betont Sokrates mit Nachdruck (rep. 451cff.; 540c).

Während man bis zur Mitte des 20. Jhs. von diesem revolutionären Gleichstellungspostulat Platons kaum Notiz genommen hat (es verwundert noch, daß etwa der Philosoph Karl Popper[4] in seiner berühmten Platonkritik mit keiner Silbe darauf eingeht), sind seit dem Beginn der Siebziger Jahre sehr viele Publikationen erschienen entweder speziell zum Frauenbild Platons oder zur Stellung der Frau in der Antike mit einem entsprechenden Platonkapitel. Es handelt sich vornehmlich um

---

[4] K.R. Popper, The Open Society and Its Enemies, Vol I: The Spell of Plato, London 1945 (dt. Übers.: Die offene Gesellschaft und ihre Feinde, Bern 1957).

amerikanische Monographien und Aufsätze[5]. Eine sehr nützliche Übersicht über die feministische Literatur speziell zu Platon gibt Natalie Bluestone[6]. Zu den Wortführern in der Diskussion des antiken Frauenbildes gehört Sarah Pomeroy. Der Tenor ihrer Arbeiten läßt sich wie folgt umschreiben: Es sei erstaunlich, zwischen einer Vielzahl herkömmlicher, misogyner Äußerungen im Werk Platons geradezu feministische Gedanken zu finden. Sie seien aber ernstzunehmen, und man müsse ernsthaft bedauern, daß der Philosoph in seinen Alterswerken, dem *Timaios* und den *Nomoi*, diese fortschrittliche Meinung revidiert habe[7].

II

Die Widersprüche sind evident: Wird im fünften Buch der *Politeia* von Unterschieden fast ganz abgesehen (mit Ausnahme der Befähigung, Kinder zu gebären, seien die Frauen den Männern gleich; sie seien ihnen allenfalls an Körperkraft etwas unterlegen), gelten die Frauen im *Timaios* als schwächere Geschöpfe[8]. Sie werden mit Tieren auf eine Stufe gestellt (76e) und zu einer Reinkarnationsstrafe degradiert: ein Mann, der feige und ungerecht gelebt hat, heißt es dort, müsse zur Strafe im nächsten Leben eine Frau sein (90e). Auch in den *Nomoi* wird das weibliche Geschlecht vom Gesichtspunkt der Schwäche aus definiert: Frauen neigen zu Heimlichkeiten und Diebstahl (leg. 781a). Andere Beispiele für frauenverachtendes Denken im *Corpus Platonicum* ließen sich anführen, übrigens auch aus der *Politeia* selbst: im achten Buch bezeichnet Sokrates die Frau als Stifterin von Unfrieden und Zwietracht in der Gesellschaft (rep. 549c-e). Kurz davor jedoch, am Ende des 7. Buches, hieß es noch, Frauen könnten durchaus die Regierung stellen (540c: παγκάλους, ἔφη, τοὺς ἄρχοντας, ὦ Σώκρατες, ὥσπερ ἀνδριαντοποιὸς ἀπείργασαι. καὶ

---

[5] D. Wender, Plato: Misogynist, Paedophile, and Feminist, Arethusa 6, 1973, 75-90; C. Pierce, Equality: Republic V, The Monist 57, 1973, 1-11; W.W. Fortenbaugh, On Plato's Feminism in Republic V, Apeiron 9, 1975, 1-4; B. Calvert, Plato and the Equality of Women, Phoenix 29, 1975, 231-43; J. Annas, Plato's Republic and Feminism, Philosophy 51, 1976, 307-21; S.G. Bell, Women from the Greeks to the French Revolution, Stanford 1980; J. Annas, An introduction to Plato's Republic, Oxford 1981; M.R. Lefkowitz/M.B. Fant, Women's Life in Greece and Rome, London [2]1992.

[6] N.H. Bluestone, Women and the ideal society: Plato's Republic and modern myths of gender, Oxford 1987.

[7] S. Pomeroy, Feminism in Book V of Plato's Republic, Apeiron 8, 1974, 33-35; S. Pomeroy, Goddesses, Whores, Wives, and Slaves: Women in Classical Antiquity, New York 1975 (dt. Übers.: Frauenleben im Klassischen Altertum, Stuttgart 1985).

[8] Tim. 42a διπλῆς δὲ οὔσης τῆς ἀνθρωπίνης φύσεως τὸ κρεῖττον τοιοῦτον εἴη γένος ὃ καὶ ἔπειτα κεκλήσοιτο ἀνήρ.

τὰς ἀρχούσας γε, ἦ δ' ἐγώ, ὦ Γλαύκων), und zwar dort mit Bezugnahme auf die Erörterung der Frauenfrage im 5. Buch. Wäre also nicht mit diesem fünften Buch der *Politeia* eine Ausnahme gegeben, so könnte man Platon ohne weiteres einreihen in das Heer der misogynen griechischen Literaten. Negative Charakterisierungen der Frau, wie sie etwa Aristoteles in der *Politik* gibt (z.B. 1254b, 1259a, 1260a), trifft man bei vielen Autoren an: Die Frau sei herrschaftsunfähig, eigentlich kein Mensch, bestenfalls ein Übel. Das berühmte κακὸν γυναῖκες des Komödiendichters Susario (fr. 1 K.-A., Anfang 6. Jh. v. Chr.) durchzieht wie ein Leitfaden die Ansichten über Frauen in der antiken griechischen Literatur.

War Platon also misogyn und zugleich ein Befürworter der Frauenemanzipation? Bei Diogenes Laertius (3,46) werden unter den 17 Schülern Platons auch zwei Frauen erwähnt: Lastheneia aus Mantineia und Axiothea aus Phlius. Die platonische Akademie scheint sich somit dem intellektuellen Engagement von Frauen nicht verschlossen zu haben. In Platons philosophischem Werk kommen Frauen zwar als unmittelbare Gesprächsteilnehmer nicht vor, indirekt wird ihnen aber das Wort erteilt: Sokrates referiert eine Rede der Aspasia im *Menexenos* und eine Rede der Diotima im *Symposion*. Weist Aspasias Rede deutlich parodistische Züge auf, so läßt Platon doch an der Ernsthaftigkeit und geistigen Relevanz der Aussagen Diotimas keinen Zweifel[9]. Die beiden Bezeugungen weiblichen Intellekts, Aspasia und Diotima, müssen nicht unbedingt auf eine frauenfreundliche Haltung Platons schließen lassen; sie würden einer solchen Haltung aber auch nicht widersprechen. Sie bilden in jedem Fall ein mögliches Indiz für den unkonventionellen Gedankenaustausch zwischen Sokrates und verschiedenen intellektuell selbständig agierenden Frauen des 5. Jhs. Platon läßt Aspasia (Mx. 236b-c) und Diotima (symp. 201d) sogar als Lehrerinnen des Sokrates auftreten. Neben dieser offensichtlichen Akzeptanz des weiblichen Intellekts findet sich allerdings auch jene Schilderung im *Phaidon*, nach der Sokrates demonstrativ alle Frauen, unter ihnen seine Gattin Xanthippe, entfernen läßt (Phaid. 60a), um in der Todesstunde ungestört hochgeistige Gespräche unter Männern führen zu können. Dennoch: Allein daß Sokrates im Symposion, der klassischen Männerinstitution, mit Diotima eine Frau zur Wortführerin seiner selbst macht (schließlich handelt es sich um seinen Beitrag zu den Gesprächen über den Eros), ist ein klares Zeugnis für seine Bereitschaft,

---

[9] Hierzu S. Tsitsiridis (wie Anm 1), 86ff., der den Epitaphios mit der parodistischen Kunstform des „pastiche" gleichsetzt.

auch mit Frauen geistige Auseinandersetzungen zu führen. Vielleicht würden die verlorenen Schriften der Sokratesschüler Aischines und Antisthenes hierüber näheren Aufschluß geben. Beide sollen einen sokratischen Dialog mit dem Titel *Aspasia* verfaßt haben.

Ein anderer Schüler des Sokrates, Xenophon, gibt den Bemerkungen seines Meisters zum Thema Frauen ein eher konventionelles Kolorit: Im *Oikonomikos* erteilt Sokrates beispielsweise Ratschläge für die Erziehung einer Hausfrau, und zwar ganz so, wie es den Vorstellungen der Athener entsprochen haben dürfte: Bildung im Rahmen der Haushaltsführung und keinen Deut darüber hinaus[10].

Da Platon sich selbst in seinem Werk nicht als Sprecher einführt, haben wir, was seine persönlichen Ansichten angeht, keine sichere Gewähr[11]. Niemand würde je im Mund der von ihm karikierten Sophisten Gorgias oder Protagoras Platons eigene Meinung vermuten. Wir können nicht einmal mit Sicherheit sagen, daß die Aussagen des platonischen Sokrates von ihrem Schreiber gebilligt wurden. Lediglich das Arrangement der Dialoge könnte als ein Hinweis darauf genommen werden, daß Platon offen war für den weiblichen Intellekt. Während beispielsweise Xenophon in seinem *Symposion* eine Rede des Sokrates anführt, läßt Platon immerhin in derselben Situation den Vortrag einer Frau referieren.

III

Zurück zur *Politeia*: Selbst Skeptiker wie Dorothea Wender, die die Auffassung vertreten, Platon sei im wesentlichen homosexuell und misogyn, können nicht umhin, zuzugeben, daß er in der *Politeia* mehr für die Gleichberechtigung der Frau eingetreten ist als irgendeiner seiner Zeitgenossen. Dort zeige er sich als Feminist wider Willen. Wender vergleicht das Frauenbild Platons mit dem des Xenophon und stellt (wohl mit einem Seufzer in der Stimme) fest: Platon lehne zwar die Frauen ab,

---

[10] Xen. oik. 10,1 ist Sokrates voll des Lobes darüber, daß sein Gesprächspartner Ischomachos die Klugheit einer Ehefrau daran ermißt, wie rasch sie die Worte des Gatten erfaßt und in die Tat umsetzt: ein solches Weib geschildert zu bekommen, sei ihm lieber als ein Gemälde des Zeuxis.

[11] Cf. Th. Ebert, Meinung und Wissen in der Philosophie Platons, Berlin 1974, 31. Zweimal erwähnt Platon sich als Person: Im *Phaidon*, wo die Schüler des Sokrates vor der Vollsteckung des Todesurteils im Gefängnis Abschied von ihrem Lehrer nehmen, konnte er sich nicht ausschließen, ohne eine Erklärung beizugeben: „Platon", läßt er deshalb den Erzähler mitteilen, „war, wie ich glaube, krank" (Πλάτων δέ, ὡς ἐγὼ οἶμαι, ἠσθένει). In der *Apologie* wird er von Sokrates unter die anwesenden Schüler gerechnet. Zu beiden Stellen s. A. Patzer, Platons Selbsterwähnungen, WJA N.F. 6b, 1980, 21-27.

aber er finde es nun einmal gerecht und nützlich, ihnen bestimmte Rechte einzuräumen; Xenophon dagegen liebe die Frauen, aber eben so, wie sie sind, also nicht emanzipiert. Daher sei es wohl besser, sich auf Platons Seite zu schlagen[12]. - Wie sieht dieses Frauenbild der *Politeia* nun aus? Und in welchem Zusammenhang wird es präsentiert?

Platons staatsphilosophische Schrift wurde oft als Utopie im Sinne eines zukunftsweisenden Gesellschaftsentwurfs betrachtet. Es handelt sich um einen auf zehn Bücher aufgeteilten Dialog. Platon läßt Sokrates sich in diesem Werk mit seinen Gesprächspartnern eine Klärung der Frage vornehmen, was die Gerechtigkeit ihrem Wesen nach sei. Nach zwei unbefriedigenden Definitionsversuchen setzt die Unterredung im zweiten Buch neu ein. Da sich die Gerechtigkeit bei einem einzelnen Menschen nur schwer fassen läßt, schlägt Sokrates vor, ein Staatswesen zu konstruieren, um an ihm den Begriff der Gerechtigkeit aufzuzeigen.

Es ist, wie ich meine, von einiger Bedeutung, daß das Gespräch über den Staat seinen Ausgang nimmt von der Einzelseele und auch wieder zu ihr zurückführt. Sie ist das eigentliche Substrat der Gerechtigkeit. Nur der besseren Darstellung wegen wird der Blick auf ein größeres Gebilde gerichtet, das der Seele wesensverwandt ist: auf den Staat.

Nach und nach wird eine Polis entworfen, die in der Form, wie man sie sich vor Augen führt, nie existiert hat. Auf die einzelnen Stationen ihrer Entwicklung muß hier nicht eingegangen werden. Die ideale Gesellschaft ist arbeitsteilig strukturiert und hierarchisch gegliedert. Über dem Stand der werktätigen Bevölkerung wird als eine höhere Klasse der Stand der Wächter angesetzt, aus deren Mitte die Spitze des Staates erwächst, die Klasse der Regierenden. Der Dreiteilung des Staates entspricht eine Dreiteilung der Seele. Sokrates schildert jeweils im Anschluß an die Darlegung über den Staat, wie die entsprechenden Teile der Seele zu denken sind. Hieran knüpft er seine Definition der Gerechtigkeit. Gerechtigkeit ergibt sich, wenn jeder das Seine tut: wie die Stände im Staat, so auch die einzelnen Seelenteile. Bei dem Versuch, verschiedene Arten der Depravation des Idealzustandes zu beschreiben, wird Sokrates unterbrochen. Man bittet ihn, eine Bemerkung, die er im Verlaufe seiner Ausführungen hat fallenlassen, näher auszuführen. Sokrates

---

[12] Wender (wie Anm. 6) 90: „He (Plato) did not like to admire us. But he felt it would be just and expedient to give us a chance. Xenophon liked us, and felt that it was important to keep us just the way he liked us. It is a difficult choice for many women. It is hard to give up being liked.“

hatte gesagt, im Wächterstand dürfe es kein Privateigentum geben, alles müßte allen gemeinsam sein, auch Frauen und Kinder (rep. 423e-424a). Dieser beiläufigen Bemerkung in der Mitte des vierten Buches wird nun zu Beginn des fünften größte Aufmerksamkeit zuteil. Die Gesprächspartner brennen darauf zu erfahren, was man sich unter dieser Frauengemeinschaft vorzustellen habe. Nach einigem Sträuben läßt Sokrates die Katze aus dem Sack: In der Klasse der Wächter, deren Aufgabe es ist, den Staat nach innen und nach außen zu sichern und die Regierung zu stellen, dürften die Männer den Frauen nicht vorgezogen werden. Auch bei Wachhunden würde man nicht auf das Geschlecht achten (451df.). Da nun Frauen wie Männern gleiche Aufgaben zufielen, müßten sie auch in gleicher Weise ausgebildet werden: geistig wie körperlich. Sokrates erkennt zwar Unterschiede zwischen Männern und Frauen an, doch er erklärt sie zu Akzidentien, die keine Auswirkungen auf die zu leistenden Aufgaben hätten, ebenso wie die Kahlköpfigkeit oder das Behaartsein ohne Einfluß sind auf das Ausüben des Schusterhandwerks (454c). Was Sokrates dann als Resümee der Erörterung über die Gleichberechtigung formuliert, klingt wie ein Auszug aus den Präambeln zu einem Gesetzeswerk des 20. Jhs.[13]: „Es gibt ... keine die Staatsverwaltung betreffende Beschäftigung, die der Frau als Frau oder dem Mann als Mann zukäme; vielmehr sind die natürlichen Anlagen gleichmäßig unter beiden Geschlechtern verteilt, und naturgemäß hat die Frau ebenso wie der Mann Anspruch auf alle Beschäftigungen ...“ Der folgende Zusatz: ἐπὶ πᾶσι δὲ ἀσθενέστερον γυνὴ ἀνδρός „bei alledem ist die Frau schwächer als der Mann“ (455e) bleibt ohne Auswirkung auf das Prinzip.

Gleiche Ausbildung und gleiche Berufschancen für Männer und Frauen: Uns, die wir mittlerweile daran gewöhnt sind, den Gleichstellungsgrundsatz als selbstverständlich anzusehen, vermag der Gedanke kaum noch zu beeindrucken. Im antiken Athen muß man ein solches Programm hingegen als etwas Außergewöhnliches empfunden haben. Und als wollte Sokrates die Verrücktheit seines Vorschlags unter Beweis stellen, malt er sogleich aus, wie lächerlich es wirken muß, wenn Frauen unbekleidet zusammen mit den Männern Gymnastik betreiben - nicht nur die jungen, sondern auch die alten. Eine solche Vorstellung widerstrebt dem herkömmlichen sittlichen Empfinden (452a παρὰ τὸ ἔθος). Und doch, sagt Sokrates, müßten die Leute, die hierüber schmunzeln, „einmal

[13] Rep. 455d οὐδὲν ἄρα ἐστίν ... ἐπιτήδευμα τῶν πόλιν διοικούντων γυναικὸς διότι γυνή, οὐδ' ἀνδρὸς διότι ἀνήρ, ἀλλ' ὁμοίως διεσπαρμέναι αἱ φύσεις ἐν ἀμφοῖν τοῖν ζῴοιν, καὶ πάντων μὲν μετέχει γυνὴ ἐπιτηδευμάτων κατὰ φύσιν.

von ihrer Gewohnheit lassen und ernsthaft sein“[14]. Denn auch an den Anblick nackter Männer hätten sich die Griechen erst gewöhnen müssen, und vor nicht allzu langer Zeit wäre auch ein entblößter Männerkörper als schimpflich empfunden worden. Rechnet Sokrates bereits bei dem Gedanken an eine Gleichstellung der Frauen mit Spöttern unter den Lesern, so erwartet er, was seine Ausführungen zur „Frauengemeinschaft“ betrifft, erst recht Gegenwehr und Ablehnung. Sokrates bezeichnet dies mit der Metapher der „Woge“ oder „Flut“. Einer ersten Flutwelle scheint der Staatsdenker glücklich entronnen, da die Forderung einer Gleichbehandlung von Wächtern und Wächterinnen von dem fiktiven Gesprächskreis akzeptiert wurde. Schon dies war „keine kleine Woge“ (457c οὐ σμικρὸν κῦμα), wie der Mitunterredner Glaukon bemerkt.

Ehe Sokrates ansetzt, seine Thesen zur Frauen- und Kindergemeinschaft darzulegen, bittet er um die Erlaubnis, über die Realisierbarkeit dessen, was er ausführen wird, noch nichts sagen zu müssen. Dies läßt erneut die Spannung anwachsen. Wie bei der Zucht von Jagdhunden sollen nach einem ausgeklügelten Paarungssystem die besten Wächterinnen und Wächter regelmäßig zusammenkommen, während die anderen Angehörigen des Wächterstandes mit offenkundig schlechterem Erbgut möglichst selten in den Genuß eines Zusammenseins gelangen sollten, damit der Staat von Generation zu Generation eine Verbesserung erfahre. Diese Form der genetischen Auslese wird bis in die letzte Konsequenz weitergedacht[15]: Zu erwartende schwache Kinder werden abgetrieben oder nach der Geburt ausgesetzt.

Aber auch die Kinder der Tüchtigen werden den Müttern unmittelbar nach der Geburt weggenommen und in einer Art Kinderheim aufgezogen, ohne daß sie je erführen, wer ihre Eltern sind. Das Zeugungsalter der Männer ist strikt festgelegt, auf die Spanne von 30 bis 55 Jahren (460e), das Gebäralter der Frauen von 20 bis 40 (ebd.). Da die Ehe als solche nicht mehr existiert, tritt an ihre Stelle die Zugehörigkeit zu der genannten Altersstufe, innerhalb der man durch ein Losverfahren das kurzfristige Anrecht auf eine Partnerschaft erwirbt. Nicht allein die Ehe wird ihrer bisherigen Verbindlichkeit beraubt, auch die von ihr abgeleiteten Verwandtschaftsverhältnisse werden relativiert: Alle Kinder eines bestimm-

---

[14] Rep. 452c δεηθεῖσίν ... τούτων μὴ τὰ αὑτῶν πράττειν (= παίζειν) ἀλλὰ σπουδάζειν.

[15] Vgl. in diesem Zusammenhang die Ausführungen von J.F.M. Arends, Die Einheit der Polis, Leiden 1988, 171-77.

ten Geburtszeitraumes bezeichnen alle Erwachsenen, die potentiell ihre Eltern sein könnten, als Vater und Mutter (461d-e).

Diesen ganzen Komplex der Frauen- und Kindergemeinschaft bezeichnet Sokrates als zweite Welle, der er nach eigenem Bekenntnis nur mit Mühe standhalten kann. Als man ihn auffordert, zu erklären, wie ein solches Staatswesen mit gleichgestellten Frauen und einer Gemeinschaft von Frauen und Kindern denn verwirklicht werden könne, sieht er die dritte und größte Welle (473c ὃ τῷ μεγίστῳ προσῃκάζομεν κύματι) auf sich zukommen: eine Polis dieser Art entsteht, sagt er, wenn die Philosophen Herrscher sind (473c-e).

IV

Es verwundert, daß Platon den Gedanken an eine Gleichstellung der Frau mit der Forderung verbindet, Frauen müßten Gemeingut sein (457cf.). Wäre es ihm in der *Politeia* um eine reine Frauenemanzipation gegangen, hätte es genügt, die Arbeitswelt so darzustellen und die gesellschaftlichen Bedingungen so auszumalen, daß beide Geschlechter gleichermaßen berücksichtigt werden ohne Benachteiligung des einen oder des anderen. Unter dem Aspekt der Frauen- und Kindergemeinschaft wird der erste, durchaus vernünftig erscheinende Ansatz dann aber ad absurdum geführt. Man erkennt leicht, daß sich die Absurdität nicht aus der Konstruktion einer Gleichstellung der Frau ergibt, sondern wie diese selbst aus dem Prinzip des absoluten Kommunismus, der sich ja auch auf die Arbeitswelt erstreckt. Solange die Naturanlage nicht dagegen spricht, können Frauen und Männer gleiche Tätigkeiten ausüben. Die Maxime, alles sei allen gemeinsam, zieht selbstverständlich die Gleichstellung nach sich. Sie ist eine noch überschaubare Konsequenz des angestrebten Kommunismus. Übertrieben und unrealistisch ist hingegen der Anspruch auf absolute Gemeinschaft in der Sexualität. Hier scheinen in der platonischen Konzeption dem Phantastischen keine Grenzen gesetzt: die Ehe wird abgeschafft zugunsten der Einrichtung eines bei aller vorgesehenen Kontrolle doch recht unüberschaubaren Liebeslebens. Denn nur in dem der Geburtenkontrolle unterworfenen Lebensabschnitt greift die Staatsraison; außerhalb des vorgesehenen Zeugungsalters sind alle Verbindungen frei wählbar[16]. Besonders verrückt erscheint der Gedanke, daß Kinder, die aus dieser Gesellschaftsform hervorgehen, ihre leiblichen Eltern nicht

---

[16] Sollte hingegen aus solchen und aus anderen unkontrollierten Verbindungen Leben hervorgehen, wird es abgetötet (461a-c).

mehr kennen und ihren leiblichen Eltern auch nicht mehr bekannt sind.

Herodot berichtet in seinen *Historien* von Völkern, die Frauengemeinschaften haben (4,104. 180,5), aber selbst dort wird eine unmittelbare Mutter- und Vaterbindung des Kindes angestrebt. So soll etwa ein Volksstamm im oberen Libyen nach Herodots Bericht[17] folgendermaßen der Gefahr einer Halbwaisenschaft begegnet sein: Drei Monate nach der Geburt eines Kindes versammelten sich alle Männer, und der unter den Anwesenden, dem das Kind am ähnlichsten sah, wurde zum Vater bestimmt. Der Kuriosität, daß Kinder eine ganze Generation von Männern als ihre Väter betrachten, begegnen wir erst bei Aristophanes. In den *Ekklesiazusen* richten die Frauen, wie eingangs erwähnt, eine kommunistische Gesellschaft ein, in der alles allen gemeinsam ist. Wie bei Platon treffen wir Güter-, Frauen- und Kindergemeinschaft an. Das Problem, wie die Kinder bei einer Promiskuität ihrer Mütter unterscheiden können, wer ihre Väter sind, löst der Komödiendichter nicht anders als der Philosoph: Man kann eben nicht mehr den Einzelnen ausmachen. An die Stelle des einen Vaters tritt eine ganze Generation von Vätern. Platon geht allerdings in der Durchsetzung des kommunistischen Prinzips einen Schritt weiter, indem er auch die Beziehung der Mütter zu den jeweiligen Kindern neu definiert. An die Stelle einzelner Mütter tritt bei ihm eine Müttergeneration.

Die Verbindungen zwischen den *Ekklesiazusen* des Aristophanes und dem fünften Buch der platonischen *Politeia* nicht nur hinsichtlich der sehr ähnlichen kommunistischen Grundlagen, sondern auch bezüglich der sprachlichen Übereinstimmungen wurden seit dem Ende des 18. Jhs. noch bis zur Mitte des 20. Jhs. vielfach untersucht. Ziel dieser Untersuchungen war es, eine relative Datierung der *Politeia* vorzunehmen: Entweder wurde Platon als abhängig von Aristophanes gedacht[18] oder Aristophanes von Platon[19], oder man nahm an, beide hätten ihre Frauengemeinschaften unabhängig voneinander geschaffen[20].

---

[17] Hdt. 4,180,5: ... μεῖξιν δὲ ἐπίκοινον τῶν γυναικῶν ποιεῦνται, οὔτε συνοικέοντες κτηνηδόν τε μισγόμενοι. ἐπεὰν δὲ γυναικὶ τὸ παιδίον ἁδρὸν γένηται, συμφοιτῶσι ἐς τὠυτὸ οἱ ἄνδρες τρίτου μηνός, καὶ τῷ ἂν οἴκῃ τῶν ἀνδρῶν τὸ παιδίον, τούτου παῖς νομίζεται. Vgl. Aristot. pol. 2, 1262a.

[18] A. Boeckh, De simultate quam Plato cum Xenophonte exercuisse fertur, Berlin 1811, 26.

[19] G. Murray, Greek Studies, Oxford 1947, 36ff.

[20] U. v. Wilamowitz-Moellendorff, Aristophanes Lysistrate, Beilage: Ekklesiazusen, Berlin 1927, 204 mit Anm. 1; ders., Platon II. Beilagen und Textkritik, Berlin [3]1962,

Da die *Ekklesiazusen* 392 v. Chr. aufgeführt wurden, müßte man, um eine Abhängigkeit des Komödiendichters von dem Philosophen nachzuweisen, die Abfassung der *Politeia* in die 90er Jahre des 4. Jhs. verlegen, was mit größten Schwierigkeiten verbunden ist; denn vieles spricht dafür, daß Platon die Bücher seines *Staates* erst in den 70er Jahren geschrieben hat[21]. Dementsprechend nahmen Befürworter der Priorität Platons Zuflucht bei der Vorstellung, Teile des Werkes seien schon in den 90er Jahren entstanden und einem ausgewählten Leserkreis zugänglich gemacht worden[22]. Für eine solche Annahme gibt es aber keinen Anhaltspunkt.

Die von Wilamowitz u.a. verfochtene These einer unabhängigen Schöpfung ist gerade aus diesem Grunde ebenfalls problematisch; denn selbst wenn Platon Aristophanes nicht als Quelle herangezogen haben sollte, so mußte er doch bei seinem Leserkreis das aristophaneische Stück voraussetzen. Das „post hoc" wird hier zwangsläufig zum „propter hoc". Daß einer der beiden die Schrift des anderen zur Vorlage genommen hat, ist zu wahrscheinlich[23].

In der Antike hat man die beiden Werke offensichtlich nicht zueinander in Beziehung gesetzt. Aristoteles bemerkt im zweiten Buch seiner *Politik*, Platon habe als einziger die Neuerung einer Frauen- und Kindergemeinschaft vorgebracht[24], so als hätte das Drama des Aristophanes nie existiert. Anscheinend zog Aristoteles eine scharfe Trennlinie zwischen dem Genus der Komödie und dem des philosophischen Traktats.

Allein der sprachliche Befund macht deutlich, daß eine gewisse Nähe zwischen beiden Werken besteht. Es gibt eine Reihe von Belegen für eine Abhängigkeit zwischen ihnen[25]. Ich will nur einen Berührungspunkt her-

200 („Die Chronologie gestattet nur, daß der Philosoph bei dem Komiker gelernt hätte; das wird hoffentlich niemand zu behaupten wagen."); R.G. Ussher, Aristophanes Ecclesiazusae, Oxford 1973, XX; S. Halliwell, Plato: Republic 5, Warminster 1993, 225.

21 Zumindest dürfte es unwahrscheinlich sein, daß Platon die These, das Gute selbst könne erst von Fünfzigjährigen geschaut werden (rep. 540a), zu einer Zeit verfaßte, da er selbst noch nicht einmal 40 Jahre alt war.

22 Murray (wie Anm. 24); vgl. H. Thesleff, Studies in Platonic Chronology, Helsinki 1982, 101-107.

23 Vgl. J. Adam, The Republic of Plato, Vol. I, Cambridge ^{2}1963, Appendix zu rep. 5, 345-355; Ussher (wie Anm. 25), XVI.

24 Aristot. pol. 2,7, 1266a34ff.: οὐδεὶς ... τὴν περὶ τὰ τέκνα κοινότητα καὶ τὰς γυναῖκας ἄλλος κεκαινοτόμηκεν.

25 Sie sind von Adam (wie Anm. 28) in der Appendix zu rep. 5, 350f. zusammengestellt. Vgl. Ussher (wie Anm. 25) XIV-XX; E. David, Aristophanes and Athenian Society of the Early Fourth Century B.C., Leiden 1984, 20-29 (insbesondere 28, wo Adams Liste kritisch betrachtet wird); Halliwell (wie Anm. 25), 224f.

vorheben: In beiden Texten findet sich die gleiche Fragestellung. Der Wendung bei Aristophanes „Wie wird ein jeder (unter diesen Umständen) in der Lage sein, die eigenen Kinder zu erkennen?" πῶς ... τοὺς αὑτοῦ παῖδας ἕκαστος / ἔσται δυνατὸς διαγιγνώσκειν; (Eccl. 635f.) entspricht die platonische Version: πατέρας δὲ καὶ θυγατέρας ... πῶς διαγνώσονται ἀλλήλλων; (rep. 461cf.). Die Antwort lautet hier wie dort: eine Unterscheidung ist nicht möglich. - Hält man aber bei Aristophanes einfach nur alle Männer, die älter sind als man selbst, für seine Väter (Eccl. 636f. τί δὲ δεῖ; πατέρας γὰρ ἅπαντας / τοὺς πρεσβυτέρους αὑτῶν εἶναι τοῖσι χρόνοισιν νομιοῦσιν), erscheinen die möglichen Verwandtschaften bei Platon ins Groteske gesteigert (rep. 463c)[26]: παντὶ γάρ, ᾧ ἂν ἐντυγχάνει τις, ἢ ὡς ἀδελφῷ ἢ ὡς ἀδελφῇ ἢ ὡς πατρὶ ἢ ὡς μητρὶ ἢ ὑεῖ ἢ θυγατρὶ ἢ τούτων ἐκγόνοις ἢ προγόνοις νομιεῖ ἐντυγχάνειν.

Da Platon an dieser Stelle deutlich über Aristophanes' Phantasien hinausgeht und es sich nicht umgekehrt verhält, ist die chronologische Reihenfolge der beiden Werke auch durch ein inhaltliches Kriterium gesichert und eine Abhängigkeit wahrscheinlicher als die Annahme einer Unabhängigkeit: Platon knüpft in der Frage der Kindergemeinschaft an Aristophanes an und geht über dessen Konzeption hinaus: Die komplexe Art, in der Sokrates die mannigfache Verwandtschaft vollends elternloser Kinder schildert, wirkt sogar noch komischer als die einfache Darstellung der Vielväterei in den *Ekklesiazusen*.

V

Die Erörterung des Frauenproblems wird bei Platon übrigens mit dem Stichwort „Drama" eingeleitet: Sokrates sagt, er werde nach dem Männer- nun ein Frauendrama vorstellen, ein γυναικεῖον δρᾶμα (451c)[27]. Sein Sträuben, ehe er endlich anhebt, ist ebenfalls dramatisch akzentuiert:

---

26 Man achte auf die typologische Ausgeglichenheit der benannten Gruppen. Es werden nicht einfach summarisch Eltern, Kinder, Geschwister angeführt, sondern deren spezifische Untergruppen, so daß Brüder neben Schwestern, Väter neben Müttern, Söhne neben Töchtern stehen. Einzig die Generationen davor oder danach werden in ihrem sexus nicht definiert: ἔκγονοι bzw. πρόγονοι.

27 Ob Platon hiermit speziell die Praxis des unteritalischen Mimus meinte, Frauenrollen durch Frauen darstellen zu lassen, wie vielfach vermutet wurde, ist im Grunde unerheblich. Vielmehr kommt es zum einen auf die einfache Gegenüberstellung von Männern und Frauen an. Zum anderen kann das Stichwort „Drama" an dieser Stelle durchaus auf das Komödiengenre als ganzes zielen und damit natürlich hellhörig machen für Anspielungen auf bekannte Frauenspektakel, solche des Aristophanes eingeschlossen. Die konkrete Ausgestaltung des „Frauendramas" ist jedenfalls mit Vokabeln wie γελοῖος (siebenmal allein in 452a-e) oder κωμῳδεῖν (452d1) auffällig koloriert.

Zu Beginn des fünften Buches wird der Dialog unterbrochen. Polemarchos, der Gastgeber, wendet sich mit der Frage an Adeimantos, ob man Sokrates einfach so davonziehen lassen wolle, ohne daß er zuvor sein Versprechen eingelöst hätte. Der scheint nicht zu wollen; aber der fiktive Gesprächskreis gibt nicht nach. Wie ein in den Dialog eingebautes Ausrufezeichen meldet sich kein geringerer als Thrasymachos zu Wort und bittet Sokrates, doch unbedingt die Frauenfrage zu klären. Thrasymachos, der Hauptunterredner des ersten Buches, tritt in den Büchern 2 bis 9 nur hier in Aktion, wie denn auch Polemarchos, der im ersten Buch ebenfalls am Dialog beteiligt war, nur in dieser Partie erneut erwähnt wird. Adeimantos und Glaukon stimmen ebenfalls ein. Man kann sagen, daß Platon kurzzeitig alle Kräfte des *Politeia*-Dialogs zusammengezogen und in einer dramatischen Aktion vereinigt hat; keine andere Stelle des Werks erfährt eine vergleichbare Hervorhebung.

Angesichts der auffälligen Übereinstimmungen des platonischen Exkurses über die Frauengemeinschaft mit den *Ekklesiazusen* des Aristophanes und angesichts der Tatsache, daß ein klarer Hinweis auf das Genos der Komödie ergeht, stellt sich die Frage: Was hat Platon damit im Sinn gehabt? Wollte der Philosoph hier den Komödiendichter kritisieren[28]? Ist ihm die komische Gestaltung der Frauenemanzipation ein Dorn im Auge gewesen? Wollte er mit einer philosophischen Erörterung des Themas einer solchen komödiantischen Verzerrung entgegentreten und eigene Emanzipationsvorschläge unterbreiten? Warum, muß man sich andererseits fragen, hat er dann Momente ins Spiel gebracht, die eher noch einer Erheiterung des Publikums dienten? Wenn Sokrates darum bittet, es möge niemand lachen, weiß er doch, daß seine Ideen z.T. komisch wirken. Es wäre nicht nötig gewesen, das Nacktturnen von Frauen zu einem unumgänglichen Bestandteil der Konzeption zu machen. Und was die Institution der Ehe angeht, muß man bedenken, daß gerade die attische Gesellschaft strenge Gesetze kannte, die ihrer Absicherung dienten: Ein betrogener Ehemann hatte das Recht, einen Ehebrecher, den er in flagranti ertappte, zu töten. Lysias weist in der Rede über die Tötung des Eratosthenes eigens daraufhin, daß man mit einem Vergewaltiger weniger streng ins Gericht ging als mit einem Ehebrecher. Als Begründung gibt er an, bei einem Ehebruch über längere Zeit sei die Gefahr gegeben, daß aus einer legitimen Ehe illegitime Kinder hervorgehen;

[28] So die Vermutung von Adam (wie Anm. 27), I 355: „The philosopher may well have been dissatisfied with the comedian's unscrupulous travesty of views with which he had himself no little sympathy."

denn die Vaterschaft sei ungewiß (1,33): τοὺς παῖδας ἀδήλους εἶναι ὁποτέρων τυγχάνουσιν ὄντες, τῶν ἀνδρῶν ἢ τῶν μοιχῶν. In einer Gesellschaft mit ausgeprägtem Ahnenkult ist aber die Klarheit der Abstammung von größter Bedeutung. Vor dem Hintergrund einer solchen gesetzlich abgesicherten Ehe erscheint die Forderung des Sokrates, in der idealen Polis dürfe es keine Ehe mehr geben und Kinder sollten gewissermaßen anonym gezeugt werden, als besonders provokant.

In Platons Alterswerk, den posthum veröffentlichten *Nomoi*, findet sich dagegen ein durchaus realistischer Gesellschaftsentwurf mit leicht kommunistischen Zügen, gefordert wird ein gemäßigter Reichtum und im übrigen auch eine relative Gleichberechtigung von Frauen (leg. 739cf.). Sie nehmen an der Bildung und an den Symposien teil (leg. 781aff.). Die Institution der Ehe wird aber nicht angetastet.

Wir können demnach sagen, daß Platon, wie andere Zeitgenossen mit ihm, einer Modifikation des Frauenstatus vielleicht nicht abgeneigt war. Als ein klares Zeugnis hierfür kann die Diotima im *Symposion* gelten. Auf keinen Fall aber hatte er vor, eine Gesellschaft zu realisieren, in der Frauen und Kinder als Gemeingut gehandelt werden[29]. Die Spuren der aristophaneischen Komödie im fünften Buch der *Politeia* deuten eher darauf hin, daß der Philosoph eine Karikatur geben wollte. Es wäre nicht der einzige Passus in Platons Werk, der uns einen sein Spiel treibenden Sokrates vor Augen führt. Wir müssen überall mit jener Ironie rechnen, die Alkibiades im platonischen Symposion als Wesenszug des Sokrates anführt[30]: „Er verstellt sich und treibt sein ironisches Spiel das ganze Leben hindurch mit den Menschen." Nie wisse man, wann er es wirklich ernst meint. Es sei auch daran erinnert, daß Platons Sokrates eine kritische Haltung gegenüber schriftlich Fixiertem einnahm: Überall sieht man in den Dialogen noch Fäden heraushängen, an vielen Stellen geben die Texte Anregungen für eine weiterführende Diskussion, sie selbst sind

[29] Zu dieser Auffassung neigt freilich der Historiker A. Demandt, Der Idealstaat. Die politischen Theorien der Antike, Köln 1993, 82f.; ders., Antike Staatsformen. Eine vergleichende Verfassungsgeschichte der Alten Welt, Berlin 1995, 231. Kritische Distanz verrät dagegen die Einschätzung von P. Friedländer, Platon III, Berlin [3]1975, 93: „Es sind paradoxe Forderungen, und Platon spielt mit diesen Paradoxien - pour épater le bourgeois -, indem er die Weiber nackt mit den Männern turnen läßt und die Gemeinschaftsehe mit mancherlei scherzhaften und auch grotesken Einzelzügen ausmalt." H. Görgemanns, Platon, Heidelberg 1994, 66 sieht in der Frauen- und Kindergemeinschaft der *Politeia* ein Beispiel für platonische Ironie.

[30] Symp. 216e: εἰρωνευόμενος δὲ καὶ παίζων πάντα τὸν βίον πρὸς τοὺς ἀνθρώπους διατελεῖ. Vgl. das Dictum des Thrasymachos rep. 1, 337a: αὕτη 'κείνη ἡ εἰωθυῖα εἰρωνεία Σωκράτους.

nicht in sich abgeschlossen, sondern bieten durch Widersprüchlichkeit oder Unschärfe einen Ausgangspunkt für die eigentliche philosophische Erörterung[31]. E. Heitsch charakterisiert das platonisch-sokratische Textverständnis folgendermaßen[32]: „Sokrates ... sieht sein Vorbild in dem, der überzeugt ist, daß Geschriebenes immer ein Großteil Spielerei sei, daß es keinen fixierten Text gäbe, den man sonderlich ernst nehmen müsse.“

Was bezweckte Platon mit dem Postulat einer „Frauengemeinschaft“? Ich denke, er wollte generell zu einem Umdenken anregen. Ähnlich brüskierend wie die Idee einer Frauengemeinschaft wirkt die Forderung in der *Politeia*, die nachahmende Dichtung, d.h. das Drama und auch das Epos, müsse mit Stumpf und Stiel aus der Polis verschwinden. Man bedenke, welches Ansehen die Dichtung in Athen genoß. Der platonische Sokrates wollte die Athener mit Vorschlägen dieser Art nicht zu konkreten Änderungen bewegen, sondern zu einer generellen Öffnung für Neuerungen.

Die Einrichtung einer Philosophenherrschaft war sicherlich ein ernstes Anliegen Platons[33]. Schließlich hatte er aus nächster Nähe erlebt, was eine Sophistenherrschaft im ausgehenden 5. Jh. angerichtet hat. Er kannte die Unbeweglichkeit der gängigen Meinung, der δόξα, und setzte alle Mittel ein, um sie ins Wanken zu bringen. Hierzu machte er in der *Politeia* auch von den gesellschaftlichen Phantasien der Komödie Gebrauch: Ihm war es nicht ernsthaft um eine „Frauen- und Kindergemeinschaft“ zu tun, wohl aber um ein Regiment der Vernunft, dessen Realisierung er in weiter Ferne sieht, solange die Menschheit nicht zu einem grundsätzlichen Umdenken bereit ist. Die sehr wohl ernstgemeinte Forderung der dritten Welle, die Herrschaft sollte in der Hand der Philosophen liegen, präsentiert Platon in einem Umfeld von Paradoxien. Indem er sein Anliegen mit der abstrusen Forderung eines absoluten Kommunismus verbindet, richtet er einen Appell an den Einzelnen, dem herkömmlichen Denken zu entsagen und sich der Philosophie hinzugeben. Wie im Höhlengleichnis des siebten Buches beschrieben, muß der Hinwendung zu den Wesenserkenntnissen eine tiefe Erschütterung des ganzen Menschen vorausgehen. Ein solches Aufrütteln zu bewirken, scheint die Forderung nach einer „Frauengemeinschaft“ bestens geeignet.

---

[31] Hierzu S. Usener, Isokrates, Platon und ihr Publikum, Tübingen 1994.

[32] E. Heitsch, Platon über die rechte Art zu reden und zu schreiben, AAWM 1987 Nr. 4, 44; s. ders., Platon, Phaidros. Übersetzung und Kommentar, Göttingen 1993, 256f.

[33] Vgl. allein die Übereinstimmung mit dem 7. Brief; vgl. Th.A. Szlezák, Platon und die Schriftlichkeit der Philosophie, Berlin 1985, 350 Anm. 26 und 372 Anm. 72.

Fragment und Kontext

Zwei Methoden der Interpretation in der griechischen Literatur[1]

von Martin Hose (München)

„... die hermeneutische Wissenschaft beginnt erst mit dem Protestantismus," schrieb Wilhelm Dilthey in seiner Abhandlung über das *Leben Schleiermachers*[2]. Zumal in der Antike gebe es nur „vereinzelt aufgezählte Sätze", die ohne bindendes Prinzip zusammengehäuft seien, jedoch keine „wissenschaftliche Bearbeitung". Diese radikale Position[3] ist, wenn ich recht sehe, mit Blick auf die Antike prinzipiell nie bestritten worden, ja, sie wird in jüngster Zeit von der Philologie bestätigt, etwa durch eine Arbeit von G.W. Most aus dem Jahr 1984 oder im Artikel *Hermeneutik* im *Historischen Wörterbuch der Rhetorik*[4]. Die Grundlage, sich Dilthey anzuschließen, ist durchaus solide: Im Gegensatz etwa zur Rhetorik finden sich in der Antike keine systematischen Schriften, in denen Methoden zum Verständnis von literarischen Texten dargestellt und begründet werden. Im Gegensatz zur Rhetorik findet sich keine Traditionskette entsprechender hermeneutischer Lehrbücher, wie sie etwa in philosophischen, philologischen und theologischen Disziplinen der Neuzeit erscheinen[5]. Gewiß gibt es in einzelnen Bereichen der antiken Wissenschaft hermeneutische Ansätze (Dilthey selbst hat das bereits gesehen), etwa in der Rechtswissenschaft: „proprium ius civile, quod sine scripto in sola prudentium interpretatione consistit" („das eigentliche Privatrecht, das

---

[1] Für Hinweise danke ich Axel Bühler (Düsseldorf) sowie Dieter Bremer, Andreas Patzer und Wilfried Stroh (München).

[2] Zitiert nach W. Dilthey, Gesammelte Schriften XIV, Göttingen 1966, 597. Zuerst veröffentlicht wurde der hier einschlägige Teil „Die Hermeneutik vor Schleiermacher" als Teil der Abhandlung „Das natürliche System der Geisteswissenschaften im 17. Jh.", in: AGPh 6, 1893, 60-127, hier 69-95.

[3] Ihre Radikalität liegt zunächst im Begriff „hermeneutische Wissenschaft", der in der Tat erst von der Neuzeit an sinnvoll auf die Reflexionen über literarische Verstehensprozesse angewendet werden kann. Die neuere philosophische Forschung hat daher ein feineres begriffliches Instrumentarium vorgeschlagen, G. Scholz, Was ist und seit wann gibt es „hermeneutische Philosophie", in: Dilthey-Jahrbuch 8, 1992/93, 93-119, unterscheidet zwischen einer technischen Hermeneutik, deren Inhalt Regeln für die Exegese sind, einer philosophischen Hermeneutik, die den Bedingungen des Verstehens gilt, und einer hermeneutischen Philosophie, die Daseinsanalyse ist.

[4] G.W. Most, Rhetorik und Hermeneutik. Zur Konstitution der Neuzeitlichkeit, in: A&A 30, 1984, 62-79; J. Grondin, Art. Hermeneutik, HWdR 3, 1996, Sp. 1350-1374.

[5] Most (wie Anm. 4), 65.

unfixiert nur in der Auslegung der Sachverständigen besteht") formuliert der römische Jurist Pomponius (Digesten 1,2,2,12) und deutet damit die Notwendigkeit an, Auslegungsregeln, wie sie z.B. für Testamente bezeugt sind[6], zu entwickeln, welche eine Tradition juristischer Hermeneutik begründet, die bis in die Neuzeit führt[7]. Mindestens Ansätze zu einer Hermeneutik lassen sich auch in der jüdisch-hellenistischen und christlichen Literatur finden. So gibt Origenes in seiner Schrift *De principiis* in Buch 4 mit dem großen Kapitel 2 („Wie man die göttliche Schrift lesen und verstehen soll") einer Hermeneutik einen wichtigen Platz in seinem Systementwurf - freilich nur mit Blick auf eine einzige Schrift, die Bibel. Und auch in der medizinischen Fachschriftstellerei liegen Ansätze zur Prinzipienbildung bzw. -benennung bei der Auslegung etwa der Schriften des *Corpus Hippocraticum* vor[8]. Problematisch ist dagegen der Befund in der Tradition literarischer Exegese. R. Pfeiffer hat bekanntlich darauf hingewiesen, daß die berühmte philologische Maxime Ὅμηρον ἐξ Ὁμήρου σαφηνίζειν aus dem Munde des Philosophen Porphyrios stammt und es höchst zweifelhaft ist, ob sie auf Aristarch zurückgeführt werden darf[9]. Ungeachtet aller Versuche, diese Position zu widerlegen[10], scheint mir Pfeiffers Begründung immer noch schlagend: „Philologen neigen nicht dazu, allgemeine Prinzipien auszusprechen; aber Philoso-

---

[6] Vgl. M. Kaser, Das römische Privatrecht (II), München ²1975, 85; vgl. F. Wieacker, Römische Rechtsgeschichte (I), München 1988, 330 Anm. 103.

[7] Vgl. z.B. L. Wenger, Die Quellen des römischen Rechts, Wien 1953, 844-852. Der römischen Rechtshermeneutik geht voraus eine Reflexion über Gesetzesauslegung im Hellenismus, die auch Eingang in die rhetorischen Lehrbücher fand, vgl. etwa Cic. inv. 2,117 oder Hermog. stat. 9 (82/3 Rabe); inv. 2,3-6 (112-119 Rabe). Vgl. dazu C. Schäublin, Homerum ex Homero, MH 34, 1977, 221-227, hier 224-26.

[8] Bedeutsam scheint die Hippokrates-Exegese der Empiriker, fr. 309 in der Sammlung von K. Deichgräber, Die griechische Empirikerschule, Berlin ²1965, mit 318f.: Diejenige Richtung der Empiriker, die in Hippokrates einen Dogmatiker sah, erklärte den Text so wie ein Schauspieler, der in seiner Rolle aufgeht - der Erklärer solle die Rolle des Autors spielen. Schäublin (wie Anm. 7), 225 Anm. 5a, stellt aber zu Recht die Frage, ob dieser Schauspielervergleich und die damit verbundene methodische Position gegenüber dem Text nicht auch dem Zitatträger Galen (Hipp. Epid. III, CMG 5,10,2,1 [16,11-17,7]) zugerechnet werden könne, zumal der Gedanke, nicht nur die Richtigkeit der Angabe des Hippokrates, sondern auch ihre Absicht müsse bedacht werden, auch andernorts bei Galen erscheint (Com. sec. Hipp.1,5, CMG 5,9,2 [182,23ff.]).

[9] R. Pfeiffer, Geschichte der Klassischen Philologie. Von den Anfängen bis zum Hellenismus, Reinbek 1970, 276-78.

[10] Vgl. Schäublin (wie Anm. 7); J.I. Porter, Hermeneutic Lines and Circles: Aristarchus and Crates on the Exegesis of Homer, in: R. Lamberton, J.J. Keaney, Homer's Ancient Readers. The Hermeneutics of Greek Epic's Earliest Exegetes, Princeton 1992, 67-114.

phen tun das ..."[11] Wenn also eine theoretische Systematisierung literarhermeneutischer Fragen in der klassischen Antike nicht erfolgte oder wenigstens nicht mehr nachgewiesen werden kann, so müssen wir versuchen, auf andere Weise über die Wege Aufschluß zu gewinnen, auf denen man Texte verstand. Wir müssen uns also der interpretatorischen Praxis zuwenden. Ein Aspekt griechischer literarischer Interpretation ist bislang ausführlich gewürdigt worden: die allegorische Dichterinterpretation, insbesondere die des Homertextes[12]. Die Allegorese ist zwar ein bemerkenswertes, aber keinesfalls das einzige Interpretationsverfahren, das sich darstellen läßt. Gleichsam in ihrem Schatten finden sich auch zwei weitere Methoden, denen die folgenden Ausführungen gelten sollen.

1

Die Fähigkeit zu literarischer Kritik, so sind sich Protagoras und Sokrates im Platonischen Dialog *Protagoras* einig, ist ein wesentlicher Bestandteil der Bildung. Imstande zu sein, das von Dichtern Gesagte zu verstehen, sowie, was gut gedichtet ist und was nicht, auch es erklären und seine Anschauungen begründen zu können, so bestimmt Protagoras den Inhalt dieser Fähigkeit (338e-339a)[13]. Was er damit meint, macht er in einer Interpretation eines Simonides-Gedichtes deutlich, des - nach dem Adressaten sogenannten - Skopas-Gedichts (PMG 542). Sokrates wird gegen Protagoras' Deutung seine eigene stellen. In der philosophischen Auseinandersetzung mit dem Dialog pflegt man diese Partie als eine Art Zwischenspiel zu übergehen, „weil es philosophisch ganz unergiebig ist"[14]. Für die Geschichte der Hermeneutik ist dieses „Zwischenspiel"

---

11 Pfeiffer (wie Anm. 9), 277.

12 Die Literatur dazu ist Legion, s. etwa J. Tate, The Beginnings of Greek Allegory, CR 41, 1927, 214/5; F. Wehrli, Zur Geschichte der allegorischen Deutung Homers im Altertum, Diss. Basel, Borna-Leipzig 1928, sowie zuletzt A.A. Long, Stoic Readings of Homer, in: Lamberton/Keaney (wie Anm. 10), 41-66, mit weiterer Literatur. Systematisch betrachtet läßt sich die Allegorese als Sonderform keiner der beiden im folgenden vorgestellten Interpretationsmethoden zuordnen, s. Anm. 78.

13 Zur Frage, ob diese Position auf den historischen Protagoras zurückgeht, s. D. Fehling, Zwei Untersuchungen zur griechischen Sprachphilosophie, RhM 108, 1965, 212-229, hier 213. Zu weiteren Aspekten der Zuweisung von Gedanken des Dialoges an Protagoras s. zuletzt B. Manuwald, Platon oder Protagoras? Zur großen Rede des Protagoras (Plat. Prot. 320c8-328d2), in: C. Müller-Goldingen/K. Sier (Hrsg.), ΛΗΝΑΙΚΑ (FS C.W. Müller), Stuttgart/Leipzig 1996, 103-131.

14 So W. Bröcker, Platos Gespräche, Frankfurt 1964, 42. Tendenziell vergleichbar O. Gigon, Studien zu Platons Protagoras, in: O. Gigon u.a. (Hrsg.), Phyllobolia (FS P. Von Der Mühll), Basel 1946, 91-152, hier 143.

jedoch ein bedeutsames Zeugnis.

Protagoras zitiert in seiner Simonides-Betrachtung zunächst V. 1-3:

> ἄνδρ' ἀγαθὸν μὲν ἀλαθέως γενέσθαι
> χαλεπόν, χερσίν τε καὶ ποσὶ καὶ νόῳ
> τετράγωνον, ἄνευ ψόγου τετυγμένον.

> „Ein trefflicher Mann zu werden schon wahrhaftig
> ist schwer, ein kernfester von Hand und Fuß und Sinn
> und tadellos gebildeter."

Zu diesen Versen stellt Protagoras drei weitere Verse aus demselben Gedicht, die an anderer Stelle (aufgrund der metrischen Struktur handelt es sich wohl um V. 11-13) zu lokalisieren sind (bezeichnenderweise führt Protagoras beide Partien mit λέγει ... που ein[15]):

> οὐδέ μοι ἐμμελέως τὸ Πιττάκειον
> νέμεται, καίτοι σοφοῦ παρὰ φωτὸς εἰ-
> ρημένον· χαλεπὸν φάτ' ἐσθλὸν ἔμμεναι.

> „Auch ist mir nicht abgemessen genug das Pittakos-
> Wort, obwohl es von einem weisen Manne gesprochen:
> schwer ist es, sagt er, tugendlich zu sein."

Protagoras zwingt nun Sokrates zu dem Eingeständnis, daß die zuerst zitierte Partie und das Pittakos-Wort inhaltlich dasselbe bedeuten. Hieraus leitet Protagoras den Schluß ab, das Gedicht sei widersprüchlich, da Simonides mit Partie 2 seinen eigenen Worten in Partie 1 in die Parade fahre[16]. Dieser Probe der Interpretationskunst wird Sokrates alsbald eine eigene entgegenstellen. Doch dazu später.

Die philologische Forschung hat sich dieser Partie des platonischen Dialogs oft und gern angenommen, da aus ihr die Möglichkeit erwächst, ein Gedicht des Simonides zu rekonstruieren. Diese Aufgabe kann seit einem Beitrag von Wilamowitz als im wesentlichen abgeschlossen gelten[17]. Weitaus umstrittener ist jedoch die Frage, welches denn eine angemessene Deutung des Gedichts sein könnte. Daß Protagoras' Position

---

[15] 339a5, 339c2; s. dazu G.W. Most, Simonides' Ode to Scopas in Context, in: I.J.F. De Jong/J.P. Sullivan (ed.), Modern Critical Theory and Classical Literature (Mnemosyne, Suppl. 130), Leiden 1994, 127-152, hier 129.

[16] Im Prinzip liegt hier also eine Betrachtungsweise vor, die bei einem Dichter ein πρόβλημα feststellt und, da keine λύσις möglich scheint, einen Fehler des Dichters konstatiert. Vgl. dazu Aristot. poet. 25.

[17] U. von Wilamowitz-Moellendorff, Das Skolion des Simonides an Skopas, in: ders.: Sappho und Simonides, Berlin 1913, 159-191 (zuerst 1898); s. ferner B. Gentili, Studi su Simonide, Maia 16, 1964, 278-306.

kaum adäquat ist, legt der Fortgang des Dialogs nahe - und in der modernen Diskussion ist, so weit ich sehe, nie der Versuch unternommen worden, sie zu verteidigen. Anders verhält es sich mit der Auslegung des Gedichts durch Sokrates. Hier liegen die Positionen der modernen Forschung weit auseinander, etwa derart, daß Platon in Sokrates' Deutung keine „objektive Wahrheit" geben wollte[18], oder aber derart, daß Sokrates in den Details zwar falsch, insgesamt aber richtig interpretiere[19]. Diese Fragehorizonte haben, wenn ich recht sehe, bislang den Blick beherrscht. Die gleichfalls wichtige Frage nach den beiden „Interpretationsmethoden" und ihrem historischen Kontext wurde aber nicht gestellt[20].

2

Protagoras geht in seiner Betrachtung des Simonides-Gedichtes für die modernen Leser sonderbar vor. Er greift zwei Partien aus dem Gedicht heraus und stellt sie gegeneinander. Auf den ersten Blick erscheint dies als ein willkürliches Umgehen mit dem Gedicht. P. Friedländer merkte daher an: „Der Sophist tut denn auch nichts weiter als seinen Witz an Worten des wehrlosen Dichters zu üben ..."[21] Prägnant hat kürzlich Glenn Most die beiden Simonides-Partien in Protagoras' Deutung mit zwei umhertreibenden Monaden verglichen[22] und das hermeneutische Verfahren des Protagoras, das offensichtlich auf den Gedichtzusammenhang und äußere Gegebenheiten keinerlei Rücksicht nimmt, mit dem Begriff „Dekontextualisierung" charakterisiert[23]. Diese Dekontextualisie-

---

[18] So Wilamowitz (wie Anm. 17), 167.

[19] D. Babut, Simonide Moraliste, REG 88, 1975, 20-62, hier 44/5; ähnlich H. Gundert, Die Simonidesinterpretation in Platons Protagoras, EPMENEIA (FS O. Regenbogen), Heidelberg 1952, 71-93. Doxographie bei W. Donlan, Simonides, Fr. 4 D and P.Oxy. 2432, TAPhA 100, 1969, 71-95, besonders 76 Anm. 12; E. Schütrumpf, Simonides an Skopas (542 PMG), WJA 13, 1987, 11-23, hier 13 mit Anm. 6.

[20] Andeutungen hierzu finden sich bei J. Barns, A New Gnomologium: With Some Remarks on Gnomic Anthologies (I), CQ 44, 1950, 126-137; (II), CQ n.s. 1, 1951, 1-19, hier 4; ferner bei N.J. Richardson, Homeric Professors in the Age of the Sophists, PCPhS 21, 1975, 65-81, hier 68.

[21] P. Friedländer, Platon, Bd.2, Berlin ^{3}1964, 19.

[22] Most (wie Anm. 15), 129.

[23] Ebd. 131. Ich beschränke mich im folgenden auf Verfahrensweisen im Umgang mit Texten. Daß die Analyse von De- bzw. Entkontextualisierungsprozessen auch auf andere Bereiche der literarischen Kommunikation ausdehnbar ist, zeigt etwa die Studie von A. Goldberg, Die Zerstörung von Kontext als Voraussetzung für die Kanonisierung religiöser Texte im rabbinischen Judentum, in: A. u. J. Assmann (Hrsg.), Kanon und Zensur, München 1987, 201-211.

rung ist freilich, wenn man mit ihr den Weg der Interpretation bezeichnet, der darin besteht, eine Aussage im Text zu isolieren und zu kritisieren, keine literarische Augenblickslaune Platons, zur Abrundung eines Sophistenporträts. Sie läßt sich nämlich über den *Protagoras* hinaus zurückverfolgen.

Die Aristophanische Komödie beschäftigt sich häufig mit den Tragödien des Euripides. Kennzeichnend für den Umgang mit der Tragödie im komischen Spiel ist dabei ein Verfahren, das man als Isolierung bestimmter Merkmale und deren Überzeichnung beschreiben kann, kurz, das Verfahren, das auch der modernen Karikatur zugrunde liegt. Erinnert sei in diesem Zusammenhang an die Zuspitzung des Euripideischen Schaffens auf mitleiderregende Bettler in den *Acharnern* (395-489), auf misogyne Züge in den *Thesmophoriazusen* (85 u.ö.) oder auf die „Zersetzung" der Moral in den *Fröschen* (850 u.ö.)[24]. Auch in dieser Umgehensweise mit Dichtung ist das Ausblenden des Zusammenhangs zu beobachten, auch hier liegt also eine Dekontextualisierung vor. So wird in der ersten Anklagerede in der Frauenversammlung der *Thesmophoriazusen* Euripides der Vorwurf gemacht, die Frauen zu verleumden (390-394, Übers. nach L. Seeger):

Ποῦ δ' οὐχὶ διαβέβληχ', ὅπουπερ ἔμβραχυ
εἰσὶν θεαταὶ καὶ τραγῳδοὶ καὶ χοροί,
τὰς μοιχοτρόπους, τὰς ἀνδρεραστρίας καλῶν,
τὰς οἰνοπότιδας, τὰς προδότιδας, τὰς λάλους,
τὰς οὐδὲν ὑγιές, τὰς **μέγ' ἀνδράσιν κακόν.**

„Verlästert er uns nicht, wo nur zusammen
sich finden Schauspieler, Chor und Publikum!
Nennt läufig uns, mannstoll, ehebrecherisch,
schwatzhaft, versoffen, falsch, wortbrüchig, treulos,
verdorben durch und durch, großes Unheil für Männer."

Der Bezugspunkt für diese Vorwürfe ist kenntlich, es sind Partien aus dem Euripideischen Werk wie die folgende:

ὦ Ζεῦ, τί δὴ κίβδηλον ἀνθρώποις κακὸν
γυναῖκας ἐς φῶς ἡλίου κατῴκισας; ...
τούτῳ δὲ δῆλον ὡς γυνὴ κακὸν μέγα·

„Zeus, warum hast du nur das Falsch, das Unheil für die Menschen,
die Frau ins Sonnenlicht gepflanzt? ...
Dadurch ist deutlich, daß eine Frau ein großes Unheil ist ..."

---

[24] Vgl. auch Aristoph. Nub. 1371-4, s. dazu K. Dover (ed.), Aristophanes, Frogs, Oxford 1993, 18.

Diese Verse aus dem *Hippolytos* (616f., 627) sind aber natürlich nicht auktoriale Äußerungen, sondern aus einer Figurenperspektive im Stück heraus gesprochen. Diese Figurenperspektive ist die des monomanen Artemis-Verehrers und Aphrodite-Verächters Hippolytos[25], der über den vertraulichen Antrag der vertrauten Dienerin seiner Stiefmutter von der Liebe dieser Stiefmutter zu ihm erfahren hat. Doch sind beim Komiker diese in einer Situation begreiflicher Entrüstung vorgetragenen Verse aus dem Stückzusammenhang gelöst und in Isolierung kritisiert. Ihr Gewicht im Euripides-Stück, das ein relatives ist, wird unkenntlich. Das Verfahren bei Aristophanes entspricht damit dem des platonischen *Protagoras*.

Man könnte nun angesichts dieser Parallele die dekontextualisierende Interpretationsmethode als Errungenschaft der Sophistik einordnen, ein Vorgang, der prima facie eine gewisse Berechtigung hat. Denn die Beschäftigung der Sophisten mit literarischen Fragen ist gut bezeugt[26], und für die Würdigung, die Aristophanes in den *Fröschen* für die Dichtungen des Aischylos und Euripides vornimmt, hat M. Pohlenz in einem eindrucksvollen Aufsatz[27] den sophistischen Hintergrund erhellt, mag man auch gegenüber einer allzu engen Festlegung auf eine bestimmte Schrift als Vorlage skeptisch bleiben. Doch eine Eingrenzung auf die Sophistik scheint nicht ratsam, da sich das Prinzip der Dekontextualisierung über die 2. Hälfte des 5. Jhs. hinaus zurückverfolgen läßt. Zeugnisse finden sich in den Auseinandersetzungen mit Homer[28]. Besonders aufschlußreich ist hier ein Testimonium zu Heraklit (22 A 22 D-K)[29], das in der *Eudemischen Ethik* (1235a25) überliefert ist:

> καὶ ῾Ηράκλειτος ἐπιτιμᾷ τῷ ποιήσαντι „ὡς ἔρις ἔκ τε θεῶν καὶ ἀνθρώπων ἀπόλοιτο", οὐ γὰρ ἂν εἶναι ἁρμονίαν μὴ ὄντος ὀξέος καὶ βαρέος, οὐδὲ τὰ ζῷα ἄνευ θήλεος καὶ ἄρρενος ἐναντίων ὄντων.
>
> „Auch Heraklit tadelt (Homer), der gedichtet hat: 'Möchte der Streit nur unter den Göttern und Menschen vergehen'. Denn es gebe keine Harmonie, wenn es nicht das Hohe und das Tiefe gibt, und auch keine Lebewesen

---

[25] Auf die interpretatorischen Fragen, die sich mit dieser Figur verbinden, kann hier nicht eingegangen werden.

[26] Dazu die Zusammenstellung von W. Kranz, Stasimon, Berlin 1933, 3-7, 267-9.

[27] M. Pohlenz, Die Anfänge der griechischen Poetik, in: ders., Kleine Schriften, Bd.2, Hildesheim 1965, 436-472 (zuerst 1920).

[28] Dazu grundsätzlich Pfeiffer (wie Anm. 9), 18-32.

[29] Dazu W. Kranz, Vorsokratisches I, in: ders., Studien zur antiken Literatur und ihrem Fortwirken, Heidelberg 1967, 98-102 (zuerst 1934), hier 100; vgl. auch O. Gigon, Untersuchungen zu Heraklit, Leipzig 1935, 116/7.

ohne den Gegensatz zwischen Weiblichem und Männlichem."

Heraklit greift, um seine Konzeption von der Bedeutung der „Harmonie" zu erläutern, einen Dichter an, der eine gegenteilige, törichte Ansicht habe. Das Zitat, gegen das sich sein Tadel richtet, stammt aus Buch 18 der *Ilias*. Achill hat dort seiner Mutter Thetis den Entschluß verkündet, Patroklos durch Hektors Tod zu rächen. Thetis bedeutet ihm darauf sein eigenes Ende. Achill erwidert (Il. Σ 98-113, übers. von Hans Rupé)[30]:

„Käme der Tod doch gleich, da ich dem gefallenen Freunde
nicht zu helfen vermochte, der gar so ferne der Heimat
sinken mußte und meiner entbehren als Wahrers der Rache.
Jetzt aber kehre ich nimmer zurück zum Lande der Väter,
weder dem Patroklos bracht' ich das Licht noch den anderen Freunden
allen, so viele bereits erlagen dem göttlichen Hektor,
sondern ich sitz' bei den Schiffen, umsonst die Erde belastend,
ich, ein Mann, wie keiner der erzgeschirmten Achaier
stark in der Schlacht, im Rate dagegen sind andere besser."

- Nun der von Heraklit zitierte Vers -

„Möchte der Streit nur unter den Göttern und Menschen vergehen
und der Zorn, der den Weisesten selbst zum Bösen erbittert,
der, viel süßer als mild heruntergleitender Honig,
bald in den Herzen der Männer erwächst wie dampfendes Feuer.
So hat mich nun erzürnt der Herrscher des Volks Agamemnon.
Lassen wir aber Geschehenes ruhen, so sehr es uns kränkte,
zähmen wir nur das Herz in der Brust, dem Zwange gehorsam."

In dieser Rede übt Achill eine Art von Selbstkritik. Sein Zorn über die ungerechte Behandlung, die ihm durch Agamemnon widerfuhr, hat zu seinem Rückzug aus dem Kampf geführt und mittelbar jetzt Patroklos' Tod heraufbeschworen. Er verflucht deshalb die ἀρχὴ κακῶν, Streit und Zorn: ὡς ἔρις ἔκ τε θεῶν ἔκ τ' ἀνθρώπων ἀπόλοιτο καὶ χόλος. Heraklit isoliert aus diesem Zusammenhang einen Vers, er kappt sogar die syntaktische Struktur (καὶ χόλος gehört natürlich auch noch zu ἀπόλοιτο,

[30] Text nach H. van Thiel, Hildesheim/Zürich/New York 1996: αὐτίκα τεθναίην, ἐπεὶ οὐκ ἄρ' ἔμελλον ἑταίρῳ / κτεινομένῳ ἐπαμῦναι· ὃ μὲν μάλα τηλόθι πάτρης / ἔφθιτ', ἐμεῖο δὲ δῆσεν ἀρῆς ἀλκτῆρα γενέσθαι. / νῦν δ' ἐπεὶ οὐ νέομαί γε φίλην ἐς πατρίδα γαῖαν, / οὐδέ τι Πατρόκλῳ γενόμην φάος οὐδ' ἑτάροισι / τοῖς ἄλλοις, οἳ δὴ πολέες δάμεν Ἕκτορι δίῳ, / ἀλλ' ἧμαι παρὰ νηυσὶν ἐτώσιον ἄχθος ἀρούρης, / τοῖος ἐὼν οἷος οὔ τις Ἀχαιῶν χαλκοχιτώνων / ἐν πολέμῳ· ἀγορῇ δέ τ' ἀμείνονές εἰσι καὶ ἄλλοι. / ὡς ἔρις ἔκ τε θεῶν ἔκ τ' ἀνθρώπων ἀπόλοιτο / καὶ χόλος, ὅς τ' ἐφέηκε πολύφρονά περ χαλεπῆναι, / ὅς τε πολὺ γλυκίων μέλιτος καταλειβομένοιο / ἀνδρῶν ἐν στήθεσσιν ἀέξεται ἠΰτε καπνός· / ὡς ἐμὲ νῦν ἐχόλωσεν ἄναξ ἀνδρῶν Ἀγαμέμνων. / ἀλλὰ τὰ μὲν προτετύχθαι ἐάσομεν ἀχνύμενοί περ, / θυμὸν ἐνὶ στήθεσσι φίλον δαμάσαντες ἀνάγκῃ.

würde aber nicht mehr in Heraklits Argumentation passen). So bleibt ein Vers und ein Gedanke, die Verwünschung der Eris, die Heraklit als Grundprinzip der Welt als Voraussetzung der Harmonie erachtet (siehe z.B. 22 B 10[31]). Mir scheint, daß auch diese Weise, mit einem Text umzugehen, als Dekontextualisierung bezeichnet werden kann, da auch Heraklit den Kontext vollständig ausblendet.

Daß nun auch Heraklit nicht der „Erfinder" der Dekontextualisierung ist, zeigt sich an einem Beispiel vom Beginn des 6. Jhs. Solon, fr. 20 (West) lautet:

> ἀλλ' εἴ μοι καὶ νῦν ἔτι πείσεαι, ἔξελε τοῦτο,
> μηδὲ μέγαιρ', ὅτι σέο λῷον ἐπεφρασάμην,
> καὶ μεταποίησον Λιγιαστάδη, ὧδε δ' ἄειδε
> „ὀγδωκονταέτη μοῖρα κίχοι θανάτου".
>
> „Aber wenn du auch jetzt mir folgen willst, tilge den Ausspruch
> ohne mir böse zu sein, daß ich es besser ersann;
> ändere, Dichterlein, drum deinen Vers und singe ihn also:
> 'Den, der ein Achtziger ist, treffe das Todesgeschick!'„

Diogenes Laertius, der das Fragment überliefert (1,60), schreibt dazu:

> „Man sagt, daß, als Mimnermos schrieb:
>
> αἲ γὰρ ἄτερ νούσων τε καὶ ἀργαλέων μελεδωνῶν
> ἑξηκονταέτη μοῖρα κίχοι θανάτου (= Mimnermos fr. 6 West)
>
> 'Wenn mich doch frei von Siechtum und frei von quälenden Sorgen
> in meinem sechzigsten Jahr träfe des Todes Geschick.'
> (Solon) ihm tadelnd erwiderte ..." (es folgt fr. 20 West).

Zwar ist durch die Fragmentierung bei Diogenes - also auch eine Art Dekontextualisierung - der Zusammenhang der Verse Solons nicht mehr kenntlich, doch bezieht er sich zweifelsfrei nur auf einen einzigen Vers bei Mimnermos[32] (auch hier ist, dekontextualisiert, der Gedankengang nicht mehr erkennbar), d.h. auch hier wird ein Gedanke isoliert und kritisiert. Freilich wird man in diesem Fall günstiger als bei Heraklits oder Protagoras' Deutungen urteilen. Denn es scheint, als habe Solon mit seiner Kritik die Intention des Mimnermos getroffen.

Die Dekontextualisierung läßt sich noch weiter zurückverfolgen: Hesiod leitet mit folgenden Versen nach dem Proöm seine Darstellung in den *Erga* ein (11-13):

---

[31] Vgl. ferner 22 B 51; B 67.

[32] Vgl. zum Verhältnis von Solon zu Mimnermos insgesamt E.K. Anhalt, Solon the Singer, Lanham 1993, 44-48.

Οὐκ ἄρα μοῦνον ἔην Ἐρίδων γένος, ἀλλ' ἐπὶ γαῖαν
εἰσὶ δύω· τὴν μέν κεν ἐπαινήσειε νοήσας,
ἣ δ' ἐπιμωμητή·

„Nein, es gab also nicht nur eine Art von Eris, sondern auf Erden
gibt es zwei. Die eine wird man wohl loben, wenn man sie vorfindet,
die andere aber ist tadelnswert."

Hiermit „korrigiert" der Dichter sich selbst[33], hatte er doch in der *Theogonie* nur von einer Eris gesprochen (223-25):

τίκτε δὲ καὶ Νέμεσιν πῆμα θνητοῖσι βροτοῖσι
Νὺξ ὀλοή· μετὰ τὴν δ' Ἀπάτην τέκε καὶ Φιλότητα
Γῆράς τ' οὐλόμενον, καὶ Ἔριν τέκε καρτερόθυμον.

„Die verderbliche Nacht gebar auch die Nemesis, ein Leid für die
darauf gebar sie Apate (Betrug) und Umarmung Menschen,
und das unselige Alter und Eris, die harte und starke."

Das Verfahren, das Hesiod in den *Erga* anwendet, besteht erneut darin, eine Aussage der *Theogonie* zu isolieren[34] und zu kritisieren bzw. zu korrigieren. Er geht dabei so weit, das „theogonische" Denken gänzlich auszublenden. Insofern darf man auch hier von einer Dekontextualisierung sprechen[35].

Hesiod, Solon, Heraklit, Aristophanes (Platon/Protagoras) - diese Reihe, die sich erweitern ließe, erlaubt es, einige Aufschlüsse über die Grundlagen der Dekontextualisierung zu gewinnen:

1. Hesiod wie Solon gehen bei ihrem Umgang mit dem eigenen wie dem fremden Text von der Vorstellung aus, daß jede einzelne Textäußerung prinzipiell dieselbe Wirklichkeitsrelevanz besitzt. Diese Vorstellung, so scheint es, basiert auf dem spezifischen Verhältnis zumal der frühgrie-

[33] Vgl. zu dieser Selbstkorrektur C.J. Rowe, „Archaic Thought" in Hesiod, JHS 103, 1983, 124-35, hier 133.

[34] Hier, wie auch in den anderen genannten Beispielen, findet also ein Zitieren statt, das auch sonst üblich ist: Simonides (fr. 8,1/2 West) - Il. Z 146. Archilochos (fr. 303 West) hat vielleicht den Margites zitiert. Vgl. dazu J.A. Davison, Quotations and Allusions in Early Greek Literature, in: ders., From Archilochus to Pindar, London 1968, 70-85 (zuerst 1955). Das Zitieren ist zu unterscheiden von der Aufnahme und Weiterführung, der Aneignung fremder Gedanken und Formulierungen, wie sie die gesamte Literaturproduktion, die stets intertextuell ist, charakterisiert. Vgl. speziell zum Bereich der frühgriechischen Dichtung die Materialsammlung durch O. v. Weber, Die Beziehungen zwischen Homer und den älteren griechischen Lyrikern, Diss. Bonn 1955. Vgl. ferner M.G. Bonanno, L'allusione necessaria, Urbino 1990.

[35] Ob diese Hesiod-Partien das früheste Zeugnis für eine „Querverweis-Technik" darstellen, ist nicht sicher. K. Dowden, Homer's Sense of Text, JHS 116, 1996, 47-61, hier 59/60, vermutet hinter Il. Ψ 14 und Σ 26 „Zitate" aus vorausliegender Troja-Epik.

chischen Literatur zum Problembereich der Fiktionalität[36]: vor Aristoteles gibt es keine auf Reflexion beruhende Unterscheidung zwischen den verschiedenen Möglichkeiten eines Textes, sich zur Wirklichkeit zu verhalten. Hieraus ergibt sich ein - aus moderner Sicht - diffuser Wahrheitsanspruch von Dichtung wie auch eine diffuse Wahrheitserwartung gegenüber Dichtung. Bezeichnend ist nun im Falle von Hesiod und Solon, daß sowohl ihr „Text", d.h. der Text, in dem sie die Dekontextualisierung vornehmen, und der Bezugstext jeweils ein direktes Verhältnis zur Wirklichkeit aufweisen, d.h. jede Aussage des Textes beansprucht Wahrheitscharakter aus der Perspektive des Verfassers. Blickt man nun auf Heraklit, so darf man vermuten, daß sein Text ebenfalls einen Wahrheitsanspruch erhob[37], der für ihn gleichfalls eine dekontextualisierende Umgehensweise erlauben würde. Daß aber Texte wie die homerischen Epen, deren Wirklichkeitsbezug von der Hesiodischen Epik differiert (stehen doch z.B. die *Erga* der Spruchdichtung nahe[38]) kaum adäquat dekontextualisierend behandelt werden können, scheint Heraklit nicht bewußt gewesen zu sein - wie auch denjenigen, die in der Folgezeit Homer als universalen Lehrer einstuften[39]. Das berühmte Fragment B 42:

> τόν τε Ὅμηρον ἔφασκεν ἄξιον ἐκ τῶν ἀγώνων ἐκβάλλεσθαι καὶ ῥαπίζεσθαι καὶ Ἀρχίλοχον ὁμοίως
>
> „Homer, so sagte er, hätte es verdient, aus den Agonen vertrieben und mit Ruten gezüchtigt zu werden, und dasselbe gelte für Archilochos"

dürfte getragen sein von eben diesem immer wieder artikulierten undifferenzierten Anspruch an die Dichtung, wahr sein zu müssen.

Aus Hesiod, Solon und Heraklit läßt sich nun der Schluß ziehen, daß sie den Wahrheitsgehalt, den sie für ihre eigenen Darlegungen postulier-

---

[36] Dazu W. Rösler, Die Entdeckung der Fiktionalität in der Antike, Poetica 12, 1980, 283-319; Verf., Fiktionalität und Lüge, Poetica 28, 1996, 257-274.

[37] Vgl. z.B. 22 B 1: ... ὁκοίων ἐγὼ διηγεῦμαι κατὰ φύσιν διαιρέων ἕκατον καὶ φράζων ὅκως ἔχει. τοὺς δὲ ἄλλους ἀνθρώπους λανθάνει ὁκόσα ἐγερθέντες ποιοῦσιν ...; sowie B 50 mit B. Snell, Die Sprache Heraklits, in: ders., Gesammelte Schriften, Göttingen 1966, 129-151, hier 140.

[38] Hierauf macht mich D. Fehling aufmerksam. Vgl. dazu auch die Ausführungen von M.L. West, Hesiod, Works & Days, Oxford 1978, 3-25. Auf die Besonderheiten Hesiods weist hin J.-U. Schmidt, Adressat und Paraineseform. Zur Intention von Hesiods Werken und Tagen, Göttingen 1986, 13-19.

[39] Vgl. etwa die Haltung des Nikeratos in Xen. symp. 4,6, oder den Anspruch des Rhapsoden in Platons *Ion*. Vgl. dazu Richardson (wie Anm. 20), 66; sowie zur Geschichte dieser Homereinschätzung M. Hillgruber, Die pseudoplutarchische Schrift *De Homero*, Teil 1, Stuttgart/Leipzig 1994.

ten - und zwar, so darf man vermuten, in jedem einzelnen Punkt - auch in anderen Texten voraussetzten. Man könnte dieses Verhältnis zu Literatur als unreflektiert charakterisieren, zumindest aber kommt in ihm ein deutliches, freilich bisweilen nicht unproblematisches Nahverhältnis von Interpret und interpretiertem Text zum Ausdruck[40].

2. Hesiod (erg. 11) scheint bei seiner Selbstkorrektur vorauszusetzen, daß seine Hörer/Leser die *Theogonie*-Partie, auf die er sich bezieht, kennen: οὐκ ἄρα μοῦνον ἔην 'Ερίδων γένος. Solon (der nicht erhaltene Kontext erlaubt nur Vermutungen) apostrophiert Mimnermos - da nicht wahrscheinlich ist, daß dieser selbst zugegen war, darf man vermuten, daß mit diesem Stilmittel wie mit dem deiktischen Hinweis auf den kritisierten Vers (fr. 20,1 ... ἔξελε τοῦτο) dem Hörer/Leser das Mimnermos-Gedicht in Erinnerung gerufen werden soll. Es wird also auch als bekannt vorausgesetzt. Für Heraklit ist ein entsprechender Nachweis nur indirekt möglich. C.J. Classen hat herausgearbeitet, daß Heraklit bei einer Reihe von zentralen Aussagen von Formulierungen der Homerischen Epen seinen Ausgang nimmt und „alle Aspekte der Aussage erst voll erfaßbar (werden), wenn man sie auf dem Hintergrund der Sprache des Epos zu würdigen versucht“[41]. Dies bedeutet, daß auch Heraklit eine Kenntnis des kritisierten Textes durch seine Leser erwartet. Komplizierter stellt sich die Situation in Aristophanes' *Thesmophoriazusen* dar. Hier sind zunächst zwei Rezipientenkreise zu trennen: die Bühnenfiguren und das Theaterpublikum. In der Frauen-Volksversammlung, die im Stück stattfindet (371-379 werden die entsprechenden Formeln vorgetragen[42]), wird von den vorgeblichen Attacken des Euripides gegen die Frauen wie von etwas allen Versammlungsteilnehmerinnen Bekanntem gehandelt[43]. Auf der Ebene des Spieles entsteht damit der Eindruck, die entsprechenden Kontexte und Stücke seien den am Spiel Beteiligten vertraut. Was nun das Theater-Publikum betrifft, so verlangen ihm die Euripides-Parodien der zweiten Stückhälfte eine Kenntnis von nicht nur Euripides'

---

[40] Hiermit wird zugleich ein Unterschied zwischen Dekontextualisierung und Entkontextualisierung (s. Anm. 23) beschreibbar: Dekontextualisierung ignoriert den Kontext, Entkontextualisierung zerstört ihn bewußt.

[41] C.J. Classen, Beobachtungen zur Sprache Heraklits, Philologus 140, 1996, 191-200, Zitat 194.

[42] Dazu W. Rösler, Über Aischrologie im archaischen und klassischen Griechenland, in: S. Döpp (Hrsg.), Karnevaleske Phänomene in antiken und nachantiken Kulturen und Literaturen, Trier 1993, 75-97, hier 75.

[43] Vgl. etwa V. 385-389.

Helena und *Andromeda*, also im Vorjahr aufgeführter Stücke, sondern auch des *Telephos* (438 aufgeführt) ab[44]. Daraus darf man folgern, daß auch die in der ersten Stückhälfte den Anklagereden zugrundeliegenden älteren Euripides-Stücke *Hippolytos* oder *Stheneboia* als bekannt vorausgesetzt sind. Es trennen sich damit in der ersten Stückhälfte die Funktionen der Dekontextualisierung, wenn man das hier zu beobachtende intertextuelle Verfahren betrachtet: Die Zitiertechnik der anklagenden Frauen ist „polemisch“, sie kritisieren wie Heraklit oder Solon - die Wirkung auf das Publikum, das die Diskrepanz zwischen Vorwurf und angegriffenem Text erkennt, ist „parodisch“[45]. Aristophanes benutzt also die Dekontextualisierung im Bühnenspiel zur Erzeugung komischer Wirkung.

Dekontextualisierung setzt also voraus, daß der Text, der mit dieser Methode interpretiert werden soll, denselben Wirklichkeitsbezug wie der interpretierende Text (oder wie der Interpret in seinen Aussagen) aufweist, und daß der interpretierte Text der Instanz, für die die Interpretation vorgenommen wird, bekannt ist. Die Definitionsmacht für beide Voraussetzungen liegt beim Interpreten - was etwa bei Heraklit deutlich wird. Blickt man nun auf Protagoras' Simonides-Interpretation, so finden sich beide Voraussetzungen thematisiert. Zuerst versichert sich Protagoras der Kenntnis des Gedichts bei seinem Gegenüber (339b: τοῦτο ἐπίστασαι τὸ ᾆσμα ἢ πᾶν σοι διεξέλθω), dann stellt er seine Exegese gemäß der formulierten Maxime (339a: τὰ ὑπὸ τῶν ποιητῶν λεγόμενα οἷόν τ' εἶναι συνιέναι ἅ τε ὀρθῶς πεποίηται καὶ ἃ μή, καὶ ἐπίστασθαι διελεῖν τε καὶ ἐρωτώμενον λόγον δοῦναι) unter das Signum der Richtigkeit der Dichterworte (ὀρθότης)[46], d.h. er fordert Wahrheitsrelevanz vom Dichter-Text. Das Verfahren des Protagoras, die Dekontextualisierung, ist also keineswegs ein Willkürakt gegenüber dem Gedicht, sondern ein traditioneller Deutungsweg in der griechischen Literatur.

---

[44] Dazu grundsätzlich P. Rau, Paratragodia, München 1967, 53-83, bzw. 42-50 (zum *Telephos*), sowie ders., Das Tragödienspiel in den *Thesmophoriazusen*, in: H.-J. Newiger (Hrsg.), Aristophanes und die Alte Komödie, Darmstadt 1975, 339-356; Bonanno (wie Anm. 34), 241-276.

[45] Dieser Zusammenhang entspricht damit der bekannten Bestimmung der Parodie durch T. Verweyen, Eine Theorie der Parodie, München 1973, 84, nach der die Parodie „nicht als kritische Nachahmung literarischer Sujets, sondern als kritischer Bezug auf deren Rezeption als Paradigmen kommunikativer Interaktion zu begreifen“ sei.

[46] Dazu Gundert (wie Anm. 19), 72 u. 75. Zur ὀρθοέπεια des (historischen) Protagoras s. Plat. Phaidr. 267c mit Fehling (wie Anm. 13), 215-217.

3

Der Dekontextualisierung steht in Platons *Protagoras* die Interpretation des Sokrates gegenüber. Sie ist gekennzeichnet durch das Bemühen, im Gegensatz zu Protagoras innere Zusammenhänge und den äußeren Kontext wiederherzustellen bzw. zu rekonstruieren. Sokrates geht anders als sein Gesprächspartner vor, nachdem zunächst zwei Versuche gescheitert sind, die von Protagoras vorgetragene Kritik an Simonides durch Wortbedeutungsanalyse zu entkräften[47]. Er ändert den Standpunkt gegenüber dem Gedicht. Nicht mehr um die ὀρθότης geht es ihm - stattdessen formuliert er das Ziel, die von Simonides verfolgte Absicht zu erklären (341e)[48]: ἀλλ' ἅ μοι δοκεῖ διανοεῖσθαι Σιμωνίδης ἐν τούτῳ τῷ ᾄσματι, ἐθέλω σοι εἰπεῖν. H. Gundert sah mit diesem zweiten Ansatz „ein ganz neues methodisches Niveau" erreicht[49], Sokrates kläre in seinem Bemühen um die διάνοια des Dichters erst einmal die geistes- und literaturgeschichtlichen Voraussetzungen. In der Tat, Sokrates gibt eine Darstellung der spartanisch-kretischen Umgehensweisen mit Philosophie (342a-343c), die den Rahmen liefert, in den das Gedicht gehören soll. Dieser Rahmen ist freilich ahistorisch, „etwas vom Tollsten, das Platon geschrieben hat" (Gauss)[50]. Denn Sokrates macht die Kreter und insbesondere die Spartaner zu besonderen Weisheitsliebhabern, die sich lediglich deswegen abschotten; Charakteristikum der „dorischen" Philosophie sei der knappe Ausdruck, als deren Beispiel die Sprüche der Sieben Weisen fungieren. Simonides habe nach dem Ruhm der Weisheit gestrebt und mit seinem Gedicht den Pittakos übertreffen wollen. Innerhalb des Dialogs, das ist oft gesehen worden[51], wird durch diesen historischen Rahmen eine Parallele zu der Behauptung des Protagoras (316c-317c) hergestellt, alle griechischen Dichter von Homer an seien Sophisten gewesen. Methodisch besteht freilich insofern ein Unterschied, als Protagoras wiederum keinerlei Distanz zwischen Homer, Hesiod etc. und sich selbst annimmt, sondern lediglich eine gewisse Differenz in seinem offenen Bekenntnis zur Sophistik eingesteht (317b).

47 Zum Versuch, zwischen γενέσθαι und εἶναι zu unterscheiden (340b-e) und das χαλεπόν als δεινόν zu verstehen (341a-e), vgl. Most (wie Anm. 15), 136/7.

48 Zur διάνοια als „Intention des Dichters" s. H. Flashar, Der Dialog Ion als Zeugnis platonischer Philosophie, Berlin 1958, 30-32.

49 Gundert (wie Anm. 19), 78.

50 H. Gauss, Philos. Handkommentar z. d. Dialogen Platons (I 2), Bern 1954, 170.

51 Vgl. z.B. Friedländer (wie Anm. 21), 19; W. Boder, Die sokratische Ironie in den platonischen Frühdialogen, Amsterdam 1973, 119.

Der von Sokrates derart vorgegebene äußere Rahmen wird einer Art Prüfung unterzogen (ἐπισκεψώμεθα δὴ αὐτὸ κοινῇ ἅπαντες, εἰ ἄρα ἐγὼ ἀληθῆ λέγω, 343c), indem nun unter Maßgabe der These, Simonides versuche Pittakos' Weisheit zu überbieten, das Gedicht selbst durchgegangen wird, d.h. auf eine äußere Rekontextualisierung folgt eine innere[52], bei der - nach heutiger Sicht - allerdings Fehler unterlaufen[53].

Sokrates' Verfahren, die „erste im Detail durchgeführte literarische Interpretation der europäischen Geistesgeschichte"[54], führt eine Fehlinterpretation herauf. Angesichts der augenscheinlichen Willkür bei der äußeren Rekontextualisierung[55] und der im einzelnen fragwürdigen Detailexegese hat man diese Interpretation als Instrument Platons gesehen, seine Haltung gegenüber den Möglichkeiten der Interpretation literarischer Texte generell in ironischer Form vorzustellen: „Interpretation ist notwendig Fehlinterpretation ..." (Th.A. Szlezák[56]). Der Zusammenhang mit der Schriftkritik läßt sich leicht herstellen.

So bedeutsam diese Einordnung der Sokrates-Interpretation in die platonische Philosophie auch ist, sie verdeckt die Frage, wie es um die historischen Dimensionen dieser „ersten literarischen Interpretation der europäischen Geistesgeschichte" steht. Man könnte zunächst versucht sein, die „Erfindung" der Rekontextualisierung zwar nicht Platon (dagegen spräche bereits der Umstand, daß Platon mit dieser Methode eine Fehlinterpretation heraufführt), aber doch dem historischen Sokrates zuzuschreiben. Dies dürfte jedoch nicht berechtigt sein. Sokrates wurde 399 hingerichtet. Etwa fünf Jahre später publizierte der Sophist Polykrates eine Schmähschrift gegen Sokrates, in der verschiedene Vorwürfe erhoben wurden, deren Verhältnis zur Anklage nicht ganz klar ist[57]. Die Schrift selbst ist verloren, manche ihrer Vorwürfe aber sind erkennbar einerseits in Libanios' *Apologie für Sokrates*[58], andererseits in den

52 Dazu Most (wie Anm. 15), 129-131.

53 Vgl. Boder (wie Anm. 51), 119/120 zum einzelnen.

54 Th.A. Szlezák, Platon lesen, Stuttgart/Bad Cannstatt 1993, 54.

55 Vgl. Boder (wie Anm. 51), 120.

56 Szlezák (wie Anm. 54), 54, vgl. Boder (wie Anm. 51), 119.

57 Zu Polykrates s. P. Treves, s.v. Polykrates (Nr. 7), RE XXI 2, 1952, Sp. 1736-1752; E. Gebhardt, Polykrates' Anklage gegen Sokrates und Xenophons Erwiderung, Diss. Frankfurt 1957, mit Rez. durch J.-H. Kühn, Gnomon 32, 1960, 97-107.

58 Text: R. Förster (Hrsg.), Libanii opera V, Leipzig 1909, dort *declamatio* I.

Memorabilien Xenophons[59], dort in den Kap. 1,1 und 1,2, der sog. *Schutzschrift*. Polykrates, so geht aus den beiden Texten hervor, warf Sokrates einen in seinen Augen unstatthaften Gebrauch von Dichterworten vor[60]. Xenophon greift dies folgendermaßen auf (mem. 1,2,56, übers. nach Peter Jaerisch)[61]:

> „Dann behauptete der Ankläger noch, er habe auch aus den berühmtesten Dichtern die schlimmsten Stellen herausgesucht und diese als Zeugnis verwendet, um seine Freunde zu unterweisen, wie sie schlecht und tyrannisch sein könnten. So habe er die Stelle aus Hesiod 'Arbeit ist keinerlei Schande, nur Müßiggang ist Schande' sogar derart gedeutet, daß der Dichter dazu auffordere, keinerlei Tun zu unterlassen, auch nicht das ungerechte und schlechte Tun, sondern auch das zu tun, wenn es nur Gewinn bringt."

Hier liegt also der interessante Vorwurf gegen Sokrates vor, er habe - dekontextualisierend - einen Dichtervers (Hes. erg. 311) instrumentalisiert, um eine „unmoralische" Lehrposition abzustützen. Xenophon könnte auf diesen Vorwurf antworten, indem er bestreitet, daß Sokrates Dichterverse aus dem Zusammenhang gerissen und benutzt habe. Er antwortet nicht so, und das legt nahe, daß der „historische" Sokrates auch dekontextualisierend Dichter interpretiert hat. Aufschlußreich ist Xenophons Widerlegung des Vorwurfs. Es wäre möglich, den Vers wieder in den Zusammenhang der *Erga* zu rücken und eine „Fehlauslegung", wie sie die Anklage unterstellt, für unmöglich zu erklären. Denn der Zusammenhang ist unzweideutig (erg. 298-311, Übers. von Th. von Scheffel)[62]:

---

59 Dazu besonders H. Erbse, Die Architektonik im Aufbau von Xenophons Memorabilien, Hermes 89, 1961, 257-287, hier 262-266.

60 Libanios unterscheidet sich insofern von Xenophon, als er §§ 62-97 Sokrates gegen den Vorwurf des Dichtertadels verteidigt, s. dazu Kühn (wie Anm. 57), 99.

61 Text nach E.C. Marchant, Oxford 1901: Ἔφη δ' αὐτὸν ὁ κατήγορος καὶ τῶν ἐνδοξοτάτων ποιητῶν ἐκλεγόμενον τὰ πονηρότατα καὶ τούτοις μαρτυρίοις χρώμενον διδάσκειν τοὺς συνόντας κακούργους τε εἶναι καὶ τυραννικούς, Ἡσιόδου μὲν τὸ Ἔργον δ' οὐδὲν ὄνειδος, ἀεργίη δέ τ' ὄνειδος· τοῦτο δὴ λέγειν αὐτόν, ὡς ὁ ποιητὴς κελεύει μηδενὸς ἔργου μήτ' ἀδίκου μήτ' αἰσχροῦ ἀπέχεσθαι, ἀλλὰ καὶ ταῦτα ποιεῖν ἐπὶ τῷ κέρδει.

62 Text nach Fr. Solmsen, Oxford 1970: ἀλλὰ σύ γ' ἡμετέρης μεμνημένος αἰὲν ἐφετμῆς ἐργάζευ, Πέρση, δῖον γένος, ὄφρα σε Λιμὸς ἐχθαίρῃ, φιλέῃ δέ σ' ἐυστέφανος Δημήτηρ αἰδοίη, βιότου δὲ τεὴν πιμπλῇσι καλιήν· Λιμὸς γάρ τοι πάμπαν ἀεργῷ σύμφορος ἀνδρί· τῷ δὲ θεοὶ νεμεσῶσι καὶ ἀνέρες ὅς κεν ἀεργὸς ζώῃ, κηφήνεσσι κοθούροις εἴκελος ὀργήν, οἵ τε μελισσάων κάματον τρύχουσιν ἀεργοὶ ἔσθοντες· σοὶ δ' ἔργα φίλ' ἔστω μέτρια κοσμεῖν, ὥς κέ τοι ὡραίου βιότου πλήθωσι καλιαί. ἐξ ἔργων δ' ἄνδρες πολύμηλοί τ' ἀφνειοί τε, καί τ' ἐργαζόμενος πολὺ φίλτερος ἀθανάτοισιν [ἔσσεαι ἠδὲ βροτοῖς· μάλα γὰρ στυγέουσιν ἀεργούς]. ἔργον δ' οὐδὲν ὄνειδος, ἀεργίη δέ τ' ὄνειδος.

„Aber du, erinnre dich immer meiner Ermahnung.
Arbeite, Perses, erlauchter Sproß, damit dich der Hunger
hasse, dagegen dich liebe die schönbekränzte Demeter,
die erhabene, und dir füllt die Scheuer mit Nahrung.
Hunger ist ja immer des Arbeitsscheuen Gefährte.
Der ist Göttern und Menschen verhaßt, der ohne zu wirken
hinlebt; gleicht er doch den faul-nichtsnutzigen Drohnen,
die da als zwecklose Fresser das Werk der Bienen vernichten.
Dir aber sei gelegen an wohlgemessener Arbeit,
daß dir immer die Scheuern mit Früchten des Jahres gefüllt sind.
Arbeit macht ja reich die Männer an Herden und Habe,
fleißige Arbeit macht dich auch den Ewigen werter
und den Menschen dazu; sie hassen ja müßige Leute.
Arbeit bringt keine Schande, die Faulheit aber bringt Schande."

Hier liegt eine Mahnung zur Arbeit im bäuerlichen Leben vor, die einen Schutz vor Hunger bieten will. Die Arbeit (ἔργον, ἐργάζεσθαι) wird als Instrument für die Sicherung des Lebens aufgefaßt. Xenophon verteidigt Sokrates' Gebrauch des Verses so (mem. 1,2,57)[63]:

> „Wenn Sokrates nun anerkannte, daß Tätigsein für den Menschen nützlich und gut sei, der Müßiggang dagegen schädlich und schlecht, und daß Tätigsein gut sei, Nicht-Tätigsein aber schlecht, so meinte er, nur jene täten in Wahrheit etwas und seien in rechter Weise tätig, welche etwas Gutes täten; doch jene, welche würfelten oder etwas anderes Schlechtes oder Strafbares täten, die nannte er Müßiggänger. In diesem Sinne dürfte der Vers richtig sein."

Xenophon geht gar nicht auf den Kontext ein. Er wendet Sokrates' Gebrauch des Verses ins Ethische, indem er neben die Kategorie der Nützlichkeit die des Guten stellt. Mit Hesiod hat das nichts mehr zu tun, und Xenophon dekontextualisiert damit den Vers in einem noch höheren Maße, als es in der Kritik der Anklage gegen Sokrates anklang. Diese Partie[64] spricht damit ganz entschieden gegen die Annahme, der historische Sokrates könnte bereits der „Erfinder" der Rekontextualisierung als einer Methode gewesen sein.

Wenn man die Genese der Rekontextualisierung in den Blick neh-

---

[63] Σωκράτης δ' ἐπεὶ διομολογήσαιτο τὸ μὲν ἐργάτην εἶναι ὠφέλιμόν τε ἀνθρώπῳ καὶ ἀγαθὸν εἶναι, τὸ δὲ ἀργὸν βλαβερόν τε καὶ κακόν, καὶ τὸ μὲν ἐργάζεσθαι ἀγαθόν, τὸ δ' ἀργεῖν κακόν, τοὺς μὲν ἀγαθόν τι ποιοῦντας ἐργάζεσθαί τε ἔφη καὶ ἐργάτας ἀγαθοὺς εἶναι, τοὺς δὲ κυβεύοντας ἤ τι ἄλλο πονηρὸν καὶ ἐπιζήμιον ποιοῦντας ἀργοὺς ἀπεκάλει. ἐκ δὲ τούτων ὀρθῶς ἂν ἔχοι τὸ Ἔργον δ' οὐδὲν ...

[64] Ähnliches ließe sich auch für Xenophons Argumentation zu Homer Il.B 188ff. in mem. 1,2,58-60, zeigen.

men will, muß dies auf andere Weise geschehen. Kennzeichen der Dekontextualisierung ist zunächst die Annahme, daß der Kontext ohne Bedeutung für die vorgenommene Interpretation ist. Die Rekontextualisierung dagegen basiert auf der Voraussetzung, daß erst durch einen bestimmten Zusammenhang die Daten eines Gedichts, die interpretiert werden, ihr gebührendes Gewicht erhalten können. Mit der Rekontextualisierung verbindet sich also eine Kommunikationssituation, in der eine Distanz des Interpreten und seiner Rezipienten zum Objekt vorliegt, sowie eine Anerkennung dieser Distanz und ihre Überwindung. Hieraus ergibt sich ein anderes Verhältnis zum Text als bei der Dekontextualisierung. Dort liegt das Ziel in der „Überwindung“ des zitierten Textes, die Grundhaltung des Interpreten ist daher „polemisch“ - hier liegt die Leistung des Interpreten in der Überbrückung der Distanz, seine Grundhaltung ist „nachvollziehend“. Rekontextualisierung setzt mithin ein literar-“historisches“ Bewußtsein voraus[65]. Dieser Zusammenhang legt nahe, die historische Verbindungslinie für Sokrates' Interpretation im Protagoras in der entstehenden Geschichtsschreibung des 5. Jhs. zu suchen[66].

Auch Thukydides beschäftigt sich in seinem Geschichtswerk mit Dichtung[67]. Instruktiv ist sein Umgang mit dem homerischen *Apollonhymnus* (146-50 und 165-72 werden zitiert) im Zusammenhang seiner Darstellung über die Reinigung von Delos (3,104)[68]. Hier begegnet gleichsam in spiegelverkehrter Zielsetzung das interpretatorische Verfahren des Sokrates. Thukydides führt anläßlich der Reinigung von Delos und der Einrichtung eines Fünfjahresfestes, der Delien, durch die Athener im Jahr 426/5 aus, daß es bereits in alter Zeit (ποτε καὶ τὸ πάλαι, 104,3; hier zeigt sich ein Bewußtsein von Distanz) eine große Zusammenkunft

[65] Im Prinzip so bereits Gundert (wie Anm. 19), 78: „Der tiefere Grund aber liegt in jenem Bewußtsein geschichtlicher Distanz, mit dem Platon allem Früheren gegenübertritt.“ Hiermit verbindet sich ein entscheidender Unterschied zu Interpretationen, wie sie etwa für Stesimbrotos v. Thasos, einen Zeitgenossen des Sokrates, bezeugt sind, der ein Problem in der *Ilias* (Φ 76) dadurch löst, daß er einen Kulturunterschied zwischen Hellenen und Barbaren konstatiert (was unter dem Eindruck periegetischer Erkenntnisse steht), ohne aber eine historische Dimension einzuführen (FrGrHist 107, F 25: ... ὅτι οἱ βάρβαροι ἄλφιτα οὐκ ἐσθίουσιν ...).

[66] Angedeutet hat einen solchen Zusammenhang bereits Gundert (wie Anm. 19), 78 durch einen Hinweis auf Thukydides.

[67] Dazu V. Jung, Thukydides und die Dichtung, Frankfurt/M./Bern 1991; vgl. H.-J. Gehrke, Thukydides und die Rekonstruktion des Historischen, A&A 39, 1993, 1-19.

[68] Dazu S. Hornblower, A Commentary on Thucydides, Vol. 1, Oxford 1991, 517-31; zuletzt R. Brock, Thucydides and the Athenian Purification of Delos, Mnemosyne 49, 1996, 321-327. Vgl. ferner A. Heubeck, Thukydides 3,104, WSt 79, 1966, 148-57.

auf Delos gegeben habe (104,3/4, übers. nach Heubeck)[69]:

„... von den Ionern und den umwohnenden Inselbewohnern; mit Frauen und Kindern nämlich pflegten sie zu dem Fest zu pilgern, wie jetzt zu den Ephesien die Ioner, und ein Wettkampf wurde an Ort und Stelle veranstaltet, und zwar ein gymnischer und ein musischer, und Reigentänze führten auf die Städte. Es beweist aber am deutlichsten Homer, daß das so war, mit folgenden Versen, die aus einem Prooimion auf Apollon stammen ..."

Auch hier werden ein - rekonstruierter - Kontext und ein Gedicht nebeneinander gestellt. Freilich geht es Thukydides nicht darum, seine Deutung des Gedichts durch den „Kontext" zu sichern, sondern die Rekonstruktion dieses Kontexts zu stützen. Der methodisch entscheidende Schritt ist indes Thukydides und Sokrates/Platon gemeinsam: der rekonstruierte Kontext wird am Text „überprüft". ἐπισκεψώμεθα δὴ αὐτὸ κοινῇ ἅπαντες, εἰ ἄρα ἐγὼ ἀληθῆ λέγω (Prot. 343c) könnte sinngemäß auch bei Thukydides 3,104,4 stehen. Angesichts des Einflusses der Sophistik auf Thukydides[70] könnte man geneigt sein, wenigstens hier deren Wirkung anzusetzen. Doch führen die Spuren in eine andere Richtung.

Irgendwann zwischen 423 und 414 hatte sich Euxitheos von Mytilene vor einem athenischen Gericht gegen den Vorwurf zu verteidigen, an der Ermordung des Atheners Herodes beteiligt gewesen zu sein. Antiphon schrieb für ihn eine Verteidigungsrede, die als fünfte Rede im kleinen Corpus seiner Schriften erhalten ist[71]. Auf die Fülle der mit dieser Rede verbundenen philologisch-rechtsgeschichtlichen Fragen braucht hier nicht eingegangen zu werden. Der Sprecher hat sich in der Rede u.a. gegen die Anschuldigung seiner Gegner zu verteidigen, er habe bei Nacht im Hafen nach einem gemeinsamen Zechgelage auf einem Schiff den Herodes erschlagen. Er tut dies in verschiedenen Anläufen. Für den hier behandelten Zusammenhang ist insbesondere eine Strategie interessant: Er schildert, durch Zeugenaussagen untermauert, was am Abend geschah, bis Herodes das Schiff verließ, sodann, was er vom folgenden Morgen an unternahm (§ 23/4). Dann fordert er die Jury auf: τὰ μὲν γενόμενα ταῦτ'

[69] Text nach H.St. Jones/J.E. Powell, Bd. 1, Oxford 1942: ἦν δέ ποτε καὶ τὸ πάλαι μεγάλη ξύνοδος ἐς τὴν Δῆλον τῶν Ἰώνων τε καὶ περικτιόνων νησιωτῶν· ξύν τε γὰρ γυναιξὶ καὶ παισὶν ἐθεώρουν, ὥσπερ νῦν ἐς τὰ Ἐφέσια Ἴωνες, καὶ ἀγὼν ἐποιεῖτο αὐτόθι καὶ γυμνικὸς καὶ μουσικός, χορούς τε ἀνῆγον αἱ πόλεις. δηλοῖ δὲ μάλιστα Ὅμηρος ὅτι τοιαῦτα ἦν ἐν τοῖς ἔπεσι τοῖσδε, ἅ ἐστιν ἐκ προοιμίου Ἀπόλλωνος· ...

[70] Vgl. die Materialsammlung durch W. Nestle, Thukydides und die Sophistik, in: ders., Griechische Studien, Stuttgart 1948, 312-373 (zuerst 1914).

[71] Dazu zuletzt E. Heitsch, Antiphon aus Rhamnus (AAWM 1984 Nr. 3), 33-89.

ἐστίν. ἐκ δὲ τούτων ἤδη σκοπεῖτε τὰ εἰκότα (§ 25) und macht die Implausibilitäten der Beschuldigung vor diesem Zusammenhang kenntlich[72]. Im Prinzip liegt also folgendes Verfahren vor: Der Mordvorwurf gegen Euxitheos resultiert aus einer bestimmten Interpretation von Indizien bzw. aus Vermutungen. Antiphon setzt dagegen eine Rekonstruktion des Kontextes und zeigt durch die Widersprüche, die sich aus der Version der Gegner und dem Kontext ergeben, daß die Version der Gegner nicht haltbar ist, kein εἰκός hat. Auch hier findet sich damit die Rekontextualisierung als hermeneutisches Verfahren.

Mit dem Begriff des εἰκός[73] wird es nun auch möglich, die Methode der Rekontextualisierung noch ein Stück weiter, vielleicht bis zu ihrem Ursprung zurückzuverfolgen. Klärlich angesprochen ist der Bereich der forensischen Rhetorik, deren Ursprung nach antiker Tradition auf Sizilien lag[74]. Auf Einzelheiten kommt es hier nicht an[75]. Den historischen Zusammenhang für den Ursprung gibt eine bekannte Cicero-Partie (Brutus 46 = A V 9 Radermacher):

> „itaque ait Aristoteles, cum sublatis in Sicilia tyrannis res privatae longo intervallo iudiciis repeterentur, tum primum, quod esset acuta illa gens et controversa natura, artem et praecepta Siculos Coracem et Tisiam conscripsisse ..."
>
> „Deswegen sagt Aristoteles, daß, als nach Abschaffung der Tyrannisherrschaften auf Sizilien Privateigentum durch langwierige Prozesse wiedererstattet werden mußte, damals, weil jenes Volk scharf und von streitlustiger Natur ist, rhetorische Lehrbücher und Regeln die Sizilier Korax und Tisias verfaßt hätten."

Für Korax und Tisias wird die Betonung des εἰκός immer wieder hervor-

---

[72] Dazu F. Solmsen, Antiphonstudien, Berlin 1931, 51.

[73] Um Mißverständnisse zu vermeiden, sei betont, daß keineswegs behauptet werden soll, Argumentationen nach dem εἰκός-Prinzip und die Rekontextualisierung seien identisch. Vielmehr erlauben einige Aspekte, die sich mit dem εἰκός verbinden (wie etwa der Gebrauch bei Antiphon), und im folgenden skizzierte historische Konstellationen, eine Verbindung zwischen der Entstehung dieser Argumentationsweise und der Rekontextualisierung herzustellen.

[74] Vgl. die Sammlung der Testimonien bei L. Radermacher, Artium scriptores (SAWW 227,3), 1951, A V. Vgl. zu diesem Bereich insgesamt zuletzt T. Cole, The Origins of Rhetoric in Ancient Greece, Baltimore, London 1991.

[75] Dazu G.H. Goebel, Early Greek Rhetorical Theory and Practice. Proof and Arrangement in the Speeches of Antiphon and Euripides, Diss. Madison/Wisconsin 1983, 101-135; vgl. auch M. Gagarin (ed.), Antiphon, The Speeches, Cambridge 1997, 13-16.

gehoben[76]. Der angedeutete historische Zusammenhang legt nahe, daß sich bei der Ausformung dieser Argumentationsstrategie auch die Notwendigkeit, Kontexte zu rekonstruieren, stellte. Denn nach dem Sturz langjähriger Gewaltherrschaften mußte die von Cicero bezeugte Prozeßlawine über Eigentumsfragen zeitlich weit zurückliegende Vorgänge aufrollen, was bei unzureichender „Aktenlage" nicht auf den bis dahin praktikablen gerichtlichen Verfahrenswegen (z.B. Schwur, Gottesurteil etc. als Beweismittel) geschehen konnte. Die „Wahrscheinlichkeit" und die Rekonstruktion gewannen hier ihre Bedeutung[77]. Zugleich aber, und das weist erneut auf die Methode der Interpretation, liegt auch hier eine Distanz zwischen den Interpreten (d.h. den Prozeßparteien) und dem zu interpretierenden Vorgang (z.B. der Übereignung von Besitz an Söldner des Tyrannen) vor; eine Würdigung des Vorgangs ist nur bei Berücksichtigung der historischen Umstände, d.h. durch Rekontextualisierung möglich. Die schlechte Überlieferungslage erlaubt es nicht, diese Rekonstruktion konkret zu belegen. Aber ich hoffe, sie hat das εἰκός auf ihrer Seite.

4

Blickt man nun wieder auf Platons *Protagoras*, so darf man sagen, daß dort einander zwei Interpretationsmethoden konkurrierend begegnen, von denen jede eine Tradition aufweist[78]. Aus moderner, zumal literarhistori-

---

[76] Platon Phaidr. 267a; 272c, Aristot. rhet. 1402a3ff. Vgl. die Sammlung durch Radermacher (wie Anm. 74), B II.

[77] Daß den rhetorischen Lehrbüchern und den in ihnen formulierten Argumentationswegen wiederum Prinzipien der vorsokratischen Philosophie vorausliegen (erinnert sei in diesem Zusammenhang auch daran, daß für Aristoteles Empedokles der Erfinder der Rhetorik war, s. Diog. Laert. 8,57 = Zenon 29 A 10 D.K.), wie auch der Umstand, daß sich bereits vor der Entstehung der Rhetorik als eines auf Reflexion beruhenden Unterweisungssystems in der Literatur gelegentlich „rhetorische Argumentationen" finden (so etwa im homerischen *Hermes-Hymnus* 261-277 eine Verteidigung unter dem Gesichtspunkt des εἰκός), kann hier nur angedeutet werden.

[78] Eine Zuordnung der Allegorese zu einer der beiden Methoden bietet sich nach dem Dargelegten nicht an; problematisch wäre hier nicht allein der Umstand, daß mit dem Begriff Allegorese durchaus unterschiedliche Verfahrensweisen belegt werden (so unterscheidet etwa W. Bernard, Spätantike Dichtungstheorien, Stuttgart 1990, zwischen einer substitutiven und einer dihairetischen Allegorese) - charakteristisch ist vielmehr auch, daß die Formen der Allegorese Aspekte beider Methoden enthalten können. So erfolgt einerseits eine Rekontextualisierung, wenn ein Dichtertext vor dem Hintergrund der in ihm verschlüsselt aufgehobenen Wahrheit gesehen wird (vgl. Richardson [wie Anm. 20], 68f.); andererseits aber können auch bisweilen nur einzelne Elemente des Textes dekontextualisiert zur Deutung benutzt werden. Grundlage der Allegorese ist freilich eine Prämisse, die prinzipiell den beiden vorgestellten Methoden fremd ist: die Annahme, der Text enthalte eine zu entschlüsselnde Wahrheit. Die Position, entweder

scher Sicht gehörte der Rekontextualisierung des Sokrates zu Recht die Zukunft, mochte sie auch im Sinne Platons ein Beispiel für eine Fehlinterpretation sein. Ihre reiche Wirkung erstreckt sich über etwa die alexandrinische Philologie, die kontextbezogen Homer interpretiert, die historische Auslegung des Alten Testaments durch die antiochenische Exegetenschule[79], bis hin zum New Historicism; kurzum, überall dort, wo sich ein Interpret in einer Distanz zu einem Text sieht, hat sie fortan ihren Platz gefunden.

Was aber geschieht mit der Dekontextualisierung als einer Methode? Bei näherem Hinsehen wird man feststellen, daß sie keineswegs durch die Konkurrenz mit der Rekontextualisierung endgültig abgelegt ist. Denn natürlich zitiert man weiterhin aus argumentativen Zwecken ohne Rücksicht auf den Zusammenhang, etwa Chrysippos bei seinem Bemühen, seine Schicksalslehre mit Homer zu belegen[80]. Ferner, und dies ist erheblich bedeutsamer, steht das Verfahren im Hintergrund bei der Entstehung der Gnomologien[81] - in diesem Bereich erhält sich besonders das mit der Dekontextualisierung verbundene Nahverhältnis des Interpreten wie auch des Rezipienten zum Text, da hieraus die pädagogisch-didaktische Funktion dieser Sammlungen erwächst. Eine überraschende Relevanz der Dekontexualisierung entfaltete sich an anderer Stelle (Od. τ 535-551, übers. nach A. Weiher)[82]:

„... höre und deute mir folgendes Traumbild!
Zwanzig Gänse hab ich, die Weizen und Wasser verzehren.

---

nach der „Richtigkeit" des Textes oder nach der Absicht (διάνοια) des Verfassers zu suchen, wäre dem allegorisch Deutenden fremd - er setzt eine ὑπόνοια voraus; s. dazu Richardson (wie Anm. 20), 66f.

79 Dazu C. Schäublin, Untersuchungen zu Methode und Herkunft der antiochenischen Exegese, Köln/Bonn 1974, besonders 159-161.

80 Dazu die Kritik an Chrysippos durch Diogenian bei Eus. praep. ev. 6,8,1-7 (= Diogenianus fr. 1 bei A. Gercke, Chrysippea, Jb. für class. Philologie, Suppl. 14, 1885).

81 Dazu Barns (wie Anm. 20).

82 Text nach H. van Thiel, Hildesheim/Zürich/New York 1991: ἀλλ' ἄγε μοι τὸν ὄνειρον ὑπόκριναι καὶ ἄκουσον. χῆνές μοι κατὰ οἶκον ἐείκοσι πυρὸν ἔδουσιν ἐξ ὕδατος, καί τέ σφιν ἰαίνομαι εἰσορόωσα· ἐλθὼν δ' ἐξ ὄρεος μέγας αἰετὸς ἀγκυλοχείλης πᾶσι κατ' αὐχένας ἦξε καὶ ἔκτανεν· οἳ δ' ἐκέχυντο ἀθρόοι ἐν μεγάροισ', ὃ δ' ἐς αἰθέρα δῖαν ἀέρθη. αὐτὰρ ἐγὼ κλαῖον καὶ ἐκώκυον ἔν περ ὀνείρῳ, ἀμφὶ δέ μ' ἠγερέθοντο ἐϋπλοκαμῖδες 'Αχαιαί, οἴκτρ' ὀλοφυρομένην, ὅ μοι αἰετὸς ἔκτανε χῆνας. ἂψ δ' ἐλθὼν κατ' ἄρ' ἕζετ' ἐπὶ προὔχοντι μελάθρῳ, φωνῇ δὲ βροτέῃ κατερήτυε φώνησέν τε· „θάρσει, 'Ικαρίου κούρη τηλεκλειτοῖο· οὐκ ὄναρ, ἀλλ' ὕπαρ ἐσθλόν, ὅ τοι τετελεσμένον ἔσται. χῆνες μὲν μνηστῆρες, ἐγὼ δέ τοι αἰετὸς ὄρνις ἦα πάρος, νῦν αὖτε τεὸς πόσις εἰλήλουθα, ὃς πᾶσι μνηστῆρσιν ἀεικέα πότμον ἐφήσω." ὣς ἔφατ', αὐτὰρ ἐμὲ μελιηδὴς ὕπνος ἀνῆκε·

Jedesmal werd ich ganz warm beim Anblick. Kam da ein Adler
her vom Gebirg; gewaltig war er und krumm war der Schnabel;
brach ihnen allen den Hals und sämtliche lagen im Hause
tot und in Haufen. Er aber stieg in den göttlichen Äther.
Ich aber weinte und stöhnte, freilich noch immer in Träumen,
daß mich umringten achaiische Frauen mit herrlichen Flechten;
jämmerlich klagte ich da, weil der Adler die Gänse getötet.
Der aber kehrte zurück und setzte sich hier auf den Dachfirst,
Einhalt wollt er gebieten und rief nun mit menschlicher Stimme:
'Starkmut zeige, Ikarios' Tochter, des weithin berühmten!
Schlaftraum? Nein! Doch echtester Wahrtraum, sichre Erfüllung
kommt; denn die Gänse bedeuten die Freier, ein Adler, ein Vogel
war ich noch eben; doch jetzt bin ich da, dein Gatte ist kommen!
Nunmehr bereite ich sämtlichen Freiern ein schandbares Schicksal!'
Riefs und der Schlummer, der süß war wie Honig, ließ mich erwachen."

So schildert in der *Odyssee* Penelope in der Nacht vor dem Freiermord dem ihr noch unerkannten Odysseus einen Traum, einen Traum, der sich selbst interpretiert, was nicht zuletzt damit erklärt werden kann, daß es der einzige symbolische Traum in der Homerischen Epik ist[83]. Bedeutsam ist dabei, daß nur bestimmte Momente des Traumes für die Deutung herangezogen werden, mancherlei aber übergangen wird, so z.B. die merkwürdige Zuneigung der Penelope zu den Gänsen (Freiern?). Die Deutung derartiger symbolischer Träume geschieht durch Dekontextualisierung, durch Deutung nur einzelner Elemente des Traumes. Dies ist ein Charakteristikum der antiken Traumdeutung insgesamt, und auch die moderne Psychoanalyse, mindestens S. Freud[84] verfährt noch ähnlich. Aus der reichen antiken Literatur zur Traumdeutung[85], die zu einem großen Teil untergegangen ist, ragt ein Werk hervor, die *Onirocriticon libri* V des Artemidor von Daldis in Lydien aus dem 2. Jh. n. Chr. In dieser Traumkunst werden systematisch sämtliche Bestandteile von Träumen zusammengestellt und systematisch auf ihre Bedeutung hin erörtert. Angesichts der Durchdachtheit des Buches hat man davon

---

[83] Dazu R.B. Rutherford, Homer, Odyssey XIX and XX, Cambridge 1992, 194.

[84] Zur Traumtheorie bei Freud s. H. Nagera, Psychoanalytische Grundbegriffe, Frankfurt 1974, 241-333. Zentral zu den Traumdeutungsprinzipien Freuds, der sich von der Willkür der Antike scharf abgrenzen möchte (Die Traumdeutung, 1900, in: ders., Gesammelte Werke II/III, London 1942, 358), ist die Analyse der Traumarbeit und der Traumsymbolik, letzterer gerade in Abgrenzung von nicht-symbolischen Elementen. Dies führt de facto zu einer Dekontextualisierung der Motive eines Traums.

[85] Dazu T. Hopfner, s.v. Traumdeutung, RE VI A 2, 1937, Sp. 2233-2245. Material zur Traumdeutung und ihrer Bewertung in der Antike bei L. Hermes, Traum und Traumdeutung in der Antike, Zürich/Düsseldorf 1996.

gesprochen, daß es eine unwissenschaftliche Materie wissenschaftlich behandele[86]. Hingewiesen sei besonders auf Buch 1, Kap. 11[87]:

> „Der Traumdeuter muß die Traumgesichte auslegen, indem er sie einmal vom Anfang zum Ende hin betrachtet, ein andermal vom Ende zum Anfang hin; denn manchmal weist der Anfang auf das dunkle und nicht leicht zu durchschauende Ende, manchmal das Ende auf den Anfang. Man muß auch bei verstümmelten Traumgesichten, die keinen Ansatzpunkt bieten, etwas von seinem eigenen Erfahrungsschatz hinzufügen, besonders bei solchen, bei denen man einige Buchstaben sieht, die für sich keinen ausreichenden Sinn ergeben, oder bei einem unverständlichen Wort; auch kann durch Umstellen, Ändern oder Hinzufügen von Buchstaben oder Silben, manchmal auch durch ein Wort mit dem gleichen Zahlenwert der Sinn vielleicht deutlicher werden."

Wenn man in diesem Kapitel die Begriffe Traumdeuter durch Interpret und Traumgesicht durch Text ersetzt, hat man eine literarische Hermeneutik in nuce in Händen. Es scheint paradox: Die uns heute so geläufige Umgehensweise mit Texten, die Rekontextualisierung, fand in der Antike keine hermeneutische Grundlegung. Die Dekontextualisierung dagegen wurde in der Traumdeutung zum System.

---

86 So C. Blum, Studies in the Dream-Book of Artemidorus, Diss. Uppsala 1936, 81.

87 Übersetzung nach F.S. Krauss, Leipzig 1991; Text nach R.A. Pack, Leipzig 1963: χρὴ δὲ κρίνειν τοὺς ὀνείρους ποτὲ μὲν ἀπ' ἀρχῆς εἰς τέλος ἀποβλέποντα τὸν ὀνειροκρίτην, ποτὲ δὲ ἀπὸ τέλους εἰς ἀρχήν· ἔστι γὰρ ὅτε ἡ ἀρχὴ τὸ τέλος ἔδειξεν ἀφανὲς ὂν καὶ οὐκ εὐσύνοπτον, ὁτὲ δὲ τὸ τέλος τὴν ἀρχήν. δεῖ δὲ καὶ τοῖς καταπήροις καὶ ὥσπερ οὐκ ἔχουσι λαβὰς ὀνείροις παρ' ἑαυτοῦ τι προσφιλοτεχνεῖν, καὶ μάλιστα ἐν οἶς ἢ γράμματά τινα ὁρᾶται διάνοιαν αὐτοτελῆ μὴ περιέχοντα ἢ ὄνομα ἀπρόσλογον, ποτὲ μὲν μετατιθέντα ποτὲ δὲ ἀλλάσσοντα ποτὲ δὲ προστιθέντα γράμματα ἢ συλλαβάς, ἐνίοτε δὲ ἰσόψηφα ἐπινοοῦντα δι' ὧν σαφέστερος γένοιτ' ἂν ὁ λόγος.

Das Denkvermögen und die Hand im Kontext der griechischen Kulturgeschichte

von Tilman Krischer (Berlin)

Im zehnten Kapitel des vierten Buches von *De partibus animalium* hat Aristoteles ein unvergleichliches Zeugnis zur Philosophie des Anaxagoras hinterlassen. Der Mensch sei, so habe dieser gelehrt, weil er Hände habe, das einsichtigste aller Lebewesen (διὰ τὸ χεῖρας ἔχειν φρονιμώτατον εἶναι τῶν ζώων ἄνθρωπον = 46 A 102 D.K). Erstaunlich ist diese Auffassung deswegen, weil sie mit den Ergebnissen moderner Evolutionstheorie bestens übereinstimmt. Die Greifhand, so etwa lehrt Konrad Lorenz, wurde von den Vorfahren des Menschen zunächst zur Fortbewegung auf Bäumen benutzt. Der Orientierung in diesem extrem schwierigen Lebensraum dient das binokulare Sehen mit zwei nach vorne gerichteten Augen. Beide Faktoren zusammen, Hand und binokulares Sehen, führen zur Entwicklung einer präzisen Raumvorstellung, die zu den Grundlagen menschlicher Intelligenz gehört[1]. Auf diese Stufe aber folgt der Gebrauch von Werkzeugen. Doch damit genug von der modernen Biologie, wir kehren zurück zur griechischen Philosophie. Aristoteles lehnt die obengenannte Lehre des Anaxagoras, wie zu erwarten, ab. Die Hände, so sagt er, sind ein Werkzeug (ὄργανον) und die Natur teilt jedem Lebewesen die Werkzeuge zu, die es auch gebrauchen kann. Also hat der Mensch Hände, weil er das einsichtigste aller Lebewesen ist. Das ist, wie man sieht, das Denkschema der aristotelischen Teleologie, die freilich auch ihre Vorzüge hat, doch darauf wollen wir hier nicht eingehen. Wir bleiben bei der Rolle, die Anaxagoras der menschlichen Hand zuweist, und fragen, welche Erfahrungen es gewesen sein mögen, die diese Erkenntnis ermöglicht haben. Die Frage lautet somit: welche Rolle spielt die Hand im Kontext der griechischen Kulturgeschichte? Daß diese Fragestellung im Rahmen der Klassischen Philologie eher unüblich ist, weil man sich gemeinhin an das Wort hält, um die kulturelle Entwicklung zu begreifen, braucht kaum eigens betont zu werden. Aber das heißt nicht, daß wir polemisieren wollten oder auch den Bereich der Philologie verlassen wollten. Wir betrachten klassische Autoren und ihre Auffassung von Leistung und Bedeutung der menschlichen Hand.

---

[1] Sehr schön hat diese Zusammenhänge K. Lorenz dargestellt in seinem Essay „Psychologie und Stammesgeschichte", in: ders., Vom Weltbild des Verhaltensforschers (dtv), München ^{6}1973. Besonders wichtig ist hier das Kapitel „Die zentrale Repräsentation des Raumes und die Greifhand" (61ff.).

Der bekannteste Text aber, in dem diese Frage zur Diskussion steht, dürfte jene Passage von Platons *Apologie* sein, in der Sokrates das Orakel der Pythia, demzufolge er der weiseste ist, zu widerlegen versucht. Er möchte jemanden finden, der weiser ist als er selbst, und wendet sich zunächst an jene, die gemeinhin für die weisesten gelten, die Dichter und die Politiker (22a). Doch diese Gesprächspartner enttäuschen ihn sehr, und so wendet er sich schließlich an die Handwerker (χειροτέχνας 22c 9). Hier sieht es wesentlich besser aus, denn diese Leute sind durchaus in der Lage, von ihrem Tun Rechenschaft abzulegen. Andererseits aber begehen sie den Fehler, sich einzubilden, sie wüßten auch über alles andere ebensogut Bescheid. In diesem Punkt also ist Sokrates ihnen überlegen. Doch hier geht es nicht um das sokratische Nichtwissen, sondern um die Handwerker, die von ihrem Tun so vorbildlich Rechenschaft abzulegen vermögen. Daß dem so ist, kann nicht überraschen. Der Handwerker muß die Eigenschaften seiner Materialien und den Gebrauch seiner Werkzeuge genauestens kennen, denn jeder Irrtum hat einen sichtbaren Fehler zur Folge. Wenn hingegen ein Dichter oder ein Politiker einen Fehler begeht, so zeigen sich die Folgen nicht automatisch, sondern immer nur indirekt über die Reaktionen des Hörers, Lesers oder Gesprächspartners, und diese fallen unterschiedlich aus, sie sind, mindestens teilweise, subjektiv. Für Sokrates persönlich hatte dies zur Folge, daß er sich sein Leben lang vorzugsweise mit Handwerkern unterhalten hat. Ihr Vorgehen hatte für ihn gewissermaßen normativen Charakter. Und hier zeigt sich das Problem: Auf seinen großen Schüler Platon hat er diese Norm offenbar nicht übertragen. Nichts deutet darauf hin, daß in Platons Akademie jemals Handwerker eine Rolle gespielt hätten. War also die Wertschätzung des Sokrates für das Handwerk lediglich subjektiv, etwa durch seine Herkunft und seine persönlichen Bekanntschaften bedingt? Schwerlich, denn dann hätte Platon in seinen Dialogen sie gewiß nicht so eng mit der Philosophie des Sokrates verknüpft. Auf die Frage, warum Platon die normative Rolle, die das Handwerk für Sokrates spielte, nicht übernommen hat, gibt es u.E. nur eine einzige eindeutige und schlüssige Antwort: weil er eine andere Norm zur Verfügung hatte, die ihm leistungsfähiger schien: die Geometrie. Ob am Eingang von Platons Akademie tatsächlich die Inschrift μηδεὶς ἀγεωμέτρητος εἰσίτω zu lesen war, können wir heute nicht mehr entscheiden. Doch daß diese Worte den Geist dieser Institution zum Ausdruck bringen, geht aus Platons Dialogen eindeutig hervor. Umgekehrt aber wissen wir durch das Zeugnis des Xenophon (mem. 4,7,2), daß Sokrates von Geometrie so gut wie nichts verstand. Damit stehen wir vor der Frage, was Platon veranlaßt haben mag, das Handwerk als Muster eines folgerichtigen Vorgehens durch die Geometrie zu ersetzen. Des weiteren aber stellt sich im Kontext unserer Untersuchung natürlich die Frage: was hat die Geometrie mit der Hand zu tun? Daß der Geometer hin und wieder mit dem Finger in den Sand zeichnet, um seine Gedanken zu veranschaulichen, beweist sozusagen nichts. Ja, man kann sogar noch einen Schritt weiter gehen und darauf hinweisen, daß Platon in einer wichtigen Passage der *Politeia* alle anschaulichen Operationen der Mathematiker verurteilt und praktisch nur die Ideen und ihre Beziehungen untereinander gelten läßt. So erklärt er rep. 527a/b, daß es lächerlich sei, wenn die Geometer von ihren „Operationen" (πράττειν) sprechen, indem sie sagen, daß sie „quadrieren" oder „eine Fläche anlegen" oder „hinzufügen", wo es doch in dieser Wissenschaft allein um die Erkenntnis (γνῶσις) gehe. Ganz ähnlich äußert er sich übrigens im *Euthydemos* (290c), wo er die Geometer mit Jägern vergleicht, weil sie ihre Figuren nicht machen, sondern finden, um sie dann dem Dialektiker zur Nutzung zu übergeben (wie der Jäger seine Beute dem Koch). Heißt das nicht, daß Platon, ganz im Gegensatz zu Sokrates, die Leistung der Hand gering bewertet? Kein Zweifel, daß Platon bei der Beurteilung der Geometrie die Abstraktion in den Vordergrund stellt. Und doch ist bei der Beurteilung seiner Äußerungen Vorsicht geboten, denn es besteht kein Zweifel, daß auch für Platon alle geometrischen Konstruktionen definiert sind durch den Gebrauch von Zirkel und Lineal. Wenn ein Geometer beweisen will, daß der von ihm gefundene Satz richtig ist, muß er zeigen, welche Operationen mit diesen beiden Instrumenten notwendig sind, um die Wahrheit seiner Behauptung einsichtig zu machen[2]. Natürlich muß der Geometer dafür nicht unbedingt die Instrumente in die Hand nehmen, um die Operationen auszuführen. Da alle diese Operationen durch Definitionen und Axiome erfaßt sind, kann der Geometer sich auf letztere beziehen und seine Beweise ohne einen Handgriff führen. Für den Dialektiker, der nach dem Vorbild der Geometrie Erkenntnisse zu gewinnen sucht, mag dieser Weg sogar der bessere sein, aber gleichwohl bleiben doch Zirkel und Lineal die unerläßlichen Voraussetzungen der Geometrie. Und eben hier liegt auch der Zusammenhang zwischen Geometrie und Handwerk. Der Handwerker kann von seinem Tun besser Rechenschaft ablegen als der Dichter

[2] Zu dieser Frage vgl. die klassische Untersuchung von A.D. Steele, Über die Rolle von Zirkel und Lineal in der griechischen Mathematik, in: O. Becker (Hrsg.), Zur Geschichte der griechischen Mathematik, Darmstadt 1965, 146ff.

oder Politiker, weil beim Gebrauch der Werkzeuge jeder Fehler sofort sichtbar wird. Der Geometer aber kann von seinem Vorgehen noch besser Rechenschaft ablegen als der Handwerker, weil er von den Besonderheiten des Materials und anderen Zufälligkeiten unabhängig ist und sich auf zwei Instrumente beschränkt, deren Operationen durch Definitionen und Axiome so genau erfaßt werden, daß die Beweisführung sich auf diese Sätze beschränken kann. Auf diese Weise wird die Sinnenwelt transzendiert, aber doch so, daß die Basis erhalten bleibt, und das ist der Gebrauch von Instrumenten, in letzter Instanz die menschliche Hand.

Soviel zu Platon. Das Ergebnis unserer Betrachtung ist eindeutig, insofern sich gezeigt hat, daß überall dort, wo es um die Normen des Denkens geht, die Hand unverzichtbar beteiligt ist. Doch im Hinblick auf unser Thema kann dieses Ergebnis auch unbefriedigend erscheinen, weil Platon die Hand als der Sinnenwelt zugehörig gleichsam immer weiter in den Hintergrund gedrängt hat. Wer aber die Bedeutung der Hand für das Denkvermögen untersucht, der möchte die Hand auch irgendwann einmal beim Erkenntnisprozeß in Aktion sehen, nicht immer nur im Hintergrund. Gibt es auch dafür lehrreiche Beispiele? Wenn nicht alles trügt, gibt es sie, und zwar bei den Pythagoreern, die den mathematischen Beweis nicht weniger schätzen als Platon, dabei aber der Sinnenwelt weit aufgeschlossener gegenüberstehen als dieser.

Das wichtigste Instrument ihrer Harmonielehre ist der zwölfgeteilte Kanon, eine Art Lineal, das der Länge nach in zwölf gleiche Segmente eingeteilt ist und über welches eine Saite gespannt ist, die von einem verschiebbaren Steg getragen wird[3]. Der Sinn dieser Konstruktion ist folgender: Die Höhe eines Tones auf der Leier hängt einerseits von der Länge der Saite ab, andererseits von ihrer Spannung. Für die musikalische Praxis aber ist es von Bedeutung, daß gewisse Tonintervalle einen harmonischen Zusammenklang, συμφωνία genannt, bilden, andere nicht. Will man nun ermitteln, unter welchen Bedingungen ein solcher Zusammenklang stattfindet, so macht es sich störend bemerkbar, daß die Höhe eines Tones von zwei Faktoren abhängt, die untereinander keinen Vergleich zulassen. Auf der Leier kann man natürlich die Zusammenklänge vorführen und sodann die Länge der entsprechenden Saiten vergleichen. Aber woher weiß ich dann, ob die Saiten die gleiche Spannung haben oder eine unterschiedliche? Nur wenn die Saiten die

---

[3] Vgl. B.L. Van der Waerden, Die Pythagoreer, Zürich 1979, 367ff. Ferner: A. Szabo, Die Entfaltung der griechischen Mathematik, Mannheim 1994, 133ff.

gleiche Spannung haben, ist die Aussage über die den harmonischen Intervallen zugeordneten Längenverhältnisse korrekt. Eben dieses Problem löst das oben erläuterte Instrument, auch Monochord genannt. Hier habe ich es nicht mit verschiedenen Saiten zu tun, deren jede für sich gespannt wird, sondern mit einer einzigen Saite, die durch den verschiebbaren Steg in Segmente unterschiedlicher Länge geteilt werden kann. Ich kann also erst den einen Ton erklingen lassen und sodann durch Verschieben des Steges den zweiten, wobei durch das Verschieben des Steges die Spannung nicht merklich verändert wird. Also kann ich nun die Längen, aus denen sich das Intervall zusammensetzt direkt vergleichen. Bei diesem Vergleich aber hat sich bekanntlich herausgestellt, daß der Oktave das Verhältnis 2:1 zugrunde liegt, der Quinte das Verhältnis 3:2 und der Quarte die Relation 4:3. Dies ist die Grundlage der pythagoreischen Harmonielehre. Was aber die Rolle der Hand in diesem Erkenntnisprozeß anlangt, so brauchen wir unseren obigen Erläuterungen nicht viel hinzuzufügen. Der Instrumentenbauer kennt die Form der Leier, durch welche die Länge der verschiedenen Saiten weitgehend festgelegt ist. Der praktizierende Musiker aber weiß, daß das Instrument hin und wieder nachgestimmt werden muß. Der Erfinder des Monochord wendet durch den verschiebbaren Steg einen denkbar einfachen Trick an, um das Problem der unterschiedlichen Spannungen zu eliminieren. Die zwölfgeteilte Skala wurde offenbar nachträglich eingeführt und zwar zum Zwecke der einfacheren Demonstration. Nun brauche ich, um das Wesen der unterschiedlichen Harmonien zu erfassen, nur mehr zu horchen und zu zählen. Das ist Handwerk in Perfektion.

Doch unsere Betrachtung pythagoreischer Wissenschaft hat damit ihr Ziel noch nicht erreicht. Neben den klassischen Disziplinen pythagoreischer Lehre, also Arithmetik, Geometrie, Harmonielehre und Astronomie, gibt es nämlich noch eine weitere, die relativ späten Ursprungs ist, weniger gut bezeugt und deswegen meist gar nicht als pythagoreisch angesehen wird, die Mechanik. Nach dem Zeugnis des Diogenes Laertios wurde sie von Archytas von Tarent geschaffen, der sie als erster nach mathematischen Prinzipien methodisch aufgebaut habe (8,83). Diese Bemerkung kann sich nur auf das Hebelgesetz beziehen, dessen mathematische Begründung in der gemeinhin als pseudoaristotelisch geltenden Schrift *Mechanische Probleme* ganz knapp angedeutet wird. Was die Entstehung dieser Schrift anlangt, so hat vor einiger Zeit F. Krafft die Argumente, die gegen Aristoteles als Autor sprechen, einer Prüfung unterzogen und für unzureichend erklärt[4]. Es kann sich also um eine Frühschrift des Aristoteles handeln, und dann käme als Urheber des obengenannten Beweises nur Archytas in Frage. Dafür findet sich übrigens in Platons *Gorgias* ein weiteres Indiz. Hier ist nämlich an einer Stelle von dem μηχανοποιός die Rede, der übrigens, ganz im Sinne der auf Transzendenz bezogenen Philosophie Platons, negativ bewertet wird und das, obwohl er, wie es im Text heißt, „bisweilen ganze Städte zu retten vermag". Diese Bemerkung aber paßt bestens auf Archytas, der in seiner Heimatstadt wiederholt als Stratege fungierte und einem Zeugnis des Aristoxenos zufolge, das Diog. Laert. 8,82 überliefert, niemals besiegt wurde. Er dürfte also seine Mechanik zum Bau von Kriegsmaschinen verwendet haben, ganz so wie später Archimedes.

Doch nun zu dem oben erwähnten Beweis für das Hebelgesetz. In den *Mechanischen Problemen* heißt es (848a11-14, übers. nach Krafft [wie Anm. 4], 23): „Was an der Waage geschieht, läßt sich ja auf den Kreis zurückführen, was am Hebel geschieht, auf die Waage und fast alle übrigen Vorgänge bei mechanischen Bewegungen auf den Hebel." Daß hier auf einen Beweis angespielt wird, läßt sich einsichtig machen, wenn wir uns fragen, was es wohl bedeuten mag, daß das Geschehen an der Waage auf den Kreis zurückzuführen sei. Wir denken uns einen Waagebalken mit Drehpunkt in der Mitte. Hängen wir nun an einer beliebigen Stelle des Waagebalkens ein Gewicht auf und drücken auf der anderen Seite den Balken nieder, so beschreibt das Gewicht einen Kreisbogen, dessen Länge einerseits vom Drehungswinkel abhängt, andererseits vom Abstand des Gewichtes vom Drehpunkt. Genauer gesagt: die vom Gewicht zurückgelegte Strecke ist bei gleichem Zentriwinkel stets proportional dem Abstand vom Drehpunkt. Damit aber stoßen wir auf das Hebelgesetz, welches besagt: Kraft x Kraftarm = Last x Lastarm. Hänge ich auf der einen Seite ein bestimmtes Gewicht in einer bestimmten Entfernung vom Drehpunkt auf und auf der anderen Seite das doppelte Gewicht in der halben Entfernung, so bleibt die Waage im Gleichgewicht, weil die für eine Drehung zu leistende Arbeit beiderseits die gleiche ist. Ob ich 2 kg einen Meter hoch hebe oder 1 kg zwei Meter, die Arbeit (im physikalischen Sinne) ist die gleiche. In diesem Sinne also läßt sich „was an der Waage geschieht, auf den Kreis zurückführen": Die Radien und Kreisbögen in ähnlichen Kreissektoren sind einander proportional.

---

[4] Vgl. F. Krafft, Dynamische und statische Betrachtungsweise in der antiken Mechanik, Wiesbaden 1970.

Diese Rekonstruktion, so plausibel sie erscheinen mag, hat in Wahrheit eine Lücke. Wir berufen uns nämlich an einer Stelle auf den Begriff der Arbeit, der Masse und Weg verknüpft. Heutzutage kann jeder Physiker diesen Begriff zur Beweisführung verwenden, aber Archytas mußte die genannte Verknüpfung experimentell nachweisen. Wie macht er das? Die Antwort lautet: entsprechend dem Vorgehen bei der Messung der Intervalle. Archytas hat selbst über Harmonielehre geschrieben und kannte dieses Verfahren bestens. Bei der Messung der Intervalle wurde durch die Gestaltung des Monochord eine einheitliche Spannung hergestellt und sodann eine Segmentierung eingeführt, welche die Demonstration der Zahlenverhältnisse erleichtert. Entsprechend konnte Archytas einen Satz gleicher Gewichte herstellen und sodann den Waagebalken vom Drehpunkt aus nach rechts und links in gleiche Segmente einteilen. An den Grenzen der Segmente werden Haken oder Kerben angebracht zum Aufhängen der Gewichte. Wenn wir nun die Haken auf der rechten Seite vom Drehpunkt aus mit r 1, r 2, r 3 usw. bezeichnen und auf der linken Seite entsprechend mit l 1, l 2, l 3 usw., dann ist die Demonstration ein Kinderspiel: Drei Gewichte in r 1 halten einem Gewicht in l 3 das Gleichgewicht usw. Hat man dies gezeigt, so kann man unter Hinweis auf die Ähnlichkeit der entsprechenden Kreissektoren Masse und Weg verknüpfen.

Doch was ergibt sich aus dieser Rekonstruktion für die Frage nach der Rolle der Hand im Erkenntnisprozeß? Zunächst einmal dürfte klar sein, daß Mechanik und Harmonielehre als theoretische Disziplinen sehr wenig miteinander zu tun haben. Auch die zugrundeliegenden Instrumente, also die Leier auf der einen Seite, Waage und Hebel auf der andern, weisen keine Ähnlichkeit auf. Was den Zusammenhang ausmacht, ist allein die Manipulation, die an den Instrumenten vorgenommen wird, um gewisse Vorgänge meßbar und die Meßwerte demonstrierbar zu machen. Dabei ist die Vereinheitlichung der Gewichte eine unbedeutende Leistung im Vergleich zur Vereinheitlichung der Spannung am Monochord. Die Segmentierung aber wird von dem zwölfgeteilten Kanon als dem älteren Modell schlicht übernommen. Dergleichen ist für einen Handwerker, der den Umgang mit Instrumenten gewohnt ist, kein ernstes Problem. Die Folgen jedoch für die Entwicklung der Wissenschaft sind unübersehbar.

Das Ergebnis unserer Untersuchung aber läßt sich folgendermaßen zusammenfassen: Wir sind ausgegangen von der durch Aristoteles bezeugten Lehre des Anaxagoras, wonach der Mensch das einsichtigste aller Lebewesen ist, weil er Hände zur Verfügung hat. Dieser Satz klingt erstaunlich modern, weil er mit den Erkenntnissen der Evolutionstheorie unserer Zeit übereinstimmt. Andererseits aber wird bei der Erklärung der griechischen Kultur gemeinhin die Sprache als der entscheidende Faktor in den Vordergrund gestellt und nicht die Hand. Welche Erfahrungen könnten es also gewesen sein, die Anaxagoras bewogen haben, der Hand den Vorzug zu geben? Diese Frage hat uns zunächst zu Sokrates geführt, der in Platons *Apologie* erklärt, daß die Handwerker von ihrem Tun besser Rechenschaft abzulegen vermögen als die Dichter oder die Politiker, also die Repräsentanten der Sprachkultur. Das Handwerk hat somit Modellfunktion erlangt für Sokrates' Philosophie. Platon hat bei aller Bewunderung für Sokrates dieses Modell nicht übernommen, sondern durch die Geometrie ersetzt. Dabei rückt für ihn die Hand durchaus in den Hintergrund, weil sein Blick auf die transzendente Welt der Ideen gerichtet ist. Gleichwohl bleibt die Geometrie durch ihre Instrumente Zirkel und Lineal an die Operationen der Hand gebunden. Diese liefert gleichsam die Basis, von der ein sehr weitreichender Abstraktionsvorgang seinen Ausgang nimmt, der die Hand gleichsam in den Hintergrund treten läßt. Anders liegen die Dinge bei den Pythagoreern, die in allen ihren Aktivitäten der sinnlichen Welt weitaus stärker verbunden bleiben. Der von ihnen entwickelte zwölfgeteilte Kanon wird zur Basis der Harmonielehre. Entwickelt wurde das Instrument mit handwerklicher Perfektion aus der ursprünglich siebensaitigen Leier. Archytas von Tarent hat später offenbar das Prinzip der Segmentierung auf die gleicharmige Waage übertragen, um das Hebelgesetz beweisen zu können.

Schon diese wenigen Beispiele zeigen, daß es in Philosophie und Wissenschaft der Griechen Leistungen gibt, die zum Größten zählen und deren Basis die Leistung der Hand bildet. Daß daneben die Leistung der Sprache in der griechischen Kultur nicht zu kurz kommt, braucht nicht eigens erwähnt zu werden. Besteht doch die Gefahr bei der Einschätzung der griechischen Kultur gerade darin, daß wir die Leistung der Sprache verabsolutieren. Diese Gefahr aber scheint schon im Altertum bestanden zu haben. Daher sollten wir dankbar auf jene Stimmen hören, die uns auffordern, die Leistung der Hand nicht zu vergessen. Was dann bei geduldiger Prüfung zum Vorschein kommt, ist eine nicht immer leicht zu durchschauende Wechselwirkung von Hand und Wort.

Aristoteles über das Wesen der Erinnerung

Eine Analyse von *De memoria* 2, 451a18-b10

von Jürgen Wiesner (Berlin)

Einigen Phänomenen, die dem Körper und der Seele gemeinsam sind, ist die Schriftenreihe des Aristoteles gewidmet, für die sich der seit Aegidius Romanus belegte Titel *Parva Naturalia* durchgesetzt hat. Unter den kleinen Abhandlungen dieser Reihe kann der Traktat *Über Gedächtnis und Erinnerung*[1] als einer der interessantesten gelten. Allerdings sieht sich der Leser hier mit mehreren ziemlich schwierigen Passagen konfrontiert[2]: zu ihnen gehört auch der Beginn des zweiten Kapitels, wo sich Aristoteles nach der Erörterung von Gedächtnis und Behalten nun der Erinnerung zuwendet. Beide Phänomene werden unter denselben Gesichtspunkten beleuchtet; zur Debatte steht, was das jeweilige Phänomen seinem Wesen nach ist, aus welchen Ursachen es zustandekommt und welchem Seelenteil es zugehört (vgl. mem. 1, 449b4-6; 2, 453b8-11). Um die Wesensbestimmung der Erinnerung geht es am Beginn von mem. 2, 451a18-b10. Argumentation und Struktur sind freilich alles andere als durchsichtig. So haben denn auch G.R.T. Ross und W.D. Ross in ihren Kommentaren angemerkt, der Passus sei „tortuous"[3] bzw. „somewhat complex"[4]. Um das Verständnis der Stelle hat sich eingehend zuletzt R. Sorabji[5] bemüht, hinterläßt aber wie seine Vorgänger den Eindruck, daß die bestehenden Schwierigkeiten noch nicht adäquat gelöst seien.

Zum Verständnis der in mem. 2, 451a18ff. vorliegenden Problematik empfiehlt sich ein kurzer Rückblick auf einige Aussagen, die dem Leser aus dem voraufgehenden ersten Kapitel geläufig sind. Gedächtnis ist dort als das Festhalten oder Bewahren des Vorstellungsbildes bestimmt worden, welches als Resultat eines Wahrnehmungs- oder Denkvorganges in der Seele des Rezipienten zustandekommt. Die Möglichkeit, daß dieses

---

1 Abkürzung im folgenden: mem.

2 Vgl. bereits J. Wiesner, Gedächtnis und Denkobjekte - Beobachtungen zu Mem. 1, 449b30-450a14, in: J. Wiesner (Hrsg.), Aristoteles, Werk und Wirkung I, Berlin/New York 1985, 168-190.

3 G.R.T. Ross, Aristotle De sensu and De memoria, Cambridge 1906, Nachdr. New York 1973, 260.

4 W.D.Ross, Aristotle Parva naturalia, Oxford 1955, 244.

5 R. Sorabji, Aristotle On memory, London 1972, 88-93.

Bild auch dann bestehen bleibt, wenn das wahrgenommene oder gedachte Objekt dem Rezipienten nicht mehr präsent ist, macht gerade die Grundlage für Gedächtnistätigkeit aus. Letztere setzt voraus, daß der Bezug des Vorstellungsbildes auf dieses Objekt dem Rezipienten bewußt ist. Geht das Vorstellungsbild bei ihm verloren, wird damit auch das Objekt, auf welches sich das Bild bezog, aus dem Gedächtnis schwinden. Hier kann Erinnerung einsetzen: diese bedeutet, wenn sie erfolgreich verläuft, ein Zurückgehen auf die Bewegung, die mit dem ursprünglichen Wahrnehmungs- oder Denkvorgang verbunden war, und führt damit zur Rückgewinnung des entsprechenden Vorstellungsbildes. Erinnerung und Gedächtnis können also auf den gleichen Wahrnehmungs- oder Denkakt Bezug nehmen. Da liegt nun die Frage nach ihrem gegenseitigen Verhältnis nahe. Inwieweit haben sie miteinander zu tun? Fallen sie an einem bestimmten Punkt zusammen? Solchen Erwägungen ist der Beginn des zweiten Kapitels von *De Memoria* in Verbindung mit der Wesensbestimmung von Erinnerung gewidmet. Es wird bei dem skizzierten Hintergrund nicht mehr verwundern, warum hier ständig noch von Gedächtnis und Behalten die Rede ist, deren Besprechung ihren eigentlichen Ort im ersten Kapitel hatte.

Vor der Detaildiskussion sei zunächst der griechische Text von mem. 2, 451a18-b10 wiedergegeben, der im folgenden immer wieder zu vergleichen sein wird[6]:

Περὶ δὲ τοῦ ἀναμιμνήσκεσθαι λοιπὸν εἰπεῖν. πρῶτον μὲν οὖν ὅσα ἐν τοῖς ἐπιχειρηματικοῖς λόγοις ἐστὶν ἀληθῆ, δεῖ τιθέναι ὡς ὑπάρχοντα. οὔτε γὰρ μνήμης ἐστὶν ἀνάληψις ἡ ἀνάμνησις οὔτε λῆψις· ὅταν γὰρ τὸ πρῶτον μάθῃ ἢ πάθῃ, οὔτ' ἀναλαμβάνει μνήμην οὐδεμίαν (οὐδεμία γὰρ προγέγονεν) οὔτ' ἐξ ἀρχῆς λαμβάνει· ὅταν γὰρ ἐγγένηται ἡ ἕξις ἢ τὸ πάθος, τότε μνήμη ἐστίν, ὥστε μετὰ τοῦ πάθους ἐγγινομένου οὐκ ἐγγίνεται. ἔτι δ' ὅτε τὸ πρῶτον ἐγγέγονε τῷ ἀτόμῳ καὶ ἐσχάτῳ, τὸ μὲν πάθος ἐνυπάρχει ἤδη τῷ παθόντι καὶ ἡ ἐπιστήμη, εἰ δεῖ καλεῖν ἐπιστήμην τὴν ἕξιν ἢ τὸ πάθος (οὐθὲν δὲ κωλύει κατὰ συμβεβηκὸς καὶ μνημονεύειν ἔνια ὧν ἐπιστάμεθα)· τὸ δὲ μνημονεύειν καθ' αὑτὸ οὐχ ὑπάρχει πρὶν χρονισθῆναι· μνημονεύει γὰρ νῦν ὃ εἶδεν ἢ ἔπαθε πρότερον, οὐχ ὃ νῦν ἔπαθε, νῦν μνημονεύει. ἔτι δὲ φανερὸν ὅτι μνημονεύειν ἔστι μὴ νῦν ἀναμνησθέντα, ἀλλ' ἐξ ἀρχῆς αἰσθόμενον ἢ παθόντα· ἀλλ' ὅταν ἀναλαμβάνῃ ἣν πρότερον εἶχεν ἐπιστήμην ἢ αἴσθησιν ἢ οὗ ποτε τὴν ἕξιν ἐλέγομεν

6 Text von W.D. Ross, Oxford 1955.

μνήμην, τοῦτ' ἐστὶ καὶ τότε τὸ ἀναμιμνήσκεσθαι τῶν εἰρημένων τι, τῷ δὲ μνημονεύειν συμβαίνει καὶ μνήμην ἀκολουθεῖν. οὐδὲ δὴ ταῦτα ἁπλῶς, ἐὰν ἔμπροσθεν ὑπάρξαντα πάλιν ἐγγένηται, ἀλλ' ἔστιν ὡς, ἔστι δ' ὡς οὔ. δὶς γὰρ μαθεῖν καὶ εὑρεῖν ἐνδέχεται τὸν αὐτὸν τὸ αὐτό· δεῖ οὖν διαφέρειν τὸ ἀναμιμνήσκεσθαι τούτων, καὶ ἐνούσης πλείονος ἀρχῆς ἢ ἐξ ἧς μανθάνουσιν ἀναμιμνήσκεσθαι.

Wie geht Aristoteles bei der Wesensbestimmung von Erinnerung im einzelnen vor? Werfen wir einen Blick in die bereits genannten Kommentare zu *De memoria*, so finden wir höchst differierende Analysen für unseren Text. G.R.T. Ross[7] nimmt zwei verschiedene Konzepte von Erinnerung an. Für Erinnerung soll zuerst im platonischen, dann im landläufigen Sinn jeweils gezeigt sein, daß sie bei beiden Konzepten weder als Wiederaufnahme noch als Erwerb von Gedächtnis bestimmt werden kann. Welchen Passagen im Text dies im einzelnen entsprechen würde, ist schwer zu erkennen und bleibt bei G.R.T. Ross leider unerklärt. Wir gehen daher sogleich zu den anderen Kommentaren über. W.D. Ross setzt drei Argumentationsstufen an, die schematisch dargestellt wie folgt lauten[8]:

I.	451a20-31	Erörterung der Dichotomie, daß Erinnerung weder (A) Wiederaufnahme noch (B) Erwerb von Gedächtnis ist.
II.	451a31-b6	Stütze für die Auffassung, daß Erinnerung nicht (B) Erwerb von Gedächtnis ist.
III.	451b6-10	Stütze für die Auffassung, daß Erinnerung nicht (A) Wiederaufnahme von Gedächtnis ist.

Sorabji schlägt für den gleichen Textabschnitt die folgende Gliederung vor[9]:

I.	451a20-31	Nachweis, daß Erinnerung nicht (A) Wiederaufnahme von Gedächtnis ist.
II.	451a31-b6	Nachweis, daß Erinnerung nicht (B) Erwerb von Gedächtnis ist.
III.	451b6-10	Hinweis, daß Erinnerung sich von erneutem Lernen unterscheidet.

---

7 Ross (wie Anm. 3), 260.

8 Ross (wie Anm. 4), 245, Komm. zu 451a31-b10.

9 Sorabji (wie Anm. 5), 52-53; vgl. auch 88, Komm. zu 451a20-21 und 91, Komm. zu 451a31-b6.

Schon diese Grobskizze zeigt eine erhebliche Differenz der Interpreten. Mit 451a31 soll bei Ross der Abweis von Erinnerung als Erwerb von Gedächtnis, also (B), grundsätzlich bereits erfolgt sein, während er laut Sorabji hier erst einsetzt. Für Ross erstreckt sich die Diskussion der Frage, ob Erinnerung (A) Wiederaufnahme oder (B) Erwerb von Gedächtnis sei, praktisch bis 451b10, umfaßt also den ganzen Passus zur Wesensbestimmung von Erinnerung. Demgegenüber sind für Sorabji (A) und (B) mit 451b6 erläutert; die letzten Zeilen würden danach mit einer präzisierenden Notiz nicht mehr zur Erörterung der Dichotomie gehören. Wir dürfen gespannt sein, wie sich diese Widersprüche auflösen, wenn wir jetzt I. bis III. systematisch überprüfen.

I. 451a18-31

Seine Ausführungen über Erinnerung leitet Aristoteles mit einem Hinweis auf ἐπιχειρηματικοὶ λόγοι[10] ein, deren zutreffende Aussagen hier vorausgesetzt werden sollen. Zu diesem Fundus gehört - wie der Anschluß in a20 mit näher erläuterndem γάρ zeigt - die Annahme, daß „Erinnerung weder Wiederaufnahme noch Erwerb von Gedächtnis ist" (451a20-21). Die nachfolgende knappe Beweisführung, die mit begründendem γάρ in a21 einsetzt, erweist sich in ihrer Struktur von luzider Klarheit, wenn man den sprachlichen Signalen genau folgt. Die abgelehnte Alternative οὔτε ἀνάληψις ... οὔτε λῆψις führen in a22-23 οὔτ' ἀναλαμβάνει ... οὔτ' ἐξ ἀρχῆς λαμβάνει näher aus, denen jeweils ein Begründungssatz mit γάρ folgt (a22-23 bzw. a23-25). Damit lautet die Argumentation: „Wenn man nämlich erstmals (etwas) lernt oder davon einen Eindruck erfährt, nimmt man weder ein Im-Gedächtnis-Haben (sc. dieses Lernobjekts) wieder auf - denn es ist keines voraufgegangen - noch erwirbt man Gedächtnis von Anfang an. Denn wenn der Zustand oder die Affektion eingetreten ist, dann (erst) liegt Gedächtnis vor, so daß es zusammen mit dem Eintreten der Affektion nicht zustandekommt" (451a21-25). Wenn Erinnerung an ein Objekt nicht an ein Im-Gedächtnis-Haben anknüpfen kann, das der erstmaligen Erfassung dieses Objekts voraufginge, ist platonische[11]

---

[10] Die frühere Diskussion ist uns nicht erhalten, ja nicht einmal deren Ort sicher zu bestimmen: vgl. Ross (wie Anm. 3), 259, Ross (wie Anm. 4), 243-244. Am wahrscheinlichsten ist der Bezug auf dialektische Erörterungen, wie sie Diog. Laert. 5,22ff. in seiner Liste der Aristotelesschriften (Nr. 33, 65, 70) nennt.

[11] Zu den für Aristoteles' Diskussion relevanten Platonstellen vgl. G.R.T. Ross (wie Anm. 3), 260, W.D. Ross (wie Anm. 4), 243.

Anamnesis ausgeschlossen. Da weiter Gedächtnis nicht zugleich mit dem Lern- oder Erfahrungsvorgang einsetzt, läßt sich eine auf diesen bezügliche Wiedererinnerung nicht mit Gedächtnis in Verbindung bringen.

Mit ἔτι δ' markiert, beginnt in 451a25 eine neue Überlegung, welche die bisherige Argumentation noch verstärkt. Der Anschluß daran wird sogleich durch das Verb ἐγγέγονε deutlich: das Perfekt erscheint in bewußtem Gegenüber zu den unmittelbar voraufgehenden Präsensformen ἐγγινομένου und ἐγγίγνεται (a24-25 bzw. a25). Nach der negativen Schlußfolgerung, daß zusammen mit dem Lern- oder Erfahrungsvorgang noch keine Gedächtnisfunktion eintritt, heißt es nun: „Weiter, wenn im unteilbaren, letzten Organ[12] die Affektion eingetreten ist, so liegt sie zwar für den Aufnehmenden bereits vor ..." (451a25-27). Mit τὸ μὲν πάθος ἐνυπάρχει ἤδη (a26) ist als Gegensatz τὸ δὲ μνημονεύειν καθ'αὑτὸ οὐχ ὑπάρχει πρὶν χρονισθῆναι (a29-30) zu verbinden: „Gedächtnisfunktion im eigentlichen Sinne aber ist nicht vor Ablauf von Zeit gegeben." Die folgende Begründung erläutert (a30-31): „Man hat nämlich jetzt im Gedächtnis, was man früher sah oder erfuhr; nicht (aber), was man jetzt erlebte, hat man jetzt im Gedächtnis." Gedächtnisfunktion folgt auf den Wahrnehmungs- oder Lernakt, auf den sie Bezug nimmt, erst nach zeitlichem Intervall.

Der Grundgedanke von 451a25-31 ist damit deutlich, das Gegenüber von μέν und δέ durch die sprachlichen Bezüge sicher. Doch dazwischen schiebt sich ein weiterer δέ-Satz (a28-29), den die Herausgeber durchweg in Klammern setzen: er besagt, daß wir für einiges von dem, was wir durch den Eindruck im Zentralorgan wissen, auch akzidentielle Gedächtnistätigkeit haben können. Worauf bezieht sich diese akzidentielle Tätigkeit, die von der unmittelbar danach genannten Gedächtnisfunktion im eigentlichen Sinne abgehoben wird?

Sorabji[13] verweist dafür auf die Denkobjekte (νοητά), von denen im ersten Kapitel von *De memoria* als akzidentiellen Gedächtnisobjekten die Rede war (450a24-25, vgl. a12-14). Anders als die eigentlichen Gedächtnisobjekte sind sie nicht ganz dem ersten Wahrnehmungsvermögen zuzuweisen; sie kommen zwar nicht ohne das dort entstehende Vorstellungsbild als Grundlage des Behaltens aus, gehören aber dennoch partiell

[12] Gemeint ist das koordinierende zentrale oder erste Wahrnehmungsvermögen in der Seele.

[13] Sorabji (wie Anm. 5), 90.

in den Bereich des Denkvermögens, des Nus. Allerdings sagt Aristoteles in diesem Zusammenhang nirgends, daß sie ohne das für Gedächtnis typische Zeitintervall nach Stattfinden des Lern- oder Erfahrungsvorganges auftreten. Im Kontext (vgl. 449b22-30, 450a19-22) heißt es vielmehr, jegliches Gedächtnis (πᾶσα μνήμη 449b29) sei mit Zeit und Zeitwahrnehmung verbunden. Gedächtnistätigkeit setze immer (ἀεί 449b22, 450a19) das Bewußtsein voraus, man habe etwas früher gesehen, erfahren, erkannt. Auch geistige Tätigkeiten (νοεῖν, μανθάνειν, vgl. 449b23, 450a21) figurieren dabei unter den früheren Vorgängen, die man jetzt im Gedächtnis hat. Dies zeigt, daß die akzidentielle Gedächtnisfunktion in 451a28-29 nicht allein mit der Objektkategorie νοητά erklärt sein kann. Hier leuchtet der Vorschlag von Ross[14] ein, wonach es speziell um wissenschaftliche Wahrheiten geht, bei deren Erlangung man im Gedächtnis hat, auf welchem Wege, mit welcher Denkprozedur sie gewonnen wurden. In diesem Falle wäre eine Gedächtnistätigkeit deshalb im Moment des Erkennens zugleich schon möglich, weil sie sich in zeitlicher Rückschau auf den zurückliegenden Denk- oder Folgerungsprozeß bezieht. Auch diese akzidentielle Gedächtnisfunktion durchbricht aber nicht das zeitliche Gefüge, das für Gedächtnis generell zu gelten hat.

Damit ist der Gedanke von 451a25-31 gesichert, daß Gedächtnistätigkeit der sinnlichen oder geistigen Aufnahme ihres Objekts im Zentralorgan mit zeitlichem Intervall folgt. Er bildet den Schlußbaustein für Aristoteles' Argumentation in 451a18-31, daß Erinnerung an ein Objekt nicht als Wiederaufnahme oder Erlangung von Gedächtnis bestimmt werden kann. Die Voraussetzungen dafür, daß nämlich dem erstmaligen Wahrnehmen oder Erfassen ein Im-Gedächtnis-Haben dieses Objekts vorausginge oder aber synchron mit ihm einsetzte, sind nicht gegeben. Vielmehr ist es so, daß der Beginn von Gedächtnistätigkeit erst nach dem Eindruck erfolgt, den der Wahrnehmungs- oder Lernakt hinterlassen hat. Damit erweisen sich Gedächtnis wie Erinnerung gleichermaßen als Vorgänge, die beide erst auf den Wahrnehmungs- oder Erfahrungseindruck folgend einsetzen. Ihr gegenseitiges Verhältnis wird der folgende Abschnitt präzisieren.

II. 451a31-b6

Der Passus beginnt mit ἔτι δέ, das dem früheren πρῶτον μέν (451a18) korrespondiert - ein deutlicher Hinweis, daß hier ein neuer Komplex ein-

[14] Ross (wie Anm. 4), 244-245.

setzt. Skizzieren wir zunächst den gedanklichen Ablauf. Es liegt auf der Hand, so lesen wir, daß Gedächtnistätigkeit möglich ist, ohne daß man sich jetzt erinnert hat; vielmehr (ἀλλ' 451b1) findet sie deshalb statt, weil man ursprünglich etwas wahrgenommen oder erfahren hat. Von dieser Gedächtnistätigkeit, die sehr rasch an den Wahrnehmungs- oder Denkakt anzuknüpfen vermag und damit Kontinuität wahrt, wird dann Erinnerung abgehoben und in ihrem Wesen bestimmt: „Aber (ἀλλ' 451b2) wenn man das früher innegehabte Wissen oder die frühere Wahrnehmung oder das Vorstellungsbild wiederaufnimmt, dessen Festhalten wir als Gedächtnis bezeichneten[15], dies ist und dann liegt Erinnerung an eine der genannten Affektionen vor." Der Passus schließt (451b5-6) mit einer kurzen Bemerkung[16], die m.E. zu verstehen ist: „Und es tritt der Fall ein, daß Gedächtnistätigkeit und Behalten nachfolgen." Das heißt: nach der erneuten Reaktivierung des ursprünglichen Vorstellungsbildes durch Erinnerung kann sich in der Folge Gedächtnis einstellen. Was man seinerzeit gar nicht oder nicht mit Erfolg behalten hat, hat man nun nach der Wiedererinnerung im Gedächtnis.

Auch diese Zeilen haben den Interpreten Probleme bereitet: diese betreffen insbesondere das doppelte ἀλλ' in 451b1 und b2 - vor dem zweiten postulierte Freudenthal sogar eine Lücke - sowie die Schlußbemerkung. Eine kurze Erörterung der abweichenden Lösungsversuche wird zugleich zur Rechtfertigung unserer eigenen Auffassung beitragen.

a) Sorabji[17] übersetzt den Anfangssatz 451a31-b2: „Further, it is apparent that a person can remember from the start, once he has perceived or experienced something, without having just now recollected it." Diese Übersetzung macht deutlich, daß Sorabji mit der Hss.-Gruppe b und mit

---

[15] In den bisherigen Übersetzungen findet sich für οὗ ποτε τὴν ἕξιν ἐλέγομεν μνήμην entweder neutral „dasjenige, dessen Festhalten wir Gedächtnis nannten" (so Ross [wie Anm. 3], 103, Sorabji [wie Anm. 5], 53). Oder es wird für οὗ „die Erfahrung" oder „das Objekt" eingesetzt: im ersteren Sinne z.B. J.I. Beare in: The Complete Works of Aristotle. The revised Oxford translation, ed. by J. Barnes, Princeton 1984, 717, im letzteren Sinne Ross (wie Anm. 4), 240. Das rückweisende Selbstzitat des Aristoteles erfordert m.E. die konkrete Wiedergabe „das Vorstellungsbild". Die Bezugsstelle ist 451a15-16, wo Gedächtnis als φαντάσματος ἕξις bestimmt ist.

[16] Ich lese: τὸ δὲ μνημονεύειν συμβαίνει καὶ μνήμην ἀκολουθεῖν. Statt des in sämtlichen Hss. überlieferten τὸ δέ bevorzugt Ross (wie Anm. 6) τῷ δέ. Plädoyer für diese Änderung bei J. Freudenthal, Zur Kritik und Exegese von Aristoteles' parva naturalia, RhM 24, 1869, 81-93 und 392-419, dort 406-407. Vgl. Anm. 21 und den korrespondierenden Text.

[17] Sorabji (wie Anm. 5), 53.

Michael von Ephesos[18] das ἀλλ' in 451b1 fortläßt. Die dabei vorgenommene Verbindung von ἐξ ἀρχῆς mit μνημονεύειν ist allerdings aus doppeltem Grunde mißlich. Einmal legt die Position im griechischen Text nahe, daß ἐξ ἀρχῆς mit αἰσθόμενον ἢ παθόντα zusammengehört. Zweitens führt Sorabjis Verbindung zu der Konsequenz, Aristoteles die unpräzise Formulierung „von Beginn an Gedächtnistätigkeit haben" zuschreiben zu müssen. Dies widerspricht der zuvor (451a29-31) betonten Aussage, daß nach dem Wahrnehmungs- oder Denkakt Gedächtnisfunktion nicht sofort, sondern erst nach einem Zeitintervall eintritt. Der scheinbare Ausnahmefall akzidentieller Gedächtnistätigkeit kann hier nicht vorliegen: daß er nach der voraufgehenden Erwähnung (451a28) nun mit „weiter ist deutlich" (451a31) angesprochen würde, verbietet sich von selbst. Sorabji[19] muß bei seiner Lösung denn auch einräumen, ἐξ ἀρχῆς sage Aristoteles „relatively speaking", d.h. im Vergleich mit der erst viel später einsetzenden Erinnerung. Um solche Schwierigkeiten zu vermeiden, wird man der Beibehaltung von ἀλλ' in 451b1 und der oben vertretenen Interpretation den Vorzug geben.

b) Freudenthal[20] postuliert, wie bereits bemerkt, vor ἀλλ' in 451b2 eine Lücke. In der Tat ist der Übergang hart, doch die Intention des Autors durchaus nachvollziehbar. Man muß sich nur klarmachen, daß die in 451a31-b2 thematisierte Gedächtnistätigkeit ein Festhalten des voraufgehenden Wahrnehmungs- oder Denkakts bzw. ihres Vorstellungsbildes bedeutet. Aber, so heißt es dann weiter, wenn man das frühere Wissen oder die Wahrnehmung oder das Vorstellungsbild wiederaufnimmt, dann liegt Erinnerung an eine der genannten Affektionen vor (451b2-5). Das ἀλλ' von 451b2 kontrastiert also sinnvoll das Bewahren des ursprünglichen Eindrucks im Gedächtnisakt mit der Wiedergewinnung des ursprünglichen Eindrucks durch Erinnerung. Letztere setzt voraus, daß der Eindruck zeitweilig in Vergessenheit geraten war.

c) Im Schlußsatz des Passus, 451b5-6, liest W.D. Ross τῷ δέ statt des τὸ δέ aller Kodizes[21]. Seiner Textänderung folgt Sorabji[22] mit der Über-

---

[18] Michael von Ephesos, In Parva Nat. comm., ed. P. Wendland (CAG XXII 1), Berlin 1903, 22,21 und 22,29.

[19] Sorabji (wie Anm. 5), 91, Komm. zu 451a31-b6.

[20] Freudenthal (wie Anm. 16), 406.

[21] τῷ δέ hat bereits Michael von Ephesos (wie Anm. 18), 23,22. In welche Schwierigkeiten er damit gerät, zeigt seine darauf aufbauende Interpretation der Stelle (vgl. Anm. 24).

setzung: „When one does remember, it results that memory follows". Die dazu vorgelegte Erläuterung, in 451b5 werde das μνημονεύειν von 451b1 wiederaufgenommen und nun sozusagen als Nachtrag festgestellt, daß der Tätigkeit die Disposition folge, erscheint mir wenig überzeugend. Viel einleuchtender ist Ross' Paraphrase[23]: „And on recollection memory follows". Doch läßt sich diese sachlich vorzügliche Lösung mit seiner Textlesung kaum vereinbaren[24]. Rettung bringt hier m.E. nur das Festhalten am einhellig überlieferten τὸ δέ: nach der eben charakterisierten Wiedererinnerung wird nun bemerkt, daß sich Gedächtnistätigkeit und -disposition daran anschließen können. Bei diesem Verständnis beschreiben 451b1-2 und b5-6 das Vorkommen zweier Formen von Gedächtnistätigkeit. Es ist möglich (ἔστι), daß der Gedächtnisakt ohne vorherige Erinnerung dem ursprünglichen Wahrnehmungs- oder Denkakt folgt (b1-2). Wenn aber Erinnerung stattgefunden hat (sc. weil der ursprüngliche Eindruck verschüttet war), dann ist der Fall gegeben (συμβαίνει), daß Gedächtnistätigkeit und entsprechende Disposition an diese Erinnerung anschließen (b5-6). Behalten kann also entweder auf den ursprünglichen Erfahrungsvorgang oder nach dessen Reaktivierung auf die Wiedererinnerung folgen.

Soweit die Diskussion der Interpretationsprobleme von 451a31-b6. Erinnerung ist nach den früheren aporetischen Bestimmungen nun positiv definiert und von den beiden möglichen Formen der Gedächtnistätigkeit abgehoben worden. Der Scheidung von Wiedererinnerung und erneutem Lernen gilt eine letzte kurze Erörterung, der wir uns jetzt zuwenden.

III. 451b6-10

Zunächst wieder eine Skizze des Gedankengangs. Erinnerung liegt nicht ohne weiteres vor, wenn zuvor vorhandene Erfahrung sich wiederum eingestellt hat, sondern nur in manchen Fällen. Denn die gleiche Person kann dasselbe zweimal lernen und finden. Von solchen Vorgängen hat man Erinnerung zu unterscheiden: diese findet statt, wenn ein umfassenderes Prinzip als dasjenige, auf Grund dessen man lernt, vorhanden ist.

Was es mit diesem umfassenderen Prinzip auf sich hat, kann ein

---

22 Sorabji (wie Anm. 5), 92-93.

23 Ross (wie Anm. 4), 240.

24 Dies wäre nur möglich, wenn man mit Michael 23,23-24 annähme, daß μνημονεύειν hier plötzlich unpräzise für ἀναμιμνήσκεσθαι steht.

Blick auf den späteren Passus 452a4-12 illustrieren. Erinnerung setzt, so erfahren wir dort, die Fähigkeit voraus, ein zwischenzeitlich vergessenes Objekt aus eigener Kraft für sich zurückzugewinnen. Während es bei erneutem Lernen eines anderen bedarf, um dieses gesuchte Objekt wiederzufinden, muß der sich Erinnernde über ein bewegendes Vermögen (δύναμις ἡ κινοῦσα, 452a10-11) verfügen. So wird er, von einem gewählten Ausgangspunkt her einsetzend, eine Reihe innerer Bewegungen durchlaufen, um im Erfolgsfall schließlich auf diejenige Bewegung zu treffen, nach welcher ihm der gesuchte Gegenstand erneut präsent wird. Die Ausführungen von 452a4-12 bieten damit einen regelrechten Kommentar zu 451b6-10 und lassen die Differenz von Erinnerung als selbständiger Reaktivierung verschütteten Wissens gegenüber erneutem Lernen deutlich hervortreten.

* * *

Die Analyse hat einen, wie ich meine, überaus klaren Gedankenablauf erbracht. Im ersten Abschnitt (451a18-31) gibt Aristoteles zunächst eine negative Bestimmung von Erinnerung. Sie hat nichts mit Gedächtnistätigkeit zu tun, weil dem für sie relevanten Wahrnehmungs- oder Denkakt Gedächtnis weder voraufgeht noch mit ihm synchron einsetzt. So ist nach 451a31 nun die Situation zu klären, wie sich Erinnerung und Gedächtnis, wenn sie beide erst nach dem Wahrnehmungs- oder Denkakt wirksam werden, zueinander verhalten. Hierbei kommt es zu einer positiven Bestimmung von Erinnerung: diese sucht nach längerer Zeit, wenn der Wahrnehmungs- oder Denkeindruck nicht oder nicht mehr aktuell vorhanden ist, das Verlorene zurückzuholen. Dabei hat keinerlei Bedeutung, ob der Eindruck zuvor zeitweise im Gedächtnis bewahrt wurde oder nicht. Damit wird ganz klar, daß ein ursächlicher Zusammenhang von Erinnerung und Gedächtnis nicht besteht: Erinnerung bezieht sich stets nur auf den Wahrnehmungs- oder Denkeindruck. Erinnerung und Gedächtnis, die beide auf diesen Eindruck folgen, fallen niemals zusammen. Eine den Eindruck bewahrende Gedächtnisfunktion kann gleich nach diesem - mit kurzem Zeitintervall - wirksam werden, d.h. vor jeglicher Wiedererinnerung. Sie kann aber auch später der Wiedererinnerung folgen, wenn diese das verlorene Vorstellungsbild erfolgreich reaktiviert hat (451a31-b2, b5-6). Von der Erinnerung ist erneutes Lernen zu trennen, das nicht aus eigenem Vermögen, sondern lediglich durch Fremdimpuls von außen das Gesuchte zurückzugewinnen vermag (451b6-10).

Vor dem Hintergrund dieser Analyse zeigen sich Vorzüge und Schwächen der früheren Lösungen. Sorabji wird m.E. der aristotelischen Abfolge einer zunächst rein negativen, dann positiven Definition von Erinnerung nicht ganz gerecht. Er setzt gleich zu Beginn die spätere positive Bestimmung voraus[25] und nimmt andererseits die negative Argumentation über 451a31 hinaus an, deren zweiter Teil dort ja erst beginnen soll[26]. Daß der dichotomische Ausschluß (Erinnerung weder Wiederaufnahme noch Erlangung von Gedächtnis) aber in 451a31 bereits verhandelt ist, legen schon die sprachlichen Indizien nahe: die für die Dichotomie relevanten Termini μνήμης ἀνάληψις bzw. λῆψις und die sie aufnehmenden Verbalausdrücke begegnen allein vor 451a31, danach nicht mehr. Nach 451a31 geht es um Erinnerung als ἀνάληψις von früherem Wissen (b2-3), nicht von Gedächtnis. Wenn hier außerdem die beiden möglichen Formen von Gedächtnis vor bzw. nach der Erinnerung angesprochen werden, stützt dies höchstens indirekt noch einmal den voraufgehenden Erweis, daß Erinnerung nicht Erlangung von Gedächtnis ist. Dies hat W.D. Ross mit Recht gesehen, der seinerseits dann aber für 451b6-10 m.E. zu viel in den Text hineininterpretiert. Wenn er bei der Unterscheidung von Erinnerung und erneutem Lernen eine Stütze für die Auffassung entdecken möchte, daß Erinnerung nicht Wiederaufnahme von Gedächtnis sei[27], kann er dafür keinen Beleg im Text selbst beibringen: von Gedächtnis ist dort überhaupt nicht mehr die Rede.

Abschließend sei das Ergebnis unserer Textanalyse noch einmal schematisch dargestellt:

I.	451a18-31	Negative Bestimmung von Erinnerung: sie ist weder Wiederaufnahme noch Erlangung von Gedächtnis.
II.	451a31-b6	Positive Bestimmung von Erinnerung als Wiederaufnahme früheren Wissens bzw. des entsprechenden Vorstellungsbildes. Gedächtnis kann der Erinnerung voraufgehen oder ihr folgen.
III.	451b6-10	Unterschied zwischen Erinnerung und erneutem Lernen.

[25] Sorabji (wie Anm. 5), 52, 88.

[26] Ebd. 53, 91.

[27] Ross (wie Anm. 4), 245.

„Conchae et umbilici“

Eine motivgeschichtliche Betrachtung zu Cicero, *De oratore* 2, 22f.

von Annemarie Wohlleben (Berlin)

Wo das Meer „die Seele besprach“[1], ließ Thomas Mann in seiner 1912 veröffentlichten Novelle *Der Tod in Venedig* den gefeierten Schriftsteller G. v. Aschenbach Erholung vom strengen Leistungsethos seines Lebens suchen. „Das Strandbild, dieser Anblick sorglos sinnlich genießender Kultur am Rande des Elementes,“[2] erfreut ihn, er erlebt am Lido von Venedig Tage seliger Muße, beobachtet den Knaben Tadzio, dessen Treiben „Spiel war und Ruhe, ein Schlendern, Waten, Graben, Haschen, Lagern und Schwimmen“[3], und sieht ihn seine Beute vorweisen: „Muscheln, Seepferdchen, Quallen und seitlich laufende Krebse“[4].

Im Sand zwischen Strandkörben hockenden Kindern, am Strand wandelnden Menschen, Reitern und Tennisspielern am Strand begegnete man auch kürzlich in den Gedenkausstellungen des Jahres 1997 für den Maler Max Liebermann in Berlin[5]. Kurz vor der Jahrhundertwende begann dieser, inspiriert von den französischen Impressionisten, während seiner Sommerreisen an die holländische Nordseeküste den Beginn des modernen Strandlebens der städtischen Gesellschaft zu dokumentieren. Die hellen Farbtöne der Bilder reflektieren das diffuse sommerliche Licht in Meeresnähe. Die Menschen gerieren sich vornehm gelassen oder sportlich, die unbegrenzten Dimensionen von Meer und Strand geben ihnen Raum für ihr Tun, ohne romantische Erhebung oder symbolhafte Sinngebung hervorzurufen.

Von einem Strandaufenthalt lesen wir auch in dem antiken Text, von dem hier die Rede sein soll. Im zweiten Buch von Ciceros Dialog *De oratore* zeigt sich Crassus zunächst unwillig, erneut die Anstrengungen einer „disputatio“ über den von ihm geforderten Idealredner auf sich zu

---

[1] Th. Mann (hrsg. von P. de Mendelssohn), Gesammelte Werke in Einzelbänden (Frankfurter Ausgabe), Frühe Erzählungen, Frankfurt 1981, 602.

[2] Th. Mann (wie Anm. 1), 590.

[3] Th. Mann (wie Anm. 1), 604.

[4] Th. Mann (wie Anm. 1), 605.

[5] Vgl. die Abbildungen bei A. Wesenberg (Hrsg.), Max Liebermann. Jahrhundertwende, Berlin 1997, 172f. 182f. 186. 198f.

nehmen, der nicht nur ein römischer „vir bonus dicendi peritus", sondern ein umfassend, die engen Grenzen des Fachwissens überschreitend gebildeter Mann sein soll. Derartige Gespräche zu führen, erklärt er überraschend unrömisch[6] und gegen die Regeln der Dialoge Ciceros, sei überhaupt nicht die rechte Art der Muße. Beispielhaft für die wahre Muße trägt er erstaunlich moderne Gedanken vor, die den eben erwähnten Zeugnissen aus dem Beginn unseres Jahrhunderts nahezustehen scheinen[7]:

> „Was du über die Muße sagst, findet meine Zustimmung; aber der Genuß der Muße besteht nicht in geistiger Anspannung, sondern in Entspannung ('verum otii fructus est non contentio animi sed relaxatio'). Oft habe ich meinen Schwiegervater sagen hören, sein Schwiegervater Laelius habe sich fast immer in Gesellschaft des Scipio auf dem Lande aufgehalten, und sie seien gewöhnlich in ganz unglaublichem Maße wieder zu Knaben geworden, wenn sie aus der Stadt aufs Land hinaus gleichsam wie aus Fesseln entflohen seien ('eosque incredibiliter repuerascere esse solitos, cum rus ex urbe tamquam e vinclis evolavissent'). Ich wage es von solchen Männern kaum zu behaupten, jedoch Scaevola pflegt zu erzählen, sie hätten die Gewohnheit gehabt, Muscheln und Meerschnecken bei Caieta und Laurentum zu sammeln und sich jeder Art der Entspannung und des Spiels hinzugeben ('ita solet narrare Scaevola conchas eos et umbilicos ad Caietam et ad Laurentum legere consuesse et ad omnem animi remissionem ludumque descendere'). So ist es ja: Wie wir bei den Vögeln beobachten, daß sie sich für die Fortpflanzung und zum Nutzen Nester formen und ausbauen, zugleich aber, wenn sie etwas vollendet haben, zur Erholung von ihrer Mühe allenthalben frei, von ihrer Arbeit entbunden, herumfliegen, so wird unsere Seele unruhig, wenn wir erschöpft sind von unseren Geschäften auf dem Forum und unseren städtischen Pflichten, und begehrt, frei von Sorge und Mühe umherzufliegen ('sic enim res sese habet, ut quem ad modum volucris videmus procreationis atque utilitatis suae causa effingere et construere nidos, easdem autem, cum aliquid effecerint, levandi laboris sui causa passim ac libere solutas opere volitare, sic nostri animi negotiis forensibus atque urbano opere defessi gestiant ac volitare cupiant vacui cura ac labore') ... Derjenige scheint mir nämlich nicht frei zu sein, der nicht gelegentlich nichts tut ... und mich erfreut, wenn ich hier bin, eben dieses Nichtstun und diese totale Untätigkeit."

Von einem Strand ist nicht ausdrücklich die Rede, aber sowohl die ange-

---

[6] Vgl. A.D. Leeman/H. Pinkster, M. Tullius Cicero, De oratore libri tres, Bd. 2, Heidelberg 1985 zu 2,24: „hoc ipsum nihil agere": Es „paßt zur Ethopoiia des Crassus."

[7] Cic. de orat. 2,22-24. Lateinische Zitate nach der Ausgabe von K.F. Kumaniecki, Stuttgart und Leipzig 1995 (= 1969). Angaben zu Ausgaben zitierter lateinischer Texte im folgenden nur, wenn erforderlich.

gebenen Orte[8] als auch die Erwähnung von „conchae“ und „umbilici“ lassen keinen Zweifel. Aber sind Assoziationen, wie die einleitenden Verweise auf Th. Mann und Liebermann sie verursachen, der römischen Welt des 2. und 1. Jhs. v. Chr. angemessen? Welche Realität ist für Scipio und Laelius vorstellbar? Welche nicht genauer ausformulierte Wirklichkeit hatte Cicero im Sinn?

Es besteht die allgemeine Annahme, Cicero habe das Exemplum von Lucilius übernommen[9]. Lucilius wird nämlich wenige Sätze später, nicht mehr auf das Exemplum bezogen, von Crassus genannt[10], außerdem findet sich in den Satiren des Horaz eine Mitteilung über gelegentliche Ausgelassenheit der beiden Freunde in Gegenwart des Lucilius. Zusammen mit diesem hätten sie alle möglichen Scherze getrieben, wenn sie sich aus der Öffentlichkeit („a vulgo et scaena“) ins Privatleben („in secreta“) zurückzogen; sie hätten lässig gekleidet gespielt („nugari ... et discincti ludere“), während sie ihr Gemüsegericht gar kochen ließen. So Horaz. Aus einem Scholion erfährt man Weiteres: Laelius sei Scipio zu Hilfe gekommen, der von Lucilius mit drohend erhobener Serviette durch das Speisezimmer gejagt wurde[11].

Ausgelassenheit, lockere Kleidung, einfache Ernährung, die sie selber zubereiteten, schätzten sie, wenn sie sich aus Rom zurückzogen. Das stimmt im Grundton mit der Erzählung des Crassus bei Cicero überein, jedoch fehlt die besondere Note des Cicerotextes (der Zeitvertreib am

---

[8] Caieta: Eines der beliebtesten römischen Seebäder; vgl. KlP 1, 1964, 1010 s.v. (G. Radke); F. Bömer, P. Ovidius Naso, Metamorphosen, Buch 14/15, Heidelberg 1986, 64f. Cicero spricht schon 67/66 v. Chr. in Briefen an Atticus (1,3,2; 1,4,3) von seinem Besitz bei Caieta. Laurentum: Vgl. RE XII 1, 1924 s.v. Lavinium (Philipp) 1008f.: Ein einst vorhandenes Laurentum wurde von Lavinium überflügelt. Nur dieses existierte zu Ciceros Zeit. Seine Bewohner ernährten sich vom Fischfang. Plinius wiederum besaß ein „Laurentinum“ oder „Laurens“ (epist. 2,17,1; s. Anm. 19). Eine Textvariante nennt das in der Nähe von Caieta gelegene Lavernium, worin Leeman/Pinkster (wie Anm. 6) die richtige Lesart vermuten. Die Sache ist wohl nicht zu entscheiden.

[9] So auch Leeman/Pinkster (wie Anm. 6) zu Cic. de orat. 2,22: „Laelium ... cum Scipione“ mit Verweis auf weitere Literatur.

[10] Cic. de orat. 2,25: „nam ut C. Lucilius homo doctus et perurbanus dicere solebat ea quae scriberet neque se ab indoctissimis neque a doctissimis legi velle, ...“

[11] Hor. sat. 2,1,71-74a: „quin ubi se a vulgo et scaena in secreta remorant / virtus Scipiadae et mitis sapientia Laeli, / nugari cum illo (sc. Lucilio) et discincti ludere, donec / decoqueretur holus soliti“ und Ps. Acro z. St.: „Scipio Africanus fertur intra domum tam civilis fuisse et carus Lucilio, ut quodam tempore Laelius circa lectos triclinii fugienti supervenerit, cum eum Lucilius obtorta mappa quasi feriturus sequeretur.“ Falsch zitiert bei Leeman/Pinkster (wie Anm. 9).

Strand, die nachdrückliche Betonung des Freiheitsgefühls).

Die reale Besonderheit, der Strandaufenthalt, hält sich im Rahmen der historischen Gegebenheiten. Nicht nur hier erfahren wir, daß bereits Scipio und Laelius sowie einige ihrer Zeitgenossen Villen an der Meeresküste bei Caieta und Formiae besaßen[12], die Prototypen der seit der ersten Dekade des 1. Jhs. sich rasch vermehrenden, mehr oder wenigen luxuriösen[13] „villae maritimae“ wohlhabender Römer waren: Sie sollten keinen landwirtschaftlichen Gewinn abwerfen, sondern dienten der „delectatio“[14]. Die „delectatio“ war vielfältiger Art. Die Pflege intellektueller und kultureller Interessen gehörte natürlich dazu[15]. Über harmlose Vergnügungen der Villenbesitzer des 2. Jhs. am Meeresgestade fehlen uns allerdings weitere vergleichbare Nachrichten.

Es bleibt der Ausweg, den Gewährsmann Cicero als Zeugen zu befragen. Meist spricht er von der schönen Aussicht, wenn er die Freuden des Aufenthalts in einer seiner Villen am Meer beschreibt. An der „schwierigen“ Schrift *De re publica* schrieb er, wie er dem Bruder mitteilt, im Anblick des Meeres[16], von dem er sich offensichtlich Förderung der Gedanken erhoffte. Er schätzte, wie wohl alle Römer seiner Zeit, den Aufenthalt am Rande des Meeres, genoß gern von dort her seine Schönheit. Grundlegend offenbart sich sein Verhältnis zum Meer in seinem Lob des Meeres im Dialog *De natura deorum*[17]:

> „Aber wie groß ist erst die Schönheit des Meeres, welch ein Anblick bietet sich insgesamt, welche Vielzahl und Vielfalt der Inseln, welche Anmut der Küsten und Strände (‘at vero quanta maris est pulchritudo, quae species

---

[12] Vgl. J.H. d' Arms, Romans on the Bay of Naples. A social and cultural study of the villas and their owners from 150 B.C. to A.D. 400, Cambridge/Mass. 1970, 11f.

[13] Vgl. d' Arms (wie Anm. 12), 11: Ob die Villen des Scipio und Laelius besonders reich ausgestattet waren, ist ungewiß. Ders. 45: Auch Ciceros Villen darf man sich nicht allzu luxuriös vorstellen.

[14] Vgl. d' Arms (wie Anm. 12), 9.

[15] D' Arms (wie Anm. 12), 13: „Without them we should not know of the villas at all.“

[16] Vgl. Cic. ad Q. fr. 2,13,1. Verweis darauf bei M. Schneidewin, Die antike Humanität, Berlin 1897, 427, nach ihm bei anderen. Verweise späterer Autoren auf bereits von Schneidewin genannte Belege werden auch im folgenden nicht berücksichtigt.

[17] Cic. nat. deor. 2,100. Zu Ciceros Küstenvillen und Sicht des Meeres vom besiedelten Ufer her vgl. A.S. Pease, M. Tulli Ciceronis de natura deorum libri secundus et tertius, Cambridge Mass. 1958, z. St. Vgl. dens. zur Textvariante „alludit“ für das in diesem Zusammenhang seltene, aber gerade bei Cicero wiederholt belegte „eludit“ mit Hinweis auf das spielerische Element in Ciceros Formulierung.

unversi, quae multitudo et varietas insularum, quae amoenitates orarum ac litorum'), wieviele und wie verschiedene Arten von Tieren sind in ihm teils untergetaucht, teils treibend und schwimmend, teils mit angeborenen Schalen an den Felsen hängend! Das Meer selbst aber strebt so dem Lande zu und findet an den Stränden seinen Auslauf, daß eine Natur aus zweien hervorgebracht zu sein scheint ('ipsum autem mare sic terram appetens litoribus eludit, ut una ex duabus naturis conflata videatur')."

Da vernehmen wir außer der üblichen Freude am schönen Anblick[18], die hier auch zum Ausdruck kommt, noch etwas anderes. Im letzten Satz wird vom besonderen Reiz des Saumes, der Meer und Land verbindet und trennt, wo man weder hier noch dort ist, gesprochen[19].

Cicero erwähnt öfter den Strand in seinen Briefen. „Im übrigen darfst du nicht annehmen, es könnte etwas Schöneres geben als die Villa, den Strand, den Blick auf das Meer, kurz all dies hier," schreibt er z.B. 46 v. Chr. an Atticus aus seinem Landhaus in Astura[20] und meint vielleicht wiederum nur den Ausblick. Aufschlußreicher ist für uns die Bemerkung

---

[18] L. Friedländer, Darstellungen aus der Sittengeschichte Roms in der Zeit des Augustus bis zum Ausgang der Antonine, Bd. 1, Leipzig [10]1922, 473f.: „Doch in erster Reihe unter den Gegenden, welche die Alten durch ihre Naturschönheit anzogen, stehen die Meeresufer; so sehr suchte man gerade hier auch den Naturgenuß, daß es möglich war, die Ausdrücke für schöne Gegenden und Strandgegenden als synonym anzusehen ... Der Anblick des Meers war den Römern wie den Griechen der erhabenste und zugleich der schönste in der Natur." Ders. 472-75 zu Villen am Meer; dort auch weitere literarische Zeugnisse zum Thema.

[19] Ein besonderes römisches Interesse an der Nahtstelle zwischen Land und Meer bekunden auch die Zeugnisse, in denen lobend oder tadelnd von Bauwerken die Rede ist, die sich bis an die Fluten oder in sie hinein erstrecken. So rühmt z.B. Plinius der Jüngere den Speisesaal seiner Villa bei Laurentum, an den bei Südwestwind die äußersten Wellenausläufer heranspülten. Lediglich der optimale Ausblick durch die bis zum Boden hinabreichenden Fenster wird von ihm als das Besondere hervorgehoben: Man sah einerseits nach vorn auf „gleichsam drei Meere", andererseits nach hinten bis hin zu den Wäldern und fernen Bergen (epist. 2,17,5): „... mox triclinium satis pulchrum, quod in litus excurrit ac, si quando Africo mare impulsum est, fractis iam et novissimis fluctibus leviter adluitur. undique valvas aut finestras non minores valvis habet atque ita a lateribus, a fronte quasi tria maria prospectat; a tergo cavaedium, porticum, aream, porticum rursus, mox atrium, silvas et longinquos respicit montes." Dieser und weitere Belege dieser Art bei Friedländer (wie Anm. 18), 475. Ciceros Vorstellung von der Einung zweier Naturen begegnet sonst nicht. Zu seiner Formulierung „una ex duabus naturis conflata" vgl. ThlL 4 s.v. „conflo" 240, 41-44: Das Verb ist bis auf Prud. cath. 5,103 nur in übertragenem Sinn belegt, nicht im konkreten „vento aliquid conflare". Cicero gebraucht es häufig.

[20] Cic. Att. 12,9: „cetera noli putare amabiliora fieri posse villa, litore, prospectu maris, tum his rebus omnibus." Datierung nach D.R. Shackleton Bailey, Cicero's Letters to Atticus, Bd. 5, Cambridge 1966 z. St.; dort Hinweis auf Datierung anderer auf 45 v. Chr. und die grammatische Problematik des zitierten Satzes („cetera").

in einem Schreiben aus seinem Puteolanum 44 v. Chr., Atticus frage ihn und meine ja auch, daß er es selbst nicht wisse, ob er sich mehr freue an den Bergen und dem (schönen) Ausblick oder am Spaziergang am Meer entlang („tumulis prospectuque an ambulatione ἁλιτενεῖ"); es sei, wie Atticus es sage, die Schönheit beider Orte so überwältigend, daß er nicht entscheiden könne, welchem der Vorzug zu geben sei[21].

Den guten Effekt einer „ambulatio" an der frischen Luft, möglichst verbunden mit einer Unterhaltung, schätzte man; Cicero spricht häufiger davon[22]. „Inde ambulavit in litore" berichtet er dem Freund sogar über Caesar nach dessen gefürchtetem Besuch in einer seiner Villen (vielleicht im eben schon genannten Puteolanum) im Dezember 45 v. Chr. Caesars einsamer Gang führte vermutlich von der Villa des vorherigen Gastgebers, wo er langwierige und wohl diffizile Bilanzberatungen absolviert hatte, zu Ciceros Anwesen. Dort führte er dann entspannt ein liebenswürdiges, ausschließlich Themen literarischer Bildung betreffendes Tischgespräch mit dem empfindlichen Gastgeber[23].

Daß auch dieser am Meer gelegentlich einfach nur Entspannung suchte, zeigt ein 59 v. Chr., also nur wenige Jahre vor *De oratore*, wiederum an Atticus gesandter Brief: Aus dem literarischen Werk, das aus diesem Villenaufenthalt hervorgehen sollte, würde wohl nichts. Das Leben in Muße sei ihm so lieb geworden, daß er sich nicht von ihm losreißen könne. So vergnüge er sich entweder mit seinen Büchern, von denen er eine hübsche Menge in Antium habe, oder er zähle die Wellen („aut fluctus numero"). Denn zum Fang von Fischen sei das stürmische Wetter nicht geeignet („nam ad lacertas captandas tempestates non sunt idoneae")[24].

---

[21] Cic. Att. 14,13,1: „septimo denique die litterae mihi redditae sunt, quae erant a te XIII Kal. datae, quibus quaeris, idque etiam me ipsum nescire arbitraris, utrum magis tumulis prospectuque an ambulatione ἁλιτενεῖ delecter. est mehercule, ut dicis, utriusque loci tanta amoenitas, ut dubitem, utra anteponenda sit." Verweis auf beide Cicerostellen bei Schneidewin (wie Anm. 16), 497. Zu ἁλιτενεῖ vgl. Shackleton Bailey (wie Anm. 20, Bd. 6, 1967), z. St.: gewöhnlich von einer Halbinsel oder Landzunge gebraucht; vielleicht lag Ciceros Villa auf einer solchen. Die Übersetzung „am Meer entlang" bietet sich an.

[22] Vgl. z.B. Cic. Att. 2,3,4: Cicero freut sich auf winterliche „ambulationes" mit dem Freunde zur Jahreswende. Zahlreiche weitere Belege zur „ambulatio" bei Schneidewin (wie Anm. 16), 422-425.

[23] Vgl. Cic. Att. 13,52,1f. Zur Lokalisierung vgl. Shackleton Bailey (wie Anm. 20), z. St.

[24] Vgl. Cic. Att. 2,6,1. Verweis darauf bei Schneidewin (wie Anm. 16), 427: „Nur

Cicero präsentiert sich hier in so entspannter Ferienlaune, wie er sie einige Jahre später Crassus im Dialog über den Idealredner anfordern und mit der Nachricht von Scipio und Laelius illustrieren läßt. Bemerkenswert ist, daß der zitierte Brief ebenso wie jenes Meisterwerk dem Zeitabschnitt entstammt, in dem Cicero nach der Konstituierung des 1. Triumvirats die von seinen Träumen abweichende politische Realität wahrnehmen mußte. Die bloße Entspannung im Anblick der Fluten oder harmloser Zeitvertreib lenken ihn ab, wenn er sich nicht in geistige Tätigkeit vertieft. Welche konkrete Tätigkeit ist analog zu Ciceros Fischfang für Scipio und Laelius zu verstehen?

Es sei erlaubt, einen scheinbaren Umweg einzuschlagen. Valerius Maximus hat die Anekdote vom Strandvergnügen der Freunde in seiner (unter Tiberius verfaßten) Exempla-Sammlung einer kleinen Reihe anderer, die ebenfalls das „otium" großer Männer betreffen, vorangestellt[25]:

> „Scipio und Laelius, das strahlende Paar wahrer Freundschaft, sowohl durch das Band der Liebe als auch durch die Gemeinschaft der Tugenden miteinander verbunden, fanden, wie sie den Weg eines tatenreichen Lebens in gleichem Schritt zurücklegten, auch gemeinsam Ruhe in der Entspannung. Es ist bekannt, daß sie an den Stränden von Caieta und Laurentum herumschweifend häufig Muscheln und Seeschnecken sammelten ('eos Caietae et Laurenti vagos litoribus conchulas et umbilicos lectitasse'), und P. Crassus hat oft erklärt, daß er dies von seinem Schwiegervater Scaevola, der ein Schwiegersohn des Laelius war, gehört habe."

Aus dem Wortlaut insgesamt ergibt sich nicht zwingend die Abhängigkeit von Cicero, die Übereinstimmungen sowohl der Orts- und Personennamen als auch einzelner konkreter oder abstrakter Begriffe könnten

---

Einmal (sic) zeigt Cicero etwas von der modernen, doch auch von idealer Naturfreude, und von Freude an gerade diesem Ausschnitt der Allnatur angehauchten, Lust am Seebad-Leben ... Dieses völlige Herausgerissenwerden aus der inneren Arbeit des Geistes durch das große, nie ermüdende Schauspiel des Wogenganges ist so recht eine humane Frucht des Aufenthaltes an der See, und das kennt also die antike Humanität doch auch." Zu „fluctus numero" verweist Shackleton Bailey (wie Anm. 20, Bd. 1, 1965) auf Literatur zum sprichwörtlichen Gebrauch der Wendung. Ihr Sinn ist offensichtlich nicht eindeutig festzulegen; auf jeden Fall bezeichnet sie Zeitverschwendung durch eine Tätigkeit, die kein Ergebnis haben kann. Sie ist sicher weniger pathetisch gemeint, als Schneidewin sie versteht. Er vermerkt allerdings anschließend, daß „Scipio und Laelius bei solcher Gelegenheit Muscheln am Seestrande suchen" (ebd.).

[25] Val. Max. 8,8,1 (Ausgabe K. Kempf, Leipzig [2]1888): „par verae amicitiae clarissimum Scipio et Laelius, cum amoris vinculo tum etiam omnium virtutum inter se iunctum societate, ut actuosae vitae iter aequali gradu exequebantur, ita animi quoque remissionibus communiter acquiescebant: constat namque eos Caietae et Laurenti vagos litoribus conchulas et umbilicos lectitasse, idque se P. Crassus ex socero suo Scaevola, qui gener Laelii fuit, audisse saepe numero praedicavit."

sich aus dem Sachverhalt ergeben haben; sie ist jedoch wahrscheinlich. Dafür spricht u.a. die Tatsache, daß das Wort „umbilicus“, so gebraucht, außer bei Cicero und Valerius Maximus sonst nur noch einmal[26] im 4. Jh., vermutlich in Anlehnung an diese Autoren oder einen von ihnen, bei Aurelius Victor in der Kurzfassung einer Vita des C. Caesar (Caligula) auftaucht[27]. Dort wird in der Nachfolge Suetons berichtet, der Imperator habe seine Legionen versammelt und Muscheln und Meerschnecken an der Küste des Oceanus sammeln lassen („conchas umbilicosque in ora maris Oceani legi iussit“); er selbst sei dabei anwesend gewesen und habe wiederholt erklärt, von ihm würden nicht Spolien von Menschen genommen, sondern solche der Götter, weil nach der Redeweise der Griechen Fische dieser Art Augen der Nymphen seien[28]. Bei Sueton befiehlt Caligula den Soldaten lediglich, sie sollten Muscheln sammeln („ut conchas legerent“) und damit ihre Helme und den Gewandbausch füllen, und ruft, dies seien Spolien, die der Oceanus dem Kapitol und Palatin schulde[29]. Der mehrfache Sinn des Wortes „concha“[30] veranlaßte wahrscheinlich den spätantiken Autor, die zumindest zweideutige

---

[26] Vgl. Forcellini 6, 385 s.v. „umbilicus“ IV.

[27] Leeman/Pinkster (wie Anm. 6) zu Cic. de orat. 2,22 („narrare“): „Wiedergabe des Valerius Maximus“ mit Verweis auf Aurelius Victor und Sueton. Valerius Maximus verwechselt das Praenomen des Lucius Licinius Crassus, den er als Informanten für das Exemplum angibt, mit dem des Publius Licinius Crassus Dives (cos. 131). Das spricht nicht gegen seine Abhängigkeit von Cicero. Im folgenden Exempel verwechselt er den Schwiegervater des Laelius, Quintus Mucius Q. f. Scaevola (Augur), mit dem Liebhaber des Ball- und Brettspiels Publius Mucius Scaevola (cos. 133). Von dessen Freizeitvergnügungen könnte Valerius Maximus ebenfalls aus Ciceros Schrift erfahren haben; vgl. dort insbesondere 1,216f., wo dieser zusammen mit seinem Zeitgenossen P. Licinius Crassus (s.o.!) erwähnt wird. Zur Abhängigkeit des Valerius Maximus von Cicero vgl. M. Bloomer, Valerius Maximus & the Rhetoric of the New Nobility, Chapel Hill u. London 1992, 5-7; 18 u. passim (Val. Max. 8,8,1 u. 2 nicht behandelt).

[28] Aur. Vict. Caes. 3,11f. (Ausgabe P. Dufraigne, Paris 1975): „neque secus, contractis ad unum legionibus spe in Germaniam transgrediendi, conchas umbilicosque in ora maris Oceani legi iussit, cum ipse, nunc fluxo cultu Venereoque interesset, nunc armatus spolia a se non ex hominibus, sed caelestium capi dictitaret, scilicet quod huiuscemodi pisces, Graecorum dicto, quis augendi omnia studium est, Nympharum lumina accepisset.“ Vgl. auch Dufraigne ebd., 74 Anm. 16.

[29] Suet. Cal. 46: „postremo quasi perpetraturus bellum, derecta acie in litore Oceani ac ballistis machinisque dispositis, nemine gnaro aut opinante quidnam coepturus esset, repente ut conchas legerent galeasque et sinus replerent imperavit, 'spolia Oceani' vocans 'Capitolio Palatioque debita' ...“

[30] Vgl. ThlL 4 s.v. „conc(h)a“ 27f.: I 1 „animal“ und I 2 „testa concharum, ostreorum, cochlearum sim.“ mit dem Anhang: „i. q. margarita“. Als erster Beleg ist für I 1 Plaut. Rud. 297, für I 2 Cic. fin. 3,63 angeführt. Vom Wortgebrauch im übertragenen Sinn kann hier abgesehen werden.

Anweisung Caligulas bei Sueton durch die Hinzufügung der Meerschnecken und der Erklärung, die von lebendem Meeresgetier, nicht leeren Schalen spricht, in seiner Version sinnfälliger zu gestalten.

Auch in der Tradition des Valerius Maximus zeigt sich, daß man über das rechte Verständnis der Dinge rätselte: „calculos" bieten einige Handschriften[31]. Die varia lectio als zutreffenden Hinweis auf den wahren Sinn des Wortes „umbilicus" in diesem Zusammenhang zu verstehen, kann das Problem nicht lösen[32]. „Muschelschalen und Steinchen" zu sammeln, das wäre gewiß ein angemessener Zeitvertreib am Strand, jedoch befremdlich für die Häupter des Scipionenkreises.

Das Sammeln von Muschelschalen wird erst in einem literarischen Werk erwähnt, das mehr als hundert Jahre nach jedem möglichen Datum eines Strandganges von Scipio und Laelius verfaßt wurde, als sich die ersten „villae maritimae" vornehmer Römer in ein Band von Anwesen und Seebädern entlang der kampanischen Küste verwandelt hatten. In seinem Propemptikon für Corinna, die, von ihm nicht begleitet, eine Seereise zu unternehmen plant, warnt Ovid in den *Amores* vor dem rauhen Leben auf hoher See, das sich doch junge Frauen ersparen sollten[33]:

„non illic urbes, non tu mirabere silvas:
 una est iniusti caerula forma maris;
nec medius tenuis conchas pictosque lapillos
 pontus habet: bibuli litoris illa mora est.
litora marmoreis pedibus signate, puellae
 (hactenus est tutum, cetera caeca via est),

31 Vgl. Ausgabe K. Kempf, Berlin ^{1}1854 z. St. Hinweis darauf bei Leeman/Pinkster (wie Anm. 6) zu Cic. de orat. 2,22f. („narrare").

32 Vgl. A.S. Wilkins, M. Tulli Ciceronis de oratore libri tres, Amsterdam 1962 (= 1892) zu Cic. de orat. 2,22f. („umbilicos"): „... at all events the traditional explanation." Ähnlich Leeman/Pinkster (wie Anm. 6), z. St.

33 Ov. am. 2,11 (12),11-17. ThlL 4 s.v. „conc(h)a" 28,44f. werden die Verse 13f. irrtümlich als Beleg für die Verwendung des Wortes in der Bedeutung „margarita" aufgeführt. Die beiden anderen dort genannten Elegikerbelege (Tib. 2,4,30; Prop. 1,8,39) bezeichnen durch ihren Wortlaut eindeutig die „Perle". Ovid wiederholt sich met. 10,260 an derselben Versstelle fast wortgleich: „conchas teretesque lapillos" bringt Pygmalion seiner geliebten Statue neben anderen einfachen, aber hübschen Naturalien als Geschenke, also wiederum Muscheln (ThlL, unter „i. q. margarita"). So auch Bömer (wie Anm. 8, Buch 10/11, Heidelberg 1980), z. St. Zu Ov. am. 2,11(12),13f. vgl. Lucr. 2,374-376: „concharumque genus parili ratione videmus / pingere telluris gremium, qua mollibus undis / litoris incurvi bibulam pavit aequor harenam." Zur Nachfolge dieser Lukrezverse vgl. auch Prop. 1,2,13 und M. Rothstein, Dublin u. Zürich ^{3}1966 (= ^{2}1920), z. St.

et vobis alii ventorum proelia narrent, ..."

„Du wirst dort keine Städte, keine Wälder bewundern: einförmig ist die blaue Fläche des unberechenbaren Meeres; auch bietet das hohe Meer keine zarten Muscheln und bunten Steinchen; das ist der Zeitvertreib am durstigen Strand. Zeichnet die Strände, ihr Schönen, mit den Abdrücken eurer marmorweißen Füße (bis dahin ist es sicher, der übrige Weg ist dunkel), und andere mögen euch von den Gefahren der Winde erzählen, ..."

Es ist nicht auszuschließen, daß die Variante bei Valerius Maximus durch die Ovidverse verursacht ist[34]; jedoch gehören die Muschelschalen und bunte Steinchen sammelnden „puellae" Ovids in die reale Lebenswelt der römischen Liebeselegie. Es ist undenkbar, daß Cicero, der für das modische Treiben in den Seebädern, wie für jeden leichtfertigen Zeitvertreib, nichts übrig hatte[35], sich Scipio und Laelius ihnen ähnlich vorstellte[36]. Erinnern wir uns an seinen Ferienzeitvertreib: Wie er selber Fische zu fangen pflegte, so sammelten jene lebende Muscheln und Meerschnekken, die das stürmische Meer auf den Strand geworfen hatte, für die nächste Ferienmahlzeit. Das entspräche dem erwachenden Interesse der Römer an den Annehmlichkeiten des Meeres im 2. Jh. v. Chr. Kaufleute, die ihre Güter über das Meer heranbringen, und Fischer begegnen uns in

---

34 Anders Kempf (wie Anm. 31): Für das nicht verstandene Wort „umbilicos" sei das gebräuchliche „calculos" gesetzt worden, entnommen aus dem folgenden Exemplum. Dort heißt es von Scaevola: „Alveo quoque et calculis interdum vacasse dicitur."

35 M. Fuhrmann, Cicero und die römische Republik. Eine Biographie, München und Zürich ^{3}1991, 57 verweist auf Cic. Cael. 46: „Aus dem Kopf schlagen muß man sich alle Vergnügungen, verzichten auf Liebhabereien; Spiel und Scherz, festliche Tafeln und beinahe auch der Umgang mit Freunden müssen zurücktreten." Auf der Rückreise von der sizilischen Quästur erträgt Cicero in Puteoli, wohin es ihn lediglich „itineris faciendi causa" verschlagen hat, resigniert die Gesellschaft derer, „qui ad aquas venissent" (vgl. Cic. Planc. 65). Wenn er 56 v. Chr. M. Caelius Rufus, dessen Ankläger von „Vergnügungen, Liebschaften und Ehebrüchen, von Reisen nach Bajae, Strandfesten, Diners und Trinkgelagen, von Gesang, Musik und Bootsfahrten" (vgl. Cael. 35; Übersetzung Fuhrmann, s.o.) reden, gegen den Vorwurf der Teilnahme am allzu lockeren Leben der spätrepublikanischen Gesellschaft jovial und engagiert verteidigt, kann man sich nur an seine Überzeugung erinnern, daß der Redner vom Schauspieler viel lernen könne. Zu weiteren Äußerungen Ciceros und anderer zu ausschweifenden beach-parties u.ä. vgl. R.G. Austin, M. Tulli Ciceronis pro M. Caelio oratio, Oxford 1966 (= ^{3}1960), z. St.

36 Das Befremdliche daran wurde bereits wahrgenommen, jedoch akzeptiert. Vgl. d' Arms (wie Anm. 12), 13: Scipio und Laelius „gathered shells among the seashore ... and since Cicero is careful to make his speaker cite contemporary evidence for the pastimes of Scipio and Laelius, he manifestly was not simply transferring to an earlier generation the notions of otium current in his own day." Vgl. die Übersetzung von Cic. de orat. 2,22 bei F. Muecke, Horace, Satires II, Warminster 1993 zu Hor. sat. 2,1,71-73: „... they used to pick up sea-shells and pebbles (?)"

den Komödien des Plautus, Lucilius spielt auf den Luxus der Reichen an, die sich frische Fische und Meeresfrüchte leisten[37].

Arme Fischer treten im *Rudens* des Plautus auf, „conchitae". Sie wollen sich ihr Abendessen fangen gehen[38]:

„echinos, lopadas, ostrias, balanos captamus, conchas,
marinam urticam, musculos, plagusias striatas."

Da das Meer sehr bewegt ist, werden sie wohl ihr Abendessen als bereits geschehen betrachten müssen, wenn sie nicht einige Muscheln am Strand aufsammeln[39]:

„atque ut nunc valide fluctuat mare, nulla nobis spes est;
nisi quid concharum capsimus, [in] cenati sumus profecto."

So einfach sollen wir uns das Leben von Scipio und Laelius „in secretis" vorstellen, gewiß nicht so ärmlich.

Im jetzt maßgeblichen Kommentar zu Ciceros Dialog wird man stattdessen in eine andere Zeit gewiesen: „Die Strandszene erinnert den Leser an die einleitende Szenerie im *Octavius* des Minucius Felix"[40].

Wirklich? Die drei Freunde Minucius Felix, Octavius und Caecilius, die dort im Morgengrauen aufbrechen, um in Ostia am Meeresstrand entlangzuwandern, suchten den Badeort aus gesundheitlichen Gründen auf. Sie genießen die frische Luft und das Barfußlaufen im Sand, erfreuen sich an den gekräuselten Wellenausläufern am Ufersaum, die das Meer bald spielerisch an ihre Füße treibt, bald in sich zurückzieht; unterdessen berichtet Octavius von seiner Seereise nach Rom[41]. Die beiden älteren Freunde lassen sich gefangennehmen vom Anblick spielender Knaben, die wetteifernd flache Steinchen über die Wellen hüpfen lassen; aber keiner der beiden Männer rührt ein Steinchen an[42]. Der schmollende Caecilius fordert schließlich, ausgehend von einer Unstimmigkeit, die sich während des Strandganges ergab, Octavius zu einem Streitgespräch über

---

[37] Vgl. E. de Saint-Denis, Le rôle de la mer dans la poésie latine, Paris 1935, 37. 78-82. 95; RE XVI 1, 1933, s.v. Muscheln (Steier) 778-787 zu Muscheln aller Art als beliebter Nahrung der Griechen und Römer aller Gesellschaftsschichten; Muscheln und Schnecken wurden mit den verschiedensten Namen benannt. Vgl. auch Plin. nat. 32,101-174.

[38] Plaut. Rud. 297f.; 297 erster Beleg für „concha = animal" ThlL 4 s.v. 27, 35f.

[39] Plaut. Rud. 303f.

[40] Leeman/Pinkster (wie Anm. 6) zu 2,22 („Laelium ... cum Scipione").

[41] Vgl. Min. Fel. 2,3-3,4.

[42] Vgl. Min. Fel. 3,6-4,1.

das von ihm verachtete neue, christliche „genus vivendi" heraus. Die Drei lassen sich auf einer Mole nieder, Minucius Felix als Schiedsrichter zwischen den beiden anderen[43], und führen ein ernstes Gespräch bis zum Sonnenuntergang[44].

Es ist bekannt, daß zum einen Ciceros Dialog *De natura deorum* sowohl für die Struktur dieses Gespräches als auch für zahlreiche inhaltliche Details Vorlage war, zum anderen wahrscheinlich, insbesondere für die Szenerie, ein verlorenes Werk des Favorinus, von dem Gellius in den *Noctes Atticae* berichtet[45]. Dargestellt wurde ein Streitgespräch zweier Philosophenfreunde des Favorinus, das diese einmal im Frühsommer gegen Abend in Gegenwart des Favorinus und des Gellius am Strand von Ostia führten. Es ging um die Lehre vom höchsten Gut. Favorinus war Schiedsrichter des Gespräches, wie Minucius Felix im *Octavius*. Bei Sternenaufgang verließ man den Strand[46].

Zwar wird gleich in den ersten Worten des *Octavius* deutlich, daß Minucius Felix Ciceros Werk über den Idealredner schätzte[47], jedoch fehlt in der Darstellung des Strandganges der drei Männer jeder präzise sprachliche Anklang an diesen Cicero-Dialog[48]. Daß wir dennoch eine Verbindung herstellen, wird vielleicht nur durch unsere Kenntnis der folgenden Werke Ciceros verursacht. Die Metapher von den „fliegenden" Seelen finden wir bei ihm später mehrmals in platonischem Zusammenhang wiederaufgenommen, zum erstenmal in der Schrift *De re publica*,

---

[43] Vgl. Min. Fel. 4,1-5,1.

[44] Vgl. Min. Fel. 40,1f.

[45] Zu diesen Zusammenhängen sei hier nur knapp verwiesen auf die Einführung bei B. Kytzler, Minucius Felix., Octavius. Lateinisch-deutsch, Darmstadt 1993 (= 1965), insbes. 25; 35.

[46] Vgl. Gell. 18,1,1-16.

[47] Min. Fel. 1,1: „Cogitanti mihi et cum animo meo Octavi ... memoriam recensenti" steht in der Nachfolge von Cic. de orat. 1,1: „Cogitanti mihi saepenumero et memoria vetera repetenti", vgl. W. Fausch, Die Einleitungskapitel zum *Octavius* des Minucius Felix. Ein Kommentar, Zürich 1966.

[48] Insbesondere die Schilderung des Strandganges Min. Fel. 2,4-3,5 ist vom Einfluß poetischer Vorbilder geprägt; vgl. Fausch (wie Anm. 47), z. St. Allenfalls wäre zur Freude der Strandgänger an der Vereinigung von Meer und Land am Ufersaum (Min. Fel. 3,3) an den auffälligen letzten Satz in Ciceros Meereslob nat. deor. 2,100 zu denken. Abgesehen von einer sprachlichen Nähe (Fausch z. St. führt jedoch neben der Ciceroformulierung mehrere poetische ähnlicher Art an) besteht eine gedankliche: Es wird von der Wahrnehmung des betrachtenden Menschen geprochen, den das Zueinanderstreben von Meer und Land berührt.

die Cicero bald nach Vollendung von *De oratore* begann. Dort erfährt der Scipio unserer Anekdote von seinem Vorfahren in jenem berühmten Traum[49]:

> „immo vero ... hi vivunt qui e corporum vinclis tamquam e carcere evolaverunt, vestra vero quae dicitur vita mors est."

G. v. Aschenbach sieht am Ende der eingangs zitierten Novelle von Thomas Mann den Knaben Tadzio, den er an sonnigen Tagen beim Fangen von „Muscheln, Seepferdchen und seitlich laufenden Krebsen" beobachtet hatte, „draußen im Meere, im Winde, vorm Nebelhaft-Grenzenlosen"[50] als „Psychagog"[51] den Weg weisen. Von jenem Weg ist bei Cicero, *de oratore* 2,22f. nicht die Rede. Scipio und Laelius wollen ihre Seelen in diesem Leben „fliegen" lassen. Darin sind sie den Städtern in Liebermanns Strandbildern gleich.

---

[49] Cic. rep. 6,14; vgl. Leeman/Pinkster (wie Anm. 6). Dort auch Verweis auf Cic. Lael. 14: „... ut optumi cuiusque animus in morte facillime evolat tamquam e custodia vinclisque corporis." Anzuführen ist auch Cic. rep. 6,29: „... quibus agitatus et excitatus animus velocius in hanc sedem pervolabit." Ähnlich wie Cic. rep. 6,14, 54 v. Chr. verfaßt, Cic. Scaur. 4: „... hanc esse mortem, quam nos vitam putaremus, cum corpore animus tamquam carcere saeptus teneretur, vitam autem esse eam, cum idem animus vinclis corporis liberatus in eum se locum unde esset ortus se rettulisset." Die Flugmetapher fehlt; vgl. dazu Cic. Tusc. 1,103: „Critoni enim nostro non persuasi me hinc avolaturum neque mei quicquam relicturum" sowie die Vorlage Plat. Phaed. 115d οἰχήσομαι ἀπιών zu „me hinc avolaturum": Den metaphorischen Gebrauch von „avolare" etc. in diesem Zusammenhang hat Cicero eingeführt. Aus den Thesaurus-artikeln s.v. „avolo, advolo, evolo" geht hervor, daß Cicero diese Verben auch in anderen Zusammenhängen übertragen gebraucht hat, im Sinne von „entfliehen, sich befreien von" (vgl. insbesondere ThlL 5,2 s.v. „evolo", 1065,32-47. Dort 8-20 übrigens Belege für den allegorischen Gebrauch des Wortes bei christlichen Autoren: „fere i. q. ad loca sanctorum, libertatis lumen sim. educi, superiora petere"; so nicht bei Min. Fel.). Vielleicht ist „volitare" Cic. de orat. 2,23 auf das von Cic. Tusc. 1,34 zitierte Enniusepigramm (Varia, fr. 17 V.^{2}: „... volito vivos per ora virum") zurückzuführen; vgl. Cic. rep 1,26: „qui viderit, quam parva sit terra ... quamque nos in exigua eius parte adfixi ... speremus tamen nostrum nomen volitare et vagari latissime." Zum Vergleich der Seelen mit den fliegenden Vögeln läßt sich allerdings nichts Vergleichbares anführen; vgl. auch Leeman/Pinkster (wie Anm. 6), z. St.

[50] Th. Mann (wie Anm. 1), 640.

[51] Th. Mann (wie Anm. 1), 641.

Einhundert Jahre Prinzipat

Über den Sinn der *Argonautica* des Valerius Flaccus

von Widu-Wolfgang Ehlers (Berlin)

Die *Argonautica* des Valerius Flaccus[1] sind als bloße Abenteuergeschichte bezeichnet worden, als ein nur aus Einzelbildern bestehendes Epos, als geglückte oder mißglückte Apollonios-Aemulatio, als Kritik des römischen Ruhmbegriffs (und implizit damit auch der Flavier), als Glorifizierung Vespasians bzw. seiner Familie oder auch als sprachlich recht anspruchsvolle, gelungene oder mißlungene romantische oder manieristische Neufassung des alten Argonautenmythos unter rein ästhetischen Gesichtspunkten. Dabei sind die Voraussetzungen der einzelnen Interpretationen, die Arbeitshypothesen und die implizite Poetik der jeweiligen Interpreten oft nur aus der jeweiligen Interpretation zu erschließen, obwohl die Stabilität eines interpretatorischen Gebäudes entscheidend von der Probabilität der Ausgangshypothese(n) abhängt.

Jeder literarische Text hat ein Recht darauf, zunächst als autonom, um seiner selbst willen und aus sich selbst heraus, wahrgenommen zu werden. Seine zahlreichen literarischen und außerliterarischen Kontexte (von denen uns bei antiken Texten die wenigsten bekannt bzw. überliefert sind) verändern und korrigieren unser Bild. Die unterschiedlichen Interpretationsebenen sollten aber doch (soweit möglich) getrennt betrachtet werden. Zu oft galt und gilt den *Argonautica* der ein wenig naive Vorwurf, sie blieben weit hinter der *Aeneis* zurück, ohne darauf Rücksicht zu nehmen, daß Valerius in einer anderen Zeit, unter einem anderen Kaiser, mit anderen poetologischen Vorstellungen, mit einem anderen, ein Jahrhundert Prinzipat einschließenden historischen Bewußtsein, über ein anderes Ereignis und über andere Akteure schreibt. Dennoch haben die *Argonautica* sehr viel mit der *Aeneis* zu tun.

---

[1] Die folgenden Ausführungen haben im wesentlichen ihre ursprüngliche Vortragsform behalten und führen aus, was in: Metzlers Lexikon antiker Autoren, Stuttgart 1997, 731-733 angedeutet wurde. Einzelne Literaturhinweise sind hinzugekommen. Auf die interpretierende Nachzeichnung des Inhalts der Argonautica wurde verzichtet. - Auch A. Ferenczi, Sine honore labores. Zum Virtusbegriff bei Valerius Flaccus, Philologus 139, 1995, 147-156 stellt die Frage nach dem Sinn der Argonautica in ihrer Zeit (147), nach dem Niederschlag zeitgenössischer Erfahrungen in diesem Epos (156) und spricht schließlich vom Versuch einer Korrektur des vergilischen Weltbildes (156). Leider führt Ferenczi seine andeutenden Bemerkungen nicht aus und seine Beurteilung Iasons vermag ich nicht zu teilen.

Literarische Werke entstehen nicht zufällig, Mythen bzw. Themen und Gattungen werden bewußt gewählt. Oft äußern sich die Schriftsteller ausführlich zu ihren Motiven. Der Ort dafür ist im Epos der Prolog und/oder der Epilog. Da das letzte halbe Buch der *Argonautica* und damit auch ein denkbarer Epilog fehlt, sind wir allein auf das Prooemium angewiesen. Ein Epiker wählt seinen Stoff oft auch aus Motiven, die in seiner historischen Situation liegen, nicht nur aus literarischen Gründen. Dieses Beziehungsgeflecht zwischen dramatischer bzw. fiktiver Zeit und Gegenwart aufzudecken, ist eine der Aufgaben der Interpretation.

Jeder Text ist so Teil nicht nur eines intertextuellen literarischen, sondern ebenso eines sozialen Systems, aus dem er nur herausgenommen werden kann, wenn man die Intentionen des Verfassers und die Funktion des Textes in seiner Zeit für belanglos hält. Daß in sozialen Systemen bedeutende Literaten und führende Politiker einander unbekannt sind, ist eine neuere Erscheinung und gilt jedenfalls für lange Zeitläufte nicht. Dieser relativ nahe Kontakt sollte zur Vorsicht bei der Verwendung moderner politologischer Begriffe wie beispielsweise Widerstand und Opposition mahnen. Römische Epiker stehen der Macht oft sehr nah und verletzen damit ein Gesetz heutiger „political correctness", ein Literat habe Distanz zu bewahren und kritisch und oppositionell zu sein. Mit diesem Credo gerät man schnell in Schwierigkeiten, wie die Auseinandersetzungen um jüngere Vergil-, Ovid- und Properzinterpretationen zeigen. Die oppositionelle Attitüde hat wie heute möglicherweise auch in der Antike mehr Unterhaltungswert als politische Bedeutung besessen. Außerdem wird selten die Frage gestellt, wogegen jemand opponiert bzw. wofür er eintritt. Da ein antiker Text nicht nur dann lesenswert ist, wenn wir die in ihm und durch ihn vermittelte Haltung teilen, bedarf es sorgfältiger Differenzierung, um nicht nur eine Antwort auf die Frage, was uns ein antiker Text heute bedeutet, zu erhalten, sondern auch darauf, welche Bedeutung er in seiner Zeit gehabt hat oder zumindest gehabt haben könnte.

Den in den Handschriften als Gaius Valerius Flaccus Setinus Balbus überlieferten Verfasser identifizieren wir stillschweigend mit dem Epiker, dessen Tod Quintilian[2] bedauert. Valerius Flaccus war so Zeitgenosse des Vespasian und seiner Söhne, die er im Prooemium anspricht. Als

---

[2] Quint. inst. 10,1,90.

Mitglied eines der bedeutendsten Priesterkollegien Roms(1,5-7), der „quindecimviri sacris faciundis", gehörte er einem Gremium an, dessen Vorsitzender in der Regel der jeweilige Princeps war. Valerius Flaccus und der Kaiser kannten einander also persönlich. Vielleicht resultieren aus dieser Kenntnis Vespasians die relativ zurückhaltenden Formulierungen über den Princeps. Vespasian hat sich in seiner Rolle als künftiger Gott bekanntlich selbst nie so ganz ernst genommen. Das unterscheidet ihn (sehr zu seinem Vorteil) von anderen Kaisern und damit auch die Situation des Valerius Flaccus sehr von der eines Dichters unter Augustus, Nero oder Domitian.

Das Motiv der nautischen Leistungen des Vespasian (vor etwa drei Jahrzehnten im Jahre 43: Sil. 3,597f.), die nicht sehr bedeutend waren, klingt nur in den Versen 5-21 an, dem durch Verfasser, Adressaten und Entstehungszeit geprägten Widmungsteil des Prooemiums; das Motiv hätte sich in historischen Durchblicken weit öfter finden können und müssen, wenn es das tragende Hintergrundthema des Epos wäre bzw. hätte sein sollen. Daß es nur am Anfang, im Prooemium, steht, könnte darauf deuten, daß das Epos unabhängig von Vespasians „Eroberung des Kaledonischen Ozeans" und nicht im Blick auf Vespasian und seine Familie konzipiert wurde.

Über die Abfassungszeit läßt sich wenig Sicherheit gewinnen: Nur dann nämlich, wenn man den Anstoß für die Abfassung des Epos in den militärischen Leistungen des Jahres 71 sieht, die nicht Vespasian selbst vollbrachte und die auch nicht nautischer Art waren, hat Valerius seine Dichtung frühestens 71 begonnen. Wenn der Anlaß nicht in den Leistungen Vespasians lag, kann Valerius sein Epos auch früher begonnen haben. Ein Anstoß zu dieser Dichtung durch Vespasians Leistungen als „Meereseroberer" im Jahre 43 ist weder zu beweisen noch zu widerlegen: Aber auch dann dürfte Valerius erst nach Vespasians Regierungsantritt 69 mit dem Epos begonnen haben. Die Vermutung, daß Valerius die Verknüpfung von Argonautenfahrt und Vespasian erst nach dem Tode des Kaisers 79 herstellte und das Prooemium 1,1-4, das in seinem Umfang dem Prooemium des Apollonios genau entspricht, erst aus Anlaß des Todes des Vespasian um die Verse 5-21 erweiterte, bleibt Spekulation. Noch weniger läßt sich über die relative Entstehungszeit der einzelnen Bücher oder Episoden wie auch über ihre absolute Datierung sagen, zumal die Entstehung eines Epos nicht linear verlaufen muß. Hinsichtlich der Fertigstellung des uns heute vorliegenden Textes deuten alle Indizien auf die Zeit jedenfalls vor dem Regierungsantritt Domitians[3].

Bis zum Beweis des Gegenteils sollten wir davon auszugehen, daß dem Epos des Valerius ein Plan zugrundeliegt, daß es von der ersten bis zur letzten Zeile so kohärent war wie andere Epen, daß also Valerius die strukturellen Überlegungen vor der Niederschrift der Endfassung abgeschlossen hatte. Von der einflußreichen These, Valerius sei zur Darstellung eines kohärenten Handlungsablaufs gar nicht willens oder fähig, er schreibe und denke in unverbundenen Bildern[4], hat sich die Forschung weitgehend getrennt. Wie bewußt und genau er im einzelnen, in den Episoden und im Werkganzen gearbeitet hat, ist in zahlreichen Untersuchungen und Kommentaren der letzten Jahrzehnte immer deutlicher geworden. Er vermeidet das Auseinanderfallen seines Epos in Einzelbücher durch Überspielen der Buchgrenzen (an denen sich andererseits öfter ein Umschlagen der Stimmung findet) und Handlungsbindung auf der Ebene der Götter; die einzelnen Episoden bieten regelmäßig die Sequenz Verfehlung - Strafe bzw. (Verfehlung -) Strafe - Befreiung. So wird die Oberflächenstruktur der Abenteuerfahrt zugunsten der Tiefenstruktur, des Gedankens einer Veränderung der geschichtlichen Ordnung, der „translatio imperii", zurückgedrängt.

Mittlerweile stimmen die meisten Forscher mit Schetter[5] darin überein, daß die *Argonautica* auf einen Umfang von 8 Büchern angelegt waren, daß also das Ende der Fahrt bis zur Apotheose der Argo in höchstens vierhundert weiteren Versen geschildert worden sein muß. Eine umfangreiche Rückfahrtschilderung ist angesichts des grundlegenden menschlichen Konflikts zwischen Iason und Medea sowie des Erfolgs der Argo sekundär. Die triumphale Ankunft der Argo und ihrer Mannschaft war sicher das Ende des Epos. Die Aussagen des Prooemiums (1,4 wie auch z.B. 5,433ff.) verbieten es, an die Ankunft der Argo und ihre

[3] Es gibt im Text der Argonautica keine Anspielung auf einen Zeitpunkt nach dem 24. 8. 79, keine Anspielung auf Titus oder gar Domitian als Kaiser; Widmungen an (schon längere Zeit) verblichene Principes sind aus der Antike nicht bekannt. Schließlich haben Statius und Silius, die frühestens 80 mit ihrer epischen Dichtung begannen, die Argonautica gekannt und benutzt; im Valerius-Text dagegen sind bisher keine Spuren einer Statius- oder Siliuskenntnis nachgewiesen worden.

[4] F. Mehmel, Valerius Flaccus, Hamburg 1934.

[5] W. Schetter, Die Buchzahl der Argonautica des Valerius Flaccus, Philologus 103, 1959, 297-308; jetzt in: W. Schetter, Kaiserzeit und Spätantike, Stuttgart 1994, 79-88.

Versetzung unter die Sterne auch noch die weitere Geschichte Iasons und Medeas anzuschließen.

Das eigentliche Prooemium (1-4) besteht wie das des Apollonios aus vier Versen und weicht doch entscheidend von ihm ab: Thema des Apollonios ist der Ruhm der Argonauten, sie sind Subjekt des Satzes, Argo und Goldenes Vlies sind ihnen untergeordnet. Bei Valerius treten die Argonauten zurück, im Zentrum stehen die „freta pervia“ und die Leistung der Argo; das mit göttlicher Hilfe gebaute Instrument zur Verwirklichung dieser Leistung, das Schiff wird unter die Sterne versetzt, keiner der Argonauten. Diese Verschiebung scheint mir entscheidend für das Verständnis der *Argonautica* zu sein. Die Argonautenfahrt ist nicht durch einen Einzelhelden geprägt wie bereits von der Namengebung her die *Odyssee* oder die *Aeneis*, sondern eine Gemeinschaftsleistung. Diese Gemeinsamkeit geht zwar auf einen Aufruf Iasons zurück, gilt aber doch so lange, wie es nicht auf Iason als Person und Bezugsperson Medeas ankommt. Erst in Kolchis und mit Götterhilfe wird Iason dominant, auf der Rückfahrt wird er wieder zum normalen Argonauten. Weder er noch Medea sind die eigentlichen Helden der Erzählung; Heldin und Mittelpunkt der Geschichte ist die Argo. Leider ist der Schluß des Epos nicht erhalten - ich bin zuversichtlich, daß es ihn gegeben hat[6] -, so daß nicht gesagt werden kann, ob und wie am Ende die Konsekrierung der Argo mit der Apotheose Vespasians verbunden war.

Die Fahrt ist von vornherein nicht erst für den Rezipienten, der den Argonautenmythos und die Medeageschichte kennt, sondern auch schon für die Argonauten selbst durch dunkle Weissagungen überschattet und bestimmt[7]. Valerius erzählt eine Geschichte, bei der optimistische Züge schwer zu entdecken sind, es sei denn in den Ratschlüssen der Götter, die für die Menschen nur schwer und meist zu spät erkennbar werden. Die Handlung - abenteuerliche Hinfahrt, Kampf, erfolgreiche Rückkehr - ist wesentlich im Mythos vorgegeben; die Weiterführung der Geschichte bis zur Rache Medeas an Iason geschieht für den Leser/Hörer durch die schon genannten Weissagungen. Iason hat seine historische Bedeutung

---

[6] Trotz H.M. Poortvliet, Valerius Flaccus and the last file, in: M. Korn/H.J. Tschiedel (Hrsg.), Ratis omnia vincet. Untersuchungen zu den Argonautica des Valerius Flaccus', Hildesheim 1991, 35-43.

[7] M. Wacht, Zur Motivierung der Handlung im Epos des Valerius, in: Korn/Tschiedel (wie Anm. 6), 107.

als Führer der Argonauten, als Objekt der Medea aufgezwungenen Liebe; mit dem Erfolg und der Rückfahrt ist diese Rolle beendet, und die schon längst vorgesehene Tragödie kann sich entfalten.

Vorherrschende Gestalten sind in den Büchern 2-4 meist die anderen Argonauten, in den Büchern 5-8 Iason und immer stärker Medea. Die zentralen Figuren, ihre Funktion und Wertung sind umstrittener Gegenstand der wissenschaftlichen Diskussion, die noch nicht zur Konvergenz neigt. Iason ist nicht wie Aeneas als Einzelperson Träger des „fatum". Innerhalb des tradierten Mythos war dies auch kaum möglich. Deshalb hat er kein Sendungsbewußtsein wie Aeneas und kann seine Verpflichtung nie im Rahmen einer zwingenden weltgeschichtlichen Entwicklung begreifen, sondern stets „nur" auf der individuellen, menschlichen Ebene[8]. Schwankt er zu Beginn Pelias gegenüber zwischen Auflehnung und Gehorsam, so wählt er im Vertrauen auf die Götter (d.h. seine „pietas") den Gehorsam („iussa", wie später wieder in Kolchis). Über die Rolle, die bei dieser Wahl die Aussicht auf „fama" bzw. „gloria" spielt, sind sich die Interpreten uneins. Sie sehen bei Iason sowohl Loyalität gegenüber dem Herrscher wie reinen Egoismus.

Natürlich ist Iason „pius", auch wenn er Acastus hinterlistig zur Mitfahrt überredet, sonst würden ihn die Götter nicht stützen, ihn nicht zu ihrem Werkzeug machen[9]. Auch wenn sich Iasons „pietas" und sein Eigennutz nicht ohne Bruch verbinden, hieße es die Stellung des Valerius im römischen Kult und zu den Flaviern zu verkennen und die Widmung und damit Vespasian, der zumindest potentiell bereits „divus" ist, und seine Söhne in erhebliches Zwielicht zu bringen, wenn man „pietas" ironisch betrachtete (etwa mit den Worten, es sei bei Valerius mit den Göttern nicht weit her[10]). Valerius läßt sich in keiner Beziehung mit Lucan und dessen negativer Heldenwahl vergleichen.

Die Argonautenfahrt ist auch eine Geschichte von Befehlen, die akzeptiert werden, um Leistungen zu vollbringen und Ruhm zu gewinnen. Die mit den jeweiligen Befehlen verbundene Absicht ist auf der

---

8 Vgl. Wacht (wie Anm. 7), 118f.

9 M. von Albrecht, Geschichte der römischen Literatur, Bern/München 1992, II 743: „Viel öfter, als die Forschung wahrhaben will, sehen wir Iason opfern, beten, Prophezeiungen oder Offenbarungen empfangen. ... In diesem Sinne wollen die Argonautica ein Sakralgedicht in der Nachfolge der Aeneis sein."

10 Lefèvre, Die Opfer-Szene im ersten Buch (1,184-254) und das Iason-Bild in Valerius Flaccus' Argonautica, in: Korn/Tschiedel (wie Anm. 6), 179.

menschlichen Seite der Untergang des Befehlsempfängers, auf der göttlichen die Realisierung des „fatum“ durch die Leistungen des Befehlsempfängers. Iason wählt seinen Weg nicht frei - er entscheidet sich zwischen zwei Möglichkeiten und wählt die der Befolgung des Befehls, der loyalen Leistung mit der Aussicht auf Ruhm, nicht die der Rebellion. Iasons Unternehmen, das schließlich hin zur römischen Herrschaft führt, kann in Valerius' Augen deswegen kein „unheilvolles Beginnen“[11] sein, weil es sich im Einklang mit dem Willen des höchsten Gottes und dem geschichtlichen Ablauf befindet. Und Iasons Ruhmesstreben setzt sich keinesfalls über alle Bedenken hinweg, sondern bewegt sich in einem ganz normalen antik-römischen Rahmen. Auch wenn der Endpunkt Iasons Unglück ist, so läßt sich doch diese Ebene als rein menschlich bzw. historisch belanglos bezeichnen, wenn man sie mit den höheren Zielen vergleicht[12]: Die Bilanz der Fahrt, der Erfolg der Argo, ihrer Besatzung und ihres Anführers ist positiv, auch wenn die persönliche Bilanz der einzelnen Beteiligten keinesfalls nur positiv ist. Da Iason Wege geht, die nicht von Neptun oder Sol gewollt werden, wohl aber von Juppiter, verstößt er nicht gegen göttlichen Willen (das „fatum“) schlechthin, sondern nur gegen die bisherige, aber in Iuppiters Augen bereits obsolete Ordnung der Welt. Die positive Deutung der Argonautenfahrt und damit des „gloria“-Motivs wird durch die Parallelisierung der Argonautenfahrt mit Vespasians Leistungen („fama pelagi aperti“) im Prooemium m.E. endgültig bewiesen. Iason leistet als Mensch und ohne göttliche Einmischung das, was er als Mensch mit menschlichen, negativen wie positiven, Eigenschaften zu leisten imstande ist[13]. Daß er den Ablauf und das Ziel seiner Handlungen nicht kennt und sein Schicksal nicht versteht, ist ebenfalls nur zu menschlich. Dort, wo er auf Übermenschliches trifft, bedarf er übermenschlicher Hilfe.

Medea ist durch die Gefühle, die ihr Venus aus Rachsucht eingegeben hat, realitäts- und gefühlsblind geworden - von Iasons Gefühlen Medea gegenüber ist kaum die Rede, bevor sie ihn im Wortsinne so bezaubert, daß er ihr Ehe und Ruhm verspricht. Er äußert sogar seine

---

[11] Lefèvre (wie Anm. 10), 180.

[12] Von Albrecht (wie Anm. 9), 744 spricht von Iason als dem „Vertreter einer griechischen Sonderentwicklung, während für Valerius die eigentliche historische Linie von Hercules über Troia nach Rom führt.“

[13] Von Albrecht (wie Anm. 12) pointiert: „Die moralische Fehlbarkeit des Helden ... bringt ihn dem Leser menschlich näher. Iason darf gar kein Ausbund an Vollkommenheit sein; ist er doch weder Göttersohn noch Römer.“

individuelle Bereitschaft, auf das Vlies zu verzichten, doch könne er dies nicht wegen seines Auftrags und des Ruhms seiner Gefährten, der allein vom Erfolg dieser Fahrt abhänge (8,43).

Auch während der Heimfahrt schwankt Iason zwischen seinen Versprechungen und dem Pragmatismus seiner Gefährten, die Medea zugunsten einer gefahrlosen Rückfahrt ausliefern wollen. Iasons Motiv ist nicht einfache und verblendete Ruhmsucht, sondern eine Mischung aus loyaler Unterordnung, wo er (jedenfalls nach unseren literarischen und moralischen Maßstäben) hätte rebellieren können oder sogar müssen, und dem Bestreben, mit Unterstützung der Götter etwas zu leisten, das Bestand haben wird, das Ruhm verspricht, das den Göttern gefällt (Juppiter sagt 1,563: „tendite ad astra, viri").

Iason scheint mir weder ein haltloser Mensch zu sein, der das schäbige Spiel eines Despoten mitspielt[14] - eine andere Möglichkeit als die Fahrt bietet der Mythos nicht - noch verbrannt vom Gedanken an Ruhm[15], er ist auch nicht gegenüber Göttern und Menschen grundsätzlich unaufrichtig, und deshalb ist es m.E. auch falsch zu sagen, Iason sei bei Valerius negativ gezeichnet - denn Iason ist immer (auch) ein Opfer der Umstände: Seine Liebe, seine Eide gehen letztlich nicht auf seine Entscheidung zurück, er wird zu ihnen gebracht und kommt dann aus seinen Worten nicht mehr heraus, obwohl er möchte. Auf der Rückfahrt wird er bewußt unaufrichtig. Iason weiß wie Medea und die übrigen Fahrtteilnehmer nicht, daß er wie sie auf einer außermenschlichen Ebene von den Göttern benutzt worden sind. Auch bei Medea ist die Liebe ein Fremderzeugnis, sie kämpft nicht nur gegen ihre eigenen Gefühle, sondern stets vor allem gegen überlegene göttliche Macht. Sie steht im Widerstreit zwischen objektiven Werten („pietas" gegenüber Vater und Heimat trotz falschem Verhalten des Vaters) und subjektiven Gefühlen wie Liebe, Mitleid und Angst. Sie wird schuldig, weil sie nicht beiden Forderungen zugleich nachkommen kann - und sie ist sich dessen nur zu bewußt: „iamque omne nefas, iam, spero, peregi" (8,108). Sie weiß nicht, daß weit

---

[14] Vgl. Lefèvre (wie Anm. 10), 178.

[15] „Tu sola animos mentemque peruris, Gloria" (1,76) wird sehr allgemein und in auktorialer Einschaltung gesagt, nicht etwa nur und negativ auf Iason bezogen. Zur (mehr oder weniger) negativen Sicht des Iason vgl. die Arbeiten von E. Lüthje, Gehalt und Aufriß der Argonautica des Valertius Flaccus, Diss. Kiel 1971; Wacht (wie Anm. 7), 101-120; Lefèvre (wie Anm. 10), 173-180; Ferenczi (wie Anm. 1). Vorsichtiger J. Adamietz, Zur Komposition der Argonautica des Valerius Flaccus, München 1976, 6 Anm. 11.

Schlimmeres folgen wird. Das Gefühl, schuldig geworden zu sein, prägt auch ihre Reaktionen, als Iason noch auf der Rückfahrt innerlich von ihr und seinen Schwüren abrückt. So ist sie mit Recht „Täterin und Opfer zugleich“[16] genannt worden: Sie wird auf den vorgezeichneten Weg gezwungen, „sie mußte schlecht werden, um schlecht handeln zu können, ... sie mußte Medea werden“[17].

Bedauerlicherweise sind auch die Göttinnen und Götter der *Argonautica* nur, was sie auch sonst im Epos waren[18], vielleicht noch eine Spur menschlicher - im negativen Sinn, wenn man die Motive ihrer jeweiligen Handlungen betrachtet. Juno und Minerva unterstützen Iason; Juno greift öfter aus egoistischen Motiven zu unfeinen Tricks. Venus' Grundmotiv ist Rache: Rache an Lemnos wegen fehlender Verehrung, Rache an den Kolchern, weil Helios durch seine Entdeckung für das notorische homerische Gelächter gesorgt hatte. Cybele rächt sich an Cyzicus für das Töten einer Löwin. Auch die Strafen an Prometheus, Phineus, Hesione sind Vergeltungsmaßnahmen. In allen Fällen erlösen die Argonauten die Betroffenen oder vollziehen Strafen im Sinne der Götter. In allen Fällen sind sie unwissentlich Instrumente des „fatum“. Ihren vermeintlichen Entscheidungen gehen Entscheidungen höheren Orts voraus. Juppiter steht über den parteiischen Göttern, gleicht aus, sorgt für den rechten Ablauf des „fatum“, setzt den Rahmen im Großmaßstab, andere Götter verkleinern diesen großen Rahmen bis hin zu Kriechgängen, durch die die Menschen in die blutige Arena ihrer Welt geführt werden, in der sie glauben, sich frei bewegen zu können.

Valerius' Schilderung, wie Geschichte durch die Götter mithilfe nichtsahnender Menschen in historischen Abläufen realisiert wird, ist im antiken Rahmen durchaus plausibel. Dabei handelt es sich allerdings nicht mehr um eine Geschichte, die so theologisch und teleologisch, so zuversichtlich sein kann wie die des Aeneas und des Augustus. Nicht nur Nero und der Bürgerkrieg des Vierkaiserjahrs, sondern auch schon Lukans Epos haben naivere Vorstellungen vom harmonischen Zusam-

---

[16] U. Eigler, Medea als Opfer. Die Götterintrige im VII. und VIII. Buch der Argonautica, in: Korn/Tschiedel (wie Anm. 6), 172.

[17] Lefèvre (wie Anm. 12).

[18] Sehr viel positiver über Valerius' Götter urteilt D.C. Feeney, The Gods in Epic, Oxford 1991, 313-37; er spricht von einer „caring and sustaining relation between men and gods“ (335).

menwirken von Menschen und Göttern, von der göttlichen Fürsorge für Rom schwer erschüttert. Vielleicht kann man die *Argonautica* eine Antwort auch auf solche zeitgenössischen Fragen nennen. Valerius lockert den Zusammenhang zwischen Göttern und Menschen so sehr, daß der Götterwille für die Menschen nur noch punktuell erkennbar wird, nicht mehr in seinem Ablauf, nicht mehr in seinem Ziel, und deshalb trotz seines Vorhandenseins für den einzelnen und dessen Entscheidungen nicht ausschlaggebend sein kann - jedenfalls nicht im Bewußtsein der Menschen. Auf der anderen Seite erlaubt diese Lockerung und die vermeintliche Eigenständigkeit der Menschen die moralische Bewertung ihres Verhaltens[19]. Das Problem, das sich aus der Existenz der Götter ergibt, ihrer Absichten, ihrer Ziele einerseits und der Unfähigkeit des Menschen andererseits, diesen Willen zu erkennen, ist ein Problem, das auch durch den Monotheismus nicht gelöst wurde und mit dem keineswegs allein Iason und die Valeriusinterpreten zu tun haben.

Ohne Zweifel befinden sich Iason und die Argonautenfahrt im Einklang mit dem „fatum", dem Willen der Götter: Sie gehen den vorgegebenen Lauf der Geschichte. Für diese Leistung wird die Argo konsekriert und gewinnt unsterblichen Ruhm. Die Argonauten sind unwissentlich Instrumente bei der Durchsetzung der existierenden höheren Ordnung. Deshalb haben sie zwar Leistungswillen, aber kein Sendungsbewußtsein. Ein Vorwurf gegen Iason läßt sich daraus nicht konstruieren. Die Instrumentalisierung gegen eigenen Willen und moralische Bedenken führt in den *Argonautica* zu persönlichem Unglück.

Der Begriff der „virtus"[20], der heroischen Leistung, wird bei Valerius ausschließlich positiv verwendet (18 Belege); das Wort „gloria" (6 Belege) ist dagegen in den *Argonautica* kein zentraler Begriff. Die heroische Leistung in den *Argonautica* ist die Befolgung von Tyrannenbefehlen zur Vermeidung des größeren Übels Bürgerkrieg. Die „virtus" bewährt sich in der Durchführung einer Aufgabe und in einer trotz erheblicher Zweifel beibehaltenen Loyalität. Es geht um Leistung („virtus") unter gegebenen Konditionen - „vir magnus quantum licebat"

---

[19] Vgl. P. Schenk, Cyzicus, Perses und das Eingreifen der Götter, in: Korn/Tschiedel (wie Anm. 6), 153.

[20] Gebrochen sieht Ferenczi (wie Anm. 1) Iasons virtus. Virtus sei zwar das wichtigste Merkmal Iasons (148), doch machten die Umstände sie erfolglos; Iasons Heldenmut stehe in Disharmonie zu den Realitäten der Welt, in der er handelt (155f.). Dem gegenüber steht aber der im Mythos weltgeschichtlich bedeutsame und entscheidende Erfolg der Argofahrt.

sagt Tacitus Agr. 17 über Iulius Frontinus, so läßt sich gut auch Iason beschreiben. „Gloria, fama und memoria" sind stets nur bedingt erreichbar. Leistung und Ruhm haben nichts mit persönlichem Glück zu tun, Leistung wird nicht durch persönliches Glück belohnt (man vergleiche wieder die taciteische Darstellung des *Agricola*). Valerius thematisiert so (auch) die Rolle des einzelnen und seiner Leistung in der Geschichte, wie er sie im Gegensatz zu Vergil sah und in seiner Zeit sehen mußte. Dazu benutzte er ganz bewußt den Argonautenmythos, in dem göttliche Absicht, äußerer Erfolg, Ruhm und Leistung von Anfang an mit dem unausweichlichen persönlichen Unglück der Hauptakteure verbunden waren.

Valerius dokumentiert in seinen *Argonautica* nicht die Unfähigkeit, Götter und Hauptakteur im Einklang handeln zu lassen wie Vergil in der *Aeneis*, sondern den Zweifel an der Verbindlichkeit (in der Literatur wie in der Lebenswirklichkeit) und der Richtigkeit dieses geschlossenen teleologischen Welt- und Geschichtsbildes. Er ersetzt ein Jahrhundert nach der *Aeneis* das Geschichtsbild Vergils durch eine die historischen Erfahrungen reflektierende offenere, skeptischere, bescheidenere Auffassung der Rolle des Menschen in der Geschichte, ohne wie nur wenige Jahre vorher Lukan auf die Götter und das „fatum" zu verzichten. Verdeutlicht werden sollte zugleich, was gerade dieser Mythos in dieser Gestaltung für die Zeitgenossen und Vespasian bedeutet haben könnte bzw. was er vermutlich nicht bedeutet hat. Valerius war klug genug, Vergil in der typologischen Deutung[21] nicht zu folgen. Eine Verbindung zur Person Vespasians besteht nur im Proömium. Die Leistung der Argo und die Leistung Vespasians werden durch die Apotheose belohnt.

---

[21] P.R. Taylor, Valerius' Flavian Argonautica, CQ 44, 1994, 212-235 hat eine Verbindung auf der symbolischen Ebene zwischen der Argofahrt und Vespasians Herrschaft und eine typologische Verbindung zwischen den mythischen Helden und Vespasian und seiner Umgebung behauptet und will eine der *Aeneis* entsprechende Symbolik auch in den *Argonautica* nachweisen. An Taylors Ausführungen sind zwei Punkte nachvollziehbar - beide hat bereits Valerius verbalisiert: Die Argofahrt bzw. deren Ergebnisse als Sukzessionssymbol und die Argofahrt als Symbol für die Leistungen Vespasians. Die von Taylor entdeckten symbolischen und typologischen Beziehungen dagegen erweisen sich bei näherem Zusehen als hochspekulativ, insbesondere dann, wenn man die von Taylor unterdrückten Eigenschaften der einzelnen Figuren miteinbezieht. Das kann hier nicht im einzelnen gezeigt werden. Leider bedient sich der Aufsatz durchgehend eines unscharfen Begriffsapparats: Konnotation, Parallele, Anspielung, mögliche oder beabsichtigte Assoziation scheinen mir jedenfalls fast immer angemessenere Begriffe als Symbol oder Typologie zu sein.

Assoziativ beabsichtigte Bezüge zur Geschichte und damit auch zur römischen Zeitgeschichte ergeben sich dagegen aus der Gestaltung des Mythos (Tyrannen, Bürgerkrieg, Unordnung, Ordnung, „translatio imperii", Verhalten des einzelnen). Der Lauf der Geschichte ist in den *Argonautica* gottgewollt. Das Epos zeigt, daß sich die Götter der Menschen als Instrumente, als Marionetten bedienen. Deshalb kann die gottgewollte Argonautenfahrt erfolgreich verlaufen und zugleich für die erfolgreichen Hauptakteure nichts als Unglück bringen. Der Geschichtsverlauf und die Zukunft sind für Iason und Medea wie auch für andere Menschen unbegreiflich, weil sie die Absichten der lenkenden Götter nicht kennen. So sind die *Argonautica*, historisch eine „Vor-Aeneis", zugleich eine „Nach-Aeneis", ein nachvergilisches, nachaugusteisches, flavisches Epos: Die Götter und ihr Wille sind unerkennbar geworden, auch wenn Rom weiter unter ihrem Schutz steht.

„Animula vagula blandula“

Übersetzungen - Nachdichtungen - Neuschöpfungen

Ein Übersetzungsvergleich

von Bernhard Kytzler (Durban, Südafrika)

I

Die Überlegung, welches lateinische Gedicht wohl das am häufigsten in moderne Sprachen übersetzte sei, hat Italo Mariotti[1] mit einer vermutlich kaum allgemein erwarteten Nennung beantwortet: abgesehen von gewissen Oden des Horaz, sei es das kurze Abschiedsgedicht des Kaisers Hadrian, das dieser, so berichtet die *Historia Augusta*, „moriens“ geschaffen habe:

„Animula vagula blandula
hospes comesque corporis
quae nunc abibis in loca
pallidula rigida nudula
nec ut soles dabis iocos.“

In der Tat hat bereits im vorigen Jahrhundert D. Johnston[2] nicht weniger als 116 Übersetzungen gesammelt, und die inzwischen vergangene Zeit hat ihrerseits neue gezeitigt und weitere zugänglich gemacht. So mag eine Untersuchung einiger der vielen unterschiedlichen Übertragungen, eine Vergleichung ihrer Mittel und Methoden, ihrer Möglichkeiten und Mängel, lohnend sein; zugleich ist deutlich, daß bei dieser Arbeit im hier vorgegebenen Rahmen nicht anders als nur selektiv vorgegangen werden kann.

Das Gedicht, in der *Historia Augusta* innerhalb der *Vita Hadriani* (25,9) überliefert, wird in der modernen Forschung zum Teil verschieden interpungiert, der Text auch unterschiedlich gelesen resp. konjiziert[3]. Da aber die Autoren der hier zu besprechenden, in andere Sprachen übertragenen Fassungen sich zumeist an die zitierte Vulgata gehalten haben, muß es genügen, diese als solche vorauszusetzen und hier nur auf die

---

[1] I. Mariotti, Animula vagula blandula, in: Studia Florentina A. Ronconi sexagenario oblata, Rom 1970, 233-249, hier 236.

[2] D. Johnston, Translations, Literal and Free, of the Dying Hadrian's Address to his Soul, Bath 1876. Zu Hadrian s. neuerdings A.R. Birley, Hadrian - The restless emperor, London 1997.

[3] I. Borzsak, Zum Hadriansgedicht „animula vagula blandula“, Act. Class. Univ. Debrecen. 4, 1968, 101-105. Wichtigere Abweichungen: Fragezeichen nach „abibis“; „quo“ statt „quae“; „locos“ statt „loca“.

nützlicheren resp. originelleren Beiträge in der Diskussion der Varianten der Textkonstituierung zu verweisen[4]. Die zum Vergleich herangezogenen 20 Exempla aus 6 Sprachen finden sich im Anhang abgedruckt. Sie werden nicht nach dem platten Prinzip des Alphabets oder dem simplen System der Chronologie erörtert, auch nicht nach Sprachen oder Tendenzen oder Formprinzipien diskutiert. Vielmehr werden drei einzelne, besondere Schwierigkeiten der Übertragung gerade dieses Gedichtes im Hinblick auf ihre mehr allgemeine Bedeutung herausgehoben und besprochen; erst nach der Erörterung der grundlegenden Problemata wird auf einige Einzelfälle eingegangen; am Ende wird schließlich der Versuch eines Summariums formuliert.

II

Von allen Schwierigkeiten die Größte: Das kurze Gedicht findet sein Hauptproblem in den vielen Verkleinerungformen. Von den insgesamt nur 19 Wörtern sind nicht weniger als 5 Diminutive, hervorgehoben nicht allein durch ihre Anzahl (sie beinhalten mehr als ein Viertel des Gesamtbestandes), sondern auch durch ihre Stellung. Nicht nur sind die ersten 3 Wörter, die die ganze 1. Zeile umfassen, allesamt Verkleinerungsformen; auch die ganze 4. Zeile wirkt als bekräftigendes Echo, indem sie, wiederum an den Tonstellen von Anfang und Ende, je ein Diminutiv deutlich placiert. Hier tritt der Unterschied von romanischen und germanischen Sprachen entscheidend hervor: Während die einen den Vorteil genießen, aus dem eigenen Sprachfundus parallel wirkende Endungen anfügen zu können, bleibt dieser Ausweg den anderen verschlossen. Daß leicht herablassend wirkende Wendungen wie „Seelchen" o.ä. an Eindruckstreue dem Original weit entfernt stehen, braucht nicht besonders betont zu werden; für die Adjektiva sind die lateinischen Diminutive ganz unerreichbar, zu mancherlei Hilflosigkeiten führend, vgl. z.B. „etwas nackt" (1,4). Wieviel einfacher das (in den Folgeworten jeweils wieder aufgenommene) ital. -uccia, das franz. -elette! Die sprachliche Nähe der Mutter Latein und ihrer Töchter zueinander stellt sich in diesem Detail denkbar deutlich dar; der in wesentlich weiterer Entfernung wirkende, deutsch oder englisch oder niederländisch arbeitende Autor wird durch Hinzufügungen wie „kleine" oder „meine" oder „du" bzw. „little", vielleicht auch durch Wiederholungen oder Bildungen wie „Schmeichelseelchen", „Mijn zoete zieltje" u. dergl., eine gewisse Entsprechung erreichen

[4] C. Gallavotti, Animula Nudula, Maia 23, 1971, 297-302. Zur Echtheitsdebatte vgl. B. Baldwin, CQ 20, 1970, 372-374.

können, er wird aber die natürliche Leichtigkeit und homogene Selbstverständlichkeit des Originals unvermeidlich verfehlen müssen. Was den romanischen Sprachen möglich ist, ist den germanischen verwehrt: Das neu zu verwendende Sprachmaterial bestimmt durch seinen ihm eigenen Rahmen vorab das Resultat; es beschränkt unausweichlich einen erheblichen Teil der überhaupt möglichen Ergebnisse und ihrer Qualität.

Die nächste größere Schwierigkeit begegnet in Vers 4: die 3 Adjektiva sind, grammatikalisch gesehen, sowohl dem angeredeten Subjekt aus Zeile 1 „animula“ wie auch den zunächst stehenden „loca“ aus Zeile 3 zuzuordnen möglich. Die metrische und formale Parallelität von 1 und 4 scheint den Anschluß von 4 an 1 nahezulegen; die Stellung unmittelbar neben „loca“ läßt die Anbindung an diese geraten sein; der Inhalt würde am ehesten eine Auseinanderlegung der 3 Adjektive aus 4 empfehlen: die „Seele“ als zitternd, nackt und bloß, „pallidula nudula“, die „Stätten“ als starrend kalt, „rigida“. Nun ist dies aber nicht eigentlich eine übersetzungstechnische Problematik, sondern nur eine Verständnisfrage. Diese wird noch weiter kompliziert durch den Vorschlag, in Vers 3 nach „abibis“ ein Fragezeichen zu setzen und das Folgende als die Antwort auf diese, genau in der Mitte der 5 Verse placierte Frage zu sehen. All das ist für die Analyse des Textes wichtig; das so gewonnene, der Deutung unterworfene sprachliche Produkt freilich, wie immer es gefaßt werden mag, bietet dem Übersetzer für die Vorgänge seiner Übertragungsarbeit selbst keine grundsätzlichen Probleme.

Jedoch was tun? Nach philologisch-wissenschaftl. Methode ist die hier angesprochene Zuordnungsfrage, computerartig, mit einer ein-eindeutigen Antwort zu lösen gefordert. In der Tat haben auch die Gelehrten teils diesen, teils jenen Standpunkt eingenommen und mit dem Gewicht ihrer unterschiedlichen Gründe und Gegengründe zu untermauern gesucht. Einigkeit ist jedoch nicht erzielt worden; „adhuc sub iudice lis est“.

Es bleibt freilich u. E. eine dritte Möglichkeit zu berücksichtigen: die Ambiguität. Hadrians Charakter wird als kontrastreich gespannt beschrieben: „idem severus laetus, comis gravis, lascivus cunctator, tenax liberalis, simulator [dissimulator], saevus clemens et semper in omnibus varius“ (Hist. Aug. 14,11). Es ist gewiß verblüffend zu sehen, wie ähnlich des individuellen Herrschers Charakterisierung mit der des als Gesamtheit gesehenen „Volkes“ gezeichnet wird, von dem es, fast völlig parallel, heißt: „varium, iracundum, iniustum, inconstantem, eundem exorabilem clementem, misericordem, gloriosum, excelsum, humilem, ferocem fugacemque et omnia pariter"[5]. Nimmt man diese spannungsreiche Charakterisierung des Kaisers im Ganzen ernst, so ist auch im Sprachlichen eine absichtliche Ambiguität akzeptabel. Daß der Autor sich der zwiespältigen Deutbarkeit seines Verses nicht bewußt gewesen sein sollte, ist kaum anzunehmen; daß er sich nicht bemühte, sie zu beheben, kann, wenn man will, als leicht spöttische Geste gesehen werden. Und im poetischen Gestus des Gedichts ist die grammatikalische Gewißheit nur ganz geringen Gewichts: Die Grundstimmung der wenigen Zeilen bleibt voll erhalten, der „Ton" bleibt unbeeinflußt, gleich, ob man die fraglichen Adjektive dem einen oder aber dem anderen Phänomen zuordnet. Was macht es, ob es der ungewisse jenseitige „Ort" ist oder aber die ihn aufsuchende, von ihm affizierte „Seele", die (oder der) als „pallidula rigida nudula" erscheint - der poetische Duktus ist ungebrochen erhalten, der Schauder des Bebens, des Starrens, der Blöße bleibt in beiden Fällen beschworen. Vielleicht, daß gerade die Unbestimmtheit der Zuordnung im Vers mit der Unbestimmtheit der Zukunft auf der Seelenfahrt korrespondieren soll.

Die Form mag „ein Geheimnis den meisten" sein - für den Übersetzer ist sie ein zentrales, ein grundlegendes Problem. Nun ist die Anlage des hier betrachteten lateinischen Gedichtes denkbar einfach: nur 5 stichische Zeilen, jambische Dimeter, in der reinen Grundform in Vers 2, 3, 5, dagegen mit jeweils identischen Auflösungen in den Versen 1 und 4, welche auch sonst als Spiegelung erscheinen: jeweils 3 Wörter, jeweils ganz, oder fast ganz, aus Diminutiven geformt, wobei, zumindest in der einen Lesart, auch alle 6 Wörter eine gedanklich-grammatikalisch geschlossene, den Seelenzustand ausmalende Sinn-Einheit bilden.

Bekanntlich beinhaltet das Nachbilden antiker Verse in modernen Sprachen ein besonderes Problem: Die quantitierende Fügung der Frühzeit kann durch akzentuierende Zeilen gegenwärtig nur andeutungsweise von fern nachgezeichnet, nicht jedoch, im eigentlichen Wortsinne, „übertragen" werden. Was so, angeblich „in den Versmaßen des Origi-

[5] Plin. nat. 35,69, bezogen auf die Malerei des Parrhasios, das „Volk" Athens darstellend; beide Beschreibungen beinhalten jeweils 12 Einzelwerte und eine abschließende „Summa summarum"; als beiden gemeinsam erscheinen die Wörter „varius", betont als letztes bzw. erstes Wort; ferner „clemens"; schließlich die Abschlußklausel „et semper in omnibus = et omnia pariter". - Bemerkenswert, daß Hans Magnus Enzensberger diesen Text des Plinius im lateinischen Original seinem Grundsatzgedicht „Landessprache" 1960 als Motto vorangestellt hat; seine englische Fassung in den „Selected Poems" (Bloodaxe Books), Newcastle 1994, 17 lautet: „He displayed them as fickle, choleric, unjust and variable, but also as placable and merciful and compassionate, boastful, lofty and humble, fierce and timid - and all these at the same time."

nals“, entsteht, ist nicht mehr als ein weit entferntes, schattenartiges Abbild, keineswegs aber eine genetisch genau gleiche Gestalt. Unter den unten angeführten modernen Übersetzungen Hadrians haben nur zwei für dieses Dilemma einen modernen Ausweg gewählt: die Prosaform (1,8; 2,11). Leider sind im ersten Falle die dabei erreichbaren Freiheiten der engeren Wortnähe, der präziseren Gedankenentsprechung, der genaueren Satzführung bei weitem nicht ausgeschöpft: a) Die Frageform des Originals ist unübersetzt geblieben wie b) immerhin der ganze letzte Nebensatz „ut soles“ und c) das Futur sowohl von „abibis“ wie von „dabis“. Unnötig und störend hinzugefügt hingegen sind a) die Wiederholung von „klein“, b) die Begriffe „mir“, „stets“, „Schatten“. Insgesamt kann eine Prosa-Übertragung zwar gewiß an sich durchaus „poetisch“ erscheinen - diese hier ist es sicherlich nicht. Weitaus mehr ist dies im anderen Falle erreicht, von dem noch unten zu reden sein wird.

Jedoch auch innerhalb jener anderen, weit strikter auf die antike Gedichtform hin ausgerichteten, nämlich metrischen Übertragungen hat erstaunlich vielerlei verwirrende Veränderung statt: Wenige der Neufassungen nur haben sich, mehr oder minder exakt und eigentlich kaum erfolgreich, an das antike jambische Maß zu halten gesucht; nicht allzu viele haben die Fünfzahl der Zeilen beibehalten und so eine Störung der strengen Struktur vermieden. Besonders gravierend leider: Unnötig anachronistisch sind verschiedentlich Reime bemüht worden, deren Erscheinen den Leser eher ablenkt als zum Gedichte Hadrians hinlenkt, welches durch die Reimerei eine ihm grundsätzlich fremde, gutmütig genüßliche Gefälligkeit gewinnt. Auch erscheinen erstaunlich gelängte Poeme: statt der ursprünglichen 5 nun bis zu 8 Zeilen (1,3 und 7). Hier überall stellt sich der Übersetzer über den Dichter, er verstellt den Blick auf das Original, anstatt ihn zu eröffnen: Der Weg vom „traduttore“ zum „traditore“ ist kurz und bequem; der Pfad, der den Verrat vermeidet, ist freilich schwerer und nur unter vielerlei Anstrengung zu begehen möglich, σὺν πόνοις καὶ ἱδρῶτι (Xen. mem. 2,1,28).

Einen besonderen Platz nimmt Casaubons „Rückübertragung“ in das klassische Altgriechisch ein. Zwar sind in V. 1 „vagula“ und „blandula“ unberücksichtigt geblieben. Jedoch fügen sich die vom Renaissancegelehrten gesetzten neuen Wörter sämtlich in glücklicher Übereinstimmung dem vom Original vorgegebenen Sprachduktus. Zeile 2 etwa bildet Wortsinn und Wortfolge des Lateins im Griechischen genauestens nach. Das ganze Gedicht kommt wie das Original mit nur 19 Wörtern aus. Der

Abstand der Moderne zur klassischen Antike einerseits, die Nähe der beiden Sprachen der klassischen Antike zueinander andererseits dokumentieren sich so denkbar deutlich.

Ein kostbares Kleinod besonderer Art ist Pierre de Ronsards zwölfzeiliges Gedicht aus seinen Letzten Gesängen: Ronsard à son âme (2,10)[6]. Es beantwortet Hadrians Abschiedsgedanken auf eigene Weise: sie werden einerseits übersetzt, andererseits in ein neues Poem integriert, genauer: in gedanklich und poetisch stimmiger Art neu weitergeführt. Mit energischem Ernst erfolgt der Einsatz in der ersten Zeile: Es ist nicht irgendein „Seelchen", das da apostrophiert wird, es ist die Seele Ronsards; die mehr allgemeine Situation des Römers wird genau gerichtet auf die Gegenwart eines modernen Individuums. Aber Ronsard erweitert nicht nur, er kürzt auch: Aus dem Doppelglied „hospes comesque" beispielsweise wird nur „hostesse" übernommen; die Frageform von Vers 3 fällt vollständig fort; der Gedankengang von Vers 5 ist gänzlich übergangen. Andererseits werden aus den 5 Diminutiven des Originals im Französischen nicht weniger als 7; aus den 5 lateinischen Zeilen nicht weniger als 12; aus der Frage und Vorhersage Hadrians nun zusätzlich auch ein Auftrag in den 2 Imperativen des Schlusses. Die umstrittene lateinische 4. Zeile wird im Französischen sinnvoll auseinandergelegt: „rigida" wird von Ronsard offenbar auf „loca" bezogen, und diese Örter werden auch genauer definiert: „dans le froid Royaume des mors"; hingegen ordnet sich „pallidula" jetzt der Seele zu, sie ist „pasle", während ihre weiteren Eigenschaften („foiblelette, maigrelette, seulette") aus dem Wort „nudula" entwickelt sein dürften - vielleicht nicht nur aus diesem allein, sondern überhaupt aus dem Gesamtgestus des Gedichtes, dem drohend düsteren Duktus seiner dunklen Gedanken. Besonders hervorzuheben die Schlußwendung: Der Dichter stellt pointiert sein Ich der kleinen Seele gegenüber; was immer es ist, das sie erleben mag, ihrer fraglichen Bewegung im Ungewissen wird die ruhige Gewißheit des Sprechers entgegengestellt: „je dors".

Entscheidend aber: Der Sprechakt ist zeitlich neu fixiert. Im Original war das Futur vorherrschend („abibis, dabis"), im neuen Text ist es das Präsens: „Tu descens". Was zuvor bange Erwartung war, ist nun ruhige Gegenwart. Der Augenblick des Gesprächs liegt wie der Moment der Trennung bereits in der Vergangenheit: „Passant, j'ay dit", und er umfaßt

---

[6] H.H. Stuckenschmidt, Maurice Ravel. Variationen über Person und Werk, Frankfurt 1966, 245: „... eines der schönsten Gedichte der französischen Renaissance".

eine gewisse und eine ungewisse Zukunft: die Seele mag ihrem Schicksal folgen, „suy ta fortune“, der Sprecher weiß sich selbst seiner künftigen Ruhe gewiß: „je dors“. Was wie eine vordergründige Pointe wirken könnte - und was es, im technischen Sinne, auch ist -, das gibt dem ganzen Gedicht ein Gewicht der gelösten Fragen: Das Ich („je“) bleibt bestehen, und was immer auch die Seele erfährt, der Dichter findet seine Ruhe. Maurice Ravel hat in seiner Komposition des Liedes im abschließenden As-dur-Akkord diesen Akzent mit genialer Genauigkeit, in sich geschlossen und großartig gelassen, musikalisch gestaltet.

Ähnlich wie Ronsard hat auch Marguerite Yourcenar (2,11) dem kurzen Text einen besonderen Platz gegeben und ihn um eine weitere Dimension erweitert. Sagt die Historia Augusta, Hadrian habe „moriens“ das Gedicht geschaffen, so hat Ronsard, vollkommen entsprechend, es seinerseits in der Tat in seinen eigenen letzten Tagen nachgeschaffen. Yourcenar legt es, am Ende ihres biographisch-philosophischen Buches, wiederum dem sterbenden Kaiser selbst in den Mund. Jedoch gibt sie dem kurzen Text auch ihrerseits, ebenso wie Ronsard, einen weiter ausgreifenden Rahmen, eine neue Richtung. Ronsard betont die Ruhe, die ihn, die er erwartet; Yourcenar unterstreicht die Haltung Hadrians, seine tapfer heitere Gelassenheit, Genußfreudigkeit, Gegenwärtigkeit. Nur „une instant encore = one moment“ verbleibt - aber er soll gefüllt sein mit dem zustimmenden Blick auf diese hier vorhandene Welt. In sie, ins diesseitige Leben wird nun, offenen Auges, auch der Tod integriert. Eine letzte, gewichtige Antwort unseres Jahrhunderts auf das kleine Gedicht eines großen Herrschers aus alter Zeit.

III

Es ist gewiß nicht einfach, aus dem kurzen Blick auf einige Übersetzungsversuche ein geschlossenes Fazit zu ziehen. Gezeigt haben sich die determinierenden Faktoren, denen poetische Übertragungen unterliegen: die objektive Voraussetzung des heranziehbaren Sprachmaterials im neuen Medium; demgegenüber die eigene Entscheidung in der formalen Wiedergabe mit den neuen Mitteln der Moderne. Wie meist, verbinden sich Zwang und Freiheit.

Wertungen werden hier nicht angestrebt, Beckmesserei bleibt nach Kräften ausgeschlossen. Solcherlei gänzlich fernzuhalten ist freilich kaum möglich. Natürlich fällt, sieht man näher zu, unter den philologischen Versuchen aus dichterischer Sicht vieles weit zurück, mag auch gelegentlich eine gewisse Genauigkeit gewinnbar sein. Aber auch die Übertragungen der Poeten (Byron, Herder) beeindrucken nicht so stark wie erhofft. Wirklicher Widerhall zeigt sich in den beiden zuletzt angesprochenen Texten. Wie einst Catull Sapphos Gedicht von der erotischen Erschütterung mit der eigenen, persönlichen Schlußstrophe beantwortet und so einer neuen Dimension zugeführt hat, so haben auch Ronsard im 16., Yourcenar im 20. Jahrhundert eigene Antworten gegeben, neue Weiten erschlossen.

Das Gespräch des Ich mit dem eigenen Inneren hat uralte Tradition. Sie reicht von jenem altägyptischen „Streit eines Lebensmüden mit seiner Seele“[7] aus der Zeit um 2000 v. Chr., über die vielen Formen der Seelenansprache im frühen Griechentum[8], bis hin zu Villons *Streit zwischen Herz und Leib*[9] und Shakespeares Sonett 146 *Poor soul* ... Der „Flug der Seele“[10] ist gerade in der deutschen Romantik oft angesprochen und ausgemalt worden, in Wort und Musik, von Richard Wagners Wolfram in seinem Lied an den Abendstern im *Tannhäuser*, wo der Sänger sieht, wie die Seele „vor ihrem Flug durch Nacht und Grausen bangt“, bis hin zu Joseph von Eichendorffs *Mondnacht*, von Robert Schumann und Johannes Brahms in ihrer Musik zauberisch beschworen:

„Und meine Seele spannte
Weit ihre Flügel aus,
Flog durch die stillen Lande,
Als flöge sie nach Haus.“

Doch bleibt, wollen wir den Text Hadrians genau nehmen, noch eine Frage offen. Es ist das Problem des sprechenden „Ich“: die Überlieferung macht es sich/uns einfach: der sterbende Kaiser spricht; er wendet sich an die/seine Seele. Aber: Ist der Kaiser selbst nicht Leib und Seele? Ein Drittes wird im Gedicht nicht genannt; das führt so zu der etwas schiefen

---

[7] A. Erman, Gespräch eines Lebensmüden mit seiner Seele, Abh. Kgl. Preuß. Akad. Wiss. 1896; ders., Die Literatur der Ägypter, Leipzig 1923, 122ff.; A. Scharff, Der Bericht über das Streitgespräch eines Lebensmüden mit seiner Seele, SB Bayer. Akad. Wiss. 1937,9; H. Jacobsohn, Das Gespräch eines Lebensmüden mit seinem Ba, in: Zeitlose Dokumente der Seele III (Studien aus dem Jung-Institut), Zürich 1951.

[8] Vgl. die gedankenreiche und fundierte Darstellung durch K. Alt, Diesseits und Jenseits in Platons Mythen von der Seele (I), in Hermes 110, 1982, 278ff.

[9] In: François Villon, Sämtliche Werke, französisch und deutsch, hrsg. und übers. von C. Fischer, München 1992 = dtv 2304, 224f.

[10] Vgl. O. Immisch, Sprachliches zum Seelenschmetterling, Glotta VI, 1914/15, 193-206; ferner zum Seelenvogel Roscher s.v. Psyche; J.G. Griffiths, Hadrian's Egyptianizing Animula, Maia 36, 1984, 263-266.

Prämisse, daß „Ich“ {= Leib + Seele} zur Seele redet/reden - falls man nicht annehmen wollte, der Leib allein spräche zur Seele. Wie immer dies sei, Poesie darf logisch nicht allzu peinlich befragt werden: Im Augenblick kurz vor der Trennung von Leib und Seele redet der ganze Mensch zu einem Teil seiner selbst. Erst Ronsard ist es vorbehalten, diese Dichotomie zu klären, den Seelenteil auf die Reise zu schicken und das „Ich“ zur Ruh; wollte man ganz genau sein, wäre dann dieses „Ich“ nichts anderes als der Leib, der nun ruht, während die Seele reisen muß. Sie war ja auch „nur“ ein „Gast“ des Leibes, ein flüchtiger Besucher des auf dem Boden bleibenden Körpers. Dieser übernimmt jetzt die Rolle des eigentlichen „Ich“, während der Gast, nach seinem Gastspiel, davonzuziehen hat ... Das Leben ein Gastspiel? Der Leib eine Art Schutzmantel der Seele, die nun „nackt“ entschwindet? In der Tat darf man das duftige Gebilde nicht rational pressen, es vermittelt nicht logische Kategorien, sondern gemeinmenschliche individuelle Empfindung. Es hat so zu Recht seinen herausragenden Platz als eines der meist übersetzten Gedichte der lateinischen Lyrik.

Text-Anhang

Fragmenta Poetarum Latinorum, ed. K. Buechner, Leipzig 1982, 169:

Animula vagula blandula,
hospes comesque corporis,
quae nunc abibis in loca
pallidula rigida nudula
nec ut soles dabis iocos.

I 1 A.F. v. Schack, in: A. Kappelmacher/M. Schuster, Die Literatur der Römer, Potsdam 1934, 358:

Schmeichel-Seele, Wander-Irrstern,
Festgenoß in diesem Leibe:
wohin, sprich, wirst du jetzt reisen?
Bleich und nackt und starrend spielst du
Dein gewohntes Spiel nicht mehr.

I 2 Historia Augusta, übers. von E. Hohl, Zürich/München 1976, I 56:

Du mein unstet' Schmeichelseelchen,
Haus- und Weggenoss' des Leibes,
Ach, wohin wirst du nun flüchten,
Bist gar blaß und starr und nackend,
Wirst nicht fürder tändelnd scherzen!

I 3 Th. Birt, Römische Charakterköpfe. Ein Weltbild in Biographien, Leipzig ³1918, 323f.:

Mein Seelchen, freundliches Seelchen du,
So wanderlustig immerzu,
Der Leib war nur dein Gasthaus und nun
Sollst du die letzte Reise tun
In jenes Reich, wo alles so öd' und kahl und bleich,
In jene Nacht, wo keiner mehr deine Spässchen belacht.

I 4 K. Büchner, Die römische Lyrik, Stuttgart 1976, 312:

Ach liebes Seelchen unstet, schmeichlerisch,
des Körpers Geist und sein Gefährt',
das jetzt im Aufbruch ist zum Ort,
der bleich und starr und etwas nackt,
und nicht wie sonst dich übst im Scherz.

I 5 E. Bickel, Lehrbuch der Geschichte der Römischen Literatur, Heidelberg 1937, 22:

Du Seelchen so flatternd und schmeichelnd,
Des Körpers Gast und Genoß,
Wohin ziehst Du hinaus in die Weiten?
So blaß und so kalt und so bloß?
Vorbei sind die froheren Zeiten.

I 6 O. Immisch, Hadrian Abschied vom Leben, in: Neue Jbb. für das klass. Altertum 35, 1915, 203:

Seelchen, flattre nur und schmeichle,
Du des Leibes Gastgeselle!
Mußt nun doch zur Grabesstelle!
Wirst ein armes bleiches Ding sein,
steifgefroren, ohne Kleidchen,
und vorbei ist es für immer
all' mit deiner Lustigkeit.

I 7 J.G. Herder, Werke, hrsg. von B. Suphan (Bd. 215), Berlin 1885; hier nach B. Kytzler (Hrsg.), Römische Lyrik, Stuttgart 1994, 411:

Ach Seelchen, armes Seelchen!
so lange meine gute Freundin,
so lange Leibes gute Wirthin,
wohin wirst du nun wandern?
auf welcher dunklen Strasse! -
nackt und bleich und blaß und zitternd -
wirst nimmer mehr nun, wie du pflegtest,
so artig mit mir tändeln!

I 8 J. Fink, Animula, in : Geistige Welt 1948, 164f.; wieder abgedruckt unter dem Titel „Ave Mors - Gedicht eines sterbenden Kaisers“, in: J. Fink, Die Tauben von Dafni, Essen 1963, 57ff.; hier nach: W. Eisenhut, Antike Lyrik, Darmstadt 1970, 481:

Kleine Seele, lose Kleine, reizendes Wesen, meines Leibes Gast, mir stets zur Seite, jetzt entschwindest du ins Reich der Schatten, regungslos vor Kälte in einsamer Blöße. All deine Scherze sind dahin.

II 1 A. O'Brien-Moore, in: The Scriptores Hist. Augustae, ed. D. Magie (Loeb Classical Library), Cambridge/London 1967 (zuerst 1921):

O blithe little soul, thou flitting away,
Guest and comrade of this my clay,
Whither now goest thou, to what place
Bare and ghastly and without grace?
Nor, as thy wont was, joke and play.

II 2 G.G.N. Byron, Hours of Idleness, Nr. 48 (1806), ed. J.J. McGann, Lord Byron, The complete poetical works, Oxford 1980, 70:

Adrian's address to his soul, when dying

Ah! gentle, fleeting, wav'ring sprite,
Friend and associate of this clay!
To what unknown region borne
Wilt thou, now, wing thy distant flight?
No more, with wanted humour gay,
But pallid, cheerless and forlorn.

1806 war bereits die folgende Fassung entstanden (hier nach Hermeneus 38, 1966/67, 30):

Ah! fleeting spirit! wand'ring fire
That long hast warm'd my tender breast,
Doest thou no more this frame inspire?
No more a pleasing, cheerful Guest?
Whither, ah whither art thou flying?
To what dark, undiscovered shore?
Thou seem'st all trembling, shiv'ring, dying
And Wit and Humour are no more.

II 3 F. Cupaiolo, in: Storia della Letteratura Latina, Napoli 1994, 389:

Animuccia vaga e caruccia,
ospite e compagna del corpo,
in quali luoghi mai ora tene andrai
palliduccia, gelata e nuda?
Non scherzerai più come sei solita fare?

II 4 C. Gallavotti, in: Maia 23, 1971, 299f.:

Animuccia caruccia e smarrita,
che in ospite corpo ti alloghi,
dove andara ti tocca? nei luoghi
tremendi, cosuccia svestita,
né darai la tua farsa mai piú.

II 5 A. Rutgers van der Loeff (1955), in: M. Rutgers van der Loeff, Vier vertalingen van Hadrianus' Levensafscheid, in: Hermeneus 38, 1966/7, 130:

Mijn zoete zieltje, zwervenszieke lievigheid,
die als een vreemde gast dit lichaam begeleidt,
nu zul je heengaan in den onbekenden dood,
zo bibberbleek, so bibberkould, zo bibberbloot,
en noit meer grapjes maken zoals hier altijd.

II 6 B. le Bovier de Fontenelle, Nouveaux Dialogues des morts 1,4 (1683); hier nach: Neue Jbb. für das klass. Altertum 35, 1915, 416:

Ma petite âme, ma mignonne,
Tu t'en va donc, ma fille, et Dieu sache où tu vas?
Tu pars seulette et tremblotante! Hélas!
Que deviendra ton humeur folichonne?
Que deviendront tant de jolis ébats?

II 7 S. Goulart (1543-1628), hier nach: M. Rutgers van der Loeff in: Hermeneus 41, 1969/70, 70:

Mignardolette Amelette
Compagne-hostesse du corps,
En quels lieux, ma doucelette,
Nue, tremblante, pauverette
Ores t'en vas-tu dehors,
Me frustrant de ceste joye
Que par toy je recevoye?

II 8 Histoire Auguste, ed. J.-P. Callu/A. Gaden/O. Desbordes (Les Belles Lettres), Paris 1992, I 47:

Amulette vaguelette, tendrelette,
Hôtesse et compagne de mon corps,
Vers quels lieux maintenant va-tu t'en aller,
Pâlotte, raide, toute nue,
Sans désormais le goût de la moquerie!

II 9 I. Casaubon, hier nach: Neue Jbb. für das klass. Altertum 35, 1915, 415:

'Εράσμιον ψυχάριον,
ξένη χ' ἑταίρα σώματος,
ποῖ νῦν, τάλαιν', ἐλεύσεαι,
ἀμενὴς γοερά τε καὶ σκιὰ
οὐδ' οἷα πάρος τρυφήσεαι;

II 10 P. de Ronsard, Les œuvres, ed. P. Laumonier (Soc. de text. frac. mod.), Paris 1967, 18,182:

A son ame (1585)

Amelette Ronsardelette,
Mignonnelette, doucelette,
Treschere hostesse de mon corps,
Tu descens là bas, foiblelette,
Pasle, maigrelette, seulette,
Dans le froid Royaume des mors:
Toutesfois simple, sans remors
De meurtre, poison, ou rancune,
Méprisant faveurs et tresors,
Tant enviez par la commune.
Passant, j'ay dit, suy ta fortune;
Ne trouble mon repos, je dors.

II 11 M. Yourcenar, Mémoires d' Hadrien, Nouv. Bibl. française, Plon 1962, 308 und in der von der Verfasserin authorisierten Übersetzung durch G. Frick, Ende des letzten Kapitels PATIENTIA:

Petite âme, âme tendre et flottante, compagne de mon corps, qui fut ton hôte, tu vas descendre dans ces lieux pâles, durs et nus, où tu devras renoncer aux jeux d' autrefois. Un instant encore, regardons ensemble les rives familières, les objets que sans doute nous ne reverrons plus ... Tâchons d' entrer dans la mort les yeux ouverts ...

Little soul, gentle and drifting, guest and companion of my body, now you will dwell below in pallid places, stark and bare; there you will abandon your play of yore. But one moment still, let us gaze together on these familiar shores, on these objects which doubtless we shall not see again ... Let us try, if we can, to enter into death with open eyes ...

Konstanz, Wandel, Entwicklung
Beobachtungen zur Charakterdarstellung Plutarchs in den *Viten*

von Gabriele Thome (Berlin)

Im Gegensatz zur modernen Biographie, die das Leben einer Person im Sinne einer Entwicklung unter starker Berücksichtigung psychologischer und soziologischer Bedingungen darzustellen pflegt, hat die Frage der Entwicklung in der antiken Personendarstellung einen eher untergeordneten Stellenwert[1]. Der Held wird im allgemeinen als „fertig" präsentiert, zumindest, was das Erwachsenenalter betrifft. Dadurch ergibt sich gerade im engeren Bereich der Gattung in den charakterisierenden Partien die Möglichkeit einer nach guten und schlechten Eigenschaften gegliederten Darstellung, bis hin zur römischen, „zensorischen" Form eines Sueton.

Was die Frage nach dem prägenden Einfluß von Milieu, Zeitgeist, Einfluß von Freunden etc. betrifft, so ist ihre mangelnde oder inkonsequente Verfolgung keineswegs gleichbedeutend damit, daß sie außerhalb des Vorstellungsvermögens lag. Als Beispiel seien hier Philipp V. von Makedonien und Hannibal in der Darstellung des Polybios (S. 177ff.) sowie Sallusts Catilina genannt, ebenso Verführer wie Verführter, Kind der sullanischen Ära, und auch Plutarch bezieht diese Frage zumindest implizit mit ein, explizit insbesondere in seiner Coriolan-Vita: Coriolan, der seinen Vater früh verloren hatte, von der Mutter allein aufgezogen wurde und sich trotzdem zu einem hervorragenden Mann entwickelte, ist für Plutarch ein Gegenbeweis gegen eine offenkundig verbreitete Entschuldigung von Delinquenten, sie seien in ihrer Jugend vernachlässigt worden (Cor. 1,2). Andererseits ist Coriolan auch der Beweis dafür, daß eine noch so glänzende Begabung, wenn sie sich mit einem hitzigen Temperament verbindet, der Sänftigung durch Erziehung, darunter der Begegnung mit den schönen Künsten bedarf. Doch wiederum andererseits kann man diesen Mangel nicht Coriolan zur Last legen[2], in einer Zeit, in der die am

---

[1] Vgl. A. Dihle in seinen grundlegenden Studien von 1956 und 1987. Die folgenden Überlegungen gehen auf ein Vortragsmanuskript von 1990 zurück. Belegt werden die Aussagen nur bei tatsächlicher Übernahme, ansonsten verweise ich auf das Literaturverzeichnis am Ende des Beitrags.

[2] Cor. 1,4-6 ὅλως μὲν οὖν ἐν τοῖς τότε χρόνοις ἡ ʽΡώμη μάλιστα τῆς ἀρετῆς τὸ περὶ τὰς πολεμικὰς καὶ στρατιωτικὰς ἐκύδαινε πράξεις, καὶ μαρτυρεῖ τὸ τὴν ἀρετὴν ὑπ' αὐτῶν ἑνὶ τῷ τῆς ἀνδρείας ὀνόματι προσαγορεύεσθαι, καὶ τὸ τοῦ γένους ὄνομα κοινὸν ὑπάρχειν ᾧ τὴν ἀνδρείαν ἰδίᾳ καλοῦσιν.

höchsten geschätzte Form der ἀρετή für einen Römer in ἀνδρεία (lat. „virtus“) bestand. In Plutarchs Quelle, bei Dionysios von Halikarnass, findet sich von solchen Überlegungen keine Spur[3]; Plutarch hat sie offenkundig aus dem Faktum des frühen Verlustes des Vaters und des überlieferten schroffen Wesens des Eroberers von Corioli heraus entwickelt.

Spielt schon die Frage nach dem Milieu für die antiken Biographen und Historiker nur eine untergeordnete Rolle, so gilt dies in noch höherem Maße für den psychologischen Bereich[4], wo man allenfalls von Formen impliziter Psychologie sprechen kann, abgesehen vom Standardmotiv der Frau als Verführerin, seien es nun die Treiberinnen Tullia bei Livius oder Fulvia in der Antonius-Vita Plutarchs, auf die dann Cleopatra folgt, der Prototyp des Schmeichlers (vgl. S. 176; Fulvia und Cleopatra wird von Plutarch - entsprechend seinem grundsätzlich positiven, von Achtung bestimmten Frauenbild - die freilich wirkungslose Lichtgestalt Octavia gegenüberstellt). Immerhin findet sich auch das Motiv der starken Mutterbindung, wenn auch mehr registriert als reflektiert, im krankhaften Sinn wie bei Nero-Agrippina in der Darstellung des Tacitus und Sueton, positiv gesehen im oben genannten Falle Coriolans und vor allem der Gracchen und ihrer Mutter Cornelia bei Plutarch[5].

Zumindest bei Plutarch hat auch die - in der modernen Anthropolo-

---

[3] Auch Dionysios sieht freilich eine Diskrepanz zwischen hervorragenden Anlagen, Verwirklichung und Wirkung nach außen; seine Lösung besteht darin, Coriolans Tugenden wie insbesondere seine Gerechtigkeit im Sinn eines Zuviel zu interpretieren: wahre Tugend besteht in der - aristotelischen - μεσότης, Dion. Hal. ant. 8,61,2.

[4] So wird ein Brief des Tiberius an den Senat, der ihn - aus heutiger Sicht - als verzweifelten, einsamen Menschen offenbart (Tac. ann. 6,6), von Tacitus als möglicher Weg zur Deutung der Persönlichkeit verschenkt bzw. seiner These von der schlechten Grundnatur des Tiberius unterstellt, aufgrund derer er alle Handlungen und Äußerungen des Kaisers „in malam partem“ interpretieren muß: der Brief wird dementsprechend als Ausdruck von Tiberius' bösem Gewissen deklariert. Vgl. hierzu S. 179f.

[5] Die Betonung der Mutterbindung in der Coriolan-Vita geht wohl faktisch nur auf die Rede der Mutter bei Dion. Hal. ant. 8,48-53 zurück. Wenn auch von Plutarch nur referiert, ist in diesem besonderen Fall das Moment der Erziehung - durch die Mutter - sogar entscheidender als die natürliche Anlage (Tib. 1,5). Das Motiv der Mutterbindung findet sich bei Plutarch überhaupt bei allen Aufrührern aus - in seiner Darstellung - ehrenhaftem, zumindest verständlichem Grund (gerade Coriolan ist der Prototyp des Verbrechers aus verlorener Ehre), d.h. außer bei Coriolan und den Gracchen auch bei Cleomenes und Sertorius. Was im übrigen die Quellenbenutzung Plutarchs betrifft, so ist das Coriolan-Beispiel einigermaßen typisch: Zugespitzt formuliert, übernimmt Plutarch Fakten und Anekdoten bis hin zu einzelnen Formulierungen, ihre Interpretation und Wertung sowie grundsätzliche Schlüsse und Erörterungen gestaltet Plutarch dagegen im allgemeinen in Eigenregie.

gie in den letzten Jahren wieder stärker berücksichtigte - Vererbung so gut wie keine Bedeutung[6], was gerade angesichts der von Plutarch vertretenen Linie der Unwandelbarkeit der φύσις (hierzu unten S. 190ff.) einigermaßen erstaunlich ist. Freilich erhält dadurch das Individuum ein höheres Maß an Möglichkeit zu Eigenverantwortung und Selbstbestimmung, so daß das Ausklammern dieser Fragestellung vielleicht im Kontext der pädagogischen Absicht zu sehen ist, die Plutarch mit seinen Viten verfolgt (Erziehung des Rezipienten durch abschreckende bzw. anfeuernde Beispiele)[7].

Von der sokratisch/platonisch-aristotelischen Tradition herkommend, hat Plutarch den παιδεία-Gedanken ins Zentrum der Schriften der *Moralia*, die sich mit Fragen der Ethik befassen, gestellt, und auch in den Viten hat die Rubrik Erziehung/Bildung einen festen Platz: fehlende Erziehung dient, wie schon am Beispiel Coriolans hervorgehoben[8], als Erklärung von Charakter- und Verhaltensfehlern[9], gute Erziehung wirkt mäßigend, fördert die guten Anlagen und ist neben der φύσις die Grundlage des in den späteren πράξεις hervortretenden ἦθος[10]. Überraschend ist auch hier die große Rolle der Selbstbestimmung, die für die Helden in diesem Punkt sogar explizit gemacht wird, also im Sinne der προαίρεσις: Der Held entschließt sich im allgemeinen selbst zur Entwicklung seiner Anlagen durch Erziehung, wählt den Lehrer und wählt auch die Fächer.

Ich gebe einige Beispiele: Numa Pompilius[11] verbessert seine natürlichen guten Anlagen durch ein selbstgewähltes Erziehungsprogramm, Alkibiades lehnt die Disziplin „Flötenspiel" als eines Mannes

[6] Vgl. dagegen z.B. die (angebliche) Volksmeinung über Tiberius Tac. ann. 1,4,3: „Tiberium Neronem maturum annis, spectatum bello, sed vetere atque insita Claudiae familiae superbia multaque indicia saevitiae, quamquam premantur, erumpere."

[7] Siehe seine Grundsatzerklärung am Eingang des Paars Demetrios/Antonius, zugleich eine Differenzierung zwischen den Genera Biographie und Historiographie.

[8] Ansonsten s. vor allem Marius 2,1ff.

[9] Vgl. insbesondere auch Them. 2,5. Als Erklärungsmodell für widersprüchliches Verhalten geradezu bei den Haaren herbeigezogen wird die mangelnde philosophische Schulung bei dem laut Vita zwischen Aktivität und Passivität schwankenden Arat (Arat. 10,4f.): τὴν δὲ τοιαύτην ἀνωμαλίαν ἔνδεια λόγου φιλοσόφου περὶ τὰς εὐφυίας ἀπεργάζεται, τὴν ἀρετὴν ὥσπερ καρπὸν αὐτοφυῆ καὶ ἀγεώργητον ἐκφερούσας δίχα τῆς ἐπιστήμης. ταῦτα μὲν οὖν ἐξεταζέσθω τοῖς παραδείγμασιν.

[10] Siehe hierzu eine weitere Grundsatzerklärung Plutarchs in Alex. 1,2.

[11] Num. 3,5: φύσει δὲ πρὸς πᾶσαν ἀρετὴν εὖ κεκραμένος τὸ ἦθος, ἔτι μᾶλλον αὐτὸν ἐξημέρωσε διὰ παιδείας καὶ κακοπαθείας καὶ φιλοσοφίας κτλ.

unwürdig wortgewandt ab (Alc. 2,4f.), Agis, in Luxus aufgewachsen, kehrt zur altspartanischen Lebensweise zurück (Agis 4,1)[12]; die mangelnde natürliche, d.h. durch die Umgebung geprägte Formung ist freilich mitverantwortlich für Agis' letztliches Scheitern (Syncr. 1,2). Philopoimen schreibt sich sozusagen in den Studiengang Philosophie ein, mit sehr bewußter Zielsetzung (Phil. 4,6f.)[13]:

> ἠκροᾶτο δὲ λόγων καὶ συγγράμμασι φιλοσόφων ἐνετύγχανεν, οὐ πᾶσιν, ἀλλ' ἀφ' ὧν ἐδόκει πρὸς ἀρετὴν ὠφελεῖσθαι.

Insgesamt muß man m.E. bezüglich der Rolle der παιδεία zwischen Moralia und Viten differenzieren[14]: Während in den Moralia die auf Sokrates zurückgehende, optimistische Sicht von der grundsätzlichen Erziehbarkeit eines jeden Menschen zum Guten bestimmend ist[15], falsches Handeln somit nur auf Unwissen beruht, ist Plutarch in den Viten sehr viel pessimistisch-realistischer, wobei er allerdings - wohl ebenfalls aus pädagogischen Gründen - vermeidet, die Kluft zwischen postuliertem Ideal und historischer Realität allzu offensichtlich zu machen. So übergeht er etwa im Falle des Negativhelden Sulla dessen nach Sallust überragende Bildung (Sall. Iug. 95,3, im Gegensatz zu Marius, dessen mangelnde παιδεία Plutarch auch seinerseits unterstreicht, Mar. 2,1). Im Falle Alexanders, auch er bei Plutarch zumindest in einer morlischen Grauzone angesiedelt, wird anders als bei anderen Autoren die Kluft zwischen der Tatsache von Alexanders Schülerschaft bei Aristoteles und seinem Verhalten nicht aufgerissen, ebensowenig bei Alkibiades[16], bei dem die Beziehung zu Sokrates in der Darstellung Plutarchs den Durchbruch der φύσις immerhin noch aufhält (Alc. 6,1). Nur im

[12] Man kann auch eine falsche Entscheidung treffen: bei Agis' ohnehin schon nach Großem ausgreifenden Pendant Kleomenes führt die stoische Doktrin auf den falschen Weg (Agis 2,3).

[13] Vgl. Perikles, der sein gesetztes Wesen, seine Rednergabe sowie seine Unempfindlichkeit gegen alle Formen des Aberglaubens seiner - bewußt gewählten - philosophischen Schulung verdankt (Pericl. 5f.).

[14] Anders vor allem Swain; zu schematisch behandelt den Faktor παιδεία Pérez-Jiménez.

[15] Die zentralen Schriften hierzu: *De liberis educandis*, wo Plutarch selbst bei mangelnden natürlichen Gaben die Möglichkeit der Erziehung zur ἀρετή hervorhebt, wofür es allerdings in den *Viten* kein praktisches Beispiel gibt, außerdem *An virtus doceri possit*, *De virtute morali*, *Ad principem ineruditum*, vgl. *De E apud Delphos* und *De sera numinis vindicta*.

[16] Ähnliches gilt auch für Dions und Platons gescheiterten Versuch bei Dionysios (Dion 9,1f.). Zu Alkibiades (und Kritias) s. auch bereits die Verteidigung des Sokrates Xen. mem. 1,2,12ff., vor allem 24ff.

sozusagen unproblematischen Falle Ciceros wird ein Widerspruch zwischen παιδεία und Verhalten, das von extremem Ehrgeiz und Suche, um nicht zu sagen Sucht nach Selbstbestätigung bestimmt ist (Cic. 5ff.), ausdrücklich festgestellt[17].

Wie oben gesagt, gilt der Held in der antiken Charakteristik mit dem Eintritt in das Erwachsenenalter als „fertig", widersprüchliches Verhalten in der Erwachsenenzeit erscheint daher als abnormes Phänomen, das zumindest registriert wird und für das spätestens seit Polybios nach Erklärungen gesucht wird.

Häufig, wenn auch gerade für Plutarch untypisch, ist dagegen die Diskrepanz zwischen Jugend und Erwachsenenzeit[18]: Daß ein junger Mann manchmal über die Stränge schlägt, geradezu über die Stränge schlagen muß, war in komischer Übertreibung ein beliebtes Motiv der Nea und ging von daher in die römische Komödie ein; Terenz' Adelphen mit dem Paar Micio, dem strengen Vater, und Demea, dem milden, stellen den abschließenden Höhepunkt dar. Cicero wird, ausgehend von dieser Konstellation, in weltmännischer Großzügigkeit im Rahmen seiner Verteidigung der „Jugendsünden" des Caelius den Typ des antiquierten, strengen Vaters mit dem modernen, milden Vater in einer ihrerseits komödienreifen Szene konfrontieren (Cael. 37ff.), wobei er sich freilich gegen die komödiantischen Auswüchse, im Rahmen derer selbst eine Vergewaltigung im Vollrausch noch zu den läßlichen Sünden zählt, verwahrt. Ein bekanntes Beispiel aus dem richtigen Leben für ein „Zuviel" in der Jugend ist Themistokles, von dem Nepos berichtet, sein Vater habe ihn wegen seines wüsten Treibens enterbt[19]; Valerius Maximus weiß im Abschnitt „De mutatione morum aut fortunae" seiner

---

[17] Bei Plutarch wie überhaupt spielt im übrigen das Mittel der Bestrafung keine Rolle im Rahmen der Erziehung bzw. eines Wandels zum Positiven: Strafe dient im allg. wirklich nur zur Bestrafung (d.h. meist Eliminierung) des Schuldigen, also nicht als Mittel zur möglichen Besserung.

[18] Eine spezifisch römische Vorstellung ist die Bewährung im Tod, die magna mors, mit der ein verpfuschtes Leben fast ausgeglichen werden kann. Der Extremfall ist Catilina, der „memor generis atque pristinae suae dignitatis" in tapferstem Kampf fällt (Sall. Catil. 60,7), zu nennen ist hier aber etwa auch der noble Selbstmord Othos bei Tacitus (hist. 2,46ff.). Otho ist zugleich ein Beispiel für eine weitere häufig registrierte Diskrepanz: Schlaffheit und Luxus im Privatleben, Energie und Können bei der Übernahme eines Amtes.

[19] Nep. Them. 1: „huius vitia ineuntis adulescentiae magnis sunt emendata virtutibus", und 2: „qui cum minus probatus parentibus, quod et liberius vivebat et rem familiarem neglegebat, a patre exheredatus est."

Facta et dicta memorabilia sogar vom Selbstmord der Mutter aus Scham über den Sohn[20], ebenso Plutarch, der diese Nachrichten aber für frei erfunden hält (Them. 6). Während Nepos und Valerius der schändlichen Jugendzeit das leuchtende spätere Bild gegenüberstellen, geht Plutarch bei Themistokles ebenso wie im Falle des Alkibiades von einer widersprüchlichen φύσις aus, worauf noch zurückzukommen sein wird. Die von Valerius unter dem Stichwort „De mutatione morum" zusammengestellten Beispiele enthalten im übrigen entsprechend dem moralisch-erbaulichen Charakter der Schrift grundsätzlich einen Wechsel zum Guten[21]; das gilt selbst für Sulla, bei dem die auch von anderen bemerkten Widersprüche auf die beiden Phasen Jugend (negativ) und Mannesalter (positiv) verteilt werden[22], das Thema Bürgerkrieg bleibt unerwähnt. Bei Alkibiades wird die Problematik durch die Einreihung in die zweite Rubrik „De mutatione fortunae" einfach überspielt (6,6 ext. 4), und auch im Falle von Sulla, Themistokles und anderen wird die Änderung als ein überraschendes Faktum registriert, also nicht interpretiert.

Immerhin finden sich bei Valerius auch zwei Beispiele, die man fast mit dem Stichwort „Bekehrung" fassen könnte, der Fall des C. Valerius Flaccus, der zur Zeit des 2. Punischen Krieges eine „luxu deperdita adulescentia" führt. Um ihn auf den Pfad der Tugend zurückzuführen, macht ihn der Pontifex Maximus zum „flamen", und siehe da: „ad curam sacrorum et caerimoniarum converso animo usus duce frugalitatis religione, quantum prius luxuriae fuerat exemplum, tantum postea modestiae et sanctitatis specimen evasit" (Val. Max. 6,6,3). Schlimmer noch der Athener Polemon, der sich nicht nur an den Vergnügungen an sich freut, sondern, Höhepunkt der Perversion, gar noch an seinem daraus resultierenden schlechten Ruf („ipsa infamia gaudens", ext. 1). Eine einzige Rede des Philosophen Xenophanes, die der Spätheimkehrer vom Gelage zufällig hört, bewirkt die Wende: „unius ... orationis saluberrima

20 Val. Max. 6,6 ext. 2: „piget Themistoclis adulescentiam adtingere, sive patrem aspiciam abdicationis iniungenten notam sive matrem suspendio finire vitam propter fili turpitudinem coactam."

21 Vgl. bereits Lucilius über Q. Opimius, cos. 154 v. Chr. (11,422ff. Krenkel): „Quintus Opimius ille, Iugurtini pater huius,/ et formosus homo fuit et famosus, utrumque / primo adulescens; posterius dare rectius sese."

22 § 6: „quae tam diversa tamque inter se contraria si quis apud animum suum attentiore conparatione expendere velit, duos in uno homine Sullas fuisse crediderit, turpem adulescentulum et virum ... fortem."

medicina sanatus ex infami ganeone maximus philosophus evasit."

Es handelt sich also in beiden Fällen um eine Variante des παιδεία-Gedankens. Gerade der Mittelplatoniker Plutarch bietet allerdings auch ein außerchristliches Beispiel für eine Bekehrung im eigentlichen Sinn, also einer Änderung des Lebenswandels aufgrund göttlicher Offenbarung (s. Saulus/Paulus, Augustin, jedenfalls in seiner Selbstdarstellung, und Franz von Assisi)[23], freilich gerade nicht in den Viten, sondern in *De sera numinum vindicta*: die Geschichte des Thespesios, der geläutert von einem Gang in die Unterwelt zurückkehrt, nachdem er mit den Höllenstrafen für die Sünder, darunter sein eigener Vater, konfrontiert wurde.

Insgesamt herrscht also eine philosophisch begründete, glättende bzw. optimistische Tendenz: Platon war, vielleicht in der Nachfolge des Sokrates, der damit als Vater der wissenschaftlichen Anthropologie wie Psychologie gelten würde, von der schon aus pädagogischer Sicht notwendigen Wandelbarkeit der φύσις ausgegangen, und der Pragmatiker Aristoteles hatte zumindest den ἠθικαὶ ἀρεταί gegenüber den φυσικαὶ ἀρεταί die Vorrangstellung gegeben (s. eth. Nic. 1103a17ff.). Schon bei Platon hatte sich aus der Beobachtung von Verhaltensweisen wie aus der Idee der Seelenteile die Vorstellung von bestimmten Typen und Charakteren ergeben (der Arbeiter, der Krieger, der Staatslenker, aber auch der Tyrann, zugleich Prototyp des Schmeichlers, vor dessen Unheilbarkeit selbst Platon kapituliert[24], theoretisch wie praktisch im Rahmen des syrakusanischen Abenteuers); von Aristoteles bzw. seinen Schülern, konkret Theophrast, wurde eine Art Instrumentarium zu ihrer Erfassung erarbeitet. Sozusagen als Neben- und Folgeprodukt dieser Studien entstand die literarische Biographie (ich folge also Dihle), sei es als eigenes Genus, sei es im Rahmen der Historiographie.

Aus dieser Genese erklärt sich die gewisse Starrheit und mangelnde Individualität der beschriebenen historischen Gestalten, also m.E. nicht aus mangelnden Individualitätsbewußtsein[25]. Gerade auf dem Hintergrund eines an sich festgeprägten Bildes müssen offenkundige Unstim-

---

[23] Vgl. in diesem Kontext die umstrittene „Palinodie" des Horaz, carm. 1,34: „parcus deorum".

[24] Vgl. die Schilderung der Schmeichelkampagne im *Staat*; s. auch die Beschreibung der τυραννουμένη ψυχή (rep. 577e ff.)

[25] Vgl. dagegen Drexler, der die Möglichkeit zur Erfassung von Individualität erst durch das Christentum gegeben sieht.

migkeiten oder sogar Brüche im Verhalten einzelner Helden besonders auffallen und bedürfen der Klärung. Hier würden sich natürlich individuelle Erklärungen anbieten, doch stattdessen haben sich gerade bei diesen Problemfällen offenkundig schnell verschiedene Muster herausgebildet, wie die Darstellung Philipps V. von Makedonien und vor allem Hannibals bei Polybios exemplarisch zeigt: Die Frage, wie aus einem von seinen Anlagen her (ἐκ φύσεως) glänzend begabten, sozusagen naturgeschaffenen König ein grausamer Tyrann werden konnte (ἐκ βασιλέως εὐφυοῦς τύραννον ἄγριον), wird bereits zu Anfang der Philipp-Handlung gestellt, ihre Beantwortung aber auf einen späteren Zeitpunkt verschoben (4,77). Die Schuld (αἰτία) an seinen ersten Fehlhandlungen, Zerstörung und Plünderung, die zu einem empfindlichen Prestigeverlust führten, könnte angesichts der Jugend des Königs zum Teil wohl bei seinem Beraterkreis gelegen haben, konkret, bei Demetrios von Pharos, dem als positive Gegengestalt Arat gegenübergestellt wird (5,10ff.). Doch für seine weiteren Taten, Mord und Anstiftung zum Mord, trägt er die alleinige Verantwortung, und sie lassen sich nur aus einem inneren Wandel erklären (7,11,1 ... ταύτην τὴν ἀρχὴν γενέσθαι τῆς εἰς τοὔμπαλιν μεταβολῆς αὐτοῦ καὶ τῆς ἐπὶ χεῖρον ὁρμῆς καὶ μεταθέσεως).

Dem ersten schweren Verbrechen folgen nun ganz logisch weitere, Philipp ist zum Tyrannen entartet (7,14)[26]. Auf dem Höhepunkt dieser Entwicklung hält Polybios noch einmal für eine Zwischenbilanz inne (10,26,8f.)[27]:

> Ὅτι [Φιλίππου] οὐκ (ἂν) ἀγαθὰ μείζω τις σχοίη πρὸς βασιλείαν οὐδεὶς τῶν πρότερον οὐδὲ κακὰ τούτου τοῦ βασιλέως. καί μοι δοκεῖ τὰ μὲν ἀγαθὰ φύσει περὶ αὐτὸν ὑπάρξαι, τὰ δὲ κακὰ προβαίνοντι κατὰ τὴν ἡλικίαν ἐπιγενέσθαι, καθάπερ ἐνίοις ἐπιγίνεται γηράσκουσι τῶν ἵππων.

Doch nun bahnt sich eine Wende an: Für sein planmäßiges Vorgehen vor dem Hintergrund der ersten Niederlagen erteilt Polybios Philipp höchstes

26 Polybios wendet sich in diesem Zusammenhang gegen seine Historiker-Kollegen, die Geschichtsschreibung mit Panegyrik verwechseln und entsprechend im Falle Philipps seine Verbrechen gar noch als Heldentaten auslegen, oder, schlimmer noch, Theopomp, der die Schilderung eines einzigartigen Königs ankündigt, dann aber nur von dessen Schandtaten berichtet: Zwischen dem Urteil des Historikers und den zu schildernden Fakten darf weder Diskrepanz bestehen noch darf das eine zugunsten des anderen zurechtgeschminkt werden (8,8f.).

27 Polybios fügt hier noch einen Methodensatz an (10,26,9): καίπερ ἡμεῖς οὐκ ἐν τοῖς προοιμίοις, ὥσπερ τῶν λοιπῶν συγγραφέων, προφερόμεθα τὰς τοιαύτας διαλήψεις, ἀλλ' ἐπ' αὐτῶν τῶν πραγμάτων ἀεὶ τὸν καθήκοντα λόγον ἁρμόζοντες ἀποφαινόμεθα περί τε τῶν βασιλέων καὶ τῶν ἐπιφανῶν ἀνδρῶν, νομίζοντες ταύτην οἰκειοτέραν εἶναι καὶ τοῖς γράφουσι καὶ τοῖς ἀναγινώσκουσι τὴν ἐπισημασίαν.

Lob, und zwar im Rahmen einer Reflexion über menschliche Verhaltensweisen angesichts von Glück und Unglück, wobei der entscheidende Faktor für die Entscheidung zum Rechten oder Falschen für Polybios die φύσις zu sein scheint (16,28,6f.)[28]:

> ἐπειδὴ πολλάκις μὲν αἱ πρὸς τὸ χεῖρον τῶν πραγμάτων ῥοπαὶ καὶ περιστάσεις ἀλλοιοῦσι τὰς προαιρέσεις τῶν ἀνθρώπων, πολλάκις δ' αἱ πρὸς τὸ βέλτιον, ἔστι δ' ὅτε κατὰ τὴν ἰδίαν φύσιν ἄνθρωποι ποτὲ μὲν ἐπὶ τὸ δέον ὁρμῶσι, ποτὲ δ' ἐπὶ τοὐναντίον.

Diese positive Linie setzt sich angesichts von Philipps Verhalten nach der Niederlage gegen Rom fort; blieb die eben zitierte Aussage noch relativ vage bezüglich des positiven oder negativen Einflusses von Glück und Unglück, so scheint nun die Verbindung von Macht und Glück die Wendung zum Schlechteren bedingt zu haben (18,33,4f.)[29]:

> ἴσως μὲν οὖν καὶ ἑτέροις ἤδη τοῦτο συμβέβηκε, τὸ τὰς μὲν ἐν ταῖς ἐπιτυχίαις ἐξουσίας μὴ δύνασθαι φέρειν ἀνθρωπίνως, ἐν δὲ ταῖς περιπετείαις εὐλαβῶς ἵστασθαι καὶ νουνεχῶς· ἐν τοῖς δὲ μάλιστα καὶ περὶ Φίλιππον τοῦτο γέγονε.

Die Katastrophe führt zur μετάνοια. Das Schlußurteil nähert sich dann in der Begründung der ersten μεταβολή, d.h. ἐπὶ τὸ χεῖρον, dem Satz des englischen Historikers Lord Acton: „power tends to corrupt, and absolute power corrupts absolutely" (25,3,9)[30]:

> ὅτι Φίλιππος ὁ βασιλεύς, ὅτε μὲν ηὐξήθη καὶ τὴν κατὰ τῶν Ἑλλήνων ἐξουσίαν ἔλαβε, πάντων ἦν ἀπιστότατος καὶ παρανομώτατος, ὅτε δὲ πάλιν τὰ τῆς τύχης ἀντέπνευσε, πάντων μετριώτατος.

Was hier im Rahmen der Schilderung der Ereignisse etwas untergeht, die Frage nach den Grundlagen widersprüchlichen Verhaltens und der Zusammenhang zwischen φύσις und Verhalten, wird im Falle Hannibals von Polybios bündig beantwortet (9,22-26). Polybios, der an sich ein positives Hannibalbild vertritt, aber den Vorwurf der Grausamkeit wie der Geldgier nicht verschweigen kann, tritt zunächst der Meinung entgegen, daß sich in Extremsituationen wie Macht oder Unglück der

---

[28] Vgl. Pol. 16,28,9 ταῦτα μὲν οὖν προήχθην εἰπεῖν διὰ τὸ τινὰς μὲν πρὸς τῷ τέρματι, καθάπερ οἱ κακοὶ τῶν σταδιέων, ἐγκαταλιπεῖν τὰς ἑαυτῶν προθέσεις, τινὰς δ' ἐν τούτῳ μάλιστα νικᾶν τοὺς ἀντιπάλους.

[29] Vgl. für diesen Gedanken im Lateinischen Cato 21,8 (Yardan): „scio solere plerisque hominibus rebus secundis atque prolixis atque prosperis animum excellere atque superbiam atque ferociam augescere atque crescere."

[30] Vgl. bereits Senecas pessimistische Einsicht in das Wesen der Macht, Thy. 312f. (Atreus über seine Söhne): ut nemo doceat fraudis et sceleris vias, / regnum docebit. ne mali fiant times? / nascuntur.

wahre Charakter (φύσις) zeige, Widersprüche also auf vorherige Verstellung zurückzuführen seien (9,22,9f.):

> ἔνιοι μὲν γὰρ ἐλέγχεσθαί φασι τὰς φύσεις ὑπὸ τῶν περιστάσεων, καὶ τοὺς μὲν ἐν ταῖς ἐξουσίαις καταφανεῖς γίνεσθαι, κἂν ὅλως τὸν πρὸ τοῦ χρόνον ἀναστέλλωνται, τοὺς δὲ πάλιν ἐν ταῖς ἀτυχίαις.

Vielmehr handeln die Menschen unter dem Einfluß von Freunden und angesichts der Umstände oft entgegen ihren Grundsätzen und je nach Situation ganz verschieden, das gilt gerade für den Herrscher. Da ein- und derselbe Mensch kaum die verschiedensten Charakteranlagen (φύσεις) besitzen kann, kann widersprüchliches Verhalten auch jeweils Anpassung an die Umstände sein; in einem Wechsel des Verhaltens muß sich demnach die wahre Natur keineswegs enthüllen, sondern kann sich ebensogut verbergen[31]. Hannibals Wesen kann man also aus seinen Taten kaum erkennen (24,1ff.); vielmehr - und nun löst Polybios die Frage ein bißchen wie Alexander den Gordischen Knoten - ist von einem mehrfachen Wechsel unter dem Einfluß von Freunden und Umständen auszugehen (9,26,1f.):

> πλὴν ὅτι γε καὶ τὴν Ἀννίβου φύσιν οὐ μόνον ἡ τῶν φίλων παράθεσις, ἔτι δὲ μᾶλλον ἡ τῶν πραγμάτων περίστασις ἐβιάζετο καὶ μετετίθετο πολλάκις, ἔκ τε τῶν προειρημένων καὶ τῶν λέγεσθαι μελλόντων ἐστὶ φανερόν.

Das Fazit: non liquet (26,10f.). Zu einem befriedigenden Erklärungsmodell ist Polybios jedenfalls nicht gekommen.

Auf das von Polybios abgelehnte Muster: Verstellung, bis sich dann bei gegebener Situation die wahre Natur offenbart, wird später Tacitus bei seinem Tiberius-Bild[32] zurückgreifen: Schon die ersten Amtshandlungen des Tiberius sind von Verstellung, gespielter Bescheidenheit bestimmt, mit der er seine ererbte Grundeigenschaft („superbia") mühsam kaschiert. Dieses die ganze Tiberius-Darstellung bestimmende Muster

[31] Pol. 9,22,9-23,1: ἐμοὶ δ' ἔμπαλιν οὐχ ὑγιὲς εἶναι δοκεῖ τὸ λεγόμενον· οὐ γὰρ ὀλίγα μοι φαίνονται, τὰ δὲ πλεῖστα, ποτὲ μὲν διὰ τὰς τῶν φίλων παραθέσεις, ποτὲ δὲ διὰ τὰς τῶν πραγμάτων ποικιλίας, ἄνθρωποι παρὰ τὴν αὑτῶν προαίρεσιν ἀναγκάζεσθαι καὶ λέγειν καὶ πράττειν. 23,3f.: ἔτι δὲ Κλεομένης ὁ Σπαρτιάτης οὐ χρηστότατος μὲν βασιλεύς, πικρότατος δὲ τύραννος, εὐτραπελώτατος δὲ πάλιν ἰδιώτης καὶ φιλανθρωπότατος; καίτοι γ' οὐκ εἰκὸς ἦν περὶ τὰς αὐτὰς φύσεις τὰς ἐναντιωτάτας διαθέσεις ὑπάρχειν· ἀλλ' ἀναγκαζόμενοι ταῖς τῶν πραγμάτων μεταβολαῖς συμμετατίθεσθαι τὴν ἐναντίαν τῇ φύσει πολλάκις ἐμφαίνουσι διάθεσιν ἔνιοι τῶν δυναστῶν πρὸς τοὺς ἐκτός, ὥστε μὴ οἷον ἐλέγχεσθαι τὰς φύσεις διὰ τούτων, τὸ δ' ἐναντίον ἐπισκοτεῖσθαι μᾶλλον.

[32] Vgl. hierzu J. Christes, Tacitus und die moderatio des Tiberius, Gymnasium 101, 1994, 112-135.

wird dann im Epilog explizit gemacht (ann. 51,3): Seine Neigung zu Grausamkeit und sexueller Ausschweifung hatte er zunächst unterdrückt, aus „pudor" und „metus": vor allem „pudor" bis zum Tod der Söhne und der Mutter, „metus" bis zum Sturz Sejans (der Tiberius seinerseits gerade durch seine Verstellungsgabe gewonnen hatte). Von erheuchelter „virtus" stürzt er sich in Verbrechen und Schandtaten und bekennt sich somit endlich zu seiner wahren Natur, seinem „ingenium", während er seine „mores" jeweils der Situation angepaßt hatte:

> „morum quoque tempora illi diversa: egregium vita famaque quoad privatus vel in imperiis sub Augusto fuit; occultum ac subdolum fingendis virtutibus donec Germanicus ac Drusus superfuere; idem inter bona malaque mixtus incolumi matre; intestabilis saevitia sed obtectis libidinibus dum Seianum dilexit timuitve: postremo in scelera simul ac dedecora prorupit postquam remoto pudore et metu suo tantum ingenio utebatur."

Das Motiv hemmender Scham und Furcht ist wohl von Poseidonios übernommen, läßt sich aber noch weiter zurückverfolgen; auch die „metus-hostilis"-Argumentation Sallusts (Iug. 41,2, vgl. hist. praef. 12) hat hier ihre Wurzeln[33]. Doch ganz so einfach macht es sich Tacitus nicht, er kennt durchaus auch das Erklärungsmodell des „power corrupts", so aus dem Mund des Arruntius für Tiberius, nur drei Kapitel vor seinem eigenen Modell (48,2): „cum Tiberius post tantam rerum experientiam vi dominationis convulsus et mutatus sit", vergleichend heranzuziehen ist hier Tacitus' eigenes Urteil über Vespasian, der sich im Besitz der Macht entgegen der sonstigen Erfahrung zum Besseren ändert (hist. 1,50,4): „solus ... omnium ante se principum in melius mutatus est." Ansonsten nutzt er vor allem auch das effektvolle „duo-in-uno-homine"-Motiv, das Polybios ablehnt, so insbesondere für Antonius Primus (hist. 2,86,2): „pace pessimus, bello non spernendus'[34]. Sein Sejan-Portrait (ann. 4,1)[35] greift in seiner Mischung aus an sich guten,

---

[33] Vgl. hierzu Bergen.

[34] Vgl. bereits Livius über Tarquinius Superbus (1,53,1): „nec ut iniustus in pace rex, ita dux belli prauus fuit; quin ea arte aequasset superiores reges ni degeneratum in aliis huic quoque decori offecisset."

[35] Tac. ann. 4,1,2f.: „mox Tiberium variis artibus devinxit adeo ut obscurum adversum alios sibi uni incautum intectumque efficeret, non tam sollertia (quippe isdem artibus victus est) quam deum ira in rem Romanam, cuius pari exitio viguit ceciditque. corpus illi laborum tolerans, animus audax; sui obtegens, in alios criminator; iuxta adulatio et superbia; palam compositus pudor, intus summa apiscendi libido, eiusque causa modo largitio et luxus, saepius industria ac vigilantia, haud minus noxiae quotiens parando regno finguntur."

freilich grundsätzlich ambivalenten Eigenschaften, wie „patientia“ und „industria“, und schlechten Eigenschaften, „vitia“, in deren Dienst die „virtutes“ gestellt und damit pervertiert werden, Sallusts Catilina-Portrait in sehr eigenständiger Weise auf und gewinnt ihm durch das zum Zentralmotiv erhobene Motiv der Verstellung neuen Reiz ab.

Sallust war es gelungen, fußend auf Ciceros Catilina-Bild in den Catilinarien und in der Caeliana, das Bild des Bösewichts par excellence zu schaffen, der in seinen Untaten Erfüllung findet, ohne Rücksicht auf Pädagogik oder Wahrscheinlichkeit, aber mit nachhaltiger Wirkung: vor Tacitus ist Catilina Folie für Livius' Hannibal-Bild wie für Lucans Caesar, wahrscheinlich aber auch bereits für Nepos' Alcibiades (Alc. 1,1 und 3,3f.) [36]:

> „in hoc (sc. Alcibiade) quid natura efficere possit uidetur experta. constat enim inter omnes, qui de eo memoriae prodiderunt, nihil illo fuisse excellentius uel in uitiis uel in uirtutibus.“

> „laboriosus, patiens; liberalis, splendidus non minus in uita quam uictu; affabilis, blandus, temporibus callidissime seruiens: idem, simul ac se remiserat neque causa suberat quare animi laborem perferret, luxuriosus, dissolutus, libidinosus, intemperans reperiebatur, ut omnes admirarentur in uno homine tantam esse dissimilitudinem tamque diuersam naturam.“

In der ersten Rede gegen Catilina hatte sich Cicero noch über dessen offenkundige Anziehungskraft lustig gemacht, ebenso über seine Neigung zu „labor“ und „patientia“, an sich römische Werte, d.h. Leitlinien des Verhaltens, die aber wie alle Tugenden der Enthaltsamkeit ambivalent sind, d.h. es kommt darauf an, zu welchem Ziel sie als Mittel eingesetzt werden[37]. Sieben Jahre später kommt dann in der *Caeliana* unter dem Zwang der Umstände (Cicero muß Caelius gegen den Vorwurf verteidigen, er sei Anhänger Catilinas gewesen) zum ersten und einzigen Mal auf römischer Seite auch etwas von dem Charme zum Tragen, der sich mit einer solchen Persönlichkeit verbindet (Cael. 12f.)[38]:

---

[36] Vgl. den Eingang der Pausanias-Vita: „Pausanias Lacedaemonius magnus homo, sed uarius in omni genere uitae fuit: nam ut uirtutibus eluxit, sic uitiis est obrutus.“

[37] Catil. 1,26 „Ad huius vitae studium meditati illi sunt qui feruntur labores tui, iacere humi non solum ad obsidendum stuprum verum etiam ad facinus obeundum, vigilare non solum insidiantem somno maritorum verum etiam bonis otiosorum. Habes ubi ostentes tuam illam praeclaram patientiam famis, frigoris, inopiae rerum omnium quibus te brevi tempore confectum esse senties.“

[38] Sozusagen vereinfacht dagegen wieder Sall. Catil. 5,1-6: „L. Catilina, nobili genere natus, fuit magna vi et animi et corporis, sed ingenio malo pravoque. huic ab

„Habuit ille ... permulta maximarum non expressa signa sed adumbrata virtutum. Vtebatur hominibus improbis multis; et quidem optimis se viris deditum esse simulabat. Erant apud illum inlecebrae libidinum multae; erant etiam industriae quidam stimuli ac laboris. Flagrabant vitia libidinis apud illum; vigebant etiam studia rei militaris. Neque ego umquam fuisse tale monstrum in terris ullum puto, tam ex contrariis diversisque <atque> inter se pugnantibus naturae studiis cupiditatibusque conflatum. ... quis in voluptatibus inquinatior, quis in laboribus patientior? quis in rapacitate avarior, quis in largitione effusior? Illa vero, iudices, in illo homine admirabilia fuerunt, comprehendere multos amicitia, tueri obsequio, cum omnibus communicare quod habebat, servire temporibus suorum omnium pecunia, gratia, labore corporis, scelere etiam, si opus esset, et audacia, versare suam naturam et regere ad tempus atque huc et illuc torquere ac flectere, ... Hac ille tam varia multiplicique natura cum omnis omnibus ex terris homines improbos audacisque conlegerat, tum etiam multos fortis viros et bonos specie quadam virtutis adsimulatae tenebat. Neque umquam ex illo delendi huius imperi tam consceleratus impetus exstitisset, nisi tot vitiorum tanta immanitas quibusdam facilitatis et patientiae radicibus niteretur.“

Damit haben wir ein weiteres Erklärungsmodell: die sich aus entgegengesetzten Momenten zusammensetzende Natur, die entsprechend anpassungsfähig ist (also nicht nur ihr wahres Wesen von Fall zu Fall verbirgt), wie dies, wenn auch rein deskriptiv, als Anpassung an die Landessitte, für Alkibiades bereits der Historiker Satyros festgehalten hatte, FHG III 160 (bei Athen. 12, 534b):

φησίν, ὅτι ἐν Ἰωνίᾳ μὲν ὢν ⟨Ἰώνων⟩ ἐφαίνετο τρυφερώτερος, ἐν Θήβαις δὲ σωμασκῶν καὶ γυμναζόμενος τῶν Θηβαίων αὐτῶν μᾶλλον Βοιώτιος, ἐν Θετταλίᾳ δὲ ἱπποτροφῶν καὶ ἡνιοχῶν τῶν Ἀλευαδῶν ἱππικώτερος, ἐν Σπάρτῃ δὲ καρτερίαν καὶ ἀφέλειαν ἐπιτηδεύων ἐνίκα τοὺς Λάκωνας, ὑπερῆρεν δὲ καὶ τὴν τῶν Θρᾳκῶν ἀκρατοποσίαν.

Wie stellt sich nun Plutarch zu diesen diversen Erklärungsmodellen, welchem gibt er den Vorzug oder hat er vielleicht ein neues entwickelt, das alle bisher offengelegten Widersprüche löst?

---

adulescentia bella intestina caedes rapinae discordia civilis grata fuere, ibique iuventutem suam exercuit. corpus patiens inediae algoris vigiliae, supra quam quoiquam credibile est. animus audax subdolus varius, quoius rei lubet simulator ac dissimulator, alieni adpetens, sui profusus, ardens in cupiditatibus; satis eloquentiae, sapientiae parum. vastus animus inmoderata incredibilia nimis alta semper cupiebat.“ Auf dieser Folie gestaltet Livius dann seinen Hannibal (21,4,3ff.): „nunquam ingenium idem ad res diuersissimas, parendum atque imperandum, habilius fuit. ... plurimum audaciae ad pericula capessenda, plurimum consilii inter ipsa pericula erat. nullo labore aut corpus fatigari aut animus uinci poterat. caloris ac frigoris patientia par eqs.“; 9f.: „ has tantas uiri uirtutes ingentia uitia aequabant, inhumana crudelitas, perfidia plus quam Punica, nihil ueri, nihil sancti, nullus deum metus, nullum ius iurandum, nulla religio. cum hac indole uirtutum atque uitiorum eqs.“ (vgl. Tacitus' Sejan auf S. 180f.).

Generell läßt sich sagen, daß auch bei Plutarch die durchgehenden Charaktere bei weitem überwiegen. Widersprüche, Sprünge werden von ihm aber nicht nur nicht überspielt, sondern geradezu systematisch aufgespürt und zu klären versucht[39]. Dabei greift er zwar auf die vorhandenen Erklärungsmodelle zurück, aber im konkreten Fall meist gerade nicht auf das für diese Person bereits vertretene, sondern auf ein anderes. Auch Plutarch typisiert also, gerade in der Erfassung von Individuellem, wenn auch mit einem feineren Instrumentarium. Das zeigt sich ganz besonders bei der Darstellung von eng verwandten Charakteren, wo es zur Erfassung des Schein-Individuellen eben eines noch differenzierteren Typen-Instrumentariums bedarf, so im Falle von Demetrios und Antonius. Die Argumentationslinie ist dabei oft etwas verdunkelt: Der These eines anderen wird manchmal keine Gegenthese gegenübergestellt, sondern ein Beispiel, das implizit Plutarchs eigene These enthält (s. im Falle des Perikles, S. 189), oder Plutarchs eigene Meinung ergibt sich aus einer komplizierten Erörterung: Einer ersten Stellungnahme, die am ehesten Plutarchs eigene Überzeugung widerspiegelt, werden Gegenmeinungen gegenübergestellt, aufgrund derer die erste Stellungnahme vielleicht zu revidieren wäre; in einem dritten Schritt werden aber die Gegenmeinungen widerlegt, so daß am Ende die erste Position abgeschwächt bestehen bleibt (s. Coriolan S. 170f.).

Ich behandle im folgenden die signifikantesten Beispiele, beginnend mit der Charakteristik Philipps V. in der wohl vor den Doppelbiographien entstandenen Arat-Vita: den bereits von Polybios registrierten Wandel Philipps zum Schlechteren erklärt Plutarch mit dem Verstellungsmodell: bei Philipp bricht die angeborene Schlechtigkeit (ἔμφυτος κακία) hervor, die er zunächst aus Scham und Furcht (αἰσχύνῃ καὶ φόβῳ) vor seinem Ratgeber Arat verborgen hatte (Plut. Arat. 49. 51 und 52)[40]. Es handelt sich also bei seinem widersprüchlichen Verhalten letztlich um eine

---

[39] Dies gilt nur für die Hauptdarstellung; die zusammenfassenden Synkriseis bleiben dagegen merkwürdig blaß und aufgesetzt, ganz im Vordergründigen, wie aus anderer Hand.

[40] Siehe vor allem Arat 49,1f.: Ἐπεὶ δὲ τῆς τύχης εὐροούσης ἐπαιρόμενος τοῖς πράγμασι πολλὰς μὲν ἀνέφυε καὶ μεγάλας ἐπιθυμίας, ἡ δ' ἔμφυτος κακία, τὸν παρὰ φύσιν σχηματισμὸν ἐκβιαζομένη καὶ ἀναδύουσα, κατὰ μικρὸν ἀπεγύμνου καὶ διέφαινεν αὐτοῦ τὸ ἦθος κτλ., und 51,3f.: μεγίστην γὰρ ὁ Φίλιππος δοκεῖ καὶ παραλογωτάτην μεταβαλέσθαι μεταβολήν, ἐξ ἡμέρου βασιλέως καὶ μειρακίου σώφρονος ἀνὴρ ἀσελγὴς καὶ τύραννος ἐξώλης γενόμενος. τὸ δ' οὐκ ἦν ἄρα μεταβολὴ φύσεως, ἀλλ' ἐπίδειξις ἐν ἀδείᾳ κακίας, πολὺν χρόνον διὰ φόβον ἀγνοηθείσης. Vgl. auch 54,1 μιαρὸς ὢν φύσει.

Scheindiskrepanz, seine φύσις ist jedenfalls die gleiche geblieben. Für einen nochmaligen Wandel zum Besseren ist bei dieser Konzeption natürlich kein Raum.

Ein weiteres, auch für Plutarch besonders „fragwürdiges" Beispiel ist Alkibiades. Hier übernimmt Plutarch das Erklärungsmuster von der „diversa natura" und baut es weiter aus, unter dem Leitbegriff der ἀνωμαλία (Alc. 2,1 und 16,6):

τὸ δ' ἦθος αὐτοῦ πολλὰς μὲν ὕστερον, ὡς εἰκὸς ἐν πράγμασι μεγάλοις καὶ τύχαις πολυτρόποις, ἀνομοιότητας πρὸς αὑτὸ καὶ μεταβολὰς ἐπεδείξατο.

οὕτως ἄκριτος ἦν ἡ δόξα περὶ αὐτοῦ διὰ τὴν τῆς φύσεως ἀνωμαλίαν.

Entsprechend ist Themistokles ἀνώμαλος (Them. 2,5); für Themistokles wie für Alkibiades gebraucht Plutarch auch die Wendung ἐπ' ἀμφότερα (Nic. 9,1/Them. 2,5)[41]. Während sich bei Themistokles diese φύσις aber mehr im Sinne einer Zwei-Phasen-Abfolge verwirklicht (negativ-positiv, also nicht das gängige Jugend-Erwachsenenalter-Modell), ist für Alkibiades dieses widersprüchliche Doppel durchgehend präsent und für sein Verhalten bis hin zum bewußten Einsatz bestimmend. Letzteres wird gefaßt im Bild des Chamäleon, wobei Alkibiades das Chamäleon an Wandlungsfähigkeit in einem entscheidenden Punkt übertrifft, indem er im Gegensatz zum Chamäleon auch die Farbe Weiß (= gut) annehmen kann (Alc. 23,4-6):

ἦν γὰρ ὥς φασι μία δεινότης αὕτη τῶν πολλῶν ἐν αὐτῷ καὶ μηχανὴ θήρας ἀνθρώπων, συνεξομοιοῦσθαι καὶ συνομοπαθεῖν τοῖς ἐπιτηδεύμασι καὶ ταῖς διαίταις, ὀξυτέρας τρεπομένῳ τροπὰς τοῦ χαμαιλέοντος. πλὴν ἐκεῖνος μὲν ὡς λέγεται πρὸς ἓν ἐξαδυνατεῖ χρῶμα τὸ λευκὸν ἀφομοιοῦν ἑαυτόν· Ἀλκιβιάδῃ δὲ διὰ χρηστῶν ἰόντι καὶ πονηρῶν ὁμοίως οὐδὲν ἦν ἀμίμητον οὐδ' ἀνεπιτήδευτον, ἀλλ' ἐν Σπάρτῃ γυμναστικός κτλ. (vgl. Satyros). οὐχ αὑτὸν ἐξιστὰς οὕτω ῥᾳδίως εἰς ἕτερον ἐξ ἑτέρου τρόπον, οὐδὲ πᾶσαν δεχόμενος τῷ ἤθει μεταβολήν, ἀλλ' ὅτι τῇ φύσει χρώμενος ἔμελλε λυπεῖν τοὺς ἐντυγχάνοντας, εἰς πᾶν ἀεὶ τὸ πρόσφορον ἐκείνοις σχῆμα καὶ πλάσμα κατεδύετο καὶ κατέφευγεν.

Die Chamäleon-Metapher gebraucht Plutarch in den *Moralia* (*De adulatore et amico*) auch für den Schmeichler, den κόλαξ, Platons „böses

---

[41] Zur gemischten bzw. sich ungleichen φύσις vgl. auch den „Typ" Tigellius Hor. sat. 1,3,9: „nil aequale homini fuit: saepe velut qui/ currebat fugiens hostem, persaepe velut qui/ Iunonis sacra ferret" (vgl. Sallust über Catilina, Catil. 15,5: „citus modo, modo tardus incessus"); ebd. 18f.: „nil fuit unquam/ sic inpar sibi".

Tier" (Phaidr. 240b οἷον κόλακι, δεινῷ θηρίῳ καὶ βλάβῃ μεγάλῃ)[42], dem Theophrast in Ausführung der aristotelischen „Charakterologie" als Typ ein allerdings eher heiteres Denkmal gesetzt hatte. Zunächst noch implizit, ein θηρίον, das seine Farbe wechseln kann (51D, vgl. 52B παντοδαπός ἐστιν καὶ ποίκιλος), dann explizit ist das Chamäleon Metapher für das destruktive Wesen des κόλαξ (53D/E):

> ὁ δὲ κόλαξ ἀτεχνῶς τὸ τοῦ χαμαιλέοντος πέπονθεν. ἐκεῖνός τε γὰρ ἁπάσῃ χρόᾳ πλὴν τοῦ λευκοῦ συναφομοιοῦται, καὶ ὁ κόλαξ ἐν τοῖς ἀξίοις σπουδῆς ὅμοιον ἑαυτὸν ἐξαδυνατῶν παρέχειν οὐδὲν ἀπολείπει τῶν αἰσχρῶν ἀμίμητον ... φύσει τε γὰρ ἀφ' ἑαυτοῦ πρὸς τὰ χείρονα κατάντης ἐστί κτλ.

Hier fehlt also die Farbe Weiß, die Charakteristik des Schmeichlers ist rein negativ. Als „Idealverkörperung" des Schmeichlers erscheint hier bei Plutarch der Demagoge[43], und ein Zentralbeispiel für einen solchen ist Alkibiades (52E):

> μαρτυρεῖ δὲ καὶ τὰ τῶν μεγάλων ἔργα κολάκων καὶ τὰ τῶν δημαγωγῶν, ὧν ὁ μέγιστος Ἀλκιβιάδης κτλ.

es folgt die bekannte Anpassungsreihe an die Landessitte; d.h., während Alkibiades in den *Moralia* als absolute Negativfigur erscheint, ist sein Bild in den Viten sehr viel heller und wohl auch realistischer.

Das Moment der Wandlungs- und Anpassungsfähigkeit als das frappierende Charakteristikum des Alkibiades geht zwar rein faktisch schon auf Satyros zurück, doch findet es sich zumindest in dieser spezifischen Ausprägung, die der Gestalt etwas Monströses gibt, so vorher nur bei Nepos belegt, wobei es Plutarch in der *Vita* allerdings zugleich gelingt, den Zauber, der von einer solch schillernden Persönlichkeit ausgeht, einzufangen, noch über Ciceros Catilina-Bild in der *Caeliana* hinaus. Ausgehend von deutlichen Parallelen möchte ich annehmen, daß Plutarch in sein Alkibiades-Bild außer Satyros, Nepos und dem platonischen Typ des Schmeichlers auch das Catilinabild

---

[42] Vgl. Demosthenes (?) gegen den berüchtigten Sykophanten Aristogeiton (in Aristog. 1 [25],95): δεῖ δὴ πάντας, ὥσπερ οἱ ἰατροί, ὅταν καρκίνον ἢ φαγέδαιναν ἢ τῶν ἀνιάτων τι κακῶν ἴδωσιν, ἀπέκαυσαν ἢ ὅλως ἀπέκοψαν, οὕτω τοῦτο τὸ θηρίον ὑμᾶς ἐξορίσαι, ῥῖψαι ἐκ τῆς πόλεως, ἀνελεῖν, μὴ περιμείναντάς τι παθεῖν, ὃ μήτ' ἰδίᾳ μήτε δημοσίᾳ γένοιτο, ἀλλὰ προευλαβηθέντας. Zum Einsatz der Tiermetaphorik in der griechischen und römischen Invektive vgl. Verf. 1993, 39ff.

[43] Vgl. Peisistratos in der Solon-Vita 29,2f.; zum Typ des Schmeichlers s. auch die Charakteristik und Rolle der Kleopatra in der Antonius-Vita (29,1: ἡ δὲ Κλεοπάτρα τὴν κολακείαν οὐχ ὥσπερ ὁ Πλάτων φησὶ (s. Plat. Gorg. 464c) τετραχῇ, πολλαχῇ δὲ διελοῦσα) sowie die Beschreibung des proteischen „Vielfreunds" in Mor. 96Fff.

Ciceros und Sallusts als Folie verwendet hat: in seiner *Cicero-Vita* finden sich im Catilina-Zusammenhang viele Einzelheiten, die nur aus Cicero und Sallust stammen können, z.B. das Abfangen der Gesandtschaft an der Mulvischen Brücke und vor allem die Charakteristik des Lentulus und die Prophezeiung für ihn[44], doch sie enthält keine Catilina-Charakteristik mit Ausnahme des kurz angeschlagenen Leitmotivs der Wendigkeit und des Korruptionsthemas in Bezug auf die Jugend[45]: Plutarch hatte die eigentliche Charakteristik bereits für seine Alkibiades-Charakteristik „verbraucht", eine Wiederholung des Typs war angesichts seiner Grundbestrebung, ganz individuelle Charaktere zu schaffen, aber eben auf der Folie eines Typs, ausgeschlossen. Hinzu kommt sein mit dieser Neigung verbundenes Bestreben, die Übernahme der Charakteristik einer Gestalt aus den Quellen gerade für diese Gestalt zu vermeiden.

Wenn auch nicht unter dem Stichwort ἀνωμαλία gefaßt, so sind zwei weitere herausragende Vertreter dieses Typs Plutarchs Negativbeispiele Demetrios und Antonius, deren Präsentation er bezüglich ihres pädagogischen, i.e. abschreckenden Nutzens zunächst einmal mit einer Beispielkette rechtfertigt[46].

---

[44] Im einzelnen hierzu Scardigli.

[45] Cic. 10,3 ἄνδρα τολμητὴν καὶ μεγαλοπράγμονα καὶ ποικίλον τὸ ἦθος, ebd. 4 διέφθαρτο δ' ὑπ' αὐτοῦ πολὺ μέρος τῆς ἐν τῇ πόλει νεότητος.

[46] Dihle 1956, 74 wird Plutarch mit seiner Charakteristik dieses Vorgehens wohl nicht ganz gerecht: „Mit drei Anekdoten zeigt Plutarch dann in der ihm eigentümlichen weitschweifigen Manier, daß negative Beispiele auch sehr nützlich sein können." Die *Viten* sind nach meinem Empfinden nicht unbedingt zum zielstrebigen Überfliegen, sondern ein bißchen auch zum gemütlichen Schmökern gedacht. Konkret handelt es sich im vorliegenden Fall um eine dreigeteilte allgemeine Beispielserie (Dem. 1,3ff.), 1. aus dem Bereich der τέχναι: Heilkunst setzt die Kenntnis von Krankheit voraus etc., dann 2. ein spezifisches, auf den pädagogischen Aspekt hinsteuerndes Beispiel: Die Spartaner pflegten auf Festen einige Heloten betrunken zu machen und sie den jungen Spartanern als abschreckendes Beispiel vorzuführen (einschließlich einer moralischen Reflexion über das nicht eben Humane - οὐ πάνυ φιλάνθρωπον - eines solchen Vorgehens); schließlich 3. ein entsprechendes zweigegliedertes Beispiel: Die Praxis eines Flötenlehrers, der seine Schüler erst mit einem guten, dann mit einem schlechten Flötenspieler konfrontiert, damit sie ein Gefühl für Qualität bekommen. Ähnlich, mit einem Doppelbeispiel, geht Plutarch in den *Moralia* (ad princ. inerud. 782E-F) zur Untermauerung der These vor, daß sich der Mensch im Besitz der Macht in seinem wahren „Ich" zeigt (also nicht „power corrupts", sondern die Masken fallen): der Epileptiker: die Epilepsie offenbart sich erst, wenn er auf eine Höhe steigt, und das Gefäß: ob es dicht ist, zeigt sich erst, wenn man Flüssigkeit hineinfüllt. Da es sich so ergibt, möchte ich unabhängig von meinem Thema noch eine weitere, mir durchaus sympathische Eigenheit Plutarchs anfügen, nämlich die Neigung zu Abschweifungen, die er in einem Fall auch offen zugibt und kommentiert: Ausgehend von der perikleischen Aspasia erzählt er eine Anekdote vom persischen Großkönig, der seiner Lieblingsfrau diesen

Demetrios hat auf der einen Seite eine natürliche Neigung zur Milde und Gerechtigkeit (4,3), durch die Schmeichelei der Menschen wird er verdorben bzw. kommt die andere Seite seines Wesens zum Tragen, (Dem. 13,2f., Plutarch wendet sich damit zugleich gegen offenkundig vorhandene Änderungshypothesen):

> οὕτω καταμωκώμενοι τοῦ ἀνθρώπου, προσδιέφθειραν αὐτόν, οὐδ' ἄλλως ὑγιαίνοντα τὴν διάνοιαν.

Bei beiden wird ihre natürliche Anomalie im - unter dieser Voraussetzung nur scheinbar - gegensätzlichen Verhalten in Kriegs- und Friedenszeiten faßbar: äußerste Disziplin einerseits, Trunksucht und sexuelle Ausschweifung andererseits (z.B. Dem. 19,3; Ant. 17,3); bei Antonius kommt noch der verderbliche Einfluß der Frauen, Fulvia und Cleopatra, hinzu (insbes. Ant. 10,3; auch für Antonius gilt im übrigen das für Alkibiades gefundene Anpassungsmodell, vgl. Ant. 29,2)[47].

Weitere Zentralbeispiele für wirkliche oder scheinbare Brüche im Bereich von φύσις und/oder ἦθος sind Sulla und Sertorius:

Schon zu Beginn der Vita wird ein gewisser Zwiespalt im Wesen Sullas deutlich, das Grundmotiv der Diskrepanz zwischen Strenge im Dienst und Entspannung bis zur Ausgelassenheit in der Freizeit (2,3); die vorher geschilderte Physiognomie Sullas weist implizit auf diese Diskrepanz hin: Sein Gesicht war rot und weiß gefleckt, so daß in Athen über ihn der Spottvers umlief (2,1)[48]:

> συκάμινόν ἐσθ' ὁ Σύλλας ἀλφίτῳ πεπασμένον.

Für sein späteres Verhalten (τρόπος), sein Schwanken zwischen Habgier und Freigebigkeit, Erbarmungslosigkeit und Milde, gebraucht

---

Namen gab, und schließt mit(Pericl. 24,7): ταῦτα μὲν ἐπελθόντα τῇ μνήμῃ κατὰ τὴν γραφὴν ἀπώσασθαι καὶ παρελθεῖν ἴσως ἀπάνθρωπον ἦν.

47 Möglicherweise direkt auf Sallust geht das „Catilina-Motiv" zurück (Ant. 4,6): ἦν δέ που καὶ τὸ ἐρωτικὸν οὐκ ἀναφρόδιτον, ἀλλὰ καὶ τούτῳ πολλοὺς ἐδημαγώγει, συμπράττων τε τοῖς ἐρῶσι καὶ σκωπτόμενος οὐκ ἀηδῶς εἰς τοὺς ἰδίους ἔρωτας. Vgl. Sall. Catil. 14,5ff. Für Demetrios ist außerdem der Schauspiel(er)-Vergleich als durchgehendes Thema hervorzuheben: die Erwartung von außen, die ganze Umgebung drängt ihn geradezu in eine Rolle hinein, die ihm in einer Seite seines Wesens allerdings durchaus entspricht, z.B. Dem. 18,3f.

48 Ohnehin scheint der Rückschluß vom Äußeren auf den Charakter (oder besser: das Aussehen wird als „Beweis" für das entworfene Charakterbild angeführt) „ungriechisch" zu sein, vgl. dagegen Catilina bei Sallust (Blässe, der bald hastige, bald langsame Gang) oder Caligula bei Seneca; möglicherweise besteht hier ein Zusammenhang mit dem genuin römisch-etruskischen Individualportrait.

Plutarch dann wieder den Leitbegriff der ἀνωμαλία[49], Plutarch kommt zum vorsichtigen Schluß (6,8):

> οὕτως ἄν τις διαιτήσειεν ὡς φύσει μὲν ὀργὴν χαλεπὸν ὄντα καὶ τιμωρητικόν, ὑφιέμενον δὲ τῆς πικρίας λογισμῷ πρὸς τὸ συμφέρον.

Wenn auf diesem Hintergrund angesichts von Sullas Verhalten im Bürgerkrieg die Frage gestellt wird, ob die Macht Sulla zum Schlechteren hin verändert hat, so scheint sie aus dem Vorherigen mit dem Stichwort der ἀνωμαλία beantwortet, d.h. verneint; in Wirklichkeit läßt Plutarch sie offen, bei gleichzeitiger vorsichtiger Verneinung (30,5)[50]:

> εἰκότως προσετρίψατο ταῖς μεγάλαις ἐξουσίαις διαβολὴν ὡς τὰ ἤθη μένειν οὐκ ἐώσαις ἐπὶ τῶν ἐξ ἀρχῆς τρόπων, ἀλλ' ἔμπληκτα καὶ χαῦνα καὶ ἀπάνθρωπα ποιούσαις. τοῦτο μὲν οὖν εἴτε κίνησίς ἐστι καὶ μεταβολὴ φύσεως ὑπὸ τύχης, εἴτε μᾶλλον ὑποκειμένης ἀποκάλυψις ἐν ἐξουσίᾳ κακίας. ἑτέρα τις ἂν διορίσειε πραγματεία.

Im Falle des Sertorius äußert Plutarch seine Meinung dagegen klar: Wäre Sertorius von Natur aus milde gewesen, hätte er diese Eigenschaft bis zum Ende bewahrt, so war sie nur aus Opportunitätsgründen aufgesetzt; nur ein nicht gefestigter Charakter kann durch das Schicksal oder die schwankende Volksgunst erschüttert werden[51].

---

[49] Sull. 6,7: τὸν δὲ ἄλλον τρόπον ἀνώμαλός τις ἔοικε γεγονέναι καὶ διάφορος πρὸς ἑαυτόν.

[50] Bei Marius liegt dagegen der Fall klar (ebd.): Seine natürliche Härte kommt im Besitz der Macht vollends zum Tragen. Das Motiv des „power corrupts", das von Plutarch für Sulla zumindest als Möglichkeit angeboten wird, wird von ihm im Falle des Romulus explizit gemacht (Rom. 26,1): εἶθ' ὃ πολλοί, μᾶλλον δὲ πλὴν ὀλίγων πάσχουσι πάντες οἱ μεγάλαις καὶ παραλόγοις ἀρθέντες εὐτυχίαις εἰς δύναμιν καὶ ὄγκον, οὐδ' αὐτὸς διέφυγε παθεῖν, ἀλλ' ἐκτεθαρρηκὼς τοῖς πράγμασι καὶ βαρυτέρῳ φρονήματι χρώμενος, ἐξίστατο τοῦ δημοτικοῦ, καὶ παρήλλαττεν εἰς μοναρχίαν ἐπαχθῆ καὶ λυποῦσαν ἀπὸ τοῦ σχήματος πρῶτον ᾧ κατεσχημάτιζεν ἑαυτόν. Äußeres Zeichen sind das Purpurgewand, der Thron und das Gefolge. Ins sozusagen bessere Schlechtere, zu allzu großer Volksfreundlichkeit, entwickelt sich im Besitz der Macht Romulus' Pendant Theseus (Syncr. 2); ausschließlich positiv wird die an sich Romulus-ähnliche Entwicklung bei Perikles gesehen, obwohl sie das Verstellungsmotiv mitbeinhaltet: es handelt sich um Opportunismus im besten Sinn: Der demagogischen ersten Phase folgt die zweite, königliche Phase, die Perikles eigentlich entspricht. Pyrrhus entwickelt sich dagegen vom Volksführer zum Tyrannen (Pyrrh. 23,3 οὐκ εὐθὺς ὢν οὐδ' ἐν ἀρχῇ τοιοῦτος, ἀλλὰ καὶ μᾶλλον ἑτέρων τῷ πρὸς χάριν ὁμιλεῖν καὶ πάντα πιστεύειν καὶ μηδὲν ἐνοχλεῖν ὑπαγόμενος, εἶτα γινόμενος ἐκ δημαγωγοῦ τύραννος, ἀχαριστίας τῇ χαλεπότητι καὶ ἀπιστίας προσωφλίσκανε δόξαν).

[51] Siehe vor allem Sert. 10,6f.: καίτοι δοκεῖ περὶ τὸν ἔσχατον αὑτοῦ βίον ὠμότητος καὶ βαρυθυμίας τὸ περὶ τοὺς ὁμήρους πραχθὲν ἔργον ἐπιδεῖξαι τὴν φύσιν οὐκ οὖσαν ἥμερον, ἀλλ' ἐπαμπεχομένην λογισμῷ διὰ τὴν ἀνάγκην. ἐμοὶ δ' ἀρετὴν μὲν εἰλικρινῆ καὶ κατὰ λόγον συνεστῶσαν οὐκ ἄν ποτε δοκεῖ τύχη τις ἐκστῆσαι πρὸς τοὐναντίον· ἄλλως δὲ προαιρέσεις καὶ φύσεις χρηστὰς ὑπὸ συμφορῶν μεγάλων παρ'

Mehr in Anmerkung sind abschließend noch zwei weitere, von Plutarch in Erwägung gezogene Erklärungsmodelle anzuführen, von denen das erste letztlich doch abgelehnt wird: Bei Perikles scheint schwere Krankheit zu einer μεταβολή zu führen (Pericl. 38,1f. in vorsichtigem Anschluß an Theophrast)[52]:

Τότε δὲ τοῦ Περικλέους ἔοικεν ὁ λοιμὸς λαβέσθαι λαβὴν οὐκ ὀξεῖαν ὥσπερ ἄλλων οὐδὲ σύντονον, ἀλλὰ βληχρᾷ τινι νόσῳ καὶ μῆκος ἐν ποικίλαις ἐχούσῃ μεταβολαῖς διαχρωμένην τὸ σῶμα σχολαίως καὶ ὑπερείπουσαν τὸ φρόνημα τῆς ψυχῆς. ὁ γοῦν Θεόφραστος ἐν τοῖς Ἠθικοῖς διαπορήσας, εἰ πρὸς τὰς τύχας τρέπεται τὰ ἤθη καὶ κινούμενα τοῖς τῶν σωμάτων πάθεσιν ἐξίσταται τῆς ἀρετῆς, ἱστόρηκεν ὅτι νοσῶν ὁ Περικλῆς ἐπισκοπουμένῳ τινὶ τῶν φίλων δείξειε περίαπτον ὑπὸ τῶν γυναικῶν τῷ τραχήλῳ περιηρτημένον, ὡς σφόδρα κακῶς ἔχων ὁπότε καὶ ταύτην ὑπομένοι τὴν ἀβελτερίαν.

Doch das „Schlußbild" zeigt den Helden letztlich ungebrochen; sein letztes Wort ist, daß kein Athener durch seine Schuld je hat Trauer tragen müssen, daß er also niemals Urheber eines Todesurteils war[53].

In den Parallelviten des Dion und Brutus stellt sich dem Mittelplatoniker und Neupythagoreer und damit „Dämonologen" Plutarch die Frage, inwieweit böse Dämonen für eine Entwicklung in malam partem

ἀξίαν κακωθείσας οὐκ ἀδύνατον τῷ δαίμονι συμμεταβαλεῖν τὸ ἦθος. ὃ καὶ Σερτώριον οἶμαι παθεῖν, ἤδη τῆς τύχης αὐτὸν ἐπιλειπούσης ἐκτραχυνόμενον ὑπὸ τῶν πραγμάτων γινομένων πονηρῶν πρὸς τοὺς ἀδικοῦντας.

[52] Vgl. die Reflexion Solon 7,1f. im Zusammenhang mit Solons hemmungsloser Klage über den vermeintlichen Tod seines Sohnes (auch Perikles hatte im übrigen gerade einen Sohn verloren, was Plutarch aber nicht in Zusammenhang mit seiner Schwäche bringt): καὶ γὰρ ἀρετήν, ἧς κτῆμα μεῖζον οὐδὲν οὐδ' ἥδιον, ἐξισταμένην ὑπὸ νόσων καὶ φαρμάκων ὁρῶμεν κτλ.; die Reflexion bleibt somit eigentlich ohne Einbindung in den Kontext. Zum Zusammenhang Krankheit-μεταβολή vgl. das Ende des Tullus Hostilius bei Liv. 1,31,5ff.: Zunächst bleibt der König, der bisher eher als „contemptor deum" charakterisiert worden war, trotz der grassierenden „pestilentia" seinem kriegerischen Wesen treu; als er aber selber krank wird, nimmt er seine Zuflucht zur „superstitio", § 6: „tunc adeo fracti simul cum corpore sunt spiritus illi feroces ut qui nihil ante ratus esset minus regium quam sacris dedere animum, repente omnibus magnis paruisque superstitionibus obnoxius degeret religionibusque etiam populum impleret." Er findet sein Ende im Zusammenhang mit einer nicht korrekt vollzogenen Geheimzeremonie. Was das von Plutarch grundsätzlich verurteilte Moment des Aberglaubens betrifft (gr. δεισιδαιμονία, lat. „superstitio"), wozu sein Glaube an böse Dämonen in einigem Widerspruch steht, s. H.A. Moellering, Plutarch on superstition: *Plutarch's De superstitione*. Its place in the changing meaning of deisidaimonia and in the context of his theological writings, Boston 1963. Zum von Plutarch von seiner „Lebenserfahrung" her m.E. doch bejahten Pharmaka/Magie-Motiv vgl. Ant. 37,4: οὐκ ὄντα τῶν ἑαυτοῦ λογισμῶν, ἀλλ' ὑπὸ φαρμάκων τινῶν ἢ γοητείας.

[53] Das polybianische γῆρας-Modell (s. S. 177) lehnt Plutarch zumindest für Flamininus expressis verbis ab (Flam. 21,5).

verantwortlich sind; sie wird, wenn auch losgelöst vom Kontext, eher positiv beantwortet[54].

Ich versuche eine Art Resümee:

Wenn Plutarchs eigene Stellungnahme auch oft durch ein System des „einerseits, andererseits, wieder andererseits" oder durch erst zu interpretierende Beispiele und Anekdoten verdunkelt wird, so werden doch zwei Eigentümlichkeiten deutlich: Auffallend ist zum einen, daß Plutarch Charakteränderungen meist im Sinn einer Scheindiskrepanz erklärt, Haupterklärung ist - implizit wie explizit - eine gemischte φύσις. Zum anderen erweist sich die φύσις gegenüber dem ἦθος als die letztlich bestimmende Komponente, damit in gewissem Gegensatz zur eigenen Stellungnahme in den *Moralia* wie auch zu Aristoteles, der den ἠθικαὶ ἀρεταί gegenüber den φυσικαὶ ἀρεταί eine wesentlich größere Rolle gegeben hatte[55]. Das zentrale und letztlich entscheidende Moment ist für Plutarch in den *Viten* - anders als in den *Moralia* - die φύσις[56]. Das ἦθος (im Gegensatz zu Aristoteles benutzt Plutarch meist den Singular) erscheint im allgemeinen als Ergebnis der φύσις, d.h. der geformten, im Erwachsenenalter mit Bewußtsein verbundenen φύσις[57]. Etwas anders ist die Gewichtung in den *Moralia*, entsprechend wird hier auch wesentlich stärker die Rolle der Erziehung betont, d.h. der Gedanke der Formbarkeit des Wesens eines Menschen, damit auch und vor allem seiner φύσις[58]. Am Ende

54 Siehe hierzu Verf. 1993, 358f.

55 Im übrigen müßte man in den Viten bezogen auf unser Thema korrekterweise von φυσικαὶ κακίαι sprechen: die μεταβολή bedeutet eine Änderung „in malam partem" (Ausnahme: Perikles); das Jugendsündenmotiv wird von Plutarch praktisch elimiert.

56 Im allgemeinen ist damit die Individualphysis gemeint, allerdings bezeichnet der Begriff an einigen Stellen auch die menschliche Natur überhaupt, und zwar negativ ausgerichtet im Sinne von schwach, anfällig; ein Zentralbeispiel ist Cim. 2,5: Niemand ist ganz ohne Fehler, und so sollte man Schwächen zwar nicht verschweigen, aber doch auch nicht hervorzerren: ... ὥσπερ αἰδουμένους ὑπὲρ τῆς ἀνθρωπίνης φύσεως, εἰ καλὸν οὐδὲν εἰλικρινὲς οὐδ' ἀναμφισβήτητον εἰς ἀρετὴν ἦθος γεγονὸς ἀποδίδωσιν.

57 Signifikanterweise benutzt Plutarch den ἦθος-Begriff nur für den jüngeren Cato bereits im Knabenalter, Cato min. 1,2.

58 Vgl. insbesondere *De E apud Delphos*, vor allem 392D μένει δ' οὐδεὶς οὐδ' ἔστιν εἷς, ἀλλὰ γιγνόμεθα πολλοί, περὶ ἕν τι φάντασμα καὶ κοινὸν ἐκμαγεῖον ὕλης περιελαυνομένης καὶ ὀλισθανούσης. Und 392E: εἰ δ' ὁ αὐτὸς οὐκ ἔστιν, οὐδ' ἔστιν, ἀλλὰ τοῦτ' αὐτὸ μεταβάλλει γιγνόμενος ἕτερος ἐξ ἑτέρου, der Mensch also als sich ständig wandelnder Organismus. Von einer unsauberen Terminologie Plutarchs im Gebrauch der Begriffe φύσις und ἦθος kann also m.E. nicht die Rede sein (anders Dihle

siegt - mit wenigen, sehr zögerlich formulierten Ausnahmen - die φύσις (oft gegen die Meinung anderer), und zwar im Sinne einer Änderung des Verhaltens zum Schlechteren, insbesondere von der Milde zur Grausamkeit. Alles andere war Verstellung bzw. Opportunismus, vorübergehende Anpassung an die Umstände u.ä. und fällt damit in den Bereich des ἦθος; eine Entwicklung oder gar Änderung der φύσις hält Plutarch in den *Vitae* jedenfalls für weitgehend ausgeschlossen.

Die angesetzten Erklärungsmöglichkeiten für μεταβολαί, seien sie im Bereich der φύσις, seien sie im Bereich des ἦθος, lassen sich auf drei Modelle reduzieren, die allerdings nicht auf gleicher Ebene stehen; im Grunde kann im Sinne Plutarchs nur für das erste das Stichwort Änderung mit einiger Sicherheit gelten:

1. Es gibt - vielleicht - die Möglichkeit der Änderung des ἦθος/der ἤθη durch Krankheit oder φάρμακα, s. Solon und Perikles.

2. Die wahre Natur kommt zutage, alles andere war Verstellung oder Anpassung an die Verhältnisse, mit wenigen Ausnahmen ist es immer eine Änderung zum Schlechteren. Die Änderung erklärt sich also als Enthüllung angeborener, bisher verborgener κακία(ι), so nach Plutarchs Darstellung mit Sicherheit bei Philipp V., wahrscheinlich bei Sulla, vielleicht bei Sertorius; die φύσις erweist sich damit als das zentrale und letztlich entscheidende Moment. Die Deutungsmöglichkeit im Sinne der Korruption durch die Macht wird in diesem Zusammenhang praktisch verneint (die μεταβολή wäre im übrigen dann wahrscheinlich im Bereich des ἦθος anzusetzen); die Erklärung durch den Einfluß der Verhältnisse generell wird teils vorsichtig zurückgewiesen, teils vorsichtig einbezogen.

3. Es liegt von vornherein eine gemischte bzw. in sich ungleiche φύσις vor; Stichwort hierfür ist der Begriff ἀνωμαλία bzw. die Wendung ἐπ' ἀμφότερα, s. Alkibiades und Themistokles. Während sich bei Themistokles diese φύσις aber mehr im Sinne einer Zwei-Phasen-Abfolge verwirklicht, ist für Alkibiades dieses widersprüchliche Doppel durchgehend präsent und für sein Verhalten bis hin zum bewußten Einsatz bestimmend, gefaßt im Bild des Chamäleon.

Es stellt sich abschließend die Frage, warum Plutarch in seinen *Viten*, die an sich ebenso wie seine *Moralia* vom pädagogischen Eros initiiert

1956, 63: „Plutarchs Terminologie ist leider nicht immer streng"), sondern nur von einer nach dem oben Ausgeführten verständlichen, d.h. inhaltlich begründeten Diskrepanz zwischen dem Sprachgebrauch in den Vitae, wo sehr scharf zwischen φύσις und ἦθος unterschieden wird, und in den Moralia, wo das nicht der Fall ist.

sind, der Möglichkeit einer negativen, damit unheilbaren Grundnatur und, wenn überhaupt einer Entwicklungslinie, dann einer Entwicklung zum Schlechteren hin so viel Raum läßt. Ohne damit eine fertige Antwort liefern zu wollen, glaube ich doch, daß in den *Viten* zum einen der ausgeprägte Realitätssinn Plutarchs stärker als in den „theoretischen" Schriften zum Tragen kam, zum Tragen kommen konnte. Zum anderen könnte seine Begegnung mit römischen Gedanken eine Rolle gespielt haben, wo man ausgehend von der konkreten Erfahrung, von der historischen Gestalt eine Vorstellung vom Wesen des Bösen entwickelt hatte[59], was dann allerdings zu nach der anderen Seite hin unrealistischen, radikal bösen Charakterbildern führt wie etwa Tiberius bei Tacitus. Plutarch, für den der lateinische Begriff der „humanitas" in allen seinen Schattierungen zutrifft wie auf kaum einen anderen antiken Schriftsteller, bringt das wieder auf ein normales, realistisches Maß, wobei dann noch der Raum bleibt für die Anziehungskraft, die gerade eine uneinheitliche φύσις ausüben kann; die damit verbundene Gefahr ist dabei für Plutarch kein Hauptmoment.

[59] Siehe hierzu Verf. 1993, insbes. S. 26ff.

Literatur (in Auswahl)

K. Bergen, Charakterbilder bei Tacitus und Plutarch, Diss. Köln 1962

A. Dihle, Studien zur griechischen Biographie, (AAWG 3,37), Göttingen ²1970 (erstmals 1956)

– Die Entstehung der historischen Biographie, (SHAW 1986,3) Heidelberg 1987

H. Drexler, Die Entdeckung des Individuums. Probleme antiker Menschendarstellung. (Ein Vortrag), Gymnasium 63, 1956, 382-403

L.A. García Moreno, Paradoxography and Political Ideas in Plutarch's life of Sertorius, in: Ph.A. Stadter (ed.), Plutarch and the Historical Tradition, London/New York 1992, 132-158

J. Geiger, Cornelius Nepos and Ancient Political Biography (Historia Einzelschr. 47), Stuttgart 1985

Ch. Gill, The Question of Character-Development: Plutarch and Tacitus, CQ 33, 1983, 469-487

H. Hoffmann, Morum tempora diversa. Charakterwandel bei Tacitus, Gymnasium 75, 1968, 220-250

P. Kirn, Das Bild des Menschen in der Geschichtsschreibung von Polybios bis Ranke, Göttingen 1955

A. La Penna, Il ritratto „paradossale" da Silla a Petronio, RFIC 104, 1976, 270-293 (fortgesetzt mit: Ancora sul rittrato „paradossale". Aggiunte e corrizioni, SIFC 52, 1980, 243-250)

F. Leo, Die griechisch-römische Biographie nach ihrer litterarischen Form, Leipzig 1901

Ch. Pelling, Plutarch and Catiline, Hermes 113, 1985, 311-329

– Aspects of Plutarch's Characterisation, ICS 13,2 (Plutarch), 1988, 257-274

A. Pérez Jiménez, Precisiones a la teoria del caracter en Plutarco, in: M. García Valdés (ed.), Actas del III Simposio Espanol sobre Plutarco, Madrid 1994, 331-340

A.J. Podlecki/S. Duane, A Survey of Work on Plutarch's Greek Lives, 1951-1988, in: ANRW II 33,6, Berlin-New York 1992, 4053-4127

D.A. Russell, Plutarch, London 1973

B. Scardigli, Die Römerbiographien Plutarchs, München 1979 (Forschungsbericht)

Ph.A. Stadter, Paradoxical Paradigms: Lysander and Sulla, in: ders. (ed.), Plutarch and the Historical Tradition, London/New York 1992, 41-55

W. Steidle, Sueton und die antike Biographie, (Zetemata 1) München ²1963 (erstmals 1951)

S. Swain, Character Change in Plutarch, Phoenix 43, 1989, 62-68

G. Thome, Vorstellungen vom Bösen in der lateinischen Literatur. Begriffe, Motive, Gestalten, Stuttgart 1993

F.W. Walbank, Philippos Tragodoumenos. Ein Experiment des Polybios, in: K. Stiewe/N. Holzberg (Hrsg.), Polybios (WdF 347), 1-23 (engl. Orig. JHS 58, 1938, 55-68)

– A Historical Commentary on Polybios, Oxford I ²1970, II 1967, III 1979

A. Wardman, Plutarch's Lives, Berkeley/Los Angeles 1974

K. Ziegler, Plutarchos von Chaironeia, Stuttgart 1949, 21964

Fliegentod und Auferstehung

Zu Lukian, Musc. 7

von Margarethe Billerbeck (Freiburg/Schweiz)

Vom gegenwärtig wieder auflebenden Interesse für die Literatur der Zweiten Sophistik profitieren auch die rhetorischen Schriften Lukians. Wenn jetzt, nach dem *Parasitendialog*[1], das *Lob der Fliege* neu erschlossen werden soll[2], bietet es sich im Rahmen dieser Festgabe geradezu an, dem dortigen Abschnitt über die Unsterblichkeit der Fliegenseele einen kurzen Moment zu widmen (§ 7):

> ὃ δὲ μέγιστον ἐν τῇ φύσει αὐτῶν ὑπάρχει, τοῦτο δὴ βούλομαι εἰπεῖν. καί μοι δοκεῖ ὁ Πλάτων μόνον αὐτὸ παριδεῖν ἐν τῷ περὶ ψυχῆς καὶ ἀθανασίας αὐτῆς λόγῳ. ἀποθανοῦσα γὰρ μυῖα τέφρας ἐπιχυθείσης ἀνίσταται καὶ παλιγγενεσία τις αὐτῇ καὶ βίος ἄλλος ἐξ ὑπαρχῆς γίνεται, ὡς ἀκριβῶς πεπεῖσθαι πάντας, ὅτι κἀκείνων ἀθάνατός ἐστιν ἡ ψυχή, εἴ γε καὶ ἀπελθοῦσα ἐπανέρχεται πάλιν καὶ γνωρίζει καὶ ἐπανίστησι τὸ σῶμα καὶ πέτεσθαι τὴν μυῖαν ποιεῖ, καὶ ἐπαληθεύει τὸν περὶ Ἑρμοτίμου τοῦ Κλαζομενίου μῦθον, ὅτι πολλάκις ἀφιεῖσα αὐτὸν ἡ ψυχὴ ἀπεδήμει καθ' ἑαυτήν, εἶτα ἐπανελθοῦσα ἐπλήρου αὖθις τὸ σῶμα καὶ ἀνίστα τὸν Ἑρμότιμον.
>
> „Was am Wesen der Fliegen das Bedeutendste ist, darauf komme ich jetzt zu sprechen. Platon, meine ich, ist in seinem Dialog über die Seele und deren Unsterblichkeit allein dieser Punkt entgangen: eine tote Fliege wird nämlich wieder zum Leben erweckt, wenn man Asche über sie streut. Sie wird gleichsam wiedergeboren und beginnt von Anfang an ein neues Leben, so daß niemand den geringsten Zweifel daran hegt, ihre Seele sei wie unsere unsterblich, kommt sie doch nach der Trennung vom Leib zurück, erkennt den Körper wieder, bringt ihn erneut zum Leben und bewirkt, daß die Fliege wegfliegt. Damit bestätigt sich also der Bericht über Hermotimos von Klazomenai: mehrfach gab seine Seele ihn auf, schweifte für sich herum, kam zurück, ging erneut in seinen Körper ein und erweckte Hermotimos wieder zum Leben."

Im adoxographischen Kabinettstück bildet dieser Abschnitt den Höhepunkt. Nachdem Lukian nämlich unmittelbar zuvor die Zählebigkeit des Insekts gelobt hat, dessen Körper auch nach Abtrennung des Kopfes

---

[1] H.-G. Nesselrath, Lukians Parasitendialog: Untersuchungen und Kommentar (Unters. z. ant. Lit. und Gesch. 22), Berlin/New York 1985.

[2] Chr. Zubler/M. Billerbeck, Das „Lob der Fliege" von Lukian bis L.B. Alberti. Gattungsgeschichte, Texte, Übersetzungen und Kommentar (in Vorbereitung).

weiterlebe[3], spricht er jetzt von seiner Wiedergeburt aus der Asche. Dabei kann er sich auf breiten Konsens abstützen. Bereits Aristoteles referiert die Meinung, Fliegen, die im Wasser erstickt sind, weil ihr Bauch sich aufgefüllt hat und die Wärme in ihrem Abdomen ausging, könnten, wenn eine Weile in Asche gelegt, wieder zum Leben gebracht werden[4]. Dieselbe Prozedur empfiehlt Aelian nat. 2,29[5]:

> „Wenn eine Fliege ins Wasser gefallen ist, kann sie, obwohl sie draufgängerisch ist wie kein anderes Tier, weder herauskrabbeln noch schwimmen und erstickt deshalb. Wenn man ihren Leichnam dann herausnimmt, Asche darüber streut und in die Sonne legt, bringt man die Fliege wieder zum Leben.“

Wirken tut dieses Mittel aber nicht nur bei der Fliege, sondern auch bei Bienen, wie Varro darlegt (rust. 3,16,37f.)[6]:

> „Wenn nämlich die Bienen einmal beim Honigsammeln von einem plötzlichen Regensturm überrascht werden oder von einem Kälteeinbruch, den sie nicht vorausgeahnt haben (obwohl es selten vorkommt, daß sie sich darin täuschen), und sie dann von den schweren Regentropfen getroffen wie tot daliegen, muß man sie in ein Gefäß einsammeln und an einen geschützten, warmen Ort stellen. Sobald das Wetter am nächsten Tag wieder ganz gut ist, sollte man Feigenholz verbrennen und die Asche, bevor sie lauwarm ist, darüber streuen. Dann schüttle man sie leicht im Gefäß, ohne sie zu berühren, und stelle sie an die Sonne. Bienen, die so erwärmt wurden, erholen sich nämlich und kommen zum Leben zurück; in gleicher Weise kann man mit Fliegen verfahren, die ertrunken sind.“

Kenntnis von diesem Volksglauben zeigen ferner der ältere Plinius, nat. 11,120: „muscis umore exanimatis, si cinere condantur, redit vita“ und, rudimentär, Isid. orig. 12,8,11: muscae „sicut et apes necatae in aqua ali-

---

[3] § 6 ἀποτμηθεῖσα δὲ τὴν κεφαλὴν μυῖα ἐπὶ πολὺ ζῇ τῷ σώματι καὶ ἔμπνους ἐστίν. Mit dieser Aussage folgt Lukian orthodoxer entomologischer Lehre, vgl. Aristot. hist. an. 531b30-32a5; part. anim. 682b30f.; parv. nat. 468a23-28; Plin. nat. 11,9f.

[4] Parv. nat. 475b3-5 φθείρεται ταῦτα (sc. kleine Insekten wie Fliegen und Bienen) καί λέγεται ἀποπνίγεσθαι πληρουμένης τῆς κοιλίας καὶ φθειρομένου τοῦ ἐν τῷ ὑποζώματι θερμοῦ· διὸ καὶ ἐν τῇ τέφρᾳ χρονισθέντα ἀνίσταται.

[5] Μυῖα ἐμπεσοῦσα ἐς ὕδωρ, εἰ καὶ ζῴων ἐστὶ θρασυτάτη, ἀλλὰ γοῦν οὔτ' ἐπιτρέχει, οὔτε νηκτική ἐστι, καὶ διὰ ταῦτα ἀποπνίγεται. εἰ δὲ αὐτῆς ἐξέλοις τὸν νεκρόν, καὶ τέφραν ἐμπάσειας καὶ καταθείης ἐν ἡλίου αὐγῇ, ἀναβιώσῃ τὴν μυῖαν.

[6] 37 „Si quando subito imbri in pastu sunt oppressae aut frigore subito, antequam ipsae providerint id fore, quod accidit raro ut decipiantur, et imbris guttis uberibus offensae iacent prostratae, ut efflictae, colligendum eas in vas aliquod et reponendum in tecto loco ac tepido, proximo die quam maxime tempestate bona cinere facto e ficulneis lignis infriandum paulo plus caldo quam tepidiore. deinde concutiendum leviter ipso vaso, ut manu non tangas, et ponendae in sole“. 38 „quae enim sic concaluerunt, restituunt se ac revivescunt, ut solet similiter fieri in muscis aqua necatis“.

quotiens post unius horae spatium reviviscunt". Lukian stützt sich bei seinem Lob also auf Bekanntes, ein Rückgriff auf Autoritäten erübrigt sich.

Um so gezielter nimmt sich der Vorwurf gegen Platon aus, er habe im *Phaidon* die Unsterblichkeit der Fliegenseele übersehen. Assoziativer Ausgangspunkt für diesen Anwurf dürfte Sokrates' Aussage sein, daß die unphilosophischen Seelen der Besonnenen und Gerechten, wenn sie in einem Tier wiedergeboren würden, in eine gesellige und zahme Gattung eingehen, etwa in Bienen, Wespen oder Ameisen[7]. Über die Fliege fällt hier, wie überhaupt im platonischen Corpus, kein Wort. Die Berufung auf einen Philosophen soll im paradoxen Enkomion in erster Linie humoristisch wirken, unterstreicht sie doch die Diskrepanz zwischen philosophischer Lehre und der Nichtigkeit des gelobten Gegenstandes[8]. Bedenkt man ferner, welch dankbare Objekte für Spott und Satire die Philosophen nicht nur in der Komödie, sondern auch in Lukians (kynisierenden) Dialogen abgeben, hat die implizierte Karikatur Platons ihre Wirkung gewiß nicht verfehlt[9]. So jedenfalls müssen es die Byzantiner empfunden haben, denn das Scholion zur Stelle vergleicht Lukian mit der Fliege. Wie diese ihre Opfer hartnäckig belästige, könne auch er nicht von seinem Spott ablassen und aufhören, über ehrenhafte Leute (wie Platon) zu witzeln. Er solle sich zu den Fliegen und Maden scheren[10]!

Daß wir mit dieser Einschätzung richtig liegen, schließen wir aus dem *Lob des Flohs* (or. 27), welches Michael Psellos in Anlehnung an das *Fliegenlob* Lukians verfaßte[11]. Auch er beruft sich auf Phaid. 82b,

---

[7] 82b ὅτι τούτους εἰκός ἐστιν εἰς τοιοῦτον πάλιν ἀφικνεῖσθαι πολιτικὸν καὶ ἥμερον γένος, ἤ που μελιττῶν ἢ σφηκῶν ἢ μυρμήκων.

[8] Dazu s. L. Pernot, La rhétorique de l'éloge dans le monde gréco-romain (Coll. des Ét. August., Sér. Ant. 137/138), Paris 1993, 597.

[9] Lukians Platon-Parodie hat, anhand des Parasitendialogs, zuletzt vor allem Nesselrath (wie Anm. 1) untersucht; seine Beobachtungen (z.B. 80-84. 222-226 und 282) gelten auch für unser Enkomion; s. ferner R.B. Branham, Unruly eloquence, Cambridge, Mass. 1989, bes. 134f. Als knapper Überblick immer noch nützlich ist R. Helm, Lucian und die Philosophenschulen, NJklA 9, 1902, bes. 202-204; ders., Lucian und Menipp, Leipzig/Berlin 1906 (Nachdruck Hildesheim 1967), 371-386: „Die Philosophen in der Komödie".

[10] 10-11 Rabe ὥσπερ ἡ παρὰ σοῦ ἐγκωμίοις περιστεφομένη μυῖα οὐκ ἀφίσταται ἀλλ' ἐφίεται τοῦ δήγματος λιπαρῶς, οὕτω δὴ καὶ αὐτὸς οὐκ ἀπόσχῃ, βωμολόχε, οὐδέποτε τοῦ φλυαρεῖν καὶ ἀποσκώπτειν ἐς ἄνδρας τοὺς ἀγαθούς; ἀλλ' ἔρρ' ἐς μυίας καὶ σκώληκας, κακὴ κεφαλή.

[11] Die drei adoxographischen Enkomia auf den Floh (or. 27), auf die Laus (or. 28) und auf die Wanze (or. 29) sind jetzt bequem zugänglich in der Ausgabe von A.R. Littlewood, Michael Psellus. Oratoria minora, Leipzig 1985. Psellos' Anschluß an die

um zu beweisen, daß Biene, Käfer, Mücke, Spinne und Ameise (wie der Floh) zwar winzig klein seien, aber im Vergleich zu den großleibigen Tieren als vielseitiger und geschickter gelten und zusammenlebten, als wären sie staatlich organisiert. Deswegen, fährt er fort, lasse Platon die Seelen, die umgänglich seien und Bürgersinn bezeugten, in Bienenkörper eingehen (64-66): ἐντεῦθεν ὁ Πλάτων τὰς κοινοπαθεῖς τῶν ψυχῶν καὶ πολιτικοῖς ἤθεσι κεκοσμημένας μελισσῶν ἐνδεσμεῖ σώμασι.

Die Übereinstimmung im Motiv vermag über dessen unterschiedliche Handhabung freilich nicht hinwegzutäuschen. Während der Sophist mit dem Autoritätsbeweis zugleich die Autorität verulkt, verzichtet Psellos auf jeglichen Personenwitz. Dieselbe Zurückhaltung beobachten wir in seinem *Lob auf die Laus* (or. 28), wo er auf Platons *Timaios* Bezug nimmt. Die Laus, die aus den abgehenden Blähungen des Menschen entsteht, wandert über den ganzen Körper und findet dann ihren Lebensraum auf seinem Kopf. In dieser Hinsicht sei sie dem νοῦς ebenbürtig, der ja ebenfalls im Kopf seinen Sitz habe (68-71). Um diese Entstehungslehre zu bekräftigen, schiebt Psellos mit Berufung auf Platon einen knappen Exkurs über den doppelten νοῦς ein[12]:

> „Bei den Philosophen lese ich von einer zweifachen Vernunft. Die eine siedeln sie innerhalb der Weltkugel an, dort wo Platon auch die Ideen plaziert hat; die andere aber liegt jenseits von allem Körperlichen."

Den Spaß bricht er jedoch sogleich wieder ab[13]:

> „Mehr wage ich nicht zu sagen, sonst könnte mich einer wegen Geschmacklosigkeit anklagen, es sei denn, das Lebewesen auf dem Kopf (d.h. die Kopflaus) ließe sich besser erschließen als der Verstand darin."

Humoristisch zweideutig nimmt sich bei Lukian auch die nächste Wahrheitsbezeugung aus. Die durch Volksglauben und philosophische Argumentation erwiesene Unsterblichkeit der Fliegenseele soll ihrerseits

---

sophistische Adoxographie und insbesondere an Lukians *Lob der Fliege* ergibt sich aus or. 25,77-78 ὁ δὲ τὸν ψιττακὸν ἐπαινέσας Δίων καὶ τὴν μῦαν σοφιστὴς ἕτερος καὶ ἄλλος (sc. Dion?) τὸν κώνωπα.

[12] Or. 28,75-77 διττὸν ἀκούω παρὰ τοῖς φιλοσόφοις τὸν νοῦν· τὸν μὲν ἐντὸς τῆς σφαίρας, ὅποι δὴ καὶ τὰς ἰδέας ὁ Πλάτων κατέταξε, τὸν δὲ παντὸς ἐπέκεινα σώματος. Der genaue Bezug auf Platon bleibt unklar; vermutlich handelt es sich um Tim. 29e-31b. Merkwürdig ist jedoch, daß Platon die Ideen innerhalb der Weltkugel plaziert haben soll, was dem *Timaios* widerspricht; zum platonischen Gedankengang und zu späteren (bes. neuplatonischen) Interpretationen des Abschnitts s. A.E. Taylor, A commentary on Plato's Timaeus, Oxford 1928, 80-82. Ada Neschke habe ich für Diskussion dieser Stelle zu danken.

[13] 78f. οὐ τολμήσω τι πλέον εἰπεῖν, ἵνα μή μέ τις ἀπειροκαλίας γραφὴν γράψηται, πλὴν ὅσον τὸ ἐκτὸς τῆς κεφαλῆς ζῷον κρεῖττον συνάγεται τοῦ ἔνδοθεν νοῦ.

nun glaubhaft machen, daß der Bericht über den Wundermann Hermotimos aus Klazomenai stimme[14]. Aus der Geschichte, wie sie vom Adoxographen Apollonios (3, p. 122 Giannini), Plutarch (unter dem Namen „Hermodoros", gen. Socr. 592C/D), dem älteren Plinius (nat. 7,174) und am ausführlichsten von Tertullian (anim. 44) erzählt wird, läßt Lukian geflissentlich den zweiten Teil über das Ende des Hermotimos weg. Während einer seiner Seelenwanderungen war nämlich durch Verrat der eigenen Ehefrau die Körperhülle in die Hände seiner Feinde gefallen. Diese verbrannten den anscheinend leblosen Leib als Leichnam und verhinderten dadurch eine Wiedergeburt. Auch hier scheint der Scholiast Lukians Schalk nicht zu durchschauen, wirft er ihm doch absichtliche Fehlinterpretation seiner Quelle vor[15].

Wenn wir abschließend nach der Originalität des Unsterblichkeitsmotivs im lukianischen *Fliegenlob* fragen, stellen wir zweierlei fest. Erstens: offenbar fand es keiner der Nachahmer attraktiv genug, um es aufzunehmen. So stoßen wir auf nichts Ähnliches in den drei einschlägigen adoxographischen Enkomia des Psellos. Der Floh löst sich bei Wintereinbruch in Nichts auf (or. 27,118-21):

> οἴχεται δὲ χειμῶνος, ... ἐκείνου (sc. τοῦ ἡλίου) παροιχομένου φυσικοῖς λόγοις εἰς τὸ μὴ εἶναι αὖθις ἐπαναλύεται.

Die Laus stirbt mit ihrem Ernährer, dem Menschen (or. 28,116-18):

> τελευτᾷ δὲ τεθνηκότων ἡμῶν, ὥσπερ τῆς τραπέζης ἐπιλειπούσης, καὶ τῷ τῆς κεφαλῆς θάπτεται σήματι· καὶ ὅθεν δὴ καὶ γεγένηται, ἐκεῖσε δὴ καὶ ἀποβιοῖ.

Und die Wanze kehrt an ihrem Lebensende zur Erde zurück, wo sie her-

---

[14] Zu Hermotimos s. E. Wellmann, RE VIII 1, 1912, 904f.; zusammen mit dem Parallelfall des Aristeas von Prokonnesos behandelt ihn J.D.P. Bolton, Aristeas of Proconnesus, Oxford 1962, bes. 119-124.

[15] Schol. ad ἐπαληθεύει (11,4-8 Rabe): τί παρεξηγούμενος πρὸς τὸ σοὶ βουλητόν, ἀλιτήριε, τὴν διάνοιαν τοῦ ἀνδρὸς ταῖς σαῖς ἀθεμίτοις δόξαις συνυπάγεις τὸν ἄνθρωπον; ἀλλ' εὖ ἴσθι, ὡς οὐδεὶς στοιχήσει ταύτῃ τῇ θέσει σου, καὶ εἰ μάλα φρενήρης τις ᾖ καὶ ἠλίθιος. („Warum, du Schelm, legst du zu deinem Zweck die Absicht des Gewährsmannes falsch aus und spannst für deine unerhörten Ansichten den Menschen ein? Aber vergiß nicht, niemand wird deiner Behauptung folgen, ob klug oder dumm"). Die knappe Bemerkung hellt sich am ehesten auf, wenn wir uns Plutarchs Referat (gen. Socr. 592 c-d) vor Augen halten. „Die Geschichte, so wie sie erzählt wird", sagt er, „ist nicht wahr" (τοῦτο μὲν οὖν οὐκ ἀληθές ἐστιν); Lukian besteht darauf, daß seine Argumente für die Unsterblichkeit der Fliege den Bericht bestätigen (ἐπαληθεύει). Daß sich Lukian hier auf Plutarchs Referat bezieht, kann nicht nachgewiesen werden; hingegen dürfte er mit der dortigen Auslegung von Hermotimos' Seelenreisen vertraut gewesen sein.

kam (or. 29,86-87):

> τὴν γῆν ὑπεισέρχεται, ὁποῖον ἐκείνη τὸ ζῷον ἀνέδωκε, καὶ οὐ καινοτομεῖ τὴν ζωήν, ἀλλ' ἡ τελευτὴ γενέσει τούτῳ παρόμοιος.

Die humanistische Nachschöpfung von Lukians Fliegenlob, Leon Battista Albertis *Musca* (zwischen 1441 und 1443 in Florenz geschrieben), kommt auf den Tod der Fliege überhaupt nicht zu sprechen. Wenn der Verfasser ihre Natur einmal „vorzüglich" und „fast göttlich" nennt, so handelt es sich um ein Kompliment des Augenblicks; in ihrer Neugierde gleicht sie nämlich den Philosophen und nimmt wie diese keine Rücksicht auf ihr Leben, wenn es darum geht, die Geheimnisse der Welt zu ergründen[16]. Zweitens: vergleichen wir § 7 von Lukians *Lob der Fliege* mit den eschatologischen Notizen in den epigrammatischen Tierepikedien, so fällt der Unterschied deutlich ins Auge. Obwohl das Motiv des Fortlebens dort durchaus vorhanden ist, wird es nie philosophisch behandelt, sondern zehrt von der poetischen Tradition. So heißt es in mehreren Buchepigrammen, das tote Tier sei nunmehr in den Hades eingegangen - eine Formel, welcher wir auch im verbreiteten Typus des Epikedions auf Zikaden, Heuschrecken und Grillen begegnen (AP 7):

189,3f. ἤδη γὰρ λειμῶνας ἐπὶ Κλυμένου πεπότησαι
καὶ δροσερὰ χρυσέας ἄνθεα Περσεφόνας.

190,4 ὁ δυσπειθὴς ᾤχετ' ἔχων 'Αίδας.

213,6 "Αϊδος ἀπροϊδὴς ἀμφεκάλυψε μυχός

364,4 ἥρπασε Περσεφόνη.

In dieselbe Tradition reiht sich die Unterweltsschilderung des *Culex* ein, dessen letzter Aufenthaltsort im Hades schließlich unbestimmt bleibt (381 „digredior numquam rediturus", 384 „dixit et extrema tristis cum voce recessit"). Herrlinger hat mit Recht darauf aufmerksam gemacht, daß das Tierepikedion im Gegensatz zur menschlichen Sepulkraldichtung, wo Reflexionen über Leben und Tod ihre Berechtigung haben, den Charakter eines παίγνιον behält und die eschatologischen Notizen als scherzhafte Spielerei und parodistische Zutat zu werten sind[17]. Und ebendies trifft auch auf Lukian zu, dessen *Lob der Fliege* von der Parodie lebt.

---

[16] C. Grayson, Opuscoli inediti di Leon Battista Alberti. Musca, Vita S. Potiti, Firenze 1954, 59,20 „parumne intelligimus hanc precipuam et prope divinam esse muscarum naturam et morem ut, quo assiduo philosophantur et rerum secreta sedulo rimantur, eo interdum queritandi gratia et dinoscendi studio in periculum incidant?"

[17] G. Herrlinger, Totenklage um Tiere in der antiken Dichtung (Tüb. Beitr. z. Altertumswiss. 8), Stuttgart 1930, bes. 115-120.

Die Träume der römischen Kaiser

von Alexander Demandt (Berlin)

Ums Jahr 404 n. Chr. sandte Synesios, der Platoniker und spätere Bischof von Ptolemais, an die von ihm hochverehrte Philosophin Hypatia in Alexandria seine soeben fertiggestellte Schrift *Über das Träumen*[1]. Damit wollte er der „Phantasie“ seine Dankbarkeit erweisen. Synesios beschreibt die Bereicherung, die uns die Fähigkeit, zu träumen, beschert, und erklärt die mantische Bedeutung, die er wie die meisten antiken Menschen dem Traume zumaß, aus der kosmischen Sympathie, aus dem Bilde von der Welt als Organismus, wie es Platon im *Timaios* entwarf[2]. So wie man aus atmosphärischen Anzeichen das Wetter vorhersagen könne, so zeige der Traum, treffend gedeutet, ein Stück Zukunft. Synesios belegt das mit eigenen Erlebnissen als Jäger, als Literat, als Gesandter. Er fordert alle Menschen auf, Nachtbücher für ihre Träume anzulegen. Wäre es nicht wunderbar, wenn Hypatia dies getan und die Überlieferung uns auch ihre Träume erhalten hätte?

Träume sind so reizvoll wie rätselhaft. Wir vollbringen Handlungen, die sich unserem Willen entziehen; wir haben Wahrnehmungen, die sich später von selbst als Trug herausstellen. Träume zeigen uns Gegenstände unserer Erfahrung, die nicht den Regeln unserer Erfahrung gehorchen. Sie führen uns in eine Welt, in der auch andere Menschen erscheinen, ohne es zu wissen, in eine Welt, die uns ganz alleine gehört. Wir erleben Glück und Leid so heftig wie im Wachen, ohne die Ursachen zu erkennen. Der Traum eröffnet eine Realität eigenen Stils, die uns über den Horizont des Bewußtseins in eine Transzendenz hinausführt und daher in der Antike schon seit Homer mit der Sphäre der Götter in Verbindung gebracht wurde[3].

---

[1] Synes. epist. 154; Ausgaben des Traumbuches: Migne PG 66,1281ff., G. Krabinger (ed.), Orationes et homiliarum fragmenta, Landshut 1850, 311-370, N. Terzaghi, Synesios: Opuscula, Rom 1944, II 143-189, W. Lang, Das Traumbuch des Synesios von Kyrene. Übersetzung und Analyse der philosophischen Grundlagen, Tübingen 1926.

[2] Plat. Tim. 30b; Aristoteles, *de insomniis* und *de divinatione per somnum.*

[3] A.B. Büchsenschütz, Traum und Traumdeutung im Alterthume, Berlin 1868, J. Latacz, Funktionen des Traums in der antiken Literatur, in: T. Wagner-Simon/G. Benedetti (Hrsg.), Traum und Träumen. Traumanalysen in Eissenschaft, Religion und Kunst, Göttingen 1984, 10ff.; B. Manuwald, Traum und Traumdeutung in der griechischen Antike, in: R. Hiestand (Hrsg.), Traum und Träumen. Inhalt, Darstellung, Funktionen einer Lebenserfahrung in MA und Renaissance, Düsseldorf 1994, 15ff.; L. Hermes, Traum und Traumdeutung in der Antike, 1996, dazu kritisch G. Weber in: Klio

In der Ilias schickt Zeus dem Agamemnon einen Traum, der ihn Troja anzugreifen mahnt. Nestor hört es und zögert: Hätte irgendein anderer dies geträumt, so würden wir dies Trug nennen. Er verbindet die Zuverlässigkeit des Traums mit dem Rang des Träumenden. Ein König, der wie Agamemnon ein von Zeus stammendes Zepter führt, könne nichts Falsches träumen. Das aber erweist Homer als Irrtum: Zeus wollte Agamemnon ins Unheil stürzen, indem er dessen Gehorsam mißbrauchte[4]. Synesios widerspricht daher Nestor und erklärt die soziale Position des Träumenden für unerheblich im Hinblick auf die Verläßlichkeit des Geträumten. Vor Gott, der die Träume schickt, sind die Menschen gleich.

Aus der Zeit der römischen Republik kennen wir Fälle, in denen der Senat die Traumgeheiße einfacher Bürger verhandelt und befolgt hat. Dies gilt für die Einrichtung der Ludi Magni zu Ehren des Juppiter Optimus Maximus, der nach Livius im Jahre 491, nach Macrobius im Jahre 280 v. Chr. mehrere Nächte hintereinander einem einfachen Plebejer namens Titus Latinius erschienen war[5], und ebenso für die Erneuerung des Tempels der Juno Sospita, von der die Tochter eines Senators geträumt hatte. Cicero bemerkt dazu, daß gewichtige Träume, die das Staatswesen beträfen, vom Senat nicht vernachlässigt worden seien[6]. In der Kaiserzeit hingegen wurde der politisch relevante Traum vom Kaiser und seinen Beauftragten monopolisiert. Herrscher, schrieb Ovid, träumen anders als das Volk[7], das heißt gehaltvoller, und auch Artemidor vertrat wieder die Meinung Nestors[8]. Bei Macrobius[9] heißt es: „Non habenda pro veris de statu civitatis somnia, nisi quae rector eius magistratusque vidisset", „Träume, die das Gemeinwesen betreffen, sind nur dann für wahr zu halten, wenn sie von Staatslenkern oder Beamten stammen". Darum haben die nächtlichen Visionen der Herrscher stets die besondere Aufmerksamkeit der antiken Berichterstatter erregt. Abgese-

80/1, 1998, dem ich für eine kritische Durchsicht des vorliegenden Textes und wertvolle Hinweise danke.

4 Hom. Il. A 63f., B 6ff. 80ff.; ein weiterer derartiger Trugtraum bei Plut. Agesil. 6.

5 Liv. 2,36f., Macr. sat. 1,11,3, Cic. div. 2,55.

6 Cic. div. 1,4.

7 Ov. met. 11,644

8 Artem. 1,2

9 Macr. somn. Scip. 1,3,14

hen von Skeptikern wie Thukydides und Polybios[10] wurden sie als Folge, Begleiterscheinung oder Ursache des politischen Geschehens betrachtet, das alle angeht. Herrscherträume sind daher in großer Zahl überliefert.

Inwieweit es sich dabei um authentische Traditionen handelt, ist zumeist unbeantwortbar. Denn anders als bei den auf Papyri und Inschriften überlieferten Träumen[11] handelt es sich bei unseren Texten um bewußt gestaltete Literatur. In einzelnen Fällen allerdings wird ausdrücklich berichtet, daß der Bericht über die Erscheinung auf den Herrscher selbst zurückgehe. Durchsichtige Propaganda ist dabei nicht unbedingt ein Argument gegen die Echtheit, denn es gibt schließlich den Wunschtraum. Glaubwürdigkeit verdienten Träume ohne erkennbaren Zusammenhang, dem zuliebe sie gefälscht sein könnten. Die Mehrzahl der Träume dürfte zur Abrundung einer Situation oder eines Charakters erfunden sein, denn in der Regel paßt der Traum ins Bild und bereichert es. Dies gilt namentlich für die häufig tradierten Todesträume. Erdichtete Träume aber verdienen gleichfalls unser Interesse, denn sie bestehen aus denselben Motivelementen, aus denen die tatsächlich geträumten Träume bestanden - nur so konnte der antike Leser ihnen die Glaubwürdigkeit entgegenbringen, die der Historiker beanspruchte. Zudem verraten die erfundenen Träume etwas darüber, was man den Herrschern zugetraut hat, wie sie gesehen wurden. Träume gehören zum Panorama der antiken Geschichte und sind als Teil von ihr der Erinnerung wert.

Beginnen wir die Reihe der Kaiser wie Sueton mit Caesar, so zeigt sich bereits bei ihm, daß Träume bevorzugt im Kontext bedeutender Ereignisse erzählt werden[12]. Dazu gehört die Herrschaftsübernahme. Sueton berichtet, Caesar habe als Quästor in Spanien in einem Hercules-Tempel das Bild Alexanders gesehen, den er um seine Taten beneidete, und in der Nacht darauf geträumt, mit seiner Mutter zu schlafen. Die - sonst selten genannten - Deuter hätten dies als Hinweis auf künftige

[10] Polyb. 3,48,9, 12,24,5, 33,21,2: Träume seien Hirngespinste und darum nicht berichtenswert.

[11] Dazu in Kürze: G. Weber, Traum und Alltag in hellenistischer Zeit, ZRGG 50, 1998, und ders., Herrscher und Traum in hellenistischer Zeit, Archiv für Kulturgeschichte 81, 1999. Ich danke dem Autor für die Einsicht in die Manuskripte.

[12] Das Folgende fußt auf der Behandlung der Kaiserträume im Kapitel „Religion und Aberglaube“ meines Buches „Das Privatleben der römischen Kaiser“, München ^{2}1997, 240ff. Eine ausführliche Bearbeitung ist zu erwarten in der nahezu abgeschlossenen Habilitationsschrift von G. Weber in Eichstätt.

Macht verstanden, denn die Mutter aller Menschen sei Terra[13]. Plutarch verlegte den Traum der höheren Prägnanz halber auf die Nacht vor der Überschreitung des Rubikon[14]. Inzest mit der Mutter ist ein altes Traumthema; Sophokles legte es der Jokaste in den Mund[15]. Herodot berichtet es vom geflohenen Tyrannen Hippias vor der Schlacht bei Marathon; doch erfüllte es sich vorschnell, als ihm ein Zahn auf die Erde fiel, den er nicht mehr wiederfand[16]. Im Traumbuch Artemidors liegen diese Geschichten wohl zugrunde, wenn er Mutterinzest bei Staatsmännern als Glückszeichen wertet[17]. Mutter stehe für Heimat.

Sueton berichtet sodann zum Tode des Diktators, in der Nacht zuvor habe er im Traum über den Wolken Juppiter die Hand gereicht, das heißt seine Apotheose prognostiziert, während seine Frau Calpurnia den Einsturz ihres Hauses und den Mord ihres Mannes vorhergesehen habe[18]. Nach Plutarch habe Caesar Calpurnias Warnung in den Wind geschlagen, weil er Träumen kein Gewicht zumaß[19]. Das könnte erfunden sein, um den gelungenen Mord mit der Warnung zu verknüpfen. Auch der angeblichen Vergiftung Alexanders soll eine mißachtete Traumwarnung vorausgegangen sein[20]. Caesars Reaktion entspricht aber zugleich dessen souveränem Umgang mit Religion überhaupt[21].

Dieselbe Haltung bewies sein Mörder Cassius Longinus, der Epikureer, als - nach Plutarch - seinem Mitverschwörer Brutus nachts dessen böser Geist erschienen war und ihm verkündet hatte: „Bei Philippi sehen wir uns wieder"[22]. Nach der Niederlage bei Actium habe ebenso der Caesarmörder Cassius Parmensis in Athen seinen bösen Daimon gesehen, bevor das Todesurteil von Octavian ihn erreichte[23].

Augustus erscheint als Gegenstand von Träumen bereits vor seiner Geburt. Wie so oft in der Antike wird die künftige Größe des Kindes den

---

13 Suet. Caesar 7, Cass. Dio 37,52,2.

14 Plut. Caesar 32,9.

15 Soph. Oid. T. 980ff.

16 Hdt. 6,107.

17 Artem. 1,79.

18 Suet. Caesar 81,3, Dio 44,17,1.

19 Plut. Caesar 63.

20 Val. Max. 1,7 ext. 2

21 Cic. div. 2,52; Suet. Caesar 59.

22 Plut. Brutus 36.

23 Val. Max. 1,7,7.

Eltern oder Großeltern im Schlafe vorausgesagt, denken wir an Kyros[24], Perikles[25], Dionysios I[26], Alexander[27] oder später an Apollonios von Tyana[28]. So sah Atia ihr noch ungeborenes Kind zu den Sternen erhoben, so daß es Erde und Himmel bedeckte. Octavius träumte, aus dem Schoße Atias erhebe sich der Strahlenkranz der Morgensonne, und in der Nacht nach der Geburt sah der Vater seinen Sohn übergroß mit dem Blitz, dem Zepter und dem Prunkmantel („exuviae") von Juppiter Optimus Maximus in einer Strahlenkrone auf lorbeergeschmücktem Wagen, von zweimal sechs Schimmeln gezogen[29]. Das Motiv des Alles-Überdeckens im Sinne von Herrschaft kennen wir aus dem Traum des Astyages von seiner Tochter Mandane und deren Sohn Kyros[30], die Verbildlichung eines Herrschaftsbeginns durch den Aufgang eines Gestirns, vornehmlich der Sonne, entspricht einer alten, schon aus dem frühen Orient bekannten Staatsmetaphorik[31]. Augustus wurde auch von Horaz, Nero von Seneca mit der Sonne verglichen[32]. Das Bild von Augustus auf dem Wagen zitiert das Triumphalkostüm[33], und die „radiata corona", das Attribut von Helios, zeigen Münzbilder. Die Traummotive sind mithin nicht beliebig.

Die künftige Größe des Augustus haben angeblich auch andere Zeitgenossen vorausgeträumt. Catulus sah, wie Juppiter auf dem Kapitol einem Knaben das Bild der Roma in den Bausch der Toga warf, und erkannte diesen Knaben dann in dem jungen Octavius wieder[34]. Cicero hatte dieses Erlebnis, nachdem er geträumt hatte, ein Knabe mit einer ihm von Juppiter verliehenen Peitsche werde an goldner Kette aufs Kapitol herabgelassen[35]. Wenn die Peitsche auf republikanische Tendenz schließen läßt, dann handelt es sich nicht um augusteische Propaganda.

---

24 Hdt. 1,107, Just. epit. hist. Philipp. 1,4,5, Val. Max. 1,7 ext. 5, Tert. anim. 46.

25 Plut. Perikles 3.

26 Cic. div. 1,39, Val. Max. 1,7 ext. 7.

27 Plut. Alexandros 2, Tert. anim. 46.

28 Philostr. Ap. 1,4.

29 Suet. Aug. 94,4f., Cass. Dio 45,1,3.

30 Hdt. 1,107.

31 A. Demandt, Metaphern für Geschichte. Sprachbilder und Gleichnisse im historisch-politischen Denken, München 1978, 125ff., 146ff.; H. Heinen, Vorstufen und Anfänge des Herrscherkultes im röm. Ägypten, in: ANRW II 18,5, 1995, 3144ff., 3170ff.

32 Hor. carm. 4,5,5, Sen. apocol. 4, Curt. Ruf. 10,9,3.

33 Iuv. 10,38ff.

34 Cass. Dio 45,2,2ff.

35 Cass. Dio l.c.

Die Geißel aber ist bereits bei Homer ein Attribut des Zeus[36]. Platon verglich den Tyrannen mit einem Wagenlenker[37], der Staat als Renn- oder Streitwagen findet sich mehrfach[38]. Die vom Himmel herabhängende goldene Kette führt ebenfalls zurück auf Homer[39]. Das Bild ist vielfach abgewandelt worden[40]. Ob Dio damit recht hat, daß diese Erscheinungen Caesar darin bestärkt hätten, Octavius zu fördern? Das steht nicht ganz im Einklang damit, daß er auf Träume nichts gegeben habe[41].

Plutarch überliefert einen weiteren Traum Ciceros aus den letzten Jahren des Pompeius. Juppiter habe die Senatorensöhne aufs Kapitol gerufen, um einen von ihnen zum Führer (ἡγεμών) Roms zu erheben. Darauf seien die Senatoren hinaufgeeilt, hätten sich um den Tempel gestellt, die Knaben hätten in ihren purpurbesetzten Togen schweigend dagesessen, als die Türen aufgingen und die Knaben einzeln vor das Standbild traten. Als der junge Octavius vor Juppiter stand, habe er ihm die Hand gegeben und gesagt: „Wenn dieser, ihr Römer, euer Führer wird, beendet er die Bürgerkriege." Cicero habe sich daraufhin mit Caesar gutgestellt[42]. Diese Anekdote ist sicher nachträglich ersonnen; handelnde und redende Standbilder sind in Mantik und Magie der Antike nicht ungewöhnlich[43].

Anders als Caesar soll Augustus Träume ernst genommen haben, sowohl die eigenen als auch diejenigen anderer über sich[44], und daran ist kaum zu zweifeln. Vor der Schlacht bei Philippi verließ er trotz seiner Krankheit das Zelt, nachdem sein Leibarzt Artorius von Minerva im Traume diese Mahnung erhalten hatte. In einer Sänfte trug man den Kranken in die Schlacht, das Lager aber wurde von Brutus genommen, das Zelt durchbohrt[45]. Am Geschehen ist nicht zu zweifeln; der Grund, persönlich bei den Legionären zu sein, war aber wohl eher militärische

---

36 Hom. Il. M 37, N 812.

37 Plat. rep. 566d.

38 Cic. Att. 2,21,2, Verg. Aen. 1,278, Eus. *Tricennalienrede* 3,4, Stob. 4,7,61.

39 Hom. Il. Θ 19ff.

40 Demandt (wie Anm. 31), 312f.

41 Dazu s.o.

42 Plut. Cicero 44, Tert. anim. 46,7.

43 Cic. div. 1,46, Val. Max. 1,8,4.

44 Suet. Aug. 91,1.

45 Ebd.; Val. Max. 1,7, Plut. Antonius 22, Plut. Brutus 41, Cass. Dio 47,41.

Psychologie.

Die Überlieferung führt mehrere Taten des Augustus auf Träume zurück, die er selbst erhalten habe. Sie sind freilich weniger gewichtig als die Stadtgründungen[46], Kultstiftungen[47], ja Eroberungskriege[48], die in hellenistischer Zeit mit Herrscherträumen begründet wurden. „Admonitus in quiete" ließ Augustus den Apollon des Myron nach Ephesos zurückbringen[49]. Es war ein Koloß, Vitruv beschreibt den Transport[50]. Bisweilen haben Götter durch Träume vor Tempelraub gewarnt. Hannibal respektierte eine Mahnung der Juno Lacinia[51], Mithridates eine der Latona[52]. Doch beiden hat das den Sieg nicht beschert. Als Augustus 22 v. Chr. den Tempel des Juppiter Tonans am Eingang zum Kapitol eingeweiht hatte und dieser wegen der Neuheit des Baus und der Schönheit der Statue mehr Besucher anzog als der Juppiter Optimus Maximus, beschwerte sich Roms höchster Gott im Traum bei Augustus. Dieser aber tröstete den Gott, indem er den neuen als bloßen Pförtner des alten bezeichnete und jenem eine Schelle („tintinnabulum") beigab, wie sie an den Haustüren hängen[53]. Vermutlich liegt diese Geschichte dem Beinamen des „tönenden" Juppiter zugrunde.

Mysteriös ist die Überlieferung, daß der Kaiser auf einen Traum hin alljährlich am Neujahrstage als Bettler durch die Straßen Roms ging und sich Pfennige („asses") in die hohle Hand geben ließ, wohl um Nemesis zu beschwichtigen[54]. Denn dies war offenbar ein Ritual, das den Neid der Götter abwehren sollte. Erfährt man so etwas im Traume? Tiberius lehnte diese Sitte ab[55]. Gleichwohl hatte auch er göttliche Erscheinungen. An seinem letzten Geburtstag erschien ihm jener Apollon, den er aus Syrakus für seine neue Bibliothek hatte kommen lassen, und erklärte ihm, der Kaiser werde ihn nicht mehr einweihen. Kurz darauf starb Tiberius[56].

---

[46] Plut. Alexandros 26, Paus. 7,5,1-3.

[47] Tac. hist. 4,83f.

[48] Tert. anim. 46,6.

[49] Plin. nat. 34,58.

[50] Vitr. 10,2,13.

[51] Cic. div. 1,48f., Liv. 24,3,6.

[52] App. Mithr. 106 (= 12,27).

[53] Suet. Aug. 91,1f., Cass. Dio 54,4, Sen. ira 3,35,3.

[54] Suet. Aug. 91,2, Cass. Dio 54,35,3, 57,8,6.

[55] Cass. Dio 57,8,6.

[56] Suet. Tib. 74.

Einen Todestraum kennen wir ebenso von seinem Nachfolger Caligula. Am 23. Januar 41, am Tage vor seiner Ermordung, habe er sich vor dem Throne Juppiters stehen sehen und sei von ihm mit einem Fußtritt auf die Erde herabgeschleudert worden[57]. Diese Strafe hatte er in den Augen der Zeitgenossen wie der Nachgeborenen verdient. Nach Julian wurde Caligula von den Göttern aus dem Olymp in den Tartaros hinabgestürzt[58]. Daß der Traum vom Besuch im Olymp Künftiges verheißt, hören wir auch aus der griechischen Welt[59]. Die gesamte Szene entspricht der Vorstellung vom Totengericht: Nach dem Tode wird die Seele geprüft. Erweist sie sich als fromm und gerecht, schickt sie der „summus daemon" an einen angenehmen Ort, andernfalls wirft er sie in die Tiefe, wo sie in Sturm, Feuer und Wasser ewige Strafe erleidet[60]. Caligula soll so etwas befürchtet haben, denn zu ihm, der geplagt wurde von bösen Träumen, habe einst das Meer in Schreckensgestalt gesprochen[61].

Bei den beiden letzten Kaisern der julisch-claudischen Dynastie werden ihre Träume und ihre Traumgläubigkeit als Zeichen ihres Charakters gewertet. Sie stießen unter den senatorisch eingestellten Literaten auf Ablehnung. Tacitus berichtet zum Jahre 47 n. Chr. die Hinrichtung zweier Brüder aus dem Ritterstand namens Petra unter anderem deswegen, weil der eine von ihnen im Traume den Kaiser Claudius mit einem Ährenkranze, dessen Grannen nach hinten gerichtet waren, gesehen und daraus eine Teuerung prophezeit habe. Nach anderen hätte es sich um einen verwelkten Rebenkranz gehandelt, aus dem der Ritter den Tod des Kaisers für den nächsten Herbst angekündigt habe[62]. Stimmt diese zweite Version, so hatte der Hingerichtete tatsächlich gegen das Gesetz verstoßen, das magisch gewonnene Prognosen über das Schicksal des Princeps als Hochverrat auswies[63]. Dadurch konnten Massenbewegungen ausgelöst und Usurpationen begünstigt werden. Tacitus überliefert einen Fall, in dem ein ehrgeiziger junger Mann unter anderem durch Träume zu „res novae" ermutigt wurde[64]. Auch eine Panik aus Angst vor Teuerung hatte

[57] Suet. Cal. 57,3.

[58] Jul. symp. 310.

[59] Val. Max. 1,7 ext. 6.

[60] Ps.-Apul. Ascl. 28, bei W. Scott (ed.), Hermetica I, Oxford 1924, 366.

[61] Suet. Cal. 50,3.

[62] Tac. ann. 11,4.

[63] E. Massonneau, La magie dans l'antiquité Romaine, Paris 1934, Th. Mommsen, Römisches Strafrecht, Berlin 1899, 861ff. (= Darmstadt 1961).

[64] Tac. ann. 2,27

unter Umständen eine solche Folge. Die Geschichte ist ebenso glaubwürdig wie die aus Sueton, wonach Claudius fünf Jahre zuvor seinen Günstling Appius Silanus, Konsul im Jahre 28, hat hinrichten lassen. Dieser hatte sich geweigert, der mannstollen Kaiserin Messalina seine Gunst zuzuwenden, darauf schmiedete sie ein Komplott mit dem Freigelassenen Narcissus. Beide erzählten dem Kaiser, sie hätten im Traume gesehen, wie Silanus ihn ermordet habe. Nach dessen Tod stattete Claudius vor dem Senat seinen Dank an Narcissus ab, der auch „im Schlaf über ihn wache"[65]. Sueton liefert noch eine weitere Anekdote, daß Claudius einen Mann hinrichten ließ, nachdem dieser durch den Traum seines Prozeßgegners als Kaisermörder „entlarvt" worden war. Eine so weitgehende Traumgläubigkeit war in den Augen der Berichterstatter krasser Aberglaube.

Wie Claudius, so war Nero vom Traum eines anderen überzeugt, als ein punischer Schwindler erzählte, ihm sei das Versteck eines riesigen Schatzes offenbart worden, worauf der Kaiser eine Expedition nach Africa schickte, die natürlich ergebnislos blieb[66]. Nero selbst soll nie geträumt haben, bis im Jahre 68 sein Ende nahte und Nachtgesichte ihn schreckten[67]. Schon nach dem Mord an seiner Mutter im März 59 glaubte er, ein Schiff zu lenken, dessen Ruder ihm aus der Hand gerissen wurde. Dahinter steht die alte Metapher vom Lenker des Staatsschiffs, vom „gubernator". Sie ist bereits in frühen Hieroglyphentexten bezeugt und den Griechen seit Homer vertraut[68]. Nun aber erschien dem Kaiser seine Gattin Octavia, die er im Jahre 62 hatte ermorden lassen, und schleppte ihn in eine finstere Gruft, wo er von geflügelten Ameisen gefressen zu werden wähnte. Nach Artemidor bedeuten diese Tiere den Tod, weil sie die Erde, auf die sie gehören, verlassen[69]. Daß eine mißhandelte Frau dem Herrscher im Traum erscheint, erlebte schon der Spartaner-König Pausanias[70]. Sodann sah sich Nero von den Statuen der vierzehn unterworfenen Völker umzingelt, die Pompeius in seinem Theater aufgestellt hatte[71]. Schließlich habe sich sein asturisches Lieblingspferd hinten in

65 Suet. Claud. 27, Cass. Dio 60,14.

66 Tac. ann. 16,1.

67 Suet. Nero 46.

68 Demandt (wie Anm. 31), 191ff.

69 Artem. 3,6.

70 Plut. Kimon 6.

71 Plin. nat. 36,41.

einen Affen verwandelt und schrill gewiehert - eine Anleihe an die Metapher des Reitens für Herrschen[72]. Da Nero seit der Erhebung Galbas um Thron und Leben bangte, ist es durchaus denkbar, daß ihn diese oder derartige Erscheinungen ängstigten.

Todesträume kennen wir sodann von Neros beiden Nachfolgern. Galba hatte als junger Mann eine bronzene Fortuna-Statuette gefunden und in seiner Sommervilla in Tusculum aufgestellt. Jedes Jahr zelebrierte er ihr ein Nachtfest[73]. Nach seinem Einzug in Rom Anfang Oktober 68 wollte er dieser Fortuna ein kostbares Halsband umlegen, weihte es aber dann, weil es ihm eines heiligeren Ortes würdig schien, der kapitolinischen Venus[74]. Daraufhin beschwerte sich seine Fortuna im Traum bei ihm und verkündete, sie werde ihm nehmen, was sie ihm gegeben habe[75]. Wenig später wurde Galba gestürzt. Die Halsbandweihung hat vermutlich stattgefunden, doch ist es mehr als unwahrscheinlich, daß der Kaiser einen solchen Traum, wenn er ihn hatte, erzählt haben würde. Es handelt sich um literarisches Kolorit, wie auch die Traumgeschichte seines Nachfolgers Otho. In der Nacht des 15. Jan. 69, nachdem er sich gegen Galba erhoben hatte, sei er, von Visionen erschreckt, erwacht; jammernd und schreiend hätten ihn seine Diener auf dem Boden liegend gefunden. Er glaubte, die Manen Galbas hätten ihn aus dem Bett geworfen, und suchte sie daraufhin durch Sühneopfer zu besänftigen[76]. Die Gestalt der Totengötter darf man sich der des Genius ähnlich denken[77]. Die Römer glaubten, die Manen als „numina doloris" schickten böse Träume und nähmen Rache für den Toten, doch dankten sie auch für Wohltaten an ihm[78]. Das Motiv kehrt wieder in Andersens Märchen vom *Reisekamerad.*

Aus der flavischen Dynastie kennen wir Traumberichte vom ersten und dritten Herrscher. Vespasians Kaisertum wurde ihm von dem traumkundigen Josephus angekündigt - sofern dessen eigenes Zeugnis verlässlich ist[79]. Der Kaiser selbst soll einmal im Vestibül des Palastes eine Waage geschaut haben, deren Schalen im Gleichgewicht standen. In

---

[72] Dazu s.u.

[73] Suet. Galba 4,3.

[74] C. Koch, Venus, RE VIII A, 1955, 852f., 869, 873.

[75] Suet. Galba 18.

[76] Suet. Otho 7,3.

[77] Dazu s.u.

[78] Tib. 2,6,37, Quint. inst. 6, pr. 10, Phaedr. 1,27, Val. Max. 1,7 ext. 3.

[79] Ios. bell. Iud. 3,8,3 (351). 9 (401ff.) (freundlicher Hinweis von Andreas Luther).

der einen hätten Claudius und Nero gesessen, in der anderen er selbst und seine Söhne. Sueton fand die Botschaft darin, daß beide Schalen dieselbe Zahl von Regierungsjahren bedeuteten, nämlich 27; die Differenz in christlicher Zeitrechnung von 41 bis 68 für Claudius und Nero, von 69 bis 96 für Vespasian, Titus und Domitian[80]. Daß einem Kaiser das Ende seiner Dynastie offenbart wird, lesen wir sonst nicht. Wenn Vespasian diesen Traum gehabt und erzählt haben sollte, dann hat er ihn notwendigerweise anders interpretiert, weil er nicht wissen konnte, wie lange sein Haus regieren würde.

Drei Todesträume werden von Domitian (81-96) berichtet. Der von ihm 93 n. Chr. getötete Stoiker Rusticus Arulenus soll ihn mit einem Schwert bedroht haben[81], das gemahnt an die Rache, die Nero von Octavia fürchtete. Den Traum Domitians, daß ihm ein goldener Buckel gewachsen sei, wurde von ihm selbst auf die hinter beziehungsweise nach ihm kommenden glücklichen Zeiten gedeutet[82]. Sein Ende soll ihm nach Sueton dann Minerva angekündigt haben. Diese Göttin verehrte er in besonderem Maße. Ihr hatte er ein Kollegium eingerichtet, jährlich gab er ihr ein Fest auf seiner Villa Albana mit Tierhetzen, Bühnenwerken und Dichterwettkämpfen. Vor seinem Tode träumte er, Minerva verlasse ihr „sacrarium“ mit der Erklärung, ihn nicht mehr verteidigen zu können, Juppiter habe ihr die Waffen genommen[83]. Dio schildert die Szene dramatischer: Minerva habe ihre Waffen im Schlafzimmer auf den Boden geworfen, sei auf einem mit Rappen bespannten Wagen davongefahren und in eine Schlucht gestürzt[84].

Während der nur kurz regierende Nerva (96-98), wie zuvor Titus, nicht als Träumer zu fassen ist, kennen wir von Trajan (98-117) und Hadrian (117-138) nächtliche Visionen vor ihrer jeweiligen Erhebung. Ersterem sei, so Dio, ein bekränzter Greis mit purpurgesäumter Toga erschienen, so wie man den personifizierten Senat auf Bildern darstelle, und habe ihm mit seinem Ring ein Siegel erst auf die linke, dann auf die rechte Seite des Halses gedrückt[85]. Das Halsmotiv begegnet uns ebenso bei seinem Nachfolger Hadrian. Er habe in Antiochia vor seiner Erhe-

---

80 Suet. Vesp. 25.

81 Cass. Dio 63,16.

82 Suet. Dom. 23,4.

83 Ebd. 4. 15.

84 Cass. Dio 57,16.

85 Cass. Dio 68,5,1.

bung zum Kaiser geträumt, aus heiterem Himmel sei ihm Feuer erst auf die linke, dann auf die rechte Seite des Halses gefallen, ohne ihn zu schrecken, ohne ihm zu schaden[86]. Vermutlich verhieß die Bewegung von links nach rechts Gutes. Nach Artemidor bedeutete auch ätherisches Feuer Glück, während der Hals als pars pro toto für den Körper stand[87].

Von Hadrian werden zudem zwei Träume überliefert, die seinen Tod anzeigten. Die Bitte an seinen Vater um einen Schlaftrunk, den dieser ihm gegeben habe[88], erinnert an den gut bezeugten Wunsch des kranken Kaisers, seinem Leben ein Ende zu setzen[89]. Eine Episode aus dem Jagdleben Hadrians liegt dem Traum zugrunde, von einem Löwen überwältigt zu werden[90]. In Libyen hatte der Kaiser gemeinsam mit seinem Liebling Antinoos einen gefährlichen Löwen erlegt. Aus dessen Blut sei die rote Lotosblume entsprungen, so der Dichter Pankrates. Er hat das Abenteuer in Hexametern besungen und dafür im Museion zu Alexandria einen Lehrstuhl für Poesie erhalten[91]. Noch eine Notiz aus Africa: Synesios berichtet, ihm hätten Träume die Verstecke von Tieren offenbart[92].

Während wir von Antoninus Pius (138-161) nur hören, daß Träume ihn mehrfach ermahnt hätten, ein Bild seines Adoptivvaters Hadrian zu seinen Penaten zu stellen[93], ist die Überlieferung für Marc Aurel (161-180) wieder ergiebig. Als er im Jahre 138 von Antoninus Pius adoptiert wurde und hoffte, Caesar zu werden, träumte er, Schultern und Arme aus Elfenbein zu haben, die er zum Tragen geeigneter fand als seine natürlichen Glieder. Dies wird mit seiner Abneigung gegenüber der Politik, mit der Klage über die „mala imperii“ verbunden, denen er sich gleichwohl gewachsen fühlte[94]. Aus dieser Zeit stammt auch sein Geburtstagsbrief an Fronto, seinen Lehrer, in dem Marcus auf die Hilfe der Götter zu sprechen kommt, die sich in Mysterien, Heilungen, Orakeln und in Träumen

86 Cass. Dio 69,2,1.

87 Artem. 2,35, 1,34.

88 Script. Hist. Aug. Hadr. 26.

89 Ebd. 24.

90 Ebd. 26.

91 Athen. 677D/E, POxy. 1085, Demandt (wie Anm. 12), 165f.

92 Synes. insomn. 148b/c.

93 Script. Hist. Aug. Pius 3,5.

94 Cass. Dio 71,36,1, Script. Hist. Aug. Marc. 5,2.

äußere[95]. Zwanzig Jahre später, als Marcus Kaiser geworden war, schrieb ihm Fronto über die Freuden des Schlafes, der den Menschen liebliche Träume sende, einem jeden das zeige, dem er nacheifere: dem Theaterfreund den von ihm favorisierten Schauspieler, Flötenvirtuosen oder Wagenlenker, dem Soldaten den Sieg, dem Kaiser den Triumph, dem Reisenden die Heimkehr[96]. Einen Traum Frontos überliefert Artemidor: Der an Gicht leidende Rhetor habe die Götter um einen Heiltraum gebeten und geträumt, er gehe in der „Vorstadt“ spazieren. Daraufhin habe er sich mit Bienenwachs einreiben lassen und sei kuriert worden[97]. Fronto habe den Doppelsinn des Wortes „propolis“ erkannt, was „Vorstadt“ und „Bienenwachs“ bedeutet. Das griechische Wort war auch im Latein gebräuchlich. Ein ähnliches Wortspiel entschlüsselte schon den - gewiß der Interpretation zuliebe erfundenen - Traum Alexanders während der langwierigen Belagerung von Tyros. Der König hatte auf seinem Schild einen Satyrn tanzen sehen, und sein Traumdeuter zerlegte das Wort σάτυρος in σὰ Τύρος - „dein ist Tyros“[98].

In seinen *Selbstbetrachtungen* forderte Marc Aurel sich auf, seinen Träumen kritisch zu begegnen. Was ihn des Nachts beunruhige, müsse am Tage nüchtern geprüft werden[99]. Dennoch glaubte der Kaiser an Heilträume, denn er dankte den Göttern, die ihn so vom Blutspucken und von Schwindelanfällen befreit hätten[100]. In der antiken Medizin spielt die Inkubation eine wichtige Rolle. Berühmte Tempel wurden von Kranken aufgesucht[101], insbesondere die Heiligtümer des Asklepios. Aus der Zeit Marc Aurels stammen die Traumprotokolle (ἱεροὶ λόγοι), die Aelius Aristides in Pergamon angelegt hat[102]. In Epidauros wurden Hunderte von Inschriften gefunden, in denen Genesene ihre Traumheilung (ἰάματα) bezeugen[103]. Als Marc Aurel seinen Leibarzt Galen aus Rom ins Feldlager an die Donau mitnehmen wollte, antwortete dieser, Askle-

---

95 Fronto, ed. van den Hout (Teubner), Leipzig 1988, 43.

96 Ebd. 233.

97 Artem. 4,22.

98 Ebd. 24.

99 Marc. Aur. 6,31.

100 Ebd. 1,17,20, 9,27.

101 Strab. 16,2,35, 17,1,17.

102 L. Deubner, De incubatione, Leipzig 1900, H.O. Schröder (ed.), P. Aelius Aristides, Heilige Berichte, Heidelberg 1986.

103 R. Herzog, Die Wunderheilungen von Epidauros, Leipzig 1931; R. Nehrbaß, Sprache und Stil der Iamata von Epidauros, Leipzig 1935.

pios habe ihm in einem Traum verboten mitzugehen[104]. Obschon die tieferen Gründe erkennbar waren, akzeptierte der Kaiser die Weigerung seines Arztes. Dieser hatte mit siebzehn Jahren sein Medizinstudium begonnen, nachdem das seinem Vater Nikon im Traum befohlen worden war[105].

Marc Aurel ist der einzige Kaiser, von dem wir hören, daß er wie zuvor Alexander[106] auch selber noch lange nach seinem Tode anderen im Traum erschienen sei und ihnen die Zukunft verkündet habe. Darum stehe sein Bild in vielen Häusern neben den Penaten[107]. Von Faustina, der Frau des Kaisers, heißt es, daß sie vor der Geburt des Commodus und seines früh verstorbenen Zwillingsbruders geträumt habe, zwei Schlangen zu gebären, von denen die eine besonders wild gewesen sei[108]. Dies ist gewiß eine Rückblendung, nachdem der Sohn und Nachfolger Marc Aurels seinen brutalen Charakter gezeigt hatte. Aus der Zeit Marc Aurels stammt das umfangreichste Traumbuch der Antike, verfaßt von Artemidorus von Daldis bei Ephesos[109].

Die meisten Kaiserträume besitzen wir von Septimius Severus (193-211). In seiner verlorenen Autobiographie hat er sie dem Publikum berichtet, ja er hat sie wie Sextus Condianus unter Commodus[110] durch öffentlich aufgestellte Gemälde bekannt gemacht[111]. Ein bildlich dargestellter Herrschertraum, wenn auch nicht von Septimius, so doch aus seiner Zeit, blieb erhalten: Münzen von Smyrna zeigen, wie eine Nymphe dem schlafenden Alexander die Stelle für die Neugründung der Stadt offenbart[112]. Noch vor seiner Erhebung hatte Septimius von seinem späteren Geschichtsschreiber Cassius Dio ein Büchlein über Träume und Zeichen erhalten, daraus Hoffnungen auf die Kaiserwürde abgeleitet und Dio in einem langen Brief gedankt. Dio seinerseits habe daraufhin im Traume vom Daimonion den Befehl erhalten, das Geschichtswerk zu

---

104 Galen 19,18f. (Kühn; freundlicher Hinweis von Heinrich Schlange-Schöningen).

105 Ebd. 59.

106 Plut. Demetrios 29, Pyrrhos 11, Eumenes 6. 13.

107 Script. Hist. Aug. Marc. 18,7.

108 Script. Hist. Aug. Comm. 1,3f.

109 R.A. Pack (ed.), Artemidor, Onirocriticon, Leipzig 1963 (Teubner), deutsch von K. Brackertz, München 1979.

110 Cass. Dio 72,7,1

111 Herodian. 2,9,3f.

112 Paus. 7,5,1-3; D.O.A. Klose, Die Münzprägung von Smyrna in der römischen Kaiserzeit, Berlin 1987; Plut. Alexandros 26.

verfassen, das für uns heute die wichtigste Quelle zur römischen Kaisergeschichte darstellt[113]. Daß Literatur auf Traumbefehle zurückgeht, lesen wir mehrfach. Auf ein solches Geheiß hin dichtete schon Sokrates einen Götterhymnus und brachte Fabeln Äsops in Verse[114]. Ennius soll im Schlaf von Homer zum Dichten angeregt worden sein[115]; Plinius maior wurde angeblich als Soldat in Germanien von dem toten Drusus ermahnt, ihm die „iniuria oblivionis" zu ersparen und durch ein Werk über die Germanenkriege die Erinnerung an ihn wachzuhalten[116], und Synesios schrieb sein oben erwähntes Traumbuch, nachdem er im Traum dazu aufgefordert worden war[117].

Die meisten Träume des Septimius Severus legitimieren seine Erhebung. Schon als Ephebe habe er sich in einem Wachtraum unwissend auf das βασιλικὸν δίφρον, das heißt auf die „sella curulis" des Konsuls oder Kaisers, gesetzt. Nach der Ernennung zum Senator soll er geträumt haben, von einer Wölfin gesäugt zu werden, so wie einst Romulus[118]. Zur Hochzeit mit Julia Domna habe ihm Faustina, die Gattin Marc Aurels, höchstpersönlich die Brautkammer im Venustempel beim Palast bereitet[119]. Aus der Zeit seiner spanischen Statthalterschaft wird der Traumbefehl überliefert, die von Hadrian begonnene Erneuerung des Augustus-Tempels von Tarraco zu vollenden[120]. Dort hatte er auch die Vision, auf einen hohen Aussichtspunkt geführt zu werden, über Land und Meer zu blicken und darauf, wie auf ein παναρμόνιον ὄργανον, seine Hand zu legen, so daß ein großer Gesang ertönte[121]. Bei dieser Dio-Stelle möchte man - historisch legitim - an ein Orgelmanual denken, doch spricht die Parallelüberlieferung in der Hist. Aug. von einem Zusammenklang der Provinzen, „lyra voce vel tibia"[122]. In Gallien träumte Septimius, die ganze römische Heeresmacht (δύναμις) erscheine bei ihm zur Morgenvisite[123].

---

113 Cass. Dio 72,23.

114 Plat. Phaid. 60d-61b.

115 Cic. ac. 2,51.

116 Plin. min. epist. 3,5,4.

117 Synes. epist. 154.

118 Cass. Dio 75,3.

119 Ebd.

120 Script. Hist. Aug. Hadr. 12,3, Sept. Sev. 3,4.

121 Cass. Dio 75,3.

122 Script. Hist. Aug. Sept. Sev. 3,5; G. Wille, Musica Romana. Die Bedeutung der Musik im Leben der Römer, Amsterdam 1967.

123 Cass. Dio 75,3.

Als Commodus am 31. Dezember 192 ermordet worden war und Pertinax die Herrschaft übernommen hatte, huldigte ihm Septimius, damals Statthalter in Pannonien, mit Opfer und Eid. Danach träumte er, Pertinax ritte auf einem prächtigen, mit den kaiserlichen Insignien (βασιλικοῖς φαλήροις) geschmückten Pferd über die Heilige Straße. Am Eingang zum Forum aber warf es den Kaiser ab, trabte zu Septimius und ließ sich von ihm bis in die Mitte des Forums reiten, wo das Volk ihm zujubelte[124]. Der Traum wurde als Erzbild dargestellt, zugrunde liegt die beliebte Metapher des Reitens für Herrschen[125].

Gehen die Träume von der Erhebung auf den Kaiser persönlich zurück, so ist sein Todestraum das literarische Produkt eines ihm wohlgesonnenen Autors. Der Kaiser sah sich auf einem edelsteinbesetzten Wagen, von vier Adlern gezogen, auf dem Weg in den Himmel, geführt von einem vorausfliegenden riesigen Wesen. Während der Fahrt habe er bis 89 gezählt, entsprechend dem Lebensalter, das er erreicht haben soll. Tatsächlich starb er am 4. Februar 211 mit 66 Jahren. Im Himmel habe Septimius lange allein im riesigen Luftkreis gestanden und abzustürzen gefürchtet, bis Juppiter ihn rief und unter die Antonine einreihte, in deren Familie er sich 195 nachträglich selbst adoptiert hatte[126]. Die Szene umschreibt eine Apotheose ähnlich der des Antoninus Pius, wie sie auf der im Vatikan erhaltenen Basis seiner verlorenen Säule dargestellt ist[127]. Dort wird das Kaiserpaar, von Adlern begleitet, auf dem Rücken eines geflügelten Aion in den Himmel getragen. Ein Traum dieser Art wird von Caesar berichtet[128], er bot wohl das Vorbild. Die Vorstellung von der Aufnahme des verstorbenen Kaisers durch Juppiter in den Himmel blieb in heidnischen Kreisen bis in die Spätantike lebendig[129].

Für die Zeit nach Septimius Severus dünnt die Überlieferung zu den Kaiserträumen aus. Sein Sohn Caracalla soll in Pergamon von Asklepios zahlreiche Heilträume erhalten haben[130]; vor seiner letzten Reise ist ihm angeblich in Antiochia sein Vater mit einem Schwert erschienen und soll

---

124 Herodian. 2,9,5, Cass. Dio 75,3.

125 Demandt (wie Anm. 31), 33, Cass. Dio 37,54,2.

126 Script. Hist. Aug. Sept. Sev. 22,1f.

127 H. Kähler, Rom und seine Welt, München 1958, Tafel 196.

128 Dazu s.o.

129 Paneg. Lat. 6,7,7,3 von 310 über Constantius Chlorus, Eutr. 9,28 zu Diocletian, 10,8 zu Constantin, 10,16 zu Julian, 10,18 zu Jovian.

130 Herodian. 4,8,3.

gesagt haben: „Wie du deinen Bruder getötet hast, so werde ich dich erschlagen“[131]. Über ihren Lieblingskaiser Severus Alexander tradiert die *Historia Augusta* zwei Geburtsträume. Seine Mutter glaubte, mit einem „purpureum dracunculum“ niederzukommen, und sein Vater sah sich von den Flügeln der Victoria Romana aus dem Senat zum Himmel getragen[132]. Den Schlangentraum - durch den kaiserlichen Purpur hier noch verdeutlicht - kennen wir von Faustina iunior[133]; die Apotheose eines Kaiservaters, der nicht selbst Kaiser war, ist nur von Trajan bekannt.

Die aus der Spätantike überlieferten Träume[134] stehen überwiegend im Zusammenhang mit dem neuen Glauben. Die heidnisch-antike Auffassung vom göttlichen Ursprung der Träume und ihrer prophetischen Aussage wurde von Juden wie Christen geteilt[135]. Im Alten Testament schickt Gott nicht nur den Frommen Wahrträume, wie Jakob die Vision von der Himmelsleiter oder Joseph die Gesichte, die er seinen Brüdern erzählt, sondern auch einem Gottesfeind wie Nebukadnezar, dem Daniel daraus die Zukunft weissagt[136]. Im Neuen Testament denken wir an das Traumgesicht der Weisen aus dem Morgenlande vor ihrer Rückkehr oder an den Traumbefehl Gottes an Joseph, mit Weib und Kind nach Ägypten zu fliehen, um dem Kindermord des Herodes zu entgehen[137]. Daß auch der Satan Träume schicken kann, erschloß man in frühchristlicher Zeit aus der Botschaft der Frau des Pilatus (die Legende nennt sie Claudia Procula oder Prokla) an ihren Mann, als er auf dem Richterstuhl saß: „Habe du nichts zu schaffen mit diesem Gerechten. Ich habe heut viel erlitten im Traum seinetwegen“[138]. Wäre Pilatus diesem Rat gefolgt, hätte er Gottes Heilsplan zerstört. Nach den Pilatus-Akten im Nikodemus-Evangelium sahen die Juden in dem Traum den Beweis dafür, daß Jesus ein Magier wäre, der sich so zu retten versucht hätte[139]. Angesichts

---

131 Cass. Dio 78,7,1.

132 Script. Hist. Aug. Alex. 14,1f.

133 Dazu s.o.

134 J. Le Goff, Das Christentum und die Träume (2.-7. Jh.), in: ders., Phantasie und Realität des MA, Stuttgart 1990, 271ff., P. Cox Miller, Dreams in Late Antiquity. Studies in the Imagination of Culture, Princeton 1994.

135 M. Dulaey, La rêve dans la vie et la pensée de Saint Augustine, Paris 1973

136 1Mose 28,10ff. 37, Buch Daniel.

137 Mt 2,12f., 2,19.

138 Mt 27,19; E. Fascher, Das Weib des Pilatus (Hallische Monographien 20), Halle 1951, 11.

139 W. Schneemelcher (Hrsg.), Neutestamentliche Apokryphen I, Tübingen [6]1990, 402 (Pilatusakten ed. F. Scheidweiler).

dieser biblischen Zeugnisse verwundert es nicht, wenn der (damals noch nicht) heilige Augustinus im Zweifel darüber, ob und wen er heiraten solle, auf einen Traum seiner Mutter hoffte[140].

Bevor Constantins berühmtester Traum zur Sprache kommt, ist noch auf eine Episode des Jahres 310 zu verweisen. Der 308 zum zweiten Male entthronte Maximianus Herculius war vor seinem Sohne Maxentius zu Constantin nach Gallien geflohen und plante eine dritte Rückkehr zur Macht. Er suchte seinen Schwiegersohn eines Nachts auf, angeblich um ihm einen Traum zu erzählen, tatsächlich aber um ihn zu töten. Er wurde ertappt und erhängte sich[141]. Über den Inhalt des vorgeblichen Traumes erfahren wir nichts, es müßte aber, angesichts der Dringlichkeit der Mitteilung, eine Warnung gewesen sein - am Ende vor der Gefahr, in der Constantin durch den Überbringer schwebte.

Am 28. Oktober 312 besiegte Constantin seinen Mitkaiser Maxentius an der Milvischen Brücke vor Rom. In den Nächten zuvor, so heißt es in einer Rede von 313 auf Constantin[142], sei Maxentius von den Rachegöttinnen („ultrices") mit Schreckträumen gepeinigt worden. Wenig jünger, um 315 abgefaßt, ist die Schrift *Über die Todesarten der Christenverfolger*. Darin schreibt Lactanz, Constantin sei im Traum ermahnt worden, ein göttliches Himmelszeichen auf die Schilde seiner Soldaten zu malen, das als gedrehtes X mit umgebogenem Kopfstrich gekennzeichnet wird, das heißt als Staurogramm[143]. Dies habe ihm den Sieg beschert. Viele Jahre später (μακροῖς ὕστερον χρόνοις) erzählte der Kaiser dem Bischof Eusebios von Caesarea, er habe am Mittag vor der Schlacht während des Gebetes ein Lichtkreuz gesehen mit der Beischrift „Hierdurch siege!" (τούτῳ νίκα), und in der folgenden Nacht habe Christus ihm befohlen, das Zeichen als Schutzpanier für seine Soldaten zu verwenden[144]. Sozomenos fügt noch einen ermunternden Zuruf der Engel hinzu[145].

Nach der in Syrien im 5. Jahrhundert n. Chr. entstandenen Silvesterlegende träumte der leprakranke Constantin nach dem Sieg über Maxentius von den Aposteln Petrus und Paulus, die ihm befahlen, den geflohenen Papst Silvester zu holen, die Kirchen wiederherzustellen und sich

[140] Aug. conf. 6,23.

[141] Lact. mort. pers. 30.

[142] Paneg. Lat. 12,9,16,5.

[143] Lact. mort. pers. 44,5.

[144] Eus. vit. Const. 1,28f.

[145] Soz. hist. eccl. 1,3,1-3.

taufen zu lassen. Constantin gehorchte, genas, ging nach Byzanz und überließ gemäß der um 760 entstandenen *Constantinischen Schenkung* den Päpsten die Westhälfte des Reiches bis zum Ende der Welt[146].

Im christlichen Denken belohnt Gott den gehorsamen Träumer mit dem Sieg, im heidnischen war das anders. Bei Homer schickt Zeus den Agamemnon durch einen Traumbefehl ins Unglück, bei Herodot widerfährt dies Xerxes durch einen Geist: er werde dem König mit brennendem Eisen die Augen ausstechen, wenn er nicht gegen Hellas ziehe[147]. Der Traum ist Teil des Schicksals, dem der Mensch ausgeliefert ist.

Über den Traum vermittelte Gott gemäß Lactanz auch Licinius, dem damaligen Bundesgenossen Constantins, das Mittel zum Sieg über dessen Gegner. In der Nacht vor dem Kampf gegen Maximinus Daia am 30. April 313 bei Adrianopel lehrte ein Engel den Kaiser das Gebet, das er vor der Schlacht mit den Soldaten sprechen sollte. Licinius erwacht, holt einen Schreiber und diktiert den Text: „Summe deus, te rogamus ...“ Er ist so neutral gehalten, daß er von Christen wie Heiden im Heere gesprochen werden konnte[148]. Daß im Traum offenbarte Texte niedergeschrieben werden, kennen wir schon aus der griechischen Welt. Dem Dichter Pindar sei - so Pausanias - kurz vor seinem Tode Persephone erschienen und habe geklagt, ihr allein habe er keine Hymne gewidmet. Als der Dichter gestorben war, träumte eine Sängerin, die seine Gedichte oft vorgetragen hatte, er rezitiere den begehrten Hymnos, und schrieb ihn auf[149]. Dies gestattet die Annahme, daß der Persephonehymnos, der Pausanias vorlag, von einer Sängerin des 6. Jahrhunderts stammt. Auch von Kallimachos wurde erzählt, seine *Aitia* (Ursprungsgedichte) seien ihm im Traum von den Musen vermittelt worden, die ihn auf den Helikon entführt hätten[150].

Erhebung, Sieg und Ende sind dann wiederum bei Julian Anlaß für die Überlieferung von Gesichten. Um 359, als Julian Caesar in Gallien war und wohl schon heimlich hoffte, neben Constantius II. Augustus zu werden, schickte ihm sein Leibarzt Oreibasios einen hoffnungsvollen, inhaltlich allerdings nicht überlieferten Traum. Julian antwortet mit

---

146 C. Mirbt, Quellen zur Geschichte des Papsttums und des römischen Katholizismus , Tübingen 1901, 37 (bearb. von K. Aland, Tübingen [6]1967/1972)

147 Hom. Il. B 6ff., Hdt. 7,12ff.

148 Lact. mort. pers. 46,3ff.

149 Paus. 9,23

150 Anth. Gr. 7,42.

einem ebensolchen: Er glaubte, er sähe einen großen Baum, gepflanzt in einem Gartentriklinium, zu Boden stürzen. Seitlich an der Wurzel jedoch sei ein frischer Schößling emporgewachsen. Um diesen kleinen Trieb sei er besorgt gewesen, es könnte ihn jemand zusammen mit dem Baum beseitigen. Als er dann nähergekommen sei, habe er den stattlichen Stamm auf dem Boden liegen sehen, der Schößling hingegen habe sich über dem Erdreich erhoben. Bei diesem Anblick habe Julian bekümmert gesagt: „Welch ein Baum! Und nun droht Gefahr, daß nicht einmal der Schößling gerettet wird." Da habe ein Unbekannter zu ihm gesprochen: „Sieh genau hin und habe Zuversicht! Solange die Wurzel in der Erde lebt, nimmt auch der Trieb keinen Schaden und ist sicher gegründet."[151] Der Sinn dieses Traumes ist so offenkundig, daß er den Grund für einen Majestätsprozeß geboten hätte, wenn er dem Kaiser bekannt geworden wäre.

Als der Caesar im Februar 360 in Paris von den Soldaten zum Augustus ausgerufen wurde und zögerte, den Titel anzunehmen, da bat er - so wie einst Nestor auf der Heimfahrt von Troja[152] - Zeus um ein Zeichen, und dies ward ihm gewährt. Darauf nahm er die Würde an. So schildert Julian den Vorgang in seinem Brief an die Athener[153]. Ausführlicher tradiert Ammian, was der Kaiser zuvor schon seinen Vertrauten erzählt habe. In der Nacht vor der Akklamation sei ihm ein Wesen in Gestalt des Genius Publicus, das heißt des Genius Populi Romani, entgegengetreten und hätte ihn beschworen, anzunehmen. Lange schon habe er im Vorzimmer des Caesars darauf gewartet, seine Würde zu erhöhen. Weigere er sich jetzt, so zöge der Genius sich traurig auf immer zurück[154]. Hier handelt es sich um ein Stück Propaganda, vielleicht sogar um einen wirklichen Wunschtraum, der die Usurpation rechtfertigen sollte. Der Genius wurde als Jüngling mit unbekleidetem Oberkörper und Füllhorn in der Linken dargestellt.

Da Constantius die Rangerhöhung nicht anerkannte, war ein Bürgerkrieg unvermeidlich. Er unterblieb jedoch, weil der Kaiser am 3. November 361 unvermutet starb. Dies will Julian vorausgesehen haben. Als der Ende 360 in Vienne ruhte, erschien ihm eine wunderbare Gestalt und verhieß ihm in griechischen Hexametern das Ende seines Vetters und

---

[151] Iul. epist. 14 (17), 384a-c.

[152] Hom. Od. γ 173.

[153] Iul. epist. ad Athen. 284c.

[154] Amm. 20,5,10.

Gegners: „Wenn Zeus das ferne Ende des berühmten Wassermannes erreicht hat und Kronos im 25. Grad der Jungfrau geht, dann wird Constantius, der König von Asien, das kummervolle Ende seines geliebten Lebens erreichen“[155]. Ammian betont, daß Julian nüchtern gewesen sei. Gemäß Cicero fördert dies den prophetischen Gehalt eines Traumes[156]. Nichts spricht gegen die Annahme, daß die vier Verse von Julian selber stammen, doch sind sie gewiß erst nach dem Tode des Constantius entstanden.

Constantius hatte 355 seinen ersten Unterkaiser, Julians blutrünstigen Halbbruder Gallus, in Pola hinrichten lassen. Auf dem Wege dorthin erschienen diesem seine Opfer und quälten ihn im Traum[157]. Ähnlich wurde nun auch Constantius selbst vor seinem Tode geängstigt. Im Halbschlaf brachte ihm sein Vater Constantin einen schönen Knaben, das heißt wiederum den Genius des römischen Volkes, den Constantius an seine Brust drückte, dabei aber den Reichsapfel („sphaera“) verlor. Dies bedeutete, so Ammian, eine „permutatio temporum“. Constantius bekannte seinen engsten Freunden, ihn hätte sein Schutzgeist („genius tutelae salutis appositus“) verlassen, der ihm früher bisweilen, wenn auch nur undeutlich erschienen sei. Er müsse also wohl aus der Welt scheiden[158]. Ammian schließt einen Exkurs daran über diesen als „numen“ oder „daimon“ bezeichneten Geist, den jeder Mensch als heimlichen Führer („mystagogus“) bei der Geburt zugeteilt bekäme, den aber nur die Tugendhaften sehen könnten[159]. Homer, Pythagoras, Sokrates, Numa, Scipio maior, Marius, Octavianus und drei Gottesmänner: Hermes Trismegistos, Apollonios von Tyana und Plotinos hätten mit ihrem jeweiligen „genius familiaris“ Gespräche geführt. Vertrug sich der Glaube an einen Schutzgeist, der für einen Christen doch Teufelstrabant ist[160], mit dem Glauben des frommen Kaisers?

Aus den letzten Monaten Julians werden drei Erscheinungen vermeldet. Am 18. März 363, am Tage, bevor der Tempel des Juppiter Palatinus in Rom niederbrannte, hatte Julian auf dem Wege nach Persien eine nicht

155 Amm. 21,2,2, Zos. 3,9, Zonaras 13,11.

156 Cic. div. 1,60f., Plat. rep. 571c-572b.

157 Amm. 14,11,17.

158 Amm. 21,14,1ff.

159 Plat. rep. 620d, Cens. 3,1.

160 Tert. apol. 32,2; Cod. Theod. 16,10,12 von 392 verbot den Geniuskult.

näher beschriebene Unheilsvision[161]. Auf dem Rückwege soll er, wie einst Caesar, im Zelt geschrieben und Philosophen studiert haben, als er den Genius Publicus verhüllten Hauptes mit dem Füllhorn durch den Vorhang davongehen sah. Die etruskischen Seher rieten ihm, den Kampf zu meiden. Julian tat es nicht, am folgenden Tage, dem 26. Juli 363, fiel er[162]. Die Christen jubelten über den Tod des letzten Heiden auf dem Thron. Didymos, der blinde Kirchenlehrer in Alexandria, hatte, nüchtern auf dem Katheder eingeschlafen, geträumt, Reiter auf Schimmeln rasten vorüber und riefen: „Zu dieser Stunde ist Julian gestorben, melde es dem Bischof Athanasios!“[163] Die wunderbare Vermittlung von Nachrichten über große Entfernungen ist ein Topos der antiken Aretalogie.

Von Julians kurzlebigem Nachfolger Jovian ist kein eigener Traum bekannt. Sein Vater, der „comes domesticorum“ Varronianus aber, der mehrere Kinder verloren hatte, empfing, so heißt es, im Traum den Befehl, sein nächstes Kind „Jovianus“ zu nennen[164]. Möglicherweise hat der christliche Kaiser damit seinen heidnischen, von Juppiter abgeleiteten Namen entschuldigt. Namengebung auf Traumbefehl kennen wir aus der Bibel, denken wir an Johannes den Täufer oder an Jesus selbst[165]. Varronianus soll auch die Kaiserwürde Jovians vorausgeträumt haben. Seine Vision, dadurch selbst Konsul zu werden, erfüllte sich an seinem gleichnamigen Enkel[166].

Nach Jovians überraschendem Tode am 17. Februar 364 wählten die Offiziere des aus Persien zurückgekehrten Heeres Valentinian zum Kaiser. Diesen warnten Träume davor, das Amt am Schalttage anzutreten, weil das Unglück bringe. Trotz der Gefahr, daß ihm ein anderer Kandidat zuvorkomme, wartete Valentinian[167]. Der Grund muß nicht in seinem eigenen Aberglauben gesucht werden, denn der Herrschaftsantritt an einem Unglückstag wäre eine dauernde Belastung für seine Regierung geworden. In der Nacht vor seinem Tode am 17. November 375 sah er seine Frau, die nicht im Lager weilte, mit offenen Haaren in einem Trauergewande vor sich sitzen. Man glaubte, dies sei seine nun schei-

---

161 Amm. 23,3,3.

162 Amm. 25,2,3.

163 Pall. Laus. 4.

164 Aur. Vict. epit. 44,2.

165 Lk 1,13, 1,26ff.

166 Amm. 25,10,16f.

167 Amm. 26,1,7.

dende Fortuna[168], die hier die Stelle des Genius Publicus einnimmt.

Die von den Kirchenhistorikern überlieferten Träume zeigen vielfach eine theologische Tendenz. Ums Jahr 370, so berichtet Socrates Scholasticus, seien der Kaiserin Domnica, der Frau des Valens, schreckliche Träume zuteilgeworden, aus denen hervorging, daß die Krankheit ihres Sohnes Galates die Strafe für die Härte sei, mit der Valens den Basilius von Caesarea behandelt habe. Der Bischof wurde geholt und versprach dem Kaiser die Rettung, falls er seinen arianischen Glauben zugunsten der Orthodoxie aufgäbe. Valens weigerte sich, und Galates starb[169]. Als 375 Valentinian II. zum Kaiser ausgerufen wurde, erfüllte sich ein zwanzig Jahre zurückliegender Traum von dessen Großvater Justus. Dieser hatte erzählt, aus seiner rechten Seite sei der Kaiserpurpur hervorgegangen, und war darauf von dem Arianer Constantius II. hingerichtet worden. Die Tochter Justina aber überlebte, heiratete - nach dem von Socrates übersehenen Gegenkaiser Magnentius - den katholischen Valentinian I. und wurde die Mutter von Valentinian II.[170].

Zwei von dem Kirchenhistoriker Theodoret mit Theodosius I. verbundene Träume sind religionsgeschichtlich interessant. Vor seiner Erhebung am 19. Januar 379 soll der damalige Heermeister in einer von Gott gesandten Vision gesehen haben, wie der Bischof Meletios von Antiochien ihm den Kaisermantel umgehängt und das Diadem (στέφανος) aufgesetzt habe. Am nächsten Morgen hätte er das einem Freunde verraten[171]. Der Traum ist deswegen rätselhaft, weil die Krönung des Kaisers durch den Patriarchen nicht nur für Theodosius, sondern auch für Theodoret selbst einen Anachronismus darstellt. Der erste Fall ist die στεφάνωσις Leons 457 durch den Patriarchen von Konstantinopel Anatolios[172], Theodoret aber hat seine Kirchengeschichte schon vor 450 abgeschlossen. Der Traum dient dem Lobe des Meletios, dessen Heiligkeit Theodoret auch sonst bewundert[173].

So wie dieser Traum des Theodosius in die Zukunft, weist der andere in die Vergangenheit. Vor der Schlacht am Frigidus 394 seien dem Kaiser zwei weißgekleidete Reiter erschienen, die ihm für den nächsten Tag

168 Amm. 30,5,18.

169 Socrates 4,26

170 Socrates 4,31.

171 Thdt. hist. eccl. 5,6,1f. (freundlicher Hinweis von Hartmut Leppin).

172 Theophanes, Chronographia, anno mundi 5950.

173 Thdt. hist. eccl. 5,3.

Hilfe und Sieg versprochen hätten. Sie hätten sich als Apostel Philippos und Evangelist Johannes zu erkennen gegeben. Am Schlachtentag hätten sie dann die Bora, jenen auch von anderen christlichen Autoren beschriebenen Sturm, geschickt, der den Kampf entschieden habe[174]. Apostel und Evangelisten als Schlachtenhelfer sind der Spätantike sonst unbekannt, daher dürfte es sich um Transformationen der in dieser Funktion aus heidnischer Zeit wohlbekannten Dioskuren handeln. Seit der Schlacht am See Regillus 499 v. Chr. waren sie die Retter Roms[175]. Der Kirchenvater berichtet, daß denselben Traum wie der Kaiser gleichzeitig auch ein einfacher Soldat gehabt hätte. Da nun dies dem Wunder wenig hinzufügt, wird hier der Ursprung der Geschichte liegen. Ein christlicher Autor verwandelte Kastor und Pollux in Heilige und übertrug in panegyrischer Absicht den Traum auf Theodosius.

Im 5. Jahrhundert ist ein christlicher Traumtypus für eine fromme Kaiserin bezeugt: die Offenbarung der Lage von Heiligengebeinen. So wie Ambrosius von Mailand während einer kritischen Phase im Streit mit der Kaiserin Justina 386 im Traum die Gräber der Heiligen Gervasius und Protasius entdeckt und durch Wunder bestätigt hatte[176], erschien der „göttliche Thyrsos“ der Kaiserschwester Pulcheria und befahl ihr, seine Gebeine zu bergen und umzubetten[177].

Abschließend seien zwei Träume von Theodora und Justinian erwähnt. Die mittellose, fahrende Schauspielerin wird im Traume getröstet: in Byzanz werde sie keine Geldsorgen haben, denn dort werde sie den Fürsten der Dämonen heiraten[178], eine evident polemische Episode aus der bissigen *Geheimgeschichte* Prokops. Panegyrisch hingegen ist die Nachricht aus den *Patria*, dem Kaiser habe ein Engel im Traume den Plan zur Wiederherstellung der im Nika-Aufstand 532 zerstörten Kirche zur Heiligen Weisheit eingegeben. Wer in der Hagia Sophia gestanden hat, der glaubt das[179].

Geschichte ist der Inbegriff menschlicher Handlungen und Erlebnisse, sofern sie untereinander in Zusammenhang stehen. Dazu gehört

---

174 Ebd. 5,25, Oros. 7,35,17, Aug. civ. 5,26.

175 Cic. nat. deor. 2,6, 3,11, Val. Max. 1,8,1f.

176 Ambr. epist. 77.

177 Soz. hist. eccl. 9,2,7.

178 Prok. hist. arc. 12,31f.

179 Th. Preger, Scriptores Originum Constantinopolitanarum I, Leipzig 1901, 83 (Nachdruck 1989).

auch das Seelenleben, spätestens wenn es ins Bewußtsein tritt. Mag der Traum, für sich genommen, eine bloße Fata Morgana sein, so ist er doch, wie diese, ein Spiegelbild von Wirklichem und wird, indem er erinnert oder erfunden, jedenfalls erzählt und niedergeschrieben wird, aus einem Reflex zu einem Element von Realität. Als solches hat er eine Funktion im historischen Geschehen, zumal wenn die Träumenden Herrschergestalten sind. Die von ihnen überlieferten Visionen eröffnen uns Einblicke in ihr Innenleben oder die Vorstellung von diesem bei den Zeitgenossen. Dies gilt zumal für die Visionen, die das schlechte Gewissen signalisieren. Träume charakterisieren Persönlichkeiten, sie motivieren Taten und kennzeichnen Erwartungen.

Im Unterschied zu uns trennte die Antike die aus dem Tagesgeschehen, aus Wünschen und Ängsten erwachsenden ἐνύπνια von den wichtigen, deutungsfähigen ὄνειρα, die von außen kommen und die, abgestimmt auf die jeweilige Person oder deren momentane Situation, von den Göttern geschickt werden, um dem Träumer mitzuteilen, was er tun oder lassen soll oder was geschehen wird. Die Verläßlichkeit dachte man abhängig von sozialen, moralischen und physiologischen Qualitäten des Träumers: ein Vornehmer hat mehr Aussicht auf einen Wahrtraum als ein Gemeiner[180], ein guter Mensch mehr als ein schlechter[181], ein nüchterner mehr als ein übersättigter[182]. Auch die Menge an Galle oder die Stellung der Pupille wurde als Grund für den Wahrheitsgehalt angenommen[183]. Die jeweils verwendeten Bilder entsprechen gewöhnlich den im Alltag verwendeten Symbolen und Metaphern.

Die in historischen Kontexten erzählten Gesichte werden von den Autoren in der Regel zugleich entschlüsselt und nur wegen der prophetischen Bedeutung für das wirkliche Geschehen berichtet. Trotz dieser stets mitgelieferten Anbindung an große Ereignisse sind die sie begleitenden Träume mehr als pure Ausschmückung. Denn sie stellen die Vorgänge in ein allumfassendes Schicksalsgefüge, zeigen sie in einem Licht, das uns verrät, wie man sie sah, und bilden mit ihnen ein Ganzes, das als solches wahrgenommen zu werden verdient.

---

180 Hom. Il. B 80ff., Macr. somn. Scip. 1,3.

181 Plat. rep. 571-572, Aristot. eth. Nic. 1102b5.

182 Dazu s.o.

183 Plut. def. or. 437E, Amm. 21,1,12 nach Aristoteles.

Die leibliche Gegenwart körperloser Seelen

von Albrecht Dihle (Heidelberg)

Die Vorstellung von der Macht der Toten, von ihrem fortdauernden Einfluß auf das Leben ihrer Nachkommen oder anderer Bewohner der Gegend, in der sich ihre Gräber befinden, ist alt, bei vielen Völkern verbreitet und gerade im Blick auf die Griechen schon vielfach untersucht worden[1]. Aus der griechischen Vergangenheit gibt es für die Lebendigkeit dieser Vorstellungen reichlich literarische Zeugnisse, bis hin zu den *Lügenfreunden* Lukians oder zum *Heroikos* des Philostrat, aber auch archäologisch faßbare Indizien und sprachliche Details, die auf diesen Glauben hinweisen. Dabei gehören diese Totenseelen, Schattenwesen, Wiedergänger oder wie immer man sie bezeichnet, in eine Reihe mit Gespenstern, Geistern und anderen dämonischen Wesen, von denen der antike Volksglaube ebenso wie der anderer Völker weiß und die für „den Mann auf der Straße" gewiß wegen der Erfahrung ihrer Nähe oft eine größere Rolle gespielt haben dürften als die großen Göttergestalten[2]. Die Bedeutungsvielfalt des Wortes ἥρως ist dabei aufschlußreich, kann es doch ebenso eine Gestalt der griechischen Heldensage, den großen, oft über Jahrhunderte kultisch verehrten Toten in seinem Grab als auch das undefinierbare und unheimliche Gespenst bezeichnen.

Die früheste „theologische" Systematisierung der postmortalen Menschenschicksale findet sich bei Hesiod. Ihm zufolge werden die Menschen des ersten, des Goldenen Zeitalters nach ihrem Tod zu numinosen Wesen (δαίμονες) auf der Erde (ἐπιχθόνιοι), welche die Lebenden behüten und ihnen Wohlstand bescheren (erg. 109ff.), also göttlichen Rang einnehmen und vermutlich mit den τρισμύριοι φύλακες identisch sind, die im Auftrag des Zeus das Verhalten der Menschen überwachen (ebd. 253). Die Menschen des Silbernen Geschlechtes bleiben demgegenüber auf die Unterwelt beschränkt und ermangeln der göttlichen Würde (ὑποχθόνιοι μάκαρες θνητοί, ebd. 141), obschon sie Anspruch auf alle Ehre bei den Lebenden haben. Das θεῖον γένος der Helden von Troja oder Theben, ἡμίθεοι wegen ihrer Abstammung von den olympischen Göttern, ist von Zeus auf die μάκαρες νῆσοι, fern von den Menschen,

[1] Die klassische, trotz aller im Detail notwendigen Berichtigungen und Ergänzungen nicht überholte Darstellung bleibt die von E. Rohde, Psyche, Tübingen [2]1921.

[2] Vgl. C. Colpe, Geister, RAC 9, 1976, 546-553.

entrückt worden. Die Toten des Ehernen und des Eisernen Zeitalters befinden sich - als Schattenwesen, wie wir vermuten dürfen - in der Unterwelt unter der Herrschaft des Hades (erg. 153; theog. 850), wobei das im Fall des Eisernen, des gegenwärtigen Zeitalters nicht ausdrücklich gesagt wird.

Wenn auch in dem von Hesiod übernommenen und um das Heroengeschlecht erweiterten Schema die Frage nach der Wirksamkeit der Toten nicht im Vordergrund steht, läßt sie sich doch beantworten. Beide, die Menschen des Goldenen und des Silbernen Zeitalters, „verhüllt die Erde" nach ihrem Tod, aber nur die Erstgenannten gelten ihm als Segensspender für die Lebenden nach Art der Heroen der Kulttradition. Für die Gestalten der Heldensage, auf die Hesiod gegen den verbreiteten und langlebigen Sprachgebrauch die Bezeichnung Heroen beschränkt, erwähnt er weder das Grab noch eine Funktion als Helfer der Lebenden, denn er findet sie - wie später Pindar und andere - entrückt auf den Seligen Inseln am Rande der Welt. Das deutet darauf, daß diese durch die epische Tradition zu panhellenischer Geltung aufgestiegenen Gestalten sich für die meisten Griechen, insbesondere die Bewohner des Koloniallandes, von allen Grabtraditionen gelöst hatten, weshalb sie Hesiod wohl auch nicht unter die Nothelfer rechnete.

Es ist nicht leicht zu sagen, wie man sich eigentlich in alter Zeit und auch später im Volksglauben die Beschaffenheit der Heroen vorstellte, wenn sie ihrem Grab entstiegen und Umgang mit den Lebenden hatten. Ihr Auftreten, sei es als Helfer oder Gegner im Kampf (Hdt. 6,117; 8,38f.; 64; Plut. Theseus 35 u.a.), als Heiler oder Ratgeber (Demosth. or. 19,249; Lukian. Philops. 18ff.), sei es als gewalttätige Gespenster (Aristoph. Av. 1488ff.; Hesych. s.v. κρείττονας K 41 Latte) je nach den Eigenschaften, die den Toten im Leben gekennzeichnet hatten, war jedenfalls recht handgreiflich-körperlich.

Demgegenüber beschreibt die homerische Nekyia die in der Unterwelt wohnenden ψυχαί als saft- und kraftlos, ohne körperliche Substanz. Sie sind nach der Zerstörung des Leibes „wie ein Traum" davongeflogen (Od. λ 218ff.). Freilich erhalten sie nach einem Bluttrank zeitweilig einen Teil ihrer Vitalität zurück. Wie es danach mit ihrer Körperlichkeit bestellt ist, läßt sich schwer bestimmen: Einerseits vermag Odysseus die zum Bluttrank drängenden Schatten mit dem Schwert abzuhalten (λ 48), andererseits aber selbst nach dem Bluttrank seine Mutter nicht zu umarmen (λ 204ff.). Und während Achill die Nichtigkeit seiner Existenz in der

Unterwelt beklagt (λ 489f.), setzt Minos dort die Tätigkeit fort, auf der seine Reputation im Erdenleben beruhte (λ 568ff.). Bei Homer erscheinen unbestattete Tote wie Patroklos (Il. Ψ 65) den Lebenden nur im Traum. Im Gegensatz dazu zeigen sich die Wiedergänger, von denen spätere Texte erzählen, durchaus nicht nur im Traum und beweisen oft erstaunliche Tatkraft. Der Jüngere Plinius etwa, Lukian oder Philostrat bieten reichlich Beispiele für die physische Nähe und Handgreiflichkeit, aber auch die Alltäglichkeit des Umgangs mit den Heroen, für ihre bedrohliche oder hilfreiche Tätigkeit. Der Heros Protesilaos, der erste Gefallene des trojanischen Krieges und besondere Freund des Gewährsmannes, auf den sich Philostrats Bericht stützt, „lebt" eben, wenn er mit den Lebenden umgeht (her. 2,9 Lannoy).

Im langlebigen Totenkult, dessen Spezialfall der Heroenkult darstellt, spielten dementsprechend die Speisung des Toten und seine Ausstattung mit Gegenständen des täglichen Bedarfs eine nicht unbeträchtliche Rolle. Das zeigt, daß die Existenz post mortem derjenigen der Lebenden als nicht allzu unähnlich gedacht wurde. Epiphanios (Anc. 86,5) überliefert einen Spruch, der beim Gedächtnismahl am Grab dem verstorbenen Angehörigen zugerufen wurde: ἀνάστα, ὁ δεῖνα, φάγε καὶ πίε καὶ εὐφράνθητι. Auch Lukians Spott gerade über diese Sitten (luct. 9), der in die im Hellenismus beginnende Reihe skeptischer Äußerungen zu jeder Art des Jenseitsglaubens gehört (Kall. epigr. 2; 13 Pf.; Lukian. Philops. 14 u.v.a.), setzt ein langes Fortbestehen entsprechender Vorstellungen voraus. Freilich, besondere - segensreiche oder gefährliche - Aktivität außerhalb des Grabes schrieb man vor allem den außergewöhnlichen Toten zu, in deren Zahl die Heroen zu rechnen sind, doch auch den Unbestatteten und gewaltsam Getöteten. Die κῆρες der Anthesterien bleiben hier besser außer Betracht, weil ihre Beziehung zum Totenkult unklar ist[3].

Nun darf man gewiß nicht erwarten, daß Vorstellungen, die im Rahmen einer kultreligiösen Tradition gehegt werden, sich durch besondere Prägnanz oder gar Widerspruchsfreiheit auszeichnen oder einen über die Jahrhunderte ausgeübten Ritus unverändert begleiten. Gerade eine lebendige Religion dieses Typus kann sich mit Vorstellungen sehr verschiedener und bisweilen widersprüchlicher Art verbinden. Die oben gegebenen Beispiele zeigen es. So diente der Heroenkult der Vergewisserung einer Segenskraft, die der Tote der Region und ihren Bewohnern aus seinem Grab zugute kommen läßt. Das erklärt z.B. die oft bezeugte

[3] Vgl. W. Burkert, Griechische Religion, Stuttgart 1977, 360f.

Translation von Heroengebeinen (Hdt. 1,67f; Paus. 3,3,6; 8,9,3 u.v.a.). Andererseits gab es schon früh Heroenverehrung, die nicht an eine Grabtradition gebunden war und die freie Beweglichkeit des verehrten Wesens voraussetzte, z.B. im Fall der Dioskuren Kastor und Polydeukes (Alk. fr. 34 LP). Hier liegt eine der Erklärungen dafür, daß in Kult und Mythos Heroen zu Göttern, aber auch Götter zu Heroen werden konnten, wie man es z.B. für Asklepios bzw. Hyakinthos annehmen darf. Auch mit den Göttern kommuniziert man am ehesten am Tempel, ihrem Wohnsitz, doch weiß schon Homer, daß sich die Götter an vielen Stellen aufhalten, ja sich sogar in Verkleidung unter die Menschen mischen, um sie zu überwachen (Od. ρ 485ff.). Damit verhalten sie sich ähnlich wie die Toten des Goldenen Zeitalters als δαίμονες in der Darstellung Hesiods (s.o.). In dieser Hinsicht läßt sich also zwischen Heroen und Göttern keine Grenze ziehen. Protesilaos hält sich zuweilen in der Unterwelt auf, manchmal in der Troas, wo sich sein Grab befindet, und dann wieder in seiner Heimat Phthia (Philostr. her. 10ff.). Die Seelen (ψυχαί) aller Toten können auf der Erde herumschweifen und sich nach Belieben den Menschen zeigen. Das steht z.B. bei Lukian (Philops. 29). Die Rituale der Totenbeschwörung jedoch setzen durchweg den Aufenthalt der Toten in der Unterwelt voraus (z.B. Hom. Od. λ oder Cels. apud Orig. c. Cels. 1,68), und der Totenkult ihre Anwesenheit im Grab, das als Zugang zur Unterwelt betrachtet werden konnte[4].

So darf man wohl auch nicht erwarten, die Frage nach der substantiellen Beschaffenheit der Totenkultempfänger eindeutig beantwortet zu finden. Je nach der Beziehung und der Situation, in der man sich diesen Wesen konfrontiert sah, schwankte die Vorstellung, die man von ihnen hatte, insbesondere hinsichtlich ihrer Ähnlichkeit oder Andersartigkeit im Vergleich mit lebenden Menschen. Das galt für den Volksglauben, der sich an der kultischen Tradition orientierte, noch lange Zeit. Hinzu kam, daß die Grenze zwischen Gott und Mensch als fließend betrachtet wurde. Schon Cicero beobachtete, daß besonders die griechische Überlieferung von vielen Menschen berichtet, die durch große Taten oder Leiden zu Göttern wurden (nat. deor. 2,62), wofür Herakles das herausragende Beispiel abgab. Dementsprechend wurde die Heroisierung oder auch Vergöttlichung ausgezeichneter Menschen nicht nur exemplarisch im Mythos geschildert, sondern auch in der kultischen Praxis vollzogen. Für die

---

[4] Ebd. 301.

kultische Heroisierung der Kriegsgefallenen, Städtegründer[5], Gesetzgeber, Erfinder[6] oder anderer, durch besondere Lebensleistungen qualifizierter Toter gibt es reichlich Beispiele[7]. Sicherlich kam es dabei im Lauf der Jahrhunderte unter Gebildeten auch zu dem Bedürfnis, sich präzise und widerspruchsfreie Vorstellungen von der Beschaffenheit des nunmehr im Rang erhöhten Wesens zu bilden.

Erst die philosophische Spekulation, die sich seit dem 6. Jh. v. Chr. entfaltete, führte im Zusammenhang der Kritik an anthropomorphen Göttergestalten, der Reinkarnationslehre oder der Annahme immaterieller, der menschlichen Vernunft korrespondierender Kräfte, die das kosmische Geschehen lenken, zur Konzeption einer geistigen, von der sinnlich wahrnehmbaren unterschiedenen Substanz, der man die Kultempfänger der verschiedenen Kategorien zuordnen konnte, um die Fragen nach ihrer Beschaffenheit und ihren Aufenthaltsorten zu beantworten. Pindar sah in den herausragenden Helden, Weisen und Königen die von Persephone zugelassene Reinkarnation auserwählter Seelen, die bei den Nachkommen als Heroen verehrt werden (fr. 133 Sn.) und bezeugt damit einen seit dem 6. Jh. greifbaren Jenseitsglauben, der mit der körperlosen Fortexistenz der Menschenseele rechnet.

Die philosophische Psychologie Platons, auf der Grundannahme eines Leib/Seele-Dualismus entwickelt, und ihre verschiedenartigen Fortbildungen in den nachfolgenden Schultraditionen befestigten diese Anschauungen weit über den Kreis der Philosophen hinaus. Das rückte die weithin unverändert fortdauernde kultische Praxis und die sie begleitenden Vorstellungen von der Leibhaftigkeit und Aktivität der Kultempfänger für den nachdenklichen Zeitgenossen in neue Perspektiven. Die unartikulierten und widersprüchlichen Vorstellungen vom Wesen der Menschenseele und vom Unterschied zwischen lebenden Menschen und Kultempfängern erhielten einen Rahmen, in dem sie zur Eindeutigkeit gebracht werden konnten. Die übermenschliche Macht und Würde, welche die religiöse Tradition vielen dieser Wesen von jeher und weiterhin zuschrieb, konnte nunmehr aus ihrer geistigen, von den Beschränkungen der Körperlichkeit ungehinderten Substanz und damit auch ihrer alles Menschenmaß übersteigender Aktivität erklärt werden. Einer kohärenten

[5] Vgl. J.T. Cornell, Gründer, RAC 12, 1983, 1139ff.

[6] Vgl. K. Thraede, Erfinder, RAC 5, 1962, 1197f.

[7] Vgl. W. Speyer, Heros, RAC 14, 1988, 861-871.

Theologie war damit ein weites Feld eröffnet. Außerdem gab Platon dem Wort δαίμων, das schon Hesiod im Zusammenhang des Totenglaubens verwendet hatte, das aber zuvor jedes numinose Wesen im Hinblick auf seine Wirkung bezeichnen konnte, einen neuen Sinn: Es wurde bei ihm zum Terminus für das der Gottheit untergeordnete, aber der Menschennatur übergeordnete Geistwesen und damit zu einem Schlüsselwort in der sich rasch entfaltenden philosophischen Theologie, die gerade angesichts der in der griechischen Vorstellungswelt unsicheren Grenze zwischen Mensch und Gott und der Vielzahl dem griechischen Volksglauben vertrauter Gespenster und Dämonen einer terminologischen Präzisierung bedurfte[8]. Zwar gebrauchte Platon den Terminus δαίμων nicht einheitlich. Im *Symposion* ist Eros ein die Menschennatur übersteigendes, aber an die Vollkommenheit der Gottheit nicht heranreichendes Wesen. Im *Kratylos* (397dff.) entwickelt Platon eine Vorstellung, die an Hesiods Aussage über das Fortleben der Menschen des Goldenen Zeitalters anknüpfte, und nicht selten verwandte er auch das Wort in alter Weise als Synonym für θεός. Aber schon bei Philippos von Opus (epin. 984dff.) begann die Entwicklung einer echten Dämonenlehre, die dann Xenokrates systematisierte[9] und die in der platonischen und auch christlichen Theologie lange nachwirkte.

Platons Seelenlehre entstand nicht aus dem Nichts, sondern knüpfte an ältere Vorstellungen an wie die von der Seele als quasi substanzloser Lebenshauch, der den Menschen im Sterben verlässt, sowie an die für den älteren Pythagoreismus bezeugte Reinkarnationslehre. Sie stützte sich auf die in der vorausgehenden philosophischen Tradition erreichte Fähigkeit, in der Reflexion von der Vergegenständlichung des Gedachten abzusehen. Im Corpus Platonicum werden viele psychologische Einzellehren dargelegt. Sie sind zwar infolge der verschiedenen Zusammenhänge und

---

[8] Vgl. J. ter Vrugt-Lentz, Geister, RAC 9, 1976, 598-635.

[9] Vgl. R. Heinze, Xenokrates, Leipzig 1892 (Nachdr. 1965) 78ff. Im Derveni-Papyrus (einen Führer durch die Vielzahl unvollständiger Ausgaben und eine ausufernde Sekundärliteratur bietet G.W. Most, The fire next time, JHS 117, 1997, 117ff.) werden die δαίμονες als Helfer der Götter bei der Bestrafung der Menschen bezeichnet und die Erinyen oder Eumeniden ihnen sinnvollerweise zugeordnet. Die Letztgenannten aber werden ausdrücklich als ψυχαί definiert. Schwerlich ist das vor Xenokrates denkbar (vgl. fr. 81 Heinze). Das Wort δαίμων, auf eine Seele im körperlosen Zustand bezogen, läßt sich vor dem 4. Jh. nur bei Empedokles nachweisen (B 115 D.K.), freilich für den besonderen Fall der für ein langes Leben bestimmten δαίμονες, die sich während ihres Erdenlebens durch Mord oder Meineid befleckt haben. Daß dieses Fragment ins Prooemium des Lehrgedichtes περὶ φύσεως gehört, hat jüngst O. Primavesi anhand des neuen Empedokles-Papyrus gezeigt.

der teils diskursiven, teils mythischen Darstellung nicht völlig kohärent, z.B. in Bezug auf das Schicksal der Seele nach dem physischen Tod, jedoch sämtlich im Rahmen einer auf dem Gegensatz zwischen wahrem, immateriellem, dem Denken zugänglichen und abbildhaftem, sinnlich wahrnehmbarem Sein aufbauenden Ontologie konzipiert. Die Seele ist das Wertvollste und Eigentliche der Menschennatur (leg. 891bff.; 896a u.v.a.), die Bewegung und Leben verursacht (z.B. Krat. 399d), sie ist unsterblich und göttlichen Ursprungs (Phaidr. 245c; leg. 726a; 949e u.v.a.), und weil sie dem intelligiblen Sein zugehört, verfügt sie auch über eine zu ihrem Wesen gehörende, freilich für die Dauer ihrer Bindung an einen Leib behinderte Fähigkeit, die Wirklichkeit zu erkennen (Phaid. 64a-69e; Phaidr. 249e), die es zu pflegen und auszubilden gilt. In Platons mannigfachen Aussagen über die Seele, die sich über die im Laufe mehrerer Dekaden entstandenen Schriften verteilen, bleibt die Auffassung konstant, daß die Menschenseele oder doch ihr wertvollster, mit der kognitiven Funktion ausgestatteter Teil derselben immateriellen, wahrhaft seienden Substanz wie die Gottheit zuzuordnen ist (z.B. leg. 891b-899b).

Ein besonders eindrucksvolles Bild unter den mythisch-metaphorischen Beschreibungen in Platons psychologischen Aussagen[10] ist das von den Flügeln der Seele, in dem vermutlich die alte Vorstellung vom Seelenvogel nachwirkte. Pierre Courcelle hat der langen Deutungsgeschichte dieser Metapher eine umfängliche Darstellung gewidmet[11]. Ein wichtiges Element der Vorstellungen, welche die Übernahme und Ausgestaltung dieses Bildes durch Platon und die an ihm orientierte Tradition bestimmte, war vermutlich die von einer uneingeschränkten Freiheit und Beweglichkeit. Wesen, die mit keinerlei Erdenschwere behaftet sind, die das Denken und Tun des Menschen in seiner empirischen Existenz auf die verschiedenste Weise beeinträchtigt, kann man vielerlei Aktivitäten praktischer und kognitiver Art jenseits aller menschlichen Möglichkeiten zutrauen. Auch hier gab es im Volksglauben verfestigte Erfahrungen, etwa die Traumerscheinungen von Göttern oder Toten oder ihre hilfreiche Epiphanie weitab von ihren Tempeln oder Gräbern, die zu einer solchen bildersprachlichen Veranschaulichung der Konzeption immaterieller Wesen paßten.

In allen Philosophenschulen entwickelten sich Lehren von der Seele

---

10 Vgl. K. Alt, Diesseits und Jenseits in Platons Mythen von der Seele (I), Hermes 110, 1982, 278ff.

11 Vgl. P. Courcelle, Flügel der Seele, RAC 8, 1972, 29-64.

und ihrer Affinität zur Gottheit, die weiterführend oder auch in kritischer Auseinandersetzung auf dem platonischen Ansatz beruhten. Eine zentrale Frage war dabei diejenige nach der Möglichkeit einer getrennt vom Körper fortexistierenden, individuellen Seele, was beispielsweise die Reinkarnationslehre, die Rede von ihrer Verwandlung in einen Daimon oder die Vorstellung von der jenseitigen Belohnung und Bestrafung des Menschen voraussetzte. Für Platon gehörte die positive Antwort auf diese Frage zu den Voraussetzungen seiner Psychologie und Ethik. Wie diese Überzeugung mit dem traditionellen Totenglauben zusammenhing, zeigt eine Stelle in den *Gesetzen*, wo er davon spricht, daß die Seelen der Verstorbenen sich um die Lebenden, insbesondere ihre Nachkommen, kümmern (leg. 927a/b). Das Motiv blieb in der platonischen Tradition erhalten, auch und gerade in ihrer popularisierten Form. Maximos von Tyros schreibt der vom Leib befreiten, zu einem Daimon gewordenen Menschenseele die in der göttlichen Weltordnung[12] vorgesehene Aufgabe zu, ihren noch im Leib gefangenen Schwestern mit Hilfe oder Strafe zu nützen (or. 9,6 Hobein). Auch für die im Platonismus und den von ihm geprägten Heilslehren beliebte Vorstellung vom Ab- bzw. Aufstieg der Seele durch die Himmelssphären war die Annahme einer körperlosen Existenz der Seele notwendig.

Die Rolle der von den Göttern stets unterschiedenen Heroen der kultischen Praxis, der Glaube an ihr gelegentliches Erscheinen unter den Lebenden, ihre Stellung zwischen Menschen und Göttern (Philostr. her. 16,4) und die Fortdauer ihrer Individualität hatten damit eine in sich stimmige psychologisch-dämonologische Erklärung gefunden. Gerade ein besonderes Merkmal der Heroen im Volksglauben ließ sich in diesem Rahmen erklären: Die zu heroischen Ehren erhobenen Toten setzten, wie es ihr Umgang mit den Menschen und ihre Erscheinungen zeigten, die typischen Tätigkeiten ihrer Lebenszeit fort (Max. Tyr. or. 9,7).

Aristoteles erklärte die Traumgesichte und das daraus entstehende Bewußtsein von der Existenz der Gottheit mit der im Schlaf vom Körper unabhängigen Aktivität der Seele (fr. 10 Rose), beschränkte aber ihre vom Körper unabhängige Existenz auf die kognitive Kraft, den νοῦς (an. 413b24; 430a17; ähnlich schon Plat. leg. 897b), der als eine präexistente, göttliche Substanz von außen in die Menschenseele eintritt (gen. et corr. 736b27) und ihr in ähnlicher Weise Bewegung und Bewußtsein verleiht,

---

[12] Auch der sich als „aufgeklärt“ präsentierende (1,10) Artemidor nennt Heroen und Dämonen in einem Atem (2,40).

wie sie dem Körper, mit dem sie sich vereint - eine Konzeption fortan von Bedeutung für die gesamte philosophische Psychologie. Freilich ließ sie sich in ihrer aristotelischen Formulierung nur schwer mit dem Postulat der Fortdauer einer individuellen Seele vereinen (an. 429a10-430a23). Anders in der Alten Stoa: Dort betrachtete man als Substanz der Seele eine besonders feine, alles durchdringende und feuerartige Materie, die Form, Leben und Bewußtsein bewirkt. Die Frage nach der Fortexistenz einer solchen Seele bejahten die Stoiker, jedoch auf verschiedene Weise: Während Kleanthes ihr generell ein Fortleben bis zur Ekpyrosis, also bis zum Ende einer kosmischen Periode zuschrieb, wollte Chrysipp dieses nur für die Seelen der Weisen gelten lassen (Diog. Laert. 7,151). Das entsprach der Unterscheidung, die man in der Schule Platons zwischen den guten und den bösen δαίμονες traf, als welche nunmehr die vom Leib getrennten Seelen weiterleben. Bei aller Vereinfachung hat die doxographische Tradition (Diels, DG 307) sicherlich recht, wenn sie Thales, Pythagoras, Platon und den Stoikern die Lehre zuschreibt, daß alle δαίμονες psychische Wesen (ψυχικαὶ οὐσίαι) seien und speziell die Heroen unter ihnen vom Leib getrennte Menschenseelen (κεχωρισμέναι τῶν σωμάτων ψυχαί), und zwar die hilfreichen der guten, die bösen der schlechten Menschen[13]. Diogenes Laertios (7,154) schränkte das im Überblick über die Lehren der Stoa ein, vermutlich im Anschluß an Diogenes von Babylon, insofern er den Heroentitel, vom allgemeinen Sprachgebrauch abweichend, nur den fortlebenden Seelen guter Menschen zuschrieb.

Auch hier gab es eine Brücke von der philosophischen Theorie zu alten Vorstellungen von ruhelos umherschweifenden Totengeistern, etwa infolge eines Frevels oder ausgebliebener Bestattung. Die an Xenokrates anknüpfende Dämonologie, uns vor allem aus Plutarch bekannt, war nicht auf den kaiserzeitlichen Platonismus beschränkt und bot Erklärungen für mehr als eine der Vorstellungen, die den traditionellen Heroenkult begleiteten.

Epikur ließ zwar, den Stoikern vergleichbar, die Seele als Leben und Erkenntnis verursachendes Organ aus besonders kleinen Atomen bestehen, hielt sich also auch an die uralte Vorstellung von ihrer Schwerelosig-

---

[13] Die Schicksalslehre des Platonismus schrieb den Dämonen die Aufgabe zu, Abweichungen von der göttlichen Weltordnung, durch menschliches, vom freien Willen gelenktes Handeln verursacht, durch Strafen auszugleichen, s. A. Dihle, Philosophische Lehren von Schicksal und Freiheit in der frühchristliche Theologie, JbAC 30, 1987, 14-28.

keit. Er leugnete aber ihre Fortexistenz nach dem Tod, in dem sie wie der Leib sich in die Atome auflöse (epist. Her. 65), aus der sie bestehe. In der Kaiserzeit hat man diese Ansicht auch Demokrit zugeschrieben (Lukian. Philops. 32). Der Widerspruch gegen diese (z.B. Poseid. fr. 149 E.K.) Lehre blieb für die vereinheitlichte, spirituell orientierte Psychologie der Spätantike (z.B. Nemes. nat. hom. p. 55 Matth.) maßgebend.

Die fortschreitende Verfeinerung der psychologischen Theorien im kaiserzeitlichen Platonismus hatte zum Ziel, den Grad der Verflechtung mit dem Körper, der die einzelnen Teile oder Kräfte der Seele voneinander unterscheidet, genauer herauszuarbeiten und so ihren wertvollsten, wahrhaft göttlichen Bestandteil zu erfassen. Das zeigt sich etwa in Plutarchs Ausführungen zu den postmortalen Schicksalen der einzelnen Seelenteile (de fac. 28, 943C, sowie fr. 202 Sandbach) und die Fortsetzung dieser Lehren bei Porphyrios (fr. 382/383 Smith). Die Vorstellungen vom Abstieg des göttlichen Teiles der Seele aus seiner überhimmlischen Heimat und den sich im Durchgang durch die Regionen des Universums anheftenden niederen, die Einkörperung vorbereitenden Seelenbestandteile spielten in den Heilslehren der hohen und späten Kaiserzeit eine große Rolle[14]. Der weitgehende Konsens, der in der Kaiserzeit hinsichtlich der Unsterblichkeit der Seele und ihrer vom Körper getrennten Existenz bestand, beruhte auf der Breitenwirkung der Philosophie, war aber von philosophischen Einzellehren unabhängig und konnte zu verschiedenen Vorstellungen des Volksglaubens, der Astrologie und der Magie in Beziehung gesetzt werden.

Dieser Konsens in der Frage der Beschaffenheit, der Fortdauer, der Tätigkeit und der Aufenthaltsorte der Menschenseele, den man unter allen, soweit sie sich nicht gerade den Epikureern oder Skeptikern zurechneten, voraussetzen darf, wird in Philostrats *Heroikos* deutlich: Seine Heroen sind körperlose Seelen (her. 7,3; 12,4) und können sich überallhin so schnell bewegen, daß sie keine Spuren hinterlassen (ebd. 13,1ff.). Als helfend und strafend begegnen sie den Menschen (16; 19), und am ehesten kann man sie in ihrer Heimat herbeirufen (ψυχαγωγεῖν), wo sich ihr Grab befindet, wie es Homer tat, der sich in Ithaka von Odysseus die Einzelheiten aus dem Krieg um Troja erzählen ließ (43/44). Freilich bleibt Rätselhaftes, wie das Verschwinden der Opfergaben Milch, Wein oder Obst an den Gräbern oder Statuen (11,9) oder die

---

[14] Vgl. C. Colpe, Die Mithras-Mysterien und die Kirchenväter, in: W. den Boer u.a. (Hrsg.), Romanitas et Christianitas (FS Waszink), Amsterdam 1973, 29ff.

Trinkgelage, die Achilleus regelmäßig mit Helena auf der Insel Leuke feiert (54/55). So bleibt auch das ἀναβιοῦσθαι der Heroen ein Geheimnis (58). Die körperliche Erscheinung der Dämonen, die doch körperlose Seelen sind, erklärte später Porphyrios mit der Fähigkeit ihrer pneumatischen Substanz, bei den Lebenden den Eindruck der Körperlichkeit hervorzurufen (abst. 2,39).

Im oft beschworenen spirituellen Klima der Kaiserzeit vermochte die selbstverständliche Voraussetzung einer Fortexistenz der individuellen Seele und damit der Fortdauer der sittlichen Verantwortung auch widersprüchliche Anschauungen von der Aktivität der Toten, die sich in der religiösen Tradition gehalten hatten, mit der Ungebundenheit ihrer rein geistigen Substanz zu erklären. Die Gebräuche des Totenkultes konnten aus dieser Perspektive gedeutet und gerechtfertigt werden, was dem Bedürfnis des Kultteilnehmers nach körperlich-gegenständlicher Kommunikation mit der numinosen Macht entsprach. Dieses Bedürfnis jedoch, nicht so sehr die philosophisch-theologische Deutung der Kultempfänger und -gebräuche, hielten Traditionen wie die des Grab- und Heroenkultes am Leben. Daß sich eben dieses Bedürfnis gerade in der Spätantike aber auch bei den Gebildeten geltend machte, zeigt die damals aufkommende Integration theurgischer Praktiken in die philosophische Tradition. Wie bedeutsam die Theurgie und die mit ihrer Hilfe bewirkten Heilungs- und andere Wunder in der Spätzeit wurden, kann man den biographischen Zeugnissen Kaiser Julians[15] oder Marinos' Vita des Proklos entnehmen (z.B. 28; 29). Das verband sich mit verstärkter Teilnahme an möglichst vielen traditionellen Kulten, unter denen die Heroenkulte eine besondere Rolle spielten (ebd. 19; 32). Damit ging das Bemühen um eine umfassende theologisch-philosophische Rechtfertigung der traditionellen Mythen und Kulte einher, das schon im Zentrum des julianischen Restitutionsversuchs stand und das der 89. Brief des Kaisers und die kleine Schrift des Salustios über die Götter bezeugt. Auch hier bildet der Seelenglaube den Schlüssel. So schreibt der Autor, daß Götter und Dämonen, also körperlose Seelen, die Menschenseele nach dem Verlassen des Leibes reinigen (12,6), und einen Abschnitt mit der parallelen Deutung von Mythen und Kulten schließt er mit der Bitte, die Götter und die Seelen derer, die diese Mythen verfaßten, möchten ihm gnädig sein (4,11). Schließlich gehört die im 4. Jh. zu beobachtende

[15] Iul. epist. 111 Bidez; Eunap. vit. soph. 7,3,6-9; dazu J. Bidez, Julian der Abtrünnige, München 1940, 83ff.

Wiederbelebung der Mysterienkulte in philosophisch interessierten Kreisen[16] in diesen Zusammenhang, denn dort stand das postmortale Ergehen der Seele im Mittelpunkt des religiösen Interesses. Das Bedürfnis, der spirituell aufgefaßten Wirklichkeit durch kultische Praxis näherzukommenn, bezeugen Porphyrios wie Jamblich oder Libanios mit der Empfehlung, an den traditionellen Kulten teilzunehmen (Porph. ad Marc. 18; Iambl. myst. 5,14ff.; Lib. epist. 62,8), und Plotins souveräne Haltung zur Kultpraxis (Porph. vit. Plot. 10) dürfte wohl in der späteren Antike eher die Ausnahme gewesen sein. Das zunehmende Bedürfnis, mit der numinosen Macht durch traditionelle oder auch neue Sakralhandlungen leiblich zu kommunizieren, war folgerichtig von einer stetig verfeinerten spirituellen Deutung der zugehörigen Überlieferungen begleitet.

H.D. Betz hat darauf hingewiesen, daß schon die frühe Christologie das Bestreben verrät, für die Überlieferung von den Erscheinungen des Auferstandenen ein Verständnis im Sinn des Heroenglaubens auszuschließen[17]. Das war nicht selbstverständlich, denn die Evangelienberichte legten eine solche Deutung nahe, was dem Platoniker Kelsos nicht entging (Orig. c. Cels. 3,22; 7,53). Vermutlich hat sich Kaiser Alexander Severus ähnliches gedacht, wenn er denn Apollonios von Tyana, Abraham, Christus und Orpheus in seinem Lararium aufstellte (Script. Hist. Aug., Alex. Sev. 29). Aber die Trinitätslehre verbot von allem Anfang an, diese Interpretation als Grundlage einer kultischen Verehrung der Person Jesu zu betrachten, und unter Berufung auf die Berichte vom leeren Grab und von der Himmelfahrt konnte man sie zurückweisen.

Nun gab es aber eine andere Kategorie christlicher Kultempfänger, auf die das Modell des in der Antike so bedeutsamen Grab- und Heroenkultes paßte, die Märtyrer. Viel ist über die schon im 2. Jh. n. Chr. beginnende Märtyrerverehrung geschrieben worden[18], und es genügt an dieser Stelle, auf einige Texte hinzuweisen, die ihren Ursprung und ihre Entwicklung illustrieren. Das Wort hat in der Sprache der Christen früh eine spezifische Bedeutung erhalten (Mart. Polyc. 18,3; Mart. Perp. 1; Iren.

[16] Vgl. R. Turcan, Les cultes orientaux dans le monde romain, Paris 1989, 328ff.

[17] H.D. Betz, Christusglaube und Heroenverehrung, in: H. Cancik (Hrsg.), Geschichte - Tradition - Reflexion (FS Hengel) II, Tübingen 1996, 119-140; dort gute Übersicht über neuere Literatur zur antiken Heroenverehrung.

[18] Grundlegend H. von Campenhausen, Die Idee des Martyriums in der Alten Kirche, Göttingen ^{2}1964. Gute Einführung am Beispiel Afrikas bei V. Saxer, Morts, martyrs, reliques en Afrique chrétien aux premiers siècles, Paris 1980; dort weitere Literatur.

haer. 5,9,2; Tert. pud. 22 u.v.a.), und zu Cyprians Zeiten kennt man bereits den terminologischen Unterschied zwischen Märtyrern und Confessoren (epist. 55,5). Der Glaube, daß im Martyrium alle Sünden vergeben werden, es also unmittelbar in die Seligkeit leitet (Epist. Lugd. apud Euseb. hist. eccl. 5,1,36; Mart. Polyc. 14,2; Clem. Al. strom. 4,9; Tert. an. 55,4), konnte zu den Lehren von der Bluttaufe (Cyr. H. catech. 3,10), von der Deutung des Martyriums als Sieg über die Dämonen (Orig. c. Cels. 8,44) und von der jenseitigen Erhöhung des Märtyrers zur Würde der Propheten und Apostel und zum eschatologischen Richteramt an der Seite Christi sublimiert werden (Dion. Al. apud Eus. hist. eccl. 6,42,5). Auch war es nur noch ein Schritt zu dem Vergleich der Erlösungskraft des Märtyrerblutes mit dem Blut Christi (Orig. mart. 50; vgl. Cypr. epist. 58,1), aber gleichfalls zu dem Glauben, daß man durch Vermittlung der in Gemeinschaft mit dem erhöhten Christus lebenden Märtyrer zu jenem in Verbindung treten könne. Das wird zum ersten Mal im Perpetua-Martyrium (1,5) und im Brief über die Märtyrer von Lyon (Eus. hist. eccl. 5,1,45) angedeutet. Diese letztgenannte Vorstellung erwies sich als ein entscheidender Faktor in der Verehrung der Märtyrer, deren „Redefreiheit", παρρησία, vor dem Thron Gottes sie zu Fürsprechern (Orig. mart. 28) der Sünder auf Erden machte[19].

Auch die Einrichtung liturgisch geregelter kirchlicher Feiern an den Gedenktagen eines Martyriums läßt sich sehr früh nachweisen (Mart. Polyc. 17,3; 18,3; Cypr. epist. 39,2), ebenso die Ausgestaltung von Gedenkstätten (Orig. in Jerem. hom. 4,3). Beides ist dann seit dem frühen 4. Jh. aus dem Leben der Kirche nicht wegzudenken (Eus. vit. Const. 4,23; const. apost. 5,8,1; 8,13,6 u.v.a.). Vor allem seit der Mitte des 4. Jh. nahm der Märtyrerkult einen gewaltigen Aufschwung, der sich in Kultbauten, der vielfachen Auffindung und Translation von Reliquien und der Sitte, diese am Altar der Kirche aufzubewahren, Ausdruck verschaffte[20].

---

[19] Tert. mart. 1; pud. 1; Cypr. laps. 17. 36; Asterius Amasenus hom. 10, PG 40,324; Ioh. Chrys. adv. Jud. 8,6, PG 49,661. Dieser Glaube drückt sich auch in den Graffiti der Katakombe bei S. Sebastiano aus, in denen Petrus und Paulus um Fürsprache gebeten werden. Auch bildlich wurde die Märtyrerfürbitte dargestellt, vgl. E. Dassmann, Sündenvergebung durch Taufe, Buße und Märtyrerfürbitte in den Zeugnissen frühchristlicher Frömmigkeit und Kunst, Münster 1973, 438f.

[20] Zu den Kultbauten im Zusammenhang der Märtyrerverehrung s. F.W. Deichmann, Märtyrerbasilika, Martyrion, Memoria und Altargrab, MDAI (R) 77, 1970, 144-169. Zur besonderen Förderung des Märtyrerkultes durch Papst Damasus (Hier. comm. in Ez. 12,40) s. L. Spera, Interventi di Papa Damaso nei santuario della catacombe

Der Kult der Märtyrer war ein Grab- und Totenkult, und daß sich gerade auf diesem Gebiet die vorchristlichen Sitten und Vorstellungen weit in die Zeiten des christianisierten Imperium behaupteten, hat Th. Klauser in einer klassisch gewordenen Studie gezeigt[21]. Auch der Heroenkult war ein Totenkult, motiviert von der Vorstellung, daß der durch seinen Status im Leben ausgezeichnete Tote aus dem Grab Segen spenden, aber auch als machtvoller Wiedergänger den Menschen Glück und Unglück bringen könne.

Diese Ähnlichkeit veranlaßte das kirchliche Lehramt, auch die Verehrung der Märtyrer in mehrfacher Hinsicht vor Mißverständnissen in Schutz zu nehmen. Einmal gibt es immer wieder Hinweise darauf, daß die liturgisch gestaltete Feier zu Ehren der Märtyrer kein Gottesdienst sei, wie er allein dem dreieinigen Gott zukomme. Das steht schon im *Polykarp-Martyrium* (17,3) und wird von Späteren mehrfach wiederholt (Asterius Amasenus hom. 10 MG 40, 321D u.a.). Es gibt für die Märtyrer, so Augustin (civ. 8,27), keine „templa, sacerdotia, sacra, sacrificia", sondern nur „memoria", und ähnlich hatte schon Euseb gesagt, daß die Christen sich zu den Gräbern der Märtyrer, der Soldaten des wahren Glaubens, begeben und dort ihre Gebete verrichten (praep. ev. 13,11,2).

Auf der anderen Seite galt es, die naheliegende Parallele zum Heroenkult auszuschließen. J.C. Fredouille hat jüngst darauf hingewiesen[22], daß die Christen des Ostens das Wort Heros zur Bezeichnung von Märtyrern, Heiligen oder Propheten ganz vermeiden und daß es im Westen in dieser Bedeutung nur lateinischen Dichtern geläufig ist, die in der Tradition der klassischen Dichtung stehen (z.B. Prud. perist. 10,52). Gemeint sind dabei aber Helden, nicht Totenkultempfänger, wie denn der eigentliche Heroenkult im Westen ohnehin nur schwach entwickelt war. In der Bedeutung Wiedergänger oder Gespenst wurde das Wort weiterhin gebraucht (Tert. an. 49; Amm. 22,8,5). Die Bedeutung „Held" hatte wohl Augustin im Auge, als er erklärte, daß man die Märtyrer zwar christliche Heroen nennen könnte, dieses aber dem kirchlichen Sprachgebrauch widerstreite (civ. 10,21).

Romane, Bessarione 11, 1994, 111-124. Auch Ambrosius (epist. 22) war ein besonderer Förderer des Märtyrerkultes (Paulin. vit. Ambr. 14).

[21] Th. Klauser, Die Kathedra im Totenkult, Münster ^{2}1971, 126ff. Von Ambrosius' ausdrücklichem Verbot heidnischer Sitten des Totenkultes berichtet Augustin (conf. 6,2).

[22] J.C. Fredouille, Le héros et le saint, Coll. ét. august. sér. ant. 154, 1997, 11-25.

Schließlich mußte dafür gesorgt werden, daß die Märtyrer nicht als Dämonen verstanden wurden. Diese Deutung lag nahe, denn gute wie böse Dämonen galten in der heidnischen Umwelt als körperlose Seelen, weshalb, wie oben gezeigt, auch die Totenseelen und Heroen in diese Kategorie fielen. Servius etwa spricht von den „heroum animae" (ecl. 5,40). Die philosophische Kosmologie hatte den Dämonen einen wichtigen Platz zwischen dem obersten Weltgott und der Welt im Vollzug des göttlichen Regimentes zugedacht (z.B. Ps.-Aristot. mund. 398a35-b19, 400b8ff.; vgl. S. 232). Apuleius schrieb ihnen gar dieselbe Rolle als Vermittler und Fürsprecher zu, welche die Christen von den Märtyrern erwarteten (gen. Socr. 133), und Porphyrios kannte sie als Boten zwischen den Menschen und der Gottheit (abst. 2,38).

Nun dienen mehrere Berichte des Neuen Testamentes dem Zeugnis, daß für die Herrschaft der Dämonen mit Jesu Auftreten das Ende angebrochen ist. Dämonenkämpfe und -siege der Märtyrer, Heiligen und Asketen setzten demnach das Werk des Herrn fort. Wort und Begriff des Dämons waren folglich in christlichen Ohren negativ besetzt. Augustin (civ. 10,21; vgl. 8,22) ist zwar - wie vor ihm Euseb (praep. ev. 13,11,2) - davon überzeugt, daß Märtyrer wie Dämonen als körperlose Seelen ihre Wirksamkeit entfalten. Doch in der Auseinandersetzung mit der Dämonenlehre der Platoniker betont er, daß sie in der Weite des Luftraumes nicht Gemeinschaft mit den Dämonen halten, sondern diese gerade zum Nutzen der Menschen bekämpfen, wie sie es schon zu Lebzeiten, nicht zuletzt durch ihr Martyrium, getan haben. Johannes Chrysostomos verfaßte einen eigenen Traktat zur Widerlegung der Lehre, daß die Dämonen eine Rolle im Weltregiment spielen (PG 49,241-253). Man brauchte dabei nicht auf die Autorität Platons zu verzichten, der ja gelehrt hatte, daß die Verstorbenen als körperlose Seelen sich der Lebenden annehmen (leg. 927a; s. S. 232), was seine Schule im Sinn der Dämonenlehre interpretierte, wenn sie den Dämonen die Aufgabe zuwies, die Menschen zu unterstützen und zu strafen. Euseb versah diese Aussage Platons mit einer biblischen Parallele, die ihre Deutung im Sinn einer Vermittlerrolle der Märtyrer erlaubte: Im 2. Makkabäerbuch (15,12ff.) wird von den Erscheinungen des ermordeten guten Hohenpriesters Onias und des Propheten Jeremias erzählt. Sie legen für Judas Maccabaeus und sein Heer Fürsprache ein, und eben das erhoffte man von den Märtyrern (praep. ev. 12,3,1f.).

Die Harmonisierung der christlichen Märtyrerverehrung mit den in der antiken Gesellschaft herrschenden Vorstellungen von Wesen und Wirksamkeit körperloser Seelen, aber auch ihre Unterscheidung vom Dämonen- und Heroenglauben konnte auf diese Weise gelingen. Hartnäckiger jedoch als alle Theorien, mit denen man alte Riten und Mythen spirituell deutete, hielten sich die Gebräuche. Die Fortdauer alter Kulte auch in der christianisierten Bevölkerung wird immer wieder von den Vertretern der Kirche im spätantiken Imperium beklagt, gelegentlich aber auch von der staatlichen Gesetzgebung ausdrücklich erlaubt, und der Fortbestand von Kultstätten und Kultbräuchen, deren vorchristliche Kultempfänger durch einen christlichen ersetzt wurden, ist ein bekanntes und verbreitetes Phänomen, für das es noch im Italien des 6. Jh. Beispiele gibt (Greg. M. dial. 2,8; 3,7). Das alles bezeugt das erwähnte, gerade in der Spätantike steigende Bedürfnis nach gegenständlicher Kommunikation mit numinoser Macht, wofür die Kontinuität eines jeden Kultes die beste Garantie geben kann.

Diesem elementaren Bedürfnis entsprach der mit der Verehrung der Märtyrer einhergehende Kult ihrer Reliquien, dessen Gestalt, Ausbreitung und soziale Bedeutung vor allem Peter Brown analysiert und erläutert hat[23]. Die in Gedichten zu Ehren der Märtyrer oder in Berichten über die Translation und Aufnahme ihrer Reliquien wiederholt begegnende Aussage, die den betreffenden Märtyrer als „patronus" oder προστάτης der Stadt apostrophiert[24], kann man in Analogie zu der Rolle deuten, die lebende Heilige und Asketen auf Grund ihrer sozialen Sonderstellung als Schützer von Gemeinden und Individuen vor Übergriffen der Mächtigen sowie als spriritiuelle und politisch-moralische Ratgeber gespielt haben. Das ist sicher zutreffend, doch primär ging es hier darum, daß mit den Reliquien eines Märtyrers, den man als Fürsprecher und Vermittler am Thron des Höchsten wußte, die Heiligkeit sinnlich faßbar erlebt werden konnte. Welche Bedeutung diesem Aspekt in der religiösen Praxis zukam[25], ergibt sich nicht nur aus dem Bemühen der Bischöfe, möglichst jede Kirche mit mindestens einer Reliquie auszustatten (z.B. Ambr. epist. 22) und zahlreichen Berichten (z.B. peregr. Eger. 20,5) sowie die Inschriften, in denen Märtyrer an ihrer Grab- oder Gedenkstätte um ihre

[23] Vgl. P. Brown, The Cult of the Saints, Chicago 1981. Mit Recht wendet sich der Verfasser gegen die Vorstellung, die massive Kultfrömmigkeit der Spätantike sei auf die Unterschicht beschränkt gewesen und die spirituelle Deutung der Kulte und Mythen habe die Religion der Gebildeten ausgemacht.

[24] Vgl. Fredouille (wie Anm. 22), 19.

[25] Vgl. Saxer (wie Anm. 18), 230ff.

Fürbitte angerufen werden. Sie zeigt sich auch in den theologischen und rechtlichen Erörterungen, die sich an den Märtyrerkult knüpften. So warnt Hieronymus davor, die Verehrung der Märtyrer nur ethisch, also im Sinn der Nachahmung eines Beispiels zu verstehen, was Johannes Chrysostomos (in mart., PG 49,663) und andere in richtiger Einschätzung der Auswüchse dieses Kultes (Hier. adv. Vig. 5, PL 23,357f.) in den Vordergrund gerückt hatten. Auch darum, ob Reliquien der Blutzeugen einer als häretisch eingestuften Gruppe kultisch verehrt werden dürften, gab es Kontroversen[26].

Das 8. Buch der *Graecarum affectionum curatio* Theodorets aus der Mitte des 5. Jh. ist der Verteidigung des Märtyrerkults gewidmet, und zwar im breit ausgeführtem Vergleich mit dem heidnischen Heroen- und Grabkult[27], der damals noch vielerorts praktiziert wurde (8,33). Streckenweise liest sich der Traktat wie eine Rechtfertigung der heidnischen Gebräuche, denn er sucht die Einwände gegen den Märtyrerkult mit dem Hinweis zu entkräften, daß die Verehrung großer Männer und Heroen und ihrer Gräber zu billigen sei (8,32), wobei er freilich zwischen würdigen Kultempfängern, etwa Sokrates und andere Philosophen, und fragwürdigen wie Herakles oder die großen Könige und Eroberer (8,12f; 57ff.) differenziert. Er beruft sich dabei auf die allgemein gehegte Vorstellung, daß die Seelen Verstorbener infolge ihrer Befreiung von der Materie an bestimmte Orte nicht gebunden sind, den Lebenden mit Rat und Hilfe zur Seite stehen und Wundertaten verrichten können (8,42-46). In der Vielzahl der Wunder, die von Märtyrerreliquien bewirkt wurden (vgl. Greg. Naz. carm. 1,2,750), findet er dementsprechend die Aussagen Hesiods und Platons bestätigt (8,47). Die zahlreichen Zitate aus der griechischen Literatur hat Theodoret großenteils, aber nicht vollständig, aus Clemens von Alexandrien und Euseb bezogen, wo jedoch der spezielle Bezug auf den Märtyrerkult fehlt. In zweierlei Hinsicht aber sind die Märtyrer ihren heidnischen Pendants weit überlegen: Ihre Segenskraft wirkt ungeschmälert schon durch das Medium eines kleinen Partikels ihrer Leiber (8,10), und, was noch wichtiger ist, sie sind Fürsprecher ihrer Schutzbefohlenen (8,48) bei dem allmächtigen Gott, bei dem sie freie

[26] Vgl. ebd. 235.

[27] Athanasios berücksichtigt in der Schrift *contra gentes* gleichfalls den Toten- und Heroenkult (PG 25,24ff.) und Papst Gelasius richtet eine eigene Schrift gegen die Fortführung der Lupercalien (SChr 65, 1959).

Rede führen können[28]. Die triumphierenden Schlußkapitel des Traktates, in denen ausgeführt wird, daß Gott an Stelle der heidnischen Kultempfänger seine eigenen Toten gesetzt habe, ihr Andenken weiter verbreitet sei und länger dauern werde als das aller Philosophen, Helden und Könige und daß nunmehr den Märtyrern die ἑορταί und δημοθοινίαι gefeiert würden, die früher anderen Kultempfängern galten[29], unterstreicht noch einmal die Parallele, die den Duktus der Argumentation bestimmt.

Schwerlich hat wohl irgendwo sonst die dem Historiker geläufige Kontinuität praktizierter Kultreligion der Spätantike und der sie begleitenden Vorstellungen in einem zeitgenössischen christlichen Text so ungeschminkten Ausdruck gefunden. Das in der älteren Apologetik gelegentlich vorgebrachte Argument, Rituale der Mysterienreligionen seien Nachahmungen des christlichen Kultus (Just. Mart. apol. 1,66; Firm. err. 18ff.), ließ sich auf die unbestreitbar junge Märtyrerverehrung angesichts der uralten Bräuche des Toten- und Heroenkultes nicht beziehen. Auch bezeugt dieser Text das auf heidnischer wie christlicher Seite gleich starke Bedürfnis, mit numinosen Mächten, deren Sein und Wirken jenseitig und spirituell vorgestellt wurde, dennoch in körperliche Kommunikation zu treten und die Übereinstimmung in den Deutungen, mit denen die diesem Bedürfnis entsprechenden Gebräuche auch in den Augen Gebildeter gerechtfertigt wurden[30].

---

28 Vgl. Dassmann (wie Anm. 19), 163ff. 171.

29 Die heidnisch-christliche Kontinuität der Kultstätten und Riten sowie der damit verbundenen Erwartungen der Bevölkerung ist vielfach untersucht worden. Ein gutes Beispiel ist die Ersetzung des Heilers Asklepios entweder durch Christus oder durch die Anargyroi Kosmas und Damian (vgl. J.H. Croon, Heilgötter, RAC 13, 1986, 1224ff.), und darauf nehmen Zeitgenossen nicht selten Bezug (Ps.-Ioh. Chrys. laud. Joh. Theol., CC ser. apocr. 1,412-419). Dazu neuerdings H.C. Brennecke, Heilen und Heilung in der Alten Kirche, in: M. Evang u.a. (Hrsg.) Eschatologie und Schöpfung (FS Grässer), Berlin 1997, 32ff. mit weiterer Literatur.

30 Daß das Bedürfnis nach leiblicher Kommunikation mit der segenspendenden Kraft des Heiligen sich gerade in der Spätantike in allen Bevölkerungsschichten geltend machte, wurde schon erwähnt (s. Anm. 23 u.ö.). Ob im Einzelfall immer dieses Bedürfnis (Ioh. Chrys. adv. Jud. 1,7, PG 49,853-855) oder einfach der Wunsch nach Unterhaltung (Orig. in Gen. hom. 10,1 p. 93B.) der Grund war, daß viele Menschen zum Entsetzen der Seelsorger hartnäckig an Kulten verschiedener Religionen teilnahmen, wird man selten entscheiden können. Daneben gab es aber auch die Anerkennung alter Kultbräuche als Teil des sozialen Lebens, wie es ein Edikt Theodosius' I. bezeugt (Cod. Theod. 16,10,17), vgl. A. Dihle, Zur spätantiken Kultfrömmigkeit, JbAC Ergbd. 8, 1980, 39ff.

Die Seele im Platonismus und bei den Kirchenvätern

von Hans Georg Thümmel (Greifswald)

„Seele" ist heute ein vor allem durch die platonische wie durch die christliche Tradition geprägter Begriff. Das Verhältnis beider Traditionen zueinander ist ein spannendes Thema, von dem hier nur ein paar Gesichtspunkte und Probleme der Frühzeit skizziert werden können.

Platon und der Platonismus

In Platons *Phaidon* ist von der Seele die Rede, und sie erscheint mit den Ideen und dem Göttlichen verwandt, diese bilden das Gebiet des Geistigen, während auf der anderen Seite das Sinnliche steht[1].

Im *Timaios* hat Platon die Erschaffung der Welt nach zwei Schemata geschildert. Zum einen ist es der Demiurg, der im Hinblick auf ein ewiges Paradeigma die Materie ordnet (Tim. 28a-29a). Zum andern ist das geschaffene Wesen, die Welt, in Analogie zum Menschen trichotomisch vorgestellt, als aus νοῦς, ψυχή und σῶμα bestehend: τόνδε νοῦν μὲν ἐν ψυχῇ, ψυχὴν δ' ἐν σώματι συνιστὰς τὸ πᾶν συνετεκταίνετο (30b). Der Seele kommt als Weltseele dabei die Mittlerfunktion zwischen dem Göttlich-Geistigen, Ewigen, Ungeteilten (ταὐτόν) und dem Sinnlichen-Konkreten, Geteilten, Veränderlichen (θάτερον) zu. Zeigt sie daher schon der mythisch beschriebene Erschaffungsprozeß als ein aus höheren und niederen Elementen vielfach gemischtes Konglomerat (34c-36b), so birgt ihr zum Geistigen wie zum Stofflichen ausgerichteter Charakter später die Tendenz zum Auseinanderfallen.

Zu diesen Äußerungen kamen Andeutungen in anderen Schriften Platons. Dabei war nicht eindeutig, wie sich die einzelnen Aussagen zueinander verhielten. Der mittlere Platonismus hat daraus eine wohl wesentlich zweistufige Gottesvorstellung entwickelt[2]. Doch war die Vielfalt der Meinungen groß, und die verehrte Jubilarin hat gewiß recht, wenn sie feststellt[3]: „Man wird für die Jahrhunderte vor Plotin davon aus-

---

[1] Vgl. Plat. Phaid. 80a/b: τῷ μὲν θείῳ καὶ ἀθανάτῳ καὶ νοητῷ καὶ μονοειδεῖ καὶ ἀδιαλύτῳ καὶ ἀεὶ ὡσαύτως κατὰ ταὐτὰ ἔχοντι ἑαυτῷ ὁμοιότατον εἶναι ψυχήν.

[2] H. Ziebritzki, Heiliger Geist und Weltseele. Das Problem der dritten Hypostase bei Origenes, Plotin und ihren Vorläufern (Beitr. z. hist. Theol. 84), Tübingen 1994, passim.

[3] K. Alt, Gott, Götter und Seele bei Alkinoos, AAWM 1996 Nr. 3, 9.

gehen müssen, daß es innerhalb des Platonismus verschiedene Ansätze und Entwürfe zum präzisen Definieren der geistigen Realitätsstufen gab."

Aus dem Mischkrug, aus dem zuvor die Weltseele hervorging, läßt Platon dann auch die Einzelseelen hervorgehen, freilich in einem anderen Mischungsverhältnis, das sie ontologisch niedriger ansiedelt (Tim. 41d).

An anderer Stelle unterscheidet Platon nach trichotomischem Schema die Seelenteile: das λογιστικόν, das θυμοειδές, das ἐπιθυμητικόν (rep. 4, 439c-441b u.ö.). Diese Aufteilung hat die Folgezeit in verschiedener Weise übernommen, besonders auch in den zwischen Platon und Aristoteles vermittelnden Systemen, wobei dann eben doch die unteren Seelenteile dem Körperlichen sehr nahe stehen. Dabei ist auch zu beachten, daß bei Poseidonios u.a. das πνεῦμα mit der ἄλογος ψυχή gleichgesetzt wird[4], also eine niedere Qualität bezeichnet.

Seele ist also etwas Doppeltes: die Weltseele als differenzierte geistige Struktur der Welt, die diese prägt, und die individuelle Seele als Subjekt besonders auch ethischen Handelns. Daß dann beide letztlich identisch sein können, betrifft besonders den Platonismus.

Die Christen

Diese Vorstellungen sind von den Christen benutzt worden, um Inhalte des christlichen Glaubens zu definieren. Freilich ergab sich schon ein grundsätzlicher Unterschied dadurch, daß der Platonismus versuchte, die Vielheit der Welt aus der Einheit Gottes abzuleiten, wobei die Stufen der Gottheit die fortschreitende Differenzierung zum Ausdruck brachten. In der christlichen Theologie konnte zwar (in der Nachfolge Philons) der Logos als Demiurg (Jo 1,3 etc.) auch Ort der Ideenwelt sein, doch ging es etwa in den Auseinandersetzungen des 4. Jahrhunderts gerade darum, Göttlichkeit und Geschöpflichkeit zu trennen, Christus in anderer Weise von Gott herzuleiten als die Schöpfung und die Ewigkeit Christi gegen die Zeitlichkeit der Welt abzusetzen[5]. Aber auch die Welt war dann nicht nur Schöpfung, sondern auch Ort des Heils, und dieses wurde als von Gott bewirkt beschrieben. Tendieren die platonischen Systeme zu systematischer Klarheit und Einheitlichkeit des Aufbaus - was ja durch die Einfachheit der Fragestellung leicht möglich war -, zeigen die christlichen Entwürfe eine Buntheit, die dadurch gekennzeichnet ist, daß die ganze

[4] A. Dihle u.a., ψυχή κτλ., ThWNT 9, 1973, 604-661, hier: 612.

[5] H.G. Thümmel, ΗΝ ΠΟΤΕ ΟΤΕ ΟΥΚ ΗΝ (im Druck in: Origeniana septima).

vielfältige biblische Tradition wie die komplizierten theologischen Fragestellungen eingebracht werden mußten.

Ein wichtiger Mittler zwischen Platonischem und Christlichem ist Philon gewesen. Bei ihm bleibt zwar ein platonisches Schema der Weltschöpfung erhalten, aber die Details sind so verändert, daß es schwierig ist, direkte Entsprechungen zur Psyche qua Weltseele zu finden. Zwar begegnet gelegentlich der Begriff der ψυχὴ τοῦ κόσμου, doch treten sonst eher Sophia, Pneuma und vor allem Logos als mittelnde Größen zwischen Gott und Welt ein. Der komplexe Logosbegriff übernimmt manches, was bei Platon der Seele zukam. Dagegen bezeichnet Psyche jetzt vorzugsweise die individuelle Seele[6].

Daß Engel, Dämonen, aber überhaupt eben die geistigen Wesenheiten als λογικά auch ψυχαί sind, verbindet Philon mit allgemeinen Vorstellungen der Zeit. Die Anschauung von der individuellen Psyche hängt natürlich aufs engste mit den ethischen Idealen zusammen. Das kann hier nicht entwickelt werden[7].

Eine eigene Rolle hat die Gnosis gespielt, was hier nicht aufgearbeitet werden kann. Doch soviel sei angemerkt, daß ihre Problematik gewiß platonischer Art war. Es ging um den Gegensatz von Göttlich-Geistigem und Materiellem und um Erklärungen, wie es (im Rahmen eines Abfalls) überhaupt zu Zusammenhängen oder Vermischungen kommen konnte. Wichtig für unser Thema ist dabei, daß das Psychische hier als das Minderwertige gegenüber dem Pneumatischen erscheint[8]. Sowohl bei der Beschreibung der Gestalt Christi wird zwischen beidem unterschieden[9], aber auch in der sich in Pneumatiker und Psychiker differenzierenden

---

[6] Die wenigen Stellen, wo ψυχή die Weltseele bezeichnet, sind bei I. Leisegang, Register (Philonis Alexandrinae opera quae supersunt, ed. L. Cohn et P. Wendland, Berolini 1896ff., Bd. 7), 872, unter Nr. 14 aufgeführt.

[7] Doch sei auf M. Pohlenz verwiesen, der 1942 (!) die Modifikation antiker philosophischer Ethik durch das alttestamentlich-jüdische Gottes- und Menschenverständnis bei Philon ausführlich gewürdigt hat, ders., Philon von Alexandreia, NAWG 1942, 409-487, hier: 453-480.

[8] Vgl. Dihle (wie Anm. 4), 657-661. Das hatte schon eine Vorstufe im NT, wo ψυχικός eine eher negative Bedeutung hat, vgl. 1 Kor 2,14: „Der psychische Mensch vernimmt nichts vom Geist Gottes".

[9] In Clem. Al. exc. Thdt. 1,1-2. 61. 62 (GCS Clem Al. 3,105. 127f. Stählin) wird deutlich, wie die Valentinianer den Erlöser in ein leidendes psychisches und ein nicht leidendes pneumatisches Subjekt aufteilen und dementsprechend Lk 23,46 und Jo 19,34.37 exegesieren, s. R.M. Hübner, Der antivalentinianische Charakter der Theologie des Noet von Smyrna, in: H.C. Brennecke/E.L. Grasmück/C. Markschies (Hrsg.), Logos (FS L. Abramowski, Beih. ZNTW 67), Berlin/New York 1993, 57-86, hier: 80-82.

Gemeinde bezeichnet der Psychiker etwas Minderwertiges.

Auch in der christlichen Tradition hat der Logos weitgehend die Rolle der Weltseele übernommen. Von Bedeutung ist weiterhin die Tatsache, daß das AT eigene Begriffe von der Ruach als göttlichem Hauch und der Nefeš als Lebensprinzip hatte, und daß durch die Übersetzung dieser Begriffe in der *Septuaginta* mit Pneuma und Psyche diese Bedeutungsgehalte als mit biblischer Autorität gestützt in die Vorstellung vom Geist und von der Seele einflossen. Das Pneuma Gottes, das bei der Schöpfung über den Wassern schwebte (Gen 1,2), konnte dann auch bei den Vätern auf die Schöpfung bezogen werden, die Seele bezeichnete dann vorzugsweise die geistige Seite im Menschen.

Origenes

Bei Origenes werden über den von Philon, vom NT und wohl auch von der Popularphilosophie ererbten Logosbegriff platonische Denkschemata wirksam[10], wobei die Frage ist, welchen Platz nun die Seele einnimmt. Wie bei Philon tritt der Begriff der Seele zurück, um Logos (und Sophia) Platz zu machen. Die Verwandtschaft zu Platonischem und die durch die Vorgaben christlichen Glaubens bedingte Besonderheit kommt in der Bestimmung der Bereiche von Vater, Sohn und Geist zum Ausdruck[11]:

> ὁ μὲν θεὸς καὶ πατὴρ συνέχων τὰ πάντα φθάνει εἰς ἕκαστον τῶν ὄντων, μεταδιδοὺς ἑκάστῳ ἀπὸ τοῦ ἰδίου τὸ εἶναι, ὅπερ ἐστίν, ἐλαττόνως δὲ παρὰ τὸν πατέρα ὁ υἱὸς φθάνων ἐπὶ μόνα τὰ λογικά (δεύτερος γάρ ἐστι τοῦ πατρός), ἔτι δὲ ἡττόνως τὸ πνεῦμα τὸ ἅγιον ἐπὶ μόνους τοὺς ἁγίους διικνούμενον.
>
> „Der Gott und Vater aber, der das All erhält, erstreckt (seine Wirkung) auf jedes Seiende und teilt jedem das Sein, das es hat, von seinem eigenen mit. In geringerem Maße als der Vater erstreckt der Sohn (seine Wirkung) allein auf die vernünftigen Wesen - er ist nämlich der Zweite nach dem Vater -, und in noch geringerem Maße erreicht der Heilige Geist allein die Heiligen."

Während der Vater als Schöpfer auf alles bezogen ist, bezieht sich der Logos auf die Logika, der Geist auf die Heiligen. Der Unterschied zu platonischen Schemata besteht darin, daß dort alle Stufen auf das Ganze, nur in fortschreitender Konkretisierung, bezogen sind. Hier dagegen

---

[10] H.G. Thümmel, Logos und Hypostasis, in: D. Wyrwa (Hrsg.), Die Weltlichkeit des Glaubens in der Alten Kirche (FS U. Wickert, Beih. ZNTW 85), Berlin/New York 1997, 347-398.

[11] Orig. princ. 1,3,5 (GCS Orig. 5,55f. Koetschau).

kommt es zu immer weiteren Einschränkungen, die dann wiederum als Erweiterungen den Weg der Erlösung bezeichnen: über die Heiligen und die bewußten Wesen zur Rettung des Alls.

Freilich kann auch Origenes vom Bibeltext ausgehend einen doppelten Bereich der zweiten Person (als Schöpfungsmittler) bestimmen. So heißt für ihn ἐν ἀρχῇ ἦν ὁ λόγος (Jo 1,1), daß die Arche die Sophia ist, und Christus (durch den alles geschaffen ist, Jo 1,3) als Sophia den größeren Bereich der gesamten Ideenwelt repräsentiert, während er als Logos in der Sophia die Logika zusammenfaßt[12]:

> δημιουργὸς δὲ ὁ Χριστὸς ὡς ἀρχή, καθ' ὃ σοφία ἐστί, τῷ σοφία εἶναι καλούμενος ἀρχή. ἡ γὰρ σοφία παρὰ τῷ Σαλομῶντί φησιν· „ὁ θεὸς ἔκτισέν με ἀρχὴν ὁδῶν αὐτοῦ εἰς ἔργα αὐτοῦ", ἵνα „ἐν ἀρχῇ ἦν ὁ λόγος", ἐν τῇ σοφίᾳ· κατὰ μὲν τὴν σύστασιν τῆς περὶ τῶν ὅλων θεωρίας καὶ νοημάτων τῆς σοφίας νοουμένης, κατὰ δὲ τὴν πρὸς τὰ λογικὰ κοινωνίαν τῶν τεθεωρημένων τοῦ λόγου λαμβανομένου. καὶ οὐ θαυμαστὸν εἰ, ὡς προειρήκαμεν, πολλὰ ὢν ἀγαθὰ ὁ σωτὴρ ἐνεπινοούμενα ἔχει ἐν αὐτῷ πρῶτα καὶ δεύτερα καὶ τρίτα.
>
> „Demiurg aber ist Christus als Arche, insofern er Sophia ist, weil er durch die Sophia Arche genannt wird. Die Sophia sagt nämlich bei Salomon: 'Gott schuf mich zur Arche seiner Wege zu seinen Werken' (Prov 8,22), damit 'in der Arche der Logos' sei, in der Sophia. Und zwar wird die Sophia verstanden nach der Gesamtheit der Schau in Bezug auf das All und der geistigen Dinge, aber der Logos wird aufgefaßt nach der Gemeinschaft der Geschauten, sofern es die Logika betrifft. Und es ist nicht verwunderlich, wenn der Heiland, wie wir zuvor gesagt haben, da er vieles Gute ist, Erstes und Zweites und Drittes als Gedachtes in sich hat."

Überhaupt ist die Seele jetzt als das Einzelne verstanden, als das Nichtkörperliche im Menschen. Das hängt mit der Vorstellung zusammen, daß der Fall der Geisterwelt zu Seelen geführt hat, die zur Strafe in das Materielle eingeschlossen wurden[13]. Die gefallenen Geister (λογικά) sind Seelen (ψυχαί), was pseudo-etymologisch mit „abkühlen" (ἀποψύχεσθαι) erklärt wird[14]. Sind später bei Plotin Menschenseele und Weltseele identisch, aber doch so, daß die Menschenseele durch eine Art Fall in die Verfremdung geraten ist[15], so zeigt sich ähnliches schon bei Origenes. Der Fall läßt aus den Logika Psychai werden, die in der Verein-

---

[12] Orig. comm. in Jo 1,17,111-112 (GCS Orig. 4,23 Preuschen).

[13] Orig. comm. in Jo 1,17,98-100 (GCS Orig. 4,21f. Preuschen).

[14] Orig. princ. 2,8,3 (GCS Orig. 5,155-161 Koetschau), bes. 160,1f.: τὰ λογικὰ τὰ τῆς θείας ἀγάπης ἀποψυγέντα καὶ ἐντεῦθεν ψυχὰς ὀνομασθέντα ...

[15] Plot. V 1 [10] 1,1-22.

zelung sind. Die Erlösung ist dann als Befreiung aus dem Materiellen verstanden[16]. Sie wird durch die einzige nicht gefallene Seele vollbracht, das Logikon, das in der Identität mit dem die Logika zusammenfassenden Logos geblieben ist. Als mit dem Logos geeinte Seele nimmt sie in der Gestalt Jesu das Fleisch an[17].

Die menschliche Seele wird in diesem Zusammenhang als geistige Seite des Menschen und zum Göttlichen gehörig angesehen, so daß Erlösung Rückführung in den Logos ist.

Plotin

Plotin handelt in *Enneade* V 1 [10] über die Begründung der Welt in Gott und den Weg, der von dem transzendenten Gott zur sinnlich erfahrbaren Welt führt[18]. Da das eigentliche Ziel des Traktates die Abwendung der menschlichen Seele vom Sinnlichen und die Hinwendung zu Gott ist, erscheint die materielle Welt nur am Rande. Und da die Hinwendung darin besteht, die Strukturen des Göttlichen zurückzuverfolgen, müssen diese dargelegt werden. Es geht um die Entwicklung von dem Einen (Hen) zum Geist (Nus) und weiter zur (Welt-)Seele (Psyche), die dann erst in ihren niederen Teilen mit dem Sinnlichen befaßt ist. So handelt der Traktat von dem Einen, dem Geist und der Seele. Plotin kann jede Stufe „Gott“ nennen (5,1), sogar - im Anschluß an Platon - von sichtbaren und unsichtbaren Göttern in der Welt sprechen.

Der Herausgeber Porphyrios hat den Traktat Περὶ τῶν τριῶν ἀρχικῶν ὑποστάσεων überschrieben und damit wohl origenistischen Sprachgebrauch übernommen[19]. Bei Plotin meint Hypostasis etwas anderes, und zwar zumeist den selbständigen Bestand, den ein abgeleitetes Wesen gewinnt. Die drei Stufen, für die er sich auf Platon beruft (V 1 [10] 8,23-26)[20], nennt Plotin seinerseits φύσεις[21].

---

[16] Orig. princ. 1,8,4 (GCS Orig. 5,101,28-102,10 Koetschau).

[17] Orig. comm. in Jo 20,19,162 (GCS Orig. 4,351 Preuschen); princ. 2,6,3 (GCS Orig. 5,141,25-143,2 Koetschau). Über die Schwierigkeit, aus dem Überkommenen die Vorstellungen des Origenes zu rekonstruieren, s. die Einleitung Koetschaus zu *De principiis* (ebd., CXV-CXXV). Am deutlichsten sind vielleicht die 15 Anathematismen gegen Origenes, ebd. CXIXf. Vgl. R. Lorenz, Arius judaizans?, Göttingen 1979, 214f.

[18] M. Atkinson, Plotinus, Ennead V 1. On the Three Principal Hypostases. A Commentary with Translation, Oxford 1983.

[19] Thümmel (wie Anm. 10), 390-394.

[20] Plat. Parm. 137c. 144e. 155e.

[21] Aber auch dies ist selten (8,27). Möglichst werden sie gar nicht bezeichnet,

Jede Stufe ist αἴτιον der nächsten. Die oberste Stufe ist das Hen, das als ἐπέκεινα νοῦ καὶ οὐσίας charakterisiert wird. Dieses erzeugt den Nus, der die δυάς einbringt. Indem sich der Nus selbst als differenzierten denkt, gibt es nicht nur die identische Zweiheit des Denkens und Gedachtwerdens, sondern in diesem Prozeß wird die Ideenwelt als nach Zahl und Begriffen differenzierte ins Sein gesetzt. Nus und Usia, Zahl und gegenseitige begriffliche Abgrenzung gehören zusammen. Die Psyche bedeutet einen weiteren Schritt der Differenzierung, was in diesem Traktat nur insofern ausgeführt ist, als die menschliche Psyche zwar eigentlich die Allseele ist und die Welt geschaffen hat (2,1-9), aber doch in Begrenztheit erfahren wird, da sie immer nur Teile dessen denkt, was im Nus gesetzt ist.

Charakteristisch für Plotins System ist, daß es zwar eine Entwicklung gibt, diese aber keine zeitliche, sondern eine ursächliche ist, und daß sich aus dem Einen (Hen) etwas entwickelt, das freilich mit ihm identisch bleibt, doch geringer, niedriger ist (7,30-48)[22]. Daraus ergeben sich paradoxe Aussagen. Die Psyche ist gleichzeitig allgemein und partiell, Ewigkeit („Bleiben“) und Zeit („Bewegung“) stehen in Spannung zueinander, vor allem aber, da es um den Übergang von dem Einen zum Vielen[23] geht, müssen Einheit und Mehrheit, Identität und Andersartigkeit gleichzeitig ausgesagt werden. Da der menschliche Geist prinzipiell alles umfaßt (4,10f), gibt es auch hier eine Spannung zwischen Allgemeinem und Individuellem.

Die Argumentation Plotins hat etwas Schwebendes, Unbestimmtes, das durch den häufigen Gebrauch von οἷον (gleichsam) oder ähnliche Begriffe unterstrichen wird. So scheint auch, wenn er auf das Hen mit ἐκεῖνο oder ἐκεῖνος verweist (6,48; 7,1.5)), dies nicht nur den relativen Bezug anzugeben, sondern auch Transzendenz und ontologischen Abstand zu bezeichnen[24].

---

manchmal ist von den drei die Rede (τριττά 10,5).

[22] Aber diese Identität ermöglicht den Aufstieg menschlichen Denkens zum Hen.

[23] Was auch mit ἕν und δυάς ausgedrückt sein kann, wobei δυάς Prinzip der Vielheit ist.

[24] Freilich ist immer, wenn von Ontologie die Rede ist, daran zu erinnern, daß bei Plotin das ὄν erst den Nus bezeichnet.

Das 4. Jahrhundert

Im 4. Jahrhundert sehen die Verhältnisse gemessen an Origenes etwas anders aus. Zwar ist er immer noch und weiterhin der prägende Theologe, aber es gibt so etwas wie eine Verkirchlichung seiner Lehren[25]. Alles das, was man später als Irrlehre Origenes zum Vorwurf gemacht hat, tritt jetzt schon zurück oder fehlt. Das betrifft besonders die Aussagen über das präexistente Geisterreich. Dafür steht stärker im Vordergrund der Gegensatz zwischen der Schöpfertätigkeit Gottes und der Geschöpflichkeit des Menschen, auch in seinen geistig-seelischen Bereichen.

Diese Verschiebung zeigt sich auch in der Christologie, obwohl auch da zunächst die Nuancen gering scheinen. Hatte bei Origenes der Logos mit der mit ihm verbundenen reinen Seele das Fleisch angenommen, so fiel diese Seele jetzt fort, und es schien zunächst eine Lösung zu sein, wenn nach dem Schema des nach Leib und Seele gegliederten Menschen an die Stelle der Seele nun der Logos (allein) trat. Dieser nahm ein σῶμα ἄψυχον an. Solches Schema ist bis 362 weitverbreitet gewesen, und selbst Athanasios hat es zumindest geduldet, bis es dann in der Person des Apolinarios verurteilt wurde[26]. Maßgeblich war dabei die Vorstellung, daß die Rettung des Menschen in der Annahme durch den Logos besteht. War aber nicht ein ganzer Mensch mit Leib und Seele (und Geist) angenommen, dann konnte nicht der ganze Mensch gerettet sein[27].

Eine wichtige Rolle in der Rezeption platonischer Schemata hat wahrscheinlich Eusebios von Kaisareia gespielt, doch hat seine Diskriminierung bis heute ein wirkliches Erfassen seiner Theologie verhindert.

Dagegen sind an Basileios von Kaisareia eine Reihe von Beobachtungen gemacht worden. H. Dehnhard hat bei dem Unternehmen, die basilianische Autorschaft der kleinen Schrift *De Spiritu* (PG 29,768-774) zu erweisen, die engen Parallelen zu Plotins Enn. V,1 [10] herausgearbeitet[28]. Zunächst ist das forschende Subjekt dasselbe, nämlich die Seele. Während jedoch bei Plotin die Seele aufgefordert wird, sich vom

---

[25] Fast möchte man sagen, die Theologie wäre jetzt „biblischer“. Doch ist ja auch Origenes zutiefst davon überzeugt gewesen, daß das, was er sagt, biblische Lehre ist.

[26] R. Lorenz (wie Anm. 17), 211f., Anm. 151.

[27] Vgl. Greg. Naz. ep. 101,32 (SC 208, 50 Gallay-Jourjon): τὸ γὰρ ἀπρόσληπτον, ἀθεράπευτον.

[28] H. Dehnhard, Das Problem der Abhängigkeit des Basilius von Plotin (Patristische Texte und Studien 3), Berlin 1964. Neue Textausgabe von *De Spiritu* (in Parallele zu Plotin V 1): ebd. 5-13.

Sinnlichen loszureißen und ihr eigenes Wesen, d.h. ihre Identität mit der Weltseele, zu erkennen, geht es in *De Spiritu* darum, daß die Seele mit Hilfe des Glaubens Gott erkennt, und das heißt hier: den Heiligen Geist. Und so wird dann im Folgenden regelmäßig bei den vielfach wörtlichen Übernahmen aus Plotin „Psyche" durch „Pneuma" ersetzt. Für beide gilt, daß sie überall zugleich und nicht teilbar sind. Wie die Psyche umfaßt das Pneuma den Kosmos, ist aber doch in Engeln und Propheten, Aposteln und allen Gläubigen gleichzeitig und ganz. So wie dort die Psyche das lebenspendende Prinzip darstellt, ist es hier das Pneuma. Während aber bei Plotin die Psyche dem Kosmos das Leben gibt, ist bei Basileios die Mitteilung von Leben gleichbedeutend mit Heiligung, und wie schon bei Origenes ist der Heilige Geist derjenige, der die Heiligen heilig macht.

Insgesamt wird im 4. Jahrhundert bei der Übernahme von Platonischem auf Plotin (und Porphyrios?) als Quelle zurückgegriffen, und zwar sind es weniger Sachstrukturen, die übernommen werden, sondern eher Denkfiguren, die zur Beschreibung anderer Sachverhalte benutzt wurden[29].

Bei Apolinarios (Ps.-Athanasios) scheinen Aussagen Plotins über die Seele eher auf den Logos übertragen worden sein. Und vielleicht ist auch manches von Porphyrios übernommen worden, ohne daß das heute noch kontrollierbar wäre[30].

Zwei Vorstellungskreise sind separat vom historischen Aufriß zu skizzieren:

Abbildlichkeit

Eine tragende Vorstellung des Platonismus ist die Abbildlichkeit, die ich gern als ästhetische Ontologie bezeichne. Schon bei Platon waren die konkreten Dinge Abbilder der Ideen. Da die oberste Stufe das eigentliche Sein verkörpert[31], ist Abbildung immer auch Seinsmitteilung. Dieselben Verhältnisse sind von der anderen Seite gesehen, wenn sich die Vorstellung, die Welt werde von dem Demiurgen nach dem Paradeigma geschaffen, zu der anderen weiterentwickelt, der zweite Gott ahme den ersten

[29] Vgl. F.X. Risch, Pseudo-Basilius, Adv. Eunomium IV-V (Suppl. to VC 16), Leiden-New York-Köln 1992, 41-48.

[30] R.M. Hübner, Die Schrift des Apolinarios von Laodicea gegen Photin (Pseudo-Athanasios, Contra Sabellianos) und Basilius von Caesarea (Patristische Texte und Studien 30), Berlin/New York 1989, 245f.

[31] Wenn sie als ἐπέκεινα οὐσίας definiert wird, ist die zweite Stufe gemeint.

nach (μίμησις)[32].

Diese Anschauung hat eine weitere Stützung durch die *Septuaginta* erhalten. Wenn in Gen 1, 26f gesagt wird, der Mensch sei nach dem Bilde Gottes geschaffen, dann meint κατ' εἰκόνα θεοῦ ursprünglich gewiß, daß der Mensch als Abbild nach dem Urbild Gottes geschaffen sei. Später setzt sich jedoch ein Verständnis durch, nach dem der Mensch gemäß dem Bild Gottes geschaffen sei, d.h. er sei Bild des Bildes Gottes. Letzteres aber ist Christus (vgl. 2 Kor 4,4; Kol 1,15). Dieser aber ist der Logos als Ort der Ideen oder als Zusammenfassung der Logika. Der Logos ist ein Bild Gottes, die Seele ein Bild des Logos. So konnte auf exegetischem Wege Anschluß an platonische Vorstellungen gewonnen werden, die aber schon deswegen für christliche Theologen einen guten Sinn gaben, als Christus ja das Vorbild war, dem es nachzueifern galt, um die verlorene Gottebenbildlichkeit wiederherzustellen.

Bereits bei Philon ist der Mensch, aber auch die ganze Welt, das zweite Abbild Gottes, Bild eines Bildes[33]:

> Τὸ δὲ δόγμα τοῦτο Μωυσέως ἐστίν, οὐκ ἐμόν· τὴν γοῦν ἀνθρώπου γένεσιν ἀναγράφων ἐν τοῖς ἔπειτα διαρρήδην ὁμολογεῖ, ὡς ἄρα κατ' εἰκόνα θεοῦ διετυπώθη. Εἰ δὲ τὸ μέρος εἰκὼν εἰκόνος, [...] καὶ τὸ ὅλον εἶδος, σύμπας οὗτος ὁ αἰσθητὸς κόσμος, εἰ μείζων τῆς ἀνθρωπίνης ἐστίν, μίμημα θείας εἰκόνος, δῆλον ὅτι καὶ ἡ ἀρχέτυπος σφραγίς, ὅν φαμεν νοητὸν εἶναι κόσμον, αὐτὸς ἂν εἴη [...] ὁ θεοῦ λόγος.
>
> „Das ist die Lehre des Moses, nicht die meine. Das Entstehen des Menschen beschreibend erklärt er im Folgenden ausdrücklich, daß dieser nach dem Bild Gottes gestaltet wurde. Wenn aber ein Teil Bild eines Bildes ist, ist auch die ganze Art (εἶδος), diese ganze sinnliche Welt - da sie doch größer als das menschliche Bild ist -, eine Nachahmung des göttlichen Bildes Gottes, und so ist klar, daß das urbildliche Siegel, das wir die geistige Welt nennen, der Logos Gottes selbst ist."

Bei Klemens von Alexandrien erscheint die Folge stufenweiser Abbildungen in ethischer Qualifizierung[34]:

> Εἰκὼν μὲν γὰρ τοῦ θεοῦ ὁ λόγος αὐτοῦ, ... εἰκὼν δὲ τοῦ λόγου ὁ ἄνθρωπος ἀληθινός, ὁ νοῦς ὁ ἐν ἀνθρώπῳ, ὁ κατ' εἰκόνα τοῦ θεοῦ καὶ

---

32 Ziebritzki (wie Anm. 2), passim, z.B. 89f.

33 Phil. opif. mundi 25 (1,7f. C.-W.); Philon bei Euseb. praep. ev. 7,13,1-2 (GCS Eus. 8,1,389 Mras). Vgl. C. Colpe, Von der Logoslehre des Philon zu der des Clemens von Alexandrien, in: A.M. Ritter (Hrsg.), Kerygma und Logos. Beiträge zu den geistesgeschichtlichen Beziehungen zwischen Antike und Christentum (FS C. Andresen), Göttingen 1979, 89-107, hier: 91-93.

34 Clem. Al. protr. 10,98,4 (GCS Clem. Al. 1,71,24-29 Stählin); vgl. 1,5,4 (ebd. 6).

καθ' ὁμοίωσιν διὰ τοῦτο γεγενῆσθαι λεγόμενος, τῇ κατὰ καρδίαν φρονήσει τῷ θείῳ παρεικαζόμενος λόγῳ καὶ ταύτῃ λογικός.

„Bild Gottes ist sein Logos, ... Bild des Logos aber ist der wahre Mensch, der Nus im Menschen, von dem es deswegen heißt, daß er 'gemäß dem Bilde Gottes' und der 'Gleichheit' entstanden ist, der mit der Gesinnung des Herzens dem göttlichen Logos verglichen wird und durch diese dem Logos entsprechend (λογικός) ist."

Auch Origenes kennt diese Vorstellung, daß das Logikon oder der Logos im Menschen Bild des Logos, und dieser wiederum Bild Gottes ist[35]. In der Exegese von Röm 8,9 (οὓς [θεὸς] ... προώρισεν συμμόρφους τῆς εἰκόνος τοῦ υἱοῦ αὐτοῦ) klärt er die ethische Dimension[36]:

καὶ οὓς οὕτω προέγνω, προώρισεν συμμόρφους ἐσομένους τῆς εἰκόνος τοῦ υἱοῦ αὐτοῦ. ἔστιν οὖν τις ὁ υἱὸς τοῦ θεοῦ, εἰκὼν τυγχάνων τοῦ θεοῦ τοῦ ἀοράτου, καὶ τούτου εἰκὼν ἡ λεγομένη εἰκὼν τοῦ υἱοῦ τοῦ θεοῦ· ἥντινα νομίζω εἶναι ἣν ἀνέλαβεν ψυχὴν ὁ υἱὸς τοῦ θεοῦ ἀνθρωπίνην, γενομένην διὰ τὴν ἀρετὴν τῆς εἰκόνος τοῦ θεοῦ εἰκόνα. ταύτης δέ, ἣν οἰόμεθα εἰκόνος εἰκόνα εἶναι ... τοῦ θεοῦ, συμμόρφους προώρισεν γενέσθαι ὁ θεός, οὓς διὰ τὴν περὶ αὐτῶν πρόγνωσιν προώρισεν.

„Und die er (Gott) so vorhersah, bestimmte er zu solchen, die dem Bilde seines Sohnes gleichgestaltet sein werden. Es gibt nun aber einen, den Sohn Gottes, der das (Ab)Bild des unsichtbaren Gottes ist, und dessen (Ab)Bild, das (im Schriftwort) genannte Bild des Sohnes Gottes; dieses Bild, meine ich, ist die menschliche Seele, die der Sohn Gottes angenommen hat, als solche, die durch Tugend Bild des Bildes Gottes geworden ist. Dieser aber, die wir für ein Bild des Bildes ... Gottes halten, gleichgestaltet zu werden, hat Gott diejenigen vorherbestimmt, die er aufgrund des Vorherwissens in Bezug auf sie vorherbestimmt hat."

Hier ist also die tugendreiche Psyche εἰκών des Logos.

Bei Plotin (V 1 [10] 3,7) ist die Psyche εἰκών des Nus[37], ohne daß es hier zu einer doppelten Abbildung kommt. Diese scheint eine jüdisch-christliche Eigenart zu sein[38].

---

[35] Orig. comm. in Jo 2,2-3,18-20 (GCS Orig. 4,55 Preuschen); vgl. auch 1,17,104-105 (ebd. 22); princ. 1,2,6 (5,36 Koetschau).

[36] *Römerbriefkommentar* = *Philokalia* 25,2 (SC 226, 218 Junod).

[37] Vgl. Dehnhard (wie Anm. 28), 28f. Es muß immer wieder darauf hingewiesen werden, daß Origenes der ältere ist. Als Plotin V 1 verfaßte (zwischen 257 und 267), war Origenes bereits verstorben.

[38] Dagegen gibt es die Vorstellung von einer doppelten Abbildung beim sichtbaren Bild. Klemens sieht im Götterbild nur das tote Bild eines Bildes (nämlich eines Menschen), s. Anm. 33. Von Plotin wird berichtet, ein Maler sei in sein Kolleg geschmuggelt worden, um ihn zu porträtieren. Aber Plotin wollte nicht das Bild eines Bildes gestatten. Porphyrios, *Vita Plotini* 2 (Plotins Schriften, übers. v. R. Harder, Bd. Vc, Hamburg

Der leitende Geist

Eine eigene Problematik bildet die Frage nach dem Verhältnis von Seele und Heiligem Geist im individuellen Menschen. Ist hier auch keine Aufarbeitung möglich, so sind doch einige Fragen zu stellen.

Nach allgemein stoischer Ansicht bezeichnet das ἡγεμονικόν das eigentlich leitende Prinzip der Seele. Nun hat die Jubilarin darauf hingewiesen, daß bei Alkinoos die Götter dem Menschen τὸ κύριον der Seele in den Kopf fügten[39], und sie hat τὸ κύριον mit „das Bedeutendste" übersetzt. Es mag aber doch die Frage erlaubt sein, ob dieser Begriff hier nicht einfach das stoische ἡγεμονικόν ersetzt. Immerhin werden bei Klemens von Alexandrien κύριον und ἡγεμονικόν zur Bezeichnung des πνεῦμα zusammengestellt[40]. Vielleicht liegt hier der Schlüssel für die Bezeichnung des Heiligen Geistes als τὸ κύριον im Nicaenoconstantinopolitanum[41].

Im 4. Jahrhundert ist dann κύριος als Bezeichnung für den Heiligen Geist geläufig. Da dies nicht nahe liegt - Kyrios ist ja eigentlich schon für Christus reserviert -, kann man fragen, ob hier nicht eine Verschleifung aus dem älteren Sprachgebrauch vorliegt.

Schlußwort

Wie die wenigen Andeutungen, die hier vorgebracht werden konnten, zeigen, gab es auch die Seele betreffend vielfältige Verschränkungen zwischen Platonismus und Christentum. Doch zeigt die Verwendung platonischer Vorstellungen durch die Christen große Eigenständigkeit. Es geht nicht darum, Platonisches zu einem idealen System zu gestalten, sondern darum, das Evangelium mit Hilfe von Vorstellungen und Denkschemata zu verkündigen, die den Zeitgenossen geläufig waren.

1958, 1).

[39] Alt (wie Anm. 3), 29.

[40] Clem. Al. strom. 6,17,155,4 (GCS Clem. 2,512,3-6 Stählin): ἴδιον δέ ἐστιν ἐκεῖνο καὶ τῷ ὄντι κύριον καὶ ἡγεμονικόν, ὁ ἐπὶ πᾶσι προσλαμβάνει μετὰ τὴν βεβαίαν πίστιν ἅγιον καὶ ἐπισκοπὴν ὁ πιστεύσας πνεῦμα.

[41] Denzinger, Enchiridion Symbolorum, Nr. 86; vgl. Epiphanios, Anc. 118,11 (GCS Epiph. 1,147,12); R. Staats, Das Glaubensbekenntnis von Nizäa-Konstantinopel, Darmstadt 1996, 257-260, hat auf Ps 50 (51),14 verwiesen: πνεύματι ἡγεμονικῷ στήρισόν με.

Seele, Zeit, Eschaton bei einem frühen christlichen Theologen

Basilides zwischen Paulus und Platon

von Barbara Aland (Münster)

Das Konzept der Seele in der Gnosis ist - begrifflich und sachlich - ambivalent und umstritten. Während die Ketzerbekämpfer davon ausgehen, daß die Gnostiker drei von Natur aus verschiedene Menschenklassen lehren[1], geben die frühen gnostischen Texte das nicht so her, sondern lassen eher daran denken, daß in den Menschen die drei Bestandteile, die jeder besitzt, Geist, Seele und Leib, verschieden stark ausgeprägt sind[2]. Auch die Aufgabe der psychischen Menschen im irdischen Dasein und ihr eschatologisches Geschick besteht, nach den Vätern zu urteilen, in der sittlichen Anstrengung, auf die dann eine Art minderes Heil folgt[3], während die gnostischen Texte selbst durchaus nicht so streng zwischen den Erlösungskonzeptionen für sog. Pneumatiker und Psychiker unterscheiden[4].

Je nach Herkunft und Gattung der Texte können die Begriffe Pneuma und Seele auch wechselseitig gebraucht werden. Es gibt aber auch Texte, in denen der Terminus „Seele", umfassend gebraucht, den personstiften-

---

[1] Vgl. Iren. adv. haer. 1,6,1ff., bes. 4 und 1,7,1.5.

[2] S. dazu K. Rudolph, Die Gnosis. Wesen und Geschichte einer spätantiken Religion, Leipzig 1977, 99.

[3] Iren. adv. haer. 1,6,2.4; 1,7,1.3.5.

[4] Beide hängen vielmehr eng zusammen, wie etwa der Valentinianismus meist lehrt. So steht (nach Clem. Al. exc. Thdt. 56,4-57) z.B. der Ölbaum aus Röm 11,17-26 für das „pneumatische", erwählte Israel, das aber gefallen ist. Eingepflanzt werden darin die „psychischen" Heiden, die zum Glauben gekommen sind. Im Zusammenwirken beider geschieht dann die Gestaltung des Pneumatischen (μόρφωσις) und die Verwandlung (μετάθεσις) des Psychischen „von der Knechtschaft zur Freiheit." Dem entspricht die Lehre vom Eschaton, in dem auch die Seelen in die Ogdoas eingehen (exc. Thdt. 63,1-2), dann allerdings von ihren Pneumata abgelegt werden, als diese in den Raum innerhalb des Horos kommen und „den Vater sehen" (exc. Thdt. 64). Das psychische Element ist also Teil des Pneumatikers und wird als solches durchaus „errettet" (exc. Thdt. 63,2), wenn auch nur der Geist zur Schau Gottes kommen wird. Aber anderes ist auch nicht zu erwarten. Die gegenseitige Abhängigkeit des Pneumatischen und Psychischen voneinander muß also beachtet werden. Zwar sind Pneumatiker und Psychiker also wohl zu unterscheiden, die Gabe des Pneumas an wenige ist Kennzeichen der gnadenhaften Erwählung Gottes. Der Pneumatiker, der seine psychische Aufgabe nicht erfüllt, sinkt aber faktisch auch auf den Stand des Psychikers herab, vgl. dazu J. Holzhausen, Der „Mythos vom Menschen" im hellenistischen Ägypten (Theopaneia 33), Bodenheim 1994, 172-181, bes. 175f.

den, transzendenten Kern des Menschen und den zu erziehenden niederen Teil zugleich meint, wie es in den hier zu behandelnden Texten der Fall ist[5].

Im folgenden soll das Konzept der Seele an einer sehr frühen „gnostischen" Schule untersucht werden, die sich vor allem dadurch auszeichnet, daß sie eine reiche Ausfaltung von mythologischer bis zu philosophischer Darstellung erfahren hat, bei allen Unterschieden der Sprache immer mit ausdrücklicher Berufung auf den Ahnherrn: Basilides[6].

Dabei gehen wir davon aus, daß der Mythos bei Hippolyt und die Fragmente, die Clemens (und Origenes) bewahrt, unmittelbar auf die gleiche Schule zurückgehen[7]. Es ergeben sich so viele Parallelen und gegenseitige Ergänzungen, daß man nichts anderes voraussetzen kann[8]. Die Evidenz dieser Annahme wird sich im Laufe der Untersuchung erweisen[9].

---

5 Rudolph (wie Anm. 2), 98f. bringt Belege dafür, daß in den hellenistischen Texten eher „Seele" für den transzendenten Kern des Menschen steht, dem die Seele untergeordnet ist, während in den „orientalischen" Texten das Verhältnis umgekehrt ist.

6 An wichtiger, hier verarbeiteter Literatur ist zu nennen: W.A. Löhr, Basilides und seine Schule. Eine Studie zur Theologie- und Kirchengeschichte des zweiten Jhs. (WUNT 83), Tübingen 1996; K. Alt, Weltflucht und Weltbejahung. Zur Frage des Dualismus bei Plutarch, Numenios, Plotin, AAWM 1993 Nr. 8; K. Alt, Hippolyt als Referent platonischer Lehren, JAC 40, 1997, 78-105; E. Käsemann, An die Römer (Hdb. z. NT 8a), Tübingen 1973; W.-D. Hauschild, Christologie und Humanismus bei dem „Gnostiker" Basilides, ZNW 68, 1977, 67-62; E. Mühlenberg, Basilides, TRE 5, 1980, 296-301; B. Aland, Gnosis und Kirchenväter, in: dies. (Hrsg.), Die Gnosis (FS H. Jonas), Göttingen 1978, 158-215; S. Pétrement, Le Dieu séparée. Les origines du gnosticisme, Paris 1984, 458-473, übers. ins Englische von C. Harrison, San Francisco 1990, 336-346; C. Markschies, Valentinus Gnosticus? Untersuchungen zur valentinischen Gnosis mit einem Kommentar zu den Fragmenten Valentins (WUNT 65), Tübingen 1992.

7 Anders Löhr (wie Anm. 6), 284-323.

8 Zu den übrigen erhaltenen Quellen vgl. unten Anm. 65.

9 Löhr (wie Anm. 6) hält nur die Fragmente für „echt" in dem Sinne, daß nur sie authentische Kunde von Basilides und seinen unmittelbaren Schülern enthalten. Er beraubt sich damit einer entscheidenden Quelle für sein Thema. Denn die Fragmente sind zwar wertvoll, aber durchweg polemisch ausgewählt. Clemens will zeigen, daß die Basilidianer der Philosophie erlegen sind - daher die häufigen Zitate von Isidor - bzw. in ihren ethischen Anschauungen nicht den von ihm als maßgeblich angesehenen Forderungen entsprechen. Zu ihrer Erlösungslehre sagt er fast nichts - möglicherweise, weil diese für ihn gar nicht so fremd war. Man braucht folglich dafür, wie auch für Kosmogonie und Seelenlehre, den Rückgriff auf den Mythos, selbst wenn dieser einige Jahrzehnte nach Basilides entstanden sein sollte. Die ausschließliche Heranziehung der Fragmente zur Rekonstruktion des Basilides und seiner Schule bleibt trotz genauester und zuverlässigster Einzelanalyse merkwürdig blaß und zusammenhanglos. Basilides

Im einzelnen lassen wir uns von den drei Fragenbereichen leiten, die Karin Alt für die Untersuchungen der Einzelseelen in der platonischen Tradition zusammengestellt hat[10]. Der erste betrifft Natur und Herkunft der Seele. Ist sie eine Einheit, die mehrere Teile umfaßt, oder sind Pneuma und Seele getrennt, und wie wäre dann ihr Verhältnis zueinander? Der zweite Fragenbereich bezieht sich auf das irdische Dasein der „Seele" und ihre Befreiung daraus. Gründet sie in der Wahrnehmung von Verantwortung für ihr jeweiliges Geschick oder in naturgegebener, gnädig geschenkter Erlösung? Ist die Inkarnation eine Folge von Schuld oder entspricht sie einem göttlichen Plan oder trifft beides zu? Der dritte Fragenkomplex befaßt sich mit dem Ziel der inkarnierten Seele und dem Wie und Warum ihrer Überwindung der Welt. Zur Beantwortung dieser Fragen ziehen wir aus den gesamten Gründen methodisch bewußt die verschiedenen erhaltenen Quellenkomplexe zum Basilideskreis heran. Worauf es im folgenden ankommt, ist, möglichst die eigentliche Absicht des Basilideskreises aufzudecken, die hinter ihrer Antwort auf die skizzierten Fragen steht, nicht, ihre Stellungnahme als eigenen Beitrag im philosophischen Gespräch zu betrachten. Denn m.E. wollten (und konnten?) die Basilidianer ohnehin nicht mit den Philosophen ihrer Zeit konkurrieren[11].

Wir behandeln also das Thema unter folgenden, an Frau Alts Fragestellungen angelehnten und Basilides entsprechend modifizierten Untergliederungen:

1. Herkunft und Wesen der Seele
2. Das irdische Dasein des Menschen: ὁ νῦν καιρός

---

und seine Schüler zusammenzunehmen, ist auch deshalb erlaubt, weil sie sich in ihrer Intention nicht weit voneinander entfernten. Trotz unterschiedlicher Sprechweisen scheint das der Fall zu sein. Die literarkritische Analyse des Mythos, die Löhr vornimmt, überzeugt nicht grundsätzlich. Das gilt, obwohl Ansätze für literarkritische Scheidungen durchaus vorhanden sind. Vgl. den Bruch zwischen 7,26 und 7,27 bzw. Löhrs scharfsinnige Ausführungen S. 306-312. Das läßt aber nicht darauf schließen, daß der Mythos nicht zur Rekonstruktion der Lehren des Basilides herangezogen werden könnte.

[10] Alt 1993 (wie Anm. 6), 82-88.

[11] Dafür spricht schon, daß sie sich bei einmütiger Berufung auf den Lehrer doch völlig verschiedener Sprechweisen von den Mythen über die Auslegungen eines Evangeliums durch Basilides oder eines östlichen Propheten durch Isidor (fr. 15) bis zu den platonisierenden Äußerungen Isidors bedienen konnten. Das geschah gewiß auch zur Legitimierung ihrer Lehre, die sich als konkurrenzfähig mit hoher Philosophie erweisen sollte. Aber die Frage ist, inwieweit dieses Philosophieren ihr Denken wirklich beeinflußt hat oder, wenn das kaum der Fall war, woher sie theologisch kommen. Der detaillierte Vergleich, insbesondere mit mittelplatonischen Lehren, muß natürlich geführt werden (s. dazu jetzt ausführlich Löhr [wie Anm. 6]), für die hinter den Redeweisen stehende Absicht erbringt er nicht viel.

3. Die Christologie
4. Die Überwindung der Welt: Eschatologie, Aufstieg, Apokatastasis
5. Exkurs zur sog. Seelenwanderungslehre.

1. Herkunft und Wesen der Seele

Die Seele stammt aus Gott. Sie ist wie alles übrige, das die Welt ausmacht, im nichtseienden Weltsamen enthalten, den der nichtseiende Gott aus sich hervorgehen ließ (Hipp. ref. 7,21,3f.). Der Mythos deckt auf, inwiefern sich aus diesem Samen die gesamte Weltwerdung und das Endschicksal der Welt ergibt. Immer wieder läßt Hippolyt erkennen, daß alles Geschehen schon im Weltsamen nach Gottes Plan angelegt war (7,22,1; 23,6; 24,5 u.ö.). Auch die Seele geht daher auf den Plan Gottes zurück, der den Seelensamen „aussät“[12].

Terminologisch stimmen Mythos und Fragmente nicht überein, wohl aber sachlich. Nach beiden ist die „Seele“ keine Einheit[13]. Im Mythos bezeichnet sie die dritte geistige bzw. göttliche Sohnschaft, die von einer sog. Seele umgeben wird (Hipp. ref. 7,27,6), einem minderen Teil, der erzogen werden muß. Ob man diese „Seele“ zweigeteilt nennen oder von zwei verschiedenen Seelen in uns sprechen will, ist eine Frage der Definition, von der angesichts der unscharfen Sprache des Mythos nicht viel abhängt. Eindeutig ist ein scharfer Dualismus zwischen beiden „Seelen“-teilen, d.h. der Sohnschaft und der Seele, von denen der eine Gott zugehört, während der andere der materiellen Welt verhaftet ist. Das Interesse des Mythos gilt vor allem dem göttlich-geistigen Seelenteil.

Präziser drücken sich die Fragmente, insbesondere Isidor in seiner Schrift *Über die angewachsene Seele* aus[14]. Hier heißt es eindeutig, daß die Seele nicht einheitlich (μονομερής), vielmehr von „Anhängseln“ (προσαρτήματα) umgeben sei, durch deren Gewalt die πάθη entstünden. Daraus zieht Isidor die Schlußfolgerung[15], daß wir aufgrund des λογιστικόν stärker als die Begierden sein und uns als Herrscher über den

[12] Diese Vorstellungen sind in der plat. Tradition verbreitet, vgl. Tim. 41cff.; Numen. fr. 13,4f.; s. Alt 1993 (wie Anm. 6), 103f., 115ff. u.ö.; vgl. Clem. strom. 4,88,3.

[13] So lehren seit Plat. rep. 439dff. in der einen oder andern Weise alle Platoniker.

[14] Fr. 5, Z. 27-42. Wahrscheinlich stammt auch Z. 1-5 aus diesem Zusammenhang, wie Löhr (wie Anm. 6) gezeigt hat. - Die zahlreichen platonischen Parallelen zu fr. 5 hat Löhr zusammengestellt (95f.). - Ich zitiere und zähle die Fragmente nach Löhr.

[15] Isidors Argumentation ist nicht simpel, wie Löhr (wie Anm. 6), 98 urteilt.

niedrigen Schöpfungsteil (ἐλλάτων ἐν ἡμῖν κτίσις) erweisen müssen (fr. 5). Damit ist eindeutig der platonische niedere Seelenteil gemeint. Clemens spricht in seinem Kommentar zur Stelle von „zwei Seelen", die Isidor annehme; das ist m.E. unpräzise oder polemische Ausdrucksweise für zwei Seelenteile.

Nicht deutlich ist aber, woher die Anhängsel stammen bzw. was sie sind. Das von Clemens angeführte Zitat Isidors (fr. 5, Z. 31-42) ist nicht ganz eindeutig. Denn danach haben wir einerseits „selbst mit der Begierde nach dem Schlechten begonnen" (Z. 37), andererseits sind die Anhängsel mit ihrer Gewalt etwas Gegebenes, gegen das wir ankämpfen müssen (Z. 38-39), andernfalls die πάθη in uns entstehen (Z. 32-33). Bedeuten also die Anhängsel Schuld, weil sie auf ein Versagen des vernünftigen Seelenteils zurückgehen (Z. 40-42) oder sind die Anhängsel von vornherein - schöpfungsmäßig - gegeben und ziehen die vernünftige Seele zwangsläufig zur Welt und den Begierden hinab? Es ist deutlich, daß Clemens diesen letzten Eindruck erwecken will[16].

Für die Basilidianer ist aber offensichtlich beides der Fall: Der Mensch hat schuldhaft mit der Begierde nach dem Schlechten begonnen, und zugleich bestehen die Anhängsel als eine „Art Geister", die „wesensmäßig" (κατ' οὐσίαν) vor aller menschlichen Einzelexistenz liegen, da sie sich „gemäß einer Verwirrung und ursprünglichen Vermischung der vernünftigen Seele angehängt" haben[17]. Daher können sie nicht durch menschliches Verschulden zustandekommen. Was ist aber diese σύγχυσις ἀρχική, aufgrund derer die Anhängsel entstanden sind?[18] Aus den Fragmenten ist darüber kein Aufschluß zu gewinnen.

Aufklärung gibt hier der Mythos. Denn danach ist offenbar schon im Weltsamen Vermischung. Zwar kommt der Begriff im Bericht des Mythos selbst nicht vor, wohl aber in der daran angefügten kommentar-

---

[16] Vgl. den Vergleich des Menschen mit dem trojanischen Pferd, in dem sich viele verschiedene Geister tummeln (strom. 2,113,1) und entsprechend die Seele herabziehen. Dazu auch Markschies (wie Anm. 6), 56f.

[17] Vgl. fr. 5, Z. 1-5, bes. 3-5 ... πνεύματά τινα ... προσηρτημένα τῇ λογικῇ ψυχῇ κατά τινα τάραχον καὶ σύγχυσιν ἀρχικήν.

[18] Eine gewisse Parallele besteht zu den Affekten, wie sie nach Plat. Tim. 69c-d als „sterbliche Gattung" der Seele geschaffen werden. Auch sie müssen beherrscht werden, so wie wir uns nach Isidor über die „niedere Schöpfung in uns" (fr. 5, Z. 40-42) überlegen zeigen müssen. Zur Erklärung der „ursprünglichen Vermischung" weist Löhr (wie Anm. 6), 82f., unter Berufung auf Orbe auf die ungeordnete chaotische Urmaterie bei einigen Platonikern hin, ohne aber damit die Stelle klären zu können.

artigen und erklärenden Zusammenfassung im 27. Kapitel. Dort heißt es, Jesus sei der Erstling der φυλοκρίνησις des „Vermischten" geworden (7,27,8 und 9). Dann abschließend und zusammenfassend: „Ihre (der Basilidianer) ganze These ist die Vermischung gleichsam des Allsamens und die Artenscheidung und die Wiederbringung der vermischten Dinge in das ihnen (jeweils) Gemäße" (27,11), d.h., daß die Vermischung schon im Allsamen liegt, daß auch sie auf Gottes „Plan" zurückgeht, also nicht schon Schuld ist. Wenn das so ist, müssen wir davon ausgehen, daß zwar die Affekte im Sinne des *Timaios* geschaffen sind, aber der niedere Seelenteil als solcher noch keine Schuld bedeutet. Es muß dann aber geklärt werden, inwiefern dann doch von „Sünde" gesprochen werden kann (Hipp. ref. 7,26,3; fr. 10; fr. 7). Isidor meint offenbar - ganz griechisch -, daß man nur dann, wenn man gegen die geschaffenen „Anhängsel" nicht ankämpft, böse und schuldig wird. Das impliziert, daß die vernünftige Seele grundsätzlich fähig ist, sich dem niederen Schöpfungsteil in uns überlegen zu zeigen, also mit den Anhängseln erfolgreich zu kämpfen.

Wie weit ein solches autonomes Handeln aufgrund des λογιστικόν wirklich der Lehre des - christlichen - Basilideskreises entspricht, wird zu klären sein. Festzuhalten ist zunächst, daß die uranfängliche σύγχυσις zwar keine Schuld für die Einzelseelen bedeutet, daß der Zustand der Vermischung aber wieder aufgehoben werden muß. Wie das geschieht, wird zu behandeln sein.

2. Das irdische Dasein des Menschen: ὁ νῦν καιρός

Wenn wir im folgenden von dem „Menschen" reden, ist immer der pneumatische Mensch bzw. seine Seele gemeint. Der psychische interessiert unsere Texte nur insofern, als sein endgültiges Schicksal und auch seine Ursprünge geklärt werden müssen.

Die irdische Existenz der pneumatischen Menschen ist durch eine Reihe von Paradoxien bestimmt:

Der Mensch ist ohne Schuld hier, dennoch hat er - unfreiwillig - Sünden.

Er ist erlöst, aber er wartet auch noch auf eine endgültige Erlösung. Er lebt in Hoffnung.

Er muß für die endgültige Erlösung handeln, aber das Handeln ist nicht der Grund für die endgültige Erlösung.

Wir erläutern diese Paradoxien zunächst anhand der Texte von Basilides und seiner Schule und versuchen dann die Position des Basilides zwischen Paulus und Platon zu bestimmen. Auszugehen ist dabei von fr. 4, das schon deswegen wichtig ist, weil es sich - wie bekannt - weitgehend mit einer zentralen Passage des Mythos deckt.

Es geht um den Modus der Erlösung und ihre Konsequenzen. Nach Clemens' Fragment ist der Archon - es wird nicht näher erläutert, wer damit gemeint ist - durch das Wort des „dienenden Geistes" (διακονούμενον πνεῦμα) erschüttert worden[19], weil ihm wider alle (irdische) Hoffnung das „Evangelium" verkündet worden sei (... παρ' ἐλπίδας εὐηγγελισμένον). Sein Erschrecken sei Furcht genannt worden, gemäß Prov 1,7, das die Basilidianer, wie Clemens angibt, an dieser Stelle auslegen. Diese Furcht sei der Anfang einer artenscheidenden, unterscheidenden, vollendenden und wiederherstellenden Weisheit geworden[20]. Denn Gott[21] (ὁ ἐπὶ πᾶσι) habe nicht nur die Welt, sondern auch die Auswahl hervorgehen lassen, nachdem er sie geschieden hat (διακρίνας). Das Fragment erklärt sich aus den übrigen Fragmenten und dem Mythos. Bei Hippolyt wird die Szene ganz parallel beschrieben. Hier kommt das „Evangelium" - ohne nähere Qualifizierung - zum großen Archon (7,26, 1-4, vgl. 26,5-7) und belehrt ihn, daß über ihm der Nichtseiende und der Schatz der Sohnschaft sei[22]. Er erfährt also, daß er keineswegs der einzige Gott sei, über dem nichts ist, wie er behauptet hatte und wie er glauben mußte, da er durch das στερέωμα von der göttlichen Welt abgetrennt war (7,25,3; vgl. 7,23,4). Die Botschaft des „Evangeliums" erschüttert den Archon in seinen Grundfesten, er „bekehrte sich[23] und fürchtete sich, da er verstanden hatte, in welcher Unwissenheit er gewesen war" (7,26,2).

---

[19] Ob der „dienende Geist" wirklich mit Johannes dem Täufer zu identifizieren ist, wie Löhr (wie Anm. 6), 64ff. meint, scheint mir zweifelhaft. Denn er ist ja explizit Träger der Evangeliumsbotschaft, was der Täufer nicht ist. Außerdem wird im Mythos bei Hipp. ref. 7,26,2 das „Evangelium", das dort für den „dienenden Geist" steht, mit Christus identifiziert.

[20] ... σοφίας φυλοκρινητικῆς τε καὶ διακριτικῆς καὶ τελεωτικῆς καὶ ἀποκαταστατικῆς (Z. 7-9).

[21] Es muß sich hier um „Gott" handeln, da der Archon die „Auswahl", die höher ist als er, nicht „hervorgehen" lassen kann!

[22] Den ausführlicher dargestellten Inhalt des „Evangeliums" s. 7,26,2. Der dort genannte „zur Rechten des Archon" (vgl. 7,23,6) sitzende Christus ist identisch mit dem „Evangelium" und damit mit Göttlichem. Es belehrt damit den Archon auch über die eigentliche Ursache seiner Schöpferkraft. Deswegen konnte Hippolyt - oder ein früherer Kommentator - diesen Schöpfungsvorgang mit der aristotelischen Entelechie vergleichen, s. Hipp. ref. 7,24,1-3.

[23] Vgl. fr. 2, Z. 36-37.

Er bekannte voll Furcht[24] seine „Sünde" (ἁμαρτία), die er mit seiner Überhebung (μεγαλύνων 7,26,3) begangen hatte.

Das ist nun sehr merkwürdig. Denn inwiefern ist hier, erstmals im Mythos, von „Sünde" die Rede, da doch der Archon, weil er „gezeugt" (γεννητός 7,26,1) und notwendig begrenzt ist, annehmen mußte, er sei der höchste Schöpfer? Aber auch Clemens bezeugt durch seine Fragmente eben dies. Nur die „unfreiwilligen" und „in Unwissenheit" begangenen Sünden werden vergeben, so heißt es als Ansicht des Basilides (fr. 10). „Unfreiwillig" ist hier in einem eminent präzisen Sinn zu verstehen, wie das beigefügte κατὰ ἄγνοιαν zeigt. Es sind nicht etwa die versehentlich geschehenen Sünden, die vergeben werden, sondern die aus der expliziten Unwissenheit des Sünders heraus begangen werden (s. Hipp. ref. 7,26,1). Das ist genau die Situation, aus der heraus der Archon sündigt[25].

Weitere Beziehungen zwischen Fragmenten und Mythos ergeben sich. In fr. 4 hieß es, die Stimme des dienenden Geistes sei „wider alle Hoffnung" gekommen[26]. Das gilt, wie dargelegt, im präzisen Sinn, denn der Archon kann nichts erhoffen. Die „plötzlich"[27] hereinbrechende Evangeliumsbotschaft schafft dagegen nicht nur Erschütterung, sondern Hoffnung[28], d.h. den Ausblick auf das in der Evangeliumsverkündigung bezeichnete Ende und Ziel der Schöpfung, die Apokatastasis (fr. 4; Hipp. ref. 7,26,2). Diese Hoffnung und der ebenfalls durch die Begegnung mit dem Evangelium gewirkte Glaube[29] bestimmen die irdische Existenz des „auserwählten" Menschen.

Glaube ist nach fr. 3 die „Zustimmung" der Seele zu etwas, was die Sinne nicht berührt, weil es nicht „vorhanden" ist (διὰ τὸ μὴ παρεῖναι) - wohl eine Anspielung auf den nichtseienden Gott bzw. das „Evangeli-

---

[24] Es wird, wie in fr. 4 ausdrücklich auf Spr 1,7 Bezug genommen (26,2).

[25] Vgl. auch das unfreiwillige Unrechttun bei Platon, auf das Hippolyt in seinem Platonreferat (ref. 1,19,20-23) breit rekurriert. Zur Qualität von Hippolyts Platon-Rezeption s. jetzt Alt 1997 (wie Anm. 6), 84-89.

[26] Vgl. Röm 4,18.

[27] In fr. 13 wird der Glaube als die „unendliche Schönheit einer plötzlichen Schöpfung" (κτίσεως ἀνυπερθέτου ...) bezeichnet. Das läßt sich genau auf die Evangeliumsverkündigung an den Archon beziehen. Andere Übersetzungsmöglichkeiten bei Löhr (wie Anm. 6), 174 und Aland (wie Anm. 6), 202.

[28] In Plat. Tim. 69d wird unter den von den Göttern geschaffenen Affekten auch die „leicht zu täuschende Hoffnung" aufgeführt. Bei Basilides ist dagegen eine sichere Hoffnung gemeint, die von der des *Timaios* völlig verschieden ist.

[29] Daß Glaube und Hoffnung zusammengehören, ergibt sich aus fr. 13,2 und 3.

um", das nach dem Mythos in die Welt kam, obwohl „nichts von oben herabkam" (οὐδὲν κατῆλθεν ἄνωθεν, Hipp. ref. 7,25,6). Der Terminus „Zustimmung" (συγκατάθεσις) ist dabei, wie Löhr richtig festgestellt hat[30] und wie sich aus Clemens' Kommentar zu fr. 2 ergibt, nicht im Sinne des ἐφ' ἡμῖν zu verstehen, sondern als Wirkung der Evangeliumsbotschaft[31].

Auch in fr. 2 werden Glaube und Hoffnung expressis verbis einander zugeordnet[32]. Danach gibt es einen spezifischen Glauben und eine spezifische Erwählung für jedes διάστημα[33].

Wenn man sich das in den Fragmenten und im Mythos Gesagte vor Augen hält, dann ist kaum noch zu bezweifeln, daß hier nicht eine genuin an der Philosophie interessierte Schule, sondern eine christliche Gruppe spricht. Sie muß von anderen Quellen als den philosophischen geprägt sein.

Bevor wir versuchen festzustellen, um welche Quelle es sich dabei handeln könnte, fassen wir noch einmal zusammen. Der Mensch findet sich hier in der ἀμορφία der Welt vor. Die Evangeliumsbotschaft klärt ihn über Gott, über den Geist und das Ziel des Weltenplanes Gottes auf. Sie bewirkt Hoffnung auf die noch ausstehende Vollendung in der Apokatastasis, jedoch nicht nur Hoffnung auf zukünftiges Heil, das irgendwann möglicherweise eintreten wird, sondern durch den ebenfalls ge-

---

30 Löhr (wie Anm. 6) verweist auf Clem. strom. 2,54,5. Dort wird die glaubende Zustimmung als in unserer Macht liegend bezeichnet. Auch Clemens nennt Glaube und Hoffnung parallel und meint damit das „sichere" Wissen von Vergangenem und die „sichere" Hoffnung auf Zukünftiges.

31 In fr. 13 gehört der Satz οὐχὶ δὲ ψυχῆς αὐτεξουσίου λογικὴν συγκατάθεσιν λέγει τὴν πίστιν (Z. 8-9) nicht mehr zum Referat des Clemens, sondern er gibt Clemens' Kritik an basilidianischen Glaubensbegriff wieder.

32 Mit Recht weist Löhr (wie Anm. 6), 54–58 auf die Schwierigkeit des Fragments hin. Daß sie dadurch gemindert wird, daß man annimmt, die Basilidianer lehrten einen „intellektualistisch-dynamischen Glaubensbegriff" (58), ist mir nicht einsichtig. Wenn Löhr meinen sollte, daß die (irdische) Hoffnung eines jeden das „Kriterium" (vgl. 55) für die verschiedene Gabe der Hoffnung sei, kann ich ihm nicht folgen. Hoffnung ist Gabe wie der Glaube.

33 Der Begriff bezeichnet die verschiedenen „Räume", die nach Basilides dem Geistigen, dem Seelischen und dem amorph Hylischen zugehören. In diesem Sinne begegnet der Begriff im Mythos häufig. Es bleibt aber fraglich, ob es ein Hylisches und einen Raum des Hylischen überhaupt für Basilides gegeben hat. Interesse hat Basilides dafür kaum gehabt. Jedem Raum ist der jeweilige Glaube in dieser Welt zugeordnet. Der Glaube geht auf überweltliche Erwählung zurück. Die Gabe des Glaubens entspricht der Hoffnung eines jeden (gemeint ist die durch das Evangelium gewirkte Hoffnung).

wirkten Glauben eine Hoffnung, deren Erfüllung jetzt schon sicher verbürgt ist[34]. Diese Existenz in der sicheren Hoffnung ist ganz spezifisch für den Basilideskreis. Gleichwohl wird mit der erlösenden und aufklärenden Evangeliumsbotschaft nicht eine gleichsam automatische Entwicklung zum endgültigen Heil, der Lösung der Erwählten aus der ἀμορφία, und der „Artenscheidung" angenommen. Vielmehr ist mit der Aufklärung und wegen der Belehrung über die eigene Seele und ihre Situation auch die Forderung an den Erwählten gestellt, die eigene Seele zu leiten, zu formen und zurechtzubringen (Hipp. ref. 7,25,2) bzw. sich des λογιστικόν in uns[35] würdig zu erweisen und die niedere Schöpfung in uns zu bekämpfen, wie es insbesondere Isidor deutlich macht[36].

Sündlos sündig, im sicheren Besitz des Heils und der Erkenntnis[37] und dennoch die noch ausstehende Vollendung erwartend, bereits erlöst und durch Christus aufgeklärt, aber dennoch zur autonomen Verantwortung gefordert[38], errettet, aber leidend - diese Paradoxien lassen an Paulus denken. Ich möchte also die vorsichtige These aufstellen, daß der

---

[34] Wenn der Archon im Mythos über Gott, die gesamte überkosmische und kosmische Welt und den Weltenplan Gottes belehrt wird, dann ist das eine so umfassende Aufklärung, daß sie die Hoffnung sicher macht und Glauben weckt.

[35] Hippolyt würde sagen: der Sohnschaft in uns.

[36] Einen anderen Aspekt der irdischen Existenz des Erwählten, d.h. des mit Göttlichem, mit Sohnschaft Begabten, macht Basilides selbst klar. Im langen Martyriumsfragment (fr. 7) heißt es, daß diejenigen, die das Martyrium erleiden müssen, dieses wegen anderer Vergehen, die sie begangen haben, tun. Die Güte Gottes führt sie in das ehrenvolle Leiden des Martyriums anstatt zur Schande öffentlicher Verurteilung. Aber auch der, der scheinbar gar nicht gesündigt hat, wie etwa das kleine Kind, „erfährt Wohltat" (εὐεργετεῖται, strom. 4,82,3), wenn er ins Leiden gerät und viel Schweres erleidet. Denn alle haben hier die Anlage zum Sündigen, das ἁμαρτητικόν, in sich. Es macht keinen Unterschied, ob die Sünde ausgeführt wird oder nicht. Sünde ist folglich die die hiesige Existenz des Erwählten bestimmende Macht, die ihm immer schon vorgegeben ist. Im Mythos ist parallel dazu davon die Rede, daß die reinigungsbedürftige Sohnschaft in der ἀμορφία ist. Angesichts dessen ist das Leid des Glaubenden (der Märtyrer ist der Glaubende κατ' ἐξοχήν) die typische Situation des Erwählten hier. Existenz im Glauben ist eine Existenz im Leiden und muß es sein, weil die Sohnschaft als reinigungsbedürftige noch in der ἀμορφία existiert.

[37] Es ist sehr merkwürdig - und wirkt ungeschickt -, daß die Errettung des Archon in voller Aufklärung über Welt und Überwelt besteht, also in Wissensgabe, und daß dann das Endheil als Unwissenheit beschrieben wird, damit alles unfruchtbare Streben nach dem Unmöglichen, d.h.. der Erreichung des Göttlichen, aufhört (Hipp. ref. 7,27,2-4). Hier liegt offenbar eine mit recht untauglichen Mitteln vorgenommene Interpretation eines „schon jetzt - noch nicht" vor.

[38] Der Stellenwert der Verantwortung, die besonders bei Isidor betont wird, muß geklärt werden. Ist sie eine Vorbedingung für das Heil?

Basilideskreis mit zeitgenössischen Mitteln - mythischen und philosophischen - Paulus interpretiert. Diese Mittel scheinen uns möglicherweise unpassend zu sein, aber das gilt so nicht für die antiken Adressaten des Basilides. Insbesondere die mythische Aussageform war schon bei Paulus angelegt[39].

Die Nähe zu Paulus wird durch eine Reihe von Zitaten und Anspielungen auf paulinische Briefe unterstrichen, die dazu dienen, die Situation in der hiesigen Welt zu beschreiben. Allen voran steht dabei der gesamte Abschnitt Röm 8,18-30, insbesondere 8,19-24. Das dreimal wiederholte Zitat von Röm 8,19 und 22 bestimmt im Mythos entscheidend die gesamte Darstellung der Errettung aus der irdischen Welt. Die Schöpfung - κτίσις geht ausdrücklich auf die gesamte außermenschliche Schöpfung[40] - „seufzt und leidet Geburtsschmerzen <bis jetzt>[41] und erwartet die Offenbarung der Söhne Gottes“[42]. Diese werden mit den „Pneumatikern“ identifiziert, in denen die dritte Sohnschaft hier zurückgelassen ist. μέχρι τοῦ νῦν meint, wie bei Paulus, den „eschatologischen Augenblick“[43] vor der Parusie, die in der Gestalt des erleuchteten Jesus kommt (7,25,5 s. unten S. 167ff.) und damit - paradox genug - die endzeitliche Unwissenheit über alle Räume dieser Welt, auch über die Archonten, bringen wird.

Das dreimal wiederholte Zitat charakterisiert die Schöpfung in einem weiteren Sinne. Denn offensichtlich darf man, um es auszuschöpfen, nicht nur das Zitat, sondern muß auch den paulinischen Kontext berücksichtigen, ohne den es nicht verständlich ist[44]. Dann ergibt sich: auch die Welt samt ihrem Schöpfer ist der Nichtigkeit unterworfen, und zwar durch Gott, der sie unterworfen hat (vgl. Röm 8,20). Denn auch sie ist schuldig, wie aus dem Zitat Röm 5,14.13: „Bis zu Mose von Adam an herrschte die Sünde“ in Hipp. ref. 7,25,2f. hervorgeht. Dennoch ist auch sie gleichsam schuldlos schuldig, weil es „ihre Natur“ ist, in diesem Raum zu bleiben (7,25,2). Die „unfreiwillige“ Sünde des Archon ent-

---

39 Dazu Käsemann (wie Anm. 6), 224.

40 Für die Diskussion über die Bedeutung des Wortes s. alle Komm. zu Röm 8,19.

41 Die Ergänzung durch Marcovich ist zumindest formal berechtigt, da sie in dieser Weise bei Hipp. ref. 7,27,1 vorkommt. Sinngemäß trifft sie genau den Kern.

42 Mischzitat von Röm 8,22 und 19 in 7,25,1, so auch 7,27,1 und 7,25,5.

43 So Käsemann (wie Anm. 6), 226.

44 Auch bei Paulus ist V. 22 Resümee von 8,19-22, s. Käsemann (wie Anm. 6), 226.

spricht damit genau dem „οὐχ ἑκοῦσα“ (Röm 8,20), mit dem die Schöpfung in das Todesverhängnis bei Paulus hineingezogen ist. Aber sie ist „auf Hoffnung“ unterworfen (Röm 8,20)[45]. Denn die Schöpfung einschließlich des Archons erwartet ja „wider alle (irdische) Hoffnung“ (fr. 4) die Offenbarung der Söhne Gottes, d.h. das Evangelium (vgl. Hipp. ref. 7,25,5), von dem sie gar nichts wissen kann.

Bei Paulus erwartet nicht nur die Schöpfung, sondern auch die Glaubenden selbst, die die ἀπαρχὴ τοῦ πνεύματος haben, erwarten unter Seufzen die Gotteskindschaft (υἱοθεσία). Der Mythos grenzt das in individualisierender, „gnostisierender“ Weise auf die Pneumatiker, d.h. die dritte, in der Samenfülle belassene Sohnschaft ein. Auch wenn das eine eindeutige Verengung des bei Paulus Gemeinten ist, bei dem nicht an einen kleinen Kreis von Erwählten, sondern die Rechtfertigung des Gottlosen schlechthin gedacht ist, so ist doch die basilidianische Interpretation naheliegend: Das „auch wir, die wir die Erstlingsgabe des Geistes haben,“ ist bei Paulus so stark betont, daß daraus sehr wohl auf eine Sonderstellung derer, die den Geist haben, nicht nur gegenüber der Schöpfung, sondern auch gegenüber nichterwählten Menschen geschlossen werden konnte. Sie gehören mit zur κτίσις, aus der die Pneumatiker[46] deutlich herausgehoben sind. Denn die Sohnschaft ist Gott ὁμοούσιος (Hipp. ref. 7,22,7), was von den Archonten nicht gilt[47].

Aber trotz dieser Umdeutung durch den Mythos wird man auch für ihn den zentralen Passus von Röm 8,23-25, nämlich 8,24, voraussetzen dürfen, obwohl der Begriff ἐλπίς hier fehlt. Auch die dritte Sohnschaft

---

[45] Das abschließende, betonte ἐφ' ἐλπίδι (Röm 8,20) kommt so im Mythos nur sinngemäß vor, häufig jedoch, wie wir sahen, in den Fragmenten; vgl. fr. 2; fr. 3; fr. 6 (= Clem. strom. 3,2); an der letzten Stelle wird ausdrücklich auf Paulus Bezug genommen, nach dem 1 Kor 7,9 bedeute, man solle nicht den (äußeren) Widerstand der Selbstbeherrschung üben, um sich nicht von der Hoffnung zu trennen. Hoffnung ist also die Gabe, aufgrund derer man ohne Verdienst die Errettung erwartet.

[46] Möglicherweise geht der für Basilides und seine Schule ungewöhnliche Ausdruck πνευματικοί in 7,25,2 darauf zurück, daß hier Röm 8,23 interpretiert wird. Sonst reden die Basilidianer von den „Erwählten“; vgl. auch Röm 8,15-17.

[47] Es ist allerdings die Frage, ob der Basilideskreis wirklich von einer strengen naturhaften Scheidung von „Sohnschaftsmenschen“ und übriger Menschheit ausging. Die Gabe der Sohnschaft könnte ebenso, parallel zu Paulus, als Gabe des Geistes zu verstehen sein, die die Erwartung der Gotteskindschaft begründet; vgl. Löhr (wie Anm. 6), 186-190, der den Naturendeterminismus für Basilides vorsichtig ablehnt. Löhrs Vermutung, daß die Seele einen „transzendenten Ursprung“ hat (190), trifft selbstverständlich für das λογιστικόν bzw. den Sohnschaftsteil zu, nicht aber für die gesamte Seele samt ihrem niederen Bestandteil. Auch diese Teile sind aber von Gott geplant (7,24,5).

erwartet, so dürfen wir schließen, wie die κτίσις, die Vollendung als ἀπολύτρωσις τοῦ σώματος (23) im Sinne von Befreiung aus der ἀμορφία. Auch die Pneumatiker des Mythos sind auf Hoffnung gerettet. Auch für sie bestimmt, wie es auch aus den Fragmenten (bes. fr. 2, Z. 13-19) hervorgeht, die Hoffnung die Existenz des Glaubenden hier[48]. Die Pneumatiker sind aufgrund ihrer „Erleuchtung" durch das „Evangelium" (Hipp. ref. 7,26,1-6) gerettet, aber gleichwohl steht die endgültige Verwirklichung, die nur im Aufstieg des hier verbliebenen Geistigen zu Gott bestehen kann, noch aus. Die pneumatische Sohnschaft hat hier eine pädagogische Aufgabe, nämlich die (eigenen) „Seelen zu formen, zu bilden, in Ordnung zu bringen und zu vollenden" (Hipp. ref. 7,25,2, vgl. 26,10). Dazu parallel ist das Fragment Isidors (fr. 5) zu sehen, wonach es dem vernünftigen Seelenteil aufgetragen ist, gegen die Gewalt der Anhängsel zu kämpfen, d.h. sich der „niedrigen κτίσις in uns" überlegen zu zeigen. Bei Hippolyt wie bei Isidor ist der gleiche Prozess der Formung der (niederen) Seele angesprochen. Sie ist Aufgabe des Vernünftigen bzw. Göttlichen hier, nicht aber die Begründung für ihren Aufstieg, und das ist nicht mehr platonisch. Denn zumindest nach dem Mythos geschieht die Errettung, d.h. der Aufstieg[49], ganz und gar durch die passiv[50] erfahrene Erleuchtung (26,8), die zwar in die Pflicht nimmt, ohne aber die Erfüllung der Pflicht zum Grund des Aufstiegs zu machen.

3. Die Christologie

Der Aufstieg der Erwählten wird durch die Erleuchtung Jesu eingeleitet. Diese wird mit Anspielung auf die Herabkunft des Geistes auf Maria (Lk 1,35) und in deutlicher Parallele zur Erleuchtung der Archonten dargestellt (7,26,8f). Wie sie ist Jesus demnach geschaffen, er gehört zu der noch ungeordneten Samenfülle, und er ist Pneumatiker, d.h. er hat Anteil an der im Samenhaufen verbliebenen dritten „reinigungsbedürftigen" Sohnschaft. Dieser Jesus, der ganz der ἀμορφία der Welt verhaftet ist, wird durch das Licht erleuchtet (7,26,8), das zuvor als Evangelium den

[48] Es könnte sich von hier aus auch klären, warum in fr. 2 in schwer zu verstehender Weise von einer für jedes διάστημα je verschiedenen Gabe des Glaubens und der Hoffnung die Rede war. Auch hier kann Interpretation des Paulus insofern vorliegen, als bei ihm von einer je eigenen Hoffnung der κτίσις (vgl. Röm 8,20) und der „Pneumatiker" (vgl. Röm 8,24) die Rede ist.

[49] Vgl. 7,27,1 <ἀν>έλθῃ.

[50] Vgl. 7,26,10. Die Sohnschaft muß „umgestaltet" (δια<με>μορφωμένη) werden, bevor sie aufsteigen kann.

Archonten der Ogdoas und der Hebdomas belehrt hatte (7,26,2-6). Dieses Licht des Evangeliums kommt zu dem zur Rechten des großen Archon sitzenden Sohn (7,26,1. 23,6), der mit Christus identifiziert wird und die Archonten belehrt (7,26,2.5).

Es wird aus dem vorliegenden Mythos nicht mehr eindeutig klar, wie die Größen „Evangelium", „Christus" und „Jesus" einander zuzuordnen sind. Folgendes wird gesagt: Das „Evangelium" kam vom nichtseienden Gott herab, ohne herabzukommen (7,25,5-7); „Christus" ist als Sohn des Archon einerseits Teil des Kosmos, genauer: der ätherischen Sphäre (7,23,7), er ist andererseits mehr als der Archon (7,23,5), obwohl dieser doch das Vollkommenste, Schönste und Höchste der gesamten Schöpfung war; Jesus ist, wie bereits bemerkt, im Kosmos, aber als erwählter Sohnschaftsmensch empfänglich für das Licht des Evangeliums. Alle drei Größen umschreiben zusammen das Geheimnis Christi. Die damit angedeutete Christologie ist nicht inkarnatorisch. Denn „Jesus" wird von „Christus" unterschieden und nur durch das Licht von oben erleuchtet. Wohl aber wird dadurch, daß „Christus" zwei Sphären zugehört, der kosmischen und, als Verkündiger des Evangeliums an den Archon, auch der Sphäre des Göttlichen, eine Verbindung zwischen Gott und Welt geschaffen, die das Einwirken Gottes auf die geschaffene Welt erklärt. Dazu sind gleichsam zwei vermittelnde Stufen notwendig, das herabkommend nicht herabkommende Evangelium (7,25,6) und die Gestalt des von ihm belehrten und gleichzeitig schon in die Welt gehörigen Christus. Erst diese gemeinsam wirken auf „Jesus".

Es handelt sich also um eine hochspekulative, mit mythischen Mitteln ausgearbeitete Christologie, die vor allem durch zwei Bestrebungen gekennzeichnet ist: Einerseits jeden Kontakt Gottes zur Welt zu vermeiden, also eine „Trennungschristologie" besonderer Art, andererseits aber zu erklären, wie und warum Gott in die Welt rettend eingreifen kann, und damit auch auf die platonische Frage zu antworten, wie Gott und Welt vermittelt werden können. Diese Christologie wird unterstützt durch die mythische Lehre von der dreifachen Sohnschaft (υἱότης, von υἱός als Sohn Gottes), wie Hauschild gezeigt hat. Von ihnen bezeichnet die erste die Gottheit Christi, die zweite seine präexistente Seele[51]. Dadurch wird die Verbindung Christi zur Welt ermöglicht und erklärt[52].

---

[51] Hauschild (wie Anm. 6), 75f.

[52] Hauschild (wie Anm. 6), 81f. entwickelt eine geistreiche, aber spekulative Erklärung der Christologie im Mythos, die die ersten beiden „Sohnschaften" ausgezeichnet

Die Basilidianer feiern den Tag der Taufe Jesu, offensichtlich als Tag der Herabkunft des Geistes bzw. Christi auf Jesus (fr. 1). Sie kennen auch sein Leiden (ebd.). Es hat aber keinen sündentilgenden, erlösenden Charakter, sondern Jesus selbst hat die Anlage zum Sündigen in sich und muß, da auch er „nicht rein vom Schmutz ist" (fr. 7, Z. 51f.), dies durch das Martyrium auf ehrenvolle Weise als Erwählter abbüßen (fr. 7). Das paßt gut zum Mythos, da Jesus ja der reinigungsbedürftigen (also leidensbedürftigen) Sohnschaft angehört, die in der Sphäre des Samenhaufens verblieben war (vgl. 7,27,10). Sein Leiden, von dem auch im Mythos die Rede ist, sei zu keinem andern Zweck geschehen, als daß das „Vermischte nach den Arten geschieden werde" (φυλοκρινηθῆναι τὰ συγκεχυμένα, 7,27,12)[53].

Zusammenfassend ist also zur Christologie zu sagen: Jesus hat an allen „Arten" (φύλη) Anteil, von der ἀμορφία des Körperlichen bis zur prinzipiell göttlichen, aber reinigungsbedürftigen Sohnschaft. Er ist also (pneumatischer) Mensch, „vere homo". Als Christus ist er zugleich Erleuchteter sowie die Erleuchtung, das Evangelium, selbst. Er ist also „vere deus"[54]. Diese Aussage gilt natürlich nur, wenn man einmal die drei „Bestandteile" Evangelium, Christus und Jesus zusammennimmt. Wir haben es hier also mit einer Zwei-Naturen-Christologie in mythischer Form zu tun, wie Hauschild zeigte. Dabei wird allerdings mehr die Form des „vere homo - vere deus" gewahrt. Eine Würdigung von Leiden und Auferstehung gelingt nicht wirklich. Die Funktion Jesu ist eine paradigmatische, nicht so sehr eine Heil bewirkende.

im Sinne einer Zwei-Naturen-Christologie deutet, der ich in der Deutung der Inkarnation (Umformung einer geistchristologischen Tradition zu einer Aussage über die Präexistenz) aber nicht folgen kann. Hier scheint mir aus 7,26,8.9, den „Aussagen über die Inkarnation", zu viel herausgelesen, weil das Zitat aus Lk 1,35 nur für die Erleuchtung Jesu, nicht für das reale Eingehen Gottes in die Welt steht, und sei es in Form einer Geistchristologie (vgl. 75-83). Hauschild definiert „Inkarnation" bei Basilides als die „Herabkunft der 'Sohnschaft' (d.h. der Verbindung von präexistentem Gottessohn und Vernunftsseele Christi) in einen Leib" und sieht darin die „Wort-Fleisch-Christologie" alexandrinischer Theologen seit Origenes vorgebildet (79, Anm. 28). Aber bei Basilides verbindet sich die Sohnschaft mit Jesus ja gerade nicht, sondern erleuchtet ihn nur und ermöglicht ihm als erstem Sohnschaftsmenschen dadurch den Aufstieg zu Gott.

53 Zu einer Definition der verschiedenen, untereinander differenzierten „Arten" (Körper, Seele, Ätherisches, dem Grenzgeist Angehöriges und Göttliches bzw. Sohnschaft), an denen der erleuchtete Jesus paradigmatisch Anteil hat, s. 7,27,10-11.

54 Dazu paßt, daß die dritte Sohnschaft, nachdem sie gereinigt ist, unmittelbar und ohne Hilfe zu Gott aufsteigt (7,27,11). - In gnostisierender Weise wird zwischen Jesus und Christus getrennt.

4. Die Überwindung der Welt: Eschatologie, Aufstieg, Apokatastasis

Das Ziel des Weltplanes ist der Aufstieg der dritten Sohnschaft zu Gott. Er erfolgt, wenn sie insgesamt Gestalt gewonnen hat[55], Jesus folgt[56] und aufsteigt, nachdem sie gereinigt ist. Sie wird dann ganz leicht (λεπτομερεστάτη)[57], wie die erste Sohnschaft, so daß sie wie diese von selbst (δι' αὑτῆς) und ohne Hilfe eines Flügels aufsteigen kann (7,26,10). Die Vollendung des Pneumatikers tritt ein, wenn er seine Seele ablegt, um dann eine „eigene" Seele anzunehmen[58]. Die Welt besteht so lange, bis alle Pneumatiker gereinigt sind. Zeit ist also etwas zum Kosmos Gehöriges und Geschaffenes. Es ist die Zeit vergeblichen Sehnens (7,27,2f.) und des Seufzens und Stöhnens der Schöpfung. In ihr hat alles seinen καιρός, der das Leiden in der Zeit begrenzt (7,27,5). Nach der Reinigung der gesamten Sohnschaft geht die Welt zugrunde[59].

---

[55] 7,26,10: δια<με>μορφωμένη. Man beachte den platonischen Begriff. Derselbe Terminus wird in 7,25,2 auch auf die Seelen angewendet, also unscharf verwandt.

[56] Das biblische Bild der Nachfolge Jesu wird mythologisch uminterpretiert. Nicht so sehr die willentliche Hinwendung zu Jesus ist gemeint, obwohl auch diese nicht ausgeschlossen ist (vgl. die entsprechenden Fragmente des Isidor, die von der Bewährung der Erwählten sprechen), als vielmehr ein unpersönliches Hineingezogenwerden in den Prozess der Reinigung, der mit Jesus beginnt (7,27,10).

[57] Zur Frage, ob die Geistseele als λεπτομερής bezeichnet werden könne, s. Alt 1993 (wie Anm. 6) 103f.

[58] So wird es von Jesus paradigmatisch berichtet (7,27,6), was auf alle Sohnschaftsmenschen zu übertragen sein wird. Die „eigene Seele", die Jesus annimmt, könnte der verwandelte Auferstehungsleib sein, bzw. es könnte die Überführung der Körper in einen ätherischen Zustand vorgeformt sein, die Origenes lehrt (vgl. princ. 2,3,7; 3,6,1). Zu Origenes' Apokatastasislehre bestehen eine Reihe von erstaunlichen Parallelen, nicht nur zu seiner Christologie, dazu s. schon Hauschild (wie Anm. 6), 78f.

[59] Auch in dieser Beziehung hängt die Welt also von der „Offenbarung der Söhne Gottes" ab: Die Sohnschaft „stützt" (vgl. den Begriff in 7,26,10) also einerseits den Kosmos, d.h. sie „tut" ihm bzw. den „Seelen" „Gutes". Wenn die Sohnschaft aufgestiegen ist, fällt folglich die Welt in sich zusammen, bzw. die große Unwissenheit (ἄγνοια 7,27,1) kommt über alle ihre Bestandteile. Andererseits wird die reinigungsbedürftige Sohnschaft auch von der Welt, genauer: von Körper und Seele „gestützt", d.h. sie empfängt Gutes, weil sie nur als inkorporierte erleuchtet werden und ihren Aufstieg beginnen kann. Das scheint Origenes' Erlösungslehre zu präformieren. Im Unterschied zu ihm werden bei Basilides aber nur die Sohnschaftsmenschen, die das dem Weltplan Gottes nach ontologisch sind, erlöst, bzw. nur das ontologisch-pneumatische Seelenelement wird errettet, während bei Origenes diejenigen Menschen zur Vollendung gelangen, die der Geist erleuchtet und heiligt und so die unterstützt, die sich um die Erfüllung der Gebote und die Anschauung Gottes bemühen. W.–D. Hauschild, Lehrbuch der Kirchen- und Dogmengeschichte I, 1995, 21 (s. unter 8.4.2) bringt den Unterschied zwischen den beiden Konzeptionen durch die Begriffe „ontologisches" Pneumatikertum

Inwiefern die Bemühung darum, sich durch die Vernunft (λογιστικόν) der niederen Schöpfung in uns überlegen zu zeigen, ein integraler Bestandteil des Aufstiegs oder sogar eine seiner Voraussetzungen ist, läßt sich nicht sicher sagen. Jedenfalls betont Isidor diese Aufgabe des Menschen sehr stark, und auch der Mythos spricht von der pädagogischen Pflicht der Sohnschaftsmenschen gegenüber den Seelen (7,25,2). Es ist möglich, daß erst durch das Bemühen um die Erfüllung dieser Aufgabe und damit in gewissem Sinne die Überwindung des Niederen in uns die Bereitschaft, sich durch das „Licht des Evangeliums" erleuchten zu lassen und Jesus nachzufolgen (7,26,10), geschaffen wird - ein gewisser „synergistischer" Aspekt also. Eine Nähe zum mittel- und neuplatonischen Aufstieg der Seele in die göttliche Welt besteht aber nicht. Denn von einer Hinwendung der Seele zum Geistigen, von Streben danach oder gar dem „Erreichen höherer Daseinsebenen" schon hier[60] ist in unsern Texten in keiner Weise die Rede. Zwar leitet die dritte Sohnschaft die Seelen, aber die höhere Welt ist ihr verschlossen, solange sie in dieser Welt ist.

Der Endzustand besteht darin, daß die dritte Sohnschaft insgesamt zu Gott aufgestiegen ist, was nur nach ihrer Reinigung[61] bzw. nach Ablegung der kosmischen Psyche geschehen kann (7,27,6). Über die Welt verhängt Gott dann die „große Unwissenheit", damit alles seiner Natur gemäß (κατὰ φύσιν) verbleibe und nichts mehr anstrebe, was gegen seine Natur (παρὰ φύσιν) ist (7,27,1). Demonstriert wird das an den „Seelen" (der Pneumatiker), die, nachdem die Sohnschaft aufgestiegen ist, von der Qual des Strebens nach Unmöglichem befreit werden. Denn da sie, wie auch die Archonten, nichts von den überkosmischen Dingen wissen, können sie sich auch nicht im Sehnen danach verzehren. Der Mythos nennt das die Apokatastasis aller Dinge, die im Weltsamen (κατὰ φύσιν) angelegt wurden und zu ihren je eigenen Zeiten wiederhergestellt werden

(Gnostiker) und Pneumatikertum im Sinne eines „synergistischen" Zusammenwirkens von Heiligem Geist und dem Bemühen der Menschen (Origenes) auf den Punkt.

[60] Alt 1993 (wie Anm. 6), 219 u. ö.

[61] Wie der Begriff „Reinigung" im einzelnen zu definieren ist, läßt sich schwer erkennen. Ob nur an eine rein passivisch und nahezu automatisch wirkende Reinigung durch die Erleuchtung und Belehrung durch Jesus gedacht ist, oder ob auch eigene Bemühung der Sohnschaftsmenschen dabei eine Rolle spielt, ist schwer abzuschätzen. Jedenfalls scheint nach den Fragmenten ein aktives Festhalten an der - geschenkten - Hoffnung gefordert (fr. 6 zu strom. 3,1,2). S. dazu auch unten zur Seelenwanderungslehre des Basilides.

(7,27,4)[62]. Es erscheint merkwürdig, daß der Schrei der Schöpfung mit der großen ἄγνοια zur Ruhe kommen soll. Andererseits ist es durchaus möglich, daß hier wieder Röm 8 die Vorlage zur Interpretation durch Basilides gebildet hat. So wird zwar die Schöpfung nicht insofern „befreit“ von der „Knechtschaft der Vergänglichkeit“ (8,21), als sie an der Herrlichkeit der eschatologischen Freiheit der Sohnschaftsmenschen partizipieren darf[63], aber sie wird doch auch von der „Knechtschaft der Vergänglichkeit“ befreit[64], insofern die Qual ihres Sehnens aufhört und sie zu sich selbst kommt. Es wird ihr dazu verholfen, ihrer Natur entsprechend zu verbleiben (κατὰ φύσιν) und so „Unsterblichkeit“ zu erlangen (7,27,2-3). In gewisser Weise findet also auch die geschaffene Welt - wie die Sohnschaft und zusammen mit ihr, denn beides bedingt einander - eine Vollendung[65].

5. Exkurs zur sog. Seelenwanderungslehre

Nach den Fragmenten und ihrer Kommentierung bei Clemens und Origenes[66] könnte davon auszugehen sein, daß Basilides die Rein-

---

[62] Was mit den „je eigenen Zeiten“ gemeint ist, bleibt unklar. Ist an eine zeitlich versetzte Vollendung der Sohnschaftsmenschen zu denken? Ist die Aussage mit der Seelenwanderungslehre zusammenzubringen (s. dazu unten S. 272ff.)? Handelt es sich um eine Entsprechung zu den „je eigenen Zeiten“, in denen das Wachstum aus dem Weltsamen vor sich ging? Wie der Anfang, so das Ende (vgl. Hipp. ref. 7,22,1)? Wahrscheinlich ist das tatsächlich.

[63] Vgl. Käsemann (wie Anm. 6), 223.

[64] So stark betont in 7,27,3.

[65] Irenäus' Angaben zur Lehre des Basilides (adv. haer. 1,24,3-6) halte ich nicht für grundsätzlich unvereinbar mit dem, was wir aus den Fragmenten und dem Mythos bei Hippolyt entnehmen können (anders Löhr [wie Anm. 6], 255-27; Pétrement 1984 [wie Anm. 6], 459-473 bzw. 1990, 336-346 hält Irenäus' Notizen für die zuverlässigsten, die überliefert sind). Man findet bei Irenäus die beiden Archonten wieder (24,3). Daß sie in eine Vielzahl von weiteren Himmeln mit ihren Fürsten und Engeln ausgedehnt werden, macht keinen prinzipiellen Unterschied zum Mythos bei Hippolyt aus, zumal auch bei ihm die beiden Archonten eine pure Verdopplung darstellen und in einer Nebenbemerkung die 365 Himmel, die wir bei Irenäus finden, auch erwähnt werden (ref. 7,26,6). Auch bei Irenäus findet man Hinweise auf die Gefährdung in dieser Welt (24,4, Z. 55-63) und die Bedeutung des Glaubens, um ihr zu entgehen (24,4, Z. 64-67). Die bestehenden Unterschiede sollen damit nicht geleugnet werden. So bleibt die Frage offen, ob sich nicht doch innerhalb der sich in verschiedenen Sprechweisen äußernden Basilidesschule auch eine Form der Lehre, wie sie Irenäus überliefert, finden konnte. Wieder eine andere Darstellung von Grundlagen der Lehre des Basilides bieten die *Acta Archelai* 67,4-12, deren „Echtheit“ Löhr ebd., 219–249 mit guten Gründen erwägt.

[66] Fr. 16; 17; 18 und die Kommentierung des Clemens zu fr. 7.

karnationslehre gekannt und in gewissem Ausmaß auch vertreten hat[67]. Die Frage ist nur, in welchem Sinne er sie verwandt hat[68] bzw. ob und wie sie mit dem Mythos bei Hippolyt vereinbar ist. Sicheres läßt sich hier kaum erschließen.

Es sind drei Fragmente, in denen auf Wiedereinkörperungen der Seele bei Basilides Bezug genommen wird, und zwar von Clemens (fr. 16) und von Origenes (fr. 17 und fr. 18). Von allen drei Fragmenten gilt, daß in ihnen von Clemens bzw. Origenes nur behauptet wird, Basilides habe die Seelenwanderung gelehrt. Das kann zutreffendes Referat oder auch erschlossener polemischer Vorwurf sein[69]. Von allen Fragmenten gilt auch, daß sie so kurz und aus dem Zusammenhang gerissen sind, daß sie kaum zu verstehen sind. Ein gemeinsamer Nenner ist für alle Fragmente kaum zu finden. Während in zweien von ihnen die Reinkarnation als Sündenstrafe erscheint, wird sie im wichtigsten Fragment (18) zur Paulusexegese verwandt.

Der Zusammenhang mit Sündenstrafe ergibt sich für fr. 16 aus dem Zitat von Dtn 5,9, wonach Gott denen, die „ungehorsam“ sind (ἀπειθοῦσι), bis ins dritte und vierte Glied vergilt. Basilides scheint die Schwierigkeit dieser Vorstellung für „aufgeklärte“ griechische Geister dadurch umgangen zu haben, daß er das 3. und 4. Glied auf die Einkörperungen (ἐνσωματώσεις) ein und derselben Seele bezieht, die sich verfehlt hat und in den Inkarnationen (nur drei oder vier!) ihre Schuld abbüßt[70].

In fr. 17 behauptet Origenes ausdrücklich, die Basilidianer hätten keine anderen Sündenstrafen als die Wiedereinkörperungen nach dem Tod („transcorporationes animarum post mortem“) gekannt. Origenes sieht das offenbar als Konsequenz aus der vorher von ihm erwähnten Lehre des Basilides über das Martyrium an, die Origenes scharf ablehnt. Das Referat über diese Martyriumslehre stimmt in der Intention kaum mit Basilides' großem Fragment (7) überein, könnte aber dennoch daraus erschlossen sein. Denn Basilides war der Ansicht, daß es dem, der das Martyrium als scheinbar Sündloser erleidet, nicht besonders anzurechnen sei, wenn er nicht sündigte. Denn das ἁμαρτητικόν hatte er ja auf jeden Fall in sich, nur keine Gelegenheit zur Sünde (fr. 7, Z. 28–31). Für Origenes dagegen bedeutet es ein „Herabsetzen“ der Märtyrer („detrahentes“), wenn man auf Basilides' Weise die Würde der Leidenden beschmutzt. Origenes' Aussage kann also als direkter Kommentar zu Basilides'

---

[67] Vgl. die ausführliche, gut begründete Diskussion bei Löhr (wie Anm. 6), 138-144 gegen Nautin, der eine solche Lehre nur auf die Polemik des Clemens zurückführt.

[68] Löhr (wie Anm. 6), 216–218 hat hier entscheidend gearbeitet, s. die Kommentierung der genannten Frag. und besonders seinen Exkurs zur Seelenwanderungslehre.

[69] Vgl. dazu Löhr (wie Anm. 6), passim.

[70] Das scheint auch Löhr (wie Anm. 6), 207-209 ähnlich anzunehmen. Mit Recht weist er darauf hin, daß es nicht klar ist, ob die Basilidianer mit dem Gott des Bibelzitats den höchsten Gott oder den Archon des Alten Testaments und der Welt meinen.

Martyriumsfragment gelesen werden. Ob das allerdings auch von dem folgenden Satz gilt, wonach Basilides auch gelehrt habe, es käme nicht auf das Leugnen und das Opfern gegenüber fremden Göttern an, ist fraglich, aber nicht unmöglich[71]. Denn die Lehre des Basilides über das Martyrium, wonach keiner „rein vom Schmutz ist", daher auch keinem das Martyrium anzurechnen sei, kann für ihn durchaus in der Konsequenz auf einen verwerflichen Libertinismus hinauslaufen.

Der Satz über die Wiedereinkörperungen als einzige Sündenstrafen scheint angesichts der andern Bezeugungen der Reinkarnationen für Basilides echtes Referat des Origenes zu sein. Denn er ergibt sich nicht aus den Bemerkungen zum Martyrium[72]. Auch hier wird also wie in fr. 16 der Zusammenhang von Strafe und Reinkarnation bezeugt. Für Origenes scheint das, wie aus seinen Schlußfolgerungen dazu hervorgeht, die Furcht vor den Sünden in dieser Welt und den gerechten Strafen Gottes in unerwünschter Weise zu mindern. Mehr als daß das Fragment die Reinkarnation als schwerste[73] Sündenstrafe bezeugt, wird sich kaum ausmachen lassen.

Schließlich das schwierigste Fragment zur Seelenwanderungslehre fr. 18, schwierig deshalb, weil es sich um die basilidianische Exegese vom Röm 7,9f. handelt, über die Origenes nur äußerst knapp referiert. Der von Origenes zitierte Satz lautet: „Der Apostel hat nämlich[74] gesagt: 'Ich war einst - ohne das Gesetz - lebendig' (Röm 7,9), d.h. bevor ich in diesen Körper kam, habe ich in der Körpergestalt gelebt, die nicht unter dem Gesetz war, z.B. eines Stücks Vieh oder eines Vogels". Origenes wirft Basilides daraufhin vor, er habe die Stelle nicht im Zusammenhang gelesen; sonst hätte er merken müssen, daß Paulus ein und denselben irdischen Menschen meint, zu dem das Gesetz als „natürliches" Gesetz erst im bewußten Erwachsenenalter kommt[75]. Abgesehen davon, daß Paulus das gewiß nicht gemeint hat, ist es Basilides auch durchaus zuzutrauen, daß er den gesamten Passus bei Paulus gelesen und zu verstehen gesucht hat. Das geht sogar präzise daraus hervor, daß Origenes den gesamten Abschnitt seiner Bezugnahme auf Basilides durch ein Mischzitat aus Röm 7,10 und 5,13

---

71 Das Faktum der erlaubten Teilnahme an Götzenopfern bezeugt auch Iren. adv. haer. 1,24,5 für Basilides.

72 Ich kann nicht sehen, wie Löhr (wie Anm. 6), 211 meint, daß der Satz über die Reinkarnationen als „polemischer Vorwurf" in irgendeiner sinnvollen Weise mit dem zuvor Berichteten in Zusammenhang steht.

73 In diesem Sinne wird man das „non esse alias peccatorum poenas" wohl verstehen müssen. Denn daß Basilides die irdischen Strafen überhaupt geleugnet hätte, ist kaum anzunehmen und steht auch im Widerspruch zum Martyriumsfragment (7).

74 Im einleitenden Referat der Origenes heißt es, Basilides habe die μετενσωματώσεις gelehrt. Das wird mit dem oben zitierten Satz des Basilides und dessen Bezug auf den Apostel bewiesen.

75 Vgl. auch Origenes, *Römerbriefkommentar* (ed. Heither), 3,2 (= Fontes Christiani 2/2, 60–62).

einleitet und behauptet, daß Basilides es nicht verstanden habe[76].

Wenn man also beide von Origenes zitierten Paulusstellen zusammennimmt, scheint sich mir folgendes Verständnis für Basilides nahezulegen. Ich paraphrasiere: „Ich war einst - ohne das Gesetz - lebendig“, d.h. ich war in dem vorbewußten naiven Zustand Adams, bevor das Gebot kam, also (gleichsam) in der Gestalt eines Tieres oder eines Vogels. Als ich aber Mensch wurde - und menschliche Existenz steht immer unter der Forderung des Gebotes[77], - „wachte die Sünde auf“ (Röm 7,9b), bzw., wie zitiert (fr. 18, Z. 1-2), „starb ich, denn die Sünde wurde mir bereits angerechnet“ (Röm 7,10 und 5,13); d.h. also, Basilides verdeutlicht den Zustand der Lebendigkeit ohne das Gesetz durch die Existenz eines Tieres, also eines Wesen, das keine bewußte Verantwortlichkeit hat, auf die es ihm, wie wir aus seinen und Isidors Fragmenten sahen, so sehr ankam. Basilides wählt die Gestalt eines Tieres zur Verdeutlichung, weil in ihm „die Sünde nicht war“[78]. Mit Paulus will er daher zutreffend zum Ausdruck bringen, daß in der „Kontinuität Adams“[79] menschliche Existenz vom Sündentod bedroht ist, wie es der Pneumatiker rückschauend weiß.

Ob Basilides wirklich die Seelenwanderung gelehrt oder nicht vielmehr als ein Bild verwandt hat, ist aus diesem Fragment kaum zu sagen[80]. Origenes könnte hier durchaus auch seine polemischen Schlußfolgerungen gezogen haben. Aber das muß und kann bei der gegebenen Deutung offenbleiben, die erneut die Bedeutung des Paulus für Basilides aufzeigt. Denn ob nun Wiedereinkörperung oder nicht, Basilides hat Paulus in dessen Ausführungen über Intention und Faktizität des Gesetzes (Röm 7,7-13; 5,12ff.), die für Basilides jede menschliche Existenz von Anfang an bestimmen, nicht schlecht verstanden. Auf jeden Fall begreift also Basilides, im Gegensatz zu Origenes, das „Ich“ bei

---

[76] Es heißt bei Origenes nach dem Mischzitat („Ich, sagte er, bin gestorben; die Sünde begann mir nämlich bereits angerechnet zu werden“), Basilides habe nicht gemerkt, daß man „dieses“ („haec“), also die Fortsetzung von 7,9, auf das natürliche Gesetz beziehen müsse. Er habe vielmehr „ex hoc apostoli dicto“, also aus dem gesamten Zusammenhang, die Seelenwanderungslehre herauszulesen versucht.

[77] Vgl. dazu Origenes' Einwand: „non enim dixit se venisse ad mandatum, sed ad se venisse mandatum“, was Origenes auf die Selbstbewußtwerdung des Menschen nach seiner Kindheit bezieht. Basilides meint aber zu Recht, er sei zum Gebot gekommen, weil er - in menschlicher Existenz und folglich, als er Mensch wurde und nicht mehr Tier - immer unter der Forderung des Gesetzes stand, die zur Sünde führte.

[78] Origenes (fr. 18, Z. 19f) wehrt sich dagegen: „et peccatum non dixit (scil. apostolus) non fuisse in se“. Offensichtlich hat also Basilides gemeint, in ihm, d.h. als Adam vor dem Gebot bzw. als Tier, war keine Sünde, was in dem Sinne paulinisch ist, daß sie ihm nicht weiter angerechnet wurde (vgl. Röm 5,13).

[79] Käsemann (wie Anm. 6), 187.

[80] Immerhin wird nur mit „bevor ich in diesen Körper kam ...“ (fr. 18, Z. 11f) Basilides selbst zitiert. Ein regelmäßig wiederkehrendes Auf- und Absteigen der Vernunftseelen, wie es für die platonische Tradition kennzeichnend ist, wird man daraus aber nicht ableiten können.

Paulus als nichtindividuelles, adamitisches Ich, wie auch aus dem Martyriumsfragment hervorgeht: Das ἁμαρτητικόν dort steht für die Bedrohung auch der pneumatischen Existenz durch die „Kontinuität Adams". Bedrohung und glaubend hoffendes Errettetsein bestimmen beide das Leben hier. Daraus folgen Verantwortlichkeit[81] und Erlösungsbedürftigkeit in gleichem Maße. Es liegt ein ganz anderes Konzept als im Platonismus vor.

Im Mythos findet sich die Wiedereinkörperungslehre nicht. Die Welt hat aber eine bestimmte Dauer, bis die gesamte dritte Sohnschaft geformt ist (7,26,10). Von allem, was im Anfang im Weltsamen grundgelegt war, heißt es außerdem, daß es je „zu seinen Zeiten" (καιροῖς ἰδίοις) „wiederhergestellt" würde. Es ist also immerhin möglich, daß die „verschiedenen Zeiten" durch verschiedene Reinkarnationen einzelner Seelen zustande kommen. Auf jeden Fall wird man wohl annehmen müssen, daß die Wiedereinkörperung in diesem Weltenäon stattfindet. Denn ein Abfall, nachdem die dritte Sohnschaft als λεπτομερεστάτη zu Gott aufgestiegen ist und die Seelen unwissend geworden sind, ist nicht denkbar. Der gesamte Zusammenhang zwischen Mythos und Reinkarnationslehre ist aber nur Vermutung.

Schluß

Basilides ist, erschlossen aus dem, was uns von ihm und seiner Schule erhalten ist, ausschließlich am Pneumatiker interessiert. Es läßt sich aus dem Überlieferten auch nicht erkennen, ob er überhaupt von anderen Menschengruppen neben den pneumatischen Erwählten im Sinne eines Naturendeterminismus ausgegangen ist, oder ob er nur annahm, daß es Menschen gab, in denen das pneumatisch/vernünftige Element so vernachlässigt war, daß es, zumindest in dieser Inkarnation, nicht wieder lebendig werden konnte.

Jeder Pneumatiker hat Seele und Leib. Terminologisch ist Pneuma/Seele gleichzusetzen mit vernünftigem Seelenteil (λογιστικόν)/„niederer Schöpfung in uns". Pneumatischer bzw. erwählter Bestandteil des Menschen, der in der dritten reinigungsbedürftigen Sohnschaft besteht, ist daher in mythologischer Sprache ausgedrückt das, was in philosophischer Terminologie das λογιστικόν ist. Ebenso entsprechen sich Seele (im Mythos) und niederer Seelenteil (bei Basilides und Isidor). Es besteht hier also derselbe „gravierende Dualismus"[82], der die platonische Tradition kennzeichnet, insofern der höchste Bereich der Seele der göttlichen Sohn-

---

[81] Wenn man ihr nicht nachkommt, folgt daraus eben vielleicht auch die Reinkarnation, ohne daß das die Erlösungsbedürftigkeit aufhöbe.

[82] Alt 1993 (wie Anm. 6), 247.

schaft verwandt ist, der niedere aber der ἀμορφία der Welt nahesteht. Die Seele ist in allen ihren Bestandteilen im göttlichen Weltenplan angelegt, geht folglich auf ihn zurück (Hipp. ref. 7,24,5), wenn auch die Schöpfung im einzelnen durch die Archonten ausgeführt wird. Der Abstieg der Seele in die hiesige Existenz bedeutet noch keine Schuld oder Strafe, weil auf Gottes Plan zurückgehend, wohl aber ist sie hier immer schon von Schuld bestimmt, wie durch das Verhalten schon des obersten Archon demonstriert wird. So wie er sich „unfreiwillig" überhebt, so erliegt jede pneumatische Seele in dieser Welt der Gefährdung durch den „niederen Seelenteil" und bedarf der „Reinigung".

Der Aufstieg der Seele kann nicht durch sie selbst erfolgen. Zwar hat sie hier eine pädagogische Aufgabe gegenüber ihrem niederen Seelenteil, ihrer „Seele" in der Sprache des Mythos, den sie erziehen, leiten und formen muß, und ein Versagen gegenüber dieser Pflicht macht erneute Inkarnationen der Seele notwendig. Aber die Erfüllung dieser Aufgabe führt noch nicht zum Aufstieg. Dazu verhilft allein das „Evangelium", das über Christus zu Jesus als dem Ersten der erwählten Pneumatiker von Gott bzw. der seligen Sohnschaft bei ihm herabkam (7,25,5). An diesem Punkt ist Basilides mit seiner Schule gänzlich unphilosophisch. Das Evangelium bricht „plötzlich", „wider alle (irdische)" und vernünftige „Hoffnung" und als Gabe über die einzelne Seele herein und begründet Glaube und Hoffnung. Die menschliche Existenz hier ist folglich von „unfreiwilliger" Schuld und Hoffnung gekennzeichnet[83]. Dabei ist die Hoffnung ein so überirdisches Gut, daß auf sie übertragen werden kann, was vom Glauben gilt: Er ist die „Schöpfung eines Seins, würdig, nahe (πλησίον) dem Schöpfer zu sein" (fr. 13, Z. 4-5)[84]. Damit verbindet sich bei Basilides präsentische mit futurischer Eschatologie. Denn der Glaube kann als οὐσία, φύσις und ὑπόστασις bezeichnet werden (fr. 13), umschreibt also schon eine Errettung, die der des Heiligen Geistes im Mythos vergleichbar ist (7,22,12-14), die endgültige Erlösung wird aber erst eintreten, wenn alle Seelen „gereinigt", d.h. vom niederen Seelenteil und Körper gelöst sind und damit das Ende der Welt eintreten kann. Auch

---

83 In gewisser Weise ist also auch sie ein Wesen, das „zwei Welten angehört" (Alt, 1993 [wie Anm. 6], 248). Besser wird das, was Basilides aussagen will, aber wohl mit präsentischer und futurischer Eschatologie umschrieben.

84 Das entspricht genau der Verortung des Heiligen Geistes im Mythos, der, nachdem er die zweite Sohnschaft nach oben getragen hat, „nahe" (πλησίον) der seligen Sohnschaft zurückgelassen worden war (7,22,12-13). Das ist eine mythologische Umschreibung des glaubend Hoffenden hier.

in diesem letzten Punkt, der mit einem Ende der Welt rechnet, ist Basilides ganz unplatonisch. Eine futurische, auf Hoffnung gegründete Eschatologie, die ein Ende der Welt impliziert, paßt nicht in die platonische Tradition.

Zu Paulus' Sicht des gerechtfertigten Gottlosen bestehen dagegen eine Reihe von gewichtigen Parallelen, besonders im Konzept der Hoffnung und der präsentisch-futurischen Eschatologie. Es scheint mir daher die These vertretbar zu sein, daß Basilides mit seiner Schule, von Paulus angeregt, Theologie betreibt, wobei freilich die gravierenden Unterschiede, insbesondere in der Christologie, nicht zu übersehen sind. Aber auch in der Christologie, in mythologischer wie in platonisch-philosophischer Sprache ist das Bemühen zu erkennen, den schwer verständlichen Paulus für Zeitgenossen zu erklären und sich in seiner Weise unter die Verkündigung der Rechtfertigung auf Hoffnung zu stellen. Ob man Basilides und seine Schüler als gnostisch bezeichnen will, hängt von der Definition des „Gnostischen" ab. Jedenfalls liegt bei Hippolyt ein „monistisches" System vor, in dem es keinen Fall und damit auch keine gleichsam erzwungene Erlösung gibt. Seele ist für den Basilideskreis jedenfalls ein in seinem edelsten Teil Gott zugehöriges Wesen, das im irdischen Dasein immer schon mit Schuld beladen ist und nur durch gnädiges Eingreifen Gottes - durch Christus in der Zeit und dereinst in der Apokatastasis - errettet wird. Platonisch ist das nicht, wohl aber könnte eine Rezeption und Umformung platonischer Gedanken durch christliche Grundanschauungen vorliegen, die auch den Platonismus in neuer Weise zu sich selbst bringt. Aber das ist eine gewagte These, die breiterer Textgrundlage zu ihrer Begründung bedarf.

Die Seelenlehre des Gnostikers Herakleon

von Jens Holzhausen (Berlin)

Die christlichen Gnostiker im 2. Jh. n. Chr. standen in der Tradition der Philosophie ihrer eigenen Zeit und versuchten, die christliche Botschaft konsequent vor dem Hintergrund der ihnen vorliegenden, hauptsächlich mittelplatonischen Lehren zu interpretieren[1]. Neben den kosmologischen Theorien war es natürlich vor allem die platonische Anthropologie, und das heißt vor allem die platonische Seelenlehre, die ihre Sicht der Bedingungen und Möglichkeiten christlichen Glaubens beeinflußten. Damit ergeben sich für die Gnostiker aber auch ähnlich gelagerte Probleme wie für die Mittelplatoniker, deren Lösungsversuche Sie, liebe Frau Alt, in ihren beiden Mainzer Akademieabhandlungen „Weltflucht und Weltbejahung. Zur Frage des Dualismus bei Plutarch, Numenios und Plotin“ (AAWM 1993 Nr. 8) und „Gott, Götter und Seele bei Alkinoos“ (AAWM 1996 Nr. 3) so umsichtig und klar dargestellt haben. In meinem Beitrag zu Ihrer Festgabe möchte ich einen gnostischen Erben dieser philosophischen Lösungen zum Thema machen, nämlich den „berühmten“ Valentinianer Herakleon (ὁ τῆς Οὐαλεντίνου σχολῆς δοκιμώτατος, Clem. Al. strom. 4,9 [71,1]), und so einen Beitrag zur Wirkungsgeschichte der von Ihnen untersuchten Geistesströmung leisten.

Die Lehre dieses Gnostikers wird aus den Bruchstücken seiner Exegese des *Johannes-Evangeliums* deutlich, die uns Origenes in seiner eigenen Auslegung hinterlassen hat. Dieser wahrscheinlich erste christliche Kommentar zum vierten Evangelium war wohl ein „exoterisches“ Werk[2], das vor allem soteriologische Fragen behandelte und sich nicht den präkosmischen Ereignissen widmete. So erklärt sich, daß Herakleon seine Exegese erst mit Jo 1,3 begann und der valentinianische Aionen-Mythos keine Spuren in Orgines' Auswahl der Zitate hinterlassen hat. Diese Auswahl wird in der Regel unter dem Thema: „Menschenklassenlehre“ und nicht unter der Überschrift: „Seelenlehre“ diskutiert. Damit wird aber der Bezug zu den platonischen Lehren noch undeutlicher, weil

[1] Für diese „Herleitung“ der christlichen Gnosis (= Gnostizismus) im 2. Jh. berufe ich mich hier nur auf Hippolytos, der die Valentinianer als Pythagoreer und Platoniker bezeichnet (ref. 6,21ff.), und auf Porph. vit. Plot. 16 (Z. 2) αἱρετικοὶ δὲ ἐκ τῆς παλαιᾶς φιλοσοφίας ἀνηγμένοι.

[2] Zur Unterscheidung von „esoterisch“ und „exoterisch“ im platonisch-aristotelischen Kontext s. K. Gaiser, Philodems Academica (Suppl. Plat. 1), Stuttgart 1988, 458.

eine solche Theoriebildung über die in der Schöpfung festgelegten verschiedenen Naturen (φύσεις) der Menschen, d.h. der Pneumatiker, Psychiker und Hyliker/Choiker, bei den Schülern Platons in dieser Form nicht anzutreffen ist[3]. So ist es nicht erstaunlich, daß K. Langerbeck, der die gnostischen Lehren von ihren platonischem Ausgangspunkt her interpretierte, die Existenz einer Menschenklassenlehre bei den gnostischen Schulhäuptern Alexandrias leugnete und in ihr eine „vulgäre Vergröberung des Epigonentums" sah[4]. B. Aland hat diesen Ansatz modifiziert und die Menschenklassen nicht auf die Schöpfung, sondern auf die Erlösung bezogen in dem Sinne, daß die unterschiedlichen Naturen sich erst in der Begegnung mit Christus konstituieren[5]. Nach E. Mühlenberg schließlich hat Herakleon nicht zwischen einer Erlösung der „Pneumatiker" und „Psychiker" unterschieden[6]. Sollte dies zutreffen, dann hätte Origenes in dem zentralen Punkt der Auseinandersetzung seinen Gegner mißverstanden und die von Clemens Alexandrinus mit dem Schlagwort φύσει σῳζόμενος bezeichnete Lehre ihm zu Unrecht unterstellt[7]. Eine solche Sicht scheint mir problematisch, und so mag es sinnvoll sein, noch einmal einen Blick auf Herakleons Fragmente zu wer-

[3] Zu unterscheiden wäre davon die platonische, präexistente Seelenwahl, die das spätere Dasein festlegt (s. bei Orig. princ. 3,1,23, 2,9,6). Entfernt verwandt ist die stoische Determinationslehre (s. Iren. haer. 2,29,1-3, 4,37,2). Bei Plotin II 9 [33] 9,6ff. findet sich immerhin eine Einteilung in die σπουδαῖοι, die geistig Orientierten, die besseren Menschen der gewöhnlichen Art und den φαῦλος ὄχλος, die gewisse Ähnlichkeit mit der gnostischen Abstufung hat; in III 2 [47] 18,1ff. sagt Plotin von den Seelen: ἐξ ἀρχῆς οὐ πᾶσαι ἴσαι. Dem hätte Herakleon zustimmen können, vgl. K. Alt, Philosophie gegen Gnosis, AAWM 1990 Nr. 7, 26f. und 64 Anm. 195.

[4] H. Langerbeck, Anthropologie der alexandrinischen Gnosis, in: ders., Aufsätze zur Gnosis (AAWG), Göttingen 1967, 38-82 (Zitat: 70); vgl. L. Schottroff, Animae naturaliter salvandae. Zum Problem der himmlischen Herkunft des Gnostikers, in: W. Eltester (Hrsg.), Christentum und Gnosis (Beih. ZNTW 37), Berlin 1969, 65-97. Ihnen widerspricht E.H. Pagels, The Johannine Gospel in gnostic exegesis. Heracleon's commentary on John (SBL 17), Nashville/New York 1970, z.B. 57. 99f. 108f.

[5] B. Aland, Erwählungstheologie und Menschenklassenlehre. Die Theologie des Herakleon als Schlüssel zum Verständnis der christlichen Gnosis? in: M. Krause (Hrsg.), Gnosis and Gnosticism (NHS 8), 1977, 148-181; kritisch dazu H. Strutwolf, Gnosis als System. Zur Rezeption der valentinianischen Gnosis bei Origenes (FKDG 56), Göttingen 1993, 114-125.

[6] E. Mühlenberg, Wieviel Erlösungen kennt der Gnostiker Herakleon, ZNTW 66, 1975, 170-193; zur Kritik s. Anm. 38, 42, 52, 64 und 88f.

[7] W.A. Löhr, Gnostic determinism reconsidered, Vig. Chr. 46, 1992, 381-390 meint, es handle sich um ein häresiologisches Klischee, das von Irenenäus über Clemens zu Origenes gelangt sei. Dagegen spricht bereits die Tatsache, daß Clemens die Phrase φύσει σῳζόμενος wiederholt benutzt (strom. 2,3 [10,2], 2,20 [115,1], 4,13 [89,4], 5,1 [3,3f.], Exc. 56,3), Irenäus und Origenes sie aber nicht kennen.

fen, um zu sehen, in welcher Weise sich in seiner Johannes-Auslegung platonische Ansätze mit der christlich-gnostischen Botschaft verbinden.

Die inhaltliche Rechtfertigung, von „Seelenlehre“ anstatt von „Menschenklassen“- oder „Naturen-Lehre“ zu sprechen, liegt darin, daß Herakleon im Unterschied zu dem bei Irenäus und Hippolyt überlieferten valentinianischen Mythos nicht das Innere eines Menschen[8] durch die drei Bestandteile eines pneumatischen, psychischen und hylischen oder choischen Menschen beschreibt (bisweilen auch τὸ πνευματικόν, τὸ ψυχικόν, τὸ ὑλικόν/χοϊκόν genannt), wobei dieses Innere dann mit einem Kleid aus Fleisch umgeben ist[9], sondern von der Seele als entscheidender Bezugsgröße spricht (fr. 27, 32, 35 und 40)[10].

Die Seele befindet sich in einem Körper (σῶμα), der aus der Materie (ὕλη) stammt[11]. Dies entspricht der gängigen (dualistischen) platonischen Anthropologie. An der Stelle des platonischen Nus (νοῦς) tritt nun das Pneuma (πνεῦμα) oder der (pneumatische) Same hinzu, der nach Gen 2,7 bei der Schöpfung eingehaucht wird. So ergibt sich eine dreistufige Anthropologie, bei der zwischen Geist und Seele differenziert wird[12].

---

8 Der Mythos beschreibt die Geschichte des Pneumatikers, d.h. nur er trägt alle drei inneren „Menschen“ in sich, der Psychiker nur einen psychischen und hylischen „Menschen“, der Choiker/Hyliker nur einen hylischen „Menschen“, d.h. sein Inneres ist vollkommen dem Materiellen hingegeben.

9 Iren. haer. 1,5,5 (zitiert nach der Ausgabe von A. Rousseau [SChr 264], Paris 1979), Clem. Al. exc. Thdt. 51,1 ἄνθρωπος γοῦν ἐστιν ἐν ἀνθρώπῳ, ψυχικὸς ἐν χοϊκῷ, οὐ μέρει μέρος, ἀλλὰ ὅλῳ ὅλος συνών ebd. 55,1 τοῖς τρισὶν ἀσωμάτοις ἐπὶ τοῦ 'Αδὰμ τέταρτον ἐπενδύεται ὁ χοϊκός, τοὺς δερματίνους χιτῶνας.

10 Zählung der Fragmente nach W. Völker (Hrsg.), Quellen zur Geschichte der christlichen Gnosis (SQS 5), Tübingen 1932, dahinter die Seiten- und Zeilenangabe nach Origenes, Jo-Komm. (Werke 4), hrsg. v. E. Preuschen (GCS 10), Leipzig 1903, vgl. Origène, Commentaire sur Saint Jean, hrsg. v. C. Blanc (SChr), Paris 1966-1982.

11 Auch der Heiland (σωτήρ) besitzt einen Körper (σῶμα, fr. 10, 168,32ff.) oder sogar Fleisch (σάρξ, fr. 8, 148,10) - es ist bei ihm wohl ausnahmsweise psychisch (vgl. Iren. haer. 1,6,1, Z. 602-5: ἀπὸ δὲ τῆς οἰκονομίας περιτεθεῖσθαι σῶμα, ψυχικὴν ἔχον οὐσίαν, κατεσκευασμένον δὲ ἀρρήτῳ τέχνῃ πρὸς τὸ καὶ ὁρατὸν καὶ ψηλαφητὸν καὶ παθητὸν γενέσθαι, vgl. Hipp. ref. 6,35,6: nach der italischen Richtung, zu der Herakleon gehörte, hatte Jesus einen psychischen Leib, vgl. fr. 11, 180,22f.: das Hylische ist ihm fremd), so daß der Täufer, dem wirkliche Erkenntnis fehlt, darüber nichts aussagen kann und es auch nicht auflösen kann - und im Körper einen wohl psychischen Christus (ὁ ἐνοικῶν αὐτῷ, fr. 10, 168,35), der der menschlichen Seele entspricht. Über das Äquivalent zum menschlichen Pneuma wird in den Fragmenten nicht gesprochen; es liegt nahe, daß es der Logos ist, der evtl. bei der Taufe auf den psychischen Christus hinabsteigt.

12 Vgl. Plut. de facie 28, 943A: νοῦς, ψυχή, σῶμα als die drei Teile des Menschen: μόριον γὰρ εἶναί πως ψυχῆς οἴονται τὸν νοῦν, οὐδὲν ἧττον ἐκείνων ἁμαρ-

Leider entwickelt in den erhaltenen Resten Herakleon an keiner Stelle seine Seelen- und Pneumalehre im Zusammenhang, so daß man sie aus den spärlichen Andeutungen rekonstruieren muß.

In fr. 16 interpretiert er den 46 Jahre beanspruchenden Tempelbau Salomons als Bild (εἰκών) für den Heiland in seiner Funktion als Menschenschöpfer[13]. Denn die Zahl Sechs deute auf den materiellen Körper (τὸ πλάσμα, 214,33)[14], die Zahl 40 auf die unverbundene Vierheit (ἡ ἀπρόσπλοκος τετράς, 214, 34f.), d.h. auf den eingehauchten Samen (τὸ ἐν τῷ ἐμφυσήματι σπέρμα)[15]. Bemerkenswert an dieser Aussage ist, daß der Heiland bereits in der Menschenschöpfung wirkt[16]. Dies steht im Einklang mit Herakleons Auslegung von Jo 1,3, wo der Anteil des Logos, der nach fr. 22 der wahre Schöpfer genannt wird, an der Weltentstehung beschrieben wird. Er ist es, der als Urbild des Kosmos die Ideen verkörpert, durch die, d.h. mit denen als Vorbild (παράδειγμα) der Demiurg aus der Materie einen Kosmos entstehen läßt[17]. So wirkt der Logos auch in der Menschenschöpfung mit dem

τάνοντες, οἷς ἡ ψυχὴ δοκεῖ μόριον εἶναι τοῦ σώματος, vgl. de sera 22, 563D und 24, 564C: Differenzierung von τὸ φρονοῦν und ἡ ἄλλη ψυχή. Seele und Geist kann man auch als zwei Seelen bezeichnen, s. Numen. fr. 44 ἄλλοι δέ, ὧν καὶ Νουμήνιος, ... δύο ψυχὰς ἔχειν ἡμᾶς οἴονται ... τὴν μὲν λογικήν, τὴν δὲ ἄλογον.

[13] Es kann keine Rede davon sein, daß Herakleon das AT verwirft; an zahlreichen Stellen sieht er darin ein Abbild des Göttlichen, s. z.B. fr. 13 (206, 26f.): das psychische Ἱεροσόλυμα ist Bild (εἰκών) des pneumatischen Ἱερουσαλήμ und fr. 22 (243,21): die Juden sind εἰκόνες τῶν ἐν τῷ πληρώματι. Der Unterschied zu Origenes besteht nur darin, daß es vor Christi Herabkunft unmöglich war, diese Bilder zu verstehen, d.h. vor der Parusie Erkenntnis Gottes und seines Handelns unmöglich war. Erst durch den Heiland und seit seinem Kommen können die Pneumatiker das AT als Bild der Heilsgeschichte verstehen.

[14] Der Bezug auf die Menschenschöpfung wird durch die Verbindung von πλάσμα und Samen (σπέρμα), die aus Valentin fr. 1 stammt, überdeutlich; W. Förster, Die Gnosis. Zeugnisse der Kirchenväter, Zürich/München ²1979 (Nachdruck 1995), 221 bezieht das Fragment dagegen auf den Heiland.

[15] Das Bild vom Samen geht auf Plat. Tim. zurück: der Demiurg sät (41e, 42d) die (Geist)seelen auf die jeweiligen Planeten; vgl. Numen. fr. 13,4f. ὁ μέν γε ὢν σπέρμα πάσης ψυχῆς σπείρει.

[16] Gemeint ist wohl eher der Logos, Christus oder Menschensohn, der sich im Heiland (σωτὴρ) befindet (s. Anm. 11); möglicherweise hat Origenes seine Quelle hier ungenau wiedergegeben.

[17] Herakleon geht wie die Mittelplatoniker (s. Aetius 1,3,21, Hipp. ref. 1,19,1, Alkin. did. 8-10) von drei Prinzipien aus: der demiurgische Schöpfer (τὸ ὑφ' οὗ), die Materie (τὸ ἀφ' οὗ) und das geistige Vorbild, das als αἰτία fungiert (τὸ δι' οὗ), vgl. Philon cher. 127: Gott (ὑφ' οὗ), Materie (ἐξ ὧν), ὄργανον δὲ λόγον θεοῦ, δι' οὗ κατεσκευάσθη (ὁ κόσμος), τῆς δὲ κατασκευῆς αἰτίαν τὴν ἀγαθότητα τοῦ δημιουργοῦ (bei Herakleon kann der Grund der Schöpfung natürlich nicht in der Güte des Demiur-

Ergebnis, daß aus dem materiellen Gebilde ein Mensch mit Leib und Seele entsteht, wobei letztere einen eingehauchten Samen in sich trägt. Der Same ist also Symbol dafür, daß wie der Kosmos auch der Mensch Abbild einer transzendenten Idee (= der „Urmensch") ist. Dies entspricht vollkommen dem anthropologischen Entwurf, der in Valentins erstem Fragment deutlich wird. Dem Logos bei Herakleon entspricht bei Valentin der προὼν Ἄνθρωπος, der den Samen des oberen Sein (ἡ ἄνωθεν οὐσία) gibt, und die in seinem fr. 1 genannten Engel (des Demiurgen) kehren bei Herakleon in fr. 36 als Schöpfungsakteure wieder (οἱ τῆς οἰκονομίας ἄγγελοι, 279,1)[18]. Sie sind die Mittler, durch die der Same gesät und aufgezogen wird[19]. Zwischen Lehrer und Schüler zeigt sich hier eine erstaunliche Kontinuität[20].

Einen weiterer Hinweis auf das eingesäte Pneuma findet sich in fr. 32. Dort spricht er von Seelen, die „besät" werden (ἐπισπείρονται, 267,15). Herakleon macht in erneutem Anschluß an seinen Lehrer[21] mit dem Bild des Säens und der Ernte deutlich, daß der pneumatische Same sich entwickeln muß. Die Seelen, die ihn besitzen, gelangen also nicht automatisch zum Heil, sondern müssen den Samen wachsen und gedeihen lassen. Erst wenn sie bereit sind (ἕτοιμοι, 267,14), können sie „geerntet" werden, weil sie zur gnostischen Erkenntnis gelangten. Herakleon betont, daß das nicht bei allen der Fall ist: wie während des Erdenwandels des Heilands die einen schon bereit waren, die anderen es noch werden muß-

gen liegen, er findet ihn in den Ideen selbst, die so zur Ursache werden); zum Logos als τὸ δι' οὗ s. außerdem Philon sacr. AC 8, spec. leg. 1,81, leg. all. 3,96. Aland (wie Anm. 5), 151-3 übersieht die Ideen als drittes Prinzip (δι' οὗ) und findet diese erst in fr. 2 in der Präposition ἐν (nach Sen. ep. 65,8 wird aber das Urbild durch „ad quod", nicht durch „in quo" angegeben). Bei Valentin (fr. 5) ist ebenfalls das Vorbild in seiner Vollkommenheit die Ursache für die Schöpfung des Abbildes; auch in dieser Hinsicht folgt der Schüler dem Lehrer.

18 Zu dieser Anthropologie und ihren platonischen Hintergründen s. meine von Karin Alt betreute Dissertation „Der 'Mythos vom Menschen' im hellenistischen Ägypten" (Theophaneia 33), Bodenheim 1994, 80ff.

19 Hier ist die Präposition διά τινος anders als in fr. 1 gebraucht (s. Anm. 17). Der Logos bedient sich der Engel des Demiurgen als Mittler (ὡς μεσῖται) für sein Säen; vgl. Clem. Al. exc. Thdt. 53,2f.: männliche Engel kümmern sich um die Samen (δι' ἀγγέλων οὖν τῶν ἀρρένων τὰ σπέρματα ὑπηρετεῖται), wobei hier die Sophia an Stelle des Logos steht.

20 Ein terminologischer Unterschied besteht lediglich darin, daß Valentin den Logos in seiner menschenschöpfenden Funktion ὁ προὼν Ἄνθρωπος nennt; zur Identität von Logos und Anthropos bei Valentin s. meine in Anm. 18 genannte Diss., 159ff.

21 Valentin fr. 8 (sein Psalm mit dem Titel *Ernte*) mit meiner Interpretation: „Ein gnostischer Psalm?", JbAC 36, 1993, 67-80.

ten, so gilt auch für die Gegenwart Herakleons, daß manche noch nicht bereit sind und manche Seelen überhaupt erst den Samen erhalten (267,15)[22]. Aus dieser Passage wird deutlich, daß die Schöpfungsaussage in fr. 16 nicht ein einmaliges Ereignis der Vergangenheit, sondern im Sinne der „creatio continua" den ewigen, d.h. anfangslosen Zustand des Kosmos beschreibt, in dem stets neue Menschen entstehen, die bei Geburt oder Zeugung einen pneumatischen Samen erhalten. Auch hierin folgt Herakleon den Mittelplatonikern und seinem Lehrer Valentin, die den Mythos der Weltschöpfung nicht im Sinne eines zeitlichen Beginns auffaßten. Andererseits stellt er die Bedeutung der Zeit heraus: Säen und Ernte müssen in einem zeitlichen Nacheinander stehen[23]. Der Abstieg des Heilands ist der „Beginn einer neuen Ordnung" (ἀρχὴ ἄλλης οἰκονομίας, fr. 11, 180,19f.). Der „zeitlosen" Schöpfung steht eine Heilsgeschichte gegenüber, die mit einem zeitlichen Voranschreiten rechnet. Hier werden die Grenzen des Versuchs sichtbar, platonische Philosophie und christliche Erlösungslehre zu verbinden.

Über das Wachsen der Samen erfahren wir Näheres aus fr. 2. Dort bezieht Herakleon Jo 1,4 ὃ γέγονεν ἐν αὐτῷ ζωὴ ἦν auf die Pneumatiker und ihren pneumatischen Samen[24]. In diesem Zusammenhang findet sich nun eine wichtige Aussage, durch die Herakleons Lehre in ihren Umrissen nachvollziehbar wird. Denn er spricht von einer „ersten Gestaltung bezüglich des Werdens" (ἡ πρώτη μόρφωσις ἡ κατὰ γένεσιν, 77,27). Damit sei gemeint, daß der Logos dem Samen eine Gestalt gibt. Wo es eine „erste Gestaltung" gibt, muß es (mindestens) auch eine zweite geben. Leider hat Origenes kein Fragment überliefert, in dem Herakleon von der δευτέρα μόρφωσις ἡ κατὰ γνῶσιν (s. Röm 2,20) spricht, die im Mythos

---

[22] Vgl. fr. 35 (276,27f.): hier sagt Herakleon, daß in seiner Gegenwart (ἐπὶ τοῦ παρόντος) Säer und Ernter ihr Werk tun.

[23] Fr. 35 (276,22-25) ἀλλ' ὁ μὲν πρῶτος ἤρξατο σπείρων, ὁ δὲ δεύτερος θερίζων. οὐ γὰρ ἐν τῷ αὐτῷ ἐδύναντο ἀμφότεροι ἄρξασθαι· ἔδει γὰρ πρῶτον σπαρῆναι, εἶθ' ὕστερον θερισθῆναι.

[24] Zur textlichen Fassung von Jo 1,4 bei Herakleon s. die Arbeiten von Ehrmann in Anm. 29. Origenes sagt ἀντὶ τοῦ "ἐν αὐτῷ" εἰς τοὺς ἀνθρώπους τοὺς πνευματικούς. Sollte Herakleon so gegen den Text ausgelegt haben? Mir scheint, er hat ἐν αὐτῷ auf den Samen bezogen, der bei der Weltschöpfung des Demiurgen vom Logos gegeben wurde (s. Valentin fr. 5: τὸ ἀόρατον τοῦ θεοῦ) und durch die Engel des Demiurgen in die Seelen der Pneumatiker gesät wurde, s. Anm. 19. In diesem pneumatischen Samen liegt das Prinzip des wahren Lebens, das nicht vergänglich ist.

bei Irenäus eine so wichtige Bedeutung hat[25]. Einen mißverständlichen Hinweis finden wir in demselben Fragment, wenn Origenes davon spricht, daß nach Herakleon der Logos das Gesäte zur Erleuchtung (φωτισμός) und „eigenen Abgrenzung" (ἰδία περιγραφή, 77,29) führt[26]. Damit kann m.E. nur die zweite Gestaltung der Erkenntnis nach gemeint sein[27]. Aus dieser Lehre folgt, daß ein Pneumatiker zwar einen Samen von Natur aus besitzt (μόρφωσις ἡ κατὰ γένεσιν), daß dieser aber gestaltet werden muß, was als Erleuchtung beschrieben wird. Platonisch gesprochen bedeutet das, daß der Mensch sich seiner Anlage bewußt werden muß und sie in einer Hinwendung zum Geistigen verwirklichen muß[28].

Bei Herakleon bezieht sich diese Verwirklichung konkret auf die

---

25 Iren. haer. 1,4,1 (Z. 361f.) μορφῶσαι μόρφωσιν τὴν κατ' οὐσίαν μόνον, ἀλλ' οὐ τὴν κατὰ γνῶσιν, 1,4,5 (Z. 451) μόρφωσιν τὴν κατὰ γνῶσιν καὶ ἴασιν τῶν παθῶν; vgl. Clem. Al. exc. Thdt. 45,1; 57,1; 60,1. B. Aland, Die frühe Gnosis zwischen platonischem und christlichem Glauben", in: D. Wyrwa (Hrsg.), Die Weltlichkeit des Glaubens in der Alten Kirche (FS U. Wickert), Berlin, New York 1997, 21ff. weist zu Recht darauf hin, daß der Begriff der Formung im soteriologischen Sinne eine gnostische Adaption platonischer Kosmologie darstelle (s. Plat. Tim. 29c-30c).

26 Fr. 2 (77,28-30) kann nicht Herakleons eigenen Wortlaut enthalten; zwar wird zwischen **εἰς** μορφὴν καὶ **εἰς** φωτισμὸν καὶ περιγραφὴν ἰδίαν durch die wiederholte Setzung der Präposition unterschieden, aber daß mit letzterem die zweite μόρφωσις gemeint ist, wird nicht deutlich, s. Pagels (wie Anm. 4), 34 und W.-D. Hauschild, Gottes Geist und der Mensch, Studien zur frühchristlichen Pneumatologie (BEvTh 63), München 1972, 159 Anm. 6. Ebenso unklar ist der Ausdruck ὑπ' ἄλλου σπαρέντα, was nach fr. 36 δι' ἄλλου oder ὑπ' ἄλλων heißen müßte, denn neben dem Logos wirken bei der Menschenschöpfung nur die Engel des Demiurgen (jeweils einer für einen bestimmten Menschen?). Origenes wird für solche Differenzierungen wenig Interesse aufgebracht haben und hat die Lehre von einer doppelten Gestaltung des Samens mehr oder weniger ignoriert; ebensowenig differenziert Strutwolf (wie Anm. 5), 119f. (anders dagegen 125 Anm. 122).

27 Die Verbindung von Erleuchtung und Erkenntnis nach 2 Kor 4,6 φωτισμὸς τῆς γνώσεως τῆς δόξης τοῦ θεοῦ ἐν προσώπῳ Χριστοῦ; vgl. Clem. Al. paed. 1,6 (29,3f.); die Verbindung von μόρφωσις und Erleuchtung bei Clem. Al. exc. Thdt. 41,3. Die ἰδία περιγραφή meint das Entstehen einer Individualität, d.h. das, was ohne äußere Konturen, nur potentiell vorhanden ist, wird nun als eigene Identität existent; vgl. Sext. Emp. adv. math. 10,263 als pythagoreische Lehre: κατὰ διαφορὰν μὲν οὖν εἶναι τὰ καθ' ἑαυτὰ καὶ κατ' ἰδίαν περιγραφὴν ὑποκείμενα, οἷον ἄνθρωπος ἵππος φυτὸν γῆ ὕδωρ ἀὴρ πῦρ, vgl. ebd. 3,86, 8,162, 9,261.

28 Im Mythos heißt es (Iren. haer. 1,5,6, Z. 571-6): (ἵνα) τὸ πνευματικὸν ... εἰς τὴν ... ψυχὴν σπαρὲν καὶ εἰς τὸ ὑλικὸν τοῦτο σῶμα, κυοφορηθὲν ἐν τούτοις (= erste Gestaltung) καὶ αὐξηθέν, ἕτοιμον γένηται πρὸς ὑποδοχὴν τοῦ τελείου (= zweite Gestaltung, τὸ τέλειον = die Vollkommenheit, s. 1 Kor 13,10); vgl. 1,7,5 (Z. 759-62): τὰ πνευματικά ... παιδευθέντα ἐνθάδε καὶ ἐκτραφέντα, διὰ τὸ νήπια ἐκπέμπεσθαι, ὕστερον τελειότητος ἀξιωθέντα.

Gotteserkenntnis, die durch Christus erstmalig möglich wurde (fr. 8, 147,14f.)[29]: ἤδη πάρεστιν καὶ ἔστιν ἐν τῷ κόσμῳ καὶ ἐν ἀνθρώποις. „Jetzt endlich ist er da, ist er in der Welt und unter den Menschen." In dieser Bindung der geistig-pneumatischen Existenz an Christus unterscheiden sich Platoniker und Christen natürlich diametral. Erkenntnis ist nur möglich durch den Abstieg des Erlösers; natürliche Erkenntnis kann sich nur auf das Geschöpfliche beziehen[30]. Erst in der Begegnung mit dem Heiland kann ein Mensch seine geistige Bestimmung verwirklichen, indem er in und durch Christus Gott erkennt.

Für diese zweite und entscheidende Gestaltung des Pneuma benutzt Herakleon nun viele andere Bilder[31]. Wichtig bei der Interpretation der Fragmente ist der Umstand, daß sich diese Bilder gegenseitig ausschließen und nicht miteinander harmonisiert werden können. Ein wichtiges Bild ist die Vereinigung der Seele mit ihrem himmlischen Paargenossen[32]. Herakleon interpretiert sie aus der Geschichte der Samaritanerin am Jakobsbrunnen (Jo 4) heraus. Jesu' Aufforderung an die Frau, ihren Mann zu holen, beziehe sich auf den Paargenossen im Pleroma (ὁ ἀπὸ τοῦ πληρώματος σύζυγος, 235,27). Vom Heiland erlange sie die „Kraft" (δύναμις) und „Vereinigung mit ihrem Pleroma" (ἕνωσις καὶ ἀνάκρασις ἡ πρὸς τὸ πλήρωμα αὐτῆς, 235,21f.), d.h. in der Erkenntnis wird die

---

[29] Das Wort ἤδη darf man nicht mit „schon" oder „bereits" übersetzen, weil so das Aussageziel verloren geht; Origenes dagegen leugnet, daß Christus jetzt zum ersten Mal (νῦν πρῶτον) Gott offenbart, als ob es davor keiner erfassen konnte (in Jo 6,3, 109,15f.); zu Herakleons (westlichem) Text (in Jo 1,26 liest er στήκει) s. B.D. Ehrmann, Heracleon, Origen and the text of the fourth gospel, Vig. Chr. 47, 1993, 105-118 und ders., Heracleon and the „western" textual tradition, NTS 40, 1994, 161-179.

[30] Vgl. fr. 20 zu Jo 4,21, wo Herakleon im ersten Anlauf der Interpretation die vor- und nichtchristliche Menschheit beschreibt: den Garizim, wo die Samaritaner beten, bezieht er auf die Heiden und die Juden vor dem Gesetz, die den Kosmos, den Berg der κακία, anbeten; Jerusalem auf die gesetzestreuen Juden, die den Schöpfer und die Schöpfung (τὴν κτίσιν ἢ τὸν κτίστην, 240,1) anbeten, wobei sie nicht einmal den Demiurgen kennen, sondern Engel und Monate und den Mond anbeten (fr. 21); zur zweiten Deutung s. Anm. 85. So kann der vom Demiurgen geforderte Gesetzesgehorsam (symbolisiert im Jakobsbrunnen in fr. 17) vor der Parusie nur vergängliches (πρόσκαιρος in fr. 17, 234,8 und fr. 40, 291, 21) Leben schaffen (zum Gericht, das dem Gesetz folgt, s. fr. 48); durch die Bekehrung des Demiurgen (s. fr. 8) und die Sündenvergebung bietet der Weg des Gesetzes aber zumindest ein begrenztes Heil.

[31] In fr. 33 spricht er z.B. von der παραδοχὴ λόγου (270,33).

[32] In fr. 5 wird die Verwandlung von einer Frau in einen Mann erwähnt (τὴν γυναῖκα εἰς ἄνδρα μετατίθεσθαι, 129,21f.); gemeint ist damit m.E. ebenfalls die Vereinigung der Seele mit dem himmlischen Paargenossen, wobei in der entstehenden Syzygie wohl das Männliche dominiert.

pneumatische Seele „voll" (πλήρης) und gelangt zu ihrer Ganzheit[33]. Aus fr. 35 wird deutlich, daß es die (weibliche) Seele ist, die sich mit ihrem (männlichen) Paargenossen vereinigt. Denn dort deutet Herakleon die Jünger (μαθηταί) auf die Engel, die der Heiland zu ihrer jeweiligen Seele schickt (πέμπει ... ἕκαστον ἐπὶ τὴν ἑαυτοῦ ψυχήν, 276,33-277,1). Die Hochzeit von Seele und Paargenosse ist ein Bild für die Erkenntnis der jenseitigen Welt, des Pleroma. So wird bei dem valentinianischen Gnostiker der bei Plotin in ähnlichem Kontext wiederkehrende Begriff der „Vereinigung" (ἕνωσις) vorweggenommen[34], wobei Herakleon „nur" die Vereinigung mit der Ebene des Nus (= das Pleroma) behauptet[35]. Und wie Plotin nennt Herakleon diesen Zustand der Erkenntnis ein „Ausruhen", das er mit der Erkenntnis des Vaters und dem Heil verbindet[36]. In dem Ausdruck „ihr Pleroma" deutet sich die jenseitige Herkunft der Seele an, die nun wieder zu ihrem Ausgangspunkt zurückkehrt. Symbol dieser Herkunft ist der pneumatische Same in der Seele, d.h. dank ihrer Herkunft ist die Seele nicht völlig vom Jenseitigen abgeschnitten[37], sondern trägt in sich die Möglichkeit der Rückkehr, die sich in der Erkenntnis realisiert, durch die der Same zur Frucht wird oder die Vereinigung mit dem himmlischen Gegenüber geschieht.

Auf diesen Umstand wird auch in fr. 27 hingewiesen: διὰ γὰρ τοῦ

---

[33] Zur „Fülle" bei Plotin s. III 2 [47] 16,29: der eine νοῦς ist voll (πλήρης), III 7 [45] 3,37: Ewigkeit (αἰών) ist ὁμοῦ πᾶσα καὶ πλήρης, III 8 [30] 6,12: die Seele ist im Schauen erfüllt (πληρωθεῖσα), IV 3 [27] 8,16 redet er von τὸ πλῆρες καὶ τέλειον für die Seelen, V 6 [24] 6,19: πλῆρες δέ ἐστι τὸ εἶναι, ὅταν εἶδος τοῦ νοεῖν καὶ ζῆν λάβῃ.

[34] Vgl. Plotins Beschreibung des geistigen Aufstiegs in IV 8 [6] 1,1ff., s. IV 4 [28] 2,26f. εἰς ἕνωσιν ἐλθεῖν τῷ νῷ ἀνάγκη, vgl. ebd. 18,23 und VI 1 [42] 35,37; vgl. bereits Numen. fr. 2,11f. (des Plac.) ὁμιλῆσαι τῷ ἀγαθῷ μόνῳ μόνον und 19,3f. ἡ ἀγαθοῦ σύμβασις, dazu Alt 1993 (s. S. 279), 205. In Corp. Herm. 11,14 (153,4) bezieht sich die ἕνωσις von Geist und Seele auf die Schöpfung.

[35] Diese Position vertritt Plot. II 9 [33] 9,51f. τὸ δ' ὑπὲρ νοῦν ἤδη ἐστὶν ἔξω νοῦ πεσεῖν, zur Vereinigung mit dem höchsten ἕν s. Porph. vit. Plot. 23,15f. τὸ ἑνωθῆναι καὶ πελάσαι τῷ ἐπὶ πᾶσι θεῷ.

[36] Plot. VI 9 [9] 8,42f. ὅταν εἰς αὐτὸν ἴδωμεν, τότε ἡμῖν τέλος καὶ ἀνάπαυλα, vgl. IV 3 [27] 12,10, IV 8 [6] 5,6 (mit Hinweis auf Heraklit B 84a); Plotin benutzt aber nie das gnostische Wort ἀνάπαυσις, vgl. Plat. leg. 653c/d (Erholung durch Götterfeste), Plut. fr. 177,37f.; 178,46. 74. Herakleon fr. 31: der Wille des Vaters, nämlich: τὸ γνῶναι ἀνθρώπους τὸν πατέρα καὶ σωθῆναι, sei die ἀνάπαυσις (263,18-20); in fr. 12 verbindet Herakleon das Essen des Heilands mit der ἀνάπαυσις ἡ ἐν γάμῳ, das Essen deutet auf das Eingehen des Pneuma in die Seele im Akt der Erkenntnis.

[37] Plotin drückt diesen Umstand so aus, daß ein Teil der Seele immer oben bleibt: οὐ πᾶσα οὐδ' ἡ ἡμετέρα ψυχὴ ἔδυ, ἀλλ' ἔστι τι αὐτῆς ἐν τῷ νοητῷ ἀεί (IV 8 [6] 8,2f. s. ebd. 4,30f., IV 7 [2] 13,13, III 4 [15] 3,24).

πνεύματος καὶ ὑπὸ τοῦ πνεύματος προσάγεται ἡ ψυχὴ τῷ σωτῆρι (fr. 27, 255,18f.). Es ist selbstverständlich, daß die Präpositionen διά und ὑπό bei Herakleon besondere Bedeutung hatten; leider verschweigt Origenes diese. Der Urheber der Bekehrung aber kann nur der Heilige Geist sein, durch dessen Kraft Jesus die Seele von aller Schlechtigkeit reinigt (fr. 13, 207,10ff., s. dazu S. 290). Indem die Samaritanerin die Parusie Christi verkündet, führt sie diese Wirkung des heiligen Geistes fort (s. fr. 27). Die Menschen gelangen dank ihrer Predigt zum Heiland und glauben dann nicht mehr „nur durch menschliches Zeugnis, sondern durch die Wahrheit an sich" (διὰ μόνην ἀνθρωπίνην μαρτυρίαν, ἀλλὰ δι' αὐτὴν τὴν ἀλήθειν, fr. 39, 283,28f.)[38]. In diesem Fragment heißt es ebenfalls: ὑπὸ ἀνθρώπων ὁδηγούμενοι (283,26). Mit dem Ausdruck ὑπὸ τοῦ πνεύματος ist also die in der Samaritanerin wirkende Kraft des Geistes gemeint. Was bedeutet dann daneben διὰ τοῦ πνεύματος? Es scheint mir, daß Herakleon auf die pneumatische Anlage der Seele anspielt, in der die Voraussetzung für die gnostische Bekehrung, d.h. die zweite Gestaltung der Erkenntnis nach liegt[39]. Dabei entsprechen sich die innere Anlage und der Urheber ihrer Gestaltung. Denn derselbe Logos, der sie schenkte und entstehen ließ, führt sie auch zur Vollendung[40].

Damit stellt sich nun die entscheidende Frage, ob alle Menschen über diese Anlage verfügen. Bejaht man dies, so hat Herakleon keine „Menschenklassenlehre" vertreten[41], verneint man sie, schied er zwischen

---

[38] Das Fragment bezieht sich nicht auf die „vielen", d.h. die Psychiker, wie Mühlenberg (wie Anm. 6), 187 ergänzt, sondern auf die Pneumatiker, denn nur sie kennen die Wahrheit. Aufgrund dieser Fehldeutung kommt er zu der Ansicht, Psychiker und Pneumatiker seien nur „zwei Stufen im Erlösungsprozeß ..., erst Psychiker und dann Pneumatiker" (ebd.).

[39] Auch in fr. 27 sind die Pneumatiker (= κλῆσις, s. dagegen fr. 13, 206,29f. κλῆσις ἡ χωρὶς πνεύματος = Psychiker) gemeint; zur πίστις (fr. 27, 255,31) der Pneumatiker s. fr. 17 (235,2), 32 (267,13), 38 (281,13), anders Strutwolf (wie Anm. 5), 117f. Die Predigt der Samaritanerin richtet sich an Psychiker wie Pneumatiker (eine Differenzierung wäre ja unmöglich), wobei Herakleon sein Augenmerk natürlich auf letztere Gruppe legt.

[40] Nach Jo 4,37 ἄλλος ἐστὶν ὁ σπείρων καὶ ἄλλος ὁ θερίζων unterscheidet Herakleon den Logos (ὁ ὑπὲρ τὸν τόπον υἱὸς ἀνθρώπου) vom Heiland, der auch „Menschensohn" sei (fr. 35, 276,31-33); letzterer ist der Schnitter (θεριστής, fr. 34, 272,5). Denn der Heiland vereint in sich den Logos, den psychischen Christus (= seine Seele) und einen psychischen Leib (s. Anm. 11).

[41] So Aland (wie Anm. 5), 154: „Unbezweifelbar scheint mir aber auch zu sein, daß die Einsaat des pneumatischen Samens keineswegs nur auf eine bestimmte Gruppe von Menschen beschränkt ist, sondern grundsätzlich dem Menschen als Menschen gilt".

Pneumatikern, die einen Samen besitzen, und Psychikern, die ihn entbehren[42]. Die Tatsache, daß Herakleon in fr. 16 im Kontext der Schöpfungsgeschichte vom Einhauchen des Geistes spricht, scheint nahezulegen, daß die Gabe des Samens dem Menschen als solchem zukommt. Nun darf man allerdings nicht übersehen, daß schon bei Philon der Genesis-Text nicht nur als Schöpfungsaussage, sondern als soteriologischer Text gelesen wurde[43]. So könnte auch Herakleon gemeint haben, die Erlösung des Pneumatikers (!) sei bereits in der Schöpfung angelegt; über den Psychiker oder gar Choiker macht der Bibeltext dann keine oder eine andere Aussage[44].

Eine Entscheidung ist m.E. durch fr. 5 zu erreichen. Dort unterscheidet Herakleon zwischen Wort (λόγος), Stimme (φωνή) und Laut (ἦχος) und verbindet diese drei Stufen mit dem Erlöser, Johannes dem Täufer und den Propheten. Origenes referiert dann mit deutlichem Unverständnis (Herakleon spreche χωρὶς πάσης κατασκευῆς, 129,20), daß die Stimme, die dem Wort verwandter sei, zum Wort, der Laut aber zur Stimme werde. Diese beiden auf wörtlicher Ebene verhältnismäßig leicht nachvollziehbaren „Verwandlungen" habe Herakleon nun auf den Status eines „Jüngers" (μαθητής) und den eines Dieners (δοῦλος) bezogen. Um diese Aussage zu verstehen, muß man sich vor Augen halten, daß Herakleon zwischen dem Jünger Johannes und dem Täufer Johannes schon innerhalb des ersten Kapitels des Johannes-Evangeliums unterscheidet (s. fr. 3). Der Täufer wird als Vorläufer Christi in fr. 8 οἰκέτης genannt, der nicht einmal der unwürdigsten Aufgaben (ἀτιμοτάτη ὑπηρεσία) würdig sei (148,4ff.). Wenn Johannes nun die „Stimme in der Wüste" (Jo 1,23) ist, dann ist deutlich, daß er, der Diener, die Entwicklung vom „Laut" zur „Stimme" vollzogen hat. Davon wird die Entwicklung von der „Stimme" zum „Wort" geschieden, die Johannes der Täufer nicht durchmacht. Denn er bleibt, wie der Demiurg, den er repräsentiert, geringer als Christus (fr. 8, 148,15-18). Diese Entwicklung von φωνή zu λόγος ist dem gleichna-

Wenn alle Menschen den Samen besitzen, bleibt unklar, wie es eine Rettung der Psychiker χωρὶς πνεύματος (ebd. 175) geben kann.

42 Die Annahme, es müsse von dreierlei Samen gespochen werden, geht völlig in die Irre (so Mühlenberg [wie Anm. 6], 191). Der Ausdruck „böser Same" für die unbekehrten Psychiker (fr. 40, 293,5) stammt lediglich aus Jes 1,4.

43 Dazu G. Sellin, Der Streit um die Auferstehung der Toten (FRLANT 138), Göttingen 1986, 95ff.

44 So kann der Gnostiker den Vers Gen 2,7 bequem auch auf das Einhauchen einer (pneumalosen) Seele beziehen, durch die das materielle Gebilde zum aufrechten Menschen wird; zur Frage der Choiker/Hyliker s. S. 197f.

migen Jünger vorbehalten.

Die Unterscheidung zweier Menschentypen geht m.E. aus dem fünften Fragment eindeutig hervor; nur leider hat Origenes an keiner Stelle verraten, daß der Täufer ein Psychiker und der Jünger ein Pneumatiker ist. So erscheint in den wörtlichen Zitaten aus Herakleon die Bezeichnung πνευματικοί nur in fr. 2, 13 und 20 und die Bezeichnung ψυχικοί nur in fr. 13, 37 und 46[45]. Durch Origenes' Kritik an dem valentinianischen Gnostiker wird wenigstens deutlich, daß die Samaritanerin (fr. 17-39) Pneumatikerin ist, der Sohn des königlichen Beamten (fr. 40) dagegen Psychiker[46]. In den wörtlichen Fragmenten ist nur von einer bestimmten „Natur" die Rede (fr. 17, 235,2 κατάλληλος τῇ φύσει αὐτῆς πίστις, fr. 19, 239, 7f. πρεπόντως τῇ αὐτῆς φύσει, fr. 40, 292,13 τοιᾳδε φύσει)[47]. Einzig in fr. 13 und 37 werden zudem Pneumatiker und Psychiker einander gegenübergestellt. Das Allerheiligste (s. Hebr 9) repräsentiere das Pleroma, in das die Pneumatiker eingehen, der Vorhof sei Symbol für den Ort außerhalb des Pleroma, wo die Psychiker ihre Rettung fänden (fr. 13, 206,31-207,1)[48]. Nach fr. 37 folgen der Predigt der pneumatischen Kirche (πνευματικὴ ἐκκλησία, S, 279,33) die vielen Psychiker, wohingegen die Natur der Erwählten (ἡ τῆς ἐκλογῆς φύσις, 280,2) einheitlich ist (μονοειδής καὶ ἑνική)[49]. So muß der Interpret in den übrigen Fällen ent-

[45] Dazu kommt folgender adjektivischer Gebrauch: fr. 15 πνευματικὴ ἡμέρα, fr. 24 πνευματικῶς, fr. 37 πνευματικὴ ἐκκλησία, fr. 13 ψυχικὸν τόπον, fr. 15 ψυχικὴ ἡμέρα (letzteres scheint von Origenes zu stammen).

[46] Für die „pneumatische" Samaritanerin s. 13,11 (236,8-15), 25 (249,8f.) und 31 (255,27); für den „psychischen" Beamtensohn 13,61 (293,25 und 294,6); letzterer gehört zu den ἄνθρωποι τοῦ δημιουργοῦ (fr. 40, 292,36); sie sind ihm verwandter (οἰκειότεροι, Z. 33f.) und ihm eigen (ὁ ἴδιος αὐτοῦ ἄνθρωπος, 291,27).

[47] Der Hinweis in fr. 40 (292,30f.), die 7. Stunde, in der die Heilung geschieht, charakterisiere die Natur des Geheilten, ist nur für den hilfreich, der aus dem Mythos die Information heranzieht, daß der psychische Demiurg in die Hebdomas gehört.

[48] Aber ausgerechnet die Aussage über die Pneumatiker schwächt Origenes durch ein „ich glaube, daß er sagt" ab (οἴομαι αὐτὸν λέγειν, 206,32f.). Daraus nun aber zu schließen, Herakleon habe es nicht gesagt, scheint mir übereilt. Vgl. Clem. Al. exc. Thdt. 63,1 über die Seelen der Psychiker (αἱ ἄλλαι πισταὶ ψυχαί), die erst beim Demiurgen ruhen, dann in die Ogdoas eingehen, aber außerhalb des Pleroma bleiben, s. Iren. haer. 1,7,1 (Z. 686-9); Pagels (wie Anm. 4), 95-97 nimmt dagegen an, daß dereinst auch die Psychiker ins Pleroma gelangen und so die Unterschiede dann aufgehoben würden, s. dagegen Anm. 57.

[49] Zur Einheit des Geistigen s. Numen. fr. 41,3f. εἰσὶ δή τινες οἳ πᾶσαν τὴν τοιαύτην οὐσίαν ὁμοιομερῆ καὶ τὴν αὐτὴν καὶ μίαν ἀποφαίνονται.

scheiden, über welchen Menschentypus der Gnostiker jeweils spricht[50], wobei die Aussagen verschiedener Fragmente so miteinander zu verbinden sind, daß sich ein geschlossenes Bild ergibt.

Was nun Johannes den Täufer angeht, so ist es hilfreich, fr. 46 einzubeziehen. In Jo 8,44 wird von den Juden gesagt, sie seien „aus dem Teufel" (ὑμεῖς ἐκ τοῦ πατρὸς τοῦ διαβόλου ἐστέ). Nach Herakleon sei dies zu den Psychikern gesagt, die von ihrer Natur her auch „Söhne Gottes" (υἱοὶ θεοῦ, 359,15) heißen könnten, nun aber „Söhne des Teufels" wurden. Daraus wird deutlich, daß die Natur eines Psychikers keineswegs sein Verhalten determiniert. Wer von Natur aus Psychiker ist, kann gemäß seiner eigenen Festlegung (θέσει) Sohn Gottes oder des Teufels sein[51]. Johannes nun repräsentiert einen Psychiker, der Sohn Gottes wurde[52]. Seinen prophetischen Status als „Laut" hat er hinter sich gelassen - was sich die Juden in Jo 8,44 weigern zu tun - und zeigte sich „größer als ein Prophet" und wurde zur „Stimme".

Näheres über einen solchen Übergang erfahren wir aus Herakleons Interpretation der Heilung des Sohnes des königlichen Beamten (Jo 4, 46-53; fr. 40). Er befindet sich in Kapharnaum, im untersten Teil der Mitte (ἐν τῷ ὑποβεβηκότι μέρει τῆς μεσότητος, 291,25)[53]. Der mittlere Teil

[50] Dabei ist zu beachten, daß Herakleon eine Bibelstelle jeweils auf den verschiedenen Ebenen auslegen kann; so können auch die Juden/Pharisäer/Leviten die Psychiker oder die Choiker meinen, s. Anm. 86 und 30.

[51] Der Gegensatz φύσει - θέσει ist stoisch; s. Diog. Laert. 7,128 (= SVF 3,76 [fr. 308]): φύσει τε τὸ δίκαιον εἶναι καὶ μὴ θέσει ..., καθά φησι Χρύσιππος ἐν τῷ περὶ τοῦ καλοῦ, vgl. Alex. Aphr. in Aristot. top. 252,21, Philon migr. Abr. 95, QGen. 4, fr. 184. In Bezug auf die Sprachphilosophie wird er von Alkin. did. 6 (160,4f.) bereits auf Plat. Krat. zurückgeführt: ζητεῖ γὰρ πότερον φύσει τὰ ὀνόματά ἐστιν ἢ θέσει, vgl. Alex. Aphr. in Aristot. top. 82,16f., Sext. Emp. adv. math. 1,144f., 11,241 u.ö., Orig. c. Cels. 1,24. LSJ s.v. θέσις V 3 übersetzt: „arbitrary determination"; zur analogen Differenzierung φύσει - γνώμῃ - ἀξίᾳ s. S. 299.

[52] So zu Recht Pagels (wie Anm. 4), 51ff.; Mühlenbergs Einwände ([wie Anm. 6], 188) können nicht überzeugen: Johannes läßt seinen levitischen Status (d.h. den des nicht bekehrten Psychikers) gerade hinter sich (s. Anm. 85); die Parusie ist auch für die Psychiker das entscheidende Datum, so daß fr. 8 keine pneumatische Erkenntnis darstellt und das Wissen um die (psychische) Sündenvergebung möglich wird (fr. 10); auch Strutwolf (wie Anm. 5) hält den Täufer für einen Pneumatiker.

[53] Es besteht kein Widerspruch zu fr. 11 und 13 (so Aland [wie Anm. 5], 160). Dort wird Kapharnaum der äußerste Bereich des Kosmos (τὰ ἔσχατα τοῦ κόσμου, 180,21f.) genannt. Da der Kosmos aus Seele und Materie besteht, bedeutet die weitere Angabe, Kapharnaum sei das Hylische (τὰ ὑλικά, 180,22 und Fr. 13, 206,26), nicht, daß es dort nichts Psychisches gibt, sondern daß die Seele dort der Materie vollkommen untergeordnet ist, d.h. der Ort Symbol für die dem Materiellen verfallenen Menschen ist (dort kann der Erlöser sein Werk nicht vollbringen); zu den Choikern s. S. 297f. Der

meint das Psychische, aus dem er als Geschöpf, das über Leib und Seele verfügt, nicht herausfallen kann, aber der Beamtensohn befindet sich an seinem untersten Teil, der an die Materie grenzt. Er hat sich dem Materiellen zugewandt und befindet sich deshalb nicht im Einklang mit seiner Natur (οὐ κατὰ φύσιν ἔχων, 291,28)[54]. Denn der Psychiker steckt in Unkenntnis (ἀγνοία) und Sünden. Dies ist der Zustand, in dem sich die gesamte vorchristliche Menschheit befand. Aber in der Begegnung mit Christus erfährt der Psychiker Heilung, indem ihm seine Sünden vergeben werden. Jetzt lebt der Sohn in rechter Weise (οἰκείως καὶ κατὰ τρόπον, 292,23f.)[55]: er wandelt lauter und rein (ἐρρωμένως καὶ εἰλικρινῶς πολιτεύεσθαι, 292,28f.)[56]. Seine Seele hat Unsterblichkeit angezogen (1 Kor 15,53), auch wenn sie außerhalb des Pleroma bleiben muß (fr. 13, 206,34f.). Eine Seele kann nicht in die Sphäre des Geistes eingehen[57]. So läßt sich der Psychiker durch den Augenschein überzeugen, er benötigt Zeichen und Wunder; er glaubt nicht dem Worte, ohne zu zweifeln (292,7f.). Er kennt nicht die wahren Zusammenhänge der Schöpfung, weil er die Herkunft seines Lebens nicht kennt[58]. Seine

Aufstieg zum psychischen Ort (ψυχικὸς τόπος, 206,27) meint dann nichts anderes, als daß die dem Materiellen verfallene Seele durch Christus zu sich selbst kommt und der „Psychiker" geheilt wird.

[54] Zum Ausdruck s. Aristot. probl. 921a1 αἱ γὰρ νόσοι τῆς τοῦ σώματος οὐ κατὰ φύσιν τάξεως κινήσεις εἰσίν, pol. 1258a10; vgl. Marc. Aur. 5,9,1 μέμνησο δὲ ὅτι φιλοσοφία μόνα, ἃ θέλει ἡ φύσις σου, θέλει· σὺ δὲ ἄλλο ἤθελες οὐ κατὰ φύσιν, zahlreiche Belege bei Galen, s. z.B. plac. Hipp. et Plat. 6,1,21 τῶν γὰρ τῆς ψυχῆς συμφύτων δυνάμεων κινήσεις τινὲς ἄμετροί τε καὶ οὐ κατὰ φύσιν ὄντα κτλ.

[55] Plut. de sera 26, 565D spricht von der προσήκουσα ἕξις καὶ διάθεσις der Seele, die dort allerdings durch wiederholte Strafprozeduren erlangt wird.

[56] Insofern er aber zu seinem alten Lebenswandel zurückkehrt, verliert er sein Heil und geht zugrunde (292,36-293,6). Nach Iren. haer. 1,6,4 (Z. 657) wird nun von den Psychikern gesagt, daß sie die Gnade nur „zum Gebrauch" (ἐν χρήσει) besitzen, sie kann ihnen auch wieder genommen werden. Dies geschieht dann, wenn sie sich wieder dem Materiellen zuwenden. Deshalb muß der Psychiker enthaltsam sein und gute Werke tun; vgl. D. Devoti, Remarques sur l'anthropologie d'Héracléon. Les Psychiques, in: E.A. Livingstone (Hrsg.), Stud. Patr. XVI (2) (TU 129), Berlin 1985, 143-151.

[57] Vgl. Plutarchs Mythos in de fac. 943Aff.; die Seelen steigen zum Mond auf (feiern dort Siegesfeste, 943D), der Geist aber in die durch die Sonne symbolisierte jenseitige, geistige Welt. Bei den Valentinianern gehen die Seelen in die Fixsternsphäre (= Ogdoas), was platonischer Lehre entspricht, s. Plat. Tim. 42b, Alkin. did. 16 (172,14f.), Numen. fr. 35,6, Plot. III 4 [15] 6,20; nur der Geist geht ins jenseitige Pleroma, s. Anm. 48.

[58] Fr. 40 (292,15f.) οὐδὲ ἐνέφηνεν (ὁ σωτὴρ) αὐτὸς παρεσχῆσθαι τὴν ζωήν, das Perf. zeigt, daß auch das geschöpfliche Leben gemeint ist; der Psychiker weiß nicht um das wahre Sein des Logos als Schöpfer und Erlöser. Fr. 22 (Christus als wahrer Schöpfer) bezieht sich auf pneumatische Erkenntnis (s. 243,25f. ἐν πνεύματι καὶ

Haltung ist dadurch charakterisiert, daß er meint, der Heiland könne auch heilen, ohne anwesend zu sein (μὴ παρών, 292, 21). Dies muß man verbinden mit dem Ausdruck „Berufung ohne den Geist" (κλῆσις ἡ χωρὶς πνεύματος, fr. 13, 206,29f.). Der Psychiker verfügt über keine pneumatische Anlage, die vom Heiland gestaltet wird. Er besteht aus Körper und Seele ohne einen pneumatischen Samen. So unterscheidet Herakleon bei Johannes dem Täufer dessen „Selbst" (αὐτός) von den ihn umgebenden „Kleidern" (τὰ περὶ αὐτόν)[59]. In seiner körperlich materiellen Natur ist er Prophet und spricht über Christi Körper, in seiner psychischen Natur (wenn sie bekehrt und frei von Schlechtigkeit ist) ist er mehr als ein Prophet und spricht über die Sündenvergebung (fr. 10). Aber zu pneumatischer Erkenntnis kann er nicht gelangen; er kann die materielle Schöpfung nicht auflösen (ἐπιλῦσαι τὴν περὶ σαρκὸς οἰκονομίαν, fr. 8, 148,12f.)[60].

Im Kontrast dazu verhält sich die Samaritanerin. Der ihrer Natur entsprechende Glauben zeigt sich darin, daß sie nicht zweifelt (μὴ διακριθεῖσα, fr. 17, 235,2f.), sich sofort voller Abscheu vom Heilsweg durch Gesetzesgehorsam abwendet (ebd. 235, 9f.), in der Unkenntnis Gottes (ἄγνοια θεοῦ, fr. 19, 239,12) die Ursache ihrer früheren Sünden erkennt[61] und nun in Wahrheit (κατὰ ἀλήθειαν) Gott anbetet, weil sie selbst Pneuma geworden ist (fr. 24, 249,1-3). Ihr kann das Gefäß für das lebendige Wasser, d.h. die Erkenntnis der von Christus geschenkten Kraft (ἔννοια τῆς δυνάμεως τῆς παρὰ τοῦ σωτῆρος, fr. 27, 255,13f.) nicht

ἀληθείᾳ προσκυνεῖσθαι); der Demiurg weiß nur, daß er geringer ist als Christus (fr.8, 148,16f.) - er kann keine Sünden vergeben und seine kranken Menschen nicht heilen (fr. 40) -, aber auch er weiß nicht um die wahren Zusammenhänge, er ist εὔπιστος (292,20). So verbindet der Psychiker seine Anbetung des Demiurgen mit der Anbetung Christi, der das „größere" Werk der Sündenvergebung vollbrachte, ohne wahres Wissen um deren Herkunft und Sein.

59 Zur Seele als das „Selbst" s. Plot. IV 7 [2] 1,25 ἑκατέρως δὲ ἡ ψυχὴ αὐτός, vgl. V 3 [49] 3,36-40, II 3 [52] 9,30f.; oft wird auch der νοῦς als das „Selbst" bezeichnet, s. Cic. somn. Scip. § 26 (= rep. 6,24), Plut. de fac. 944F, Epikt. bei Arrian diss. 4,7,32, Porph. de abst. 1,29,4; zum Körper als Kleid s. Gen 3,21, Röm 13,14, 1 Kor 15,53, 2 Kor 5,2-4, Emp. B 126 (Diels/Kranz), Plat. Gorg. 523c, Phaid. 81d, rep. 620c, Philon deus imm. 56, fug. et inv. 110 u.ö.

60 Auch hier folgt Herakleon seinem Lehrer; s. Valentin fr. 4 ὅταν γὰρ μὲν κόσμον λύητε, ὑμεῖς δὲ μὴ καταλύησθε, κυριεύετε τῆς κτίσεως καὶ τῆς φθορᾶς ἁπάσης.

61 Der Umstand, daß sie weder ihre Sünden leugnet noch bekennt (fr. 19, 239,9), zeigt nach Herakleon, daß sie das Vergangene völlig hinter sich gelassen hat; Sündenvergebung wäre für sie ein geradezu anachronistischer Akt. Zur Samaritanerin bei Herakleon vgl. J.M. Poffet, La méthode exégétique d'Héracléon et d' Origène ... (Paradosis 28), Fribourg 1986.

wieder weggenommen werden. Der in der Schöpfung gegebene pneumatische Same ist nun gestaltet worden und die „Stimme" hat sich zum „Wort" gewandelt[62]. Denn eine „Stimme", d.h. eine Seele, die über eine pneumatische Anlage verfügt, ist dem „Wort" verwandter (οἰκειοτέρα οὖσα τῷ λόγῳ fr. 5, 129,20) als - so muß man in Herakleons Sinne fortsetzen - eine Seele, die dieser Anlage entbehrt. Aber beide Seelentypen befanden sich vor ihrer Begegnung mit dem Erlöser nicht ihrer Natur gemäß. In dieser Hinsicht gibt es tatsächlich, wie B. Aland und E. Mühlenberg herausstellen[63], keinen Unterschied zwischen den Pneumatikern und Psychikern. Beide sündigten und suchten ihr Heil im Geschöpflichen oder beim Schöpfer. Herakleon betont ausdrücklich, daß auch die Pneumatiker die Hilfe vom Herrn (βοηθεῖσθαι ὑπὸ τοῦ κυρίου, fr. 13, 206,30f.) benötigen[64]. Auch in der geistbegabten Seele wohnen böse Gäste, die dort nicht hingehören[65]: die Samaritanerin hurte mit sechs Männern, die die materielle Schlechtigkeit (ὑλικὴ πᾶσα κακία) symbolisieren[66]. Das zum Vater Gehörige ist in der tiefen Materie des Unwissens verloren (fr. 23, 244,6f. ἀπολωλέναι ἐν τῇ βαθείᾳ ὕλῃ τῆς πλάνης τὸ οἰκεῖον τῷ πατρί)[67]. Von einem Heilsautomatismus kann also auch hier keine Rede sein. Diesen Vorwurf kann Origenes (und seine Nachfolger) nur dann erheben, wenn man nicht akzeptiert, daß sich eine Natur (φύσις) gegen ihre Natur (παρὰ φύσιν/οὐ κατὰ φύσιν) befinden kann[68]. Genau

[62] Vgl. Plot. V 3 [49] 4,7ff. über die Verwandlung in Geist: γινώσκοντα ἑαυτὸν κατὰ τὸν νοῦν ἐκεῖνον γινόμενον (Z. 10).

[63] Aland (wie Anm. 5), 172 und Mühlenberg (wie Anm. 6), 178-185.

[64] Mühlenberg (wie Anm. 6), 190 übersieht in seiner Interpretation von fr. 13 die Trennung des (psychischen) Vorhofs des Tempels und des (pneumatischen) Allerheiligsten; auch letzteres muß gereinigt werden.

[65] Fr. 13: die Tierverkäufer und Wechsler haben davon Gewinn, daß „Fremde" (ξένοι, 207,5) ins Heiligtum gehen; von der Verehrung des Demiurgen (ἡ λατρεία τοῦ θεοῦ, Z. 7) ziehen also die Mächte der Materie, über die wohl der Teufel herrscht, Gewinn. Die Nähe zu Valentins fr. 2 (Vergleich des Herzens mit einem von den Gästen beschmutzten Wirtshaus) ist offensichtlich.

[66] Fr. 18 (236,4-7); Herakleon zählt die fünf vergangenen und den einen gegenwärtigen Liebhaber zusammen (Jo 4,18); s. Y. Janssens, Héracléon. Commentaire sur l'Evangile selon S. Jean, Muséon 72, 1959, 135 Anm. 43.

[67] Das zum Vater Gehörige ist das Pneumatische im Menschen (πνευματικὴ φύσις, 244, 12f.), das sich in Unkenntnis seiner selbst befindet. Der Heiland sucht es, um ihm Erkenntnis zu bringen, so daß es dann den Vater anbeten kann (ebd. 244,7f.).

[68] Unter den unzähligen Stellen, die diesen Einwand bringen, nenne ich hier 2,20 (77,4ff.): dort fragt Origenes im Hinblick auf Eph 5,8 ἦτε γάρ ποτε σκότος, νῦν δὲ φῶς ἐν κυρίῳ, wie man bei Annahme einer pneumatischen Natur die Wandlung von Dunkelheit zu Licht erklären wolle. Für Herakleon wäre das wohl kein Problem

dies ist aber die Grundlage von Herakleons Seelenlehre. Jede Seele ist vor ihrer Begegnung mit dem Heiland in Unkenntnis, woraus Schlechtigkeit folgt; so muß sie sich dem Erlöser zuwenden, muß lernen wollen, um gerettet zu werden[69]. Dem entspricht im Mythos die Herkunft des Psychischen: es stammt aus der „Hinwendung" der Achamoth zum Erlöser (ἐπιστροφή ἐπὶ τὸν ζωοποιήσαντα, Iren. 1,4,1, Z 386)[70]. Nach Herakleon ist die Seele nicht unsterblich, aber „zur Rettung geeignet"[71]. Herakleon nimmt damit in einer platonischen Streitfrage dezidiert Stellung: die vom Geist unterschiedene (untere) Seele ist sterblich[72]. Aber sie kann unsterblich werden. Dies geschieht dann, wenn sie infolge der Bekehrung durch den Heiland ihre bisherige Verfallenheit an das Geschöpfliche aufgibt. Dies gilt für Pneumatiker und Psychiker in gleicher Weise[73], aber die Art der Rettung ist eine unterschiedliche (s. dazu das auf S. 290 zitierte fr. 13). Denn in der Bekehrung wird deutlich, welcher Grad der Erkenntnis und des Heils der Seele von Natur aus, d.h. seit Zeugung oder Geburt, gegeben ist. In wessen Seele ein Pneumafunke

---

gewesen: das Pneuma war im Dunkel der Materie und wurde dann durch die Erkenntnis erleuchtet; vgl. im Anschluß von fr. 18 (236,8ff.): wie kann eine Pneumatikerin (= ein guter Baum) sündigen, d.h. schlechte Früchte bringen, was Origenes nach Mt 7,18 für unmöglich hält; zu Origenes' Argumenten s. J.A. Trumbower, Origen's exegesis of John 8,19-53. The struggle with Heracleon over the idea of fixed natures, Vig. Chr. 43, 1989, 138-154.

[69] In fr. 19 interpretiert Herakleon das Kommen der Samaritanerin zum Brunnen als (freilich erfolglosen) Versuch, ihre Sünden zu überwinden: βουλομένη μαθεῖν πῶς καὶ τίνι εὐαρεστήσασα καὶ θεῷ προσκυνήσασα ἀπαλλαγείη τοῦ πορνεύειν (239, 21f.). Der Pneumatiker muß also sein bisheriges Leben als unbefriedigend empfinden und ein neues suchen. Erst so kann es zur wirklichen Begegnung mit dem Heiland kommen. Das Kommen zum Brunnen (als Symbol der Verehrung des Demiurgen) meint nicht, daß die Samaritanerin erst Psychikerin und dann Pneumatikerin wird, so Pagels (wie Anm. 4), 87; der Demiurg ist vor der Parusie ebenfalls unerlöst, und seine Anbetung ist vom (psychischen) Christentum zu unterscheiden, s. Anm. 30.

[70] Vgl. Iren. haer. 1,4,5, Z. 437 ἐπὶ ἱκεσίαν τραπῆναι. In der Folge dieser Hinwendung der Seele kommt es zur Gestaltung der Erkenntnis nach, wobei das Psychische in seiner Entscheidung frei ist (αὐτεξούσιον, Iren. haer. 1,6,1, Z. 598, Clem. Al. exc. Thdt. 56,3), d.h. die Hinwendung zu Christus nicht determiniert ist.

[71] Fr. 40 (291,34-292,2) καὶ οὐκ ἀθάνατόν γε εἶναι ἡγεῖται τὴν ψυχὴν ὁ Ἡρακλέων, ἀλλ' ἐπιτηδείως ἔχουσαν πρὸς σωτηρίαν.

[72] Alkin. did. 25 (178,24-26) ὅτι μὲν οὖν αἱ λογικαὶ ψυχαὶ ἀθάνατοι ὑπάρχουσιν κατὰ τὸν ἄνδρα τοῦτον (Platon), βεβαιώσαιτο ἄν τις· εἰ δὲ καὶ αἱ ἄλογοι, τοῦτο τῶν ἀμφισβητουμένων ὑπάρχει, vgl. Numen. fr. 46a, Aet. 4,7,5 τὸ μὲν λογικὸν ἄφθαρτον ..., τὸ δὲ ἄλογον φθαρτόν.

[73] Leider führt er nicht genau aus, wie die pneumalose Seele gerettet wird, sondern weist auf die bildliche Sprache von 1 Kor 15,53, wonach das Vergängliche und Sterbliche sich Unvergänglichkeit und Sterblichkeit anziehen muß.

schlummert, der gelangt nun zur gnostischen Erkenntnis, wem dieser fehlt, muß sich mit einer Rettung durch Sündenvergebung begnügen. Diese Prädestinationslehre hat ihren Ursprung in der paulinischen Gnadenlehre. Die pneumatische Anlage ist Geschenk, kein Verdienst[74]. Und sie kann ungenutzt bleiben, wenn sie nicht sorgsam behandelt wird. Will die Seele nicht lernen, verkümmert ihr Same, und die geistige Hochzeit im Pleroma kann nicht stattfinden. Die Seele eines solchen Pneumatikers wird untergehen, der geistige Samen muß wohl neu ausgesät werden (er kann nicht untergehen)[75].

Bei Herakleon gehört die höhere Geistseele also nicht zur kreatürlichen Ausstattung des Menschen. Aus dieser Feststellung folgt aber, daß er unter der Geistseele anderes versteht als ein Platoniker, für den der Nus-Besitz einen Menschen geradezu definiert[76]. Die Seele umfaßt bei Herakleon nicht nur die unteren, irrationalen Kräfte, sondern auch die noetischen Vermögen, die dem Menschen normalerweise zu Gebote stehen[77]. Der Psychiker kann Mathematik betreiben, die Gesetze der Musik verstehen, er kann planen und denken, mag auch all dies vor seiner Bekehrung durch die ihm innewohnende Schlechtigkeit getrübt sein. Das gnostische Pneuma aber überhöht diese geistigen Fähigkeiten des Menschen, indem es als Organ einführt wird, das allein zur wahren christlichen Gotteserkenntnis befähigt. Insofern enthält Herakleons Pneuma nur einen bestimmten Aspekt des platonischen Nus, wobei alle anderen Aspekte, die sich nicht auf die höchste Erkenntnis beziehen, der

[74] Vgl. bereits Tert. adv. Val. 29: „non naturam, sed indulgentiam". In den Fragmenten kommt die Gnade nur im negativen Sinne vor: die Kaufleute im Tempel sind die, die nichts aus Gnade schenken (fr. 13, 207,4 οἱ μηδὲν χάριτι διδόντες); von ihnen unterscheidet sich Gott, der alles aus Gnade gibt.

[75] Der pneumatische Teil ist φύσει σῳζόμενον (Clem. Al. exc. Thdt. 56,3), er kann nicht untergehen; s. Iren. haer. 1,6,2 (Z. 621f.) τὸ πνευματικόν ... ἀδύνατον φθορὰν καταδέξασθαι. Irenäus vermischt in diesem Kapitel polemisch den pneumatischen Teil im Menschen mit dem Pneumatiker als ganzem; ersteres kann von seiner Natur her nicht untergehen, die Seele, das Ich des Pneumatikers, kann dies erleiden, wenn sie in Unkenntnis verharrt.

[76] Im *Timaios* besitzt jede Seele Geist, sogar bei den niederen Lebewesen; vgl. Plut. de gen. Socr. 22, 591D ψυχὴ πᾶσα νοῦ μετέσχεν, ἄλογος δὲ καὶ ἄνους οὐκ ἔστιν.

[77] So heißt es von der Samaritanerin, daß sie vor ihrer Bekehrung παρὰ λόγον sich mit der Materie einließ (fr. 18, 236,6); d.h. die seelische Vernunft, die eigentlich das Gute will, ist von sich aus nicht in der Lage, die Schlechtigkeit zu überwinden; hier steht sicherlich Röm 7,14ff. im Hintergrund.

unteren Ebene, der „Seele", subsumiert werden[78]. Nur so wird es verständlich, daß die Psychiker zwar kein Pneuma besitzen, dennoch aber vollgültige Menschen sind. Es ist interessant, daß sich in einer zeitgenössischen, nichtchristlichen Bewegung, die ebenfalls stark vom Mittelplatonismus beeinflußt ist, eine ähnliche Verschiebung der Begrifflichkeit findet. Denn auch die Hermetiker stellen die Gotteserkenntnis in das Zentrum ihrer Bemühungen, so daß in einigen Traktaten der Geist auf diese spezielle geistige Fähigkeit des Menschen eingeengt wird und so nur denen zugeschrieben wird, die über Gotteserkenntnis verfügen[79]. Gnostiker und Hermetiker gelangten unabhängig voneinander dank ihres besonderen soteriologischen Interesses zu einer analogen Uminterpretation der platonischen Vorlage.

Wie steht es nun aber mit der dritten Menschengruppe, den im Mythos so genannten „Hylikern" oder „Choikern"[80]? Besitzen sie etwa nur einen materiellen Körper? Allein in fr. 46 werden sie genannt (οἱ χοϊκοί, 359, 13)[81], und sogar an dieser einzigen Stelle scheinen sie m.E. einem Zusatz des Origenes zu entspringen. Der Kirchenvater verrät an anderer Stelle, daß er keinen wörtlichen Beleg dafür fand, daß Herakleon von Menschen sprach, die dem Teufel wesensgleich sind, folgert dies aber (fälschlich) aus dessen Exegese[82]. Denn nach Herakleon kann der

---

[78] Vgl. Plot. V 3 [49] 3,20ff. τὸ διανοητικὸν und τὸ λογιστικόν gehören zur Seele, von der der reine Geist zu unterscheiden ist, dem wir uns zuwenden können (Z. 43f.).

[79] Nur die Erkennenden besitzen Geist (νοῦς): Corp. Herm. 4,3 (50,3f.), 10,21 (123,25f.), 10,23f. (125,4f. und 13ff.), Ascl. 7 (303,23f.), 9 (307,14f.); alle Menschen besitzen ihn: Corp. Herm. 8,5 (89,3ff.), 5,10 (64,4), 6,4 (74,15), 12,1 (174,3ff.), 12,12 (178,21ff.) u.ö.

[80] Iren. haer. 1,8,3 (Z. 834-6) ὑλικὸν γένος ἀνθρώπων, s. Clem. Al. exc. Thdt. 56,2: πολλοὶ μὲν οἱ ὑλικοί, οὐ πολλοὶ δὲ οἱ ψυχικοί, σπάνιοι δὲ οἱ πνευματικοί. Bedenkt man, daß es nach Herakleon keine besondere hylische Natur gibt (dazu im Folgenden), wird verständlich, warum er die Psychiker die „vielen" nennt (fr. 37).

[81] Vgl. fr. 15 (212,30) χοϊκὴ ἡμέρα (wohl Zusatz des Origenes, s. Anm. 45). Origenes spricht außerdem 2,20 (77,11) und 20,24 (358,12f. 21) vom Choiker, an keiner einzigen Stelle aber von einem hylischen Menschen (ὑλικός masc./fem.); daraus schließe ich, daß Herakleon von Choikern (s. 1 Kor 15,47-49), aber nicht von Hylikern sprach.

[82] Fr. 44, 352,33f. νυνὶ δὲ δῆλός ἐστιν ὁμοουσίους τινὰς τῷ διαβόλῳ λέγων ἀνθρώπους, ἑτέρας, ὡς οἴονται οἱ αὐτοῦ, οὐσίας τυγχάνοντας, παρ' οὓς καλοῦσι ψυχικοὺς ἢ πνευματικούς. Hieraus kann man schließen, daß nach Herakleon alle drei Menschengruppen die gleichen οὐσίαι, nämlich Körper und Seele, besitzen. Erst die Schüler änderten hier. Im Anschluß an fr. 40, wo Herakleon ebenfalls von sich nicht bekehrenden Psychikern spricht (292,36-293,6), verwickelt sich Origenes in den

Teufel gar nicht zeugen (fr. 46, 360,3f.), kann also auch der Natur nach keine Kinder haben (οἱ φύσει τοῦ διαβόλου υἱοί, ebd. 359,13). Origenes aber behauptet dies und nennt sie die Choiker. Herakleon dagegen leugnet ausdrücklich, daß sich Joh 8,44 ὑμεῖς ἐκ τοῦ πατρὸς τοῦ διαβόλου ἐστέ auf die „natürlichen" Kinder des Teufels bezöge (denn die kann es nach seiner Sicht nicht geben)[83], sondern meint, der Vers richte sich an die Psychiker, die ihrer eigenen Festlegung nach (θέσει) dazu wurden. Es gibt also im Hinblick auf die durch die Schöpfung vorgegebene Anlage keine Choiker, sondern nur Pneumatiker und Psychiker[84]. Aber diese beiden Gruppen können sich gegen ihre Natur verhalten, wenn sie weder dem Pneuma noch ihrer Seele folgen, sondern sich dem Materiellen hingeben: in diesem Zustand heißen sie „Choiker". Sie lehnen die Erlösung durch Christus ab, obwohl sie von ihrer Natur her gerettet werden könnten, sei es als Psychiker, sei es als Pneumatiker. Sie wollen nicht lernen[85], sie sind nicht „Kinder Gottes", weil sie den Heiland nicht lieben, und sind nicht „Kinder Abrahams", weil sie ihn sonst nicht hassen würden (fr. 44, 352,27-29), d.h. die Pneumatiker (= τὰ τέκνα τοῦ θεοῦ) lieben den Heiland, die Psychiker (= Abrahams Kinder, d.h. die des Demiurgen) hassen ihn nicht, die Choiker aber hassen ihn[86].

Widerspruch, daß es dann vier Naturen gäbe (294, 5-8), weil er neben den Pneumatikern und gläubigen Psychikern die ungläubigen Psychiker fälschlich von denen, die der Natur nach Choiker sind, unterscheidet; ähnlich Strutwolf (wie Anm. 5), 123: ungläubige Psychiker neben Hylikern, s. auch Anm. 83.

[83] In fr. 46 (359,13) ist also nur die Apposition τοὺς χοϊκούς ein sinnentstellender Zusatz des Origenes; Langerbeck (wie Anm. 4), 69f. bezweifelt zu Unrecht die gesamte Stelle. Aland (wie Anm. 5), 177f. rechnet dagegen mit „Teufelskindern" φύσει/κατ' οὐσίαν, die sich in einem Wahn von Selbstbehauptung dem Erlöser verschließen, „endgültig und hoffnungslos", vgl. Pagels (wie Anm. 4), 104.

[84] Der Ausdruck φανερῶν αὐτοῖς λοιπὸν τὴν φύσιν αὐτῶν (fr. 44, 352, 26f.) muß also auf Origenes zurückgehen, oder φύσις ist hier im Sinne von οὐσία gebraucht (so auch in fr. 47).

[85] Fr. 6: die Pharisäer befragen Johannes den Täufer κατὰ τὴν αὐτῶν πανουργίαν, οὐχὶ ὡς μαθεῖν θέλοντας (134,9f.); sie befassen sich auch nur mit Johannes' Körper (fr. 5 und 7). So verharren auch die Leviten, die von ihrer Natur Psychiker sind (s. fr. 13, 206,33-207,1), beim Demiurgen (fr. 5, 130,22f.), d.h. sie bekehren sich nicht zu Christus; so war auch Johannes vor seiner Bekehrung Levit (fr. 5, 130,23f. καὶ αὐτὸς ἐκ τῆς λευϊτικῆς φυλῆς ἦν [Impf.!]).

[86] So bezieht er in fr. 20 in seiner zweiten Deutung zu Jo 4,21 (zur ersten s. Anm. 30) den Garazim auf die Anbetung der Schöpfung (= Choiker), Jerusalem (Ἱεροσόλυμα) auf die Anbetung der Schöpfers (= Psychiker) und stellt ihnen die Anbetung des Vaters der Wahrheit gegenüber (= Pneumatiker); die Heiden stehen hier also für die Choiker, die Juden für die Psychiker (zu Ἱεροσόλυμα als ψυχικὸς τόπος s. Anm. 13). In fr. 8, 147,15 muß „euch alle" (= die Pharisäer) wohl auch die Psychiker meinen.

So unterscheidet Herakleon drei Formen von Kindschaft: der Natur nach (φύσει), der Entscheidung nach (γνώμῃ) und dem Verdienst nach (ἀξίᾳ)[87]. Dies bezieht sich auf die Dreistufung von Pneumatikern, Psychikern und Choikern. Erstere sind im eigentlichen Sinne Kinder Gottes, weil nur Gott, der Pneuma ist (s. fr. 24 zu Jo 4,24 πνεῦμα ὁ θεός), zeugungskräftig ist, so daß sie einen pneumatischen Samen erhielten. Die Psychiker sind Kinder Gottes, weil sie sich (durch die Bekehrung) entschieden haben, seinen Willen zu tun. Ihre Kindschaft beruht nicht auf der Gabe des Pneuma, sondern auf der Leistung ihrer Seele (γνώμῃ)[88]. Die Choiker schließlich sind Kinder des Teufels, weil sie seine Werke tun; infolgedessen verdienen sie es, so genannt zu werden[89]. Und dies entspringt noch nicht einmal ihrer eigenen Entscheidung, da man nach platonischer Lehre, die hier wieder zugrunde liegt, das Böse gar nicht wollen kann[90]; der Teufel hat keinen Willen (θέλημα), nur Begierden (ἐπιθυμίαι, fr. 46, 359,7). Die Seele der Choiker ist ganz der Materie und den in ihr wirkenden bösen Kräften unterworfen, ein Zustand, in dem sich vor der Parusie alle Menschen befanden. In ihrem natürlichen Wesen unterscheiden sich Choiker und Psychiker nicht, aber letzterer hat sich durch die Bekehrung vom Materiellen gelöst und folgt nun den (guten) Entscheidungen seiner Seele.

Die Betrachtung der Fragmente Herakleons vom Blickpunkt ihrer platonischen Ursprünge hat gezeigt, daß hinter den teilweise absonderlichen Bildern und Aussagen ein klares Konzept vom Wesen des Men-

87 γνώμῃ und ἀξίᾳ sind Unterarten des θέσει.

88 Um es pointiert auszudrücken: die psychische Natur kann nicht φύσει, sondern nur γνώμῃ Gottes Kind werden (φύσει ist sie Kind des Demiurgen, s. fr. 40, 292,13). Anders und unbegründet urteilt Mühlenberg (Anm. 6), 172: „Sicher bezieht sich γνώμῃ auf pneumatische Kindschaft" (vgl. ebd. 176, 185, 191) und Langerbeck (wie Anm. 4), 69: „... der Psychiker ist der „natürliche" Mensch (φύσει) vor seiner Angleichung, der Pneumatiker der, der γνώμῃ handelt". Was bedeutet wohl „natürlich" für einen Gnostiker? γνώμη ist nicht γνῶσις, sondern „Einsicht, Entschluß, Plan".

89 Sie sind ἐκ τῆς οὐσίας τοῦ διαβόλου (359,4f.); οὐσία meint hier: ihre Existenz oder Befindlichkeit wird vom Teufel, von der Schlechtigkeit bestimmt und hat mit ihrer (psychischen) Natur nichts zu tun. Anders wird οὐσία in fr. 43 zu Jo 8,37 benutzt: die Choiker sind κατ' οὐσίαν ἢ κατὰ γνώμην untauglich (ἀνεπιτήδειοι), Christi Wort aufzunehmen (336,1f.); d.h. sie besitzen keine pneumatische Anlage (κατ' οὐσίαν) und sie haben sich in ihrer Seele frei entschieden (κατὰ γνώμην), Christus abzulehnen (Mühlenberg [Anm. 6], 175f. meint dagegen, οὐσία und γνώμη seien gleichwertige Ausdrücke.).

90 Plat. Men. 78b καὶ οὐδεὶς βούλεσθαι τὰ κακά, vgl. apol. 26a, Prot. 357c, 358c/d, Gorg. 467c, 509e, symp. 205a, rep. 358c, 360c, 364a, 366c/d, Phil. 22b, soph. 230a, Tim. 86d, leg. 731a, 734b, 860d.

schen steht. Der Gnostiker hat dieses Konzept nicht in einem philosophischen Diskurs entwickelt, sondern aus dem Johannes-Evangelium herausgelesen. Auch darin zeigt sich noch einmal der wesentliche Unterschied zu seinen philosophischen Zeitgenossen: Quelle der Erkenntnis kann für den Christen nur der Bericht von Inkarnation und Erdenwandel des Gottessohnes sein. Aber in seiner Interpretation dieser Ereignisse ist er seinen philosophischen Kollegen verpflichtet, wenn er die Seele und ihre Möglichkeiten des Heils zu beschreiben sucht. Diesen Versuch als starre Determinationslehre einzuordnen, gibt es keinen Grund[91]. Keinem Menschen ist von Natur aus das Heil verschlossen; seine Seele entscheidet in ihrer Begegnung mit dem Erlöser frei, ob sie sich der Materie oder dem Göttlichen zuwendet; trifft sie die richtige Entscheidung, kann sie Unsterblichkeit erlangen. Aber im Unterschied zu den philosophischen Lehren spricht der Gnostiker noch von einem besonderen Organ, dem πνεῦμα, das allein ihn zur Erkenntnis Gottes und der Wahrheit befähigt. Nur wenige Menschen besitzen diese Gabe, und wer zur höchsten Erkenntnis gelangt, hat sie in aller Demut und Bescheidenheit zu bewahren[92]. Angesichts dieses Geschenkes verlieren die Fragen der Moral und Ethik allerdings an Bedeutung; das Gesetz und seine Forderungen sind für den Pneumatiker als Weg zu Rechtfertigung und Heil abgetan. Mag diese Haltung vor allem in der Praxis ungewollte Folgen zeigen, für das schwierige Problem des Verhältnisses von Freiheit und Prädestination ist in dem valentinianischen Entwurf, den wir aus Herakleons Fragmenten rekonstruieren können, eine in sich geschlossene Lösung gefunden, die auch dann fasziniert, wenn man den Entwurf der Heilsgeschichte, in dessen Rahmen sie steht, nicht übernehmen will.

---

[91] Vgl. etwa die schematische Gegenüberstellung bei A. Dihle, Das Problem der Entscheidungsfreiheit in frühchristlicher Zeit. Die Überwindung des gnostischen Heilsdeterminismus mit den Mitteln der griechischen Philosophie, in: F. v. Lilienfeld u. E. Mühlenberg (Hrsg.), Gnadenwahl und Entscheidungsfreiheit in der Theologie der Alten Kirche (Oikonomia 9), Erlangen 1980, 9-31.

[92] Die Frage, was eine Seele auszeichnet, so daß sie den Funken erhält, bleibt in Herakleons Fragmenten unbeantwortet. Nach Valentins Lehre besitzen dagegen m.E. alle Menschen wenigstens potentiell den pneumatischen Samen, s. Verf. (wie Anm. 18), 97 Anm. 75.

Seelenverständnis bei Irenäus von Lyon

von Dietmar Wyrwa (Bochum)

Die kleine Skizze, mit der der verehrten Jubilarin ein tief empfundener Dank für ihre vielfältige Förderung und Anregung und nicht zuletzt für ihre herzliche Gastfreundschaft abgestattet werden soll, reiht sich sachlich eng in die Gesamtthematik dieser Ehrengabe ein, in welcher sich ein dominierender Aspekt ihres weiträumigen Arbeitsfeldes widerspiegelt: Psyche. Daß im vorliegenden Beitrag indessen gerade von Irenäus von Lyon[1] gehandelt und bei ihm ein Seelenverständnis erhoben werden soll, mag erstaunen. Ein Philo von Alexandrien etwa, als jüdischer Bibelexeget und Religionsphilosoph auf der Höhe der Fachdiskussion, wußte immerhin die philosophischen Probleme der Seelenlehre nach vier Hauptpunkten zu ordnen, um dann zu der Auskunft zu gelangen, daß sie unerkennbar sei[2]. Das soll natürlich nicht heißen, daß Irenäus von unbedeutenderem theologischen Rang wäre - beide sind so gut wie gar nicht vergleichbar -, aber weder hat er wie Tertullian eine einschlägige monographische Abhandlung verfaßt, noch ein einigermaßen zusammenhängendes Exposé zum Thema geliefert, noch auch ein deutlich erkennbares Interesse in dieser Richtung bekundet. Auf den ersten Blick scheint die hier intendierte Fragestellung ein unfruchtbarer Ansatz zu sein, und die Irenäusforschung hat sich denn auch fast durchgehend anderen, vorzugsweise spezifisch theologischen Aufgaben gewidmet[3].

---

[1] Ich benutze für *Adversus haereses* (= haer.) die Ausgabe von A. Rousseau/L. Doutreleau (Hrsg.), Irénée de Lyon, Contre les hérésies, Livre I-III (SC 263-264/293-294/210-211), Paris 1979/1982/1974; A. Rousseau/B. Hemmerdinger/L. Doutreleau/ Ch. Mercier (Hrsg.), Irénée de Lyon, Contre les hérésies, Livre IV (SC 100), Paris 1965; A. Rousseau/L. Doutreleau/Ch. Mercier (Hrsg.), Irénée de Lyon, Contre les hérésies, Livre V (SC 152-153), Paris 1969, sowie für *Demonstratio praedicationis apostolicae* (= dem.) die von A. Rousseau (Hrsg.), Irénée de Lyon, Démonstration de la Prédication Apostolique (SC 406), Paris 1995; zu beachten ist, daß der hier gebotene lateinische Text einen modernen Abklatsch der altarmenischen Übersetzung darstellt.

[2] Phil. somn. 1,30ff., vgl. Cic. Tusc. 1,18-23.

[3] Die Thematik ist in einem größeren Zusammenhang behandelt bei A. Orbe, Antropologia de San Ireneo, BAC 286, Madrid 1969; einzelne Detailuntersuchungen werden im folgenden genannt. Es ist aber bezeichnend, daß in ihrer gewichtigen Studie B. Aland, Fides und Subiectio. Zur Anthropologie des Irenäus, in: A.M. Ritter (Hrsg.), Kerygma und Logos. Beiträge zu den geistesgeschichtlichen Beziehungen zwischen Antike und Christentum (FS C. Andresen), Göttingen 1979, 8-28 (hier: 21ff.), Irenäus' Rede von der Seele (haer. 5,9,1) allegorisch versteht und den Begriff in Anführungszeichen setzt.

Indessen können Irenäus' verstreute Bemerkungen Interesse beanspruchen, wenn man sie aus ihrem theologiegeschichtlichen Ort begreift. Irenäus stellt sich als Repräsentant der am Ende des 2. Jh.s zum Abschluß gekommenen ersten Phase der theologischen Entwicklung der Großkirche dar[4]. Er will ganz bewußt kein Neuerer sein, er hält sich an den klaren in der Schrift und der Tradition des apostolischen Glaubens autoritativ vorgezeichneten Weg, um das ihm Überkommene zu verteidigen und zu festigen. Und in der Tat gewinnt unter seinen Händen das theologische Erbe eine vertiefte, eigenständige Kraft. Aber ganz ungesucht stellt sich mit dem Vätererbe auch die antike Lebenswelt gemäß der geistigen Synthese, die die großkirchliche Theologie im 2. Jh. zwischen dem biblischen Glauben und dem griechischen Denken erarbeitet hat, ein. Wenn Irenäus das frühchristliche Bewußtsein in sich aufnimmt und durch die Rekapitulationslehre zum ersten Abschluß führt, so lebt er, zumal er selbst über eine solide pagane Bildung verfügt, aus diesem Horizont und wird noch unbeabsichtigt zum Zeugen dieses Prozesses. Unter solchem Gesichtspunkt können die Aussagen, die Irenäus zur Thematik der Seele macht, dann doch belangvoll werden. Sie wollen nicht als Entfaltung der philosophischen Problematik des Seelenbegriffs und nicht als Erläuterung der theologischen Grundstruktur der Rekapitulationslehre gelesen werden, obwohl sie nicht ohne Beziehung zu beidem sind. Aber sie veranschaulichen, wie Irenäus, für das großkirchliche Bewußtsein in der Breite sprechend, das christliche Menschenbild im Medium der Sprach- und Denkvorgaben der griechisch-römischen Lebenswelt artikulierte.

Daß die Schrift und die Glaubensüberlieferung der Apostel die autoritativen Instanzen sind, gilt natürlich auch für das Menschenbild, und folgerichtig entwickelt Irenäus seine anthropologischen Grundanschauungen im Rückbezug auf den biblischen Schöpfungsbericht. Er fußt auf den entsprechenden Versen der beiden ersten Kapitel der Bibel, die er als aufeinander bezogene und sich ergänzende, von einem einzigen Schöpfungsvorgang handelnde Aussagen versteht. Daß Gott den Menschen zum Zeichen seiner besonderen Würde zuletzt schuf, nachdem er alle anderen Schöpfungswerke hervorgebracht und den Lebensraum für den Menschen bereitet hatte; daß Gott ihn mit seinen eigenen Händen schuf, indem er diesen seine Selbstentschließung zur Erschaffung nach seinem Bild und

[4] Ich nehme hiermit Bezug auf D. Wyrwa, Kosmos und Heilsgeschichte bei Irenäus von Lyon, in: ders. (Hrsg.), Die Weltlichkeit des Glaubens in der Alten Kirche (FS U. Wickert), Berlin-New York 1997, 443-480 (bes.: 443-452).

seiner Ähnlichkeit mitteilte; daß Gott von der Erde, auf die es noch nicht geregnet hatte, Staub - das Reinste und Feinste - nahm und den Menschen daraus bildete und ihm Lebensodem zum lebendigen Wesen einhauchte: das sind Zentralaussagen, die Irenäus so wörtlich wie möglich nimmt, um auf ihrer Basis sein Verständnis des Menschen zu entfalten[5]. Auch seine lobpreisende und ehrfürchtige Sprechhaltung, die in der Bewunderung der Güte Gottes, seiner Macht und Kunstfertigkeit innehält und staunend gewahr wird, wie kunstvoll und wunderbar der Mensch in seiner Leiblichkeit gebildet ist, verdankt sich im entscheidenden von daher. Ja, bis in die Terminologie hinein wirkt der biblische Bericht prägend: πλάσσειν (= „plasmare") (Gen 2,7) wird für Irenäus zum bevorzugten Verb für die göttliche Erschaffung speziell des Menschen, eine direkte Vergegenwärtigung dessen sind die Derivate πλάσις (= „plasmatio") und πλάσμα (= „plasma"), und Analoges gilt von πνοὴ ζωῆς (= „flatus / afflatus vitae"), um von dem Begriffspaar εἰκών und ὁμοίωσις (Gen 1,26) ganz zu schweigen, dem ja Irenäus in der christlichen Dogmatik bleibende Geltung gesichert hat.

Indessen reproduziert Irenäus die biblischen Aussagen nicht derart historisch objektivierend, daß sie sich ihm nicht mit dem Horizont der ihm eigenen Lebenswelt zu verschmelzen vermöchten. Wie selbstverständlich teilt auch er die Überzeugung des dichotomischen Menschenbildes der griechisch-römischen Antike, daß der Mensch von Natur aus die Verbindung von Körper bzw. Leib und Seele ist[6], und mit Bestimmtheit legt er die biblischen Texte in diesem Licht aus. Der Anschluß zeigt sich wiederum bereits an der Begrifflichkeit[7]. Das von Gott aus dem Staub der Erde geschaffene Gebilde, πλάσις bzw. πλάσμα, meint, wiewohl es bei Irenäus auch für die leiblich-seelische Gesamtheit des

---

[5] Vgl. nur dem. 11. 32, haer. 3,21,10. 22,1; 4 praef. 4; 5,3,2. Daß in haer. 4,20,1 ein Zitat von Gen 1,26 ohne Einschnitt auf das von Gen 2,7 folgen kann, zeigt anschaulich Irenäus' exegetische Position; dem. 11: „magna haec conditio-factura (κτίσις) a Deo parata ante plasmationem hominis", entspricht dem priesterschriftlichen, nicht in jeder Hinsicht dem jahwistischen Bericht. Das Motiv der schöpferischen Hände Gottes stammt aus Ps 118,73 und Hiob 10,8.

[6] Haer. 2,13,3: „(homines) ... compositi natura et ex corpore et anima subsistentes"; 3,22,1; 4 praef. 4: „homo est enim temperatio animae et carnis", 5,8,2: „substantia nostra, hoc est animae et carnis adunatio", dem. 2: „... compositum animal (ζῷον) est homo ex anima et corpore ..."

[7] Die Bedeutung der Begriffe „corpus", „plasma", „caro" ist unter Berücksichtigung des Gefälles in der Buchfolge von haer. erhellend analysiert von G. Joppich, Salus Carnis. Eine Untersuchung des hl. Irenäus von Lyon, MüSt 1, Münsterschwarzach 1965, 27-38.

Menschen stehen kann[8], in den überwiegenden Fällen, pointiert von der Seele unterschieden, den menschlichen Leib in seiner materiellen Substantialität. Und mit πλάσις bzw. πλάσμα in diesem Sinn werden an den meisten Belegstellen σάρξ (= „caro“) und σῶμα (= „corpus“), die gegeneinander auswechselbar sind[9], synonym gebraucht[10]. Auf der anderen Seite identifiziert Irenäus den Lebenshauch, den Gott in das Angesicht des Menschen hauchte, die πνοὴ ζωῆς, gestützt auf den Bibeltext καὶ ἐγένετο ὁ ἄνθρωπος εἰς ψυχὴν ζῶσαν (Gen 2,7), mit der Seele[11].

Die Tragweite solcher Horizontverschmelzung reicht natürlich sehr viel weiter. Bemerkenswert ist, wie Irenäus im Rekurs auf die Erschaffung am Anfang den gegliederten Körperbau des Menschen zum Demonstrationsgegenstand macht, um an ihm die schier unglaubliche Schöpfermacht, Weisheit und Kunstfertigkeit Gottes zu erweisen. Was es alles noch nicht gab - so führt er etwa aus -, Knochen, Sehnen und die übrige menschliche Konstitution, das hat Gott hervorgebracht und zu einem beseelten und vernünftigen Lebewesen gemacht[12]. Man mag sich fragen, ob Irenäus bei der Zusammenstellung von Knochen und Sehnen an Hiob 10,11 gedacht hat; geläufiger ist freilich diese Verbindung im griechischen Bereich[13], und dorthin weisen ja auch der Ausdruck ἔμψυχον καὶ λογικὸν ζῶον[14] sowie der hier implizit gegebene Aspekt des leben-

---

8 Haer. 3,10,4: „... suo plasmati, id est hominibus“, 3,16,6: „homo plasmatio Dei“.

9 Haer. 5,6,2: „corpus nostrum, hoc est caro“, 5,13,3: „corpus quod est caro“.

10 Haer. 1,9,3: σὰρξ δέ ἐστιν ἡ ἀρχαία ἐκ τοῦ χοῦ κατὰ τὸν Ἀδὰμ [ἡ] γεγονυῖα πλάσις ὑπὸ τοῦ θεοῦ, vgl. 2,29,3: „corpora ... materialem habent substantiam“, 3,22,2; 4 praef.4; 4,41,4: „plasma quod est carnis substantia“, 5,6,1: „substantiam ... carnis, id est plasmatis“, 5,7,1: „corpus mortale ... plasma, hoc est caro“, 5,14,2: „caro ... primae plasmationis e limo factae successio“.

11 Haer. 5,7,1: „(anima) ... flatus est enim vitae“, ebd.: „insufflavit enim in faciem hominis flatum vitae, et factus est homo in animam viventem“, 5,1,3: „ab initio plasmationis nostrae in Adam ea quae fuit a Deo aspiratio vitae unita plasmati animavit hominem et animal rationabile ostendit“, 5,12,2: ...πνοὴ ζωῆς ἡ καὶ ψυχικὸν ἀπεργαζομένη τὸν ἄνθρωπον, ebd.: „oportuerat enim primo plasmari hominem et plasmatum accipere animam ...“

12 Haer. 5,3,2: ἐκ μὴ ὄντων ὀστέων τε καὶ νεύρων (vgl. LSJ s.v. I 1) καὶ τῆς λοιπῆς τῆς κατὰ τὸν ἄνθρωπον οἰκονομίας ποιῆσαι εἰς τὸ εἶναι καὶ ἔμψυχον καὶ λογικὸν ἀπεργάσασθαι ζῷον ... Über den griechischen und armenischen Text hinaus fügt der Lateiner möglicherweise schon im Blick auf p. 48,52 „... ossibus et nervis [et venis] ...“ hinzu; der Gedanke verliert dabei aber seine Prägnanz.

13 Vgl. auch Ez 37,6.8; für den griech. Bereich sei nur an Plat. Phaid. 98c, erinnert.

14 Der Begriff dürfte stoisch sein, s. die Belege SVF 4,64 Index s.v. (M. Adler), Epikt. diss. 2,9,2; 4,6,35 u.ö., Marc. Aur. 2,16,6; 4,3,4; 5,16,3 u.ö., vgl. aber auch

digen Organismus. Letzteres wird wenige Zeilen später detaillierter ausgeführt, allerdings in äußerster Raffung gewissermaßen wie in einer komprimierten Miniatur. „Eines wurde zu sehendem Auge, eines zu hörendem Ohr, eines zu betastender und tätiger Hand, eines zu überallhin ausgespannten und die Glieder umschließenden Nerven, eines zu Arterien und Venen als Durchgängen für das Blut und den Odem, eines zu verschiedenen Eingeweiden und eines zum Blut, das zwischen Seele und Leib das Band ist. Und was alles weiter! Nicht aufzuzählen ist der ganze menschliche Gliederbau, der nicht ohne die große Weisheit Gottes entstanden ist“[15]. Eine Miniatur also lediglich, doch ist ihr geistiges Profil hinreichend zu erkennen. Außen, bei einigen herausgegriffenen Gliedmaßen, die zugleich die wichtigsten Sinnesorgane[16] sind, setzt die Aufzählung ein. Passend schließen sich die Nerven an; denn von den Sinnesorganen werden die Sinneseindrücke zum Zentralorgan über die Nervenstränge geleitet. Vorausgesetzt ist dabei die Kenntnis des Nervensystems, das von dem hellenistischen Arzt Erasistratos von Keos (Blütezeit 258/57 v. Chr.) entdeckt worden ist[17]. Und von diesem Hintergrund her erklärt sich auch die Fortsetzung. Mit den Nerven werden Arterien und Venen zusammen genannt, weil Erasistratos festgestellt hatte, daß alle inneren Organe des Menschen von Nerven, Arterien und Venen begleitet sind, und er dieses dreifache Gefäßnetz als Grundbestandteil des menschlichen Körpers zu verstehen gelehrt hatte[18]. Ebenso hatte er angenommen, daß die Venen Blut enthalten, die Arterien dagegen πνεῦμα[19], eine Unterscheidung, die noch die lateinische

---

Alkmaion (D.-K. 24, 1,215) B 1a und Jambl. vit. Pyth. 31. Weitere Belege bei Irenäus sind 2,30,3. 5,1,3

15 Haer. 5,3,2.

16 Haer. 2,24,4: „... sensus habemus quinque ...“. Das ist die seit Aristot. an. 2,7-11, 418a26-424a16, feste Zahl.

17 Vgl. M. Wellmann, Erasistratos (2), PRE 11. Hlbd., 337-350, ferner F. Solmsen, Greek Philosophy and the Discovery of the Nerves, MH 18, 1961, 150-167. 169-197.

18 (Ps.-)Gal. 14 (697 Kühn): Ἐρασίστρατος δὲ ὡς ἀρχὰς καὶ στοιχεῖα <τοῦ: Jaeger> ὅλου σώματος ὑποτιθέμενος τὴν τριπλοκίαν τῶν ἀγγείων, νεῦρα καὶ φλέβας καὶ ἀρτηρίας, παραλείπει τά τε ὑγρὰ καὶ τὰ πνεύματα. δυσὶ γὰρ ὕλαις [ταῦτα] <ταύταις: Jaeger> διοικεῖσθαι λέγει τὸ ζῶον, τῷ μὲν αἵματι ὡς τροφῇ, τῷ δὲ πνεύματι ὡς συνεργῷ εἰς τὰς φυσικὰς ἐνεργείας. Vgl. ebd. (709) und 3 (538), (Ps.-) Aristot. spir. 483b15: τὸ δὲ δέρμα ἐκ φλεβὸς καὶ νεύρου καὶ ἀρτηρίας, vgl. dazu W. Jaeger, Das Pneuma im Lykeion, Hermes 48, 1913, 29-74 (hier: 58-74, bes. 64. 70).

19 Gal. 11 (153): ἀρέσκει δὲ αὐτῷ (sc. Ἐρασιστράτῳ) πνεύματος μὲν ἀγγεῖον εἶναι τὴν ἀρτηρίαν, αἵματος δὲ τὴν φλέβα, 8 (412): Ἐρασίστρατος ἡγεῖται πνεύματος μόνου τὰς ἀρτηρίας ὑπάρχειν ἀγγεῖα ... und ebd. (940. 950).

Irenäusübersetzung korrekt bewahrt: „... sanguinis et spiritus transitoria“[20]. Hatte Erasistratos dabei nach vegetativem und psychischem Pneuma differenziert[21], so begegnet diese Unterscheidung bei Irenäus nicht, aber es ist zu vermuten, daß er seinerseits das Pneuma mit der Seele, d.h. entgegen der medizinischen Vorgabe mit πνοὴ ζωῆς von Gen 2,7 identifiziert[22]. Dem Duktus der Passage entsprechend werden um der eindrücklichen Ausdifferenzierung willen sodann die Eingeweide genannt, mit deren fünf an der Zahl Irenäus an anderer Stelle rechnet: Herz, Leber, Lunge, Milz und Nieren[23]. Das Blut, seit alters als Träger der Lebenskraft angesehen[24], im hiesigen Kontext aber ohne Zweifel spezifisch physiologisch verstanden - es ist der Stoff, der aus der Verdauung gewonnen, in der Leber gereinigt, zu Blut umgewandelt und an das Herz weitergeleitet wird, der über die Venen auf dem Wege der Resorption von den Gefäßen aufgenommen wird und als Nahrungssubstanz zur Erhaltung des menschlichen Organismus dient[25] -, das Blut, das insofern,

---

[20] Auch haer. 5,2,2 setzt das Blut mit den Venen in Beziehung: „sanguis enim non est nisi a venis et carnibus et a reliqua quae est secundum hominem substantia“.

[21] Vgl. M. Wellmann (wie Anm. 17), 341.

[22] Die armenische Übersetzung (s. Apparat z.St.) greift denn auch entsprechend in den Text ein. Die Differenz zu Erasistratos besteht darin, daß ihm das Pneuma als auf natürlichem Wege aus der umgebenden Luft durch Mund und Nase anerworben galt.

[23] Haer. 2,24,4: „et quae in nostris sunt visceribus in quinque possunt numerari, cor et epar, pulmones, splen, renes“.

[24] Zu den biblischen Zeugnissen, vornehmlich Gen 9,4ff., Lev 17,12.14, Dtn 12,23, vgl. H.W. Wolff, Anthropologie des Alten Testaments, München ^{2}1974, 98-101. Zum griechischen Bereich vgl. A. Dihle, ψυχή κτλ., A. ψυχή im Griechischen, ThWBNT 9, 605-614 (hier: 607 Anm. 4). Ergänzend ist die doxographische Tradition zu nennen, wonach Empedokles (D.-K. 31, 1,350) B 105 und Kritias die Seele geradezu mit dem Blut gleichgesetzt haben, s. Aet. plac. 4,3,14. 5,8 (H. Diels, Doxographi Graeci ^{4}1879, 389. 391), Plut. strom. 10 (ebd. 582,15), Gal. plac. Hipp. et Plat. (ebd. 247,13). Dasselbe wird von dem Stoiker Diogenes von Babylon (SVF 3,216 [fr. 30]) berichtet. Insgesamt vgl. auch Clem. Al. paed. 1,39,2. Mit der Unterscheidung von Vernunftseele im Lebenshauch und vegetativer Seele im Blut knüpft Phil. her. 55, det. 82f. an Lev 17,11 an. Unter den genannten Bibelstellen geht Irenäus nur auf Gen 9,5f. ein in haer. 5,14,1 (hier in Verbindung mit Gen 4,10 im Sinn der „recapitulatio effusionis sanguinis ab initio omnium iustorum et prophetarum“) und in dem. 22 (zum Noabund und mit Erläuterung zur „imago Dei“).

[25] (Ps.-)Gal. 14 (697), vgl. Wellmann (wie Anm. 17), 337ff. Daß das mittels der Verdauung gewonnene Blut Nahrung des Organismus ist, sagen auch Clem. Al. paed. 3,25,2, vgl. paed. 1,44,2f. und Plot. IV 3 [27] 23. Davon ist die Vorstellung zu unterscheiden, daß das Blut Nahrung der Seele sei, Diog. Laert. 8,30, Diog. Babyl. fr. 30 (SVF 3,216), vgl. F. Rüsche, Blut, Leben und Seele. Ihr Verhältnis nach Auffassung der griechischen und hellenistischen Antike, der Bibel und der alten Alexandrinischen Theologen (Stud. z. Gesch. und Kult. d. Altert. Erg.-Bd. 5), Paderborn 1930.

als Nahrungssubstanz, das Band zwischen Seele und Leib ist, beschließt diese kleine, zugegebenermaßen verkürzte Aufzählung. Es mag sein, daß Irenäus hier sein medizinisches Allgemeinwissen an den Mann bringt, vielleicht schöpft er seine Kenntnisse auch aus doxographischen Handbüchern; aber sein zum Ausgangspunkt zurücklenkender Gedankengang greift entschieden darüber hinaus, geht es ihm doch um die Schöpfermacht des biblischen Gottes. In dem Maße wie Irenäus Gottes Schöpfungshandeln am Menschen im Licht der allgemeinen Physiologie hellenistischer Medizin konkretisiert, in dem Maße überformt er diese Aussagen zugleich, indem er darauf insistiert, daß der menschliche Organismus sich nicht, wie es Erasistratos wollte[26], einer alles immanent bildenden Natur verdankt, sondern das Geschöpf des persönlichen, in seiner Macht, Weisheit und Kunst jenseitigen Gottes ist.

Eine entsprechende Gedankenkonfiguration tritt entgegen, wenn man Irenäus' Verständnis der Seele im engeren Sinn analysiert, wofür seine Erklärungen der Worte πνοὴ ζωῆς und ψυχὴ ζῶσα von Gen 2,7 den gegebenen Anhaltspunkt bieten[27]. Lautet ein Fundamentalsatz der griechisch-römischen Seelenauffassung, daß die Seele der Inbegriff der Lebendigkeit und das Prinzip des Lebens, oder, formaler gefaßt, der Ursprung, das Prinzip der Bewegung ist, so hat Irenäus diese Sichtweise bis zu einem gewissen Grade integriert. Wie er am Bibeltext abliest, machte ja gerade der Lebenshauch, den Gott dem zuvor von ihm geformten materiellen Gebilde einhauchte, d.h. eben die Seele, den Menschen zu einem lebendigen Wesen[28]. Ausdrücklich führt er aus, daß es die Seele ist, die dem Leib das Leben mitteilt, ohne selbst zu leben aufzuhören[29], daß von der Seele der Leib Atem und Leben erhält[30], von ihr Gedeihen und Zusammenhalt, daß er an ihrer Bewegung teilhat,

---

26 Gal. 2 (73. 88), 3 (492), 11 (158).

27 Die i.W. Irenäus vorausliegende Auslegungsgeschichte von Gen 2,7 hat W.-D. Hauschild, Gottes Geist und der Mensch. Studien zur frühchristlichen Pneumatologie (BEvTh 63), München 1972, 256-272, untersucht, die Auslegung der Kirchenväter beginnend mit Irenäus M.-O. Boulnois, Le souffle et l'Esprit. Exégèses patristiques de l'insufflation originelle de Gn 2,7 en lien avec celle de Jn 20,22, RechAug 24, 1989, 3-37 (zu Irenäus: 5-9).

28 Vgl. die oben Anm. 11 genannten Belege.

29 Haer. 2,33,4: „(anima) quasi vitam participans corpori ipsa vivere non cessat".

30 Haer. 2,33,4: „(corpus) ... ab illa (sc. anima) spiratur et vivificatur et augetur et articulatur, sed anima possidet et principatur corpori. ... corpus participat de eius (sc. animae) motione ...".

während sie ihn besitzt und beherrscht. Und auf welchem Wege dabei die Wirksamkeit der Seele auf den Leib vonstatten geht, deutet er kurz im Sinne des Instrumentalismus durch einen Vergleich mit einem Handwerker und seinem Werkzeug an, was illustrieren soll, daß die Seelenvermögen in ihrer Schnelligkeit durch die Widerständigkeit des Körpers und der Außenwelt bei ihrer Betätigung gehemmt und verlangsamt werden, aber nicht ihre Kraft verlieren[31]. Auch dieser Vergleich hat seinen Platz im Kontext des philosophischen Konzeptes der Seele als Prinzip des Lebens und der Bewegung[32]. Soweit lassen sich durchaus Gemeinsamkeiten konstatieren, doch genaugenommen handelt es sich dabei um eine verkürzte Redeweise, denn für Irenäus ist ebensowenig wie für Justin vor ihm[33] die Seele selbst direkt die Quelle des Lebens. Dem Ausdruck εἰς ψυχὴν ζῶσαν entnimmt er, daß zwischen Seele und Leben zu unterscheiden ist[34]. Das Leben, wohlgemerkt das natürlich-physische Leben[35], ist nicht

---

31 Haer. 2,33,4: „corpus enim organo simile est; anima autem artificis rationem obtinet".

32 Der Instrumentalismusgedanke ist aristotelisch, Aristot. protr. B 59 (Düring), an. 1,3, 407b25f.; 2,1, 412b11f.; part. an. 1,1, 642a12; 2,7, 652b9ff. Den physiologischen Hintergrund erläutert F. Rüsche (wie Anm. 25), 192ff. Der Vergleich kehrt wieder bei Plut. adv. Colot. 11, 1119A/B, er wird diskutiert bei Plot. IV 3 [27] 21, weitere Belege bei Galen nennt Rüsche (wie Anm. 25), 299f. und 306.

33 Just. Mart. dial. 6,1. Den Hinweis auf Justin haben schon Grabe und Massuet gegeben (in: PG 7,837 Anm. 15). R.M. Grant, Aristotle and the Conversion of Justin, JTS 7, 1956, 246ff. hat das Argument, daß die Seele nicht selbst Leben ist, sondern am Leben partizipiert, auf Peripatetiker zurückführen wollen, doch kann die Quellenbasis dafür kaum als tragfähig angesehen werden.

34 Haer. 2,34,4: „... 'factus est in animam vivam', docens nos quoniam secundum participationem vitae vivens facta est anima, ita ut separatim quidem anima intellegatur, separatim autem quae erga eam est vita".

35 Anders A. Rousseau, L'éternité des peines de l'enfer et l'immortalité naturelle de l'âme selon saint Irénée, NRTh 99, 1977, 834-864 (hier 843) und ders. (wie Anm. 1), II/1, 345-349: „Irénée situe la 'vie' à un autre niveau que celui du physique ou du biologie ... la 'vie' dont il s'agit ici est la communion avec Dieu" (346), „en citant Gen 2,7 a cet endroit, Irénée temoinge de sa conviction que, à l'instant où il sortit des mains créatrices de Dieu, le premier homme était vivant de la vie de l'Esprit; il n'était pas un simple composé d'âme et de corps, mais un composé de corps, d'âme et d'Esprit saint" (347); insofern sei es auch abwegig, die genannte Justinstelle als Parallele auszugeben, „là où Irénée a en vue la vie de l'Esprit qui est l'apanage des justes, le vieillard de Justin a en vue la vie naturelle de l'âme" (348). Es ist jedoch eine dogmatische Eintragung, die zu der von Irenäus immer wieder angeführten paulinischen These, erst das Seelische, dann das Geistliche (1 Kor 15,46), in direktem Widerspruch steht, daß Irenäus bei Gen 2,7 den Hl. Geist habe eingeschlossen wissen wollen. Nirgends hat Irenäus behauptet, daß Adam vor dem Fall den Hl. Geist besessen habe. Im übrigen findet sich im ganzen Kontext von haer. 2,34,2-4 nur ein Satz, der einen Wechsel der Betrachtungsweise vom natürlichen zum spirituellen Leben nahelegt (2,34,3 Z. 54-64), vgl. dazu die Bemerkung

aus uns, noch aus unserer Natur, sondern ist von Gott verliehene Gabe, und die Seele, die das Geschöpf Gottes ist[36], lebt nicht aus sich selbst, sondern partizipiert an dem ihr von Gott verliehenen Leben[37]. Sie tut dies in doppelter Weise, einmal, indem ihr Gott den Anfang ihrer Existenz gegeben hat, und sodann, indem er ihr im Sinne der „creatio continua" ihren Fortbestand gewährt[38]. Offensichtlich ist es das philosophische Konzept der Selbstbewegung der Seele[39], dem Irenäus die Spitze abbricht, indem er noch einmal abschließend betont, daß über alles Gottes souveräner und allmächtiger Wille herrschen und gebieten muß[40].

Der Ausdruck πνοὴ ζωῆς impliziert für Irenäus zwei weitere Grundbestimmungen der Seele, die - vielfach und kontrovers diskutierte philosophische Themen, die sie sind - ebenfalls einen eminent griechischen Charakter aufweisen: Unkörperlichkeit und Unsterblichkeit. Was das erstere betrifft, so konstatiert er wörtlich: „flatus enim vitae incorporalis"[41]. Obwohl dem Begriff πνοή von Haus aus eher materialistische Assoziationen anhaften, deutet ihn Irenäus, was nicht zuletzt mit seinem transzendenten Gottesverständnis zusammenhängen dürfte, im Sinn der Unkörperlichkeit. Ausgeschlossen ist damit die auch sonst von ihm konsequent gemiedene stoische Lehre, daß die Seele schlechtweg ein

von Massuet in: PG 7,836 Anm. 7. Ein ähnlicher Wechsel findet sich in haer. 5,12,2 (Z. 43-46). Das berührt indessen den oben skizzierten Gedankengang nicht, wie gerade die Präzisierung „in modica temporali vita" (Z. 62), die natürlich das biologische Leben meint, eindeutig ergibt.

36 Haer. 5,12,2: Den Vers Jes 57,16: ... καὶ πνοὴν πᾶσαν ἐγὼ ἐποίησα legt Irenäus aus: τὴν δὲ πνοὴν κοινῶς ἐπὶ τῆς κτίσεως (sc. τάξας), καὶ ποίημα ἀναγορεύσας αὐτήν.

37 Haer. 2,34,3: „Non enim ex nobis neque ex nostra natura vita est, sed secundum gratiam Dei datur", 2,34,4: „... anima ipsa quidem non est vita, participatur autem a Deo sibi praestitam vitam".

38 Haer. 2,34,4: „Deo itaque et vitam et perpetuam perseverantiam donante, capit et animas primum non existentes dehinc perseverare, cum eas Deus et esse et subsistere voluerit", 2,34,2: „... ita ut sic initio fierent, et postea ut sint eis donat".

39 A. Dihle (wie Anm. 24), 609 Anm. 19: „Selbstbewegung als besonderes Kennzeichen der Seele ist stets ein wichtiges Lehrstück der Psychologie geblieben". Einige Belege sind Plat. Phaid. 245c (vgl. die Erörterungen von leg. 10, 894b-896a); Aristot. an. 2,1, 412b16f. (Aristoteles weist die Auffassung in dieser speziellen Form allerdings zurück), Alkin. did. 25, SVF 2,218 (fr. 780), Aet. plac. 4,2 (Diels [wie Anm. 24], 386), Cic. Tusc. 1,53, Marc. Aur. 5,19, Plut. an. procr. 3.5.8. (1013C. 1014D. 1016A), Diog. Laert. 3,67, Atticus fr. 7,12. 7bis (des Places), Hipp. ref. 1,19,10 (Diels 568).

40 Haer. 2,34,4.

41 Haer. 5,7,1.

Körper sei[42]. Daß er auch formulieren kann, „incorporales animae, quantum ad comparationem mortalium corporum" (nach Röm 8,11), könnte freilich darauf deuten, daß er nur eine relative Unkörperlichkeit im Sinne feinster Stofflichkeit meint[43], aber eindeutig und sicher ist das keineswegs[44]. Seine Position wird zumal dadurch kompliziert, daß er mit einem jeweils eigenen, individuellen Seelengepräge rechnet, das der körperlichen Gestalt des Menschen entspricht. Die Seele, die sich ja über den ganzen Leib hin vermutlich auf dem Wege über die Arterien erstreckt, ist dem Leib als Gefäß angepaßt - vergleichbar dem Wasser, das, in ein Gefäß gegossen, dessen Gestalt annimmt - und hat insofern die Figur des Leibes[45]. Man wird die „figura corporis", von der hier die Rede ist, eingedenk des bildhaften Vergleiches zunächst nur auf die räumliche Umgrenzung, die die Seele vom Leib erfährt, zu beziehen haben, ohne mit ihr stoffliche Vorstellungen verbinden zu müssen. Aber daß dieses Gepräge durch den Leib zumindest mitbedingt wird, kann nicht in Abrede gestellt werden. Philosophisch freilich scheint diese Vorstellung nicht zu sein[46], und auch in die Vorgeschichte der neuplatonischen Lehre vom

---

[42] SVF 1,38f. 116f. (fr. 137. 142. 518), SVF 2,152. 219ff. (fr. 467. 790-800), Diog. Laert. 7,156.

[43] Haer. 5,7,1. W.W. Harvey, Sancti Irenaei Libros quinque adversus Haereses, Cambridge 1857, Tom. II, 336 Anm. 3, notiert zur Stelle: „But this is only a qualified assertion of the incorporeity of the soul". Massuet (in: PG 7,774 Anm. 34) bemerkte zu haer. 2,19,6 (s. Anm. 45): „Hinc colligi posse videtur, Irenaeum existimasse animas esse corporeas, utpote figura circumscriptas", ebenso M. Spanneut, Le Stoïcisme des Pères de l'Église. De Clément de Rome à Clément d'Alexandrie (Patristica Sorb. 1), Paris ^{2}1957, 146.

[44] Rousseau (wie Anm. 35), 849 weist solche Interpretation zurück. Irenäus wolle nicht sagen, daß die Seelen im Vergleich mit anderen Wesen als körperlich gelten könnten, sondern die Gedankenbewegung besage: „Quels sont les 'corps mortels' dont parle Paul? Seraient-ce par hasard les âmes? Mais c'est impossible, car les âmes sont incorporelles, à l'inverse des 'corps mortels' en question". Dieses Verständnis wird gestützt durch die unmittelbare Fortsetzung in 5,7,1, wo Irenäus zur Begründung Gen 2,7 heranzieht und die oben bei Anm. 41 zitierte Feststellung trifft.

[45] Haer. 2,19,6. Der Kontext ist von der Polemik gegen die gnostische Auffassung bestimmt, daß der pneumatische Same erst im irdischen und psychischen Menschen Gestalt gewinne zur Aufnahme des Vollkommenen. Dann würde er nicht mehr als Ebenbild des Oberen geformt werden, sondern nach dem Irdischen, wozu der Vergleich folgt: „quomodo aqua in vas missa ipsius vasi habebit formam et iam, si gelaverit in eo, speciem habebit vasculi in quo gelavit, quando ipsae animae corporis habeant figuram: ipsi enim adaptatae sunt vaso, quemadmodum praediximus".

[46] K. Hoheisel, Das frühe Christentum und die Seelenwanderung, JbAC 27/28, 1984/85, 24-46, hier 39, fühlt sich hierbei stark an das aus dem gnostischen Schrifttum bekannte „Umgießen" der Seelen (Pistis Sophia 99f. [GCS 45,160f] sowie weitere Belege nach LSJ, s.v. μεταγγίζειν, und anderswo) erinnert und zieht daraus weitrei-

Seelengefährt gehört sie offensichtlich nicht hinein[47]. Von Belang ist dagegen in diesem Zusammenhang eine Erklärung, die Irenäus der Perikope vom reichen Mann und armen Lazarus (Lk 16,19-31) gibt. Die von ihm nicht als Parabel oder Legende, sondern als Bericht („relatio") von einem realen Geschehen[48] erachtete Geschichte wird ihm in mehrfacher Hinsicht wichtig; im Moment sei nur ein Punkt herausgegriffen. Der verstorbene Reiche, heißt es da, sieht und erkennt von der Unterwelt aus Lazarus nach dem Tode zusammen mit Abraham, in dessen Schoß er ruht, und bittet, wohlwissend um seine Taten und Unterlassungen im irdischen Leben, ihm möge Lazarus zu Hilfe geschickt werden. Irenäus versteht das als Belehrung, die uns der Herr hat zuteil werden lassen, dahingehend, daß die Seelen der Abgeschiedenen das Gepräge ihres Leibes, in dem sie einst waren, beibehalten, so daß sie erkannt werden und sich an ihr irdisches Leben erinnern[49]. Offensichtlich hat der „character corporis" bzw. die „figura hominis", wie es auch variiert wird, eine ausgezeichnete Bedeutung für die Individualität der Seele, denn dieses Gepräge ermöglicht im losgelösten Zustand das Wiedererkennen durch andere und die eigene Erinnerung. Daß beides zusammensteht, mag überraschen, aber es deutet an, daß direkt materielle Umrisse mit dem Seelengepräge nicht gegeben sind, wie denn auch das Sehen der abgeschiedenen Seelen natürlich nicht mit körperlichen Augen geschieht[50]. Im Grunde ringt Irenäus mit dem paradoxen Problem, das die platonische Tradition durchweg begleitet, wie etwas Unkörperliches im Körper lokalisiert sein kann; und auch die platonischen Jenseitsmythen sind im Hinblick auf das jenseitige Seelenschicksal ja strukturell analog gelagert.

Das andere ist, wie schon angedeutet, die Unsterblichkeit der

---

chende Konsequenzen. Aber methodisch geboten wäre es, vom Simplex auszugehen. Der Leib als Gefäß der Seele ist natürlich ganz geläufig, vgl. Belege bei Bauer-Aland, WbNT s.v. ἀγγεῖον und s.v. σκεῦος 2.

47 Vgl. J. Halfwasser, Seelenwagen, HWdPh 9, 111-117.

48 Haer. 2,34,1: „... in ea relatione quae scribitur de divite et de Eleazaro ...", 4,2,4: „non ... fabulam".

49 Haer. 2,34,1: „(animas) ... et characterem corporis in quo etiam (= „immer noch") adaptantur custodire eundem et meminisse eas operum quae egerunt hic et a quibus cessaverunt ...", ebd.: „... habere hominis figuram ut etiam cognoscantur et meminerint eorum quae sint hic ..."

50 Die entgegengesetzte Folgerung, daß die Seele ein Körper sei, ziehen aus dieser Perikope Clem. Al. exc. Thdt. 14 und Tert. an. 7, vgl. J.H. Waszink (Hrsg.), Quinti Septimi Florentis Tertulliani De Anima, Amsterdam 1947, 146-153.

Seele[51]. Auszugehen ist noch einmal von dem biblischen Begriff πνοὴ ζωῆς. Wenn der Lebenshauch, also die Seele, der Inbegriff des Lebens und der Bewegung ist, wodurch der Mensch lebendig ist, wenn umgekehrt Sterben heißt das Leben verlieren, indem Atem, Bewegung, Lebendigkeit aufhören, dann kann die Seele nicht sterblich sein, dann muß sie den Tod überdauern und ein unsterbliches Wesen besitzen[52]. Das ist die aus dem platonischen *Phaidon*[53] nachhallende Schlußfolgerung, die Irenäus in der Tat zieht und die ihm auch das Psalmwort: „Und meine Seele wird (!) ihm leben" (Ps 21,30) zu fordern scheint. Zeitlich ist lediglich das Verbleiben des Lebenshauches im Leib[54]. Der Tod dagegen erweist sich nicht an der Seele, sondern am Leib. Wenn die Seele den Leib verläßt, dann verliert dieser seine Lebendigkeit und löst sich allmählich dahin auf, woher er den Anfang seines Bestehens hatte, nämlich in die Erde (vgl. Gen 3,19)[55]. Indessen, so klar dieses Ergebnis ist, so bedarf es doch noch der Präzisierungen. Wenn Irenäus sich einmal so ausdrückt, daß die Seele wie auch die Engelgeister und manches andere von Natur unsterblich seien[56], so gilt das selbstverständlich nur unter dem strikten Vorbehalt, daß sie das Leben nicht aus sich haben, daß sie vielmehr dem souveränen Schöpferwillen Gottes unterworfen sind

---

[51] Zur Thematik im ganzen vgl. Rousseau (wie Anm. 35), 845-864 und Y. de Andia, Homo vivens. Incorruptibilité et divinisation de l'homme selon Irénée de Lyon, Paris 1986, 264-278

[52] Haer. 5,7,1: „Sed [ne mortalem quidem] <neque mortalem: Arm.> possunt dicere [ipsum] <ipsam: R.-D.> (sc. animam), flatum vitae existentem; et propter hoc David ait: 'et anima mea illi vivet', tamquam immortali substantia eius exsistente", ebd.: „mori enim est vitalem amittere habilitatem et sine spiramine in posterum et inanimalem et immobilem fieri et deperire in illa ex quibus et initium substantiae habuit. Hoc autem neque animae evenit, flatus est enim vitae ..."

[53] Plat. Phaid. 105b-107a.

[54] Haer. 5,12,2: ἡ οὖν πνοὴ πρόσκαιρος ... καὶ ἡ μὲν πνοὴ ἀκμάσασα πρὸς βραχὺ καὶ καιρῷ τινι παραμείνασα μετὰ τοῦτο πορεύεται, ἄπνουν ἐγκαταλιποῦσα ἐκεῖνο περὶ ὃ ἦν τὸ πρότερον.

[55] Haer. 5,7,1: „Haec (sc. caro) enim est quae moritur et solvitur ...", ebd.: „... circa carnem mors ostendatur, quae posteaquam exierit anima, sine spiratione et inanimalis efficitur et paulatim resolvitur in terram ex qua sumpta est. Haec igitur mortalis.", 5,12,3: τί οὖν ἦν τὸ ἀποθνῆσκον; πάντως ἡ τῆς σαρκὸς ὑπόστασις, ἡ καὶ ἀποβαλοῦσα τὴν πνοὴν τῆς ζωῆς καὶ ἄπνους καὶ νεκρὰ γενομένη.

[56] Haer. 5,4,1: „... ea quae omnibus sunt manifesta, quoniam perseverant immortalia, ut puta spiritus (vgl. de Andia [wie Anm. 51], 266. 273: „des esprits angéliques") et anima et quae sunt talia ...", ebd.: „ea quidem quae sunt natura immortalia, quibus a sua natura adest vivere".

und nur so an dem ihnen von Gott verliehenen Leben partizipieren[57]. Mit Hilfe dieser Begründung gelingt es Irenäus zugleich, die logische Aporie, daß alles, was einen Anfang hat, notwendig auch zugrunde gehen müsse, während nur das, was ohne Anfang ist, auch unsterblich sein könne[58], aufzubrechen. Gewiß, allein Gott, der Ungewordene und sich immer Gleichbleibende, ist ohne Anfang und Ende. Aber wie er in einem Akt absolut freier Willenssetzung der Schöpfung einen Anfang gab, so verleiht er ihr nach seinem souveränen und allmächtigen Willen auch den Fortbestand. Auf die Seele bezogen, heißt das, daß die Seele als Geschöpf zwar einen Anfang genommen hat, aber fortdauert, solange Gott will, daß sie ist und fortdauert, und in diesem Sinn unsterblich ist[59], und das gilt im Gegensatz zur Lehre zeitgenössischer Platoniker für die ganze Seele, nicht etwa nur für einen Teil. Auch diese Position ist vorbereitet bei Justin[60].

Nicht minder wichtig ist in diesem Zusammenhang eine weitere Abgrenzung, die aus der antignostischen Polemik erwächst, aber zugleich eine gezielte Spitze gegen einen Aspekt der platonischen Seelenlehre darstellt, nämlich die Kritik an der Seelenwanderungslehre. Daß die Seelen nach dem Tod in immer neue menschliche Leiber eingehen, wie es im Kontext eines gnostischen Libertinismus gelehrt wird[61], ist für Irenäus eine völlig absurde und theologisch unhaltbare Vorstellung, die er aufs entschiedenste bekämpft. Er widerlegt sie immanent mit dem Argument, daß sich die Seelen überhaupt nicht an eine frühere Existenz und an das, was sie damals getan hätten, erinnern, was doch der Fall sein müßte,

---

[57] Siehe Anm. 35ff.

[58] Das Axiom ist durch Aristot. cael. 1,10, 279b17f. und 1,12, 281a28-283b19, maßgeblich geworden.

[59] Haer. 2,34,2f.; Irenäus' Formulierung in Z. 41-45 spricht nicht explizit von Unsterblichkeit, genau das aber ist seit der Exposition Z. 23-27 im Blick, vgl. auch 4,38,3. Eine eingehende Analyse bietet de Andia (wie Anm. 51), 267ff. Schön ist ihre Beobachtung (270, Anm. 33), daß die doppelte Gabe Gottes, die des Anfangs und die des dauernden Seins, eine Analogie in den doppelten Bändern bei Plat. Tim. 41a/b, hat.

[60] Just. Mart. dial. 5,1-4 mit Zitat von Plat. Tim. 41a/b, vgl. Anm. 33.

[61] Haer. 1,25,4 hat die gnostische Seelenwanderungslehre bei Karpokrates und seinen Anhängern referiert. Demnach werden die Seelen, denen zu ihrer Freiheit von der Welt in diesem Leben noch irgendein Erlebnis fehlt, solange in immer neue Leiber inkorporiert, bis sie ohne Rücksicht auf Konventionen von Gut und Böse alles Tun durchgemacht haben und ihnen der Weg ins Pleroma offensteht. Vgl. zu Karpokrates H. Chadwick, General Introduction, in: J.E.L. Oulton/H. Chadwick (Hrsg.), Alexandrian Christianity. Selected Translations of Clement and Origen with Introductions and Notes (Libr. of christ. class. 2), London 1954, 24-29.

wenn die Annahme gerade auch aus der Perspektive der Gegner schlüssig sein wollte. Sie erweist sich aber als um so ungereimter, als es im irdischen Leben ja durchaus Erinnerung sogar an Traumbilder gibt[62]. Andererseits lasse sich kein plausibler Grund nennen, warum die Seelen die Erinnerung an ein früheres Dasein verloren haben sollten; weder ist Platons Annahme, daß die zu inkarnierenden Seelen vom Becher des Vergessens trinken, stringent[63], noch könne der Körper selbst als Mittel des Vergessens verantwortlich gemacht werden[64]. Damit hat Irenäus' immanente Beweisführung ihr Ziel erreicht: mitnichten also ziehen die Seelen von Körper zu Körper.

Daß Platon, wie hier geschehen, von Irenäus namentlich erwähnt wird, ist nur wenige Male der Fall[65] und verdient, noch etwas näher beachtet zu werden. Irenäus spricht ironisch, aber man wird nicht wirklich sagen wollen, daß der Ton in vernichtendem, höhnischem Spott gehalten ist. Platon sei, so stellt er historisch nicht ganz zutreffend[66] fest,

---

[62] Haer. 2,33,1.

[63] Haer. 2,33,2.

[64] Haer. 2,33,3f.

[65] Außer an der genannten Stelle (haer. 2,33,2) ist das der Fall in 2,14,3 (aus doxographischer Tradition, vgl. Diels [wie Anm. 24], 171f.): Mit der Urbild-Abbild-Struktur der Welterklärung plagiieren die Valentinianer unter veränderten Bezeichnungen die Lehre Demokrits und Platons, wobei auch auf die mittelplatonische Drei-Prinzipien-Lehre verwiesen wird; 2,14,4 (im Fortgang desselben doxographischen Kontextes): Daß der Demiurg die Welt aus vorhandener Materie gemacht habe, haben vor den Valentinianern Anaxagoras, Empedokles und Platon als erste gesagt. Am Eingang der doxographischen Partie (haer. 2,14,2) fällt das harsche Wort: „qui deum ignorant et qui dicuntur philosophi", vgl. 2,14,4. 7. 8. Indessen stellt Platon in anderem Betracht eine Ausnahme dar, heißt es doch 3,25,5 (fußend auf doxographischem Material, vgl. W.C. van Unnik, Two Notes on Irenaeus, Vig. Chr. 30, 1976, 201-213, hier 206ff.): Frömmer als die Häretiker, namentlich als Markion, erweist sich Platon, der denselben Gott als gerecht und gut bekannte. Daß Gott die Macht über alles hat und selbst Gericht hält, bezeugte er mit leg. 4, 715e-716a, daß der Schöpfer und Bildner dieses Alls gut ist, mit Tim. 29e. Also durchaus eine relative Würdigung! Schließlich teilt Irenäus (1,25,6) mit, daß die Valentinianer Bildnisse von Christus mit solchen heidnischer Philosophen wie Pythagoras, Platon, Aristoteles und anderer zusammenstellen und sie in heidnischer Weise verehren.

[66] Schon vor Platon wird die Seelenwanderungslehre faßbar an Nachrichten über Pythagoras, so Xenophan. B 7 (D.-K. 21, 1,131), Herakl. Pont. fr. 89 (Wehrli) = Diog. Laert. 8,4ff., Dikaiarch fr. 33 (Wehrli) = Pythagoras 8a (D.-K. 14, 1,100), Dikaiarch fr. 36 (Wehrli) = Gell. 4,11,14 (vgl. insgesamt W. Burkert, Weisheit und Wissenschaft. Studien zu Pythagoras, Philolaos und Platon, Nürnberg 1962, 98-136), bei Pind. O. 2,56-80, bei Emp. B 117 (D.-K. 31, 1,359), und bei anonymen Griechen nach Hdt. 2,123, vgl. K. Alt, Weltflucht und Weltbejahung in der platonischen Philosophie der ersten christlichen Jahrhunderte, in: Wissenschaft - Kunst - Bildung. Ein Dreiklang der Kultur,

der erste gewesen, der die Seelenwanderungslehre eingeführt habe, und ihrer offenkundig zutage liegenden Schwierigkeit habe er dadurch zu entkommen gemeint, daß er - freilich ohne einen Beweis zu liefern - behauptet habe, die ins Leben eintretenden Seelen bekämen von einem Dämon am Eingang Vergessenheit zu trinken. Doch unbemerkt sei er damit in die noch größere Aporie geraten, woher er, wenn denn die Erinnerung durch den Trank ausgelöscht sein soll, davon wissen könne. Entweder müßte sich seine Seele auch an alles andere erinnern, oder es waren der Dämon und der übrige Kunstgriff mit dem Trank des Vergessens nicht wahr[67]. Soweit die in der Sache entschiedene Entgegnung, wobei, was den Ton anlangt, nur hervorzuheben wäre, wie ironisch gewürzt er Platon Punkt für Punkt die Aporien, in die er sich verstrickt, nachrechnet und ihn als persönlich Anwesenden apostrophiert, um ihm zum Rückzug Raum zu lassen, während in der Ausdrucksweise Πλάτων ὁ παλαιὸς ἐκεῖνος <'Αθηναῖος> sogar ein Anflug von begrenztem Respekt[68] mitschwingen mag. Nein, Gegner sind für Irenäus die gnostischen Irrlehrer, die ihre Thesen auch von Platon hergeleitet haben, Platon ist es nicht[69]. Dazu fügt sich durchaus, daß die Kritik nur auf die mythologische Vorstellung der Seelenwanderung im engsten Sinn gerichtet ist. Irenäus' Verweis bezieht sich unverkennbar auf den Schlußmythos der

---

Mannheim 1995, 63-82 (hier: 64ff.). Massuet (in: PG 7,831, Anm. 78), der solche philosophiegeschichtliche Unkenntnis Irenäus nicht zutrauen mochte, erwog deshalb, ob Irenäus nicht lediglich habe sagen wollen, Platon habe als erster den Trank des Vergessens eingeführt. Aber zu textkritischen Eingriffen besteht kein Anlaß. Zu berücksichtigen ist auch die Feststellung von Burkert, ebd. 101, zur Pythagorasüberlieferung, „daß die spätere Tradition wiederholt versucht, die Seelenwanderung totzuschweigen oder hinwegzuinterpretieren. Kein Wort über Seelenwanderungslehre bei Aetios, der dabei die platonische Seelenlehre auf Pythagoras projiziert; die 'Hypomnemata' (sc. Diog. Laert. 8,25-33) lassen keinen Raum für Wiedereinkörperungen". Irenäus' doxographisches Material von haer. 2,14,2-6 stammt, wie Diels [wie Anm. 24], 171f. nachgewiesen hat, gerade aus der Traditionslinie des Aetios und Ps.-Plutarchs. Offenbar hat er es wirklich nicht besser gewußt. Van Unnik (wie Anm. 65), 204f. vermutet, der Fehler auf Irenäus' Seiten erkläre sich aus dem Gebrauch eines Handbuchs der platonischen Schule, „which first set forth the opinion of the master and then those of his followers (and so Plato would be the first)". Das ist eine Ermessensfrage, s. Anm. 71.

67 Haer. 2,33,2.

68 Solche Nuance bringt die Übersetzung von N. Brox, Irenäus von Lyon, Adversus Haereses - Gegen die Häresien II (FC 8/2), 285: „Plato, jener berühmte Mann aus dem alten Athen", zur Geltung. In der Tat unterscheidet sich der Ton hier merklich von der Art und Weise, wie die Häretiker angesprochen werden, vgl. 1,11,5: ὦ πέπονες, σοφισταὶ <ἐλεγχεῖς, καὶ οὐχὶ ἄνδρες> (nach Hom. B 235. N 120), 2,7,2. 17,10: „o vanissimi sophistae", 2,28,4. 6.

69 Es ist noch einmal auf haer. 2,14,2-4 und 3,25,5 zu verweisen (s. Anm. 65).

Politeia, auf dessen Ende, wo nach dem Bericht des Pamphyliers Er die Umstände der Wiedereinkörperung abgeschiedener Seelen nach einer 1000jährigen Periode jenseitiger Strafen und Belohnungen zur Sprache kommen. Da ist von der Wahl der Lebenslose, von der Zuteilung eines Dämons an jeden und von der Bekräftigung der unabänderlichen Schicksalsordnung die Rede, und es wird erzählt, wie die Seelen am Abend auf das Feld des Vergessens gelangt seien, sich dort am Flusse Sorglos gelagert und aus ihm getrunken hätten, um nach Maßgabe, wie sie getrunken haben, zu vergessen[70]. Daß die hier nur gestreiften Einzelheiten des Mythos, wie leicht zu erkennen, von Irenäus teils übergangen, teils verkürzt und komprimiert werden, braucht nicht weiter zu verwundern[71]; wichtiger ist eine andere Feststellung, die der vorliegende Rückbezug auf den Er-Mythos gestattet. Irenäus' Kritik berührt offensichtlich nicht die platonische Doktrin von der Präexistenz der Seelen als solcher und vor allem nicht die Anamnesislehre, die in Platons *Politeia* bekanntlich fehlt[72]. Aufschlußreich ist in dieser Hinsicht zudem, daß seine Widerlegung auf dem Einwand aufbaut, die Seelen erinnern sich nicht an Taten in einer früheren Existenz, daß er aber nicht mit einer präexistenten Ideenschau argumentiert. Damit soll nicht behauptet werden, Irenäus habe die Präexistenz der Seelen als eine akzeptable Theorie betrachtet; dafür gibt es keinen Anhalt, und es würde auch seinem biblischen Ausgangspunkt widerstreiten; aber als Befund ist zu erheben, daß er diese Thematik einfach ignoriert, wie er auch diejenige der transzendentalen Ideenerkenntnis - was sich noch zeigen wird - ignoriert hat[73]. Das will bei der philosophiegeschichtlichen Zuordnung der Passage im Auge behalten sein. Man hat Irenäus' Zentraleinwand wie auch Justins[74] Widerlegung der Seelenwanderungslehre, mit der er, jene weiter ausbauend, sich eng berührt, auf peripatetische Traditionen, na-

---

[70] Plat. rep. 10, 619b-621b.

[71] Der Zweck von Irenäus' Argumentation wird so hinreichend erfüllt; van Unnik (wie Anm. 65), 205 möchte zusätzlich zu der genannten Vermutung (s. Anm. 66) aus der Tatsache, daß Irenäus keine Kenntnis von der Gestalt des Er, dessen Bericht Platon wiedergibt, zeigt, schließen, daß er mit Vorgaben aus einem Handbuch arbeite. Zwingend ist es nicht.

[72] Eine einzige Anspielung daran läßt sich in rep. 10, 621a/b erkennen.

[73] Siehe S. 321f.

[74] Just. Mart. dial. 4,5-7, der indessen nicht auf den Trank des Vergessens eingeht.

mentlich auf Straton von Lampsakos zurückgeführt[75]. Das mag in einem weiteren Sinn berechtigt sein, hat doch schon Aristoteles die nämliche Anschauung bei den Pythagoreern angegriffen[76]. Doch muß man sich gegenwärtig halten, daß die Stoßrichtung nicht die gleiche ist. Die in Betracht kommenden Fragmente Stratons sind damit befaßt, die Unsterblichkeitsbeweise des *Phaidon*, speziell die Anamnesislehre zu widerlegen[77], während Irenäus das immerwährende Fortdauern der Seele nach dem Tod bejaht, aber die mythologische Reinkarnationslehre bekämpft.

Es findet sich bei Irenäus noch eine Reihe weiterer durch philosophische Terminologie und Fragestellung vorgeprägter Bestimmungen zum Seelenverständnis, die das Vermögen und die Tätigkeiten der Seele betreffen. Als höchste Auszeichnung des Menschen wurde stets angesehen, daß die Seele, genauer gesagt, die vernünftige Seele bzw. der vernünftige Seelenteil sowohl die Sinnenwelt als auch sich selbst und die Prinzipien des Seins im ganzen einschließlich der Gottheit zu erkennen vermag, mithin, daß sie Träger der Erkenntnis ist. Man darf bei Irenäus, dem ein eigenständiges spekulatives Interesse fremd ist, keine ausgearbeitete Erkenntnislehre erwarten, aber in einem bedingten Gesichtswinkel schlagen diese Motive auch bei ihm zu Buche.

Am ausführlichsten gehalten hat er eine psychologische Analyse, die den innerseelischen dianoetischen Denkvorgang untersucht und dabei fünf Phasen unterscheidet. Sie läßt sich folgendermaßen resümieren. An der Spitze, am Ausgangspunkt steht der νοῦς, gleichgesetzt mit τὸ ἡγεμονικόν („principale et summum“, „principale et primum“), was gewissermaßen das Prinzip und die Quelle des gesamten Denkvermögens ist. Aus ihm entspringt, wenn das Denken sich aktualisiert, die ἔννοια als erste auf einen bestimmten Gegenstand gerichtete Tätigkeit des Intellekts. Sie intensiviert sich sodann zur ἐνθύμησις, indem sie die ganze Seele ergreift, d.h. indem sie emotionale Seelenregungen, die mit dem θυμός

---

[75] Grant (wie Anm. 33) und W.R. Schoedel, Philosophy and Rhetoric in the Adversus Haereses of Irenaeus, Vig. Chr. 13, 1959, 22-32, hier: 25f., nennen Straton fr. 123-127 (Wehrli).

[76] Aristot. an. 1,3, 407b21-23.

[77] Zu Straton fr. 122-127 (Wehrli) vgl. den Kommentar von F. Wehrli, Die Schule des Aristoteles 5, Straton von Lampsakos, Basel 1950, 75f. Die Situation ist bei Tert. an. 24 (mit Anspielung an Plat. rep 10, 616b in 24,11) insofern anders als bei Irenäus gelagert, als er in der Tat die platonische Präexistenz- und Anamnesislehre angreift. In diesem Fall hat Waszink (wie Anm. 50), 303-307, mit vollem Recht auf Straton Bezug genommen.

gegeben sind, etwa positive oder negative Empfindungen, entsprechende Wünsche oder Befürchtungen und daraus resultierende Neigungen hervorruft. Wenn der Intellekt länger bei dem konkreten Gegenstand verweilt, seinen Gedanken abwägt und kritisch prüft, wird, wenn dieser sich bewährt, die dritte Stufe der φρόνησις („sensatio") erreicht. Dieses vernünftige Urteilen geht bei entsprechender Erweiterung der Denkbewegung zur βουλή („consilium"), zur inneren Beratung, über und mündet schließlich, wiederum vermehrt und erweitert, in den διαλογισμός („cogitatio"), in ein Selbstgespräch des Intellekts ein, was Irenäus mit dem im Inneren gestalteten Logos, dem λόγος ἐνδιάθετος („in mente perseverans verbum"), gleichsetzt. Erst danach tritt der Gedanke als sprachlich artikulierter Ausdruck, als λόγος προφορικός („emissibilis [sic!] verbum"), mittels der Stimme über die Lippen nach außen[78].

Die Interpretation dieser Passage wird nicht außer acht lassen, wie sehr diese einem polemischen Ziel dient, ohne deshalb an Allgemeingültigkeit einzubüßen; das Ausschnitthafte und der eigentliche Skopus erklären sich von daher, und möglicherweise ist es auch für die Frage nach etwaigen Quellen nicht ohne Belang. Irenäus bekämpft das gnostische Emanationssystem, das in seinen Augen unsinnig ist - hierbei denkt er beispielhaft an die Emanation des Nous aus der Syzygie von Bythos bzw. Propator und Ennoia[79] - und das zudem menschliche Gegebenheiten unstatthaft auf Gott projiziert - hierbei denkt er vornehmlich an das Verhältnis von innerem und ausgesprochenem λόγος[80]. Demgemäß liegt ihm daran, den zum gesprochenen Wort führenden inneren Denkprozeß aufzuhellen, um in erster Linie die Ableitung des νοῦς als untergeordneter Emanation zu widerlegen und in zweiter Linie der mißbräuchlichen Verknüpfung der Theorie vom zweifachen Logos mit dem Emanationsgedanken den Boden zu entziehen[81]. Seine Analyse führt denn auch zu dem entscheidenden Ergebnis, daß die fünf von ihm genannten Stufen des Denkprozesses nicht etwas außerhalb des νοῦς

---

[78] Haer. 2,13,1f. Zur Restitution der griechischen Leitbegriffe, die, wo sie nicht durch die lateinische Umschrift wie „nous", „ennoia", „enthymesis" selbstverständlich ist, durch Paraphrasen bei Maximus Confessor und Johannes Damascenus gesichert wird, vgl. Rousseau/Doutreleau (wie Anm. 1), II/1, 234-240.366-370.

[79] Haer. 2,13,3. 8; 2,28,4. 6.

[80] Haer. 2,13,1f. 4.

[81] Das Verhältnis zwischen dem valentinianischen Emanationssystem und Irenäus' Kritik an ihm wird eingehend untersucht von A. Orbe, Estudios Valentinianos I/1 (Anal. Greg. 99), Rom 1958, 366-386.

sind, sondern von ihm initiierte und regulierte Aktualisierungen seiner selbst[82], daß sie keine Wesensverwandlung implizieren, sondern Konkretionen und Intensivierungen der immanenten innerseelischen Bewegung des einen und selben Intellekts darstellen, die sich lediglich nach Dauer und Intensität unterscheiden[83]. Sie sind letztlich nicht etwas anderes außerhalb der Seele, sondern Bewegungen und Betätigungen der Seele selbst, die ohne sie keine Wirklichkeit haben[84]. Soweit dürfte sich Irenäus ohne Zweifel auf einen breiten Konsens auch unter philosophisch Gebildeten stützen[85], wozu die so technisch wirkende Terminologie das Ihrige beiträgt. Allerdings liegen in seiner Analyse tiefere Probleme beschlossen, denn die Wortwahl ist nicht eindeutig. Sie ist überwiegend stoischer Herkunft, repräsentiert aber ebenso die schulübergreifende Koine der kaiserzeitlichen Philosophie. So ist die Bezeichnung τὸ ἡγεμονικόν für das führende Zentralorgan der Seele genuin stoisch[86], doch seine Gleichsetzung mit dem ganz anders gearteten Begriff νοῦς weithin gebräuchlich[87]. Das Begriffspaar λόγος ἐνδιάθετος - λόγος προφορικός hat dank

---

[82] Haer. 2,13,2: „Unum autem et idem est omnia (sc. die fünf Phasen) ... a no initium accipientia et secundum augmentum adsumentia appellationes ... Haec autem omnia ... nus gubernat, cum sit ipse invisibilis ...“

[83] Haer. 2,13,1: „... quae (sc. die fünf Phasen) non alia sunt praeter nun, sed illius ipsius ... de aliquo in cogitatu dispositae qualeslibet motiones, secundum perseverationem et augmentum, non secundum immutationem, vocabula accipientes ... sensu manente intus et condente et administrante et gubernante libere et ex sua potestate ...“

[84] Haer. 2,29,3: „Sensus enim hominis et cogitatio et intentio mentis et ea quae sunt huiusmodi non aliud quid praeter animam sunt, sed ipsius animae motus et operationes, nullam sine anima substantiam habentes“. Der Gedankengang des Kontextes ist hier gegenüber den beiden vorangehend genannten Stellen anders gewendet.

[85] Daß Irenäus im antignostischen Kampf daran gelegen ist, die allgemeine Überzeugung zu beanspruchen, zeigt haer. 2,28,6: „Quoniam enim ex cogitatione et sensu verbum emittitur, hoc utique omnes sciunt homines“.

[86] Dihle (wie Anm. 24), 611 Anm. 28: „Für das seelische Leitorgan, das nach Meinung aller Schulen vor allem reine Denkkraft beherbergen muß, hat sich weithin der ursprünglich stoische Terminus ἡγεμονικόν eingebürgert“. Stoische Belege nach SVF 4,65, Indices (Adler). Es ist bemerkenswert, daß von Cic. Tusc. 1,20, „principatum“ für Platon zur Bezeichnung des höchsten Seelenteils, der „ratio“, reklamiert wird (vgl. weiter Cic. nat. deor. 2,29 mit Nennung des griechischen Äquivalents ἡγεμονικόν) und daß der Begriff auch in die mittelplatonische Schulphilosophie Eingang gefunden hat, Alkin. did. 17. 25 (173,7. 10, 177,34) und did. 29 (182,30f.): hier gleichgesetzt mit τὸ λογιστικόν, Anon. Kommentar zu Platons Theaitet 11,28ff. (9 Diels/Schubart). Plotin freilich vermeidet ihn, vgl. J.H. Sleeman/G. Pollet, Lexicon Plotinianum, Leiden/Leuven 1980 (ohne Eintrag) und Waszink (wie Anm. 77), 221 (zu Tert. an. 15).

[87] Der Begriff νοῦς, der von Haus aus rein geistige Funktionen bezeichnet, die nicht auf die Außenwelt und die Sinnesorgane angewiesen sind, ist vor allem für die Philosophie des Platonismus und den Peripatos charakteristisch, während er in der Stoa

den Stoikern die weiteste Verbreitung gefunden[88]. Von φρόνησις kann man mit der Stoa nicht nur in ethischer, sondern auch in psychologischer Bedeutung sprechen[89]. Der Terminus ἔννοια ist wiederum für sich genommen ambivalent: Bei Stoikern meint er einen aus empirischen Allgemeinvorstellungen gewonnenen Begriff, bei Platonikern die dem Menschen angeborene transzendentale Ideenerkenntnis[90]. Die sich hier zeigende Unklarheit durchzieht zwangsläufig Irenäus' Aufzählung im ganzen, und sie wird auch nicht behoben, wenn man dagegen hält, welche Leitbegriffe in den gängigen schulphilosophischen Abrissen und Kompendien diskutiert werden. Mögen solche Reihen nun αἴσθησις - φαντασία - συγκατάθεσις - ὁρμή[91] oder νοῦς - φρόνησις - ἐπιστήμη - δόξα - αἴσθησις[92] oder anders[93] lauten, Irenäus unterläßt es auf jeden

nur eine untergeordnete Rolle spielt, vgl. M. Pohlenz, Die Stoa. Geschichte einer geistigen Bewegung, Göttingen ^{3}1964, I 34. Doch lassen sich seine Eingliederung in die stoische Seelenlehre und die Assoziation mit dem ἡγεμονικόν z.B. bei Phil. agr. 30f., vit. Mos. 2,82 (vgl. migr. 71) ablesen. Eine ungewöhnliche Ausdrucksweise einiger Stoiker (ψυχή = φρόνησις = νοῦς = νόησις) notiert Gal. hist. phil. 24 (615 Diels).

88 Die Unterscheidung ist der Alten Stoa noch unbekannt, während die Voraussetzungen für sie schon bereit lagen. Sie ist erst im Streit zwischen der Akademie des Karneades und den Stoikern über die Frage, ob Tiere Vernunft haben, aufgekommen, um dann eine ungeheure Verbreitung zu erlangen, vgl. Pohlenz (wie Anm. 87), I 39f., II 21f. Zuerst und zugleich mehrfach bezeugt ist sie bei Phil. Abr. 83, vit. Mos. 2,127. 129, spec. leg. 4,64, migr. 71 u.ö. In christlicher Literatur findet sich das Begriffspaar noch nicht bei Justin, es wird erst bei Theoph. Autol. 2,22,3f. und Tert. adv. Prax. 7 positiv zur Veranschaulichung der innergöttlichen Zeugung aufgenommen. - Die bei Irenäus vollzogene Gleichsetzung des διαλογισμός mit dem λόγος ἐνδιάθετος findet sich auch bei Nemes. nat. hom. 14; zur Bedeutung von διαλογισμός als Selbstgespräch vgl. Plot. VI 9 [9] 10,6 und V 3 [49] 3,3.

89 SVF 2,258,17ff. (fr. 910) und noch einmal Gal. hist. phil. 14 (615 Diels).

90 Grundlegend für das stoische Verständnis von ἔννοια ist Aet. plac. 4,11 (400f. Diels) (= SVF 2,28 [fr. 83]) mit Kommentar von Pohlenz (wie Anm. 87), I 56. II 32f. Die platonische Auffassung erhellt aus Alkin. did. 4. 5 (155,26. 32ff.; 156,19-32ff.; 156,19-23; 158,4), Anon. Kommentar zu Platons Theaitet 46,43-47,48 (31f. und XXXI Diels - Schubart), vgl. schon Cic. Tusc. 1,57.

91 So lautet ein gängiges stoisches Schema nach Aetius plac. 4,21,1 (410 Diels) (= SVF 2,227 [fr. 836]). Diokles Magnes bei Diog. Laert. 7,48-54 fügt dem noch κατάληψις und νόησις hinzu. Nach einem Referat Jamblichs, SVF 1,39 (fr. 143) (= SVF 2,226 [fr. 831]), gelten als stoische Seelenvermögen des Hegemonikon φαντασία - συγκατάθεσις - ὁρμή - λόγος, wobei die Fähigkeiten der Sinneswahrnehmungen neben dem Sprechvermögen und der Zeugungskraft als Teile der Seele gerechnet werden, vgl. zum ganzen Pohlenz (wie Anm. 87), I 54-63.

92 Derart faßt Aet. plac. 4,4,5 (390b Diels) die pythagoreischen Seelenvermögen zusammen, anders plac. 1,3,8 (282): νοῦς - ἐπιστήμη - δόξα - αἴσθησις, vgl. dazu Burkert (wie Anm. 66), 62 mit Anm. 110.

Fall, den erkenntnistheoretischen Komplex im ganzen zu beschreiben und den jeweils zugeordneten Erkenntnisgegenstand näher zu bestimmen. Fragen etwa wie die, unter welchen Umständen sich der νοῦς zur ἔννοια aktualisiert, ob die Erkenntnis empirisch-sensualistisch oder apriorisch-transzendental begründet ist, auf welche Kriterien sich der Intellekt bei der Prüfung stützt, ob es sich um eine praktische oder um eine theoretische Erkenntnis handeln soll, sie bleiben hier unberücksichtigt. Irenäus interessiert allein der psychologische Vorgang als solcher, und es scheint, da sich Vorlagen bisher nicht haben nachweisen lassen, nicht einmal ausgeschlossen zu sein, daß er selbst die Reihe ad hoc aufgestellt haben könnte.

Versucht man die angerissene Thematik, soweit wie möglich, auf eine etwas breitere Quellenbasis zu stellen, dann deutet alles darauf hin, daß die platonische Auffassung, derzufolge die Seele eine angeborene Erkenntnis der Ideenwelt in sich trage und der Geist, mit dem Intelligiblen verwandt, das Geistige schaue, von Irenäus nicht rezipiert worden ist. Bisher hat sich ein doppelter Ausgangspunkt der Erkenntnislehre abgezeichnet. Einerseits hat Irenäus von den Sinnesorganen und ihren Wahrnehmungen gesprochen[94], und auf dieser Linie liegt es, wenn er erklärt, daß die Seele sich an das erinnert, was sie durch Sehen und Hören erkannt hat[95]. Andererseits hat er den Menschen als vernunftbegabtes Lebewesen, als λογικὸν ζῷον, bestimmt[96], und demgemäß hat die psychologische Analyse des Denkvorgangs die Betätigung der Vernunft in gewissen Grundschritten entfaltet. Im Zusammenwirken beider Faktoren, so will Irenäus offensichtlich verstanden sein, kommt Erkenntnis zustande; dagegen gibt es in seinem Werk keinen Beleg, wo er eindeutig im Sinne der platonischen Erkenntnistheorie Stellung bezogen hätte. Natürlich gehört für ihn zu den intellektuellen Leistungen der Seele auch die Erinnerung - der Mensch erinnert sich an das, was er getan, was er erkannt, was er gedacht oder geträumt hat[97] - aber eine transzendentale

---

93 Beispielshalber sei noch verwiesen auf Alkin. did. 4, der νοῦς, λόγος, ἐπιστήμη, δόξα, νόησις, αἴσθησις, μνήμη, φαντασία und φυσικὴ ἔννοια in einem System diairetischer Begriffszerlegungen behandelt, und Aristot. an. 3,3, der φρόνησις, ἐπιστήμη, δόξα, αἴσθησις, φαντασία und ὑπόληψις diskutiert.

94 Siehe Anm. 16 und 17.

95 Haer. 2,33,3.

96 Siehe Anm. 14.

97 Haer. 2,33,1. 3.

Erinnerung kennt Irenäus offenbar nicht. Bestätigt wird diese Einschätzung nicht zuletzt durch die Äußerungen, die er über die höchste dem Menschen mögliche Erkenntnis, die natürliche Gotteserkenntnis, macht, denn diese Aussagen bauen durchgängig auf einem empirischen Fundament auf.

Daß Irenäus tatsächlich an einigen Stellen auf die Thematik einer natürlichen Gotteserkenntnis eingeht, illustriert nicht nur, welches Leistungsvermögen er der Seele, allerdings bedingt, zumißt, sondern ist gerade aufgrund der vielfachen Brechungen, die seine Ausführungen kennzeichnen, theologisch von höchstem Interesse. Zwar ist einzuräumen, daß er keine Veranlassung sieht, Beweise für die Existenz Gottes mit selbständigem Anspruch zu führen. Aber in der polemischen Auseinandersetzung ist es ihm willkommen, den gnostischen Gegnern auch diesen Stoß versetzen zu können, daß ihre widersprüchlichen Theorien schon durch das auf natürlichem Wege erschwingliche Wissen um Gott vernichtet werden. Doch ist vor allem die theologische Dimension abzustecken, unter welche Irenäus seine diesbezüglichen Aussagen gerückt hat. Schon von einer natürlichen Gotteserkenntnis zu sprechen, wird ihm kaum hinreichend gerecht, denn damit ist das für ihn Entscheidende noch gar nicht berührt. Der grundlegende Satz, unter den er alles gestellt hat, lautet vielmehr: „Niemand kann Gott erkennen, wenn Gott nicht belehrt, d.h. ohne Gott kann niemand Gott erkennen"[98]. Darin faßt sich ihm die Verkündigung des Herrn zusammen, als dieser sich den Jüngern kundgab, daß er das Wort sei, das die Erkenntnis des Vaters wirkt, und sagte: „Niemand erkennt den Sohn außer der Vater, und den Vater erkennt niemand außer der Sohn und wem es der Sohn offenbaren will" (Mt 11,27)[99]. Und gleichzeitig ist für ihn darin beschlossen, daß gerade dieses, daß Gott erkannt werde, Gottes Wille ist. In der Tat offenbart der Sohn die Erkenntnis des Vaters, indem er sich selbst zur Erscheinung bringt, denn er ist als das Wort Gottes der ausschließliche Offenbarungsmittler, der alles im Dienst des Vaters erfüllt und das Wohlgefallen

---

[98] Haer. 4,6,4: ἐδίδαξε δὲ ὁ Κύριος ὅτι Θεὸν εἰδέναι οὐδεὶς δύναται μὴ οὐχὶ Θεοῦ διδάξαντος, τουτέστιν ἄνευ Θεοῦ μὴ γινώσκεσθαι τὸν Θεόν· αὐτὸ δὲ τὸ γινώσκεσθαι αὐτὸν θέλημα εἶναι τοῦ πατρός· γνώσονται γὰρ αὐτὸν οἷς ἂν ἀποκαλύψῃ ὁ υἱός.

[99] Irenäus' Auslegung von Mt 11,27 und seine Zurückweisung des gnostischen Verständnisses des Verses in 4,6,1-7,4 untersucht A. Houssiau, L'exégèse de Matthieu XI 27B selon Saint Irénée, EThL 29, 1953, 328-354 (hier: 337-354), vgl. ferner Ph. Bacq, De l'ancienne à la nouvelle Alliance selon Irénée. Unité du livre IV de l'Adversus Haereses, Paris 1978, 68-78.

Gottes ausführt[100]. Doch sorgt sich Gott nicht erst seit den Zeiten des Kaisers Tiberius für die Menschen[101]. Schon als er den Menschen schuf, hat er ihn dazu bestimmt, Gott zu erkennen[102]. So ist der Sohn Gottes von Anfang an bei seinem Geschöpf, steht ihm bei und offenbart seit Anbeginn allen den Vater[103]: Nicht erst seit seiner Menschwerdung, nicht erst zu Zeiten des alten Bundes durch das Gesetz und die Propheten, sondern auch im weitesten Sinne durch die geschaffene Welt, deren Schöpfungsmittler er ja ist[104], offenbart er den Vater. Was immer man natürliche Erkenntnis Gottes aus der Schöpfung nennen mag, Irenäus sieht darin eine Belehrung durch Gott, die das Wort Gottes, der Sohn, allen Menschen hat zukommen lassen. In gewisser Weise hat die Schöpfung, weil sie christologisch im Wort Gottes verfaßt ist, universalen Offenbarungscharakter.

Um ins einzelne seiner Darlegungen zu gehen, so lassen die knappen und jeweils neu variierten Hinweise, mit denen Irenäus sich begnügt, erkennen, daß er alte Argumentationsmuster, die vornehmlich in der Stoa entwickelt worden sind und eine längere Tradition durchlaufen haben[105], verwertet und auch in eigener Akzentsetzung vorzutragen weiß. Eine solche Figur ist der Beweis „e consensu omnium", der in die Religionsgeschichte greift und auf der Überzeugung beruht, daß es kein Volk gibt, sei es noch so roh oder sei es noch so gebildet, bei dem nicht eine kulti-

---

[100] Haer. 4,6,3: „Neque enim Patrem cognoscere quis potest sine Verbo Dei, hoc est nisi Filio relevante, neque Filium sine Patris beneplacito. Bonum autem placitum Patris Filius perficit ... Filius revelat agnitionem Patris per suam manifestationem. Agnitio enim Patris est Filii manifestatio: omnia enim per Verbum manifestantur", 4,6,7: „Omnia autem Filius administrans Patri perficit ab initio usque ad finem, et sine illo nemo potest cognoscere Deum. Agnitio enim Patris Filius, agnitio autem Filii in Patre et per Filium revelata".

[101] Haer. 4,6,2. 7.

[102] Haer. 2,2,4: „(Deus Verbo condidit omnia et fecit) ... ut is qui inciperet eum cognoscere homo fieret".

[103] Haer. 4,6,7: „Ab initio enim assistens Filius suo plasmati, revelat omnibus Patrem, quibus vult et quando vult et quemadmodum vult Pater", d.h. durch die Schöpfung, durch Gesetz und Propheten im alten Bund und in der Inkarnation des Neuen Bundes, vgl. auch 2,30,9.

[104] Haer. 4,6,6. Speziell zur Schöpfungsoffenbarung führt Irenäus hier aus: „Etenim per ipsam conditionem revelat Verbum conditorem Deum, et per mundum fabricatorem mundi dominum, et per plasma eum qui plasmaverit artificem, et per Filium eum Patrem qui generaverit Filium", vgl. Anm. 108. Die Schöpfungsmittlerschaft des Wortes (und des Geistes) behandelt 4,7,4.

[105] Vgl. zum ganzen H.-J. Horn, Gottesbeweis, RAC 11, 951-977.

sche Gottesverehrung, als Teil der geistigen Existenz des Menschen, anzutreffen sei[106]. Wenn Irenäus diesen Gedanken aufgreift, dann doch so, daß er ihn gleichzeitig nicht unerheblich umformt, indem er geschichtlich bzw. religionsgeschichtlich differenziert und verschiedene Quellen der Gotteserkenntnis geltend macht: bei den ältesten Menschen, bei den nachfolgenden Generationen in Israel, bei den Heiden und in der Kirche[107]. Damit ist der ursprünglich intendierte gemeinsame Boden des „consensus omnium" verlassen, und nur im Fall der Heiden kann noch von einer natürlichen Gotteserkenntnis die Rede sein. Irenäus schließt deshalb ein zweites Argument an, das dem sog. kosmologischen Gottesbeweis entstammt, und erklärt, daß die Heiden jene Erkenntnis mittelbar aus der Schöpfung gelernt haben. „Denn die Schöpfung selbst weist auf ihren Schöpfer, und das Werk läßt seinen Meister erkennen, und die Weltordnung tut ihren Ordner kund"[108]. Nun kann freilich nicht übersehen werden, welche grundlegende Umdeutung im theologischen Gesamtverständnis dabei stillschweigend vollzogen ist. Denn wenn im stoischen Kontext versichert wird, daß Gott aus seinen Werken zu erschließen ist, dann führt der Rückschluß auf die stoische Gottheit, die, als feuriges Pneuma verstanden, eine der Welt immanente, lebendige Urkraft, eine in ihr wirkende schöpferische Allnatur, eine alles durchdringende Weltvernunft ist[109]. Durchaus anders Irenäus: er spricht von dem biblischen Gott, der der Welt gegenübersteht als ihr transzendenter Schöpfer und Herr und der sich selbst durch die Schöpfung offenbart, und Irenäus kann dafür auf

[106] Cic. nat. deor. 2,5-12, leg. 1,24, div. 1,2, SVF 1,41 (fr. 152), SVF 2,304f. (fr. 1017. 1019), vgl. Pohlenz (wie Anm. 87), I 94.

[107] Haer. 2,9,1. Die ältesten Menschen bewahrten diesen Glauben von dem ersterschaffenen Adam her - das dürfte jüdische Tradition darstellen, ähnlich wie vit. Adae 25-29 (Adam teilt Seth die Geheimnisse seiner Entrückung mit) und Genesis Rabba 24,7 (Adam kannte alle Künste und brachte sie seinen Söhnen bei) -, den nachfolgenden Generationen haben ihn die Propheten (4,2,3 ist Mose zu den Propheten gerechnet, wie bei Phil. vit. Mos. 2,187f., Just. Mart. apol. 1,32,1) in Erinnerung gebracht, die Heiden lernten es aus der Schöpfung, und die Kirche hat diese Tradition von den Aposteln empfangen.

[108] Haer. 2,9,1: „... ethnicis vero ab ipsa conditione discentibus. Ipsa enim conditio ostendit eum qui condidit eam, et ipsa factura suggerit eum qui fecit, et mundus manifestat eum qui se disposuit", vgl. die überzeugende Rückübersetzung von Rousseau/Doutreleau (wie Anm. 1), II/1, 226, vgl. 4,6,6; 2,27,2: „... ipsa autem creatura in qua sumus per ea quae in aspectum veniunt hoc ipsum testante unum esse qui eam fecerit et regat ...".

[109] Einprägsam formuliert bei Cic. Tusc. 1,68-70, bes. 70: „... deum non vidis, tamen ... deum adgnoscis ex operibus eius ...", weitere Belege s.u. Anm. 111. Zum stoischen Gottesbegriff vgl. Pohlenz (wie Anm. 87), I 95f.

die entsprechend umgeprägte Argumentationsfigur im hellenistischen Judentum zurückblicken[110].

Eng verwandt mit dem kosmologischen ist der sog. teleologische Beweis, welche beide sich meist berühren und zusammen auftreten, letzterer speziell an der vernünftigen Ordnung und Zweckmäßigkeit der Welt im ganzen wie in allen ihren Teilen orientiert[111]. Bei Irenäus erscheint dieser Gedanke unter dem Gesichtspunkt der göttlichen Providenz - auch dies, πρόνοια, ein in der Stoa beheimateter Fachterminus[112], der jetzt auf den transzendenten Schöpfergott bezogen und zweifellos christologisch qualifiziert ist. Irenäus also erklärt, Gott übt Providenz über alles aus und gibt deshalb auch Rat; d.h. einerseits ist der mehr kosmologische Aspekt im Blick, daß die göttliche Fürsorge, wie sie die Welt im ganzen durchwaltet, so insonderheit das Menschengeschöpf erhält und umsorgt, und andererseits der ethische, daß dieselbe Fürsorge durch das mit dem Dekalog identische natürliche Sittengesetz das Menschengeschlecht zur Sittlichkeit anhält[113]. Woraus folgt: „Notwendigerweise müssen die unter Gottes Fürsorge stehen ihren Lenker kennen, wenigstens sofern sie nicht unvernünftig und taub sind, sondern eine Empfindung für die Fürsorge Gottes besitzen“[114]. Diese Konsequenz, isoliert für sich betrachtet - der Mensch hat dank seiner Vernunftbegabung auch ein Sensorium für das göttliche Walten empfangen, woher ihm, wenn er sich dem nicht verschließt, sondern seine Anlage recht

[110] Das wichtigste Zeugnis ist Sap. Sal. 13,5: ἐκ γὰρ μεγέθους καὶ καλλονῆς κτισμάτων ἀναλόγως ὁ γενεσιουργὸς αὐτῶν θεωρεῖται, ferner Epist. Arist. 132, Joseph. ant. 1,7,1, besonders zahlreiche Belege bei Phil. all 3,97ff., praem 41ff., spec. leg 1,33ff., 3,187ff. u.ö.

[111] Aet. plac. 1,6 (292ff. Diels) (= SVF 2,299 [fr. 1009]), SVF 2,302f. 305 (fr. 1013-1015. 1020), Cic. nat. deor. 2,87-90.

[112] SVF 1,44 (fr. 172), SVF 2,322-341 (fr. 1106-1186), vgl. H. Doerrie, Der Begriff „Pronoia“ in Stoa und Platonismus, PhTh 24, 1977, 60-87.

[113] Haer. 3,25,1: „Providentiam autem habet Deus omnium, propter hoc et consilium dat; consilium autem dans adest his qui morum providentiam habent“, dazu ist auch der letzte Satz des vorangehenden Abschnitts einzusehen. Zur Interpretation des „consilium dare“ vgl. 4,13,4 (eine Aufzählung der „naturalia praecepta“), ferner 4,15,1. 16,3: Die Gleichsetzung des natürlichen Sittengesetzes mit dem Dekalog entstammt dem hellenistischen Judentum, so Phil. op. 3, vit. Mos. 2,51f.; dann auch Just. Mart. dial. 45,3.

[114] Haer. 3,25,1: „Necesse est igitur ea quae providentur et gubernantur cognoscere suum rectorem, quae quidem non sunt irrationabilia neque vana, sed habent sensibilitatem perceptam de providentia Dei“ (Rückübersetzung des letzten Kolon bei Rousseau/Doutreleau (wie Anm. 1), III/1, 393: ἀλλ' αἴσθησιν εἰληφότα περὶ τῆς προνοίας τοῦ θεοῦ.

gebraucht, notwendig die Gottesvorstellung erwächst -, diese Konsequenz könnte auch ein Stoiker ausgesprochen haben[115]. Nur der gewandelte theologische Bezugsrahmen im ganzen weist darauf, daß Irenäus nicht auf stoischen Bahnen wandelt.

Eine letzte Variante des teleologischen Argumentes, ebenfalls festgemacht am Begriff πρόνοια, aber verknüpft mit einem ganz anderen Gesichtspunkt, ist gedanklich dichter gedrängt und entfernt sich merklicher von stoischen Vorbildern. Irenäus konstatiert zunächst, daß Gott den geistigen Geschöpfen wegen seiner Erhabenheit („propter eminentiam") zwar unsichtbar („invisibilis") ist, er ihnen aber dank seiner Providenz unbekannt („ignotus") auf keinen Fall sein kann. Das erste Kolon, die Unsichtbarkeit, bezieht sich auf die Transzendenz Gottes, während die Providenz von Irenäus erklärt wird als die sich über alles erstreckende, d.h. universale, immanent in der Welt wirkende Herrschaft Gottes („dominio in omnes extenso"). Und wieder, mit derselben Betonung der Notwendigkeit („oportuit"), zieht Irenäus die Folgerung, daß die Geschöpfe Gott, den Schöpfer und Herrn, aufgrund seiner providentiellen Herrschaft über sie erkennen müssen, und führt weiter aus: „Denn die unsichtbare Wirklichkeit, die Gott ist ('invisibile eius'), gewährt durch ihre Machtentfaltung ('cum sit potens') allen ein tiefes Verständnis und ein Empfinden ihrer äußerst kraftvollen und allmächtigen Erhabenheit ('magnam mentis intuitionem et sensibilitatem omnibus praestat potensissimae et omnipotentis eminentiae')." Auch wenn Gott nur in der Offenbarung durch den Sohn erkannt werden kann (Mt 11,27), so widerspricht sich beides dennoch nicht: „Denn das erkennen alle, daß es einen einzigen Gott gibt, den Herrn über alle Dinge, da der ihrem Geist eingegebene Logos ('ratio mentibus infixus') sie dazu bewegt und es ihnen offenbart"[116]. Zwei Gedankenreihen sind, wie schon angedeutet, verknüpft. Zum einen der Rückschluß vom weltimmanenten Wirken der

---

[115] Vgl. Dion Chrys. olymp. 27-39, ein Passus, der von W. Theiler auf Poseidonios zurückgeführt wird, W. Theiler (Hrsg.), Poseidonios. Die Fragmente (TK 10,1.2), Berlin-New York 1982, I 291ff. (Nr. 368) und II 275ff. Dieser Text ist bemerkenswert, weil er die Zwangsläufigkeit der natürlichen Gotteserkenntnis unterstreicht und in mehrfacher Hinsicht die stoische Terminologie beleuchtet, so schon der Titel: 'Ολυμπικὸς ἢ περὶ τῆς πρώτης τοῦ θεοῦ ἐννοίας. Die natürliche Gotteserkenntnis ist eine δόξα καὶ ἐπίνοια ... ἀναγκαία καὶ ἔμφυτος ἐν παντὶ τῷ λογικῷ γινομένη κατὰ φύσιν (27); es heißt αἴσθησιν und ὑποψίαν λαβεῖν in bezug auf den Weltlenker (34); die erste Quelle der δόξα und ὑπόληψις in Betreff auf das Göttliche ist ἡ ἔμφυτος ἅπασι ἀνθρώποις ἐπίνοια (39).

[116] Haer. 2,6,1.

göttlichen Providenz auf den unsichtbaren Gott in seiner jenseitigen Erhabenheit. Die Erkenntnisfähigkeit auf seiten des Menschen wird in stoischer Terminologie ausgedrückt: „magnam mentis intuitionem et sensibilitatem“ dürfte - wie vorgeschlagen[117] - ein als Hendiadyoin zu verstehendes griechisches μεγάλην ἔννοιάν τε καὶ αἴσθησιν wiedergeben. Dagegen ist die ausdrückliche Betonung der Transzendenz Gottes unstoisch; Irenäus bringt dazu eine Assoziation an Paulus, Röm 1,20, ein, biegt aber diesen Hinweis zugunsten eines zweiten Gesichtspunktes um. Daß Paulus jenem Rückschluß noetisch-intelligiblen Charakter zuschrieb[118], übergeht er und rekurriert statt dessen auf eine innere, subjektive Offenbarung des dem Geist eingegebenen Logos. „magnam mentis intuitionem et sensibilitatem“ wird also durch „ratio mentibus infixus“ interpretiert. Die letztere Formulierung ist allerdings schwierig und umstritten[119], doch spricht am meisten dafür, daß sie im Hinblick auf den Λόγος ἄσαρκος, den präexistenten Christus, gewählt ist und zum Ausdruck bringen will, daß in der menschlichen Vernunft Christus, das Wort Gottes, wirkt. Nur unter dieser Bedingung erklärt sich der von Irenäus hier hergestellte Bezug zu Mt 11,27, der dann besagt: Zwischen der Verkündigung des Herrn von der exklusiven Offenbarung des Vaters durch den Sohn und der Annahme einer vernünftigen Erkenntnis Gottes aus der Schöpfung besteht deshalb kein Gegensatz, weil auch letztere durch den Logos-Christus gewirkt wird. Gleichwohl behält der Ausdruck etwas Flimmerndes, wo Natürliches und Geistliches zusammenschwingen. Mit vollem Recht wird man sich an Justins Lehre vom Logos

---

[117] Rousseau/Doutreleau (wie Anm. 1), II/1 218ff. (bes. 219). Der stoische Charakter der Wendung ergibt sich aus der synonymen Wortverbindung, dazu die Einzelbelege in Anm. 90 und 115.

[118] An diesem Punkt wie auch an anderen scheinen in Röm 1,20 platonische Elemente zugrunde zu liegen, vgl. D. Wyrwa, Über die Begegnung des biblischen Glaubens mit dem griechischen Geist, ZThK 88, 1991, 29-67 (hier: 48f).

[119] Über den Stand der Diskussion, die schon bei der Textkritik einsetzt (s. den Apparat zur Stelle: „ratio mentibus infixa“ oder „ratio [bzw. Ratio] mentibus infixus“), informiert J. Birrer, Der Mensch als Medium und Adressat der Schöpfungsoffenbarung. Eine dogmengeschichtliche Untersuchung zur Frage der Gotteserkenntnis bei Irenäus von Lyon (BSHST 59), Bern-Frankfurt/M. 1989, 196ff. Als Rückübesetzung hat Houssiau (wie Anm. 99), 332-337 (hier: 335) in seiner eindringlichen Interpretation der Stelle λόγος τοῖς νοῖς ἔμφυτος vorgeschlagen, was von Rousseau/Doutreleau (wie Anm. 1), II/1 220 übernommen wird. Doch haben weder die Suche nach stoischen Vorlagen, vgl. Cic. nat. deor. 1,28, 1,44, leg. 1,18 noch die kosmologisch orientierten Parallelen bei Iren. haer. 5,18,3 und dem. 34, zu einem eindeutigen Verständnis des Ausdrucks geführt. Daß Irenäus bewußt sich auch in schillernder Doppeldeutigkeit ausdrücken kann, zeigt ein Beispiel wie haer. 5,18,2.

spermatikos erinnert fühlen[120]. Aber während Justin sehr genau auf die ontologische Differenz zwischen dem göttlichen Logos und der menschlichen Vernunft achtete und die Möglichkeit einer partiellen Wahrheitserkenntnis der Vernunft detaillierter begründete, ist Irenäus' Andeutung so knapp und verkürzt gehalten, daß jede scharf zupackende Interpretation ins Leere laufen muß. Daß die Vernunft, gewissermaßen als ein Teil des göttlichen Logos, selbst göttlicher Natur wäre, muß allerdings auch für Irenäus strikt ausgeschlossen werden[121]. Aber ob ansonsten das Verhältnis mehr naturhaft-geschöpflich oder mehr gnadenhaft-geistlich im Sinn einer Einprägung, einer Partizipation, einer Manifestation oder anders zu verstehen ist, bleibt in der Schwebe. Entscheidend ist offenbar dies, daß das Wort Gottes von Anfang an seinen Geschöpfen gegenwärtig ist und sie in allgemeiner und direkter Wirksamkeit durch die Vernunft in der Wahrheit belehrt. Indessen kann auch so die große Auszeichnung, die Irenäus der menschlichen Vernunft in dieser christologischen Begründung zuteil werden läßt, nicht übersehen werden - eine Einschätzung, die ja nicht nachdrücklicher geltend gemacht werden kann, als wenn er die Vernunftbegabung des Menschen in die Thematik der Gottesebenbildlichkeit nach Gen 1,26 einbezieht: „homo vero rationabilis, et secundum hoc similis Deo“[122].

Wenn die Schöpfung selbst ihren Schöpfer offenbart, wenn das Walten der im Logos-Christus verfaßten göttlichen Providenz eine so deutliche, eine zwingende Sprache spricht, wenn zudem der Logos-Christus selbst, allgemein und direkt belehrend, die Vernunft des Menschen bewegt, dann stellt sich allerdings die Frage, wie Irenäus die Situation der Heiden erklärt, da er ihnen gleichzeitig kategorisch eine Erkenntnis Gottes abspricht und sogar sagen kann, die Menschwerdung des Erlösers wäre überflüssig gewesen, wenn die Heiden Gott schon erkannt hätten[123]. Das scheint nun in der Tat auf einen glatten Widerspruch hinauszulaufen. Aber Irenäus ist nicht der Mann, der sich in aufreizenden Paradoxien gefällt! Daß die Heiden den wahren Gott und

---

120 Just. Mart. apol. 1,46,2, apol. 2,8,1. 3, apol. 2,10,2, apol. 2,13,3. 6, vgl. Wyrwa (wie Anm. 118), 61ff.

121 Irenäus' eindeutige und entschiedene Feststellung, daß die Seele Geschöpf ist, haer. 5,12,2, kann darüber keinen Zweifel aufkommen lassen.

122 Haer. 4,4,3. Die Fortsetzung: „... rationabilis factus amisit veram rationem, et irrationabiliter vivens adversatus est iustitiae Dei ...“ bezieht sich auf die gnostischen Häretiker, vgl. Bacq (wie Anm. 103), 60.

123 Haer. 2,14,7.

Schöpfer der Welt erkennen, ist für ihn - da sollte man ihn beim Wort nehmen[124] - eine prinzipielle Realität, an der er um ihrer weitreichenden Konsequenzen willen unbeirrt festhält. Im individuellen Fall kann er eine relative Betrachtungsweise für legitim halten. Da kann er feststellen, daß einige Heiden die Gotteserkenntnis sogar ausgesprochen und bekannt haben - wie Plato, der Gott als gerecht und gut bekannt hat[125] -, während andere, hingegeben an Verlockungen und Vergnügungen und verstrickt in den heidnischen Götzendienst, dies unterlassen[126]. Und er kann auch einräumen, daß andere von ihrer Vernunft keinen rechten Gebrauch machen, sie verkümmern lassen und sich der Wahrheit verschließen[127]. Dafür ist jeder selbst verantwortlich; aber gerade deshalb erkennen alle Gott, damit die Wahrheit von allen Zeugnis erhält und das Gericht über alle, sei es zum Heil, sei es zur Verdammnis, gerecht ist[128]. Ihr Wissen um Gott, das soweit ganz auf einer theoretischen Ebene angesiedelt ist, macht sie unentschuldbar. Wenn Irenäus dagegen das Wort von den „gentes qui ignorant deum“ im Munde führt[129], so ist zu beachten, daß es sich dabei um eine biblische Wendung handelt (vgl. Ps 78,6; Jer 10,25; Gal 4,8; 1 Thess 4,5), bei der im Erkennen immer auch der Aspekt des Anerkennens eingeschlossen ist und das Nichterkennen schuldhaft ist[130]. Die Kritik, die Irenäus damit lanciert, zielt in eine religiös-praktische Richtung und behaftet die Heiden bei ihrem kultischen Götzendienst. Ähnlich wie es die paulinischen Anklagen, denen er sich anschließt, tun, insistiert er auf ihrem zwiespältigen Verhalten, daß sie ihre Erkenntnis praktisch nicht bewähren, weil sie ihrem Schöpfer den Dank schuldig bleiben (Röm 1,21) und lieber der Schöpfung und denen, die keine Götter

---

124 Es heißt sans phrase haer. 2,9,1: „... ethnicis vero ab ipsa conditione discentibus“, 2,9,2: „... verumtamen primum deitatis adtribuunt (sc. ethnici) fabricatori huius universitatis Deo“, dazu kommen die behandelten Stellen haer. 2,6,1, 3,25,1, 4,6,6.

125 Haer. 3,25,5, s. Anm. 65.

126 Haer. 3,25,1: „... ethnicorum quidam, qui minus illecebris ac voluptatibus servierunt et non in tantum superstitione idolorum abducti sunt, providentia eius moti licet tenuiter, tamen conversi sunt ut dicerent fabricatorem huius universitatis patrem omnium providentem et disponentem secundum nos mundum“.

127 Haer. 4,33,1, 5,29,1, vgl. haer. 2,27,2: „... valde hebetes apparebunt qui ad tam lucidam adapertionem caecutiunt oculos et nolunt videre lumen praedicationis, sed constringunt semetipsos ...“, womit die Gnostiker gemeint sind.

128 Haer. 4,6,7.

129 Haer. 2,13,3. 10; 2,14,2. 4. 7f.; 3,6,3. 5; 4,27,4. 36,6; 5,12,4.

130 Vgl. R. Bultmann, γινώσκω κτλ., ThWNT I 688-715 (hier: 696ff.).

sind (Gal 4,8), dienen als dem Schöpfer (Röm 1,25)[131]. So erweist sich ein sinnvoller Gedankenzusammenhang, aber es ist im Auge zu behalten, daß Irenäus die Heidenkritik wegen der Irrlehrer vorträgt, nicht um ihrer selbst willen[132].

Ein letzter Themenkomplex, der angesprochen werden muß, wenn es um das Vermögen und die Leistung der Seele geht, betrifft ihre Rolle als Instanz der ethischen Entscheidung und als Träger der sittlichen Verantwortung. Nur wenige Empfindungen haben das Grundverständnis des griechischen Menschenbildes so stark durchwirkt wie gerade das Freiheitsgefühl, und sein emphatisches Pathos ist noch allenthalben zu vernehmen. Auch bei Irenäus wirkt diese griechisch gefärbte Stimmung nach, selbst in der lateinischen Wiedergabe wahrnehmbar[133], wenn er ἐλεύθερος und αὐτεξούσιος[134] zu einem Leitbegriff seiner Ethik macht. Und ebenso verbindet sich bei ihm mit dem Freiheitsbewußtsein die Gewißheit, daß der Mensch nur dann, wenn er Herr über sich ist, für seine Handlungen verantwortlich sein kann. Deshalb muß jegliche Annahme einer äußeren Fremdbestimmung des Menschen, sei es daß Gott Zwang ausübt[135], sei es daß die Natur ihn determiniert, zurückgewiesen werden. Irenäus wäre nicht der biblische Theologe, wenn er nicht auch diese menschliche Grundkonstitution am Bibeltext abläse. Die Freiheit erwächst aus der Vernunftanlage der Seele, gehört also mit dieser (und mit der Seele) zusammen und bildet wie diese ein Moment der Gottesebenbildlichkeit, mit der der Mensch bei der Erschaffung nach Gen 1,26

---

131 Haer. 2,9,2; 4,33,1; 5,29,1.

132 Anhangsweise soll hier, wo von den intellektuellen Leistungen der Seele gesprochen worden ist, auch Irenäus' Traumtheorie erwähnt werden, denn Träume stellen einen Sonderfall der geistigen Aktivität der Seele dar. In haer. 2,33,1. 3 legt Irenäus dar, daß im Schlaf der Leib zwar ruht, aber die Seele weiter aktiv ist. Sie zieht sich in gewisser Weise vom Leib zurück und - ohne Sinneseindrücke, bei sich selbstÊ-schaut und erlebt sie, was immer ihr träumt. Später, wenn sie wieder mit dem Körper sich vermischt hat und über alle Glieder ausgebreitet ist, vermittelt sie ihm die Erinnerung daran. In Analogie dazu versteht Irenäus Ekstasen. Diese Auffassung entspricht genau der von Cic. div. 1,63 dargelegten; sie kehrt wieder bei Tert. an. 45,1f. Spanneut (wie Anm. 47), 217f., spricht sie als stoisch an.

133 Das Material der Übersetzungsvarianten ist gut überschaubar gesammelt bei B. Reynders, Lexique comparé du texte grec et des versions latine, arménienne et syriaque de l' Adversus Haereses de Saint Irénée (CSCO 142), Louvain 1954, II 245f. (s.v. „potestas").

134 Der Begriff scheint stoischen Ursprungs zu sein: SVF 2,284 (fr. 975), Epikt. 2,2,3, 4,1,100, vgl. W. Warnach, Freiheit, HWbPh 2, 1064-1083 (bes. 1065.1070).

135 Haer. 4,37,1. 4; 5,1,1.

ausgezeichnet wurde[136]. Wie wichtig ihm dieser Punkt ist, erhellt sich aus der Tatsache, daß er in seine Behandlung der Gleichnisse einen ausgedehnten Exkurs[137] einschaltet, der, gerichtet gegen die, wie er es sieht, deterministische Anthropologie der Valentinianer, im ersten Teil die Willensfreiheit behandelt und in der Hauptsache biblische Begründungen, aus den Propheten, aus Herrenworten und aus Paulus, aufbietet. Meist konventionell sind die eingeflochtenen sachlichen Argumente wie, daß Rat und Ermahnung, Lob und Tadel sowie das gerechte Gericht die Willensfreiheit voraussetzen, daß das Gute erst, wenn es erstrebt wird, als solches geschätzt wird oder daß um das Gute ein Kampf geführt werden muß. In einer speziellen Hinsicht ist vor allem der letztere Gesichtspunkt[138] bemerkenswert, denn er belegt ja nicht nur die Wahlfreiheit des Menschen, sondern ebenso den Kampf, den inneren sittlichen Konflikt, der offensichtlich wie die Entscheidungen in der Seele stattfindet. Sie ist also der Schauplatz eines inneren Widerstreites. Zum Vergleich muß man sich in Erinnerung rufen: Griechisches Philosophieren hatte die Erfahrung, daß die Seele der Ort innerer Konflikte ist, dazu geführt, in der Seele Teile zu unterscheiden, was in mancher Hinsicht eine Vertiefung der Psychologie bedeutete. Davon verlautet bei Irenäus nichts; eine Seelenteilung - sei es eine Dreiteilung, sei es eine Zweiteilung oder wie auch immer - ist ihm fremd[139]. Das ist deshalb so auffällig, weil er sich damit von einer gemeinsamen Diskussionsgrundlage der zeitgenössischen philosophischen Schulrichtungen entfernt[140]. Er muß davon Kenntnis gehabt haben, aber sein biblischer Realismus dürfte ihn gehindert haben,

---

[136] Haer. 4,4,3: „... homo vero rationabilis et secundum hoc similis Deo, liber in arbitrio factus et suae potestatis", 4,37,1: „... liberum eum (sc. hominem) Deus fecit, ab initio habentem suam potestatem sicut et suam animam, ad utendum sententia Dei voluntarie, et non coactum ab eo", 4,37,4: „... liberae sententiae ab initio est homo et liberae sententiae est Deus, cuius ad similitudinem factus est ...", 4,38,4: „... similes sibi suae potestatis homines fecit (sc. Deus), dem. 11: „... 'insufflavit in faciem eius spiraculum vitae' (Gen 2,7), ita ut et secundum insufflationem (d.h. die Seele) et secundum plasma similis fieret homo Deo. Igitur erat liber (ἐλεύθερος) et suae potestatis (αὐτεξούσιος)", vgl. 4,37,6

[137] Haer. 4,37,1-39,4. Eine einläßliche Interpretation des Exkurses bietet Bacq (wie Anm. 103), 253-269.

[138] Haer. 4,37,7.

[139] Auch oben zur Thematik der Unsterblichkeit der Seele bei Anm. 59.

[140] Eine Ausnahme macht unter Platonikern nur Severus bei Euseb. praep. ev. 13,17,1-6, der die Einheit der Seele behauptet, vgl. W. Deuse, Untersuchungen zur mittelplatonischen und neuplatonischen Seelenlehre (AAWM 1983 Nr. 3), Mainz 1983, 102-108.

die von Gott eingehauchte πνοὴ ζωῆς zu zerteilen. Er hat damit zugleich bejaht, daß das Problem des inneren Widerstreites in voller Radikalität gestellt bleibt, ja es gewinnt nun, da sich zudem die Frage stellt, ob der Mensch von sich aus überhaupt die Kraft aufbringen kann, das Gute zu wählen, eine Schärfe, die im Rahmen philosophischer Vorgaben nicht mehr erfaßt werden kann.

Irenäus' eigene Antwort ist seine Lehre vom vollkommenen bzw. geistlichen Menschen, die als neues strukturbildendes Moment den Geist Gottes, der im Menschen gewissermaßen ein pneumatisches Kraftfeld aufbaut, einführt. Demnach sind drei Größen für den vollkommenen Menschen konstitutiv: der Leib, die Seele und der Geist Gottes, nach 1 Kor 15,45 auch lebenspendender Geist genannt („Spiritus", „Spiritus vivificans" bzw. πνεῦμα, πνεῦμα ζωοποιοῦν). Wenn sich der Geist Gottes mit der Seele vermischt und diese mit dem Leib durchdringt - bzw. wenn die mit dem Leib verbundene Seele den Geist Gottes aufnimmt, dann entsteht der vollkommene und geistliche Mensch, und er wird in diesem Status bleiben, wenn er den Geist immer beständig in sich hat und als Auswirkung dessen die Seele sowie den Körper untadelig und rein bewahrt[141]. Die Seele, die Irenäus sehr genau ontologisch vom Geist unterscheidet[142], nimmt dabei, wohlgemerkt nicht auf den natürlichen, sondern den vollkommenen Menschen bezogen, die Stellung eines Mittleren[143] ein: Sie steht zwischen dem aktiven Geist und dem passiven Leib, insofern der lebenspendende, der errettende und formende Kraftstrom des Geistes sich über sie auf den Leib - bis hin zur Auferstehung -

141 Haer. 5,6,1: „perfectus autem homo commixtio et adunitio est animae assumentis Spiritum Patris et admixtae ei carni, quae est plasmata secundum imaginem Dei", ebd.: „Cum autem Spiritus ... commixtus animae unitur plasmati, propter effusionem Spiritus spiritalis et perfectus homo factus est ...", ebd.: „commixtio autem et unitio horum omnium (von Leib, Seele und Geist) perfectum hominem efficit", ebd.: „Perfecti igitur qui et Spiritum semper perseverantem habent Dei et animas et corpora sine querela servaverint, hoc est illam quae ad Deum est fidem servantes et eam quae ad proximum est iustitiam custodientes", zum letzten Gedanken vgl. dem. 2.

142 Haer. 5,12,2. Die Seele, die πνοὴ ζωῆς, macht den Menschen demnach seelisch; sie ist selbst Geschöpf, gehört zur Schöpfungsausstattung und ist allen Menschen gegeben; sie ist zeitlich, d.h. sie verbleibt nur eine bestimmte Zeit bei dem Leib, um ihn dann zu verlassen. Der lebendigmachende Geist dagegen macht den Menschen geistlich; er ist Gott eigen, wird aber auch denen zu eigen, die ihre Begierden niedertreten, d.h. die ihn in ihrem Lebenswandel bewahren; und er ist ewig, er umgreift den Menschen innen und außen, d.h. den ganzen Menschen, Seele und Leib, und verläßt ihn nie.

143 K. Alt, Weltflucht und Weltbejahung. Zur Frage des Dualismus bei Plutarch, Numenios, Plotin, AAWM 1993 Nr. 8, 95. 233, hat auf entsprechende Ausdrucksweisen bei Plutarch und Plotin aufmerksam gemacht.

vermittelt, so jedoch, daß die Freiheit der Seele bestehen bleibt. „Das eine rettet und gestaltet: der Geist; ein anderes wird gerettet und geformt: das Fleisch; ein drittes schließlich steht zwischen diesen beiden: die Seele, die bald durch Hingebung an den Geist von diesem erhoben wird, bald aber durch Einwilligung in das Fleisch herab in irdische Begierden fällt"[144]. Eine eingehendere Entfaltung dieser Lehre vom vollkommenen Menschen, die auf das Zentrum der irenäischen Theologie ausgreifen müßte, kann hier nicht mehr gegeben werden. Sie müßte die Lehre von Urstand und Fall, von Erlösung und Vollendung, die Thematik der Gottesebenbildlichkeit und nicht zuletzt die der Rekapitulation in Christus im ganzen einbeziehen.

Immerhin dürften die Darlegungen deutlich gemacht haben, daß Irenäus, wenn er von Seele spricht, zentrale Aspekte des griechisch-römischen Seelenverständnisses integriert hat, ohne sich exklusiv an eine Schultradition zu binden. Eine Horizontverschmelzung hat sich abgezeichnet, die den biblischen Schöpfungsglauben im Licht der Sprach- und Denkvorgaben der antiken Lebenswelt begreift und doch im entscheidenden dem souveränen Schöpfergott Raum bewahrt. Irenäus vorzuhalten, daß er das ganzheitliche Menschenbild der Bibel preisgegeben habe, und von einem angeblichen griechischen Leib-Seele-Dualismus bei ihm zu sprechen, wie es ein heute gängiges Klischee will, dazu gibt es keinen Anlaß. Was Seele für ihn - wie für das antike philosophische Denken - heißt, ist das vitale, geistig rationale, frei wählende und verantwortende Personzentrum des Menschen, dessen Energien und Impulse im Leib in Erscheinung treten und hier sich realisieren. Leib und Seele sind durchaus als Einheit, aber eben gerade als differenzierte Einheit gedacht, denn das eine ist der Grund und das andere die Erscheinung, das eine innerlich und das andere äußerlich, das eine seinsmächtiger und das andere seinsschwächer. Es herrscht eine Rangordnung vor, aber kein Gegensatz und keine Abwertung. In einer Hinsicht freilich verrät Irenäus darüber hinaus ein besonders geschärftes Bewußtsein, und dies betrifft gewissermaßen den unendlichen Wert der Menschenseele. Daß er, wie gezeigt, die Seelenwanderungslehre kritisch widerlegt, hat ja nicht nur eine polemische Pointe, sondern artikuliert zugleich das Wissen darum, daß jeder einzelne Mensch im striktesten Sinn des Wortes als einmalige, unaustauschbare, personale Individualität existiert. Das hat weitreichende Konsequenzen. Wenn die philosophische Deutung der Reinkarnation sich

---

[144] Haer. 5,9,1.

auf das Argument stützt, daß die Gesamtzahl der Seelen begrenzt und konstant sein muß[145], so gilt ersteres für Irenäus ebenso. Aber die begrenzte Gesamtzahl steht für ihn nicht am Anfang, sondern - was noch einmal den heilsgeschichtlichen Gesamtaufriß seiner Theologie in Erinnerung rufen kann - am Ende der Weltgeschichte, wenn das von dem ersterschaffenen Stammvater herkommende Menschengeschlecht seine von Gott im voraus bestimmte Menge erreicht hat[146]. Ob dabei die individuellen Seelen vermittels der Zeugung durch die Eltern, also im Rahmen eines traduzianischen Modells, oder durch einen unmittelbaren Akt göttlicher Neuschöpfung, im Rahmen eines kreatianischen Modells, entstehen, darüber hat sich Irenäus nicht geäußert; er mag es für nebensächlich gehalten haben. Entscheidend ist vielmehr dieses: Dafür, daß der Mensch als personales Individuum existiert, bürgt die Schöpfermacht Gottes, die dem Menschen jeweils eine eigene Seele, jeweils einen eigenen Leib und ein je eigenes Seelengepräge gibt[147]. Und es ist unmittelbar ersichtlich, daß dieses Verständnis direkt auf den Glauben der leiblichen Auferstehung zuläuft.

---

[145] Vgl. Alt (wie Anm. 143), 149f. 184: Alkin. did. 25, Hipp. ref. 1,19,12, Salustios, de diis 20,3.

[146] Haer. 2,33,5. Dieses Verständnis hat biblisch-jüdische Wurzeln, wie das Stichwort οἱ γραφέντες εἰς ζωήν und die dahinterstehende Vorstellung vom himmlischen Lebensbuch zeigen (Ps 69,28f., Ex 32,33f., Dan 12,1, Apok 3,5, 17,8, 20,12.15, 21,27, vgl. P. Volz, Die Eschatologie der jüdischen Gemeinde im neutestamentlichen Zeitalter, Tübingen 1934, 290-293).

[147] Haer. 2,33,5.

Soul and Time in Plotinus

von Andrew Smith (Dublin)

In treatise III 7 [45], given by Porphyry the title *On Eternity and Time*, Plotinus begins by juxtaposing eternity and time. Time is envisaged from the start as the kind of time that we speak of from our normal experience in the world of sense. It is not until chapter 11, after Plotinus has examined earlier conceptions of time, that he introduces us to his own very special interpretation of time as the moving image of eternity. For Plotinus this Platonic idea yields the notion that what we experience in this world is not time proper but a world „in time". Time here is a manifestation of real time. We should, then, distinguish between real time and manifested time: real time is the life of the soul. In a sense, then, time is something between eternity and the manifested time of the physical world, between the intelligible world and the physical cosmos, just as soul lies between Nous and the physical cosmos. But soul as the point of interface between the corporeal and incorporeal, with a foot in both camps, is both time and also, in its embodied state, is attached to what is in time. More generally, soul is presented by Plotinus as a most complex entity active at a number of ontological and cognitive levels from the highest form of reasoning down to the provision of the most basic requirements of life to the living being. Is this real time or time-life of soul to be identified with any particular level of the soul's activity? And if so with which? Moreover, what sort of time-experience is this time-life of the soul in comparison with our experience of time in the physical world? Can we have experience of it or is it a metaphysical construct only analogous to physical time? In this paper I shall attempt to explore in the context of his identification of time as the life of soul Plotinus' views on that very fluid concept of discursive reason which he often sees as the essential core of the activities of soul and which thus presents itself as the most obvious candidate for having this intimate connection with real time.

Now, one of the difficulties with this particular issue is that Plotinus would appear sometimes to deny sequence or „before" and „after" to the level of discursive reason and sometimes to accept it. Partly perhaps to resolve this apparent contradiction it has been held that, for Plotinus, time at soul level or at least at the level of higher soul or discursive reason does not admit of „before“ and „after“. This has resulted in a forced preciseness of interpretation which overlooks the subtle flexibility of Plotinus' exposition of a concept and a cognitive activity which is not very readily explicable in normal terminology, but which is, perhaps, not entirely beyond our experience.

We will begin with III 7 and a number of detailed problems of interpretation, particularly of chapter 11, which may be traced back to one of the key issues in Plotinian psychology, the status of different levels of soul. The polarities of modern interpretation attribute the time movement of soul in this chapter either to two levels of soul, transcendent as opposed to immanent soul, or to soul as a whole without this distinction[1]. The former interpretation leads to the view that no kind of sequence is to be attributed to soul in its transcendent state and all such attributes are to be assigned to a lower level of soul, the embodied soul. The most extreme statement of this view is to be found in the interpretation of 11,35-41 which Peter Manchester[2] regards as a series of antithetical statements describing in turn the two levels of time, real time and being „in time“. The alternative interpretation sees the passage as continuing the description of the origin of time itself and thus contrasting the time which is the life of the soul with eternity which is the life of Intellect. The detailed differences of interpretation are striking: ἡ νῦν ζωή is taken to refer either to embodied soul or to the life of soul as opposed to that of Intellect; πρὸ αὐτῆς to the higher phase of soul or to Intellect; ἄλλη to mean different from the higher phase of soul or different from the life of Intellect; χρόνον ... ἄλλον as the true time of higher soul or as eternity. Not least is διάστασις ζωῆς taken as referring to all of the movement of soul including the notion of manifested time or just to the transcendent time of soul.

I incline strongly to the view that Plotinus is here describing real time for the reasons given later in this paragraph. But although Plotinus is thinking here primarily of the generation of real soul-time, the nature of embodied soul-time or „being in time“ for soul is never far from his mind. This is to be seen in the stress on the simultaneity of the generation of time itself and of the cosmos which is „in time“. In fact the link is

---

[1] The former view is advocated by P. Manchester, Time and Soul in Plotinus III 7 [45] 11, Dionysios 2, 1978, 101-136, and the latter by W. Beierwaltes, Plotin: Über Ewigkeit und Zeit, Frankfurt 1967.

[2] Ebd. 129.

expressed more directly when at III 7 [45] 11,47-48 the contrast between eternity and time, Nous and soul, is expressed as a contrast between the two Alls, the intelligible All and this world inclusive of soul. And yet this comment is introduced by ὥσπερ. And at the end of this chapter he can stress in all correctness that time is not an accompaniment of soul but just as intimate an aspect of its nature as is eternity of Intellect; and the next chapter begins with a strong assertion of the identity of soul and time. In fact time with its distinctions of „before", „later" and „future" is essential in making soul different from Intellect, as an entity which can think of itself as other (12-15). Most telling of all he maintains in 13,31-40, that the „before" (τὸ πρότερον) and „after" (τὸ ὕστερον) in this world is only an imitation of the „before" and „after" of soul. It is quite clear then that Plotinus is applying „before" and „after", i.e. sequence, as attributes of real time in a context which is contrasting real and manifested time. This may present the modern interpreter with difficulties for real time is a concept formed, or at least given content, by us on the analogy of our experience of the physical world and of manifested time and as such inadequate to express the true nature of time itself (see 13,4-5 παρὰ μέν τινος τεταγμένου ἐμφαίνεσθαι καὶ προφαίνεσθαι εἰς ἔννοιαν). But although similar problems arise with his attempt to describe the activity of Nous, this does not mean that life and movement are banned from it. For Nous has life and movement in its own way. It is in a similar sense that Plotinus can in III 7 [45] 11-13 speak so freely of time sequence in soul and not be accused of confusion or interpreted as making subtle distinctions within soul itself. He was more cautious when concentrating on specific problems in psychology as we will see, but in III 7, whose topic is precisely eternity and time, he paints a more dynamic picture of the real time which is the life of soul.

In the earlier treatise IV 4 [28] the two phases within soul are given more clear expression and emphasis. But we should note two things, firstly that Plotinus does not deny some kind of sequence at the higher level and secondly that he puts the individual soul, which is paid less specific attention in III 7, into a special position. In chapter 15 Plotinus begins with an objection: if we are to accept his standard teaching on time and eternity (as alluded to here and later set out more fully in III 7) then there are problems for the notion of soul and its relation to memory as established in the earlier part of the treatise IV 4. Time is introduced in chapter 15 as something divided and with a past. How then can soul be equated with this kind of time?

> „But there is the following difficulty in relation to all that has just been said: for if eternity belongs to Intellect and time to Soul - for we maintain that we grasp time in its essential nature as around the activity of soul and deriving from it - how, if time is divided up, and has a past, will not the activity of soul be divided up, and when it turns towards the past will produce memory in the Soul of the All[3] as well as in our souls."[4]

Plotinus' immediate problem is to account for time in soul. It cannot be time in the sense we know and apply it within the physical world. But, he thinks, a solution might lie in applying the concept of manifested time to one aspect of soul whilst preserving another part untouched. The distinction between Soul and individual soul is thus introduced here as a possible solution to the problem of temporal sequence which he appears to regard as the necessary corollary of identifying time closely with soul in general. Perhaps, he suggests, past and present and „being in time" are to be ascribed to the individual soul. But this solution is then rejected. Both Soul and individual soul are similar with regard to time. A better solution, he thinks, might be found by noting that Soul generates time but the product or effects of soul are „in time"[5]. In the case of the Soul of the All this product is the physical world, in the case of the indiviudal soul its πάθη and ποιήματα. With these words he makes quite clear that he is now thinking of the same distinctions as are expressed in III 7: eternity, time and „in time" and, presumably, that the notions of „past" and sequence in general are features of manifested time. Indeed in the following chapter he begins by denying that sequence and specifically temporal sequence are marks of soul. These are rather characteristics of what is meant by being „in time". They are attributes of what the soul makes rather than of the soul itself, for in soul all the rational principles of things are a unity. He then goes on[6]:

---

[3] By Soul of the All here Plotinus is not thinking of the lowest immanent phase of Soul, for he has already distinguished these two in § 13. Nor is he necessarily thinking of the Hypostasis Soul. Soul of the All may be World Soul or World Soul and All Soul combined. Vgl. H. Blumenthal, World-Soul, Individual Soul, in: P.M. Schuhl/P. Hadot (Hrsg.), Le Néoplatonisme (Coll. int. du CNRS), Paris 1971, 57-58. N.B. IV 8 [6] 8,13-14 where Blumenthal notes both together but distinguished: ἡ μὲν ὅλη καὶ ὅλου ... κοσμεῖ ὑπερέχουσα ἀπόνως.

[4] IV 4 [28] 15,1-8.

[5] By saying that soul generates time he is not now weakening the doctrine of III 7 that time is the life of soul.

[6] IV 4 [28] 16,9-10.

> „And yet there is separateness in another way even there; so that there is also priority in another way."

This is a clear statement that there is, after all, a kind of sequence at the higher level of soul - and this is what is meant by „even there"[7]. Now what follows is an attempt to explain a rather difficult concept and not, as might appear, a dismissal of it. It is immediately conceded that one can speak of „otherness" in soul. After all it is to be found in Intellect and is one of the Platonic categories. But even the existence of some kind of „priority" is not rejected. This is what Plotinus says[8]:

> „But how could one speak of priority unless the arranging principle gave orders? But if it gives orders it will say 'this after that'; for why will not all things exist at once? Now if the arranging principle is other than the arrangement, it will be of such a kind as to speak, in a way; but if that which gives orders is the primary arrangement, it no longer says, but only makes this after that. For if it says it, it does so with its eye on the arrangement. How then is it the same? Because the arranging principle is not form and matter, but only form and power, and Soul is the second active actuality after Intellect, but the 'this after that' is in the [material] things which cannot all exist at once."

Now clearly Plotinus means that the orderer d o e s g i v e o r d e r s because in fact a world of separation exists, but the orderer does not „express" or „speak" the order. When the latter takes place the orderer is other than the order. But if the two are one, then Soul simply makes. Speaking implies disjunction. But if the orderer does give orders „priority" is not ruled out. This seems to me to be the direction of the argument. This does not of course in itself make any clearer how there can be a kind of sequence at the level of soul and what exactly it might be. But what is clear is that for Plotinus there is some kind of sequence within soul, that distinguishes soul from what immediately precedes it (hence the reference to soul as immediately following Intellect). Thus III 7 and IV 4 are not inconsistent and both accept „before" and „after", but of a special kind, at the level of real time.

Now this level of reasoning is one which is enjoyed by the Soul of the All, but is not the experience of the individual soul according to chapter 17. Our reasoning experience is one which is „in time" (17,2). But we must be cautious about accepting this as the whole story for a

---

[7] Armstrong's translation „in the intelligible world" is a little misleading and also misses the emphatic surprise of καί.

[8] IV 4 [28] 16,11-21.

number of reasons. Firstly the representation of the human condition in this passage is a rather pessimistic one which dwells on the distractions occasioned by this world and need not preclude a more optimistic view. This is an important point to which I will return. Secondly he has already admitted that time is the same for All-Soul and individual soul and, thirdly, he has specifically excluded a differentiation which attaches real time to All-Soul and manifested time to individual souls. What this chapter does confirm is that the Soul-life of time which is described in the previous chapter is quite distinct from the entimed life of the embodied soul. Time itself then is an integral aspect of the life of soul in its higher phases. There is no question of this time factor coming into play only when the soul becomes embodied or when the Soul of the All is considered with respect to its lower embodied phase.

Before considering what kind of soul-life this could then be, we might just fill out the picture we have already drawn by bringing in an earlier passage of the same treatise. In chapter 10 Plotinus explains that he sometimes equates Zeus with Intellect as the demiurge and sometimes with Soul. This chapter along with chapter 9 suggests strongly that Plotinus took more seriously than we might imagine these equations of gods with levels of reality. In fact this double role of Zeus has a lot to do with giving expression to the closeness of Intellect and Soul and the way in which soul at its highest level is often barely distinguished from Intellect by Plotinus. These mythological equivalences can, then, illustrate important themes and issues and one has the impression that Plotinus, in employing them, was appealing to a serious level of understanding and appreciation in his audience and not using them as a gratuitous ornament. Nevertheless, whatever the closeness of Intellect and Soul in this passage, there is also a clearly underlined difference which, in its general outlines and in its specific details and nomenclature, presages the difference in the later chapters we have been discussing. When we speak of Intellect, Plotinus tells us, we must completely (πάντη)[9] eliminate „before“ (τὸ πρόσω) and „after“ (τὸ ὀπίσω). It is worth noting the word πάντη here. We have seen in the later passage that „before“ is not completely eliminated from Soul. The life of Intellect is then described as „timeless“ rather than eternal - perhaps to distinguish it more precisely from the life of Soul which he will later equate with time itself. His special concern with Soul here and in the ensuing chapters is that it

---

[9] IV 4 [28] 10,5.

has a cognitive life which is not involved in calculation and enquiry (ἐπιζητεῖν, λογίζεσθαι). Here we have the clue to the nature of that aspect of Soul's life which is less than the eternity of Intellect but more than the embodied, and thus „in time", phase of soul which is the usual state of the human soul. It is a phase of soul that is identical with the order which it transmits downwards and is the image of Intellect. The phrase „for the things set in order were the things that happened" - τὰ γὰρ ταχθέντα ἦν τὰ γινόμενα[10] - recalls the later emphasis on simply ordering without saying, and „what made them was the order" - τὸ δὲ ποιοῦν αὐτὰ ἡ τάξις - of the later identification of the orderer with the order. And although the activity of this soul is changeless it is nevertheless described as having a kind of movement or sequence - (10,22-25) οὐ γὰρ ἀπὸ τῶν ἐσχάτων οὐδ' ἀπὸ τῶν μερῶν ἄρχεται, ἀλλ' ἀπὸ τῶν πρώτων, καὶ ἀπὸ πρώτου ἀρξαμένη ὁδῷ ἀνεμποδίστῳ ἐπὶ πάντα εἶσι κτλ.

Plotinus frequently alludes to the way in which the World-Soul both creates and manages the world without being affected by it (sometimes described as without toil) and without having to reason out its actions. For example in IV 4 [28] 10,24, cited above, the reasoning of World-Soul is described as operating ὁδῷ ἀνεμποδίστῳ, in III 4 [15] 4 the World-Soul is said not to have any worries (μερίμναι 7) and in III 2 [47] 2 it does not suffer harm and administers with the greatest ease (οὐ κακοπαθεῖν ... ῥᾷστα διοικοῦσαν 41). More to our point it is in the same passage said not to use λογισμός and to create without seeking: ποιεῖν ἄλλο ἄνευ τοῦ ζητεῖν ποιῆσαι (ibd. 11-12). He goes on to contrast this sort of creation with that of the craftsman who has his knowledge not from himself but from outside. In IV 3 [27] 4,27f the World-Soul is said to administer the world without toil and noiselessly (ἀπόνως, ἀψόφως).

If we look more carefully at what Plotinus says about the sort of reasoning employed by the Word Soul we will see that it is different from that generally employed by humans during their embodied existence. It will be seen to accord well with the requirements of a cognitive activity which is not „in time" but which is related intimately to real time. The most sustained discussion of this special reasoning activity is to be found in IV 4 [28] 10-12, the very treatise which has important things to say about time and eternity. This kind of reasoning is one which dominates its

---

[10] IV 4 [28] 10,10.

subject matter: the verb κρατέω is frequently used to express this[11]. It also gets its strength from its unity, that is both by being unified itself and in the object of its attention (10,15). Its cognition is not concerned with willing or wishing things to happen one after the other (10,19 and 26-27). An important refinement of this idea is to be found in IV 3 [27] 25,13f. where in speaking of Intellect which is in eternity he denies that it has memory of before and after but accepts that it can „think of one thing before and another after" (23-24). A few lines later he introduces soul as being similarly disposed with respect to memory. One can apply a fortiori, then, to soul an understanding of before and after. Thus wishing and remembering and, therefore, temporal sequence is ruled out, thinking of it is not. This is confirmed by IV 4 [28] 12,22ff. where Soul is said to have knowledge of the future but not in the way that diviners have. In addition, λογισμός and its cognates are contrasted with λόγος and φρόνησις (9-10). The former is seen as a process on the way to a fixed state of reasoning, the latter expressed with the Aristotelian term ἕξις (9). An interesting comparison is made with playing the lyre which one may play in practice in order to learn or play for the sake of the music as a proficient player who has already reached the goal of competent performance. All of this gives some content to the notion of reasoning beyond the level of manifested time. It is becoming clear that to describe it as „timeless" is in some ways misleading.

But this mode of reasoning is not irrelevant to the individual soul. In fact it is of the greatest importance. Despite the pessimism of IV 4 [28] 17 Plotinus elsewhere clearly indicates that this level of reasoning is one which the individual soul should aim at and even surpass. Thus he claims in II 9 [33] 18,30 that we too can rule our lower selves like the World-Soul:

> „As we draw near to the completely untroubled state we can imitate the soul of the universe and of the stars, and coming to a closeness of resemblance to them, hasten on to the same goal and have the same objects of contemplation."

The same idea occurs in IV 8 [6] 2,20, although he is thinking here of our situation after death[12]. In 4,5f. of the same treatise, though speaking

[11] IV 4 [28] 10, 16-17.

[12] In fact, he thinks here of two stages, before and after physical separation of the body. In the former the soul rules the universe (citing Plat. Phaidr. 246c1-2 πάντα τὸν κόσμον διοικεῖν) whilst after death it rules the universe cooperatively and with ease (συνδιοικήσειν ῥᾳδίως τὸ πᾶν).

initially of our state before birth, he later (30f.) hints that some souls may ascend now to this state. And, of course, the undescended part of the soul which is introduced in this treatise is implicitly compared with the effortless rule of the Soul of the All, e.g. IV 8 [6] 8,15 where it does not operate ἐκ λογισμοῦ ὡς ἡμεῖς. We may place this in a much broader context. For example in VI 4 [22] 14, Plotinus speaks of the way in which the pure soul of the disembodied state is approached on embodiment by another „man". This external man which is „in time" is not to be identified with „us". „We", he says, are to be identified with the inner man. Before embodiment we were ψυχαὶ καθαραὶ καὶ νοῦς συνημμένος τῇ ἁπάσῃ οὐσίᾳ (19-20). And we should notice the emphasis „even before this coming to be came" (καὶ πρὸ τοῦ ταύτην τὴν γένεσιν γενέσθαι 17-18), which implies that we are, or can be, in this state now. He goes on, however, to say that we unfortunately become the two, the internal and the external man which has approached us. And yet, at the end of chapter 15, he affirms that we can overcome this identification with the external. There are two classes of men, those who live the life of the internal and external man and those who live only the life of the internal man[13]:

> „But whoever enslaves this mob, and runs back up to that man he once was, lives according to that man and is that man and gives what he gives to the body as to something other than himself."

Henry Blumenthal[14] has rightly contended that Schwyzer was wrong to see in Plotinus two kinds of reasoning power. Our enquiry has suggested that whilst Plotinus may not have distinguished two separate faculties he does clearly refer to different modes of reasoning in both Soul and individual soul. If I were to speculate further as to the nature of the mode of reasoning at the level of real time, I would suggest that part at least of the process of dialectic, as so vividly described in I 3 [20] 4, may be assigned to it, that stage which immediately transcends the use of λογικὴ πραγματεία (4,19), a kind of thinking which has movement within a completed whole and which transcends its expression in outward, i.e. logically expressed verbal form, but has not attained to the stability of Nous. We may recall what was said in in IV 4 [28] 15,11-21 where there is no saying but only doing. For it is at this level, according to I 3 [20] 5,18f. that the external restraints of verbally expressed propositional logic

---

[13] VI 4 [22] 15,35-38.

[14] H. Blumenthal, Plotinus' Psychology. His Doctrines of the Embodied Soul, The Hague 1971, 100-105.

are set aside[15].

Thus we are able to identify a specific kind of reasoning both in the World-Soul and in the individual soul whose activity is less than the eternity of Intellect but superior to the embodied reasoning with which we are most familar, and this higher reasoning power is still one characterized by a kind of transcendent sequence not incompatible with the exuberant time-life of soul as described in III 7. But we should also be aware that the two phases are not always so sharply defined by Plotinus and that in certain contexts it is probably wrong to make hard and fast divisions between phases of soul which are not „in time" and those which are. Rather all soul is strictly not „in time", but the corporeal when regarded as ensouled involves, as it were, the lower soul with it in its being „in time". It is more correct to speak of the corporeal being in soul (and therefore „in time" since soul-life is time), than to speak of soul being embodied or „in time". This is a point emphasized both at a critical point in the exposition (III 7 [45] 11,33-35): ἐν ἐκείνῃ γὰρ κινούμενος - οὐ γάρ τις αὐτοῦ τοῦδε τοῦ παντὸς τόπος ἡ ψυχή - καὶ ἐν τῷ ἐκείνης αὖ ἐκινεῖτο χρόνῳ and at the end of the entire treatise in chapter 13,63-66: τοῦτο τοίνυν τὸ πρώτως καὶ τὸ ἐν ᾧ τὰ ἄλλα· αὐτὸ δὲ οὐκέτι ἔν τῳ· οὐ γὰρ ἕξει. καὶ ἐπὶ τῆς ψυχῆς τοῦ παντὸς ὡσαύτως. We may recall here that in IV 4 Plotinus had considered the embodied activities even of the World-Soul to be „in time". In III 7 he is content to suppress that view with the more correct statement of body's relationship to soul. The individual soul may also be seen in the same light. Our own embodied condition need not always then be regarded as a particular ontological or cognitive phase of our being trapped as it were in body and thus „in time" so much as a cognitive state which allows the corporeal the upperhand and the determining role, but which may be corrected, so that at times of clarity our reason can operate in the modality of real time, divested awhile from the limitations of manifested time.

[15] Vgl. Blumenthal (see n. 14), 108-109 who marks line 16 as the point at which Plotinus moves from describing the discursive level of dialectic to its noetic level.

Ankunft an der Milvischen Brücke

Wort, Bild und Botschaft am Konstantinsbogen in Rom

von Wulf Raeck (Frankfurt/M.)

Vielleicht ist aus der griechisch-römischen Antike kein Baudenkmal erhalten, das sich in ähnlich konkreter Weise als Produkt einer weltgeschichtlichen Umbruchsituation zu erkennen gibt wie der Konstantinsbogen in Rom[1]. Ihr immer reges Interesse, sehr verehrte, liebe Frau Alt, für die späte römische Kaiserzeit läßt mich hoffen, daß ein Versuch, das Verständnis dieses in so vieler Hinsicht noch immer erklärungsbedürftigen Monumentes ein wenig zu fördern, Ihrer Beachtung nicht entgehen wird, auch wenn ein Bezug zum Rahmenthema „Seele" dieser Festschrift nur mit Mühe herzustellen sein dürfte. Immerhin hat A.H.M. Jones die „mentis magnitudo", welche die Widmungsinschrift als Begründung für den Sieg über Maxentius anführt, als „greatness of his soul" übersetzt und J. Ruysschaert als „la grandeur de son âme"[2].

Daß die Aussagen des Bogens in Wort und Bild oft nicht auf eine einzige Lesart festzulegen sind, sondern offenbleiben für voneinander abweichende Interpretationen durch verschiedene Adressatengruppen, ist wiederholt betont worden und erklärt sich im Prinzip leicht aus der „pluralistischen Religionspolitik" (K. Christ) Konstantins zur Entstehungszeit des Bogens[3].

---

[1] Grundlegend zum Bogen: H.P. L'Orange/A. von Gerkan, Der spätantike Bildschmuck des Konstantinsbogens, Berlin 1939 - Zusammenfassend: S. De Maria, Gli archi onorari di Roma e dell'Italia Romana, Rom 1988, 203-211. 316-319 Nr. 98; G. Koeppel, Die historischen Reliefs der römischen Kaiserzeit VII, BJ 190, 1990, 38ff. (mit bis dahin vollständiger Bibliographie zum konstantinischen Fries) - Bildprogramm: J. Ruysschaert, Essai d' interprétation synthétique de l' Arc de Constantin, RPAA 35, 1962/63, 79ff.; P. Pierce, The Arch of Contantine. Propaganda and Ideology in Late Roman Art, Art History 12, 1989, 387ff. - Datierung: T.V. Buttrey, The Dates of the Arches of „Diocletian" and Constantine, Historia 32, 1983, 375ff. - Für die hier verfolgten Fragen ist es unerheblich, ob der Bogen die Umgestaltung eines an gleicher Stelle befindlichen älteren Monumentes darstellt, da ausschließlich der konstantinische Zustand zur Debatte steht. Zur Einheitlichkeit des Bogens als konstantinisches Denkmal wohl endgültig C. Panella/P. Pensabene/M. Milella, Scavo nell' area della Meta Sudans e ricerche sull' arco di Costantino, Archeologia Laziale 12,1, 1995, 41ff.; M.W. Jones, Osservazioni sul progetto dell' arco, ebd. 59.

[2] A.H.M. Jones, The Later Roman Empire, Oxford ³1986, 80; Ruysschaert (wie Anm. 1), 81.

[3] Vgl. z.B. Ruysschaert (wie Anm. 1), 96; De Maria (wie Anm. 1), 210; A.

Schwieriger zu erkennen, aber historisch nicht weniger aufschlußreich sind Versuche, den Adressaten innerhalb dieser generellen Offenheit Festlegungen oder zumindest Nuancierungen zu suggerieren, die sich aus den Interessen der Auftraggeber ableiten lassen. Selbstverständlich wäre die Auffassung abwegig, der Bogen sei eine Manifestation stadtrömischer Geschichtsdeutung, die in wesentlichen Punkten von der kaiserlichen Programmatik abweiche. Daß aber der Senat - damit seien hier der Kürze halber die Auftraggeber bezeichnet - ein Interesse haben mußte, seine Positionen zu propagieren, liegt ebenso auf der Hand wie die Tatsache, daß diese teilweise nicht identisch mit denen Konstantins waren. Angesichts einer nach mehreren Seiten offenen, für Außenstehende sicherlich nicht selten widersprüchlich wirkenden, jedenfalls im Fluß befindlichen Religionspolitik des Kaisers - um diese geht es ja im wesentlichen - mußten bei der Festlegung des Wortlautes der Inschriften und der Konzeption des Bildprogramms Entscheidungen terminologischer bzw. ikonographischer Art getroffen werden. Daß diese innerhalb des eben angedeuteten Spielraumes, der zweifellos durch Vorgaben kaiserlicher Sprachregelung begrenzt war, nach Möglichkeit den senatorischen Interessen Rechnung tragen sollten, ist eine naheliegende Vermutung, die bei Überlegungen zur Erklärung der Inschriften und des Bildschmuckes am Bogen nicht außer acht bleiben sollte[4].

Wenig Aufmerksamkeit findet in der Regel ein Merkmal, durch das sich die Dedikationsinschrift des Bogens von allen älteren Beispielen, zumindest in Rom und Italien, unterscheidet: Letztere nennen Dedikanten, Empfänger und - in Form von Titulaturen und Epitheta - die Begründung für die Ehrung, nicht aber das Objekt der Widmung, das als Träger der Botschaft selbstverständlich dem Betrachter unmittelbar vor Augen steht, ganz entsprechend den Formularen der Inschriften von Weihgeschenken oder Ehrenstatuen. Die Inschrift des Konstantinsbogens hingegen benennt umständlich das Denkmal, auf dem sie angebracht ist:

Demandt, Die Spätantike (HbdA III 6), München 1989, 36; Pierce (wie Anm. 1), 406. 409; T. Grünewald, Constantinus Maximus Augustus (Historia Einzelschriften 64), Stuttgart 1990, 80. 84. Hauptbeleg für diese Auffassung meist die Formulierung „instinctu divinitatis". - Das Zitat bei K. Christ, Geschichte der römischen Kaiserzeit, München 1988, 764.

[4] Eine Art Kompromiß zwischen kaiserlichen und stadtrömisch-senatorischen Interessen sehen am Bogen z.B. J. Vogt, Die Bedeutung des Jahres 312 für die Religionspolitik Konstantins des Großen, in: H. Kraft (Hrsg.), Konstantin der Große, Darmstadt 1974, 265; De Maria (wie Anm. 1), 210; Pierce (wie Anm. 1), 406; R. Leeb, Konstantin und Christus, Berlin 1992, 10.

„SPQR ... arcum triumphis insignem dicavit“[5]. Die Verfasser müssen besonderen Anlaß gesehen haben, die Art des Monumentes zu erläutern, das die Inschrift trug. Offenbar konnten sie die von ihnen gewünschte Einordnung vom Betrachter nicht mit der gleichen Selbstverständlichkeit erwarten wie bei allen älteren Beispielen. Der Grund liegt auf der Hand: Es ist die heikle Frage des Triumphes, den Konstantin nach dem Sieg über Maxentius offenbar nicht gefeiert hat[6]. Die umständliche Formulierung „arcus triumphis insignis“ wird wohl ähnlich gemeint sein wie bei einem Bogen für Arcadius, Honorius und Theodosius II. aus dem Jahre 405, wo von einem „arcus tropaeis decoratus“ die Rede ist[7], doch die Wortwahl ruft unweigerlich den Gedanken an das Ritual des Triumphes hervor, auch wenn der Begriff „arcus triumphalis“ im Sinne von Triumphbogen als offizieller Terminus in Rom unbekannt gewesen zu sein scheint[8].

Die Auffassung, daß für einen Sieg im Bürgerkrieg ein Triumph nicht statthaft sei, mag zwar in der späten Kaiserzeit ihre Verbindlichkeit verloren haben, vergessen war sie, wie Ammian deutlich macht, keinesfalls, und wenn im politischen Kalkül des Kaisers so etwas wie „öffentliche Meinung“ eine Rolle spielte, mußte er darauf Rücksicht nehmen[9].

Ein Triumphzug beinhaltete bekanntlich das Opfer an Juppiter auf dem Kapitol. Wenn J. Straub recht hat - und die überwiegende Mehrheit

[5] Der vollständige Text lautet (CIL 6,1139): „Imp(eratori) Caes(ari) Fl(avio) Constantino maximo / p(io) f(elici) Augusto s(enatus) p(opulus)q(ue) R(omanus) / quod instinctu divinitatis mentis / magnitudine cum exercitu suo / tam de tyranno quam de omni eius / factione uno tempore iustis / rempublicam ultus est armis / arcum triumphis insignem dicavit“; Grünewald (wie Anm. 3), Nr. 239. - Die bei De Maria (wie Anm. 1) gesammelten epigraphischen Zeugnisse, die einen „arcus“ oder dergl. erwähnen, sind keine Dedikationsinschriften, sondern führen die Bögen als Bestandteile von größeren Bau- und Reparaturmaßnahmen auf. Erst im Jahre 405 errichteten Senat und Volk von Rom für Arcadius, Honorius und Theodosius II. „arcum simulacris eorum tropaeisque decoratum“ (CIL 6,1196); H. Kähler, RE VII A, 1939, 373ff. s.v. Triumphbogen Nr. 43; De Maria (wie Anm. 1), 323 Nr. 103.

[6] J. Straub, Konstantins Verzicht auf den Gang zum Kapitol, Historia 4, 1955, 297ff., abgedruckt in: ders., Regeneratio Imperii, Darmstadt 1972, 100ff.; Ruysschaert (wie Anm. 1), 96ff.; De Maria (wie Anm. 1), 210; E. Künzl, Der römische Triumph, München 1988, 62; Demandt (wie Anm. 3), 67; W. Kuhoff, Ein Mythos in der römischen Geschichte. Der Sieg Konstantins des Großen über Maxentius vor den Toren Roms am 28. Okt. 312 n. Chr., Chiron 1991, 165; J. Bleicken, Constantin der Große und die Christen (HZ Beih. 15), München 1992, 34 Anm. 57, 35.

[7] Vgl. Anm. 5.

[8] Kähler (wie Anm. 5), 464f.; Künzl (wie Anm. 6), 48.

[9] Amm. 16,10,1-2, dazu Grünewald (wie Anm. 3), 75f.

der althistorischen Forschung folgt nach wie vor seiner plausiblen Argumentation -, hat Konstantin nach seinem Einzug in Rom im Jahre 312 den Gang zum Kapitol vermieden[10]. Auf keinen Fall konnte ihm an dem Eindruck gelegen sein, er habe einen regelrechten Triumph mit allen dadurch implizierten Kulthandlungen gefeiert. Dies galt jedoch kaum für die römische Senatsaristokratie, sobald die offizielle und für alle Beteiligten befriedigende Interpretation des Geschehens festgeschrieben war, wonach Konstantin nicht eine feindliche Stadt erobert, sondern die unterdrückte Hauptstadt vom Tyrannenjoch befreit habe[11]. Besonders aus zwei Gründen könnte dem Senat im nachhinein an dem Eindruck eines regelrechten Triumphes gelegen gewesen sein. Zum einen war die römische Aristokratie bekanntlich mehrheitlich nicht christlich oder christenfreundlich orientiert[12], vor allem aber war der Triumph eine Ehre, die dem Triumphator vom Senat verliehen wurde, also theoretisch im Ermessen des letzteren stand. Selbstverständlich bestand dieses Abhängigkeitsverhältnis seit Jahrhunderten nur noch der Form nach und hatte sich längst in sein Gegenteil verkehrt, weshalb der Triumph als vom Senat beschlossene Ehrung im Normalfall bestehender (wenn auch zuweilen erzwungener) Harmonie von Senat und Kaiser nicht als Problem empfunden wurde, vielmehr dem Prinzipatsgedanken entgegenkam, solange dieser in Geltung war. Für Konstantin allerdings mußte der mit der Vorstellung eines landläufigen Triumphes verbundene Eindruck formaler Abhängigkeit vom Senat abwegig und nicht akzeptabel sein, hatte dieses Gremium doch zunächst de facto zu den von ihm besiegten Feinden gezählt und sein Weiterbestehen der kaiserlichen Gnade zu verdanken gehabt. Daß also der Eindruck einer theoretisch von der Entscheidung des Senats abhängigen Triumphfeier für Konstantin nicht wünschenswert sein konnte, liegt ebenso nahe wie das gegenteilige Interesse der römischen Senatsaristokratie, für die eine solche „Entscheidungsbefugnis" Prestigegewinn mit sich gebracht hätte.

Ist es vor dem Hintergrund der hier skizzierten Interessenlage abwegig, in der ungewöhnlichen Formulierung der Dedikationsinschrift eine

---

[10] Vgl. Anm. 6.

[11] Bleicken (wie Anm. 6), 35 weist zu Recht darauf hin, daß Konstantin wohl nicht über Bürger triumphieren wollte, auf deren Mitarbeit er bald angewiesen sein würde. Dies gilt für den Zeitpunkt des Einzugs in Rom. Im Rückblick hätte der Triumph aber nicht mehr einem Sieg über Rom als ganzes gegolten, sondern über die „factio" des Maxentius, und dazu rechneten Senat und Volk nicht (mehr).

[12] Demandt (wie Anm. 3), 66. 287. 425.

Folge eben dieser Konstellation zu sehen? Die Inschrift spricht nicht von einem Triumph im strengen Sinne, trägt also dem kaiserlichen Interesse Rechnung, bewirkt aber andererseits durch die Wortwahl doch die Assoziation an einen solchen und kommt damit soweit den Interessen des Senats entgegen, wie es ohne Kollision mit den zu postulierenden kaiserlichen Vorgaben möglich war.

Im Medium des Bildes ist die Festlegung eindeutig. Der Abschnitt des „konstantinischen Frieses" an der östlichen Schmalseite zeigt den „ingressus" als Militärparade ohne jedes Element des Triumphzeremoniells wie etwa Opfertiere, Kultpersonal, Beute und Gefangene (Abb. 1)[13].

Das meistdiskutierte Beispiel für eine „offene" Formulierung in der Inschrift des Bogens ist der „instinctus divinitatis", auf den der Erfolg Konstantins an erster Stelle zurückgeführt wird. Ebenso bekannt ist, daß auch in diesem Falle das Bild eine genaue Festlegung trifft. Wenn der Betrachter überhaupt Text und Bilder aufeinander bezog und ersteren mit Hilfe des Reliefschmucks zu interpretieren suchte, dann konnte er die „divinitas" der Inschrift nur mit Sol Invictus identifizieren, was vor dem Hintergrund der gerade aktuellen konstantinischen Herrschaftsideologie, abzulesen etwa an der Münzpropaganda, ja auch nahe lag[14]. Am Bogen erscheint der Sonnengott neben Victoria an den Feldzeichen der Soldaten, in den seitlichen Durchgängen gemeinsam mit Kaiserporträts und vor allem im Reliefmedaillon der Ostseite über der Darstellung des „ingressus", genauso im Wagen nach rechts fahrend wie der darunter dargestellte Kaiser (Abb. 1). Dieser agiert schließlich in der Darstellung der Bestürmung von Verona mit erhobener Rechter in der gleichen Pose, wie sie seit severischer Zeit für Darstellungen des Sol Invictus kennzeichnend war[15].

Daß die ikonographische Formel konkreter ist als die Wortwahl der Inschrift, braucht nicht zu verwundern, denn das Bild kann nicht in gleicher Weise allgemein oder abstrakt sein wie das Wort. Jedenfalls muß

[13] Das Sitzen Konstantins auf dem vierrädrigen Wagen hat nichts mit dem Stehen des Triumphators auf dem zweirädrigen „currus triumphalis" zu tun und entpricht der in dieser Zeit üblichen Fortbewegungsweise des Kaisers. Vgl. auch das Relief B II 19 am Galeriusbogen in: H.P. Laubscher, Der Reliefschmuck des Galeriusbogens in Thessaloniki, Berlin 1975, Taf. 46. - Die Victoria gehört traditionell zur Adventusdarstellung.

[14] Zur Phase der Sol-Verehrung Konstantins zuletzt Leeb (wie Anm. 4), 9f.

[15] H.P. L'Orange, Sol invictus imperator, Symb. Os. 14, 1935, 86ff., abgedruckt in: ders., Likeness and Icon, Odense 1973, 325ff.; L'Orange/von Gerkan (wie Anm. 1), passim; Pierce (wie Anm. 1), 407.

die ikonographische Festlegung ganz im Sinne des Senats gewesen sein, denn der im Text zumindest nicht ausgeschlossene Bezug der divinitas auf den Christengott war im Medium der Bilder nicht möglich.

Ein weiteres Beispiel für eine inhaltliche Akzentuierung, die ganz im Interesse der stadtrömischen Auftraggeber gelegen haben muß, liefert die Darstellung der Schlacht an der Milvischen Brücke auf dem Fries der Südseite des Bogens (Abb. 2 und 3). Die Szenerie ist nicht leicht zu erfassen, weil hier, wie auch auf anderen Bildern des Frieses, Linien, die auf den Reliefgrund zulaufend gedacht sind, parallel zu diesem „in die Fläche geklappt" und so Überschneidungen und Verkürzungen in Neben- oder Übereinander verwandelt werden. Über dem unteren Rand ist fast das ganze Reliefbild von den Wellen des Tiber bedeckt. Das rechte (vom Betrachter aus gesehen: das linke) Tiberufer bildet die - zumeist verdeckte - Standfläche für das in der oberen Bildebene kämpfende konstantinische Heer. Am rechten Bildrand gibt ein durch runde Vertiefungen gekennzeichnetes Stück Felsboden, auf dem zwei Signalbläser stehen, das linke Tiberufer an. Vom Pons Mulvius ist am linken Bildrand ein Bogen zu erkennen, daneben betrachtet der bequem gelagerte Flußgott Tiber das Geschehen. Rechts neben ihm steht Victoria auf einem Schiff, das vermutlich zu der von Konstantins Truppen gebauten Behelfsbrücke gehört[16]. Die kämpfenden Parteien sind leicht zu unterscheiden. Die siegreichen Soldaten Konstantins bekämpfen aus der oberen Bildebene heraus die unter ihnen im Fluß zugrunde gehenden Panzerreiter des Maxentius, von denen keiner wirklichen Widerstand leistet. Am linken Bildrand ist auf der Brücke, wegen der starken Zerstörung nur in Umrissen erkennbar, die frontal gegebene, aber nach rechts zum Kampfgeschehen gewendete und ausgerichtete Figur des Kaisers zu erkennen[17]. Hinter ihm folgen Virtus und ein Leibgardist; rechts vor ihm wendet sich die geflügelte Siegesgöttin zu ihm zurück.

Diese Anordnung der Figuren - in der Mitte der Kaiser, in Bewegungsrichtung vor ihm Victoria und hinter ihm Virtus - ist es, die dem Bild einen besonderen Akzent verleiht, sie ist nämlich dem Zeitgenossen aus Darstellungen bekannt, die den „adventus" des Kaisers zeigen, im Kontext der historischen Reliefs also in der Regel seine Rückkehr aus dem Krieg nach Rom. Das hier anzutreffende Schema weicht allerdings

---

[16] Zum Verlauf der Schlacht zuletzt Kuhoff (wie Anm. 6), 127ff.

[17] Vgl. das Figurenschema im Bild der Belagerung von Verona L'Orange/von Gerkan (wie Anm. 1), Taf. 8 a.

von den früheren Beispielen etwas ab. Dort ist gewöhnlich die Siegesgöttin hinter dem Kaiser angeordnet, den sie - meist schwebend - bekränzt. Vor ihm ist dann Roma dargestellt, sie geleitet den Kaiser in ihre Stadt. Am Konstantinsbogen sind die beiden Göttinnen ausgetauscht: Victoria führt den Kaiser zum Sieg, die Göttin in Helm und Amazonentracht scheint ihn von hinten zu schieben. Sie wird wegen ihrer Plazierung gewöhnlich als Virtus bezeichnet, allein aufgrund ihres Äußeren ist sie ja nicht von Roma zu unterscheiden. Die beschriebene Anordnung scheint zur Zeit der Errichtung des Bogens ganz aktuell gewesen zu sein. Ein Goldmedaillon, das aus Anlaß des berühmten Treffens zwischen Konstantin und Licinius in Mailand im Jahre 313 in Ticinum geprägt wurde, zeigt mit der Aufschrift „FELIX ADVENTUS AUGG NN“ die gleiche Figurenanordnung wie das Reliefbild des Bogens: An der Spitze schreitet Victoria, die einen Kranz emporhält, danach folgt der Kaiser - in diesem Fall zu Pferd - und hinter ihm trägt Virtus in Amazonentracht Feldzeichen und Lanze (Abb. 4). Dieses Bildschema war in der Münzprägung des 3. Jhs. üblich geworden, der konstantinische Stempelschneider ersetzte lediglich die bis dahin übliche Figur eines Soldaten oder des Gottes Mars hinter dem Kaiser durch die der Virtus[18]. Das Relief am Bogen zeigt sowohl einen Soldaten als auch Virtus. Die Kombination und Anordnung der Figuren mußte, wie gesagt, beim Betrachter den Gedanken an einen „adventus“ hervorrufen, also den Einzug des Kaisers in eine befreundete Stadt, in der Regel die Heimkehr aus dem Krieg nach Rom, keinesfalls aber das Vordringen gegen eine ihm feindlich gesonnene Stadt, was zum Zeitpunkt der Schlacht faktisch der Fall gewesen war. Die Aussage des Reliefbildes ließe sich unter diesem Gesichtspunkt etwa folgendermaßen zuspitzen: „Die Truppen Konstantins ermöglichen durch die Vernichtung der Feinde den Einzug des Kaisers in die (ihm gegenüber loyale) Hauptstadt.“ Natürlich muß im nachhinein diese Lesart sowohl Konstantin als auch dem Senat willkommen gewesen sein, besonders nützlich war sie aber wohl aus stadtrömischer Sicht, entsprach sie doch der Auffassung, daß Konstantin durch seinen Sieg die eigentlich auf seiner Seite stehende Stadt vom Tyrannenjoch befreit habe.

Man mag sich fragen, ob der spätantike Betrachter solche Nuancen im Bild überhaupt wahrnahm oder ob hier nicht der aufs Typologische fixierte Archäologenblick zur Überinterpretation führt. Dazu wäre zu

---

[18] M. R.-Alföldi, Die constantinische Goldprägung, Mainz 1963, 49 Kat. 118 Abb. 60.

bemerken, daß die gesamte bildende Kunst der Antike, ganz besonders aber die römische Repräsentationskunst, stark typengebunden ist und mit einer begrenzten Anzahl immer wiederkehrender Versatzstücke operiert, die in immer gleichem Kontext mit immer gleichen Aussagen verbunden werden, auf den „historischen Reliefs“ z.B. ebenso wie auf den Münzen, bei denen die intendierte Interpretation gleich schlagwortartig mitgeliefert wird. Es war also gar nicht zu vermeiden, daß dem Betrachter, wenn er einen ihm vielfach bekannten Bildtypus oder sonstige standardisierte Bildelemente sah, sofort die zugehörigen Kontexte und Schlagworte einfielen. Beim Fries des Konstantinsbogens kam noch hinzu, daß die Bilder im allgemeinen recht originelle Erfindungen waren und wenig Gebrauch von den üblichen Schemata der offiziellen Kunst machten. Um so mehr mußten die wenigen in Form und Aussage von vornherein bekannten Typen auffallen und dem Betrachter sozusagen den Schlüssel für die Lesung in die Hand geben. Dies gilt besonders für die „Adventus-Gruppe“ des Kaisers und seiner Umgebung, die sich durch parataktische Anordnung der Figuren, durch deren Größe und nicht zuletzt durch die heute verlorene Bemalung (der Kaiser im purpurnen Paludamentum) von dem nahezu amorphen Gewirr des Kampfgeschehens abhob.

Stellt man diese Rezeptionsbedingungen in Rechnung, so wird man, ganz ähnlich wie bei der schriftlichen Überlieferung, genau auf einzelne Formulierungen zu achten und diese unter Berücksichtigung der gegebenen historischen Situation, besonders natürlich der Interessen der Autoren bzw. Auftraggeber, zu interpretieren haben. Daß hierbei aus heutiger Sicht nicht immer Eindeutigkeit zu erzielen ist, liegt in der Natur der Sache.

Abbildungen

Abb. 1: Rom, Konstantinsbogen, Ostseite: Fries (Einzug nach Rom) u. Medaillon (Sol).

Abb. 2: Rom, Konstantinsbogen, Südseite, Fries (Schlacht an der Milvischen Brücke).

Quelle: Fotosammlung des Archäologischen Instituts der Universität Frankfurt

Abb. 3: wie Abb. 2, Detail

Abb. 4: Paris, Louvre, Goldmultiplum, Prägestätte Ticinum, 313 (Adventus). Nach: J.P.C. Kent/B. Overbeck/A. Stylow, Die römische Münze (1973)

Isidor von Pelusium und die Seele

von Ursula Treu (Berlin)

Isidor wurde etwa nach 360 in Pelusium in Ägypten geboren, wohl schon als Sohn christlicher Eltern: er starb in Augustamnica in hohem Alter, vor 440. Zu den bedeutenden „Vätern“ seiner Zeit gehört er nicht, die damals die Kirchengeschichte geprägt haben, wie etwa die großen Kappadokier oder auch Kyrill von Alexandria.

In dieser Stadt Alexandria hat er Rhetorik studiert; danach ist er in seine Heimatstadt zurückgekehrt, wo er als Rhetor und Sophist tätig war. Während seiner Wirkungszeit in Pelusium hatte er sich - nicht ungewöhnlich damals - für einige Zeit in die nitrische Wüste zurückgezogen, wo er als Anachoret lebte. Nach seiner Rückkehr nach Pelusium weihte ihn der damalige Bischof Ammonios zum Priester. Ammonios starb 405, mit seinem Nachfolger und dessen Anhängern konnte Isidor nicht zurechtkommen: ob der neue Bischof wirklich so unfähig, ja sogar ein Verbrecher war, wie Isidor behauptete, ob Isidor sich vielleicht Hoffnung gemacht hatte, selbst ordiniert zu werden, läßt sich heute nicht mehr feststellen. Alle Vorwürfe gegen Eusebius und seine „Bande“ sind nur durch Isidor bekannt.

Schließlich zog Isidor sich nach Augustamnica zurück, zu einer größeren Klostersiedlung, nicht sehr weit von Pelusium entfernt. Dort hat er seine Briefe geschrieben. Ob er Abt gewesen ist, steht nicht fest: auf alle Fälle hatte er ein beträchtliches Ansehen und wurde oft um Rat gefragt. Für die orthodoxe Kirche gilt er als Heiliger (Fest am 4. 2.).

Pelusium war damals eine der bedeutendsten Hafenstädte, an einem Nilarm nahe dem Mittelmeer gelegen, vor allem für den Getreide-Export. In letzter Zeit haben umfangreiche Ausgrabungen dort stattgefunden (der Ort selbst ist seit vielen Jahrhunderten verschwunden) und unter anderem wurde auch die Hauptkirche der Stadt freigelegt, die Isidors Gegner Eusebius hatte errichten lassen - auch darüber hat sich Isidor unfreundlich geäußert.

Isidor war von ungewöhnlicher Bildung. Er hat viel geschrieben; erhalten sind von seinen Schriften etwa 2.000 Briefe von ganz unterschiedlichem Umfang. Da einige von diesen sehr lang sind, andererseits Abhandlungen von Isidor erwähnt werden, ist es möglich, daß in der

Briefsammlung auch Abhandlungen - in Form eines sehr langen Briefes - enthalten sind.

Auf welche Weise die Briefe überliefert und erhalten wurden, scheint trotz aller Bemühungen nicht zu klären. Erhalten sind nur seine Briefe: d.h. sie müssen schon früh kopiert und gesammelt worden sein, doch wohl vom Briefschreiber und seinem Büro. Die Bezugsbriefe, auf die sie sich sehr oft beziehen - die meisten Briefe sind Antworten -, kann man nur erschließen. Wahrscheinlich sind Isidors Briefe schon bald nach seinem Tode gesammelt worden, vielleicht noch in Augustamnica.

Nicht zu beweisen ist die Theorie einiger Wissenschaftler, daß sie in Konstantinopel von den Akoimeten im kaiserlichen Palast zusammengestellt wurden.

Die technische Seite der Herstellung des Corpus, die Kopierung, die Zusammenstellung, die Anordnung, selbst die Art der Zustellung an die Adressaten während des Aufenthaltes in Augustamnica, läßt viele Fragen offen.

Das Werk im Ganzen wird erst im Laufe längerer Zeit von verschiedenen Herausgebern zusammengestellt, später mit einer lateinischen Übersetzung, bis 1825 eine Gesamtausgabe entsteht, die Migne 1857 als Band 78 in seiner Patrologie nachdruckt. Bis vor kurzem war dies die einzige vorhandene Ausgabe. Seit vielen Jahren bemüht sich P. Évieux um eine berichtigte Edition, mit einer neuen Anordnung und Numerierung der Briefe, die der ursprünglichen Sammlung möglichst nahekommt. 1995 veröffentlichte er eine ausführliche Monographie zu Isidor und seiner Zeit, mit einer ungewöhnlichen Fülle von Material - so hat er z.B. versucht, die einzelnen Briefpartner zu identifizieren[1]. 1997 erschien der 1. Band der Briefe, der die (bisher so gezählten) Nummern 1214 bis 1413 enthält, deren Reihenfolge nun richtig gestellt werden soll[2]. Dieser Band entspricht den bisherigen Büchern IV und V.

Isidors Briefe sind von ganz unterschiedlichem Umfang: manche sind nur kurze Grüße oder Antworten, oder auch knappe Mahnungen; es finden sich aber auch solche, die als Abhandlungen gelten können.

Einige Adressaten erhalten mehrere Briefe, u.U. auch zu demselben

---

[1] P. Évieux, Isidore de Péluse (Théol. hist. 99), Paris 1995.

[2] P. Évieux, Isidore de Péluse. Lettres tome I, Nr. 1214-1413 (SChr. 422), Paris 1997.

Thema. Mit einigen von ihnen verbindet Isidor eine lange Freundschaft, mit anderen geht er um wie mit eigenen Söhnen. Die Themen der Briefe sind unterschiedlich. Isidor ist sehr an der Politik seiner Umwelt interessiert; wenn nötig, wendet er sich an Beamte in Pelusium und in Konstantinopel: dank seines Ansehens kann er auch den Kaisern (Theodosius I, Theodosius II) gute Ratschläge erteilen. Er hilft allen seinen Adressaten gern mit seinem Rat, auch bei irdischen Dingen, z.B. Erb-Auseinandersetzungen. Seine Feinde attackiert er scharf. Er ist in der Literatur sehr bewandert - allerdings wurde zu seiner Zeit vieles aus Handbüchern übernommen; nicht jeden Autor, den er zitiert, muß er auch im Ganzen gelesen haben. Wegen der zahlreichen Zitate wurde er, in neuerer Zeit besonders, nur als Fundgrube für Zitate benutzt: ein unverdientes Schicksal. Im Grunde geht es ihm nicht so sehr um die Literatur - mag er auch stolz auf seine Kenntnisse sein -, eigentlich ist er Seelsorger und Ratgeber.

Schwierige theologische Probleme diskutiert er nicht oft, aber er antwortet auf gezielte Fragen. Natürlich lehnt er die „Ketzer“ seiner Zeit ab, z.B. Origenes oder Markion; am meisten ist er freilich ein Mann der Gegenwart, der religiösen und kirchlichen Praxis.

Was hält Isidor von der Seele? Sie ist für ihn kein zentraler Begriff: es gibt keinen Brief, der sich nur mit ihr beschäftigt. Aber es finden sich verstreut viele unterschiedliche Äußerungen zur Seele.

Das Wort ψυχή findet sich - laut Register des Gesamtwerkes - etwa achtzigmal: freilich muß man die Belege nicht nur zählen, sondern prüfen. Dabei ergibt sich, daß ψυχή im Deutschen mit verschiedenen Wörtern wiedergegeben muß. Psyche kann u.a. so viel wie „persona“ bedeuten: das erinnert an den alten Sprachgebrauch, wo man von „Seelen“ sprach, wenn man die Kopfzahl einer Gemeinde ausdrücken wollte. Genau so verwendet auch Isidor bisweilen das Wort ψυχή, einmal auch unter Berufung auf ein Zitat aus der Septuaginta (Lev 23,3), eine Ermahnung an einen Mönch, sonntags nichts heimlich zu tun, nur, was von jedem anderen (πάσῃ ψυχῇ) getan wird. Schwieriger wird die Unterscheidung der häufiger auftretenden Bedeutungen, die lateinisch mit „animus“ und „anima“ wiedergegeben werden können. Eigentlich identisch mit der griechischen ψυχή ist die „anima“, sie ist ein belebtes Wesen (4,157, vgl. Ez 13,35).

Von der Heilung der Seele ist die Rede, wobei sich Isidor stets auf Bibelstellen stützt (Prov 16,24; Ez 3,19 u.a.m.). Auf Anfrage antwortet

Isidor (2,95): Die Seele verhält sich zum Schöpfer wie die κτίσις zum κτίστης. Die Seele ist unsterblich (so 4,116), aber doch kann sie sterben; sie stirbt am Sündigen (4,44) - als Bezug wird Dan 13ff. angeführt, „die Väter haben Herlinge gegessen und den Kindern sind die Zähne stumpf geworden!“ Übrigens überwiegen die Zitate aus der Septuaginta bei weitem. Isidor sagt auch, daß sich die Psyche vom toten Körper löst, und er belegt das ausführlich mit Zitaten aus der griechischen Philosophie. „Wie eine Burg durch Mauern sich schützt, so die Seele sich durch Tugenden ... “ (5,548). Hierfür gibt es noch einige Zitate - allerdings nimmt die Psyche keine zentrale Stellung in den Briefen Isidors ein. An einigen Stellen entspricht die Psyche nicht der „anima“, sondern dem lateinischen „animus“, 5,152 θόρυβος τῆς ψυχῆς ... Oder 5,158, wenn von Isidor vor Teilnahme an üppigen Essen und Gelagen gewarnt wird (Isidor ist ein starker Vertreter der Askese), da dies die ψυχή unfrei mache. 3,95 befaßt sich Isidor mit einer Auslegung von Gen 1,26 „er schuf den Menschen sich zum Bilde ...“ Im Verlauf dieser Auslegung erhebt sich die Frage nach der Seele der Frau (wie die Asketen seiner Zeit schätzt Isidor die Frauen sehr gering ein). Sie muß ja wohl von gleicher Beschaffenheit sein wie die des Mannes, zumindest ursprünglich. Aber durch den Sündenfall muß die Frau niedriger bewertet werden: sie ist auch hier dem Mann nicht mehr ebenbürtig, sondern ihm untergeordnet. Damit ist für den Asketen Isidor die göttliche Ordnung wiederhergestellt.

Aus diesen wenigen Ausschnitten der zahlreichen Briefe Isidors läßt sich ein Bild von seiner Vorstellung der Seele gewinnen: ψυχή ist für ihn ein Teil des Menschen, vor allem eine durch biblische Zitate bestätigte Erscheinung, aber sicher kein zentrales Problem: das wird durch reichliche Zitate völlig abgedeckt.

Das Seelen-Cliché im byzantinischen Epigramm

von Diether Roderich Reinsch (Berlin)

Sowohl die Vorstellung von einem inneren Menschen, der das eigentliche Leben als Vitalprinzip sowie Fühlen und Denken in sich vereinigt, als auch die literarische Gattung des Epigramms haben die Byzantiner von der griechischen Antike als Erbe übernommen und ihren eigenen Vorstellungen und Vorlieben angepaßt[1]. Das Wort ψυχή kann bei ihnen in dieser Tradition all das bezeichnen, was es auch bei antiken Autoren bedeutet, aber selbstverständlich transportiert es gleichzeitig die neue Bedeutungsfülle, die es der Diskussion um die christliche Anthropologie verdankt, welche die Kirchenväter seit Justin geführt hatten. Die Abwertung des Leibes zugunsten einer selbständig existierenden und agierenden Seele hatte mit der Platonischen und in der Nachfolge Platons entwickelten Philosophie seit Klemens von Alexandrien Einzug in die christliche Theologie gehalten. Freilich bildete sich die Orthodoxie der Seelenkonzeption erst in einem langen Prozeß heraus, in welchem zwei bei Platon vorhandene und im Neuplatonismus ausgebaute Vorstellungen diskutiert und schließlich bekämpft und verworfen wurden: die Präexistenz der individuellen Seele vor dem Körper und die Metempsychose. Immer wieder im Verlauf der Geschichte tauchen diese beiden Konzepte von neuem in der philosophisch-theologischen Diskussion der spätantiken und byzantinischen Denker auf; der Bogen reicht von Origines über Numenios bis zu Photios und Michael Psellos. Noch im Gesinnungsprozeß gegen Ioannes Italos, den Schüler und Nachfolger des Psellos als ὕπατος τῶν φιλοσόφων, lauteten die Hauptvorwürfe der Anklage auf Propagierung der Lehren von den Ideen und von der Seelenwanderung.

Das Epigramm der Byzantiner hat sich der ganzen Palette der Vorstellungen von der ψυχή, einschließlich der darüber geführten philosophischen Debatte, teils ernsthaft, teils ironisch-spottend, wie es der Gattung geziemte, bedient, wie im folgenden an einigen Beispielen aus dem 4. bis 14. Jahrhundert gezeigt werden soll.

In den Epigrammen aus frühbyzantinischer Zeit, welche Agathias in

[1] Die beste Übersicht über die Entwicklung des byzantinischen Epigramms bietet A. Kambylis, Das griechische Epigramm in byzantinischer Zeit, WJA 20, 1994/95, 19-47.

seiner *Kyklos* benannten Sammlung vereinigt hat[2], steht ψυχή nach dem Vorbild des hellenistischen Epigramms allgemein für die Gesamtheit des inneren, des eigentlichen Menschen. Im erotischen Gedicht des Eirenaios (Anth. Gr. 5,249), das in erster Linie von der Vereinigung der ἔκχυτα σώματα des Liebespaares handelt, steht den σώματα ganz selbstverständlich die ψυχή komplementär gegenüber. Der Blick der als Cerberus über das geliebte Mädchen wachenden Alten kann im Epigramm des Paulos Silentiarios (Anth. Gr. 5,262) die wahren Gefühle des liebenden Paares nicht ausspionieren:

οὐ γὰρ ἐπὶ ψυχαῖς ὄμμα τεὸν τανύσεις.

Erst wenn der Liebende zur Seele des Mädchens vorgedrungen ist, kann er die Geliebte sein Eigen nennen; Agathias (Anth. Gr. 5,299) wähnte sich nur in eitlem Glauben an seine Unwiderstehlichkeit am Ziel:

καὶ ψυχὴν δοκέεσκον ὅλην ἐν χερσὶν ἐμεῖο
κεῖσθαι τῆς κούρης.

Die Seele ist einerseits der Sitz der Hoffnungen, die am süßen Klang der Stimme der Geliebten hängen (Paulos Silentiarios, Anth. Gr. 5,241):

ᾧ ἔπι πᾶσαι
εἰσὶν ἐμῆς ψυχῆς ἐλπίδες ἐκκρεμέες.

Andererseits aber ist dort auch der eiserne Wille des sich der Liebesvereinigung verweigernden Mädchens angesiedelt (Paulos Silentiarios, Anth. Gr. 5,246):

ψυχὴ δ' ἐξ ἀδάμαντος ἀπειθέος,

und ebenso auch die Hoffahrt der schönen Maria, welcher Julianos aus Ägypten (Anth. Gr. 5,298) zur Strafe ein Alter mit grauen Haaren und faltiger Lederhaut wünscht:

κάλλος ὑπόσχοι
ψυχῆς ἀμπλακίην.

An der geradezu stereotypen Gegenüberstellung σῶμα - ψυχή ändert sich auch in den dezidiert christlichen Epigrammen der mittelbyzantinischen Zeit, rein formal gesehen, nichts, wie am Beispiel des Theodoros Studites gezeigt werden kann. Aber es ist nicht mehr Eros, der dort die Herrschaft erringen soll, sondern vielmehr sollen alle Affekte von dort vertrieben werden. Es ist der Kontakt mit den Reliquien der heiligen

[2] A. Kambylis (wie Anm. 1), 41 hat gezeigt und zu Recht herausgestellt, „daß die Dichter des Kyklos trotz ihrer nicht zu übersehenden Anlehnung an die antiken Vorbilder und deren Vorstellungswelt im Formal-Stilistischen wie im Gedanklichen immer wieder, wenn auch zögernd, von diesen Vorbildern abweichen und Neues bieten".

Märtyrer, welcher den Körper stärkt und die Seele heiligt (Epigr. 1,4 Speck[3]):

ῥώσειε σῶμα καὶ ψυχὴν ἁγιάσει.

Die Seele ist der Ort, an welchem alle Versuchung, gleich welcher Art, ihr Wesen treibt und nur mit Hilfe Christi von dort vertrieben werden kann. Christus kann retten (Epigr. 50,2):

πόρρω διώκων τῆς ψυχῆς μου τὸ σκότος.

Der Boden für diese Hilfe kann vom Menschen vorbereitet werden, indem die ψυχή fleißig mit Tränen bewässert wird (Epigr. 82,1)[4]:

τῶν δακρύων σου τὴν ψυχὴν ἄρδων.

Allein der Inkluse hat mit seiner vorbildlichen strengen Askese diesen Zustand der Reinigung der Seele (ψυχῆς κάθαρσις Epigr. 95,2) schon weitgehend erreicht; er besitzt (Epigr. 94,7)

ψυχὴν ἄθλιπτον ἐν χαρᾷ τῶν ἐλπίδων.

Durch Freisein von Hoffnungen und Befürchtungen kann er die Erleuchtung seiner Seele (Epigr. 105e,7 ψυχῆς φάος) gewinnen.

In den frühbyzantinischen Liebesepigrammen ist es natürlich in erster Linie Eros, der von der Seele Besitz ergreift. Bisweilen muß er sich jedoch erst gegen den ebenfalls dort angesiedelten rechnenden Verstand durchsetzen; denn wie könnte sich nach Agathias eine Seele, welche kaufmännisch rechnet, wirklich verlieben (Anth. Gr. 5,267):

πῶς δύναται γὰρ
ψυχὴ ἐρωμανέειν ὀρθὰ λογιζομένη;

Ganz im Sinne philosophischer Lehre von den verschiedenen Seelenvermögen erhebt aber nicht nur der gemeine Eros Anspruch darauf, die Seele des Menschen zu gewinnen. Im Gedicht des Marianos (Anth. Gr. 16,201) hält Eros abgesehen vom Kranz in seinem Haar noch drei weitere Kränze in der Hand und antwortet auf die verwunderte Frage nach diesen Kränzen bei gleichzeitigem Fehlen seiner sonstigen gewohnten Attribute (Bogen, Pfeile, Fackel), daß er in den Menschen die Liebe zur Weisheit und zu den drei übrigen Tugenden erwecke und somit ihre Seele in höhere Gefilde führe:

---

[3] P. Speck, Theodoros Studites, Jamben auf verschiedene Gegenstände. Einleitung, kritischer Text, Übersetzung und Kommentar, Berlin 1968.

[4] Vgl. ein ähnliches Motiv im 14. Jh. bei Manuel Philes: A. Martini, Manuelis Philae Carmina inedita, Neapel 1900, Nr. 5,12-13: τὸ δάκρυ γοργῶς τῆς ψυχῆς ἀποθλίβεις, / ὡς ἂν μαρανθῇ τῆς φλογὸς τὸ σύντονον.

ἀλλ' ἐγὼ ἐς καθαρὴν μερόπων φρένα πυρσὸν ἀνάπτω
εὐμαθίης, ψυχὴν δ' οὐρανὸν εἰσανάγω.

Gregor von Nazianz geht sogar so weit, den philosophischen Begriff der λογικὴ ψυχή im Epigramm zu verwenden (Anth. Gr. 8,100):

Φιλάγριος ὤλεσε μορφὴν
τῆς λογικῆς ψυχῆς οὔ τι χερειοτέρην,

seinen verstorbenen Bruder Basileios den Großen preist er (Anth. Gr. 8,6) als ψυχῆς κάλλεσι λαμπόμενον.

So können je nach Thema und Gegenstand eines Epigramms die verschiedensten Facetten möglicher Seeleninhalte herausgehoben und besonders betont werden. In einem Gedicht auf ein Bildnis der Medeia, mit welchem er mit mehreren Vorgängern wetteifert[5], spricht Julianos aus Ägypten gar von zwei verschiedenen ψυχαί, welche der Maler in den Augen der Heroin habe sichtbar werden lassen (Anth. Gr. 16,139):

εἰκόνι μορφᾶς
ἀψύχου ψυχὰς θήκατο διχθαδίας.
ζᾶλον γὰρ λεχέων τεκέων θ' ἅμα φίλτρα συνάψας
δεῖξεν ἐν ὀφθαλμοῖς ἀντιμεθελκομέναν.

In den Epigrammen des 6. Jahrhunderts ist es, der dort wieder gepflegten Kategorie des Liebesepigramms entsprechend, vor allem die erotische Zuneigung, welche in der ψυχή ihren Platz findet. Aber es ist nicht sie allein. Der Freundschaftskult, der in verschiedenen Phasen der spätantiken und der byzantinischen Gesellschaft in Ideologie und Realität anzutreffen ist, hat auch in den Epigrammen seine - clichéhafte - Spur hinterlassen. So feiert Palladas die Werkzeuge für den Briefverkehr, welche den freundschaftlichen Kontakt auch räumlich getrennter Personen ermöglichen, Rohrfeder, Papier, Tinte und die mit ihrer Hilfe verfertigten Schriftzüge, als (Anth. Gr. 9,401):

σύμβολα τῆς ψυχῆς τηλόθεν ἀχνυμένης.

Er gibt damit einem Topos der byzantinischen Epistolographie poetische Gestalt[6]. Gregor von Nazianz inkorporiert in sein Gedicht auf Euphemios und dessen Bruder Amphilochos (Anth. Gr. 8,121) den in der gesamten byzantinischen Literatur immer wieder zitierten schon antiken Topos von

---

[5] Vgl. H. Schulte, Julian von Ägypten, Trier 1990, 119.

[6] Vgl. G. Karlsson, Idéologie et cérémonial dans l'epistolographie byzantine, Uppsala ^{2}1962, 23-33.

der einen Seele in zwei Körpern[7]:

ἦν δυάς, ἦν ἱερή, ψυχὴ μία, σώματα δισσά.

Manuel Philes, der ihm im 14. Jahrhundert darin gefolgt ist, gibt sogar den antiken Autor an, bei welchem die Wendung zu finden war (3,23-24 Martini):

Ἀριστότελες, δεῦρο, καὶ σκόπει φίλους,
οὓς οἶδας αὐτὸς εἰς ψυχὴν ζῶντας μίαν.

Daß sich im Tode die ψυχή vom menschlichen Körper trennt, war in dieser Allgemeinheit eine heidnisch-griechischer Antike und christlichem Byzanz gemeinsame Vorstellung, und es gab daher fast neutrale Formulierungen, welche traditionell-antike Vorstellungen bewahrten und dennoch auch in christlichem Kontext verwendet werden konnten, ohne Anstoß weder beim Dichter selbst noch bei seinem Publikum zu erregen. So verwendet Gregor von Nazianz im Grabgedicht auf Amphilochios (Anth. Gr. 8,131) die Wendung ἐς μακάρων selbstverständlich nicht in der Bedeutung heidnischer Seliger auf Inseln im Okeanos, sondern im Sinne christlicher Heiliger: Der Körper des Amphilochios (φίλον δέμας) liege im Grabe[8],

ψυχὴ δ' ἐς μακάρων ᾤχετ' ἀποπταμένη.

In einem ähnlich ambivalenten Raum vollzieht sich die Seelenstrafe des Diakons Ignatios (Anth. Gr. 15,29), auch der Name des Richters wird nicht genannt, und nur das Prädikat ἐλεήμων deutet an, daß es sich bei ihm wohl eher um Jesus Christus denn um Minos handelt:

οἴμοι, ψυχῇ μου μακρὰ κολαζόμενος·
ἀλλά, κριτά (βροτός εἰμι, σὺ δ' ἄφθιτος ἠδ' ἐλεήμων),
ἵλαθι, ἵλαθί μοι ὄμματι εὐμενέι.

Als eindeutig christlichen Vorstellungen verhaftet gibt sich indirekt auch das Spottgedicht Julians aus Ägypten zu erkennen (Anth. Gr. 7,605): Ein Witwer errichtet seiner jung verstorbenen Gattin ein Grabmal und gibt Almosen an die Armen als Lösegeld für die Seele der Verstorbenen (dankbar, daß ihm seine Gattin so schnell seine Freiheit wiedergegeben hat). Den Fachausdruck für diese „Seelengaben" (ψυχικά) umschreibt

---

[7] Dasselbe Motiv findet sich unter Ersetzung von ψυχή durch das in den christlichen Epigrammen in einem großen Bedeutungssegment synonyme πνεῦμα bei Ioannes Geometres (zu ihm vgl. Anm. 9) in einem Gedicht einer trauernden Witwe auf ihren toten Gatten (321,7 Cramer): ἓν πνεῦμα δισσοῖς σώμασι κεκραμμένον.

[8] Vgl. auch das Grabgedicht auf Basileios (Anth. Gr. 8,2), V. 4: θήσεις ἐς μακάρων σήν τε χοροστασίην.

Julian mit dem Vers

ῥύσιά τε ψυχῆς δῶρα πένησι νέμει.

Auch das von Christen verfaßte Epigramm konnte sich selbstverständlich des Dichtungsclichés von der in den Hades entfleuchenden Seele bedienen, aber nicht beliebig und überall, sondern nur dort, wo der Dichter klar ersichtlich mit dem überkommenen Schatz an Vorstellungen und Formulierungen spielte. So bittet Julianos aus Ägypten im Grabgedicht auf den „lachenden Philosophen" Demokrit (Anth. Gr. 7,58) um gnädige Aufnahme dessen Seele durch Persephone, da auch der Kummer ihrer Mutter Demeter zumindest zeitweilig durch ein Lachen zerstreut worden sei:

εἰ καὶ ἀμειδήτων νεκύων ὑπὸ γαῖαν ἀνάσσεις,
Φερσεφόνη, ψυχὴν δέχνυσο Δημοκρίτου.

Agathias läßt in einem seiner Gedichte auf das von der Katze gefressene Rebhuhn (Anth. Gr. 7,205) in angemessenem antikem Vorstellungsrahmen die Seele des Rebhuhns sich so lange grämen, bis der Tod durch das Sühneopfer des Mörders auf seinem Grab gerächt ist. Der Vergleich mit Neoptolemos' Vorgehen am Grabe Achills gibt den heidnischen Rahmen vor und erlaubt ihn zugleich. Ähnlich, wenn auch in ganz anderem Zusammenhang, besteht für Ioannes Geometres[9] die poetische Lizenz, in seinem Gedicht anläßlich einer Niederlage der Byzantiner gegen die Bulgaren im Jahre 986 die Sonne sich bei der Seele Julius Caesars in der Unterwelt über diese Verkehrung der Weltordnung beklagen zu lassen (296,26ff. Cramer):

εὖθ' ὑπὸ γῆν, Φαέθων, χρυσαυγέα δίφρον ἑλίσσεις,
τῇ μεγάλῃ ψυχῇ Καίσαρος εἰπὲ τάδε·
Ἴστρος ἕλε στέφανον Ῥώμης, ὅπλα λάμβανε θᾶττον.

Gewagteste Akrobatik hingegen zwischen heidnischer Form und christlichem Inhalt vollführt der Schullehrer Kometas. In einem Homer-Cento von 57 Versen (Anth. Gr. 15,40) behandelt er die Auferweckung des Lazarus (Jo 11,1-44). Die Seele des Toten, welcher ἄψυχος (13) und ἄπνους (17) im Grabe liegt, ist gut homerisch in den Hades entflohen:

---

[9] Zitiert nach J.A. Cramer, Appendix ad excerpta poetica: codex 352 suppl., Anecdota Graeca Parisiensia IV, Oxford 1841, 265-388 (Migne, PG 106, 901-987 bietet eine bowdlerisierte Fassung). Eine kritische und kommentierte Ausgabe dieses bedeutenden byzantinischen Autors hat A. Hohlweg seit ca. 25 Jahren angekündigt. Die beste Behandlung der Dichtung des Ioannes Geometres bisher bei M. Lauxtermann, The Byzantine epigram in the ninth and tenth centuries, Academisch proefschrift ter verkrijging van de graad van doctor aan de Universiteit van Amsterdam 1994, 131-169.

ψυχὴ δ' ἐκ ῥεθέων πταμένη 'Αιδόσδε κατῆλθεν.

Die ästhetische Qualität der Verse des Kometas hat bei byzantinischen und modernen Kommentatoren Anstoß erregt[10], ideologisch war die heidnische Seelenvorstellung trotz des neutestamentlichen Inhalts durch die homerische Form sanktioniert. Handelt es sich dagegen um ernsthafte christliche Grabgedichte, entschwebt die Seele selbstverständlich nicht in den Hades, sondern zu Gott oder, bildlich gesprochen, in den Himmel. Dorthin läßt Gregor von Nazianz die Seele des Vaters gelangen (Anth. Gr. 8,12):

ψυχὴ δ' πτερόεσσα λάχεν Θεόν,

und natürlich auch die seiner geliebten Mutter Nonna (Anth. Gr. 8,33)[11]:

ψυχὴ μὲν πτερόεσσα πρὸς οὐρανὸν ἤλυθε Νόννης.

Auch im antiken philosophischen Denken konzipierte Vorstellungen vom Schicksal der Seele nach dem Tode konnten, wenn auch mit charakteristischer Umbildung, so verwendet werden, daß sie weder in heidnischem noch in christlichem Kontext Anstoß erregten. Die pythagoreische Aussicht auf Vergottung des Menschen nach seinem Tode war in den Schlußversen des *Carmen Aureum*[12] formuliert worden:

ἢν δ' ἀπολείψας σῶμα ἐς αἰθέρ' ἐλεύθερον ἔλθῃς,
ἔσσεαι ἀθάνατος, θεὸς ἄμβροτος, οὐκέτι θνητός.

Palladas nimmt den σῶμα-σῆμα-Gedanken auf. Bei ihm aber wird nicht der Mensch nach seinem Tode selbst zum Gott, sondern seine Seele begibt sich zum unsterblichen Gott[13]:

ἀλλ' ὅταν ἐξέλθῃ (sc. ἡ ψυχὴ) τοῦ σώματος ὡς ἀπὸ δεσμῶν
τοῦ θανάτου, φεύγει πρὸς Θεὸν ἀθάνατον.

Die philosophische Debatte der Antike über Sterblichkeit oder Unsterblichkeit der Seele war mit der Herausbildung des christlichen Dogmas keineswegs schon völlig verstummt, sondern wurde zumindest

[10] Vgl. den Kommentar des Schreibers J des Palatinus gr. 23 und die Ausführungen von H. Beckby in seinen Erläuterungen zu diesem Gedicht.

[11] Ebenso Anth. Gr. 8,45. 51. 55.

[12] V. 70-71. Zur weiten Verbreitung der Vorstellung vgl. P.C. van der Horst, Les Vers d'or pythagoriciens, édités avec une introduction et un commentaire, Leiden 1932, 70-76.

[13] Beckby (wie Anm. 10), ad loc., verweist auf den Zusammenhang mit dem *Carmen Aureum*, sein Kurz-Kommentar („Pythagoreischer Gedanke“) läßt jedoch den entscheidenden Unterschied außer acht.

bis ins 6. Jahrhundert auf verschiedenen Ebenen fortgesetzt. Mattson[14] hat mit Recht betont, daß Agathias‘ Spottepigramm auf den aufgeblasenen Winkelphilosophen Nikostratos (Anth. Gr. 11,354) nicht nur als Variation eines traditionellen Themas anzusehen ist, sondern durchaus als echte Satire seinen Sitz im Leben im 6. Jahrhundert hatte. Auf die Grundfrage nach Sterblichkeit oder Unsterblichkeit der menschlichen Seele, nach Körperlichkeit oder Unkörperlichkeit, nach Zugehörigkeit zu den νοητά oder den ληπτά, weiß dort der nur durch Mantel und Bart positiv als Philosoph Ausgewiesene nach Konsultation von Aristoteles' *De anima* und Platons *Phaidon* nur zu antworten:

εἴπερ ὅλως ἔστι ψυχῆς φύσις - οὐδὲ γὰρ οἶδα -,
ἢ θνητὴ πάντως ἐστὶν ἢ ἀθάνατος,
στεγνοφυὴς ἢ ἄυλος.

Gewißheit über diese Fragen könne man, wie im übrigen auch Platon selbst, jedoch erst nach der Überquerung des Acheron haben. Eine Möglichkeit zur Beschleunigung der Erkenntnis bestehe darin, den sprichwörtlich bekannten Kleombrotos[15] nachzuahmen und sich vom Dach zu stürzen; denn dann müsse ja zwangsläufig das Gesuchte allein übrigbleiben. Viansino[16] hat darauf hingewiesen, daß Agathias mit diesem Epigramm nicht nur die zeitgenössischen ignoranten Aristoteles- und Platon-Interpreten treffen wollte, sondern auch seine eigene Haltung solchen metaphysischen Haarspaltereien gegenüber zum Ausdruck gebracht hat. Agathias war Christ, wie aus seinen eindeutig christlichen Epigrammen hervorgeht (Anth. Gr.1,34-36), aber er war nicht gerade ein Fanatiker des Glaubens. Hier ist nicht alles mit der literarischen Tradition zu erklären[17]. Gewiß, die Verse

εἰ δ' ἐθέλεις, τὸν παῖδα Κλεόμβροτον Ἀμβρακιώτην

---

[14] A. Mattson, Untersuchungen zur Epigrammsammlung des Agathias, Lund 1942, 94-96.

[15] Ihm hatte u.a. schon Kallimachos ein Epigramm gewidmet: Anth. Gr. 7,471.

[16] G. Viansino, Agazia Scolastico, Epigrammi. Testo, traduzione e commento, Mailand 1967, 150.

[17] Die Betonung der christlichen Ausrichtung der religiösen Überzeugungen des Agathias durch A. Cameron, Agathias, Oxford 1970 (zu den Epigrammen dort 105-107) geht zu weit. Grundsätzlich richtig ist, daß Agathias Christ war und nicht Heide, wie die ältere Forschung auf Grund oberflächlicher Interpretation einiger isolierter Passagen seines Geschichtswerkes bisweilen angenommen hatte (vgl. dazu Cameron 89ff., dort 89, Anm. 1 [dort zitiert ein Teil der älteren Literatur]); ein skeptischer Unterton jedoch ist nicht nur durch Einhaltung historiographischer oder epigrammatischer Genos-Spezifika zu erklären.

μιμοῦ καὶ τεγέων σὸν δέμας ἐκχάλασον,
καί κεν ἐπιγνοίης δίχα σώματος αὐτίκα σαυτὸν
μοῦνον, ὅπερ ζητεῖς, τοῦθ' ὑπολειπόμενος

spricht der verspottete Philosophaster Nikostratos, sie sind nicht „ex ore poetae“ an den Leser gerichtet. Gleichwohl setzt ihre Konzipierung durch den Dichter und vor allem ihre witzige Ausführung auch eine gewisse Sympathie mit dem in ihnen ausgedrückten Gedanken voraus. Hans-Georg Beck hat im Zusammenhang mit der erotischen Seite der im 6. Jahrhundert in Byzanz entstandenen Poesie von einem „Doppelleben“ der Byzantiner gesprochen[18], und ähnliches gilt auch für Fragen der Weltanschauung. Wir neigen dazu, bei der Rekonstruktion der Vergangenheit widerspruchsfreie Retortenmenschen zu entwerfen; die menschliche Realität war aber wohl, wie zu allen Zeiten, eine andere und keineswegs eindimensional-widerspruchsfrei. Agathias war Christ und konnte gleichzeitig einen von der Theologie herausgearbeiteten wesentlichen Glaubensartikel seiner Religion, die Frage der Unsterblichkeit der Seele, mit souveränem Spott behandeln, sicher vor jedem persönlichen Angriff, da ja nicht er, sondern der von ihm kritisierte Nikostratos spricht[19].

Sowohl Eros, der von der Seele Besitz nimmt, als auch das Schicksal der Seele nach dem Tode spielen auch in der Epigrammdichtung des 10. Jahrhunderts eine Rolle, deren Repräsentanten Ioannes Geometres wir uns zum Schluß kurz zuwenden wollen. Allerdings sind diese Rollen anders gezeichnet als bei den Dichtern des *Kyklos*; die hier deutlich werdenden Auffassungen stehen denen eines Theodoros Studites näher als einem Agathias. In einem Gedicht unter dem Titel *εἰς ἑαυτόν* berichtet Geometres seinen Lesern mit zerknirschtem Entsetzen von dem, was man im Englischen einen „wet dream“ nennt, dankt Gott für die Stärkung durch νοῦς und λόγος und bittet um Barmherzigkeit mit dem Hinweis, daß er nicht freiwillig gefehlt habe. Er verrät uns nicht, was genau Eros in seiner Seele getan hat, welche Bilder seine Phantasie beschäftigt haben, sondern beschreibt mit eindeutig pejorativ belegten

[18] H.-G. Beck, Byzantinisches Erotikon, München 1986, 93.

[19] Ähnlich urteilt Madden in bezug auf einen anderen Dichter des Kyklos, Makedonios: J.A. Madden, Macedonius Consul, The Epigrams. Edited with Introduction, Translation and Commentary (Spudasmata 60), Hildesheim 1995, 42-47, dort 46 (in bezug auf das pessimistisch-agnostische Gedicht Anth. Gr. 7,566): „we find it difficult to imagine a contented Christian writing this poem even as a literary exercise: it seems more likely that the particular collection of traditional material contained in it had some intrinsic appeal for the poet“.

Worten die Wirkungen des Sieges, welchen der „Ehebrecher" (Eros) über ihn errungen hatte: Die Seele weist nach dem Erwachen an ihren Flanken häßliche Male auf; das Fleisch war tätlich geworden, der Unterleib hatte Wogen hochschlagen lassen, Sturmwinde tosten, und das Seelenschiff drohte unterzugehen[20]:

... στήλας ἐστήσατο μοιχός,
νυμφίε, σῆς νύμφης ἔνδον ἐμῆς κραδίης.
πολλὰ παναίσχεα δέργματα μὰψ ἀλάληντο
ψυχῆς ἐν λαγόσιν, ἔξυπνος ὡς γενόμαν.
ἡ σὰρξ ὕβριος ἤρχετο, ἔγρετο κύματα γαστρός,
πνεύματα λάβρον ἔπνει, πρὸς βυθὸν ἐτραπόμαν.
ἦλθες, ἄναξ, παλάμῃ δὲ δίδως ἑτεραλκέα νίκην
καὶ νοῒ νοῦν παρέχεις, τῇ ψυχῇ δὲ λόγον ...

Die Fronten zwischen Eros und dem Gebot der Reinigung der Seele sind klar gezogen, und ähnliches gilt auch für die Frage ihrer Sterblichkeit oder Unsterblichkeit. Platon wird in zwei Epigrammen in byzantinischen Zwölfsilbern hoch gepriesen (Ideenlehre und Metempsychose bleiben sorgfältig ausgeklammert), weil er für die Unsterblichkeit der Seele eingetreten ist[21]:

ψυχὴν ἀνειπὼν ἀθάνατον ὁ Πλάτων
ἀφῆκε δόξαν ἀθάνατον ἐν βίῳ.

Und (mit einem bei den Byzantinern so beliebten Wortspiel der Namensmagie):

Πλάτων ὁ κλεινὸς ὁ πλατύνων τὰς φρένας,
ὡς ἐπλάτυνε τῆς ψυχῆς δόγμα μέγα,
εἰς πᾶσαν ἐπλάτυνε τὴν δόξαν χθόνα.

In einem anderen Epigramm auf Jamblich preist Geometres dessen νοῦς, der auf gefiederten Schwingen durch den Äther eile, distanziert sich aber vorsichtshalber in den beiden Versen davor von der Annahme einer Präexistenz der menschlichen Seelen[22]:

οὐδὲν τὸ πεῖσαν ὡς δοκῶ τοὺς πρὶν λέγειν
ὡς οὐρανοῦ κάτεισι τῶν ψυχῶν γένος.

Das Cliché hat einer eindeutigen dogmatischen Aussage Platz gemacht.

20 314,18ff. Cramer.

21 281,7ff. Cramer.

22 318,26f. Cramer.

מְנֵא מְנֵא תְּקֵל וּפַרְסִין

„Gezählt, gewogen und zu leicht befunden" (Dan 5,25-28)

Bemerkungen zum Motiv der Seelenwägung*

von Fritz Wagner (Berlin)

Dieser sibyllinische Ausspruch aus dem Alten Testament wurde König Belschazzar vom Propheten Daniel als Vorzeichen des Untergangs seines Reiches und seines verhängnisvollen Todes gedeutet. Er steht unbestritten in der Tradition der Bilder- und Schriftzeugnisse der alten Kulturen, denen die Waage als Symbol der Gerechtigkeit und des Ausgleichs galt. Als Zeichen der Grenzfindung zwischen Recht und Unrecht, wobei das Heben und Senken der Waagschalen das Abweichen vom Gleichgewicht, dem Recht, anzeigte, wurde die Waage zum Sinnbild des gerechten Herrschers, der öffentlichen Rechtsprechung, der unbestechlichen Gottheit (Nemesis, Themis, Kairos u.a.)[1]. Zugleich wurde die Waage im Hinblick auf das zodiakale Sternbild zur Chiffre für das Frühlings- und Herbst-Äquinoktium zwischen den zwei Jahreshälften, aber auch für den mit der herbstlichen Tag- und Nachtgleiche am 21. September einsetzenden Abstieg der Sonne. Dieser signalisierte das Absterben der Natur und erinnerte an das Hinscheiden des Menschen und an die Prüfung, die dieser beim Hinübergang ins Jenseits bestehen mußte[2]. Man stellte sich diese Prüfung als eine Wägung der Seele in Anbetracht der im Leben vollbrachten Taten vor. Diese konkrete Vorstellung war den alten Kulturen vom Mittelmeerraum bis zum fernen Osten geläufig[3].

Das altägyptische Totenbuch der 18. und 19. Dynastie (1580-1085 v. Chr.) überliefert in eindrucksvoller Weise die Darstellung der Seelenwaage als Requisit des Totengerichts, als Symbol der Unbestechlichkeit und ausgleichenden Gerechtigkeit: Der vom falkenköpfigen Sonnengott Horus geführte Verstorbene tritt an die Waage[4]. Der schakalköpfige Gra-

---

* מְנֵא מְנֵא תְּקֵל וּפַרְסִין = Mene mene tekel u-pharsin. Für wertvolle Hinweise und kritische Durchsicht des Manuskripts danke ich Frau Christina Deutsch.

[1] K.L. Skutsch, Libramen Aequum. Eine Untersuchung über die Entwicklung des Wägungsgedankens von der Antike bis ins christliche MA, Antike 12, 1936, 49ff.

[2] D. Forstner OSB, Die Welt der christlichen Symbole, Innsbruck etc. [3]1977, 415.

[3] L. Kretzenbacher, Die Seelenwaage. Zur religiösen Idee vom Jenseitsgericht auf d. Schicksalswaage in Hochreligion, Bildkunst u. Volksglaube, Klagenfurt 1958, 24-55.

[4] W.H. Roscher, Ausführliches Lexikon der gr. und röm. Mythologie, Hildesheim

besgott Anubis wiegt dessen Herz gegen eine Straußenfeder auf. Diese Feder symbolisiert Maat, die Göttin der Weisheit, Gerechtigkeit und des welterhaltenden Ordnungsprinzips. Gegen ihr „Gewicht" wird das Herz des Toten vor dem Totengott Osiris aufgewogen. Der ibisköpfige Thot registriert das Ergebnis der Prüfung und bringt es zum Thron des Osiris. Vor dem thronenden Osiris stehen die vier Horuskinder (Eingeweidegötter) und das leichenfressende Ungeheuer 'Am'am. Ihm fällt zum Opfer, wer die Prüfung nicht besteht. Über Osiris' Haupt des liest man die Worte[5]: „Gestatte, himmlischer Herr, Erhabener, zu öffnen die Tore des glänzenden Thrones Amuns für das Herz deines Dieners!" Diese Psychostasie ist nach altägyptischem Glauben Höhepunkt des Jenseitsgerichts.

Frühe griechische Zeugnisse für die Schicksalswaage zur Vorbestimmung des Ausgangs eines Zweikampfs, für die sogenannte Kerostasie, bietet Homer. Berühmt ist jene Szene in der *Ilias* (M 209ff.), in der Zeus vor Beginn des Zweikampfs zwischen Hektor und Achill deren Todeslose abwägt[6]. Dieses Motiv der homerischen Schicksalswaage wurde zum Thema griechischer Dichtung. Der Tragiker Aischylos läßt in seiner Tragödie *Psychostasia* die Todeslose Achills und Memnons gegeneinander abwägen. Diese Szene der Kerostasie zwischen Achill und Memnon begegnet auch bei Quintus Smyrnaeus[7]. In der römischen Literatur der Antike findet man das homerische Motiv der Kerostasie bei Vergil. In der *Aeneis* bestimmt Jupiter das Schicksal des Aeneas und Turnus mittels der Waage, in deren Schalen er das jeweilige Los der Kämpfer legt. Das Ergebnis der Schicksalsbestimmung steht von vornherein fest, ohne daß Jupiter auch nur im geringsten Einfluß auf den Waageentscheid hätte (Aen. 12,725-727):

> „Iuppiter ipse duas aequato examine lances
> sustinet et fata imponit diversa duorum,
> Quem damnet labor et quo vergat pondere letum."

Das Bild der Waage zur Schicksalsbefragung als Kero- und Psychostasie ist nach Aischylos bei antiken Dichtern noch öfters bezeugt[8], allerdings schon viel früher als in der Literatur in der bildenden Kunst auf

1965 (Ndr.), Bd. 5, Sp. 849-856, 1072-1084; Das Totenbuch der Ägypter. Eingel., übers. und erl. v. E. Hornung, Düsseldorf/Zürich 1997 (unveränd. Ndr. der Ausgabe von 1979).

[5] Forstner (wie Anm. 2), 415; D.-R. Moser/H. Zimmer, Jüngstes Gericht, Enzyklopädie des Märchens 7, 1993, Sp. 812.

[6] Vgl. auch Ilias Θ 69, Π 658, T 223.

[7] Kretzenbacher (wie Anm. 3), 31.

[8] Skutsch (wie Anm. 1), 49.

antiken Vasenbildern[9], wie eine der frühesten Darstellungen auf einer kyprisch-mykenischen Vase aus Enkomi dokumentiert.

Die homerische Kerostasie assoziiert im antiken Griechenland nicht nur mit dem göttlichen Waagehalter Kairos, wie er sich in der klassischen Darstellung des berühmten Hofkünstlers Alexanders des Großen, des Lysippos, darstellt, sondern insbesondere auch mit der Vorstellung eines vergöttlichten „libramen aequum", des Waageentscheides in der Personifikation der Göttin Nemesis[10], die z.B. im Hymnus des kretischen Kitharöden Mesomedes mit der Waage in der Hand als Symbol des Richteramtes zur Wächterin des Grabes, Schützerin und Helferin der irrenden Seele, zur Seelengeleiterin wird[11]. Von der griechischen schicksalsbestimmenden und richtenden Gottheit Nemesis übernimmt im römischen Kulturkreis die Aequitas das Attribut der Waage und in spätrömischer Zeit die Iustitia, als deren ständiges Attribut die „libra" zum Symbol auf römischen Grabsteinen wird.

Im christlichen Kulturkreis finden „Aequitas" und „Iustitia" ihre Entsprechung in dem Seelenwäger St. Michael. Unverkennbar ist der Sinnzusammenhang von dem altgriechischen Nemesis-Bild, über die römische Aequitas bzw. Iustitia mit dem Waagesymbol, mit ihrer zodiakalischen Funktion als „porta vesperis" in die Unterwelt der Toten bis hin zur christlichen Bestallung eines Engels mit dem Attribut der Waage zur Gerichtsstätte an der Westseite abendländischer Kirchen und Dome[12].

Bekannt ist die Vorstellung vom Jenseitsgericht auf der Seelenwaage auch in der altpersischen sowie buddhistischen Literatur und Kunst[13].

Wie das schon am Anfang erwähnte Belschazzar-„Orakel" bezeugt, kennt die Bibel die Waage ebenfalls als Sinnbild menschlicher und göttlicher Gerechtigkeit. So heißt es im Buch *Ijob* (31,6): „Wenn Gott mich auf gerechter Waage wiegt, dann muß er meine Unschuld anerkennen." Wenn das *Buch der Sprüche* (16,11) sagt: „Rechte Waage und Waagschalen sind vom Herrn, sein Werk sind alle Gewichtssteine im Beutel",

---

9 E. Wüst, Die Seelenwägung in Ägypten und Griechenland, ARW 36, 1939, 162ff.; Kretzenbacher (wie Anm. 3), 31-32.

10 Skutsch (wie Anm. 1), 49-51; Kretzenbacher (wie Anm. 3), 45.

11 Skutsch (wie Anm. 1), 52.

12 R. Kahsnitz, Justitia, Lexikon der christlichen Ikonographie. Allgemeine Ikonographie 2, 1970, Sp. 466-472; Skutsch (wie Anm. 1), 60-64.

13 Kretzenbacher (wie Anm. 3), 50-53.

so geht es dem Weisheitslehrer Salomon des Alten Testaments hier um die durch die Waage und Gewichtssteine symbolisierte Gerechtigkeit in Israel. Mehrmals begegnet das Waage-Bild in den *Sprüchen Salomons*[14]. Vor Gott und seiner Gerechtigkeit sind nach *Psalm* 61,10 die Menschen auf der Waage leichter als ein Lufthauch, und nach *Jesaja* 40,12 gelten Berge, Hügel und ganze Völker im Vergleich zu Gott als Staubkorn auf der Waage. Im apokryphen *Henochbuch* heißt es sogar[15]: „Ich schwöre euch, meine Kinder: Bevor es Menschen gab, ward schon die Gerichtstätte hergerichtet, ein Maß und eine Waage, womit der Mensch geprüft wird. Sie stehen dort schon bereit." Das Neue Testament spricht im Kontext des „gerechten Gerichts" gleichfalls von der Waage, wenn der Seher in der *Offenbarung des Johannes* (6,5) einen „apokalyptischen Reiter" sieht, der mit der Waage in der Hand die „Teuerung" auf Erden bemißt[16].

Schon früh begegnet das Waage-Bild als Symbol des Jenseitsgerichts in der christlichen Literatur der Antike, wie in der zwischen 304 und 313 verfaßten ersten lateinischen Gesamtdarstellung des christlichen Glaubens, den *Divinae institutiones* des nordafrikanischen Schriftstellers Lucius Caecilius Firmianus Lactantius, der Gott das Jenseitsschicksal nach den guten und bösen Taten der Menschen entscheiden läßt[17]:

> „Iudicabuntur ergo, qui Deum scierunt, et facinora eorum, id est male opera cum bonis collata ponderabuntur; ut si plura et gravia fuerint bona iustaque, dentur ad vitam beatam; si autem mala superaverint, condemnentur ad poenam."

Anschaulicher als Laktanz beschreibt der bedeutendste lateinische Kirchenschriftsteller Aurelius Augustinus (345-430) das unbestechliche Jenseitsgericht mit seinem unwiderruflichen Waage-Urteil[18]:

> „Erit tibi sine dubio compensatio bonorum malorumque et velut in statera posita utraque pars, quae demerserit illa eorum, quo momentum vergitur, operarium vendicabit. Si ergo malorum multitudo superavit, operarium suum pertrahit ad gehennam. Si vero maiora fuerint opera bonorum summa

---

14 Spr 16,2: „Einen jeglichen dünken seine Wege rein, aber der Herr wägt die Geister"; Spr 21,2: „Einen jeglichen dünkt sein Weg recht, aber der Herr wägt die Herzen"; Spr 24,12: „Der die Herzen wägt, merkt es, und der auf deine Seele acht hat, kennt es und vergilt dem Menschen nach seinem Werke"; vgl. P. Volz, Die jüdische Eschatologie von Daniel bis Akiba, Tübingen/Leipzig 1903, 95.

15 Forstner (wie Anm. 2), 416.

16 D. Forstner/R. Becker, Neues Lexikon christl. Symbole, Innsbruck 1991, 167.

17 Zit. nach Kretzenbacher (wie Anm. 3), 59.

18 Zit. nach Kretzenbacher (wie Anm. 3), 60.

vi obsistent, et repugnabunt malis atque operatorem suum ad regionem vivorum in ipso etiam gehennae confinio convocabunt."

Auch der größte christliche lateinische Dichter der Antike, Aurelius Prudentius Clemens (348 bis um 405), ein Zeitgenosse des Augustinus, nimmt das Waage-Bild in sein berühmtes allegorisches Epos *Psychomachia* über den Kampf um die Seele zwischen den heidnischen Lastern und den christlichen Tugenden auf[19].

Bei den Kirchenvätern gilt die Waage desgleichen als Symbol göttlicher Gerechtigkeit. In den *Moralia* Gregors des Großen (um 540-604), einem ausführlichen Kommentar zum alttestamentlichen Buch *Ijob* ist Christus die Waage, auf der Gottvater alles mißt[20]. Der Lütticher Mystiker Abt Rupert von Deutz (um 1070-1129/30) hat in Anlehnung an Gregor dessen auf Christus bezogenes Waage-Bild noch intensiviert[21]:

„Durch die Hingabe Christi, des Sündenlosen, in den Tod wurde das Kreuz in der Hand des Vaters zur Waage: Auf der einen Seite trug es die Sünden der Welt in der Schale der Gerechtigkeit; auf der anderen, in der Schale des Erbarmens, alles Unheil des Menschengeschlechtes. Das Leid in der Schale der Barmherzigkeit bekam das Übergewicht, indem es die Schale der Gerechtigkeit in die Höhe trieb und die Sünden in die Meerestiefe abwarf."

Neben den lateinischen Zeugnissen vom Jenseitsgericht auf der Seelenwaage existieren vergleichbare Beispiele aus der frühchristlichen Hagiographie. So tradiert Ps.-Dionysios Areopagites (um 500 n. Chr.) das Bild von der göttlichen Waage, die alles Menschenschicksal bestimmt[22]. Es ist eine griechische Version der Seelenwäger-Legende, die das christliche Motiv vom Jenseitsgericht im abendländischen Mittelalter bekannt machte und noch im Barock, im Jesuitendrama und bis zum 19. Jhd. nachwirkte. Es handelt sich um die Legende vom geizigen Zöllner Petrus Telon(e)arius aus der Vita des alexandrinischen Patriarchen Johannes Eleemosynarius, des Almosengebers. Bevor Bischof Leontius von Neapolis (Nemosia) auf Cypern (590 bis um 668) dessen Vita für ein breites Publikum bearbeitete, hatten schon zwei griechische Hagiographen, Mönch Johannes Moschus († 619) und der spätere Patriarch von Jeru-

19 Kretzenbacher (Anm. 3), 60.

20 Gregorii Magni, Moralia in Iob, Libri I-X. Cura et Studio Marci Adriaen (CCL CXLIII), Turnholt 1979, VII 2 (S. 334-335).

21 Forstner (wie Anm. 2), 416; Ruperti Tuitiensis, De Sancta Trinitate et operibus eius (Libros XXXIV-XLII). De operibus Spiritus sancti (CCM XXIV), ed. Hrabanus Haacke OSB, Turnholt 1972, Zitat: de Sancta Trinitate 35,8 (S. 1870).

22 Kretzenbacher (wie Anm. 3), 61.

salem, Sophronios († nach 638), das Leben des Johannes Eleemosynarius beschrieben[23]. Leontius schildert besonders ausführlich die Geschichte, die Johannes Eleemosynarius, der Almosengeber, seinen Schülern zur Rechtfertigung seiner Barmherzigkeit stets erzählte: die Legende vom Traumgesicht des geizigen, hartherzigen Zöllners Petrus aus Alexandrien, der einem zudringlichen Bettler in Ermangelung eines Steines aus Wut ein Brot vor die Füße warf. Dieses Brot wurde dem später auf den Tod erkrankten Petrus in seiner grauenhaften Traumvision des Eigengerichtes auf der Seelenwaage des Jenseits zur Rettung aus seiner schrecklichen hoffnungslosen Lage. Das ungewollt dem Bettler gegebene Brot-Almosen, das auf der Seelenwaage der Gerechtigkeit als Tat der Barmherzigkeit zählte, stellte den Ausgleich der Waage her. Petrus erwacht aus der Traumvision und bekehrt sich zu Buße und Nächstenliebe[24].

Diese griechische Legende in der Version des Leontius wurde in das dogmatische Hauptwerk Πηγὴ γνώσεως[25] des Johannes von Damaskus († 754) aufgenommen, vom römischen Kardinalpresbyter Anastasius Bibliothecarius (um 800-879) ins Lateinische übersetzt[26], fand Eingang in die Homiletik, das *Speculum ecclesiae*[27] des Scholastikers Honorius Augustodunensis (um 1080 bis um 1137) und in die berühmte *Legenda aurea*[28], eine zur Erbauung bestimmte, volkstümlich gehaltene Sammlung von Lebensbeschreibungen der Kalenderheiligen des Erzbischofs von Genua, Jakob von Voragine (1228/30-1298). Durch die Version der *Legenda aurea* erlebte die Seelenwägungs-Legende vom geizigen Zöllner auf dem Gebiet der mittelalterlichen Hagiographie und Ikonographie außerordentliche Verbreitung bis hin zu ihrer Dramatisierung in zahlreichen Fassungen und Aufführungen des jesuitisch-benediktinischen Ordenstheaters[29].

---

[23] Kretzenbacher (wie Anm. 3), 61.

[24] H. Gelzer, Leontios' von Neapolis Leben des hl. Johannes des Barmherzigen, Freiburg/Leipzig 1893, 108-112; zur Motivgeschichte vgl. L. Kretzenbacher, Legende und Spiel vom Traumgesicht des Sünders auf der Jenseitswaage. Zu Fortleben und Gehaltwandel einer frühchristlichen Legende für einen „sozialen" Heiligen, Rhein. Jb. für Volkskunde 7, 1956, 145-172.

[25] Migne, PG 95 (Paris 1860), 274.

[26] Migne, PL 73 (Paris 1879), 356f., cap. XXI.

[27] Migne, PL 172 (Paris 1854), 888f.

[28] Jacobus de Voragine, Legenda aurea, ed. Th. Graesse, Breslau ^{3}1890, 127f., cap. XXVII (De sancto Iohanne Eleemosynario).

[29] Kretzenbacher (wie Anm. 25), 156-172.

Die im 11./12. Jahrhundert einsetzende, im 13. Jahrhundert voll aufblühende marianische Devotion mit der Akzentuierung der Gnadenhilfe und Gnaden-Mittlerschaft der Gottesmutter („Maria mediatrix gratiarum") wandelt das Bild der Jenseitserwartungen und des Jenseitsgerichts insofern, als der Sünder nun bei einem für ihn negativen Seelenwaagen-Entscheid nochmals ins Diesseits zurückkehrt (Revocatus-Typ), um sich zu rechtfertigen und Buße zu tun. Beredte Beispiele hierfür sind zwei deutschsprachige Denkmäler des 13. und 14. Jahrhunderts, eine mittelrheinische Legendendichtung vom *Traum des Sünders* und eine Pfingstpredigt mit der Bibelparabel vom reichen Prasser und armen Lazarus, die die neugeformte Legende vom Traumgesicht der rettenden Marienhilfe an der Jenseitswaage des geizigen Zöllners verwendet[30].

Das mittelrheinische Beispiel, vermutlich eine freie Bearbeitung[31] der *Legenda aurea*, läßt den Sünder vor Gott, dem Richter, durch die in der mittelalterlichen Mystik oft erscheinenden Schwestern „Veritas" und „Iustitia" verteidigen, allerdings erfolglos, bis er durch den Beistand Mariens erlöst wird[32]:

„armer mensch, louf balde hini
zu Marîen unser vrouwen!
bit, sie wellen schouwen
dîn armut unde ir gute ...
hie mite er die vrouwe erwac
daz si quam bî die wâge.
mit wol gehûfter lâge
wart die sunde al zumâle
geworfen in die schâle
unde gehoufet als ein berc.
man leite ouch sîne guten werc
in daz ander becken.
der tûvel wart zu stecken
an sîn ende alsô genuc
daz die schâle nider sluc
und dâchte, im wêre gelungen
die guten werc ûf swungen.
die nam die juncvrouwe gut
durch iren tugenthaften mut
unde legte drûf ir hant.
die bôsen werc al zuhant
sach man hôch ûf snurren.
die tûvel zu schurren
swaz si arges kunden,
dar uber ouch si begunden
daz si sich selber hiengen dran
und wolden zien sô her dan
ir teil in die tiefe nider.
die vrouwe hielt sô vaste wider
die schâle an widersâze
daz si in schôner mâze
den sunder vrî machte.
der mensche sâ entwachte ..."

[30] A.E. Schönbach, Altdeutsche Predigten I, Graz 1886, 102ff., Nr. 46; vgl. dazu Kretzenbacher (wie Anm. 25), 154f.

[31] Jacobus de Voragine (wie Anm. 28), 514f., cap. 119: „De assumptione beatae Mariae virginis" (zu Mariae Himmelfahrt).

[32] F. Pfeiffer, Marienlegenden. Dichtungen des 13. Jh.s, Wien ^{2}1863, 127ff.; Kretzenbacher (wie Anm. 25), 152f.

Der bedeutende franziskanische Volksprediger Berthold von Regensburg († 1272) hat eine große Vision des Jenseitsgerichts auf der Seelenwaage in seiner Predigt *Von drin lâgen* entworfen[33]. Darin tröstet er seine Zuhörer im Hinblick auf die in ihrem Leben vollbrachten guten Werke und mit der Ermunterung, auf Mariens Beistand selbst in der desolaten Situation vor dem letzten Entscheid beim Jenseitsgericht zu vertrauen. Der Sünder dürfe außerdem hoffen, daß Gottes Erlöserblut alle Schuld von seiner Seele abwasche:

> „wan ist der guottaete ze lützel, sô getrûwet dem almechtigen gote, daz er sînes bloutes darzuo lege, des einiger tropfe mêr wiget danne himmelrîche und ertrîche."

Bertholds berühmter Zeitgenosse Thomas von Aquin (1225-1275) hat dieses Erlöserblut-Thema in seinem eucharistischen Rhythmus *Adoro devote, latens veritas* angesprochen (Strophe 6)[34]:

> „Pie pelicane, Jesu Domine,
> Me immundum munda tuo sanguine
> Cuius una stilla salvum facere
> Totum mundum posse omni scelere."

Schon Venantius Fortunatus (6. Jh.) hatte in seinem Kreuzeshymnus *Vexilla regis prodeunt*[35] nicht nur die Vergebung durch das Erlöserblut angesprochen, sondern zugleich auch die Symbolik „Seelenwaage-Kreuz" akzentuiert (Strophe 6)[36]:

„Beata cuius brachiis	„O sel'ges Kreuz, an dessen Armen
Pretium pependit saeculi,	Der Lösepreis der Welt gehangen!
Statera facta est corporis	Als Waage des hochheil'gen Leibes
Praedam tulitque tartari."	Der Hölle es die Beut' entriß[37]."

Das Motiv vom Erlöserblut als letzter Rettung vor dem gnadenlosen Schicksal auf der Seelenwaage begegnet immer wieder in der Legendenüberlieferung. Ein heiliger Mittler rettet die sündige Seele durch die gnadenvolle Gabe des Erlöserblutes. Auf diese Weise bewahrt der hl.

---

[33] F. Pfeiffer, Berthold von Regensburg. Vollständige Ausgabe seiner Predigten, Bd. I, Wien 1862, 29ff., hier 45ff.; Kretzenbacher (wie Anm. 3), 92f.

[34] J. Szövérffy, Die Annalen der lateinischen Hymnendichtung. Ein Handbuch, Bd. II: Die lateinischen Hymnen vom Ende des 11. Jh.s bis zum Ausgang des MA, Berlin 1965, 254; Kretzenbacher (wie Anm. 3), 107.

[35] Szövérffy (wie Anm. 34), 135f.

[36] Analecta Hymnica Medii Aevi, hrsg. von C. Blume/G.M. Dreves, Bd. 50: Hymnographi latini. Lateinische Hymnendichter. Zweite Folge, Leipzig 1907, 74.

[37] Zit. nach Forstner (wie Anm. 2), 416.

Martin in einer lateinischen Legende des französischen Mittelalters den verstorbenen Grafen Otto von Champagne noch auf der Seelenwaage vor der ewigen Verdammnis[38]. In einer spätmittelalterlichen Marienlegende des Johannes Herolt widerfährt einem Sünder ein ähnliches Los, als er noch im letzten Augenblick durch einen einzigen Tropfen des Erlöserblutes in der „guten“ Waagschale gerettet wird[39].

Wie eindringlich die Idee des Jenseits-Waage-Gerichts während der Spätantike und des Mittelalters im religiösen Bewußtsein des Christentums lebendig war, zeigt die ständige Wiederkehr des Bildsymbols in der abendländischen Kunst. Ein einzigartiges Beispiel der Seelenwägung in der mittelalterlichen Buchmalerei bietet der sogenannte *Utrechter Psalter*, in dem das Gerichts- und Gerechtigkeitssymbol, die Waagschalen in der Hand Gottes, eines Engels oder eines Menschen, als Leitmotiv stets wiederkehren[40]. Eine Seelenwaage-Szene als Teil des bekannten Weltgerichtsschemas findet sich auf einer Miniatur eines Evangeliars der Pariser Nationalbibliothek[41] ebenso wie in einer Illustration zum *Gottesstaat* des hl. Augustinus[42] oder in der Psychostasie-Miniatur des berühmten Wolfenbütteler Evangeliars vom Jahre 1194[43]. Noch manche abendländische Miniaturmalerei mit dem Jenseits-Waage-Motiv wäre hier zu nennen[44]. Eindrucksvoller als die Buchmalerei dokumentieren jedoch die Seelenwäger-Darstellungen der Kathedralen und Kirchen die Lebendigkeit des Jenseitsprozesses und des Waage-Gerichts im Bewußtsein des mittelalterlichen Menschen. Zunehmend wird auf diesen Darstellungen der Erzengel Michael zum Seelenwäger und Geleiter auf dem letzten Weg zu Gott[45]. Ein großartiges Zeugnis des Jenseitsgerichtes auf der Waage bietet die Darstellung des Weltgerichts im Tympanon des Hauptportals an der Westfassade der Kathedrale von Amiens[46], auf der

[38] Kretzenbacher (wie Anm. 3), 107.

[39] Kretzenbacher (wie Anm. 3), 107f.; A. Mussafia, Studien zu den ma. Marienlegenden III, SAWW 119. Wien 1889, 49.

[40] Kretzenbacher (wie Anm. 3), 95f.

[41] Kretzenbacher (wie Anm. 3), 97.

[42] Florenz, Bibliotheca Laurentiana, Ms. Plut. XII, 17, fol. 1v; vgl. Kretzenbacher (wie Anm. 3), 97.

[43] Kretzenbacher (wie Anm. 3), 97ff.

[44] Weitere Belege direkt bei Kretzenbacher (wie Anm. 3), 97-111.

[45] Redaktion, Michael, Erzengel, Lexikon der christlichen Ikonographie. Allgemeine Ikonographie 3, 1971, Sp. 255-265.

[46] Kretzenbacher (wie Anm. 3), 150ff.

St. Michael die Seelen wägt, die sich aus den Gräbern erheben. Seine Linke hält die Waage. Seine Rechte zeigt mahnend auf die Schale, in der das „Lamm Gottes“ ruht. Der Erzengel steht in der Mitte. Alle müssen an ihm und seiner richtenden Waage vorbei. Aber nicht alle erlangen die ewige Seligkeit. Scharen nackter Toter mit entsetzten Gesichtern werden von einem Teufelstier in den Rachen der Hölle getrieben, während die Seligen, bekleidet mit langen Gewändern, von einem Engel zur Rechten des Weltenrichters zum Tor der ewigen Seligkeit geleitet werden[47]. Zu den besonders faszinierenden Jenseitsgerichts-Szenen der französischen Sakralarchitektur gehören die Darstellungen der Kathedrale Nôtre Dame de la Couture in Le Mans, die Westportalfiguren an der Kirche Saint-Foy in Conques, das Weltgerichtsbild an der Kathedrale von Chartres, die Psychostasie an der Westfassade der Kathedrale Saint-Etienne und die Waagegerichts-Szene bei Nôtre Dame zu Paris. Wie in Frankreich ist das Motiv der Seelenwaage auch auf mittelalterlichen Kirchenfresken Englands verbreitet[48]. Ausdrucksvolle Bildzeugnisse hierfür sind das Fresko in der Kirche zu Preston in Sussex, das Fresko der Bovey Tracey Church in Devon und das Seelen-Wäger Bild mit Mariens Gnadenhilfe aus South Leigh in Oxfordshire.

Im Süden Europas, besonders in Spanien und Italien[49], erscheinen die Seelenwäger-Darstellungen in reicher Vielfalt. Von den italienischen Bildzeugnissen seien hier nur erwähnt das Weltgerichtsfresko in der Kirche von San Pellegrino di Bominaco, das Fresko zu Santa Maria in Piano bei Loreto Aprutino, die Darstellungen des seelenwägenden Erzengels von Jacopino de Bavosi, des Paduaners Guariento, des Leonardi da Vinci-Schülers Marco Uggione, des Luca Signorelli aus Cortona in der Academia delle arti del designo zu Rom. Das Gemälde des Vincenzo Pagani versammelt die Madonna mit dem Kind und den Erzengel Michael mit Schwert und Seelenwaage, während sich der venezianische Maler Michele Giambono des Themas auf recht eigenwillige Weise annimmt.

Zahlreich sind gleichfalls die Seelenwäger-Bildwerke des spanischen Mittelalters. Aus dem 13. Jahrhundert stammen die Altartafel im Museo de Vich, die Giebelplastik der Michaeliskirche von Suriguerola und eine Giebelplastik der Erzengel Michael und Gabriel aus Eguillor. Diese Zeugnisse zeigen, daß Spanien den gleichen Weg in der Rezeption und

[47] Kretzenbacher (wie Anm. 3), 151.

[48] Kretzenbacher (wie Anm. 3), 162-165.

[49] Kretzenbacher (wie Anm. 3), 170-77.

der Überlieferung des Seelenwäger-Motivs gegangen ist wie das übrige Europa mit der umfassenden Darstellung des Themas an seinen repräsentativen Domportalen, in seinen kostbaren Miniaturen und seiner religiösen Dichtung.

Beherrscht der hl. Michael seit dem 12. Jahrhundert die Darstellungen des Weltgerichts in bildender Kunst und Literatur als Begleiter der Seelen ins Paradies und als Seelenwäger[50], so bleibt der biblische Ursprung seiner Bestimmung immer präsent. Im Alten Testament ist Michael der große Fürst, der Schutzengel und Anführer des hebräischen Volkes (Dan 10,21). Früh wird ihm die wichtige Rolle des Hüters der Pforte des Paradieses übertragen[51]. Im Neuen Testament besitzt er als Vollstrecker der Befehle des Herrn einen höheren Rang als alle Engel. Den Namen „Erzengel“, „Höchster Engel“ erhält er erstmals bei Paulus, der von der Stimme des Erzengels als des Künders der Parusie, der Wiederkunft Christi beim Jüngsten Gericht, spricht (1 Thess 4,15). Im Brief des Judas gilt er als Widerpart des Teufels (Jud 9). Die Offenbarung des Johannes weist dem Erzengel seine bedeutendste Rolle zu als Anführer der Engel im endzeitlichen Kampf mit dem Drachen oder dem Teufel, den Sinnbildern des Bösen (Apk 12,7ff.)[52]. Daraus resultiert seine Funktion des Seelengeleiters und Seelenwägers mit der Waage als Engel der Gerechtigkeit sowohl im Welt- als auch im Partikulargericht. Er begleitet die Seelen zur Pforte des Paradieses[53]. In dieser Rolle wird Michael vom Zelebranten im Offertorium der Totenmesse[54] angerufen. In den liturgischen Texten ist der hl. Michael stets gegenwärtig, im Offertorium der Festgottesdienste als Fürbitter bei Gott und in den Gebeten nach der Totenmesse als Beschützer der Seelen vor dem Teufel[55]. Aus seiner

[50] Kahsnitz (wie Anm. 12), Sp. 470; L. Altmann, Michael, Marienlexikon 4, 1992, 442; E. Sauser/A. Dörrer/K. Hofmann, Michael, LThK 7, ²1962, Sp. 393-395.

[51] E. Weidinger, Die Apokryphen, Augsburg 1990, 489.

[52] U. Liebl, Michael, Erzengel, LMA 6, 1993, Sp. 593-595.

[53] Gregor von Tours, Zehn Bücher Geschichten, auf Grund der Übersetzung W. Giesebrechts neubearbeitet von R. Buchner (Ausgewählte Quellen zur Deutschen Geschichte des MA. Freiherr-vom-Stein-Gedächtnisausgabe 3), Darmstadt 1974, 48: „Ecce animam puellae Michahel angelus suscepit, et ipse eam ad caelos evexit.“

[54] Urbanus Bomm, Das lateinisch-deutsche Sonntagsmeßbuch, Einsiedeln/Köln 1958, 1066f.: „Domine Jesu Christe, Rex gloriae, libera animas omnium fidelium defunctorum de poenis inferni et de profundo lacu: libera eas de ore leonis, ne absorbeat eas tartarus, ne cadant in obscurum: sed signifer sanctus Michael repraesentet eas in lucem sanctam: Quam olim Abrahae promisisti et semini ejus.“

[55] Bomm (wie Anm. 54), 423, 1066f.

Funktion als Seelenbegleiter entwickelt sich seine Darstellung als Seelenwäger in liturgischer Gewandung mit der Waage, wie sie besonders wirkungsvoll der Niederländer Rogier van der Weyden wiedergegeben hat[56].

Daß die Idee von der Gestalt des Erzengels Michael als Seelenwäger auch nach dem Mittelalter nichts von ihrer Eindringlichkeit eingebüßt hat, bezeugt nicht nur die Kunst und Spiritualität der Jesuiten im 16. Jahrhundert, als z.B. Jan van der Meulen (Molanus) während der Gegenreformation die Rolle des Erzengels Michael vielfältig ikonographisch und theologisch ausdeutete[57].

Eine der bekanntesten Seelenwaage-Legenden ist die Erzählung vom Totengericht Kaiser Heinrichs II.[58], die eine bemerkenswerte Verbreitung fand von der *Chronik von Monte Cassino* (um 1100), der *Chronica Boemorum* des Cosmas von Prag (1119-1225), der anon. *Vita Heinrichs II.* (um 1145), den *Annales Palidenses* (Ende des 12. Jh.s) über die *Sächsische Weltchronik* (nach 1260), die *Legenda aurea* (1260/67) des Jacobus de Voragine, das Predigtmärlein der Barockzeit[59], das Predigtexempel der protestantischen Theologen des 16. und 17. Jahrhunderts[60] bis zu den *Deutschen Sagen*[61] der Brüder Grimm im 19. Jahrhundert.

Die Episode aus Kaiser Heinrichs II. Leben, die zu einer detallierten

---

[56] O. Pächt, Altniederländische Malerei von Rogier van der Weyden bis Gerard David, München 1994, 41ff.

[57] Johannes Molanus, De picturis et imaginibus sacris, Löwen 1570 (französische Übersetzung: Traité des Saintes images. Introd., trad., notes et index par Francoise Boespflug, Paris 1996); vgl. Rom in Bayern. Kunst und Spiritualität der ersten Jesuiten, hrsg. von R. Baumstark, München 1997, 425-431, 538.

[58] P.C. Jacobsen, Das Totengericht Kaiser Heinrichs II. Eine neue Variante aus dem Echternacher *Liber aureus*, MLatJb 33,1, 1998, 53-58.

[59] E. Moser-Rath, Predigtmärlein der Barockzeit. Exempel, Sage, Schwank und Fabel in geistlichen Quellen des oberdeutschen Raumes, Berlin 1964, 137ff.

[60] E.H. Rehermann, Das Predigtexempel bei protestantischen Theologen des 16. und 17. Jh.s, Göttingen 1977, 481.

[61] Brüder Grimm, Deutsche Sagen, hrsg. von H.-J. Uther, München 1993, 431f., 593, Nr. 485: „Der Kelch mit der Scharte". Vgl. dazu auch das Motiv in den Erzählforschungskatalogen: A. Aarne/S. Thompson, The Types of the Folktale. A Classification and Bibliography, Helsinki 1973, 274, Nr. 808; F.C. Tubach, Index Exemplorum, Helsinki 1969, 123f., Nr. 1501 („Teufel und Engel kämpfen um die Seele"); vgl. auch Brüder Grimm ebd., 455f. 595, Nr. 512: „Rudolf von Strättlingen" (Seelenwaage-Gericht über König Rudolf von Burgund).

Zum Motiv der Seelenwaage vgl. ebenfalls Enzyklopädie des Märchens. Handwörterbuch zur historischen und vergleichenden Erzählforschung, Berlin/New York 1977ff.: Bd. 2, Sp. 1395; Bd. 3, Sp. 912, 1421; Bd. 5, Sp. 865; Bd. 7, Sp. 816,820.

Darstellung seines Totengerichts Anlaß gab, berichtet die *Legenda aurea*[62] folgendermaßen: Heinrich verdächtigt seine Gattin Kunigunde des Ehebruchs und befiehlt ihr, zum Beweis ihrer Unschuld über glühende Pflugscharen zu gehen. Kunigunde besteht die Probe, doch Heinrich hat mit der ungerechtfertigten Anschuldigung Schuld auf sich geladen. Als er stirbt, begehren die Teufel deshalb seine Seele. Aber unverrichteter Dinge müssen sie von ihm ablassen, weil eine von Heinrich zu seinen Lebzeiten dem hl. Laurentius erwiesene Kelchdonation seine Seele vor der Hölle rettet, wie es die Klage der Teufel einem Einsiedler gegenüber beschreibt[63]:

> „‘Wir haben nichts geschafft; denn da der falsche Verdacht um sein Gemahl mit anderen Sünden auf die eine Schale der Wage ward gelegt, und die guten Werke auf die andere, da trat dieser gebrannte Laurentius hinzu und tat einen schweren goldenen Krug auf die Wagschale, daß sie sank; da wir schon gemeint hatten, wir würden den Kaiser haben. Da brach ich in großem Zorn von dem Krug ein Ohr ab.’ Was aber der Teufel einen Krug nannte, das war ein Kelch, den der Kaiser der Kirche von Eichstädt Sanct Laurentio zu Ehren hatte lassen machen, da er den Heiligen in sonderlicher Andacht hielt, und hatte der Kelch von großer Schwere wegen zwei Ohren. Also befand man darnach, daß der Kaiser in Wahrheit um diese Zeit war gestorben und daß ein Ohr fehlte an dem Kelche.“

Ergreifenden Ausdruck fand die Seelenwägung Kaiser Heinrichs II. auf der Darstellung von Tilman Riemenschneider im Bamberger Dom.

Die Legende, die gerade auch für Mächtige und Reiche dieser Welt, fern von offizieller Kirchenlehre, den fragwürdigen Weg des „Sich-Freikaufens“ als Rettung vor Jenseitsstrafen zeigt, ist in der Überlieferung nicht selten. Der Merowingerkönig Dagobert - in Begleitung von Heiligen („multi sancti“) auf seinem Jenseitsweg -, angeklagt wegen Plünderung der Kirchen der ihn begleitenden Heiligen, wird durch die Hilfe des hl. Dionysius gerettet[64]. Kaiser Karl der Große ist nach der Legende durch St. Jacobus von Compostela vor dem Strafgericht errettet worden, indem dieser die Seelenwaage mit vielen Steinen und Holzscheiten von Karls Kirchenstiftungen beschwerte, so daß dessen gute Werke die

---

[62] Jacobus de Voragine (wie Anm. 28), 495, cap. CXVII.

[63] Die *Legenda aurea* des Jacobus de Voragine. Aus dem Lateinischen übers. von R. Benz, Heidelberg [9]1979, 572.; vgl. dazu: Himmel. Hölle. Fegefeuer. Das Jenseits im MA. Katalog von P. Jezler, München [2]1994, 221.

[64] Jacobus de Voragine (wie Anm. 28), 686, cap. CLIV.

Sünden überwogen[65].

Eine ähnliche Wundergeschichte überliefert Caesarius von Heisterbach (1180 bis um 1240) in seinem *Dialogus miraculorum*, nach der ein Graf Karl von Sayn als Vorsorge für das zu erwartende Jenseitsgericht eine Schiffsladung Steine für den Bau einer Kirche in Köln stiftete[66].

Ägyptisches Totenbuch, Schicksalswaage des Zeus, Seelengeleiter Hermes, Waagehalter Kairos, richtende Nemesis, altiranisches Seelengericht, biblisches Waagegleichnis, Jenseitsprozeß und Waage-Gericht im christlichen Mittelalter, Barockdevotion und Jenseitsschau des geistlichen Schauspiels: Alle diese Themen zeigen, wie sehr die Waage als Symbol der Hoffnung auf gerechtes Gericht und Urteil die Menschen aller Epochen beschäftigt hat und sie stets beschäftigen wird, in der christlichen Vorstellung vor allem auch als Symbol einer Gerechtigkeit, die auf Erbarmen und Gnade zielt[67]. Bis in die Neuzeit ist in den Jenseitsvisionen die Waage das beherrschende Symbol, das als ungewisses Schicksal beim Gericht über der Menschheit schwebt, wie es Leopold Kretzenbacher ergreifend mit den Versen 827-833 aus Friedrich Gottlieb Klopstocks 18. Gesang des *Messias* artikuliert[68]:

„... Und mit eisernem Gang die Todesengel herabgehn!
Daß die Gerichteten alle die starren Augen erheben,
Nach dem Thron schauen! Denn die Entscheidung fasset die Waage.
Bald, bald schwebt in die Himmel hinauf die steigende Schale!
Also rief er. Allgegenwärtige, schauernde Stille
Hatte sich über die Himmel und über die Erde gebreitet.
Heilig und hehr und schrecklich war des Richtenden Herschaun ..."

---

65 H. Günter, Psychologie der Legende, Freiburg 1949, 308; Kretzenbacher (wie Anm. 3), 123f.

66 Kretzenbacher (wie Anm. 3), 125; Caesarius von Heisterbach, Dialogus miraculorum, Köln/Bonn/Brüssel 1851 (Nachdruck: Ridgewood, New Jersey 1966), Bd. 2, 135 (cap. 8,63).

67 U. Häussermann, Ewige Waage, Köln 1962.

68 Zit. nach Kretzenbacher (wie Anm. 3), 196.

Abbildungen

Abb.1: Rogier van der Weyden, Jüngstes Gericht, Beaune, Hôtel-Dieu. Ausschnitt der Mitteltafel. Unter dem Weltenrichter Christus steht der Erzengel Michael, der die Seelenwägung vornimmt. Die beim Weltgericht auferstehenden Toten sitzen in den Schalen der Waage (O. Pächt, Altniederländische Malerei von Rogier van der Weyden bis Gerard David, München 1994, 41-49).

Abb. 2: München, Bayerische Staatsbibliothek, Clm 13301, fol 1r, Prüfening um 1160-1165. Ornamenta ecclesiae, hrsg. von A. Legner, Katalog der Ausstellung. Köln 1985, Bd. I, B 39, 239, 241.

Darstellung des verstorbenen Schreibers und der Psychostasis. Das Buch in der Waagschale dient als Gewicht für die guten Taten. Links Christus als der Weltenrichter. Darüber schwebt ein Engel mit der geretteten Seele des Schreibers. Der geflügelte Satan entweicht auf der rechten Seite.

Metempsychotica mediaevalia

Pictagoras redivivus

von Wolfgang Maaz (Berlin)

Hans Blumenberg, der das Denken in Geschichten mit den Geschichten des Denkens exemplarisch amalgamiert hat, zitiert in seinem Essay *Drei Grad über dem Nichts. Zur Symbolik theoretischer Kränkungen und Tröstungen* Sigmund Freud, der von drei Kränkungen gesprochen hat, „die dem Menschen angetan worden sind: durch Kopernikus, durch Darwin und durch ihn, Freud, selbst“ und korrigiert ihn umgehend: „Es ist die Frage, ob mit den drei Namen die härteste Bedürftigkeit annähernd erfaßt werden konnte, die den Menschen zum trostbedürftigen Wesen macht: der Tod. ... Aber ist er auch bei seiner absoluten Trostbedürftigkeit tröstungsfähig? Niemand läßt sich darüber trösten, daß er sterben muß. Alle Argumente sind schlecht bis lächerlich, die dafür Trost- und Tröstungsfähigkeit unterstellen. Eines dieser Argumente war die alte Unsterblichkeit ... “[1].

Bereits die Antike hält mehrere Trostmittel zur Minderung des Schrecknisses des Todes bereit. Im Mythos der Mnemosyne, des Gedächtnisses in seiner internalisierten Form, erkennt der antike Mensch seine existentielle Situation: „Mich haben die Musen wahrhaft reich und beneidenswert gemacht, selbst wenn ich gestorben bin, werde ich nicht dem Vergessen anheimfallen“, so die nicht Unsterblichkeit, sondern Erinnerung begehrende Sappho (fr. 193 Lobel/Page).

Andererseits wird im griechischen Denken (Platon, Plotin) auch „die korrelative Beziehung zwischen der Präexistenz der Seele und ihrem Weiterleben nach dem Tod betont“[2], ein Thema, das in Theologie und Philosophie des Mittelalters äußerst folgenreich für die christliche Ideologie diskutiert wurde[3]. So subtil, höchst produktiv und originell die mittelalterlichen Denker ihre Seelentheorien hinsichtlich der Unsterblich-

---

[1] H. Blumenberg, Die Sorge geht über den Fluß, Frankfurt a.M. 1987, 153-158, hier 153; s. jetzt auch ders., Die Vollzähligkeit der Sterne, Frankfurt a.M. 1997, 136f.

[2] G. Verbeke, Methode einer philosophischen Beweisführung: Die Unsterblichkeit der Seele, in: A. Zimmermann (Hrsg.), Methoden in Wissenschaft und Kunst des MA (Miscellanea Mediaevalia 7), Berlin 1970, 23-49, hier 27.

[3] Zum systematisch-theologischen Seelen-Ideologem s. J.B. Metz, s.v. Seele, LThK 9, ²1964, 570-573.

keit auch weiterentwickelt haben[4], die poetisch-künstlerischen Vorstellungen bleiben eher konventionell und wenig phantasievoll. Die mittelalterliche Vorstellung von der geflügelten Seele und ihrem „volatus ad suum auctorem" basiert auf antiker Tradition[5]. Ikonographische Darstellungen belegen die ebenfalls von der Antike übernommene Vorstellung von der Seele als Eidolon im „Puppenzustand" eines Wickelkindes[6].

Ein weiteres Trostargument stellt schließlich die Lehre von der Seelenwanderung (μετεμψύχωσις, παλιγγενεσία, „transmigratio") dar, die in Griechenland gegen Ende des 6. Jhds. als Lehre des Pythagoras auftritt. Das konkrete Wesen des Menschen besteht demnach nicht in der Verbindung der Seele mit e i n e m Leib, sondern in einer Geistseele, die sich nacheinander mit verschiedenen Körpern verbindet und auf diese Weise mehrere irdische Existenzen hat. Insofern dies auch Wiederverkörperung in Tieren bedeutet, ist die Forderung des Vegetarismus folgerichtig[7].

Evident ist, daß das pythagoreische Theorem von der Seelenwanderung mit der christlichen Auffassung von der Individuation der Seele und deren einmaliger Leibbezogenheit unvereinbar ist. Heil oder Unheil des Menschen entscheiden sich nach christlicher Anschauung in e i n e m Leben, das der Geschichtlichkeit unterworfen ist[8].

---

[4] B. Mojsisch, Seele. I. Westen, LMA 7, 1995, 1675-1677.

[5] Zu antiken Seelenflug-Vorstellungen s. F. Bömer, P. Ovidius Naso, Metamorphosen. Komm. zu Buch XIV-XV, Heidelberg 1986, 376 (zu Ov. Met. 15,457). - Zur christl.-ma. Flugmetaphorik mit zahlreichen Belegen s. P. von Moos, Consolatio. Studien zur mittellateinischen Trostliteratur. Testimonienband, München 1972, 176-178; K. Ruh, „Le Miroir des Simples Âmes" der Marguerite Porete, in: H. Fromm/W. Harms/U. Ruberg (Hrsg.), Verbum et Signum (FS F. Ohly), München 1975, Bd. 2, 365-387, hier 382, und P. Dinzelbacher, Ekstatischer Flug und visionäre Weltschau im MA, in: D.R. Bauer/W. Behringer (Hrsg.), Fliegen und Schweben. Annäherung an eine menschliche Sensation, München 1997, 111-145, hier 112-120.

[6] O.A. Erich, Zur Darstellung der Seele und des Geistes in der christlichen Kunst, in: FS A. Goldschmidt, Berlin 1935, 51-54. - Zur Seelendarstellung in *Anticlaudianus* - Handschriften des Alanus von Lille s. C. Meier, Die Rezeption des Anticlaudianus Alanus von Lille in Textkommentierung und Illustration, in: dies./U. Ruberg (Hrsg.), Text und Bild, Wiesbaden 1980, 408-549, hier 454 sowie Abb. 39, 40, 42 und 43. - Vgl. auch die Eidolon-Darstellung in der Psychostasis-Illustration der Isidor-Handschrift clm 13031, in: Regensburger Buchmalerei. Bayerische Staatsbibliothek, Ausstellungskataloge 39, München 1987, 49f. u. Abb. 111 (vgl. den Beitrag von F. Wagner in diesem Bd.).

[7] Neben E. Rohde, Psyche. Seelencult und Unsterblichkeitsglaube der Griechen, Freiburg/Leipzig 1894, 450-464, ist grundlegend W. Burkert, Weisheit und Wissenschaft. Studien zu Pythagoras, Philolaos und Platon, Nürnberg 1962, 98-142; s. auch ders./L. Sturlese, Seelenwanderung, HWdPh 9, 1995, 117-121 sowie von katholischer Position W. Brugger, Seelenwanderung, LThK 9, ^{2}1964, 576-578.

[8] Brugger (wie Anm. 7), 577.

Es überrascht daher keineswegs, daß der Glaube an die Seelenwanderung als Bestandteil der radikal dualistischen Glaubenslehre der häretischen Albigenser von der Orthodoxie im 13. Jahrhundert ebenso energisch wie blutig bekämpft wurde. Durch seine Lehre habe Jesus die in der Materie eingekerkerten Geister die Möglichkeit ihrer Erlösung erkennen lassen. Je nach der Akzeptanz, die vom Erlöser gelehrte Lebensweise zu praktizieren, würden einige nach ihrem Tode der vollkommenen Erlösung teilhaftig, andere wiederum inkarnierten sich gemäß ihren Verdiensten erneut in Menschen oder in mehr oder weniger reinen bzw. unreinen Tieren[9]. So berichtet der Zisterzienser Caesarius von Heisterbach (ca. 1180 bis ca. 1240) in seinem *Dialogus miraculorum* (1219-1223) von einem albigensischen Ritter, der einem Zisterzienser gegenüber sein Almosengeben folgendermaßen erläutert (5,21):

> „Dicente monacho: 'quid boni speratis de eleemosyna illa?', respondit miles hoc verbum: 'Ut spiritus meus gloriose pergat post mortem.' Tunc monachus: 'Quo perget?' Ait miles: 'Secundum meritum suum. Si bene vixit, et hoc apud Deum meruit, exiens de corpore meo, intrabit corpus alicuius futuri Principis, sive Regis, vel alterius cuiuslibet personae illustris, in quo delicietur; si autem male, corpus intrabit miseri pauperisque, in quo tribuletur.' Credidit stultus, sicut et ceteri Albigenses, quod anima secundum meritum transeat per diversa corpora, etiam animalium atque serpentum[10]."

Der französische Dominikaner Étienne de Bourbon (ca. 1190/95 bis ca. 1261) berichtet in seinem Promptuarium *Tractatus de diversis materiis praedicabilibus* (1256/61) vom vegetaristischen Metempsychose-Glauben der albigensischen Häretiker[11]:

> „Item herbas et arbores eradicare vel folia et fructus decerpere nefas reputant, nec ex eis vescuntur, quia eas immundas dicunt, quia in his dicunt quasdam animas inesse intellectum habentes, que sancte sunt, ut dicunt, et

[9] A. Borst, Die Katharer (Schriften der MGH 12), Stuttgart 1953, 167-174, vor allem 169; s. auch R. Manselli, Albigenser. I. Geschichte und Glaubensvorstellungen, LMA 1, 1980, 302-305, hier 304f.

[10] Caesarii Heisterbacensis Dialogus miraculorum, ed. J. Strange, Köln/Bonn/Brüssel 1851 (ND 1966), 301. Zu Caesarius vgl. F. Wagner, Caesarius von Heisterbach, Enzyklopädie des Märchens 2, 1979, 1131-1134. Das Exemplum erwähnt F.C. Tubach, Index exemplorum. A Handbook of Medieval Religious Tales, Helsinki 1969, Nr. 4552. Tubach vermerkt kein weiteres Exemplum, das diesen Erzählstoff thematisiert; s. jetzt auch A.J. Gurjewitsch, Himmlisches und irdisches Leben. Bildwelten des schriftlosen Menschen im 13. Jh. Die Exempel, Amsterdam/Dresden 1997, 404f.

[11] A. Lecoy de la Marche (Hrsg.), Anecdotes historiques, légendes et apologues tirés du recueil inédit d'Étienne de Bourbon, Paris 1877, 301; s. auch R. Schenda, Étienne de Bourbon, Enzyklopädie des Märchens 4, 1984, 511-519.

dolent multum cum ista leduntur. Item animas auditorum suorum transire in arbores dicunt; ideo omnes arbores venerantur, unde spinas de agris evellere non audent, sed auditoribus suis hoc et terram excolere permittunt, ut per eos victum habeant."

Zwar erwähnen weder Caesarius noch Étienne in diesem Kontext Pythagoras, doch nennt der Dominikaner und Inquisitor Moneta von Cremona (gest. 1260) in seiner *Summa adversus Catharos et Waldenses* (1241), einer theoretischen Widerlegung der zeitgenössischen häretischen Lehre, ausdrücklich Pythagoras als Begründer der Seelenwanderungslehre[12].

Im folgenden soll der Versuch unternommen werden, den Spuren des auf Pythagoras zurückgehenden Metempsychose-Theorems im Mittelalter nachzugehen. Mein besonderes Interesse gilt dabei weniger der zu erwartenden eliminatorischen Verurteilung des Pythagoras durch die mittelalterlichen Theologen, sondern dem produktiven Umgang mit dieser mehr als anstößigen Vorstellung von der unsterblichen, von Verkörperung zu Verkörperung wandernden Seele, wie ihn mittelalterliche Prosaiker und Poeten demonstrieren[13].

Auf welche Weise ist nun die pythagoreische Seelenwanderungslehre, die „mit Recht im allgemeinen als sicherste Tatsache in der Geschichte des Altpythagoreismus gilt"[14], in die kollektive Erinnerung des christlich fundierten Mittelalters gelangt, eines historischen Universums, das der Antike eher fremd, von dieser jedoch auch stark geprägt ist?

Pythagoras ist für das Mittelalter durchaus kein Unbekannter. Er lebt in den Leseerfahrungen der gebildeten Kleriker auf vielfältige Weise fort. Von eminenter Bedeutung sind die *Etymologiae sive Origines* des Isidor von Sevilla (ca. 560 bis 636)[15], der durch diese enzyklopädische Synthese antiker und christlicher Bildung zu einem der wichtigsten Mittler für das

---

[12] Borst (wie Anm. 9), 17f.

[13] Meines Wissens liegt bislang keine moderne Studie vor. Lediglich P. Kirn, Das Bild des Menschen in der Geschichtsschreibung von Polybios bis Ranke, Göttingen 1955, 161f., erwähnt einige Belege. Weder Burkert/Sturlese (wie Anm. 7) noch Brugger (wie Anm. 7) noch die Übersichtsartikel „Pythagoreismus" von W. Burkert/U. Dierse/ P. Welchering/F. Vonessen, HWdPh 7, 1989, 1724-1732 geben weiterführende Hinweise. Ebenso wie der Artikel „Pythagoras von Samos" von F. Schmeidler, LMA 7, 1995, 339-340 hilft auch die einschlägige Bibliographie von L.E. Navia, Pythagoras. An Annotated Bibliography, New York/London 1990, diesem Mangel nicht ab. Letztere weist lediglich zwei Studien zur Pythagoras-Rezeption bei Dante nach (Nr. 1079, Nr. 1081).

[14] Burkert, Weisheit (wie Anm. 7), 98.

[15] W. Maaz, Isidor von Sevilla, Enzyklopädie des Märchens 7, 1993, 297-313.

frühe und hohe Mittelalter geworden ist. Pythagoras gilt nicht allein als Schöpfer des Namens „Philosophie“[16] (orig. 8,6,2; 14,6,31) und als Erfinder des Buchstabens Y und seiner ethischen Deutung (orig. 1,3,7)[17] sowie der „Disciplina numeri“ (orig. 3,2)[18], sondern auch als Begründer der „Ars musica“ (3,16,1) einschließlich der Schönheit der Proportionen und der Tondistanzen[19] und als Theoretiker des pädagogischen und philosophischen Schweigens[20]. Im allegorisch-didaktischen Epos *Architrenius* des Johannes de Hauvilla (zweite Hälfte des 12. Jh.s), trifft der Held „Erzweiner“ auf eine Gruppe antiker Philosophen, so auf Archytas, Cato, Diogenes, Sokrates, Demokrit, Cicero, Krates und Xenokrates, denen Lasterbeschreibungen in den Mund gelegt werden (6,30-7,166). Pythagoras ist es als letztem vorbehalten, in einer langen Rede (7,169-228) das

---

[16] Vgl. Boethius, Inst. mus. 2,2 (227 Friedlein): „Primus omnium Pythagoras sapientiae studium philosophiam nuncupavit, quam scilicet eius rei notitiam ac disciplinam ponebat“ (im Anschluß an Tusc. 5,8); vgl. Isid. orig. 8,6,1-3 und Aug. civ. 8,2. Darauf weist ebenfalls Hugo von St. Victor (ca. 1096 bis 1141) in seinem Grundriß des weltlichen und geistlichen Wissens, dem *Didascalicon* (1,2), hin; s. dazu J. Taylor, The Didascalicon of Hugh of St. Victor, New York/London 1961, 48 mit Anm. 19.

[17] W. Harms, Homo viator in bivio. Studien zur Bildlichkeit des Weges, München 1970 und H. Silvestre, Nouveaux témoignages médiévaux de la Littera Pythagorae, Le Moyen Age 79, 1973, 201-207 und ders., Pour le dossier de l'Y pythagoricien, ebd. 84, 1978, 201-209. Zu den „loci classici“ (Persius 3,56-57 und 5,34-35) des Y-Signums s. auch W. Kißel, Aules (sic!) Persius Flaccus, Satiren, Heidelberg 1990, 435-437 u. 609f.

[18] Im Anschluß an Alanus von Lille nennt Radulfus von Longchamp (spätestens 1213) Pythagoras als Erfinder des ma. Zahlenkampfspiels, s. A. Borst, Das ma. Zahlenkampfspiel, Heidelberg 1986, 221-223; die *Ecloga Theodoli*, ein weitverbreitetes mythologisches Handbuch (wahrscheinlich 10. Jh.), tradiert (36) die Vierzahl ausdrücklich als „Pitagorae numerus“, was Bernhard von Utrecht (Ende 11. Jh.) so kommentiert: „PYTAGORAE: omnes siquidem phisici, ethici, logici fortitudinem, iustitiam, temperantiam, prudentiam habere voluerunt.“ R.B.C. Huygens, Bernhard d'Utrecht, Commentum in Theodolum (1076-1099), Spoleto 1977, 7 und 31, weist zu Recht auf Isid. orig. 2,24,5: Pythagoras gilt als Inbegriff des Philosophen. Die Vierzahl geht auf die bei Martianus Capella nupt. 2,107 tradierte pythagoreische Schwurformel μὰ τὴν τετράδα zurück.

[19] B. Münxelhaus, Pythagoras musicus. Zur Rezeption der pythag. Musiktheorie als quadrivialer Wissenschaft im lat. MA, Bonn 1976 sowie J. Godwin (Hrsg.), The Harmony of the Spheres. A Sourcebook of the Pythagoreen Tradition in Music, Rochester 1993. Zur von Macr. comm. 2,1,8-14 tradierten Legende von Pythagoras, der durch vier Schmiedehämmer die harmonischen Akkorde endeckt, s. auch carm. Cant. 12 (s. unten).

[20] Obwohl sich Ambrosius (off. min. 1,10, PL 16,32f.) vom Schweigegesetz des Pythagoras distanziert hat, gilt dieses im MA als vorbildlich, s. U. Ruberg, Beredtes Schweigen in lehrhafter und erzählender deutscher Literatur des MA, München 1978, 22f. und 96-99, und A. Bellebaum, Schweigen und Verschweigen. Bedeutungen und Erscheinungsvielfalt einer Kommunikationsform, Opladen 1992, 61-66. Kein Hinweis auf Pythagoras findet sich bei C. Casagrande/S. Vecchio, I peccati della lingua. Disciplina ed etica della parola nella cultura medievale, Rom 1987.

Laster der „Gula“ und den Kleiderluxus zu verurteilen. Ersteres spielt auf dessen durch viele Tabus (z.B. Bohnenverbot) geregelte frugale Lebensführung, letzteres auf Pythagoras' erfolgreiche Agitation gegen die Frauen von Croton an[21]. Ferner läßt sich Pythagoras als seltener Protagonist in spätmittelalterlichen Exempelsammlungen belegen[22]. Singulär ist der kritische Hinweis auf die fingierte, bereits in der Antike bezeugte Katabasis des Pythagoras[23] im Gedicht *De Symonia et Avaritia* des Walter von Wimborne (ca. 1260 bis 1266), dessen Strophe 104 eine Paraphrase von Horaz carm. 4,7,25-28 darstellt[24]. Schließlich findet sich Pythagoras, dessen Namen sogar allegorisch ausgelegt wird[25], regelmäßig

---

[21] Quelle ist Justin 20,4,4-12, worauf P.G. Schmidt, Johannes de Hauvilla, Architrenius, München 1970, 47, 238f., 344, hinweist.

[22] Vgl. Tubach (wie Anm. 10) Nr. 4343 (Pythagoras bezahlt toten Schuster, um sein Gewissen zu beruhigen = Sen. benef. 7,21f.) und Nr. 4508 (Pythagoras verklagt Schüler = Gell. 5,10), s. dazu jetzt auch E. Rauner/B. Wachinger, Mensa philosophica, Tübingen 1995, 251f. (mit weiteren Nachweisen).

[23] Burkert, Weisheit (wie Anm. 7), 136-141; vgl. W. Speyer, Religiöse Betrüger. Falsche göttliche Menschen und Heilige in Antike und Christentum, in: Fälschungen im MA, Bd. 5, Hannover 1988 (MGH Schriften 33,5), 321-343, hier 322.

[24] „Mors quicquid artifex natura construit, / solvit, effibulat, enodat, dissuit; / Diana iuvenem castum non eruit / neque Pictagoram infernus expuit“ (zitiert nach A.G. Rigg, The Poems of Walter of Wimborne, Toronto 1978, 128). Walter hat von Horaz Vers 25f.: „infernis neque tenebris Diana pudicum / liberat Hippolytum“ übernommen, Vers 27f.: „nec Lethaea valet Theseus abrumpere caro / vincula Pirithoo“ durch das Pythagoras-Exemplum ersetzt. Weder der Schutz einer Göttin noch der Glaube an die Unsterblichkeit bzw. die Freundschaft mit einem Helden rettet vor dem Tode. Riggs Hinweis auf Valerius Maximus 2,6,10, nach dem die Gallier ebenso wie Pythagoras an die Unsterblichkeit glauben, trifft nicht die Pointe („pecunias mutuas, quae his apud inferos redderentur, dare solitos, quia persuasum habuerint animas hominum immortales esse. dicerem stultos, nisi idem bracati sensissent, quod palliatus Pythagoras credidit.“). Vgl. ders., History of Anglo-Latin Literature 1066-1422, Cambridge 1992, 215-222.

[25] So Remigius von Auxerre (9. Jh.) in seinem *Commentum in Martianum Capellam* zu Mart. Cap. 490,20 (323 Lutz): „Pythagoras non indigens interrogatione; interpretatur a verbo pytho, id est interrogo, et agoro, id est non indigeo.“ Remigius, der karolingisches Schulwissen den folgenden Jh. vermittelt, tradiert zu Mart. Cap. 366,9 (179f. Lutz) übrigens die auf Cic. Tusc. 1,38 basierende Überlieferung, wonach Pythagoras sich dem die Unsterblichkeit der Seele lehrenden „Pherecydes Syrius als Schüler angeschlossen habe: inventor arithmeticae fuit, de quo inter cetera legitur quod cum audierit in T(!)yro quendam philosophum praedicantem de immortalitate animae, mox conversus fuerit assumensque habitum philosophicum illi adhaeserit.“
Auf welche antike Tradition die Datierung des Pythagoras synchron mit der Geburt Christi ins Jahr 1 in den *Annales* der Klosterchronik Vézelay zurückgeht, läßt sich nicht klären („... natus est Iesus Christus dominus noster ... Pitagoras philosophus claruit“), s. R.B.C. Huygens, Monumenta Vizeliacensia, Turnhout 1976 (CC Cont. Med. 42), 195 und H. Hofmann, Artikulationsformen historischen Wissens in der lateinischen Historiographie des hohen und späten MA, Heidelberg 1987, 428.

in bildlichen Darstellungen des Mittelalters[26].

Den Gelehrten des westlichen Mittelalters, wollten sie sich über die skandalöse Seelenwanderungslehre des Pythagoras informieren, stand im Sinne der „translatio studii“[27] der breite Strom der antiken und patristischen Literatur zur Verfügung. Zwar hatten die Kirchenväter von Anfang an das Theorem einhellig verurteilt, dennoch konnten Theologen und Schriftsteller sich von dieser sicheren Position aus wissenschaftlich mit der pythagoreischen Lehre auseinandersetzen. Die paganen Texte standen der christlichen mittelalterlichen Auslegungspraxis durchaus offen, so hat bereits Cassiodor in seinen *Institutiones* (1,8) die „Aurum in stercore quaero“-Devise ausgegeben und z.B. Bernhard von Utrecht (Ende 11. Jh.) die Beschäftigung mit antiken Texten unnachahmlich mit dem Nutzen der Vivisektion verglichen[28].

Das pythagoreische Theorem lehnen die christlichen Autoren der Antike von Anfang an ab[29]. Minucius Felix (2./3. Jh.) bezeichnet dies als eine Ansicht, „die keineswegs dem ernsten Bemühen eines Philosophen entspricht, sondern der Spottrede eines derb-komischen Schauspielers“[30].

---

[26] J. Kronjäger, Berühmte Griechen und Römer als Begleiter der Musen und der Artes Liberales in Bildzyklen des 2. bis 14. Jh.s, Diss. Marburg 1973; s. auch die Darstellung des in seine Schreibarbeit versunkenen Pythagoras im südlichen Westportal der Kathedrale von Chartres, vgl. J. van der Meulen, Der vegetabilische Mensch der romanischen Kapitellplastik, in: A. Zimmermann/A. Speer (Hrsg.), Mensch und Natur im MA (Miscel. Mediaev. 21/2), Berlin/New York 1992, 911-929, hier 914 mit Abb. 14.

[27] Zu diesem komplexen Thema s. É. Jeauneau, Translatio studii. The Transmission of Learning, Toronto 1995, mit wichtiger Literatur S. 4 (Anm. 5).

[28] In seinem *Commentum in Theodolum* (2,5-9) (wie Anm. 18): „Nam sicut gratia reparandae salutis mortuorum corpora rimati non sunt inprobandi, sic et nos, qui instructionis causa perscrutamur figmenta: quo enim plus patebunt, eo si obsint ad devitandum vel si prosint ad sequendum proniora erunt. Partim siquidem obsunt, partim prosunt“ (31f. Huygens); zu dieser ambivalenten Position den „litterae gentiles“ gegenüber s. auch W. Edelstein, Eruditio und sapientia. Weltbild und Erziehung in der Karolingerzeit, Freiburg 1965, 98-106.

[29] Vgl. Henri de Lubac, Exegèse médiévale. Les quatre sens de l'Écriture I 1, Paris 1959, 255; s. vor allem die Zusammenstellung von W. Hartmann, Manegold von Lauterbach und die Anfänge der Frühscholastik, Deutsches Archiv 26, 1970, 47-149, hier 65f.

[30] Min. Fel. 34,6-8 (32 Kytzler): „... Pythagoras primus et praecipuus Plato, corrupta et dimidiata fide tradiderunt; nam corporibus dissolutis solas animas volunt et perpetuo manere et in alia nova corpora saepius commeare. addunt istis et illa ad retorquendam veritatem, in pecudes aves beluas hominum animas redire. non philosophi sane studio, sed mimi convicio digna ista sententia est. sed ad propositum satis est etiam in hoc sapientes vestros in aliquem modum nobiscum consonare.“

Tertullian (gest. nach 220) - die Kenntnis seines Œuvres und direkte Zitate daraus sind im Mittelalter eher gering[31] - setzt sich mit rationalistischen Argumenten vor allem in *De anima* (31-35) mehr als spöttisch mit der „metempsychosis et metensomatosis“ (31,5; 34,1; 35,1; 35,5) auseinander[32]. Lactanz (inst. 3,18-19) charakterisiert Pythagoras als „lügnerischen Greis, der Ammengeschwätz von sich gibt,“ und dessen Lehre „als unmögliche Windbeutelei“[33]. Weit weniger polemisch referiert Hieronymus zunächst in *Contra Rufinum* (3,39) die pseudopythagoreischen *Goldenen Worte*[34] und unterstreicht dann, daß Pythagoras als erster die Unsterblichkeit der Seele und deren Wanderung gelehrt habe[35]. Augustinus räumt in seinen *Retractationes* (1,3) ein, er habe zunächst geglaubt, in Pythagoras' Lehre seien keine Irrtümer gewesen, mittlerweile sei er der Meinung, es handele sich um gravierende. Dennoch berichtet er von der Seelenwanderungslehre in *De Trinitate* ebenso knapp wie sachlich[36]. Dies trifft ebenso auf den summarisch

---

[31] P. Lehmann, Tertullian im MA, in: ders., Erforschung des MA, Bd. 5, Stuttgart 1962, 184-199; s. auch F. Brunhölzl, Tertullian im MA, LMA 8, 1996, 559f.

[32] Tertulliani *De anima*, ed. with Introduction and Commentary by J.H. Waszink, Amsterdam 1947, 43-52, 377-419; s. auch Tert. ap. 48 (CSEL 69,113).

[33] Lact. inst. 18,17 (CSEL 19/1, 240): „videlicet senex vanus, sicut otiosae aniculae solent, fabulas tamquam infantibus credulis finxit ... “; ebd. 19,19 (243): „sed videlicet Pythagorae credidit (sc. Plato), qui ut vetaret homines animalium vesci, dixit animas de corporibus in aliorum animalium corpora commeare.“

[34] PL 23,507; ein CLE (Nr. 434) aus Pisaurum berichtet, daß diese ein frühverstorbener zehnjähriger Junge studiert habe („Dogmata Pythagorae sensusque meavi sophorum“, 5), s. A. Önnerfors, Menschenschicksale aus den *Carmina Latina Epigraphica*, in: ders., Classica et Mediaevalia, Hildesheim 1998, 58-85, hier 62, 81. Giraldus Cambrensis (1147-1223) zitiert in seinem *Fürstenspiegel De Principis Instructione* 1,6 (20f. Warner) daraus ein „Praeceptum Pythagoricum“ und Wilhelm von Doncaster (12. Jh.) schreibt eine Sentenz des Caecilius Balbus „Liber nullatenus esse valet quem animi tumor inflammat“ dem Pythagoras zu (vgl. William of Doncaster, Explicatio Aphorismatum Philosophicorum, ed. O. Weijers, Leiden/Köln 1976, 34, 98).

[35] „Et quia Pythagorica dogmata legisse me dixeram, audi quid Graecus Pythagoras primus invenerit: immortales esse animas, et de aliis corporibus transire in alia ... “ (cap. 40), „Se primum fuisse Euphorbum, secundo Callidem, tertio Hermotinum, quarto Pyrrhum, ad extremum Pythagoram“ (PL 23, 508); zu diesen Inkarnationen s. Burkert, Weisheit (wie Anm. 7), 114f. In seinem Matthäus-Kommentar (2,11,15) schiebt Hieronymus, ohne Pythagoras zu nennen, diese Lehre beiseite: „Helias ergo Iohannes dicitur non secundum stultos philosophos et quosdam hereticos qui μετεμψύχωσιν introducunt“ (CCL 57, 81 Hurst/Adriaen).

[36] Retrac. 1,3 (CSEL 36, 22 Knöll): „me credidisse nullos errores in Pythagorica esse doctrina, cum sint plures, idemque capitales“; de Trinitate 12,15,25-29 (CCL 50, 378 Mountain/Glorie): „Non enim adquiescendum est eis qui samium (!) Pythagoram ferunt recordatum fuisse talia nonnulla quae fuerat expertus cum hic alio iam fuisset in

formulierenden Mittler Isidor von Sevilla (orig. 8,6,6f.) zu[37].

Im Gegensatz dazu konnte sich das philosophische wie literarische Interesse der mittelalterlichen Autoren auf wichtige pagan-antike Texte stützen, die über die Lehre von der Seelenwanderung „objektiv“ berichten. Zweifellos spielt in der Tradierung der Metempsychose-Lehre der Großtext der *Metamorphosen* des Ovid eine wichtige Rolle. Im 15. Buch kommt Pythagoras in seinem Lehrvortrag (75-479) mehr als ausführlich zu Wort, wobei V. 165-452 dem Verwandlungsthema, V. 75-164 u. 453-479 dem Vegetarismus-Metempsychose-Thema, chiastisch verschränkt, gewidmet sind[38]. Von zentraler Bedeutung ist hier die Mitteilung des Pythagoras, er sei in früherer Verkörperung Euphorbus, der Sohn des Panthos, also ein wenig prominenter *Ilias*-Kämpfer[39], gewesen (15,158-162):

„Morte carent animae semperque priore relicta
sede novis domibus vivunt habitantque receptae.
ipse ego (nam memini) Troiani tempore belli
Panthoides Euphorbus eram, cum pectore quondam
haesit in adverso gravis hasta minoris Atridae.“

Ebenso relevant sind die Verse 15,165-175:

„Omnia mutantur, nihil interit: errat, et illinc
huc venit, hinc illuc, et quoslibet occupat artus
spiritus eque feris humana in corpora transit
inque feras noster nec tempore deperit ullo;
utque novis facilis signatur cera figuris,
nec manet ut fuerat nec formas servat easdem,
sed tamen ipsa eadem est: animam sic semper eandem
esse, sed in varias doceo migrare figuras.
ergo, ne pietas sit victa cupidine ventris,
parcite, vaticinor, cognatas caede nefanda
exturbare animas, nec sanguine sanguis alatur!“

Die Allgegenwart Ovids seit dem 11. Jhd. stellt sicher, daß die Py-

---

corpore; et alios nonnullos narrant alii eiusmodi aliquid in suis mentibus passos.“

37 „Divisi sunt autem et hi in haeresibus suis, habentes quidam nomina ex auctoribus, ut Platonici, Epicurei, Pythagorici: alii a locis conventiculorum et stationum suarum, ut Peripatici, Stoici, Academici. Platonici a Platone philosopho dicti. Hi animarum creatorem esse Deum, corporum angelos asserunt; per multos annorum circulos in diversa corpora redire animas dicunt“; vgl. dazu J. Fontaine, Isidore de Seville et la culture classique dans l'Espagne wisigothique, Paris ²1983, 711f., 716.

38 Zur überreichen Literatur zum Thema „Pythagoras bei Ovid“ und zu den beiden pythagoreisierenden Präludien s. den Kommentar von Bömer (wie Anm. 5), 268-273 sowie passim (zu den einzelnen Passagen).

39 Burkert, Weisheit (wie Anm. 7), 116f. unterstreicht dessen Bezug zu Apollon.

thagoras-Episode nicht nur allgemein bekannt, sondern auch über Glossierung, Kommentierung und Schulhandschriften wissenschaftlich aufbereitet wird[40]. Als ein Beispiel mag ein Abschnitt aus dem gedruckt vorliegenden Kommentar des Petrus Berchorius (ca. 1340) genügen, der im 15. Buch seines *Reductorium morale* einen „Ovidius moralizatus", eine eher knappe, jedoch keineswegs polemisch ablehnende Deutung gibt[41]:

> „De mutatione autem personarum ipse ponit quod animae sunt immortales & quod de corporibus in corpora transeunt & sic novae personae fiunt. Unde etiam ipse dicit se fuisse euphorbum militem troianum occisum in bello troiano ab atride rege: nunc vero se dicit pythagoram & sic dicit animam esse eandem sed de corpore ad corpus esse mutatam: quod licet sit erroneum: tamen mirabile fuit dictum."

Als wissenschaftliche Autorität zitiert übrigens Rupert von Deutz (1076-1129) den Pythagoras in *De Sancta Trinitate et Operibus Eius* zu Genesis 3,14 („Et ait Dominus Deus ad serpentem: Quia hoc fecisti maledictus es ... "), der die Schlange aus dem Rückenmark verstorbener Menschen entstehen läßt (15,389f.)[42].

Einen weiteren „locus classicus" bietet Persius 6,10f.:

> „Cor iubet hoc Enni, postquam destertuit esse
> Maeonides, Quintus pavone ex Pythagoreo."

Da Kißel die Stelle auf der Folie des spätantiken Scholienmaterials, das im Mittelalter immer wieder rezipiert wird, diskutiert hat, sei hier ledig-

---

40 Gute Einführung zur Ubiquität Ovids bei H. Kugler, Ovidius Naso, Verfasserlexikon 7, 1989, 247-274, hier 250-254, und P. Klopsch, Ovid. Überlieferung, Nachleben in der mittellat. Literatur, LMA 6, 1993, 1592-1594. Zu den dort genannten *Metamorphosen*-Kommentaren, die z.T. noch nicht gedruckt vorliegen, kommt der Vulgata-Kommentar hinzu, den seit mehr als einem Dezennium F.T. Coulson erforscht, s. zuletzt dessen Edition „The 'Vulgate' Commentary on Ovid's 'Metamorphoses'. The Creation Myth and the Story of Orpheus", Toronto 1991. Zur hochmittelalterlichen Kommentierung antiker und christl. Autoren s. A.J. Minnis/A.B. Scott (Hrsg.), Medieval Literary Theory and Criticism c. 1100 - c. 1375, Oxford 1988 (ohne Hinweis auf Pythagoras).

41 Petrus Berchorius, Reductorium morale, Liber XV, cap. I. Metamorphosis Ovidiana Moraliter a Magistro Thoma Walleys Anglico ... explanata, hrsg. vom Institut voor Laat Latijn der Rijksuniversiteit Utrecht, Utrecht 1960, 182f.

42 Vgl. Rupert v. Deutz, De Sancta Trinitate et Operibus Eius, ed. H. Haacke, Turnhout 1971, 254, mit Verweis auf Serv. Verg. Aen. 5,95, der auf Ov. met. 15, 389f. weist:"Non enim idcirco serpens malitiosus et uenenatus est, quia dixit Deus: 'Maledictus es', sed quia diabolo polluente omnino odibilis factus fuerat, idcirco sic a Domino Deo pronuntiatum est. Dicit Pythagoras de medulla hominis mortui, quae in spina est, serpentem creari, quod et alius quidam in libro suo commemorat, dicens: 'Sunt qui cum clauso putrefacta est spina sepulcro, / Mutari credant humanas angue medullos.' Quod si creditur merito euenit ut sicut per serpentem mors hominis, ita et hominis morte serpens."

lich auf seine Ausführungen verwiesen[43].

Obwohl Lucan zu Beginn des 9. Buches des *Bellum Civile* den Schatten des Pompeius zu den Sternen auffahren, sich dort am wahren Licht sättigen und schließlich in die Brust des Brutus und Cato senken läßt - ein Amalgam von Volksglauben an die umherschweifende Seele und eindeutig stoischer Seelenlehre des Poseidonios[44] -, ordnen in der Tat die spätantiken und mittelalterlichen Kommentatoren die Pompeius-Apotheose philosophiehistorisch korrekt nicht der pythagoreischen Lehrmeinung zu[45]. Lediglich die spätantiken, in einer Handschrift des ausgehenden 9. Jahrhunderts überlieferten *Commenta Bernensia* verweisen in einem historischen Abriß auch auf Pythagoras[46], so zu Vers 1 („Ad non infaria [!] manes iacvere favilla"):

> „alii existimant animas statim elisas corpore solui ac dissipari in principia sua, inter quos Epicurus. alii solidas quidem, postquam exierint de corpore, permanere, sed deinde tractu temporis dissipari: haec opinio Stoicorum. alii integras decedere, sicuti uenerint in corpora, et semper manere. haec auctoritas in duas opiniones scinditur. alii enim dicunt liberatas a uinculo corporis in caelum reuerti, inter quos sunt Peripatetici et cum Platone suo Academici. alii ire per corpora multorum animalium, quadringentesimo sexsagesimo et altero anno rursus in corpora reuerti humana: huius opinionis conditor Pythagoras."

und zu Vers 9 („... et aeternos animam collegit in orbes"):

> „Et eternos animam collegit in orbes Pythagoras dixit animas in stellas conuerti uirorum fortium."

Der sich aus der Seelenwanderungslehre konsequent ergebende Vegetarismus, den bereits Ovid in den beiden Präludien des Lehrvortrags des Pythagoras thematisiert hat, wird ebenfalls durch den im Mittelalter vielgelesenen Juvenal tradiert, so in sat. 3,229:

> „Hinc epulum poteris centum dare Pythagoreis"

---

43 Kißel (wie Anm. 17), 782-786.

44 H.-A. Schotes, Stoische Physik, Psychologie und Theologie bei Lucan, Bonn 1969, 73-99, hier 85-89.

45 Die spätantiken *Adnotationes super Lucanum* (ed. J. Endt, Leipzig 1909, 339f.) gehen ebenso wenig wie das Supplementum *Adnotationum super Lucanum* (ed. G.A. Cavajoni, Amsterdam 1990, Bd. 3, 61f.) darauf ein. Dies trifft auch auf Arnulfs von Orléans (spätes 12. Jh.) *Glossulae super Lucanum* (ed. B.M. Marti, Rom 1958, 431-434) zu, der ausführlich die Passage kommentiert. Zu den Lucan-Kommentaren vgl. R.J. Tarrant, in: L.D. Reynolds (ed.), Texts and Transmission, Oxford 1983, 216 u. Anm. 4.

46 M. Annaei Lucani Commenta Bernensia, ed. H. Usener, Leipzig 1869 (ND Hildesheim 1967), 289, 291.

und am Ende von sat. 15,171-174:

> „... quid diceret ergo
> vel quo non fugeret, si nunc haec monstra videret
> Pythagoras, cunctis animalibus abstinuit qui
> tamquam homine et ventri indulsit non omne legumen?"[47]

Zwar ist den monastischen Autoren der Verzicht auf den Fleischgenuß keineswegs unvertraut, formuliert doch die *Regula Benedicti* (39,11):

> „carnium vero quadripedum omnimodo ab omnibus abstineatur comestio praeter omnino deviles egrotos",

die pythagoreische Ernährungsweise wird jedoch in scharfer, die Nähe eines konkurrierenden Lebensmodells durchaus fürchtender Abgrenzung bekämpft. Zu Beginn des 11. Jahrhunderts verfaßt der Mönch Laurentius von Monte Cassino, dem von Benedikt von Nursia gegründeten Stammkloster, der sehr wahrscheinlich seit 1030 Erzbischof von Amalfi und später Lehrer des großen Kirchenreformers Papst Gregor VII. war[48], eine *epistola exegetica*, die sich mit Röm 14,2 („Qui autem infirmus est, holera manducet") auseinandersetzt und die Nähe des christlichen Fleischverbots zur pythagoreischen Lehre mit dem Aspekt der Suprematie des göttlichen Schöpfungsauftrags (Gen 1,26-28: „Faciamus hominem ad imaginem ... nostram, et praesit ... bestiis ... Et creavit hominem ... ad imaginem dei ... et dominamini piscibus maris, et volatilibus caeli, et universis animantibus") geradezu „vom Tische wischt"[49]:

---

[47] Die unter den Namen Probus und Cornutus entstandenen spätant. Scholien bildeten die Basis der ma. Kommentare. Die *Scholia in Iuvenalem Vetustiora* (ed. P. Wessner, Leipzig 1931, 45, 233) tradieren zu 3,229 bzw. 15,173 einschlägiges Wissen: „secta philosophorum, qui ab animalibus abstinent et olera tantum manducant" bzw. „Pythagoras Samius philosophus propter cognationem inter se mundi omnibus abstinuit animalibus, aversatus et fabam, quae ex sanguine hominis orta esset. nam flores eius in sanguinem vertuntur, si seponantur." Die Nachricht vom Bohnen-Verbot geht auf Cic. div. 2,58 (s. auch Porphyrio Hor. sat. 2,6,63) zurück. - In Kommentaren des 12. Jh.s wird dieses Wissen wenig angereichert weitergegeben, vgl. B. Löfstedt (Hrsg.), Vier Juvenal-Kommentare aus dem 12. Jh., Amsterdam 1995: „quia illi tantum comedebant herbas, vitantes fabas propter vermiculos, qui in eis sunt, ne comederent animas furentum. Erat enim sententia illorum animam de uno animali in aliud transire" (52 Löfstedt). - „Pitagoras fabam non comedit propter vermem, qui solet in ea latere. Pitagorici etiam dicunt fabam ebetare sensus, qua re nulla vescuntur" (210f. Löfstedt). - Ähnlich: „sentencia erat Pitagore, quod anime transibant de uno corpore in aliud, unde ab omni carne et legumine abstinebat et herbas comedebat." (293 Löfstedt). Zu „Juvenal im MA" s. F. Brunhölzl, LMA 5, 1991, 831.

[48] Vgl. F. Brunhölzl, Geschichte der lateinischen Literatur des MA, Bd. 2, München 1992, 391f.

[49] Laurentius Monachus Casinensis Archiepiscopus Amalfitanus, Opera, ed. Francis Newton, Weimar 1973 (MGH Quellen z. Geistesgeschichte des MA 7), 74.

„Quibusdam mentis ita dominatur infirmitas, ut execratione quadam reprehensibili detestetur cibos humanis usibus caelitus attributos. Pitagorico quippe more, non prohibitis carnibus inreligiose dedignantur animalibus vesci, nequiter argumentantes atque dicentes: Si animal quod est dialecticum genus in esca licenter sumitur, sumatur etiam eiusmodi species animalis, homo videlicet, comedenda. Hi profecto cum talia dementer astruunt, non reminiscuntur se 'divinam conditos ad imaginem, bestiis et volatilibus, necnon et aquatilibus animantibus dominari'. Quibus etiam videlicet non illicitis cum gratiarum actionibus vesci, nullo Christianitatis dogmate prohibemur. Nec refragatur huic ullatenus sensui regularis ordo monachos incolumes a 'carnium quadrupedum comestione' suspendens, cum aliud sit gratia compescendi vitia religiose quibuslibet a licitis abstinere, aliud econtra divina largitate concessis nequiter derogare. Sapienter igitur dictum est: 'Qui mentis infirmitate deprimitur, holera manducet', quatinus hi, quibus tempore gratiae concessa largitas displicet Conditoris, legalibus, immo Pithagoricis, angustiis sint contenti. Unde per quendam poetam dicitur: Hinc epulum poteris centum dare Pithagoricis."

Die bereits erwähnte 15. Satire des Juvenal, die den angeblichen Kannibalismus der Ägypter geißelt und gegen Ende Pythagoras anruft, argumentiert (131-149), den Menschen unterscheide vom Tier zwar das sympathetische Gefühl mit dem Leiden anderer - dies habe gesellschaftsbildende Kraft (149-158) - dennoch schonten sogar die wildesten Tiere ihre Artgenossen, während der Mensch deren Wildheit überböte. Ein anonymes, umfangreiches, wahrscheinlich hochmittelalterliches Versflorileg, das unter dem Titel *Polythecon* (eventuell *Großethik* oder *Buch, das vieles umfaßt*) eine Sittenlehre bietet, führt unter der Rubrik „Quod homines naturaliter teneantur ad mutuam societatem" diesen pythagoreisch ausklingenden Juvenal-Passus an[50].

Übrigens kommentiert Bernhard von Utrecht (s. Anm. 18 und 28) die Verse 53-56 der *Ecloga Theodoli*, die - vom das Schlachtopfer institutionalisierenden - mythischen Gründer Athens Kekrops berichten, mit einem Verweis auf Pythagoras, der in Kekrops angeblich einen Widersacher gefunden habe (37 Huygens):

„Aiunt enim Pytagoram et alios quosdam ex animalibus vesci prohibuisse, quem errorem Cicrops damnans pecora interfecit et comedit, affirmans haec creata in usum vescendi. Sanguinem autem non comedendum censuit, quem animam dixerunt esse antiqui."

Während diese Notiz keine Nähe zu Ovids Pythagoras aufweist, dürfte eine Partie in der *Aulularia* - einer Bearbeitung des anonymen

50 Polythecon, ed. A.P. Orbán, Turnhout 1990 (CC Cont. Med. 93), 122f.

spätantiken *Querolus* durch Vitalis von Blois (erste Hälfte 12. Jh.) - die Kenntnis von Ovid met. 15,111f. („longius inde nefas abiit, et prima putatur / hostia sus meruisse mori") und 459f. („corpora, quae possunt animas habuisse parentum / aut fratrum aut aliquo iunctorum foedere nobis") voraussetzen. Der Held Querulus beklagt (39-62) die ungerechte Namengebung durch die Eltern und wünscht sich einen anderen, weniger sprechenden Namen (63-68)[51]:

„Qui modo sum Querulus, augusti nominis heres[52]
Plato vel Socrates Pythagorasve forem.
Odi Pythagoram, quia carnibus horruit uti
et sibi cognatum credidit esse suem.
Quam varios hominis mens, anxia querere verum,
Edocet errores! vera latere volunt."

Das Distichon Vers 65f. wird nicht nur gesondert als Proverbium tradiert, sondern es findet sich nochmals im deutlicheren Konnex zu Ovid überliefert:

„Odi Pithagoram, vetuit quia carnibus uti
atque suam neptem credidit esse ovem[53]."

Neben Seneca, epist. 108,17-22, worin er von seinem pythagoreisierenden Lehrer Sotion erzählt[54], und Gellius 4,11[55] dürfte noch der

---

[51] Vitale di Blois, Aulularia, ed. F. Bertini, Genua 1976 (Commedie Lat. del XII e XIII Sec. 1), 62; s. auch ders., Vitalis von Blois, LMA 8, 1997, 1763f. Übrigens trägt den Namen „Pythagoras" m.W. lediglich nur noch ein junger Jagdgehilfe („puer Pytagoras"), dem zwischen Neapel und Capua im 11. Jh. eine visionäre Schrecken erregende Begegnung mit einem Wiedergänger zuteil wird, s. die *Dialogi de Miraculis Sancti Benedicti* (MGH Script. 30/2, 1125f. Schwartz/Hoffmeister) des Desiderius von Monte Cassino (gest. 1087) und denselben Bericht, in: *Die Chronik von Montecassino*, ed. H. Hoffmann (MGH Scriptores 34, 281-283); s. auch Hofmann (wie Anm. 25), 424. Auch dieser Pytagoras dürfte dem Querulus als Namengeber nicht willkommen gewesen sein.

[52] Dieses von Bertini (wie Anm. 51) beigebrachte Ovidzitat (met. 15,819: „nominis heres") ist der Augustus-Apotheose entnommen und mag auch ein versteckter Hinweis auf die erste Hälfte des 15. Buches sein.

[53] H. Walther, Proverbia Sententiaeque Latinitatis Medii Aevi, Bd. 3, Göttingen 1965, 566 (Nr. 19721).

[54] Zur Übereinstimmung zwischen Ovid (met. 15) und Senecas Briefpassus s. Bömer (wie Anm. 38), 299f. Zur Popularität von Sen. epist. im MA u. deren gespaltener Überlieferung (1-88 bzw. 89-124) s. L.D. Reynolds in: ders. (wie Anm. 45), 369-375.

[55] Gellius gibt (4,11,14) eine Inkarnationsreihe an, die von der oben (Anm. 35) genannten Reihung abweicht: „Pythagoram vero ipsum sicuti celebre est Euphorbum primo fuisse dictasse, ita haec remotiora sunt his, quae Clearchus (FHG 2, 317) et Dicaearchus (FHG 2, 244) memoriae tradiderunt, fuisse eum postea Pyrrum, deinde Aethaliden, deinde feminam pulcra facie meretricem, cui nomen fuerat Alco" (198 Hosius); zu Gellius im MA P.K. Marshall, in: Reynolds (wie Anm. 45), 176-180.

Kommentar des Servius zu Verg. Aen. 3,68 und 6,741 für die Metempsychose-Kenntnis im Mittelalter relevant sein[56]. Eine Vermischung der Servius-Tradition spiegelt der Kommentar des Galfred von Vitry (12. Jh.) zu Claudian, rapt. 1,57 wider, der die Purgations- mit der Metempsychosevorstellung unter Verweis auf Pythagoras kombiniert[57]:

> „poeta hic tangit philosophicam (!) ... et notandum quod triplex est causa quare omnia procreari dicuntur a Plutone et Plutoni debeantur. prima est quia Parchae in quarum manibus omnia consistunt apud inferos esse dicuntur; ideo causa dignitatis hoc Plutoni attribuitur. secunda est quia, ut ait Picthagoras, animae cum exeunt a corporibus statim ad inferos descenderunt et ibi purgantur a criminibus et purgatae statim in alia corpora transeunt. tertia est quia philosophice Pluto dicitur terra, et omnia de terra procedunt et procreantur et ad terram iterum revertuntur."

Die anstößige pythagoreische Lehre von der Seelenwanderung dürfte demnach im Mittelalter gut bekannt gewesen und als Bildungszitat vom intendierten Leser auch eingeordnet worden sein.

Daß das Theorem des Pythagoras der patristischen Tradition entsprechend auch von mittelalterlichen Theologen und Philosophen abgelehnt wird, ist keineswegs überraschend. Der *Liber contra Wolfelmum* (1085) des Antidialektikers Manegold von Lautenbach zeigt dies mehr als deutlich. Das mit einer „Philosophiegeschichte" beginnende Werk richtet sich gegen die Behauptung des Wolfhelm von Köln, daß die Lehren der antiken Philosophen, vor allem des Macrobius, im wesentlichen korrekt und deshalb mit dem christlichen Glauben in Übereinstimmung stünden[58]. Manegold unterzieht daher in einem Abriß der antiken Philosophiegeschichte (1-10) die antiken Philosopheme einer kritischen Analyse. Er beginnt mit Pythagoras, dessen Lehre über die Metempsychose er als pure geistige „bestialitas" geißelt:

---

[56] Es handelt sich um Servius Verg. Aen. 3,68: „ideo autem stoici medium sequi diximus, quia Plato perpetuam dicit animam et ad diversa corpora transitum facere statim pro meritis vitae prioris. Pythagoras vero non μετεμψύχωσιν, sed παλιγγενεσίαν esse dicit, hoc est redire, sed post tempus" sowie um Servius Verg. Aen. 6, 741, wo die stoische Seelenreinigungslehre (s. dazu Schotes [wie Anm. 44], 89f.) expliziert wird: „nam triplex est omnis purgatio. aut enim in terra purgantur quae nimis oppressae sordibus fuerint, deditae scilicet corporalibus blandimentis, id est transeunt in corpora terrena: et hae igni dicuntur purgari; ignis enim ex terra est quo exuruntur omnia, nam caelestis nihil perurit: aut in aqua, id est transeunt in corpora marina, si paulo melius vixerint: aut certe in aëre, transeundo scilicet in aëria corpora, si satis bene vixerint."

[57] The Commentary of Geoffrey of Vitry on Claudian *De raptu Proserpinae*, ed. A.K. Clarke/P.M. Giles, Leiden/Köln 1973, 32.

[58] Zu Manegold s. L. Sturlese, Die dt. Philosophie im MA, München 1993, 77-86.

> „Inde fuit, quod Phitagoras inter primos duces huius traditionis quibusdam utiliter inventis et traditis, cum tandem rationalis animalis scrutaretur archanum et eam naturam, que sine auctore nature male sciri potest, mortali ratione persequi et comprehendere niteretur, exinanitum eius ingenium ad tantam demum bestialitatem redactum est, ut humanam animam perpetua ratione donatam aliquando irrationabilem fieri mentiretur. Eo scilicet modo, quo a simplicitate sui dimota voluntate incorporandi ad hec infima laberetur, que quidem, si in primo corpore male viveret, in presenti seculo vel aliquo seculorum futurorum, quorum infinitam seriem promittebat, corpus deterius sortiretur et ita multiplicatis sceleribus ad hoc ultimum deveniret, ut qui ante fuerat homo ad vivificandum quodlibet fedissimum corpus tanquam horribili carcere truderetur."[59]

Wenn Manegold in seiner Darstellung der Metempsychoselehre darauf hinweist, daß einer der in seinem ersten Leben schlecht („male") gelebt habe, in seinem künftigen Leben in einem immer schlechteren Körper („corpus deterius") wiedergeboren werde, so läßt sich dieser Aspekt in der patristischen Polemik nicht nachweisen, wohl aber in der eingangs erwähnten Häresie der Albigenser. Da Manegold den Anhängern Heinrichs IV., den ruchlosen Gegnern des Reformpapstes Gregor VII., hinreichend aggressiv den Glauben an die Seelenwanderung vorwirft und ihnen folgerichtig die Reinkarnation in Tierleibern wünscht (46f. Hartmann):

> „a presenti corpore separati in futurum seculum corpus turpius subintretis, quod cum rursus ferina contagione pollueritis, per infinitimas species animandorum corporum precipitati, ad ultimum in visceribus terre et sordidis locis conclusi, eterna salute in perpetuum careatis",

könnte es durchaus möglich sein, daß katharische Anschauungen bereits im 11. Jahrhundert umliefen[60]. Häretische Tendenzen dem politischen Gegner zu unterstellen, gehört in jeglichen „monomythischen" Zeiten ebenso zum Arsenal des oft blutig geführten Kampfes wie den Gegner

---

[59] Manegold von Lautenbach, Liber contra Wolfelmum, ed. W. Hartmann, Weimar 1972 (MGH, Deutsche Geschichtsquellen des MA 8), 44f.

[60] Vgl. Hartmann (wie Anm. 59), 20 und ders. (wie Anm. 29), 82-85. Der glühende Anhänger Gregors VII. Petrus Damiani (ca. 1007-1072) lehnt übrigens ebenso fundamentalistisch die Repräsentanten der antiken Wissenschaft, ohne sie zu kennen, in Bausch und Bogen ab, so epist. 28 (251 Reindel): „Platonem ... respuo, ... orbis climata radio distinguentem Pythagoram parvipendo, Nicomachum ... abdico, Euclidem ... declino." Epist. 117 (322 Reindel) warnt Petrus Damiani vor der Beschäftigung mit der weltlichen Wissenschaft und rühmt als Exempelfigur den Hl. Hilarion: „Platones et Phitagoras proicit, unoque contentus evangelio in sepulchralis se cellulae antro concludit." Zur, gelinde gesagt, widersprüchlichen Einstellung des Kirchenreformers s. A. Borst, Das Buch der Naturgeschichte, Heidelberg 1994, 220-222.

mit Schmutzassoziationen („in visceribus terre et sordidis locis conclusi") zu belegen.

Weniger polemisch, jedoch ebenso strikt ablehnend und die nach ethischem Verhalten bedingte Deszendenz in Tierleiber betonend, bezeichnet der bedeutendste dominikanische Gelehrte Albertus Magnus (1193-1280) die Metempsychoselehre als Irrtum, wobei jedoch der antihäretisch getönte Alarmismus völlig fehlt[61]:

> „Videtur enim secundum hoc, cum 'alius' sit relativum diversitatis substantiae, quod incidat in errorem Pythagorae, qui dicebat, quod anima transit de uno corpore in aliud, et quod inde est, quod aliquis virtuosus efficitur malus, quia anima, quam prius habuit, exivit de ipso, et intrat in ipsum anima leonis, si crudelis efficitur, vel porci, si gulosus; hoc autem est erroneum; ergo videtur et dictum suum error esse."

In *De Anima* verknüpft Albertus Magnus singulär die durch Justinus (20,4,4-12) tradierte Erzählung von den Krotoniaten, die durch Pythagoras „ad usum frugalitatis" (20,4,6) zurückgeführt wurden, mit dem Metempsychose-Theorem[62]:

> „Volens enim Pythagoras facere cives colere pietatem et iustitiam, fabulatus est animas malorum civium exire de uno corpore in aliud peioris conditionis, ita quod anima hominis ingredietur corpus leonis vel asini. Quod nullo modo fieri potest secundum naturam, quoniam non est diversitas in figuris et organis corporis nisi propter diversitatem animarum, quia diversitas materiae est propter diversitatem formae."

Eine letztlich amüsante Diabolisierung des pythagoreischen Theorems findet sich im dritten Buch der fast 6000 Verse umfassenden *Gesta militum* des Hugo von Mâcon, eines sonst unbekannten Magisters in der Mitte des 13. Jahrhunderts. Einem Ritter erscheint in aller Schönheit die verstorbene Gattin, der raffinierte Frisuren Lebenszweck waren, ohne Kopf und wünscht weiter sexuellen Kontakt mit ihm. Der entsetzte Witwer holt zwei Dominikaner als theologische Experten in Sachen „Ketzerbekämpfung" zu einer erneuten Begegnung mit der unvermindert schönen, aber akephalen Ehefrau herbei. Einer der Predigermönche unterzieht die Frau sofort einem Verhör und argumentiert, sie könne nicht

[61] Alberti Magni *Super Ethica. Commentum et Quaestiones.* Libri VI-X, ed. W. Kübel, Münster 1987 (Opera omnia 14, 2), 667, 19-27; ähnlich ebd. 74-78: „Pythagoras autem posuit transmutationem contrarii fieri quantum ad hoc quod secundum primam perfectionem fieret transmutatio de uno in alium, et ideo erravit."

[62] Alberti Magni *De Anima*, ed. C. Stroick, Münster 1968 (Opera omnia 7,1), 38, 55-62. Diese Verknüpfung läßt sich meines Wissens sonst nicht nachweisen.

die Ehefrau sein, da nach dem Tode Seele und Körper bis zum Jüngsten Gericht geschieden blieben, Metempsychose sei aber eine Irrlehre des Pythagoras (3,285-294)[63]:

„quisquis es, enuclea - nimis hesitat omnis in ista
forma - vel cuius condicionis ades!
non es sponsa viri, quia carnis crate soluta
spiritus exutus irrevocandus abit.
sed tamen ille die communi vestiet ipsas
carnes expectans verba tremenda ducis.
illic lata patet sentencia cuilibet, illic
lex Affricani nulla perorat opem.
non sic exiterant anime sua corpora, falsum
mens de spiritibus Pytagorea sapit."

Äußerst versiert argumentiert die Ehefrau, daß die Allmacht Gottes, die aus dem Nichts Materia und Idee vereint habe, auch in der Lage sei, die Seelen mit den Körpern zu vereinen. Gott habe ihr die Fähigkeit der Sprache, der Bewegung und der ethischen Erkenntnis verliehen, ihr Kopf bleibe allerdings unsichtbar (3,295-306):

„illa refert: 'me cernis, homo, sed sola videntur
corpora, non ergo spirituale loquor.
materiat qui primus ylen, qui primus ydeam
inprimit informi, cuncta parare potest.
qui sine principio creat omnia, dat sibi posse
manes corporibus associare uis.
hic michi posse dedit fandi, michi posse movendi,
vim cognoscendi, que bona sive mala.
instrumenta michi sunt vocis: lingua, palatum,
dentes, labra: caput considet ergo michi.
est noctis caput exumbrans enigma nec illi
cernendum dicta iam racione viro.'"

Nach einer langen, hochstehenden Diskussion zwischen Dominikaner und

---

63 Die *Gesta Militum* des Hugo von Mâcon. Ein bisher unbekanntes Werk der Erzählliteratur des Hochmittelalters, hrsg. von E. Könsgen, Leiden 1990, 155; s. auch meine Rezension Fabula 33, 1992, 146-149. Der ebenfalls von Könsgen publizierte Kommentar des Guido von Grana (Ende 13. Jh.) erklärt „Affricani" mit „Iustiniani" (i.e. vor dem Jüngsten Gericht hilft keine juristische Berufung), „mens Pythagorea" höchst einsilbig mit „Pythagore philosophi" (was für dessen Bekanntheit spricht), weist jedoch zu „de spiritibus" auf Aristot. 1,3, 407b20-24: „quos dixit redituros ad corpora in hoc mundo; hanc opinionem reprobat Aristotiles in primo De Anima significans illam esse fabulosam" (Könsgen, ebd., 436) hin. Übrigens wird den Pythagoreern wie den Katharern die Leugnung des Jüngsten Gerichts zugeschrieben, s. dazu Konrad von Megenberg (1309-1374), Yconomica 3,12 (264 Krüger): „confunditur error Pitagoricorum dicencium non fieri iudicium futurum" (mit Anm. 348).

Akephaler, die über erstaunliche Kenntnisse der Christologie und der „Artes liberales", übrigens auch über Ovids Lehre von den vier Weltaltern, verfügt, enthüllt sich die gelehrte Ehefrau als der Teufel persönlich (3,521 „Sathanas confusus"), der sich geschlagen gibt und das Feld räumt[64].

Ebenso prinzipiell ablehnende, jedoch weniger scharfe Kritik an Pythagoras' Lehre wird im 12. Jahrhundert von Johannes von Salisbury (ca. 1115/20 bis 1180) und seinem Zeitgenossen Walter Daniel, der neben einer *Vita Ailredi* vier *Sermones* verfaßte, formuliert. Letzterer, Mönch in Rievaulx (gest. 1170), weist die Seelenwanderungslehre im Sermo *Viderunt stellam magi* Plato zu, dessen Herz verdunkelt gewesen sei[65]:

> „Ipse princeps eorum Plato unum Deum creasse omnia et dixit et scripsit, qui tamen ydola colebat, et ydola colendo ammonebat. Cor ergo obscuratum habebat. Qui etiam de creaturis multo aliter sensit quam debuit. Nam reuolucionem animarum humanarum post mortem in beluina corpora, et uerbis asseruit et scriptis commendauit. Quam uero sit atra ista sententia, quis fide formosus facile aduertit."

Diese bereits bei Isidor von Sevilla (8,6,11; s. Anm. 37) sich andeutende Konfusion („Platonici ... per multos annorum circulos in diversa corpora redire animas dicunt") zeigt auch Johannes von Salisbury, der im berühmten zehnten Kapitel des 7. Buches des *Policraticus*[66], einer moralisierenden Staats- und Gesellschaftslehre und philosophischen Lehrschrift, trotz seiner humanistischen Großzügigkeit der antiken Philosophie gegenüber Plato als Anhänger des Pythagoras „das Messer an die Kehle setzen" will (Pol. 7,10)[67]:

> „Pastor Ecclesiae reptilia et immunda mactare praecipitur et comedere; quod, licet ad uocationem gentium proprie referatur, uel exempli conformitate docere potest ut iugulatis erroribus gentilium dogmata nequaquam horreamus. Dum innocentiam, frugalitatem, contemptum mundi docent Pitagorici, audiantur; dum animas, quas in celum euexerunt, retrudunt in

---

[64] Die Zuweisung der Seelenwanderungslehre in die diabolische Sphäre ist letztlich ein später Reflex der Pythagoraslegende. Burkert, Weisheit (wie Anm. 7), 113 spricht vom Zugang des Pythagoras „zu einem dämonischen oder göttlichen Bereich".

[65] C.H. Talbot, The *Centum Sententiae* of Walter Daniel, Sacris Erudiri 11, 1960, 266-383, hier 283f. und 377. Zu Daniels Predigt s. J.B. Schneyer, Repertorium der lateinischen Sermones, Autoren: E-H, Münster 1970, 117 (Nr. 102); s. auch F.M. Powicke, The Life of Ailred of Rievaulx, London 1950, XXVf., zu dieser Stelle.

[66] Vgl. Peter von Moos, Geschichte als Topik, Hildesheim/Zürich 1988, 368-400.

[67] Iohannis Saresberiensis Policratici sive de nugis curialium et vestigiis philosophorum libri VIII, ed. C.C.J. Webb, Oxford 1909 (ND Frankfurt a.M. 1965), 134f.

corpora bestiarum, iuguletur uel Plato. Nam in eo Pitagoram nimis secutus est quod sicut mortuos ex uiuis, ita ex mortuis reciproce uiuos fieri docuit et per uaria corpora pro morum qualitate migrare. Unde illud:

> Ipse ego, nam memini, Troiani tempore belli
> Pantoides Euforbus eram, cui pectore leuo
> haesit ab aduerso grauis hasta minoris Atridae.

Sic ergo legantur ut auctoritas non praeiudicet rationi; nam et urtica, dum rosa legitur, quandoque manum tangentis urit."

Anders als Manegold von Lautenbach geht Johannes mit dem „schmutzigen"[68] Erbe der antiken Philosophen tolerant um und setzt gegenüber den heidnischen Philosophemen allein auf den gottgegebenen Vernunftglauben („ratio"), der allerdings die Metempsychose von vornherein ausschaltet („iugulatis erroribus, iuguletur vel Plato")[69]. Dieser kritische, nicht autoritätshörige Umgang mit Pythagoras wird nicht allein Pol. 7,4 (102-104 Webb) deutlich, wo gegen Ende allein die Seelenwanderungslehre in den Bereich der „persuasio" und „impietas" verwiesen wird:

„Traditur etiam persuasisse hominibus esse animas immortales et post dissolutionem corporis uitae praecedentis praemia recepturas; impie tamen fabulam mille annorum primus dicitur induxisse."

Auch der *Entheticus* des Johannes erlaubt, die philosophische Literatur der Antike unter Ausschaltung ihrer gegen die „ratio" verstoßenden Irrtümer zu rezipieren, wie Vers 739f. und 765-772 am Beispiel des Pythagoras zeigen[70]:

„Ad Samii nomen nullus conscendit: in ipso
 ut veteres perhibent, plena sophia fuit[71].
...
Hinc tamen arguitur, animas quod ad aethere lapsas

[68] Johannes rekurriert hier auf Act. apost. 10,11ff.

[69] Vgl. von Moos (wie Anm. 66), 374f. mit Anm. 743 zur Legitimation der Lektüre antiker Texte.

[70] John of Salisbury's *Entheticus Maior* and *Minor*, ed. J. van Laarhoven, Leiden/New York 1987, Bd. 1, 153, 155. In seinem Kommentar (Bd. 2, ebd., 324-326) weist van Laarhoven darauf hin, daß die Verse 741-764, die die hohe Moral des Pythagoras und dessen Kosmologie schildern, eventuell nicht von Johannes stammen.

[71] Die hohe Wertschätzung, die Pythagoras als Philosoph im 12. Jh. genießt, wird im Komm. des Thierry von Chartres (gest. ca. 1155) zu Boethius' *De Trinitate* evident: „Uidens autem Pythagoras paucos et fere nullos res in sua puritate que summa 'sophia' est comprehendere posse, ueritatis inquisitores non 'sophos' appellare ausus est sed 'philosophos' quasi sapientie studentes. Ille namque sapientie studet qui studendo laborat ut res in puritate sua per intelligentiam comprehendat." (Comm. on Boethius by Thierry of Chartres and his School, ed. N.M. Häring, Toronto 1971, 70, 77-81); s. auch Anm. 16.

asserit, et corpus carceris esse loco,
et quod eas propriis exclusas in nova mitti
corpora pro morum conditione putat,
et quod eas proprios tandem deducit ad ortus
corporis, ut cupide rursus ad ima cadant.
Cum semel haec fuerint illo tradente recepta,
convincit ratio, plurima falsa sequi."

Wie Pol. 7,10 (135 Webb) beharrt Johannes auf der Kraft der Vernunft („convincit ratio") bei der Verurteilung („arguitur") der pythagoreischen Lehre, wobei er die Metempsychose fast wortgleich „pro morum qualitate" bzw. „pro morum conditione" stattfinden läßt.

Das Definitionsmonopol der mittelalterlichen Theologie hat demnach die Metempsychoselehre prinzipiell abgelehnt und mehr oder weniger kritisch als Häresie oder als Irrtum gegenüber einer auf Gott zurückgeführten menschlichen Vernunfterkenntnis gewertet. Die Pilatusfrage, ob Denkbilder, Erzählmotive oder Mythologeme wahr sind, stellt sich jedoch bekanntlich im literarischen Prozeß nicht. Vielmehr wird auch in der mittelalterlichen Literatur nach deren poetischer Verfügbarkeit, nach kalkulierter Evokation von Bildungsgut und mimetischer Imagination gefragt. Daß die Austreibung des Pythagoras aus dem geschlossenen theologisch-philosophischen Denksystem dessen literarische Wiedergeburt nicht verhindert hat, kann im folgenden gezeigt werden.

Ein literarischer Aneignungsmodus der pythagoreischen Seelenwanderungslehre läßt sich unter der Vorstellung der Wiedergeburt von Herrschern (z.B. „novus Alexander, novus Constantinus"[72]) oder anderen historischen Persönlichkeiten subsumieren, wobei hier die literarische Technik der Metapher oder des Vergleichs zugrundeliegt[73].

So dient der Rekurs auf Pythagoras als gelehrtes Mittel der persönlichen Verunglimpfung eines Gegners. Ausgehend von der *Historia tripartita* (6,46) - dem bevorzugten kirchengeschichtlichen Handbuch aus

[72] Vgl. z.B. das Beschwören der virtuellen Kraft des Namens bei Chlodwig, Karl dem Großen oder Ludwig XIV., s. W. Maaz, Konstantin der Große, Enzyklopädie des Märchens 8, 1996, 193-210, hier 202.

[73] Vgl. A. Demandt, Metaphern für Geschichte. Sprachbilder und Gleichnisse im historisch-politischen Denken, München 1978, 51, 237f. und 407f., sowie von Moos (wie Anm. 66), 77 mit Anm. 191a. - Ein besonders wahnhaftes Beispiel in diesem Jh. dürfte der Reinkarnationsglaube Heinrich Himmlers darstellen, der sich für die Wiedergeburt Heinrichs I. hielt, s. dazu J. Ackermann, Heinrich Himmler als Ideologe, Göttingen 1970, 60-62 und K. Ruf, Der Quedlinburger Dom im Dritten Reich, Kritische Berichte 12, 1984, H. 1, 47-59, hier 53-56.

dem 6. Jahrhundert -, berichtet Otto von Freising (1111/15-1158) in seiner *Weltchronik* von Julian Apostata, er habe geglaubt, eine Reinkarnation Alexanders d. Gr. zu sein (Chron. 4,10)[74]:

> „Iulianus ex subtilitate ingenii philosophos, ut dixi, sectare volens in tantam super se levatur vesaniam, ut iuxta Pytagoram spiritum in se Alexandri requievisse diceret ipseque ad instar eius totum orbem sibi subiugare paratet."

Diese Polemik wird im 12. Jahrhundert von Gottfried von Viterbo (ca. 1115 bis ca. 1192) in seinem *Pantheon*[75] und von Johannes von Salisbury[76] wiederholt.

Zu einer ähnlich pythagoreisch aufgeladenen Invektive greift der hochgelehrte Mailänder Presbyter Gunzo, der 964/965 mit Otto d. Gr. über die Alpen zog und in St. Gallen Station gemacht hatte. Dort war ihm ein grammatikalischer Lapsus - Verwechslung von Akkusativ und Ablativ - unterlaufen, was ihm ein Spottgedicht eines jungen Mönches einbrachte. Der gekränkte Gunzo reagierte mit einer *Epistola ad Augienses*, in der er kompensatorisch vor den St. Galler Mönchen sein Bildungswissen ausbreitet. Er attackiert vor allem den ungenannt bleibenden Lehrer des jungen Mönchs, den er als den veruntreuenden Bösewicht Achan des Alten Testaments (Josua 7), hier als Achar in der Mönchskutte („cucullatus Achar") bezeichnet. Gunzo fährt fort, wenn jemand so töricht wäre, an die Palingenesie bzw. Metempsychose[77] zu glauben, könnte man meinen, die Seele des Achar lebe in dem St. Galler Lehrer fort[78]:

> „Si palingenesian vel metempsicosin Pytagore stulte quis accipere vellet, animam circumcisi Achar corpori huius nullatenus inesse dubitaret."

---

[74] Ottonis episcopi Frisingensis *Chronica sive Historia de Duabus Civitatibus*, ed. A. Hofmeister, Leipzig 1912 (MGH Scriptores rerum Germ. 13), 196f.

[75] „Iulianus secundum Pictagoram dicebat, in se spiritum Alexandri Magni requievisse. Ipse quoque ad instar Alexandri totum orbem sibi subiugare pararat" (179 Waitz, MGH Scriptores 22).

[76] „Confidebat enim magicis artibus, et, arbitratus secundum Pithagoream opinionem animas diversa corpora peragrare, se credebat possidere animam Alexandri aut quod potius in altero corpore esset alius Alexander" (Pol. 8,21, 392 Webb); s. von Moos (wie Anm. 66), 78 Anm. 191a.

[77] Reminiszenz an Servius Verg. Aen. 3,68 (s. Anm. 56).

[78] Gunzo, *Epistola ad Augienses* und Anselm von Besate, *Rhetorimachia*, ed. K. Manitius, Weimar 1958 (MGH Deutsche Geschichtsquellen im MA 2), epist. 8,35; s. auch Brunhölzl (wie Anm. 48), 392 und Kirn (wie Anm. 13), 161.

Im Jahr 1074 weist der Abt Walo und spätere Bischof von Metz (1085) in einem Brief an den Erzbischof Manasses I. von Reims diesen unverblümt auf seine eigene Gutmütigkeit und dessen beispielhafte Boshaftigkeit hin. Walo setzt den Hinweis auf die Seelenwanderungslehre, für die Manasses I. als unmittelbarer Nachfolger des Erzbischofs Gervasius von Reims als lebendiger Beweis gilt, ohne polemischen Vorbehalt („error, stulte, vesania") ein, gewinnt aber seinerseits dem Seelenwanderungstheorem eine besondere aggressive Färbung ab. Er denkt das Theorem gleichsam weiter und stellt in karikaturhafter Übertreibung fest, die Lehre bestätige sich bei Manasses besonders erfolgreich („non inaniter"), da die Seele seines Vorgängers Gervasius nur mit dessen Lastern, aber ohne dessen Vorzüge auf ihn übergegangen sei[79]:

> „At tu, immanissime hominum, plus aloes quam mellis habens numquam dulcia monita suscepisti, nec in pectoris tui agro divina semina coalescere permisisti, in quo impiissimae cupiditatis et cupidissimae impietatis planta convaluit. Certe olim apud quosdam philosophos de revolutionibus animarum grandis erat opinio; quae per te non inaniter confirmatur, dum, sicut illi Euphorbum in Pitagoram, sic in te Gervasium putent nostri temporis homines esse transfusum. Verum non id ego tibi concesserim, ut ille in te totus transierit, cum in illo tyranno quaedam bonarum artium vestigia fuerint, quibus omnino tu cares, ille excelluit. Et ille quidem ecclesias construebat, tu destruis; ille templa domini adornabat, tu spolias; ille religiosos viros non mediocriter honorabat, tu vero persequeris. Nihil igitur in te ex bonis illius, sed sola vitia demigrarunt."

Ohne jeglichen Anflug von diesem bissigen schwarzen Humor hat Folcuin von Lobbes (ca. 935 bis 990) in seinen *Gesta Abbatum Lobiensium* (ca. 980), jedoch mit christlichem Vorbehalt („si ... fas esset credere"), die Seelenwanderungslehre enkomiastisch verwendet. Folcuin nutzt das Theorem, das er den Epikureern zuweist, um ein diesmal ideales, gut vorbereitetes Nachfolgeverhältnis zwischen dem vorhergehenden Abt Ursmarus (gest. 713) und seinem Nachfolger Erminus zu beschreiben[80]:

> „Qui (sc. Ursmarus) antequam decederet, fractus longa molestia, se vivo sanctum Erminum successorem sibi substituerat, in quem familiaritate quadam speciali se totum transfuderat, utpote in dilectum heredem et gratissimum successorem. Substitutus igitur Erminus, magistrum coepit aemulari, ut si secundum Epicureorum narrationem migrationem animarum in alter-

---

[79] B. Schütte, Die Briefe des Abtes Walo von St. Arnulf vor Metz, Hannover 1995 (MGH Studien und Texte 10), 25 und 57f.; Kirn (wie Anm. 13) 161f.

[80] Folcuini *Gesta Abbatum Lobiensium*, ed. G.H. Pertz, Hannover 1841 (MGH Scriptores 4), 58; zu Folcuinus s. Brunhölzl (wie Anm. 48), 296f.

nis corporibus fas esse credere, eundem ipsum crederetur repraesentare."

In geradezu heroisierender Weise bemächtigt sich der englische Historiker Wilhelm von Malmesbury (ca. 1090/96 bis ca. 1142) in seinen *Gesta Regum Anglorum* des Metempsychose-Theorems, um den sonst viel gescholtenen Wilhelm II. Rufus in der Nachfolge Caesars als großmütig verzeihenden König zu charakterisieren. Wilhelm schenkt dem aufständischen Elias, Grafen von Maine, mit einem Caesar-Dictum (Lucan. 2,515: „Et nihil hac venia, si viceris, ipse paciscor") die Freiheit. Der Historiograph fügt dann eine erklärende Betrachtung darüber an, auf welche Weise der illiterate König zu einem solch frappierend ähnlichen Dictum gekommen sei (Gesta 4,320)[81]:

> „Tum Willelmus, prae furore fere extra se positus, et obuncans Heliam, 'Tu', inquit, 'nebulo! tu, quid faceres? Discede, abi, fuge! concedo tibi ut facias quicquid poteris: et, per vultum de Luca! nihil, si me viceris, pro hac venia tecum paciscar.' Nec inferius factum verbo fuit, sed continuo dimisit evadere, miratus potius quam insectatus fugientem. Quis talia de illiterato homine crederet? Et fortassis erit aliquis qui, Lucanum legens, falso opinetur Willelmum haec exempla de Julio Caesare mutuatum esse: sed non erat ei tantum studii vel otii ut literas unquam audiret; immo calor mentis ingenitus, et conscia virtus, eum talia exprimere cogebant. Et perfecto, si Christianitas nostra pateretur, sicut olim anima Euforbii transisse dicta est in Pythagoram Samium, ita possit dici quod anima Julii Caesaris transierit in regem Willelmum."

Wenngleich Wilhelm von Malmesbury meint, dessen feuriger Geist und im eigentlichen Wortsinn „selbstbewußter" Mut („conscia virtus") haben ihm den Ausspruch eingegeben, schiebt er eine überraschende rationalistische Begründung, die allerdings (wie bei Folcuin) unter christlichem Vorbehalt („si Christianitatis nostra pateretur") gestellt wird, eben das Metempsychose-Theorem nach[82].

Ähnlich wie Folcuin von Lobbes und Wilhelm von Malmesbury ist

---

[81] Willelmi Malmesbiriensis Monachi *Gesta Regum Anglorum* atque *Historia Novella*, ed. T.D. Hardy, London 1840, 503f.; zu Wilhelm von Malmesbury s. A.G. Rigg, History (wie Anm. 24) 34f. Zur Stelle vgl. Kirn (wie Anm. 13), 160f. und von Moos (wie Anm. 66), 77f. mit Anm. 191a.

[82] Daß Wilhelm von Malmesbury mit der sonstigen Pythagoras-Tradition gut vertraut war, zeigt seine Exzerpt-Sammlung *Polyhistor*, die in lib. 3 (121,6-25 Ouellette) einen Auszug aus Hieronymus, Contra Rufinum (cap. 39f.) bietet (s. Anm. 35). Weitere Pythagoras-Exzerpte bietet der *Polyhistor* (ed. H. Testroet Ouellette, Binghamton 1982) 43,36f.; 45,38; 65,9-33; 77,41f.; 98,43f.; 114,6f.; 134,7f. und 143,14-25. Wilhelm exzerpierte auch Tertullians *Apologeticum* (75-78,6 Ouellette), s. dazu Anm. 31f. Das einschlägige Kap. 48 des *Apologeticum* findet sich allerdings hier nicht.

auch der Historiograph und Dichter Guillelmus Brito (ca. 1159/69 bis nach 1224) frei von Berührungsängsten gegenüber der Vorstellung von der Seelenwanderung, die er ebenfalls mit einer salvatorischen Klausel („non ut Pythagore vano phantasmate ludar“) versieht. Guillelmus verfaßte zwischen 1214 und 1224 eine *Philippis* (12 Bücher von ca. 10.000 Versen) auf den französischen König Philipp II. Augustus, der in diesem panegyrischen Epos als Verkörperung der karolingischen „virtus“ gerühmt wird[83]. Am Ende des neunten Buches ruft Guillelmus zunächst in traditionell-klassizistischer Manier Apollon mit der Bitte um Inspiration an. Anschließend bittet er die „spiritus“ von Lucan und Vergil sowie die „imago“ des Statius[84], sich in ihn zu senken, auf daß er Philipps Taten nicht zu kurz und schmucklos darstelle (9,727-742)[85]:

„Nunc utinam, nunc, Phebe, velis Heliconidas omnes
Inspirare mihi, spirans spiramine sacro
Quicquid Cirrheis sacri spiratur ab antris,
Quicquid Castaliis potus hauritur ab undis!
O nunc Lucani ruat in me sive Maronis
Spiritus, aut saltem Thebani vatis imago!
Non ut Pythagore vane phantasmate ludar,
Qui, sicut garrit, Trojani tempore belli
Panthoides Euphorbus erat, dum credit ab uno
Corpore posse animam transfundi in corpora multa,
Verbo quam solo terre celique creator
Infundendo creat Deus, infunditque creando;
Sed tantum ut merear vestigia lambere sola,
Unius similis in carmine factus eorum,
Ne sensus brevitate mei preclara Philippi
Fama relentescat, preconii effecta minoris.“

---

[83] Vgl. W. Berges, Die Fürstenspiegel des hohen und späten MA, o.O. 1938 (ND Stuttgart 1952) (MGH Schriften 2), 296-298 und G.M. Spiegel, Guillaume le Breton, Dictionary of the Middle Ages 6, 1985, 23f.

[84] Die Wendung „Thebani vatis imago“ ließ den Editor Delaborde (wie Anm. 85) fälschlich an Pindar denken. Zwar wird ab dem 11. Jh. Pindarus als Verfasser die *Ilias Latina* zugeschrieben, die auch unter Homers Namen kursierte (s. dazu M. Scaffai, Pindarus seu Homerus. Un' ipotesi sul titolo dell' Ilias Latina, Latomus 38, 1979, 932-939), doch Guillelmus spricht im Procemion Phil. 1,7,11f. ausdrücklich von „musa Maronis, fame Lucanus amator“ und „qui tam sapido Thebaida carmine scripsit“ (6f. Delaborde). Es kann sich demnach (Phil. 9,732) nur um Statius handeln.

[85] H.-F. Delaborde, Œuvres de Rigord et de Guillaume le Breton, Paris 1885, Bd. 2, 297f.; s. Auszüge, in: MGH Scriptores 26 (354 Waitz). Zur Stelle s. P. von Moos, „Poeta“ und „historicus“ im MA. Zum Mimesis-Problem am Beispiel einiger Urteile über Lucan, Beiträge zur Geschichte der deutschen Sprache und Literatur 98, 1976, 93-130, hier 113 und ders. (wie Anm. 66), 78 Anm. 191a.

Die drei großen verstorbenen römischen Epiker sollen sich demnach in einer Art Seelenwanderung im Dichter auf dessen Wunsch hin versammeln. Obwohl dieser die Beseelung durch das Wort des christlichen Schöpfers ausdrücklich betont, zeigt die Vorstellung von der erwünschten Wanderung gleich dreier hochberühmter Dichterseelen, abgesehen von der Überbietung des pythagoreischen Theorems, daß die anstößige Lehre sich vollends in ein dekoratives literarisches Ornament verwandelt hat.

Wie vorurteilsfrei das Metempsychose-Theorem als literarisches Motiv, allerdings mit kritisch-ironischer Tendenz eingesetzt werden kann, illustriert ein Spottgedicht der *Fecunda Ratis* (ca. 1023) des Egbert von Lüttich, eines gutgebildeten und erfahrenen Lehrers an der Lütticher Kathedralschule. Egbert hat in zwei Büchern, in der *Prora* Sentenzen, Fabeln und Gelegenheitsdichtung, in der *Puppis* katechetische Poeme als Lehr- und Lesebuch für die jüngeren Schüler des Trivium zusammengestellt[86]. Ein ehemaliger Schüler hat seinen alten Lehrer zur Zielscheibe des Spotts gemacht, der sich nun mit einem Spottgedicht (1,1199-1220) diesem „alumnus" gegenüber revanchiert, den Egbert eventuell „wie das alte Rind das Kalb" (1,1206) überleben könnte. Pythagoras dürfte sich darüber wundern, wie der frühere Zögling die mehr als 15 Stufen der Seelenwanderung bis zur Zikade, Maus und Halm hinuntersteigen wird (1,1206-1214)[87]:

„Interdum uituli senior bos traxit!
Sepius his maiora deus concurrere siuit,
Non erit inbecillis adhuc facturus est ista:
Pythagoras plus quam quindenum scandere ramum
Miratur talem similemque per omnia mannis.
Non tendis sursum sed tabescendo deorsum:
Una cicadarum fies cum rege Titono
Aut terram, nisi massa neget, cum mure subibis
Aut stipulam te prebebis grauitatis inanem!"

---

[86] Vgl. W. Maaz, Egbert von Lüttich, Enzyklopädie des Märchens 3, 1981, 1010-1019, s. E. Hellgardt, Konflikte in der Gnomik - die Gnomik im Konflikt, in: K. Gärtner/ I. Kasten/F. Shaw (Hrsg.), Spannungen und Konflikte menschlichen Zusammenlebens in der deutschen Literatur des MA, Tübingen 1996, 301-319, hier 303-306. Die Buchbezeichnungen deuten eventuell auf die ma. Gehirnventrikel-Lehre hin, wonach die Anschauungskraft („phantasia") in der Gehirnvorderkammer („prora"), die Memorialkraft („memoria") im Occipitium („puppis") und die Vernunft in der mittleren Kammer sitzt, s. dazu C. Huber, Die Aufnahme und Verarbeitung des Alanus ab Insulis in mittelhochdeutschen Dichtungen, Zürich/München 1988, 47-49 mit einschlägigen Stellen.

[87] Egberts von Lüttich *Fecunda Ratis*, ed. E. Voigt, Halle 1889, 177; zu diesem Gedicht s. auch S. XLIIf.

Egbert kann demnach die pythagoreische Lehre, wenn auch in spöttischer Übertreibung, seinen jungen Schülern durchaus als Bildungsgut zumuten. Die Übertreibung liegt in der fiktiven Fünfzehnerreihe von Inkarnationen[88], während die Vorstellung der Deszendenz spöttisches Gelächter provoziert. Denselben Spott hat bereits Tertullian in *De Anima* ähnlich wie Egbert getrieben, wenn er sich vorstellt, was die Seele verzehren wird, wenn sie in eine Ziege oder Wachtel übergegangen ist bzw. wie die Seele einen Elephanten oder eine Mücke ausfüllen wird[89]. Dieses Durchspielen von absurden Möglichkeiten dürfte auch Ausonius gereizt haben, der in epigr. 77 Prete (= 73 Green) Pythagoras nach dem metempsychotischen Schicksal eines Knabenschänders fragen läßt. Dieser wird laut der skatologischen Auskunft des Philosophen als Kotpillen drehender Käfer wiedergeboren[90]. Da Egbert vermutlich weder Tertullian noch Ausonius gekannt haben dürfte[91], wird ihn die der Metempsychose innewohnende Möglichkeit der phantasievollen Zuspitzung, sich den ehemaligen Schüler als beseelte Zikade, Maus[92] oder gar Halm vorstellen zu können, angeregt haben. Für Egberts pädagogische Milde dürfte übrigens charakteristisch sein, daß er in einem zweiten Gedicht (1,1221-

---

88 Voigt (wie Anm. 87, z. St.) weist auf die in den Persiusscholien (s. Anm. 43) tradierte Fünferreihe (Pythagoras, Pfau, Euphorbus, Homer, Ennius) hin; s. auch Kißel (ebd.). Der Terminus „ramus" erinnert an Persius 3,56f.: „... quae Samios diduxit littera ramos, / surgentem dextro monstravit limite callem" und 5,35: „deducit trepidas ramosa in compita mentes" (pythagoreische Auslegung des Buchstaben Y). Die allegorische Ausdeutung der Zahl 15 impliziert u.a. „die Ruhe der Seelen und Auferstehung des Leibes" oder eine „Lasterreihe", s. dazu H. Meyer/R. Suntrup, Lexikon der ma. Zahlenbedeutungen, München 1985, 655f.

89 Vgl. Tert. an. 32,5 (118 Waszink): „Quomodo igitur illa anima ... pabulis liberalibus et delicatis atque curatis educata, non dico paleas, sed spinas et agrestes amaritudines frondium et bestias sterquiliniorum, vermium etiam venena ruminabit, si in capram transierit, vel in coturnicem ... Quomodo ergo anima hominis complebit elephantum? Quomodo item obduceretur in culice?"

90 The Works of Ausonius, ed. R.P.H. Green, Oxford 1991, 84f.: „'Pythagora Euphorbi, reparas qui semina rerum / corporibusque novis das reduces animas, / dic quid erit Marcus iam fata novissima functus, / si redeat vitam rursus in aeriam?' / ... 'non taurus, non mulus erit, non hippocamelus, / non caper aut aries, sed scarabaeus erit.'„; zu letzterem s. G. Vorberg, Glossarium eroticum, Stuttgart 1932 (ND 1965), 579f.

91 Zu Tertullian s. Anm. 31; zu Ausonius im MA s. Green (wie Anm. 90), XXXIII-XXXV.

92 Übrigens gilt die Maus als Seelentier, so z.B. in der *Historia Langobardorum* (3,34) des Paulus Diaconus, der vom mausgestaltigen Alter ego des fränkischen Königs Guntram erzählt, das den schlafenden Körper Guntrams verläßt, verschwindet und zurückkehrt, s. dazu H.-J. Uther, Guntram, Enzyklopädie des Märchens 6, 1990, 305-311, der auch auf schamanistische Erklärungsversuche hinweist.

1247) den arg verspotteten „alumnus“ wieder zu besänftigen sucht. Hat Egbert diesen dort „frei nach Pythagoras“ als metempsychotisches Nichts imaginiert, so rühmt er ihn hier als zweiten Hippokrates, dessen Heilmittel sogar Tote ins Leben zurückrufen können[93].

Das spöttische Aufblitzen der Seelenwanderungslehre am unerwarteten Ort eines mittelalterlichen Schulbuchs deutet darauf hin, daß das Skandalon der Metempsychose auch als Lehrstoff, in gehöriger spöttischer Übertreibung, erträglich gewesen sein muß.

Ohne jeden Vorbehalt würdigt die Pythagoras-Sequenz, die in den *Carmina Cantabrigiensia* (carm. 12), einer Sammlung aus der ersten Hälfte des 11. Jahrhunderts, tradiert ist[94], Gestalt und Lehre des antiken Philosophen[95]. Das Gedicht ist gleichsam eine „Summa“ des mittelalterlichen Wissens, das sich um Pythagoras rankt (Metempsychose, Entdekkung der Musik, Arithmetik, Geometrie und Astronomie sowie Schöpfung des Buchstaben Y und seine Auslegung).

In Strophe 1ª wird die Schöpferkraft des lebensstiftenden, alleswirkenden christlichen Gottes thematisiert, auf dessen Geheiß - so die Gegenstrophe 1ᵇ - die antiken Denker, die der christlichen Wahrheit noch nicht anhingen, den Christen den richtigen Weg bahnen konnten[96]:

„Ipse multos veritatem
veteres necdum sequentes
vestigando per sophiae

devia iusserat ire,
ut probabilis error rectam
pararet nobis viam.“

Zu diesen Wegbahnern des tauglichen heidnischen Irrgeistes („probabilis error“) gehört vor allem Pythagoras, dessen Metempsychose-

[93] Voigt (wie Anm. 87), 117f.: „Alter Ypocrates ... hac iam defunctos reparare putaberis arte“ (1,1236-1243).

[94] Brunhölzl (wie Anm. 48), 498-504.

[95] Nach K. Strecker (Hrsg.), Die Cambridger Lieder, Berlin ²1955 (MGH Script. rerum Germ. 40), 36-39 und J.M. Ziolkowski (Hrsg.), The Cambridge Songs (Carmina Cantabrigiensia), New York/London 1994, 54-59 und 202-204 (Kommentar) hat jetzt H.F. Haefele carm. 12 nach weiteren Handschriften ediert und interpretiert: „Die Pythagoras-Sequenz“, Deutsches Archiv 49, 1993, 479-499. Hinzuzuziehen ist ferner W. Kranz, Pythagoras in den Carmina Cantabrigiensia, RhM 102, 1959, 292-302 (ND in: ders., Studien zu antiken Literatur und ihrem Fortwirken, Heidelberg 1967, 428-436). Ich folge der Neuedition Haefeles, der S. 479f. auf weitere Pythagoras-Stellen in der Cambridger Sammlung, so carm. 45 (Entdecker der Akkorde und Intervalle), carm. 37 (Begründer der Physik), carm. 7 (Y-Signum) sowie carm. 3 und 21 (Anspielungen auf Harmonielehre bzw. Sphärenmusik), hinweist; s. auch Kranz, ebd. 428f.

[96] Haefele (wie Anm. 95), 487.

Theorem als erstes Beispiel seiner Weisheit gewürdigt wird (2ª)[97]:

„Inter quos subtilis
per acumen mentis
claruit Pitagoras,
metapsicosis[98] quem
iuxta famam Troiae
peremptum Euforbium
saeculo rursus reddidit,
obscuraque rerum
rite denuo vivum
donat intellectu perspicaci
perscrutari et
sensu animi."

„Unter ihnen glänzte durch Schärfe des Verstandes Pythagoras: ihn - so geht die Sage - brachte die Seelenwanderung, da er als Euphorbius in Troia gefallen, wieder zur Welt und verlieh dem abermals Lebendigen die Gabe, das Verborgene in den Dingen mit durchdringendem Scharfblick und Geisteskraft recht zu ergründen."

Auf der Folie der bisherigen mittelalterlichen Rezeptionsspuren des Metempsychose-Theorems ist nicht allein der Verzicht auf jegliche Polemik bzw. kritische Vorbehalte bemerkenswert, sondern vielmehr, daß die sonst eliminierte oder kritisierte Seelenwanderung hier die präliminare Bedingung der christlichen Lehre („... ut probabilis error rectam / pararet nobis viam") sowie der „Erfindungen" des Pythagoras darstellt[99]. Der fast unbekannte *Ilias*-Kämpfer Euphorbus hätte demnach ohne metempsychotischen Durchgang keinerlei heils- oder wissenschaftsgeschichtliche Bedeutung erlangt. Welcher Dichter das pythagoreische Theorem so überraschend tolerant zu Ende gedacht hat, ist wegen der anonymen Tradition der kostbaren Sequenz nicht zu ermitteln. Haefele bezeichnet ihn als zugehörig „zu jenen versöhnlichen, prähumanistischen Geistern, wie sie sich an der Jahrtausendwende um einen Gerbert von Reims oder um einen Fulbert von Chartres versammelt haben"[100]. Doch warum haben so humanistisch-klassisch geprägte Autoren wie Johannes von Salisbury oder Wilhelm von Malmesbury diese versöhnliche und vorurteilsfreie Haltung nicht formulieren können? Die Sammlung selbst

---

[97] Haefele (wie Anm. 95), 489 (mit Übersetzung).

[98] Haefele (wie Anm. 95), 488 Anm. 35 teilt als Variante „metapsichesis" mit, das zwei der von ihm neu zur Textkonstitution herangezogenen Hss. tradieren. Zu den im Novum Glossarium Mediae Latinitatis, Fasz. „Meabilis-Miles", ed. F. Blatt, Kopenhagen 1961, 446, 24-29 (Carm. Cant. 12,2ª,4 und Gesta Servatii Tungrenensis, 64,4, ed. Wilhelm „in universali metapsicosi resurgant cum spiritibus ossa" = „Wiederauferstehung"), ist die oben behandelte Stelle Gunzo epist. 8 (35,22 Manitius [wie Anm. 78]) hinzuzufügen. Dies gilt auch für die mittellateinische orthographische Variante „metapsichesis". Herrn Kollegen F.J. Konstanciak (Mittellateinisches Wörterbuch, München) danke ich für freundliche Beratung. Zu den antiken Belegen s. Thl. 8, 880, 23-45.

[99] Vgl. die rühmende Charakteristik des Thierry von Chartres (Anm. 71).

[100] Haefele (wie Anm. 95), 487.

könnte für ein weltliches Publikum bestimmt gewesen sein. Ihre Entstehung wird am ehesten im mittel- oder niederrheinischen Raum liegen, während der Sammler in Beziehung zum deutschen Königshof gestanden haben muß, da in ihr auf alle Kaiser der Jahre 950-1050 angespielt wird. Daß die Pythagoras-Sequenz nicht allein einem exklusiven höfischen Gelehrtenzirkel vorbehalten blieb, sondern auch in das Repertoire eines Spielmannes („mercede iocator, mimus“) gehörte, der einem größeren Publikum beim Mahle insgesamt vier Stücke vorspielt, davon drei aus der Cambridger Sammlung und darunter eben auch das die Metempsychose rühmende Stück, belegt ein in einen fiktionalen Rahmen eingebetteter Bericht des Satirikers Amarcius[101]. Die durch carm. 12 rückhaltlos positiv belegte Bewertung der Metempsychose des Pythagoras, die seinen Scharfsinn und seine Geisteskraft würdigt, sowie die durch Amarcius bezeugte Darbietung der Pythagoras-Sequenz dürften singuläre Testimonien in der mittelalterlichen Rezeption der Seelenwanderungslehre darstellen.

Diese vorurteilsfreie Sicht der Seelenwanderungslehre des Pythagoras läßt sich ebenfalls in der großen Enzyklopädie des Vinzenz von Beauvais (gest. 1264) belegen, der in seinem *Speculum Historiale* (3,24-26: „De gestis Pythagorae, et eius studiis ac doctrina“) das spätmittelalterliche Wissen um den Philosophen kompiliert und ohne jegliche Polemik dessen Lehre referiert[102]:

> „Apud Graecos primus Pythagoras invenit immortales esse animas; et de aliis corporibus transire ad alia, primum si dicit fuisse Euphorbium, secundo Talidem, tertio Hermonum, quarto Pinum. Ad extremum Pythagoram, et post certos temporum curriculos ea, quae fuerant, rursum fieri.“

Dies gilt auch für den unbekannten Kompilator des *Liber de vita et moribus philosophorum* (14. Jahrhundert), der bislang Walter Burley (1275 bis ca. 1343) zugesprochen war. Unter 131 aneinandergereihten Viten nichtchristlicher antiker Philosophen und Autoren nimmt die Biographie des Pythagoras vom Umfang her einen herausragenden Platz

---

[101] Dies berichtet der ca. 1100 in der Gegend von Speyer lebende Satiriker Sextus Amarcius (zu diesem s. G. Bernt, LMA 1, 1980, 511) serm. 1,402-406, 419f.: „Ergo ubi disposita venit mercede iocator / taurinaque chelin cepit deducere theca, / omnibus ex vicis populi currunt plateisque, / affixisque notant oculis et murmure leni / eminulis mimum digitis percurrere cordas / ... / ... utque sagax nudaverit octo tenores / cantus Pytagoras“ (74-76 Manitius); vgl. auch Ziolkowski (wie Anm. 95), XLIV-LIII.

[102] Vincentius Bellovacensis, *Speculum Historiale*, Douai 1624 (ND 1965), 95; zu Vinzenz s. R. Düchting/C. Hünemörder, LMA 8, 1997, 1705-1707.

ein. Der Kompilator richtet seine Aufmerksamkeit vor allem auf die Lebensführung, weniger auf die Lehren des Pythagoras, darunter auch kurz auf die Seelenwanderungslehre, wobei er sich neben Johannes Guallensis (1210/30-1285) auf den zitierten Auszug des Vinzenz von Beauvais stützt[103]:

„Pictagoras primus apud Grecos invenit immortales esse animas, sed erravit ponendo eas de corporibus ad corpora transire. Unde se dixit primo fuisse Euphetum, secundo Talidem, tertio Erinthianum, quarto Pirrum, ad extremum Pictagoram, et post certos temporum curriculos ea que fluxerant rursum fieri."

Die Popularität der Pseudo-Burley-Kompilation im 14., 15. und 16. Jahrhundert dürfte das Wissen über Pythagoras, über den der Kompilator auch sonst mit hoher Achtung urteilt, entscheidend mitgeprägt haben.

Da vor allem Ovid (met. 15,158-162) die Euphorbus-Episode samt der Lehre des Pythagoras dem Mittelalter weitergegeben hat, sei diesem am Ende in einer besonderen „Metempsychose" das Wort erteilt.

Im umfangreichsten Pseudo-Ovidianum des Mittelalters, im philosophisch-theologischen und pseudo-autobiographischen Epos *De Vetula* (ca. 1240), das eventuell von Richard de Fournival (gest. ca. 1260), Cancellarius in Amiens, verfaßt wurde, hat sich der alternde römische Dichter des Wirbels weltlicher Sinnlichkeit entledigt und zum stillen prächristlichen Denker gewandelt, der z.B. an den allmächtigen Gott und die Auffahrt der Seele zu diesem glaubt (3,401-409, 423-425: „... pulvis / in terram redeat, sed liber spiritus ipsum / evolet ad dominum, qui desursum dedit illum") oder von der Geburt Jesu weiß, dessen Gottgleichheit ihm allerdings verschlossen bleibt (3,611-669)[104].

Dieser „gewendete" verchristlichte Ovid korrigiert (3,451-457) seine Seelenwanderungslehre (met. 15,165-175 und 456-478) mit der Entschuldigung, er habe sich der Verständlichkeit wegen dem gemeinen Mann anpassen müssen[105]:

---

[103] Neben der Edition von H. Knust (Gualteri Burlaei Liber de vita et moribus philosophorum, Tübingen 1886, 78ff.) ist jetzt die kritische Edition von J. Prelog, *De Pictagora Phylosopho*. Die Biographie des Pythagoras in dem Walter Burley zugeschriebenen *Liber de vita et moribus philosophorum*, Medioevo 16, 1990, 191-251, hier 230 mit Kommentar (245-247), heranzuziehen; s. auch M. Grignaschi, Lo pseudo Walter Burley e il *Liber vita et moribus philosophorum*, ebd., 131-190.

[104] Vgl. dazu Kugler (wie Anm. 40), 249 und P. Klopsch, Pseudo-Ovidius, De Vetula. Untersuchungen und Text, Leiden/Köln 1967.

[105] Klopsch (wie Anm. 104), 266f. und 20. Der von Klopsch, ebd., 286 abge-

„Nec me quorundam deterret opinio vana,
qui dicunt animas apud infernalia regna
exercere, quod hic exercuerant, quia verum
si foret hoc, non exilium fugerem moriendo.
Dii melius, quodsi dixisse redarguar illud,
non fuit hoc, quia sic sentirem, sed quia vulgo
cum loquerer, vulgi decreta tenere volebam."

- eine in der Tat eines „clerc" würdige Konfession[106].

Die komplementären Trostmittel „Unsterblichkeit" bzw. „Wanderung" der Seele mögen unbeweisbar sein, es sei denn man erinnert sich an eines der inhumanen Experimente Friedrichs II.[107] Das Schicksal des Pythagoras und seiner Metempsychose-Lehre im Mittelalter zeigt, daß vorerst allein das Trostmittel der Texte, die ihn und seine Lehre weiterleben lassen, Unsterblichkeit an jenem seltsamen Nichtort, der Literatur heißt, garantiert[108].

---

druckte „Accessus" erklärt diesen Passus ausdrücklich mit Verweis auf das 15. *Metamorphosen*-Buch, obwohl dort von Bußübungen in der Unterwelt nicht die Rede ist: „Refellit enim illam opinionem Pitagore, quam asseverat in quinto decimo libro Methamorphoseos de exercitio animarum in inferno."

[106] J. Benda, Der Verrat der Intellektuellen (La trahison des clercs), Frankfurt a.M. 1983 (zuerst Paris 1927).

[107] Salimbene de Parma, Cronica -1250 (351 Holder-Egger): „Porro alias superstitiones et curiositates ... habuit similiter Fridericus ... : Ut de homine, quem vivum includebat in vegete (i.e. vas vinarium), donec ibi moreretur, volens per hoc demonstrare, quod anima totaliter deperiret"; s. dazu L. Gatto, Federico II nella Cronica di Salimbene di Parma, in: Federico II e le nuove culture, Spoleto 1995, 507-538, hier 532f.

[108] G. Genette, Paratexte. Das Buch vom Beiwerk des Buches, Frankfurt a.M./New York 1989, 251, zitiert Nicolas Boileau, der im Vorwort der letzten Ausgabe seiner *Œuvres* von 1701 unnachahmlich schreibt: „Die Werke, die auf Wahrheit und Richtigkeit gründen, sind unsterblich und widerstehen allen Kabalen wie ein Holzstück, das man mit der Hand ins Wasser taucht: Es bleibt am Grunde, solange man es festhält, aber bald ermüdet die Hand, es richtet sich auf und steigt nach oben".

Plotin und Ficino*

von Clemens Zintzen (Köln)

„Endgültig überwinden lassen sich die Fesseln, die an diese Welt binden, niemals, aber sie aufzubrechen ist der Seele an jedem Tage von neuem möglich"[1]. Karin Alt hat in ihren tiefgehenden Schriften zur Gnosis und zum späten Platonismus immer auch ein feines Gefühl dafür entwickelt, welchen Beunruhigungen und Erschütterungen der Mensch in dieser Welt ausgesetzt ist, und sie hat in ihren Untersuchungen gezeigt, welche Wege man zu unterschiedlichen Zeiten und unter verschiedenen Aspekten suchte, um den Nöten und den inneren Abgründen des Menschen zu entkommen. Die Wahrnehmung dieser Problematik hat sie zu Plotins Philosophie geführt, und da mag es angebracht sein, an ihrem heutigen Ehrentag einige Gedanken darüber vorzutragen, wie denn das Denken und die Philosophie des Plotin 1200 Jahre nach seinem Tode plötzlich wieder verwendet werden, um die alte Frage nach dem Sinn menschlicher Existenz in dieser Welt zu beantworten und dem Menschen eine Orientierungshilfe zu geben. Plotin und Ficino; beide Denker, zu verschiedenen Zeiten und in unterschiedlichen gesellschaftlichen und politischen Situationen lebend, verbindet die Überzeugung von der nahezu göttlichen Würde des Menschen, aber auch die Bejahung dieser Welt. Diese gemeinsame Basis veranlaßt den Renaissancephilosophen für seine eigenen philosophischen Bemühungen auf den bedeutendsten, bis dahin nahezu vergessenen und höchstens dem Namen nach bekannten Neuplatoniker zurückzugreifen. Ficino konnte für sich und seine Zeit damit zugleich das Gefühl gewinnen, die auf Platon zurückgehende Philosophie werde wiedergewonnen und wiederbelebt, erfahre eine Renaissance[2].

Im Jahre 1492 legte Ficino seine kommentierte Übersetzung des Plotin vor; zu der Übersetzung des gesamten Plotin hatte ihn übrigens der blutjunge Pico della Mirandola gedrängt. Es ist aber ganz klar ersichtlich, daß Ficino in den 60er Jahren Plotin schon genau studiert hatte. Sein Hauptwerk, die *Theologia Platonica*, die in den Jahren 1469-1474 entstand, aber erst 1482 veröffentlicht wurde, bezieht die Philosophie Plotins

---

* Vortrag gehalten anläßlich des Geburtstages von Karin Alt am 7. Mai 1998 an der Freien Universität Berlin. Die Vortragsform wird hier in der Publikation beibehalten.

[1] K. Alt, Weltflucht und Weltbejahung, AAWM 1993 Nr. 8, 245.

[2] Ficino, op. [1576] 2,1537: „dum Plato quasi renasceretur".

voll ein[3]. Dazu stimmt die Bemerkung, die Ficino 1492 anläßlich der Plotinausgabe in seinem Widmungsbrief an Lorenzo de' Medici machte: er habe schon früher zugleich mit Platon sich an Plotin gemacht („et Plotinum quoque sum aggressus") und übersetze ihn jetzt ganz, weil er glaube, die Menschen könnten durch diese Philosophie zur „perfecta religio" gebracht werden[4].

Plotin hat nach Ficinos Auffassung die geheimen Wahrheiten des Hermes Trismegistos (den er vor Platon ansetzt), des Zoroaster, der Orphik und des Pythagoras auf eine geradezu göttliche Weise tiefgehend erfaßt und er ist der rechte Autor, um gegen peripatetische Philosophen vorzugehen, die religiöse Lehren als Geschwätz von alten Leuten abtun. In der Einleitung zur Übersetzung von Plotins Schrift über das Schöne (I 6 [1], Opera omnia II 1548) wertet der Renaissancephilosoph den Neuplatoniker: in Plotins Lehre ist Platon wiedergeboren worden, und Plotin selbst ist nicht geringer einzustufen als Platon, bisweilen ist er sogar tiefgehender in seinen Gedanken[5]; eine ungeheuerliche und mutige Behauptung, die in der Spätantike selbst niemals möglich gewesen wäre. In Plotin wird Platon wiedergeboren, und indem Ficino Plotin aufnimmt, verhilft er Platon wieder zu neuem Leben. Das 15. Jh. hat das Bewußtsein gehabt, in der Philosophie des Ficino, die weitgehend auf Plotin fußt, in Wirklichkeit der platonischen Tradition in der Gegenwart wieder zum Leben verholfen zu haben. So äußerte der Dichter Polizian, Ficino habe die Weisheit Platons wieder zurückgerufen[6].

Wenn wir nun im folgenden dieser platonisch-plotinischen Renaissance bei Ficino nachgehen, so soll dieser Problemkreis in drei Schritten behandelt werden:

Welche Voraussetzungen fand Ficino im Tableau der philosophi-

---

[3] Ein Brief Lorenzo de' Medicis an Ficino aus dem Februar 1473 bezeugt, daß eben in diesem Jahr Lorenzo in Ficinos *Theologia Platonica* (= Theol. Plat.) schon die plotinische Seelenlehre vorgefunden hat, s. Marsilio Ficino, Lettere, ed. Sebastiano Gentile, Firenze 1990, I 51 (Brief Nr. 24, Lorenzo an Ficino): „Credo iam, doctissime Marsili, veram illam esse Plotini (si recte memini) de anima sententiam, quae a te in Theologiae libro posita est ..."

[4] Ficino op. 2,1537 und Theol. Plat. 12,1 (2,157/58 ed. R. Marcel).

[5] „Plato quondam in Plotino revixit ... aspirator idem os Platonicum afflat atque Plotinicum. Sed in Platone quidem afflando spiritum effundit uberiorem, in Plotino autem flatum angustiorem ac ne augustiorem dixerim, saltem non minus augustum, nonnumquam ferme profundiorem.

[6] Poliziano op. [1553] 310: „Ficinus ... Platonicam disciplinam revocavit."

schen Bemühungen seiner Zeit vor, um dann für seine eigene Philosophie auf den großen Neuplatoniker zurückzugreifen?

Worin kristallisiert sich der Einfluß des Plotin in der Philosophie Ficinos? Hier werden wir einen Blick auf die Ontologie und die Psychologie zu werfen haben und eben auch die charakteristischen Unterschiede bewerten müssen, die neben aller Abhängigkeit dann doch Ficinos Gedanken von denen Plotins trennen.

Worin ist der Grund zu sehen, warum man im Quattrocento nicht direkt auf Platons eigenes Schrifttum zurückgreift, sondern mit Plotin und übrigens auch den anderen späteren Neuplatonikern die Lehre der Nachfahren Platons zur Grundlage der eigenen Philosophie macht?

1. Die Voraussetzungen

Die Wirkung Plotins auf Ficino ist nur zu verstehen unter den Gegebenheiten, die allgemein zu einer Aufwertung des Platonismus in dieser Zeit führten. Es ist bekannt, daß die aristotelische Philosophie in ihrer Ausprägung durch Thomas von Aquin, aber auch in der Form, die der Averroismus ihr gegeben hatte, an den im 14. Jh. entstehenden Universitäten die fest etablierte philosophische Schulung darstellte. Es ist ebenso klar, daß diese Schulphilosophie nicht plötzlich abgelöst wurde durch den Platonismus. Im 16. Jh., dem Jahrhundert nach Ficino, erlebte sie sogar wieder eine Blüte (etwa bei Pomponazzi), aber ebenso sichtbar ist, daß neben dieser peripatetischen Philosophie die Gedanken platonischer Philosophie zunehmend an Raum gewannen. Die entscheidende Zäsur liegt hundert Jahre vor Ficino bei dem philosophisch interessierten Literaten Petrarca. Petrarca war es, der vehement gegen den herrschenden Aristotelismus als erster Platons Philosophie aufwertete. Dante hatte in seinen Prosaschriften und in der *Divina Comedia* Aristoteles noch vor Platon gesetzt; bei Petrarca kehrt sich diese Rangfolge zum erstenmal um. In der Schrift *De sui ipsius et multorum ignorantia* („Über die eigene und vieler anderer Unwissenheit") und in einem ausführlichen Brief Fam. 1,25 hat Petrarca ausgeführt, warum er gegenüber Aristoteles Platon den Vorzug gebe[7]. Neben der fragwürdigen Behauptung, der Stil Platons sei besser als der des Aristoteles, sind es im Grunde zwei Gesichtspunkte, die Platon für Petrarca einen höheren Rang verleihen: zunächst die Behauptung, die

[7] Dazu im einzelnen C. Zintzen, Il platonismo del Petrarca, Quaderni Petrarceschi IX-X (1992-1993), 93-113.

christlichen Dogmen ließen sich leichter mit Platons Lehren vereinigen als mit denen des Aristoteles. Dies hatte schon Augustinus behauptet[8]. Petrarca nimmt den Gedanken auf und äußert, wenn Platon (übrigens auch Cicero) in seiner Zeit gelebt hätten, wären sie Christen gewesen[9]. Der wesentliche Grund, warum Platon herausgestellt wird, liegt darin, daß für Petrarca die Ethik und eben nicht Logik und Erkenntnistheorie an erster Stelle bei allen philosophischen Bemühungen steht. Sokrates, der ja die Philosophie vom Himmel auf die Erde gebracht habe (wie auch Petrarca nach Cicero, Tusc. 5,10 zitiert), steht als Exponent der Moralphilosophie und wird von Petrarca als der „moralis Philosophiae artifex" begriffen[10]. Platons Schriften geben davon Zeugnis. Die aristotelische Philosophie schärft den „intellectus", kann definieren, was Tugend ist, aber die „voluntas", den Willen, ethisch zu leben, kann sie nicht fördern; dies bewirkt nach Petrarcas Meinung alleine die Philosophie Platons[11]. Um diese unterschiedliche Wertung zu verstehen, muß man den Ansatzpunkt allen philosophischen Bemühens bei Petrarca berücksichtigen: Die „salus animae", die Heiligung der menschlichen Seele (Fam. 12,10,6), ist das Ziel seiner Bemühungen, und so formuliert er[12]: „für das Seelenheil sicherer ist es, sich um ein gutes und frommes Wollen zu bemühen als um einen fähigen und klaren Verstand; es ist in höherem Maße zufriedenstellend, das Gute zu wollen als das Wahre zu erkennen." Platon wird von Petrarca ganz vereinseitigt, und seine Philosophie genießt nun plötzlich gegenüber der des Aristoteles die höhere Wertung, weil er in soteriologischer Sicht mit dem Christentum übereinstimmt und zum Helfer werden kann, die Heiligung des Menschen zu erreichen.

Die bei Petrarca in einer recht einseitigen Interpretation grundgelegte

---

[8] Aug. conf. 7,9 und 3,4,7

[9] Petrarca, *De sui ipsius et multorum ignorantia* (zit. *de ignorantia*), ed. P.G. Ricci, in: F. Petrarca, Prose, ed. G. Martellotti (et alii), Milano/Napoli 1955, 760: „De Platone enim nulla dubitatio est apud Augustinum, si aut hoc tempore revivisceret, aut dum vixit, haec futura praenosceret, qui christianus fieret."

[10] Petrarca, *Memorabilien* 1,27: „Primus omnium Socrates humanam doctrinam salutari studio complexus philosophiam usque ad eum diem circa stellarum cursus et caeli dimensiones variis ambagibus haesitantem in terras attraxit et in urbibus atque in intimis mortalium praecordiis propagavit incipiens de animorum morbis ac motibus remediisque et virtutibus tractare, moralis philosophiae primus artifex et, ut ait Valerius, 'vitae magister optimus'."

[11] Petrarca, *De ignorantia* 744-746 [wie Anm. 9].

[12] Petrarca, *De ignorantia* 748: „Tutius est voluntati bonae ac piae quam capaci et claro intellectui operam dare … satius est autem bonum velle quam verum nosse."

Wertung Platons hat sich in den folgenden beiden Jahrhunderten immer dann als Grundstock von Philosophie und Anthropologie bewährt, wenn religiöse und philosophische Interessen sich zusammenfanden und die entscheidende Fragestellung lautete, was ist das Ziel des Menschen und wie läßt sich seine herausragende Stellung in diesem Kosmos beweisen, auf Grund deren er zur Unsterblichkeit veranlagt ist. Diese Frage beschäftigte im 15. Jh. die Gelehrten, wie sie lange vor Petrarca eben auch die Kernfrage des späten Platonismus gewesen war und im Hintergrund allen Philosophierens bei Plotin gestanden hatte. Durch die Wendung zum Platonismus, die in der Geistesgeschichte Petrarca zum Ende des Mittelalters und am Beginn der Renaissance vollzogen hatte[13], war für Ficino der Boden bereitet, sich dem Neuplatonismus zuzuwenden, den Petrarca selbst, ohne es zu wissen, nur in den lateinischen Ausprägungen bei Augustinus, Apuleius und Macrobius kennen gelernt hatte.

Auf seltsame Weise wurde der junge Ficino mit den Auswirkungen dieser geistesgeschichtlichen Wende zum Platonismus konfrontiert und erhielt hier den Antrieb, sich mit Platon und später Plotin zu beschäftigen. Das äußere Ereignis, an dem man diese Entwicklung registrieren kann, war das Unionskonzil, das Cosimo de' Medici im Jahre 1439 nach Florenz holte. Angesichts der Türkengefahr unternahm man wieder einmal den Versuch, die Einheit der Kirche herzustellen. Zu diesem Konzil kamen aus dem Osten, wo in Byzanz eine Kontinuität platonischer Lehren sich durchgängiger als im Westen erhalten hatte, die berühmten Platoniker Plethon und Bessarion. Vor allem Plethon fand das Ohr Cosimos und beeinflußte ihn, dem Platonismus Raum zu geben. Plethons Platonismus war dadurch gekennzeichnet, daß er eine agressive Haltung gegenüber der aristotelischen Philosophie averroistischer Prägung besaß, und daß er jene stark religiös gefärbten Akzente trug, die er aus der Kenntnis der neuplatonischen Philosophie bei Plotin, Porphyrios, Jamblich und der späten apokryphen pseudoplatonischen Literatur wie den chaldäischen Orakeln und den Hermetischen Schriften gewonnen hatte. Ficino selbst hat in seinem der Plotinübersetzung vorangestellten Widmungsbrief an Lorenzo de' Medici den Vorgang festgehalten, freilich wahrscheinlich in zeitlicher Verzerrung[14]. Er berichtet dort, während des

---

[13] Petrarca hat sich selbst auf einer Grenzscheide stehend gesehen, s. mem. 1,19,4: „Ego … velut in confinio duorum populorum constitutus ac simul ante retroque prospiciens."

[14] Ficino, op. 2,1537.

Konzils von 1439 habe Cosimo Plethon, jenen zweiten Platon („alterum Platonem"), oft gehört, wenn er über die „mysteria platonica" gesprochen habe; er habe daraufhin beschlossen, eine platonische Akademie in Florenz zu begründen und Ficino, den Sohn seines Leibarztes, der damals noch ein Knabe von sechs Jahren war, für diese Aufgabe bestimmt und ihn daraufhin erziehen lassen. Die „Academia Platonica" in Florenz wurde erst 1462 begründet, als Cosimo dem Ficino in Careggi ein Landhaus schenkte; man hatte sich wohl schon vorher in der Villa der Medici zu solchen Gesprächen getroffen. Unabhängig davon, daß hier in der Darstellung, die Ficino gut 50 Jahre nach dem Ereignis von der Begegnung Cosimos mit Plethon gibt, manches zeitlich verzerrt wenig stimmig ist oder aus der Retrospektive stilisiert wurde, zeigt die Begebenheit doch eines: der Platonismus war von Beginn des 15. Jhs. in Florenz präsent und er erhielt eine wesentliche Förderung durch Cosimo. Der Mediceer scheint für die religiösen Aspekte, die Plethon ihm nahegebracht hatte - noch Ficino spricht in seinem Bericht von den „mysteria platonica" - und die sich leicht mit dieser Philosophie verbinden ließen, sehr aufgeschlossen gewesen sein. Wie stark die platonische Philosophie aktuell war, zeigt eine hübsche Begebenheit aus dem Jahre 1456, über die Ficino in einem Brief vom November 1491 an Philipp Valor berichtet (Op. 1,929): Im Alter von 23 Jahren hatte auf Ermunterung von Cristoforo Landino hin Ficino eine kleine vier Bücher umfassende Schrift *Institutio ad Platonicam disciplinam* fertiggestellt. Er zeigte sie Cosimo und Landino. Diese aber gaben ihm das Buch zurück mit der Bemerkung, er solle erst einmal Griechisch lernen, um dann aus Platons eigenen Schriften dessen Lehre schöpfen zu können. Es ist nachweisbar, daß Ficino erst gegen Ende der 50er Jahre Griechisch gut lernte und daß er etwa um das Jahr 1460 herum auch Plotin entdeckte und ihn zu studieren begann.

Ich schließe diese vorüberlegende Darstellung ab: 1. Es zeigt sich, daß der Platonismus ab der Mitte des 14. Jhs. in Florenz eine neue Basis gewinnt; er ist die Philosophie, die dem seit Petrarca sich zunehmend entwickelnden moralphilosophischen Interesse der Humanisten entgegenkommt, auch religiös ausgerichtetem Denken Rechnung tragen kann und die vor allem, wie Augustinus lehrt, die Möglichkeit an die Hand gibt, christliches Dogma und heidnische Philosophie zu vereinen. 2. Die geistige Umwelt in der Mitte des Quattrocento war sensibilisiert für die platonische Philosophie; das Konzil hatte die Türen geöffnet; Cosimo und mit ihm seine Familie und die politisch Verantwortlichen wurden zu Anhängern dieser Philosophie. 3. Worauf man ansprach, war ein Platonismus, der, wie Ficino es später ausdrückte, zugleich eine „pia religio" sein konnte; daher war eben auch die Philosophie Plotins, die ja zugleich Theologie wie Philosophie war, geeignet, dem geistigen Bedürfnis dieser Zeit gerecht zu werden. Wenn Ficino sich Plotin zuwandte, so entsprach dies den Tendenzen seiner eigenen Zeit.

2. Plotins Lehren in der Philosophie des Ficino

Der Rückgriff des Marsilio Ficino auf die neuplatonische Lehre Plotins ereignet sich zunehmend ab dem Ende der 60er Jahre des Quattrocento; 1469 erschien der große Kommentar zu Platons Symposion. In den folgenden Jahren arbeitete Ficino bis 1474 an seinem Hauptwerk, das den Titel trägt *Theologia Platonica sive de immortalitate animorum* (erschienen erst 1482). Obwohl Platon im Titel dieser Schrift genannt wird, ist doch neben der Kenntnis der thomistischen Philosophie vor allem Plotin der Grundstock des ontologischen Systems, das hier von Ficino ausgearbeitet wird[15]. Der ganze Umkreis der Wiedergabe plotinischer Gedanken bei Ficino kann hier nicht abgeschritten werden; es seien daher nur zwei Beispiele gewählt, an denen sich zeigen läßt, wie Plotins Neuplatonismus die Grundlage der Gedanken des Ficino ist, und wie zugleich er darin Selbständigkeit beweist, daß nicht einfach die Vorlage repristiniert wird, sondern die Tradition von Scholastik und Christentum ihre Berücksichtigung bei der Formulierung der Gedanken findet.

Ich will mich beschränken auf einige Gedanken zur Ontologie und zur Psychologie bei Plotin und Ficino.

(1) Das Ziel der plotinischen Philosophie läßt sich vereinfacht so formulieren: Unter Zugrundelegung der platonischen Metaphysik kommt es dem Neuplatoniker vor allem darauf an, die Welt, den Kosmos, zu erklären und die Stellung des Menschen in diesem Kosmos zu definieren, um dann die Schlußfolgerungen zu ziehen für das daraus zu postulierende Verhalten des Menschen in dieser Welt. Plotin hat nicht eine intellektu-

---

[15] Grundlegend auch heute noch P.O. Kristeller, Die Philosophie des Marsilio Ficino, Frankfurt 1972. Das Buch war nach seiner Auswanderung aus Deutschland von Kristeller 1938 in Italien fertiggestellt worden, konnte aber erst in englischer Übersetzung 1943 in USA gedruckt werden. Zum Thema jetzt auch W. Beierwaltes, Plotin und Ficino. Der Selbstbezug des Denkens, in: Studien zum 15. Jh. (FS E. Meuthen), München 1994, II 643ff.

elle Welt einer materiellen, nicht Gut und Böse diametral gegenübergesetzt, wie es die Gnosis in seiner Zeit versuchte[16]. Um jeden Dualismus zu vermeiden und um schließlich eine Anbindung der materiellen Welt an die intellegible Welt zu erreichen, hat er ein abgestuftes ontologisches System entwickelt. An der Spitze alles Seienden und Denkbaren steht bei Plotin der Νοῦς, der Geist, von ihm geht in gestufter Hierarchie alles aus; unterhalb des Νοῦς befindet sich die Seele, ihr folgt der Bereich des Körperlich-Materiellen. Alle einzelnen Hypostasen sind wie in einer Kette miteinander verbunden, und die niedrigere Stufe erhält ihr Leben durch Teilhabe an der Höheren, die von sich aus, ohne eine Minderung zu erfahren, überfließt. Heinrich Dörrie hat einmal das Bild aus C.F. Meyers *Römische Brunnen* gebraucht, um dies zu erklären: verschiedene Schalen, die, übereinander gestaffelt, jeweils überfließen: „und jede nimmt und gibt zugleich, und strömt und ruht." Damit ist aber nach Plotin der intelligible Kosmos noch nicht erfüllt: über allen Hypostasen steht, das ganze Sein übergipfelnd, eine Instanz, die Plotin im Anschluß an den Platonischen Dialog Parmenides das „Eine" nennt. Dieses „Eine" stellt die Summe alles Sinnvollen dar, ist das Höchste und Erhabenste, das überhaupt gedacht werden kann; in ihm schließt sich wie in einem Punkt alle Vielheit konvergierend zusammen. Dieses „Eine" nennt Plotin „Gott"[17]. Aber man muß klar sehen, es ist damit nicht eine Person gemeint, Gott ist die Sigle für dieses, um es einmal so auszudrücken, extrapolierte Höchste, das sowohl dem Denken wie dem Sein überhoben ist. Trotz aller Einfachheit und Überhobenheit fließt aus diesem höchsten Einen alles Niedrigere heraus, ohne daß eine Minderung einträte. Man kann sagen, damit setzt dieses Höchste zugleich den Beginn einer Kette, die über die gesamte intelligible Welt, den Geist, die Seele, bis in die Materie hineinreicht. Man erkennt, dies ist eine Weltkonstruktion, die im Innersten dynamisch ist, damit aber die Vielheit der Welt in einer Einheit zusammenschließt. Dieses ontologische System hat Ficino sich zu eigen gemacht und adaptiert: Aber er hat es zugleich nach den geistesgeschichtlichen Bedingungen, die er vorfand, verändert. Hier ist darauf hinzuweisen, daß die mittelalterliche thomistische Philosophie, auch Nikolaus Cusanus, und zugleich die Rücksichtnahme auf biblisch christliche Lehre Ficino bei der Übernahme der Ontologie Plotins zu Modifikationen veranlaßt

[16] Vgl. dazu z.B. K. Alt, Philosophie gegen Gnosis. Plotins Polemik in seiner Schrift II 9 (AAWM 1990 Nr. 7); ferner die in Anm. 1 genannte Schrift.

[17] Vgl. z.B. Plotin II 9 [33] 6,39; 8,37.

hat. Diese Veränderungen sollen kurz genannt sein:

a) Zunächst ist darauf hinzuweisen, daß Ficino die plotinische Hierarchie „Eines, Geist, Seele, Körper" um eine weitere Hypostase ergänzt, die er zwischen der Stufe der Seele und des Körperlich-Materiellen ansetzt. Bei Ficino lautet die Abfolge: Gott (für die höchste Stufe), Geist (repräsentiert durch die Engel), Seele (Welt der Dämonen), „qualitas" (der Seele nachgeordnet, dem Körper vorangehend), Körper. Unter der „qualitas" versteht Ficino das Prinzip aller physischen Wirkung, die sich in der Materie entfaltet. Theol. Plat. 1,41 (Marcel) heißt es: „Wenn Körper, je näher sie dem Unkörperlichen kommen, desto wirksamer in ihren Handlungen werden, wer könnte da nicht einsehen, daß die Kraft der Handlung („vis agendi") in der unkörperlichen Natur ihren Sitz hat". Diese „vis agendi" hat Ficino unterschiedlich zu Plotin zwischen Seele und Körper als eine eigene Hypostase angesetzt. Die Frage ergibt sich, warum hier Ficino änderte und Kräfte, die Plotin in der Seele selbst verankert hatte, als eine eigene Hypostasenstufe herausstellte. Ich denke, Kristeller hat den Grund gefunden: indem Ficino insgesamt fünf Stufungen einführte, konnte er im System die Mittelstellung der Seele zwischen Gott und Körper sozusagen geometrisch herausstellen[18]. Es gehen ihr nun im System des Ficino zwei Stufen voraus, und es folgen zwei Stufen. Die Mittelstellung der Seele ist ein Grunddogma aller Platoniker gewesen, sie wurde auch in der Patristik als μέση οὐσία angesehen; nun aber war sie in ein Seinsgebäude eingebunden, das diese Mitte einfach auch geometrisch betonte.

b) Ein weiterer wichtiger Unterschied zwischen der Seinsstufung bei Plotin und deren Auslegung durch Ficino besteht darin, daß die Spitze allen Seins nun unter Berücksichtigung mittelalterlich thomistischer Philosophie und christlichen Glaubens anders begriffen wird als dies im Neuplatonismus möglich gewesen wäre. Das Eine wird bei Plotin wie bei Ficino als Gott apostrophiert, ist jedoch beim christlichen Renaissance-philosophen gleichgesetzt mit dem biblischen Schöpfergott, der eine Person und nicht eine Sigle ist. Ficino folgt der mittelalterlichen Auffassung, nach der die körperliche Welt wie alles Existierende von Gott aus dem Nichts geschaffen worden ist und alles, was besteht, auf die Person des

---

[18] Kristeller (wie Anm. 15), bes. 90. Ficino, Theol. Plat. 1,137 (Marcel): „Animam vero inter illa summa et haec infima mediam, quam merito essentiam tertiam ac mediam more Platonico nominamus, quoniam et ad omnia media est undique tertia."

Schöpfergottes bezogen ist[19].

c) Gott als die höchste Instanz trägt bei Ficino gegenüber Plotin noch eine andere Eigenschaft an sich, die dem Renaissancephilosophen besonders aus der mittelalterlichen thomistischen Philosophie bekannt war. Bei Plotin ist das Eine als πρῶτον allem, was nach ihm kommt, in der Weise überhoben, daß es selbst das Sein und das Denken übergipfelt und jenseits dieser erst mit der Stufe des Geistes (des Νοῦς, also der zweiten Stufe) einsetzenden Eigenschaften sich befindet. Ficino konnte weder nach den christlich-biblischen Vorstellungen von einem persönlichen Gott noch nach der thomistischen Lehre anders verfahren, als daß er nun sein höchstes Prinzip sowohl als die Vollendung des Seins wie des Denkens erfaßt[20]. Hier liegt, veranlaßt aus Rücksicht auf seine zeitgenössischen Bedingungen, ein wesentlicher Unterschied zwischen dem Neuplatoniker und dem Renaissance-Philosophen, der die christliche Tradition berücksichtigen mußte. Dies hat nun beträchtliche Auswirkungen in dem zweiten Bereich, der kurz erwähnt werden soll, der Seelenlehre.

(2) Die Seelenlehre stellt für Ficino den wichtigsten Teil seiner Philosophie dar, denn an der Wertung der menschlichen Seele, ihrer Einstufung, orientiert sich die gesamte Anthropologie dieser Zeit; schließlich entscheidet sich hier die Frage, ob die Unsterblichkeit der individuellen Einzelseele sich (meist in Auseinandersetzung mit den Averroisten) beweisen läßt. Wenn schon die Einzigartigkeit des Menschen im Bewußtsein der Renaissance eine so bedeutende Rolle spielte, dann war man natürlich auch daran interessiert, die Unsterblichkeit dieses einzigartigen Wesens zu beweisen. Die Kirche hat dies übrigens erst 1513 als Dogma verkündet.

Die Seele ist auch im System des Plotin in der Mitte des Kosmos fixiert: sie bewegt sich am unteren Rand der intelligiblen Welt und ist zugleich die höchste Stufe in der wahrnehmbaren Welt. Ficino hat, wie oben gezeigt, besonderen Wert darauf gelegt, diese Mittelstellung der Seele durch das Hinzufügen der Hypostase der „qualitas" hervorzuheben. In dieser Mittelstellung der Seele ist aber auch die ethische Freiheit des Menschen verankert. Ficino und Pico della Mirandola haben beide betont, der Mensch könne, eben weil seine Seele zwischen dem intelligiblen und

[19] Ficino, Theol. Plat. 3,175ff. (Marcel).

[20] Ficino, Theol. Plat. 1,100ff. (Gott denkt sich selbst); 2,156 (Gott ist die Quelle der Ideen); 2,114 („idearum ... fons est Deus rerum auctor"), dazu Kristeller (wie Anm. 15), 156ff.

dem körperlichen Bereich angesiedelt sei, zu Gott aufsteigen oder zum Tier absinken[21]. Diese Vorstellung geht letztlich auf Plat. Tim. 42c und auf das Ende der *Politeia* zurück, ist aber von beiden Renaissancephilosophen in der Alternative bündiger gefaßt worden: Gott oder Tier kann der Mensch werden. Auch Plotin hatte aus der Geistsubstanz des Menschen gefolgert, der Mensch sei befähigt, Gott zu werden. In der Schrift über die Tugenden (I 2 [19] 6,3) steht der Satz: „es ist nicht das Ziel sittlichen Bemühens, frei von Fehlern zu sein, sondern Gott zu sein"[22]. Ficino hat diesen Satz aufgenommen und geäußert, das ganze Bemühen der Seele sei es, Gott zu werden[23]. Aus dem gleichen ontologischen Ansatz, der Mittelstellung der Seele bei Plotin und Ficino, folgt hier eine vergleichbare Konsequenz: da die menschliche Seele zur intelligiblen Welt gehört, deren höchster Exponent Gott (oder bei Plotin das „Eine") ist, trägt sie auch die Möglichkeit in sich, diese geistige, göttliche Welt in sich zu verwirklichen; sie ist potentiell Gott.

Wie aber ist der Weg dieser Verwirklichung, dieser Aufstieg zu Gott? Hier zeigt Ficino sich zunächst wieder ganz in der Abhängigkeit von Plotin. Da er aber die Spitze seiner ontologischen Hierarchie, das Erste, oder das, was er Gott nennt, gegenüber Plotin verändert gesehen hat, muß er nun für den Aufstiegsweg der Seele die Konsequenz ziehen. Plotin hatte die Besinnung der menschlichen Seele auf ihre Herkunft, ihre intelligible Substanz und den so erfolgenden Aufstieg zu Gott mit dem Vers *Ilias* B 140 als eine Rückkehr ins göttliche Vaterland bezeichnet[24]. Da die Seele aus der intelligiblen Welt stammt und in ihr trotz aller Vermischung mit dem Körperlichen immer noch verhaftet ist, kann sie durch eine philosophische Besinnung auf die eigene Substanz sich dem Göttlichen nähern. In solchem philosophischen Besinnen gleicht sich die inkarnierte Seele dem göttlichen Geist an und vollzieht so eine ὁμοίωσις. Das höchste „Eine" hat Plotin aber jenseits des Seins und des Denkens angesiedelt; daher kann die philosophische Besinnung, das Denken, bei Plotin den Menschen nicht bis zur letzten Vereinigung bringen. So hat denn

---

21 Dazu C. Zintzen, Antike und Renaissance, MLat. Jb 31,2, 1996, 118ff.

22 Plotin I 2 [19] 6,3: σπουδὴ οὐκ ἔξω ἁμαρτίας εἶναι, ἀλλὰ θεὸν εἶναι.

23 Ficino, Theol. Plat. 2,247 (Marcel): „totus igitur animae nostrae conatus est, ut deus efficiatur."

24 Potin I 6 [1] 8,16: φεύγωμεν δὴ φίλην ἐς πατρίδα γαῖαν. Das Bild ist von Augustinus, civ. 9,17, in der Renaissance von Ficino, Theol. Plat. 1,38 (Marcel) und Landino, *Disputationes Camaldulenses*, 112,4 (Lohe) aufgenommen worden.

Plotin gelehrt, es gebe eine höhere Erkenntnisweise als die wissenschaftliche, die sich in der Dialektik in begrifflicher Zergliederung dem „Einen" nähert, aber es letztlich doch nicht fassen kann[25]. Hier setzt Plotin den Akt mystischer Vereinigung mit dem göttlichen „Einen" an. Die das Denken übergipfelnde Mystik wird durch die Philosophie vorbereitet und kann den Menschen in seltenen Augenblicken zurück zum wahren Ursprung führen. Das „Eine" kann bei Plotin nicht durch das Denken erreicht werden, da es diesem ja überhoben ist.

Ficino hat diese ganzen Vorstellungen übernommen. Gelegentlich hat auch er von einer Vereinigung mit dem Göttlichen gesprochen, die wir wahrzunehmen meinen, wenn wir mit der Aufmerksamkeit der Vernunft oder dem Affekt der Frömmigkeit Gott anhängen. Aber Ficino fügt hinzu, diese Form der Gottesanschauung werde uns auf Erden kaum jemals zuteil[26]. Der eigentliche Weg, Gott zu erreichen, besteht für Ficino im philosophischen Denken. Da Ficino in seiner Ontologie Gott als die höchste Potenz von Sein und Denken betrachtet, kann er natürlich auch einen Weg zu ihm eröffnen, der das Denken des Menschen bis zur Vereinigung mit dieser höchsten Instanz führt. Die Grenzscheide zwischen dem „Einen" und der ersten Hypostase des Geistes, die Plotin gezogen hatte, besteht, wie oben dargelegt, bei Ficino nicht; also braucht auch der Aufstiegsweg nicht erst noch eine Überhöhung des philosophischen Denkens zu erfahren. Wenn in philosophischer Besinnung wie im Vollzug der Tugenden die Seele sich auf ihre noetische Substanz besinnt und insofern vom Körperlichen trennt, kann sie auf diesem Weg der Kontemplation zu Gott gelangen, und wenn sie, aus den körperlichen Fesseln befreit, ganz rein, d.h. ganz im intelligiblen Bereich sich bewegt, dann wird sie gewissermaßen Gott: „anima É puraque decedens certa quadam ratione fit deus" (Theol. Plat. 2,249 [Marcel]).

Beide Beispiele, die hier aus der Ontologie und der Psychologie des Ficino genannt wurden und die miteinander zusammenhängen, zeigen dies: Tragfähige Grundlage ist für Ficino die Philosophie Plotins; er folgt ihm bis in die Einzelheiten des ontologischen Schemas. Aber da, wo der Renaissancephilosoph Ficino, der ja auch Canonicus der römischen Kirche war, sich veranlaßt und gezwungen sieht, der christlichen Lehre und der so orientierten mittelalterlichen Philosophie zu folgen, weicht er von

---

[25] Plotin V 3 [49] 14,6.

[26] Ficino, Theol. Plat. 2,249.

seiner neuplatonischen Vorlage ab und trägt den denkerischen Postulaten seiner und der vorangehenden Zeit Rechnung.

3. Warum greift Ficino auf Plotin zurück?

Am Schluß steht die Frage, was hat Ficino veranlaßt, sich Plotin und der späten platonischen Philosophie in ihrer Ausprägung durch Plotin und dessen neuplatonischen Nachfolgern, etwa Jamblich, Proklos und Dionysios Areopagita, zuzuwenden. Der Weg des Renaissancephilosophen zu den spätantiken Platonikern und in erster Linie zu Plotin ist bestimmt durch die Ziele, die er mit seiner Philosophie verfolgte, und die Gegebenheiten, die sich ihm darboten: Das Ziel des philosophischen Bemühens bei Ficino kann man etwa so formulieren: der in dieser Welt lebende Mensch soll zur unmittelbaren Erkenntnis und Anschauung Gottes gelangen, um damit im Rückgang auf seine innere Geistqualität den Sinn seiner Existenz in dieser Welt zu realisieren. Auf diese Weise legt er zugleich Zeugnis ab von der „dignitas" des Menschen und der Unsterblichkeit seiner Seele. Um diese Ziele zu erreichen hat Ficino in Plotin sozusagen eine Hilfestellung gesehen und dieses philosophische System seinen auch aus mittelalterlicher Tradition schöpfenden Gedanken zugrunde gelegt. Aber warum konnte er auf den neuplatonischen Denker zurückgreifen, und was bewog ihn schließlich dazu? Es ist dies die Frage zugleich, warum die Renaissance aufgekommen ist und wo die treibenden Kräfte waren, die sie gegenüber dem Mittelalter als eigene Epoche der Geistesgeschichte sich entwickeln ließen.

Um es knapp zu formulieren, kann man sagen, daß ab dem 14. Jh. und verstärkt in der folgenden Zeit drei Entdeckungen sich ereignen, die für die neue Zeit charakteristisch sind und sie heraufführen:

a) Die Entdeckung der Antike
b) Die Entdeckung des inneren Menschen
c) Die Entdeckung des Diesseits.

a) Die Entdeckung der Antike ist eine Vorbedingung für die Entwicklung des geistigen Lebens in der Renaissance und unterscheidet zudem diese Epoche grundsätzlich vom Mittelalter, das hinsichtlich der antiken Autoren fast ganz aus zweiter Hand lebte. Die Entdeckung der antiken Welt ereignet sich geradezu explosionsartig, nachdem man in den Bibliotheken Handschriften mit bisher unbekannten Texten, vor allem natürlich der römischen Autoren, entdeckt. Petrarca findet in Verona die

Briefe Ciceros an seinen Freund Atticus. Damit beginnt ein Zeitalter, das geradezu süchtig nach solchen Entdeckungen sucht; Poggio findet 1421 Ciceros Schrift *De oratore*; die *Argonautica* des Valerius Flaccus tauchen in St. Gallen auf. Berühmte Philologen dieser Zeit sind Nicollò Nicoli und vor allem Lorenzo Valla; mit ihm entwickelt sich eine philologische Wissenschaft, die noch heute bestaunt werden kann. Man ediert, kommentiert die gefundenen Texte und beschäftigt sich mit der lateinischen Sprache. Auch das Griechische gewinnt an Bedeutung. Bekannt ist, daß Petrarca, der kein Griechisch verstand oder dies jedenfalls nur sehr rudimentär gelernt hatte, dennoch sich rühmt, er habe sechzehn oder sogar noch mehr „Bücher" Platons in seiner Bibliothek[27], und an seinem Homer, wenn er ihm denn auch stumm bleibe, erfreue er sich dennoch alleine am Anblick des Codex[28]. Gerade diese Entdeckung der Antike, der Versuch, in der eigenen Kultur und Philosophie die antiken Vorbilder wieder aufleben zu lassen und an ihnen das eigene geistige Leben zu orientieren, ist ein Charakteristikum der Renaissance. Dies meinte Ficino, wenn er sagte, sein Jahrhundert habe Platon aus der Finsternis wieder ins Licht zurückgeführt[29], und der Dichter Polizian rühmte gerade dies als Leistung an Ficino[30]. Ebenso ist es mit der Malerei: Botticelli hat das Bestreben, die Bilder des Apelles wieder zum Leben zu erwecken. Durch literarische Beschreibung bei Lukian, die er in seinem Jahrhundert bei Leon Battista Alberti übersetzt lesen konnte, hatte er Kunde von den antiken Vorlagen, die er freilich mit seinen eigenen Farben wiedergab.

Bei dieser Art Renaissance muß man sicher beachten, daß es eben nicht erst im 14. und 15. Jh. solche Rückwendung gegeben hat. Im Ablauf der Epochen haben sich eine Menge von Renaissancen ereignet; ich erinnere nur an den Hof Karls des Großen und das Hochmittelalter. Auch ist natürlich klar, daß Epochen einander nie ablösen, indem schlagartig etwas Neues die Kulturbühne betritt; insofern kann man auch für die Renaissance des Quattrocento natürlich Vorbilder, Vorläufer finden; aber der große Unterschied zwischen diesen vorangehenden Jahrhunderten

---

[27] Petrarca, *De ignorantia*, 756-758 (wie Anm. 9).

[28] Petrarca, Fam. 18,2,10: „Homerus tuus apud me mutus, imo vero ego apud illum surdus sum. Gaudeo tamen vel aspectu solo et saepe illum amplexus ac suspirans dico: 'O magne vir, quam cupide te audirem!'"

[29] Ficino, op. 1,944: „Florentiae quinetiam Platonicam disciplinam in lucem e tenebris revocavit (sc. hoc saeculum)."

[30] S.o. Anm. 6.

und der Renaissance ab 1400 besteht darin, daß die Rückwendung zur Antike auf allen Gebieten und eben nicht nur sporadisch sich ereignet und daß solches Anknüpfen an die Welt der Griechen und Römer eben zu einem anderen Bild vom Menschen führt und zu einer unterschiedlichen Bewertung der Stellung des Menschen in diesem Kosmos. Damit sind wir bei den beiden anderen Entdeckungen dieser Zeit, die den Zugang schließlich des Ficino zu Plotin ermöglichen und nahelegen.

b) Die zweite große Entdeckung, die sich in der Renaissance ereignet und sozusagen als Koordinate für alles anthropologische Denken erweist, ist die Entdeckung des inneren Menschen. In Wirklichkeit handelt es sich dabei ebenfalls um eine Rückwendung zu Antike und Spätantike, und ganz besonders konnte hier Ficino auf Plotin zurückgehen, wenn er die Wertigkeit des inneren Menschen herausstellen und zu einem Stützpfeiler seiner eigenen Philosophie machen wollte. Plotin hatte die Seele des Menschen in einer Mittelstellung zwischen intelligiblem und wahrnehmbar-materiellem Kosmos verankert; sie ist mit den höheren geistigen Hypostasen und schließlich mit dem Einen, dem Göttlichen, verwandt und trägt diese Geistigkeit in sich. Insofern ist es konsequent, wenn Plotin den Menschen, der auf der Suche nach dem Wesentlichen in sich ist, auffordert: „Folge ins Innere“ (συνεπέσθω εἰς τὸ εἴσω, I 6 [1] 8,4) oder sagt: „Alles ist Innen“ (πάντα εἴσω, III 8 [30] 6,40); bei Augustinus heißt es, vermittelt durch spätere Neuplatoniker (wahrscheinlich durch eine lateinische Übersetzung des Porphyrios): „Gehe nicht nach außen, kehre zu dir selbst zurück, im inneren Menschen wohnt die Wahrheit“ (*De vera religione* 39 [72] 202: „noli foras ire, in te ipsum redi, in interiore homine habitat veritas“). Petrarca hat diesen Gedanken aufgenommen und zu einem zentralen Punkt seines Denkens gemacht: Die Besteigung des Mont Ventoux veranlaßt ihn mit Rückgriff auf Augustinus (Conf. 10,8,15) zu der Bemerkung[31]: „Berge, Meere, Flüsse und die Bahnen der Gestirne bewundern die Menschen, sich selbst aber vergessen sie; schon von den heidnischen Philosophen hätte ich längst lernen können, daß nichts außer der menschlichen Seele bewundernswert ist; damals aber, zufrieden, den Berg hinreichend gesehen zu haben, wandte ich meine inneren Augen zu mir selbst.“ Hier entwickelte sich eine Linie, auf die nun auch Ficino zurückgreifen konnte und die ihn geradezu auf Plotins Denkansatz verwies. In der *Theologia Platonica* hat Ficino vor allem im

---

[31] Petrarca, Fam. 4,1,28: „Tunc vero montem satis vidisse contentus in me ipsum interiores oculos reflexi.“

13. Buch die innere Erfahrung, welche die Seele nach der Lösung vom Materiell-Körperlichen mit ihrer eigenen Substanz macht, zum Ausgangspunkt des Weges gemacht, auf dem der Mensch sein wahres Ziel, die Vereinigung mit Gott, erreichen kann. Ficino redet die Menschenseele an[32]: „Du bist etwas Großes, du Seele, wenn dich Kleines nicht ausfüllt ... wenn du derartig bist und wenn du dich finden willst, dann beschwöre ich dich, suche dich selbst, wo derartiges (das Große, Schöne, Zeitlose) sich befindet. Suche dich außerhalb der Welt ... kehre in dich selbst zurück." Es ist die gleiche Sicht, die Plotin, Augustinus und Petrarca für die Vollendung des Menschen anwenden: die Sicht auf die Wertigkeit des Inneren, der geistigen Substanz im Menschen. Die Wiederentdeckung und Aktualisierung der Sicht auf den inneren Menschen verbindet die Renaissancedenker mit der spätantiken Philosophie und läßt sie ihre eigenen anthropologischen Vorstellungen präzisieren. Dieser durch seine Gottesverwandtschaft gekennzeichnete Mensch ist ein unverwechselbares Individuum mit einer unsterblichen Seele. Wie Ficino und später Pico della Mirandola betonen, steht er in der Mitte der Welt, besitzt einen Willen, die „voluntas", mit dem er zu seiner Bestimmung, zu Gott, aufsteigen oder zum Tierischen absinken kann: Die „voluntas"-Diskussion ist seit Petrarca ein integrierter Bestandteil der Diskussion um die Eigenschaften des Menschen. Freilich muß man darauf hinweisen, daß die Betonung des Menschen als eines Individuums in der Renaissance sich nicht auf die Gefühlsebene bezieht. Der Renaissancemensch sieht sich einzigartig als einzelner in die Welt versetzt, um dort seine Möglichkeiten wahrzunehmen; er wird gesehen als geistige Existenz, nicht aber vom Sentiment her in der Einzigartigkeit seines Gefühls begriffen: Er ist nicht wie 300 Jahre später eine Werthernatur.

c) Die Vorstellung, der Mensch sei mit seinen Fähigkeiten mitten in die Welt hineinversetzt, um dort gemäß seinem Wollen ein Leben zu führen, geht einerseits auf die philosophische metaphysische Verankerung in der Philosophie Platons und Plotins zurück; andererseits realisiert sich darin auch jene dritte Entdeckung der Renaissance, die großenteils im Rückgriff auf die Antike erfolgt: die Entdeckung des Diesseits. Die frühe Renaissance hat mit Coluccio Salutati und Leonardo Bruni, aber auch später bei Leon Battista Alberti und den Humanisten des Quattrocento

[32] Ficino, Theol.Plat. 6,2 (1,227 Marcel): „Magnum quiddam es, o anima, si te parva non implent ... Postquam talis es, si invenire te cupis, quaere, obsecro, ibi te ipsam ubi sunt talia ... Quaere te igitur extra mundum ... Revertere in te ipsam." Zum Ganzen vgl. Kristeller (wie Anm. 15), 200ff.

durchaus begriffen, daß dieses Lebewesen Mensch auf Erden lebt. Als Belege für die Einzigartigkeit des Menschen zieht man in dieser Zeit immer zwei Quellen heran: Zunächst Genesis 1,26, demzufolge Gott den Menschen nach seinem Ebenbilde geschaffen hat; dann aber auch Ovid, *Metamorphosen* 1,85, wo es heißt, als einziges Lebewesen gehe der Mensch hocherhobenen Hauptes durch die Welt und vermöge die Gestirne anzusehen. Die Humanisten, die ja eben nicht nur Gelehrte waren, sondern oft auch hohe politische Ämter bekleideten, haben oft betont, der Mensch lebe in einer Gemeinschaft auf Erden, in einer Gesellschaft, der er verpflichtet sei. Salutati bemerkte, im Himmel seien mehr Menschen, die praktische Politik für die Gesellschaft betrieben hätten, als Märtyrer[33]. Die Diskussion, ob denn die „vita activa" oder die „vita contemplativa" höher einzustufen sei, wurde in der Renaissance engagiert geführt, etwa bei Cristoforo Landino im ersten Buch seiner *Disputationes Camaldulenses*[34]. Natürlich hat Ficino ebenso wie Plotin in seiner Philosophie den Weg des Menschen und seine Bestimmung im philosophischen Besinnen auf seine Gottähnlichkeit und seinen Geist gesehen. Aber auch Plotin hat den Kosmos und die Welt, in der der Mensch lebt, nicht völlig abgewertet: beständig geht der Kosmos aus den höheren Ursachen hervor und entsteht auf diese Weise ohne Anfang und Ende; Plotin kann den Kosmos daher mit dem Epitheton Gott (θεός) bezeichnen. Ficinos Weltentstehungslehre orientiert sich am biblischen Schöpfungsbericht und den Aussagen der mittelalterlichen Philosophie, nach denen Gott die Welt aus dem Nichts schafft. Man darf aber nicht übersehen, daß auch Ficino die Diesseitigkeit nicht ins Abseits gestellt hat. Der Vollkommenheit Gottes entspricht die Vollkommenheit der Welt[35].

Für Ficino gibt es einen Bereich, an dem wie an einer Schnittstelle sozusagen der metaphysische Kosmos in die diesseitige, irdische Welt hineinragt und in besonderer Weise wirksam wird: Dies ist die Welt der Kunst. Die Renaissancekultur hat im Kunstwerk immer gerne die Manifestation einer metaphysischen Ideenwelt gesehen. Ficino, der selbst ein offensichtlich begabter und engagierter Musiker war, befaßte sich im 12.

---

[33] Dazu Coluccio Salutati, Epistolario (ed. Novati), 3,304ff.

[34] Vgl. U. Rombach, Vita activa und vita contemplativa bei Cristoforo Landino (Beitr. zur Altertumskunde 17), Stuttgart 1991.

[35] Ficino, Theol. Plat. 3,298: „Hinc efficitur, ut causa illa, qua nulla potest potentior cogitari, aliquid generet sibimet usque adeo simile, ut similius quicquam cogitari non possit, non reperitur alicubi talis quaedam similitudo nisi ubi generantis genitique substantia est penitus eadem." Dazu Kristeller (wie Anm. 15), 43ff.

und 13. Buch seiner *Theologia Platonica* ausführlich damit[36]: Kunst ist eine „ars rationalis"; auch wenn der Künstler durch den „divinus furor" inspiriert ist, so erkennt er doch in solchem Enthusiasmos kraft seiner Intelligenz und des Erinnerungsvermögens die Idee des Kunstwerkes, die ihm in der jenseitigen Welt vor der Inkarnation bekannt geworden ist. Wenn der Künstler im Kunstwerk die Idee verwirklicht, schafft er ein wirkliches Kunstwerk, weil er die Welt des Göttlichen, in der sich die Ideen als Gedanken des Schöpfergottes bewegen, in der Welt realisiert. Seine Seele befindet sich im „reinsten Zustand des Geistes" („mentis purissimae status"). Der Künstler ahmt nicht nur den Schöpfungsakt Gottes nach; indem er die Materie benutzt und formt, vollendet er die Schöpfung Gottes im Kunstwerk. Auf dem ganzen Erdkreis schafft der Mensch auf diese Weise die Kultur und in solcher Fähigkeit besitzt er eine gottähnliche Potenz[37]. Es ist klar, daß hier eine von Platons Beurteilung der Kunst als Nachahmung von Nachbildern (μίμησις μιμήσεως) völlig unterschiedliche Wertung des Kunstwerkes vorliegt. Ficino gelingt es auf diese Weise, die diesseitige Welt, in der der Mensch lebt und der Künstler schafft, aufzuwerten und in ihr den Abglanz jener metaphysischen Welt zu verankern. Solche Anbindung der wahrnehmbaren Welt an die metaphysische Wirklichkeit konnte Ficino nur leisten, wenn er auf die Ontologie Plotins zurückgriff, welche eben nicht den wahrnehmbaren Kosmos, diese irdische Welt, nur als Gegenbild einer intelligiblen Welt, sondern immer noch verbunden mit jener Ideenwelt und als deren nachrangig geordneten Abglanz verstand. Ficino hat (Theol. Plat. 13,3, 2,224 [Marcel]) geradezu hymnisch den Menschen als den Gestalter von Kultur und Kunst gepriesen: „Quam mirabilis per omnem orbem terrae cultura!" „Wie bewunderungswürdig ist auf dem ganzen Erdkreis die Kultur, wie staunenerregend die Gebäude und die Städte der Menschen!" Der Mensch als Kulturträger tritt an die Stelle Gottes: „vicem gerit Dei". Diese Anbindung des ganzen irdischen Bereiches und die Kunsttheorie, welche nun

---

[36] Dazu im ganzen U. Oehlig, Die philosophische Begründung der Kunst bei Ficino (Beitr. zur Altertumswiss. 23), Stuttgart 1992.

[37] Ficino, Theol. Plat. 2,223 (Marcel): „Contra homines artium innumerabilium inventores sunt, quas suo exequuntur arbitrio ... Denique homo omnia divinae naturae opera imitatur et naturae inferioris opera perficit, corrigit et emendat. Similis ergo ferme vis hominis est naturae divinae ... Tractat, inquam, elementa, lapides, metalla, plantas et animalia et in multas traducit formas atque figuras." Ähnlich rühmt die kulturschöpferische Tätigkeit des Menschen schon Giannozzo Manetti in seiner 1452 erschienen Schrift *De dignitate et excellentia hominis* (ed. E.R. Leonard, Padua 1975, 77). Ficino wird sie gekannt haben.

wie auch bei anderen Künstlern der Renaissance eine tiefe Verankerung im Diesseits offenbarte, konnte Ficino, wenn er eine Stütze im Bereich der antiken Philosophie suchte, nur denken auf dem Leisten der neuplatonischen Philosophie des Plotin und seiner Nachfolger. Sie hatten das Denkmodell kontrapostierter Welten ersetzt durch eine Sicht, welche eine durchgängige Filiation von den obersten göttlichen Bereichen bis in die Materie vorsah. Bei Plotin ist die Geistseele das Prinzip der Ordnung in dieser Welt; sie ist daher die beste aller möglichen Welten. Auch Ficino hat die Schöpfung Gottes betrachtet als eine Welt, die der Vollkommenheit Gottes entspricht (Theol. Plat. 3,298 [Marcel]). Die Substanz des Schöpfers und des Geschaffenen sind im Kern gleich[38]. Um das Diesseits, die wahrnehmbare Welt, so aufwerten zu können, mußte der Platoniker Ficino statt auf Platon auf Plotin zurückgreifen. Der Renaissancephilosoph ist diesen Weg konsequent gegangen und trug damit einem Weltgefühl seiner Zeit Rechnung.

Ficinos Rückgriff auf Plotin erweist sich nicht als eine zufällige Repristination der Tradition. Aus der geistesgeschichtlichen Situation und dem Weltempfinden der Renaissance ergab sich eine Konstellation, die solche Rückwendung zur Antike speziell für Ficino auf den Neuplatonismus und seinen bedeutendsten Philosophen Plotin geradezu empfahl. Plotin hatte im dritten Jh. n. Chr. die philosophischen Gedankengänge niedergelegt, die noch 1200 Jahre später geeignet erschienen, die Welt des Quattrocento auch in ihrer Diesseitigkeit als gottgewollt hinzustellen. Sie ermöglichten es auch dem Renaissancephilosophen, als das größte Wunder in der Natur, also inmitten der diesseitigen Welt, die Seele darzustellen, die sich in der Mitte aller Dinge befinde, Verknotung und Band des Universums sei: „maximum miraculum - media omnium - nodusque et copula mundi“[39]. Wir begreifen, warum das Urteil Ficinos über Plotin lautete, gemessen an Platon, dem „princeps philosophorum“, sei Plotin manchmal noch tiefgründiger: „nonnumquam profundior“.

---

[38] S.o. Anm. 37.

[39] Ficino, Theol. Plat. 1,142 (Marcel): „Et quia ipsa (sc. haec essentia = anima) vera est universorum connexio, dum in alia migrat non deserit alia, sed migrat in singula ac semper cuncta conservat, ut merito dici possit centrum naturae, universorum medium, mundi series, vultus omnium nodusque et copula mundi.“

Machtspiele

Die Psychologie des politischen Dramas in Schillers *Don Karlos*

von Peter-André Alt (Bochum)

1. „In seinen Thaten malt sich der Mensch"[1]
Die Faszinationskraft der politischen Geschichte

„Niemand", vermerkt Jean Paul in der *Vorschule der Ästhetik* (1804), „hat nach Shakespeare so sehr als Schiller … die historische Auseinandersetzung der Menschen und Taten so kräftig zu einem tragischen Phalanx zusammengezogen, welcher gedrängt und keilförmig in die Herzen einbricht"[2]. Diese bildmächtige Charakteristik erfaßt zwei Aspekte, die Schiller selbst bei der Bearbeitung geschichtlicher Dramenstoffe immer wieder bedacht und systematisch durchleuchtet hat: die Ökonomie der Tragödie mit ihrem Prinzip der von Hegel so genannten „Kollision"[3] individueller Handlungsabsichten und das wirkungstechnische Kalkül, das zur Inszenierung historischer Sujets das psychologische Interesse an der Anatomie großer Leidenschaften treten läßt. Schillers vielbeschworenes Theatertemperament, in dem Goethe auch die Rudimente einer Lust am Schrecken wirken sah, entfaltet sich dort am besten, wo die Balance beider Darstellungsebenen gelingt.

Bekanntlich behandeln Schillers Geschichtsdramen bevorzugt Übergangs- und Umbruchphasen, politische und soziale Ausnahmezustände, Krisen, Kriege und Revolten[4]. Hinter dieser Neigung, die sich schon im *Fiesko* (1783) bekundet, steht die Intention, dem Zuschauer das dramatische Individuum im Moment konkreter Gefährdung durch Interessenkollisionen, Rechtsunsicherheit und Gewalt an Extrempunkten seiner historischen Bewährung vor Augen zu führen. Weil Schiller mehr als nur die Erklärung singulärer sozialer Konfliktmuster anstrebt, muß er Stoffe

---

[1] Schiller an den Prinzen von Augustenburg (13. 7. 1793), in: Werke, Nationalausgabe, begr. von J. Petersen, fortgeführt von L. Blumenthal und B. von Wiese, hrsg. im Auftrag der Stiftung Weimarer Klassik und des Schiller-Nationalmuseums Marbach von N. Oellers, Weimar 1943ff., Bd. 26, 263 (künftig unter Angabe von Band und Seitenzahl als „NA" zitiert).

[2] Jean Paul, Sämtliche Werke, hrsg. von N. Miller, München 1959ff., Bd. 1,5, 397.

[3] Georg Wilhelm Friedrich Hegel, Vorlesungen über die Ästhetik III, in: Werke. hrsg. von E. Moldenhauer/K.M. Michel, Frankfurt/M. 1986, Bd. 15, 524.

[4] Vgl. W. Müller-Seidel, Verschwörungen und Rebellionen in Schillers Dramen, in: A. Aurnhammer u.a. (Hrsg.), Schiller und die höfische Welt. Tübingen 1990, 422ff.

finden, die typische Modelle politischen Handelns aufzeigen, ohne daß dabei das psychologische Interesse am geschichtlichen Material preisgegeben wird. Ausschlaggebend für die Wahl eines Sujets ist folglich nicht nur dessen historische Beispielhaftigkeit, sondern auch seine Qualifikation zur Darstellung herausragender Charaktere. Der Abbé St. Réal, dessen Schriften Schiller Ende 1782 in der ersten Phase der *Karlos*-Studien kennenlernt, betont in seiner pädagogisch gefärbten Abhandlung *De l'usage de l'histoire* (1671) die Bedeutung dieser Interessenkoalition auch für die Geschichtsschreibung: „Savoire l'Histoire c'est connaître les hommes, qui en fournissent la matière, c'est juger de ces hommes sainement; étudier l'histoire, c'est étudier les motifs, les opinions et les passions des hommes, pour en connaître tous les ressorts, les tours et les détours, enfin toutes les illusions qu'elles font aux cœurs"[5].

Inszenieren Schillers Jugenddramen den genialen Ausnahmemenschen jenseits sozialer Normen in einer nur vage skizzierten historischen Topographie, so wächst im Zuge des *Karlos*-Projekts das Interesse an Ursprung, Profil und Prozeßlogik geschichtlicher Entscheidungssituationen. Auf den Prüfstand tritt dabei das Ideal der individuellen Autonomie, das in politischen Umbruchkonstellationen Belastungsproben ausgesetzt wird, wie sie aus dem Widerstreit von subjektivem Wirkungsanspruch und objektiven Zwängen erwachsen. Daß die moralische Freiheit des Menschen oft genug erst unter dem Druck äußerer Notlagen praktische Konsequenzen zeitigt, betont, kurz nach dem Abschluß des *Karlos*, die Einleitung der Schrift über die niederländische Rebellion, wenn sie dem „Drang der Umstände"[6] entscheidenden Einfluß auf die Bewährungskraft des historischen Individuums zugesteht. Schillers Geschichtshelden agieren daher immer wieder in ungesicherten Verhältnissen, an der Schwelle zur plötzlichen Veränderung des Status quo, jenseits der Normalität. Ihre Funktion als tragische Subjekte gewinnen sie aus dem Spannungsverhältnis zwischen persönlichem Selbsterhaltungsanspruch und inkalkulabler Gemengelage, wie es in politischen Krisensituationen verstärkt zutage tritt.

Zur Hintergrundkulisse der hier entwickelten Autonomieexperimente werden die welthistorischen Ereignisse des konfessionalistischen Zeit-

---

[5] Zit. nach P. Böckmann, Schillers *Don Karlos*. Edition der ursprünglichen Fassung und entstehungsgeschichtlicher Kommentar. Stuttgart 1974, 411. Auf St. Réals Diktum verweist auch Müller-Seidel, in: Aurnhammer u.a. (Hrsg.) (wie Anm. 4), 427.

[6] NA 18, 11.

alters vom Ende der spanischen Hegemonie bis zum Dreißigjährigen Krieg. In seinen Geschichtsstudien ist Schiller ab der Mitte der 80er Jahre auch deshalb immer wieder zu dieser Epoche zurückgekehrt, weil deren dynastische, religiöse und territoriale Konflikte bis in die Periode der Französischen Revolution fortwirkten, ihre Analyse mithin signifikante Aufschlüsse über den politischen Status quo der eigenen Zeit versprach. Das methodische Prinzip, das dieses Interesse leitet, formuliert die Antrittsvorlesung vom Mai 1789: „Das Verhältniß eines historischen Datums zu der heutigen Weltverfassung ist es also, worauf gesehen werden muß, um Materialien für die Weltgeschichte zu sammeln“[7]. Vornehmlich die Schrift über den niederländischen Aufstand (1788) und der als Einleitung zur zweiten Folge der *Memoires* verfaßte Abriß über die Voraussetzungen der französischen Bürgerkriege des späten 16. Jahrhunderts (1790/91) behandeln zudem soziale Umbruchprozesse, die im Horizont der Pariser Staatsumwälzung von besonderer Brisanz schienen[8]. Gewiß ist es kein Zufall, daß am Beginn von Schillers historischen Studien das im Herbst 1786 in den *Gothaischen gelehrten Zeitungen* angekündigte Projekt einer „Geschichte der merkwürdigsten Rebellionen und Verschwörungen“ steht, das dem damals vorherrschenden Interesse an Revolutionsstoffen Rechnung zu tragen suchte: die deutschen Intellektuellen studieren den Aufstand, ehe man ihn im Nachbarland vollzieht.

Die Geschichtsdramen vom *Fiesko* bis zum *Demetrius*-Projekt des Todesjahres vereint das Interesse an den Erscheinungsformen politischen Handelns. Ein „Experte der Macht“[9], wie Elias Canetti Franz Kafka genannt hat, ist auch Schiller. Eigene Jugenderfahrungen mit den Fratzen des Despotismus dürften hier prägend gewirkt haben. In Stuttgart, als Eleve an der Hohen Karlsschule und späterer Regimentsarzt mit Schreibverbot, lernt er die Willkür eines selbstherrlichen Souveräns zur Genüge kennen. Noch in Jena und Weimar lebt er unter dem Diktat einer engen politischen Ordnung, deren restriktiven Charakter er als Theaterautor im Bereich der wechselhaften Zensurpraxis schmerzhaft spüren muß. Der Kontakt mit den Ministern Goethe und Voigt, nicht zuletzt mit dem Freiherrn Karl Theodor von Dalberg, dem Erfurter Koadjutor des mainzischen Kurfürsten, verschafft ihm Einblicke in die Winkelzüge der

---

[7] NA 17, 371f.

[8] Vgl. dazu E. Schulin, Schillers Interesse an Aufstandsgeschichte, in: O. Dann u.a. (Hrsg.), Schiller als Historiker. Stuttgart, Weimar 1995, 137ff.

[9] Elias Canetti, Der andere Prozeß, München 1969, 86.

geheimen Kabinettspolitik und höfischen Diplomatie, wie sie nicht jedem vergönnt waren. Frühzeitig hat Schiller die Welt der Herrscher als literarisches Thema fasziniert, weil sie Eindrücke von den Grenzen und Widerständen vermittelten, denen der Autonomie beanspruchende Mensch noch auf der Höhe seiner Macht unterliegt. In kaum überbietbarer Vielfalt führt bereits der *Fiesko* dem Zuschauer Grundformen politischen Denkens und Handelns vor Augen. Verstellungskunst und Hofintrige, Demagogie und Gewalt, Desinformation und Betrug, juristische Kasuistik und militärisches Kalkül treten dabei als Elemente eines oft bedrückend anmutenden Szenarios zutage. Schiller verzichtet jedoch darauf, die zerklüftete Landschaft der Politik aus der Kathedersicht moralischer Belehrung zu präsentieren und damit, wie es in Hölderlins *Hyperion* (1797/99) heißt, zur „Sittenschule"[10] der eigenen Zeit zu erheben. Im Vordergrund steht der nüchtern sezierende Blick des Psychologen, der die politische Aktion als Erpobungsspiel menschlicher Autonomieansprüche arrangiert.

Noch die historischen Dramen der frühen Neuzeit von Gryphius' Haupt- und Staatsaktionen und Lohensteins römischen bzw. afrikanischen Trauerspielen über den Schulactus Christian Weises und die Bühnentexte der Jesuiten bis zu Gottscheds und Johann Elias Schlegels Lehrstücken der Staatsvernunft setzen das Gedankenmaterial der politischen Ideengeschichte auf dem Schachbrett einer genau festliegenden Figurenordnung in Szene. Erscheinen ihre Protagonisten als Vertreter unterschiedlicher Ordnungskonzepte - der Hobbesschen Souveränitätsidee wie des spanischen Prudentismus, der Heilsmetaphysik oder der rationalistischen Fortschrittsteleologie -, so fehlt ihnen doch zumeist jene differenzierte seelische Disposition, die Schillers Helden zu modernen Charakteren mit widersprüchlichen Zügen bestimmen. Einflußreicher als das deutschsprachige Geschichtsdrama der frühen Neuzeit wirkte hier, wie man weiß, das Vorbild Shakespeares. Kein Zufall mag es sein, daß Schiller als Karlsschuleleve im Rahmen des Psychologieunterrichts von Jacob Friedrich Abel auf dessen Texte als Anschauungsmaterialien für die Anatomie der Leidenschaften verwiesen wurde[11]. Von vornherein regiert hier die anthropologische Neugier das literarische Interesse, wie später auch das Studium der Geschichte.

---

[10] Friedrich Hölderlin, Werke, hrsg. von F. Beißner, Stuttgart 1943ff., Bd. 3, 31.

[11] NA 42, 11.

Die psychologische Perspektive, die nicht nur auf das Geschehen im Raum der Macht, sondern auch auf die geheimen Triebfedern menschlichen Handelns zielt, erbt der *Karlos* von früheren Dramen Schillers. Daß sie die „Seele gleichsam bei ihren geheimsten Operationen zu ertappen" vermöge, bezeichnet schon 1781 die Vorrede der *Räuber* als Vorteil der „dramatischen Methode"[12] (er veranlaßt die szenische Ausführung des ursprünglich als Roman konzipierten Textes, dem man auch heute noch die epische Tendenz anmerkt). „Heilig und feierlich" sei ihm „der große Augenblick in dem Schauspielhaus", so erklärt das Avertissement zur Mannheimer Aufführung des *Fiesko* im Januar 1784, da er „des Zuschauers Seele am Zügel führe"[13]. Auch die so häufig mißverstandene Schaubühnenrede vom Mai 1784, der Schiller erst 1802 im Titel die berüchtigte Apostrophe von der „moralischen Anstalt" hinzufügt, berührt, nicht sofort sichtbar, die psychologischen Effekte des Dramas. Ins Blickfeld rückt sie das moderne Individuum, das, von den „Geschäften des Berufs"[14] ermüdet, angespannt und unterhaltungsbedürftig, mit Hilfe der Kunst zu einer tiefgreifenden Sublimierung seiner sinnlichen und moralischen Kultur finden soll. Bedingung für das breit gefächerte Wirkungsprofil, das Schiller dem Theater zuschreibt, ist die psychophysische Ausgleichsfunktion, die es versieht. Im unmittelbaren Anschluß an die (für die Druckfassung von 1802 gestrichene) Einleitung der Rede findet sich ein Mechanismus skizziert, der später für die Idee der ästhetischen Erziehung systematische Bedeutung gewinnt; die Bühne, so heißt es, eröffne „dem nach Thätigkeit dürstenden Geist einen unendlichen Krais", sie verschaffe „jeder Seelenkraft Nahrung ..., ohne eine einzige zu überspannen". Indem das Theater „die Bildung des Verstands und des Herzens mit der edelsten Unterhaltung vereinigt"[15], bringt es die Option auf den „ganzen Menschen"[16] zur Geltung, die die Bürger-Rezension sieben Jahre später als anthropologische Basis einer Kunstpsychologie klassizistischen Zuschnitts hervorheben wird.

In der Vorrede zur Buchausgabe des *Fiesko* (1783) hat Schiller die poetische Freiheit im Umgang mit historischen Materialien aus wirkungs-

[12] NA 3, 5. Informativ hier D.W. Jöns, Das Problem der Macht in Schillers Dramen von den *Räubern* bis zum *Wallenstein*, in: K.O. Conrady (Hrsg.), Deutsche Literatur zur Zeit der Klassik. Frankfurt/M. 1977, 76ff.

[13] NA 22, 91f.

[14] NA 20, 90.

[15] NA 20, 90.

[16] NA 22, 245.

ästhetischen Rücksichten begründet: „Wenn es wahr ist, daß nur Empfindung Empfindung wekt, so müßte, däucht mich, der politische Held in dem Grade kein Subjekt für die Bühne seyn, in welchem er den Menschen hintenansezen muß, um der politische Held zu seyn." Dieser Erkenntnis entspringt die Forderung, der Dramatiker müsse sich intensiv mit dem Innenleben seiner Figuren befassen, um die „unfruchtbare Staatsaktion aus dem menschlichen Herzen herauszuspinnen"[17]. Nicht zuletzt das Gesetz der Erfahrung verlange vom Autor die Konzentration auf die subjektiven Züge geschichtlichen Handelns, weil er nur sie kompetent darstellen könne: „Mein Verhältniß mit der bürgerlichen Welt machte mich auch mit dem Herzen bekannter als mit dem Kabinett, und vielleicht ist eben diese politische Schwäche zu einer poetischen Tugend geworden"[18]. Daß eine solche Formulierung dem rhetorischen Rahmen der Prämonitio geschuldet ist, erweist Schillers so sachkundiger wie literarisch souveräner Umgang mit den vermeintlich „unfruchtbaren" Staatsaktionen. Mag er auch zeitlebens Zweifel an ihrer ästhetischen Tauglichkeit formulieren (noch während der Arbeit am *Wallenstein*-Projekt klagt er über die „trockene Zweckmäßigkeit" des Stoffs[19]), so haben sie ihn doch bis zuletzt stets neu angezogen. Das Diktum der Vorrede scheint folglich umkehrbar; nicht nur erschließt das politische Drama den Menschen im Inneren der Macht, sondern auch das Innere des Menschen die Winkelzüge der Politik. In den Kammern des Herzens stößt Schiller, wie schon Dieter Borchmeyers *Wallenstein*-Kommentar bemerkt hat, immer wieder auf die Ordnungen des Kabinetts[20].

2. „Heimlichkeit" und „Herrschsucht"[21]. Die Organisation der Ideen

Der *Don Karlos* entfaltet eine differenzierte Phänomenologie der Politik, in deren Spektrum praktische Verhaltensformen der höfischen Diplomatie und Intrigenkunst, aber auch Reflexe aufgeklärter Gesellschaftstheorie und Staatsphilosophie zu Gesicht kommen. Anspielungen, Andeutungen, verdeckte Zitate und Bezüge beweisen, daß Schiller sich während der

17 NA 4, 9f.

18 NA 4, 10.

19 An Körner (28. 11. 1796); NA 29, 17.

20 D. Borchmeyer, Macht und Melancholie. Schillers *Wallenstein*, Frankfurt/M. 1988, 246

21 Vgl. Schiller, Briefe über Don Karlos (1788), NA 22, 171.

Arbeit am Drama intensiv mit der politischen Ideengeschichte seiner Zeit befaßt hat. Neben das Studium der historischen Hintergründe, die ihm durch St. Réals Carlos-Erzählung (1672), Juan de Ferreras *Historia de España* (dt. 1754-72) und Louis Sebastian Merciers literarisch überformtes Portrait Philipp II. (1785) vermittelt wurden, treten verstärkt die Schriften Montesquieus und Rousseaus, die dem Drama das theoretische Gedankenmaterial liefern. Montesquieus Abhandlung *De l'esprit des lois* (1748) hatte Schiller bereits 1779 als Karlsschüler näher kennengelernt, ehe er sie im Herbst und Winter 1785/86 in Dresden nochmals gründlicher mustert - eben in jener Zeit, da er auch Watsons Geschichte der Regierungszeit Philipp II. in der 1778 erschienenen deutschen Übersetzung studiert, die ihn zu einer entschieden freundlicheren Darstellung des spanischen Königs veranlaßt. Ebenso gehörte Rousseau, vermittelt durch Christian Garves kulturgeschichtliche *Anmerkungen zu Fergusons Moralphilosophie* von 1772, zum Leseprogramm des neugierigen Eleven. Neben die intensive Auseinandersetzung mit dem *Julie*-Roman (1761), aus dem später das Motto für die Briefe zur ästhetischen Erziehung stammt, trat Mitte der 80er Jahre, angeregt durch den hier gut beschlagenen Freund Huber, die Lektüre der beiden Diskurse von 1750 bzw. 1755 und der Schrift über den Gesellschaftsvertrag (*Du contrat social*, 1762).

Eine weitere (bisher unterschätzte) Quelle für die politische Ideenwelt des *Karlos* bildet Thomas Abbts Schrift *Vom Verdienste* (1772), auf die Schiller im April 1786 in Körners Privatbibliothek stößt[22]. Der Berliner Aufklärer entwickelt darin ein System sozialen Handelns, das die individuelle Leistung des Menschen im Verhältnis zu den ihr jeweils zugrundeliegenden Wertvorstellungen erschließen soll. Militärische, wissenschaftliche, künstlerische und geistliche Tätigkeit finden sich dabei als Formen sozial einflußreicher Wirksamkeit näher analysiert und nach den Normen der opinio communis bewertet. Abbts Auseinandersetzung mit den spezifischen Formen menschlicher Verdienste erfaßt neben dem moralischen Aspekt auch psychologische Gesichtspunkte; untersucht wird nicht nur die Leistung, die das Individuum für das gesellschaftliche Gemeinwohl erbringt, sondern ebenso der jeweilige Antrieb, der hinter seiner Tätigkeit steht. Aus diesem Ansatz leitet sich bei Abbt eine weitläufig skizzierte Anatomie der politischen Handlungen ab, die ihre Prägung durch Montesquieu nicht verleugnen kann. Schiller hat die Schrift

---

[22] Auf Abbt verweist bisher nur H.-F. Schings, Die Brüder des Marquis Posa. Schiller und der Geheimbund der Illuminaten, Tübingen 1996, 110f.

im Licht seiner eigenen Interessen als Beitrag zur „speculativen-praktischen Psychologie“ menschlicher Größe gelesen und daraus Folgerungen für sein aktuelles Dramenprojekt abgeleitet. In einem Brief an Körner betont er, ohne den Bezug zum *Karlos* explizit herzustellen, die „Verwandtschaft“, die Abbts intellektuelles Temperament mit seiner eigenen Neigung zur grenzüberschreitenden Reflexion im Spannungsfeld zwischen politischem Denken und schwärmerischem Enthusiasmus verbinde: „Eine solche Mischung ohngefähr von Speculation und Feuer, Phantasie und Ingenium, Kälte und Wärme meine ich zuweilen an mir zu beobachten. Uebrigens auch diese Dunkelheit diese Anarchie der Ideen, welche, wie ich fast glaube, durch eine Zusammengerinnung der Ideen und des Gefühls, durch eine Ueberstürzung der Gedanken erzeugt wird“[23]. Züge des Psychogramms, das sich Schiller hier, inspiriert durch die Abbt-Lektüre, selbst zuschreibt, kann man auch im *Karlos* wiederfinden. Der Marquis Posa ist es, der wie keine andere Figur des Textes „Kälte und Wärme“, Ideenfeuer und Scharfsinn, aufgeklärten Verstand und „dunkle Anarchie“ der Gesinnungen vereint. Die Auseinandersetzung mit Abbt legt die Spuren zur psychologischen Perspektive, aus der im *Karlos* die Welt der Politik betrachtet wird. Nur sie, so dürfte sich zeigen, gewährt auch die kritische Distanz, die Schiller selbst dem idealistischen Gedankenschwung seines Marquis entgegenbringt.

Das politische Drama, das der Text inszeniert, vollzieht sich vor dem Hintergrund einer düster ausgeleuchteten höfischen Welt. Der „Schlangenbiß des Argwohns“ (127)[24], von dem Karlos gegenüber Domingo spricht, beherrscht das allgemeine Klima am Königshaus zu Madrid (Kleist wird in der *Familie Schroffenstein* [1803] im Zusammenhang seiner obsessiven Geschichtstheologie des Sündenfalls vom „Gespenst des Mißtrauns“[25] reden, das das menschliche Bewußtsein bestimme). Der spanische Hof avanciert zum Modell einer Wirklichkeit, wo der Naturzustand des permanenten Krieges notdürftig durch die Kontrollmecha-

[23] NA 25, 44; vgl. Thomas Abbt, Vom Verdienste, in: Vermischte Werke. Erster Theil, Berlin/Stettin 1772, bes. 189ff.

[24] Grundlage ist jeweils die Erstausgabe des Dramas aus dem Jahr 1787 (NA 6, 7-339); Zitate werden im fortlaufenden Text unter Angabe der Verszahl belegt. - Über die Tradition der hier formulierten Kritik H. Kiesel, „Bei Hof, bei Höll“. Untersuchungen zur literarischen Hofkritik von Sebastian Brant bis Friedrich Schiller, Tübingen 1979, 234ff.; vgl. auch D. Borchmeyer, „Der ganze Mensch ist wie ein versiegelter Brief“. Schillers Kritik und Apologie der „Hofkunst“, in: Aurnhammer u.a. (wie Anm. 4), 460ff.

[25] Heinrich von Kleist, Sämtliche Werke, hrsg. von H. Sembdner, München 1965, Bd. 1, 99 (3,1, 1340).

nismen eines allgegenwärtigen Überwachungsapparates unterbunden, jedoch in den geheimen Zurüstungen der Intrige ständig virulent ist[26]. Schillers Diagnose mag durch Rousseaus Zivilisationskritik inspiriert worden sein, wie sie eindringlich die Akademiepreisschrift von 1750, der *Discours sur les sciences et les arts* formuliert. Dort heißt es über das Gift des Argwohns, das inmitten der modernen Gesellschaft wirke: „Les soupçons, les ombrages, les craintes, les froideurs, la réserve, la haine, la trahison, se cacheront sans cesse sous ce voile uniforme et perfide de politesse, sous cette urbanité si vantée que nous devons aux lumières de notre siècle“[27]. Die Diagnose, die der Kulturkritiker hier einer einseitig aufgeklärten Sozialordnung stellt, hat Schiller mit der Freiheit des Dramatikers, der sich im Magazin der Geschichte nach Belieben bedient, auf das 16. Jahrhundert Philipp II. übertragen. Am Hof zu Madrid, wo die „Geberdenspäher und Geschichtenträger“ (73) für ein Klima des ständigen Verdachts sorgen, gehören Verstellung wie Intrige zu den gängigen Techniken des zwischenmenschlichen Verkehrs. „Ich traue Menschen gern“, so verrät der König dem Grafen Lerma, „wenn sie schlafen.“ (2980).

Die Szene III 10 bildet den Achsenpunkt des dramatischen Geschehens, der den Blick auf die Verstrickungslogik der Macht öffnet. Der von Mißtrauen gepeinigte König, verbittert über den Opportunismus seiner Berater - ganz Typus des (literarisch traditionsreichen) melancholischen Herrschers -, ist auf der Suche nach einem neuen Verbündeten: „Jetzt gieb mir einen Menschen, gute Vorsicht - | Du hast mir viel gegeben. Schenke mir | jetzt einen Menschen ...“ (3300f.). In der sorgfältig gehüteten Datei seiner Granden stößt er auf den Namen des Marquis Posa

26 Daß bereits das „Familiengemählde in einem fürstlichen Hauße“ (NA 23, 144), als das Schiller dem Intendanten Dalberg gegenüber seinen *Karlos*-Entwurf im Juni 1784 charakterisierte, um dessen politische Brisanz zu entschärfen, ein offenkundiges Interesse an der Staatsaktion an den Tag legt, beweist der Blick auf das ab 1785 veröffentlichte *Thalia*-Fragment. Gerade die hofkritischen Expositionsszenen sind hier schon klar konturiert und zeigen deutlich die über den Horizont des bürgerlichen Dramas hinausweisenden Perspektiven. Vgl. dazu K.-D. Müller, Die Aufhebung des bürgerlichen Trauerspiels in Schillers *Don Carlos*, in: H. Brandt (Hrsg.), Friedrich Schiller, Angebot und Diskurs. Zugänge, Dichtung, Zeitgenossenschaft, Berlin/Weimar 1987, 218-235.

27 Jean-Jacques Rousseau, Schriften zur Kulturkritik. Franz.-Dt., eingel., übers. u. hrsg. von K. Weigand, Hamburg 1983, 12. Merkwürdig, daß sich auch neuere Interpretationen den an dieser Stelle evidenten Rousseau-Bezug entgehen lassen; vgl. K. Beyer, Höfisches Leben im *Don Carlos*, in: Aurnhammer u.a. (wie Anm. 4), 365ff., K. Guthke, Schillers Dramen. Idealismus und Skepsis, Tübingen/Basel 1994, 138ff., N. Werber, Technologien der Macht. System- und medientheoretische Überlegungen zu Schillers Dramatik, Jahrbuch der deutschen Schillergesellschaft 40, 1996, 215ff.

(Novalis vermerkt in den *Blüthenstaub*-Fragmenten von 1798, dazu passend, die „Archive" seien das „Gedächtniß" eines Staates[28]). Der zur Audienz gebetene Malteserritter tritt mit dem rhetorischen Furor des belesenen Intellektuellen auf, der dem „Maschinenglück" (3561) des Höflings den souveränen Geistesanspruch des Selbstdenkers vorzieht („Männerstolz vor Königsthronen"[29], so hatte die Ode *An die Freude* 1785 das Programm umrissen, das hier in Kraft tritt). Scheinbar ohne taktische Rücksichten skizziert der Marquis mit großer Geste eine durch Montesquieus verfassungstheoretische Gesellschaftsethik sowie Rousseaus Konzept des Sozialvertrags angereicherte Staatsphilosophie, die das von Hobbes' *Leviathan* (1651) begründete Modell der ordnungsrechtlich gebundenen Souveränität modifiziert, indem sie der Kirchhofsruhe der absoluten Macht die nachdrückliche Forderung nach umfassender Toleranz entgegenstellt[30]. Daß der Idealist Posa, der sich, ungleichzeitig, als Repräsentant der politischen Aufklärung profiliert, auch in den praktischen Kategorien von Macht und Gewalt zu denken vermag, erweist der Schluß seiner feurigen Rede. Das unbedingte Vertrauen in die moralische Priorität der eigenen Ideen veranlaßt hier einen imperatorischen Anspruch, der sich unverhohlen artikuliert:

> „Wenn nun der Mensch, sich selbst zurückgegeben,
> zu seines Werths Gefühl erwacht - der Freiheit
> erhabne, stolze Tugenden gedeihen -
> wenn in dem Herzen wieder sich empört
> die Römerwallung, Nationenstolz,
> das Vaterland in jedem Bürger prangt,
> dem Vaterlande jeder Bürger stirbt -
> dann, Sire, wenn Sie zum glücklichsten der Welt
> Ihr eignes Königreich gemacht - dann reift
> Ihr großer Plan - dann müssen Sie - dann ist
> es Ihre Pflicht, die Welt zu unterwerfen." (3906ff.)

Posa skizziert hier einen Eroberungskrieg der Freiheit, die Aufrüstung des Ideals, in dessen Namen die Okkupation fremder Länder verteidigt wird.

---

[28] Novalis, Werke, Tagebücher und Briefe, hrsg. von H.-J. Mähl und R. Samuel, München 1978ff., Bd. 2, 257.

[29] NA 1, 172 (89).

[30] Neben den bekannten Vorbildern Montesquieu und Rousseau wäre hier auch Mercier zu nennen, dessen *L'an 2440*, das seit 1772 in einer Übersetzung Felix Christian Weißes vorlag, auf die Systemordnung der unterschiedlichen Staatsmodelle im Sinne von „De l'esprit des lois" eingeht. Es ist zu vermuten, daß Schiller, der Merciers dramentheoretische und historische Arbeiten schätzte, den utopischen Roman des vielseitigen Autors kannte. Zur Mercier-Rezeption vgl. NA 12, 430f.

Deutlich scheint schon an diesem Punkt die Sympathie mit dem Kalkül der Macht, die peremptorische Geste des Herrschers, der sich nicht auf Siege im Reich der Gedanken beschränken mag.

Es ist offenkundig, daß sich Posa hier in die Lage des Monarchen einfühlt und in einem Akt der Selbstverwechslung dessen Rolle übernimmt. Der seelische Mechanismus, der dabei im Hintergrund steht, war Schiller durch die Arbeiten Johann George Sulzers bekannt, der als Vermittler zwischen Rationalismus und Empirismus zu den einflußreichsten Vertretern einer sich aus dem Bann der Leibniz-Wolffschen Schultradition lösenden Aufklärungsphilosophie gehört. Sulzers Schriften zählten zum festen Bestand des an der Karlsschule erteilten Psychologieunterrichts. Daß Schillers Lehrer Abel den Eklektiker Sulzer außerordentlich schätzte, erkennt man an seiner Genierede von 1776, die sich maßgeblich auf dessen sechs Jahre älteren Beitrag zum Thema stützt; Sulzers *Theorie der Empfindungen* stand in mehreren Schuljahren auf dem Unterichtsplan Abels und dürfte auf diese Weise auch von Schiller rezipiert worden sein[31]. Besondere Bedeutung für das spannungsvolle Seelenportrait des Machtdenkers Posa besitzen die erstmals 1769 veröffentlichten *Psychologischen Betrachtungen über den sittlichen Menschen*, die Schiller in der späteren Druckfassung der *Vermischten philosophischen Schriften* von 1773 kennengelernt hat. Sulzer führt darin aus, daß das Individuum sich im Akt der Imagination nur das vorstellen könne, was ihm nahestehe und als verfügbar erscheine. Das Medium seiner sinnlichen Phantasie verarbeite allein solche Anschauungsmaterialien, die nicht entlegen, sondern im unmittelbaren Wahrnehmungskreis des Subjekts eingeschlossen seien. Das Beispiel, das Sulzer in diesem Zusammenhang anführt, zeichnet eine Spur zu Posas Visionen moralisch gegründeter Fürstengröße[32]:

> „Eine niedrige Privatperson, die den unermeßlichen Abstand, der zwischen ihr und dem Throne ist, empfindet, sieht die Größe und Majestät, die den Selbstbeherrscher umgeben; es ist für sie ein Gegenstand der Neugierde, oder auch der Bewunderung. Allein, da es nicht möglich ist, daß sie sich etwas von diesem allen zu eigen mache, indem alles ausser ihrer Sphäre ist,

---

[31] Dazu W. Riedel, Die Aufklärung und das Unbewußte. Die Inversionen des Franz Moor, Jahrbuch der deutschen Schillergesellschaft 37, 1993, 214.

[32] Johann Georg Sulzer, Vermischte philosophische Schriften, Leipzig 1773, 295f. Zum psychologiegeschichtlichen Hintergrund s. W. Riedel, Erkennen und Empfinden. Anthropologische Achsendrehung und Wende zur Ästhetik bei Johann Georg Sulzer, in: H.-J. Schings (Hrsg.), Der ganze Mensch. Anthropologie und Literatur im 18. Jh., Stuttgart 1994, 410ff.

so wird sie gar nicht eifersüchtig darauf. Ein kleinerer Fürst hingegen kann sich sehr wohl in die Gemüthsfassung setzen, die ihn fähig machet, die Wirkung alles dessen, was zu dieser Hoheit und Größe gehöret, in sich selbst zu empfinden; und dieß kann sehr leicht seinen Ehrgeiz aufbringen."

Der Bezug zu Posas imaginärem Entwurf politischer Souveränität bleibt unübersehbar. Was den Marquis antreibt, ist das versteckte Streben nach Macht, das sich durch die moralische Überlegenheit des sittlich sanktionierten Ordnungsdenkens legimiert glaubt. Vergleiche mit den Helden des Frühwerks drängen sich auf, Bezüge zu Karl Moors Selbsthelferanspruch, Fieskos Despotismus, Ferdinands Schöpferhybris. Gestützt auf Sulzers Theorie der moralischen Empfindung kann Schillers Portrait an einem markanten, bisher aber meist übersehenen Punkt des Dialogs andeuten, was Posas wenig später vollziehen wird: die Transformation des Idealismus in Herrschaftskalkül. Deren psychologischen Hintergrund bildet ein Sektor, den Alexander Gottlieb Baumgarten noch als Reich der „dunklen Vorstellungsinhalte" („perceptiones obscurae") bezeichnet hatte[33]. Sulzers Leistung besteht darin, daß er die hier manifesten „unteren Seelenvermögen" (so der für die Schulphilosophie Christian Wolffs gängige Terminus) im Licht einer empirischen Perspektive präziser analysiert und damit wissenschaftlich aufwertet. Was Posas imaginärer Rollenwechsel demonstriert, entspricht dem von Sulzer hervorgehobenen Vermögen der affektiv gestützten Einfühlung[34]. Das Spiel der Einbildungskraft, dem der Marquis folgt, bezeugt die Existenz seines machtvoll wirkenden Herrschaftswillens.

3. „... der erhabene Kopf hat andre Versuchungen als der gemeine"[35] Wege der Machtkunst

Am Ende des großen Gedankenaustauschs, den die Szene III 10 entfaltet, ist der Punkt gegeben, wo das Drama konsequent auf psychologisches Terrain hinüberspielt. Zunächst zeigt Schiller mit fast ironischer Konsequenz die Abgründe von Philipps Herrscherseele. Der König, der einen „Menschen" gesucht hatte, verwandelt den Marquis zu einem Werkzeug seines Argwohns, indem er ihm den Auftrag erteilt, systematisch Gemütsspionage zu betreiben: „Drängen Sie sich zu dem Prinzen. | Erforschen Sie die Königinn. Ich selbst | will Ihnen Vollmacht senden, sie zu

33 Alexander Gottlieb Baumgarten, Metaphysica, Halle 1779 (7.Aufl.), 3,1 § 511.

34 Sulzer (wie Anm. 32), 295ff.

35 Schiller, Die Verschwörung des Fiesko zu Genua, NA 4, 67 (3, 2).

sprechen." (4032f.). Philipp verfährt dabei - wiederum ein Moment der Ungleichzeitigkeit - gemäß den Regeln jener staatsklugen Hofkunst der frühen Neuzeit, deren Essenz Balthasar Graciáns *Oraculo manual* (1647) exemplarisch formuliert hat. Nach Gracián muß das politische Handeln des Individuums ausschließlich interessegeleitet bleiben, soll es Wirkung zeitigen. Das impliziert die Subordination unter das Prinzip der Undurchsichtigkeit ebenso wie die Bereitschaft zur Instrumentalisierung fremder Absichten im Dienste der eigenen Machtposition. Mit Nachdruck betont Gracián, daß man sich unter seinen Helfern „guter Werkzeuge bedienen" müsse, um zum Erfolg zu gelangen; unabdingbar ist es für den politischen Kopf, die „Gemütsarten" derer, die ihn umgeben, unbestechlich „zu ergründen", um ihre Ziele und Gesinnungen genau kennenzulernen[36]. Die hier skizzierte politische Anthropologie wird getragen vom Diktat des Herrschaftskalküls, dessen Logik im Diskurs der höfischen Verhaltensmaximen für Gracián unhintergehbar scheint. Aus dieser Perspektive ist es nur konsequent, wenn der König den Marquis zum Instrument seiner von Argwohn geleiteten Absichten mißbrauchen und als Fürstendiener unter das Diktat der Zwecke zwingen möchte.

Die Gunst der Stunde sucht auch Posa auf zweifelhafteste Weise zu nutzen. Der vierte Akt, der, nach dem abrupten Schluß des dritten mit dem lakonischen Wort des Königs („Der Maltheser wird künftig ungemeldet vorgelassen.", 4041), in raschem Tempo einsetzt, steht ganz unter der Regie des Doppelspiels, das der Marquis nunmehr inszeniert. Seinen geheimen Plan enthüllt er einzig der Königin, bei der er jene politische Intelligenz und Verschwiegenheit antrifft, die er an Karlos vermißt: „Rebellion" (4156), so erkennt Elisabeth rasch, lautet der „Name", der dem Unternehmen ansteht: der Prinz, führt der Marquis aus, „soll | dem König ungehorsam werden, soll | nach Brüssel heimlich sich begeben, wo | mit offnen Armen die Flamänder ihn | erwarten. ... Er mache | den Span'schen Thron durch seine Waffen zittern. | Was in Madrid der Vater ihm verweigert, | wird er in Brüssel ihm bewilligen." (4157ff.).

Das hier skizzierte Vorhaben, die Freiheitsrechte der Niederländer mit Hilfe des Prinzen auf dem Wege der Erpressung zu ertrotzen, scheitert am Ende nicht an der mangelnden politischen Substanz, wie man oft

[36] Balthasar Gracián, Handorakel oder die Kunst der Weltklugheit (= Oraculo manual y arte de prudencia, 1647). Mit einem Nachwort hrsg. von A. Hübscher, Stuttgart 1990, 33 (Nr. 62), 134 (Nr. 273).

behauptet hat, sondern an der Verschlagenheit Posas[37]. Sein Entschluß, Karlos den eigenen Plan zu verbergen, steigert jenen Argwohn, der sich als Leitmotiv durch das gesamte Drama zieht (auch zwischen Vater und Sohn, nicht zuletzt zwischen Philipp und Elisabeth steht, widerständig und unverrückbar, der Zweifel). Posas Doppelspiel muß in die Katastrophe führen, weil es ein Spiel mit dem Vertrauen ist, das inmitten einer höfischen Welt, die unter der Regie der Furcht steht, Belastungsproben nicht standhält. Der Marquis bedient sich dabei jener Methoden politischen Handelns, die er zuvor als unmoralisch gekennzeichnet hat: „Menschen“, so klagt er im Gespräch mit Philipp, „sind ihnen brauchbar, weiter nichts; so wenig | als Ohr und Auge für sich selbst vorhanden.“ (3629f.). Am entscheidenden Punkt des Geschehens zeigt Posa nun ein vergleichbares Zweckdenken, wenn er Karlos gegenüber seine Audienz beim König als belanglos bezeichnet, deren Inhalt verschweigt, seine Pläne verheimlicht[38]. Die Bitte, der Freund möge ihm die Brieftasche mit seinen privaten Dokumenten aushändigen, erklärt er aus Sicherheitsbedenken, ohne das heikle Kalkül zu offenbaren, das sein Unternehmen trägt. Daß er den König auf die Spur der Eboli setzen, den Verdacht der Untreue Elisabeths zerstreuen möchte, verrät er Karlos nicht. Die Undurchsichtigkeit des taktischen Konzepts ist das oberste Gesetz seines Handelns. Der Marquis bewegt sich dabei im Fahrwasser einer politischen Strategie, wie sie Niccolò Machiavellis *Il principe* (1513/31) und seine (stärker historisch argumentierenden) *Discorsi* (1532) als rasch umstrittene Manifeste frühneuzeitlicher Herrscherkunst umrissen haben. Täuschung und Betrug finden sich hier als Mittel beschrieben, die durch den Zweck der Machtsicherung begründet bleiben. Zum maßgeblichen Verhaltensideal des *Principe* gerät das Gebot der Verstellung, dem auch Posa folgt: „Jeder sieht, was du scheinst, und nur wenige fühlen, was du bist“[39]. Es ist das Prinzip der „desinvoltura“, der Undurchschaubarkeit

---

[37] Vgl. dagegen W. Malsch, Moral und Politik in Schillers *Don Karlos*, in: W. Wittkowski (Hrsg.), Verantwortung und Utopie. Zur Literatur der Goethezeit. Ein Symposium, Tübingen 1988, 218f., der jedoch dazu neigt, Posas Strategiedenken zu entschärfen, indem er es allein auf den Zwang der Verhältnisse zurückführt. Ähnlich auch Guthke (wie Anm. 27), 145ff., der den Marquis unter Anlehnung an die Metaphorik von 3, 10 (3712ff.) als Künstler im Feld der Macht versteht, damit jedoch die politische Dimension des Dramas zugunsten einer (glänzend vorgeführten) Rollenanalyse in den Hintergrund drängt.

[38] Vgl. dazu schon G. Storz, Der Dichter Friedrich Schiller, Stuttgart 1959, 144ff., Jöns (wie Anm. 12), 85.

[39] Niccolò Machiavelli, Der Fürst (= Il principe, 1513), übers. u. hrsg. von R.

des Machtmenschen, dem der Marquis hier - wie vor ihm schon Fiesko - als gelehriger Schüler Machiavellis folgt[40].

Wer nach weiteren theoretischen Ratgebern sucht, die Posas Doppelspiel strategisch stützen, stößt unweigerlich auf die schon erwähnten spanischen Klugheitslehren des 17. Jahrhunderts. Diego Saavedra Fajardos emblematischer Fürstenspiegel *Idea de un principe politico christiano* (1640) und Graciáns *Oraculo manual* vor allem liefern die wirkungsvollen Theorien der politischen Vernunft, die dem ehrgeizigen Höfling und Bürokraten vorschreiben, wie er sich im Machtspiel der Kabinettsintrigen durchzusetzen hat (daß sie auch dem Souverän wichtige Ratschläge vermitteln, zeigt sich dort, wo Philipp den Marquis zum königlichen Spion degradiert). Die Instrumente, die hier zu Dienste stehen, sind die Kunst der Verstellung, der gezielten Desinformation, der Verschwiegenheit und Gemütsüberwachung; kenntnisreich und undurchsichtig, stets kontrolliert, mit messerscharfem Spürsinn begabt, weltkundig und erfahren, durch unbestechliches Urteilsvermögen und elegantes Auftreten gleichermaßen geprägt, präsentiert sich der ideale Vertreter der politischen „prudentia", der Hof- und Staatsklugheit als Repräsentant der kalten Machtlust. Schon bei Machiavelli, der den Jesuiten Gracián entscheidend beeinflußt hat, heißt es: „Man muß also Fuchs sein, um die Schlingen zu wittern, und Löwe, um die Wölfe zu schrecken"[41].

Machiavellis *Principe* war im Jahr 1714 erstmals in deutscher Sprache erschienen, von Graciáns *Oraculo manual* lag seit 1686 eine (freilich desolate) Übersetzung vor, die sich auf die französische Ausgabe Amelots stützte. Beide Texte wird Schiller vermutlich nur aus zweiter Hand kennengelernt haben, durch den Philosophieunterricht der Karlsschule, den Abel nach modernsten pädagogischen Gesichtspunkten konzipierte[42]. Zum Lektürepensum gehörten auch Schriften des französischen Materialismus, der seinerseits Machiavelli intensiv rezipiert hatte.

Zorn, Stuttgart 1978, 74.

[40] Hier instruktiv K. Wölfel, Machiavellistische Spuren in Schillers Dramatik, in: Aurnhammer (Hrsg.) (wie Anm. 4), 318ff. Auffällig ist, daß Wölfel den Marquis Posa in seiner Figurenreihe ausläßt, obwohl doch auch er, wenngleich weniger explizit als Franz Moor, Fiesko und Wallenstein, die Grundsätze des *Principe* befolgt.

[41] Machiavelli, Fürst, 72.

[42] Die Schiller-Forschung ist den im folgenden skizzierten Bahnen bisher nicht nachrsgegangen, obwohl der prägende Einfluß der frühneuzeitlichen Politikkonzepte auf das gesamte Dramenwerk offen zutage liegt. Auch bei Wölfel, der die Reflexe der Schillerschen Machiavelli-Rezeption untersucht, gibt es keine näheren Hinweise auf mögliche Quellen ([wie Anm. 40] 318).

Das gilt vornehmlich für Claude Adrien Helvétius' *De l'homme*, der seit 1774 in deutscher Sprache vorlag und von Abel mit seinen Eleven studiert wurde. Anders als etwa der Baron d'Holbach, der in seiner Schrift *La politique naturelle* (1773) die Machtphilosophie des Florentiners energisch angreift, formuliert Helvétius deutliche Sympathien für die machiavellistische Lehre. Seine eigene Theorie des menschlichen Egoismus als Antrieb sozialen Handelns fand er in der illusionslosen Anthropologie des *Principe* gespiegelt; bevorzugt zitiert er jedoch die *Discorsi*, deren Konzept der „virtù" er auf seine Konzeption des Intellekts als Kontrollinstrument der das Individuum beeinflussenden sinnlichen Kräfte übertragen hat[43]. Schiller, der sich Ende der 70er Jahre, im Vorfeld der Arbeit an seiner ersten Dissertation, gründlich mit Helvétius' Schrift befaßt, können die Hinweise auf die politische Doktrin des Florentiners kaum entgangen sein, berührten sie doch sein eigenes historisches Interesse, wie es in den Karlsschuljahren vor allem durch das Studium Plutarchs, Schlözers und Herders belegt ist[44].

Auch die Kenntnis Graciáns dürfte sich Schiller über Umwege vermittelt haben. Wesentliche Schaltstelle für die deutsche Rezeption des *Oraculo manual* ist die Vorlesung, die Christian Thomasius 1687 in Leipzig über dessen politische Lehre hielt[45]. Die Verhaltenskunst des Spaniers wird dabei als mustergültiger Beitrag zur Verbesserung der gesellschaftlichen Umgangsformen („conduite") aufgefaßt und in ihrer psychologischen Brisanz entschärft[46]. Vorrang besitzt die pädagogische Dimension der politischen Anthropologie Graciáns, die Thomasius als Beitrag zur Erziehung des „honnête homme" auffaßt. Gegen Amelots französische Übersetzung, die das höfische Element der „prudentia"

[43] Claude-Adrien Helvétius, Vom Menschen, von seinen geistigen Fähigkeiten und von seiner Erziehung. Aus dem Französischen übers. von T. Lücke, Berlin/Weimar 1976 (= De l'homme, 1773), 266f., 420f.

[44] Erste literarische Spuren der Machiavelli-Rezeption zeigen die *Räuber*; vgl. Wölfel (wie Anm. 40), 320.

[45] Bezeichnend ist, daß im Gefolge von Thomasius bis zum Jahr 1717 vier verschiedene deutsche Übersetzungen von Graciáns *Oraculo manual* erschienen (wobei sich jedoch keine auf das spanische Original bezog). Vgl. Kiesel (wie Anm. 24), 188. Zur Geschichte der „politischen Bewegung" im 17. Jh. W. Barner, Barockrhetorik. Untersuchungen zu ihren geschichtlichen Grundlagen, Tübingen 1970, 135ff., 165ff.

[46] [Christian Thomasius], Christian Thomas eröffnet der studirenden Jugend zu Leipzig in einem Discours welcher Gestalt man denen Frantzosen in gemeinem Leben und Wandel machahmen solle? ein Collegium über des Gratians Grund=Reguln, vernünfftig, klug und artig zu leben. Leipzig 1687. Nachdruck, hrsg. von A. Sauer, Stuttgart 1894, bes. 33f.

entschieden betont, bringt er zur Geltung, daß das *Oraculo* seine Prinzipien nicht allein dem „Homme de cour", sondern jedem politisch tätigen Menschen widme. Der Text des Vortrags - mit dem Untertitel *Collegium über des Gratians Grund=Reguln, vernünfftig, klug und artig zu leben* - erschien im Jahr 1701 auch in Thomasius' *Kleinen Teutschen Schriften*, die bis zum Ende des 18. Jahrhunderts weite Verbreitung fanden[47]. Sie bildeten das methodische Fundament für Abels *Entwurf zu einer Generalwissenschaft*, in dem er 1773 als frisch berufener Dozent für Philosophie dem württembergischen Herzog Carl Eugen die curricularen und propädeutischen Aspekte seines künftigen Unterrichts vorstellte[48]. Daß die deutschen Abhandlungen des Frühaufklärers in Abels Lehrveranstaltungen besprochen wurden, kann man mit einiger Sicherheit vermuten. Johann Jakob Atzel, der bis zum Jahr 1778 Schillers Kommilitone an der Karlsschule war, bezeugt zudem das Studium von Thomasius' Schriften im Kreis der Eleven[49]. Sie fungieren als Schaltstellen, die dem jungen Schiller auch Grundkenntisse über Graciáns politische Verhaltenslehre verschaffen. Ob die aus zweiter Hand vermittelten Eindrücke, die ihrerseits fremde Werturteile transportierten, den Schritt zur Lektüre der Originalschriften veranlaßten, ist nicht mehr verbindlich zu klären. Daß Schiller jedoch mit den Gedankenwelten Machiavellis und Graciáns näher vertraut war, läßt sich kaum bestreiten. Sie bilden das Magazin, aus dem der Geschichtsdramatiker schöpft, um die Machtspiele seiner politisch denkenden Helden in Szene setzen zu können[50].

Noch die große Geste, mit der Posa nach dem Scheitern seiner Pläne der Königin gegenüber die Bereitschaft zur Selbstpreisgabe andeutet,

---

[47] Zu Thomasius' Gracián-Rezeption K. Forssmann, Baltasar Gracian und die deutsche Literatur zwischen Barock und Aufklärung, Diss. Mainz 1977, 149ff.

[48] [Jacob Friedrich Abel], Eine Quellenedition zum Philosophieunterricht an der Stuttgarter Karlsschule (1773-1782). Mit Einleitung, Übersetzung, Kommentar und Bibliographie hrsg. von W. Riedel, Würzburg 1995, 17ff.; vgl. dazu auch den Kommentar vom Hrsg., 404ff. - Abels Unterrichtsprogramm ist durch Distanz gegenüber den großen Systementwürfen des Rationalismus gekennzeichnet. Stattdessen setzt es auf die Methode der Induktion, der exemplarischen Vergegenständlichung der „Geschichte" durch „auserlesene Geschichten" (18). Dieses Verfahren ist auch als Reflex der Thomasius-Tradition zu verstehen (man denke hier etwa an die *Monatsgespräche* [1688 und 1690] mit ihrem Konzept der beispielorientierten Dialogizität und lebenspraktischen Empirie).

[49] Vgl. R. Buchwald, Schiller, Wiesbaden [4]1959 (zuerst 1937), 78.

[50] Schillers Werk erwähnt Machiavellis Werk nur an einer einzigen Stelle explizit, in der *Geschichte des Abfalls der vereinigten Niederlande* (1788) wird beiläufig auf Machiavellis *Principe* als theoretisches Muster der Fürstenerziehung hingewiesen, das jedoch den „lebendigen Unterricht" durch die Praxis nicht ersetzen könne (NA 17, 70).

rückt ins Zwielicht. Elisabeth erblickt in ihr, äußerst hellsichtig, den Reflex einer egozentrischen Persönlichkeit: „Mögen tausend Herzen brechen, | was kümmert Sie's, wenn sich Ihr Stolz nur weidet! | O jetzt - jetzt lern' ich Sie verstehn: Sie haben | nur um Bewunderung gebuhlt." (5185ff.). Der Vorwurf, der hier mitschwingt, gilt nicht nur dem zweifelhaften Pathos der von Posa angekündigten Selbstbezichtigung, sondern auch den Antrieben, die sein früheres Handeln bestimmten. Eitelkeit und Machtlust erscheinen jetzt plötzlich als Federn, die das Vorhaben des Marquis auf das große Ziel spannten. Vergleichbare psychologische Befunde lieferten schon die *Räuber* und der *Fiesko*. „Groß-Mann-Sucht" und das Streben nach „Bewunderung" treibe ihn zum Selbstopfer, so erklärt verbittert einer von Karl Moors Männern dessen Ankündigung, er werde sich der Justiz ausliefern[51]. Auch Fieskos Monologe am Ende des zweiten und Beginn des dritten Akts, die die psychischen Abgründe des Usurpators ausleuchten, verraten die Verwandtschaft zwischen sublimem Idealismus („dein glüklichster Bürger") und machtlüsternem Geltungsdrang („Ein Augenblik: Fürst")[52], wie sie sich in Posas Politik der gerechten Sache spiegelt.

Das Bewußtsein für diesen Zusammenhang konnte Schiller durch die Psychologie Abels gewinnen. In seiner Rede über die Seelenstärke, die er 1777 im Rahmen einer akademischen Festveranstaltung der Karlsschule gehalten hat, vermerkt Abel, daß ein schwacher Charakter nicht durch den Mangel an moralischem Bewußtsein, sondern durch die Unfähigkeit zur konsequenten Umsetzung der aus ihm folgenden Maximen gekennzeichnet sei. Das verweist auf die Situation Posas, der im Moment der Bewährung versagt, weil er seine politische Moral dem Machtspiel des über seine Verbündeten verfügenden Strategen opfert. „Alle Handlungen", so hatte Abels Rede erklärt, „die der starke Geist um seinen Entschluß auszuführen vornimmt, sind durchdacht, und richtig, schnell oder langsam, einförmig oder veränderlich, mehr oder weniger feurig, wie seine Vernunft heischt"[53]. Mit vergleichbaren Formulierungen bestimmt schon Abbts Schrift *Vom Verdienste*, die Schiller im Frühjahr 1786 so gründlich studiert hatte, das Vermögen der „Seelenstärke" als die „Leichtigkeit", mit der die Psyche die „zum Vortheile wichtiger Ideen

---

[51] NA 3, 135.

[52] NA 4, 64f. (2, 19; 3, 2).

[53] [Abel] (wie Anm. 48), 234.

nöthige Herrschaft über den Willen"[54] gewinnt. Anders als Abel integriert Abbt den Begriff jedoch nicht in eine psychologische Systematik, sondern verknüpft ihn mit klimatheoretischen und staatsphilosophischen Fragen (was in die These mündet, daß die republikanische Verfassung die „Seelenstärke" des bürgerlichen Indivduums steigere)[55].

Moralische Unabhängigkeit wird bei Abel verbürgt durch die psychische Fertigkeit des Menschen, sich gegen äußere sinnliche Eindrücke abzuschirmen und das Streben nach kurzzeitiger Befriedigung egoistischer Bedürfnisse vermöge der Geistesgegenwart des klaren Bewußtseins zu kontrollieren. Vor dem Hintergrund von Abels Idee der psychischen Selbständigkeit, die sich ihrerseits auf Charles Bonnets *Analytischen Versuch über die Seelenkräfte* (2 Bde., 1770-71) stützt, erscheint Posas politisches Scheitern als Reflex fehlender moralischer Freiheit. Indem er die Anpassung an die Gesetze des machiavellistischen Strategiedenkens vollzieht, verspielt der Marquis seine Option auf eine autonome Steuerung des Konflikts. Daß das praktische Versagen freilich auch Rückschlüsse auf die Problematik der hier reflektierten Ideenwelt und die Ordnung der Politik zuläßt, haben frühere Interpretationen zumeist unterschlagen[56].

Am Ende triumphiert die Autorität der Institution über jene der Person. Das berühmte Wort des Königs, mit dem Karlos der Inquisition überantwortet wird („Kardinal! Ich habe | das Meinige gethan. Thun Sie das Ihre." [6285f.]) besiegelt diesen Triumph in entlarvender Lakonie. Siegt hier die anonyme Organisation der geistlichen Macht, so verdeutlicht das, daß weder Personen noch Ideen am Ende bei Schiller eine Chance zur Behauptung haben. Kenntlich wird damit, warum auch der staatsphilosophische Gehalt von Posas politischen Konzepten nur visio-

---

[54] Abbt (wie Anm. 23), Bd. 1,99.

[55] Abbt (wie Anm. 23), Bd. 1,312f.

[56] So wird man zweifeln müssen, ob die Darstellung von Posas strategischem Fehlverhalten einzig dem Zweck der politischen Erziehung im Sinne einer „Gründungslegende" des Zeitalters der Vernunft dient (Malsch [wie Anm. 37], 235). Ähnlich problematisch scheint die Auffassung von der Märtyrertragödie der politischen Aufklärung (E. Leibfried, Schiller. Notizen zum heutigen Verständnis seiner Dramen. Frankfurt a.M. u.a. 1985, 215), welche die Dialektik verfehlt, die Posas Selbstopfer bestimmt. Eine ethisch begründete Kritik der Figur wiederum (W. Wittkowski, Höfische Intrige für die gute Sache. Marquis Posa und Octavio Piccolomini, in: Aurnhammer (Hrsg) [wie Anm. 4], 386ff.) übersieht sowohl die Funktionsgeschichte der politischen Idee, um die es Schiller geht, als auch den psychologischen Wirkungsrahmen, innerhalb dessen sie veranschaulicht wird.

nären Charakter tragen kann. Die Versöhnung zwischen „Bürgerglück" und „Fürstengröße" (3793f.) steht aus, solange Mißtrauen und Angst zur massiven Sicherung ungeteilter politischer Macht veranlassen[57]. Daß sich hinter den Zurüstungen des Souveräns Philipp, dessen Ordnungspolitik auf die Kirchofsruhe des stabilen Status quo zielt, ein unsicherer Charakter verbirgt, hat Schiller, in Übereinstimmung mit den meisten Historikern seiner Zeit, in der 1788 vollendeten *Geschichte des Abfalls der vereinigten Niederlande von der spanischen Regierung* sehr prägnant beschrieben. Das Drama öffnet am Ende den Blick auf eine moderne Dialektik der Geschichte, indem es die persönliche Katastrophe, die Philipp erfährt, im Sieg der institutionellen Autorität spiegelt. Aus dem Versagen der historischen Personen geht die anonyme Ordnung der Macht, repräsentiert durch die Gerichte der Inquisition und ihr weitverzweigtes Überwachungskartell, gestärkt hervor[58]. Daß die Ambitionen des Idealisten Posa nicht nur an den unverrückbaren Strukturen des effizient organisierten Herrschaftsapparates zerbrechen, hat Schiller selbst ein Jahr nach der Publikation des Dramas fast beiläufig betont[59]. An Posas Scheitern läßt sich die Dialektik des in machiavellistisches Kalkül transformierten Idealdenkens ebenso studieren wie die Macht der Politik, in deren Geltungsbereich jede Aktivität zur Politik der Macht gerät.

4. „Annalen seiner Verirrungen"[60] Politik als Erprobungsspiel der Autonomie

Die Verstrickungen des Marquis berühren die Frage, welchen Einfluß auf historische Prozesse Schiller dem Individuum zuzugestehen bereit ist. In seinem Ende 1784, nach dem Scheitern am Mannheimer Theater verfaß-

[57] Klaus Bohnens Hinweis auf das Postulat einer Moralisierung der Politik - gestützt durch die Thesen Kosellecks über die Funktion bürgerlicher Kritik am absolutistischen Staat - trifft nur einen Aspekt von Schillers Auseinandersetzung mit dem Thema; gerade ihre psychologische Dimension erschließt freilich das Problem, daß die moralische Reform der Politik eine, wie Bohnen arglos schreibt, „Politisierung des Moralischen" bewirkt, deren bedenkliche Implikationen Posas Handeln hinreichend aufdeckt. Vgl. K. Bohnen, Politik im Drama. Anmerkungen zu Schillers *Don Carlos*, Jahrbuch der deutschen Schillergesellschaft 24, 1980, 29; R. Koselleck, Kritik und Krise. Eine Studie zur Pathogenese der bürgerlichen Welt, Frankfurt/M. 1973 (zuerst 1959), 41ff., 81ff.

[58] Vgl. D. Sternberger, Macht und Herz oder der politische Held bei Schiller, in: Schiller. Reden im Gedenkjahr 1959, Stuttgart 1961, 316f.

[59] NA 22, 171ff.

[60] Schiller, Der Verbrecher aus verlorener Ehre (zuerst 1786), NA 16, 7.

ten Gedicht *Resignation* hat er eine dezidierte Kritik geschichtsmetaphysischer Positionen formuliert. „Die Weltgeschichte", so lautet das Credo seiner säkularisierten Religionspsychologie, „ist das Weltgericht"[61]. Die berühmt gewordene Formel, die Hegels Rechtsphilosophie später theologisch fassen wird[62], bedeutet weder die Absage an jegliche Geschichtsutopie noch deren systematische Erneuerung. In welche Richtung der historische Prozeß treibt, bleibt letztlich von Verantwortungsbereitschaft und Willen des vervollkommnungsfähigen Individuums abhängig. Der Mensch ist aufgerufen, sein Geschick unter den schwierigen Bedingungen der Zeit gegen äußere Widerstände, im Vertrauen auf seine Selbstbestimmungsmöglichkeiten autonom zu gestalten. Darin bekundet sich das Programm einer weltlich orientierten Aufklärung, die die Fesseln der traditionellen Metaphysik abgeworfen hat (das *Philosophische Gespräch* aus dem *Geisterseher* [1789] wird deren säkularisierten Anspruch im Rahmen eines Gedankenexperiments pointiert zur Geltung bringen). Weltgericht ist die Geschichte in einem immanenten Sinn, der die Regelungskompetenz des historischen Prozesses selbst bezeichnet. Einen ähnlichen Mechanismus erfaßt der Begriff der „Nemesis", mit dem Schiller bereits frühzeitig - etwa in den *Räubern* - operiert. Nach antiker Vorstellung, so in Hesiods *Theogonie* (8. Jh. v. Chr.), die Göttin der strafenden Gerechtigkeit, bildet die Nemesis für Schiller keine metaphysische Kraft, sondern ein Prinzip geschichtlicher Kräftebalance. In einem Aufsatz von 1786 hat Herder den Begriff als modernes Denkbild interpretiert, das die Sanktionsmacht und Disziplinierungspotenz des historischen Prozesses veranschaulicht. Nemesis avanciert bei Herder zum Mittel der Selbstkorrektur des Menschen, das seine Fähigkeit zum „Maas im Glück" kultivieren hilft und die Einsicht vermittelt, daß „wachsame, bescheidene Klugheit schützet", während „jeder Unverstand und Uebermuth" ins Verderben führt[63].

Herders Neudeutung, die die Nemesis zum Element der klassischen Sozialethik mit ihrem anthropololgischen Ideal der Balance und Kräfteharmonie verwandelt, entspricht Schillers Modell einer Weltgeschichte

[61] NA 1, 168.

[62] Hegel, Sämtliche Werke (wie Anm. 3), Bd. 7, 503.

[63] Johann Gottfried Herder, Nemesis. Ein lehrendes Sinnbild (1786), in: Sämtliche Werke, hrsg. von B. Suphan, Berlin 1878ff., Bd. 15, 417. 426. Zur Bedeutung von Herders Schrift für Schillers Geschichtsdenken bereits B. von Wiese, Friedrich Schiller, Stuttgart ^{3}1963 (zuerst 1959), 362ff., ferner A. Glück, Schillers *Wallenstein*, München 1976, 128ff., Borchmeyer (wie Anm. 20), 225f.

ohne exogene Steuerungsfaktoren. Bestimmend bleibt hier jeweils die Umwandlung metaphysischer in säkularisierte Kategorien - ein Verfahren, das Schiller schon als Karlsschüler, vermittelt durch seinen Lehrer Abel, an David Humes *Natural History of Religion* (1757, dt. 1759) studiert haben dürfte[64]. Folgerichtig sind es auch die psychologischen Lehrstücke innerhalb gesellschaftlicher Umbruchprozesse, die den Dramatiker am stärksten fesseln (noch in den Geschichtsschriften wird er sich vom Interesse am konkreten Individuum leiten lassen und damit die systematisch-konstruierende Methode eines Gatterer oder Schlözer zugunsten einer den erzählmächtigen Historismus des 19. Jahrhunderts vorwegnehmenden Portraitkunst suspendieren). Wie eng die Konzentration auf die innerseelischen Hintergründe individueller Handlungen mit der Analyse politischer Entscheidungsstrukturen verbunden sein kann, zeigen die *Briefe über Don Karlos*, die 1788 in Wielands *Teutschem Merkur* publiziert werden. In ihnen demonstriert Schiller, daß Posas individuelles Versagen die Misere einer theoretisch forcierten Aufklärung beleuchtet. Neben deren Dialektik, die in der Illuminatendebatte der 80er Jahre exemplarische Konturen gewinnt[65], beleuchten die *Briefe* jedoch auch die Anatomie der politischen Welt selbst, unter deren Diktat allein das Kalkül der Macht zählt.

Es gehört zu den markantesten Elementen von Schillers Selbstanalyse, daß sie wiederum auf ein psychologisches Instrumentarium zurückgreift, mit dessen Hilfe die „Herrschbegierde“[66] des Idealisten als Ausfluß leidenschaftlicher Überspanntheit gedeutet wird (eine der Quellen dürfte hier Abels *Einführung in die Seelenlehre* gebildet haben, die, 1786 publiziert, eine Bilanz des Karlsschulunterrichts zum Thema bot[67]). Die mangelnde Beharrlichkeit des Rebellen, der seine politischen Ideen dem Vabanquespiel eines riskanten Staatsstreichs opfert, entlarvt einen innerseelischen Defekt. Nicht die Affektkontrolle, sondern exzentrische Unruhe kennzeichnet seinen angespannten Gemütszustand. Folgerichtig findet es Schiller, wenn seine Eingriffe ins Netz der Ordnung neue Gewaltverhältnisse erzeugen: „Denn nichts führt zum Guten, was nicht

[64] W. Riedel, Resignation, in: N. Oellers, Gedichte von Friedrich Schiller, Stuttgart 1996, 60f.

[65] Dazu jetzt ausführlich Schings (wie Anm. 22), 163ff.

[66] NA 23, 172.

[67] Jacob Friedrich Abel, Einleitung in die Seelenlehre. Stuttgart 1786. Zu „Herrschbegierde“ und „Machtlust“, bes. 325f. (§§ 1032f.).

natürlich ist"[68]. Mit vergleichbaren Argumenten wird sechs Jahre später die Schrift zur ästhetischen Erziehung, nun bereits vor dem Hintergrund der jakobinischen Schreckensherrschaft, ein Votum für den langsamen evolutionären Umbau des absolutistischen Staates formulieren[69]. Man mag hier einen späten Reflex von Abels Konzept der Seelenstärke wiederfinden, deren (neostoisch eingefärbtes) Programm der Affektbeherrschung aus moralischen Prinzipien die *Karlos*-Briefe zur Grundlage ihrer kritischen Urteile über den Marquis machen[70]. Gegen „gekünstelte Geburten der theoretischen Vernunft" treten in ihrer Diagnose die „praktische(n) Gesetze"[71] einer natürlichen moralischen Empfindung, die, organisch im Individuum angelegt, die Gewähr für eine gewaltfreie Praxis des politischen Interessenausgleichs bieten soll. Der Aplomb, mit dem Schiller die Überspanntheit des Idealisten attackiert, wird dabei getragen vom Konzept der britischen Moral-sense-Philosophie (vor allem Francis Hutchesons), die dem Menschen eine natürliche Disposition zur Sittlichkeit zuschreibt, welche es im Prozeß seiner Erziehung sukzessive zu kultivieren gilt (eine Überzeugung, die noch in Schillers klassischer Ästhetik mit ihrem gegen Kant vorgetragenen Anspruch einer objektiven Begründung des Schönen nachwirkt)[72].

Die Kritik der Posa-Figur, die Schillers Briefe formulieren, stützt sich auf eine luzide Analyse der machtstrategischen Kräfte, die im idealistischen Denken wirksam werden. Schiller mag dabei auch an die aktuelle Illuminatendebatte gedacht haben, die die deutsche Öffentlichkeit im Vorfeld der französischen Revolution erhitzt. Der elfte Brief betont[73],

> „daß der uneigennützigste, reinste und edelste Mensch aus enthusiastischer Anhänglichkeit an seine Vorstellung von Tugend und hervorzubringendem Glück sehr oft ausgesetzt ist, ebenso willkürlich mit den Individuen zu schalten, als nur immer der selbstsüchtigste Despot, weil der Gegenstand

---

[68] NA 22, 172.

[69] NA 20, 323ff.

[70] Abel (wie Anm. 48), 230ff., vgl. NA 22, 171f.

[71] NA 22,171.

[72] Einschlägige, wiederum durch den Karlsschulunterricht vermittelte Quellen hier, Francis Hutcheson, System of Moral Philosophy (1755), Adam Ferguson, Institutes of Moral Philosophy (1769). Vgl. W. Riedel, Die Anthropologie des jungen Schiller. Zur Ideengeschichte der medizinischen Schriften und der *Philosophischen Briefe*, Würzburg 1985, 124f., 186f.

[73] NA 22, 170.

> von beider Bestrebungen in ihnen, nicht außer ihnen wohnt, und weil jener, der seine Handlungen nach einem innern Geistesbilde modelt, mit der Freiheit anderer beinahe ebenso im Streit liegt, als dieser, dessen letztes Ziel sein eigenes Ich ist."

Das bornierte Vertrauen in die Priorität seiner Idee verführt den Marquis zu Manipulationen, die in die Autonomie fremder Personen eingreifen und eine destruktive Energie freisetzen, unter deren Einfluß die ihn zunächst anleitenden moralischen Antriebe unkenntlich werden. Schiller, dem ungenaue Leser oft die Neigung zu realitätsfernen idealistischen Denkoptionen vorwerfen, hat hier eine modern anmutende Diagnose des dialektischen Umschlags moralischer Ansprüche in diktatorische Praxis geliefert. Maßstab für die Kritik, die die Briefe vortragen, bleibt die Welt der Erfahrung, das empirische Gesetz der politischen Wirklichkeit, die den Idealisten mit jenem „Despotismus" agieren läßt, den Körner in einem Brief an Schiller vom 18. September 1787 als Merkmal freimaurerischer Geheimdiplomatie bezeichnet hat[74].

Die psychologische Dimension, die Posas Spiel mit der Macht bestimmt, hat Max Kommerell am Spannungsverhältnis von Ideenproduktion und politischer Aktivität abzulesen gesucht: „Denn keine Tat verwirklicht die Idee, ohne sie zugleich zu verleugnen. Mensch sein ist nicht nur Handelnkönnen, sondern Handelnmüssen, Handelnmüssen im Stoff der Welt mit sinnlichen Mitteln, und also handelnde Untreue an der Idee. Menschsein ist die Tragödie der Mittel. Was aber ist Politik anders?"[75] Kommerells pointierte Anmerkung verdeckt freilich den genauen Mechanismus der Transformation, den Schillers Geschichtsdramen bis zum *Demetrius* immer wieder neu beleuchtet haben. Der Marquis scheitert nicht, weil er seine Ideale beim Akt der Überführung in die rauhe Welt der Politik beschmutzen muß. Er verändert vielmehr in dem Moment, da er politisch tätig wird, die Funktion seiner staatsphilosophischen Konzepte selbst. Die Politik erscheint als Medium, das die Transformation der Gedankenmaterialien in Werkzeuge der Macht herbeiführt. Prägnant hat Schiller dazu erklärt: „Unstreitig! der Charakter des Marquis Posa hätte an Schönheit und Reinigkeit gewonnen, wenn er durchaus gerader gehandelt hätte und über die unedeln Hülfsmittel der Intrige immer erhaben geblieben wäre. Auch gestehe ich, dieser Charak-

---

[74] NA 33/1, 145.

[75] M. Kommerell, Schiller als Psychologe, in: ders., Geist und Buchstabe der Dichtung. Goethe, Schiller, Kleist, Hölderlin, Frankfurt/M. [5]1962 (zuerst 1939), 187.

ter ging mir nahe, aber, was ich für Wahrheit hielt, ging mir näher"[76]. Es ist die „Wahrheit" des Systemdrucks und der Apparate, von der Schiller hier spricht. Wer seine Idee politisch verwirklichen möchte, muß sie in eine Ordnung der herrschaftstechnischen Zwänge überführen, ohne die Gewähr zu besitzen, daß diese Transformation ihre ursprüngliche Beschaffenheit unberührt läßt. Deshalb agiert Posa als Politiker so, wie es die frühneuzeitlichen „Verhaltenslehren der Kälte"[77] mit ihrem Gebot der persönlichen Undurchdringbarkeit und Verstellung („dissimulatio") von ihm verlangen. Jean Pauls Bemerkung, Schiller liebe „verschloßne versteckte Charaktere"[78], offenbart vor diesem Hintergrund auch eine eminent politische Dimension. Es sind die kühl kalkulierenden Strategen wie Fiesko, Posa, Wallenstein und Leicester, denen er seine Aufmerksamkeit bevorzugt zuwendet. Was sie eint, ist nicht nur die Vorliebe für geheime diplomatische Winkelzüge und die ausgiebig kultivierte Lust an der Manipulation, sondern auch das Scheitern, mit dem sie ihr politisches Spiel bezahlen müssen.

Neben die Dialektik eines idealistischen Denkens, das in despotische Praxis umschlagen kann, rückt Schillers Drama die Anatomie der politischen Welt selbst, unter deren Diktat allein das Kalkül der Macht zählt. Indem der Marquis denselben dissimulatorischen Verhaltensformen folgt, denen auch die absolutistische Arkanpolitik der geheimen Kabinettsbefehle gehorcht, vollzieht er zwangsläufig die Annäherung an jene Ordnungsstrukturen, gegen die er zu Felde ziehen vorgibt[79]. In seiner Abhandlung *Zum ewigen Frieden* wird Kant acht Jahre nach dem *Don Karlos* die „Publizität", die öffentliche Vermittlung rechtlicher Prinzipien zur entscheidenden innenpolitischen Maxime des aufgeklärten Gemeinwesens, zugleich aber zum maßgeblichen Grundgesetz gewaltfreier Völkerverständigung erheben. Prinzipiell gilt für Kant, daß die Arkanpraxis der Verstellungskunst, wie sie die Lehre Machiavellis und der spanische Prudentismus des 17. Jahrhunderts vertreten, gegen die juristischen Grundsätze aufgeklärter Staatsordnungen gerichtet ist: „Alle auf das Recht anderer Menschen bezogene Handlungen, deren Maxime

[76] NA 22, 170.

[77] H. Lethen, Verhaltenslehren der Kälte. Lebensversuche zwischen den Kriegen, Frankfurt/M. 1994, 52f.

[78] Jean Paul, Sämtliche Werke (wie Anm. 2), Bd. 1,5,248.

[79] Vgl. Werber (wie Anm. 27), 216, der jedoch die psychologische Dimension von Posas Machtdenken ausblendet.

sich nicht mit der Publizität verträgt, sind unrecht“[80] Wenn Posa der Strategie der Verschleierung, der Täuschung und Lüge folgt, so diskreditiert er durch die Wahl seiner Mittel notwendig die Motive, die sein Unternehmen ursprünglich leiten. Nicht die von Kant skizzierte aufgeklärte Ordnungsethik des öffentlichen Rechts bildet den Leitfaden für sein Handeln, sondern die staatskluge Dissimulation des Verstellungskünstlers. Offen läßt das Schiller dabei die Frage, ob das Wirkungsfeld der Politik andere Optionen jenseits der Logik des permanenten Machtspiels überhaupt ermöglicht.

Wer die illusionslose Prägnanz von Schillers politischen Szenarien unterschätzt, entschärft zugleich ihre Wirkung. „Die Verwandlung von Sprengsätzen in TEEKANNENSPRÜCHE“, so hat Heiner Müller 1985 unter Bezug auf den *Wallenstein* vermerkt, „ist die Leistung der deutschen Misere in der Philologie“[81]. Unübersehbar bleibt, daß zumal in Schillers Jugenddramen die Gedankenfiguren der machiavellistischen Ordnungslehre - Staatsraison und Machtkunst - überraschende Präsenz besitzen. Jenseits der prunkvollen Ideenarchitektur, die aus den Bausteinen aufgeklärter Gesellschaftstheorie errichtet wird, entfaltet sich vor allem im *Don Karlos* ein herrschaftsstrategischer Diskurs, in dem der optimistische Entwurf des Menschen hinter das praktische Interesse des nach Macht strebenden Individuums zurücktritt. Für das gesamte Werk bleibt festzuhalten, daß idealistische und machiavellistische Politik keineswegs als streng geschiedene Distrikte erscheinen, sondern auf bedenklichste Weise ineinanderspielen können. Kaltsinnige Kriminelle (Franz Moor), herrschlüsterne Hedonisten (Fiesko), Theoretiker des neuen Staats (Posa) und illusionsarme Taktiker (Wallenstein) verbindet in der Praxis ein überraschend ähnliches Täterprofil mit vergleichbar ausgeprägten Elementen unmoralischer Verstellungskunst, dissimulatorischer Energie und egozentrischen Interesses an der Manipulation. Was sie am Ende eint, ist der Makel des Versagens: Schillers psychologisch geschulter Blick schließt das Interesse an den Verlierern ein, die als Opfer ihrer

---

[80] Immanuel Kant, Zum ewigen Frieden (1795), in: Werke, hrsg. von W. Weischedel, Frankfurt/M. 1977, Bd. 11, 245. Zur Funktionsgeschichte der geheimen Kabinettspolitik als Element der frühneuzeitlichen Souveränitätsidee N. Luhmann, Staat und Staatsräson im Übergang von traditionaler Herrschaft zu moderner Politik, in: ders., Gesellschaftsstruktur und Semantik. Studien zur Wissenssoziologie der modernen Gesellschaft, Bd. 3, Frankfurt/M. 1989, 97ff.

[81] F. Hornigk (Hrsg.), Heiner Müller Material. Texte und Kommentare, Leipzig 1989, 103

hochfliegenden Ansprüche vom reißenden Strom der Geschichte ausgeschieden werden.

1788 scheint es Schiller bereits fraglich, ob eine andere Form der Politik denkbar ist, die die soziale Freiheit sichert, ohne neue Machtstrukturen zu erzeugen. In späteren Jahren hat er eine gesellschaftliche Veränderung nur als evolutionären Prozeß denken können, der Sukkurs durch das Programm der ästhetischen Erziehung erhält. Im Juli 1793 schreibt er an seinen Mäzen, den Prinzen von Augustenburg: „Ja ich bin soweit entfernt an den Anfang einer Regeneration im Politischen zu glauben, daß mir die Ereignisse der Zeit vielmehr alle Hofnungen dazu auf Jahrhunderte benehmen“[82]. Das ist formuliert vor dem Hintergrund der tiefgreifenden Umbrüche, die Europa in den Jahren nach der Französischen Revolution bestimmen. Die „Liebe für die Zukunft“[83], in der Heine das spezifische Ethos des *Don Karlos* gespiegelt fand, erweist sich damit als unpolitisches Programm, wie es pointiert das zum Frieden von Lunéville (1801) verfaßte Gedicht über den „Antritt des neuen Jahrhunderts“ angesichts der Zerrüttung der sozialen Ordnung im nachrevolutionären napoleonischen Zeitalter gekennzeichnet hat: „Freiheit“, so lauten die berühmten Schlußverse, „ist nur in dem Reich der Träume, | Und das Schöne blüht nur im Gesang“[84]. Für staatsphilosophische und gesellschaftstheoretische Entwürfe scheint in dieser Logik der ästhetischen Repräsentation kein Platz mehr zu sein. Aus geringfügig anderer Perspektive bestätigt Hölderlin Schillers Position, wenn er die Überanstrengung der politischen Idee als Grund der Desillusionierung bezeichnet, die die deutschen Intellektuellen angesichts der jakobinischen Schreckensherrschaft erfassen mußte. „Immerhin hat das den Staat zur Hölle gemacht“, läßt er Hyperion räsonieren, „daß ihn der Mensch zu seinem Himmel machen wollte“[85]. So gesehen ist die Geschichte des Marquis Posa, wie Schiller sie inszeniert, auch eine Station auf dem historischen Weg zu Maximilien de Robespierre. Wer das vergißt, verwandelt Sprengsätze in Teekannensprüche.

---

[82] NA 26, 262.

[83] Heinrich Heine, Die romantische Schule (1833), in: Sämtliche Werke. Historisch-kritische Ausgabe, hrsg. von M. Windfuhr, Düsseldorf 1973ff., Bd. 8,1, 153.

[84] NA 2/1, 129.

[85] Hölderlin, Sämtliche Werke (wie Anm. 10), Bd. 3, 31. Vgl. dazu schon Müller-Seidel (wie Anm. 4), 446.

„Er gefällt mir und mißfällt mir“

Einige Anmerkungen zur Figur des Grafen F. in Heinrich von Kleists Novelle *Die Marquise von O.*

von Joachim Wohlleben (Berlin)

Natürlich ist *Die Marquise von O.* eine Frauengeschichte. Das gilt von manchem Werk Kleists: *Penthesilea, Amphitryon, Das Käthchen von Heilbronn, Die Verlobung in St. Domingo, Der Findling, Der Zweikampf*, die übrigens alle engste thematische Verwandtschaft untereinander aufweisen. Die Novelle ist denn auch zu Recht bisher meistens als Frauengeschichte analysiert worden. Aber ein Mann spielt doch - wie in allen genannten Fällen - eine unverzichtbare zweite Rolle, den Gegenpart. Nur: dieser russische Offizier, der Graf F., ist bislang einer genaueren Würdigung kaum teilhaftig geworden, wohl einfach weil seine Verworfenheit so offensichtlich scheint. Als Stimme der herrschenden communis opinio kann das Arbeitsbuch von Thomas Wichmann[1] gelten, in dem der Gedanke, man könne sich dem Grafen F. als einem auf problematische Weise ehrenvollen Mann zuwenden, mit Entrüstung abgewiesen wird. Es gibt und hat jedoch auch andere Stimmen gegeben, z.B. die Einschätzung des Hegelianers H.G. Hotho, der bereits 1827, in den *Jahrbüchern für wissenschaftliche Kritik* über das heikle Sujet genau differenzierend urteilte[2]: „Ein Russischer Offizier ..., ein feiner, edler, gebildeter junger Mann, läßt sich bei Erstürmung einer Festung von augenblicklicher Begier hinreißen, die bewußtlose Tochter des feindlichen Commandanten zu schwängern. Nur er weiß um die Tat, die er verbirgt. ... Wie edel nun auch immer dieser äußeren Gemeinheit gegenüber das innere Leben der Gemüter geschildert werde, wie konsequent dieser Kontrast aus dem Bisherigen folge, wie zart jener gemeine Vorfall, wie gut und sittlich der Graf in seinen späteren Handlungen und Gesinnungen dargestellt werde, so kann diese Stärke des Kontrastes doch nur gerade seine Widerwärtigkeit hervorheben, und nur ein verstimmtes Gemüt kann Befriedigung in so greller Disharmonie der Gemeinheit äußerer Zufälle und innerlichen sittlichen Adels finden, oder sich gar am Zwiespalt

---

1 Th. Wichmann, Heinrich von Kleist, Stuttgart 1988 (Slg. Metzler Bd 240), bes. 121-126.

2 Zitat nach: Heinrich von Kleist. Die Marquise von O. Erläuterungen und Dokumente, hrsg. von S. Doering, Stuttgart (Reclam Nr. 8169) 1993, 64.

tiefster Gemeinheit und höchster Reinheit im Gemüte selber ergötzen, und diesen Inhalt zum Vorwurf seiner Darstellungen wählen."

Oder auch Theodor Fontane machte sich - 1872 - seine skeptisch-wohlwollenden Gedanken. „Über den Stoff, als ein Wagnis und Kuriosum, ist, solange diese Erzählung existiert, viel gesprochen worden. ... Er [der Graf F.] tut das, wovor er sie [die Marquise] eben rettete. ... Wie man nun aber auch über die Exposition des Stückes denken mag, die Entwicklung und Durchführung zählt zu dem Glänzendsten, Besten und Liebenswürdigsten. Denn alle Personen, die uns vorgeführt werden, sind edle Naturen und haben recht in ihrem Tun.... Die Marquise selbst, schamhaft ohne Prüderie, zart, rücksichtsvoll und doch voll hohen Muts, ist ein entzückender Frauencharakter; ebenso ist der russische Graf, durch dessen ganzes Tun und vornehmste Haltung immer das Schuldbewußtsein durchdringt, eine höchst ansprechende Figur"[3].

Im allgemeinen kommt der Graf F. in der jüngeren Kleist-Rezeption allerdings schlecht weg. Er ist einfach der Vergewaltiger. Stellen wir uns aber einmal die Frage: „Ist der Graf F. ein Schurke?", so wird auf dem Wege einer simplen Überlegung klar, daß er unmöglich einer sein kann. Ein wahrer machistischer Sexualverbrecher hätte sich, sollte man glauben, nach der Untat von seinem Opfer abgewandt und wäre aus der Welt der Marquise verschwunden. Damit wäre die Geschichte selbstverständlich unerzählbar geworden. Der Graf tut denn auch genau das Gegenteil. Er bemüht sich auf ungestüme Weise um die Gunst der Marquise. Sein Motiv zum übereilten Heiratsantrag ist sicher nicht einwandfrei, aber er findet vom ersten Moment an die Bestimmung seines Lebens in der - wie auch immer zustandegebrachten - Wiedergutmachung seiner Verfehlung.

Ist er deshalb aber sogleich ein edler Charakter? Nach Kleists Optik kann die Antwort nur lauten: in der Tat ist er ein edler Mensch, aber er ist behaftet mit einem ungeheuren Makel. Dieser Zwiespalt, diese Doppelnatur ist der geheime Gegenstand der Erzählung. In einem analogen Fall, dem *Findling*, hat Kleist - wie schon öfter bemerkt worden ist - die zwei Naturen auf zwei Männer verteilt, Colino den Engel und Nicolo den Teufel; der eine rettet Elvira - wie der Graf die Marquise - aus Lebensgefahr, der andere schreitet zu ihrer Vergewaltigung. In der *Marquise von O.* sind beide Dispositionen in eine einzige Seele verlegt und auf schmerzliche Weise verkoppelt. Die Seele wird so, wie stets bei Kleist,

[3] Zitat: ebd. 66f.

zum Ort des Rätsels.

Worin besteht das Rätsel der Seele? Der Mensch weiß nicht, wer er ist, d.h. wozu er fähig ist. Und die einzige Chance, doch etwas über sein eigenes Wesen zu erfahren, liegt im Durchgang durch äußerste Herausforderung, in der Erprobung durch eine Extremsituation. Im Falle des Grafen F. ist dies das Überwältigtwerden durch den Trieb. Es ist vielleicht psychologisch, wie auch Fontane meinte, nicht gänzlich unverständlich, was ihm beim nächtlichen Schloßbrand geschieht. Er wird Zeuge einer drohenden Gewalttat an der wehrlosen Frau durch Marodeure der eigenen Truppe. In der blutigen und gewalthaften Abwehr und Rettungstat erfährt der russische Offizier seine eigene Disposition zu Blut und Gewalt. Die sexuelle Attacke, die er bei anderen abwehrt, ergreift Besitz von ihm und macht ihn umgehend zum sexuellen Missetäter. So eng ist das Wollen und das Ungewollte für Kleist in der Seele gepaart. Der Graf wird somit vom Trieb, den er an anderen rächte, überwältigt, und sofort nach der Tat ist er sich als der so überwältigte Überwältiger ein absolutes Rätsel. Zu dem Geheimnis, das er in sich entdeckt und das er lösen muß, gehört nach Kleists Vorstellung die spontane tiefste Liebe, der coup de foudre. Es gehört dazu ebenfalls, daß sofort eine Schwangerschaft einsetzt. Das alles sind Kleistische feste Imaginationen. Es sind eigentlich Liebesideale. In seinem Leben hatten sie keinen Platz, einen um so festeren haben sie in seiner Dichtung.

Der Graf F. ist vom Typ des Kleistischen Mannes: er ist schwach im Vergleich zu der Frau, der er zugeordnet ist. Die Kleistischen Männer erweisen sich als tumbe, begriffslose Liebhaber, die die Seele der Frau wenn nicht sofort verletzen, so doch gründlich verkennen. Sie sind der Frau gemeinhin nicht gewachsen. Achill ist ein Gemüts-Tölpel, als er Penthesilea zuletzt, um vermeintlich kavaliersmäßig mit ihr ins Klare zu kommen, noch einmal zum Zweikampf auffordert. Der Graf Wetter vom Strahl taumelt von einer Verlegenheit in die nächste, solange er die Wege Käthchens kreuzt, die ihm doch vorausbestimmt ist. Gustav von der Ried - *Die Verlobung in St. Domingo* - läßt das Urvertrauen vermissen, das Toni von ihm in der äußersten Krise erwartet; ähnlich Ruprecht gegenüber Eve im *Zerbrochenen Krug*. Amphitryon, der ärmste unter den Wichten, kann nur poltern, allerdings ist er auch der Düpierteste von allen, wird er doch von Jupiter selbst ausgespielt. Von der seelischen Not seiner Frau Alkmene hat er kaum eine Ahnung. So wird auch der Graf F. von vollkommener seelischer Ohnmacht in seinem Verhalten beherrscht.

Er ist unfähig, die Situation direkt in die Hand zu nehmen, und dies aus von Kleist auf seine charakteristische Weise konstruierten Ursachen. Als im Grunde nobler und sofort liebender Mann, mit dem unauslöschlichen Makel der Untat behaftet, findet der Graf F. sich ganz nach Kleists Habitus und erzählerischer Absicht eingesperrt in ein auswegloses Gefängnis der Sprachlosigkeit. Erzählt wird, daß dieser Mann die einfachste, alle seine Handlungen bewegende Wahrheit schlechterdings nicht in einen Satz seiner oder irgend einer Sprache fassen kann. Alles, was er tut, entspringt der Not der Vermeidung einer Wahrheitsaussage. Soll er den schlichten und schlechten Satz aussprechen: „Höre, ich habe Dir Gewalt angetan, und Du erfährst es in diesem Augenblick von mir"? (Einer derartigen - verbalen - Erklärung kommt der Graf am nächsten im Garten des Landschlosses in V., da er der Umworbenen „ein einziges, heimliches, geflüstertes Geständnis" anvertrauen möchte, wozu es - glücklicherweise, möchte man meinen - nicht kommt). Die bloße Vorstellung einer solchen Kühnheit und Tollheit widerlegt ihre Möglichkeit. Es gäbe keinen sichereren Weg, die geliebte Frau - eben durch diese Aussage - auf ewig zu verlieren. Denn die ungeheuerliche Wahrheit könnte nicht verbinden und Hindernisse der Zweisamkeit überwinden, sondern sie wäre selbst das absolute Hindernis für eine irgend denkbare Verbindung mit der Marquise. Wir stehen vor der Kleistischen Ursituation: Reden - das seelisch Nötigste - ist auf zwingende Weise verunmöglicht. Diese existenzielle Not will Kleist erzählen, wie er auch in seinen übrigen Werken immer wieder ähnliche Unmöglichkeitssituationen erfindet, durchdenkt und variantenreich ausgestaltet. Seine Phantasie wird angezogen von solchen Konstellationen, sein ganzes Werk ist Durcharbeitung von Facetten der Unmöglichkeit, das Leben durch klare Aussprache des Wahren zu gewährleisten.

So muß denn der Graf durch alle Erbärmlichkeiten und Erniedrigungen hindurchschreiten. Was hat er sich eigentlich dabei gedacht, als er die Marquise im Überrumpelungsverfahren heiraten wollte? Er wollte lügen, verschweigen, verdecken, und so auch vor sich selbst unehrenhaft werden. Kein größerer Betrug an der geliebten Frau ist denkbar als der anfangs von ihm beschrittene Weg zu einer Lösung. Auch sein eigenes Gewissen hätte er betrogen. Durch das Geschick des schwereren Weges wird er vor Betrug und Selbstbetrug bewahrt. Diese Verschonung beider vor der Lebenslüge entpuppt sich letztlich als Zielpunkt der Erzählung. Ihr ganzer Bau ist aus dieser darstellerischen Absicht erklärbar.

Überhaupt gilt: wenn wir erwägen, was uns erzählt wird, die ganze künstliche und kunstvolle Konstruktion, so ist es für den Grafen F. der wunderbare Weg von Verfehlung, Unglück und Demütigung zum Glück. Wenn denn irgend vorstellbar sein sollte, daß dieser problematische Mann und diese vom Rätsel zermalmte Frau in persönlicher Liebe zueinander finden - und das ist es schließlich, worauf die Gesamtkonstruktion hinausläuft -, so eben nicht auf irgendeinem Wege der Verständigung, der direkten Aussprache, Klarstellung oder Erörterung, sondern nur durch alle Abgründe des Mißverständnisses, der Sprachabschnürung und der Verzweiflung. Nur durch das Tal der Tränen ist das versöhnliche Ende erreichbar. Auf diesem Wege aber um so sicherer. Insofern erzählt Kleist willentlich ein Märchen. Seine Novelle steht dabei deutlich in Nachbarschaft zum *Prinzen von Homburg*, dem ebenfalls sein - unbewußt vorausbesessenes - Glück nur auf dem indirekten Weg, über Selbsttäuschung, Verfehlung, Selbstverlust, Demütigung und Verzweiflung zu erreichen bestimmt ist. Der letzte große Tragiker der deutschen Literatur - Richard Wagner allerdings folgt noch auf ihn - erweist sich doch zugleich als Erzähler vom Hans im Glück.

Die Liebesbegegnung und zumal der natürliche Liebesakt sind für Kleist in ein dunkles Geheimnis gehüllt, von dem ebensoviel Verlockung wie Bedrohung ausstrahlt. So sehr verhangen ist ihm dieses Geheimnis, daß eine Erfüllung des Aktes ihm geradezu nur unter nicht natürlichen, oft inhumanen Umständen denkbar erscheint. Im *Amphitryon* wird die für Alkmene ungewöhnlich beseligende Liebesnacht nur durch göttliche Indiskretion und List herbeigeführt. In anderen Fällen ist der Liebesvollzug umschattet von Todesnähe und extremer Lebenssituation. Vom ersten Werk an, der *Familie Schroffenstein*, wo die - nicht vollziehbare, nur glutvoll imaginierte - Liebesvereinigung in die Ermordung der Liebenden durch ihre Väter übergeht, begegnet uns diese Sinnkonstruktion. In den Novellen *Die Verlobung in St. Domingo* und *Das Erdbeben in Chili* finden sich die Liebenden jeweils von einer Gesellschaft im Aufruhr umgeben, die sie mit Strafe, ja unmittelbar mit dem Tod bedroht. Gustav von der Ried erlebt seine Zuneigung zu Toni als eine Mischung von „Begierde und Angst“. In der *Penthesilea* fallen Liebeserfüllung und Mord vollends in eins. Die *Marquise von O.* führt dem Thema der über Gewalt vermittelten Liebe eine weitere Variante hinzu. Zunächst und gleich anfänglich ist auch hier die initiale Begegnung der Frau mit dem Mann in eine todesdrohende Extremsituation verlegt. Das zentrale Ereignis aber ist diesmal eine reine heimtückische Gewalttat. Jedoch: Gewalt und Liebe fallen von Anfang an zusammen, insofern sowohl der Graf der Marquise als „ein Engel des Himmels“ erscheint wie auch der Graf sofort nach seiner Untat, ja aufgrund derselben, in heftige, sein weiteres Leben bestimmende, Liebe zu dieser Frau verfällt. Die Bestimmung dieser beiden Menschen für einander wird also auf höchst gewagte Weise gestiftet. Nichtsdestoweniger konstruiert Kleist über das Medium des Verbrechens eine wechselseitige Destination unter diesen paradoxalen „Liebenden“. Das empfangene Kind ist auch in diesem Fall, so abwegig es zunächst anmuten mag, das Unterpfand der beide Partner vereinigenden Liebesbeziehung. Die Kindeszeugung ist darüber hinaus eine für Kleist unerläßliche Erzählnotwendigkeit; ohne die Schwangerschaft wäre alle seelische Verwicklung und Entwicklung der involvierten Personen wiederum nicht darstellbar. Bemerkenswert ist lediglich, daß der Graf sogleich bei erster Wiederbegegnung von einer erfolgten Empfängnis ausgeht, ohne von ihrer Tatsächlichkeit irgend Beweise zu haben: Liebe und Zeugung sind für Kleist ungetrennt.

Dieser Mann und diese Frau sind genauso einander zugeordnet wie Graf Wetter und Käthchen durch ihre gleichzeitigen Wahrträume, wie Natalie und Homburg aufgrund der somnambulen Wunscherfüllung im Schloßgarten zu Fehrbellin, wie Penthesilea und Achill durch die prophetische - das Amazonengesetz aushebelnde - Anweisung der Otrere, Mutter der Penthesilea, daß sie sich in individueller Liebeswahl mit Achill verbinden solle.

Es gehört zu den bei Kleist anzutreffenden unwahrscheinlichen Wahrscheinlichkeiten, daß der zur Gewalttat hingerissene Mann sein Opfer sofort aufs innigste liebt, verehrt und gewinnen will. Das Verbrechen zeitigt unmittelbar eine Herzensverbindung. Alle Handlungen des Grafen erklären diese spontane Liebe; nur die spontane Liebe kann sein Handeln erklären. Am Ende gelangt seine Neigung zur Erfüllung. Aber die Handlungen der Marquise, besonders ihre Reaktion am schrecklichen „Dritten“ sind um nichts weniger nur erklärlich durch das Faktum spontaner Neigung. Auch sie liebt den Grafen vom ersten Augenblick an, allerdings mit der Besonderheit, daß sie sich ihre Neigung nicht gestehen darf und sie in der Tat verdrängt, bis sie auf brutale Weise mit dem unabweislich teuflischen Charakterzug des heimlich Geliebten konfrontiert wird. Anders ist die Rage am Dritten nicht verständlich.

Ihr eine heimliche Neigung zuzuschreiben, ist aber etwas grundsätzlich Anderes als die Annahme, sie wisse um den Kindsvater. In der Kleist-Erörterung der Nachkriegsepoche ist es eine beliebte Übung geworden, anzunehmen, daß die Marquise verborgener- und verdrängenderweise um die erzwungene Vaterschaft wisse, d.h. daß sie den Grafen als Täter kenne. Neben Dorrit Cohns Beitrag ist Heinz Politzers Studie von 1977 die prominenteste Stimme dieser Deutungsschule[4]. Diese Deutung mag reizvoll und verführerisch sein, aber sie ist Kleists Kunstwillen völlig unangemessen. Sie ist zu schmeichelhaft für unser psychoanalytisches Jahrhundert. Das Unbewußte weiß da immer alles. In der Kunstwerkanalyse läßt sich damit „alles“ beweisen, bzw. nichts. Die Grundfesten der Kleistischen Konstruktion, daß nämlich das Opfer, die Marquise, in den äußersten Selbstzweifel geworfen werden soll, würden durch diese Annahme erschüttert. Sowohl der erhabenste Augenblick, da sich die Marquise „Kraft ihres schuldlosen Bewußtseins“, wie es heißt, von der sie moralisch verdammenden Familie trennt und „durch diese schöne Anstrengung mit sich selbst bekannt gemacht“ wird, als auch das Ende der Erzählung, nämlich das Ereignis vom schrecklichen Dritten (Februar?), worauf alle Strategie und Konstruktion zuläuft, wären unlogisch und genau besehen wiederum unerzählbar. Der Paroxysmus, in den die Marquise durch die Erkenntnis geschleudert wird, daß der Graf der Verabscheute und also der in ihrer öffentlichen Anzeige Gesuchte wirklich sein muß und ist, wäre Schmierenkomödie. Die Erzählung würde läppisch und theatralisch, wenn diese Bestürzung nicht echt und unvermeidlich wäre und die Marquise sich und der Welt nur etwas vorgespielt und ein besseres Wissen verborgen und hinweggeheuchelt hätte.

Die Formel „ich will nichts wissen“, der in den Deutungen von Cohn und Politzer eine große Beweiskraft zugeschrieben wird als stilles Eingeständnis verhehlten Bescheidwissens, beweist gar nichts. Sie kommt in Kleists Werk so oder ähnlich oftmals vor und bedeutet so viel wie „ich will nichts hören“. Nur eine unhistorisch aktualisierende Rezeption kann die Phrase so spektakulär aussageschwer machen, und dies auch nur weil sie schlicht obsolet geworden ist, wie andere Gesprächsformeln der Goethezeit, etwa die Phrase „was werde ich hören“.

---

[4] D. Cohn, Kleist's *Marquise von O*. The problem of knowledge, Monatshefte für dt. Unterricht 67, 1975, 129-144. - H. Politzer, Der Fall der Frau Marquise, Dt. Vierteljahrsschrift 51, 1977, 98-128.

In der *Penthesilea* (5. Auftritt) heißt es in den Versen 836f.:

„Geh und befreie - geh! ich will nichts wissen!
Von deinem hassenswürd'gen Anblick mich!"

Die Bedeutung ist dieselbe wie im *Amphitryon*, wo (2. Akt, 2. Szene) die Verse 1004ff. lauten:

Amphitryon: [zu Sosias]
„Schweig, ich will nichts wissen.
Du bleibst, und harrst auf diesem Platze hier." [ab]
Charis: „Befehlt Ihr Fürstin?"
Alkmene: „Schweig, ich will nichts wissen,
Verfolg mich nicht, ich will ganz einsam sein."[5]

Auch im *Zerbrochenen Krug* begegnet die Formel (509):

Adam: „Evchen!"
Eve: „Geh' Er."
Adam: „Ein Wort."
Eve: „Ich will nichts wissen."

Es ist nicht sinnvoll, diese alltägliche Phrase mit der Annahme einer Selbstverkündigung des Unbewußten zu beschweren, wie es in den betreffenden Interpretationen geschieht.

Im russischen Grafen F. porträtiert Kleist eine Persönlichkeit, die sich selbst zum Rätsel geworden ist. Gespaltene seelische Dispositionen sind Kleists ewiger dichterischer Vorwurf. Im Kohlhaas, einem „der rechtschaffensten zugleich und entsetzlichsten Menschen seiner Zeit", und in Penthesilea, die vom Zwiespalt zwischen dem Gesetz des Amazonenstaats und dem Gebot der individuellen Existenz zerrissen wird, erblicken wir die eminentesten Ausgestaltungen dieser Disposition - und im Grafen F., der im Kleistischen Sinne nicht nur derjenige ist, der Gewalt ausübt, sondern zugleich derjenige, welcher der Gewalt in sich erliegt, nämlich dem nackten Trieb, der ihn ein einziges Mal unregierbar und dämonisch beherrscht und übermächtigt hat.

Was Walter Müller-Seidel von der Marquise sagt, daß ihr „der eigene Leib auf grauenvolle Weise fremd ist"[6], trifft genauso auf den

[5] Das Molière'sche Pendant lautet (Verse 1066f.):
Cléanthes: „Faut-il?..."
Alcmene: „Je ne puis rien entendre:
Laisse-moi seule et ne suis point mes pas."

[6] W. Müller-Seidel, Die Struktur des Widerspruchs in Kleists *Marquise von O. ...*, in: ders. (Hrsg): Heinrich von Kleist, Aufsätze und Essays, Darmstadt ^{4}1987, 249.

Grafen F. zu. Das rätselhafte Faktum - Ausgangspunkt aller Kleistischen Erzählungen - ist in der *Marquise von O.* natürlich in erster Linie - als Anstoß und Ermöglichung der Erzählbarkeit - die unerklärliche Empfängnis, aber in nicht minderem Maß die Überwältigung eines edlen Menschen durch den unveredelten Naturtrieb. Wenn man sich fragt, wo die Geschichte ihren Ausgang nimmt und wie sie ihr glückliches Ende erreicht, kann man dieser offensichtlichen Schlußfolgerung nicht ausweichen[7].

[7] Ein notierenswerter Forschungsbeitrag ist: E. Schmidhäuser, Das Verbrechen in Kleists *Marquise von O.* Eine nur am Rande strafrechtliche Untersuchung, Kleist-Jb. 1986, 156-175. Diese Studie geht am weitesten in dem Versuch, die Tat des Grafen zu „verstehen"; sie entpuppt sich nachgerade als juristische Reinwaschung. In der „Rehabilitierung" des Grafen scheint sie mir zu weit zu gehen, wenn sie die Frage der Schuld nur in einem strafrechtlichen Sinn erörtert - und verneint. Der Graf, glaubt Schmidhäuser, habe mit der Liebe der Marquise rechnen können. Das ist nicht ganz falsch, aber zu eindeutig versöhnlich geurteilt. Unterschlagen wird dabei der trotz allem dämonische Charakter des Mannes.

„Das Glück, von der Seele zu sprechen, die Herzen ins Unendliche zu tauchen“

Der Höhenflug der „kleinen Seele“ bei Therese von Lisieux

von Ulrich Wickert (Berlin)

1

„Notre bonheur à nous est de parler des affaires de l'âme, de plonger nos cœurs dans l'infini!“ Mit dieser sich selbst interpretierenden Bemerkung in einem ihrer zahlreichen Briefe[1] hat die französische Mystikerin einen Ton angeschlagen, der in dem zu Ehren von Karin Alt erklingenden Seelenkonzert eine eigene Note gewinnt. Seele, „âme“: Eines der in der schriftlichen Hinterlassenschaft Thereses von Lisieux am häufigsten verwendeten Worte. Die zur Nouvelle Édition du Centenaire gefertigte Konkordanz[2] zählt in den *Autobiographischen Manuskripten*[3], den Briefen, den Gedichten, den für das Kloster bestimmten Schauspielen (*Récréations pieuses*) und den Gebeten der Heiligen insgesamt 893 Belegstellen. Die umfangreichen *Letzten Gespräche (Derniers Entretiens)* der mit 24 Jahren Sterbenskranken sind hierbei nicht berücksichtigt, denn nicht von Therese selbst niedergeschrieben und nach ihrem Tod wiederholt revidiert, nötigen sie zu methodischer Vorsicht[4].

---

[1] LT 151,47 (am 5. 11. 1893 an ihre leibliche Schwester Léonie). Zu den Sigla s. unten Anm. 14.

[2] Les Mots de Sainte Thérèse de l'Enfant-Jésus et de la Sainte-Face. Concordance générale, établie par Sœur Geneviève, o.p., de Clairfontaine, Sœur Cécile, o.c.d., du Carmel de Lisieux, J. Lonchampt, Paris 1996.

[3] Diese haben das merkwürdige Schicksal gehabt, nach Thereses Tod durch deren zweitälteste Schwester Pauline, im Carmel de Lisieux Sœur resp. Mère Agnès de Jésus, an zahllosen Stellen retouchiert zu werden, um sie dem Geschmack Paulines und der herrschenden Frömmigkeit anzupassen. In dieser modifizierten Gestalt haben sie als *Histoire d'une âme* seit 1898 in zahlreichen Auflagen und Übersetzungen jenen „ouragan de gloire“ entfesselt, von welchem im Jahre 1925 Papst Pius XI. hat sprechen können, vgl. P. Fr. François de Sainte-Marie, Manuscrits Autobiographiques de Sainte Thérèse de l'Enfant-Jésus, (t. 1), Lisieux 1956, 81 mit Anm. 3. Erst nach dem Tode jener anderen Elisabeth Foerster-Nietzsche (deren entscheidende, von Therese stets dankbar anerkannte Bedeutung für die innere Entwicklung ihrer Schwester man jedoch voll würdigen muß) war es möglich, nun auch mit Unterstützung durch den Carmel de Lisieux, den authentischen Text zu publizieren. Das besorgte 1956 vorzüglich in einer Faksimileausgabe, durch drei kommentierende Bände ergänzt, unter dem genannten Titel F. de Sainte-Marie; s. unten Anm. 5.

[4] J.-F. Six, Thérèse de Lisieux au Carmel, Paris 1973, 373, Anm. 1 hat die Richtung gewiesen: Wenn Stil und Ton der mitgeteilten Worte nicht von Therese stammen

Daß Therese, die mittlerweile, neben Katharina von Siena und Teresa von Avila, als Lehrerin der universalen Kirche gilt, ihren Begriff von Seele nirgends ausdrücklich definiert hat, das hängt mit dem improvisorischen Charakter ihrer schriftlichen Äußerungen zusammen. Durch ihren das meritorische Denken zurückdrängenden „Kleinen Weg der Liebe und des Vertrauens“ hat sie, durch alle Retouchen ihrer Niederschriften hindurch[5], in der katholischen Welt befreiend gewirkt. Aber eine förmliche Abhandlung hat sie niemals verfaßt. Selbst ihre *Autobiographischen Manuskripte*, auf Wunsch der Priorin unter ungünstigen Bedingungen, schließlich bei zunehmender Krankheit konzipiert, sind mehr zufällig hingeworfen und tragen durchaus das Gepräge von Gelegenheitsschriften. Daß sie in ihrer kindlichen Schlichtheit so stark und weltweit haben wirken können, hat darin seinen Grund, daß die das lebendige Geheimnis wahrnehmende Seele der Autorin auch in Bedrängnissen stets ganz sie selbst und stets ganz bei der Sache geblieben ist.

„Âme“ gibt sich in Thereses Schriften vielfältig nuanciert. Sie bezeichnet den auf Erden im Leibe lebenden und den in der Ewigkeit vom Leibe befreiten, den, sei es auf Erden, sei es im Purgatorium, erlösungsbedürftigen Menschen, dem die Zuwendung derer gilt, die für das Heil der Seelen beten und arbeiten, opfern und leiden wollen. Diese gemeinchristlichen resp. katholischen und besonders dem Karmel vertrauten Aspekte teilt Therese in eigener Akzentuierung mit ihrer kirchlichen Umgebung; sie sollen hier im wesentlichen unberücksichtigt bleiben. In dem vorliegenden Beitrag wird es um solche Texte gehen, in welchen der auf Transzendenz hin angelegte innere Mensch, zwischen Himmel und Erde zuletzt ins Bodenlose geworfen, zu sich selber findet:

---

können, der Inhalt aber mit ihren Gedanken übereinstimmt, laßt sich der Text verwenden. Mittlerweile ist die Position des Autors radikal geworden: Pauline hat die ersten Notizen vernichtet und die zu publizierenden Versionen nach ihrem gusto verändert; also sind diese nicht zu gebrauchen, vgl. dens., Lumière de la nuit, Paris 1995; in deutscher Übersetzung: Licht in der Nacht. Die (18) letzten Monate im Leben der Therese von Lisieux, Würzburg 1997, 201ff.

[5] Wenn es Pauline wirklich gelungen wäre, Thereses Botschaft der bedingungslosen Liebe in die zeitgemäße ängstliche Besorgnis um das eigene Heil zu transponieren, so wäre der „incendie gigantesque déchaîné par une simple étincelle“ (F. de Sainte-Marie [wie Anm. 3], 80) nicht zu verstehen. Selbst Six gelangt zu der Feststellung (wie Anm. 4), 204f.: „Es ist dies das eigentliche Wunder, das große, unvergessene, vollkommene Wunder, das, wie ich meine, durch Therese selbst geschah. Der Heilige Geist hat die Mittel gefunden, um ihre wahren Gedanken hervortreten zu lassen, trotz und gerade durch die Vernebelungen, die unbestreitbaren und deutlichen Verstellungen in der Histoire d'une âme, trotz der tausendfachen, allzu mütterlichen Aufmerksamkeit von Mutter Agnes, die entstellte und erstickte“ usw.

In einer höchst originellen Gestalt katholischer Frömmigkeit, die sich von herrschenden Klischees gelöst hat, um in einer durch das paulinische Evangelium umgeprägten augustinisch-mystischen Tradition[6] die eingestandene menschliche Nichtigkeit als den Ort zu erfahren, wo für die Seele das umfassende Ganze Ereignis wird.

Dem in der Bibel wurzelnden christlichen Sprachgebrauch entspricht es, daß in Thereses Schriften mit der Seele das Herz („cœur") oftmals verbunden ist: Teils, wie in der als Titel dieses Beitrags gewählten brieflichen Bemerkung, nahezu synonym; teils so, daß die mehr den Gesamtzustand des inneren Menschen umfassende Seele sich im Herzen zu ihren Empfindungen und Entschlüssen gleichsam verdichtet. Eine förmliche Untersuchung auch dieses zweiten Komplexes würde den Rahmen dieses Aufsatzes sprengen[7].

2

Therese von Lisieux - so heißt sie nach der in der Normandie gelegenen Stadt, in welcher das Karmelkloster ihre Heimat war. Die kleine heilige Therese - so heißt sie, weil sie sich selbst unentwegt als „petite Thérèse" bezeichnet hat; aber auch, weil man sie von der „großen" heiligen Teresa von Avila zu unterscheiden suchte. „Therese vom Kinde Jesus und vom Heiligsten Antlitz" - das ist ihr Klostername[8], in welchem die inkarnatorische Freude des Jesuskindes und das auf dem Antlitz des Gekreuzigten eingegrabene Leiden sich zu scheinbar widersprüchlicher Einheit verbinden[9].

---

[6] Bei dieser abgekürzten Ausdrucksweise ist daran zu erinnern, daß Therese vor allem aus der Tradition ihres Ordens schöpfte. Teresa von Avila und Johannes vom Kreuz werden nicht allzu oft wörtlich zitiert (dieser häufiger als jene); aber Geist von ihrem Geist ist bei Therese überall zu spüren. Die Thomas a Kempis zugeschriebene *Imitatio Christi* in französischer Übersetzung konnte Therese schon als junges Mädchen auswendig: Die Familie veranstaltete zu ihrer heiteren Erbauung gelegentlich ein Quiz mit ihr (A 47,18ff.).

[7] Zu „cœur", wieder unter Absehung von den *Derniers Entretiens,* verzeichnet die Konkordanz 963 Belegstellen.

[8] Daß Therese seit ihrem Eintritt ins Kloster „vom Kinde Jesus" genannt wurde, entsprach ihrem, allerdings nicht geäußerten eigenen Wunsch (sie spricht von einer „délicatesse de mon Bien-Aimé Petit Jésus", A 31v,6). Erstmals am 10. Januar 1891 fügte sie zu der ersten Bezeichnung „de l'Enfant-Jésus" die zweite „de la Sainte-Face". Die Andacht zum Heiligsten Antlitz (sc. des Gekreuzigten) war im Frankreich des 19. Jh.s verbreitet. Therese versah sie mit eigenen, biblischen Akzenten.

[9] Es ist nicht sachgemäß - bei Ida Friederike Görres zeigte sich diese Tendenz -, „l'Enfant-Jésus" zugunsten der „Sainte-Face" zurücktreten zu lassen, in der Absicht, Therese damit von der ihr angetanen „Verniedlichung" zu befreien. Zu Thereses Grund-

Mit ihrem bürgerlichen Namen hieß sie Thérèse Martin[10]; geboren am 2. Januar 1873 in Alençon als jüngstes von neun Geschwistern, von denen vier bald starben. Vier Schwestern haben bis weit ins 20. Jahrhundert hinein gelebt; auch sie, wie Therese, Klosterfrauen. Der Vater, Louis Martin, ein liebenswürdig Verträumter, hatte das Uhrmacherhandwerk erlernt. Die Mutter, Zélie-Marie Guérin, die Energie in Person, betrieb einen Spitzenhandel, in welchen der Vater nach der Eheschließung eintrat. Die mütterliche Energie, die väterliche Verträumtheit haben sich in Thereses Seele zu spiritueller Intensität verwoben.

Eine tiefe Erschütterung bewirkte der Tod der Mutter, als Therese vier Jahre alt war. Als die Neunjährige erleben mußte, daß ihr auch ihre „Wahlmutter", die ältere Schwester Pauline, durch deren Eintritt ins Kloster genommen wurde, brach eine schwer zu diagnostizierende Gemütskrankheit aus, vor welcher die Ärzte ratlos standen. Durch eine visionäre Erfahrung (am 13. Mai 1883) mit der im Zimmer postierten Marienstatue - von Therese als das tiefdringende „Lächeln der Heiligen Jungfrau" beschrieben - wurde das Kind nicht allein auf der Stelle geheilt. Es empfing überdies keimhaft hier bereits seine Berufung. Die Mutter des Herrn und die Mutter Kirche flossen für sein mystisches Gefühl geheimnisvoll ineinander. Ein weiter Horizont tat sich auf, innerhalb dessen die Personen der göttlichen Trinität sich der Seele des Kindes vernehmlich machten. Insbesondere erwuchs mit Jesus, gleichsam Auge in Auge, eine vertraute Freundschaft. Schon das kleine Mädchen hatte zum Jesuskind eine geniale Liebesbeziehung entwickelt. Je länger, je mehr trat der eucharistische Christus ins Zentrum, und mit ihm das schon früh in Therese geweckte Bewußtsein, zum „Leiden, der Liebe geeint" bestimmt zu sein. Hiermit verband sich der brennende Wunsch, „Seelen zu retten". Die Vierzehnjährige hatte es sich in den Kopf gesetzt, einen dreifachen Mörder, dessen Name durch sie Berühmtheit erlangte, vor der Verdammnis zu bewahren. Als sie dann in der Zeitung las, der hartgesottene Mann habe noch im Augenblick seiner Hinrichtung das vom Priester ihm dargebotene Kruzifix an sich gerissen und leidenschaftlich geküßt: Da

---

gestus gehört es, sich zwischen Widersprüchen fortgesetzt auszubalancieren. Ohne das Kind Jesus wäre diese Heilige nicht zu ihrer, dem Leiden des Gekreuzigten liebevoll standhaltenden „petitesse" gelangt.

[10] Da Therese von Lisieux im allgemeinen unbekannt ist, empfiehlt es sich, hier einige wichtige Stationen ihres Lebens zu notieren. Das geschieht in der Hauptsache auf der Grundlage ihrer Schriften; auf Belege kann hier verzichtet werden. Eine verläßliche Chronologie findet sich beispielsweise bei P. Descouvemont/H.N. Loose, Thérèse et Lisieux, Paris ³1991, 332ff.

wußte sie, daß anhaltende Fürbitte Frucht bringt, und daß Gott die Bekehrung des Sünders will.

In dem sicheren Gefühl, nicht viel Zeit zu haben, drängte alsdann das junge Mädchen danach, möglichst rasch, noch vor Erreichung des kanonischen Alters in den Karmel eintreten zu dürfen, um ein Leben für Gott allein, „Dieu seul", zu realisieren. Der zuständige Bischof von Bayeux verhielt sich spröde. Ob Papst Leo XIII. ihr hat helfen können, dessen Knie sie zum Schrecken ihres Generalvikars bei einer Audienz flehentlich mit ihren Händen berührte, ist nicht leicht zu sagen. Doch wußte sie ihre heißen Gebete erhört, als sie am 9. April 1888 fünfzehnjährig in den Carmel de Lisieux aufgenommen wurde. Hier blieben ihr gut neun Jahre für den energisch beschrittenen Weg nach innen. Zugleich wurde sie durch das Leben im Konvent darüber belehrt, daß Gottesliebe immer auch schon Menschenliebe ist. 1893 als Gehilfin der Novizenmeisterin zur Unterrichtung der Novizinnen bestellt, war sie genötigt, was sie fühlte, klar in den Gedanken zu fassen. Und der Briefwechsel mit den beiden angehenden Missionaren, die ihr 1895/96 nach der Sitte der Zeit zu geistlichem Weggeleit anvertraut wurden, war für sie die kostbare Gelegenheit, als Schwester unter Brüdern zu freimütigem geistigem Austausch zu finden. Entscheidend war aber vor allem auf ihrem inneren Weg die Inspiration, sich der Barmherzigen Liebe Gottes als „Ganzbrandopfer" zu weihen; ein Akt, den sie mit Erlaubnis der Oberen am 11. Juni 1895 förmlich vollzog. Und sie wurde beim Wort genommen. In der Nacht vom 2. zum 3. April 1896 kündigte sich durch einen ersten Blutsturz, liebevoll von ihr begrüßt, die unheilbare Lungentuberkulose an. Wenig später wurde Therese von jener rätselhaften „Nacht des Glaubens" heimgesucht, die sie von Gottes Nähe nichts mehr spüren ließ. Sie glaubte zu verstehen, daß man Atheist sein könne. Allein ihr entschiedener Wille, sich an das von der Kirche ihr dargebotene Credo zu halten, gab ihr unter zunehmenden Qualen den inneren Halt. Es scheint, daß sie am Ende den Durchbruch ins Licht erfuhr, als sie am 30. September 1897 mit den zum Crucifixus hin gesprochenen Worten starb: „Je vous aime", ich liebe Dich!

Nach diesem Tod begann alsbald, vermittels der überallhin ausgestreuten *Histoire d'une âme*[11], der atemberaubende Siegeszug rund um den Globus. Was niemand hatte vorhersehen können: Heilungen, Erleuchtungen wurden aus aller Herren Ländern gemeldet. Die Kirche

[11] Vgl. oben Anm. 3 und 5.

konnte hier nicht passiv bleiben. Papst Pius XI. sprach Therese am 29. April 1923 selig, am 17. Mai 1925 heilig. Am 14. Dezember 1927 ernannte er sie zur Schutzpatronin der Missionen. Papst Pius XII. ernannte sie am 3. Mai 1944, neben Jeanne d'Arc, zur zweiten Schutzpatronin Frankreichs („Patrona Galliae“). Schließlich hat Papst Johannes Paul II. sie am 19. Oktober 1997 zur Lehrerin der universalen Kirche proklamiert.

Diese steile postume Karriere, bei welcher man sich als Nichtkatholik fragt, ob die nunmehr der „Ecclesia triumphans“ zuzurechnende Heilige immer auch gewillt sein mag, die von der „Ecclesia militans“ ihr zugedachten Posten auszufüllen, ist freilich nur die eine Seite ihrer weitergehenden Präsenz. Die andere Seite ist das sich erst langsam durchringende und längst nicht adäquate Verständnis dieses liebenswerten und zu seinen Lebzeiten außerordentlichen Menschen. Im Anfang hat man Therese der herrschenden Frömmigkeit angepaßt[12], hat die berühmte, heute allseitig beklagte „Gipsfigur“ aus ihr gemacht. Plötzlich entdeckte man, daß sie ganz anders ist. Im deutschen Sprachbereich waren es vor allem Ida Friederike Görres und Hans Urs von Balthasar, die Thereses Individualität in ihrer Eigenart hervortreten ließen; freilich nicht ohne ihrerseits gravierende Mißverständnisse auf die Bahn zu bringen[13]. Nachdem mit der *Nouvelle Édition du Centenaire* das ganze Material zuhanden ist, muß man sich noch einmal ganz neu an die Arbeit machen. In diesem Sinne verbindet der vorliegende kleine Versuch mit der Reverenz an Karin Alt den Wunsch, unter der durch den Titel dieser Festschrift vorgegebenen Thematik die „kleine Schwester“ vielleicht wieder ein wenig besser zu verstehen[14].

---

[12] Ebd.

[13] I.F. Görres, Das verborgene Antlitz. Neue Deutung, Freiburg ^{9}1964. H.U. von Balthasar, Schwestern im Geist. Therese von Lisieux und Elisabeth von Dijon, Einsiedeln 1973. Mit beiden Autoren setze ich mich in meinen einschlägigen Gesammelten Aufsätzen auseinander: Leben aus Liebe. Therese von Lisieux, Vallendar–Schönstatt 1997, 83-95.

[14] Die schriftliche Hinterlassenschaft Thereses ist 1992 in der Nouvelle Édition du Centenaire, Édition critique des œuvres complètes (Textes et Dernières Paroles) de Sainte Thérèse de l'Enfant-Jésus et de la Sainte-Face bei den Éditions du Cerf-Desclée de Brouwer in 8 Bänden abermals herausgekommen. In dem vorliegenden Beitrag werden die *Manuscrits Autobiographiques* nach den Handschriften A, B und C zitiert. Die Rückseite der Blätter (verso) ist kenntlich gemacht, eine Ziffer nach dem Komma bezeichnet die Zeile, zum Beispiel: C 16v,6. Aus den beiden Bänden der *Correspondance générale* werden nur Briefe Thereses, *Lettres de Thérèse* herangezogen = LT mit Nummer nach der Zählung der Ausgabe und Zeilenziffer nach den Autographen. Einige wenige Zitate auch aus den *Poésies,* Numérotation nouvelle = PN; aus den Theater-

3

Das „Buch der Natur“ hat Therese vor Augen (A 2v,9), deren verschwenderisch ausgebreitete Schönheiten tun der Seele wohl (A 57v,19). Tiefe und gleichsam dichterische Eindrücke entstehen in der Seele beim Anblick der Kornfelder, mit blauen Kornblumen, mit Feldblumen übersät; wenn ferne Horizonte sich auftun und in weitem Raum die mächtigen Tannen mit ihren Ästen den Boden berühren (A llv,7ff.). Auch wenn man sich hoch droben im Gebirge findet, tiefe Abgründe zu den Füßen; über einem anmutig hingebauten Dorf mit seinem Kirchturm wiegen sich weich und weiß glänzende Wolken, während die ruhigen, reinen Wellen eines Sees die azurblaue Färbung des Himmels borgen, die sich mit den Feuerbränden der untergehenden Sonne vermischt. Weit hinten am Horizont die Berge, deren unbestimmte Konturen sich dem Blick entziehen würden, wären nicht die schneeigen Gipfel gleißend vom Sonnenlicht[15]: Beim Anblick all dieser Schönheiten werden in der Seele tiefe Gedanken geboren. Aber sie bleibt nicht mit sich und mit der Natur allein; sie versteht die Größe Gottes und die Wunder des Himmels (A 57v,26ff.). Ja, die Majestät des Meeres, das Brausen seiner Wellen spricht zur Seele von Gottes Größe und Macht (A 21v,12)[16].

Die Welt ist dazu geschaffen, unsere Seelen zu erheben („élever“, LT 105,20)[17]. Doch nicht immer wird sie für den (unsichtbaren) Himmel

stücken, *Récréations pieuses* = RP; den letzten Gesprächen, *Derniers Entretiens Carnet Jaune* = DE CJ.

[15] Diese hier referierend und gekürzt wiedergegebenen Passagen sind eine Reminiszenz an Thereses Aufenthalt in der Schweiz während der Pilgerreise nach Rom 1887.

[16] Merkwürdig nimmt sich neben diesen Erinnerungen aus, was A. Wollbold, Therese von Lisieux. Eine mystagogische Deutung ihrer Biographie, Würzburg 1994, 188 schreibt: „Erst auf dem Krankenlager findet sie zu einer Bejahung irdischer Realität, deren Einklang mit der reinen Gottesliebe sie sogar ausdrücklich verteidigt. Sie betrachtet den Himmel und freut sich an Blumen, Früchten und Tieren.“ Die mystagogische Hermeneutik unterteilt das Leben in Epochen und Phasen, die, wie es scheint, verkennen lassen, daß Therese das, was aus ihr wurde, immer schon gewesen ist.

[17] Wollbold (wie Anm. 16), 155 meint, die „bei ihrer Fahrt durch die Schweizer Berge im November 1887“ von Therese empfundene „Erhebung des Gefühls als Weg zu Gott“ lasse sie „noch ganz mit den Vorgaben ihrer romantisierenden Umwelt“ übereinstimmen. Mag das von einer Seite betrachtet zutreffen, so zeigt doch die stetige Entwicklung dieser (gar nicht rein „gefühlsmäßigen“, sondern existentiellen) „Erhebung“ in Thereses innerer Biographie; ferner die von Therese selbst, als sie das im Jahre 1895 niederschreibt, vorgenommene, jene „Vorgaben“ sich anverwandelnde Einordnung in eine Linie mystischer Tradition, daß hier eine Seele, von weither kommend und im Tiefsten unabhängig, ihren einmal eingeschlagenen Weg findet. Zur Durchbrechung der romantischen Gefühlswelt Wollbold selbst auf S. 165.

transparent. In gewisser Weise kann sie zum Bild unserer Seele werden: Nicht nur lacht mit dieser die Sonne, es weint auch der (sichtbare) Himmel mit ihr (A 51v,2). Solche Ambivalenz ist ein Hinweis darauf, daß man sich nicht damit begnügen darf, im Aufschwung der Seele „Gott in Welt“ zu erleben. Schroff kann die Absage an die soeben noch gepriesene Natur erklingen: „Lösen wir uns von der Erde (‘détachons-nous de la terre’), fliegen wir auf das Gebirge der Liebe, wo sich die schöne Lilie unserer Seelen findet“ (LT 105,22). Die oft genug beklagte „blumige“ Sprache Thereses wird doch erträglich, wenn man begreift, daß Liebe in ihrem Wollen der Kern ist, und daß mit der Lilie im Anschluß an Ct 2,1 Jesus gemeint ist (vgl. A 35v,15). Es gibt also eine Natur, die besser ist als die vor Augen liegende: Die Über-Natur „sur la montagne de l’amour“, wo die Gipfel schon nicht mehr im Hiesigen stehen. Deshalb dürfen die weiten Einöden (sic: „les vastes solitudes“), die verheißungsvollen Horizonte, die sich vor uns auftun, nicht allzu lange zu unserer Seele sprechen. Denn mit Johannes vom Kreuz[18] ist zu sagen: „Die Gebirge, die einsamen waldigen Täler[19] besitze ich in meinem Geliebten“ (LT 135,8ff.). Wohlgemerkt: Nicht wird hier Gott, wird Jesus in der Natur erfahren; Pantheismus ist Thereses Sache nicht. Vielmehr umgekehrt wird die Natur in Gott zurückgenommen, in Wahrheit ist Er das Gebirge, das Tal[20]. Der Überschritt zum Ureigentli-

---

[18] Des Heiligen Johannes vom Kreuz sämtliche Werke in fünf Bänden. Vierter Band, Geistlicher Gesang, nach den neuesten kritischen Ausgaben aus dem Spanischen übersetzt von P. Aloysius ab Immac. Conceptione aus dem Orden der unbeschuhten Karmeliten, Kösel 1925, 10f. (Str. 14, spanisch und deutsch).

[19] Vermutlich sind die befremdlichen „vastes solitudes“ eine Modifikation dieser einsamen Täler.

[20] Die oben zitierte LT 135 an Céline wurde am 15. August 1892 abgefaßt. Vom 12. August 1895 stammt PN 20 „Mon Ciel ici-bas“ („Cantique à la Sainte Face“). Strophe 3 lautet folgendermaßen: „Ta Face est ma seule Patrie / Elle est mon Royaume d’amour / Elle est ma riante Prairie / Mon doux Soleil de chaque jour / Elle est le Lys de la vallée / Dont le parfum mystérieux / Console mon âme exilée / Lui fait goûter la paix des Cieux.“ Das leidende Antlitz des Gekreuzigten (in welchem die göttliche Liebe sich ausdrückt) prägt die in ihrem Blumenschmuck „lachende“ Wiese oder vielmehr ist diese selbst. Es ist auch die wohltuende Sonne eines jeden Tages, die Lilie im Tal (wieder Anspielung auf Ct 2,1, vgl. oben) und wird so für die Seele, die sich hier im Exil fühlt, zur alleinigen Heimat. Man kann nach der vierten Zeile eine Zäsur finden: Danach wird die Natur vollends vom Himmel angeeignet, geheimnisvoller Duft verströmt für die Seele Trost und läßt sie den Frieden finden. Es ist bemerkenswert, wie sich diese beiden Motive ins Thereses Seele durch die Jahre hindurch lebendig erhalten: Die Selbstidentifizierung des Schöpfers mit seiner Schöpfung, dergestalt, daß eigentlich Er die Schöpfung ist; aber jenseits von dieser, gleichsam unweltliche Welt. Und der sich inten-

chen hin ist hier vollzogen[21]. In diesem Sinne kann es heißen: Alles führt uns zu Ihm, „tout nous porte vers Lui“[22]. Wir schauen die Blumen, die am Wegesrand sprießen, wir lieben sie. Aber unsere Seelen bleiben frei, „nos âmes restent libres“ (LT 149,33), denn die Blumen sprechen von Jesus, von seiner Liebe zu uns[23]. Hier steht die Lehre vom präexistenten Christus als dem Schöpfungsmittler im Hintergrund[24]. Entscheidend aber ist der innere Abstand zur Vorfindlichkeit, nicht eigentlich im Sinne dessen, was wir bei Paulus (den Therese gut gekannt hat) den eschatologischen Vorbehalt nennen; sondern mehr im Sinne eines aus der kirchlichen Tradition empfangenen christlichen Platonismus. Nicht in der Horizontale die Heilsgeschichte, sondern in der Vertikale die Metaphysik ist hier bestimmend[25].

4

Wenn es Jesus gefällt, in der Ordnung der Natur unter unseren Schritten hinreißende Wunder („des merveilles ravissantes“) zu wirken,

sivierende Aufschwung der Seele in dem Maß, als erkannt wird, daß das Eigentliche sich erst in einem Über-Schwung konstituiert.

[21] Man sollte hier nicht vom Urbildlichen sprechen, weil es Therese auf Schulmäßiges festlegen könnte. Das Ureigentliche ist präzis und läßt doch vieles offen, weil es im existentiellen Aufschwung, nicht im objektivierenden Denken berührt wird.

[22] Dies Grundgefühl hat bereits bei dem knapp sechsjährigen, frühreifen Mädchen konkrete Form angenommen, als Therese bei Trouville die von der untergehenden Sonne über den Ärmelkanal gezogene Goldspur erblickte, sich darin wiedererkannte und den Entschluß faßte: Auf einem solchen Weg, von der Gnade erleuchtet, wolle sie zur himmlischen Heimat streben, niemals solle sich ihre Seele dem Blick Jesu entziehen (A 22,1ff.). Es gibt keinen Hinweis darauf, daß Therese zu dieser Zeit von der Sonne als Symbol Christi etwas gewußt hätte. Es handelt sich bei dem jungen Kind nicht um eine der Natur von außen her aufgedrungene Allegorese: Seine Seele nimmt unbewußt wahr, wie sich das gnadenhafte Handeln des „Himmels“ mit den Gestalten der Schöpfung gleichsam identifiziert und sie zu sich hernimmt. In diesem Sinne (und nicht in Anwendung eines Urbild-Abbild-Denkens!) ist l.c. die über das Wasser gezogene Sonnenbahn die „image de la grâce“. Diese Seelenverfassung hat Therese zeitlebens bewahrt. Selbst ihre zuweilen, dem Geist der Zeit entsprechend, metaphorisch überladene Sprache bringt nirgends frostige Allegorese hervor: Der Zusammenklang von Gott und Welt ist stets aus innen begriffen.

[23] Evangelisches Gesangbuch, Berlin/Leipzig 1993, Nr. 403, Str. 5: „Alle die Schönheit Himmels und der Erden ist gefaßt in dir allein.“ Der Text des ganzen Liedes, zumeist aus dem Jahre 1677 stammend, gibt eine Stimmung wieder, die derjenigen Thereses sehr verwandt ist.

[24] Vgl. die Konkordanz (wie Anm. 2), s.v. „créer.“

[25] Das gilt selbst für einen Satz wie diesen (A 57v,20ff.): „Comme elles (sc. les beautés de la nature) l'ont élevée (sc. mon âme) vers Celui qui s'est plu à jeter de pareils chefs-d'œuvre sur une terre d'exil qui ne doit durer qu'un jour“. Hier steht die Vergänglichkeit mehr als die Parusie im Bewußtsein.

so will er uns dazu verhelfen, die mehr verborgenen und einer höheren Ordnung zugehörigen Mysterien zu erahnen („deviner“), die er bisweilen in den Seelen wirkt (LT 134,7ff.). Wenn eine Seele dann nicht mehr am Irdischen hängt, liebt sie es, sich in die ewigen Wahrheiten zu versenken (A 17v,10). Aber die eigentliche Wahrheit ist nicht Begriff noch Idee, denn Jesus in Person ist Weg, Wahrheit und Leben (LT 165,59; Jo 14,6). Wenn also auch die Worte Jesu Wahrheit sind (LT 190,128; vgl. Jo 17,17), so gilt es, von ihm Belehrung zu empfangen. Er benötigt nicht Bücher, nicht Lehrer, um die Seelen zu unterweisen (A 83v,7)[26]. Er belehrt, indem er im Schweigen, in den Dunkelheiten zur Seele spricht (LT 135,12). In die innerste Abgeschiedenheit der Seele („dans la retraite intime de l'âme“) dringt er mit seiner Weisung (LT 137,104). Dem entspricht, daß es Dinge gibt, die sich nicht in Worte fassen, weil auch nicht denken lassen, „des profondeurs qui sont dans les abîmes les plus intimes de l'âme“ (LT 108,46ff.). Auf Erden, dem Ort der Verbannung, sind Worte unvermögend, alle Vibrationen der Seele aufzufangen. Ja selbst das Wort „Liebe, amour“ drückt nicht wirklich aus, was es meint (LT 109,32ff.)[27]. Solche Erkenntnisse tragen dazu bei, sich in der Welt fremd zu fühlen[28].

Für die von der Kirche geleistete Seelsorge ist Therese dankbar; und gerade dort, wo sie eigenständig denkt, zeigt sie ihre Abhängigkeit von kirchlicher Tradition[29]. Aber auf ihrem eigensten Weg konnte ihr nie-

---

[26] Hier ist Therese, wie so oft, von der „Imitatio Christi“ des Thomas a Kempis abhängig, vgl. dort 3,43,11-13 (in der französischen Übersetzung: 43,3).

[27] „Parfois je cherche un autre mot pour exprimer l'amour“, jedoch unter den gegebenen Bedingungen „il faut s' en tenir à ce mot unique: Aimer!“

[28] Vgl. die Konkordanz (wie Anm. 2) s.v. „étranger.“

[29] Vgl. oben Anm. 6. Vor allem hat Therese aus den Werken des Johannes vom Kreuz geschöpft: „A l'âge de 17 et 18 ans je n' avais pas d'autre nourriture spirituelle“. Später widerfuhr es ihr, daß sie von allen noch so bedeutenden geistlichen Schriften „in der Trockenheit“ gelassen wurde: „Dans cette impuissance, l'Écriture Sainte et l'Imitation viennent à mon secours; en elles je trouve une nourriture solide et toute pure“, und insbesondere im Evangelium „je trouve tout ce qui est nécessaire à ma pauvre petite âme“ (A 83,21ff.). Man sollte hinzufügen, daß sie sich in ihrer Kindheit intensiv mit Jeanne d'Arc beschäftigte (A 32,4ff.), der sie auch in ihren Theaterstücken einen Vorrang gab; und daß die Halbwüchsige von Augustins *Konfessionen* tiefe Eindrücke empfing (A 48,12ff.); daß sie Ps 89,2 („chanter les miséricordes du Seigneur“) als Leitvers an die Spitze ihrer Selbstbiographie stellt (A 2,6), geht doch wahrscheinlich auf diesen Einfluß zurück (zu Augustinus vgl. G.N. Knauer, Psalmenzitate in Augustins Konfessionen, Göttingen 1955, 81ff.). Von Abbé Arminjon las sie dessen 1881 herausgekommenen Vorträge unter dem Titel *Fin du monde présent et mystères de la vie future* (das Buch erlebte zwei Neuauflagen und wurde 1970 vom Office Central de

mand helfen. Sie legte Wert darauf, von ganz wenigen Grunderfahrungen abgesehen[30], keine außergewöhnlichen Erlebnisse gehabt zu haben. Die emsige Lektüre der Heiligen Schrift und ein von daher gewonnenes Wissen um die eigene Bestimmung: Das ist ihr genug[31]. Sie legitimiert sich mit Lk 17,21: „Le royaume de Dieu est au-dedans de nous" (A 83v,5ff.). Ihre sich entziehende Unabhängigkeit in der schließlichen Auffindung ihres „Kleinen Weges der Liebe und des Vertrauens"[32] (C 2v,21f.; LT 226,67) entspricht, das kann nicht eindringlich genug unterstrichen werden, aufs pünktlichste dem alles Hiesige drangebenden Überschritt „sur la montagne de l'amour" im Horizont der Schöpfung[33]. Es ist derselbe Aufschwung der Seele zur Transzendenz, doch nun sozusagen unter dem Blickwinkel nicht des ersten, sondern des zweiten Glaubensartikels. Wer diese zwiefache Auffahrt im feurigen Wagen des Elia mitvollzieht, der versteht, daß die Seele in die Schönheit Gottes verliebt („éprise") sein kann (PN 34,2,1), daß Gott (so ganz französisch!) die Seele „charmiert" (LT 108,53). Es stört unseren Geschmack, daß es dann gerade der von Tränen umflorte Blick Jesu sein soll, der die Seele entzückt (LT 134,27). Indessen, die hier vermutete Süßlichkeit, wenn man Therese kennt, ist in Wahrheit von herber Liebe aufgesogen. Denn diese Zeichnung der „Sainte Face"[34] ist nur ein akkurater Ausdruck davon, daß einzig das der Liebe geeinte, mit ihr koinzidierende Leiden („la souffrance unie à l'amour", LT 253,11; 258,40) Therese erstrebenswert scheint; in jener Freiheit, in welcher sich ihre Seele von allen Dingen[35], aber auch vom „amour-propre"[36] hat lösen können. Wenn also die Seele nach dem schönen Himmel verlangt, dann um Jesus mehr und

---

Lisieux abermals publiziert), vgl. A 47v,2: „Cette lecture fut encore une des plus grandes grâces de ma vie."

30 Vgl. oben S. 475.

31 A 76v,16ff.: „Mon union avec Jésus se fit, non pas au milieu des foudres (Donnerschläge) et des éclairs (Blitze), c' est-à-dire des grâces extraordinaires, mais au sein d'un léger zéphyr, semblable à celui qu' entendit sur la montagne notre père St. Elie" (1 Kön 19,11-13). Zur „montagne" vgl. oben S. 479 und LT 105,22.

32 Sie entdeckte ihn Ende 1894 oder spätestens Anfang 1895, vgl. Wollbold (wie Anm. 16) 289, Anm. 382 (nach De Meester).

33 Oben Teil 3.

34 Vgl. oben S. 474f. mit Anm. 9.

35 Oben Teil 3.

36 Therese beklagt wiederholt ihre Eigenliebe, kann aber auch von sich sagen, sie habe alles Gute empfangen, wenn sie es nicht mehr „par amour-propre" gesucht habe, C 28,5. Vgl. C 32v,13: „On ne peut faire aucun bien lorsqu'on se recherche soi-même."

mehr zu lieben. Aber diese Liebe bedeutet Martyrium (PN 33,4), jenes tiefste Leiden der Seele, von welchem „niemand nichts weiß“ („et celle là que personne ne voit“, LT 167,65). Nach Jesus sehnt sich die Seele, um aus Liebe zu ihm zu sterben (PN 31,R.6)[37]. Wenn seine Stimme in der Seele ihr Echo findet, dann erwächst daraus der Entschluß (hier findet sich die für Therese so charakteristische Wendung „je veux“)[38], dem Herrn ähnlich zu werden, und zwar im Leiden (PN 31, R. 2,1ff.; vgl. LT 190,52).

Hier geschieht, verglichen mit dem im Horizont der Schöpfung sich ereignenden Überstieg, eine bedeutsame Umkehrung dessen, was Therese den „élan du cœur“ genannt hat (C 25,1). Gleichsam im Fluge wendet sich der Richtungssinn um. Die Ablösung von den niederen Gefilden und die Besteigung der „montagne de l'amour“ genügen jetzt, für sich genommen, nicht mehr. Sie erweisen sich als die freilich unentbehrliche erste Phase eines seelischen Aufschwungs, der durch eine aus der Transzendenz geschehende „Gegenbewegung“ genötigt wird, in sich zurückzukehren und den schon berührten Gipfel des Menschenmöglichen in einen Ort zu verwandeln, wo - wie Therese im Anschluß an Mk 9,34 sagen kann - das „être le premier“ sich ins „être le dernier“ zurücknimmt (PN 10,6): „Le propre de l'amour étant de s'abaisser“ (A 2v,23). Die Liebe hat Lust, sich zu erniedrigen, sich zu entäußern, und das gilt allem zuvor von Gott. Das ungeschaffene Wort des Vaters (PN 13,12,1) hat sich schon im Vollbringen der Schöpfung zu den Herzen gerade der Armen und Schlichten erniedrigt (A 3,5). In der Menschwerdung Gottes tut solche, aus dem göttlichen Wesen geschehende Kondeszendenz den nächsten Schritt (PN 24,1,5). Das ewige, dem Vater gleiche Wort tut sein Werk „par sa profonde humilité“ (RP 1,7r,4). Damit ist dem Menschen sein Rang zugewiesen: Auch von ihm will Gott „l'humilité du cœur“ (LT 161,53). Gerade solche Demut aber gebiert wiederum jene Größe („grandeur“) der Seele, die sich gelassen nicht an Menschen wendet, sondern ihre ganze Hilfe vom Himmel erwartet, dem die Seele gehört (PN 54,8,7, von Maria gesagt).

Wer sein Leben verliert, der wird es gewinnen (Mt 16,25): Dies von Therese beachtete Herrenwort[39] realisiert sich gleichsam in dem aus ihren

[37] Zum „mourir d'amour“ vgl. Wickert (wie Anm. 13), 175ff.

[38] Ebd., 126f.

[39] Sœur Cécile o.c.d. et Sœur Geneviève o.p., La Bible avec Thérèse de Lisieux, in: Textes de Sainte Thérèse de l'Enfant-Jésus et de la Sainte-Face, Paris 1979, 169.

Schriften zu erhebenden Dreischritt. Der Aufschwung der Seele zum Ureigentlichen Gottes in Schönheit und Liebe, der verkosten läßt, was die Seele wünscht, wendet sich in den Abschwung zur Nichtigkeit des Menschseins, vgl. B 3v,2: „M'abaissant jusque dans les profondeurs de mon néant". Aber dann, wenn die Seele ihr Nichts schmerzlich erkannt hat, erfährt sie als bleibendes Geschenk (auf das sie keinen Anspruch hat), daß Gottes Liebe sich zu ihr erniedrigt[40]: „qu'il s'abaisse (sc. l'amour) jusqu'au néant et qu'il transforme en feu ce néant" (B 3v,44f.)[41].

Ohne systematische Studien und überhaupt nur durch das wenige gebildet, das unter ihren klösterlichen Verrichtungen zufällig in ihre Hände gerät, vollzieht Therese von Lisieux aus eigenem Antrieb in ihrer Seele diejenigen Schritte, die uns, in vielfacher Abwandlung, von Kirchenvätern und Mystikern wohlvertraut sind[42]. Dies ist ein bewegender Hinweis darauf, wie lebendig die tiefe Strömung uralten Wissens um Transzendenz auch in unserer Zeit sich Bahn bricht: Vor den Weisen und Klugen verborgen und den Kleinsten geoffenbart, wie Therese in Anspielung auf Mt 11,25 einmal schreiben kann (A 71,8). In ihrer Seele tritt uns, am Ende des 19. Jahrhunderts, ganz frisch und neu und zukunftsträchtig entgegen, was wir in der Regel nur, historisch erinnernd, als früher einmal gewesen notieren.

5

In diesem Beitrag wurde bisher die Methode verfolgt, in Thereses Schriften zum Thema „Seele" ungeordnet ausgestreute Aspekte zu sammeln und interpretierend zu einem Ganzen zu fügen. Der Einwand liegt nahe, damit sei dem Umstand nicht Rechnung getragen, daß die Autorin eine Entwicklung durchgemacht hat. Spricht sie doch selbst von der Geschichte ihrer Seele und teilt sie rückblickend in verschiedene

---

40 So sollte „s'abaisser" hier verstanden werden. Gott ist nicht - von oben her in seinem Sein verharrend - herablassend, sondern er identifiziert sich paradox in Selbstentäußerung mit der Nichtigkeit. Ein Problem, welches Romano Guardini beschäftigt hat, vgl. dessen *Theologische Briefe an einen Freund*, Paderborn 1976, 7ff.: Wie kann neben Gott Endliches sein?

41 Vgl. C 35v,21ff. das (in der kirchlichen Tradition bis auf Origenes zurückweisende) Bild vom Eisen, das vom Feuer anverwandelt wird.

42 Es sei daran erinnert, wie bei den griechischen Vätern die Anabasis der Seele von der göttlichen Katabasis (zur Menschwerdung) gleichsam eingeholt und aufgenommen wird; eine Frucht der Begegnung von Hellas und Israel auf dem Boden der christlichen Kirche.

Perioden ein (A 4,20ff.; 12,3ff.; 45v,1ff.). Die auf solche Weise durchstrukturierte „histoire d'une âme“ (vgl. A 2,2; 4,20; 27,11)[43] wird als durch Gottes Erziehung bewirkt und zugleich als wachstümlicher Prozeß in der Seele verstanden. Diese muß reifen, um das vorgestreckte Ziel (die Heiligkeit!) zu erreichen (A 27,5). Und in seiner Erziehung der Seelen will Jesus unterstützt sein, wobei es auf das rechte Maß ankommt: Man darf Gott nicht vorgreifen, aber seinem Willen auch nichts in den Weg stellen (A 53,12ff.). Die Voraussetzung für ein solches Erziehungswerk ist, daß auch der Zögling, und zwar von Kindesbeinen an, begriffen hat, was Gott von den Seelen fordert (A 53,11). Über die Schwierigkeit, pädagogische Maximen anzuwenden, äußert sich Therese auf Grund ihrer Erfahrungen mit den Novizinnen (C 22v,16ff.). Völlig selbstlos muß man der Seele, die ihre Nahrung sucht, die von Gott dargebotenen Schätze austeilen (C 22v,1) und dessen eingedenk sein, daß der Herr die Seelen auf ganz verschiedenen Wegen führt (C 2,21ff.).

Scheinen solche Reflexionen den Wink zu enthalten, auch bei der Deutung von Thereses Schriften auf die jeweilige Entwicklungsstufe zu achten, so läßt sich doch andererseits beobachten, daß die Grundimpulse dieser so zielstrebig lebenden Frau von frühester Jugend an immer die gleichen waren. Sie haben sich geklärt und an Tiefe gewonnen, aber sie haben sich nicht grundlegend gewandelt[44]. In einigem (nicht in jedem) Betracht ist es daher möglich, aus einer rein an der „Sache“ orientierten, Thereses Gedanken gleichsam objektivierenden „Sentenzen“-Sammlung ein Ganzes zu gewinnen[45] und so der Antwort auf die Frage näher zu kommen: Was läßt sich von dieser Lehrerin der Kirche lernen? Andererseits wurde hier oben im Verhältnis von Teil 3 zu Teil 4 (wenn man so will, im Sinne eines „ordo salutis“) einem Früher und Später Rechnung getragen. Und was in diesem Abschnitt 5 zum Geschick der Seele zu sagen ist, hält sich aus guten Gründen ganz im Kontext einer lebensgeschichtlichen Reifung[46].

---

[43] Dies dann der Titel der nach Thereses Tod redigierten und retouchierten Erstausgabe der *Autobiographischen Manuskripte*, vgl. oben Anm. 3.

[44] Vgl. zum Beispiel B 3,14: „Le Martyre, voilà le rêve de ma jeunesse, ce rêve il a grandi avec moi sous les cloîtres du Carmel.“

[45] In Form einer Anthologie geschieht dies bei R. Stertenbrink, Allein die Liebe. Worte der heiligen Theresia von Lisieux, Freiburg 1980.

[46] Dies geschieht durchweg in dem oben Anm. 16 genannten Werk von A. Wollbold. Aus ihm ist viel zu lernen, selbst dort, wo es zum Widerspruch reizt. Denn es ist problematisch, daß der Autor sich den Zugang zu Therese durch die einläßliche

Für mich, schreibt Therese, ist das Gebet ein „élan du cœur“[47], ein einfacher Blick, zum Himmel geworfen; eine spontane Äußerung („un cri“) von Dankbarkeit und Liebe inmitten der Prüfung so gut wie inmitten der Freude. Am Ende ist das Gebet etwas Großes, Übernatürliches, das mir die Seele weitet und mich mit Jesus vereint (C 25,21ff.). Diese Bemerkung, mit welcher sich die Karmelschwester gegen die schön gedrechselten Gebete der Erbauungsbücher zur Wehr setzt, bringt den Grundgestus zum Vorschein, in welchem sie unablässig ihr Leben lebt. Die im vorigen herausgearbeitete Verschränkung von „Anabasis“ der Seele und „Katabasis“ Gottes[48] hat zu jenem, von Therese noch auf dem Sterbelager geübten Gleichmut geführt[49], der in Freude und Schmerz das Eine, ganz Andere in sich birgt: Aus einem weitesten Horizont die Einung mit Jesus. Was sie in den zitierten Sätzen, als sie im Sommer

---

„Erarbeitung eines Begriffs der Mystagogie nach Karl Rahner“ verschafft. Ganz davon abgesehen, daß sein mystagogisches Reflektieren Karl Rahner selbst nicht in den Stand gesetzt hat, Therese auch nur von fern zu begreifen (sie irritierte und sie langweilte ihn, vgl. Wickert [wie Anm. 13], 61 mit Anm. 9): Es ist allemal schwierig, vorlaufend nach eigenen Vorstellungen ein Haus zu bauen, zu tapezieren und zu möblieren und dann zuzusehen, wie sich ein so eigenständiger Mensch wie die Heilige von Lisieux in diese für sie ungewohnte Umgebung einleben wird. Was in der derzeitigen Phase der Erforschung von Thereses Schriften nottut, ist eine unbefangene, von theologischen „Vorgaben“ (ein von Wollbold geliebter Begriff) möglichst freie Analyse der Texte, eine Aufspürung der darin eingefangenen Lebensbewegung. Die Anwendung mitgebrachter Kategorien (von Generation zu Generation haben sie Therese immer neu zur Gefangenen gemacht) läßt im besten Fall Aspekte gewinnen. Das jeweils Ganze entzieht sich und ist eine Sache für sich.

[47] Vgl. oben S. 482f.

[48] Oben Anm. 42.

[49] Es ist nicht leicht, Thereses Seelenverfassung während ihrer letzten Monate zu begreifen. Die derzeit viel zu oft (und sie isolierend) beredete Glaubensanfechtung hat mit der Mentalität des 20. Jh.s weniger zu tun, als manche meinen. Von Therese wird sie so beschrieben, daß Jesus in ihrem Lebensschifflein (wie während des Seesturms Mk 4,35ff. parr.) schläft: Im Modus des Tiefschlafs bleibt er also zugegen, was selbst im Zustand äußerster Verlassenheit (vgl. oben S. 476) ihren inneren Frieden begründet. Auch die angebliche Versuchung zum Selbstmord war gar keine (hier muß ich mich selbst korrigieren, vgl. Wickert [wie Anm. 13], 107 mit Anm. 163). Wenn man sich an die *Derniers Entretiens* (DE CJ 22.9.6) hält, so hat Therese am 22. September 1897, eine Woche vor ihrem Tod, geäußert, wenn sie nicht den Glauben gehabt hätte, so hätte sie sich in ihrer Lage, ohne zu zögern, den Tod gegeben. Hier spricht sich Thereses gewohnte Resolutheit aus, den Gegebenheiten ihres Daseins auf der Stelle Rechnung zu tragen. Wenn der Glaube nicht gegeben wäre, so wäre es vollkommen sinnlos, am Leben zu bleiben, denn es ist nicht mehr zu leben. Aber das ist nicht ihre Situation, trotz der Glaubensanfechtung oder vielmehr gerade in ihr hält sie sich ans kirchliche Credo. Zu Thereses letzter Lebensphase vgl. außer Six (wie Anm. 4) und Wollbold (wie Anm. 16): G. Gaucher, Der Leidensweg der heiligen Therese von Lisieux, 4. April bis 30. September 1897, Leutesdorf, ^{3}1993.

1897 ihr Manuskript C redigiert, in den Hauptpunkten zusammenfaßt, das hat sich Schritt um Schritt im Laufe ihres kurzen Lebens herausgebildet.

Als Therese[50] in sehr jungen Jahren das für sie so wichtige Buch von Abbé Arminjon las, und mit ihrer Schwester Céline zusammen Augustins *Konfessionen*[51], da war ihre Seele in ein nicht mehr irdisches Glück getaucht (A 47v,5-48,22). In einem unaufhörlichen Aufschwung des Herzens wollte sie Jesus leidenschaftlich lieben, ihm tausend Zeichen ihrer Zuneigung geben. Leichtfüßig, beschwingt folgten die beiden Schwestern den Spuren Jesu, gleichsam trunken gemacht durch die Liebesfunken, die er mit vollen Händen in ihre Seelen streute, durch den köstlichen starken Wein, den er ihnen zu trinken gab (der stammte aus dem *Hohenlied* und von Johannes vom Kreuz).

Die Liebe zu Jesus war aber in Wirklichkeit dessen eigene Liebe (die Herabkunft Gottes hatte den Aufschwung der Seelen gleichsam aufgefangen und sich zu eigen gemacht); und sie bewirkte, daß die vergänglichen Dinge vor ihren Augen verschwanden. Liebessehnen kam über ihre Lippen, von Ihm inspiriert. Die mondhelle Nacht erhob die Seelen zum Himmel, von dem sie jetzt nur die „klare Rückseite“ zu sehen bekamen[52]. Therese denkt hier an den christlich-platonischen Stufenweg, welchen in Ostia Augustinus mit Monnica aufwärts klimmt; wo der Sohn und die Mutter im Überstieg über alles Geschaffene mit vollem Schlag des Herzens sanft an die ewige Weisheit rühren[53]. Über allem Geschaffenen lag für die beiden Schwestern zwar noch ein durchsichtiger, leichter Schleier, durch welchen Jesus den Blicken entzogen blieb. Aber man konnte ihn, wie Therese sich an anderer Stelle ausdrückt, erraten[54]. Da ereignete es sich denn (wie es in den Bibeltext modifizierender Anspielung auf 1 Kor 13,13 heißt), daß Glaube und Hoffnung schon nicht mehr nötig waren: „L’amour nous faisait trouver sur la terre Celui que nous cherchions“ (A 48,20). Der eschatologische Augenblick - war er schon

---

[50] Zur folgenden Passage vgl. Wickert (wie Anm. 13), 134f.

[51] Oben Anm. 29.

[52] Reminiszenz an ein *L'envers du Ciel* tituliertes Gedicht von Alfred Besse de Larze (1848-1904), vgl. den Kommentar der Nouvelle Édition du Centenaire z. St.

[53] „Et dum loquimur et inhiamus illi (sc. sapientiae aeternae), attingimus eam modice toto ictu cordis“, Aug. Conf. 9,10,24 (147,27 Verheijen, CCSL 27, Turnhout 1990). Man müßte die von Therese gelesene französische Übersetzung kennen; sie zitiert nicht, gibt nur ihre Eindrücke wieder.

[54] LT 57,70: „Jésus se cache mais on le devine.“

eingetreten, war die „montagne de l'amour“ nunmehr bestiegen? Offenbar noch nicht ganz[55], denn noch blieb der Himmel verschleiert, und Jesus wurde kraft seiner liebreichen Kondeszendenz hier unten auf Erden, am Ort der Verbannung[56] gefunden. Hier drückt sich nicht eigentlich das Unzulängliche aus, das noch nicht Ereignis wird. Erfüllung findet ja statt, der Gesuchte wird ja gefunden; freilich verhüllt, mit Augen im Status der Niedrigkeit; aber in Liebe, und darum in einem abgeschatteten Sinne doch schon vollkommen.

Die nächste Station auf Thereses innerem Wege, die sich der Sache nach hier anschließt, ist der im Jahre 1896, als die „Nacht des Glaubens“ sich schon über Therese gesenkt hat[57], sich nun doch rätselhaft ereignende Überschwang, der sie nicht damit zufrieden sein ließ, im herkömmlichen Sinne „Kamelitin, Braut Christi, Mutter der Seelen“ zu sein. Eine ganz andere, allumfassende Berufung fühlte ihre „pauvre petite âme“ (B 3,1), die ihr, wenn sie darüber betete, ein „wahres Martyrium“ bereitete (B 3,37). Krieger (das heißt Kreuzfahrer), Priester, Apostel, Lehrer, Märtyrer wollte sie mit einem Mal sein; als Missionar das Evangelium gleichzeitig in allen fünf Weltgegenden verkündigen; und das seit Erschaffung der Welt bis zum Ende der Zeiten (B 2v,34ff.). Diese „désirs plus grands que l'univers“ lassen wohl den Eindruck entstehen, hier verliere ein schwärmerischer junger Mensch den Boden unter den Füßen[58]: „Ses désirs emplissent le temps et l'espace. Ils sont sans limites“. Aber

---

[55] Der Brief an Céline, in welchem sich die Metapher vom Liebesgebirge findet (LT 105), wurde am 10. Mai 1890 verfaßt. Die Erfahrung mit dem gestirnten Himmel gegen den Hintergrund der *Konfessionen* gehört ins Jahr 1887.

[56] A 14v,14: „La terre me semblait un lieu d'exil.“ A 17v,20: „Mon cœur sentait l'exil de la terre“. A 57v,21: „Une terre d'exil qui ne doit durer qu' un jour.“ Wie Christoph Columbus fühlte, daß „un nouveau monde“ existiere, so fühlt Therese, daß „une autre terre“ ihr eines Tages als sichere Bleibe dienen werde (C 6v,7ff.); zu „sentir“ in der Bedeutung „intuitives Erfassen“, „Erwerb einer innersten Überzeugung“ vgl. Six (wie Anm. 4), 71.

[57] Die jetzt folgenden Texte sind von Six (wie Anm. 4), 67ff. vorzüglich interpretiert worden, mit einem ausgesprochenen Sensus für den paulinischen Einschlag in Thereses Gedanken (mit den manchmal extremen Schlußfolgerungen des streitbaren Gelehrten wird man sich nicht immer identifizieren müssen). Wenn eine Kritik erlaubt sein darf, dann wohl die, daß diese Deutung Thereses Metaphern und Reflexionen zu sehr innerhalb der Grenzen eines seelischen Zustands beläßt (ohne jedoch, das sei ausdrücklich vermerkt, die theologische Dimension außer acht zu lassen). Der von Therese tatsächlich geleistete „Überstieg“, ihr sich selbst überschreitendes Transzendieren in eine kosmisch-metaphysische Dimension müßte deutlich herauskommen, denn hier passiert bei ihr das Eigentliche, das „universal“ Bedeutsame.

[58] Six 1973 (wie Anm. 4), 270.

Therese ist 23 Jahre alt; im nächsten Jahr wird sie sterben. Was sie will, so „närrisch" (B 3,16.32) es scheine, ist nur wieder eine neue Gestalt ihres mittlerweile reifer gewordenen Aufschwungs zur Transzendenz, den sie von jeher als ihre Aufgabe begreift. Es möchte auf andere Weise närrisch sein, hier an Platon zu denken. Aber auch Therese, in ihrem Drang, aus gemessenem Abstand zur Welt das Ganze zu umfassen, will auf dem Gipfel (πρὸς ἄκρῳ) ankommen und gleichsam auf dem Rücken des Himmels stehend von der περιφορά herumgeführt werden[59].

Wie ernst es ihr ist, wird dadurch bewiesen, daß sie, wie einstmals im Garten zu Mailand Augustinus, nach den Briefen des Apostels Paulus greift und in den Kapiteln 12 und 13 des *1. Korintherbriefes* die Lösung findet. Der einzelne, so läßt sie sich belehren, kann nicht alles sein. Man muß sich damit bescheiden, am Leibe der Kirche ein Glied zu sein; das Auge kann nicht Hand sein (B 3,37ff.). Das sieht sie ein, aber es befriedigt sie nicht: Das bloß Partielle ist ihre Sache nicht[60]. Doch dann entdeckt sie: Es gibt eine Kraft, die ist etwas für sich und umfaßt doch das Ganze - die Liebe. Das wichtigste Glied im Leibe, so sagt sie sich, ist das Herz; und das Herz brennt von Liebe[61]. Im Leibe der Kirche ist es die Liebe, die alle Berufungen in sich schließt, in diesem Sinne „alles" ist, auf die Geschichte der Kirche gesehen, alle Zeiten und Orte umfaßt. Und dann eine rekapitulierende Wendung, die zeigt, daß es um mehr geht als um die Summe der Teile: „En un mot, qu'il (sc. l'Amour) est éternel" (B 3v,22); was hier nichts anderes heißen kann, als daß die Liebe umgreifend ist. Mit einem Jubelschrei geht Therese darauf zu: „Ma vocation, enfin je l'ai trouvé, ma vocation, c'est l'Amour (B 3v,24f.).

Hier ist ein Ärgernis zu überwinden, das so manchen Theologen

---

[59] Plat. Phaidr. 247b/c.

[60] Das in ihrer Kindheit mit ausgestreckter Hand energisch ausgesprochene „Je choisis tout" (A 10,17), als sie aus einem Korb voller Spielzeug etwas weniges für sich auswählen sollte, hat sie später auch für ihren Umgang mit Gott als charakteristisch angesehen. Eine Seele ist frei, auf die entgegenkommenden Schritte unseres Herrn zu antworten, viel oder wenig für ihn zu tun. Für Therese stand auch hier fest: „Ich wähle alles!" (A 10v,4).

[61] Six (wie Anm. 4), 82: „Dieses Herz der Kirche, diese Liebe, die alles ist, ist natürlich Jesus." Das ist, in dieser Direktheit, unwahrscheinlich. Zum einen hat Therese mit der Metapher des aus seinen Gliedern sich zusammenfügenden Leibes zu tun, ohne sofort Christus mit einem dieser Glieder zu identifizieren. Zum andern greift sie das alte Symbol der „Mater Ecclesia" auf (sie wird es von Teresa von Avila kennen): Im Leibe der Mutter Kirche wird nicht Christus das Herz sein. Erst nach gleitendem Übergang tritt Jesus als mon Amour ausdrücklich hervor.

- man darf an Hans Urs von Balthasar, aber auch an Karl Rahner denken - an dieser Heiligen „irritiert" hat. Alles wäre ja in bester christlicher Ordnung, wenn Therese bei dem zuletzt zitierten Satz geblieben wäre, wenn sie schlicht hätte sagen wollen: Ich hatte begriffen, daß ich mich vor allem der Liebe zu weihen hatte. Sie sagt aber anderes: „Oui j'ai trouvé ma place dans l'Église et cette place, ô mon Dieu, c'est vous qui me l'avez donnée ... dans le Cœur de l'Église, ma Mère, je serai l'Amour... ainsi je serai tout ... ainsi mon rêve sera realisé!!!..." (B 3v,26ff.)[62]. Ich werde im Herzen der Kirche, meiner Mutter, die Liebe sein; so werde ich alles sein: Das ist von der eschatologischen Zukunft gesagt und gehört in den Umkreis der mit dem Stichwort „revenir sur la terre" verbundenen Erwartungen Thereses. Das kann uns hier nicht beschäftigen[63], wohl aber müssen wir zu verstehen suchen, wie diese gewagte Selbstaussage im Kontext der sich immer mehr intensivierenden „élans du cœur" zu stehen kommt[64]. Zum einen handelt es sich immer darum, daß die „montagne de l'amour" bestiegen wird[65]. Es geht hierbei nicht um Theorie, sondern um Existenzvollzug. Was die Welt im Innersten zusammenhält, ist Therese in ihrem Glauben vollkommen klar, darüber grübelt sie nicht. Sie will aber selbst dort sein, wo dieser Zusammenhalt geschieht. Zum anderen: Das ist nicht vermessene Selbstaufgipfelung. Gerade hier, wo Therese von ihren „espérances qui touchent à l'infini" handelt (B 2v,27f.), spricht sie ebenso von den „désirs de ma pauvre petite âme" (B 3,1; vgl. Z. 33), von ihrer „petitesse" (B 3,2), ihrer „faiblesse" (B 3,34), welcher zum Trotz sie „alles" sein will. Wie Maria Magdalena sich tief ins leere Grab hinabbeugt, um schließlich den (lebendig) zu finden, den sie suchte (Jo 20,11ff.); so beugt sich Therese in die Abgründe ihrer Nichtigkeit, aus welcher sie sich so hoch zu erheben vermag, daß sie ihr Ziel berührt (B 3,44ff.). Es handelt sich bei dieser Ekstasis[66] nicht um ein gleichsam anonymes „Liebesziel", wie es in

[62] Die Pünktchen stammen von der Autorin.

[63] „Revenir" (das Stichwort in den *Derniers Entretiens,* die Sache auch in späten Briefen) bedeutet, daß Thereses Mission erst „post mortem" beginnen wird. Hierzu Wickert (wie Anm. 13), 18ff. und besonders 59-112: Die Heilige, die sich als rückkehrend begreift.

[64] Das eigentliche, noch längst nicht gelöste Problem ist hierbei, wie die „Höhenflüge" im Status der „Glaubensnacht" gedacht und am Ende auch vollzogen werden können, vgl. oben Anm. 49.

[65] Oben Teil 3.

[66] Der Ausdruck wird hier nicht im strengen Sinne verwendet, obwohl es mir nicht sicher zu sein scheint, daß man sagen dürfe, Therese habe „niemals die Ekstase

einem hier möglicherweise im Hintergrund stehenden Gedicht des Johannes vom Kreuz „erjagt“ wird[67]. Entscheidend sind die Sätze B 3v,23ff.: „Alors, dans l'excès de ma joie délirante, je me suis écriée: O Jésus mon Amour ... ma vocation, enfin je l'ai trouvée, ma vocation, c'est l'amour.“ Wie Maria Magdalena, so hat sie Jesus gefunden, der ihre Liebe ist. Und wenn sie dann zu sagen wagt, sie werde die Liebe sein, so identifiziert sie sich ja im wohlverstandenen Sinne mit „Jésus mon Amour“, der dann auch schon mit der „montagne de l'amour“ identisch ist. Ihr innerer Standort ist erst richtig begriffen, wenn man sich dessen erinnert, welche Bedeutung Gal 2,20 für sie gehabt hat, vgl. A 36,12: „Je me repétais sans cesse à moi-même ces paroles de St. Paul: Ce n'est plus moi qui vis, c'est Jésus qui vit en moi!“ Wenn also Therese die Liebe sein wird, dann so, daß sie sich in einer vollkommenen Hingabe an Ihn ausliefert, so daß im Sinne der zitierten Paulusstelle sie die Liebe, die Er ist, sein kann. Wie im Horizont der Schöpfung alle Dinge in Gott zurückgenommen sind[68], so - könnte man sagen - in der Soteriologie alle menschlichen Strebungen in Jesus. Das bestätigt Therese in unserem Text der Handschrift B, wenn sie paradox erklärt, es sei ihre Schwachheit, die sie zu der Kühnheit ermutigte, „m'offrir en Victime à ton Amour, ô Jésus“ (B 3v,35ff.). Gerade mit dieser Wendung ist nun freilich doch angedeutet, daß diese das Äußerste wagende Selbstidentifikation mit der Liebe nicht für jeden Christen, wenn er nur glaubt, erreichbar sein kann. Therese ist in einem ausgezeichneten Sinne „socia Christi“[69].

kennengelernt“ (Six [wie Anm. 4], 134). War das „Lächeln der Heiligen Jungfrau“ (oben S. 475) keine ekstatische Erfahrung? Und wie hat es mit den zahlreichen „Erhebungen“ ihrer Seele gestanden? Vgl. aber oben S. 482 mit Anm. 30 und 31.

[67] Des Heiligen Johannes vom Kreuz sämtliche Werke (wie Anm. 18). Fünfter Band, Kleinere Schriften, nach den neuesten kritischen Ausgaben aus dem Spanischen übersetzt von P. Aloysius ab Immac. Conceptione, München [5]1956 (zuerst München 1925), 197 (in dem Gedicht *Geistesflug zu Gott*, Str. 4). Therese faßt ihr „néant“ freilich positiv, paradox als die eigentliche Chance (das ist paulinisch), während Johannes das „Liebesziel“ (l.c. Str. 2) aus einer „Verzagtheit“ heraus erreicht.

[68] Vgl. oben Teil 3, S. 479f.

[69] Zu dem behandelten Abschnitt bemerkt Wollbold (wie Anm. 16), 314: „Durch die Trennung von den Vorgaben wird Therese in der Glaubensnacht somit offen für alles, was jenseits der Grenzen liegt. Mystagogisch gesprochen leitet sie die Entgrenzung der Vorgaben hin zu einer letzten Konkretisierung: Jeden einzelnen Menschen möchte sie in ihrer Liebe erreichen. Immer klarer wird ihr dabei bewußt, daß Geliebtsein und Lieben nicht an den Grenzen der Vorgaben enden. So liegt das letzte große geistliche Ereignis ihres Lebens im Sommer 1896, die Berufung zur weltumspannenden Liebe im Herzen der Kirche, durchaus in der Linie dieser Entgrenzung und Konkretisierung durch die Glaubensnacht: 'Im Herzen der Kirche, meiner Mutter, werde ich die Liebe sein ... so werde ich alles sein.' Darin konnte sie die Grenzen ihrer Rolle als Frau

Steht sie nun wirklich auf dem Gipfel, oder ist dies noch immer ein „trouver sur la terre“?[70] Die Frage scheint berechtigt, wenn man - am Leitfaden der Handschrift B - den nächsten Schritt in Betracht zieht, der sie auf ihrem inneren Weg wieder ein Stück weiter geführt hat. Wie kann es sein, so fragt sie B 4v,36ff., daß eine so unvollkommene Seele wie die meine die Liebe schlechthin („la plénitude de l'Amour“) zu besitzen wünscht? Dies ins Maßlose ausgreifende Verlangen müßte Jesus den großen Seelen („aux grandes âmes“) vorbehalten, den Adlern, die in den Höhen schweben („planer“). Sich selbst dagegen betrachtet Therese als schwachen, nur mit leichtem Flaum bedeckten kleinen Vogel. Freilich, die Augen und das Herz des Adlers besitzt auch sie, denn ihrer äußersten Kleinheit („petitesse“) zum Trotz wagt sie es, die göttliche Sonne fest anzusehen, die Sonne der Liebe („fixer le Soleil Divin, le Soleil de l'Amour“, B 4v,44f.), und ihr Herz fühlt in sich das ganze Trachten des Adlers. Gern würde sie sich, wie die Adler, ihre Brüder[71], zum flammend-göttlichen Grund[72] der Heiligen Trinität emporschwingen. Aber sie

und Ordensschwester überschreiten und wie ein 'Kämpfer, Priester, Apostel, Lehrer und Märtyrer' überall an die Arbeit gehen - die spätere Patronin der Weltmission zeichnet sich ab.“ Der Gesichtspunkt einer „Entgrenzung der Vorgaben“ ist sehr förderlich, in der Tat ist die Verwandlung des vorgefundenen und mitgeführten Erbes und seine Entschränkung ein wesentliches Moment im Tätigsein des inneren Menschen Thereses. Man darf nur die Flugbahn des hier abzuschießenden Pfeiles nicht zu flach ansetzen, sonst entgleitet sie ins Triviale. Wenn man Wollbold beim Wort nimmt, dann wäre die in der „Glaubensnacht“ sich begebende „Entgrenzung“ soziologisch (Rollenverständnis) und aus dem Gesichtskreis einer eingezirkelten Kirchlichkeit zu deuten (ist denn die postume „Rolle“ Thereses als Patronin der Weltmission, vgl. oben S. 476f., die bruchlos-authentische Fortsetzung ihrer irdischen Existenz?). Der Höhenflug der „kleinen Seele“ fügt sich in die Reihe der von altersher in der Menschheit sich begebenden „élans du cœur“, und gerade darin liegt seine universale Bedeutung. Man muß sich davor hüten, die „petite âme“ am Leitfaden einer je zeitgenössischen Theologie wie einen Drachen steigen zu lassen (man behält sie zu fest in der Hand).

70 Oben S. 488.

71 Dies sind speziell ihre beiden „geistlichen Brüder“, Abbé Bellière und Père Roulland (vgl. oben S. 476), dann aber die Priester (für die sie betet) überhaupt. Mit ihrem wiederholt geäußerten Wunsch, Priester zu sein, zeigt sich Therese (wie auch in anderer Hinsicht) von einer emanzipatorischen Seite. Für sich selbst hat sie in ihrer Berufung zur Liebe die Lösung gefunden, vgl. Wickert (wie Anm. 13), 161ff.

72 „S'élever jusqu' au foyer Divin de la Trinité Sainte“ (B 5,3f.): Die Wendung ist nicht leicht wiederzugeben, weil sie eine Erleuchtung umschreibt, von welcher mir derzeit noch nicht klar ist, ob Therese sie sich bloß anempfindet oder am Ende doch selber erfahren hat. Six (wie Anm. 4), 80 hat gesehen, daß Ct 8,6 im Hintergrund steht, aber das liefert kein schlüssiges Argument. Bei ihrem Verlangen nach dem „être cachée“ wäre Therese zuzutrauen, daß sie das eigenste Erkennen unter dem Bild des „petit oiseau“ verbirgt; und das um so mehr, als ihr nach ihrer marianischen Vision in ihrer Kindheit (oben S. 475) drastisch zum Bewußtsein gebracht wurde, welche Turbulenzen

kann nur ihre kleinen Flügel ein wenig lüften und im Akt einer tollkühnen Selbstaufgabe („audacieux abandon“), im Sturmgebraus von Wolken umhüllt, unverwandt dorthin blicken, wo das unsichtbare Licht des Liebesgestirns („Astre d'Amour“) sich ihrem Glauben verbirgt[73]. Gerade das aber ist für das arme, schwache kleine Wesen die vollkommene Freude, nämlich das entschlossen gleichsam vor Ort bleibende Harren auf das Aufstrahlen des jetzt noch verhüllten göttlichen Lichts[74]. Es ist hübsch, wie der arme kleine Vogel, dem das Schweben hoch droben versagt ist, „s'occupe encore des bagatelles de la terre“ (B 5,26).

Diese Passagen sind recht weitschweifig geraten, aber das gerade zeigt, wie hier Entscheidendes geschieht. Thereses seit früher Jugend geübte Fähigkeit, durch die Gestalten der Schöpfung hindurch die intelligible Welt zu „sehen“[75], hat sich im Verlangen nach dem - trinitarisch gedachten - verzehrenden Feuer, „vers le Foyer dévorant“, fortgebildet (B 5,46). Der „Foyer“, wie es einem wirklich erfahrenen φωτισμός entsprechen würde, ist als „Focus“ verstanden, B 5v,1ff.: Ohne Furcht vor den dämonischen Attacken der „Geier“ wird der kleine Vogel nur allzu gern zur Beute des Adlers[76], den er „au centre du Soleil d'Amour“ schaut. Die Heilige Trinität ist mithin christozentrisch begriffen (in dieser Konzentration ein Erbe Augustins). Der folgende Satz bekräftigt es: „O Verbe Divin, c'est toi l'Aigle adoré que j'aime et qui m'attires.“ Man mag hier zunächst wieder an das „Verbum aeternum“ im Gespräch von Ostia denken, das Therese jedenfalls gegenwärtig ist, während sie ihre

---

entstehen, wenn man in einer uneingeweihten Umgebung über Esoterisches spricht (A 30v,11ff.).

[73] 2 Kor 5,7 steht im Hintergrund.

[74] B 5,15: „Quel bonheur pour lui (sc. le pauvre petit être faible) de rester“ (dies Wort im Autograph unterstrichen!) „là quand même, de fixer l'invisible lumière qui se dérobe à sa foi.“ Das entschlossene Ausharren im Status völligen Unvermögens - nicht im Sinne einer Tugend oder Leistung, sondern als von Gott her erlittenes und bereitwillig ergriffenes Ausgeliefertsein an sein „pauvre petit néant“ - in der zuwartenden Gewißheit, daß das Entscheidende (nicht irgend wann einmal, sondern) „jetzt“ von Gott her geschieht: Das macht Thereses Grundhaltung aus. Gott macht aus nichts etwas: Röm 4,17, für Martin Luther so wichtig, wird von Therese anscheinend nirgends ausdrücklich zitiert, aber der Sache nach ist der Vers bei ihr allgegenwärtig.

[75] Hierhin gehört, daß sie in ihrer Kindheit anfing zu „denken“ (hinter ihrem Bett durch einen Vorhang verdeckt), ohne imstande zu sein, ihrer Lehrerin schlüssig den Inhalt ihres Denkens mitzuteilen: „Je pense au bon Dieu, à la vie, à l'éternité“ -, und dann, das alles als zu vage und unzulänglich wegwischend: „enfin je pense“ (das letzte Wort im Autograph unterstrichen, A 33v,7f.).

[76] Dieser stammt gewiß aus der Bibel, vgl. Ex 19,4; Dtn 32,11.

Autobiographischen Manuskripte verfaßt[77]. Im Zentrum des göttlichen Feuerbrandes „le Verbe Divin", die Seele „anziehend": Da wirkt Eros[78], aber es kann nicht wie in Ostia dabei bleiben, aufsteigend im Rühren an Ewiges die „Erstlinge des Geistes" dort oben haften zu lassen und absinkend in die Zeit zurückzukehren[79]. Diese gleichsam platonische ἄνω κάτω ὁδός ist hier verwehrt, weil das „Verbum divinum" sich als mit dem Adler identisch erweist. Zwar lockt dieser zunächst die Seelen empor, doch dann wird der Aufschwung durch die von oben gleichsam herabstoßende Bewegung (wenn man so will: durch Agape) eingeholt: „C'est toi qui t'élançant vers la terre d'exil a voulu souffrir et mourir."

Es ist merkwürdig, daß Therese, die unentwegt auf der Notwendigkeit zu leiden beharrt, eine rationale Begründung dafür kaum jemals versucht hat. „Mon esprit se dévellopa au sein de la souffrance" (A 27,21): Sie hat an sich erfahren, daß Leiden den Geist zu sich selbst befreit. Daß der Herr viel eher durch Leiden als durch glänzende Predigten in den Seelen seine Herrschaft befestigen will, das liest man immer wieder bei ihr (vgl. LT 226,13). In unserem Text hat Jesus stellvertretend das Leiden und den Tod auf sich genommen, um in dem dadurch erschlossenen Lebens-Raum - alle Negativität ist ausgeschieden - „d'attirer les âmes jusqu'au sein de l'Éternel Foyer de la Trinité Bienheureuse." Das ist möglich, weil sich der Adler zum unzugänglichen Licht (1 Tim 6,16) wieder aufgeschwungen hat („remonter"), um dort für immer seinen Aufenthalt zu nehmen; und weil er, paradox, zugleich noch immer im Tränental verharrt, verborgen[80] unter der Gestalt („apparence") einer weißen Hostie und willens, „me nourrir de ta divine substance, moi, pauvre petite être, qui rentrerais dans le néant si ton divin regard ne me donnait la vie à chaque instant" (B 5v,6ff.). Diese Passage ist durch die für Therese so charakteristische Balance geprägt, kraft welcher der „Adler" die Seele gleichzeitig in die Höhe zieht und in der Tiefe ernährt[81]. Ferner

---

77 Oben S. 487f.

78 Das Wort „attirer" entlehnt Therese vorzugsweise dem *Hohenlied*, vgl. C 34,1: „Attirez-moi, nous courrons à l'odeur de vos parfums" (Ct 1,3); vgl. 35v,19.

79 Aug. conf. 9,10,24 (147,28ff. Verheijen): „Et suspiravimus et reliquimus ibi religatas primitias spiritus et remeavimus ad strepitum oris nostri, ubi verbum et incipitur et finitur."

80 Zu den vielfältigen Aspekten des „être caché" vgl. Wickert (wie Anm. 13), 134ff.

81 Daß in Gott die höchste Höhe mit der tiefsten Tiefe geeint ist, ist ein biblischer Gedanke, vgl. Ps 113,6f.; Phil 2,6ff.

tritt nun der eucharistische Christus ins Zentrum: Das bekräftigt die Realität, sozusagen die Greifbarkeit der hier beschriebenen Seelenvollzüge. Das hoch hinauf strebende „être faible et petit“ bleibt an die hiesigen Bedingungen seiner „Himmelfahrt“ geknüpft. Schließlich klingt das Motiv der fortdauernden „Creatio ex nihilo“ an - die Erhaltung der Schöpfung wird durch das Sehen Gottes bewirkt[82]. Das bekräftigt, wie dieser ganze Seelenaufschwung aus der Unverfügbarkeit Gottes gewonnen ist: Man darf sich auf nichts stützen, um aus Glauben gestützt zu sein[83].

Bei dieser „kleinen“ Heiligen muß man freilich auf Überraschungen gefaßt sein. In der Schlußpartie unseres Textes (B 5v,13ff.) will sie auf einmal nicht mehr nur der Raub, die Beute der Liebe des „Adlers“ werden. Sie bittet darum - und bezeichnet das als „folie“ -, daß ihr die Flügel des „Adlers“ verliehen werden: „La faveur de voler vers le Soleil de l'Amour avec les propres ailes de l'Aigle Divin“ (B 5v,19ff.). Also begehrt sie nun doch das „Schweben“ („planer“[84]) in der Höhe, auf das sie zuvor noch verzichtet hat[85]. Aber wie das zu den Flügeln des Adlers gehörige Adjektiv „propres“ zeigt: Es verhält sich damit wie mit der Liebe, die sie sein will, und die doch Jesus ist[86]. Die Flügel des Adlers fassen sie und lassen sie im Fluge mitschwingen; gleichsam eine Anwendung von Ex 19,4: „... wie ich euch auf Adlersflügeln trug und euch zu mir brachte.“ In diesem Sinne heißt es dann B 5v,27: „Un jour, j'en ai l'espoir, Aigle adoré, tu viendras chercher ton petit oiseau, et remontant

[82] Auf andere Art vergleichbar LT 134,24: „Quand Jésus a regardé une âme aussitôt il lui donne sa divine ressemblance, mais il faut que cette âme ne cesse de fixer sur Lui seul ses regards.“ Das ist der kleine Vogel, der zum Adler resp. zum „Soleil de l'Amour“ hinblickt. Gottes Sehen ist gründend und prägend: Die Kreatur wird dadurch gleichsam in die Schwebe versetzt und muß sich durch (von Gott her ereignetes) eigenes Sehen selbst darin halten, vgl. B 5v,26: „Fasciné par ton regard divin.“

[83] Von Johannes vom Kreuz übernimmt Therese die folgenden Gedanken, die sie in Verse faßt, PN 30 (Überschrift): „Appuyée sans aucun Appui / Sans Lumière et dans les Tenèbres / Je vais me consumant d'Amour.“ Sie hat diese „pauvreté spirituelle“ vollkommen verinnerlicht, vgl. beispielsweise in den von ihrer Schwester Céline herausgegebenen *Conseils et Souvenirs*, Lisieux 1952, 29, die von dieser als Thereses Novizin festgehaltenen Sätze: „Il est nécessaire de ne s' appuyer sur rien, même pas sur ce qui peut aider la piété (!). Le rien, c' est la vérité, c' est de n' avoir ni désir, ni espoir de joie“ etc.

[84] Das Motiv des Schwebens über allem, nicht als Adler, sondern als Lerche, in dem am 31. Mai 1897 verfaßten Gedicht *L' Abandon est le fruit délicieux de l'Amour*, PN 52,16: „Non, rien ne m' inquiète / Rien ne peut me troubler / Plus haut que l'alouette / Mon âme sait voler.“

[85] Oben S. 492f.

[86] Oben S. 490f.

avec lui au Foyer de l'Amour, tu le plongeras pour l'éternité dans le brûlant Abîme de Cet (sic) Amour auquel il s'est offert en victime."[87]

Das ist von der Zukunft gesagt; ganz gewiß doch vom Tod als „commencement de la vie" (LT 60,27). Aber solche Hoffnung ist für Therese nicht Bestandteil einer Theorie oder Weltanschauung, die sie abwartend, „objektivierend" vor sich hertrüge. Im existentiellen Aufschwung rührt sie an den „Centre du Soleil d'Amour" schon jetzt, und so kommt es, daß sie im Gedanken an die für sie eigentlich (wäre sie gesund) vorgesehene missionarische Wirksamkeit in Hanoi schreiben kann: „Cette pensée a fait grandir mon âme, elle m'a fait planer (!) plus haut que tout le crée" (C 9,17). Das ist der Blickpunkt, den sie hatte, als sie missionarisch alle Zeiten und Räume umspannen wollte[88]. Aus dieser Höhe begreift sie die in Aussicht genommene auch schmerzliche Trennung von ihrer geistlichen Heimat im Gegenhalt zur vollkommenen und ewigen Einung, die nur der Himmel kennt. Und so beschließt sie, mit ihrer Seele im „Himmel" zu wohnen und die irdischen Dinge von fern, „de loin", zu betrachten: Nicht im Sinne einer Verdrängung, sondern einer Rücknahme und Integration ins Wesen der Dinge, wie die Kreaturen in Gott, die menschlichen Strebungen in Jesus zurückgenommen wurden[89]. Alles in ihr drängt - nicht nach abstrakter Einung, sondern nach der Rekapitulation alles Wirklichen in jenem „Transcendens", das für sie den Namen Jesus trägt. Aus solchen Zusammenhängen ist der Ausspruch zu verstehen, den sie am 29. Mai 1897 auf ihrem Sterbelager tut (DE CJ 29,5,1)[90]: „Je suis comme ressuscitée, je ne suis plus au lieu où l'on me croit", wobei sie offensichtlich wieder[91] an Maria Magdalena, oder vielmehr hier an den von jener gesuchten Jesus am Ostermorgen denkt. Es geht um ihr Leiden, für das sie, dem überlieferten Text zufolge, nicht mehr so leicht erreichbar („accessible") ist wie in ihrer Kindheit. Also auch ihr Sterben betrachtet sie nun „de loin". Und am 22. Juli desselben Jahres wird sie schreiben (LT 259,16): „O Jésus votre nom est comme

[87] Hier denkt Therese an ihre Weihe als Ganzbrandopfer an die Barmherzige Liebe, vgl. oben S. 476.

[88] Oben S. 488f.

[89] Oben S. 479f. und S. 490f.

[90] Ich sehe keinen Grund, die *Derniers Entretiens* hier nicht heranzuziehen. Thereses dictum fügt sich trefflich in die Entwicklung ihrer eigensten Gedanken: Wer hätte das erfinden sollen?

[91] Oben S. 490f.

une huile répandue (Ct 1,3), c'est dans ce parfum divin que je veux me baigner tout entière, loin du regard des créatures.“ Da hat sich, wie auch schon hier oben in der Erinnerung an Maria Magdalena, eine Subjektvertauschung vollzogen: Nicht mehr ist sie es, die von ferne sieht, sondern von allem entfernt kann sie schon nicht mehr gesehen werden.

6

„Je ne puis plus rien demander avec ardeur, excepté l'accomplissement parfait de la volonté du Bon Dieu sur mon âme sans que les créatures puissent y mettre obstacle“ (A 83,7). Das schreibt Therese im Jahr 1895, und nicht bittet sie darum, den Willen Gottes zu tun: Der Handelnde ist Gott allein, und was Er mit ihrer Seele tun will, das soll geschehen - kein Geschöpf soll hinderlich sein. Wer sich so bescheidet, obwohl seine Wünsche ans Unendliche rühren (B 2v,27), der weiß, daß der Mensch, für den „die Welt nicht mehr lebt“ (LT 201,71, vgl. Gal 6,14), sich ganz aus der Hand genommen ist. Es steht zwar geschrieben und ist wahr, daß Geben seliger ist als Nehmen (Apg 20,35). Wenn aber Jesus sich das Geben vorbehalten hat, darf man ihm nicht in die Arme fallen. Er soll nehmen und geben, wie Er will: Unsere Vollkommenheit besteht darin, uns ihm zu überlassen und in diesem Sinne seinen Willen zu tun. Die Seele, die sich ihm ganz ausliefert, „qui se livre entièrement à Lui“, wird von ihm seine Mutter, seine Schwester, seine ganze Familie genannt (LT 142,4ff.; vgl. Mt 12,50). Und die Seelen, welche Jesus am meisten liebt, entblößt er gänzlich. Das sind die „pauvres petites âmes“, die entdecken, daß sie alles empfangen dürfen, nichts geben können; und „en secret“ ist es Jesus, der in ihnen wirkt. „Leur néant et sa puissance“: Das ist die im wesentlichen von Paulus gelernte Dialektik, mit der Quintessenz: Er allein, „Lui seul“, ist es, der hier wirkt (LT 147,81). Er erleuchtet unsere Seelen und offenbart sich ihnen (LT 149,29), er stellt sie auch auf die Probe (LT 217,7). Wer das an sich geschehen läßt, ist von sich frei geworden, richtet seine Gedanken nicht auf ein selbstisches Glück. Er schenkt Jesus die kleinen Freuden hin, die er auf unserem Lebensweg ausstreut, um unsere Seelen zu entzücken („charmer“) und zu sich zu erheben („élever“; LT 191,70ff.). Was dann die Seelen emporhebt, läßt sie sich selbst vergessen - „pour la gloire de Dieu et le salut des âmes“ (LT 193,16). Solange die Seelen noch nicht zerbrochen („brisées“) sind, scheint irdisches Glück möglich zu sein. Wenn Jesus uns jedoch mit einem „regard d'amour“ anblickt, dann wird dieser zu einem Ozean des Leidens, aber auch zu einem Meer von Gnaden und Liebe (LT 27,24ff.).

„La souffrance unie à l'amour"[92]: Das ist die eine und eigentliche Grunderfahrung, die Therese gemacht hat. Denn das Leiden, der Liebe geeint, umspannt alles, was die Seele in den „profondeurs" (B 3v,1) wie in den „hauteurs" (B 4v,41) verkosten mag. Es ist das Ganze, von welchem sie sagen kann (C 9v,11): „Mon Dieu, pour votre amour j'accepte tout" - wobei „tout" nur scheinbar das von der Liebe abgesonderte Leiden meint, in Wahrheit das Leiden, welches in der jetzt gegenwärtigen Liebe und mit dieser zusammen erfahren wird. Wer sich in der „confiance filiale" (LT 258,71), welcher die Sünden vergeben sind, Gott ausgeliefert hat, der empfängt jene Freiheit, die „alles" heilsam an sich heranlassen kann: „Il me semble que l'Amour me pénètre et m'environne, il me semble qu'à chaque instant cet Amour Miséricordieux me renouvelle, purifie mon âme et n'y laisse aucune trace de péché, aussi je ne puis craindre le purgatoire."

Die Erkenntnis dessen, was die Liebe wirklich ist, hat sich in Entwicklungsphasen ein Leben lang in Therese vorbereitet. In ihrem Todesjahr konnte sie es ins Wort fassen (C llv,4ff.). Von dem aus dem Alten Testament stammenden Gebot, den Nächsten zu lieben wie sich selbst, nimmt sie an, es sei noch ganz an die menschliche Schwachheit angepaßt, die stets an den „amour-propre" zurückgebunden bleibt und die Liebe zu sich selbst für die Liebe zum Nächsten zum Maßstab nehmen muß. Das neue Gebot aber, das Jesus kurz vor seinem Tode gibt (Jo 13,34), befreit die Jünger aus ihrer humanen Selbstbezogenheit. Jetzt dürfen die Seelen einander lieben, wie Jesus sie geliebt hat und liebt: Von sich selbst zu ihm hin befreit und in ihm gegründet erfahren sie, daß, insoweit sie überhaupt einander lieben, Jesus selbst es ist, der in ihnen liebt. Hier weitet sich, der Sache nach, das „Jésus mon Amour" zu einem „Jésus notre Amour".

Therese hat das erst wenige Monate vor ihrem Tod ganz klar gesehen. Aber sie ist immer schon auf dem Wege dorthin gewesen. Deswegen muß es erlaubt sein, alles, was sie über die Liebe Gottes zu uns, über unsere Liebe zu Gott und untereinander sagt[93], in der Fluchtlinie zu lesen, die auf das neue Gebot hinführt: Als ein von Mal zu Mal kühneres Erproben der zuletzt aus dem Grunde verstandenen Freiheit der Kinder Gottes.

---

[92] Oben S. 475 und S. 482.

[93] Über den Umgang der Seele mit Gott, mit den anderen Seelen und mit sich selbst hat Therese in ihren Schriften noch viel Beherzigenswertes gesagt. Das hier Mitgeteilte muß für diesmal genügen.

Was sagt die Seele dem Philosophen heute

von Herbert Kessler (Mannheim)

1.

Wenn ein Flötenspiel als „seelenvoll" oder eine Frau als „Seele des Geschäfts" gelobt werden, kann man das als Redensart annehmen, die den Akteur positiv charakterisiert. Wenn Charles Augustin Sainte-Beuve (1804-69) seine literarische Methode als eine „Botanik der Seelen" bezeichnete, so waren mit „Seelen" einfach Menschen gemeint; etwa wie ein russischer Gutsbesitzer sagen konnte, ihm dienten 60 „Seelen". Sainte-Beuve bewunderte den Naturforscher Carl von Linné, der die biologische Systematik einführte. Ein romantischer Gedanke? Sainte-Beuve hatte im Banne von Victor Hugo begonnen, er schrieb Bücher über Port Royal und über Chateaubriand. Er gehörte zur Generation von 1820, die die Revolution von 1848 und das Zweite Kaiserreich erlebte. „Als seine letzte und ihm gemäßeste Form entdeckte er schließlich den analytischen Geist und das Lebensgefühl des 18. Jahrhunderts"; damit sind wir wieder bei Linné (geboren 1707, seine Abhandlung *Systema naturae* erstmals 1735, in der 12. Auflage 1766 erstmals der Homo sapiens in der Ordnung „Herrentiere" vertreten). Aber ein Systematiker war Sainte-Beuve eben nicht, er war viel zu sehr Erzähler und „als echtester Nachkomme Montaignes" wie jener ein dialogischer Geist. Sein Werk ist, wie Albert Thibaudet[1] schreibt, ein „Gespräch zwischen Montaigne und Port Royal, zwischen dem 18. und dem 19. Jahrhundert, zwischen der klassischen Vernunft und den romantischen Bindungen. Ein Gespräch, in dem Voreingenommenheit und subjektive Behauptungen, Gefühle der Liebe und des Hasses auftrumpfen, aber ein Gespräch, das stets im Rahmen einer Plauderei bleibt, einer Plauderei nicht nur mit dem Leser, sondern auch mit dem eigenen Ich; eine ständige Folge von Problemen, die immer wieder von neuem angepackt werden." Seelisches spielt also in den Äußerungen von Sainte-Beuve eine wesentliche Rolle. Aber man möchte die Literatur gerne mit naturwissenschaftlichen Methoden beherrschen, dem positivistischen Zeitgeist gemäß, mit analytischem Verstand. Das Lebensgefühl des Schriftstellers wurzelte im achtzehnten Jahrhundert, in der Vernunft. Gleichwohl war er sich als Portraitist wie als Literaturkritiker dessen bewußt, daß Lyrik und Roman

[1] A. Thibaudet, Geschichte der französischen Literatur von 1789 bis zur Gegenwart, Paris 1936 (= übers. von F. Greiner, Freiburg/München 1953), 295-311. 641.

Ausdrucksformen der menschlichen Seele sind, darin ein Mittleres zwischen Musik und Philosophie. Die Formel „Botanik der Seelen" ist also kein veralteter Sprachgebrauch, wie der erste Anschein vortäuscht, sondern das Werturteil des großen Literaturkenners: Gedichte und Roman sind durch Seelisches lebendig.

Sainte-Beuve war kein Irgendwer, wie Deutsche vermuten. Thibaudet[2] schätzt ihn vielmehr so ein, daß „im Schrifttum des 19. Jahrhunderts Hugo, Balzac und Sainte-Beuve die drei Autoren sind, deren Werk als Ganzes Bestand hat".

Sainte-Beuve gehörte bereits seit 1844 der Académie an und wurde 1865 von Napoleon III., dessen Anhänger er war, zum Senator ernannt; Thibaudet nennt ihn wiederholt einen Bourgeois. Ein Kapitalist wie Friedrich Engels (1820-1895) war er allerdings nicht, und seine familiären Verhältnisse waren auch sehr viel schlichter als jene von Karl Marx (1818-1883) oder von Wladimir Iljitsch Lenin (1870-1924). Aus einfachen Verhältnissen stammte hingegen Pierre-Joseph Proudhon (1809-1865), der selbst Arbeiter gewesen war; ihm widmete Sainte-Beuve 1865 seine letzte Studie. Der Literaturkritiker ist zum Sozialkritiker geworden.

Das offizielle *Philosophische Wörterbuch der DDR*[3] bringt einen längeren Artikel über den „Proudhonismus", den der „Kleinbürger" Proudhon verschuldet hat. Der Artikel beginnt mit dem Resümee: „Proudhonismus-Strömung des kleinbürgerlichen Sozialismus, die auf die sozialen und politischen Anschauungen des französischen Sozialreformers und Theoretikers des Anarchismus Pierre-Joseph Proudhon zurückgeht". Sainte-Beuve durchstreifte nicht nur die französische Literatur nach allen Richtungen, sondern bemerkte auch die „geistigen Familien", die Bindungen der Autoren an ihr Milieu, an die Gesellschaft ihrer Zeit; er kannte auch die Landschaften und Städte und deren Einwohner. Die „autonome geistige Gesellschaft", die von den Literaten geformt wird, betrachtete Sainte-Beuve - so Thibaudet (wie Anm. 1), 304 - „unter dem Blickwinkel der Geographie, d.h. eines Gegebenen ..., das Zufälligkeiten vor den Menschen hinstellt, denen er Eigenes hinzufügt, die er festlegt, oder an denen er sich festlegt." Die Seelen atmen in dieser Welt, jede in einem weitgespannten Netz von Relationen.

---

[2] Ebd. 295.

[3] G. Klaus/M. Buhr (Hrsg.), Philosophisches Wörterbuch, Leipzig ^{11}1974 (= Westberlin 1975), 987-990 (zuerst 1964).

„Die Psychologie[4] - Lehre von den seelischen Erscheinungen -, die auf der philosophischen Grundlage des dialektischen und historischen Materialismus beruht, ist eine auf Erfahrung und vor allem auf das Experiment gegründete Wissenschaft, die diejenigen Gesetzmäßigkeiten untersucht, denen zufolge das Verhalten (Tätigkeit, Handeln) von lebenden Systemen (Tiere: Tierpsychologie, Menschen: Humanpsychologie) reguliert wird. Das Verhalten lebender hochkomplexer Systeme wird durch innere Mechanismen, nicht durch eine eindeutige, mechanische Beziehung zwischen äußeren Reizen und nach außen gerichteten Reaktionen bestimmt. Die subjektive Erscheinungsform dieser inneren Regulationsmechanismen sind die psychischen Erscheinungen wie Wahrnehmungen, Erinnerungen, Denkabläufe, Stimmungen, Affekte usw. Diese können als erlebter Ausdruck der Vermittlung zwischen Umwelt und lebendem System, als Zwischenglied der Wechselwirkung zwischen Organismus und Umwelt aufgefaßt werden. Wenn sie, wie in der Regel beim Menschen, in die Form der Sprache überführt (d.h. in die soziale Kommunikation einbezogen) werden können, spricht man von bewußten psychischen Erscheinungen bzw. vom Bewußtsein." - Das Eigene, mit dem der Mensch das natürlich Gegebene verändert oder ergänzt, ist hier durch das ideologische Sieb gefallen.

Die objektive Wirklichkeit spiegelt sich nach dieser Ideologie im menschlichen Gehirn, so daß der Marxist-Leninist die Welt zuverlässig erkennt. Von der „künstlerischen Wiederspiegelung der Wirklichkeit"[5] wird die Abwehr jeder subjektiven Tendenz gefordert; die „Parteilichkeit der Objektivität ... soll aus der Situation und Handlung selbst hervorspringen, ohne daß ausdrücklich darauf hingewiesen wird." Die „propagandistische Wirkung des Ich im Kunstwerk" verleiht diesem eine „aktive gesellschaftliche Funktion"; so sind Künstler „Ingenieure der Seele" (Stalin). Der Stalinismus hat den Schriftstellern den „sozialistischen Realismus" oktroyiert. Der Realismus ist eine Stilrichtung wie andere; im Gegensatz steht er z.B. zum Klassizismus und zur Romantik. Das Ideal der klassischen Harmonie wird als trügerisch empfunden; man will die Realität in rücksichtsloser Wahrhaftigkeit aufdecken und vorzeigen. Das war auch die Absicht von Sainte-Beuve nach seiner Abwendung von der Romantik. Man muß nicht Materialist, Marxist oder gar Stalinist sein, um realistisch zu schreiben; man braucht nur die Namen von Balzac oder von

---

[4] Ebd. s.v. „Psychologie" (kein Art. „Seele"); vgl. auch Art. „Psychoanalyse" 991ff.

[5] G. Lukács, Probleme des Realismus, Berlin ^{2}1955, 18f.

Tolstoj zu erwähnen. Warum haben Stalin und Shdanow keine materialistische Literatur gefordert? Nun, bereits Lenin hat in seinem Pamphlet „Materialismus und Empiriokritizismus“ (Avenarius, Mach) Schwierigkeiten mit dem Materiebegriff gehabt, so daß er auf den Begriff „Realismus“ ausgewichen ist. Der sozialistische Realismus ließ sich immerhin in die Weltliteratur einbetten[6].

2.

Die Dichtung (Lyrik, Epik, Schauspiel), die Literatur allgemein (also auch Essay, Biographie, Literaturkritik) stehen von den Künsten der Philosophie und auch der Psychologie am nächsten; die Literaturpsychologie beschäftigt sich mit ihnen speziell, nämlich mit ihrer Bezogenheit auf das menschliche Seelenleben. Die Seele ist ein Wort der Lebenswelt, das von jeder namhaften philosophischen Strömung, ja von jedem großen Philosophen so begriffen wird, daß es ins System paßt. Das *Historische Wörterbuch der Philosophie*[7] benötigt für den Begriff „Seele“ im Band 9 die Spalten 1-89, ergänzt durch die Spalten bis 121 für Begriffe wie „schöne Seele“ bis „Seelenwanderung“. Jedes Philosophem ist weltanschaulich bedingt, auch wenn es, wie in der analytischen Philosophie, eine rein wissenschaftliche Welt bieten will; viele Philosopheme lassen sich zur Ideologie versteinern. Aus der Philosophie herausgewachsen, entstand im 19. Jahrhundert die Psychologie als selbständige Wissenschaft; im Jahre 1879 gründete Wilhelm Wundt in Leipzig das erste experimental-psychologische Laboratorium. Da sich das Wort „Seele“ gegen eine eindeutige Definition sperrt, wurde es für das stringente Denken vieler Psychologen zum Ärgernis, so daß die Formel „Psychologie ohne Seele“ bis heute grassiert. *Knaurs Moderne Psychologie* (1972) kennt das Wort „Seele“ nicht einmal im Register[8]. Selbst in diesem populärem Werk wird jedoch eingeräumt, daß die „moderne Psychologie kein einheitliches wissenschaftliches System, wie z.B. die Physik, ist, sondern verschiedene, z.T. gegensätzliche Forschungsrichtungen umfaßt.“ Des weiteren: „Der Wissenschaftler entwickelt sein „Weltbild“ in einer konkreten geschichtlichen Situation … Eine kritische Reflexion der Forschungsziele legt die Abhängigkeit der Forschung von ideologischen Interessen offen und führt zu einer Neubestimmung der gesellschaftlichen Relevanz der Psychologie“ (13ff.). Tatsächlich wird

[6] G. Lukács, Der russische Realismus in der Weltliteratur, Berlin 1953 (= 1946).

[7] J. Ritter/K. Gründer, Historisches Wörterbuch der Philosophie, Bd. 9, Basel 1995.

[8] Verfaßt von H. Legewie/W. Ehlers, München/Zürich (o.J.).

das Wort „Seele“ nach wie vor in zahlreichen Werken verwendet, von namhaften Psychologen, und gerade diese Titel sind zusammen mit der Gestaltpsychologie für den Philosophen besonders gehaltvoll. Zudem ist das Wort ψυχή heute so mehrdeutig wie das Wort „Seele“. *Knaurs moderne Psychologie* verzichtet also auch auf den Begriff „psychisch“. Auch das *Historische Wörterbuch der Philosophie*[9] verzichtet auf einen Artikel „Psyche“ und wendet sich sofort den Wissenschaften zu, von der Psychiatrie bis zur Psychotherapie. Der Artikel „Seele“ schließt übrigens mit einer „Philosophie der Psychologie seit 1850“[10], darin „Der Begriff des Psychischen“. Als Wissenschaft bewegt sich die Psychologie in einem sehr viel engeren Radius als die Philosophie, selbst wenn diese sich von der Metaphysik distanziert. Eine philosophische Psychologie ist unumgänglich und gibt es auch, unter diesem oder anderen Titeln. Viele Begriffe der psychologischen Fachsprache sind von jeher in der Philosophie beheimatet.

Im *Historischen Wörterbuch der Philosophie* (Bd. 9) schreibt E. Scheerer: „Um die Jahrhundertwende ist fast ausnahmslos das Ich an die Stelle der Seele getreten“ (Sp. 65). Nach 1945 operiert laut Scheerer (84) die Philosophische Anthropologie „nicht mehr mit dem Seelen-Begriff ..., er wird praktisch nicht mehr verwendet, während 'Geist', 'Bewußtsein', 'Subjektivität' von solcher Abstinenz nicht betroffen sind.“ Der Trend ist damit gekennzeichnet, der Bestand aber immer noch bedeutend.

Martin Heidegger verschweigt in *Sein und Zeit* - zuerst Frühjahr 1927 erschienen - das Wort „Seele“, analysiert aber die Furcht (§ 30), die Angst (§ 40), Sorge (§§ 39-44), also seelische Stimmungen; sowie das Gerede (§ 35) und die Neugier (§ 36), also seelisch bedingte Verhaltensweisen.

Sehr viel stärker wird das Psychische (Seelische) von Jean-Paul Sartre[11] in seiner phänomenologischen Ontologie herausgearbeitet. Er hat 1936 eine Egologie, 1939 eine Theorie der Gefühle veröffentlicht; 1943 - mitten im Zweiten Weltkrieg - sein Hauptwerk *Das Sein und das Nichts*.

---

[9] Ebd. (wie Anm. 7) Bd. 7, Basel 1989, Sp. 1569-1707.

[10] Ebd. Bd. 9, Sp. 52-89.

[11] *Die Transzendenz des Ego, Versuch einer phänomenologischen Beschreibung. Entwurf einer Theorie der Emotionen*. Beide deutsch in: Die Transzendenz des Ego, Reinbek 1964; ders., Das Sein und das Nichts. Versuch einer phänomenologischen Ontologie (hrsg. von J. Streller), Hamburg 1952. Scheerer (wie Anm. 7), Bd. 9, Sp. 82 analysiert die Egologie und das Hauptwerk kurz.

In ihm findet sich sogar eine „existentielle Psychoanalyse". Die ontologischen Begriffe sind leitend, lassen jedoch viele psychologische Themen zu: das Bewußtsein, der Blick des Anderen, die Angst, die Unwahrhaftigkeit, die Lüge, die Liebe, der Haß, die Begierde, der Masochismus, der Sadismus, die Minderwertigkeit, die Anmut, das Obszöne, Wille und Affekt, Anlaß und Antrieb. Als Seele oder Psyche kann man den Inbegriff der vielen seelischen (psychischen) Faktoren bezeichnen.

Ich halte mich an die Ontologie von Nicolai Hartmann, der die Gesamtheit des Seienden in vier Stufen oder Schichten gliedert: Materie, Organismus, Psyche, Kultur oder anorganische Dinge, Lebendiges, Seelisches, Geistiges. Die vier Seinsformen haben Realität, Existenz und Endlichkeit gemeinsam. Räumlich sind hingegen bloß das Anorganische und das Organische; Seelisches, Geistiges sind unräumlich. Mit jeder Schicht tritt etwas vollkommen Neues auf und überbietet den niederen Formtypus. Die mittleren Schichten - Lebendiges, Seelisches - sind „Seinsgebiete von eigener Mächtigkeit, die sich dem schematisches verallgemeinerten Gegensatz jener Extreme - Materie/Geist - schlechterdings nicht fügen."[12] Die Gesetze des Physischen ragen gleichsam in den Organismus hinein, von ihm überformt, soweit das in den gegebenen Elementen möglich ist. Das Seelische ist hingegen keine Überformung des Organischen, obgleich es vom Organismus getragen wird. Nicht alle Kategorien des Niederen kehren im seelischen Überbau wieder. „Sein seelisches Sein hat jeder für sich", unübertragbar. „Der Gedanke ist von Haus aus objektiv. Er ist expansiv, er verbindet, wo der Bewußtseinsvorgang isoliert. Dasselbe ist es mit Willenszielen, Strebens- und Schaffensrichtungen, Überzeugungen, Glaubens-, Wertungs- und Anschauungsweisen. Sie alle gehören der Sphäre des Geistes an. Der Geist aber verbindet, das Bewußtsein isoliert."[13]

Der Existenzphilosoph Karl Jaspers hat als Psychologe begonnen. In seiner *Allgemeinen Psychopathologie*[14] beweisen schon die Überschriften, daß für ihn das „Seelenleben" kein antiquierter Begriff ist. Von der Psychiatrie kam Jaspers zum Philosophieren; aus der Zeit des Ersten

---

[12] N. Hartmann, Zur Grundlegung der Ontologie, Berlin [4]1965 (zuerst 1934); ders., Neue Wege der Ontologie, Stuttgart [4]1964 (Zitat 67).

[13] N. Hartmann, Das Problem des geistigen Seins. Untersuchungen zur Grundlegung der Geschichtsphilosophie und der Geisteswissenschaften, Berlin 1962 (zuerst 1933), besonders Kap. 4b, 69-71.

[14] Berlin [7]1959 (zuerst 1913).

Weltkriegs stammt seine *Psychologie der Weltanschauungen*, 1919 veröffentlicht, in 4. Auflage Berlin 1954. Gestützt auf den Satz des Aristoteles „Die Seele ist gleichsam alles", begann er „mit gutem Gewissen unter dem Namen der Psychologie" sich „mit allem zu beschäftigen, was man wissen kann. Denn es gibt nichts, was nicht in diesem weiten Sinn eine psychologische Seite hat" (p. IX). Das riecht ein wenig nach Psychologismus. Im Band I seiner *Philosophie*[15] handelt Jaspers von den „vier Wirklichkeitssphären in der Welt" - Nicolai Hartmann konform -, von denen „eine jede die vorhergehende als Bedingung voraussetzt." Die Wirklichkeit, die in der Weltorientierung Objekt wird, ist also „eine vierfache. Materie, Leben, Seele und Geist sind die heterogenen Welten wirklicher Gegenständlichkeit." Zwischen ihnen bestehen Beziehungen und Abhängigkeiten; so ist „jede spätere Welt durch die frühere in ihrer Wirklichkeit fundiert. Eine Theorie des Weltganzen gibt es indessen nicht, kann es nicht geben." „Seele ist als Erleben die Empfindung, das Gefühl, der Trieb, die Begierde ... Seelische Wirklichkeit ist, mit dem Geiste verglichen, wie die Natur nur geschehend, ungeschichtlich, zeitlosen Gesetzlichkeiten unterworfen. Aber sie ist bereit zur Aufnahme von Gehalten und als Substrat des Geistes fähig, diese zu verwirklichen ... Kein Geist ist wirklich ohne Seele, keine Seele ohne Leben, kein Leben ohne Materie."

Heidegger war ein Schüler und dann Nachfolger von Edmund Husserl; Sartre stand unter dem Einfluß beider. Husserl vertrat zunächst einen logischen Psychologismus, den er nach der Kritik Freges bereits im 1. Band seiner *Logischen Untersuchungen* (Halle 1900) widerlegt hat. Das subjektive Erleben, Erlebnis, konstituiert nach Husserl die Gegenständlichkeiten des Bewußtseins. Noch im letzten Stadium seines Philosophierens, in der transzendentalen Phänomenologie[16], sucht er das Sein der Welt im Subjektiven, im Erleben des Menschen, wie er in der Welt lebt. Seelisches beschäftigt Husserl immer wieder, freilich nicht unmittelbar, sondern im Rahmen seiner philosophischen Psychologie. Er beschreibt die Lebenswelt ja auch nicht als solche, baut vielmehr eine Wissenschaft von der Lebenswelt auf, in welcher die Einzelwissenschaften basieren sollen. Bereits in den *Logischen Untersuchungen* wirft Husserl die Frage des Ich auf. Die Ausschaltung des empirischen Ich

---

[15] Berlin ^{3}1956 (zuerst 1932), 104-108. 167-175 (Zitate 104ff. 167. 170. 168).

[16] E. Husserl, Die Krisis der europäischen Wissenschaften und die transzendentale Phänomenologie (1935/36, Husserliana VI, hrsg. von W. Biemel) Haag 1962.

führt zur Idee des reinen Ich, verglichen mit Kants Lehre vom „Ich der transzendentalen Apperzeption". Als Pol von Habitualitäten ist das Ich personal, d.h. in Korrelation mit seiner Umwelt. Das Ich ist einmal Einheitsprinzip eines Bewußtseinstromes, die „reine subjektive Einheit der aktuellen und der vergegenwärtigten Akte, die nicht durch den Leib erfüllbar ist", das andere Mal bezeichnet es „das Zentrum der intentionalen Erlebnisse, den fungierenden Leib." Der Ich-Begriff ist also zweideutig[17]. Auch in der Anlehnung an Descartes hat Husserl das wahre Ich nicht erkannt, denn sein transzendentales Ego ist ein Konstrukt. Von den *Cartesianischen Meditationen* Husserls ist vor allem seine Theorie der Intersubjektivität beachtet worden[18]. In den *Meditationen* gebietet das Geistige so sehr, daß alles Seelische zurücktreten muß, auch wenn „das identische Ich" im „strömenden Bewußtseinsleben" lebt (S. 70).

Von den weiteren Phänomenologen referiert E. Scheerer (Hist. Wb. Philos. 9, 80-83) den frühen und (getrennt) den späten Scheler, A. Pfänder, H. Conrad-Martius. Ich sehe davon ab, wie auch von den christlichen Schriftstellern, bei denen man den Begriff „Seele" wohl erwarten darf, da ich nur eine knappe Auswahl treffen kann[19].

Die philosophische Anthropologie ist im 19. Jahrhundert stark hervorgetreten. E. Scheerer erwähnt Scheler, nach seiner anthropologischen Wende, H. Plessner und H. Gehlen. Gehlen hat das Wort „Seele" vermieden, sein Hauptwort ist die Handlung, die er prozessual auffaßt. Psychisch ist nach Scheler das „Inne-Sein von Realem", das „auf das Lebenszentrum als das Er-Lebenszentrum unmittelbar bezogen gegeben, d.h. das 'Erlebte' ist."[20] Helmuth Plessner[21] hat die Seele vom Erlebnis her gesehen, auch als Antriebsform sowie als Dynamik des Menschen. Er analysiert zudem das Seele-Leib-Problem sowie „Das Verhältnis des Menschen zu seinem Körper", die Sinne und „Lachen und Weinen". Auf

---

[17] E. Marbach, Das Problem des Ich in der Phänomenologie Husserls, Den Haag 1974, 285f. 298f.

[18] E. Husserl, Cartesianische Meditationen und Pariser Vorträge (1929-31), Paris 1931 (= Husserliana I, hrsg. von S. Strasser, Haag 1963). - Zur Intersubjektivität vgl. M. Theunissen, Der Andere. Studien zur Sozialontologie der Gegenwart, Berlin 1965.

[19] Näheres in meiner *Philosophie als Lebenskunst*, Sankt Augustin 1998.

[20] M. Scheler, Philosopische Anthropologie (Nachlaßband 3), Bern 1987, 160.

[21] H. Plessner, Die Stufen des Organischen und der Mensch (Samml. Göschen 2200), Berlin ^{3}1975 (zuerst 1928); ders., Philosophie Anthropologie. Lachen und Weinen. Das Lächeln. Anthropologie der Sinne (Samml. Conditio humana), hrsg. von G. Dux, Frankfurt/M. 1970.

Korrelationen bedacht, stuft Plessner die pflanzliche, tierische und menschliche Lebensform, was diese Lebenstypen einander annähert. Der Mensch ist sich indessen weder der Nächste noch der Fernste; diese exzentrische Position zeichnet ihn vor allen Lebewesen aus.

Nicht erwähnt wird von Scheerer die philosophische Psychologie von Hans Lipps[22], der Menschenkenntnis lehrt, indem er einzelne psychische Phänomene untersucht, vom Bewußtsein und den Stimmungen bis zu Geiz, Eifersucht, Haß.

Hinweisen möchte ich auf die *Neue Anthropologie*, die der Mediziner Paul Vogler und der Philosoph Hans-Georg Gadamer (Stuttgart 1972) in 7 Bänden herausgegeben haben. Ein Blick in die Register zeigt, daß das Wort „Seele" in fast allen Bänden auftaucht, und zwar wiederholt, so in Band 2 *Biologische Anthropologie*, Band 4 *Kulturanthropologie*, Band 5 *Psychologische Anthropologie*, Bände 6 und 7 *Philosophische Anthropologie*.

Damit ist der Beweis erbracht, daß das Wort „Seele", trotz vieler Verleugnungen, auch in der zweiten Hälfte des 20. Jahrhunderts noch in unverzichtbarer Weise Geltung besitzt.

3.

Ich möchte nun meinen Standort beim Philosophieren[23] grob skizzieren, auf das Thema: „Das Ich und die Seele" verengt. Das Wörtchen „ich" führen wir ständig im Munde, das wahre Ich ist jedoch Keim und Kern unserer geistigen Existenz. Seele ist mithin von den rein geistigen Phänomenen, insbesondere von allem Metaphysischen entlastet. „Ich bin" ist die Feststellung, daß ich als Seiendes am Sein teilhabe. Das Seelische aktualisiert sich in der Formel „Ich lebe". Was wir aus dem übervollen Dasein als Ichhaftes erleben oder gar als Sich-selbst-Erleben auswählen, hängt mit unserer Selbsteinschätzung, dem Selbstwertgefühl zusammen. Das Ich ist nicht nur im Bewußtsein daheim; es speist sich aus den Kornkammern des Gemüts. Gefühle kann das Ich nicht hervorbringen, wohl aber überformen. Wir melden dem Bewußtsein und damit dem Ich Liebe und Strebungen, die ihm ansonsten verborgen blieben. Geistige Gefühle

[22] H. Lipps, Werke III. Die menschliche Natur, Frankfurt/M. 1977 (zuerst 1941).

[23] H Kessler, Das schöne Wagnis. Denkschrift für Selbstdenker, Wien/Stuttgart 1975; ders., Die Welt des Menschen, Sankt Augustin 1992; ders., Das Ich und die Welt, in: Wiener Jb. f. Philos. 28, 1996, 81-94; ders., Spektrallinien. Philosophie, Geschichte, Kunst, in: Abh. d. Humboldt-Gesellschaft 14, 1997, 13-31; s. Anm. 19.

sind eine Ich-Funktion, wie Denken und Wollen; in ihnen betätigt sich das Ich. Die Tiefengefühle sind Ichzentriert. Ihr Inbegriff ist das Gemüt. In der Phase seines Personalismus degradiert Max Scheler[24] das Ich zugunsten der Person. Da Person nur der mündige Mensch sein kann, werden so Kinder, Sklaven und in manchen Kulturen Frauen der Menschenrechte beraubt. Nicht die Person, der Mensch liebt oder haßt.

„Das Ich-will ist transzendentale Bedingung aller Willensakte, es 'muß diese begleiten können', nicht anders als das Ich-denke die Akte des theoretischen Bewußtseins. Ich kann nicht wollen ..., ohne mich selbst zu wollen. Darauf beruht die aus dem Willen (im Unterschied zur bloßen Willkür) hervorwachsende Verantwortlichkeit ... Der Wille erweist sich als unbestechlicher Richter aller Akte der Willkür und bleibt ein unbequemer Mahner, den man gern zum Verstummen bringen möchte" (G. Schmidt)[25]. Der Wille (ebd., 142f.) „schafft sich, in seiner moralischen Qualität, selbst. Er ist nur als causa sui begreiflich ... und das heißt, er ist unbegreiflich. Er allein begreift die Spannung von Gut und Böse, die ihm das Wesentliche ist ..."

„Die Autonomie des Willens ist ohne jede naturale Beglaubigung" (145). „Die praktische Vernunft selbst wird geschichtlich, indem sie einer einmaligen Existenz moralische Freiheit verschafft" (152). Martin Heidegger[26] sagt in seiner kritischen Analyse der „personalitas moralis" Kants kurz und bündig (200): „Das Ich ist ein 'Ich tue', d.h. es ist rein geistig." Die „moralischen Personen sind Subjekte, deren Sein das Handeln ist." Der kategorische Imperativ, das Gewissen und die Freiheit gehören auf dieses Feld.

In der Formel „Ich denke, also bin ich" - „je pense, donc je suis" - ist das Ich das, was denkt: das Subjekt. Dem Zweifel seines zermürbenden Nachdenkens entronnen, gewinnt René Descartes[27] in der Selbstgewißheit des eigenen Ich das erste Prinzip seiner Metaphysik. Er weiß nun, daß er als denkendes Wesen existiert: „Ego sum res cogitans."

---

[24] M. Scheler, Der Personalismus in der Ethik und die materiale Wertethik. Neuer Versuch der Grundlegung eines ethischen Personalismus, in: ders., Gesammelte Werke II, Bern ^{5}1966 (zuerst 1913/1916); ders., Wesen und Formen der Sympathie, in: Gesammelte Werke VII, Bern ^{6}1973 (zuerst 1913).

[25] G. Schmidt, Subjektivität und Sein. Zur Ontologizität des Ich, Bonn 1979, 136ff.

[26] M. Heidegger, Die Grundprobleme der Phänomenologie, Frankfurt a.M. ^{2}1989.

[27] R. Descartes, Werke (Philos. Bibl.), Hamburg 1954.

Dem denkenden Wesen, dem Ich, dem Geist, dem das Bewußtsein unmittelbar innewohnt, hat René Descartes das ausgedehnte Ding („res extensa") realistisch entgegengestellt, dem Geist den Körper, so daß die Subjekt-Objekt-Spaltung zementiert ist. Da ich in Polaritäten (Korrelationen, komplementär) denke, ist für mich die Subjekt-Objekt-Spaltung unannehmbar. Kein Subjekt ohne Objekt, kein Objekt ohne Subjekt.

Für Immanuel Kant besitzt der Mensch ein Doppelwesen; er gehört der Sinnenwelt sowie der intelligiblen Welt an, die sich unserem Verstand versagt. Da wir nur Erscheinungen kennen, müssen wir hinter ihnen „die Dinge an sich" annehmen, obwohl wir niemals wissen können, was sie an sich sind. Der Mensch ist nicht nur Individuum und Subjekt, er ist ein Ich, das, was „in ihm seine Tätigkeit sein mag", und „nicht durch Affizierung der Sinne, sondern unmittelbar zum Bewußtsein gelangt", so daß sich der Mensch „zur intellektuellen Welt zählen muß, die er doch nicht weiter kennt", wie „in Absicht auf die bloße Wahrnehmung und Empfänglichkeit der Empfindungen zur Sinnenwelt." Dieses Ich[28] an sich ist das Ich, das in dem Dichter Jean Paul und in den Philosophen Reininger, Fichte und vermutlich Descartes erwacht ist. Das Zitat ist die einzige Stelle in Kants *Grundlegung zur Metaphysik der Sitten*, in der das Wörtchen Ich auftaucht. In der *Kritik der reinen Vernunft* (Riga 1781, ^{2}1787) ist das Verhältnis der Begriffe Ich, Apperzeption und Selbstbewußtsein unscharf, ja widerspruchsvoll. Im einzelnen habe ich das in der *Philosophie als Lebenskunst* sowie in meinem Aufsatz im Wiener Jb. für Philosophie (wie Anm. 23) nachgewiesen. Beachtet wird oft nur die Formel, daß das Ich ein bloßes Bewußtsein sei, das alle Begriffe begleitet. Ja, noch mehr an der Wirklichkeit: „Das 'Ich denke' muß alle meine Vorstellungen begleiten können" ([wie Anm. 30] B 132,16). Das stimmt. In Wahrheit ist das Ich indessen weit mehr: es ist das Apriori der Verstandesbegriffe, der Vernunft und des Wissens.

Für Descartes ist Gott die unendliche Substanz; die beiden endlichen Substanzen sind der Geist und der Körper; jede der beiden „kann ohne die andere existieren"[29]. Als vernünftige Wesen werden von Immanuel Kant[30] nicht nur Menschen angeredet, sondern auch Außerirdische, falls

---

[28] I. Kant, Grundlegung zur Metaphysik der Sitten, Riga ^{2}1786, BA 105ff. (= 1780).

[29] R. Descartes, Meditationen über die Grundlagen der Philosophie mit den sämtlichen Einwänden und Erwiderungen (Philos. Bibl. 27, hrsg. von A. Buchenau), Hamburg 1954, 8. 36. 145f. (zuerst Paris 1641).

[30] I. Kant, Kritik der reinen Vernunft, B 854/A 826; ders. (wie Anm. 28), BA 29f.

es sie gibt, was Kant nicht behauptet, aber für möglich hält. Hierin verlautbart sich das kosmische Bewußtsein Kants, seine Metaphysik.

Die Seele wird von Kant zeitweise mit dem „denkenden und wollenden Ich" in eins gesetzt, auch wird das Ich als Lebensprinzip der Materie sowie des Menschen im freien Gebrauch seiner Kräfte verstanden[31]. Die rationale Psychologie hat Kant bekämpft, gegen eine empirische Psychologie könnte er nichts einwenden. Die Seelenlehre versteht er als Physiologie des inneren Sinnes. Kant verwendet auch Worte wie Seelenkräfte, Seelenvermögen, oberes Seelenvermögen, Seelenstärke. In der *Kritik der reinen Vernunft* handelt Kant von der „Anschauung" des inneren Sinnes, von Raum und Zeit. Die Begriffe „Ich" und „Seele" lassen sich bei Kant also vereinbaren. Für mich ebenso. Zustimmen kann ich auch dem folgenden Satz Kants ([wie Anm. 30] B 507f., A 479f.): „Das transzendentale Subjekt aller inneren Erscheinungen, welches selbst nicht Erscheinung ist und also nicht als Gegenstand gegeben ist" - das ist mein Ich. Ohne das Ich gäbe es keine Vernunft, folglich keine Prinzipien und Ideen. Durch den regulativen Gebrauch der Vernunftideen weitet sich die „bescheidene, aber gründliche Selbsterkenntnis" ([wie Anm. 30] B 763, A 735) zur Welterkenntnis. Das Ich manifestiert das sittliche Bewußtsein, dessen moralischer Imperativ unbedingt ist. Damit sind wir zur Weisheitslehre unterwegs, die Kant gefordert hat.

Johann Gottlieb Fichte hat das „Ding an sich" abgelehnt. Wohl aber hat er das Ich nicht nur als Aufhänger benutzt, wie Kant; in den *Wissenschaftslehren* schimmert immer wieder das lebendige Ich Fichtes durch. Philosophiert hat er indessen mit dem Ich, das sich nicht selbst setzt, sondern vom Philosophen gesetzt wird, also mit einem Konstrukt. Allerdings hat er sich an Selbstdenker gewandt, von denen jeder sein eigenes Ich zu setzen hat. Das versöhnt mit dem apodiktischen Ton Fichtes, zumal er eingesehen hat, in den späteren Auflagen der *Wissenschaftslehre*, daß das Ich nicht zur Wissenschaftstheorie taugt. Mit dem Ich hat Fichte das Nicht-Ich gesetzt, dem er allerdings in den *Wissenschaftslehren* nicht genügend Aufmerksamkeit gegönnt hat, was bereits Novalis getadelt hat. Hinsichtlich der Außenwelt, muß man einschränkend bemerken. Denn der Idealismus der Freiheit Fichtes erkennt das

35f. 38f. 42f. 59f. 62ff. 70.

[31] C.Chr.E. Schmid/N. Hinske, Wörterbuch zum leichtern Gebrauch der Kantischen Schriften, Jena [4]1798 (= Darmstadt 1976), 318 („Ich"). 436 („Psychologie"). 480 („Seele").

andere Ich an. Im „Nexus der intelligiblen Welt webt jedes Ich mit seinen auf die anderen Iche zielenden Freiheitsakten lebendig mit, so daß er immer neu und schöpferisch aus Freiheitsakten sich entwickelt.“[32] An den Nexus glaube auch ich, allerdings nicht im Stile Fichtes, sondern als schönes Wagnis.

Einen Seelenbegriff darf man bei Fichte nicht suchen. In der *Grundlage der gesamten Wissenschaftslehre* (1794) handeln die §§ 8-11, der Fünfte bis Achte Lehrsatz vom Gefühl und vom Trieb[33]. In der Darstellung der Wissenschaftslehre von 1801 sowie in der zweiten Darstellung der *Wissenschaftslehre* von 1804 finden sich die Begriffe „Gefühl, Leben, Leiden, Liebe, Streben“[34]. Im *System der Sittenlehre* wird der Leib und besonders der Trieb und Urtrieb hervorgehoben[35].

Nun zum Nicht-Ich. Zunächst zum Ich eines anderen Menschen. Daß man zum Nächsten Du sagen kann, bedingt nach Martin Buber[36] das eigene Ich des Sprechers. Ich bin umgekehrt überzeugt, nur weil wir ein Ich sind, d.h. ein Gespräch mit uns selbst führen können, sind wir zum äußeren Dialog mit einem anderen Ich, dem Du, fähig. Subjekt einer jeden Objektivation sind wir ohnehin.

Das wahre Ich ist kein bloßes Personalpronomen, keine psychische Funktion, sondern das eigenständige Hauptwort metaphysischer Erfahrung, einer Metaphysik, die das sokratische Nichtwissen als „schönes Wagnis“ achtet. Das menschliche Ich ist endlich wie alles Seiende, das nicht das Sein selbst, sondern nur dessen Teilhaber ist. Der geistige Ich-Pol ist auf den materiellen Körper-Pol angewiesen; erst beide zusammen sind hier und jetzt das unteilbare Individuum; Mittler zwischen beiden Polen ist die Seele. Seelisches schwingt beim Philosophieren immer mit, auch wenn das Wort „Seele“ verschmäht wird.

---

[32] H. Heimsoeth, Metaphysik der Neuzeit, München 1934 (= Darmst. 1967), 122.

[33] J.G. Fichte, Grundlage der gesamten Wissenschaftslehre (Philos. Bibl. 246, hrsg. von F. Medicus/G. Jacobs), Hamburg 1961 (zuerst 1794).

[34] Vgl. W. Janke, Fichte. Sein und Reflexion. Grundlagen der kritischen Vernunft, Berlin 1970 (Register 422ff.).

[35] J.G. Fichte, Das System der Sittenlehre nach den Prinzipien der Wissenschaftslehre (Philos. Bibl. 257, hrsg. von M. Zahn), Hamburg 1963.

[36] M. Buber, Die Schriften über das dialogische Prinzip, Heidelberg 1954.

Laudatio auf Karin Alt
anläßlich der akademischen Feier am 7. Mai 1998

von Bernd Seidensticker (Berlin)

Μετὰ ταῦτα δή, εἶπον, ἀπείκασον τοιούτῳ πάθει τὴν ἡμετέραν φύσιν παιδείας τε πέρι καὶ ἀπαιδευσίας. ἰδὲ γὰρ ἀνθρώπους οἷον ἐν καταγείῳ οἰκήσει σπηλαιώδει, ἀναπεπταμένην πρὸς τὸ φῶς τὴν εἴσοδον ἐχούσῃ μακρὰν παρὰ πᾶν τὸ σπήλαιον, ἐν ταύτῃ ἐκ παίδων ὄντας ἐν δεσμοῖς καὶ τὰ σκέλη καὶ τοὺς αὐχένας, ὥστε μένειν τε αὐτοὺς εἴς τε τὸ πρόσθεν μόνον ὁρᾶν, κύκλῳ δὲ τὰς κεφαλὰς ὑπὸ τοῦ δεσμοῦ ἀδυνάτους περιάγειν κτλ.

„Nächstdem, sprach ich, vergleiche dir unsere Natur in Bezug auf Bildung und Unbildung folgendem Zustande: Sieh nämlich Menschen, wie in einer unterirdischen höhlenartigen Wohnung, die einen gegen das Licht geöffneten Zugang längs der ganzen Höhle hat. In dieser seien sie von Kindheit an gefesselt an Hals und Schenkeln, so daß sie auf demselben Fleck bleiben und auch nur nach vorne hin sehen, den Kopf aber nach hinten herumzudrehen wegen der Fessel nicht vermögen ...“[1]

Es gibt viele gute Gründe, die Laudatio auf Karin Alt mit dem platonischen Höhlengleichnis zu eröffnen, und es gibt zumindest einen guten Grund, den Anfang des wohl berühmtesten Bildes der „conditio humana“, dessen reiche Rezeptionsgeschichte von Aristoteles über Arnobius und Gregor von Nyssa bis zu Symeon, dem Mönch, und dann von Giordano Bruno und Francis Bacon bis zu Friedrich Dürrenmatt und Volker Braun reicht, auf Griechisch zu zitieren: Ich meine die Liebe der Jubilarin zur griechischen Sprache, einer Sprache, die sie auf der Schule in Dresden nicht lernen konnte und die sie sich vielleicht gerade deswegen gleich nach der Schulzeit mit der leidenschaftlichen Intensität und Beharrlichkeit des Autodidakten erarbeitet hat, um sie sich dann - erst im Studium, dann in Forschung und Lehre - zur lebenslangen Begleiterin und Freundin zu machen.

Einfach war der Weg dahin nicht. Schon der erste Abschnitt - aus dem zerstörten Dresden zum Studium der klassischen Philologie und der Germanistik nach Tübingen - gleicht dem Weg aus einer Höhle ans Licht: Am Ende des Krieges erst die Flüchtlingsströme aus Schlesien, die in Dresden Zwischenstation machen und von den Gymnasiastinnen verpflegt und betreut werden, dann die in Bunkern überstandenen Feuerstürme der Bombardierungen und schließlich, als das Abitur endlich möglich wird, die ernüchternde Gewißheit, in der sowjetischen Zone sicher keinen Studienplatz zu bekommen, da der Vater

---

[1] Plat. rep. 7, 514a/b.

Professor ist.

Doch ein Sich-Abfinden mit dem Dasein in der Höhle, gefesselt und ohne den ersehnten Blick in die Sonne der griechischen und deutschen Texte, ist undenkbar, und die Schwierigkeiten des Aufstiegs schrecken nicht. Erst geht es quer durch den Harz - schwarz - über die sowjetisch-amerikanische Grenze nach Frankfurt, dann, als auch dort das Studium nicht möglich ist, noch einmal - wieder schwarz - über die Grenze, diesmal durch die Schwäbische Alb über die amerikanisch-französische Grenze, nach Tübingen.

Die ersten Lehrer der Studentin sind Otto Weinreich, Walter F. Otto und der gerade 25jährige Walter Jens, der ihr - selber begeisterter Freiburger Student - dazu rät, das Studium in Freiburg bei Hermann Gundert und Karl Büchner fortzusetzen; doch schon nach zwei Freiburger Semestern entschließt sie sich, nach Frankfurt zu gehen, um Karl Reinhardt, dessen Bücher sie begeistert gelesen hat, auch zu sehen und zu hören. Zwar läßt Reinhardt sich bald darauf emeritieren, doch die drei Vorlesungen, die er noch hält, gelten Themen, die prägend sein werden für die weitere wissenschaftliche Arbeit seiner Schülerin: Homer, griechische Tragödie und Platon.

Schon 1953 wird Karin Alt von Reinhardt mit „Untersuchungen zum Chor des Euripides" promoviert und beendet fast gleichzeitig das Lehramtsstudium mit dem ersten Staatsexamen in Griechisch, Latein und Germanistik.

Es wäre wohl übertrieben, wenn man den sich anschließenden Referendariatsdienst als Wiederabstieg in die Höhle bezeichnete, aber daß die Seele, die in Frankfurt unter der Leitung von Lehrern wie Karl Reinhardt und Hans-Georg Gadamer einen ersten Blick auf den ὑπερουράνιος τόπος hat werfen können, sich zu dieser Pflichtübung zwingen muß und Gefahr läuft, die gerade gewachsenen Flügel wieder zu verlieren, ist verständlich.

Der Thesaurus Linguae Latinae bietet der Assessorin die Chance, zurückzukehren zu der geliebten wissenschaftlichen Arbeit, und wenn die Erarbeitung von Lemmata des Buchstabens Iota auch wohl nur als „instar pulchri atque boni" - als „Schattenbild des Schönen und Guten" erscheinen kann, das in Frankfurt die Seele genährt hat, so beginnt damit doch ein zweiter langsamer Aufstieg aus der Höhle fremdbestimmter Arbeit ans Licht.

Schon bald bietet ihr der Reinhardt-Schüler Uvo Hölscher die Stelle einer Lektorin am Seminar für Klassische Philologie der Freien Universität an, die damals gerade ihr 10jähriges Jubiläum feiert und an der sie bis heute lehrt und forscht.

Daß Ihnen, liebe Frau Alt, die Stadt Berlin zunächst - trotz Philharmonie und Oper - nicht als Insel der Seligen erschien, ist heute - nach 40 Jahren und vielen hundert Opern - fast vergessen. Nicht vergessen ist dagegen gewiß, daß die 80 Semester am Seminar für Klassische Philologie nicht immer einfach waren: Erst die hohe Unterrichtsverpflichtung als Lektorin bzw. Akademische Rätin, dann die wachsenden Spannungen am Institut, die das menschliche und wissenschaftliche Klima zu vergiften beginnen und schließlich die erbitterten Auseinandersetzungen, deren Wunden auch, als wieder Ruhe eingekehrt ist, nur langsam heilen.

αἰτία ἑλομένου· θεὸς ἀναίτιος: Platons Wort aus dem großen Unterweltsmythos der *Politeia* (617e) mag Ihnen in den Widrigkeiten dieser Jahre ein Trost gewesen sein: „Die Verantwortung liegt bei dem, der gewählt hat: Gott ist ohne Schuld" - und letztlich hat sich die mit der Entscheidung für Berlin getroffene Lebenswahl trotz aller Schwierigkeiten als richtig erwiesen. Die Liebe zu den großen Texten der griechischen Dichtung und Philosophie, der Impetus, diese Liebe zu begründen und weiterzugeben, und der Erfolg als akademische Lehrerin haben alle Hindernisse überwunden.

Bereits die Dissertation über den Chor in der euripideischen Tragödie zeigt eine Reihe von Zügen, die für Ihre weitere wissenschaftliche Arbeit bis auf den heutigen Tag charakteristisch geblieben sind: Da ist der Mut, große und schwierige Themen anzugehen; da ist die Fähigkeit, klare Linien auch dort zu ziehen, wo der Gegenstand so verwirrend komplex ist wie im Fall der euripideischen Tragödie, und da ist ferner gleich auf der ersten Seite der ersten wissenschaftlichen Publikation der gerade erst 25jährigen das Insistieren auf „wirklicher Interpretation, die weder durch Vollständigkeit im Überblick über die euripideischen Lieder noch durch Vollständigkeit im Erfassen und Ordnen einzelner Phänomene - so wertvoll beides ist - ersetzt werden kann." Das hier noch vorsichtig und implizit formulierte Ideal der Konzentration auf die zentralen Aspekte einer Fragestellung bleibt ebenso Richtschnur aller zukünftigen Arbeiten wie die bereits in der Dissertation mit Erfolg praktizierte Kunst, den untersuchten Gegenstand durch glücklich gewählte Vergleiche mit parallelen Texten und Gedanken zu erhellen.

In den ersten Berliner Jahren nutzt die junge Lektorin die im Studium und bei der Arbeit an der Dissertation gewonnene Vertrautheit mit der griechischen Tragödie zu einer ganzen Reihe weiterer Arbeiten auf dem gleichen Gebiet: sie ediert für den Leipziger Teubner Verlag die *Helena* des Euripides (1964) und begleitet diese Edition mit Arbeiten zur Textgestaltung bzw. zur Interpretation des Stücks, schreibt eine eingehende Interpretation des sophokleischen *Philoktet* (1961), die schon bald darauf von Hans Diller in den Wege-der-Forschung-Band „Sophokles" aufgenommen wird (1967), und habilitiert sich schließlich 1970 mit einem „Vergleich der psychologischen Darstellung bei Sophokles und Euripides". Der Titel der Arbeit und die Interpretationen lassen ebenso wie die Deutung der Wiedererkennungsszene der *Helena* (1963), in der gezeigt wird, daß die Eidolon-Version das psychologische Interesse des Autors nicht etwa aufhebt, sondern gewisse Feinheiten und Nuancen überhaupt erst ermöglicht, und die einfühlsame Analyse des Verhältnisses von „Schicksal und Physis im Philoktet des Sophokles" ein neues Interesse erkennen, das schon bald ganz in den Mittelpunkt der wissenschaftlichen Arbeit rücken wird: das Interesse an dem spannungsreichen Verhältnis von göttlicher Bestimmung und menschlicher Freiheit und an der Seele des Menschen als dem Ort, an dem diese Spannung ausgetragen wird.

Den Auftakt der diesen Fragen gewidmeten Arbeiten bildet die umfangreiche Studie „Zum Satz des Anaximenes über die Seele" (1973), deren Ausgangssatz verrät, daß es der Autorin um weit mehr geht als um die Korrektur einer These ihres Lehrers Karl Reinhardt und auch um weit mehr als um eine gelehrte quellenkritische Analyse des doxographischen Kontexts, aus dem das Fragment stammt: „Zu entscheiden gilt es schließlich nichts Geringes: nämlich die Frage, ob der Mikrokosmos-Makrokosmos-Vergleich bis ins 6. Jh. hinaufzudatieren ist und ob bei dem letzten der Milesier bereits ein Interesse an der menschlichen Seele nachzuweisen ist." Nichts Geringes, in der Tat, und die Autorin wird den Fragen, die sich hier an einem Einzelproblem stellen - den Fragen nach der Stellung des Menschen im Kosmos und nach Wesen und Schicksal der Seele - von nun an den größten Teil ihrer Arbeit widmen.

Daß der lange Weg aus der Höhle der sich stellenden schwierigen Fragen in die Klarheit der Erkenntnis gleich zu Beginn zu Platon führt, dem größten Philosophen, Psychologen und Dichter der menschlichen Seele, verwundert nicht.

In umfangreichen Studien zur Kosmogonie und Seelenlehre des *Timaios* (1978) und zu den platonischen Seelen- und Jenseitsmythen (1982/3) werden die Konstanten und die vielfältigen Variationen in den immer neuen Antworten Platons auf die Grundfragen der menschlichen Existenz erläutert, bevor schließlich die Rezeption und Modifikation dieser Antworten im Mittel- und Neuplatonismus in Angriff genommen wird.

Liebe Frau Alt, es bedeutet keine Herabsetzung Ihrer früheren Arbeiten, wenn ich sage, daß die Reihe der in den Abhandlungen der Mainzer Akademie der Wissenschaften veröffentlichten Studien den Höhepunkt Ihrer wissenschaftlichen Produktion darstellt. Das gilt für die präzise Analyse von Plotins Polemik gegen die Gnosis (1990) ebenso wie für die konzentrierten Überlegungen zum überraschenden Nebeneinander eines transzendenten und eines innerkosmischen Gottes im *Didaskalikos* des Alkinoos (1996); und es gilt in ganz besonderem Maße für die große Arbeit mit dem Titel „Weltflucht und Weltbejahung" (1993), die Sie den verschiedenen Formen dualistischen Denkens bei Plutarch, Numenios, Alkinoos und Plotin gewidmet haben.

Ich bin gewiß nicht die geeignete Person dafür, die Ergebnisse dieser reichen Arbeiten zu würdigen, die von der Kritik mit großer Anerkennung aufgenommen worden sind. Aber auch ein neuplatonischer Laie wie ich kann seine Bewunderung dafür zum Ausdruck bringen, mit welcher Eindringlichkeit des Fragens, mit welcher Klarheit der Analyse und mit welcher Prägnanz der Antworten die großen Fragen nach dem Sinn des Lebens, nach dem Wesen und Schicksal der Seele und nach der Existenz und Form des Bösen behandelt werden.

Kein Zweifel: der ebenso lange und beschwerliche wie schöne und befriedigende Weg der Beschäftigung mit diesen Fragen hat Sie, liebe Frau Alt, längst aus der dunklen Höhle des Unwissens und Vermutens in das helle Licht des Wissens geführt, in der der Philosoph so gerne auf immer verweilen würde, und wir sind Ihnen deswegen besonders dankbar, daß Sie sich den Imperativ des platonischen Höhlengleichnisses immer wieder zu eigen machen und immer wieder hinabsteigen in die Höhle der Ehrenbergstraße, um die Studenten (und uns) teilhaben zu lassen an der gewonnenen Weisheit: „Ihr müßt also nun", sagt Plato am Ende seiner Parabel, nicht ohne einen Trost für die Philosophen anzufügen[2], „ihr müßt also nun wieder hinabsteigen, jeder zu seiner Ordnung, zu der Wohnung der übrigen und euch mit ihnen gewöhnen, das Dunkle zu schauen. Denn gewöhnt ihr euch hinein, so werdet ihr tausendmal besser als die dortigen sehen und jedes Schattenbild erkennen, was es ist und wovon, weil ihr das Schöne, Gute und Gerechte selbst in der Wahrheit gesehen habt."

καταβατέον οὖν ἐν μέρει ἑκάστῳ εἰς τὴν τῶν ἄλλων συνοίκησιν καὶ συνεθιστέον τὰ σκοτεινὰ θεάσασθαι· συνεθιζόμενοι γὰρ μυρίῳ βέλτιον ὄψεσθε τῶν ἐκεῖ καὶ γνώσεσθε ἕκαστα τὰ εἴδωλα ἅττα ἐστὶ καὶ ὧν, διὰ τὸ τἀληθῆ ἑωρακέναι καλῶν τε καὶ δικαίων καὶ ἀγαθῶν πέρι.

2 Plat. rep. 7, 520c.

Veröffentlichungen von Karin Alt[1]

Ausgaben:

Euripides, *Helena* (Teubner), Leipzig 1964

Rez. Gymnasium 72, 1965, 540-542 (R. Kannicht)
CW 59, 1965, 53 (D. Nyenhuis)
RPh 40, 1966, 311-312 (P. Chantraine)
StudClas 9, 1967, 305-307 (L. Lupas)

Monographien und Aufsätze:

Untersuchungen zum Chor bei Euripides, Diss. Phil. Frankfurt 1953

Beiträge aus der Thesaurus-Arbeit XI: Instar (Verg. Aen. VI 865), MH 16, 1959, 159-162

Schicksal und φύσις im *Philoktet* des Sophokles, Hermes 89, 1961, 141-174, Ndr. in: H. Diller (Hrsg.), Sophokles (WdF 95), Darmstadt 1967, 412-459

Zur Anagnorisis in der *Helena*, Hermes 90, 1962, 6-24

Bemerkungen zum Text der *Helena* (I-II), Philologus 107, 1963, 30-42 u. 173-192

Euripides, *Ion* 847, Philologus 110, 1966, 133-134

Kosmologie und Empirie. Hippokrates, *De prisca medicina*: Ein Beitrag der griechischen Medizin zur Methodik der Naturerklärung, in: A. Giannarás (Hrsg.), Convivium Cosmologicum (FS H. Hönl), Basel 1973, 9-29

Zum Satz des Anaximenes über die Seele. Untersuchung von Aetios περὶ ἀρχῶν, Hermes 101, 1973, 129-164

Die Überredung der Ananke. Zur Erklärung der sichtbaren Welt in Platons *Timaios*, Hermes 106, 1978, 426-466

Solons Gebet zu den Musen, Hermes 107, 1979, 389-406

Diesseits und Jenseits in Platons Mythen von der Seele (Teil I–II), Hermes 110, 1982, 278-299 und 111, 1983, 15-33

Die Erneuerung des griechischen Mythos in Gerhart Hauptmanns Iphigenie-Dramen, Grazer Beiträge 12-13, 1985-86, 337-368

Einige Fragen zu den *Katharmoi* des Empedokles, Hermes 115, 1987, 385-411 und 116, 1988, 264-271

Der Mensch als Herr über das All? Zu Plotin III 2 [47] 17,56, Hermes 117, 1989, 230-233

---

[1] Die Rezensionen zu Werken unterschiedlicher Themengebiete (Tragödie, Philosophie) werden hier nicht eigens aufgeführt.

Philosophie gegen Gnosis. Plotins Polemik in seiner Schrift II 9 (AAWM 1990 Nr. 7), Stuttgart 1990

Rez. Vig. Christ. 45, 1991, 297-298 (J.C.M. van Winden)
CR 42, 1992, 211-212 (A. Smith)
Gnomon 65, 1993, 174-176 (A.H. Armstrong)
RHPhR 73, 1993, 313 (D.A. Bertrand)
Mnemosyne 44, 1993, 551-3 (R. Ferwerda)

Weltflucht und Weltbejahung. Zur Frage des Dualismus bei Plutarch, Numenios, Plotin (AAWM 1993 Nr. 8), Stuttgart 1993

Rez. CR 45, 1995, 64-65 (M.J. Edwards)
AAHG 48, 1995, 51-53 (Chr. Wagner)
Mitt. d. Humboldt-Ges. 33, 1997, 159f. (F. Vonessen)

Die Dichter und das Böse, in: E. Dönt u.a. (Hrsg.), ΣΦΑΙΡΟΣ (FS H. Schwabl), WS 107-8, 1994-95, 109-155

Das sokratische Daimonion in der Darstellung Plutarchs, in: H. Kessler, (Hrsg.), Sokrates. Geschichte, Legende, Spiegelungen (Sokrates-Studien II), Kusterdingen 1995, 71-96

Weltflucht und Weltbejahung in der platonischen Philosophie der ersten christlichen Jahrhunderte, in: W. Weber (Hrsg.), Wissenschaft - Kunst - Bildung. Ein Dreiklang der Kultur (Abh. der Humboldt-Gesellschaft 13), Mannheim 1995, 63-82

Gott, Götter und Seele bei Alkinoos (AAWM 1996 Nr. 3), Stuttgart 1996

Porphyrios als Helfer in griechischen Nöten. *Brief an Markella*, Kap. 4, in: R. Faber/B. Seidensticker (Hrsg.), Worte, Bilder, Töne. Studien zur Antike und Antikerezeption (FS B. Kytzler), Würzburg 1996, 201-210

Glaube, Wahrheit, Liebe, Hoffnung bei Porphyrios, in: D. Wyrwa (Hrsg.), Die Weltlichkeit des Glaubens in der Alten Kirche (FS U. Wickert, Beih. ZNTW 85), Berlin/New York 1997, 25–43

Hippolytos als Referent platonischer Lehren, JbAC 40, 1997, 78–105

Ion und die Tyrannis. Zu Euripides, *Ion* 621-632, in: C.-F. Collatz u.a. (Hrsg.), Dissertatiunculae criticae (FS G.C. Hansen), Würzburg 1998, 23-32

Erkenntnis und Vollendung. Spätantike Vorstellungen vom Lebensziel, in: W. Weber, Sokratische Spurensuche ins 21. Jahrhundert (Abh. der Humboldt-Gesellschaft 15), Mannheim 1998, 301–318

Homers Nymphengrotte in der Deutung des Porphyrios (verfaßt 1996), Hermes 126, 1998 (erscheint demnächst)